제3개정판

교통공학원론

[일러두기]

* 본문의 각주번호는 해당 장 뒤에 제시된 참고문헌 번호를 나타냅니다.

제3개정판

교통공학원론

3판 1쇄 발행 2023년 10월 13일

지은이 도철웅, 최기주, 오철
펴낸이 류원식
펴낸곳 교문사

편집팀장 성혜진 | **책임진행** 윤지희 | **디자인** 신나리 | **본문편집** 홍익m&b

주소 10881, 경기도 파주시 문발로 116
대표전화 031-955-6111 | **팩스** 031-955-0955
홈페이지 www.gyomoon.com | **이메일** genie@gyomoon.com
등록번호 1968.10.28. 제406-2006-000035호

ISBN 978-89-363-2515-2 (93530)
정가 45,000원

잘못된 책은 바꿔 드립니다.

제3개정판

교통공학원론

도철웅 · 최기주 · 오철 지음

교문사

제3개정판을 내면서

교통공학원론 (상)·(하)의 초판이 나온 지 34년이 지났고, 제2개정판을 낸 지 꼭 19년이 지났다. 그동안 여러 차례 수정을 하였고, 특히 정년퇴임을 한 후 여유 있는 시간을 이용하여 미루었던 수정, 보완작업을 마무리할 수 있었다.

이 책을 처음 집필할 때의 목적은 그 당시 사회적으로 막 불붙기 시작한 교통에 관한 관심을 학술적으로 정리하고 소개하는 것이었다. 지난번의 제2개정판과 이번 제3개정판에서도 이러한 개념에 맞게 기본적인 이론이나 방법론에 관한 내용은 그대로 유지하도록 하였다. 그 이유는 현재까지 출간된 책 중에서 이와 같은 원론적인 내용을 포함한 것이 드물기 때문이다.

그러나 그 당시 저자가 주안점을 두고 강조한 교통공학의 정의와 위상 및 중요성을 길게 설명한 부분이 있으나, 이제는 이 학문이 어느 정도 정착되었다고 판단되어 이번 개정판에서는 이 부분을 대폭 축소하였다.

개정판 작업을 함에 있어서 빠르게 변하는 교통환경에 따라 발전하는 새로운 교통기술을 소개하려고 노력하였고, 이러한 작업은 현재 대학에서 활발하게 연구활동을 하고 있는 다른 유능한 교수님들의 도움을 받아 이루어졌다.

이번에 교통공학원론의 (상)·(하)권을 합본하면서 개정하고 증보한 주된 내용은:
(1) 제1~3장에서 교통의 구성요소인 차량, 운전자 및 보행자 특성과 이들로 만들어지는 교통류의 특성을 구분하여 체계적으로 설명하였다.
(2) 제5장의 교통조사 및 분석은 (상)권의 교통공학적 자료측정과 조사분석뿐만 아니라 (하)권의 교통계획에 필요한 교통조사 및 분석을 합하여 한 장으로 통합하면서 현재 자주 사용하지 않는 기법은 생략하고 최신 기술 기반의 자료수집 기법을 추가하였다.
(3) 제6장은 고속도로 기본구간과 신호교차로를 대상으로 예제 중심으로 서술하였다. 방법론에 큰 영향을 미치지 않는 계수들은 KHCM에 나타난 값을 사용하도록 하였다.
(4) 교통시설 설계는 대부분 미국의 "A Policy on Geometric Design of Highway and Streets"의 내용을 원론 차원에서 인용하였으며, 교통통제설비는 교통안전시설 설치관리 업무편람을 반영하였고, 교통체계관리(TSM)의 내용을 축약하였다.
(5) 교통계획에서는 법령이나 일부 용어를 수정하고, 교통수요예측 모형을 일부 수정하였으며, 전반적으로 중요성이 낮거나 중복된 부분을 삭제하였다.

(6) 지면 관계상, 교통경제(제19장)와 교통환경(제20장)은 Web Chapter에 수록하였으며, 예제 모음과 연습문제도 여기에 실었다.

이 책으로 대학에서 교통공학개론을 강의하려면 각 장을 깊이 있게 다루지 않더라도 2개 학기로 나누어 가르치는 것이 바람직하다. 그러나 몇 개의 장은 그 범위를 조금 더 확충하여 하나의 독립된 전공과목으로 가르칠 수 있다. 그러나 이때도 과목에 상관없이 교통공학의 기본이 되는 내용(제1~3장)은 공통적으로 가르치는 것이 바람직하다.

교통계획 부분(제14~17장)은 완전한 하나의 과목, 예를 들어 교통계획의 기초라는 과목으로 다루어야 할 정도의 내용이다. 그러나 이 중에서 교통대안의 평가(제16장)와 제19장 후반부의 경제성 분석은 별도의 과목인 공학경제학(Engineering Economy) 또는 교통의 경제성 분석(Transportation Economy)에서 다루는 것이 그 내용 면에서 적합하다.

제19장도 완전한 하나의 과목, 즉 교통경제(Transportation Economics)의 기초라는 과목으로 취급해도 손색이 없다. 제18장과 제20장도 마찬가지로 교통안전과 교통환경의 기초지식을 이해하는 데 꼭 필요한 부분이므로 각 장의 범위를 조금만 확충하여 하나의 독립된 과목으로 가르칠 수 있다.

본 개정 작업은 도철웅 교수가 교통류 이론과 신호운영 부분을 담당하고, 아주대학교 최기주 교수가 교통계획 분야를 담당하였으며, 한양대학교 오철 교수가 용량분석과 교통시설 분야를 담당하였다. 특히 감사한 것은 아주대학교 TOD기반 지속가능 도시교통 연구센터 연구교수로 있는 류인곤 박사가 최기주 교수를 도와 교통계획 부분을 집필하는 데 큰 역할을 하였다.

끝으로 본 개정판이 나오기까지 원고 교정과 발간을 위해 애써주신 교문사 대표님과 편집부 여러 분께 감사의 마음을 전한다.

2023년 9월
도철웅

차례

제1편
교통공학의 기초

교통이란 사람이나 물자를 한 장소에서 다른 장소로 이동시키는 모든 활동과 그 과정, 절차를 말하며, 여기에 관여하는 인간이나 차량 및 시설이 사회적, 경제적, 환경적으로 순(順)기능을 발휘할 수 있도록 이들을 계획, 설계, 건설, 운영, 관리하는 데 필요한 기술을 과학적으로 연구하는 학문을 교통공학이라 한다.

제 1 장

서론 및 교통특성

교통이란 사람이나 물자를 한 장소에서 다른 장소로 이동시키는 모든 활동과 그 과정, 절차를 말한다. 유사 이래로 인간의 의식주를 해결하기 위한 모든 경제활동이나 사회활동은 전적으로 교통이라는 수단에 의해서 이루어졌으며, 고대나 현대를 막론하고 인류문명의 모든 분야에 걸쳐 핵심적인 역할을 수행해 왔다. 한 국가의 흥망성쇠도 그들의 종족을 이동시키는 능력이나 교통시설, 즉 도로, 항구, 강 등을 방호하는 능력에 좌우되었다.

1.1 교통의 의의

사회가 복잡해짐에 따라 여러 지역에서 발생하는 인간활동을 연결시키고 물자를 이동시켜야 할 필요성이 더욱 커지므로, 이와 같은 필요성을 만족시키기 위해서는 교통의 발달이 뒤따르지 않을 수 없다. 교통의 발달은 다시 인간활동을 증대시킬 뿐만 아니라 편리하고 풍요롭게 함으로써 더욱 많은 교통을 필요로 하는 순환을 거듭하게 된다. 교통과 인간생활과의 이와 같은 밀접한 관련성 때문에 교통의 양과 질은 바로 한 국가 또는 사회의 경제 및 사회활동과 그 구성원의 생활의 질을 평가하는 척도가 된다.

그러나 이와 같은 교통과 경제, 사회발전의 상승(相乘)관계에도 불구하고 환경이란 측면에서는 매우 값비싼 대가를 치르지 않으면 안 된다. 특히 대기오염, 소음, 진동 등은 교통이 생활환경을 훼손시키는 대표적인 요인으로서, 인간생활이 윤택해지면 이에 대한 중요성이 더욱 크게 부각된다. 즉 교통이 주는 경제, 사회의 긍정적인 효과보다도 환경의 영향을 더욱 중요시하는 가치관의 변화로 말미암아 이에 부응하는 새로운 교통수단의 출현을 향해서 교통기술이 발전되고 있다.

그러므로 교통에 관여하는 인간이나 차량 및 시설을 사회적으로나 경제적, 환경적으로 순기능을 발휘할 수 있도록 교통시설을 계획하고 건설, 운영하는 것이 교통에 종사하는 사람들의 중요한 임무이다.

1.1.1 교통과 문명

사람이나 물자의 이동은 인류의 역사와 함께 시작되었다. 신석기시대의 사람들은 그들의 소유물을 옮기면서 먹을 것을 찾아 이곳저곳으로 이동했다. 이처럼 제한적이고 원시적인 사회에서의 이동(移動)도 그들의 생활양식을 꾸준히 변화시킨 것처럼, 어느 사회이든 교통이 그 사회가 그 기능을 수행하는 데 있어서 중요한 역할을 한다. 다시 말하면 인간의 생산활동이나 여가활동의 범위와 장소는 교통에 크게 좌우되며, 소비를 위한 상품이나 서비스, 심지어 생활양식까지도 교통과 밀접한 관련을 맺고 있다. 따라서 교통기술의 발달과 현대문명의 발달은 불가분(不可分)의 관계를 갖는다. 즉 인간의 모든 활동이 교통기술의 발달을 촉진시킬 뿐만 아니라 반대로 교통의 발달이 우리가 살고 있는 사회를 변화시킴으로써 문명의 발달에 이바지한다는 것이다.

교통은 또한 교통시스템을 건설하고 운영, 관리하는 많은 사람의 시간과 연료 및 물자, 토지 등 엄청난 자원을 소모한다. 만약 그와 같은 교통시설의 운영에 실질적인 이득(利得)이나 인간생활의 질을 높이는 이득이 없다면 그와 같은 자원소모는 불필요할 것이다. 따라서 교통의 역할을 경제적, 사회적, 정치적, 환경적으로 검토하면 교통이 인간생활에 얼마나 광범위하게 영향을 미치며, 또 그 중요성이 얼마나 큰지 알 수 있다.

1.1.2 교통과 경제

경제란 근본적으로 인간에게 가치 있는 상품이나 서비스의 생산과 분배 및 소비에 관한 것이다. 경제의 발달은 상품의 생산과 분배활동에 크게 의존하며 교통은 이들 상품을 보다 더 필요성이 많은 곳으로 신속히 이동시켜 그 가치를 증대시키는 기능을 수행함으로써 경제활동의 근간(根幹)을 이룬다. 이와 같은 관점에서 교통의 역할을 이해하는 것은 대단히 중요하다.

사람이 살아가는 데 필요한 의식주를 충족시키기 위해서는 지구상의 자연자원을 사용해야 한다. 그러나 지구상의 자원은 골고루 분포되어 있지도 않을 뿐만 아니라 필요로 하는 장소에 꼭 있는 것도 아니기 때문에 필요성은 언제 어디서나 존재하기 마련이다.

교통은 상품에 공간적 효용(效用, place utility)을 제공한다. 즉 수송거리가 길면 수송비용이 크므로 상품가격이 높아서 소비가 발생하지 않아 효용가치가 없으나 반대로 수송거리가 점점 짧아지면 상품가격이 내려가 소비가 발생하기 시작하므로 생산지에서의 상품의 효용가치가 점점 커지게 된다. 교통이 발달하여 수송비용이 적어지면 상품의 효용가치가 커지지만 공간적인 변위(變位)에 따라 그 가치가 달라지는 것은 앞에서 설명한 것과 같은 이유이다.

교통은 또한 상품의 시간적 효용(time utility)을 증대시킨다. 어떤 한 장소에 수송되는 상품이라 할지라도 그것이 도착하는 때에 따라서 상품의 효용가치가 크게 달라지는 상품이 있다. 신문, 화훼(花卉), 크리스마스트리 같은 것들이 한 예이다.

교통의 발달은 수송비용을 절감시킴으로써 상품의 생산원가를 낮출 뿐만 아니라 더욱 저렴(低廉)하거나 질이 좋은 원료를 구입·사용할 수 있게 하며, 생산된 상품을 이동시킬 때의 비용도 줄이므로 상품의 가격이 저렴해진다. 소비자 쪽에서 볼 때는 필요로 하는 상품을 저렴한 가격으로 구입할 수 있을 뿐만 아니라 그 상품의 공급원(供給源)도 다원화된다. 만약 더욱 효율적인 공급원을 계속 사용한다면 노동의 지역적 분화(分化)와 전문화가 이루어지고 소비가 증가할 것이다. 이와 관련하여 교통의 발달로 말미암아 생산활동이 몇몇 지역으로 집중되고 광범위한 시장이 형성된다. 따라서 생산에 있어서 규모의 경제가 갖는 이점을 살릴 수 있다. 상품의 공급이 더 이상 어떤 지역에 국한되지 않기 때문에 만약 어떤 공급원(供給源)이 필요로 하는 모든 것을 공급하지 못한다면 다른 공급원으로부터 필요한 것을 공급받을 수 있다.

1.1.3 교통과 사회

교통의 경제적·사회적 역할을 엄밀히 구분하기는 힘들다. 그러나 교통의 많은 역할과 일상생활 양식에 미치는 모든 효과를 시장경제의 메커니즘으로만 설명할 수 없기 때문에 이를 구분할 필요가 있다. 그래서 우리들이 말하는 교통의 사회적 역할은 경제적이든 비(非)경제적이든 그 사회 구성원들의 활동범위와 생활방식 속에서 찾을 수 있다.

교통의 속도가 빨라지고 교통비용이 절감됨으로써 인간생활의 공간적 패턴이 아주 다양해졌다. 싼 교통비용으로 인구라든지 경제활동이 바람직하게 분산되거나 집중되기가 용이해졌으며 지난 수십 년 동안 지방에서 도시지역으로의 이주(移住)와 도시지역 내에서의 이주 및 도시중심지로부터 외곽으로의 이주가 현저히 많았다. 이와 같은 변화는 사람들이 경제활동의 위치와 그 양상(樣相)을 알고 이에 따른 의식적인 선택의 결과이다. 뿐만 아니라 교통으로 인해서 사회적으로 바람직하지 않은 변화가 일어나는 것은 충분히 예상할 수 있다.

인구문제, 교육, 위락, 도시팽창, 주거환경 등 현대사회가 안고 있는 제반 문제점은 거의 대부분이 교통문제와 관련을 맺고 있다. 뿐만 아니라 교통의 발달로 말미암아 지역 간의 격차(隔差)를 해소하고 외딴 지역을 도시지역과 연결시킴으로써 사회적, 문화적 일체감을 달성할 수 있으며, 군사적으로도 대단히 중요하다.

1.1.4 교통과 환경

근대에 와서 인간의 수많은 활동이 자연환경에 결정적인 영향을 미친다는 것은 잘 알려진 사실이다. 교통이 자연환경에 미치는 영향은 우선 자연자원을 사용하는 데 있지만 그 자원의 대부분이 경제시장에서 거래되는 것이 아니기 때문에 그 영향은 별도로 고려되어야 한다. 교통서비스의 가격을 볼 때도 사용된 자원의 가치가 충분히 반영되었다고 볼 수 없다. 교통이 환경에 미치는 영향은 크게 네 가지 범주(範疇), 즉 오염, 에너지 소모, 토지이용 및 경관, 안전으로 나눌 수 있으며 이들은 주로 환경에 부정적인 영향을 미친다.

오염 중에서도 가장 심각하고 다루기 어려운 것은 차량이 공기 중에 입자나 가스를 방출하여 대기를 오염시키는 것이다. 모든 형태의 교통수단은 대부분 대기를 오염시키며, 특히 내연기관(內燃機

關)을 가진 차량은 많은 오염물질을 방출한다. 인구가 밀집된 지역의 오염은 공장 등과 같이 다른 오염원(汚染源)에서 나온 오염물질과 함께 주민건강에 큰 해를 끼친다.

대기에 방출된 오염물질은 시간이 경과함에 따라 공기의 순환에 의해서 희석(稀釋)되기 때문에 방출된 오염물질과 공기의 질 사이에 명확한 관계를 정립(定立)하기는 어렵다. 오염이 위험수준에 도달하지 않기 위해서 오염방출을 얼마나 절감시켜야 하며, 또 위험수준이 어느 정도인지 정확히 알려져 있지 않기 때문에 이 분야의 연구가 선진국에서는 대단히 활발히 이루어지고 있다.

우리나라의 경우 대기오염원 중에서 교통수단에 의한 오염이 50% 이상이기 때문에 대기오염을 줄이기 위한 목표를 향해 교통시스템의 운영이나 교통기술을 발전시킬 필요가 있다. 심지어는 교통시스템의 효과척도(效果尺度)로서 지금까지 많이 사용하고 있는 주행속도, 지체, 정지수 대신에 대기오염 방출량을 기준으로 하는 경향도 있다.

교통기관에 의한 소음공해도 인간에게 육체적, 정신적으로 큰 피해를 끼친다. 소음원(騷音源)에서 나는 소리를 줄이거나 소음을 차단하는 방법에 관한 많은 연구가 진행 중이며 기술적으로 이 문제를 해결할 날이 멀지 않을 것이다. 이 외에도 교통에 의한 공해는 진동, 수질오염이 있으나 그다지 심각한 수준은 아니다.

세계적으로 연료의 공급, 특히 교통수단이 주로 많이 사용하는 오일공급은 제한되어 있으므로 현재의 추세(趨勢)대로 사용한다면 앞으로 수십 년 내에 오일은 바닥이 날 것이다. 우리나라에서 사용하는 총 에너지의 약 20%를 교통부문에 사용하며 오일의 40%를 도로교통에 소모한다. 그래서 많은 나라에서는 교통수단에 사용하는 연료를 다른 것으로 대체하려는 노력을 하고 있다.

도시화는 도시교통시설의 확충을 요구하며, 이는 또 많은 토지의 사용을 의미한다. 교통시설을 위한 토지는 대개가 띠(帶)모양이며, 도시지역에서 비교적 용량이 큰 시설은 인접 교차교통의 영향을 받지 않게끔 지하차도 또는 고가차도로 처리하는 것이 바람직하다. 이러한 도로는 도로변에서의 접근을 방지하기 위해서 방책을 설치하며 결과적으로 주민의 왕래를 차단하고 통행패턴을 변화시킨다. 뿐만 아니라 도로계획선상의 주민이나 사업체가 다른 지역으로 이동해야 하며 건설 후에는 소음 및 대기오염 문제가 발생하게 된다. 따라서 새로운 도로를 계획할 때는 세심한 주의가 요구되며 그 도로가 어떤 주거지역을 횡단하지 않기 위해서는 가능한 방법을 총동원해야 한다.

1.1.5 교통과 안전

교통의 가장 심각한 문제점은 교통사고로 인한 인명(人命) 및 재산손실이다. 우리나라의 교통사고 건수와 그로 인한 피해는 꾸준히 증가추세를 보이다가 1989년을 기점으로 하여 거의 일정한 수준을 유지하고 있다. 그렇더라도 하루에 700건 정도의 교통사고로 평균 28명이 죽고 1,000명 정도가 부상을 당하고 있다.

국가적으로 교통사고 감소를 위한 다각적인 노력이 경주(傾注)되고 있음에도 불구하고 교통사고의 증가율이 줄어들지 않는 가장 큰 이유는 자동차 대수와 운전면허 소지자의 증가율이 높은 데 비해 교통인프라가 그 추세를 따라가지 못하기 때문이다. 교통사고의 증가율이 자동차 대수와 운전면허 소지자 증가율에 훨씬 못 미치기는 하지만 사고율로 비교하면 선진국 수준의 2~3배에 달하고 있으므로 교통안전은 현재 범국가적인 관심사가 되고 있다.

1.2 교통공학의 영역

Engineering의 사전적(辭典的) 정의는 '과학이나 수학을 이용하여 재화나 자연에너지를 인간에게 유용하게끔 만드는 방법이나 기술 및 그것의 적용'을 뜻한다. 따라서 Engineering은 학문적인 영역에 국한되는 것이라기보다 응용과학 또는 기술의 범주에 속한다.

따라서 교통공학(Transportation Engineering)이란 사람이나 물자를 신속하고 안전하게, 편리하고 쾌적하게, 값싸며, 친환경적으로 질서 있게 이동시키기 위하여 교통시설을 계획하고 설계하며 운영하고 유지관리하는 데 있어서 과학적인 원리와 기술을 연구하고 적용하는 것이라 정의할 수 있다.

전통적인 Traffic Engineering은 도로교통 위주의 교통류 특성과 이론 및 기하설계, 교통운영 기법 등을 다루었으나 1970년대 중반 이후에는 교통환경 및 교통경제 등과 같은 범위까지 교통의 스펙트럼을 넓혀 지금은 대부분 Transportation Engineering이란 통일된 용어를 사용하고 있다.

도시계획, 교통계획, 교통공학, 도로공학은 기능면에서 볼 때 순차적으로 연결된다. 교통계획은 도시계획의 핵심 요소로서 교통수요를 예측하여 궁극적으로 이 수요를 감당하는 교통망을 구축하는 것이다. 교통공학은 이 교통망 위의 차량들이 신속하고 안전하게 운행할 수 있도록 그 시설의 형태와 규모를 설계하고 효율적인 운행방법을 모색(摸索)하는 것이다. 도로공학은 교통공학에서 개념적으로 설계한 교통시설을 구체화하고, 세부설계를 하며 시공 건설한다. 따라서 각 단계는 그 앞, 뒤 단계를 어느 정도 수준에서 반드시 이해할 필요가 있다.

그러나 이들 각 분야는 엄격히 구별되지 않는 경우가 많다. 교통전문가는 그의 주된 관심사가 무엇이든 상관없이 교통의 모든 분야에 대한 넓은 안목(眼目)과 기본적인 지식을 갖추어야 한다. 그래야만 이러한 분야 간의 엄격한 구분은 없어지고 인접분야와 연계하여 이해의 폭도 넓어질 것이다. 배기가스나 소음 문제를 다루는 교통환경 분야는 자동차공학이나 환경공학의 일부분과 그 범위를 같이 한다.

교통공학은 실무수행 과정 및 순서에 따라 교통계획, 교통시설 설계, 교통운영으로 분류하여 이해하면 편리하다. 이들은 모두 서로 밀접한 관계에 있기 때문에 어느 한 분야를 독립적으로 이해하거나 발전한다는 것은 불가능하다. 뿐만 아니라 지금까지의 교통공학이 각 교통수단별 또는 교통시설별로 개별적으로 연구 발전되어 왔기 때문에 '시스템'으로서의 교통을 이해하는 데는 미흡한 점이 너무 많았다는 반성이 강하게 일고 있다. 또 교통공학이란 비록 과학적인 방법과 어떤 기초원리에 의해서 여러 분야가 통합된 것이기는 하지만 공통적인 원리와 접근방법을 가진 단일 분야가 아니라, 특성 있는 문제점이나 접근방법을 가진 여러 분야의 종합이라 할 수 있으므로 모든 교통문제를 다룰 때에 체계분석적(體系分析的)인 접근방법을 사용하는 것이 무엇보다 중요하다. [그림 1.1]은 교통공학 분야와 이와 밀접한 다른 학문과의 관계를 나타낸 것이다.

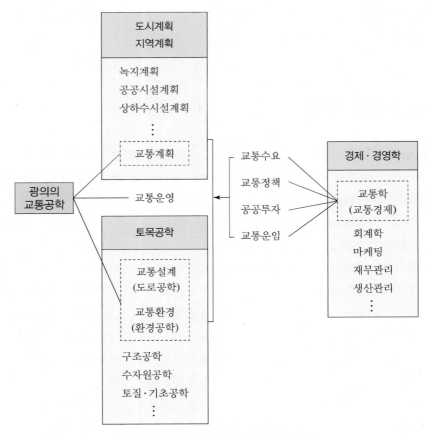

[그림 1.1] 교통공학 분야와 다른 학문과의 관계

1.2.1 교통특성의 조사 및 연구

교통공학은 교통시스템을 건설하고 운영하는 데 필요한 모든 기술적인 활동, 즉 연구, 계획, 설계, 건설, 운영, 유지관리에 대한 책임을 가진 과학기술 분야이다. 교통의 특성이란 교통량, 속도, 밀도, 지체량, 차종구성(車種構成) 등을 말하며, 이들은 도로상태나 교통운영조건에 따라 크게 변한다.

교통조사란 교통개선을 위한 관련자료를 객관적으로 측정하고 분석하여 교통, 도로 또는 도시계획 단계에서 사용하도록 하는 것이다. 새로운 조사기법의 개발, 교통운영 대책, 새로운 건설재료, 설계의 개선 등은 모두 기초 또는 응용연구로부터 나온다. 그러므로 교통에 대한 관리 및 행정을 담당하는 기관은 항상 담당 교통수단에 대한 모든 측면의 연구개발 계획과 관련자료를 가지고 있어야 한다.

교통조사를 목적에 따라 분류하면 다음과 같다.

- 전국 또는 지자체별로 교통수요와 교통현황을 광역적, 거시적으로 실시하는 조사: 사람통행조사, 자동차 기종점조사, 교통량조사, 물류조사, 지체조사 등이 있으며, 이와 같은 조사는 정기

적으로 조사되어 일정한 양식으로 집계되어 출판된다. 주로 지역적 특성이나 연도별 변화추이를 나타내는 데 목적이 있다.

- 도로 건설 및 개선 또는 운영방법을 개발하기 위한 조사로서 교통구성과 시간변동을 상세하게 나타내야 하는 조사: 노상 설문에 의한 경로(經路) 및 기종점조사, 교차로의 방향별, 차종별 교통량조사, 경계선조사, 지점속도조사, 주행시간조사, 지구 내 차량대수조사, 노상 및 노외주차조사, 교통용량조사, 지체도 및 지체 발생빈도조사, 버스현황 및 이용도조사, 지체발생 또는 사고 잦은 지점의 원인분석을 위한 특별조사 등이 있으며, 이 조사에서는 전체 교통상황이 전반적으로 관측되어야 하며, 합리적인 대책을 수립하기 위해 비교적 상세한 교통류의 특성을 조사한다. 이 조사는 개선대책의 사전 사후 변화를 평가하는 것으로서 최근에는 시뮬레이션 기법이 발달하여 대상 교통류를 사전에 평가할 수도 있다.
- 문제가 있는 도로구간이나 교차로의 개선을 위한 교통행태조사: 교통량조사, 속도조사, 밀도조사, 용량조사, 교통류 마찰조사(보행자, 자전거, 주차차량, 신호현시 등), 사고발생 상황조사 등이 있으며, 이 조사는 신호기 설치나 교통규제의 필요성을 평가하기 위한 조사이다. 신호의 조정, 안전시설 설치, 교통규제의 효과를 평가하기 위한 사전·사후조사가 여기에 해당된다.
- 기타 교통조사: 보행자와 자전거의 이용 실태나 도로횡단 시의 행태에 관한 조사, 합류행태에 관한 조사, 주민 또는 운전자의 교통의식, 노약자나 어린이의 교통행태 특성조사가 있으며, 인간의 교통의식을 조사하는 앙케이트 조사도 있다.

1.2.2 교통계획

교통시스템에 대한 투자효율을 높이고 도시지역의 급격한 인구증가에 따른 교통수요를 만족시키기 위한 긴박한 필요성에 의하여 선진국에서 1950년대 말부터 발전되기 시작한 학문이다. 이 분야는 경제학의 원리와 도시 및 지역계획의 기법을 이용함으로써 미래의 교통수요를 예측하고, 그에 대한 대안을 분석·평가하며, 교통이 토지이용과 자연 및 사회환경에 미치는 영향을 추정하는 것을 포함한다.

교통계획(transportation planning)은 개인이나 지역주민의 경제적, 사회적 여건변화에 따른 교통이용 행태(行態)를 분석하여 장래의 교통수요를 정량적(定量的)으로 예측하고, 그 수요를 충족시킬 수 있는 대안, 예를 들어 교통시설의 위치를 달리하거나 투자규모를 달리하거나 운영방법을 변화시키는 것과 같은 대안을 수립하여 이에 따른 사회, 경제, 환경에 미치는 영향을 분석·평가하며 최적 대안을 찾아내어 이를 계속적으로 발전시키는 일련의 과정이다.

장기교통계획의 경우는 20~30년까지의 장래 교통수요를 예측하나 10년 혹은 5년 정도의 예측만 하는 중기 혹은 단기계획도 있다. 교통계획은 장래의 경제, 인구, 토지이용을 충분히 고려해야 하며, 장래 사람과 물자의 공적 혹은 사적인 이동과 터미널 시설 및 교통통제시설(交通統制施設, traffic control devices)도 포함하는 종합적인 것이다.

교통계획은 계획을 세우는 측과 이를 시행하는 측의 완벽한 이해와 협력이 이루어져야 하며, 그 계획은 또 정기적으로 재평가되고 수정되어야 한다. 그러므로 교통계획은 변할 수 없는 결론이나 최적해가 아니라 미래의 불확실성과 정황(情況)을 반영하는 의사결정 과정이라 할 수 있다.

교통계획의 궁극적인 목표는 모든 교통수요를 질서 있고 안전하게, 효율적, 경제적으로 충족시킬 수 있는 교통망시스템을 구축하는 데 있다. 교통계획이 다루는 범위는 다음과 같다.

① 지역 교통계획에 따른 도로망, 대중교통시스템, 터미널, 주차장의 장기계획
② 특정 교통시설의 개선, 발전계획
③ 장기계획 또는 특정 교통시설계획이 환경에 미치는 영향분석
④ 교통시스템과 그 이용자의 행태에 관련된 요소에 대한 연구

1.2.3 교통운영 및 관리

교통운영 및 관리(transportation operation and management)란 도로, 터미널, 주차장 등 모든 교통시설의 효율을 제고하기 위하여 교통현상과 자료를 기술적으로 분석하고 판단하여 안전하고 원활한 소통을 위한 운영기법을 계획하고 시행하며, 그 성과를 측정, 분석, 평가하는 교통기술 분야를 말한다. 뿐만 아니라 교통수요의 변화나 주위여건의 변화에 따라 변하는 교통의 질과 사회, 경제 및 환경에 미치는 효과를 극대화하기 위해서 끊임없는 중간점검(monitoring)과 평가를 통하여 새로운 운영대책을 발전시키고, 이러한 일련의 계획, 시행 및 성과측정, 분석, 평가의 기법을 발전시키는 것도 교통운영 및 관리에 포함된다. 그러기 위해서는 여러 가지 교통특성, 즉 운전자 및 보행자 특성, 차량운행 특성, 교통류 특성, 통행발생 및 패턴, 주차특성 등을 이해하고, 이들에 대한 과학적인 분석 및 운영방법에 대한 깊은 지식을 필요로 한다.

교통운영 및 관리에서 시설의 용량을 분석하고 교통수요를 감안하여 서비스수준을 검토함으로써 교통개선책을 제시하는 것이 매우 중요한 부분이다. 교통개선책은 시설의 용량을 증대시키거나 안전성을 제고하는 데 주안점을 두기도 하지만 교통수요를 통제하는 방법도 아울러 고려된다. 이때의 개선책은 비록 그것이 대규모투자를 요하는 사업이거나 또는 단순히 운영방법을 변화시키는 것이라 할지라도 반드시 효율성이 입증되어야 타당성을 갖는다. 이때 효율성을 검증하는 기준을 효과척도 (效果尺度, measure of effectiveness, MOE)라고 하며, 여기에는 지체량(遲滯量), 정지수(停止數), v/c비, 평균통행속도, 연료소모량, 배기(排氣)가스량 등이 있으나 각각에 대한 국가나 지역사회의 관심도에 따라, 그리고 도시지역과 지방도로에서 이들이 갖는 중요성에 따라 다른 기준을 사용하는 경우가 많다.

교통운영은 법에 의해서 정한 설계기준과 이에 따른 교통통제시설에 의해서 수행된다. 즉 이 통제대책은 법으로 규정한 교통운영 방법을 도로이용자에게 운행 중에 눈으로 알아볼 수 있게 하는 가장 좋은 수단이다. 교통운영을 위한 통제대책은 일관성(一貫性)이 있고 분명해야만 효과를 나타낼 수 있으므로, 적용의 통일성을 기하기 위하여 그것에 대한 계속적인 연구와 발전이 이루어져 왔다.

1.2.4 교통시설 설계

교통시설 설계란 교통의 구성요소인 도로, 차량 및 사람(운전자, 보행자)의 특성과 속도, 밀도, 교통량 등과 같은 교통류 특성을 고려하여 이에 적합한 교통시설의 구체적인 위치, 규격, 모양, 재료 등을 결정하는 것을 말한다. 즉 예상교통량을 적절한 속도로 운행하게 하는 새로운 도로의 선형(線形), 경사, 횡단면, 교차로, 인터체인지, 출입제한(出入制限, access control) 등을 교통분석에 의거하여 설계하고, 기존 도로나 교차로의 용량과 안전성을 증대시키기 위하여 재설계를 하거나 주차장 혹은 터미널을 설계하며, 아울러 토지구획설계, 차량의 출입제한을 위한 기준을 수립하는 것을 포함한다. 또 교통시설 설계는 교통류의 기본원리와 특성에 대한 이해를 바탕으로 하여 교통시설, 특히 도로, 터미널 등의 기능적 설계나 기하설계를 위한 기법을 개발하거나 기준 및 지침(指針)을 발전시키는 것도 포함한다.

1.2.5 교통과 연관된 학문분야

교통공학이 다른 분야와 관련되는 경우는 대단히 많다. 교통과 경제발전과의 관계, 요금정책과 산업발전 등을 연구하는 분야, 도시계획적인 측면에서 토지이용과 교통과의 관계를 다루는 분야, 교통에 의한 소음 및 대기오염 등을 연구하는 분야들이 있다. 이 밖에도 교통공학을 연구하기 위한 도구로서의 학문은 수학, 물리학, 통계학, 컴퓨터, 전자공학, 가치공학(Value Engineering), OR, 심리학, 지리학 등이 있으나 이들 대부분은 각기 그 학문 고유(固有)의 영역을 가지면서 그 학문의 원리를 교통에 응용한 것이므로 교통공학에 포함된다고 볼 수는 없다.

교통경제는 교통요금, 공공투자, 정부규제 등과 같은 분야이지만 경제학이나 경영학에서 잘 취급하지 않는 부분이다. 교통수요에 대한 시설의 적정 공급수준을 결정하고, 교통시설 투자에 대한 경제성분석을 하며, 수송비용과 요금정책에 따른 교통수요의 탄력성(彈力性)을 조사하고, 이것이 경제 전반에 미치는 영향을 파악하는 일은 교통경제의 영역에 속하지만 교통공학자도 이에 대한 기본적인 지식은 가져야 한다. 교통경제를 '교통학(交通學)'이라 부르는 이유는 일본의 예를 따른 것이다. 일본에서는 경제 및 경영학에서의 Transportation 또는 Transportation Economics를 '교통학'이라 번역하여 부르고 있다.

교통이란 공공서비스 분야이므로 교통시스템을 건설하고 운영하는 데 필요한 모든 기술적인 활동, 즉 연구, 계획, 설계, 건설, 운영 등에 대한 최종적인 책임은 공공기관에 있다. 따라서 교통에 관련된 각 분야의 활동이 효율적으로 이루어지기 위해서는 이들 활동을 관리하는 교통행정에 대한 실무적인 이해가 반드시 필요하다. 교통시설의 건설 및 시공도 교통공학의 범주(範疇)에 속하기는 하나 토목공학에서 다루어지므로 교통공학에서 깊이 있게 취급할 필요가 없다.

배기가스 및 소음 문제를 다루는 교통환경 분야는 교통공학에서 중요한 이슈로 등장하고 있으며, 외국에서는 교통공학에서 이 분야에 대한 연구가 대단히 활발히 진행되고 있으나 우리나라에서는 아직도 관심이 적은 편이다.

1.2.6 교통전문가의 구비요건

교통과 관련이 있는 모든 분야는 공학적인 전문성을 요구한다. 토목공학자는 수송시스템에 관련된 시설물을 설계하고 개선하며 건설·관리하는 역할을 담당하고, 기계 및 항공공학자 또는 조선공학자는 수송수단을 설계한다. 전기전자공학자는 동력 또는 제어(制御)시스템을 발전시키며, 산업공학에서는 인간행태(人間行態) 분석전문가들이 승객 또는 수송수단을 조작하는 인간의 복잡한 행동양상을 연구한다. 교통공학자는 교통계획기법, 시설의 체계적인 운영 및 기하설계 기법을 발전시킨다.

앞에서 말한 교통과 관련된 여러 분야에 종사하는 사람이 교통공학에 대한 기본적인 지식 없이 교통에 관련된 전문성을 발휘할 수 없는 것과 마찬가지로 교통공학자는 교통에 연관된 여러 분야의 기본적인 지식을 갖추어야만 한다. 특히 교통관련 자료를 통계적으로 처리해야 할 필요성이 많기 때문에 일반적인 통계학에 관한 지식이 요구된다. 특히 교통의 현상이나 특성을 이론적으로 규명하여 교통기술의 발전에 이용하기 위해서는 상당한 수준의 통계학, 예를 들어 실험통계(實驗統計, Experimental Design), 대기행렬이론(Queueing Theory), 시계열분석(Time Series Analysis), 비모수통계학(非母數統計學, Nonparametric Statistics) 등에 관한 지식을 필요로 한다. 뿐만 아니라 방대(尨大)한 교통자료를 취급하거나, 운전자와 차량이 통행을 만들 때 생기는 교통의 특성을 시뮬레이션 기법으로 모델링하기 위해서는 컴퓨터 사용에 숙련되어야 한다.

교통은 일정한 시간대(時間帶) 내에서 다양한 수송대상(사람, 물자 등)을 각종 수단(도로, 철도, 해운, 항공 등)을 이용하여 다양한 지역(도시, 지방, 국가 등) 내 또는 지역 간을 이동시키는 것이므로 동일한 시간단면에서 볼 때 대단히 복잡한 활동들의 상호작용 또는 과정이다. 따라서 교통공학자는 시스템 전반에 관한 안목이 있어야 한다.

교통공학자는 또한 그 사회에서 교통효율을 극대화(極大化)하기 위하여 각종 대중교통수단에 대한 균형을 이룬 예산배정이나 지원책의 필요성을 인식해야 하며, 교통이 지역사회에 미치는 영향이나 기여도(寄與度)를 파악할 수 있는 실용지식을 가져야 한다. 이와 같은 역할을 만족스럽게 수행하기 위해서는 공공이익에 관한 깊은 관심과 정치적 의사결정 과정에 대한 충분한 지식을 가지고 있어야 한다.

교통시스템을 계획하고 설계, 운영하며 이를 관리할 때는 도로망의 고려사항이라든가, 또는 터미널의 요구조건, 각 시스템이 다른 교통수단이나 인접(隣接) 토지이용에 미치는 영향 및 주위환경에 미치는 영향 등을 반드시 고려해야 한다. 뿐만 아니라 교통의 발달이 수반하는 문제점인 교통혼잡, 교통사고 및 환경오염, 그리고 환경손상에 대한 중요성을 누구보다도 깊이 인식해야만 한다.

교통분야가 점점 더 복잡해지고 또 빠른 변화를 나타내고 있으므로 최신의 분석기술과 기술적인 과제에 대한 자질을 갖춘 인재(人材)가 많이 필요하다. 그런 이유와 또 교통분야의 다양성 때문에 교통공학을 배우는 사람들은 앞으로 직업적 경험을 쌓아가는 기회가 많을 것이다.

1.3 교통시스템 및 교통특성

교통이란 인간의 활동이 일어나는 수많은 장소와 장소를 서로 연결함으로써 사회에 공헌하도록 고안된 서비스이다. 이러한 서비스를 제공하기 위한 교통시스템의 주요 구성요소는 다음과 같다.

- 교통시설(수송로): 도로, 철도, 공항, 항만, 관로, 운하 등과 이에 수반되는 주차장, 박차(拍車)장, 조차(操車)장
- 운반수단: 자동차, 선박, 항공기 등
- 운전자: 운반수단을 운전하는 사람
- 조직(組織): 시설 관련 조직과 운영조직으로 나눌 수 있다. 시설 관련 조직은 주로 교통시설을 계획, 설계, 건설, 유지관리 및 운영하는 것이다. 중앙정부의 건설교통 관련 부(部)와, 지자체의 건설교통 관련 부서, 광역교통계획기구(범지자체의 광역 수준의 교통계획을 담당하는), 기타 지방행정조직의 토목 및 교통담당 부서들이 여기 속한다. 운영조직은 수송수단, 즉 철도, 항공, 선박, 자동차, 이륜자동차, 자전거 등을 움직이는 조직 또는 사람을 말한다.
- 운영 전략: 운행노선 배정, 운행스케줄 작성, 교통제어기법 등

교통시스템의 구성요소 중에서도 중요한 것은 수송로(guideway)와 차량(vehicle) 및 운전자(driver)이다. 수송로는 시스템의 고정시설로써 노선과 교차점 및 터미널로 구성되며 교통시스템의 가장 중요한 구성요소이다. 도로교통 및 지하철 교통과 같이 2개 이상의 시스템을 함께 고려하는 복합시스템의 경우는 그 구성요소의 상호연관성 때문에 시스템 분석이 대단히 복잡하고 또 고도의 교통기술을 필요로 한다. 동일한 형태와 질을 갖는 교통서비스가 어느 곳에서나 가능한가, 않는가의 여부(與否)는 그 시스템의 고정시설의 위치에 따라 달라지기 때문에 분석 시 그 시설의 위치특성을 반드시 고려해야 할 필요가 있다. 이와 같은 교통서비스의 편재성(遍在性, ubiquity)은 수송망(輸送網, transportation network)의 개념을 통하여 달성할 수 있다.

수송로는 그 양 끝단에 주정차(駐停車) 시설 등과 같은 터미널이 있으며 이 시설이 효율적으로 운영되기 위한 운영시설 또는 부대설비가 따른다. 이 수송로는 도로나 철도처럼 지상의 것도 있으며 바다나 공중의 항로(航路)도 있다. 이동수단은 개개의 차량에서부터 연속된 컨베이어 벨트(conveyor belt)까지 각양각색이다. 터미널도 거대한 화물이나 버스터미널에서부터 주차장 또는 짐이나 승객을 태우고 내리는 조그만 공간에 불과한 것도 있다.

지금까지 여러 가지 형태의 교통수단이 사용되어 왔다. 이들 중에는 옛날부터 발전되어 내려온 것이 있는가 하면 어떤 것은 우주시대의 산물(産物)도 있다. 이들 수단들은 서로 치열한 경쟁을 하고 있으므로 기술의 발전에 따라 사라지기도 하고 더욱 새로운 것이 끊임없이 출현하기도 한다.

지구상의 주요 교통활동은 도로, 철도, 항공, 해운, 연속수송 등 5개 시스템에 의해서 수행되며 이들은 또 각각 2~3개의 하부(下部) 시스템으로 구성된다. [표 1.1]은 이들 주요 시스템의 주요 기능을 열거했다. 이 책이 도로교통과 지하철 교통만을 취급하지만 국가 전체의 교통을 고려하기 위해서는 이들을 함께 이해할 필요가 있다.

[표 1.1] 주요 교통시스템의 주요 기능

시스템	수단 (mode)	인원수송	화물수송
도로	트럭	–	도시 간 또는 지구 내 모든 종류의 화물로 통상 적재량이 적음. 컨테이너 이용 가능
	버스	도시 간 또는 지역, 지구 내	도시 간의 소화물
	승용차	도시 간 또는 지역, 지구 내	개인용품 수송
	자전거	지구 내, 위락수단	–
철도	철도	도시 간, 출퇴근용	도시 간, 대형화물, 컨테이너, 살화물(bulk cargo)
	전철	도시 내, 지역 내	–
항공	국제항공	국가 간, 장거리, 해양횡단	고가품(高價品)의 장거리 수송, 컨테이너
	국내항공	도시 간, 관광여객, 사업목적	소규모
해운	외항선박	승무원	bulk cargo, 컨테이너 이용
	연안선박	항구 간 여객, 관광객	bulk cargo, 바지선 이용
기타	관로(管路)	–	오일, 천연가스, 장·단거리 수송
	컨베이어 벨트	에스컬레이터, 수평이동벨트, 짧은 거리	재료 수송, 15 km 이내
	삭도	리프트 및 토우, 험한 지형에서 단거리 관광객	험한 지형에서 재료 수송

자료: 참고문헌(11)

1.3.1 교통시스템의 비교

교통서비스의 궁극적인 목표는 이동성(mobility)과 접근성(接近性, accessibility)을 제공함과 동시에 효율성(efficiency)을 가져야 한다. 이용객은 각 교통수단이 갖는 고유의 편리성(convenience), 쾌적성(快適性, comfort), 안전성(safety), 경제성(economy), 신속성(rapidity)을 주관적으로 판단하여 교통수단이나 교통시설을 선택하게 된다.

접근성이란 그 시스템을 이용하기 위한 접근 용이도(容易度)와 접근지점들을 연결하는 노선의 직접성 및 여러 종류의 교통을 수용하는 능력을 나타낸다. 이동성이란 시스템의 능력과 속도에 따라 좌우되는 수송 가능한 교통량을 말하며, 수송비용과 환경 및 에너지 효과, 신뢰성, 안전성 등은 그 시스템의 효율성을 나타내는 주요 지표가 된다.

도로교통은 모든 교통수단 중에서도 가장 접근성이 양호하다. 이는 역사적으로 모든 토지소유주는 도로에 직접 접근을 해야 한다는 개념에서 비롯되었다고 볼 수 있다. 도로망 내에 이용 가능한 많은 노선이 있기 때문에 전체 이동속도는 매우 양호한 편이나 사람이 운전하기 때문에 일정한 정도 이상의 속도를 낼 수가 없다. 개개의 차량은 비교적 작으므로 용량, 특히 화물수송 용량은 적은 편이다. 효율 면에서 볼 때 도로교통이 다른 시스템에 비해 그다지 좋은 편은 아니나, 많은 사람이 이를 이용하고 있음을 볼 때 시스템이 갖는 효율성보다 양호한 접근성에 더 큰 가치를 부여함을 알 수 있다.

철도는 노선과 터미널 건설에 필요한 막대한 비용과 그것을 위한 재원염출(財源捻出)의 어려움 때문에 접근성이 제한될 수밖에 없다. 기술적으로도 철도의 노선은 경사와 곡률(曲率)에 제약을 받으므로 도로보다 융통성이 적다. 그러나 차량을 연결함으로써 용량을 크게 늘릴 수 있으며 도로에서의 가능한 속도보다 2배를 높여도 무리가 없다. 여러 가지 측면에서 보더라도 효율성은 높은 편이나 노동집약적인 운영특성 때문에 직접비용이 크다는 단점이 있다.

항공교통은 접근성이 좋지 않은 반면 속도는 다른 어떤 교통시스템보다 빠르며, 또 용량은 비교적 적은 편이다. 고속의 항공교통이 갖는 매력은 다른 어떤 단점, 특히 큰 비용을 보상하고도 남는다.

해상교통은 안전한 항구를 필요로 하기 때문에 접근성에 제약을 받으며 지리적인 영향을 받는다. 선박은 속도가 비록 느리지만 수송능력은 다른 어느 교통수단보다 크기 때문에 살화물(撒貨物, bulk cargo)을 수송할 때의 효율은 아주 크다.

관로(管路)는 수송로가 고정되어 있으므로 철도교통의 접근성과 유사하다. 노선당 단위비용은 도로와 철도보다 적으며 수송로 부지 획득의 비용이 적고 도로나 철도보다 건설이 훨씬 용이하다. 기술적으로 전혀 다르기는 하지만 컨베이어 벨트 시스템은 수송로의 길이, 속도, 용량을 고려할 때 관로와 유사하다.

1.3.2 우리나라의 교통특성

도로는 국내 여객수송에 가장 큰 몫을 담당하며, 항공교통은 장거리 여행자를 수송하는 주요 기능을 수행한다. 이와 달리 국내 화물 수송에서 도로가 전체 화물수송(톤 단위)의 약 3/4을 담당하고 해운이 20% 정도를 담당한다. 국제수송에서는 화물은 해운, 여행객은 항공이 거의 전부를 담당한다.

근년에는 전반적인 여객수송량은 그다지 증가하지 않은 데 비해 지하철, 항공, 해운의 이용객은 크게 늘었다. 다시 말하면 철도와 도로이용 인구는 비슷한 수준을 유지하거나 오히려 줄었다. 반면 지하철 승객과 국내항공여객은 큰 폭으로 증가하였으며, 국내화물 수송실적과 국제화물은 꾸준한 증가세를 보이고 있다.

우리나라 모든 차량통행량의 50% 이상이 서울, 인천, 경기 등과 같은 수도권 지역에서 일어난다. 택시의 연평균 주행거리는 자가용 승용차의 약 5배이며, 영업용 버스는 자가용 승용차에 비해 약 4배 더 많이 주행한다. 우리나라의 모든 차량의 연평균 주행거리는 약 2만 km로서 이 값은 다른 선진국에 비해 여전히 높으나 매년 줄어드는 경향을 보인다.

에너지에 관한 관심이 점차 높아지고 있으므로 수송시스템이 소비하는 에너지에 대해서 알 필요가 있다. 거의 대부분의 수송수단은 석유류를 사용하며 우리나라 총 소비에너지의 약 16% 정도를 수송수단이 소비한다.

1.3.3 도시교통 특성

지방부도로와 도시가로의 교통은 완연(完然)히 다른 특성을 나타낸다. 1986년에 제정된 도시교통 정비촉진법으로 인구 10만 명 이상의 도시 및 그 도시와 같은 교통생활권에 있는 지역은 도시교통 정비기본계획을 20년 단위의 장기계획과 10년 단위의 중기계획으로 구분하여 수립하고, 이 계획을 수립하기 위해 필요한 기초조사를 실시하고 있다. 그 이전인 1984년에는 우리나라 최초로 서울, 부산, 대구, 대전, 광주 등 5대 도시에 대한 교통개선방안에 관한 연구를 수행하여 1996년까지의 교통 개선대책을 수립한 바 있다. 이 연구는 연구 그 자체의 성과도 중요하지만 도시교통에 관한 여러 가지 자료를 광범위하게 수집, 분석하여 뒤따르는 여러 가지 연구의 기초자료를 제공할 수 있었던 것에 큰 의의를 둘 수 있다.

(1) 도시통행

통행(trip)은 도시지역에서 발생하는 여러 가지 활동의 종류와 양을 나타내는 단위로서 인구 1인 당 일 평균통행수(日平均通行數)는 1 이상이다. 소득이 높은 계층의 사람은 교통수단도 좋으며 더 많은 활동을 하게 되므로 통행빈도가 높다. 통행발생률(通行發生率)은 혼잡하지 않고 교통서비스가 좋은 지역이라 하더라도 3을 넘는 예는 거의 없다. 그러나 실제 교통을 유발하는 교통인구 1인당 하루의 통행발생률은 이보다 훨씬 높다.

통행길이에 관한 자료는 도시고속도로의 계획이나 대중교통계획을 위해서 아주 요긴(要緊)하게 사용될 수 있으나 이것에 관한 자료는 거의 없다. 일반적으로 작은 지역에서 발생하는 통행은 큰 지역에 비해서 그 길이가 짧으며 출퇴근 목적을 위한 통행길이가 여러 통행목적 중에서 가장 길다.

수도권과 같은 대도시의 경우 교통수단별 이용분담률(利用分擔率)은 버스와 지하철 및 전철이 50% 이상 차지하고, 그 다음으로 도보와 승용차를 이용하는 통행이 주종을 이루며, 택시 통행이 가장 적다.

우리나라 수도권의 경우 목적별로 본 통행량은 70%가 출퇴근 및 등하교 통행이며 나머지 30%가 개인용무, 쇼핑, 여행 등을 위한 통행이다. 그러므로 통행의 대부분은(90% 이상) 출발지나 목적지 중 어느 하나는 자택이며, 특히 출퇴근 통행 및 등하교 통행의 기점(起點)과 종점(終點)은 거의 대부분 자택이다. 또 출퇴근 통행 및 등하교 통행은 50% 이상이 버스나 지하철, 전철을 이용하나 기타의 목적을 위한 통행은 택시 및 승용차 이용이 버스 이용보다 많다.

(2) 첨두특성

도시지역에서 교통문제를 특히 많이 야기하는 시간대는 반드시 있게 마련이다. 서울의 경우 첨두 현상(尖頭現象)을 일으키는 출퇴근 통행이 전체 통행의 70%를 차지하면서 이들의 50% 이상이 버스, 지하철 및 전철을 이용하므로 이들 대중교통의 첨두현상은 다른 교통수단보다 더욱 심각함을 알 수 있다. 그렇다고 이 수요를 승용차로 전환시키면 도로혼잡은 더 심각하게 될 것이다. 따라서 첨두수요(尖頭需要)까지 수용할 수 있도록 도로용량이나 대중교통용량을 증대시키거나, 첨두수요를 분산시키는 방법을 강구해야 한다.

(3) 중심업무지구

모든 도시지역은 토지이용 밀도가 특별히 높은 지역이 적어도 한 곳은 있다. 이와 같은 지역은 다른 여러 곳으로부터의 접근이 아주 용이해야 할 필요가 있는 곳으로, 주로 도심지에 위치하여 주요 사무실, 쇼핑센터, 문화센터 등이 몰려 있으며 이 지역을 중심업무지구(中心業務地區, Central Business District, CBD)라 한다.

앞에서 말한 첨두통행의 많은 부분이 기점과 종점을 CBD에 두고 있기 때문에 CBD는 주변지역의 다른 곳보다도 교통에 관한 관심이 더욱 크게 요구되는 곳이기도 하다. 또 토지이용의 밀도와 지가가 높기 때문에 넓은 토지나 공간을 필요로 하는 교통문제 해결책을 시행하는 데는 많은 어려움이 있다.

도시지역으로 들어오는 대부분의 교통은 일부 이 지역을 통과하는 교통을 제외하고는 거의 도시 내에 목적지를 갖는다. 도시 내로 들어오는 교통 중에서 통과교통이 아닌, 목적지가 도시 내인 교통의 비율은 도시의 크기가 커짐에 따라 증가하며, 반대로 도시 내 교통 중에서 CBD에 목적지를 둔 비율은 도시의 크기가 커질수록 감소한다.

(4) 도시주차

차량주차는 도로교통시스템의 중요한 요소이다. 차량당 연평균 주행거리를 기준으로 볼 때 1년에 차량을 운행하는 시간보다 세워놓는 시간이 훨씬 더 많다. 그러므로 CBD와 같이 주차공간에 비해 주차수요가 많은 지역은 주차특성을 면밀(綿密)히 분석할 필요가 있다. 이와 같이 주차문제는 도시 규모가 클수록 더욱 심각해진다. 일반적으로 도시의 크기가 클수록 CBD의 주차공간의 절대량은 크지만 인구당 주차공간으로 볼 때는 오히려 줄어든다.

도시의 크기가 클수록 주차장으로부터 최종목적지에 이르는 평균보행거리가 길어진다. 그러나 이 거리는 통행목적에 따라 크게 차이가 나며, 통상(通常) 장시간 주차를 하는 출퇴근을 위한 통행이 다른 통행목적에 비해 주차장에서 최종목적지까지의 보행거리가 길다. 쇼핑이나 개인용무를 위한 통행의 주차시간은 비교적 짧으며, 따라서 목적지에 가까운 주차장을 찾으려는 경향 때문에 이때의 보행거리는 짧아진다.

주차수요는 하루 종일 변한다. 대도시에서 하루에 주차하는 실주차대수(實駐車臺數, parking volume)의 50% 이상이 오전 11시와 오후 2시 사이에 주차를 하며, 주차수요는 교통량처럼 계절별, 요일별, 시간별로 변동이 있다.

● 참고문헌 ●

1. TRB., *Transportation Education and Training*, TRB. Rec. 1101, 1986.
2. ITE., *Transportation Engineering*, Journal, 1980. 1.
3. Edward K. Morlok, *Introduction to Transportation Engineering and Planning*, McGraw-Hill Book Co., 1978.
4. ITE., *Membership Directory*, Washington D.C., 1985.
5. Everett C. Carter and W. S. Homburger, *Introduction to Transportation Engineering*, ITE., 1978.
6. Roger L. Creighton, *Urban Transportation Planning*, University of Illinois Press, 1970.
7. John W. Dickey, *Metropolitan Transportation Planning*, Scripta Book Co., 1975.
8. Arnold Whittick, *Encyclopedia of Urban Planning*, McGraw-Hill Book Co., 1974.
9. William I. Goodman and Eric C. Freund, *Principles and Practice of Urban Planning*, ICMA., 1968.
10. ITE., *Transportation and Traffic Engineering Handbook*, 1982.
11. J. H. Banks, *Introduction to Transportation Engineering*, *Second Edition*, McGraw-Hill Book Co., 2004.
12. 경찰청, 2001년도판 교통사고통계, 2001.
13. 건설교통부, 교통통계연보, 2002.
14. 교통안전공단, 2001 자동차 주행거리 실태조사 연구, 2002. 12.

제 2 장

차량, 인간특성 및 교통량 변동

　교통이란 3개의 주요 요소, 즉 수송로와 터미널, 차량, 그리고 운전자 및 통행자로서의 인간이 어우러지는 현상이다. 교통시설 및 이의 계획, 설계, 운영을 위해서는 교통의 주체가 되는 차량과 인간 요소 중에서 교통과 관련되는 어떤 기본적인 특징을 이해할 필요가 있다. 뿐만 아니라 이 요소들이 교통로 상을 이동할 때 생성되는 교통류는 관로(管路) 내에서 흐르는 유체(流體)와 유사한 특성을 나타내며 흘러간다.

　이 장에서 다루는 차량이란 주로 자동차와 자전거를 말하며, 또 이 차량을 움직이는 인간의 육체적, 생리적, 정신적인 면이 교통에 미치는 요인과 교통류의 물리적 현상을 이 장에서 중점적으로 설명한다. 통행을 일으키는 동기(動機)는 뒤에 교통계획에서 다룬다.

　교통전문가는 다양한 도로, 차량, 운전자를 취급한다. 각 운전자는 같은 교통조건에 대하여 보고, 듣고, 반응하는 능력이 각자 다르며, 차량의 성능도 비록 같은 공장에서 동시에 생산된 것이라 하더라도 서로 다르다. 도로조건 역시 꼭 같은 곳이라고는 존재하지 않는다.

　이와 같이 다양한 차량, 도로 또는 운전자의 행태(行態)가 평균치를 중심으로 어떤 경향을 갖는다고 할 때, 단지 이 평균치만을 기준으로 하여 계획 또는 설계를 해서는 안 된다. 뿐만 아니라 여러 운전자나 차량 또는 서로 다른 도로구간에 존재하는 다양성(多樣性)을 이해하지 않으면 교통시설을 적절하게 설계하거나 운영할 수 없다.

　이 다양성을 교통공학에 적절히 반영하기 위해서는 다양한 형태의 분포가 어떤 것인지 알아야 하며 이를 통계적으로 처리할 줄 알아야 한다.

2.1 차량 특성

2.1.1 규격 및 중량

교통류에 포함되는 차량은 승용차, 버스, 화물자동차, 2륜차(輪車) 등으로서 크기나 중량이 크게 다르다. 이들 차량의 제원(諸元)은 도로설계 때 구조적으로나 기하(幾何)적인 측면에서 큰 영향을 미친다.

일반적으로 통용되는 도로의 규격은 차량의 규격을 제한한다. 한 차로의 폭은 통상 3.5 m 이내이며 통과높이는 4.5 m 이상의 값이 일반적으로 사용된다. 그러므로 차량의 최대규격은 이러한 도로의 규격보다 적은 값을 갖도록 법에 규정하고 있다. 또한 도로포장의 종류나 규격에 따라서 차량의 허용 축(軸)하중이나 바퀴하중이 달라진다. 우리나라의 자동차안전기준에 관한 규칙(건설교통부: 2001. 4. 28.)에 규정된 차량의 규격 및 중량제한은 다음과 같다.

길이	13.0 m 이하
폭	2.5 m 이하
높이	4.0 m 이하
최저 지상고	0.12 m 이상
차량 무게	20톤 이하(화물차 및 특수차 40톤)
축하중	10톤 이하
바퀴하중	5톤 이하
연결차	16.7 m 이하
최소회전반경	12.0 m 이하(바깥쪽 앞바퀴 기준)

차량의 제원은 어떤 교통시설을 설계하는 데 영향을 준다. [그림 2.1]은 우리나라의 대표적인 중형 승용차의 제원이다. 회전반경은 통로와 램프의 설계에 필요한 자료이며, 앞뒤 내민 길이는 주차장시설의 설계에 필요한 자료이다. 교차로와 교통섬을 설계하기 위해서는 그 지점에서 통과가 예측되는 가장 큰 차량의 회전양상을 고려해야 한다.

2.1.2 주행저항과 가속 및 감속

차량에 작용하는 외력(外力)은 엔진출력으로부터 차량내부 각 기관에서 소모된 후 최종적으로 구동(驅動)바퀴에 전달되는 구동력과, 주행저항 및 바퀴와 노면 사이의 마찰력(摩擦力) 등이다. 이 힘들의 합력에 의해 가속도 또는 감속도가 작용하여 차량이 움직이거나 속도를 변화시킨다.

차량이 움직이는 데 발생하는 엔진 외부저항을 주행저항이라 하며 여기에는 구름저항(rolling resistance), 공기저항(air resistance), 경사저항(grade resistance), 곡선저항(curve resistance)이 있다.

차량이 가속을 할 때 이에 저항하는 관성력(慣性力)을 가속저항 또는 관성저항이라 하여 주행저항에 포함시키는 사람도 있으나, 이 관성력은 감속 시에도 저항력과 반대 방향으로 발생하므로 여기서는 주행저항에 포함시키지 않고 별도로 고려한다.

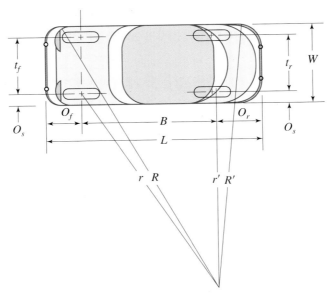

부호	명칭	길이(m)
L	전체 길이	4.71
W	전체 폭	1.82
B	축간 거리	2.70
O_f	앞 내민 길이	0.85
O_r	뒷 내민 길이	0.96
O_s	옆 내민 길이	0.15
R	최소회전반경(앞범퍼)	5.58
R'	최소회전반경(뒷범퍼)	4.58
r	최소회전반경(앞바퀴)	3.88
r'	최소회전반경(뒷바퀴)	2.94
t_r	뒷바퀴 간격	1.52
t_f	앞바퀴 간격	1.54
	높이	1.41
	최저 지상고	0.16
	차량 무게(공차 시)	1.34톤

[그림 2.1] 우리나라 대표적 중형 승용차의 제원(2,000 cc)

① 구름저항(rolling resistance; R_r): 구르는 타이어와 노면 간의 접지(接地)조건에 따라 발생하는 저항. 노면상태와 차량의 무게에 좌우된다. 차량의 무게를 W(kg)라 할 때 승용차, 아스팔트 또는 콘크리트의 양호한 노면상태를 기준으로 해서 $R_r = 0.013\,W$(kg)의 관계를 갖는다.

② 공기저항(air resistance; R_a): 차량 진행로의 공기효과 및 차량 표면의 공기 마찰력, 차량 후미의 진공효과에 의한 저항력. 차량의 전부(前部)단면적과 주행속도에 좌우된다. 차량의 전부 단면적을 A(m^2), 속도를 V(kph)라 할 때, $R_a = 0.0011AV^2$(kg)이다. 이 식은 공기저항계수가 비교적 작은 최근의 승용차에 관한 식이므로 제작 연도가 오래된 차량이나 버스나 화물차인 경우는 이보다 더 큰 값을 갖는다.

③ 경사저항(grade resistance; R_g): 차량 무게가 경사로(傾斜路) 아래 방향으로 작용하는 분력. 차량의 무게와 경사의 크기에 좌우된다. 경사의 크기를 $s(\%)$라 할 때, $R_g = 0.01W \cdot s\,(\text{kg})$의 관계를 갖는다.

④ 곡선저항(curve resistance; R_c): 곡선구간을 돌 때 앞바퀴를 안쪽으로 끄는 힘으로 소모되는 힘. 차종, 곡선반경, 속도에 좌우된다. 곡선저항 R_c는 다음 표와 같다.

곡선반경(m)	속도(kph)	곡선저항(kg)
345	80	18
345	95	36
170	50	18
170	65	54
170	80	108

(1) 가속

차량의 가속 및 감속특성은 교통공학과 도로기술에서 매우 중요하다. 운전자가 정상적인 여건에서 속도를 변화시키는 변화율은 고속도로의 가속, 감속차로 및 테이퍼(taper)의 설계, 주의표지의 위치선정, 속도변화구간의 설치를 위한 기초자료를 제공한다. 최대가속능력은 운전자가 왕복 2차로 도로에서 추월을 할 때 발휘(發揮)되며 도로의 종단곡선 및 평면곡선 설계의 중요한 요소가 된다.

가속하는 데 쓰이는 힘은 구동바퀴에 전달되는 구동력에서 주행저항을 뺀 나머지 힘이다. 이를 수식으로 나타내면 다음과 같다. 여기서 차량이 직선운동을 하므로 모든 힘을 스칼라량으로 나타내도 좋다.

$$F - R = \frac{W \cdot a}{g} \tag{2.1}$$

여기서 F = 구동바퀴에 전달되는 구동력(kg)

R = 주행저항(kg)

W = 차량의 무게(kg)

a = 가·감속도(m/sec^2)

g = 중력의 가속도($9.8\ \text{m/sec}^2$)

이 식을 다시 쓰면 $a = \dfrac{(F-R)g}{W}$로서 가속도는 구동력에서 주행저항을 뺀 힘 $(F-R)$에 비례하고 차량의 무게 W에 반비례한다는 것을 알 수 있다. 그러나 구동바퀴의 구동력이 아무리 커져도 구동축 타이어와 노면의 마찰계수로 결정되는 마찰력보다 클 수는 없다. 차량의 무게는 구름저항과 경사저항의 크기에 영향을 주며, 속도는 공기저항과 곡선저항의 크기에 영향을 준다. 승용차의 가속 능력은 일반적으로 트럭이나 버스보다 크다. 이러한 사실은 트럭과 승용차가 동시에 같은 교통류에 혼입(混入)될 때 문제를 야기하기 때문에 중요하다.

승용차의 정상적인 가속도 및 감속도는 주행 중의 속도에 따라 다르며 일반적으로 관측되는 값은 [표 2.1]과 같다. 차량이 추월하기 위해서는 그 차량의 최대가속능력을 고려해야 한다.

[표 2.1] 정상 가속도 및 감속도

속도변화(kph)	가속도		감속도	
	(kph/sec)	(m/sec^2)	(kph/sec)	(m/sec^2)
0~30	5.5	1.53	7.5	2.08
30~40	2.0	0.56	6.7	1.86
40~50	1.4	0.39	5.0	1.39
50~60	1.0	0.28	5.0	1.39
60~70	0.8	0.22	5.0	1.39
70~80	0.8	0.22	5.0	1.39

자료: 참고문헌(2)

(2) 감속

차량의 브레이크를 밟지 않더라도 가속페달에서 발을 떼면 공기저항과 엔진 압축력에 의해서 저절로 감속이 된다. 따라서 고속에서는 이들 저항이 크므로 감속도가 비교적 크다. 예를 들어 시속 100 km로 달리다가 가속페달에서 발을 떼면 약 3.4 kph/sec의 감속이 생긴다. 이 경우는 후미등(後尾燈)이 켜지지 않으므로 뒤에 따라오는 차량에게 예고 없이 감속이 이루어지는 상황이기 때문에 고속교통을 통제할 때 유의해야 한다.

브레이크를 밟아 감속하는 경우, 비상시 최소정지거리를 얻기 위해서는 최대감속도를 사용하며, 정지표지나 신호등 앞에서 정상적인 정지를 하기 위해 필요한 적절한 길이와 시간을 알기 위해서는 정상적인 감속도를 사용한다.

차량이 일정한 속도로 주행할 때 구동바퀴에 공급되는 구동력은 저항을 극복하는 힘뿐이다. 따라서 차량을 정지시키기 위해서 작용하는 힘은 구동력이 단절됨으로써 살아나는 주행저항력과 차량에 작용하는 제동력이며, 이 두 힘으로 차량이 가지고 있는 관성을 제거한다. 또 만약 v(m/sec)의 속도에서 감속을 하여 t초 후 정지하는 경우라면, $v = at$이므로 이 관계식은 식 (2.2)의 세 번째 항과 같이 나타낼 수 있다.

$$F + R = \frac{W \cdot a}{g} = \frac{W \cdot v}{g \cdot t} \tag{2.2}$$

주행저항력은 제동력에 비해 그리 크지 않으므로 이를 무시하고, 제동력은 타이어와 노면 사이의 마찰력(摩擦力)과 같으므로 식 (2.2)는 다음과 같이 된다.

$$f \cdot W = \frac{W \cdot a}{g}$$

따라서 감속도는 다음과 같이 나타낼 수 있다.

$$a = f \cdot g \tag{2.3}$$

이 식에서 보는 바와 같이 적용되는 감속도가 작으면(브레이크 페달을 약하게 밟으면) 마찰계수가 작아지고 마찰력도 작아진다. 그러나 브레이크를 최대로 밟아 바퀴가 완전히 잠겼을 때 최대마찰력이 발생하며 급기야 타이어는 노면에 미끄러진다. 이 경우 정지시간 t가 가장 짧아지고 미끄러지는 거리도 최소가 된다. 최대감속은 비상시를 제외하고는 승객에게 불쾌감을 주므로 잘 사용하지 않는다. 불쾌감이 없을 정도의 감속도는 최대감속도에 비해 훨씬 작은 값을 가지며 이것 또한 속도에 따라 다르다. 앞의 [표 2.1]에서 보는 바와 같이 고속에서 많이 사용하는 감속도는 저속에서의 감속도보다 작다. s만 한 종단경사가 있는 경우의 감속도는 $a = (f + s) \cdot g$로 나타낸다.

최대마찰계수는 속도, 타이어 마모(磨耗)상태, 포장면의 종류, 노면상태에 따라 달라지며 고속에서의 마찰계수는 저속에서보다 작다. 따라서 고속에서의 감속도는 저속에서의 감속도에 비해 작으므로 고속에서 급정거하기까지의 최대감속도는 저속에서의 최대감속도보다 작다.

같은 속도라 하더라도 노면상태나 타이어 마모상태에 따라 최대마찰계수는 큰 차이를 나타낸다. 예를 들어 60 kph에서 새 타이어의 경우 최대마찰계수는 0.76인 반면 많이 마모된 타이어의 마찰계수는 0.3이다. 뿐만 아니라 60 kph에서 건조한 PC 콘크리트 노면의 마찰계수가 0.63이며, 같은 PC 콘크리트면서 노면이 젖었을 경우의 마찰계수는 0.32밖에 되지 않는다.

[그림 2.2]는 속도와 노면상태 및 타이어 마모상태에 따른 종방향(縱方向) 미끄럼 마찰계수를 나타낸다.

교통시설의 계획이나 설계에서 요구되는 마찰계수는 이처럼 다양한 도로조건, 속도차량에 대하여 모두 안전한 값을 갖도록 충분히 낮아야 한다. 실제 상황에서 가능한 모든 조건을 포함하면서 가

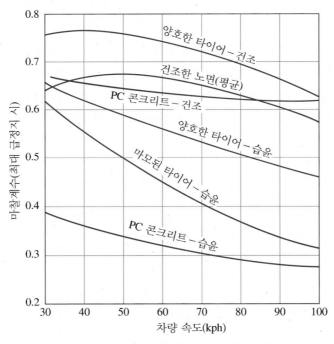

[그림 2.2] 노면 및 타이어 마모상태에 따른 미끄럼 마찰계수

자료: 참고문헌(3)

(참고) 마찰은 두 물체의 상대적인 운동에 반대하는 접촉력으로서, 아직도 이를 정확히 설명할 기본 이론이 없는 복잡한 현상이다. 예를 들어 2개의 거친 면을 샌드페이퍼로 매끄럽게 하면 두 면 사이의 마찰력이 상당히 감소한다. 그러나 면을 더 연마하면 이상하게도 마찰이 다시 증가하기 시작한다. 사실상 표면의 거칠기 정도는 전체 마찰의 10% 정도밖에 설명하지 못한다. 따라서 매끄러운 면이 마찰이 작다고 생각하는 것은 잘못이다. 기관차의 연마된 바퀴가 매끄러운 레일 위를 달릴 때 큰 견인력을 낸다는 것이 이러한 사실을 뒷받침한다. 마찰에 관한 최신 이론에는 표면접착설, 정전기력설(靜電氣力說) 등이 있다.

장 안전한 마찰계수는 설계목적상 정지시거를 계산할 때에 사용되며, 이 값은 미국의 AASHTO (American Association of State Highway and Transportation Officials)에 의해 주어졌으며 제7장에서 다시 언급한다.

운전자가 비상시 급정거할 때의 최소정지거리는 교통공학이나 도로설계에서 아주 중요한 요소이다. 이 거리는 운전자가 어떤 상황에서 반응하는 시간 동안 달린 거리와 제동거리의 합이다. 즉,

$$d = \frac{v^2}{2a} + t_r \cdot v = \frac{v^2}{2g(f+s)} + t_r \cdot v \tag{2.4}$$

여기서 d = 최소정지거리(m)

　　　v = 차량속도(m/sec)

　　　g = 중력의 가속도(9.8 m/sec²)

　　　f = 타이어 – 노면의 마찰계수

　　　s = 경사(m/m, 오르막 +, 내리막 −)

　　　t_r = 운전자 반응시간(지각-반응시간)(초)

속도는 kph의 단위를 사용하는 것이 편리하므로 식 (2.4)를 간단히 고쳐 쓰면 다음과 같다.

$$d = \frac{V^2}{254(f+s)} + 0.278V \cdot t_r \tag{2.5}$$

여기서 d의 단위는 m이며, V의 단위는 kph, t_r의 단위는 초이다.

예제 2.1 중량 1,500 kg이고 전부 단면이 3 m²인 차량이 40 kph의 일정 속도로 달리다가 제동을 하여 감속하였다. 제동 시 타이어 – 노면의 마찰계수가 0.5라 할 때,
(1) 초기감속도는 얼마인가?
(2) 감속 1초 후의 속도와 감속도를 구하라. (단 0~1초 사이의 감속도는 일정하다고 가정한다.)
(3) 최초감속 후 1초 동안 달린 거리를 구하라.
(4) 마찰계수가 0.3인 여유 있는 감속을 하였다면 초기감속도는 얼마인가?

풀이　(1) $R_r = 0.013W = 0.013(1,500) = 19.5$ kg

　　　　　$R_a = 0.0011AV^2 = 0.0011(3)(40)^2 = 5.3$ kg

　　　　　제동력 F는 마찰력과 같으므로

　　　　　$F = f \cdot W = 0.5(1,500) = 750$ kg

　　　　　식 (2.2)에서

　　　　　$-750 - (19.5 + 5.3) = \dfrac{1,500a}{9.8}$

　　　　　$a = -5.06$ m/sec²

　　　(2) 감속 1초 후 속도 $= 40 - 5.06 \times 3.6 = 21.8$ kph

　　　　　감속 1초 후 감속도

　　　　　$R_a = 0.0011(3)(21.8)^2 = 1.57$ kg

$$-750 - (19.5 + 1.57) = \frac{1,500a}{9.8}$$

$$a = -5.04 \text{ m/sec}^2$$

(3) $d = v_0 t + \dfrac{1}{2}at^2 = \dfrac{40}{3.6}(1) - \dfrac{1}{2}(5.06)(1)^2 = 8.6 \text{ m}$

(4) 제동력 $F = 0.3(1,500) = 450 \text{ kg}$

$$-450 - (19.5 + 5.3) = \frac{1,500a}{9.8}$$

$$a = -3.1 \text{ m/sec}^2 \qquad \blacksquare$$

예제 2.2 고속도로의 경사가 5% 되는 구간을 100 kph로 달리는 차량이 어떤 위험한 물체를 보고 정지할 수 있는 최소정지거리를 구하라. 단 타이어–노면의 종방향 마찰계수는 0.7이다.

풀이 연속교통시설이므로 $t_r = 2.5$초

$$d = \frac{V^2}{254(f+s)} + 0.278V \cdot t_r$$

$$= \frac{100^2}{254(0.7+0.05)} + (0.278)(100)(2.5) = 122 \text{ m} \qquad \blacksquare$$

2.1.3 구동특성

(1) 마력 및 주행속도

차량의 구동축에 전달되는 구동력만 가지고는 속도가 관련되는 차량의 운행능력이나 운행특성을 설명할 수 없다. 따라서 마력(horsepower; hp)이란 출력단위를 사용한다. 마력이란 일률 또는 공률(工率), 즉 단위시간당 한 일의 크기를 말하며, 힘이 작용하는 속도와 같다. 1마력(hp)은 74.6 kg의 무게를 1초 동안에 1 m 움직이는 능력을 말하며, 일반적으로 차량이 출고될 때 최대출력을 마력으로 나타내는 경우가 많다.

마력과 힘, 속도와의 관계를 수식으로 나타내면 다음과 같다.

$$P = \frac{FV}{3.6 \times 74.6} = 0.00373FV \tag{2.6}$$

여기서 P =마력(hp)

F = 주행저항(R) + 관성력(kg)

V =주행속도(kph)

예제 2.3 5톤 화물차의 출고 시 제원표시가 2.65 t, 83 hp로 되어 있으며 차량의 전부(前部)단면적은 3 m²이다. 승객의 체중을 2인 150 kg이라 할 때, 최대적재하중(5톤)에서 다음을 구하라.

(1) 평지를 주행할 때의 최고속도

(2) 10% 경사구간을 오를 때의 최고오르막속도(crawl speed)

풀이 적재 시 총 중량 = 2,650 + 150 + 5,000 = 7,800 kg

(1) $R_r = 0.013(7,800) = 101.4$ kg

$R_a = 0.0011(3)V^2 = 0.0033V^2$

$P = 0.00373(101.4 + 0.0033V^2)V = 83$

그러므로 $V = 137$ kph

(2) $R_g = 0.01(7,800)(10) = 780$ kg

$P = 0.00373(101.4 + 780 + 0.0033V^2)V = 83$

그러므로 $V = 25$ kph ■

(2) 구동력 및 제동력과 축하중

정지해 있거나 주행하는 차량에 가속력이 작용하거나, 주행하는 차량에 제동력이 가해지면 관성에 의해 차량이 뒤로 젖혀지거나 앞으로 쏠리고, 따라서 바퀴에 작용하는 하중이 변한다. 구동력이나 제동력은 이렇게 변한 바퀴하중에 의해 계산된다. 이 문제들에서는 주행저항을 무시한다. 왜냐하면 가속 또는 감속 중에는 속도가 변함에 따라 주행저항이 변하므로 이를 고려하기가 매우 복잡하기 때문이다.

앞에서 언급한 바와 같이 차량의 가속력은 구동바퀴의 구동력에서 나오며, 제동력은 모든 바퀴의 마찰력에서부터 나온다. 또 가속을 하거나 감속을 할 때는 그 힘의 반대 방향으로 크기가 $W \cdot a/g$인 관성력이 발생한다. 따라서 축하중으로부터 구동력 및 제동력을 구하는 관계식은 다음과 같다.

$$구동력 = 마찰계수 \times 구동축하중 \tag{2.7}$$
$$제동력 = 전륜마찰계수 \times 전륜축하중 + 후륜마찰계수 \times 후륜축하중 \tag{2.8}$$

차량이 가속하거나 감속을 하면 차량의 무게중심에 관성력이 작용하므로 이로 말미암아 관성모멘트(차량이 뒤로 뒤집어지거나 앞으로 쏠리는 모멘트)가 생기고, 이로 인해 앞·뒷바퀴에 걸리는 하중은 차량이 정지해 있을 때의 하중과 다른 값을 갖는다. 이와 같이 변화되는 축하중을 구하는 것은 기본적인 정역학 문제이다. 이들의 관계는 다음과 같은 식으로 요약할 수 있다.

$$W_R' = W_R \pm 관성력 \times \frac{차량\ 중심의\ 높이}{축간\ 거리} \ (가속\ 시\ +,\ 감속\ 시\ -) \tag{2.9}$$

$$W_F' = 차량\ 총\ 중량 - W_R' \tag{2.10}$$

여기서 W_F', W_R' = 가·감속 시 전·후륜축하중

W_R = 정지 시 후륜축하중

예제 2.4 중량이 2톤이고 전륜과 후륜 간 거리가 5 m인 차량이 있다. 이 차량의 무게중심은 노면으로부터 50 cm에 있다면, 이 차량이 노면마찰계수 0.7로 급정거했을 때 전륜과 후륜에 걸리는 제동력의 비를 구하라. 단 정지 시 전륜과 후륜의 하중분포는 60 : 40이다. 또 제동 전 초기속도가 80 kph이라면 감속도 및 제동거리는 얼마인가? 단 주행저항은 무시한다.

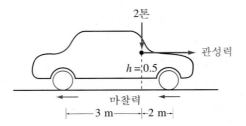

2톤

관성력

$h = 0.5$

마찰력

|— 3 m —|—2 m—|

풀이 (1) 무게중심 $5 \times 40/100 = 2$ m(전륜으로부터 뒤로)

(2) 제동에 의한 관성력은 마찰력과 같으므로,

$$F = 0.7W = 0.7(2,000) = 1,400 \text{ kg}(\text{진행방향})$$

(3) 전·후륜에 걸리는 하중

식 (2.9), (2.10)에서

$$W_R' = 2,000(0.4) - 1,400(0.5)/5 = 660 \text{ kg}$$

$$W_F' = 2,000(0.6) + 1,400(0.5)/5 = 1,340 \text{ kg 또는 } 2,000 - 660 = 1,340 \text{ kg}$$

(4) 전·후륜에 걸리는 제동력의 비

(전·후륜의 마찰계수는 같으므로 제동력의 비는 하중의 비와 같다.)

$$W_R'/W_F' = 660/1,340 = 0.49$$

(5) $a = f \cdot g = 0.7 \times 9.8 = 6.86 \text{ m/sec}^2$

$$d = \frac{v_0^2}{2a} = \frac{(80/3.6)^2}{2 \times 6.86} = 36 \text{ m}$$

예제 2.5 중량이 2톤이고 전륜과 후륜 간 거리가 5 m인 후륜구동 차량이 있다. 이 차량의 무게중심은 노면으로부터 50 cm에 있다면, 이 차량이 수평한 도로에서 낼 수 있는 최대가속도를 구하라. 단 타이어와 노면의 최대마찰계수는 0.7이며, 정지 시 전륜과 후륜의 하중분포는 60 : 40이고, 주행저항은 무시한다.

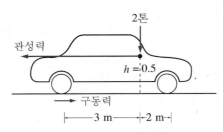

2톤

관성력

$h = 0.5$

구동력

|— 3 m —|-2 m-|

풀이 (1) 정지 시 무게중심 $5 \times 40/100 = 2$ m(전륜으로부터 뒤로)

(2) 최대구동력은 후륜에서 나오며 그 크기는 $0.7W_R'$와 같다. 즉

$$\frac{2,000a}{g} = 0.7W_R'$$

(3) 가속 시 후륜하중

$$W_R' = 2,000(0.4) + \text{관성력}(0.5/5)$$

$$= 800 + \frac{2,000a}{g}(0.1) = 800 + \frac{200a}{g}$$

(4) 따라서

$$\frac{2,000a}{g} = 0.7\left(800 + \frac{200a}{g}\right) = 560 + \frac{140a}{g}$$

그러므로 $a = 2.95 \text{ m/sec}^2$

2.1.4 운행비용 및 배기가스

(1) 차량운행비용

차량의 운행비용은 크게 두 가지로 나눌 수 있다. 첫째는 연료, 오일, 타이어 및 수리유지비를 포함하는 직접비용(가변비용)이며, 이 비용은 차량의 사용 정도에 따라 달라진다. 둘째는 고정비용으로서 차량의 사용 정도에 상관없이 소용되는 비용이다. 여기에는 감가상각비, 보험료, 면허세, 등록세 등이 있다. 총 고정비용 또는 연평균 주행거리당 고정비용은 국가 수송경제적인 측면에서 볼 때의 관심사항이지만 교통공학에서는 교통설계에 의해서 좌우되는 직접비용만을 고려한다. 총비용은 차량의 종류나 운행행태에 따라 좌우될 뿐만 아니라 연료, 임금, 세금 등의 단위비용의 크기에 따라 달라진다.

(2) 배기가스

정부는 차량으로부터 배출되는 대기오염물질의 허용기준을 정하여 이를 규제하고 있다. 이와 같은 규제는 대기환경보전법 및 동 시행령(2000. 2. 3. 개정)에 의한 것으로서 교통으로 말미암아 파생되는 오염을 방지하여 대기를 쾌적하게 보전하기 위하여 차량의 제작에서부터 통행 및 연료사용에 이르기까지 배기가스에 관한 전반적인 사항을 관장한다.

배기가스는 통상 엔진이 냉각된 상태와 가열된 상태에서 표준시험 운행하면서 측정한다. 냉각엔진은 일반적으로 가열된 상태 때보다 더 많은 오염물질을 방출하며, 그 방출률(放出率)은 엔진에 흡입되는 연료/공기비에 따라 달라진다. 그러므로 차량의 배기가스 방출률은 냉각엔진 및 가열된 엔진으로 주행하면서 가속, 감속, 엔진 공회전(空回轉)을 정해진 순서와 정해진 시간 동안 실시하여 측정한다.

차량운행으로 인하여 배출되는 대기오염물질로는 일산화탄소(CO), 질소산화물(NO_x), 탄화수소(HC), 황산화물(SO_x) 및 초미세먼지가 있다. 한 해 동안 전국의 대기오염물질 배출량은 약 400만 톤으로 이 중 자동차가 약 60%를 차지하고 있다. 특히 서울을 비롯한 대도시에서는 자동차교통이 차지하는 대기오염 비중은 80%를 상회한다. 자동차에서 연간 배출되는 일산화탄소는 약 100만 톤이며 질소산화물은 60만 톤, 탄화수소는 15만 톤, 황산화물은 40만 톤, 초미세먼지는 10만 톤 정도이다. CO와 NO_x는 모두 배기통에서 배출되며 HC는 60%가 배기통에서, 나머지는 크랭크케이스에서 20%, 기화기의 증발에 의해서 20%가 배출된다.

배기가스에 의한 폐해는 ① 연기나 스모그 현상에 의한 시계감소, ② 부식, 마손, 산화, 가수분해 등과 같은 물질손상, ③ 과일손상, 성장장애, 생산량 감소와 같은 농작물 피해, ④ 사람과 가축에 대해 눈과 호흡기 자극, 호흡기 질병, 폐 조직의 변질, 혈액성분 변화 등과 같은 생리적 피해, ⑤

오염물질에 대한 노출공포 및 정신질환 등이 있다. 일산화탄소는 폐와 호흡기 기능을 저하시키며, 혈액성분을 변화시키고, 시력과 정신기능을 약화시킨다. 특히 일산화탄소는 혈중(血中) 산소를 빼앗 아가므로 심장질환, 천식, 빈혈이 있는 사람에게는 아주 위험하다. 공기 중에 있는 질소산화물의 역 효과는 아직 알려진 바가 없다. 그러나 질소산화물은 공기 중에서 쉽게 이산화질소로 바뀌어 폐와 혈액에 피해를 준다. 탄화수소는 공기 중에서 색다른 광화학물질(光化學物質)로 금방 바뀌기 때문 에 공기 중에 오랫동안 잔류하지는 않으나 암을 유발한다고 알려지고 있다. 납은 심장과 혈관, 중추 신경과 말초신경 계통에 영향을 미치며, 특히 간, 신장, 뇌세포에 손상을 준다.

디젤엔진을 사용하는 버스, 트럭 등 대형차량이 대기오염물질을 많이 배출한다고 알려져 대기오 염의 관점에서 볼 때 바람직하지 않은 교통수단으로 지목받고 있다. 그러나 배기량을 기준으로 하거 나 그들이 실어 나르는 승객수나 화물의 양을 감안한다면 오히려 더 효과적일 수 있다. 단위 배기량 을 기준으로 할 때 휘발유엔진은 디젤엔진에 비해 CO는 약 60배, HC는 2배가량 더 많은 배기가스 를 배출한다. 반면 디젤엔진은 휘발유엔진에 비해 NO_x를 1.1배 더 많이 배출하며, SO와 부유분진 은 휘발유엔진에 비해 훨씬 더 많이 배출한다.

초미세먼지는 배기가스는 물론이고 포장과 타이어 마모, 브레이크 패드의 마모에서 많이 발생하 며, 황산염, 질산염, 암모니아 등과 같은 발암물질과 납을 포함하고 있어 주의를 끌고 있다. 납은 연료의 옥탄가를 올리기 위해 Tetraethyl lead나 Tetramethyl lead로 첨가되는데, 대부분의 납 함유 분진이 $1\,\mu$m 이하의 크기로서 호흡에 의하여 인체에 흡수되기 용이하다.

디젤엔진 차량에서는 특히 냄새가 심하며 아직 이 냄새의 원인물질이 명확히 규명되지는 않았으 나 알데히드 카보닐, 기타 각종 산화물질일 것으로 추측된다.

2.2 운전자 특성

도로교통시스템을 설계하고 운영하기 위해서는 도로이용자가 갖추어야 할 조건과 능력을 잘 알고 있어야 한다. 운전은 매순간 변하는 자극에 대한 신속한 판단과 행동을 요구하므로 운전자는 이것에 대처할 수 있는 능력을 가져야 하기 때문이다.

통상 운전자는 운행 중에 눈과 귀로 받아들이는 여러 가지 자극 중에서 자기의 운전과 관계되는 것만을 가려낼 능력을 가진다. 이와 같이 얻어진 운전에 관련된 정보와 관찰로부터 운전자는 어떤 행동을 취해야 안전하게 운전할 것인가를 순간적으로 판단한다. 과거의 학습이나 경험은 접수된 정 보를 판단하는 데 도움을 준다. 예를 들어 길 위로 공이 굴러 들어오는 것을 보았다면, 보이지는 않지만 길에서 노는 어린이가 길에 갑자기 뛰어 들어올 수 있을 것이라고 판단한다.

어떤 사실을 지각(知覺)한 후 이를 분석하고 이에 따라서 취해야 할 반응의 종류, 즉 정지할 것인 가, 속도를 줄일 것인가, 급히 좌·우회전할 것인가, 그냥 지나갈 것인가를 판단하고 결정한다. 이 결정은 다시 근육운동을 수반하는 행동으로 나타나게 된다. 이와 같은 복잡한 과정은 운전자의 심리 적 또는 육체적 상태에 따라 많은 영향을 받는다.

교통대책을 성공적으로 수립하는 데 있어서 운전자의 평균적인 육체적·정신적 한계뿐만 아니라 그 변화의 범위도 알아야만 적절한 교통통제나 운영대책을 세울 수 있다. 외부 자극에 대한 인간의 신체적 반응은 다음과 같은 일련의 과정을 통하여 이루어진다.

① 지각 또는 발견(perception): 자극을 시각(視覺), 청각(聽覺), 촉각(觸覺) 등과 같은 감각기관, 즉 수용기(受容器, receptor)에서 접수하여 뇌로 전달되는 과정이며, 이 자극(예를 들어 주행로상의 어떤 물체를 보는 것)은 운전과 관련이 없는 것일 수도 있다. 이 과정은 구심성(求心性) 신경활동으로서 무의식 과정이다.

② 식별 또는 확인(identification 또는 intellection): 뇌에서 그 자극이 무엇인지를 확인하고(예를 들어 그 물체가 길가에서 굴러온 공이라는 것을 파악), 운전과 관련이 없는 불필요한 정보는 여과시키는 과정이다. 중추신경이 여과기(濾過器, filter) 역할을 한다.

③ 행동판단 또는 결정(emotion 또는 judgement): 기존의 기억이나 사고(思考) 및 경험과 비교 판단하여 적절한 행동(정지, 추월, 감속, 경적 울림, 비켜감 등)을 선택하는 최종 의사결정 과정으로서 중추신경 활동이다. 예를 들어 도로변에 공놀이를 하는 어린이가 있을 수 있으므로 감속을 해야 한다고 결정하는 것이다.

④ 행동수행(volition 또는 reaction): 의사결정된 행동을 원심성(遠心性) 신경활동과 효과기(效果器, effector), 즉 운동기관을 통하여 차량에 작용하여 원하는 차량의 반응이 시작되기 직전까지의 과정이다. 예를 들어 가속페달에서 발을 떼는 순간부터 감속페달을 밟은 후 차량의 제동시스템이 작동되어 감속이 시작되기 직전까지의 과정이다.

이와 같은 일련의 과정을 지각-반응과정 또는 인지반응(認知反應)과정이라 하며, 이때 소요되는 시간을 인지반응시간이라 한다. 실험에 의하면 이 시간은 0.2~1.5초 정도이나 이것은 피실험자가 실험실에서 예상되는 자극에 대하여 측정한 값이므로 실제 운행 중에 발생하는 시간은 0.5~4.0초 정도이다. AASHTO는 안전정지시거를 계산하기 위하여 이 값을 2.5초로 사용하여 설계에 반영한다. 반면에 신호교차로에서는 운전자의 확인 및 행동결정 시간이 단축되므로 설계기준 반응시간을 1.0초, 비신호(非信號) 교차로에서는 2.0초를 사용할 것을 권장하고 있다. 흔히 지각과정을 인지과정이라 부르는 사람들이 있으나 인지(cognition)과정이란 위의 ①, ② 과정을 합한 것이다. 어떤 사람은 ①, ②, ③의 과정을 합해서 반사시간 또는 순(純)반응시간이라 부르기도 하며, 심리학에서는 일반적으로 반응시간은 반사시간만을 의미한다. 이에 반해 교통공학에서는 인지-반응 전체 시간을 지각-반응시간 또는 공주시간(空走時間)이라 부른다.

2.2.1 지각 및 시력

(1) 지각

지각은 운행 중인 상황에서 대부분 시각적인 자극으로부터 시작된다. 운전자는 운행 중 차도, 다른 차량, 교통통제설비, 또는 주행에 장애가 되는 물체를 끊임없이 눈으로 본다.

시각의 예민성, 즉 정상적인 조명 아래에서 물체를 자세히 볼 수 있는 능력은 눈의 망막 중심 3~5°의 원추형 범위에서 가장 예민하다. 그러나 10~12° 범위에서도 비교적 명확히 볼 수 있다. 그러므로 교통표지나 신호등을 설치할 때 이와 같은 사실을 염두에 두어야 한다.

이 범위를 벗어난 주변 시계의 물체는 보이기는 하지만 자세히 볼 수는 없다. 그중에서 120~160° 사이에 있으면서 움직이거나 밝은 빛을 내는 물체는 운전자에게 주의를 환기시키는 역할은 충분히 할 수 있으므로 운전자가 고개를 돌리거나 눈동자를 움직임으로써 정확한 시계 내에 대상물체를 두게 한다.

눈동자를 움직여서 대상물체에 초점을 맞추는 데도 시간이 걸린다. 운전자가 오른쪽 어느 곳을 보고 있다가 왼쪽으로 시선을 옮겨 다른 곳을 본 후 다시 오른쪽 대상물을 보는 데 걸리는 시간은 약 0.5~1.3초이다. 마찬가지로 운전 중에 속도계를 읽고 다시 전방으로 시선을 옮기는 데 0.5~1.5초 정도가 소요된다.

교통통제설비의 설계나 설치장소의 선정에는 이와 같은 시각효과를 반드시 고려해야 한다. 훌륭한 표지, 방호울타리, 신호등과 같은 교통시설은 운전자가 고개를 많이 움직이지 않고 쉽게 보고 이해할 수 있는 것이어야 한다.

색깔은 물체를 지각하는 데 큰 역할을 한다. 훌륭한 조명 아래서는 많은 색깔이 구별될 수 있지만 조명도가 낮아지면 어떤 색깔은 잘 보이지 않게 된다. 약한 조명에서 적색과 청색은 잘 보이지 않으나 황색은 비교적 잘 보인다.

조명도의 변화에 따른 적응성은 사람의 나이에 따라 크게 다르지만 밝은 곳에서 어두운 곳으로 시선을 옮기는 경우 시력의 회복시간이 6초 이상 소요되므로 터널이나 전조등 또는 가로등의 밝기에 주의를 해야 한다. 반면에 어두운 곳에서 밝은 곳으로 시선을 옮길 때의 시력회복시간은 약 3초 정도이다.

촉각이나 근육에 대한 자극에는 미끄러지는 느낌, 흔들림, 노면의 요철, 감속도 등이 있다. 청각 자극에는 차량의 운행상태, 울퉁불퉁한 노면(rumble strips) 위를 달리는 소리, 옆에서 달리는 차량 소리, 경적음 등이 있다. 후각은 운전에 직접적인 역할을 하지 않는다.

(2) 시력

운전자의 시력은 교통에서 대단히 중요하다. 시력을 정의할 때, 만국식(萬國式) 시력표에서는 5 m 거리에서 흰 바탕에 검정으로 그린 직경 7.5 mm이고 굵기와 틈의 폭이 각각 1.5 mm인 란돌트 환(Landolt 環)의 끊어진 틈을 식별할 수 있는 시력을 1.0이라 하여 이를 정상적인 기준시력으로 간주한다. 이때 시표(視標)의 끊어진 틈의 폭은 5 m 떨어진 거리에서 1′의 시각(時角)을 이루며, 환의 직경은 5′의 시각을 이룬다. 따라서 10 m 거리에서 15 mm 크기의 글자를 읽을 수 있더라도 시력은 1.0이다. 만약 5 m 떨어진 거리에서 10′의 시각을 이루는(크기 15 mm) 글자를 비로소 판독할 수 있다면 이 시력은 0.5이다.

시력과 글자의 크기 및 판독거리는 다음과 같은 관계를 갖는다. 즉

$$\frac{hv}{l} = k \qquad (2.11)$$

여기서 h = 글자 또는 부호의 크기

v = 시력

l = 판독거리

k = 판독정도(degree of legibility)로서 얼마나 잘, 명확히 볼 수 있는가 하는 정성적인 지표

예제 2.6 정상시력의 운전자가 30 cm 크기의 어떤 글자를 120 m의 거리에서 읽을 수 있다고 가정할 때, 시력이 0.5인 사람이 그 수준의 판독정도로 이 글자를 읽을 수 있는 최대거리는 얼마인가?

풀이 $v_0 = 1.0 \qquad l_0 = 120$ m $\qquad h_0 = 30$ cm

$v_1 = 0.5 \qquad l_1 = ? \qquad h_1 = 30$ cm

판독정도 k는 동일하므로, 식 (2.11)에서

$$\frac{h_0 v_0}{l_0} = \frac{h_1 v_1}{l_1}$$

$$l_1 = l_0 \times \frac{h_1 v_1}{h_0 v_0} = 120 \times \frac{30 \times 0.5}{30 \times 1.0} = 60 \text{ m}$$

2.2.2 반응

앞에서 언급한 지각시간이란 단지 어떤 물체가 운전자의 시각에 자극을 주는 시간만을 말한다. 그러나 통상적으로 운전자의 반응시간이란 그 물체를 식별하고 그에 따른 적절한 행동을 판단하고, 비교하거나 연관시키면서 종합적으로 결심하고 근육운동을 수반한 행동반응과 브레이크 반응을 포함한 모든 과정을 망라하는 데 소용되는 시간을 말하며 여기에는 지각시간까지도 포함된다.

운전자는 자신의 반응능력을 알고 있다. 예를 들어 앞차 뒤를 따라 운행할 때 반응시간이 짧은 운전자는 반응시간이 긴 운전자보다 앞차 뒤에 더 가까이 붙어서 운전한다. 실험에 의하면 촉각, 청각 및 시각의 자극에 대한 단순반응시간은 약 0.15초이나 이 자극이 근육운동을 수반하는 반응으로 연결될 경우의 반응시간은 0.25~0.55초 정도임을 보인다. 그러나 이러한 반응시간은 자극이 복합적일수록 더욱 길어진다. 앞차의 제동등(制動燈)에 대한 반응은 0.4초에서 1.0초 이상의 범위를 갖는다.

운전상황이 더욱 복잡해지면 잘못된 반응이 생겨날 수도 있다. [그림 2.3]은 자극의 수가 증가할수록 반응시간과 반응착오가 일어날 가능성이 커짐을 보인다. 반응착오의 결과는 반응시간이 길어지는 것보다 더 위험한 결과를 초래할 수도 있다. 예를 들어 고속도로의 일방통행램프에 잘못 들어가는 경우와 같은 것이다.

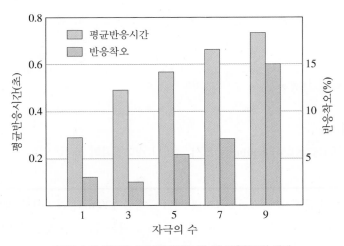

[그림 2.3] 자극의 수와 평균반응시간 및 반응착오의 관계

자료: 참고문헌(6)

2.2.3 연령의 영향

운전자의 모든 신체적 능력은 나이가 많아짐에 따라 감퇴한다. [표 2.2]에서 30세 이후 시각이 매년 0.5%씩 감퇴됨을 보이며, 브레이크 반응시간은 25세에서 65세까지 매년 0.5%씩 증가함을 보인다. 나아가 많은 운전자는 차량 전조등이나 다른 불빛으로부터 눈부심 효과를 극복하는 데 더 많은 어려움을 당한다.

앞에서 말한 운전자의 반응시간, 시각, 청각 등 운전자의 육체적 능력이 운전능력을 좌우하지만 운전태도 및 운전성향도 이에 못지않게 중요하다. 이와 같은 사실은 육체적으로 가장 우수한 능력을 가진 젊은 나이의 운전자들이 가장 많은 사고를 낸다는 사실로도 알 수 있다. 운행 중의 속도선택 능력, 집중력, 모험심에 따른 운전성향에 관해서는 심리학자들에 의해 많은 연구가 이루어지고 있다.

[표 2.2] 운전자 연령별 시각능력 및 브레이크 반응시간

연령	시각능력(%)	평균반응시간(초)
15~19	95	0.439
20~24	101	0.437
25~29	101	0.447
30~34	96	0.446
35~39	95	0.457
40~44	96	0.463
45~49	92	0.475
50~54	84	0.476
55~59	84	0.481
60~64	79	0.497
65~69	79	0.522
70~74	78	−
75~79	78	−

자료: 참고문헌(7)

2.2.4 운전조작모형

운전하는 동안에 지각과 반응의 과정은 끊임없이 반복된다. 운전하는 시간의 대부분은 운전조작 행위를 바꾸지 않고 운행을 하지만 차량운행 조작의 변화를 요하는 어떤 상황이 생기면 판단과 반응에 필요한 시간에 비해서 가용한 시간의 크기는 아주 중요하다. 그런 의미에서 운전조작과 도로 및 교통상의 위험요소 간의 상관관계를 이해하기 위해서는 간단한 운전조작(運轉操作)모형(driving task model)을 사용할 필요가 있다.

[그림 2.4]에서 왼쪽에 있는 차량이 어떤 속도로 정상적인 지각시간 동안 P지점까지 가고, 판단하고 결심할 동안 E지점까지, 그리고 최소반응시간 동안 V지점까지 움직였다 한다. 그러므로 차량의 주행방식의 변화는 V지점부터이다. 만약 운전자의 결심이 비상정지하는 것이라면 V에서부터 원호 S 내의 범위는 최소정지거리이다.

X는 도로상의 차량, 커브, 경사변화, 보행자, 장애물 등과 같이 운전자에게 주행방식을 변하게 만드는 요소이다. T점은 늦어도 이 점까지는 운전자가 주행방식 변화의 결심을 끝내야 하는 물리적인 마지막 점이다. 그러므로 비상정지인 경우 ES와 TX의 거리는 같다. M점은 운전자가 반응을 위해 근육운동을 시작해야 할 최종위치라고 생각하는 심리적인 마지막 점이다. E는 운전자의 행동판단을 끝낸 지점이다.

EM 간의 거리는 운전자가 행동을 취하고 차량의 반응을 완료시키는 데 사용하는 가용거리이며 안전여유거리이다. MT는 상황을 인식하는 데 따르는 오차로서 판단과 운전숙련도에 따라 짧아진다. ET는 실제 안전여유거리이다. 만약 E지점이 T지점 왼쪽에 있는 상황이면 안전하다. 만약 운전자가 잘못 판단하여 M지점을 T지점 오른쪽에 둔다면 위험하나 진행하면서 M지점이 왼쪽으로 당겨진다. 그러나 E지점이 T지점 오른쪽에 있으면 원호 S가 X의 오른쪽에 위치하므로 사고는 불가피하다.

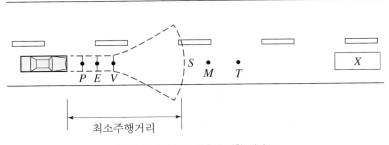

[그림 2.4] 운전자 반응에 관한 개념도

자료: 참고문헌(2)

2.3 보행자 특성

실제로 모든 통행은 어느 정도의 보행을 포함하므로 어린이나 육체적인 보행불능자를 제외하고는 모든 사람이 보행자이다. 따라서 교통공학자는 모든 교통시스템에 적절한 보행시설을 마련해야 한다. 보행특성에 관한 이해와 지식을 기초로 하여 보도, 횡단보도, 통로, 계단 및 에스컬레이터 등을 적절히 설계할 수 있다. 뿐만 아니라 주차시설의 적정위치와 대중교통시스템의 정거장의 적정위치를 결정하기 위해서는 수락보행거리(受諾步行距離)의 범위를 알아야 한다. 보행교통은 항상 차량교통과 근접하여 있으므로 사고 가능성도 큰 관심사가 되고 있다.

2.3.1 보행속도 및 간격수락

보행시설을 계획하기 위해서 필요한 자료는 어른이 여러 가지 자세로 걸을 때 지면을 차지하는 투영면적이다. [표 2.3]은 이에 대한 몇 가지 경우를 나타낸다. 그러나 사람이 편안하게 움직이기

[표 2.3] 보행자의 제원

자세	정의	크기		투영면적 (m²)
		폭 ①(m)	두께 ②(m)	
	지상에 투영된 가슴 부위의 면적	0.49~0.53	0.26~0.31	0.31~0.16
	지상에 투영된 최대면적	0.61~0.66	0.29~0.31	0.17~0.21
	손끝을 맞대고 가슴에 댄 상태에서 팔을 수평으로 올린 상태	0.95	0.43	0.40
	물건을 가슴에 안은 상태	0.53	0.57	0.30
	작은 가방을 든 상태	0.82	0.30	0.25
	큰 가방을 든 상태	0.73	0.60	0.36
	큰 가방을 양손에 든 상태	0.93	0.60	0.56
	두 사람이 팔을 낀 상태	1.40	0.43	0.60

자료: 참고문헌(9)

[표 2.4] 최소보행자 공간

보행		밀도	서 있음. 대기
• 용량도달. 속도제약. 빈번한 정지. 추월불능.	m² 당 사 람 수	− 8.0 − 7.0 − 6.0 − 5.0 − 4.0 − 3.0 − 2.0 − 1.5	• 혼잡밀도. 몸이 서로 닿아 옴짝달싹 할 수 없음. • 엘리베이트 또는 버스 안에서의 최대 허용 밀도. 움직일 수 없음. • 몸이 서로 닿지 않고 편안히 서 있을 수 있음. 집단으로 앞으로만 움직일 수 있음. • 편안히 서 있을 수 있음. 다른 사람을 방해하면서 대기지역 내를 돌아다닐 수 있음.
• 속도감소 또는 제약. 반대 방향 또는 횡단하는 사람과 잦은 충돌.		− 1.0 − 0.9	• 편안히 기다릴 수 있음. 다른 사람을 방해하지 않고 돌아다닐 수 있음.
• 속도 어느 정도 제약. 반대 방향 또는 횡단하는 사람과의 충돌 가능성이 큼.		− 0.8 − 0.7 − 0.6 − 0.5	• 편안히 기다릴 수 있음. 대기지역 내에서 자유로이 돌아다닐 수 있음.
• 정상속도 유지. 반대 방향 또는 횡단하는 사람과의 충돌 극소수. • 자유로운 움직임, 충돌 없음.		− 0.4 − 0.3	

자료: 참고문헌(9)

위해서는 추가적인 공간이 필요하다. [표 2.4]는 짐을 들지 않고 걷거나 기다리거나 서 있는 사람들의 혼잡도(混雜度)에 따른 밀도를 나타낸다.

도로상에서의 보행자의 안전을 분석하고 교통신호시간을 설계할 때 보행자의 보행속도와 차량 교통류 내의 차량간격 사이로 길을 횡단하는 보행자의 특성을 고려해야 한다.

보행속도는 각 개인의 육체적 조건이나 심리적 상태에 따라 크게 다르다. 일반적으로 보행자군의 약 90%가 1.2 m/sec 또는 그 이상의 속도로 걸으며, 이 값은 보행시설의 설계목적에 그대로 이용된다. 그러나 보행로가 혼잡하면 속도는 떨어진다.

보행자가 횡단하는 데 필요한 차량 간의 시간간격(차간시간)은 횡단도로의 폭과 도로 운영형태 (일방통행, 양방통행)에 따라 달라진다. 예를 들어 차도폭이 13 m인 일방통행 도로를 횡단할 때의 평균수락간격은 5.7초이다. 그러나 이 값은 변화폭이 매우 큰 수락간격의 평균값이다. 영국에서 행한 연구에 의하면 [그림 2.5]에서 보는 바와 같이 차간시간이 4.5초인 경우 약 50%의 보행자가 이를 횡단하며 1.5초 이하인 경우에는 아무도 횡단하지 않는다. 반면 차간시간이 10.5초 이상인 경우에는 모든 보행자가 길을 횡단한다. 보행자 형태는 그 장소의 교통단속이나 보행자에 대한 차량 운전자의 태도에 따라서도 크게 달라진다.

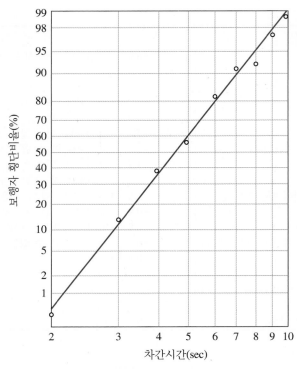

[그림 2.5] 보행자 수락간격 분포

자료: 참고문헌(10)

2.3.2 통행거리 및 보행거리

보행통행은 온종일 등산을 하거나 또는 집에서 주차장까지 걸어가는 등 그 거리가 천차만별이다. 그러나 교통연구 중에서 보행에 관한 연구는 그리 많지 않기 때문에 보행통행의 목적에 관한 것이나 차량통행의 한 부분으로서의 보행거리에 관한 단편적인 자료가 고작이다. 보행거리는 이용 가능한 교통수단이 적고, 불편하거나 비용이 많이 들 때 길어진다는 것은 쉽게 짐작이 간다. 그래서 큰 도시에서 승용차 이용자는 주차의 어려움 때문에 보행거리가 길어지며, 반면 작은 도시의 대중교통수단 이용자는 대중교통노선이 불비(不備)하여 걷는 길이가 길다.

보도, 횡단보도, 계단, 승강기 및 많은 사람의 대기장소와 같은 큰 터미널 부근의 보행시설을 설계하기 위해서는 보행자 수를 예측하는 것이 우선적인 문제이다. 이와 같은 장소는 보행자가 집단적으로 모이거나 내리기 때문에 짧은 시간에 넓은 보행자 공간을 필요로 한다. 이 수요는 터미널을 출입하는 교통시스템의 교통량을 예측하여 계산할 수 있다.

운동장이나 문화행사장 또는 위락시설과 같이 많은 사람이 모이는 곳도 역시 앞에서 언급한 바와 같은 문제점을 가지고 있으며 또한 같은 방법으로 분석이 가능하다. 어떤 경우이든 보행자가 움직이는 방향을 결정하고, 최대수요를 처리하는 데 필요한 허용시간이나 최대허용지체를 가정해야 한다.

최대수락(最大受諾) 보행거리는 도심지 내 또는 주요 활동중심지 내에 있는 주차시설의 경제적 타당성을 좌우할 뿐만 아니라 대중교통망이나 정거장의 위치가 적절한지의 여부를 판단하는 기초가 된다.

쇼핑센터나 공항과 같이 자동차를 주로 이용하는 장소에서의 보행거리는 대단히 짧다. 예를 들어 몇 십 미터 멀리에 주차할 곳이 있음에도 불구하고 조금이라도 더 가까운 주차공간을 찾기 위해서 돌아다니는 것을 종종 볼 수 있다. 또 CBD에서도 편리하게 주차할 수 있는 장소를 찾기 위해서 돌아다니기는 하지만 주차장이 부족하기 때문에 부득이 멀리 주차를 하므로 보행길이가 비교적 길다.

대중교통계획에서 밀도가 높은 도시의 경우 약 400 m 이내의 거리에서 서비스를 받을 수 있도록 하며, 기타 지역은 800 m 이내를 대중교통서비스 가능영역으로 본다. 성향조사에 의하면 통행거리가 같을 때 보행은 승용차나 대중교통수단에 비해 2~3배 더 불편하다고 간주된다.

2.4 교통량의 변동특성

넓은 의미에서의 교통수요란 어떤 교통시설을 이용하고자 하는 모든 교통량을 말한다. 이러한 교통수요는 그 시설의 물리적, 시간적, 공간적 조건에 의해 제약을 받기 때문에 실제로 그 시설을 이용하기 위해 도착하는 교통량은 이보다 적다. 교통공학에서는 이처럼 어떤 시설을 이용하기 위해 도착하는 좁은 의미의 교통량을 교통수요라 하며, 이들이 도로조건, 교통조건 및 교통운영조건에 의해 실제로 그 시설을 이용하는 만큼을 교통량이라 한다.

따라서 교통수요가 그 시설의 용량보다 적으면 교통수요와 교통량은 그 크기가 같으며, 만약 교통수요가 용량보다 크면 교통량은 용량과 크기가 같다.

한 점을 지나는 교통량이나 교통류율은 도로의 양적인 생산력을 나타내며 용량과 함께 교통류의 질을 나타낸다. 교통량(volume)이란 1시간당 어느 지점을 통과하는 차량대수를 말하며, 교통류율 (flow rate)은 특정기간(통상 1시간보다 짧은) 동안 어떤 지점을 통과하는 차량대수를 말하거나 혹은 그 유율로 1시간 동안 통과한 것으로 환산한 값을 말한다.

2.4.1 교통량의 시간별 변동

교통량의 시간에 따른 변화는 사회 및 경제활동이 수반되는 교통의 수요를 반영한다. 예를 들어 오전 3시 전후의 교통량은 오전 8시 전후의 교통량보다 적으며, 도시부도로의 일요일 교통량은 다른 어느 요일보다 적다. 반대로 관광위락지역의 일요일 교통량은 다른 요일에 비해 훨씬 크다. 마찬가지로 쇼핑센터 부근의 12월 교통량은 다른 어느 달보다 크다.

이처럼 교통량은 시간별, 요일별, 계절별(또는 월별)에 따라 1시간 안에서도 큰 변동을 보이며 도로의 종류와 위치, 차종에 따라서도 큰 차이를 나타낸다. 도로에서 첨두(尖頭) 교통수요를 혼잡

없이 처리하려면 이러한 변동특성을 알아야 한다. 이러한 혼잡상태는 수요가 용량을 초과하는 동안 발생하여 수요가 용량 이하로 줄어든 후에도 상당기간 지속(持續)된다. 뿐만 아니라 첨두시간의 교통수요가 용량보다 적을지라도 수요와 용량의 차이가 적으면, 그 첨두시간 내에서의 교통량 변동으로 인해 혼잡이 상당히 오래 지속될 수 있다.

교통수요의 계절별 변동은 관광위락(觀光慰樂)도로에서 특히 중요하다. 예를 들어 해수욕장으로 향하는 도로는 여름 한 철에만 과포화상태에 도달할 뿐 다른 시기에는 한산하다.

(1) 월별 변동

어느 도로나 월별 교통량은 차이가 나게 마련이다. 대부분의 도로는 7~8월과 1~2월의 교통량이 가장 적으며, 5월과 10월의 일 교통량이 1년 평균값인 연평균 일교통량(Annual Average Daily Traffic, AADT)과 거의 같다. 이와 같은 사실은 비단 도심부(都心部) 도로에서뿐만 아니라 지방부 도로나 교외 간선도로에서도 발견할 수 있다. 다시 말하면 도로의 종류나 그 기능에 따라 차이가 나기는 하지만, 어느 도로나 어떤 특정 월(月)의 일평균교통량이 AADT와 거의 같은 월이 있기 마련이다. 이와 같은 사실은 어떤 도로의 AADT를 구하는 데 아주 중요한 근거(根據)를 제공한다. 즉 교통량의 시간별 변동패턴이 장기적으로 크게 변화가 없다는 가정하에서, AADT와 유사한 달의 교통량을 이용하여 간단하게 개략적인 AADT를 얻을 수 있다.

(2) 요일별 변동

일반적으로 도시부도로에서 일요일 교통량은 다른 요일에 비해 매우 적다. 그러나 고속도로뿐만 아니라 지방부도로, 특히 관광지 부근의 도로는 일요일의 교통량이 다른 요일보다 훨씬 많음을 쉽게 짐작할 수 있다. 그러나 토요일과 일요일을 제외한 평일의 교통량은 요일별로 큰 차이를 발견할 수 없는 것이 보통이다.

(3) 시간별 변동

우리나라 대도시의 경우 평일 8~20시까지는 거의 일률적으로 교통량 첨두현상을 보이는 반면, 외국의 대도시는 오전 및 오후의 첨두현상이 두드러진다. 이와 같은 양상은 대부분의 외국 도시들이 갖는 공통된 현상으로서 우리나라 대도시의 도심부 교통량 변화패턴과는 큰 차이를 보인다. 그러나 우리나라도 교외(郊外) 간선도로에서는 이와 같은 현상을 나타내는 곳이 많은 반면, 대도시를 연결하는 고속도로는 도시부도로의 일반적인 특성과 매우 유사하다.

여기서 유의할 것은 서울 도심에서 8~20시 사이의 일률적(一律的)인 첨두현상은 이 시간 동안의 교통수요가 일률적인 것이 아니라 교통수요가 가로의 용량을 초과하기 때문에 생기는 현상이라 볼 수 있다. 즉 이 첨두교통량은 교통수요가 아니라 이 가로의 용량이라 볼 수 있다.

(4) 첨두시간 및 분석시간

용량 및 교통분석은 가장 교통량이 많은 첨두시간을 대상으로 한다. 그러나 이 첨두시간교통량은 일정한 값을 갖는 것이 아니라 매일 매일 다르다. 만약 어느 지점의 시간별 교통량을 크기순으로 나열(羅列)한다면 그 모양은 도로의 종류에 따라 크게 다르다. 지방부도로나 관광위락도로는 하루의 첨두시간교통량 간에 큰 차이가 있다. 예를 들어 명절 연휴 때의 첨두시간교통량과 다른 평일의 첨두시간교통량은 크게 다르다. 반면에 도시부도로는 명절 연휴 때의 교통량이 평일보다 적은 정반대의 현상을 보인다. 뿐만 아니라 대부분의 도시부도로는 첨두시간의 교통수요가 용량을 초과하므로 용량과 같은 교통량을 가진 첨두시간이 많아 첨두시간교통량 간의 변동이 적다.

(5) 첨두시간계수

교통량의 월별, 요일별, 시간별 변동뿐만 아니라 첨두시간 내의 짧은 시간에서의 변동 또한 대단히 중요하다. 이와 같은 사실은 도로나 교차로의 용량을 분석하는 데 있어서 매우 큰 의미를 갖는다. 어떤 기간 동안의 교통용량이란 그 기간 내의 교통수요변동을 고려한 것이어야 한다. 다시 말하면 어떤 교통시설의 용량 초과여부를 평가할 때 1시간의 평균교통류율과 용량을 비교하는 것이 아니라 이보다 짧은 첨두시간의 교통류율과 용량을 비교해야 한다. 예를 들어 어떤 고속도로의 24시간 교통량이 아무리 적더라도 첨두시간의 교통량이 시간당 교통용량을 초과한다면 이 도로는 재고(再考)되어야 할 필요가 있다.

도시부도로의 용량분석에서도 마찬가지로 첨두시간의 교통류율이 중요하다. 예를 들어 첨두 1시간 동안 15분 간격으로 교통량을 조사하여 [표 2.5]와 같은 결과를 얻었다고 하자.

[표 2.5] 교통량과 교통류율

관측기간	교통량(대)	교통류율(vph)
5:00~5:15	1,000	4,000
5:15~5:30	1,200	4,800
5:30~5:45	1,100	4,400
5:45~6:00	1,000	4,000
5:00~6:00	4,300	

이 자료에서 보는 바와 같이 5:00~6:00 사이의 1시간 교통량은 4,300 vph이다. 그러나 교통류율은 15분마다 변하게 되며 15분 간격 동안의 최대흐름, 즉 첨두교통류율은 4,800 vph이다. 조사기간 동안 관측지점을 4,800대가 통과한 것은 아니지만 첨두15분 동안에는 이와 같은 비율로 차량이 통과하였다는 것을 나타낸다.

이 관측지점에서의 도로용량이 4,500 vph이라면 전체 1시간에 통과한 교통량이 4,300대로 용량보다 적다. 그러나 4,800 vph의 비율로 차량이 도착하는 첨두15분 동안에는 병목현상이 발생하게 되며, 이 혼잡은 상류부 쪽으로 빠르게 전파되므로 이것이 해소되는 데는 상당한 시간이 소요된다.

첨두시간계수(Peak Hour Factor; PHF)는 다음과 같은 15분 첨두유율을 1시간 단위로 나타낸 값에 대한 1시간 교통량으로 정의한다. 즉,

$$PHF = \frac{V}{V_{15} \times 4} \tag{2.12}$$

여기서 PHF = 첨두시간계수

　　　　V = 첨두 1시간당 교통량(vph)

　　　　V_{15} = 첨두15분간 통과한 교통량(veh/15분)

분석기간이 15분이 아니라 이보다 짧으면 첨두시간계수는 작아지고 분석기간이 길면 이 계수의 값은 커진다. 우리나라 도시에서 첨두시간계수로 0.95를 사용하면 무리가 없다.

첨두시간계수를 알고 첨두시간교통량을 알면 이를 이용하여 다음과 같이 첨두유율을 구할 수 있다.

$$v = \frac{V}{PHF} \tag{2.13}$$

여기서 v = 첨두15분 교통류율(vph)
V = 첨두시간교통량(vph)

여기서 분석단위의 시간길이에 대한 논란이 있을 수 있다. 우리나라에서는 모든 도로에 대해 15분을 기준으로 하고 있으나, 미국에서는 고속도로는 5분, 신호교차로는 15분, 신호가 없고 출입제한이 없는 도로는 1시간으로 정하고 있으며, 이렇게 정한 근거는 알 수 없다. 분석 교통량(예를 들어, 15분 첨두유율)이 교통시설의 규모를 결정하는 데 사용될 때, 분석단위가 길면 과소설계(過小設計)가 되어 혼잡지속시간이 길어진다. 반대로 분석단위를 짧게 하면 혼잡지속시간이 짧아지는 대신 과도설계가 되어 비효율이 발생하기 쉽다.

2.4.2 교통량의 공간적 변동

교통량은 도로의 종류에 따라 다르며 그 변동패턴 또한 다르다. 또 같은 도로라 하더라도 방향별로 차이가 있으며, 같은 방향에서도 차로에 따라 교통량에 차이가 난다. 실제로 경부고속도로와 호남고속도로는 비교적 비슷한 변동패턴을 나타내지만 영동고속도로는 이들과 큰 차이를 보인다. 이유는 영동고속도로가 주로 여름과 겨울철의 위락통행을 담당하기 때문이다. 경부와 호남고속도로처럼 유사한 기능을 갖는 도로의 교통량 변동패턴은 거의 같으므로, 어떤 도로의 AADT를 구할 때, 그 도로와 기능이 같은 도로의 변동패턴을 이용하기도 한다.

교통량의 방향별 분포는 교통시설의 설계와 운영에서 반드시 고려해야 하는 사항이다. 긴 시간, 즉 하루나 한 주일로 볼 때는 통행의 순환성(循環性) 때문에 양방향 교통량이 거의 비슷하다. 그러나 하루 중 특정한 시간대의 교통량은 경우에 따라서는 심한 불균형을 이룬다. 이와 같은 방향별 분포의 불균형은 출퇴근 시간 혹은 위락관광도로에서의 첨두시간에 특히 심하다.

[표 2.6]은 교통량의 방향별 분포가 도로에 따라 얼마나 심하게 달라지는지를 보인다.

[표 2.6] 첨두시간 방향별 교통량 분포

도로시설	노선	분포비
고속도로	서울 – 인천	39 : 61
고속도로	서울 – 부산	48 : 52
고속도로	광주 – 부산	61 : 39
2차로도로	신갈 – 용인	44 : 56
2차로도로	용인 – 이천	27 : 73

다차로(多車路)도로에서 방향별 분포는 설계와 서비스수준에 큰 영향을 준다. 특히 도시부 방사형(放射形)도로에서 아침·저녁 출퇴근 시간대의 방향별 불균형은 대단히 크다. 따라서 양방향 모두 첨두방향 교통량을 수용할 수 있는 규모가 되어야 한다. 이러한 특성 때문에 어떤 도로에서는 일방통행제(一方通行制), 가변차로제(可變車路制) 등이 사용되기도 한다.

방향별 분포는 시간, 요일, 계절에 따라 매년 변한다. 또 도로에 인접한 개발사업은 기존의 방향별 분포를 변화시키는 교통을 유발하기도 한다.

한 방향이 2차로 이상인 도로에서는 차로별로 교통량이 달라진다. 이러한 차로별 교통량 분포는 노변마찰, 유출입부의 위치 및 완속차량(緩速車輛)의 혼합률 등 여러 가지 요인에 의해 결정되나, 이 특성은 외국의 패턴과는 많은 차이가 나므로 그것을 인용하는 데 특히 조심해야 한다. [표 2.7]은 경부고속도로에서의 차종별, 차로별 교통량 분포를 나타낸 것이다.

[표 2.7] 차종별 교통량의 차로분포(경부고속도로) (%)

구분	승용차	버스	트럭	트레일러	전체
1차로	59.2	69.8	18.5	11.0	54.1
2차로	40.8	30.2	81.5	89.0	45.9

● 참고문헌 ●

1. 법령, 자동차안전기준에 관한 규칙(건설교통부: 2001. 4. 28.)
2. ITE., *Transportation and Traffic Engineering Handbook*, 1982.
3. AASHTO, *A Policy on Geometric Design of Highway and Streets*, 1984.
4. 국토연구원, 도로사용자 부담조사, 1985.
5. 법령, 대기환경보전법 및 동 시행령(환경부: 2000. 2. 3.)
6. T. W. Forbes and M. S. Katy, *Summary of Human Engineering Research Data and Principles Related to Highway Design and Traffic Engineering Problems*, American Institute for Research, 1957.
7. ITE., *Traffic Engineering Handbook*, 1965.
8. 교통개발연구원, 도로용량편람 조사연구 2, 3단계(3단계 중간보고서), 1992.
9. Batelle Research Center, *Synthesis of a Study on the Analysis, Evaluation and Selection of Urban Public Transport Systems*, 1974.
10. J. Cohen, E. J. Dearnaley, and C. E. M. Hansel, *The Risk Taken in Crossing a Road*, Operational Research Quarterly, Vol. 6, No. 3, 1955.
11. E. C. Carter and W. S. Homburger, *Introduction to Transportation Engineering*, ITE., 1978.

제 3 장

교통류의 특성

궁극적으로 교통공학이란 교통시설을 계획하고, 설계하며, 운영하고 또 그 위를 달리는 차량의 흐름을 다루는 과학이므로 교통류의 특성은 인간행태, 차량의 능력, 교통수요, 그리고 도로의 기하구조에 따른 제약을 받는다.

교통류의 특성을 나타내는 기본적인 요소에는 다음과 같은 것이 있으며 이들은 서로 밀접한 상관관계를 가지고 있다.

- 속도(speed) 및 통행시간(travel time)
- 교통량(volume) 또는 교통류율(flow rate) 및 그의 역수인 차두시간(車頭時間, headway)과 차량 간의 차간시간(車間時間, gap)
- 교통류의 밀도(density) 및 그의 역수인 차두거리(spacing)

교통류의 특성은 교통류 이론에 의해서 모형화가 가능하며, 이러한 모형을 이용하여 교통류 특성의 여러 변수들을 평가하거나 추정할 수 있다.

3.1 속도와 통행시간

속도 또는 그의 역수(逆數)인 이동시간(또는 통행시간)은 어떤 도로나 혹은 도로망의 운영상황(operational performance)을 나타내는 간단한 기준이다. 개개의 운전자는 그가 원하는 속도를 유지할 수 있는 정도에 따라 그 통행의 질을 부분적으로 평가할 수 있다. 목적지에 도달하기 위한 노선을 선택할 때 대부분의 운전자는 지체가 가장 적게 일어나는 노선을 택한다. 장기적으로 볼 때 주거지의 위치는 직장으로부터 통행시간을 고려하여 결정하며, 쇼핑센터의 위치를 선정할 때도 여러 소비지역으로부터의 통행시간을 고려하는 것이 당연하다.

교통개선사업으로부터 발생하는 편익은 속도증가로 인한 통행시간 절약을 돈으로 환산하여 나타낸다. 차량운행비용은 통행속도에 따라 그다지 크게 변하지 않는다. 경우에 따라서는 속도가 빨라지면 연료소모가 많아지기 때문에 운행비용이 오히려 커질 수도 있다.

속도는 고속도로를 계획하거나 정지시거를 고려하여 도로를 설계할 때, 그리고 교통신호의 황색신호시간을 결정할 때 가장 우선적으로 고려해야 할 사항 중의 하나이다. 속도는 교통류율이나 교통류의 밀도뿐만 아니라 운전자나 차량의 특성, 시간과 장소 및 주위환경에 많이 좌우된다.

운전자는 운행 중 속도에 관해서 서로 다른 느낌을 갖는다. 그중 하나는 달리는 순간에 느끼는 속도감, 즉 지점속도(地點速度)이며, 다른 하나는 어느 거리를 달렸을 때 걸린 시간과 그 거리로 계산되는 통행속도(通行速度)이다. 지점속도는 어느 순간에 속도계에 나타나는 속도로서 운전자가 실제로 느끼는 속도지만 통행속도는 운전자가 직접 느낄 수 있는 것이 아니라 오히려 그 역수인 통행시간(travel time)을 통하여 느끼면서 통행의 질을 평가하게 되는 것이다.

교통공학에서 속도에 관련된 것만 제대로 이해하면 교통공학의 기초를 이해한다고 말할 정도로 속도에 관한 개념은 매우 까다롭고 또 중요하다. 그러므로 속도의 뜻을 정확하게 이해하고 올바른 측정방법으로 그 값을 구하고 적절하게 사용해야 한다. 속도에 관한 용어 중에서 많이 사용되는 몇 가지를 정의하면 다음과 같다.

① 지점속도(spot speed): 어느 특정 지점 또는 짧은 구간 내의 순간속도이다. 모든 차량에 대한 평균값을 평균지점속도(average spot speed)라 하며, 각 차량의 순간속도를 산술평균한 값이다. 이 속도는 속도규제 또는 속도단속, 추월금지구간 설정, 표지 또는 신호기 설치위치 선정, 신호시간 계산, 교통개선책의 효과측정, 교통시설 설계, 사고분석, 경사나 노면상태 또는 차량의 종류가 속도에 미치는 영향을 찾아내는 목적 등에 사용된다.

② 통행속도(travel speed): 어느 특정 도로구간을 통행한 속도이다. 모든 차량에 대해서 평균한 속도를 평균통행속도(average travel speed)라 하며, 구간길이를 모든 차량의 평균통행시간으로 나눈 값이다. 따라서 이는 각 차량의 통행속도를 조화평균한 값과 같다. 정지지체가 없는 연속류에서는 주행속도(running speed)와 같으며, 정지지체가 있는 단속류에서는 이 속도를 총 구간통행속도(overall travel speed) 또는 총 구간속도(overall speed)라 부르기도 한다. 이 속도는 교통량, 밀도 등과 함께 교통류 해석, 도로이용자의 비용분석, 서비스수준 분석, 혼잡지점 판단, 교통통제기법을 개발하거나 그 효과의 사전·사후분석, 또는 교통계획에서 통행분포(trip distribution)와 교통배분(traffic assignment)의 매개변수로 사용된다.

③ 주행속도(running speed): 어느 특정 도로구간을 주행한 속도이다. 모든 차량에 대하여 평균한 속도를 평균주행속도(average running speed)라 하며, 구간길이를 모든 차량의 평균주행시간으로 나눈 값이다. 따라서 이는 각 차량의 주행속도를 조화평균한 값과 같다. 이때 주행시간(running time)이란 통행시간 중에서 정지시간을 뺀, 실제로 차량이 움직인 시간을 말한다. 차량의 속도를 조화평균한 값이다.

④ 자유속도(free flow speed): 어느 특정 도로구간에 교통량이 매우 적고 교통통제설비가 없거나 없다고 가정할 때 운전자가 제한속도 범위 내에서 선택할 수 있는 최고속도로서, 이 속도는 도로의 기하조건에 의해서만 영향을 받는다.

⑤ 순행속도(cruising speed): 어느 특정 도로구간에서 교통통제설비가 없거나 없다고 가정할 때 주어진 교통조건과 도로의 기하조건 및 도로변의 조건에 의해 영향을 받는 속도로서, 자유속

도에서 교통류 내의 내부마찰(저속차량, 추월, 차로변경 등)과 도로변 마찰(버스정차, 주차 등)로 인한 지체를 감안한 속도이다.

⑥ 운행속도(operating speed): 양호한 기후조건과 현재의 교통조건에서 운전자가 각 구간별 설계속도에 따른 안전속도를 초과하지 않는 범위에서 달릴 수 있는 최대안전속도로서, 측정값의 평균을 평균운행속도(average operating speed)라 하며 공간평균속도로 나타낸다. 이 속도는 최대안전속도란 개념이 모호하여 측정하기가 매우 어렵기 때문에 도로 운행상황을 나타내는 데 있어서 지금은 잘 사용하지 않는 속도이다. 보통 평균주행속도보다 약 3 kph 정도 더 높다고 알려지고 있다. 그러나 대중교통에서는 이 용어를 사용하나 그 의미는 조금 다르다.

⑦ 설계속도(design speed): 어느 특정 구간에서 모든 조건이 만족스럽고 속도가 단지 그 도로의 물리적 조건에 의해서만 좌우되는 최대안전속도로서, 설계의 기준이 되는 속도이다. 그러므로 설계속도가 정해지면 도로의 기하조건은 이 속도에 맞추어 설계된다.

⑧ 평균도로속도(average highway speed): 어느 도로구간을 구성하는 소구간의 설계속도를 소구간의 길이에 관해서 가중평균한 속도로서, 설계속도가 많이 변하는 긴 도로구간의 평균설계속도를 나타낸다.

3.1.1 속도분포와 대표값

교통류 내의 각 차량은 서로 다른 속도로 움직인다. 그러므로 교통류의 속도를 하나의 대표값으로 나타내기 위해서는 속도의 분포를 알아야 한다. 속도분포가 정규분포를 나타낸다는 것은 앞에서도 언급한 바 있다. 분산은 분포곡선이 위로 솟구쳤는지 혹은 옆으로 퍼졌는지를 나타낸다. [그림 3.1]에서 보는 바와 같이 평균값에서 오른쪽과 왼쪽으로 각각 표준편차(S)만큼의 범위 내에는 측정된 모든 속도의 약 68%가 포함되며 양쪽으로 각각 표준편차의 2배 범위 내에는 모든 속도분포의 약

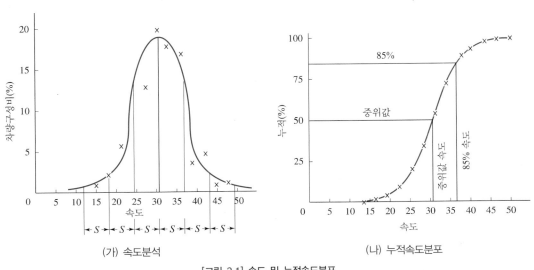

[그림 3.1] 속도 및 누적속도분포

95%, 3배의 범위 내에는 99%의 속도가 포함된다.

여러 차량의 속도분포로부터 그 교통류의 속도의 대표값으로는 평균값(mean), 최빈(最頻)값 (mode), 중위(中位)값(median), 15백분위 속도, 85백분위 속도, 최빈 10 kph 속도(pace speed) 등이 있다. 이 중에서 평균값은 시간평균속도 방법 또는 공간평균속도 방법으로 평균하며, 이들에 대한 자세한 설명은 다음에 나온다.

누적속도분포는 백분위 속도를 나타내며 이 속도는 교통류 내에서 그 속도 이하로 움직이는 차량의 비율을 나타낸다. 그러므로 50백분위 속도는 중위값이며, 정규분포에서는 이 값이 평균값 및 최빈값과 같다.

85백분위 속도는 그 교통류 내에서 합리적인 속도의 최댓값을 나타내며 15백분위 속도는 합리적인 속도의 최저값을 나타내는 경우가 많으므로, 보통 85백분위 속도를 현장의 도로조건에 적합한 교통운영계획을 세우는 데 기준 속도로 삼는다.

속도의 대표값의 하나로서 가장 빈도수가 많은 최빈값을 사용하기도 한다. 정규분포에서는 이 값 역시 평균값과 같다. 최빈 10 kph 속도는 10 kph 속도범위 안에서 빈도수가 가장 많은 속도범위를 나타낸다. [그림 3.1]에서 최빈 10 kph 속도는 26~36 kph이다.

속도가 도로이용자에게 교통류질의 평가기준이 되는 반면 분산은 교통류의 효율성과 안전성을 나타낸다. 즉 표준편차가 크면 한 교통류 내에 속도의 범위가 넓으므로 추월, 따라잡음, 차로변경 등의 빈도수가 많아진다. 반면에 표준편차가 적으면 교통류 안의 마찰이 비교적 적고 순화된 교통류를 이루게 된다.

3.1.2 시간평균속도와 공간평균속도

- 시간평균속도: 어느 시간 동안 도로상의 어느 점(또는 짧은 구간)을 통과하는 모든 차량들의 속도를 산술평균한 속도
- 공간평균속도: 어느 시간 동안 도로구간을 통과한 모든 차량들이 주행한 거리를 걸린 시간으로 나눈 속도

기본적으로 시간평균속도란 어떤 점을 기준으로 한 속도인 반면에 공간평균속도는 도로의 길이에 관계되는 속도이다. 예를 들어 30 m 도로구간을 A차량은 1초에 통과하고 B차량은 2초에 통과한다고 할 때 A차량의 속도는 30 m/sec, B차량의 속도는 15 m/sec이므로

$$시간평균속도 = \frac{30 + 15}{2} = 22.5 \text{ m/sec}$$

두 차량의 공간평균속도는 두 차량이 주행한 거리가 60 m이고 걸린 총 시간은 3초이므로

$$공간평균속도 = \frac{60}{3} = 20 \text{ m/sec}$$

시간평균속도와 공간평균속도는 다음과 같은 공식을 이용하여 쉽게 구할 수 있다.

$$\bar{u}_t = \frac{1}{n} \sum_{i}^{n} \frac{d}{t_i} = \frac{1}{n} \sum_{i}^{n} u_i \qquad (3.1)$$

$$\bar{u}_s = \frac{nd}{\sum_{i}^{n} t_i} = \frac{d}{\frac{1}{n} \sum_{i}^{n} t_i}$$

$$= \frac{1}{\frac{1}{n} \sum_{i}^{n} \frac{t_i}{d}} = \frac{1}{\frac{1}{n} \sum_{i}^{n} \frac{1}{u_i}} \qquad (3.2)$$

여기서 $\bar{u}_t$ = 시간평균속도

$\bar{u}_s$ = 공간평균속도

d = 구간길이

t_i = i번째 차량의 통행시간

n = 차량대수

위 식에서 보는 바와 같이 시간평균속도는 각 차량속도의 산술평균이며, 공간평균속도는 조화평균이다. 따라서 각 차량의 속도가 전부 같지 않는 한 공간평균속도는 시간평균속도보다 항상 작다. 시간평균속도는 그 정의가 의미하는 바와 같이 어느 지점 또는 짧은 구간(속도변화가 예상되지 않는)의 순간속도, 즉 지점속도(spot speed)를 나타내는 데 사용되며, 따라서 통행시간 또는 구간길이의 개념은 존재하지 않는다.

반면에 공간평균속도는 비교적 긴 도로구간의 통행속도(travel speed)를 나타내는 데 사용되며, 이 속도는 통행시간과 반비례하기 때문에 도로구간의 길이와 통행시간으로 나타내는 것이 운전자에게는 더욱 실감 나는 척도가 될 수 있다.

그러나 도로구간의 길이가 길 경우 각 차량의 통행속도(또는 시간)를 측정하기가 매우 어렵거나 비용이 많이 든다. 따라서 그 구간 내의 어느 대표적인 지점에서 각 차량들의 지점속도를 이용하여 공간평균속도를 예측한다. 이렇게 예측한 값은 도시도로나 지방도로는 물론이고 혼잡상태나 비혼잡상태와 관계없이 비교적 정확한 통행속도 값을 나타낸다고 알려져 있다. 공간평균속도의 예측 방법은 다음과 같다.

① 지점속도들을 조화평균하는 방법: 각 차량의 지점속도가 그 구간의 구간통행속도(overall travel speed)와 같다는 가정에 근거를 두고 각 지점속도를 조화평균하여 구하는 방법이다. 이는 구간 내에서 속도변화가 있더라도 전 구간 평균통행시간은 그 지점속도로 그 구간을 달린 시간과 같다는 가정을 전제로 하고 있다.

② 예측식을 이용하는 방법: 시간평균속도는 공간평균속도보다 크며 둘 간의 관계는 다음과 같다.[5]

$$\bar{u}_s = \bar{u}_t - \frac{\sigma_t^2}{\bar{u}_t} \qquad (3.3)$$

$$\bar{u}_t = \bar{u}_s + \frac{\sigma_s^2}{\bar{u}_s} \tag{3.4}$$

이 식들은 이론적인 식이 아니고 경험식이다. 여기서 σ^2은 분산의 불편 추정치(unbiased estimate)이며, n값이 클수록, σ^2/u의 비가 작을수록 위의 관계식은 잘 맞는다. 여기서

$$\sigma_t^2 = \frac{1}{n-1}\sum(u_i - \bar{u}_t)^2$$

$$\sigma_s^2 = \frac{1}{n-1}\sum(u_i - \bar{u}_s)^2$$

3.1.3 평균통행속도와 평균주행속도

평균통행속도(average travel speed)와 평균주행속도(average running speed)는 교통공학 분야에서 자주 사용되는 속도로서 공간평균속도로 나타내는 값이다. 두 속도 모두 어떤 도로구간의 길이를 차량이 소모한 평균시간으로 나누어서 구한다.

통행시간(travel time)이란 어떤 도로구간을 통과하는 데 걸리는 총 시간이며, 주행시간(running time)이란 어떤 도로구간을 통과하는 데 걸리는 총 움직인 시간이다. 따라서 두 값의 차이는 정지시간이다. 즉, 주행시간에는 통행시간과는 달리 정지시간이 포함되지 않는다. 평균통행속도는 평균통행시간에 의해 계산되며, 평균주행속도는 평균주행시간에 의해 계산된다.

예를 들어 2 km 길이의 도로구간을 통과하는 데 걸리는 평균시간이 3분으로서, 이 중에 1분이 정지지체시간이라면,

- 평균통행속도 $= \dfrac{2\,\text{km}}{3\text{분}} \times 60 = 40\,\text{kph}$

- 평균주행속도 $= \dfrac{2\,\text{km}}{2\text{분}} \times 60 = 60\,\text{kph}$

만약 도로구간을 통과하는 중에 정지지체시간이 없다면 두 속도는 같은 값을 갖는다. 따라서 지방부도로와 같은 연속통행류(連續通行流)에서의 평균통행속도는 평균주행속도와 같으며(교통혼잡으로 인한 정지지체가 없다면), 도시부도로와 같은 단속교통류(斷續交通流)에서는 교차로에서의 정지지체가 있으므로 평균통행속도가 평균주행속도보다 낮다. 단속교통류에 사용되는 통행속도를 총 구간통행속도(overall travel speed) 또는 총 구간속도(overall speed)라 부르기도 한다.

대중교통에서는 차량과 이용자 측면에서 본 통행시간이 서로 다를 수 있다. 다음은 미국연방정부에서 발간한 용어사전[6]에서 정의한 통행시간에 관한 것이다. 이용자의 통행시간(travel time)이란 차량의 통행시간(trip time)과 이용자가 차량을 타기 위해 기다리는 시간을 합한 시간이므로, 따라서 이용자의 통행시간은 서비스의 빈도와 밀접한 관계가 있다. 또 여행시간(journey time)이란 사람이 기점에서부터 종점까지 가는 데 소요되는 총 시간으로서 걷는 시간, 기다리는 시간 및 차량의 통행시간(trip time)을 모두 합한 것이다.

3.2 밀도와 차두시간 및 점유율

1 차두시간 및 차간시간

교통류 내의 차두시간(headway)과 차간시간(gap)은 교통운영에서 매우 중요한 매개변수이다. 차두시간이란 한 지점을 통과하는 연속된 차량의 통과시간 간격을 말하며, 따라서 앞차의 앞부분(또는 뒷부분)과 뒤차의 앞부분(또는 뒷부분)까지의 시간간격이다. 그러므로 평균차두시간은 평균교통류율의 역수이다. 차간시간은 차량 간의 순 간격으로서 연속으로 진행하는 앞차의 뒷부분과 뒤차의 앞부분 사이의 시간간격을 말한다. 보행자나 운전자가 교통류를 횡단할 때는 차두시간보다 차간시간에 관점을 둔다.

교통류 내에서의 차두시간과 차간시간의 분포는 정규분포를 갖는 속도와는 달리 음지수(negative exponential) 분포를 갖는다. 평균교통류율과 차두시간 및 차간시간 사이에는 다음과 같은 기본적인 관계가 있다. 즉,

$$\bar{h} = \frac{3,600}{\bar{q}} \tag{3.5}$$

$$\bar{g} = \bar{h} - \frac{\bar{l}}{\bar{v}} \tag{3.6}$$

여기서 $\bar{h}$ = 평균차두시간(초)

$\bar{q}$ = 평균교통류율(vph)

$\bar{g}$ = 평균차간시간(초)

$\bar{l}$ = 평균차량길이(m)

$\bar{v}$ = 평균차량속도(m/sec)

2장에서 언급한 보행자나 운전자의 수락 차간시간분포를 실제 차간시간에 적용시킴으로써 어떤 교통류를 횡단하거나 합류하는 교통량의 크기를 구할 수 있다.

2 밀도와 차두거리

교통류의 밀도(density 또는 concentration)는 교통혼잡의 기준이다. 그러나 속도와 교통량과는 달리 현장에서 밀도를 측정하기란 대단히 어려우므로 현장에서는 잘 사용하지 않는 매개변수이다. 밀도는 항공사진이나 차량검지시스템을 설치하여 구할 수는 있으나 이런 장치는 대단히 정교하며 고가이므로 연구목적으로만 사용된다. 그 대신 현장에서 평균교통류율과 속도를 측정하여 밀도를 계산하는 방법을 사용한다.

마찬가지로 어느 순간의 교통류혼잡을 나타내는 차두거리(spacing)도 직접 측정하는 경우는 드물고 일반적으로 계산에 의해서 구한다.

밀도는 교통류를 평가하는 데 있어서 가장 중요한 지표이다. 어떤 밀도에 도달하면 교통류가 불안정하게 되어 자칫하면 강제류(強制流, forced flow) 상태, 즉 앞차와 뒤차가 꼬리를 물고 있는 상태

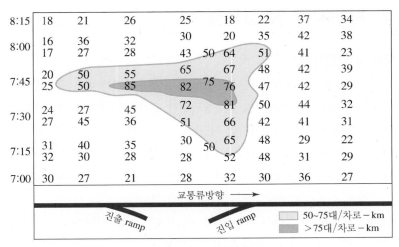

[그림 3.2] 밀도분포도

자료: 참고문헌(1)

로 된다는 사실은 여러 가지 연구결과에서 알려진 바 있다. 고속도로나 교량 또는 터널에 유입되는 차량을 적절히 조절하여 어떤 시설 내의 교통밀도가 이러한 불안정한 정도까지 도달하지 못하도록 하는 방안을 강구할 수 있다.

[그림 3.2]는 고속도로의 짧은 구간에서 오전 7:00~8:15 사이의 밀도분포를 나타낸 것이다. 이와 같은 분포도에서 밀도가 대략 30대/km 이상이 되는 지점을 찾아 그 지점의 아래쪽에 교통혼잡을 일으키는 요인을 찾아낼 수가 있다.

3 밀도와 점유율

밀도와 유사한 개념을 가진 변수로서 점유율(占有率, occupancy)이 있다. 점유율은 차량이 어느 지점을 통과할 때 점유하는 시간, 즉 그 지점을 통과하는 시간을 말하며 주로 도로상에 설치된 교통자료 측정장치에서 얻는다. 밀도와 점유율의 크기는 비례하며 상호 호환(互換)해 사용할 수 있다. 반면에 일정한 길이의 도로에서 차량의 총 길이가 차지하는 비율을 공간점유율이라 하나 잘 사용하지 않는 변수이다.

3.3 교통류의 성질

고속도로나 국도 위를 주행하는 교통행태와 교통신호나 횡단보도가 많은 도시부 가로를 주행하는 교통행태는 많은 차이가 있다. 전자(前者)는 긴 구간을 망설임 없이 주행하는 연속교통류(uninterrupted flow)를 형성하나, 후자의 경우는 곳곳에 교통신호나 횡단보도가 있어서 주행 중 부득이하게 정지를 해야 하는 단속교통류(interrupted flow) 형태를 보인다.

3.3.1 연속교통류의 특성

연속교통류의 특성이란 교통량, 속도 및 밀도의 상관관계를 말한다. 교통자료를 조사할 때 앞에서 언급한 것처럼 조사구간 전체를 측정하기가 어려우므로 밀도를 직접 구할 수는 없으나 교통량과 속도를 이용하여 밀도를 구할 수 있다. 이들 세 매개변수의 상관관계는 다음과 같다.

$$\text{교통량}(q) \;=\; \text{속도}(u_s) \;\times\; \text{밀도}(k) \tag{3.7}$$

여기서의 속도는 공간평균속도이다.

교통류 매개변수들 간의 기본적인 관계는 [그림 3.3]에 나타나 있다. 이들 관계의 모양은 모든 연속교통류 시설에 대하여 비슷하지만 정확한 모양과 수치는 해당 도로의 도로조건 및 교통조건에 따라 결정된다. 각 그래프에서 실선은 적은 밀도와 교통량을 갖는 정상적인 교통류 상태를 나타내며, 점선은 용량에 도달한 교통량(q_m)과 이때의 속도(u_m) 및 임계밀도(k_m) 상태 이후인 강제류 상태를 나타낸다. 교통량이 용량 부근에 다다르면 불안정한 상태가 되며, 어떤 연구에 의하면 실선과 점선 사이가 불연속성을 나타내기도 한다.

고속도로의 한 차로당 통상적인 임계밀도는 1 km당 44대 정도이다. 평균속도는 교통 및 도로조건과 차로에 따라 다르나, 고속도로의 중앙차로(1차로)에서의 임계속도는 대략 50 kph이며, 갓길에 인접한 차로는 트럭과 버스의 교통량이 많기 때문에 약 40 kph 정도이다. 도로의 종단경사 역시 임계속도에 영향을 미친다. 이에 따라 중앙차로와 맨 우측차로의 용량 q_m을 식 (3.7)을 이용하여 계산하면 각각 2,200 vph와 1,800 vph 정도이다.

그림에서 교통류율이 0인 상태는 다음과 같은 전혀 다른 두 가지 상황에서 발생하게 된다.

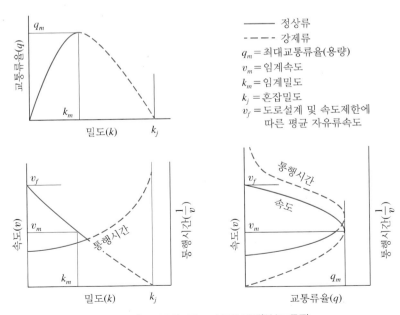

[그림 3.3] 교통류율, 밀도, 속도의 관계(연속교통류)

① 도로상에 차량이 한 대도 없을 경우, 즉 밀도가 0일 때 교통류율도 0이 된다. 이때의 속도란 완전히 이론적인 것이며, 첫 번째로 이용하는 운전자가 선택하는 매우 높은 속도이다.

② 밀도가 모든 차량이 정지할 정도까지 많아지면 교통류율은 0이 된다. 이와 같은 상태에서는 차량의 움직임이 없으므로 차량이 도로의 한 지점을 통과할 수 없기 때문이다. 모든 움직임이 정지된 상태의 밀도를 혼잡밀도(jam density)라 한다.

이와 같은 극단적인 두 점 사이에서 최대효율을 나타내는 교통류의 움직임이 생기게 된다. 밀도가 0에서부터 증가함에 따라 차량이 증가하므로 교통류율도 증가하게 된다. 그러나 이에 따라 차량 간의 내부마찰(예를 들어 속도가 느린 차량, 대형차량, 차로를 변경하는 차량 등과 같은 차량에 의한 상호작용)로 인해 속도는 감소하기 시작한다. 이와 같은 속도 감소경향은 밀도와 교통량이 적을 때는 거의 무시할 정도로 적게 나타나지만, 교통량이 계속해서 증가하게 되면 속도는 감소경향이 현저하게 커진다. 최대교통류율은 속도와 밀도의 곱이 최대가 될 때이다.

주어진 도로시설의 최대교통류율을 그 시설의 용량이라고 하며, 이때의 밀도를 임계밀도(critical density), 이때의 속도를 임계속도(critical speed)라 한다. 용량에 근접할수록 교통류 내에는 이용 가능한 간격 개수가 적어지기 때문에 교통류는 불안정하게 된다. 용량상태에 다다르면 이와 같은 간격마저도 없기 때문에 도로를 출입하는 차량이나 교통류 내의 차로변경 등으로 인한 혼잡이 생기게 되며, 이와 같이 발생한 혼잡은 쉽게 분산되거나 감소되지 않는다. 그러므로 용량상태 또는 용량에 근접한 상태로 운행되는 경우, 도로 출입차량이나 차로변경으로 인해서 상류부에 대기행렬이 형성되는 경우가 대부분이며, 따라서 병목현상 및 강제류가 필연적으로 발생하게 된다. 이러한 이유 때문에 대부분의 도로시설은 용량보다 적은 교통량으로 운영되도록 설계한다.

앞의 그림에서 보는 바와 같이, 용량 이외의 다른 교통류율은 다음과 같은 두 가지 다른 조건하에서 발생하게 된다. 즉, 한 경우는 높은 속도와 낮은 밀도상태, 다른 경우는 낮은 속도와 높은 밀도상태이다. 낮은 속도, 높은 밀도의 곡선부는 불안정류를 의미하며, 이는 강제류 또는 병목현상을 나타내는 것이다. 그리고 높은 속도, 낮은 밀도의 곡선부는 안정류의 범위를 나타내며, 이는 용량분석의 대상이 되는 범위이기도 하다.

3.3.2 단속교통류의 특성

단속교통류는 연속교통류보다 훨씬 더 복잡하다. 단속교통류 시설에서의 교통은 교통통제설비, 즉 교통신호, '정지', '양보' 표지 등의 영향을 받게 되며 이들은 전체 교통의 흐름에 각기 판이한 효과를 나타낸다. 단속교통류시설의 용량 및 서비스수준 분석은 제6장에서 자세히 설명하며, 여기서는 단속교통 시설과 교통류의 관계를 개념적으로 설명한다.

1 신호교차로에서 녹색시간의 개념

단속교통류 시설에서 가장 중요한 고정 단속시설은 교통신호이다. 교통신호는 각 방향별 흐름의 일부 또는 전부를 주기적으로 멈추게 한다. 따라서 차로 상을 이동하는 교통은 어떤 기간 동안의 주행금지 신호 때문에 전체 시간의 일부분 동안에만 주행하게 된다. 즉 신호등의 유효녹색시간 동안만 주행하게 된다. 예를 들면 신호교차로에서 어떤 진행방향이 신호주기 90초 중 30초의 녹색신호를 받게 된다면 전체 시간의 1/3만이 주행에 사용되는 꼴이 된다. 그러므로 그 진행방향의 녹색신호 1시간에 최대 3,000대의 교통량을 통과시킬 수 있다면, 이 이동류는 1시간 중 20분만 녹색신호를 받기 때문에 최대 통과가능 교통량, 즉 용량은 시간당 1,000대이다.

이처럼 한 주기 중에서 진행할 수 있는 녹색시간의 길이에 따라 용량은 변하기 때문에 신호교차로의 용량을 나타내기 위해서는 녹색시간 1시간당 지나갈 수 있는 최대차량대수(vehicle per hour of green; vphg)와 녹색시간의 비율을 사용한다. 이 최대차량대수를 포화유율(saturation flow rate) 또는 포화교통량이라고 하며, 위의 예에서 언급된 3,000 vphg가 이것에 해당된다. 1시간 동안의 실제교통류율(용량)로 환산하기 위해서는 이 값에 주기에 대한 유효녹색시간의 비(g/C)를 곱하면 된다. 즉

$$c_i = s_i \times \left(\frac{g}{C} \right)_i \tag{3.8}$$

여기서 c_i = 차로군 또는 이동류 i의 용량(vph)

s_i = 차로군 또는 이동류 i의 포화교통량(vphg)

$\left(\dfrac{g}{C} \right)_i$ = 차로군 또는 이동류 i의 유효녹색시간비

g_i = 차로군 또는 이동류 i의 유효녹색시간(초)

C = 주기의 길이(초)

교통량 대 용량의 비, v/c는 포화도(degree of saturation)라 하고 교차로 분석에서 x 또는 X로 나타내기도 하며, 교통량 대 포화교통량의 비 v/s는 교통량비(flow ratio)라 하고 y로 나타내기도 한다. 이 v/s비는 신호시간과는 무관함에 유의해야 한다. 따라서 v/s값이 작더라도 v/c값이 매우 클 경우도 있다. 포화도와 교통량비의 관계는 다음과 같다. 즉, 주어진 이동류 i에 대하여,

$$X_i = \left(\frac{v}{c} \right)_i = \frac{v_i}{s_i \times \left(\dfrac{g}{C} \right)_i} = \frac{v_i C}{s_i g_i} = \frac{(v/s)_i}{(g/C)_i} \tag{3.9}$$

여기서 X_i = 이동류 i의 포화도(v/c 비)

v_i = 이동류 i의 실제교통류율, 즉 교통수요(vph)

신호교차로 전체의 용량 개념은 의미가 없으며 잘 사용하지 않는다. 대신 교차로 전체의 v/c를 나타내기 위해서는 한 현시의 여러 이동류의 v/s값 가운데서 최대 v/s값을 구하여 이를 모든 현시에 대하여 합한 값인 X_c를 사용한다. 예를 들어 두 현시 신호에서 대향 이동류는 같은 녹색신호에 진행한다. 일반적으로 이들 두 이동류 중 어느 한쪽은 다른 한 이동류보다 더 많은 녹색신호시간을 필요로 하게 될 것이다. 다시 말하면 어느 한쪽 이동류의 v/s비가 더 크다. 이와 같은 이동류를 임계이동류(critical movement)라 한다. 그러므로 각 신호현시마다 임계이동류가 그 현시의 녹색신

호 길이를 좌우하게 된다.

교차로 전체의 v/c비, 즉 임계v/c비는 다음과 같이 구해진다.

$$X_c = \frac{C}{C - L} \times \sum_j (v/s)_j \tag{3.10}$$

여기서 X_c = 임계v/c비

$\sum_j (v/s)_j$ = 각 현시 임계이동류의 교통량비의 합

C = 신호주기의 길이(초)

L = 주기당 총 손실시간(초)

이 공식은 주기길이가 주어졌을 때 교차로 전체의 운영상태를 평가하는 데 사용되거나, 또는 반대로 교차로의 운영상태가 주어졌을 때 신호시간을 구하는 데 사용된다.

X_c는 또 현시계획의 적절성을 나타내기도 한다. 현시계획이 부적절하면 이 값이 커지므로 앞에서 말한 교차로 전체의 v/c비도 커진다. 예를 들어 마주 보는 두 접근로의 차로당 교통량을 비교할 경우 두 좌회전 교통량이 두 직진교통량보다 적을 때, 동시신호로 운영을 하면 선행 양방좌회전 때보다 이 값이 커지고 따라서 더 긴 녹색신호가 필요하다.

X_c가 1.0보다 작으면서 어느 이동류는 과포화 상태일 때도 있다. 그러나 X_c가 1.0보다 작을 때는 녹색시간을 균형 있게 할당함으로써 모든 이동류 개개의 v/c비도 1.0보다 작게 할 수 있다.

2 신호교차로에서 포화유율과 손실시간

신호교차로에서 모든 교통의 흐름은 주기적으로 중단된다. [그림 3.4]는 신호등에서 정지한 차량의 대기행렬을 나타낸 것이다. 신호가 녹색으로 바뀌면 대기행렬의 선두에 있는 차량부터 움직이기 시작한다. 이때의 차두시간(headway)은 접근로의 정지선을 통과하는 차량들을 관측함으로써 측정할 수 있다. 교차로를 통과하는 교통량을 조사할 때 정지선을 기준으로 하는 이유는 정지선을 통과한 차량은 반드시 교차로를 통과한다고 볼 수 있으며, 또 이 지점에서 관측하기가 가장 쉽기 때문이다.

대기행렬의 맨 선두 차량의 차두시간은 녹색신호의 시작으로부터 그 차량이 정지선을 완전히 벗어나는 데까지 걸린 시간이다. 두 번째 차량의 차두시간은 첫 번째 차량이 정지선을 통과한 시점부터 두 번째 차량이 그 선을 통과한 시점까지의 경과시간이다. 다음 차량의 차두시간도 이와 같은 방법으로 측정하면 된다.

대기행렬 중 첫 번째 차량 운전자는 녹색신호로 변경된 것을 본 후 브레이크로부터 발을 떼면서 가속을 하여 정지선을 통과하게 된다. 이 시간은 반응시간과 정지상태에서 출발하여 차량 한 대의 거리를 움직인 시간의 합이므로 비교적 길게 나타난다. 두 번째 차량은 첫 번째 차량이 정지선을 통과하는 것보다 좀 더 빠른 속도로 통과하게 되는데, 그 이유는 가속할 수 있는 거리가 차량길이만큼 추가되기 때문이다. 그러므로 두 번째 차량은 첫 번째 차량보다 정지선 직전의 차량 한 대의 거리를 통과하는 시간만큼 늦게 정지선을 통과하게 된다. 그러나 실제로 두 번째 차량은 녹색신호가

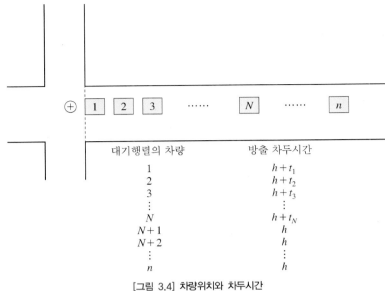

대기행렬의 차량	방출 차두시간
1	$h + t_1$
2	$h + t_2$
3	$h + t_3$
$\vdots$	$\vdots$
N	$h + t_N$
$N+1$	h
$N+2$	h
$\vdots$	$\vdots$
n	h

[그림 3.4] 차량위치와 차두시간

켜진 순간 첫 번째 차량처럼 자유로운 가속을 할 수가 없으므로(앞 차량 때문에) 반응시간이 첫 번째 차량보다 길다. 따라서 첫 번째 차량과 두 번째 차량이 정지선을 벗어나는 시간 차이는 정지선 직전의 차량 한 대의 거리를 달리는 시간과 반응시간의 차이를 고려한 것이다. 이러한 과정은 그 다음 차량에 대해서도 마찬가지이다. 이때 정지선 직전의 차량 한 대의 길이를 통과하는 시간은 속도가 증가할수록 점점 짧아지다가 어느 속도에 도달하면, 즉 정지선을 통과할 때 가속상태가 아닌 정속상태가 되면 차두시간은 일정하게 된다.

[그림 3.4]에서는 일정한 차두시간을 h라 표시했는데 이는 N대 차량이 통과한 후에 나타난다. 앞에 통과하는 N대까지의 차두시간은 평균적으로 h보다 크며 $h + t_i$로 표시하였다. 여기서 t_i는 i번째 차량의 출발 및 가속으로 인한 차두시간의 증가분을 나타내며 i가 1로부터 N으로 증가함에 따라 t_i는 감소하게 된다.

[그림 3.5]는 앞에서 설명한 차두시간을 그림으로 나타낸 것이다. 예를 들어 N을 6, 즉 출발 및 가속으로 인한 증가분은 7번째 차량부터는 나타나지 않는다고 가정한 것이다. 여기서의 h값을 포화 차두시간(saturation headway)이라 하며, 대기행렬 내의 7번째 차량에서부터 대기행렬 내의 마지막 차량까지의 평균차두시간으로 얻는다. 포화차두시간은 대기행렬이 항상 존재한다는 가정하에서 녹색신호시간 동안 안정류(安定流) 상태로 통과하는 차량 중 1대가 소모하는 시간을 의미한다.

포화유율은 안정류 상태로 신호교차로를 통과하는 차량의 차로당, 녹색시간 1시간당 교통량(vehicle per hour of green per lane; vphgpl)으로 정의되며, 그 계산식은 다음과 같다.

$$s = \frac{3,600}{h} \tag{3.11}$$

여기서 s = 포화유율(vphgpl)
　　　　h = 포화차두시간(초)

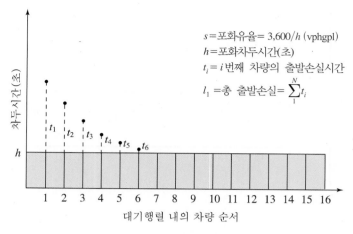

s＝포화유율＝$3,600/h$ (vphgpl)
h＝포화차두시간(초)
t_i＝i번째 차량의 출발손실시간
l_1＝총 출발손실＝$\sum_{1}^{N} t_i$

[그림 3.5] 포화유율과 손실시간

따라서 포화유율은 1시간 내내 녹색신호가 계속되며 차량 진행에 중단이 없다는 가정하에서 차로당, 시간당 교차로를 통과할 수 있는 차량대수를 의미한다. 뿐만 아니라 교차로에 진입하는 모든 차량의 차두시간이 h라고 가정한 것이다.

신호교차로에서 실제 차량의 흐름은 주기적으로 중단되며, 주기마다 다시 출발이 시작되기 때문에 [그림 3.5]에 나타난 바와 같이 처음 N번째까지의 차량들은 출발반응 및 가속에 의한 차두시간을 가지게 된다. 즉 그림에서 보는 바와 같이 처음 6번째까지의 차량은 h보다 긴 차두시간을 갖게 되며 이때의 증가분 t_i를 출발손실시간(start-up lost time)이라 한다. 또 이들 차량들의 전체 출발손실시간은 이들 증가분의 합으로서 다음과 같이 표시할 수 있다.

$$l_1 = \sum_{i=0}^{N} t_i$$

여기서 l_1 = 출발손실시간(초)

t_i = i번째 차량의 출발손실시간(초)

따라서 대기행렬이 N대 이상이면 대기행렬이 녹색신호를 받을 때마다 1대당 h초씩 소모하고 여기에다 총 출발손실시간 l_1만큼 더 소모하게 된다. 우리나라의 출발지연시간은 2.3초로 하고 있으며, 이상적인 도로조건과 승용차로만 구성된 교통류에서의 차두시간 h는 1.63초, 즉 포화교통류율 s는 2,200대로 사용한다. 따라서 교차로에 대기하고 있는 n대의 차량($n \geq 6$)이 정지선을 벗어나는 데 소요되는 시간 T는 다음과 같이 나타낼 수 있다.

$$T = 1.63n + 2.3 \quad (n \geq 6) \tag{3.12}$$

차량의 흐름이 중단될 때마다 또 다른 시간손실이 생긴다. 즉, 일단의 교통류가 중단되고 다른 방향의 교통류가 교차로에 진입하기 위해서는 안전을 위해서 교차로 정리시간이 필요하다. 이때는 어떠한 차량도 교차로를 사용해서는 안 된다. 이러한 시간을 정리손실시간(clearance lost time) 또는 소거손실시간이라 한다. 실제 신호주기에는 황색 또는 전(全)방향 적색신호(all red time)를 사용

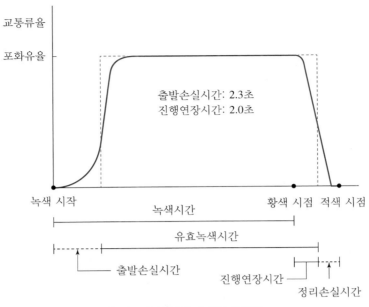

[그림 3.6] 신호시간 매개변수의 정의

하여 교차로를 정리한다. 그러나 운전자들은 정지선에서 급정거할 수 없으므로 이와 같은 시간의 일부분을 불가피하게 사용하지 않을 수 없다. 이 시간을 진행연장시간(end lag)이라 하며, 우리나라에서는 평균값으로 2.0초를 사용한다. 따라서 정리손실시간 l_2는 황색 또는 전적색(全赤色) 신호시간 중에서 진행연장시간을 뺀 시간을 말한다. [그림 3.6]은 신호교차로 접근로에서 포화상태 때 신호의 변화에 따른 교통류율의 변화와 출발지연시간, 진행연장시간, 유효녹색시간, 정리손실시간의 개념을 나타낸 것이다. 이 그림에서 실선은 포화상태를 나타내며, 파선은 교통수요가 용량보다 적을 때의 교통류율을 나타낸다.

포화유율과 손실시간과의 관계는 대단히 중요하다. 어느 진행방향의 교통은 교차로를 일정 기간, 즉 유효녹색시간 동안 포화유율로 통과하게 된다. 여기서 유효녹색시간은 그림에서 볼 수 있는 바와 같이 녹색시간과 황색시간을 합한 값에다 출발 및 정리손실시간을 뺀 값이다. 손실시간은 출발 및 멈춤이 일어날 때마다 생기게 되므로 1시간 동안의 총 손실시간은 신호주기 및 현시 수와 관계가 있다.

만약 신호주기가 120초이면 1시간 동안에 30번의 출발과 멈춤이 각 현시에 대해서 일어난다. 따라서 한 방향의 총 손실시간은 $30(l_1 + l_2)$가 되며, 신호주기가 60초라면 각 방향의 총 손실시간은 $60(l_1 + l_2)$가 되어 120초 주기 때보다 2배의 손실시간이 발생하게 된다. 만약 한 주기에 네 현시가 있다면 각 현시에 대한 손실시간을 4번 구하고 이를 합한다. 이때 한 현시의 손실시간을 4배 하지 않는 이유는 각 현시마다 황색시간이 다를 경우 정리손실시간, 즉 l_2의 값이 차이가 나기 때문이다.

손실시간의 총량은 용량에 영향을 준다. 즉, 위와 같은 논리로 본다면 주기가 길어지면 용량이 증대되는 결과를 가져온다. 그러나 주기가 길면 적색신호시간 역시 길어지므로 적색신호에서 대기하는 차량의 행렬이 길어져 교차로 주변에 또 다른 문제점을 야기할 수도 있다. 또 신호주기가 길면 일반적으로 차량의 평균정지지체시간(average stopped-time delay)은 길어진다.

3 '정지'와 '양보' 표지에서의 흐름

'정지'와 '양보' 표지에서의 운전자는 자신이 원하는 방향으로 진행하기 위해서 주도로의 흐름 중에서 이와 상충되는 흐름 내에 있는 적절한 간격(gap)을 이용하게 된다. 따라서 '정지'와 '양보' 표지로 통제되는 교차로의 접근용량은 다음과 같은 두 가지 요소에 좌우된다.

- 주도로 교통류 내의 간격분포
- 부도로 운전자의 간격수락 행태

주도로 교통류의 간격분포는 이 도로의 총 교통량, 방향별 분포, 이 도로의 차로수, 그리고 차량군 형성의 정도 및 종류에 좌우된다.

부도로 운전자의 간격수락 특성은 원하는 진행방향, 주도로의 차로수, 주도로 교통의 속도, 시거, 부도로 차량의 대기시간 및 운전자의 특성(시력, 반응시간, 연령) 등에 좌우된다.

4 도시가로의 차량궤적

[그림 3.7]은 도시간선도로의 한 진행방향에서 움직이는 차량의 시간-공간 궤적을 보인다. 곡선의 경사는 차량의 속도를 나타내는 것으로 경사가 급할수록 높은 속도를, 수평선은 정지해 있는 것을 의미한다.

차량 ①과 ②는 교차도로에서 좌회전 또는 우회전하여 이 도로에 진입한 차량이고, 나머지 차량들은 상류부 교차로로부터 직진하여 온 것이다. 차량 ①, ②, ③은 하류부 신호교차로의 적색신호

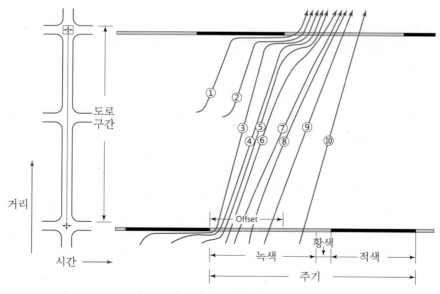

[그림 3.7] 도시가로구간에서의 차량궤적

자료: 참고문헌(4)

동안에 도착하여 정지한 후 녹색신호에서 정지선을 벗어난다. 차량 ④는 녹색시간에 도착은 하지만 앞 차량이 미처 정지선을 벗어나지 않아 정지했다가 출발하게 된다. 차량 ⑤, ⑥, ⑦은 정지선에서 정지하지는 않지만 앞 차량 때문에 감속을 하여 정지선을 통과한다. 차량 ⑧은 앞 차량의 속도가 자기가 원하는 속도보다 낮은 속도이기 때문에 감속을 하는 경우이다. 차량 ⑨, ⑩은 다른 차량이나 하류부 신호에 영향을 받지 않고 자기가 희망하는 속도로 진행한다. 이 경우 이 구간의 순행속도는 차량 ⑨, ⑩의 속도를 평균한 것이다.

5 지체

단속교통류의 교통류질을 측정하는 중요한 기준은 지체이다. 특히 평균접근지체시간은 신호교차로의 서비스수준을 평가하는 데 사용되는 가장 좋은 효과척도이다. 접근지체(approach delay)는 교차로에 접근하면서부터 교차로를 벗어나 다시 본래의 속도로 회복할 동안 추가적으로 소요된 시간이다. 따라서 접근지체는 순행속도로부터 감속하여 정지할 때까지의 감속지체(deceleration delay), 적색신호 동안의 정지지체(stopped delay) 및 가속하여 다시 순행속도로 회복할 때까지의 가속지체(acceleration delay)를 합한 것이다. 어느 접근로의 평균접근지체는 그 접근로의 총 접근지체를 같은 시간 동안 그 접근로로 진입하는 총 교통량으로 나눈 값으로서 초/대의 단위로 표시된다.

신호교차로의 지체는 포화도(v/c)에 가장 큰 영향을 받는다. 이 포화도는 또 포화교통량, 주기 및 녹색신호시간의 함수이므로 결국 신호시간이 신호교차로의 운영상태를 좌우하는 가장 중요한 매개변수임을 알 수 있다.

이 매개변수는 신호등이 설치되지 않은 교차로의 서비스수준을 결정하는 데도 마찬가지로 사용된다. 이때 사용되는 효과척도는 여유용량(reserve capacity)으로서, 이것은 교차로 접근로의 용량에서 교통수요를 감한 값으로 정의되며 이 값은 지체와 상관관계를 갖는다.

신호교차로의 분석은 일차적으로 각 이동류 또는 접근로별로 지체를 계산한 후 이를 교차로 전체에 대해서 종합을 한다. 이때 주의해야 할 것은 교차로 전체의 지체가 적다고 해서 그 교차로의 운영상태가 좋다고 말할 수 없다는 것이다. 예를 들어 네 접근로 중에서 어느 세 접근로의 지체는 매우 적은 대신 나머지 한 접근로는 과포화가 발생하여 매우 심각한 지체를 유발하더라도 교차로 전체에 대해서 평균하면 지체값이 양호한 범위에 들 수 있다. 그러나 이 교차로는 사실상 운영상태가 매우 나쁘다고 평가되어야 한다. 이러한 사실은 앞에서 설명한 임계v/c비와 유사한 특성이 있다.

도시간선도로의 지체는 이 도로구간의 통행시간과 순행시간의 차이를 말한다. 교차로 사이의 링크구간은 가속구간, 순행속도구간 및 감속구간으로 이루어지므로, 이 지체는 이 도로구간 내에 있는 모든 신호교차로의 그 도로 진행방향 접근로의 총 접근지체와 같다.

도시간선도로의 지체는 그 도로구간의 자유속도가 아니라 순행속도를 기준으로 한다. 순행속도는 주어진 도로 및 교통조건에서의 속도, 즉 교통류 내부의 마찰과 도로변 주차, 자전거, 보행자 등으로 인한 노변마찰을 반영하기 때문에 자유속도보다 작은 값을 갖는다. 교차로 또는 도시간선도로의 지체는 그 도로의 주어진 도로조건 및 교통량 등 교통조건하에서 교통운영상태를 분석하기 위해 주로 사용되는 것인 만큼 주어진 교통조건하에서의 속도, 즉 순행속도가 기준이 되어야 한다.

3.4 속도, 교통량, 밀도, 차두시간의 측정

속도, 교통량, 밀도, 차두시간은 교통류의 특성에 가장 많이 사용되는 4가지 매개변수이다. 이 변수들을 측정하는 방법은 제5장에서 설명하고, 여기서는 이들의 정확한 정의와, 변수측정과 자료 수집방법 사이의 상호관계를 설명한다.

3.4.1 지점측정

교통류에 관한 자료를 얻는 가장 간단한 방법은 어느 일정 시간 동안 도로상의 한 지점에서 필요한 정보를 측정하는 것이다. [그림 3.8]은 관측되는 시간–공간영역 내의 차량경로를 나타낸 것이다. 관측자 또는 검지기(檢知器)는 A지점에 위치해서 T시간 동안 A지점을 지나는 차량대수, 차량 길이, 또는 검지기 점유시간 등을 측정한다. 이때 차량 간의 차두시간과 속도계나 속도측정구간(speed trap)을 이용하여 순간속도를 측정할 수 있다.

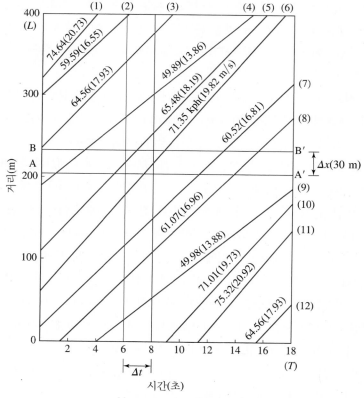

[그림 3.8] 시간–공간영역 내의 차량경로

자료: 참고문헌(2)

1 속도, 교통량 측정

교통류율(flow) q는 도로상의 한 지점을 단위시간당 통과하는 차량대수로 나타낸다. [그림 3.8]에서 볼 때 T시간 동안 N대의 차량이 A − A′선을 통과한다면, q는 다음과 같이 계산된다.

$$q = \frac{N}{T} = \frac{5\text{대}}{18\text{초}} = 1{,}000\,\text{vph} \tag{3.13}$$

차두시간(headway) h는 한 지점을 지나는 연속된 두 차량 간의 시간간격(초)이므로 평균차두시간은

$$h = \frac{T}{N} = \frac{1}{q} = \frac{18\text{초}}{5\text{대}} = 3.6\text{초/대} \tag{3.14}$$

속도(speed) u는 도로상 어떤 특정 지점에서의 교통상황을 나타내는 중요한 척도이다. 교통류 내의 모든 차량의 평균속도를 계산하는 방법에는 시간평균속도 방법과 공간평균속도 방법이 있다는 것은 앞에서 설명한 바 있다. 식 (3.1)~(3.4)는 이들 두 가지 방법의 차이를 잘 나타낸다.

[그림 3.8]에 나타난 각 차량의 속도로부터 시간평균속도와 공간평균속도를 구하면 다음과 같다.

$$\overline{u}_t = (13.86 + 18.19 + 19.82 + 16.81 + 16.96) \div 5 = 17.13 \text{ m/sec}$$

$$\overline{u}_s = \cfrac{1}{\cfrac{1}{5}\left(\cfrac{1}{13.86} + \cfrac{1}{18.19} + \cfrac{1}{19.82} + \cfrac{1}{16.81} + \cfrac{1}{16.96}\right)} = 16.89 \text{ m/sec}$$

속도측정구간(speed trap)을 이용하여 속도를 얻으려면, 관측자는 A − A′지점 이외에 이와 얼마간 거리가 떨어진 다른 한 지점(그림에서 B − B′지점)에서도 관측하여 각 차량이 Δx 길이를 지나는 데 걸리는 시간 Δt_i를 측정한다. 예를 들어, [그림 3.8]에서 T시간(18초) 동안 Δx(30 m)의 측정구간을 통과한 N대(5대) 차량에 대한 측정결과가 다음 표와 같다고 한다면, 이때의 시간평균속도와 공간평균속도는 다음과 같다.

차량번호	측정구간		측정구간 경과시간(초)	속도(m/sec)
	시점통과시간(초)	종점통과시간(초)		
4	0.54	2.70	2.16	13.86
5	4.73	6.38	1.65	18.19
6	7.04	8.55	1.51	19.82
7	10.97	12.75	1.79	16.81
8	13.47	15.24	1.77	16.96
			8.88	85.64

시간평균속도 $85.64/5 = 17.13$ m/sec

공간평균속도 $30 \times 5/8.88 = 16.89$ m/sec

식 (3.2)에서 유도된 바와 같이 각 차량의 속도를 조화평균하여 얻은 공간평균속도는 모든 차량이 달린 거리를 모든 차량이 걸린 시간으로 나눈 값과 같다.

밀도 k는 도로구간의 단위길이 내에 있는 차량대수로 나타내진다. 전체 교통류는 몇 개(m개)의 차량그룹으로 나누어 각 그룹에 속한 차량은 같은 속도를 갖는다고 한다면, 어느 j그룹에 대해서 $q_j = k_j \times u_j$로 나타낼 수 있다. 따라서 식 (3.2)의 마지막 항은 다음과 같이 나타낼 수 있다.

$$\sum_{i}^{n} \frac{1}{u_i} = \sum_{j}^{m} \frac{q_j}{u_j} = \sum^{m} k_j = k$$

$$n = \sum^{m} q_j = q$$

그러므로

$$\overline{u}_s = \frac{q}{k}, \quad k = \frac{q}{u_s} \tag{3.15}$$

밀도는 차로당으로 나타낼 수도 있고, 도로구간의 모든 차로에 대해서 나타낼 수도 있다. 밀도는 어느 지점에서 직접 측정할 수 없으므로 그 지점에서 측정한 공간평균속도와 교통량으로부터 식 (3.16)을 이용하여 간접적으로 계산해서 얻는다. 따라서 [그림 3.8]에서 A – A′지점을 통과하는 차량의 밀도는 다음과 같다.

$$k = \frac{1,000 \text{ vph}}{(16.89 \times 3.6) \text{ kph}} = 16.45 대/\text{km}$$

2 공간점유율과 시간점유율 개념

한 지점에서 밀도를 직접 측정하기는 불가능하기 때문에 고속도로 감시(freeway surveillance)에서는 차로점유율(lane occupancy)이란 개념을 사용한다. 차로점유율 R_s는 다음과 같이 정의된다.

$$R_s = \frac{\sum 차량길이}{도로구간(또는 교통류가 주행한) 길이} = \frac{\sum l_0}{L} \tag{3.16}$$

이때 R_s를 공간점유율(space occupancy)이라고도 하며, 이 값을 평균차량길이 L_m으로 나누면 km당 밀도를 얻을 수 있다. 즉,

$$k = \frac{1,000 R_s}{L_m} \ (대/\text{km})$$

예를 들어, 어느 지점에서 측정한 결과 30초 동안에 차량길이가 각각 4.5, 5.0, 6.0, 6.5, 5.0, 9.0 m인 6대의 차량이 각기 u_i의 속도(공간평균속도는 예를 들어 16.0 m/초)로 지나갔다면, 전체 차량길이는 36 m이며 평균차량길이가 6 m이므로

$$L = 16.0 \times 30초 = 480 \text{ m}$$

$$R_s = \frac{\sum l_0}{L} = \frac{36}{480} = 0.075$$

$$k = \frac{1,000R_s}{L_m} = \frac{1,000 \times 0.075}{6} = 12.5 \text{대/km}$$

공간점유율은 도로구간 내에 있는 각 차량의 길이를 측정해야 하는 어려움이 있으므로 잘 사용하지 않는다. 대신 점유검지기(presence detector)를 이용하여 차량의 점유시간을 측정하면 다음과 같이 시간점유율(time occupancy) R_t를 얻을 수 있다.

$$R_t = \frac{\sum \text{차량의 검지기 점유시간}}{\text{총 관측시간}} = \frac{\sum t_0}{T} \tag{3.17}$$

따라서 어느 차로의 1 km당 밀도는 다음과 같이 구한다.

$$k = \frac{1,000R_t}{L_e} = \frac{1,000 \sum t_0}{TL_e} \ (\text{대/km}) \tag{3.18}$$

여기서 L_e는 차량이 점유검지기에 검지되는 거리이므로 검지기 loop의 길이와 차량의 길이를 합한 값이며, 이를 차량유효길이(m)라 한다.

예를 들면, 60초 동안 어느 한 검지기가 차량점유시간을 검지한 결과가 다음과 같다.

0.38초	0.45초	0.35초	
0.52초	0.55초	0.42초	
0.30초	0.41초	0.60초	0.40초

$$\sum t_0 = 4.38\text{초}, \quad N = 10\text{대}$$

따라서

$$R_t = \frac{\sum t_0}{T} = \frac{4.38}{60} = 0.073$$

만약 차량유효길이의 평균이 9.0 m이면

$$k = \frac{1,000R_t}{L_e} = \frac{1,000 \times 0.073}{9} = 8.11 \text{대/km}$$

시간당 교통류율은 $q = 3,600 \times \frac{N}{T}$ 이고, $\bar{u}_s = \frac{q}{k}$ 의 관계가 있으므로 평균속도는 다음과 같다.

$$\bar{u}_s = \frac{3.6NL_e}{\sum t_0} \ (\text{kph}) \tag{3.19}$$

따라서 위의 검지기 자료에 의하면 이 교통류의 평균속도는

$$\bar{u}_s = \frac{3.6 \times 10 \times 9}{4.38} = 74 \text{ kph}$$

만약 교통류 내의 차종구성이 다르면 L_e의 값은 소형차와 대형차로 구분하여 계산하여야 한다. T시간 동안에 검지된 N대의 차량 중에서 소형차량과 대형차량의 대수가 각각 N_c, N_t이고 두 차종의 평균차량유효길이를 L_c, L_t라 하면, 평균속도와 밀도는 다음과 같다.

$$\bar{u}_s = \frac{(N_c L_c + N_t L_t)3.6}{\sum t_0} \text{ (kph)} \tag{3.20}$$

$$k = \frac{N}{N_c L_c + N_t L_t}\left(\frac{\sum t_0}{T}\right)1,000 \text{ (대/km)} \tag{3.21}$$

예를 들어, 위의 검지기 자료 중에서 점유시간이 0.5초 이상인 것을 대형차량으로 간주한다면 소형차는 7대, 대형차는 3대이다. 또 $L_c = 7$ m, $L_t = 14$ m라 가정하면, 교통류의 평균속도와 밀도는 다음과 같다.

$$\bar{u}_s = \frac{7(7) + 3(14)}{4.38}(3.6) = 74.8 \text{ kph}$$

$$k = \frac{10}{7(7) + 3(14)}\left(\frac{4.38}{60}\right)1,000 = 8.02\text{대/km}$$

3.4.2 구간측정

이 방법은 높고 잘 보이는 곳에서 비디오 장비를 사용하여 비교적 긴 도로구간을 측정하는 것이다. [그림 3.8]에서 볼 때 6.0초와 8.0초 때 그 도로구간 전체의 교통량과 밀도를 비디오 사진에서 얻을 수 있다. 이 한 쌍의 비디오 사진으로부터 속도를 계산한다.

밀도 k는 비디오 사진에서 직접 구할 수 있다. 측정 도로구간의 길이를 L이라 하고, 그 구간 내의 차량대수를 N이라 하면,

$$k = \frac{N}{L} \tag{3.22}$$

그림의 자료로부터 $L = 400$ m이고, $N = 7$대이므로 밀도는 다음과 같다.

$$k = \frac{7}{0.4} = 17.5\text{대/km}$$

속도 u는 Δt 간격으로 찍은 두 장의 사진으로부터 얻을 수 있다. 각 차량이 Δt 동안 움직인 거리 s_i를 측정하면 i차량의 속도는

$$u_i = \frac{s_i}{\Delta t}$$

또 공간평균속도는

$$\bar{u}_s = \frac{\sum_{i}^{N} s_i}{N \cdot \Delta t} = \frac{1}{N} \sum_{i}^{N} \frac{s_i}{\Delta t} = \frac{1}{N} \sum_{i}^{N} u_i \tag{3.23}$$

따라서 구간측정법으로 구할 때의 공간평균속도는 시간평균속도와 같다. 예를 들어, [그림 3.8]에서 400 m 내에 있는 7대의 차량이 2초 동안 움직인 거리를 측정하여 속도를 구한 결과가 다음 표와 같다고 한다면 이때의 시간평균속도와 공간평균속도는 다음과 같다.

차량번호	6초에서의 위치(m)	8초에서의 위치(m)	거리(m)	속도(m/sec)
3	344.70	380.56	35.86	17.93
4	276.67	304.39	27.72	13.86
5	224.93	261.31	36.38	18.19
6	183.93	223.57	39.64	19.82
7	119.83	153.45	33.62	16.81
8	77.83	111.75	33.92	16.96
9	26.67	54.43	27.76	13.88
			234.90	117.45

$$\bar{u}_t = \frac{117.45}{7} = 16.78 \text{ m/sec}$$

$$\bar{u}_s = \frac{234.9}{7 \times 2} = 16.78 \text{ m/sec}$$

교통류율 q는 이 방법으로 직접 구할 수는 없으나 앞에서 구한 밀도와 평균속도 자료로부터 구할 수 있다. 즉,

$$q = k \times \bar{u}_s = 17.5 \times 16.78 \times 3.6 = 1,057 \text{ vph}$$

● 참고문헌 ●

1. Carter, Everett. C. and W. S. Homburger, *Introduction to Transportation Engineering,* ITE., 1978.
2. ITE., *Transportation and Traffic Engineering Handbook,* 1982.
3. ITE., *Manual of Transportation Engineering Studies,* 1994.
4. TRB., *Highway Capacity Manual,* Special Report 209, 2000.
5. J. G. Wardrop, *Some Theoretical Aspects of Road Traffic Research,* Proceedings of the Institution of Civil Engineers, Part II, Vol. 1, 1952.
6. N. D. Lea Transportation Research Corporation, *Dictionary of Public Transport,* International Transit Handbook-Part 1, 1981.
7. L. C. Edie, *Discussion of Traffic Stream Measurements and Definitions,* Proceedings of the 2nd International Symposium, Traffic Flow Theory, 1963.

제4장

교통류 이론

교통류 이론이란 수학, 확률이론, 물리학의 원리를 교통류 행태분석에 적용시키는 이론을 말한다. 교통공학자는 교통시스템 운영에서 제기되는 여러 가지 문제점에 대하여 경험적인 해결책들을 발전시켜 왔다. 제4장에서 설명하는 교통류 이론은 실험이나 관측에 의해서 개발된 것 중에서 가장 좋은 것임이 입증된 이론이다.

좌회전 전용차로(專用車路)에 대기하고 있는 차량대수를 예측한다든가 교차로에서 차량의 지체시간을 추정하는 문제는, 교통류 이론을 실제에 적용하는 가장 흔한 예이다. 교통류 분석은 도로 또는 교차로의 용량을 알아낼 뿐만 아니라, 병목현상이 발생할 경우에 일어나는 교통행태가 어떠할 것인가를 예측할 수 있게 한다. 추종모형은 개선된 교통통제설비가 교통류에 어떤 영향을 미치는가를 예측하는 데 사용될 수도 있다.

교통류 이론에 대한 연구는 1930년대에 시작되었지만 크게 진전을 보인 때는 1950년대 이후이며, 지금까지도 이에 대한 연구가 진행되고 있다. 그러나 최근에는 새로운 이론모형의 개발보다도 기존 이론을 교통시스템 운영상의 문제점을 해결하는 데 적용하려는 노력이 커지고 있다.

4.1 교통류 특성의 확률분포

확률분포는 무작위로 일어나는 어떤 사상(event)을 예측하는 데 사용된다. 어떤 사상이 무작위로 일어난다는 말은 아주 짧은 순간(또는 작은 공간) 동안에 그 사상이 일어날 확률이 같다는 말이다. 예를 들어 교통류율 q가 일정할 경우 0.5초 동안에 어떠한 사상, 즉 차량 1대가 도착할 확률은 다른 0.5초 동안에 그 사상이 일어날 확률과 같다는 뜻이다.

다른 예로 주차장에서 주차될 면의 분포를 생각해 보자. 만약 모든 주차면(駐車面)에 대해서 주차될 기회가 균일하다면 주차면의 이용은 무작위로 볼 수 있다. 그러나 경험적으로 보는 바와 같이 출입구에 가까이 있는 주차면이 멀리 떨어진 구석에 있는 주차면보다 이용될 경우가 더 많을 때는 이를 무작위로 주차한다고 볼 수 없다.

교통공학에서 사용되는 확률분포는 일반적으로 계수분포(counting distribution)와 간격분포(gap distribution)로 대별된다.

4.1.1 계수분포

확률변수가 0 또는 자연수를 갖는 확률분포이므로 그 분포함수는 불연속인 이산형(discrete)분포이다. 확률변수가 차량대수 또는 주차면수인 반면에 계수단위는 주어진 시간, 도로구간 등이다. 이러한 확률분포 중에서 교통공학에서 많이 이용되는 것은 다음 여섯 가지이다.

- 포아송(Poisson)분포
- 이항(Binomial)분포
- 음이항(Negative Binomial)분포
- 기하(Geometric)분포
- 다항(Multinomial)분포
- 초기하(Hypergeometric)분포

1 포아송분포

완전히 무작위로 드물게 발생하는 이산형 사상을 나타내는 데 사용되며, 계수단위가 주어진 시간 또는 주어진 도로구간일 때 차량대수를 확률변수로 사용한 첫 번째 확률분포이다. 이 분포는 계수한 단위를 한 시행(trial)으로 보고, 이때 일어난 평균사상수가 m일 때 한 시행에서 x개의 사상이 일어날 확률을 나타낸다. 즉,

$$P_{(x)} = \frac{m^x e^{-m}}{x!} \quad (x = 0, 1, 2, ...) \tag{4.1}$$

여기서 x가 일정한 시간 내에 도착하는(또는 일정한 도로구간 내에 있는) 차량대수를 나타내는 확률변수라면,

$$P_{(x)} = 계수단위\ 내(한\ 시행)에\ x대가\ 도착할(있을)\ 확률$$

$$m = 계수단위\ 내에\ 도착할(있을)\ 평균차량대수$$

이 분포의 확률변수 x의 평균과 분산은 다 같이 m이다. 따라서 분산/평균비가 1.0 부근인 교통량이 적은 임의교통류(무작위 교통류)에 사용하면 잘 맞는다. 이 분포의 특징은 같은 교통류에서 m이 클수록, 즉 계수기준이 클수록 정규분포에 가까워진다. 예를 들어 10초에 2대가 도착할 확률보다 20초에 4대가 도착할 확률이 더 작으며, 20초 동안에 $2x$대가 도착하는 확률분포가 10초에 x대가 도착하는 확률분포보다 정규분포에 더 가깝다.

또 x가 m보다 작거나 같을 확률은 항상 0.5보다 크며, m이 클수록 이 값은 0.5에 가까워진다. 따라서 m이 크면 정규분포에 근사시킬 수가 있다. 또 매개변수가 하나이기 때문에 계산이 간단하여 어떤 조건에서는 이항분포를 근사화(近似化)시키는 데 사용될 수 있다(이항분포 참조).

이 분포함수의 매개변수 m은 현장관측값의 평균값을 사용한다. 또 위의 함수는 다음과 같은 관계가 있으므로 이를 이용하면 확률을 계산하는 데 편리하다.

$$P_{(0)} = e^{-m}$$

$$P_{(x)} = \frac{m}{x} P_{(x-1)}$$

신호교차로에서 좌회전 전용차로의 길이가 짧을 경우 좌회전 차량이 대기할 때 직진차로를 침범하여 직진의 진행을 방해하는 경우가 있다. 이때 좌회전 차로의 적정길이를 포아송분포로부터 확률적으로 구할 수 있다. 신호교차로의 한 접근로에서 임의도착하는 좌회전 차량의 주기당 평균 도착대수가 2 이상일 때, 좌회전 포켓의 길이가 평균값의 2배를 수용할 만한 길이이면, 전체 주기의 95% 이상은 좌회전 차로로서의 기능을 다한다. 이 말은 100주기 중에서 최소 95주기는 좌회전 대기차량이 좌회전 포켓을 벗어나지 않는다는 의미이다.

예제 4.1 어느 교통류의 도착교통량을 15초 단위로 측정한 결과, 평균 1.8대, 분산 1.9이었다. 이 교통류의 차량도착은 어떤 확률분포를 갖는다고 볼 수 있는가? 그 확률분포를 구하고, 15초에 2대 이하가 도착할 확률을 구하라.

풀이 분산/평균= 1.9/1.8≒ 1.0이므로 포아송 도착분포를 갖는다고 본다.

$$P_{(x)} = \frac{1.8^x e^{-1.8}}{x!} \quad (단, \ x = 0, 1, 2, ...)$$

$$P_{(x \leq 2)} = P_{(0)} + P_{(1)} + P_{(2)} = 0.1653 + 0.2975 + 0.2678 = 0.7306 \qquad ■$$

예제 4.2 어느 교차로에 좌회전 전용차로를 설치하고자 한다. 임의로 도착하는 좌회전 교통량이 시간당 300대이고, 한 주기에서 좌회전할 수 없는 시간길이는 60초이다. 좌회전 전용차로가 85% 제역할을 하려면 이 길이를 얼마로 해야 하는가? 단, 이전(以前) 주기는 과포화주기가 아니며 대기차량의 차두거리를 6 m로 가정한다.

풀이 $m = (300/3,600) \times 60초 = 5$ 대/60초

$P_{(0)} = 0.0067$ $P_{(1)} = 0.0337$ $P_{(2)} = 0.0842$ $P_{(3)} = 0.1404$ $P_{(4)} = 0.1755$

$P_{(5)} = 0.1755$ $P_{(6)} = 0.1462$ $P_{(7)} = 0.1044$

$$\sum_{x=0}^{7} P_{(x)} = 0.867 > 0.85$$

60초 동안에 7대 이하로 도착할 확률이 0.867이므로 전용차로의 길이를 42 m로 하면 86.7% 만족시킨다. 즉, 좌회전 교통량이 많아 이 전용차로가 부족한 경우는 100주기에서 13주기 정도이다. ■

---

2 이항분포

(1) 일반적 특성

이 분포는 계수단위가 주차면수 또는 차량대수인 경우가 많다. 차량 한 대(또는 주차 한 면)를 하나의 시행으로 보고 n번의 시행에서 x개의 사상이 일어날 확률은 다음과 같이 나타낸다.

$$B_{(x)} = {}_nC_x \, p^x q^{n-x} = \frac{n!}{x!\,(n-x)!}\, p^x q^{n-x} \qquad (4.2)$$

$$(x = 0, 1, 2, ..., n)$$

여기서 $B_{(x)} = n$번의 시행에서 x번의 사상이 일어날 확률

$\quad\quad\quad n = $시행의 수(계수단위의 차량대수)

$\quad\quad\quad x = n$번의 시행에서 일어나는 사상의 수

$\quad\quad\quad p = $한 시행에서 한 사상이 일어날 확률

$\quad\quad\quad q = $한 시행에서 한 사상이 일어나지 않을 확률 $= 1 - p$

이항분포함수는 다음과 같은 관계가 있으므로 이를 이용하면 확률을 계산하기가 편리하다.

$$B_{(0)} = q^n$$

$$B_{(x)} = \frac{n+1-x}{x} \cdot \frac{p}{q} \cdot B_{(x-1)}$$

이 분포의 확률변수 x의 평균은 np이며 분산은 npq로서, 분산이 항상 평균보다 작다. 따라서 분산/평균비가 1.0보다 작은, 교통량이 많은 교통류에 사용하면 잘 맞는다.

예제 4.3 직진과 좌회전 차량이 무작위로 혼합되어 도착하는 교통류를 관찰한 결과 30%가 좌회전 차량으로 밝혀졌다.

(1) 5대 중에서 3대가 좌회전 차량일 확률을 구하라.

(2) 5대 중에서 처음 3대가 좌회전 차량일 확률을 구하라.

풀이 $\quad n = 5$

$\quad\quad p = 0.3 \quad\quad q = 0.7$

$\quad\quad B_{(x)} = {}_5C_x \, (0.3)^x (0.7)^{5-x}$

$\quad\quad$(1) 0.1323

$\quad\quad$(2) 5대 중에서 처음 3대가 좌회전 차량일 경우의 수는 한 가지 밖에 없으므로 ${}_5C_3$ 대신 1이다. 따라서

$\quad\quad\quad B_{(3)} = (0.3)^3 (0.7)^2 = 0.0132$ ■

이 분포의 확률변수 x의 평균은 항상 n보다 작거나 같다. 또 같은 교통류에서 x/n의 비가 일정하다면 n값이 클수록 x가 일어날 확률은 적어진다. 예를 들어, 4번 시행중(試行中) 1번 일어날 확률보다 8번 시행중 2번 일어날 확률이 적다. 포아송분포의 특징과 마찬가지로 이 분포에서도 x가 평균값 이하일 확률은 0.5보다 크며, 같은 분포에서 n이 클수록 이 값은 0.5에 가까워진다.

(2) 포아송분포 및 정규분포 근사화

이 분포의 특징 중에서 중요한 것은 n값이 대단히 크고 p가 매우 작은 어떤 값을 가질 때 np를 평균으로 하는 포아송분포에 근사화시킬 수 있다는 사실이다.

예제 4.4 복잡한 도심지 교차로에서 임의차량이 사고를 발생시킬 확률은 0.0001이다. 오후 첨두시간에 이 교차로를 통과하는 차량대수가 1,000대일 때, 이 시간대의 사고발생건수가 1일 확률을 구하라.

풀이 이항분포를 이용하면, $B_{(1)} = 1000(0.0001)(0.9999)^{999}$이므로 대단히 복잡해진다. n이 크고 p가 매우 작으므로 포아송분포를 이용하면,

$$np = (1000)(0.0001) = 0.1$$

$$P_{(1)} = (0.1)e^{-0.1} = 0.0905$$ ∎

또 n값이 크고 p가 0.5에 가까우면 정규분포에 근사시킬 수 있다. 이 경우의 일반적인 적용기준은 np와 nq가 다 같이 5보다 클 때이다. 근본적으로 이항분포는 이산형(離散形)분포이고 정규분포는 연속형(連續形)분포이므로, 이항분포의 확률변수를 0.5단위 증감시켜 정규분포의 확률밀도를 구해서 근사(近似)값을 얻는다. 즉,

$$B_{(x)} \fallingdotseq N_{(z_1 < z < z_2)} \tag{4.3}$$

$$z_1 = \frac{x - 0.5 - 평균}{\sqrt{분산}} \qquad z_2 = \frac{x + 0.5 - 평균}{\sqrt{분산}}$$

(3) 계수단위가 시간 또는 도로구간일 경우

계수단위가 차량대수나 주차면수가 아닌 어떤 시간 또는 도로구간인 경우에도 이항분포의 이용이 가능하다. 교통량 조사에서, 예를 들어 10초 내에 도착하는 평균차량대수가 8대이고 분산이 4이면, 앞에서 설명한 포아송분포를 이용하여 확률을 구하면 적합성이 떨어진다. 왜냐하면 포아송분포는 평균과 분산의 값이 비슷할 때에만 잘 맞기 때문이다.

교통이 혼잡해지면 교통류는 균일하게 되고, 따라서 분산/평균의 비는 포아송분포 때보다 작아진다. 이 경우는 포아송분포보다는 이항분포가 그 교통현상을 더 잘 설명한다. 이때 유의해야 할 것은 계수단위가 시간 또는 도로구간길이이므로 한 시행이 반드시 1초 또는 1 m가 아니라 조사자료에 따라 가변적이다. 다시 말해서 계수단위 시간(또는 구간길이) 내의 시행수가 조사관측값에 따라 달라진다. 또 한 가지 사실은 이 분포가, 어떤 사상이 무작위로 일어나되 한 시행에서 그 사상이 두 번 이상 일어나지 않는다는 가정에 근거하고 있으므로 사용에 주의해야 한다.

이 확률함수에 사용되는 매개변수 n, p는 관측값의 평균 및 분산값으로부터 다음 식을 이용해서 구할 수 있다.

$$n = \frac{(평균)^2}{평균 - 분산} \tag{4.4}$$

$$p = \frac{평균}{n} \tag{4.5}$$

예제 4.5 복잡한 도심지 교차로에서 임의도착 교통량을 15초 단위로 65회 측정한 결과 평균값 7.8 대, 분산값 4.4를 얻었다. 이에 적합한 확률분포함수를 구하고, 15초에 5대가 도착할 확률을 구하라.

풀이 분산/평균비= 4.4/7.8 = 0.564 < 1.0이므로 이항분포에 적합하다.

$$n = \frac{7.8^2}{(7.8 - 4.4)} = 17.9 \rightarrow 정수화 \; 18$$

$$p = \frac{7.8}{18} = 0.433$$

그러므로 이 교통류에 적합한 확률분포함수는

$$B_{(x)} = {}_{18}C_x (0.433)^x (0.567)^{18-x}$$

따라서

$$B_{(5)} = {}_{18}C_5 (0.433)^5 (0.567)^{13} = 0.082$$

(이 문제에서 한 시행은 15/18 = 0.833초의 경과로 본다. 즉 0.833초 이내에는 한 대도 도착하지 않거나 혹은 한 대만 도착한다고 가정한 것이다.) ■

③ 음이항(陰二項)분포

이항분포는 정해진 n 시행에서 x개의 사상이 일어날 확률을 나타내는 반면, 음이항분포는 k 번째의 사상을 얻기 위해서(성공하기 위해서) x번의 실패를 해야 할 확률을 나타낸다. 따라서 총 시행의 횟수는 $k+x$번이 된다. 예를 들어 승용차와 트럭의 혼합교통을 생각해 보자. 차량 한 대의 통과를 한 시행으로 보고, 트럭의 통과를 사상이 일어나는 것으로(성공으로), 승용차의 통과를 실패로 본다. 여기서 k 번째의 트럭이 통과하기까지 x대의 승용차가 통과할 확률, 즉 마지막 n번째(= $k+x$)의 시행이 k 번째의 성공이 될 때까지 x번의 실패가 있을 확률을 음이항분포로 나타낼 수 있다. 음이항분포는 다음과 같이 나타낸다.

$$N_{(x)} = {}_{x+k-1}C_x \, p^k q^x = \frac{(x+k-1)!}{x!\,(k-1)!} p^k q^x \tag{4.6}$$

$$(x = 0, 1, 2, \ldots)\,(k = 1, 2, 3, \ldots)$$

여기서 $N_{(x)}$ = k 번째의 성공을 얻기 위해서 x번의 실패를 할 확률, 즉 k번의 성공을 위해서 시행
　　　　횟수가 $n = k + x$일 확률

　　p = 한 시행에서 사상이 일어날 확률(성공할 확률)

　　$q = 1 - p$

　　$k = n$번의 시행에서 마지막 시행이 k 번째의 성공

위의 함수는 다음과 같이 간단히 할 수 있다.

$$N_{(0)} = p^k$$

$$N_{(x)} = \frac{x + k - 1}{x} \cdot q N_{(x-1)}$$

이 분포는 교통량 계수기간 동안 교통량의 변화가 예상될 때 사용되며, 확률변수 x의 평균값은 kq/p, 분산은 kq/p^2이므로 분산/평균비가 1.0보다 현저히 클 때 사용하면 좋다.

따라서 이 함수에 사용되는 매개변수 p, k는 관측값의 평균 및 분산값으로부터 다음 식을 이용하여 구할 수 있다.

$$k = \frac{(평균)^2}{분산 - 평균} \tag{4.7}$$

$$p = \frac{평균}{분산} \tag{4.8}$$

식 (4.7)에 의해서 구한 k값은 표본에서 구한 추정값이므로 주어진 k값과 차이가 있을 수 있다. 확률함수에는 주어진 k값을 사용한다.

교통량을 교통신호의 하류부에서 측정하면, 한 주기 안에서도 교통량이 많을 때와 적을 때가 있으므로 완전한 임의(任意)교통류(random flow) 때보다 분산값이 더 크다. 이 경우 분산/평균비가 1.0보다 크므로 음이항분포를 사용하면 잘 맞는다.

예제 4.6 교통류의 구성이 트럭 10%, 승용차 90%로 이루어져 있다. 3번째 트럭이 통과하기까지 6대의 승용차가 통과할 경우의 확률을 구하라. 단 트럭과 승용차는 임의로 혼합되어 있다.

풀이 $p = 0.1 \qquad q = 0.9 \qquad k = 3 \qquad x = 6$

$$N_{(6)} = \frac{(6 + 3 - 1)!}{6!(3 - 1)!}(0.1)^3(0.9)^6 = 0.0149 \qquad ■$$

4 기하분포

음이항분포에서 $k = 1$일 경우, 즉 첫 번째 성공을 위해서 x번 실패할 횟수의 확률분포이다. 예를 들어 앞의 음이항분포의 예에서 첫 번째 트럭이 도착하기 이전에 6대의 승용차가 도착할 확률을 구하는 문제에서 이 확률분포를 이용할 수 있다. 이때 총 시행횟수는 $(x + 1)$회이다.

기하분포함수는 다음과 같이 나타낸다.

$$G_{(x)} = p q^x \qquad (x = 0, 1, 2, \dots) \tag{4.9}$$

여기서 $G_{(x)}$ = 첫 번째 성공을 얻기 위해서 x번 실패할 확률, 즉 한 번의 성공을 위해서 시행횟수가 $(x + 1)$일 확률

p = 한 시행에서 사상이 일어날(성공할) 확률

$q = 1 - p$

위의 함수는 다음과 같이 간단히 할 수 있다.

$$G_{(0)} = p$$

$$G_{(x)} = q G_{(x - 1)}$$

이 분포의 확률변수 x의 평균은 q/p, 분산은 q/p^2이며, 분산/평균비가 1.0보다 현저히 크므로 교통량의 계수기간 동안 교통량의 변화가 예상될 때 사용하면 잘 맞는다. 이 함수에 사용되는 매개변수 p, q는 관측값의 평균으로부터 다음 식을 이용하여 구할 수 있다.

$$p = \frac{1}{\text{평균} + 1} \tag{4.10}$$

예제 4.7 비보호좌회전과 직진의 공용차로에서 임의로 도착하는 교통류에서 좌회전 차량의 비율이 20%이다. 적색신호에 도착하는 차량 중에서 첫 좌회전 차량 앞에 직진차량이 3대가 있을 확률을 구하라. 단 이전 주기 끝에 남아 있는 차량은 없다.

풀이 $p = 0.2$ $q = 0.8$

$G_{(3)} = (0.2)(0.8)^3 = 0.1024$ ■

---

5 다항분포

이항분포에서는 일어날 수 있는 사상의 종류가 두 가지인, 즉 주어진 어떤 사상이 p의 확률로 일어나거나 혹은 q의 확률로 일어나지 않을 경우만 취급했다. 그러나 일어날 확률의 종류가 두 가지보다 많을 때는 다항(多項)분포를 이용하여 확률계산을 한다. k개의 그룹으로 구성된 모집단에서 n개를 임의추출할 때, 첫째 그룹에서 x_1개, 둘째 그룹에서 x_2개, $\cdots$, k째 그룹에서 x_k개가 추출될 확률 $M_{(x_1, x_2, \ldots, x_k)}$은 다음과 같이 나타낼 수 있다.

$$M_{(x_1, x_2, \ldots, x_k)} = \frac{n!}{x_1! \, x_2! \cdots x_k!} \, p_1^{x_1} p_2^{x_2} \cdots p_k^{x_k} \tag{4.11}$$

여기서 $\displaystyle\sum_1^k x_i = n$

$\displaystyle\sum_1^k p_i = 1.0$

$p_i = i$ 그룹에서 추출될 확률

예제 4.8 어느 교차로 접근로에서 임의로 도착하는 이동류의 구성은 좌회전 40%, 직진 50%, 우회전 10%로 되어 있다. 이 접근로에 도착하는 차량 6대 중에서 좌회전이 1대, 직진이 2대, 우회전이 3대일 확률을 구하라.

풀이 $p_L = 0.4$ $p_T = 0.5$ $p_R = 0.1$

$M_{(1,\, 2, 3)} = \dfrac{6!}{1! \, 2! \, 3!} (0.4)(0.5)^2 (0.1)^3 = 0.006$ ■

6 초기하분포

지금까지 설명한 확률분포는 시행이 반복되더라도 성공할 확률 p값은 변하지 않는 경우만을 취급했다. 이것은 모집단의 크기가 매우 크거나 또는 표본을 추출한 다음 다시 복원하는(sampling with replacement) 경우에 해당된다. 예를 들어 교차로에 도착하는 차량의 구성비가 승용차 70%, 트럭 30%일 때, 임의로 뽑은 5대의 표본 중에서 승용차가 3대일 확률을 구하는 문제에서, 그 다음 표본을 추출하더라도 0.7, 0.3의 비율이 변하지 않을 만큼 모집단이 큰 경우이다. 그러나 모집단의 크기가 한정되어 있으면 표본을 추출한 후 이를 다시 복원하지 않는 한(sampling without replacement) 그 다음 표본에서 어떤 사상이 일어날 확률은 0.7, 0.3이 될 수 없으므로, 앞에서 설명한 확률분포를 이용할 수 없게 된다. 이와 같이 비복원 표본추출의 경우의 확률은 다음과 같은 초기하(超幾何)분포를 이용하여 얻을 수 있다.

$$H_{(x)} = \frac{\binom{k}{x}\binom{N-k}{n-x}}{\binom{N}{n}} \qquad (x = 0, 1, 2, \cdots, n) \qquad (4.12)$$

여기서 $H_{(x)}$ = N개 중에서 k개가 성공이고 $N-k$개가 실패일 때, n개를 비복원으로 임의로 뽑아 그중에서 x개가 성공일 확률

예제 4.9 차량 정비창(整備廠)에서 정비를 기다리는 승용차 12대와 트럭 3대 중에서 임의로 4대를 우선 정비한다면 이 중에서 트럭이 2대가 포함될 확률을 구하라.

풀이 $N = 15 \qquad k = 3 \qquad n = 4 \qquad x = 2$

$$H_{(2)} = \frac{\binom{3}{2}\binom{12}{2}}{\binom{15}{4}} = \frac{198}{1,365} = 0.145$$ ■

4.1.2 간격분포

차량이 앞의 계수분포에 주어진 것과 같은 어떤 패턴으로 도착할 때, 차량 간의 간격을 나타내는 분포를 구할 수 있다. 이 간격은 시간의 단위로 주어지며 이는 이산형 변수가 아닌 연속형 변수로 나타낸다. 이들의 대표적인 확률분포는 다음과 같다.

- 음지수(陰指數)분포(Negative Exponential)
- 편의(偏倚)된 음지수분포(Shifted Negative Exponential)
- Erlang분포

1 음지수분포

음지수분포는 간격분포의 기본적인 형태로서 포아송분포로부터 나온 것이다. 즉 차량도착률 λ 인 포아송분포에서 t 시간 사이에 차량이 한 대도 도착하지 않을 확률은

$$P_{(0)} = e^{-\lambda t}$$

이다. 또 이것은 말을 바꾸면 두 대 차량 사이의 차두시간이 t 보다 클 확률과 같다. 즉 차두시간의 분포를 나타내는 확률분포함수를 $f(t)$ 라 하면 이 확률은

$$\int_t^\infty f(t)\,dt = e^{-\lambda t} \tag{4.13}$$

이다. 따라서 차두시간의 분포를 나타내는 확률분포함수는

$$f(t) = \lambda e^{-\lambda t} \tag{4.14}$$

로서 음지수함수이다. 이 함수의 확률변수 t 의 평균값과 분산은 다음과 같다.

$$평균 = \frac{1}{\lambda}$$

$$분산 = \frac{1}{\lambda^2}$$

이 함수의 매개변수 λ 는 평균도착류율로서 포아송분포에서 사용되는 것과 같으며 현장관측에서 얻을 수 있다. 또 평균차두시간 μ 를 구하여 이의 역수를 λ 로 사용해도 좋다. 따라서 식 (4.14)는 다음과 같이 쓸 수 있다.

$$f(t) = \frac{1}{\mu} e^{-\frac{t}{\mu}} \tag{4.15}$$

예제 4.10 교통량이 그다지 많지 않은 도로에서 임의도착분포를 갖는 교통류가 있다. 시간당 도착 교통량이 600대일 때 차두시간이 4초보다 작을 확률을 구하라.

풀이 $\lambda = \dfrac{600}{3,600} = \dfrac{1}{6}$ 대/초

$$P_{(h<4)} = \int_0^4 \frac{1}{6} e^{-\frac{t}{6}}\,dt = 1 - e^{-\frac{2}{3}} = 0.4866$$ ■

2 편의된 음지수분포

한 차로에서 차간시간은 0이 될 수 없으며 최소한의 안전 차두시간을 갖는다. 음지수분포함수의 곡선으로 볼 때, 이 분포곡선은 음지수분포함수에 비해 최소허용차두시간 c 만큼 오른쪽으로 이동된다. 따라서 이 함수는 다음과 같이 표시된다.

$$f(t) = \begin{cases} 0 & t < c \text{ 때} \\ \dfrac{1}{\mu - c} e^{-\frac{t-c}{\mu-c}} & t \geq c \text{ 때} \end{cases} \qquad (\text{단, } \mu > c) \qquad (4.16)$$

이 함수의 확률변수 t의 평균값과 분산은 다음과 같다.

$$\text{평균} = \mu = \frac{1}{\lambda}$$

$$\text{분산} = (\mu - c)^2$$

사용되는 매개변수 μ와 c는 관측값으로부터 얻을 수 있다. 즉 t의 평균 또는 평균도착류율 λ의 역수가 μ이며, 최소허용차두시간은 c이다.

예제 4.11 임의도착하는 교통류의 교통량이 600 vph이다. 평균 최소허용차두시간이 1.5초일 때 차두시간이 4초보다 작을 확률을 구하라.

풀이 $\lambda = \dfrac{600}{3,600} = \dfrac{1}{6}$ 대/초 $\qquad \mu = 6$ 초

$$P_{(h < 4)} = \int_{1.5}^{4} \frac{1}{6 - 1.5} e^{-\frac{t-1.5}{6-1.5}} \, dt = \int_{1.5}^{4} \frac{1}{4.5} e^{-\frac{t-1.5}{4.5}} \, dt$$

$$= 1 - e^{-\frac{2.5}{4.5}} = 0.4262 \qquad \blacksquare$$

3 Erlang분포

편의(偏倚)된 음지수분포에서는 차두시간이 최소허용시간 t보다 작을 확률을 0이라고 보았으나 Erlang분포에서는 이들의 확률이 0이 아닌 아주 작은 값을 갖는다고 본다. Erlang분포의 확률함수는 다음과 같다.

$$f_{(t)} = \lambda e^{-\lambda t} \frac{(\lambda t)^{k-1}}{(k-1)!} \qquad (4.17)$$

이 분포에서 확률변수 t의 평균 및 분산은 다음과 같다.

$$\text{평균} = \frac{k}{\lambda} \qquad \text{분산} = \frac{k}{\lambda^2}$$

따라서 이 분포함수의 매개변수 λ와 k는 관측자료로부터 계산되는 t의 평균값과 분산값을 이용하여 다음 식으로 구할 수 있다.

$$\lambda = \frac{\text{평균}}{\text{분산}} \qquad k = \frac{(\text{평균})^2}{\text{분산}}$$

Erlang분포의 누적분포함수는 다음과 같다.

$$P_{(h \le t)} = 1 - e^{-\lambda t} \sum_{n=0}^{k-1} \frac{(\lambda t)^n}{n!} \tag{4.18}$$

여기서 $k = 1$이면, $P_{(h \le t)} = 1 - e^{-\lambda t}$ 로서 음지수함수의 누적분포함수

$k = 2$일 때, $P_{(h \le t)} = 1 - e^{-\lambda t}[1 + \lambda t]$

$k = 3$일 때, $P_{(h \le t)} = 1 - e^{-\lambda t}\left[1 + \lambda t + \frac{(\lambda t)^2}{2}\right]$

$k = 4$일 때, $P_{(h \le t)} = 1 - e^{-\lambda t}\left[1 + \lambda t + \frac{(\lambda t)^2}{2} + \frac{(\lambda t)^3}{3!}\right]$

예제 4.12 임의도착 교통류에서 200초 동안 51대의 차두시간을 측정한 결과 평균 4.017초, 분산 8.067을 얻었다. Erlang분포를 이용하여 차두시간이 1.5초보다 작을 확률을 구하라.

풀이 $\lambda = \dfrac{4.017}{8.067} = 0.498$ $k = 0.498 \times 4.017 = 2.0$

그러므로 분포함수는 다음과 같다.

$f(t) = 0.498e^{-0.498t}0.498t = 0.248te^{-0.498t}$

$P_{(h<1.5)} = 1 - e^{-0.498(1.5)}[1 + 0.498(1.5)] = 0.1723$ ■

4.2 교통류 모형

연속교통류의 교통분석 및 설계에서 그 교통류의 특성을 나타내는 여러 변수들의 상관관계를 이해할 필요가 있다. 교통류의 3변수, 즉 속도(u), 밀도(k), 교통량(q)의 상관관계를 교통류 모형이라 부르며 이들 간의 관계는 다음과 같다.

$$q(\text{vph}) = u(\text{kph}) \times k(\text{vpk}) \tag{4.19}$$

여기서 $q =$ 평균교통류율

$u =$ 공간평균속도

$k =$ 평균밀도

이와 같은 변수와 관련된 다른 부호의 정의는 다음과 같다.

$q_m =$ 최대교통류율, 용량

$u_f =$ 자유속도

$u_m =$ 최대교통류율 때의 속도, 임계속도

$k_j =$ 혼잡밀도

$k_m =$ 최대교통류율 때의 밀도, 임계밀도

4.2.1 속도-밀도 모형

한 차로나 도로에서 밀도가 증가하면 속도는 감소한다. 또 밀도와 속도를 알면 교통량을 계산에 의해서 구할 수 있다. 속도-밀도 모형에는 다음과 같은 것이 있다.

- 직선모형(Greenshields)
- 지수모형(Greenberg, Underwood)
- 단일모형(Pipes, Munjal, Drew, Drake)
- 복합모형(Edie)

그러나 일반적으로 이들 속도와 밀도의 관계는 [그림 4.1]과 같다고 알려지고 있으나, 이를 위와 같은 하나의 모형으로 나타내는 데 한계가 있다. Greenshields의 직선모형이 수학적으로 단순한 반면, 현실적인 k_j값을 나타낼 수 없으며, 직선성의 가정이 관측자료와 일치하지 않는다. Greenberg의 지수모형은 k_j값에 대해서는 잘 맞으나 밀도가 낮은 교통류에서의 속도값이 관측값과 잘 맞지 않는다. 반면에 Underwood의 지수모형은 다 잘 맞으나 고속에서의 속도 추정값이 현장측정값과 잘 맞지 않는다. 이와 같은 결점을 보완하기 위하여 이들 각 모형이 잘 맞는 속도-밀도 영역을 서로 합하여 복합모형을 만들었다.

모든 영역을 모두 만족시키는 모형은 없으나 Greenshields 모형이 가장 사용하기 간단하고, 연속 교통류의 형태를 가장 잘 간파할 수 있으며, 넓은 범위에 걸쳐 관측값과 만족스런 적합성을 나타낸다.

1 직선모형

교통류 특성조사 초기에 Greenshields는 속도와 밀도를 다음과 같은 직선관계로 나타내었다.[3]

$$u = u_f \left(1 - \frac{k}{k_j} \right) \tag{4.20}$$

이 모형은 사용하기 간편하며 현장관측자료와 비교적 잘 맞는다. 그러나 모형이 제시하는 직선관계는 모든 관측영역에 걸쳐 모두 적합한 것은 아니다.

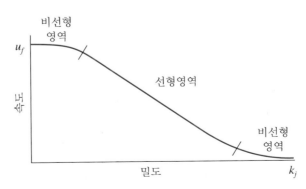

[그림 4.1] 현장관측에 의한 속도-밀도 관계

2 지수모형

Greenberg는 속도–밀도 관계를 다음과 같이 나타내었다.[4]

$$u = u_m \ln\left(\frac{k_j}{k}\right) \tag{4.21}$$

이 모형은 혼잡한 교통류에 잘 맞으나 낮은 밀도에서는 적합하지 않다. 즉 위 식에서 $k \to 0$일 때 $u \to \infty$가 되기 때문이다.

Underwood는 이를 수정한 다음과 같은 모형을 제시했다.[5]

$$u = u_f e^{-\frac{k}{k_m}} \tag{4.22}$$

그러나 이 모형 역시 높은 밀도에서 보이는 속도가 0인 상태를 나타내지 못한다.

3 단일모형

Pipes[6]와 Munjal[7]이 일반화시킨 단일모형은 다음과 같다.

$$u = u_f \left(1 - \frac{k}{k_j}\right)^n \tag{4.23}$$

여기서 n은 1보다 큰 실수이며, $n = 1$일 때 이 모형은 식 (4.20)과 같게 된다.

Drew[8]는 다음과 같은 또 다른 모형을 제시했다.

$$u = u_f \left[1 - \left(\frac{k}{k_j}\right)^{\frac{n+1}{2}}\right] \qquad (n > -1) \tag{4.24}$$

여기서 $n = 1$일 때 이는 식 (4.20)과 같으며, $n = 0$일 때 속도–밀도 관계는 다음과 같은 포물선 모형이 된다.

$$u = u_f \left[1 - \left(\frac{k}{k_j}\right)^{\frac{1}{2}}\right] \tag{4.25}$$

Drake[9] 등은 다음과 같은 정규분포곡선 모형의 관계식을 제시하였다.

$$u = u_f e^{-\frac{1}{2}\left(\frac{k}{k_m}\right)^2} \tag{4.26}$$

4 복합모형

Edie[10]는 속도–밀도의 관계를 나타내는 데 식 (4.21)과 (4.22)를 복합적으로 사용하였다. 식 (4.21)은 밀도가 높은 경우, 식 (4.22)는 밀도가 낮은 영역에서 잘 맞는다.

4.2.2 교통량-밀도 모형

[그림 4.2]에서 보는 바와 같은 교통량-밀도 관계를 교통기본도 또는 $q-k$ 곡선이라 부른다. 도로상에 차량이 한 대도 없을 때는($k=0$) 교통량도 0이며($q=0$), 곡선은 원점인 A점을 지난다. A점에서부터 B, C 및 D점을 연결하는 동경(動徑, radius vector)의 경사는 그 점들이 나타내는 교통량과 밀도에서의 속도를 의미한다($u=q/k$). 또 A점에서의 접선의 기울기는 자유속도 u_f를 나타낸다.

교통신호에서 정지된 대기행렬은 높은 밀도이지만 교통량이 0인 경우를 나타내며 그림에서 $k=k_j$, $q=0$인 E점을 의미한다. 교통량이 0인 두 점 A, E 사이에 밀도가 중간 정도이면서 교통량이 최대가 되는 한 점 C가 존재한다. 점 B와 D는 각각 혼잡하지 않은 상태와 혼잡한 상태를 나타내는 임의의 점이다.

그림에서 표시한 각 변수의 값은 도해의 목적으로 부여한 것이며 현장관측값이 반드시 그와 같다는 것은 아니다. 그림에서 최대교통류율 q_m은 2,400 vph이며 최대밀도 k_j는 160 vpk이다. 또 q_m에서의 임계밀도 k_m은 그림에서 80 vpk이다. 최대교통량 q_m 때의 속도 u_m은 원점 A에서 C점을 연결하는 직선의 기울기로서

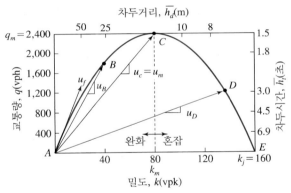

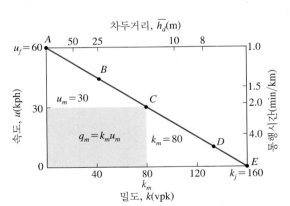

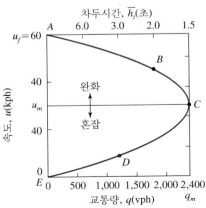

[그림 4.2] 교통량-밀도-속도 관계

$$u_c = u_m = 2,400/80 = 30 \text{ kph}$$

점 B에서의 교통량 q는 1,800 vph, 밀도는 40 vpk이므로, 속도는

$$u = 1,800/40 = 45 \text{ kph}$$

D점에서의 교통량이 1,224 vph이고 밀도가 136 vpk이면 속도는 1,224/136 = 9 kph로 계산된다. 교통량 – 밀도의 관계를 나타내는 모형은 포물선모형과 지수모형 두 가지가 있다.

1 포물선 모형

이 모형은 Greenshields의 속도 – 밀도 모형에서 유도되는 것으로서 식 (4.20)을 식 (4.19)에 대입하여 얻을 수 있다. 즉,

$$q = uk = u_f \left(k - \frac{k^2}{k_j} \right) \tag{4.27}$$

이것은 포물선함수로서 [그림 4.3(가)]에 나타나 있다. 식 (4.27)을 미분하여 $dq/dk = 0, k = k_m$ 으로 두면 최대교통량을 구할 수 있다. 즉,

$$\frac{dq}{dk} = u_f \left(1 - \frac{2k_m}{k_j} \right) = 0$$

u_f는 0이 아니므로,

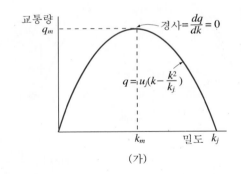

(가)

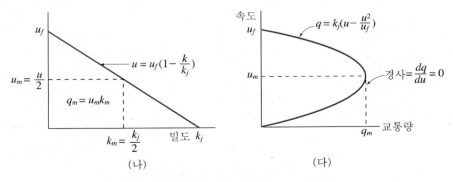

(나)   (다)

[그림 4.3] 선형 속도 – 밀도 모형의 $q - u - k$ 관계

$$1 - \frac{2k_m}{k_j} = 0$$

따라서 $k_m = \dfrac{k_j}{2}$ 이다.

임계밀도 k_m에 해당하는 속도는 임계속도 u_m이므로 $k_m = k_j/2$를 식 (4.20)의 k에 대입하면,

$$u_m = u_f\left(1 - \frac{k_j}{2k_j}\right) = \frac{u_f}{2}$$

이다. 따라서

$$q_m = u_m\,k_m = \frac{u_f\,k_j}{4} \tag{4.28}$$

로서 [그림 4.3(나)]에 보이는 최대 직사각형 면적을 나타낸다.

2 지수모형

이 모형은 Greenberg의 속도−밀도 모형에서 유도되는 것으로서 식 (4.21)을 식 (4.19)에 대입하여 얻는다. 즉,

$$q = u\,k = k\,u_m\ln\left(\frac{k_j}{k}\right) \tag{4.29}$$

용량상태의 속도와 밀도는 각각 u_m, k_m이므로 식 (4.21)에서

$$u_m = u_m\ln\left(\frac{k_j}{k_m}\right)$$

따라서 $k_m = \dfrac{k_j}{e}$ 이므로

$$q_m = \frac{u_m\,k_j}{e} \tag{4.30}$$

Underwood의 지수모형은 식 (4.22)를 식 (4.19)에 대입함으로써 구할 수 있다. 즉,

$$q = k\,u_f\,e^{-\frac{k}{k_m}} \tag{4.31}$$

마찬가지로 용량상태의 속도와 밀도는 각각 u_m, k_m이므로 식 (4.22)에서

$$u_m = u_f\,e^{-\frac{k_m}{k_m}}$$

따라서 $u_m = \dfrac{u_f}{e}$ 이므로

$$q_m = \frac{k_m\,u_f}{e} \tag{4.32}$$

4.2.3 속도-교통량 모형

속도-밀도 모형이 일단 결정되면 그것으로부터 밀도-교통량 모형을 얻을 수 있다. 예를 들어 Greenshields, Greenberg 및 Underwood의 속도-밀도 모형식 (4.20), (4.21), (4.22)를 밀도 k의 함수로 나타내고 그 식에 속도 u를 곱하면 다음과 같은 속도-교통량 모형식들을 얻을 수 있다. 즉

$$\text{Greenshields: } k = k_j\left(1 - \frac{u}{u_f}\right) \qquad q = uk = uk_j\left(1 - \frac{u}{u_f}\right) = k_j\left(u - \frac{u^2}{u_f}\right) \tag{4.33}$$

$$\text{Greenberg: } k = k_j\, e^{-\frac{u}{u_m}} \qquad q = uk = uk_j\, e^{-\frac{u}{u_m}} \tag{4.34}$$

$$\text{Underwood: } k = k_m \ln\left(\frac{u_f}{u}\right) \qquad q = uk = uk_m \ln\left(\frac{u_f}{u}\right) \tag{4.35}$$

특히 Greenshields의 속도-교통량 관계식은 [그림 4.3(다)]에 보인 것과 같은 포물선을 이룬다. 이 관계는 제6장에서 취급하는 연속교통류의 용량분석에서 일반적으로 많이 사용된다.

4.3 교통류의 충격파

교통류를 유체와 같은 것으로 보고 이에 대한 수리역학적(水理力學的)인 원리를 적용시킨 것이 교통류의 충격파이다. 충격파란 밀도와 교통량 변화의 전파운동을 말한다. 예를 들어 도로상에서 고장난 차량에 의해서 생기는 병목현상을 생각해 보자. 차량들은 이 병목지점을 통과하기 위해서는 속도를 줄여야 한다. 만약 교통량과 밀도가 점점 커지면 속도를 줄이기 시작하는 지점(제동등이 켜지기 시작하는 것으로 알 수 있음)은 상류부로 이동된다. 이와 같이 제동등(制動燈)이 켜지는 지점의 이동이 충격파의 이동을 의미한다.

4.3.1 충격파 이론

1 일반적 모형

(1) 충격파 속도

Gerlough와 Huber[11]는 Pipes[12]의 연구를 기초로 하여 충격파를 해석하였다. [그림 4.4(가)]에서 보는 바와 같이 직선도로를 따라 흐르는 밀도가 현저히 다른 두 교통류를 생각해 보자. 이때 두 교통류는 u_w라는 속도로 움직이는 수직선 S로 경계가 만들어져 있다. 이들 속도가 그림에서 보는 x방향으로 움직이면 +, 그 반대 방향이면 -라고 한다.

충격파 해석은 어떤 교통류가 어떤 제약조건을 만나면 차량군(車輛群)이 생성이 되고, 그 제약조건이 해소되면 차량군의 하류부가 와해되면서 차량군이 소멸되는 과정을 해석하는 것이다. 편의상 처음의 상류부 교통류를 원상태 또는 상태 1이라 하고, 그것이 어떤 제약조건에 의해 차량군이 생기

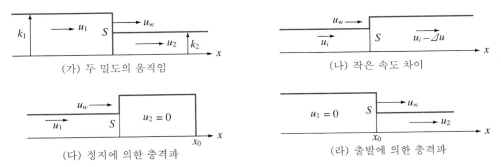

(가) 두 밀도의 움직임

(나) 작은 속도 차이

(다) 정지에 의한 충격파

(라) 출발에 의한 충격파

[그림 4.4] 충격파 해석도

는데, 이때 생성된 하류부 교통류 상태를 차량군상태 또는 상태 2라 하며, 제약조건이 사라진 후 차량군이 와해되어 생기는 교통류 상태를 상태 3이라 한다. 경우에 따라서는 상태 3이 다시 와해되거나 새로운 제약조건을 만나면 새로운 교통류 상태(상태 4)로 변할 수 있다. 차량군(상태 2)이 생성되는 동안 그 하류부는 공백상태, 즉 자유속도 상태가 된다. 마찬가지로 차량군이 와해되면서 생기는 와해(瓦解)교통류(상태 3)의 하류부도 자유속도 상태이다.

충격파 이론의 설명에 사용되는 부호는 다음과 같다.

$u_1 =$ 상태 1에 있는 차량의 공간평균속도

$u_2 =$ 상태 2에 있는 차량의 공간평균속도

$U_{r1} = (u_1 - u_w) =$ 상태 1에 있는 차량의 S선에 대한 상대속도

$U_{r2} = (u_2 - u_w) =$ 상태 2에 있는 차량의 S선에 대한 상대속도

시간 t 동안 S선을 넘는 차량대수 N은 다음과 같다.

$$N = U_{r1} \cdot k_1 \cdot t = U_{r2} \cdot k_2 \cdot t$$

그러므로

$$(u_1 - u_w)k_1 = (u_2 - u_w)k_2$$

이것은 다시 다음과 같이 쓸 수 있다.

$$u_2 k_2 - u_1 k_1 = u_w (k_2 - k_1)$$

따라서 교통류 1과 교통류 2 간의 충격파 속도 $u_{w(1-2)}$는

$$u_{w(1-2)} = \frac{q_2 - q_1}{k_2 - k_1} \tag{4.36}$$

이 공식에서 보면 충격파의 속도 u_w는 [그림 4.5]와 같은 교통량 − 밀도 곡선에서 B점과 D점을 연결하는 현의 경사와 같음을 알 수 있다. 이때 B점은 k_1, q_1으로, D점은 k_2, q_2로 나타내진다. 이 값이 +이면 충격파가 하류부로 이동하는 것을 말하며, −이면 상류부로 향하는 것을 말한다.

만약 두 교통류의 교통량과 밀도의 차이가 아주 작다면, 식 (4.36)은 다음과 같이 된다.

$$u_w = \frac{\Delta q}{\Delta k} = \frac{dq}{dk} \tag{4.37}$$

(2) 차량군의 변화속도와 차량군 최대길이

어느 교통류(상태 1)의 하류부에 저속차량 또는 도로차단 등의 제약조건이 있으면 저속차량군(상태 2)이 생성되고, 이러한 제약조건이 해소되면 이 차량군이 와해되면서 소멸되어 새로운 교통류 상태(상태 3)가 생성된다. 이처럼 교통류가 생성 또는 소멸되는 속도는 교통류 분석에서 매우 중요한 의미를 가지며 이 값은 충격파 속도로부터 구할 수 있다.

어떤 교통류의 충격파는 상류부뿐만 아니라 하류부에서도 생기므로, 어느 교통류의 생성 및 소멸 속도는 그 교통류의 하류부에서의 충격파 속도에서 상류부의 충격파 속도를 뺀 값이다. 즉,

$$i \text{ 교통류의 변화속도 = 하류부 충격파 속도 − 상류부 충격파 속도} \tag{4.38}$$

예를 들어, 상태 2 차량군의 변화속도 u_{Q2}는 다음과 같이 나타낸다.

$$u_{Q2} = u_{w(2-3)} - u_{w(1-2)} \tag{4.39}$$

이 값이 +이면 생성속도를 나타내고, −이면 소멸속도를 의미한다.

특히 어떤 차량군이 와해되기 전의 하류부 충격파 속도는 그 차량군의 속도와 같으므로 위의 식은 다음과 같이 쓸 수도 있다.

$$u_{Q2} = u_2 - u_{w(1-2)}$$

차량군의 길이는 제약조건이 존속하는 동안 증가가 계속되고 제약조건이 사라지는 순간 차량군의 길이는 최대가 된다. 따라서 i 교통류의 최대길이 $Q_{\max i}$는 생성속도에 제약조건의 존속시간을 곱한 값이다.

일반적인 경우 상태 3은 병목상태가 해소된 후 생기는 교통류 상태이므로 용량상태로 볼 수 있다. 또 이 용량상태는 다시 와해되어 원상태(상태 1)로 회복된다고 볼 수 있다. 그러나 차량군이 와해되어 생기는 교통상태는 반드시 용량상태가 아니라 교통통제에 의해서 용량상태와는 다른 상태가 되도록 교통류를 조절할 수도 있다.

(3) 소멸 소요시간 및 완전소멸 위치

i 교통류의 소멸 소요시간 T_{Qi}는 그 교통류의 최대길이 $Q_{\max i}$를 소멸속도 u_{Qi}로 나누어 구한다. 즉

$$T_{Qi} = \frac{Q_{\max i}}{u_{Qi}} \tag{4.40}$$

i 교통류가 완전히 소멸되는 지점 P_i의 위치는 그 교통류의 하류부가 와해되기 시작하는 지점(제약조건 제거지점)에서부터 와해 충격파 속도로 T_{Qi} 동안 진행한 지점이다. 즉

$$P_i = T_{Qi} \times u_{w(i, i+1)} \tag{4.41}$$

예를 들어 상태 2가 완전히 소멸되는 지점 P_2의 위치는 상태 2가 상태 3으로 소멸되기 시작하는 점에서부터 다음 거리에 있다.

$$P_2 = T_{Q2} \times u_{w(2-3)}$$

이때 P_2값이 +이면 하류부, −이면 상류부를 뜻한다.

2 Greenshields 모형에 응용

밀도, 속도, 교통량의 관계를 나타내는 교통류 모형에는 앞에서 설명한 여러 가지 모형들이 있으나 그중 가장 많이 사용되는 것이 Greenshields 모형, Greenberg 모형, Underwood 모형이다. 이외에 교통량−밀도 관계를 포물선 방정식의 모형으로 간단히 나타내는 방법도 있다. 교통류가 어떤 모형을 갖든 상관없이 식 (4.36)을 사용하면 충격파를 해석할 수 있다. 그러나 여기서 유의해야 할 것은 서로 다른 모형을 갖는 교통류 간의 충격파는 해석할 수 없다.

일반적으로 교통류가 Greenshields 모형을 가질 때 그 모형의 단순성으로 인해 충격파 해석이 비교적 간단하다. 따라서 충격파 이론을 쉽게 이해하기 위해서는 이 모형의 교통류를 사용하여 설명하는 경우가 많다.

충격파를 해석할 때 대부분의 문헌에서는 밀도의 함수로 설명하고 있으나, 이 책에서처럼 속도를 사용하면 훨씬 간단하여 이해하기도 쉽다.

(1) 충격파 속도

이제 Greenshields 모형을 갖는 어느 교통류는

$$k_i = k_j\left(1 - \frac{u_i}{u_f}\right), \qquad q_i = k_j\left(u_i - \frac{u_i^2}{u_f}\right)$$

이므로, 이를 식 (4.36)에 대입하여 정리하면 다음과 같다.

$$u_{w(1-2)} = u_1 + u_2 - u_f \tag{4.42}$$

이것은 충격파 속도를 인접한 두 교통류의 속도의 함수로 나타낸 것이다.

① 밀도가 거의 같을 경우

[그림 4.4(나)]의 경우에서처럼 u_1과 u_2가 거의 동일하고 u와 같다면 식 (4.42)는 다음과 같이 된다.

$$u_{w(1-2)} = 2u - u_f \tag{4.43}$$

이와 같이 속도가 거의 같은 두 교통류 간의 충격파를 불연속파(不連續波, discontinuity wave)라 하며 이 충격파 속도를 불연속파의 속도라 한다.

② 정지에 의한 충격파

[그림 4.4(다)]에서 보는 바와 같이 평균속도 u_1인 교통류가 $x = x_0$에 있는 신호등 때문에 정

지해야 할 경우이다. 정지한 교통류의 속도 u_2는 0이다. 따라서 식 (4.42)는 다음과 같이 된다.

$$u_{w(1-2)} = u_1 - u_f \qquad (4.44)$$

u_f가 u_1보다 크므로, 정지 충격파는 속도 $(u_1 - u_f)$의 크기로 상류부 쪽으로 이동한다. $t = 0$ 에서 신호등이 적색으로 바뀐 후 t초 후에 정지차량의 길이는 x_0지점에서부터 상류 쪽으로 $(u_1 - u_f)t$만큼이다.

③ 출발에 의한 충격파

[그림 4.4(라)]는 $t = 0$일 때 $x = x_0$에 있는 신호등으로 인해서 정지된 차량이 x_0의 상류부 쪽으로 연속되어 있는 경우이다. $t = 0$일 때 x_0에 있는 신호등이 녹색으로 바뀌면 $u_1 = 0$인 교통류가 u_2의 속도로 출발한다. 따라서 $u_1 = 0$을 식 (4.42)에 대입하면

$$u_{w(1-2)} = u_2 - u_f \qquad (4.45)$$

마찬가지로 u_f가 u_2보다 크므로 출발 충격파 속도는 $(u_2 - u_f)$의 크기로 상류부 쪽으로 이동한다. $t = 0$에서 신호등이 녹색으로 바뀐 후 t초 후에 두 교통류의 경계선의 위치는 x_0지점에서부터 상류 쪽으로 $(u_2 - u_f)t$만큼이다.

(2) 차량군의 변화속도와 차량군 최대길이

어느 교통류의 변화속도는 그 교통류의 하류부 충격파 속도에서 상류부 충격파 속도를 뺀 값과 같고, 이 값이 +이면 생성속도이고 −이면 소멸속도이다. 이 원리를 와해되기 이전의 차량군(상태 2)에 적용하면 식 (4.42)에서

하류부의 충격파 속도: $u_{w(2-3)} = u_2 + u_3 - u_f = u_2$ $\qquad (u_3 = u_f$이므로$)$

상류부의 충격파 속도: $u_{w(1-2)} = u_1 + u_2 - u_f$

따라서 차량군(상태 2)의 변화속도 u_{Q2}는 식 (4.38)에서

$$u_{Q2} = u_{w(2-3)} - u_{w(1-2)} = u_2 - (u_1 + u_2 - u_f) = u_f - u_1 \qquad (4.46)$$

여기서 $u_f > u_1$이므로 u_{Q2}는 생성속도이다. 또 이 식에서 차량군(상태 2)의 변화속도는 저속차량의 속도와는 무관하다는 것을 알 수 있다. 차량군(상태 2)의 최대길이 Q_{max2}는 생성속도 × 제약조건 존속시간이다.

교통류 상태 변화속도에 관한 위의 원리를 차량군(상태 2)이 상태 3의 교통류로 와해될 때에 적용하면 식 (4.42)에서

하류부의 충격파 속도: $u_{w(2-3)} = u_2 + u_3 - u_f$

상류부의 충격파 속도: $u_{w(1-2)} = u_1 + u_2 - u_f$

따라서 차량군(상태 2)의 변화속도 u_{Q2}는 식 (4.38)에서

$$u_{Q2} = u_{w(2-3)} - u_{w(1-2)} = (u_2 + u_3 - u_f) - (u_1 + u_2 - u_f) = u_3 - u_1 \qquad (4.47)$$

여기서 $u_3 > u_1$이면 차량군(상태 2)의 하류부가 상태 3으로 와해되어 소멸되더라도 상류부의 생성속도가 빨라 전체 차량군(상태 2)의 길이는 증가한다. 반대로 u_{Q2}가 $-$값을 가지면 차량군(상태 2)은 소멸된다. 여기서도 마찬가지로 저속차량군의 소멸속도는 저속차량의 속도와는 무관함을 알 수 있다.

(3) 소멸 소요시간 및 완전소멸 위치

차량군 소멸 소요시간 T_{Qi} 및 완전소멸 위치 P_i는 식 (4.40) 및 (4.41)을 이용해서 구한다.

4.3.2 충격파 해석의 응용

어느 교통류가 Greenshields 모형을 따른다고 할 때, 이 교통류에 적용되는 충격파 해석 방법을 다음에 설명한다. [그림 4.5]는 Greenshields 모형에서 $u_f = 60\,\text{kph}$, $k_j = 160\,\text{vpk}$, 따라서 $q_m = (60/2) \times (160/2) = 2,400\,\text{vph}$인 교통량 – 밀도 곡선을 나타낸다.

점 B는 속도가 43.5 kph, 밀도가 44 vpk인 비교적 소통이 원활한 교통상태를 나타낸다. 점 B에서 불연속파는 식 (4.43)에 의해 $2 \times 43.5 - 60 = 27\,\text{kph}$의 속도로 하류부로 전파된다.

점 D는 속도가 9 kph, 밀도가 136 vpk인 혼잡상태를 나타내며 불연속파의 속도는 $2 \times 9 - 60 = -42\,\text{kph}$로서 상류부 쪽이다.

점 C는 속도가 30 kph, 밀도가 80 vpk인 용량상태이며 불연속파의 속도는 0이다.

1 저속차량에 의한 충격파

단차로도로에서 시간당 교통량이 1,914대, 속도가 43.5 kph인 교통상태가 있다([그림 4.5]의 점 B). 이때 저속으로 주행하는 트럭이 진입하여 9 kph의 속도로 3 km 주행한 후 도로를 벗어났다. 차량이 트럭을 추월할 수 없으므로 점 D와 같은 상태의 차량군이 형성된다고 한다.

트럭의 후미에서 저속차량군이 생성되는 속도(충격파 속도)는

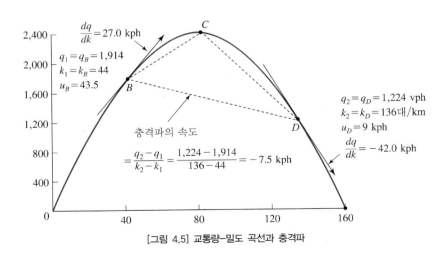

[그림 4.5] 교통량-밀도 곡선과 충격파

$$u_B = 43.5 \text{ kph}, \qquad u_D = 9 \text{ kph}, \qquad u_f = 60 \text{ kph}$$

이므로 식 (4.42)에서

$$u_{w(B-D)} = 43.5 + 9 - 60 = -7.5 \text{ kph}$$

즉 뒤로(상류부 쪽으로) 7.5 kph이다.

또 저속차량군의 앞부분도 트럭의 속도로 움직이므로, 차량군 길이의 생성속도는 $9 - (-7.5)$ = 16.5 kph이다. 이것은 식 (4.46)을 사용해도 같은 결과를 얻는다. 즉

$$u_{QD} = u_f - u_B = 60 - 43.5 = 16.5 \text{ kph}$$

트럭이 도로를 벗어나기까지 20분간 주행을 해야 하므로(9 kph의 속도로 3 km 주행) 생성되는 차량군의 최대길이는 $16.5 \times (20/60) = 5.5$ km이다. D점의 밀도는 136 vpk이므로 차량군 내의 차량대수는 $5.5 \times 136 = 748$ 대이다.

트럭이 도로를 벗어난 후 차량군의 앞부분은 용량상태가 된다(점 C 상태). 즉, 점 D 상태에서 점 C 상태로 이전되므로 이때의 충격파 속도는

$$u_{w(D-C)} = 9 + 30 - 60 = -21 \text{ kph}$$

즉 차량군의 선두가 이 속도로 뒤로(상류부 쪽으로) 소멸된다. 반면, 차량군의 후미에서는 여전히 7.5 kph의 속도로 차량군이 생성되고 있으므로 차량군의 실질 소멸속도는 $21 - 7.5 = 13.5$ kph이다. 이 결과는 식 (4.47)을 이용해도 같은 결과를 얻는다. 즉 소멸속도는

$$u_{QD} = u_C - u_B = 30 - 43.5 = -13.5 \text{ kph}$$

따라서 최대 차량군 길이 5.5 km가 소멸되기 위해서는 $5.5/13.5 = 0.41$시간이 필요하다. 또 이 차량군이 최종적으로 소멸되는 지점은 트럭이 사라진 지점으로부터 상류부 쪽으로 $0.41 \times 21 = 8.56$ km 지점이다. 이 지점에서 차량군(D 상태)이 최종적으로 사라졌기 때문에 B 상태와 C 상태가 만나는 충격파가 존재하고 그 속도는

$$u_{w(B-C)} = u_B + u_C - u_f = 30 + 43.5 - 60 = 13.5 \text{ kph}$$

결국 트럭이 사라진 지점이 B점 상태가 되는 데 소요되는 시간은 $8.56/13.5 = 0.63$시간이다.

저속의 트럭이 교통류에 유입된 시간으로부터 트럭이 유출된 지점이 점 B상태로 되는 시간까지의 총 경과시간은

저속차량의 주행시간 = 1/3시간
차량군의 소멸시간 = 0.41시간
저속차량이 사라진 곳이 B 상태에 도달하는 시간 = 0.63시간
총 1.37시간

차량군이 와해되어 C 상태가 되고, 이것이 다시 와해되어 원상태인 B 상태로 된다면 D 상태가 완전히 사라진 순간의 C 상태의 길이는 저속차량이 사라진 지점에서부터 상류 쪽 8.56 km($=0.41$ $\times 21$), 하류 쪽 5.54 km($= 0.41 \times u_{w(C-B)}$), 합해서 14.1 km이다.

C 상태의 변화속도를 이용해서 C 상태의 길이를 구할 수도 있다. 즉 C 상태의 하류부는 $C-B$ 상태가 접속되어 있고, 상류부는 $D-C$ 상태가 접속되어 있으므로 C 상태의 변화속도는 식 (4.38) 에서

$$u_{QC} = u_{w(C-B)} - u_{w(D-C)} = (u_C + u_B - u_f) - (u_D + u_C - u_f) = u_B - u_D = 43.5 - 9 = 34.5 \text{ kph}$$

따라서 C 상태는 34.5 kph의 속도로 생성이 되며, D 상태가 완전히 소멸되는 순간의 C 상태 길이는 $0.41 \times 34.5 = 14.1$ km이다.

여기서 유의해야 할 것은 어느 정도의 시간이 경과한다고 해서 모든 지점의 상태가 모두 점 B 상태가 되는 것이 아니다. 이렇게 생성된 C 상태는 상·하류부에서 같은 충격파 속도를 가지므로 길이의 변화 없이 13.5 kph의 속도로 하류부로 계속 이동한다.

2 정지로 인한 충격파

위의 예와 같은 저속차량에 의한 병목현상과는 달리 [그림 4.5]에서 점 B 상태로 흐르는 교통류가 어떤 사고로 인해 3분간 정지했다고 하자. 정지 상태를 F 상태라 하면 $u_F = 0$이다. 이때 정지 충격파의 속도는 식 (4.42) 또는 (4.44)에 의해

$$u_{w(B-F)} = u_B + u_F - u_f = 43.5 + 0 - 60 = -16.5 \text{ kph}$$

정지로 인한 대기행렬의 길이는 $16.5 \times 3/60 = 0.825$ km이며, 대기차량은 $0.825 \times 160 = 132$ 대이다.

3 출발로 인한 충격파

앞의 예에서 정지되어 있던 차량이 출발할 때 30 kph로 출발한다면 식 (4.42) 또는 (4.45)에 의해

$$u_{w(F-C)} = u_F + u_c - u_f = 0 + 30 - 60 = -30 \text{ kph}$$

이 출발 충격파는 앞에서 설명한 정지 충격파를 상대속도 $-30 - (-16.5) = -13.5$ kph로 따라 잡는다. 이 교통류 길이 변화속도는 식 (4.47)을 이용해서 구할 수도 있다. 즉, $u_{QF} = u_{w(F-C)} - u_{w(B-F)} = -30 - (-16.5) = -13.5$ kph인 소멸속도이다.

따라서 0.825 km의 대기행렬을 소멸시키는 데 걸리는 시간은 $0.825/13.5 = 0.061$시간이며 완전히 소멸되는 점의 위치는 정지지점으로부터 상류부 쪽으로 1.83 km($=0.061 \times 30$ kph)이다. 이 점의 위치도 식 (4.41)을 이용해서 구할 수 있다. 즉, 정지지점으로부터 $P_F = T_{QF} \times u_{w(F-C)} = 0.061 \times (-30) = -1.83$ km 상류부 지점이다.

예제 4.13 교통량이 1,800 vph이고 통행속도가 60 kph인 어느 교통류에 10 kph인 저속차량이 진입하여 3분간 주행한 후 이 도로를 벗어났으며, 이때 생성된 차량군은 교통량 2,000 vph, 통행속도 50 kph인 교통류 상태로 와해되었다. 차량군의 밀도를 90 vpk라 할 때 (1) 차량군 생성속도, (2) 차량군 최대길이, (3) 차량군 소멸속도, (4) 차량군 소멸 소요시간을 구하라.

풀이

$q_1 = 1,800$ $q_2 = 10 \times 90 = 900$ $q_3 = 2,000$ $q_4 = 0$

$u_1 = 60$ $u_2 = 10$ $u_3 = 50$ $u_4 = u_f$

$k_1 = \dfrac{1,800}{60} = 30$ $k_2 = 90$ $k_3 = \dfrac{2,000}{50} = 40$ $k_4 = 0$

(저속차량에 의한 차량군이 생성될 때 차량군 하류부는 $k = 0$ 상태가 된다.)

$$u_{w(1-2)} = \frac{900 - 1,800}{90 - 30} = -15 \text{ kph}$$

$$u_{w(2-3)} = \frac{2,000 - 900}{40 - 90} = -22 \text{ kph}$$

$$u_{w(3-4)} = \frac{0 - 2,000}{0 - 40} = 50 \text{ kph}$$

$$u_{w(1-3)} = \frac{2,000 - 1,800}{40 - 30} = 20 \text{ kph}$$

(1) $u_{Q2} = u_2 - u_{w(1-2)} = 10 - (-15) = 25 \text{ kph}$

(2) $Q_{\max 2} = 25 \times \dfrac{3}{60} = 1.25 \text{ km}$

(3) $u_{Q2} = u_{w(2-3)} - u_{w(1-2)} = -22 - (-15) = -7 \text{ kph}(소멸)$

(4) $T_{Q2} = \dfrac{Q_{\max 2}}{u_{Q2}} = \dfrac{1.25}{7} = 0.18$시간 ■

예제 4.14 $q = -0.8k^2 + 80k + 50$의 관계를 갖는 교통류에서 교통량이 2,000 vph이며 비혼잡상태인 교통류에 10 kph인 저속차량이 진입하여 3분간 달리다가 이 도로를 벗어났다. 이때 생성된 차량군은 밀도 50 vpk의 교통류로 와해되었다. (1) 저속차량에 의한 차량군의 생성속도, (2) 차량군 최대길이, (3) 차량군 소멸속도, (4) 차량군 소멸 소요시간, (5) 차량군이 완전 소멸되는 지점의 위치를 구하라.

풀이

가) $q_1 = 2,000 = -0.8k_1^2 + 80k_1 + 50$에서 $k_1 = 42$ 또는 58 vpk,

      비혼잡상태의 밀도는 이 중 작은 값인 $k_1 = 42$ vpk이다.

$$u_1 = \frac{2,000}{42} = 47.6 \text{ kph}$$

나) $-0.8k_2^2 + 80k_2 + 50 = 10 \cdot k_2$에서

     $k_2 = 88$ vpk

     $u_2 = 10$ kph

     $q_2 = 10 \times 88 = 880$ vph

다) $k_3 = 50$ vpk이므로

$$q_3 = -0.8(50)^2 + 80(50) + 50 = 2,050 \text{ vph}$$

$$u_3 = \frac{2,050}{50} = 41 \text{ kph}$$

라) 와해 교통류 하류부는 차량이 없으므로,

$$k_4 = 0 \qquad u_4 = u_f \qquad q_4 = 0$$

(이 모형은 $k = 0$일 때 $q = 50$이므로 Greenberg 모형처럼 밀도가 낮은 상태는 잘 설명하지 못함을 알 수 있다. 따라서 이와 같은 상태는 상식적인 판단에 의한다.)

$$u_{w(1-2)} = \frac{880 - 2,000}{88 - 42} = -24.3 \text{ kph}$$

$$u_{w(2-3)} = \frac{2,050 - 880}{50 - 88} = 30.8 \text{ kph}$$

$$u_{w(3-4)} = \frac{0 - 2,050}{0 - 50} = 41 \text{ kph}$$

$$u_{w(1-3)} = \frac{2,050 - 2,000}{50 - 42} = 6.25 \text{ kph}$$

(1) $u_{Q2} = u_2 - u_{w(1-2)} = 10 - (-24.3) = 34.3 \text{ kph}$

(2) $Q_{\max 2} = 34.3 \times \dfrac{3}{60} = 1.72 \text{ km}$

(3) $u_{Q2} = u_{w(2-3)} - u_{w(1-2)} = -30.8 - (-24.3) = -6.5 \text{ kph}$(소멸)

(4) $T_{Q2} = \dfrac{1.72}{6.5} = 0.26$시간

(5) $P_2 = 0.26(-30.8) = -8 \text{ km}$(차량 진출지점으로부터 상류 쪽) ■

4.4 추종해석 및 가속소음

앞에서 설명한 바와 같이 교통류 모형은 교통량 q, 밀도 k, 속도 u의 평균값 간의 상관관계에 기초를 두고 있다. 이들 관계로부터 교통류 내의 차량행태를 알아낼 수 있다. 이와 같은 해석방법을 교통류의 거시적 해석이라 한다.

추종해석(car-following analysis)은 단(單)차로 교통류의 행태를 이해하기 위한 방법으로서 뒤차량은 앞차량을 따른다고 가정하고, 또 이 차량 한 쌍의 행태로부터 교통류 전체의 행태를 추론하기 위한 것이다.

4.4.1 추종이론

추종모형은 자극-반응의 관계로부터 나온 것으로서, 뒤따르는 운전자(추종운전자)는 시간 t일 때의 자극의 크기에 비례하여 가속 혹은 감속을 하되 그 반응시간은 T만 한 지체시간을 갖는다. 이를 식으로 표시하면 다음과 같다.

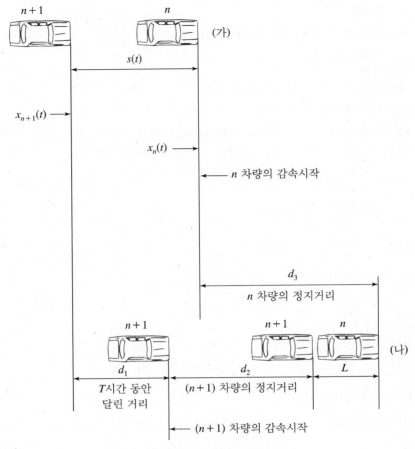

[그림 4.6] 급정거 때의 앞뒤 차량의 위치

$$반응(t+T)=민감도 \times 자극(t)$$

  예를 들어 교통량이 많은 곳에서 차로를 변경하거나 추월할 수 없이 앞차량만 따라가야 하는 운전자를 생각해 보자. 이때 뒤차량은 [그림 4.6(가)]에서 보는 바와 같이 앞차량과 일정한 간격 $s(t)$ 만큼 떨어져 따라감으로써 앞차량이 급정거할 때 추돌되지 않도록 할 것이다. 앞차량이 정지하기 시작하는 시점에서부터 뒤차량이 정지하기 시작하는 시점 간의 시간간격은 반응시간 T이다. 정지동작 후의 두 차량의 상대적인 위치변화는 [그림 4.6(나)]에 나타나 있다.

여기서 $x_n(t)$ =시각 t에서의 n 차량의 위치

  $s(t)$ =시각 t일 때 두 차량의 간격

  $= x_n(t) - x_{n+1}(t)$

  d_1 =반응시간 T 동안 $(n+1)$ 차량이 움직인 거리$= T \cdot u_{n+1}(t)$

  d_2 =감속하는 동안 $(n+1)$ 차량이 움직인 거리

  $= [u_{n+1}(t+T)]^2 / 2a_{n+1}(t+T)$

  d_3 =감속하는 동안 n 차량이 움직인 거리$= [u_n(t)]^2 / 2a_n(t)$

L = 정지해 있을 때 두 차량 간의 차두거리

$u_i(t)$ = 시각 t일 때 i 차량의 속도

$a_i(t)$ = 시각 t일 때 i 차량의 가속도

추돌이 일어나지 않기 위해서는 시각 t일 때 차두거리는 다음과 같아야 한다.

$$s(t) = x_n(t) - x_{n+1}(t) = d_1 + d_2 + L - d_3$$

$$= T \cdot u_{n+1}(t) + \frac{u_{n+1}^2(t+T)}{2a_{n+1}(t+T)} + L - \frac{u_n^2(t)}{2a_n(t)} \tag{4.48}$$

만약 두 차량의 정지거리가 같다면 $d_2 = d_3$이므로,

$$x_n(t) - x_{n+1}(t) = T \cdot u_{n+1}(t) + L$$

여기서 반응시간(T) 동안 뒤차량의 속도변화는 없으므로,

$$u_{n+1}(t) = u_{n+1}(t+T)$$

따라서

$$x_n(t) - x_{n+1}(t) = T \cdot u_{n+1}(t+T) + L$$

양변을 t에 관해서 미분하면,

$$u_n(t) - u_{n+1}(t) = T \cdot a_{n+1}(t+T)$$

$$a_{n+1}(t+T) = T^{-1}[u_n(t) - u_{n+1}(t)] \tag{4.49}$$

즉, $(t+T)$ 시각일 때 $(n+1)$ 차량의 반응은 t 시각일 때의 앞차량(n 차량)과의 상대속도에 비례하며 그 비례상수, 즉 민감도는 T^{-1}이다.

T 동안의 가속도가 일정하며 그 값이 T시간의 시점과 종점의 가속도의 평균이라면, $(n+1)$ 차량의 속도 $u_{n+1}(t)$와 위치 $x_{n+1}(t)$는 다음과 같이 나타낼 수 있다.

$$u_{n+1}(t) = u_{n+1}(t-T) + \frac{T}{2}\Big[a_{n+1}(t-T) + a_{n+1}(t)\Big] \tag{4.50}$$

$$x_{n+1}(t) = x_{n+1}(t-T) + \frac{T}{2}\Big[u_{n+1}(t-T) + u_{n+1}(t)\Big] \tag{4.51}$$

신호등에서 정지했던 두 차량이 출발하는 경우 $T = 1.0$일 때 식 (4.49)를 적용시키면, 첫째 차량이 출발한 후 7~8초 지난 후에 둘째 차량이 적정속도를 확보하면서 안전거리를 유지함을 보인다.

Kmetani와 Sasaki[13]는 식 (4.49)를 신호등에서 출발하는 차량행렬에 적용시켰다. 이들은 Laplace 변환을 추종모형의 해석에 적용시킨 결과, 교통류 후미의 차량행태는 불안정하여 운전자가 식 (4.49)와 같은 추종법칙에 따라 행동한다면 추돌이 불가피함을 보였다.

Chandler[14] 등은 식 (4.51)을 다음과 같이 일반화시켰다.

$$a_{n+1}(t+T) = \alpha \left[u_n(t) - u_{n+1}(t) \right] \tag{4.52}$$

여기서 α는 민감도 계수이다. 이 모형은 반응이 자극에 직접 비례하기 때문에 선형추종모형이라 할 수 있다.

4.4.2 추종모형과 교통량 모형

(1) 이론

식 (4.52)의 선형추종모형에서 α, 즉 뒤차량이 취하는 반응의 민감도를 나타내는 계수는 상수로서 뒤차량과 앞차량과의 거리와는 무관하다. 예를 들어 다른 조건이 같을 때, 앞차량과의 거리가 100 m일 때와 10 m일 때의 반응이 똑같다는 결론이다. Gazis 등은 이와 같은 비현실성을 배제한 모형, 즉 뒤차량의 반응민감도는 앞차량과의 거리에 반비례하는 모형을 개발하였다. 즉,

$$a_{n+1}(t+T) = \frac{\alpha_0}{[x_n(t) - x_{n+1}(t)]} \left[u_n(t) - u_{n+1}(t) \right] \tag{4.53}$$

여기서 α_0의 단위는 거리/시간이다.

이 추종모형을 교통류 모형으로 변환시키는 방법은 다음과 같다. 식 (4.53)을 적분하면,

$$u_{n+1}(t+T) = \alpha_0 \ln \left[x_n(t) - x_{n+1}(t) \right] + C_0 \tag{4.54}$$

교통류 모형은 안정상태(steady state)의 교통류 조건을 표현하는 것이므로 앞에서도 언급한 바 있지만, $u_{n+1}(t) = u_{n+1}(t+T) = u$이며, $[x_n(t) - x_{n+1}(t)]$는 평균차두시간, 즉 $1/k$를 나타내기 때문에 식 (4.53)은 다음과 같이 고쳐 쓸 수 있다.

$$u = \alpha_0 \ln \left(\frac{1}{k} \right) + C_0 \tag{4.55}$$

교통류에서 $k = k_j$일 때 $u = 0$이므로

$$C_0 = -\alpha_0 \ln \left(\frac{1}{k_j} \right)$$

이며, 이를 식 (4.55)에 대입하면 다음과 같다.

$$u = \alpha_0 \ln \left(\frac{k_j}{k} \right) \tag{4.56}$$

또 $q = uk$이므로,

$$q = \alpha_0 k \ln \left(\frac{k_j}{k} \right) \tag{4.57}$$

이다. $q - k$ 곡선에서 q가 최대일 때의 k값은 $dq/dk = 0$에서 구할 수 있다. 즉,

$$\frac{dq}{dk} = \alpha_0 \ln\left(\frac{k_j}{ke}\right) = 0$$

여기서 $\alpha_0 \neq 0$이므로 $k = \dfrac{k_j}{e}$일 때 q가 최댓값 q_m을 가지며, 또 이때의 u는 u_m이다. 이를 식 (4.56)에 대입하면,

$$u_m = \alpha_0 \ln(e) = \alpha_0$$

이다. 따라서 식 (4.56)은 다음과 같이 된다.

$$u = u_m \ln\left(\frac{k_j}{k}\right) \tag{4.58}$$

이 식은 Greenberg 모형인 식 (4.21)과 일치하므로 Greenberg의 교통류 모형은 식 (4.53)으로 나타낸 추종모형의 이론과 같은 근거를 가진 모형이라 할 수 있다.

뒤차량의 반응민감도를 일반식으로 나타내면 다음과 같다.

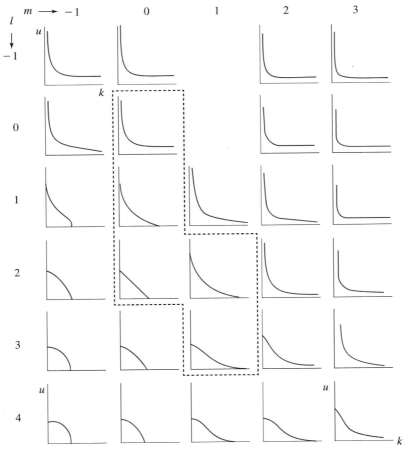

[그림 4.7] 추종모형 일반방정식의 l, m에 따른 $u - k$ 관계

자료: 참고문헌(2)

[표 4.1] 각종 l, m값에 대한 안정류 방정식

l	상태방정식	모형개발자
	$m=0$	
0	$q = \alpha\left[1 - \dfrac{k}{k_j}\right]$ $\alpha = q_m = 1/$반응시간	Pipes, Chandler
1	$q = \alpha k \ln\left(\dfrac{k_j}{k}\right)$ $\alpha = u_m$	Greenberg, Gazis
1.5	$q = \alpha k\left[1 - \left(\dfrac{k}{k_j}\right)^{0.5}\right]$ $\alpha = u_f$	Drew
2	$q = \alpha k\left(1 - \dfrac{k}{k_j}\right)$ $\alpha = u_f$	Greenshields
	$m=1$	
2	$q = \alpha k e^{(-k/k_m)}$ $\alpha = u_f$	Edie, Underwood
3	$q = \alpha k e^{\frac{1}{2}\left(\frac{k}{k_m}\right)^2}$ $\alpha = u_f$	Drake

$$a_{n+1}(t+T) = \alpha_0 \frac{u_{n+1}^m (t+T)}{[x_n(t) - x_{n+1}(t)]^l}[u_n(t) - u_{n+1}(t)] \tag{4.59}$$

여기서 l과 m의 값에 따라 여러 가지 추종모형과 이에 따른 교통류 모형을 얻을 수 있다. [그림 4.7]은 각종 l, m값에 따른 $u-k$ 곡선을 보이며, 이 중에서 지금까지 현장관측으로부터 증명된 것은 점선으로 나타내었고, [표 4.1]은 이들을 교통류 모형으로 변환한 것이다.

(2) 응용

추종모형은 운전자에게 앞차에 관한 정보를 알려주는 어떤 장치의 효과를 평가하고, 고속도로의 버스전용차로에서 버스차량군의 행태를 검토하거나 소형차량이 교통류의 교통량 및 속도에 미치는 영향을 예측하며, 운전 중의 안전에 관한 연구에 사용된다.

몇 개의 실험적 연구에 의하면 앞차와의 간격, 상대속도 등을 뒤따르는 운전자에게 계속해서 알려주는 시각장치를 뒤차에 설치한 결과 추종능력이 훨씬 개선됨을 보였다.[16] 또 어떤 연구는 식 (4.53)이 관측값과 가장 근사함을 증명한 것도 있다. 여기서 2~10대로 구성된 버스차량군에 대한 실험결과 최대교통량은 53 kph의 속도에서 1,450 vph임을 보였다.[17]

실험용 소형차량(3 m 길이)이 혼잡을 줄이는 효과를 추종모형을 사용하여 컴퓨터 시뮬레이션한 결과, 차량의 길이가 6 m인 교통류에 비해 교통량이 70%, 속도가 57% 증가함을 보였다.[18]

추돌사고의 감소에 기여하는 가장 중요한 운전자 및 차량의 특성이 무엇인지를 추종모형으로 조사한 결과 $m = 1$, $l = 2$ 모형에서, 운전자 반응시간과 차간거리임을 보였다.[19]

예제 4.15 한 차로에서 앞차량이 급정거할 때 뒤차량이 뒤따라 안전하게 정지할 수 있는 거리를 유지하려면, 이 교통류의 용량과 이때의 속도는 얼마이어야 하는가? 단 앞차량과 뒤차량의 감속도는 2.5, 2.0 m/sec^2, 정지 시 두 차량 간의 차두거리는 5.0 m, 운전자의 반응시간은 1.0초이다.

[풀이] 앞차량 1, 뒤차량 2, $s =$ 차두거리(spacing)

문제에서 s의 일반식은 식 (4.48)에서

$$s = 5 + u_2 \times 반응시간 + \frac{u_2^2}{2 \times 2} - \frac{u_1^2}{2 \times 2.5}$$

여기서 안정상태일 때의 u_1과 u_2의 차이는 극히 작다고 볼 수 있다.

따라서 $s = 5 + u + 0.05u^2$

엄밀히 말하면 $u = \frac{u_1 + u_2}{2}$이다.

차두시간(headway) = 차두거리/속도

$$h = \frac{s}{u} = \frac{5 + u + 0.05u^2}{u}$$

$$q = \frac{u}{5 + u + 0.05u^2}$$

$$\frac{dq}{du} = \frac{5 - 0.05u^2}{(5 + u + 0.05u^2)^2} = 0$$

$u = 10$ m/sec $= 36$ kph일 때 q 최대, 즉

$q_m = 0.5$대/sec $= 1,800$ vph ∎

4.4.3 가속소음

운전자는 일정 속도를 유지하면서 운전하기를 원하지만 교통 및 도로조건 혹은 운전 부주의로 인해 속도를 변화시킨다.

가속소음이란 평균가속도에 관한 가속도의 표준편차를 말한다. 평균가속도를 0이라 할 때 가속도의 표준편차 σ는 다음과 같다.

$$\sigma = \left[\frac{1}{T} \int_0^T a^2(t) \cdot dt \right]^{1/2} \tag{4.60}$$

또는

$$\sigma = \left[\frac{\Delta t}{T} \sum a^2(t) \right]^{1/2} \tag{4.61}$$

여기서 $a(t)=$시각 t에서의 가속도

$T=$움직이는 총 시간

$\Delta t = T$시간 내에 있는 측정시간 간격

Jones와 Potts[20]는 교통조건이 다른 여러 종류의 도로를 각기 다른 운전자가 운전할 때의 가속도를 측정한 결과 다음과 같은 결론을 얻었다.

① 구릉지의 좁은 2차로도로가 4차로도로보다 큰 σ를 갖는다.

② 구릉지에서는 언덕길보다 내리막길이 σ가 더 크다.

③ 설계속도보다 낮은 속도로 주행할 때 속도에 따른 σ의 변화는 거의 없다.

④ 설계속도보다 높은 속도로 주행할 때 속도가 클수록 σ가 크다.

⑤ 교통량이 커지면 σ도 커진다.

⑥ 주차, 버스정차, 횡단교통, 보행자횡단에 의한 교통혼잡이 증가하면 σ가 커진다.

⑦ σ값은 통행시간 또는 정지시간보다 교통혼잡상태를 더 잘 나타낸다.

⑧ σ값이 클수록 도로의 위험성이 크다.

⑨ σ값의 범위는 $0.2 \sim 0.45 \ \text{m/sec}^2 (0.72 \sim 1.62 \ \text{kph/sec})$이다.

식 (4.60) 또는 (4.61)은 현장관측 자료로부터 가속소음을 쉽게 계산해 내기에는 적절치 못하다. Drew[21] 등은 가속소음을 다음과 같이 계산하는 식을 유도했다.

$$\sigma = \left[\frac{(\Delta u)^2}{T} \sum_{i=1}^{K} \frac{n_i^2}{\Delta t_i} - \left(\frac{V_T - V_0}{T} \right)^2 \right]^{1/2} \tag{4.62}$$

여기서 $T=$움직인 총 시간

$\Delta u =$속도변화의 구획단위(통상 3 kph)

$\Delta t_i = n_i \Delta u_i$만한 속도변화가 될 때까지의 시간(초)

$n_i =$속도변화의 크기를 나타내는 정수(속도변화/Δu)

$V_o, V_T =$최초속도와 최종속도

$K =$동일 가속도가 적용된 시간을 한 시간구간으로 했을 때, 전체구간의 수

통행시간이 길 때나 V_T와 V_o가 거의 같을 때 둘째 항은 0이 된다. 도시교통에서 한 차량의 가속소음을 계산한 예가 [표 4.2]에 나와 있다. 여기서 $\Delta u = 3$ kph이며, 총 움직인 시간(T)은 30초이다. 처음 8초 동안 속도는 50 kph에서 56 kph로 가속되었으므로 $n = 6/3 = 2$이며 Δt는 8초이다.

$$\sigma = \left[\frac{3^2}{30}(2.19) - \left(\frac{56-50}{30} \right)^2 \right]^{1/2} = 0.81 \ \text{kph/sec} = 0.225 \ \text{m/sec}^2$$

[표 4.2] 가속소음의 계산 예

시간구간	경과시간 (초)	구간 끝의 속도(kph)	n_i	Δt_i (초)	$\dfrac{n_i^2}{\Delta t_i}$
0	0	50	–	–	–
1	8	56	2	8	0.50
2	12	53	1	4	0.25
3	17	56	1	5	0.20
4	24	50	2	7	0.57
5	30	56	2	6	0.67
계				30	2.19

4.5 대기행렬모형

혼잡으로 인한 지체는 여러 가지 교통시설에서 흔히 볼 수 있다. 비보호좌회전에서 좌회전할 기회를 기다리는 차량, 버스를 기다리는 승객, 이륙허가를 얻을 때까지 유도로(taxiway)에서 기다리는 비행기들이 모두 대기행렬이다.

차량의 대기행렬은 교통수요가 용량에 접근하거나 초과되는 지점의 상류 쪽에서 발생한다. 그 원인은 수요가 일시적으로 증가하거나 용량이 잠시 동안 감소하기 때문일 수 있다. 만약 수요의 증가 때문이라면 그 수요가 충분히 감소하면 행렬이 저절로 없어진다. 그러나 접근조절(access metering)과 같은 운영기법을 이용하면 대기행렬이 발생되지 않는 수준의 수요를 유지할 수 있다.

일시적인 용량감소의 경우는 적색신호등에서의 차량대기, 통행료 징수소에서의 순간적인 지체, 또는 도로를 차단하거나 영향을 주는 갑작스런 사고 등이 있다. 이 경우에는 용량감소의 원인이 제거된 후, 도착교통량보다 큰 용량이 제공되어야만 어느 정도 시간이 경과한 후에 대기행렬이 없어진다.

사용자가 기다려야 할 시간의 길이와 줄을 서서 기다리는 차량대수, 또는 시설이 이용되지 않고 비어 있을(대기행렬이 없을) 시간비율 등은 모두 대기행렬모형을 이용하여 구할 수 있는 문제들이다.

4.5.1 대기행렬이론의 기초

간단한 대기시스템의 예가 [그림 4.8]에 나타나 있다. 여기서 대기시스템이라 함은 대기행렬과 서비스기관을 포함한 것을 말한다. 그림에서 대기차량대수는 5이며 평균도착률은 λ, 평균서비스율은 μ로 표시된다.

교통시설의 대기특성을 수학적으로 예측하기 위해서는 다음과 같은 대기시스템의 특성과 매개변수를 알아야 한다.

[그림 4.8] 단일 서비스기관의 대기시스템

(1) 도착특성

평균도착률(λ), 도착대수 또는 도착간격에 대한 확률분포, 유입원(流入源, input source)의 한정 여부 등을 알아야 한다.

(2) 서비스 시설 특성

평균서비스율(μ), 서비스시간에 관한 확률분포, 동시에 서비스할 수 있는 시설의 수, 대기행렬 길이의 제한 여부 등을 알아야 한다.

주차장으로 들어오는 차량의 시간간격과 나갈 때 주차료를 지불하는 데 걸리는 시간이 모두 음지수분포를 갖는다면 도착과 서비스는 모두 무작위(임의)라 볼 수 있다. 도착시간 분포와 서비스시간 분포가 서로 다를 수도 있다. 예를 들어 유입램프에 도착하는 것은 임의이나 일정 시간마다 1대씩 유입될 수 있는 경우, 음지수분포 도착간격과 일양(一樣)분포(uniform distribution) 서비스시간을 갖는다.

(3) 서비스 순서

일반적인 원칙은 선착순(first come, first served; FCFS)으로 서비스를 받는 것으로서, 신호등 대기를 하는 차로나 고속도로 유입램프와 같은 곳이다. 또 나중에 도착한 것이 먼저 서비스를 받는 경우(last come, first served; LCFS)도 있으며, 우선권이 인정되는 경우(긴급차량 등) 무작위 순서(service in random order; SIRO)도 있다. 대기시스템의 특성을 간단히 표현하는 방법은 다음과 같다. 즉,

$$(M/G/1) : (FCFS/N/\infty)$$

여기서 M은 도착확률 분포가 무작위(random)란 의미이며, Markov의 약자이다. 두 번째 난은 서비스율 또는 서비스시간 분포를 나타내며, M, G(general 또는 arbitrary, 즉 어떤 평균값과 분산값을 갖는 일반적인 분포), D(deterministic 또는 constant, 즉 uniform 분포를 의미) 등을 사용한다. 세 번째 난은 서비스기관의 숫자를 나타낸다. 네 번째 난은 서비스 받는 순서의 방법을 나타내며, 다섯 번째 난은 시스템 내(서비스 받고 있는 것과 대기하고 있는 것)에서 대기할 수 있는 최대 대기가능 대수, 즉 대기공간의 용량을 나타내고, 여섯 번째 난은 유입원이 한정되어 있는 경우 그 숫자(calling source의 수)를 나타낸다. 만약 $(FCFS/\infty/\infty)$이면 이 부분을 생략해도 좋다.

이 책에서는 교통류 특성과 가장 유사한 경우인 도착시간 간격과 서비스시간이 음지수분포이면서, 유입원이 무한정이며, 대기행렬 길이에 제한 없이 FCFS로 서비스될 때의 경우만을 취급한다.

1 $M/M/s$의 경우

(1) 단일 서비스기관

평균도착률이 λ이므로 도착 간의 평균시간간격은 $1/\lambda$이다. 또 평균서비스율이 μ이므로 평균서비스시간은 $1/\mu$이다. $\rho = \lambda/\mu$를 교통강도(交通強度, traffic intensity) 또는 이용계수(utilization factor)라고 하며 1보다 작아야 한다. 만약 이 값이 1보다 크다면 대기행렬은 무한정 길어지므로

[표 4.3] 각종 서비스시간 분포에 따른 대기특성

서비스시간 분포	대기 대수		대기시간	
	대기행렬 내 $E(m)$	시스템 내 $E(n)$	대기행렬 내 $E(w)$	시스템 내 $E(v)$
일반식 $(M/G/1)$ 평균 $=\dfrac{1}{\mu}$ 분산 $=\sigma^2$	$\dfrac{\lambda^2\sigma^2+\rho^2}{2(1-\rho)}$	$E(m)+\rho$ $\lambda E(w)+\rho$ $\lambda E(v)$	$\dfrac{E(n)}{\lambda}-\dfrac{1}{\mu}$ $E(v)-\dfrac{1}{\mu}$ $\dfrac{E(m)}{\lambda}$	$\dfrac{E(m)}{\lambda}+\dfrac{1}{\mu}$ $E(w)+\dfrac{1}{\mu}$ $\dfrac{E(n)}{\lambda}$
음지수분포 $(M/M/1)$ 평균 $=\dfrac{1}{\mu}$ 분산 $=\dfrac{1}{\mu^2}$	$\dfrac{\lambda^2}{\mu(\mu-\lambda)}$	$\dfrac{\lambda}{\mu-\lambda}$	$\dfrac{\lambda}{\mu(\mu-\lambda)}$	$\dfrac{1}{\mu-\lambda}$
일양분포 $(M/D/1)$ 평균 $=\dfrac{1}{\mu}$ 분산 $=0$	$\dfrac{\lambda^2}{2\mu(\mu-\lambda)}$	$\dfrac{\lambda}{2(\mu-\lambda)}+\dfrac{\lambda}{2}\mu$	$\dfrac{\lambda}{2\mu(\mu-\lambda)}$	$\dfrac{1}{2(\mu-\lambda)}+\dfrac{1}{2}\mu$
Erlang분포 $(M/E/1)$ 평균 $=\dfrac{1}{\mu}$ 분산 $=\dfrac{1}{a\mu^2}$	$\dfrac{1+a}{2a}\dfrac{\lambda^2}{\mu(\mu-\lambda)}$	$\dfrac{1+a}{2a}\dfrac{\lambda^2}{\mu(\mu-\lambda)}+\dfrac{\lambda}{\mu}$	$\dfrac{1+a}{2a}\dfrac{\lambda}{\mu(\mu-\lambda)}$	$\dfrac{1+a}{2a}\dfrac{\lambda}{\mu(\mu-\lambda)}+\dfrac{1}{\mu}$

주: 도착분포는 평균, 분산이 λ인 포아송분포이며 $s=1$, FCFS, $\rho<1$일 때 적용한다. 단, 서비스시간 분포가 음지수분포일 경우에는 $s>1$일 때라도 $E(m)$, $E(n)$, $E(w)$, $E(v)$ 간의 관계식이 적용 가능하나, $E(m)$ 값은 식 (4.83)을 이용해서 구한다. 모든 계산은 분(分) 단위로 취급하는 것이 편리하다.

이 대기시스템은 쓸모가 없을 것이다.

대기행렬시스템 내의 차량대수는 대기행렬에 있는 차량대수(대기행렬의 길이)와 서비스를 받고 있는 차량대수를 합한 것이다. 시스템 내에 차량이 한 대도 없을(시스템이 놀고 있을) 확률과 n대가 있을 확률, 또 n대 이상 있을 확률은 다음과 같다.

$$P_{(0)}=1-\rho \tag{4.63}$$

$$P_{(n)}=\rho^n\cdot P_{(0)}=\rho^n(1-\rho) \tag{4.64}$$

$$P_{(x\geq n)}=1-P_{(x\leq n-1)}=\rho^n \tag{4.65}$$

서비스기관이 하나이고 서비스 순서가 선착순(FCFS)인 대기행렬 내 또는 대기시스템 내의 대기 차량 대수 및 대기시간은 [표 4.3]에 나타나 있는 공식을 사용하는 것이 좋다. 이 표는 도착교통의 분포가 포아송분포(평균과 분산이 λ)이면서, 서비스시간의 분포가 어떤 임의의 일반분포를 가질 때 (평균 $1/\mu$, 분산 σ^2), 대기특성 상호 간의 상관관계를 나타내고 이를 몇 가지의 서비스시간 분포에 적용시킨 예를 보인다. 만약 서비스시간의 분포가 음지수분포이면, 서비스기관이 하나가 아니더라도 이 표의 첫째 칸($M/G/1$)에 나타난 대기특성 상호 간의 상관관계는 유효하다. 이때 맨 처음 $E(m)$ 값은 식 (4.83)을 사용해서 구해야 한다.

① 평균대기행렬 길이, $E(m)$

　서비스를 기다리는 평균차량대수를 말하며, 시스템 내의 평균차량대수에서 서비스를 받고 있는 차량의 평균대수($=\rho$)를 뺀 값과 같다.

$$E(m) = \frac{\rho^2}{1-\rho} = \frac{\lambda^2}{\mu(\mu-\lambda)} = E(n) - \rho \tag{4.66}$$

　그러나 이때 주의할 것은 진입램프에서 주도로 진입을 위해 기다리는 맨 선두차량은 서비스를 받고 있는 차량으로 간주해야 한다.

② 시스템 내의 평균차량대수, $E(n)$

대기행렬에 있는 평균차량대수 $E(m)$과 서비스를 받고 있는 평균차량대수 ρ를 합한 것으로서 다음과 같다.

$$E(n) = E(m) + \rho = \frac{\rho^2}{1-\rho} + \rho = \frac{\rho}{1-\rho} = \frac{\lambda}{\mu-\lambda} \tag{4.67}$$

③ 평균대기시간, $E(w)$

　서비스를 받기 시작하기 전까지 대기행렬에서 기다리는 평균대기시간을 말하며, 시스템 내의 평균체류시간에서 평균서비스시간을 뺀 값과 같다.

$$E(w) = \frac{\lambda}{\mu(\mu-\lambda)} = E(v) - \frac{1}{\mu} \tag{4.68}$$

④ 대기차량만의 평균대기시간, $E(w)'$

　$E(w)$는 전체 차량에 대한 평균대기시간인 반면 $E(w)'$은 이 중에서 대기하는 차량만의 평균대기시간을 말한다. 여기서 대기할 확률은 ρ이며 대기하지 않을 확률은 $(1-\rho)$이므로 $E(w)$와 $E(w)'$의 관계는 다음과 같다.

$$E(w) = E(w)' \times \rho + 0 \times (1-\rho)$$

　따라서 대기차량만의 평균대기시간 $E(w)'$은

$$E(w)' = \frac{E(w)}{\rho} = \frac{1}{\mu-\lambda} \tag{4.69}$$

　이 값은 다음에 설명하는 시스템 내의 평균체류시간, $E(v)$와 같다.

⑤ 시스템 내의 평균체류시간, $E(v)$

　평균대기시간 $E(w)$에 평균서비스시간 $1/\mu$를 합한 값과 같다.

$$E(v) = E(w) + \frac{1}{\mu} = \frac{\lambda}{\mu(\mu - \lambda)} + \frac{1}{\mu} = \frac{1}{\mu - \lambda} \tag{4.70}$$

⑥ 시스템 내의 차량대수의 분산, $\mathrm{var}(n)$

$$\mathrm{var}(n) = \frac{\rho}{(1 - \rho)^2} = \frac{\lambda\mu}{(\mu - \lambda)^2} \tag{4.71}$$

시스템 내의 차량이 적어도 1대 이상 있을 확률은 식 (4.63)에서 알 수 있는 바와 같이 ρ이다. 이 값은 이용률 또는 이용계수이면서 서비스를 받고 있는 평균차량대수이기도 하다. [표 4.3]의 $(M/G/1)$에서 알 수 있는 바와 같이 서비스시간 분포가 무엇이든 상관없이 $E(m)$, $E(n)$, $E(w)$, $E(v)$ 간에는 다음과 같은 관계가 성립한다.

$$E(m) = E(n) - \rho \tag{4.72}$$

$$E(w) = E(v) - \frac{1}{\mu} \tag{4.73}$$

$$E(m) = E(w) \cdot \lambda \tag{4.74}$$

$$E(n) = E(v) \cdot \lambda \tag{4.75}$$

특별히 $(M/M/1)$의 경우는 추가적으로 다음과 같은 관계도 성립한다.

$$E(m) = E(n) \cdot \rho \tag{4.76}$$

$$E(w) = E(v) \cdot \rho \tag{4.77}$$

따라서 $(M/M/1)$의 경우 식 (4.72)와 (4.76) 및 식 (4.73)과 (4.77)을 비교할 때 대기차량대수 $E(m)$ 및 대기시간 $E(w)$는 다음과 같은 흥미로운 관계를 갖는다.

$$E(m) = E(n) - \rho = E(n) \cdot \rho \tag{4.78}$$

$$E(w) = E(v) - \frac{1}{\mu} = E(v) \cdot \rho \tag{4.79}$$

예제 4.16 어느 대기행렬 시스템이 $(M/M/1)$일 때, $E(n) - \rho = E(n) \cdot \rho$임을 증명하라.

풀이 [표 4.3]에서 $E(n) = \dfrac{\lambda}{\mu - \lambda}$이다.

$$E(n) - \rho = \frac{\lambda}{\mu - \lambda} - \rho = \frac{\lambda}{\mu - \lambda} - \frac{\lambda}{\mu} = \frac{\lambda^2}{\mu(\mu - \lambda)}$$

$$E(n) \cdot \rho = \frac{\lambda}{\mu - \lambda} \times \frac{\lambda}{\mu} = \frac{\lambda^2}{\mu(\mu - \lambda)}$$

따라서 두 값은 다 같이 $E(m)$을 나타낸다. ■

예제 4.17 어느 유료주차장은 1개의 출구에서 주차요금을 징수하고 있다. 주차요금을 내기 위해서 무작위로 도착하는 차량은 시간당 120대 꼴이다. 요금을 지불하는 시간은 평균 18초인 음지수분포를 갖는다. 이 주차장의 운영특성에 관해서 다음 물음에 답하라. (1) 요금징수소가 비어 있을 확률, (2) 시스템 내에 3대가 있을 확률, (3) 만약 대기하는 차량이 3대 이상이면 대기공간이 좁아서 주차장 내부 운영에 큰 지장을 받는다. 지장을 받을 확률은 얼마인가? (4) 대기공간을 몇 대분 확보해야 주차장 내부 운영에 지장을 받지 않을 확률이 적어도 95% 이상이 되는가? (5) 평균대기차량 대수는 얼마인가? (6) 시스템 내의 평균잔류차량 대수는 몇 대인가? (7) 평균대기시간은? (8) 시스템 내의 평균체류시간은? (9) 평균대기시간이 1분 이상이면 요금징수소를 증설하려고 한다. 요금을 지불하기 위해 도착하는 차량이 시간당 몇 대 이상이면 증설하는가? (10) 평균대기차량이 2대 이상이면 요금징수소를 증설하려고 한다. 요금을 지불하기 위해 도착하는 차량이 시간당 몇 대 이상이면 증설하는가?

풀이 도착률 $\lambda = \dfrac{120}{60} = 2$ 대/분

서비스율 $\mu = \dfrac{60}{18} = 3.33$ 대/분

이용계수 $\rho = 2/3.33 = 0.6$

(1) 요금징수소가 비어 있을 확률

$P_{(0)} = 1 - \rho = 0.4$

(2) 대기시스템 내에 3대가 있을 확률

$P_{(3)} = \rho^3 \cdot P_{(0)} = (0.6)^3 (0.4) = 0.084$

(3) 서비스 받는 차량까지 4대이므로

$P_{(n \geq 4)} = 1 - P_{(n \leq 3)} = \rho^4 = 0.1296$

(4) $P_{(n \leq 4)} = 1 - P_{(n \geq 5)} = 1 - \rho^5 = 0.9222$

$P_{(n \leq 5)} = 1 - P_{(n \geq 6)} = 1 - \rho^6 = 0.9533$

따라서 시스템 내에 5대(대기 4대, 서비스 1대)의 공간을 확보하면 된다.

(5) 평균대기차량 대수

$E(m) = \dfrac{0.6^2}{1 - 0.6} = 0.9$ 대

(6) 시스템 내의 평균차량대수

$E(n) = \dfrac{0.6}{1 - 0.6} = 1.5$ 대

(7) 평균대기시간

$E(w) = \dfrac{2}{3.33(3.33 - 2)} = 0.45$ 분

(8) 시스템 내의 평균체류시간

$E(v) = 0.45$ 분 $+ 18$ 초 $= 0.75$ 분

(9) $E(w) = \dfrac{\lambda}{3.33(3.33 - \lambda)} = 1$ 분

$$\lambda = 2.546 \text{대}/\text{분} = 154 \text{대}/\text{시간}$$

$$(10) \quad E(m) = \frac{\lambda^2}{3.33(3.33 - \lambda)} = 2 \text{대}$$

$$\lambda = 2.44 \text{대}/\text{분} = 146 \text{대}/\text{시간}$$

■

(2) 다중 서비스기관

대기장소는 하나이면서(그러므로 대기행렬도 한 줄) 여러 개의 서비스기관이 병행해서 동일한 서비스를 할 때의 대기시스템을 말하며, 이것의 대표적인 예가 [그림 4.9]에 나타나 있다.

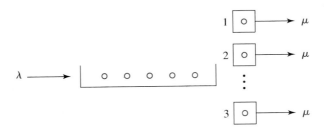

[그림 4.9] 다중 서비스기관의 대기시스템

각 서비스기관의 평균서비스율이 똑같이 μ 라 하고, 평균도착률을 λ, 서비스기관의 수를 s 개라고 할 때, 전체 서비스기관의 이용률은 $\lambda/\mu s$ 로 나타낼 수 있으며 이는 전체 기관 중에서 서비스를 하고 있는 기관의 비율과 같다. λ/μ 를 ρ 로 나타낸다면 이 값은 1보다 클 수도 있으나 ρ/s 는 1보다 클 수 없다. 만약 이 값이 1보다 크다면 이 시스템은 대기행렬이 무한정 증가하기 때문에 쓸모가 없다.

시스템 내에 차량이 한 대도 없을 확률과 n 대가 있을 확률을 나타내는 식은 다음과 같다.

$$P_{(0)} = \frac{1}{\sum_{n=0}^{s-1} \frac{\rho^n}{n!} + \frac{\rho^s}{s!(1 - \rho/s)}} \tag{4.80}$$

$$P_{(n)} = \frac{\rho^n}{n!} \cdot P_{(0)} \qquad (0 \le n \le s) \tag{4.81}$$

$$= \frac{\rho^n}{s^{n-s} \cdot s!} \cdot P_{(0)} \qquad (n > s) \tag{4.82}$$

① 평균대기행렬의 길이, $E(m)$

$$E(m) = \frac{P_{(0)} \cdot \rho^{s+1}}{s! \, s} \left[\frac{1}{(1 - \rho/s)^2} \right] \tag{4.83}$$

② 시스템 내의 평균차량대수, $E(n)$

$$E(n) = E(m) + \rho \tag{4.84}$$

③ 평균대기시간, $E(w)$

$$E(w) = \frac{E(m)}{\lambda} = E(v) - \frac{1}{\mu} \tag{4.85}$$

④ 시스템 내의 평균체류시간, $E(v)$

$$E(v) = \frac{E(n)}{\lambda} = E(w) + \frac{1}{\mu} \tag{4.86}$$

예제 4.18 앞의 예제와 같은 상황에서 요금징수소가 2개이며, 대기행렬은 한 줄만 가능하다. 이때의 주차장 운영특성을 다음 물음에 따라 분석하라. (1) 요금징수소가 비어 있을 확률, (2) 대기시스템 내에 3대가 있을 확률, (3) 대기공간을 몇 대분 확보해야 주차장 내부 운영에 지장을 받지 않을 확률이 적어도 95%가 되는가? (4) 평균대기차량대수는? (5) 시스템 내의 평균차량대수는? (6) 평균대기시간은? (7) 시스템 내 평균체류시간은?

풀이 $\lambda = \dfrac{120}{60} = 2$대/분

$\mu = \dfrac{60}{18} = 3.33$대/분

$s = 2$

$\rho = 2/3.33 = 0.6$

$\rho/s = 0.6/2 = 0.3$

(1) 요금징수소가 비어 있을 확률

$$P_{(0)} = \frac{1}{\displaystyle\sum_{n=0}^{s-1} \frac{\rho^n}{n!} + \frac{\rho^s}{s!(1-\rho/s)}} = \frac{1}{\displaystyle\sum_{n=0}^{1} \frac{(0.6)^n}{n!} + \frac{(0.6)^2}{2!(1-0.3)}} = 0.5385$$

(2) 대기시스템 내에 3대가 있을 확률

$3 > s$이므로

$$P_{(3)} = \frac{\rho^n}{s^{n-s} \cdot s!} \cdot P_{(0)} = \frac{(0.6)^3}{2 \cdot 2!} \cdot (0.5385) = 0.0291$$

(3) 대기공간을 몇 대분 확보해야 주차장 내부 운영에 지장을 받지 않는가?

$$P_{(n \leq 1)} = P_{(0)} + P_{(1)} = 0.5385 + \frac{0.6}{1}(0.5385) = 0.8616$$

$$P_{(n \leq 2)} = P_{(n \leq 1)} + P_{(2)} = 0.8616 + \frac{0.6^2}{2}(0.5385) = 0.9585$$

따라서 시스템 내에 2대(서비스 2대), 즉 서비스 받을 공간만 필요하고 대기공간은 필요 없다. 도착률이 커질 경우 대기공간을 확보하는 비용과 요금징수소를 하나 더 설치하는 비용을 비교하여 결정하는 것이 좋다.

(4) 평균대기차량대수

$$E(m) = \frac{P_{(0)} \cdot \rho^{s+1}}{s! \, s} \left[\frac{1}{(1-\rho/s)^2} \right] = \frac{0.5385(0.6)^3}{2(2)} \left[\frac{1}{(1-0.3)^2} \right] = 0.0593 \text{ 대}$$

(5) 시스템 내의 평균차량대수

$$E(n) = 0.6 + 0.0593 = 0.6593 대$$

(6) 평균대기시간

$$E(w) = \frac{E(m)}{\lambda} = 0.0593/2 = 0.0297 대$$

(7) 시스템 내 평균체류시간

$$E(v) = \frac{E(n)}{\lambda} = 0.6593/2 = 0.3297 분$$

2 서비스시간 분포가 음지수분포가 아닐 경우

지금까지는 도착교통의 분포가 평균도착률과 분산이 λ인 포아송분포를 나타내면서(따라서 도착시간 간격분포는 평균 $1/\lambda$, 분산 $1/\lambda^2$인 음지수분포), 서비스시간의 분포도 평균 $1/\mu$, 분산 $1/\mu^2$인 음지수분포의 경우에서 서비스기관의 수가 1개 또는 여러 개의 경우를 취급했다.

그러나 도착교통의 분포가 포아송분포이면서 서비스시간의 분포가 음지수분포가 아닌 다른 분포를 가질 때의 대기특성을 알 필요가 있다.

[표 4.3]은 도착교통의 분포가 포아송분포(평균, 분산이 λ)이면서 서비스시간의 분포가 어떤 임의의 일반분포를 가질 때(평균 $1/\mu$, 분산 σ^2), 대기특성 상호 간의 상관관계를 나타내고 이를 몇 가지의 서비스시간 분포에 적용시킨 결과를 보인다. 그러나 이 표는 서비스기관이 하나이고, 선착순(FCFS) $\rho < 1$인 경우에만 적용된다. 단 서비스시간의 분포가 음지수분포일 때 한해서는 서비스기관의 수가 하나가 아니더라도 이 표의 첫째 칸($M/G/1$)에 나타난 대기특성 상호 간의 상관관계는 유효하다.

4.5.2 교차로에서의 대기행렬모형

대기행렬이론을 교통상황에 적용시킬 때 매우 복잡하다. 특히, 신호등이 있는 교차로(횡단보도 포함)와 없는 교차로는 그 해석방법에서 큰 차이가 있다. 신호등 없는 교차로에서 한 대의 차량이 기다리는 시간은 주도로 간격의 흐름과 횡단교통류의 특성 및 주도로의 차간시간 간격을 수락하는(gap acceptance) 특성의 함수이다.

주도로의 교통을 횡단하는 것이 보행자냐 차량이냐에 따라 횡단행태가 크게 다르다. 보행자는 무리를 지어 동시에 한 간격을 이용하여 횡단할 수 있으나, 차량의 경우는 먼저 도착한 앞차량이 횡단하지 않고는 뒤차량이 횡단할 수 없다. 다시 말하면 보행자는 뒤늦게 횡단지점에 도착했더라도 수락간격(acceptable gap)을 만나면 먼저 도착한 사람과 함께 횡단할 수 있으나, 차량의 경우는 대기행렬이 있는 경우 수락간격이 나타나더라도 앞차량 때문에 이 간격을 이용할 수 없고 자신이 선두차량이 되었을 때 비로소 자신의 수락간격을 이용할 수 있다. 물론 주도로의 교통량이 아주 적어 간격이 상당히 클 경우는 대기행렬 중 여러 대의 차량이 동시에 횡단이 가능하나 이때에도 역시 앞차량이 횡단한 후 남은 간격을 자신이 이용할 수 있는가를 다시 판단해야 한다.

이 책에서는 가장 간단한 간격수락모형, 즉 횡단교통량이 아주 적어 2대 이상의 대기행렬이 형성되지 않는 교차로 또는 진입램프 등에서의 차량대기시간이나 횡단지점에 도착한 보행자가 먼저 도착한 보행자에 영향을 받지 않고 함께 횡단할 수 있는 경우의 보행자 대기시간만을 취급한다.

이 원리는 횡단교통량이 많아 대기행렬이 형성되더라도 맨 선두차량이 된 후부터 수락간격을 만나 횡단할 때까지의 대기시간을 구하는 데 이용될 수도 있다. 다시 말하면 횡단을 위해 한 단위(차량 또는 보행자)가 횡단지점에 도착한 후 수락간격이 나타나면 즉시 그 간격을 수락할 수 있는 상태의 평균대기시간을 구하는 모형으로서 이는 횡단교통이 임의도착분포를 갖는다고 가정한다.

임계간격(critical gap)은 어떤 간격보다 작은 데도 불구하고 이를 수락한 대수와 이 값보다 큰 간격인 데도 불구하고 수락을 거부하는 대수가 같게 되는 간격으로 정의된다. 주도로의 도착교통이 평균 q인 포아송분포를 나타내고, 임계간격이 τ일 때 횡단교통이 지체 없이 횡단할 확률은, 주도로의 차량간격이 평균 $1/q$인 음지수분포를 가지며 주도로 차량간격 h가 τ보다 클 때 횡단이 가능하므로(여기서 차두시간과 차간시간이 같다고 가정),

$$P_{(h>\tau)} = \int_{\tau}^{\infty} qe^{-qt}dt = e^{-q\tau} \tag{4.87}$$

따라서 지체할 확률, 즉 h가 τ보다 작을 확률 $P_{(h<\tau)}$은 $1-e^{-q\tau}$이다. 간격수락모형은 이 값보다 큰 모든 간격이 횡단에 이용되며, 이보다 작은 간격은 횡단할 수 없다는 가정에 근거를 둔다. 이에 따라 간격수락을 위해 기다려야 하는 평균 간격의 수 N_g는 $P_{(h<\tau)}$를 $P_{(h>\tau)}$로 나눈 값과 같다. 즉,

$$N_g = \frac{\int_{0}^{\tau} qe^{-qt}dt}{\int_{\tau}^{\infty} qe^{-qt}dt} = \frac{1-e^{-q\tau}}{e^{-q\tau}} \tag{4.88}$$

또 τ보다 작은 간격들의 평균길이 $T_{(h<\tau)}$는

$$T_{(h<\tau)} = \frac{\int_{0}^{\tau} tqe^{-qt}dt}{\int_{0}^{\tau} qe^{-qt}dt} = \frac{1}{q} - \frac{\tau e^{-q\tau}}{1-e^{-q\tau}} \tag{4.89}$$

또 τ보다 큰 간격의 평균길이 $T_{(h>\tau)}$는

$$T_{(h>\tau)} = \frac{\int_{\tau}^{\infty} tqe^{-qt}dt}{\int_{\tau}^{\infty} qe^{-qt}dt} = \frac{1}{q} + \tau \tag{4.90}$$

모든 횡단교통이 평균적으로 기다려야 하는 시간 T_D는 다음과 같다. 이것은 횡단하기 위해 기다려야 하는 평균 간격의 수 N_g와 그 간격들의 평균길이 $T_{(h<\tau)}$를 곱한 값과 같다.

$$T_D = \frac{\int_0^\tau tqe^{-qt}dt}{\int_\tau^\infty qe^{-qt}dt} = \frac{1}{qe^{-q\tau}} - \left(\frac{1}{q} + \tau\right) \tag{4.91}$$

이 값은 맨 선두차량의 평균대기시간이므로, 이 값을 대기행렬이론에서 선두차량의 평균서비스시간으로 간주하여 대기행렬모형에 적용할 수 있다.

T_D는 도착하여 기다리지 않고 바로 횡단하는 차량과 기다렸다가 횡단하는 차량에 대한 평균값이므로, 기다리는 차량만의 평균대기시간 T_S는 그들 차량의 비율이 전체의 $1 - e^{-q\tau}$이므로 T_D를 이 비율로 나눈 값과 같다. 즉

$$T_S = \frac{\int_0^\tau tqe^{-qt}dt}{\int_\tau^\infty qe^{-qt}dt} \times \frac{1}{\int_0^\tau qe^{-qt}dt} = \frac{1}{qe^{-q\tau}} - \frac{\tau}{1 - e^{-q\tau}} \tag{4.92}$$

이상과 같은 간단한 간격수락모형을 기초로 하여 Tanner[22]는 보행자 도착률을 알 때 무리를 지어 횡단하는 사람의 평균수와 횡단대기 중인 보행자의 평균수를 계산하는 모형을 개발했다.

또 Weiss와 Maradudin[23]은 '양보' 표지에서 정지했다가 수락간격을 이용하는 차량과 그대로 진행하면서 간격을 이용하는 차량에 대한 평균대기시간을 계산했다.

Major와 Buckley[24]는 한 간격을 여러 대의 차량이 횡단하는 경우에 횡단가능한 차량대수를 구하는 모형을 개발했으며, Ashworth[25]는 대기행렬 중 선두차량과 둘째 차량의 임계간격이 서로 다르며 둘째 차량의 출발지연을 고려할 경우의 평균지체시간을 구했다.

2 신호교차로

신호교차로에서의 대기는 각 접근로에서의 적색신호 동안 발생하며 접근교통량이 많아질수록 대기행렬은 길어진다.

접근교통은 똑같은 승용차환산단위(passenger car unit; pcu)로 구성되어 있다고 가정한다. 예를 들어 트럭 한 대는 1.5 또는 2.0 pcu로, 또 회전차량은 그 회전의 형태와 이에 수반되는 지체량에 따라 적절한 값이 부여된다.

신호교차로에서 사용되는 부호는 다음과 같다.

C = 주기길이(초)
g = 유효녹색시간(초)
r = 유효적색시간(초)
q = 한 접근로의 평균도착교통류율(pcu/초)
s = 한 접근로의 포화교통량(rmpcu/초)
d = 한 접근로에서 pcu당 평균차량지체(초)
λ = g/C, 유효녹색시간비

$y = q/s$, 평균도착률의 포화교통량에 대한 비

$x = qC/gs$ 또는 v/c, 주기당 평균도착대수의 주기당 최대출발대수에 대한 비

그러므로 $r + g = C$이며 $\lambda x = y$이다. x를 한 접근로의 포화도(degree of saturation)라 하며, y를 한 접근로의 교통량비(flow ratio)라 한다.

(1) 정주기신호의 결정모형

결정모형의 대표적인 것은 May[26]에 의해서 제안된 것으로서 [그림 4.10]에 보인다. 이 모형은 도착차량이 규칙적으로 도착한다고 가정한 것이다. 이러한 도착을 균일도착(uniform arrival)이라 한다. 그림에서 수직축은 누적도착대수 qt를 나타내며 수평축은 시간 t를 나타낸다. 첫째 그림은 녹색시간 동안 방출되는 용량이 한 주기 동안의 도착량보다 많은 경우이며, 둘째 그림은 두 양이 같은 경우이다. 그림에서 수직거리 $(c - a)$는 적색신호가 시작된 후 누적되는 차량대수를 나타내며, 수평거리 $(a - b)$는 어떤 차량이 도착해서부터 출발할 때까지 걸린 시간을 나타낸다.

[그림 4.10]으로부터 구해지는 여러 가지 대기행렬 특성값은 다음과 같다.

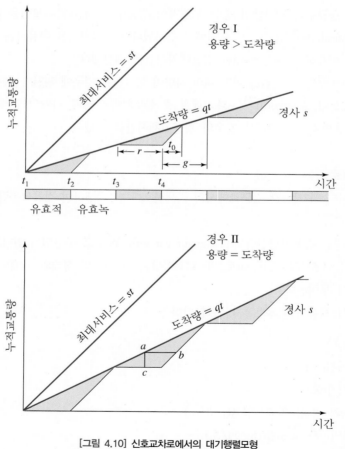

[그림 4.10] 신호교차로에서의 대기행렬모형

① 어떤 주기에서, 녹색신호의 시작에서부터 대기행렬이 완전히 소멸되는 시간을 t_0라 하면, t_0 이후에는 도착량과 방출량은 같다. 즉,

$$q(r + t_0) = st_0$$

여기서 $y = q/s$라 두면

$$t_0 = \frac{yr}{1 - y} \qquad (4.93)$$

② 대기행렬이 존재하는 시간의 비는

$$P_q = \frac{r + t_0}{C} \qquad (4.94)$$

③ 정지하는 차량의 비율

$$P_s = \frac{q(r + t_0)}{q(r + g)} = \frac{t_0}{yC} \qquad (4.95)$$

이 비율은 앞의 대기행렬이 존재하는 시간의 비와 같다.

④ 대기행렬의 최대길이는 적색신호가 끝나는 때에 발생한다. 즉,

$$Q_m = qr \qquad (4.96)$$

⑤ 전체 차량의 대기시간은 음영처리된 삼각형의 면적과 같다. 즉,

$$D = \frac{qr}{2}(r + t_0) = \frac{qr}{2} \cdot \frac{r}{1 - y} = \frac{qr^2}{2(1 - y)} \qquad (4.97)$$

⑥ 전 시간에 걸친 대기행렬 중의 평균차량대수

$$\overline{Q} = \frac{D}{C} = \frac{qr^2}{2C(1 - y)} \qquad (4.98)$$

⑦ 차량당 평균대기시간은

$$d = \frac{D}{qC} = \frac{r^2}{2C(1 - y)} \qquad (4.99)$$

⑧ 대기차량당 평균대기시간은

$$d_s = \frac{D}{q(r + t_0)} = \frac{(1 - y)D}{qr} = \frac{r}{2} \qquad (4.100)$$

⑨ 대기차량의 최대대기시간은 적색신호시간과 같다. 즉,

$$d_m = r \qquad (4.101)$$

만약 도착량 qC가 통과량 sg보다 크다면, 대기행렬은 시간이 경과함에 따라 무한정 길어지므로 위의 공식들을 적용할 수 없다.

(2) 정주기신호의 확률모형

교차로에 도착하는 차량이 규칙적이 아니고 여러 가지 확률모형을 갖는다는 것은 앞에서 설명한 바 있다. 교통신호에서 대기하고 있는 차량의 출발행태를 나타내는 여러 가지 모형은 대부분 동일한 차두시간 $1/s$로 차량이 정지선을 통과한다고 가정한다. 출발모형 중에는 이와 다른 모형도 있으나 그 모형의 차이가 도착모형처럼 그렇게 지체량 계산에 큰 영향을 미치지는 않는다.

Allsop[27]는 도착교통이 [그림 4.10]에 보이는 것과 같은 연속함수가 아니고 평균 $1/q$의 간격을 갖는 단계함수일 때, 차량당 평균지체를 다음과 같이 구했다.

$$d = \left\{ \frac{1}{2C(1-y)} \right\} \left(r - \frac{1}{2s} \right)^2 + \frac{y(2-y) + \theta(1-y)^2}{12q^2} \tag{4.102}$$

여기서 θ는 다음과 같은 범위를 갖는다.

$$-\frac{1}{3\sqrt{3}} < \theta < \frac{1}{3\sqrt{3}}$$

이 공식의 첫째 항은 Wardrop[28]의 모형과 같다. 즉,

$$d = \frac{\left(r - \frac{1}{2s} \right)^2}{2C(1-y)} \tag{4.103}$$

만약 $y = q/s$가 일정하면서 q가 무한대로 증가하면 식 (4.102)에서 차량당 평균지체는 $d = \frac{r^2}{2C(1-y)}$가 되어 결정모형에서 지체를 구하는 식 (4.99)와 같게 된다.

Webster[29]는 컴퓨터 시뮬레이션을 이용하여 다음과 같은 지체 공식을 만들었다.

$$d = \frac{C(1-\lambda)^2}{2(1-\lambda x)} + \frac{x^2}{2q(1-x)} - 0.65 \left(\frac{C}{q^2} \right)^{1/3} x^{(2+5\lambda)} \tag{4.104}$$

이 식은 교차로에 임의도착하는 차량의 지체를 구하는 식으로서, 여기서 $C(1-\lambda) = r$이고 $\lambda x = y$이므로 위 공식의 첫째 항은 식 (4.99)와 같다. 둘째 항은 임의도착률과 일정 서비스율을 갖는 대기행렬모형에서 평균대기시간과 같다(앞의 [표 4.3]에서 λ/μ가 여기서의 x와 같으므로). 셋째 항은 경험식으로서 총 지체를 5~15% 정도 줄여준다. 따라서 식 (4.104)는 다음과 같이 간단히 쓸 수 있다.

$$d = \frac{9}{10} \left\{ \frac{C(1-\lambda)^2}{2(1-\lambda x)} + \frac{x^2}{2q(1-x)} \right\} \tag{4.105}$$

Hutchinson[30]은 교차로 지체에 관한 여러 가지 확률모형을 수치로 비교하여 그들 사이에 큰 차이가 없음을 보였고, 따라서 계산하기 쉽거나 편리한 모형을 선택해 사용해도 무방하다고 했다.

4.5.3 병목지점에서의 대기행렬모형

도로상에 있는 병목지점은 교통의 흐름을 부분적 또는 전체적으로 제한한다. 전체적으로 제한하는 경우는 신호교차로에서와 같은 경우이다. 병목지점은 대기행렬이론에서 서비스기관으로 간주될 수 있으며, 통과를 기다리는 차량은 서비스 대기행렬로 볼 수 있다.

앞에서 설명한 결정모형의 기법을 일시적인 병목현상의 문제(예를 들어 철길건널목이나 사고가 발생한 단차로도로와 같은 조건)에 적용될 수 있으며, 이 문제는 [그림 4.10]에 있어서 교통신호 한 주기 동안의 대기행렬로 생각할 수 있으므로 대기시간은 적색신호시간 r과 같으며 방해요인이 사라진 후부터 대기행렬이 없어질 때까지 걸리는 시간은 t_0와 같다.

이 모형에서 사용되는 부호는 다음과 같다.

q = 병목지점 상류부로부터 도착되는 평균교통류율(대/분)
s = 포화교통류율 또는 상류부 도착교통의 연속교통류 용량(대/분)
s_r = 병목지점에서 병목현상이 있는 동안의 교통류율($s_r < q < s$)
r = 방해기간(분)
t_0 = 방해요인이 사라진 후부터 대기행렬이 소멸될 때까지의 시간(분)
t_q = 방해가 시작되면서부터 대기행렬이 완전히 소멸될 때까지의 시간(분)
  $= r + t_0$

평면교차 철길건널목에서처럼 도로가 완전히 차단되면 s_r의 값이 0이 되며, 고장난 차량에 의해서 도로가 부분적으로 막히면 $s_r < q$의 값을 갖는다. 그러므로

$$q(r + t_0) = s_r \cdot r + s \cdot t_0$$

$$t_0 = \frac{r(q - s_r)}{s - q}$$

따라서 이 모형에서의 대기행렬은 다음과 같은 특성을 갖는다.

① 병목시점부터 완전히 해소될 때까지 시간

$$t_q = r + t_0 = r\left(\frac{s - s_r}{s - q}\right) \tag{4.106}$$

② 영향을 받는 총 차량대수

$$N = q \cdot t_q \tag{4.107}$$

③ 대기행렬의 최대길이

$$Q_m = r(q - s_r) \tag{4.108}$$

④ 총 지체시간

$$D = \frac{r(q - s_r)t_q}{2} \tag{4.109}$$

⑤ 대기행렬 내의 평균차량대수

$$\bar{Q} = \frac{Q_m}{2} \tag{4.110}$$

⑥ 지체차량의 평균지체시간

$$d_s = \frac{D}{qt_q} = \frac{r}{2}\left(1 - \frac{s_r}{q}\right) \tag{4.111}$$

⑦ 지체차량의 최대지체시간

$$d_m = r\left(1 - \frac{s_r}{q}\right) \tag{4.112}$$

예제 4.19 용량이 5,700 vph이고 첨두시간의 균일도착 교통수요가 4,500 vph인 고속도로에서 차량 한 대가 고장이 나서 용량이 4,200 vph로 줄어들었다. 고장수리시간이 15분일 때 (1) 대기행렬이 완전히 해소되는 시간은 수리(修理)가 끝난 후 얼마 지나서인가? (2) 최대대기행렬 길이는 얼마인가? (3) 총 지체시간 및 차량당 평균지체시간을 구하라.

풀이 (1) $t_0 = r\left(\frac{q - s_r}{s - q}\right) = \frac{15}{60}\left(\frac{4,500 - 4,200}{5,700 - 4,500}\right) = 3.75$분

(2) $Q_m = r(q - s_r) = \frac{15}{60}(4,500 - 4,200) = 75$대

(3) $D = \frac{Q_m(r + t_0)}{2} = \frac{75 \times (15 + 3.75)}{2} = 703$대·분

총 지체차량대수 $N = q(r + t_0) = 4,500 \times \frac{15 + 3.75}{60} = 1,406$대

차량당 평균지체 $d = \frac{D}{N} = \frac{703}{1,406} = 0.5$분 ■

● 참고문헌 ●

1. TRB., *Traffic Flow Theory*, Special Report 165, 1997.

2. Donald R. Drew, *Traffic Flow Theory and Control*, McGraw-Hill Book Co., 1968.

3. B. D. Greenshields, *A Study of Traffic Capacity*, Proc., of HRR. 14, 1935.

4. H. Greenberg, *An Analysis of Traffic Flow*, Operations Research 7(1), 1959.

5. R. T. Underwood, *Speed, Volume and Density Relationships*, Quality and Theory of Traffic Flow, Bureau of Highway Traffic, Yale University, 1961.

6. L. A. Pipes, *Car-Following Models and the Fundamental Diagram of Road Traffic*, Transport Research 1(1), 1967.

7. P. K. Munjal and L. A. Pipes, *Propagation of On-Ramp Density Perturbations on Unidirectional and Two and Three-Lane Freeways*, Transport Research 5(4), 1971.

8. D. R. Drew, *Deterministic Aspects of Freeway Operations and Control*, Freeway Characteristics, Operations and Accidents, *HRR. No. 99*, 1965.

9. J. S. Drake, J. L. Schofer, and A. D. May, Jr., *A Statistical Analysis of Speed Density Hypothesis*, Traffic Flow Characteristics, *HRR. No. 154*, 1967.

10. L. C. Edie, *Car-Following and Steady-State Theory for Non-congested Traffic*, Operations Research 9(1), 1961.

11. D. L. Gerlough and M. J. Huber, *Traffic Flow Theory*, Special Report 165, TRB., 1997.

12. L. A. Pipes, *Hydrodynamic Approaches–Part I ; An Introduction to Traffic Flow Theory*, Special Report 79, HRB., 1961.

13. E. Kometani and T. Sasaki, *A Safety Index for Traffic with Linear Spacing*, Operations Research 7(6), 1959.

14. R. E. Chandler, R. Herman, and E. Montroll, *Traffic Dynamics–Studies in Car-Following*, Operations Research 6(2), 1958.

15. D. C. Gazis, R. Herman, and R. B. Potts, *Car-Following Theory of Steady-State Flow*, Operations Research 7(5), 1959.

16. R. L. Bierley, *Investigation of an Inter-Vehicle Spacing Delay*, HRR. No. 25, 1963.

17. R. Rothery, R. Silver, R. Herman, and C. Toner, *Analysis of Experiments on Single-Lane Bus Flow*, Operations Research 6(2), 1958.

18. J. W. McClenahan and H. J. Simkowitz, *The Effects of Short Cars on Flow and Speed in Downtown Traffic: A Simulation Model and Some Results*, Transport Science 3(2), 1969.

19. P. Fox and F. G. Lehman, *Safety in Car Following–A Computer Simulation*, Newark College of Engineering, 1967.

20. T. R. Jones and R. B. Potts, *The Measurement of Acceleration Noise–A Traffic Parameter*, Operations Research 10(6), 1962.

21. D. R. Drew, C. L. Dudek, and C. J. Kreese, *Freeway Level of Service as Described by an Energy-Acceleration Noise Model*, HRR. No. 162, 1967.

22. J. C. Tanner, *The Delay to Pedestrians Crossing a Road,* Biometrika 38, 1951.

23. G. H. Weiss and A. A. Maradudin, *Some Problems in Traffic Delay,* Operations Research 10(1), 1962.

24. N. G. Major and D. J. Buckley, *Entry to a Traffic Stream,* Proc., Australian Road Research Board, 1962.

25. R. Ashworth, *The Capacity of Priority Type Intersections with a Non-Uniform Distribution of Critical Acceptance Gaps,* Transport Research 3(2), 1969.

26. A. D. May, Jr., *Traffic Flow Theory-The Traffic Engineer's Challenge.*

27. Allsop, *Delay at Fixed Time Traffic Signal I: Theoretical Analysis.*

28. J. G. Wardrop, *Some Theoretical Aspects of Road Traffic Research,* Proc., of the Institution of Civil Engineers, Part II, Vol. I, 1952.

29. F. V. Webster, *Traffic Signal Settings,* Road Research Tech. Paper No. 39, Great Britain Road Research Laboratory, 1958.

30. T. P. Hutchinson, *Delay at Fixed Time Traffic Signal II: Numerical Comparisons of Some Theoretical Expressions,* Transport Science 6(3), 1972.

제 5 장

교통조사 및 분석

교통시스템을 계획하거나 설계하고 운영전략을 발전시키기 위해서는 교통환경에 대한 이해가 선행되어야 한다. 즉 교통전문가는 현재 존재하는 문제점의 성격과 범위를 알아야 할 뿐만 아니라 장래의 상황과 경향을 예측할 수 있는 기술을 발전시켜야 한다. 이를 위해서는 현재의 교통시스템에 관한 명확한 기초자료와 과거 이력자료가 필요하다. 자료는 정확해야 하며, 만약 정확성이 보장되지 않는 것이라면 사용에 따른 신뢰도가 밝혀져야 한다. 교통조사 및 분석은 시설의 건설 또는 개선이나 운영개선을 위한 교통공학조사(Traffic Engineering Studies)와 교통계획에 필요한 교통계획조사(Transportation Planning Studies)로 나누어지나 엄밀한 의미에서 어떤 조사들은 둘 중 어디에 속한다고 명확히 구분지을 수 없는 경우도 있다.

5.1 교통조사의 목적

5.1.1 교통공학조사

교통류와 기하구조의 특성에 관한 자료를 조사하여 교통시설을 설계하기 위해서, 또는 광범위한 교통시스템을 운영함에 있어서 문제점이 있는 곳을 찾아내기 위해서도 조사가 필요하다.

교통조사는 또한 특정지역에 적용된 교통운영개선책의 효과를 예측하거나 증명한다. 조사·분석의 결과로부터 시스템 이용자가 받고 있는 서비스수준을 알 수 있다. 뿐만 아니라 교통통제설비를 설치하는 데 필요한 기준을 발전시키고, 이 기준과 운영상태를 비교하는 기틀을 마련하며, 관련 행정부서가 계획을 세우거나 기타 행정을 하는 데 도움을 준다. 즉 조사자료의 교류를 통하여 실무행정에서 우선순위와 스케줄 작성을 용이하게 하며, 기구, 인원 및 조사장비의 성과를 평가하는 데 도움을 준다.

그러나 교통조사는 흔히 많은 시간과 비용을 필요로 하며, 불필요한 자료 때문에 혼동이 일어나거나 값진 자료가 이용되지 못하는 경우가 있다. 그러므로 자료를 획득하고 축적하기 위해서는 체계적인 계획이 필요하다. 이와 같은 계획은 시스템의 성과나 추세를 파악하기 위하여 정기적으로 시행하는 조사제도에 따른다. 그 외에 특정한 문제점을 분석하거나 이러한 문제점에 적용된 해결책의 성과를 평가하기 위하여 특별한 조사를 하는 경우도 있다.

교통을 다루는 대부분의 교통전문가는 교통조사를 계획하고, 이에 따라 조사를 하며, 이를 사용하는 데 상당한 시간을 할애한다. 대부분의 경우 실제 조사는 전문가나 숙련된 사람이 하지 않으므로 요구되는 정밀도 범위 내의 결과를 얻기 위해서 전문가는 적용 가능한 기본원리를 이해하고 조사작업의 수행을 지도해야 한다.

5.1.2 교통계획조사

지금까지 대부분의 도시교통시설계획은 교통수단별로 수송실적을 조사하고 장래예측을 하여 계획을 입안해 왔다. 그러나 도시교통시설을 종합적이며 효과적으로 계획하기 위해서는 각 교통수단을 개별적으로 취급하지 않고 종합적인 교통시스템으로 취급해야 한다. 더욱이 종합교통시스템계획은 토지이용계획과 조화를 이루고 도시활동에 적합해야 한다. 수단별 또는 시설별로 개별적인 조사를 하여 이를 기초로 하여 분석 및 예측하면 도시교통 전체를 파악할 수가 없기 때문에 각 교통수단상호 간의 관련성이 충분히 반영되지 않을 뿐만 아니라 예측결과도 부정확할 수밖에 없다.

물론 종래의 조사방법으로도 당면 교통대책이나 단기계획의 기초자료를 얻을 수는 있으나 도시교통이 지금과 같이 다양화되고 대량화된 상태에서 재래식 방법만으로는 도시교통 전반에 대한 균형적인 검토나 합리적인 계획을 할 수가 없다. 따라서 통근, 통학, 업무, 유통 등의 도시 통행수요를 충족시키기 위한 모든 시설을 망라한 종합적인 대책을 강구해야 했으며, 이러한 종합적인 교통계획 수립을 위해서 종합적인 현황조사가 필요하게 되었다.

교통현황을 종합적으로 파악하기 위해서는 먼저 교통발생원을 알아야 한다. 교통발생의 근원은 사람과 물자의 이동으로부터 생기는 것이기 때문에 이동의 근본 원인을 정확하게 조사·분석해야 한다.

도시활동에 있어서 사람이나 물자는 어떤 목적에 따라 그 공간적 위치가 변경되기 때문에 교통이 발생하며, 교통수단은 이를 위한 수단에 지나지 않는다. 따라서 교통수단의 통행량 또는 사람이나 물자의 수송량을 조사하는 것은 교통수요를 파악하는 것이 아니라 교통이용현황을 파악하는 것이 된다.

도시교통수요를 파악하기 위해서는 통행발생의 원인이 되는 사람과 물자에 대한 이동요인과 그 양을 조사해야 한다. 화물조사에 대해서는 이 장의 끝부분에서 다시 언급한다.

개인통행조사는 어떤 지역에 있어서 사람의 이동을 통행목적, 수단, 시간, 출발지, 목적지, 토지이용 등의 관점에서 조사한 다음, 분석하여 교통현상을 본질적으로 파악하기 위해 실시한다. 즉,

- 개인통행의 발생원단위를 파악하고 그 요인을 분석
- 교통수요의 수단별 분담의 현황을 파악하고 그 요인을 분석
- 사람의 이동상황과 그 양을 파악
- 장래의 토지이용에서 발생(trip generation)하는 개인통행의 양과 지역적인 분포를 파악한다.

사람은 어떤 활동의 목적과 사회·경제적 조건(직업, 산업, 연령, 소득 수준 등)에 따라 통행의 성질(목적, 출발·도착시간, 장소 등), 교통수단의 특성(이용시간, 비용, 쾌적성 등)에 맞는 교통수단을 선택하기 때문에 결과적으로 각 교통수단에 교통수요가 배분된다.

개인통행에 의한 교통수요 예측방법은 다음과 같은 특성을 가진다.

① 사람을 조사대상으로 하므로 교통현상을 파악할 수 있음은 물론이고, 교통발생 원인까지 파악할 수 있다. 또 사람의 활동을 종합적으로 파악함과 동시에 직업, 소득, 연령, 성별 등을 조사하며 인간활동 관계를 파악할 수 있다. 따라서 직업이나 소득 수준의 변화 등 장래 예상되는 사회적 변화에 대한 교통수요의 변화를 충분히 예측할 수 있다.

② 각 교통수단의 이용도는 대체할 수 있는 교통수단이 있는지 없는지에 따라 달라지며, 개인통행은 사람의 하루 동안의 활동을 나타내며, 통근, 통학, 업무, 쇼핑을 위한 활동이 대부분을 차지하므로 경제 수준에 따라 크게 변하지는 않는다. 따라서 장래에 대한 예측을 하더라도 비교적 안정된 값을 얻을 수 있다.

③ O−D 통행발생영역을 모든 교통수단에 걸쳐 종합적으로 파악함으로써 교통수단별 체크가 가능하다. 만일 장차 신교통수단이 도입되는 경우에도 그 영향을 고려한 장래 통행예측이 가능하다.

이와 같은 개인통행의 특성을 충분히 활용하기 위해서는 화물통행 조사, 인구 조사, 상점, 사무실 등 사업체 조사, 토지이용, 건물 및 도시시설의 현황조사, 가계 및 생활시간 조사 등을 보완하고, 이들과 조사구역을 서로 일치시켜 시계열적으로 분석할 필요가 있다.

일반적으로 개인통행조사는 가구면접 조사(조사구역 내), 경계선 조사(조사대상구역 밖에서 안으로 진입하는 통행), 공공교통수단 이용자 조사, 영업차 조사 등이 있으며, 역외에 거주하는 사람이 역내에서 만드는 업무상의 이동이 파악되지 않을 우려가 있기 때문에 조사대상구역을 일일생활권(통근권) 정도의 크기로 정하는 것이 가장 좋으나 조사비용이 많이 드는 단점이 있다. 중소도시에서는 통근권을 비교적 쉽게 결정할 수 있으나 대도시에서는 어려우므로 일반적으로 도시 중심으로의 통근 인구가 행정구역 인구의 5% 이상인 지역을 조사권에 포함한다.

Zoning을 할 때는 교차로, 철도역 등의 교통시설 배치현황, 존 내의 토지이용 균일성, 존 내의 인구 및 통행량의 균일성 등을 고려해야 하며, 가능하면 행정단위(시, 구, 동, 통, 반)를 존과 일치시키는 것이 모집단을 파악하고 자료수집을 하기가 쉽다.

개인을 조사대상으로 하여 표본추출을 하는 경우 모집단으로 주민등록대장, 선거인 명부, 취업자와 그 가족, 건물 단위의 거주자 등이 사용된다. 표본추출은 개인 단위보다 세대 단위로 하는 것이 표본수를 적게 할 수 있어 시간과 비용을 절약할 수 있다. 그러나 이 경우에는 추출된 표본의 연령구성비와 모집단의 연령구성비를 비교·검토할 필요가 있다.

표본추출의 방법으로는 무작위추출법(random sampling), 집락추출법(cluster sampling: 통, 반 단위로 전부 또는 일부를 집중적으로 조사하는 방법), Mesh법 등이 있으며, 지역특성이나 교통조건이 불분명할 경우에는 무작위추출법을 사용하는 것이 좋다.

5.2 교통조사의 원리

교통조사의 원리는 어느 상황에서의 시스템 성과나 인간행태를 연구할 때와 마찬가지로 자료수집과 해석이 정확하고 과학적으로 이루어져야 하며 충분한 통계기법을 이용해야 한다.

5.2.1 교통조사방법

교통조사는 조사활동의 종류에 따라 여섯 가지, 즉 현황조사, 관측조사, 면접조사, 사고기록조사, 통계조사 및 실험조사로 분류된다. 어떤 조사는 측정이 전혀 불필요한 것도 있다. 교통의 역할에 관련되는 인간 및 사회요인을 이해하기 위해서는 경제학, 지리학, 심리학 및 사회학과 같은 분야에 대한 조사를 해야 하는 수도 있다.

(1) 현황조사

교통을 연구하기 위해서는 교통시스템 각 요소의 특성을 이해할 수 있는 자료를 활용해야 한다. 도로망(고속도로, 가로, 골목길, 버스노선 등)의 모든 링크에 대해서 용량과 서비스수준을 평가할 수 있는 자료를 포함한 목록이 그 대표적인 것이다. 뿐만 아니라 노상주차나 노외(路外)주차시설에 대한 현황조사도 마찬가지로 필요하다. 시스템 관리를 위해서는 교통통제설비나 법규에 대한 자료도 요구된다.

수집된 자료는 교통시설의 개선계획을 세우거나 그 시설의 효과적인 수리 및 대체계획을 수립하거나 또는 세부시행계획을 세우는 데 사용된다. 가능한 많은 현황조사 자료를 분석목적에 따라 신속하게 취급하기 위하여 이들 자료를 전산화할 필요가 있다. 또 그 자료는 정기적으로 수정해 주어야 한다.

(2) 관측조사

관측조사는 교통시스템의 성과를 평가하고, 혼잡이나 위험 가능성과 같은 문제점을 찾아내고, 신규 또는 변경된 교통시설이나 운영방법의 효과를 측정하기 위한 것이다. 교통패턴이나 행태는 변화하기 쉬우므로 관측조사는 짧게는 매달, 길게는 4년에 한 번씩 반복되어야 한다.

(3) 면접조사

관측을 통하여 얻을 수 있는 교통자료는 어쩔 수 없이 제한적일 수밖에 없다. 그러므로 교통이용자에게 직접 필요한 자료를 얻기 위해서 면접조사를 실시한다. 가장 기본이 되는 자료는 모집단의 통행발생 패턴과 개인의 사회적·경제적 여건에 관한 자료이다. 면접조사가 새로운 교통정책을 수립하는 데 필요한 자료를 수집하는 것이라면 여러 사람으로부터 간단한 몇 개의 교통성향을 질문하면 된다. 그러나 광범위한 조사는 역시 답변할 충분한 시간과 분위기를 줄 수 있게 미리 준비된 설문지로 조사하는 것이다. 도로상 또는 주차장에서 또는 버스 안에서 행해지는 조사는 그 시간에 조사받는 사람의 사정에 따라 제약을 받기 때문에 한두 개의 항목밖에 조사할 수 없다.

면접조사는 경비가 많이 들기 때문에 대부분 표본조사를 하며 과거의 자료를 수정하여 사용하는 것이 보통이다.

(4) 사고기록 조사

사고기록은 안전이란 측면에서 본 도로시스템의 성능을 나타내는 값진 자료이다. 교통전문가나 경찰, 법정, 교육기관 및 안전에 관련되는 모든 기관들은 이 사고기록 자료를 이용한다. 사고분석에 관계되는 모든 단체의 목표는 교통사고를 예방하고, 사고감소 개선책의 효과를 평가하는 것이다. 사고통계는 개선책을 계획하고, 교통단속이나 안전시설 설치를 위한 예산할당의 우선순위를 결정하는 데 중요한 기초가 된다. 사고자료는 지속적으로 조사되어야 한다.

(5) 통계조사

모든 교통시스템의 범위나 현황에 관한 기초 통계자료는 교통계획과 행정을 위해서는 필수적이다. 그 자료는 교통시스템을 분류하거나 비용을 할당하고 소요예산 및 투자계획을 연구하는 데 필요한 도로 및 버스 이용분석의 기초가 된다. 이 조사 역시 실내에서 수행하는 것으로서 교통수요, 경제지표, 인구 및 토지이용의 변화 등과 같이 교통계획을 위한 여러 가지 요소들의 장기적인 추세를 파악하기 위한 것이다.

(6) 실험조사

때때로 교통시스템이나 그 구성요소들의 어떤 물리적인 특성을 평가하기 위해서 계획된 실험조사를 한다. 예를 들어, 운전자의 주행행태 분석 실험, 포장노면의 미끄러짐 특성 실험, 각종 차량검지기의 성능실험, 시인성과 내구성이 큰 노면표시용 페인트를 선택하기 위한 물리특성실험 등이다.

5.2.2 자료수집 및 표본

자료수집 방법이나 수집된 자료의 종류는 수행하고자 하는 연구의 종류에 따라 다르다. 만약 현장에서 사용된 조사방법이 적절하다면 조사의 정확도는 두 가지 사실에 좌우된다. 첫째, 모집단이 변하지 않는 한 표본의 크기가 클수록 정확도는 커진다. 둘째, 표본추출의 방법에 따라 정확도가 달라진다. 만약 표본이 의도와는 달리 서로 다른 모집단에서 추출되었다면 그 결과는 아무런 의미가 없다. 이와 같은 오차의 예로서, 속도조사에서 관측자가 어떤 지점을 여러 가지 속도로 지나가는 차량으로부터 대표적인 표본을 추출하기란 대단히 어렵다. 관측자의 일반적인 성향은 고속의 차량을 더 많이 추출하는 경향이 있으므로 이러한 자료를 그대로 이용한다면 편의(偏倚)되거나 무의미한 결과를 얻게 될 것이다. 설문지 조사에서는 응답이 자의적이므로 교육수준이 낮은 사람들의 응답률이 떨어지는 것은 흔히 볼 수 있는 현상이며, 이러한 사실도 분석에서 반드시 고려해야 한다.

표본추출의 경우는 세 가지이다. 현황조사에서는 전체 모집단이 조사대상이 되며 표본(교통통제설비, 버스노선, 주차시설)은 없다. 두 번째 경우는 집계조사나 사고분석조사에서처럼 하루, 첨두시간, 야간 또는 주말 등과 같은 조사시간과 지역을 표본으로 선택하는 경우이다. 이때 선택된 지역에서 선택된 시간대 내의 전체 자료를 조사하여 표를 만든다. 세 번째 경우는 표본시간대와 표본지역에 있는 모든 자료를 조사할 수 없을 때이며, 예를 들어 순간속도 조사, 기종점(起終點) 조사, 재차인원(在車人員) 조사 등이 이 경우에 속한다. 이 경우에는 모집단의 일부분이 표본이 되며, 이때의 표본은 편의되지 않고 무작위로 선택되어야 한다.

측정결과를 이용하는 사람은 그 결과의 신뢰성을 평가할 수 있어야 한다. 그러기 위해서는 표본추출 및 조사방법을 명시하고, 조사 시의 제약사항이나 조사에 제외된 사항들 및 이용상 유의해야 할 사항들을 명시해야 한다.

또 조사의 정확도를 점검하기 위한 모든 수단을 동원해야 한다. 이것은 다른 조사의 결과와 서로 비교해 봄으로써 가능하다. 예를 들어 기종점조사에서 가구면접조사 결과와 검사선(screen line) 조사 결과를 서로 비교해 볼 수 있다.

5.2.3 자료의 정리 및 해석

자료를 주의 깊게 정리, 종합하고 분석함으로써 원래의 자료나 현장관측에서 나타나지 않는 특성이나 경향을 발견할 수 있거나 어떤 선입관이나 가설을 배제하거나 확인할 수 있다. 이 목적을 달성하기 위해서는 통계학에서 사용되는 신뢰성에 대한 지식이 요구됨은 물론 신뢰성 검증에 대한 숙련이 요구된다.

대부분의 조사는 계획된 실험과는 달리 시스템의 현장에서 이루어지므로, 통계적으로 검사하지 않고는 그 조사된 사상이 교통상황과 관련된 것인지 아니면 교통 외적 요인에 의한 것인지, 또는 단순히 우연에 의한 것인지를 알 수가 없다. 그 좋은 예가 사전·사후조사로 불리는 효과분석이다. 어떤 특성이 교통망, 운영방법, 요금 등이 변하기 전에 있었고, 또 변화 후에도 관측이 되면 그 특성의 영향을 분석해야 한다.

또 사전·사후조사의 기간이 상당히 긴 복잡한 시스템에서는 관측값에 변화가 있더라도 그것이 단지 조사되고 있는 교통조건의 변화 때문이라고 만은 할 수 없다. 장기간에 걸쳐 교통과 상관이 없는 다른 조건의 변화가 일어나 교통조건에 따른 효과를 찾아내지 못하게 할 수도 있기 때문이다.

결국 측정값에 영향을 미치는 시스템 내의 제약사항이 무엇인가를 알아야만 이들의 영향을 따로 분리시킬 수 있다. 장기적인 제약조건은 용량이나 서비스수준에 관한 결함 등이며, 단기적으로는 악천후나 교통사고로 인한 일시적인 도로폐쇄 등이 있다.

5.2.4 실험 조사

새로운 교통통제설비의 효과를 판단하기 위해서는 여러 번의 실험을 거쳐야 한다. 이러한 조사는 실험실에서 행하는 실험과 유사하다. 예를 들어 노면표시 재료의 내구성을 시험하거나 반사재(反射材)의 시인성(視認性)을 시험하기 위해서는 고도의 기술이 필요하다.

때에 따라서는 운전자의 영향이 완전히 배제된 상태에서의 도로에 관한 실험이 필요한 때도 있다. 이와 같은 종류의 실험 가운데 하나는 미끄러짐에 관한 연구이다. 사고현장에서 미끄러짐을 분석함으로써 사고 당시의 속도나 기타 다른 운행상황을 추정할 수 있으며, 사고 순간의 타이어–노면의 마찰계수를 구하기 위해서는 그 현장에서 마찰실험을 수행할 필요가 있다.

여러 가지 요인에 의한 어떤 효과를 분석하기 위해서는 실험계획법(experimental design)이란 통계기법을 사용한다. 이 기법은 요인의 효과를 분석하기 위한 자료를 수집하거나 실험을 할 때 적은 노력으로 정확한 분석을 하기 위한 근거를 마련해 준다. 특히 자료수집이 어렵거나 실험을 하는 데에 많은 시간과 노력이 필요한 경우에는 이 기법을 이용하여 수집해야 하는 자료의 종류나 실험방법 등을 결정할 수 있다. 예를 들어 연동신호로 운영되는 간선도로에서 주기와 연속진행속도가 지체에 미치는 영향을 파악하고자 할 때, 여러 수준의 주기(예를 들어, 60, 80, 100초)와 연속진행속도(예를 들어, 40, 60, 80 kph)에 대한 실험을 하거나 자료를 수집하려면 여러 번(이 예에서는 9번)을 반복해야 하므로 많은 시간과 비용이 들 것이다. 만약 지체에 영향을 주는 요인이 몇 가지 더 포함된다면 기하급수적으로 많은 노력이 요구될 것이다. 이때 실험계획법을 이용하여 계획만 잘하면 이보다 적은 횟수의 실험으로도 바람직한 결과를 얻을 수 있다.

또 실험계획법은 어떤 MOE(위의 예에서는 지체)에 영향을 미친다고 생각되는 많은 요인에 대하여 다음을 알아낼 수 있다.

① 어떤 요인이 MOE에 유의한 영향을 주고 있는가를 파악하고 그 영향의 크기를 알 수 있다(검증과 추정의 문제).
② 작은 영향밖에 미치지 못하는 요인들은 전체적으로 어느 정도 영향을 주고 있으며, 측정오차는 어느 정도인가를 알 수 있다(오차 추정의 문제).
③ 유의한 영향을 미치는 요소들이 어떤 조건을 가질 때 가장 바람직한 MOE를 얻을 수 있는가를 알 수 있다(최적반응 조건의 문제).

간단히 요약하면, 실험계획법이란 실험에 대한 계획방법을 의미하는 것으로서, 해결하고자 하는 문제에 대하여 실험을 어떻게 행하고 자료를 어떻게 조사하며, 어떠한 통계적 방법으로 자료를 분석하면 실험횟수를 최소로 하면서 최대의 정보를 얻을 수 있는가를 계획하는 것이라 정의할 수 있다. 따라서 하나의 실험계획을 짠다고 하는 것은 문제에 영향을 주는 요인을 선정하고, 실험방법을 택하며, 실험순서를 정하고, 실험 후에 얻어지는 결과에 대한 최적분석방법을 선택한다는 의미이다. 실험계획법에서 많이 이용되는 자료분석방법으로는 분산분석(analysis of variance), 상관분석(correlation analysis), 회귀분석(regression analysis) 등이 있다.

5.2.5 조사대상지역과 지구분할(zoning)

도시교통계획 또는 도로계획을 위한 교통조사가 필요하다면 계획대상지역에 적합한 조사대상지역을 정해야 한다. 조사대상지역은 계획하는 교통시설이 영향을 미치는 범위, 즉 도시세력권으로 한다. 그러나 세력권이란 편의상 정하는 범위로서 그 경계선이 명확히 있는 것이 아니다.

도시교통은 도심으로 향하는 경향이 있으므로 도시세력권은 도시의 일상생활권을 나타내는 경우가 많다. 생활권이란 일상생활의 움직임이 가장 명확하게 나타나는 권역을 말하는 것으로서 주로 통근, 통학권이나 쇼핑 및 위락권을 나타낸다.

설정된 세력권의 안쪽을 조사대상지역으로 하고, 그 범위를 나타내는 선을 경계선(cordon line)이라 부른다. 경계선을 설정할 때 고려해야 할 사항은 다음과 같다.

- 경계선을 횡단하는 도로는 가능한 적어야 한다. 이 때문에 가능한 한 하천이나 철도 또는 산의 능선을 경계선으로 이용한다.
- 행정구역의 경계선과 가능한 한 일치시킨다. 그렇게 하면 각종 자료를 이용하기가 쉽다.
- 매우 큰 규모의 주거지역이 경계선 바깥에 있으면 이를 될수록 경계선 안에 포함한다.

이와 같이 해서 조사대상지역이 정해지면 이를 다시 작게 분할을 한다. 이때 가능한 한 여러 개의 존으로 나누는 것이 바람직하지만 사실상 기술적으로나 경제적으로 많은 제약을 받는다.

Zoning의 원칙은 다음과 같다.

- 존의 모양은 원형에 가까워야 한다.
- 존 내부의 사회·경제적 특성이 균일해야 한다.
- 존 내부의 통행이 적어야 한다(되도록 존 내부에 하나의 중심만 가지도록 한다).
- 가능한 한 지형적이거나 행정적인 경계선을 사용해야 한다.
- 존 내에 다른 존이 포함되지 않아야 한다.
- 각 존의 가구수, 인구 및 통행량이 비슷한 것이 좋다.

도시권을 대상으로 한 zoning 방법의 예를 [그림 5.1]에 나타내었으며, 이때 지역의 분할순서는 다음과 같다.

① 대상지역(area)
② 대(大)존(sector)
③ 중(中)존(district)
④ 소(小)존(zone)
⑤ 세(細)존(subzone)

대존을 1차 존이라고도 하며, 대상지역을 9개로 나누어 도심을 0, 그 주변을 시계방향으로 1~8번까지의 번호를 부여한다. 중존은 2차 존이라고도 하며, 대존을 10개로 분할하여 대존 번호 다음에 0~9번까지의 번호를 붙여서 두 자리 숫자의 존 번호를 부여한다. 소존은 3차 존이라고도 하며, 중존을 10개 이내로 나누어 중존 번호 다음에 0~9번까지의 번호를 붙여 3자리 숫자의 존 번호를 부여한다. 또 소존 내의 특이한 성질을 가진 시설이 있거나 도시활동이 복잡하여 더 작은 존 단위로 조사·분석을 해야 할 경우에는 소존을 다시 세분하여 세존을 만든다.

이와 같은 zoning 방법으로는 역(域)외의 zoning은 할 수가 없다. 그래서 경계선과 주요 도로의 교점을 경계점(cordon station)이라 하고 이를 하나의 역외(域外)존으로 취급한다. 역외존의 수는 경계선을 통과하는 교통량의 95% 이상을 파악할 수 있는 정도로 많아야 하며, 각 역외존에 대해서는 900번부터의 존 번호를 붙여준다. 역외존은 총 통행유출량(trip production)과 통행유입량(trip attraction)의 균형을 유지하기 위하여 설정하며 이를 가상(假想)존(dummy zone)이라 한다.

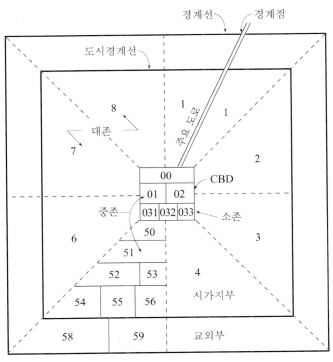

[그림 5.1] zoning 방법

5.3 교통량 조사

교통량이란 일정한 시간 동안 도로 또는 차로의 한 지점 또는 구간을 통과하는 차량대수를 말하며, 교통계획, 설계, 운영 및 관리에 가장 자주 사용되는 기본적인 매개변수이다.

교통량 조사는 분석의 목적에 맞게 조사해야 하며, 불필요한 자료를 조사하는 것은 인력과 시간의 낭비를 초래하므로 조사 전에 미리 조사계획을 잘 세워야 한다.

5.3.1 교통량 자료의 종류 및 용도

교통량은 모든 교통변수 중에서도 가장 기본적인 것으로서 도로의 계획, 설계, 운영을 위한 핵심자료일 뿐만 아니라 사고 및 안전 분석, 경제성 분석에서도 매우 중요한 역할을 한다. 따라서 교통량을 조사·분석하는 일은 주의 깊고 높은 정밀도가 요구된다. 부정확한 교통량 자료는 정밀도와 이를 이용한 분석 및 개선효과를 떨어뜨린다.

계획목적으로 사용되는 교통량에는 AADT, ADT, AAWT, AWT 등과 같은 하루 단위의 양방향 교통량 자료를 사용하며, 설계 및 운영 목적으로는 한 방향의 첨두시간교통량 또는 첨두15분 교통류율을 사용한다. 이 첨두15분 교통류율은 첨두시간의 첨두15분 교통량을 4배 한 값이며, 첨두시간 교통량을 이 값으로 나눈 것을 첨두시간계수(peak hour factor; PHF)라 한다. 교통량 조사에서는 첨두시간이 언제이며 그때의 첨두시간교통량, 특히 그중에서도 첨두15분 교통량을 구하는 데 주의해야 한다.

교통량은 일반적으로 방향별 분포, 차로별 분포, 차종별 구성, 회전 이동류별로 분류하여 조사·분석되는 경우가 많다.

교통분석에 많이 사용되는 교통량의 종류 및 용도는 다음과 같다.

(1) 연간 총 교통량: 교통량의 증가 추이 파악 등을 위해 수집되는 연간 총 교통량

(2) 연평균 일교통량(Annual Average Daily Traffic; AADT)과 평균 일교통량(Average Daily Traffic; ADT): AADT는 연간 총 교통량을 365로 나눈 값이며, ADT는 365일보다 적은 일수 동안 조사된 총 교통량을 조사 일수로 나눈 값으로서, 이들은 도로체계 수립 및 간선도로 지정, 비행장, 항만 등의 최적노선 선정, 도로개선의 필요성 및 우선순위 결정을 위한 프로그래밍, 현재의 서비스 수요 측정, 기존 도로의 교통류 평가에 사용된다. 이 교통량들은 월별, 요일별, 시간별 변동을 나타낼 수 없으므로 도로의 기하설계에 직접 사용되지는 않는다.

(3) 연평균평일교통량(Annual Average Weekday Traffic; AAWT)과 평균평일교통량(Average Weekday Traffic; AWT): AAWT는 연간평일(토, 일요일 및 공휴일을 제외)의 총 교통량을 그 일수로 나눈 값이며, AWT는 52주보다 적은 주간의 평일의 총 교통량을 그 조사 일수로 나눈 값이다. 이 값들은 광역 또는 전국 교통량 조사에서 조사지점을 grouping하거나 누락 자료를 보정하는 데 사용한다. 주말 및 공휴일의 교통량을 제외하는 이유는 정밀도를 높이기 위함이다.

(4) 첨두시간교통량: 차로수 및 폭, 도류화, 교차로, 램프, 갓길 등의 기하설계에 사용되며, 용량부족 계산, 신호, 표지, 노면표시 등의 설계기준 수립, 계획 및 설치하는 데 사용되며, 간선도로, 일방통행도로, 가변차로제 도로 지정 등 교통운영계획 수립에 사용된다. 또 주차, 회전 및 정차금지 등 규제기준 및 대책수립과 단속기준 수립 및 단속계획을 세우는 데 사용되고, 도로분류에 사용된다.

(5) 차종, 축수(軸數), 중량 및 규격에 따른 교통량: 최소회전반경, 건축한계, 경사 등에 따른 기하설계, 포장, 교량 등 도로구조물의 설계, 화물차의 승용차환산계수 산정, 통행료 수입 추정, 교통량 조사지점 조정에 사용된다.

(6) 단기 교통량 조사(1, 5, 6, 10 또는 15분): 첨두시간 내의 최대교통류율 및 변동, 도시지역에서의 용량계산(시간교통량으로는 불충분), 첨두교통량의 특성 파악, 경제적인 교통량 자료수집을 할 수 있다.

(7) 교차로 교통량: 교차로 총 진입교통량과 각 이동류별 총 교통량, 시간별 총 교통량을 파악하고, 차종별 분류에 사용된다. 이동류별 차종 및 교통량에 관한 자료는 교차로 및 IC설계, 도류화, 사고분석, 용량분석, 혼잡분석, 효과적인 통제대책 수립, 회전 및 주차제한을 위해 중요하다.

(8) mid-block 교통량 자료: 각 방향별, 시간대별 총 교통량을 파악하고, 차종별 분류하는 데 사용된다. 방향별 분포 및 차종별 분류자료는 용량분석, 일방통행도로 및 불균형통행도로 계획, 신호시간 계산, 주차제한 및 각종 교통통제대책의 기준수립에 매우 중요하다.

(9) 경계선(cordon) 교통량 조사: 특정 시간 동안 어느 지역 또는 지구 내에 있는 차량대수 또는 사람 수를 조사하는 것이다. 경계선은 이 지역 또는 지구를 둘러싸는 폐쇄선(閉鎖線)을 말하며, 이 선을 횡단하는 도로와 만나는 점을 경계선 조사지점이라 한다. 이 지점에서 유출입 교통량을 조사한다. 이 자료는 적정 주차시설계획, 장기도로계획, 대중교통계획, 교통통제설비나 교통운영대책의 평가기준 수립, 단속대책 수립 등에 사용된다.

(10) 검사선(screen line) 교통량 조사: 조사지역을 강, 철길, 고속도로, 산맥 또는 인위적인 선으로 나누고, 이 선과 교차되는 지점(검사선 조사지점)에서 이 선을 횡단하는 교통량을 조사한다. 여기서 조사된 자료를 이용하여 교통량과 방향별 변화추이를 파악하고, 토지이용과 통행패턴의 변화로 인한 기종점 조사자료와 교통배분 자료를 확장하는 데 사용된다.

(11) 보행자 교통량 조사: 횡단보도, 버스 및 지하철 정거장, 블록 중간 지점 등 보행자 사고가 자주 일어나는 곳에서 조사한다. 보행자 교통량 조사자료는 보도 및 횡단보도, 또는 보행자 방호울타리, 보행자 신호 및 교통신호시간 등과 같은 교통시설의 적절성을 평가하는 기초자료로 활용된다. 또 육교, 지하보도 등을 계획하거나 보행자 사고의 원인을 연구하는 데 필요한 자료를 제공한다.

5.3.2 교통량 조사방법

특정 시간 동안 어느 지점을 통과하는 교통량을 방향별, 차로별, 차종별, 회전 이동류별 등으로 조사하기란 개념적으로는 어렵지 않으나 실제 현장에서 이들을 정밀하게 조사하기란 매우 어렵고 복잡하다. 교통량 조사에 있어서 유의해야 할 사항은 ① 적절한 조사지점 및 시간 결정, ② 조사인원 및 장비의 배치, ③ 현장기록을 정확히 하는 방법 강구, ④ 자료정리 및 분석방법 개발, ⑤ 사용목적에 따른 자료 정리이다.

1 수동식 조사방법

교통량 조사는 2~3시간 동안의 첨두15분 교통류율을 구하는 경우가 많으므로, 대부분 수동식으로 조사된다. 8~10시간 이하의 조사에 기계식 조사장비를 설치하여 조사하는 것은 비경제적이다. 또 교통량 이외의 정보(차로이용, 차종, 회전, 승차인원 등)를 손쉽고 정확하게 얻기 위해서는 수동식 관측조사가 좋다. 검지기로 차종을 분류할 수는 있으나 승용차와 택시, 또는 버스와 트럭을 구분하기가 어렵다.

수동식 조사는 조사계획을 수립하기가 쉽고, 복잡한 장비가 필요 없으며, 조사 인건비 이외의 경비가 들지 않는다. 그러나 많은 지점을 동시에 조사하거나 긴 시간을 조사해야 할 경우에 조사자를 훈련시키거나 조사계획을 수립하는 데 많은 노력이 필요하다.

회전교통량, 표본조사, 차종조사 및 보행자 조사 등과 같은 일상적인 조사시간은 다음과 같다.

- 2시간(첨두시간)
- 4시간(오전, 오후 첨두시간)
- 6시간(오전, 오후 첨두시간 및 그 사이 2시간)
- 12시간(07:00 ~ 19:00)

(1) 조사절차

현장에서 2~3시간 동안 조사하면 피로하게 되어 규칙적인 간격으로 쉬어야 한다. 또 몇 분간의 조사시간이 지난 후에는 조사된 값을 기록지에 옮겨 적어야 하므로 이때도 조사가 중단된다. 이때 조사되지 않은 교통량은 보간법(補間法)으로 추정한다.

출입제한이 이루어지는 교통시설의 조사시간 단위는 5~15분, 교차로 및 간선도로의 조사시간 단위는 15분이 보통이나 1시간 안에서의 교통량 변동을 알 필요가 없으면 1시간을 조사시간 단위로 한다. 조사방법에는 중간휴식 방법과 교대 방법이 있다.

① 중간휴식 방법: 4분 조사하고 1분 쉬거나, 12분 조사하고 3분을 쉬는 방법이다. 조사되지 않은 교통량은 전후 각각 4분간(또는 12분) 교통량의 중간값이라 가정하여 보정해 주어야 한다.
② 교대 방법: 조사시간 내내 조사를 하고 다음 조사시간에 쉬는 방법이다. 예를 들어 15분 조사하고 15분 쉰다. 조사되지 않은 교통량은 보간법으로 구한다.

조사자료의 정확도는 실제 조사시간에 비례한다. 따라서 4분 조사하고 1분 쉬는 것이 교대로 15분간 조사하는 것보다 더 정확하다.

(2) 조사자료의 기록

수동식으로 조사된 자료는 그때 그때 기록지(紀錄紙)에 옮겨 적어야 하며, 기록지의 분량이 매우 많으므로 혼동이 일어나지 않도록 해야 한다. 기록지 양식은 조사목적에 따라 다르나 공통적으로 표시해야 할 사항은, ① 조사지점, ② 조사 이동류의 종류, ③ 일기, 노면상태 등 도로조건, ④ 조사자 이름, ⑤ 조사 시작 시간과 끝난 시간, ⑥ 각 자료의 조사시간, ⑦ 기록지 번호 등이다.

2 기계식 조사방법

휴대용 기계식 계수기로는 압력튜브식이 많이 사용된다. 이 계수기는 통과차량의 축수(軸數)를 계수(計數)하므로 교통량은 축수를 보정하여 얻는다. 예를 들어 지방부 2차로도로에 설치된 압력튜브에서 24시간 조사된 축수가 8,500이었고, 두 시간 동안의 차종분류조사에서 얻은 차량당 평균축수가 2.35이었다면, 통과차량대수는 8,500/2.35 = 3,617대/일이다. 물론 2시간 차종분류조사의 결과가 24시간의 결과와 같을 수는 없으나 개략적으로 이러한 방법을 사용한다.

압력튜브식을 교통량이 많은 다차로도로에 사용할 경우, 동시에 통과하는 차량 때문에 많게는 약 15%의 오차(적게 계수됨)를 보일 수 있다. 또 노면에 이 장치를 설치할 때 양단을 단단히 묶어야 오차를 줄일 수 있으므로 조사기간 동안 설치상태를 정기적으로 점검해야 한다.

검지기를 사용하여 차종별 교통량을 얻을 수도 있다. 이때 차종은 검지기를 통과하는 시간으로 구별한다. 근래에는 비디오 촬영을 하여 실내에서 이를 교통분석기로 차종별 교통량 및 기타 다른 교통변수를 구하는 방법이 많이 사용된다.

상시 교통량 조사기는 하루 24시간, 1년 365일 동안 계속해서 교통량을 조사할 수 있는 기기로서, 전국 또는 광역 교통량을 조사하여 시간에 따른 변화 경향 및 교통특성을 구하는 데 사용된다. 여기에 사용되는 검지기는 압력판식, 자기(磁氣)루프식 및 초음파식이 있다. 압력판식은 축수를 계수하고, 자기루프식과 초음파식은 차량대수를 계수한다. 따라서 뒤의 두 가지 기기는 연결차량인 경우 한 대로 계수된다. 또 처음 두 기기는 포장이 파손을 입으면 같이 손상이 된다. 또 압력판식은 압력판 사이에 얼음이 생성되면 작동되지 않으며, 초음파식은 사람들에 의해 훼손되기 쉽다. 그러므로 어느 검지기든 제약사항이 있으므로 정기적인 점검이 필요하다.

이들 검지기는 교통감응 신호교차로에 사용하는 것과 같은 방식으로서 검지기와 컴퓨터를 연결하여 교통량을 상시적으로 모니터할 수 있다. 어떤 검지기는 도로의 한 차로 또는 일부분만 검지하므로, 수동식으로 표본조사하여 관측교통량과 조사된 교통량의 관계를 찾아내어 보정할 수도 있다.

5.3.3 교통량 조사

승용차와 트럭은 다른 수단과는 달리 공공기관에서 도로시설을 건설하면서도 그 도로를 이용하는 교통량에 대해서는 통제를 가하지 않는 특성을 가지고 있으므로 별도의 조사를 하지 않으면 도로를 이용하는 교통량을 알 수 없다. 자동차교통량 조사는 지금까지 오랜 경험을 가지고 있기 때문에 그 절차와 과정은 잘 알려져 있다.

1 도시부 조사

종합적인 교통량 조사는 대부분 표본조사에 의존하며, 이 표본값을 이용하여 연평균 일교통량(AADT)을 구하기 위해서는 보정계구(補整係數)를 사용한다. 이 계수는 도로시스템 전체에 걸친 상시조사(permanent count)와 보정조사(control count)를 통하여 얻어진다. 상시조사는 전국적으로 대표적인 몇 개의 도로에서 1년 내내 하루 종일 교통량을 측정하는 것을 말하며, 보정조사에는 다음과 같은 세 가지 종류가 있다.

- 특정 보정조사(key control count): 시간별, 일별, 연도별 교통량 변동을 파악하기 위해서 실시한다. 1년에 한 번 7일간 조사하면서 매월 24시간의 연속조사를 한다. 각 도로의 종류(기능별)마다 최소한 1개의 조사지점을 필요로 하며, 양방향의 교통량을 방향 구별 없이 조사한다.
- 주보정조사(major control count): 모든 주요 도로의 교통량을 추정하기 위해서는 이 도로상에서 교통량의 표본을 추출하기 위한 조사지점을 설치한다. 그러므로 모든 고속도로, 고속화도로, 주요 간선도로 및 집산도로에서는 2년에 한 번씩 24시간 양방향 교통량이 조사된다.
- 부보정조사(minor control count): 부도로의 교통량을 추정하기 위해서 표본조사를 하는 것이다. 2년에 한 번씩 24시간 양방향 교통량을 조사한다.

전역조사(coverage count)는 가로시스템 전체의 AADT를 추정하기 위한 표본조사를 하는 것을 말한다. 고속도로, 고속화도로, 간선도로 및 집산도로 등의 주요 도로에서는 4년마다 한 번씩 각 조사지점에서 한 번의 24시간 양방향 교통량이 측정된다. 부도로에서는 보통 2 km당 1개소의 전역조사가 실시되며 이 조사는 4년에 한 번씩 행해진다.

2 지방부 조사

도로는 관할권으로 분류되기도 하고, 또 기능별로 분류되기도 한다. 지방부도로의 보정조사도 도시부의 보정조사와 마찬가지 방법으로 계절별 교통량 변동을 조사한다. 보통 매달 7일간의 보정조사를 하며, 상시조사는 1년간 계속적인 조사를 하는 것이다. 전역조사는 모든 도로구간에서 실시되며, 2~4일간 계속해서 측정하고 변동계수를 적용시켜 AADT를 추정한다. 교통량 조사결과는 구간별로 종합되어 교통량도로 만들어진다.

경계선 조사(境界線調査, cordon count)는 어떤 특정 지역의 교통패턴을 파악하기 위해서 사용된다. 이 조사는 CBD나 대학교와 같은 큰 기관 및 외부 경계선의 경우와 같은 곳의 교통조사를 할 때 사용된다. 이러한 조사에서 얻을 수 있는 정보는 다음과 같은 것이 있다.

- 그 지역을 출입하는 사람 수
- 통행수단
- 시간별 변동
- 경계선 내에서 사람과 차량의 누적량

경계선의 목적에 따라 24시간 조사를 하거나 또는 교통량이 현저하게 적은 밤시간을 제외하고 조사한다. 일반적으로 경계선은 가능하다면 그 선을 횡단하는 도로가 적도록 하여 정보가 누락되지 않도록 하는 것이 바람직하다.

검사선 조사(screen line count)는 O−D 표본조사로부터 추정된 교통량을 검증하기 위해서 실시된다. 다시 말하면 실제로 조사한 교통량과 표본조사를 전수화시킨 자료를 비교하기 위한 것이다. 내부존의 경계선과 일치하는 검사선은 어떤 존그룹에서부터 다른 존그룹으로 향하는 통행수를 파악하는 데 사용된다. 일반적으로 이 선을 횡단하는 도로수를 줄이기 위해서는 이 선이 강이나 철도선 및 고속도로 등과 같은 자연적이거나 인공적인 장애물과 일치되는 것이 좋다.

5.3.4 교차로 교통량 조사

교통시스템에서 가장 복잡한 곳은 교차로이다. 각 접근로는 최대 4개의 이동류, 즉 직진, 좌회전, 우회전, U회전(U회전은 대개 좌회전에 포함하여 분석)이 있다. 이 이동류들은 또 차종별로 승용차, 버스, 화물차로 분류하여 조사된다. 따라서 4지 교차로의 경우 조사시간 동안 48개의 자료를 구분해서 조사해야 한다. 교통량이 매우 적은 경우를 제외하고 한 교차로에 여러 사람의 조사인원이 필요하다. 따라서 이동류별, 차종별 교통량을 동시에 조사하려면 교통량이 많은 경우 한 이동류를, 적은 경우는 두 이동류를 한 사람이 조사하는 것이 바람직하다. 차종별 분류를 간단히 하는 방법으로, 4륜차량은 승용차로, 6륜 이상 차량은 트럭으로 분류하기도 한다.

교통량이 시간에 따라 비교적 변동이 적은 경우는 일반적으로 중간휴식방법과 교대방법을 혼합한 방법을 사용하나 변동이 크면 중간휴식방법이 좋다.

1 신호교차로

모든 접근로가 동시에 통행권을 가질 수 없기 때문에, 한 관측자는 신호가 바뀜에 따라 두 방향의 이동류(예를 들어, 동쪽 직진 및 남쪽 직진)를 교대로 조사할 수 있어 편리하다. 반면에 신호교차로에서는 각 현시에 여러 이동류가 진행하고, 각 주기는 여러 현시가 있으며, 각 현시의 녹색시간이 서로 다르기 때문에 교통량 조사가 매우 복잡하다. 조사시간과 휴식시간은 주기 길이의 정확한 배수가 되어야 모든 이동류가 균등히 조사될 수 있다. 예를 들어 120초 주기의 경우 7주기(14분)를 조사하고 1주기(2분)를 쉬는 방법이다. 이때는 한 조사시간 단위가 16분이 됨에 유의해야 한다. 15분 교통량을 얻기 위해서는 조사된 값을 15/14배 해 주어야 한다. 만약 주기가 110초인 경우는 7주기(12.83분) 또는 8주기(14.67분)를 조사하고 1주기를 쉰다. 15분 교통량은 조사된 값에 각각 15/12.83 또는 15/14.67을 곱해주면 된다.

교통감응 신호인 경우는 주기길이와 녹색시간이 수시로 바뀌므로 조사시간을 정하기가 어렵다. 최대 주기길이를 파악하여 적어도 5개 주기길이 동안 조사하면 무난하나 교통량에 따라 신호시간이 변하므로 교통량의 변동을 반영하는 조사가 되어야 한다.

2 도착교통량과 출발교통량

교차로의 교통량은 정지선을 지나는 교통량을 조사하면 된다. 그 이유는 이 선을 통과한 차량은 되돌아올 수 없고 반드시 교차로를 통과하기 때문이다. 또 모든 회전이동류는 정지선을 통과할 때만이(U회전은 정지선 바로 직전에서) 그 방향을 명확히 알 수 있고, 또 관측도 쉽기 때문이다. 접근로의 용량이 수요보다 적으면 대기행렬이 형성된다. 이런 경우에는 출발교통량이 수요를 나타내지 못하기 때문에 도착교통량을 조사해야 한다. 주기의 정확한 배수 동안 조사하고 이를 조사시간(예를 들어 15분)으로 보정시켜 주는 것은 앞에서 설명한 것과 같다.

대기행렬이 생성되어 있고 신호시간에 따라 그 길이가 변할 때, 방향별 도착교통량을 직접 관측으로 조사하기란 매우 어렵다. 그러나 출발교통량과 특정 순간(적색신호 시작순간)에 조사한 대기행렬 길이를 이용하여 도착교통량을 추정할 수 있다. 즉 [표 5.1]에서 보는 바와 같이 녹색신호에서 출발한 차량대수와 각 조사시간(주기의 배수)의 마지막 주기의 녹색신호 끝순간에 정지선 후방에 남아 있는 대기차량대수를 이용하여 도착교통량을 구한다. 조사시간의 시작은 적색신호의 시작점이 좋다.

[표 5.1]은 조사시간 동안의 출발교통량과 조사시간의 마지막 녹색신호 끝순간의 대기행렬 대수를 이용하여 도착교통량을 구하는 방법을 보인다. 여기서 매 조사시간의 첫 방출교통량에는 그 앞 조사시간의 마지막 주기에서 다 방출되지 못한 교통량이 포함된다. 따라서 매 조사시간의 도착교통

[표 5.1] 신호교차로 교통량 조사

조사시간	방출교통량	대기차량대수	도착교통량
4:00 순간		1	
4:00~4:15	50	2	50+2−1 = 51
4:15~4:30	55	3	55+3−2 = 56
4:30~4:45	62	5	62+5−3 = 64
4:45~5:00	65	10	65+10−5 = 70
5:00~5:15	60	12	60+12−10 = 62
5:15~5:30	60	5	60+5−12 = 53
5:30~5:45	62	2	62+2−5 = 59
5:45~6:00	55	3	55+3−2 = 56
계	469		471

량은 바로 앞 조사시간의 잔여 대기차량을 빼고, 조사시간의 마지막 녹색신호 끝순간의 대기행렬 대수를 포함해야 한다.

여기서 첨두 방출교통류율은 65 × 4 = 260 vph이며, 첨두 도착교통류율은 70 × 4 = 280 vph이고, 교통분석에서는 첨두 도착교통류율을 사용한다. 또 도착교통량의 방향별 분포는 방출교통량의 방향별 분포와 같다고 가정하여 사용한다.

첨두시간은 접근로별로 다를 수 있으나 일반적으로 교차로 전체의 첨두시간을 구한다. [표 5.1]에서 4:00~5:00까지의 도착교통량은 242 vph, 4:15~5:15까지의 교통량은 252 vph, 4:30~5:30까지의 교통량은 249 vph이므로 이 접근로의 첨두시간은 4:15~5:15이며 첨두시간계수(PHF)는 252/280 = 0.9이다.

3 조사자료의 제시

교차로 교통량 조사자료는 일반적으로 조사시간별, 이동류별, 차종별로 세분해야 하기 때문에 표로 나타내는 경우가 많다. 그러나 장시간, 즉 6~24시간의 교통량이나 첨두시간교통량을 각 접근로의 이동류별로 나타내기 위해서는 그림으로 나타낼 수도 있다.

15분 단위의 교통량 조사자료로 첨두시간 및 첨두시간교통량을 구하기 위해서는 15분 단위 교통량 4개를 합산하되 15분씩 이동시켜 축차적으로 합산하여 비교하며, 가장 큰 교통량을 갖는 시간대와 그 값을 찾는다. 그러나 여기서 유의할 것은 첨두시간이란 한 접근로에 관한 것이 아니라 모든 접근로 전체에 관한 것이기 때문에 이를 찾기가 어렵지는 않지만 매우 번거롭다.

[표 5.2]와 [그림 5.2]는 첨두시간 또는 일 교통량 자료를 제시하는 일반적인 형태를 보인 것이다. [표 5.2]는 이동류별, 차종별로 세분화하여 표로 나타낸 것이며, [그림 5.2]는 이를 그림으로 나타내어 교차로에서 유출입되는 교통량의 합을 알 수 있도록 한 것이다. 이 방법은 차종별 교통량을 별개의 그림으로 나타내야 한다.

[표 5.2] 교차로 첨두시간교통량 종합표

주도로(남)						부도로(서)					
좌회전		직진		우회전		좌회전		직진		우회전	
P	T	P	T	P	T	P	T	P	T	P	T
20	9	533	73	37	20	44	9	400	40	53	32

주도로(북)						부도로(동)					
좌회전		직진		우회전		좌회전		직진		우회전	
P	T	P	T	P	T	P	T	P	T	P	T
19	1	518	14	85	5	58	2	299	61	70	5

P: 승용차   *T*: 화물차

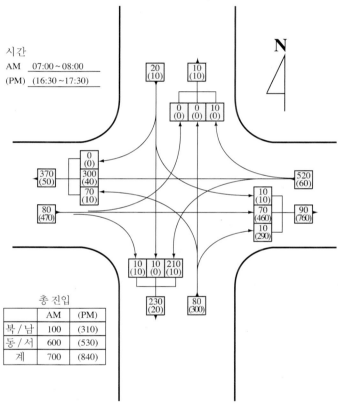

[그림 5.2] 교차로 교통류도

5.3.5 도로용량 조사

어떤 도로구간의 용량이란 실제 현장의 도로 및 교통조건하에서 주어진 시간 동안 그 도로구간을 통과하는 최대차량대수를 말한다. 용량이 도로가 처리할 수 있는 최대차량대수를 나타내지만 높은 통행속도와 낮은 혼잡수준을 유지하기 위해서는 이 도로구간이 수용할 수 있는 교통량은 이보다 적다. 이처럼 다양한 통행속도와 혼잡수준은 그 시설이 운영되는 여러 가지 서비스수준으로 설명된다.

서비스수준은 어떤 차로 또는 도로가 여러 수준의 교통량을 처리할 때의 운행상태를 문자로 나타낸 것이다. 어떤 시설이 운영되는 여러 가지 서비스수준은 자유류 상태인 서비스수준 A에서부터 혼잡상태인 서비스수준 F까지 변한다. 주어진 시설에서 각 서비스수준에 따른 서비스교통량이 정해진다. 서비스교통량이란 그 도로의 운영상태가 어떤 서비스수준을 유지할 때 그 도로를 지나는 최대 교통량을 말한다. 서비스수준은 6장에서 설명하겠지만, 일반적인 개념에 따르면 통행속도 및 교통량/용량 비와 관계된다.

높은 통행속도와 낮은 교통량에서는 운전자가 자유롭게 주행할 수 있기 때문에 이러한 상태를 이 도로가 서비스수준 A 상태로 운영된다고 말한다. 교통량이 증가하면 통행속도는 감소한다. 서비스수준 B는 운전자의 운행의 자유도가 조금 감소한 상태지만 교통류는 안전류를 유지한다. 서비스수준 C는 여전히 안정류 상태에 있으나 운전자는 많은 교통량 때문에 어느 정도 제약받는다. 결과적으로 운전자는 추월하거나 그가 원하는 속도를 선택할 자유가 적어진다. 지방부도로는 보통 서비스수준 C 상태의 서비스교통량을 처리할 수 있게끔 설계된다. 서비스수준 D는 불안정류에 도달한 상태로서 속도는 아직도 만족스러운 상태이나 운전자가 교통류 내에서 자유로운 이동을 할 수 없다. 서비스수준 E는 교통량이 용량에 도달한 상태를 말한다. 이때의 시설은 가장 낮은 속도로 운영되며 운행의 자유도는 거의 완전히 없는 상태이다. 교통량이 조금만 증가해도 불안정류 범위 내에서 속도가 크게 떨어진다. 서비스수준 F에서는 혼잡이 발생하며, 밀도가 갑자기 증가하고 교통량이 감소하며, 속도는 거북이속도에서 거의 정지할 정도로 떨어진다. 주어진 어떤 시설에 대한 용량분석과 서비스교통량을 계산하는 방법은 6장에 잘 설명되어 있다.

5.3.6 교통수요 추정

교통수요는 어느 일정한 시간 동안 또는 장래에 특정 도로구간을 통과하고자 하는 차량대수를 말하며, 교통량은 현재 통과하고 있는 차량대수이다. 현재 조사된 교통량은 장래 교통수요를 나타낼 수 없을 뿐만 아니라, 통행에 제약이 있을 경우 실제 그곳을 통과하고자 하는 교통수요는 현재의 교통량보다 훨씬 클 수도 있다.

현재의 교통량에 영향을 주는 조건에는 다음과 같은 것이 있다.

① 병목효과: 도착교통량이 어느 구간의 용량을 초과할 때 병목현상이 생기며, 이때 병목지점 상류부에 대기행렬 또는 강제류(强制流)가 발생한다. 병목지점 하류부의 교통량(병목지점의 용량)은 도착교통량보다 적으며, 도착교통량이 용량보다 큰 상태가 계속되는 한 상류부의 교통혼잡은 계속 증가한다. 이런 혼잡상태는 도착교통량이 용량보다 적어진 이후에도 한동안 지속된다.

② 우회노선: 가장 가깝고 편리한 노선이 혼잡하면 운전자는 우회노선을 택한다. 따라서 본 노선에서의 교통량 조사는 그 노선의 교통수요를 나타내지 못한다.

③ 잠재수요: 어느 지역의 교통혼잡이 매우 심하면 통행을 포기하거나 다른 교통수단을 이용하거나 혹은 다른 목적지를 선택한다. 따라서 관측된 교통량은 이러한 잠재적 교통수요를 나타낼 수 없다.

④ 장래증가: 교통수요는 상당한 시일이 경과하면 통행행태의 변화 및 교통시설의 개선효과에 영향을 받아 변한다. 현재의 교통량 조사는 이러한 영향을 감안하지 못한다.

대부분의 교통분석에 필요한 자료는 교통수요이긴 하지만 이를 추정하기란 매우 어려울 뿐만 아니라 그것도 교통량을 알아야만 비교적 정확한 교통수요를 추정할 수 있다. 따라서 가능한 한 정확한 수요를 추정하기 위한 노력을 해야 하나 이를 정확히 예측할 수 없는 경우 현재의 교통량을 정확히 조사하여 교통분석에 사용해도 좋다.

고속도로와는 달리 도시간선도로는 교차로가 많고 블록 중간의 진출입도로가 많다. 모든 교차로는 여러 방향으로 회전이 가능하며, 우회노선도 대단히 많다. 따라서 병목현상에 대응하는 교통량의 변화는 대단히 복잡하여 이를 판단하기가 거의 불가능하다. 만약 연속된 교차로가 강제류 상태로 흐르거나, 하류부의 와해상태가 상류부 교통상태에 영향을 주는 경우는 병목효과에 의한 교통수요 변화를 찾아내기란 거의 불가능하다. 따라서 간선도로 시스템에서 용량이 수요를 제약하지 않는 경우를 제외하고는 진정한 수요를 찾아낼 수 없다. 용량제약이 있는 경우, 관측된 교통량으로부터 교차로 교통수요를 추정하는 방법은 뒤에 설명한다. 그러나 이것 역시 한 독립교차로가 와해상태일 때이고 전이효과를 고려하지 않을 경우에 한한다. 도로망의 혼잡은 수요패턴을 크게 왜곡시키고, 교통량은 결국 수요보다 용량에 의해 크게 영향을 받는다.

5.3.7 소도로망 교통량 조사

소도로망 교통량 조사도 교차로 교통량 조사 못지않게 복잡하다. 이 조사는 일정 시간 동안 몇 개의 교차로와 링크로 구성된 도로망의 교통량과 교통량 변화패턴을 구하기 위한 것이다. 조사범위는 주로 CBD 또는 공항 및 경기장, 대형 쇼핑센터와 같은 주요 교통유발시설 주위를 대상으로 한다. 이러한 조사는 교통계획(traffic planning) 및 운영을 위한 기초자료를 얻고 노외(路外) 주차시설의 위치를 결정하는 데 사용된다.

조사의 목적이 전체 도로망에서의 교통량 변동패턴을 얻는 것이지만, 조사인원과 장비의 제약 때문에 동시에 모든 링크를 모두 조사할 수는 없다. 따라서 다른 시간에 여러 장소에서 조사하는 표본조사, 즉 전역조사(全域調査, coverage count) 방법을 사용하며, 그러기 위해서는 교통량의 시간별, 요일별 변동을 모니터링하기 위한 보정조사(補正調査, control count)를 실시한다. 보정조사지점에서 측정한 교통량 변동을 이용하여 표본조사된 교통량을 전수화(全數化)한다.

1 보정조사

도로망에서의 보정조사의 목적은 교통량 변동패턴을 모니터링하기 위함이다. 이 조사자료는 다른 지점에서 짧은 시간 동안의 표본조사를 보정하는 데 사용되기 때문에, 이 조사지점은 조사기간 내내 계속적으로 교통량이 조사되어야 한다.

보정조사지점의 선정은 매우 중요하다. 이 지점은 표본조사를 하고자 하는 지점과 같은 시간별,

요일별 변동을 나타내는 곳이어야 한다. 이러한 변동패턴은 토지이용패턴과 교통특성(특히 통과교통과 국지교통의 비율) 때문에 생긴다. 보정조사지점을 선정하는 일반적인 기준은 다음과 같다.

- 10~20개 표본조사지점당 1개의 보정조사지점
- 도로종류별(간선, 집산, 국지도로)로 별개의 보정조사지점 설정: 도로종류에 따라 통과교통과 국지교통의 비율이 다르고 변동패턴도 현저히 다를 수 있다.
- 토지이용특성이 현저히 다른 곳에 별개의 보정조사지점 설정

2 전역조사

교차로에는 회전교통량이 있어 복잡하기 때문에 보정조사와 전역조사는 블록 중간에서 조사한다. 전역조사는 전 조사기간 동안 적어도 한 번은 조사가 이루어져야 한다. 전역조사시간은 짧기 때문에 기계식 조사장비를 사용하는 것이 비경제적이기는 하나 휴대용 자동계수기를 사용할 수도 있다.

(1) 평균평일교통량 추정

전역조사지점의 어느 하루 교통량으로부터 평균평일교통량을 추정할 수 있다. 이때는 전역조사지점들을 대표하는 보정조사지점의 조사기간의 요일별 교통량을 알아야 한다. 일반적으로 각 조사지점 간의 월별 변동패턴이 비슷하다 하더라도 요일별 변동패턴은 어느 정도 차이를 보이며, 시간별 변동패턴은 더 많은 차이를 보인다.

요일변동계수는 보정조사의 평균평일교통량을 특정일 교통량으로 나눈 값을 말하며, 특정일의 전역조사 교통량에 이 계수를 곱하면, 전역조사지점의 평균평일교통량을 구할 수 있다. 즉,

$$AWT_i = V_{id} \times F_d \tag{5.1}$$

여기서 AWT_i = 전역조사지점 i의 평균평일교통량

$\quad\quad V_{id}$ = 전역조사지점 i의 d요일 교통량

$\quad\quad F_d$ = 보정조사지점의 요일변동계수로서, 그 지점의 AWT를 d요일의 하루 교통량으로 나눈 값([표 5.4])

이러한 계산은 보정조사지점의 요일변동패턴이 전역조사지점의 요일변동패턴과 같다고 가정할 때 가능하다. 이러한 가정이 타당성을 가지려면 보정조사와 전역조사가 될수록 월별 변동이나 주말의 영향을 제외한 같은 조사기간 내에 조사된 것이어야 한다.

[표 5.3]은 보정조사시간과 같은 시간 동안 다른 조사인력과 장비를 이용하여 장소를 옮기면서 각 전역조사지점을 하루씩 조사한 값이다. 이 자료는 자료를 기록하고 조사장비를 옮기는 동안, 그리고 조사를 하지 않는 시간, 즉 중간휴식시간까지 고려하여 전수화시킨 것이다.

[표 5.4]는 요일별 교통량에 요일별 변동계수를 곱하여 각 전역조사지점의 평균평일교통량을 추정한 값이다. 일반적으로 주말(토, 일요일) 및 공휴일은 교통량 변동이 심하므로 교통량 조사에서 제외된다.

[표 5.3] 전역조사지점(1~6)의 1일 교통량

조사지점	조사 요일	1일 교통량
1	월	6,500
2	화	6,200
3	수	6,000
4	목	7,100
5	금	7,800
6	월	5,400

[표 5.4] 전역조사지점의 평균평일교통량 추정

조사지점	요일	1일 교통량	평균평일교통량(추정)
1	월	6,500	× 1.05 = 6,825
2	화	6,200	× 0.96 = 5,952
3	수	6,000	× 0.98 = 5,880
4	목	7,100	× 0.88 = 6,248
5	금	7,800	× 1.17 = 9,126
6	월	5,400	× 1.05 = 5,670

(2) 1시간 또는 하루 교통량 추정

앞의 결과는 각 조사지점에서 어느 요일 하루 교통량으로부터 평균평일교통량을 추정할 경우이다. 같은 방법으로 어느 하루의 1시간 교통량으로부터 8시간 또는 8시간 중 각 시간대별 교통량을 추정할 수 있다. 전역조사지점을 대표하는 보정조사지점에서는 하루 매시간별 교통량을 조사하고, 전역조사지점에서는 같은 날 1시간 교통량을 조사하여 보정조사에서 얻은 시간별 교통량 비율로 나누어 1일 교통량을 추정한다. 즉,

$$V_{vd} = V_{vh} \div \left(\frac{V_{nh}}{V_{nd}} \right) \tag{5.2}$$

여기서 V_{vd}, V_{vh} = 전역조사지점의 1일 또는 1시간 교통량

V_{nd}, V_{nh} = 보정조사지점의 1일 또는 1시간 교통량

같은 방법으로 전역조사지점의 특정 시간대 j의 1시간 교통량을 추정할 수 있다. 즉,

$$V_{vj} = V_{vd} \times \left(\frac{V_{nj}}{V_{nd}} \right) \tag{5.3}$$

여기서 V_{vj}, V_{nj} = 전역조사, 보정조사지점에서의 특정 시간대 j의 교통량

이 조사과정을 요약하면 다음과 같다.

① 보정조사지점에서 하루 매시간 교통량을 조사하며, 동시에 나머지 한 팀은 전역조사지점을 순회하며 1시간씩 조사한다.
② 보정조사의 매시간 교통량을 1일 교통량으로 나누어 시간대별 교통량 비율을 얻는다.

③ 각 전역조사지점의 시간교통량을 해당되는 시간대별 교통량 비율로 나누어 각 전역조사지점의 1일 교통량을 추정한다.

④ ③에서 얻은 값에 ②에서 구한 어느 특정 시간대의 교통량 비율을 곱하여, 그 특정 시간대의 교통량을 얻는다.

이러한 교통량 추정은 보정조사지점 교통량의 시간별 변동패턴이 전역조사지점의 변동패턴과 같다고 가정할 때 가능하다. 또 보정조사와 전역조사의 조사일(日)이 같을 때 유효하다. 즉 이 교통량 추정값은 일별 및 월별 변동은 고려하지 않고 있다.

3 통행량 추정

가로망의 교통량 조사의 하나로 어느 시간 동안 가로망상의 총 통행량(대 · km; vehicle − km of travel; VKT)을 조사하는 것도 있다. 이 값은 어느 링크에서 조사된 교통량은 그 링크길이 전체를 주행한다고 가정하여 개략적으로 구한다. 조사지점을 지나는 차량 중에는 이면도로에서 진입한 차량도 있지만, 링크를 이용하던 차량이 조사지점 이전에 이면도로로 빠져나가는 것도 있기 때문에 위의 가정은 타당성이 있다. 앞의 예에서 모든 링크의 길이를 0.4 km라 할 때, 앞에서 구한 각 조사지점의 교통량으로 이 가로망의 평균평일 총 통행량을 계산하면

$$VKT = (7,380 + 6,825 + 5,952 + 5,880 + 6,248 + 9,126 + 5,670) \times 0.4 = 18,832 \text{대} \cdot \text{km}$$

이 값은 어느 조사주간(調査週間)의 평균평일교통량에 대한 것이기 때문에, 이 도로망의 주간별 교통량 변동패턴을 모르면서 이 값으로 연간 VKT를 환산해서는 안 된다.

4 조사자료 제시

조사 · 분석된 자료를 제시하는 방법에는 여러 가지가 있다. 여러 지점의 일교통량 및 첨두시간교통량을 간단한 표로 나타내는 것이 가장 간편하다. 도로망 지도 위에 교통량의 크기를 선의 굵기로 나타내는 교통량도(交通量圖) 방법도 많이 사용된다.

5.3.8 전국 및 광역 교통량 조사

모든 나라는 전국적인 교통량 조사 제도를 가지고 있다. 이러한 교통량 조사의 목적은 교통량 변화 추세를 파악하고, 전국적인 VKT를 추정하며, 교통분석을 위한 기초자료를 마련하는 것이다. 뿐만 아니라 도, 군 또는 도시별로 별도의 조사제도를 가지는 경우도 있다.

전국 교통량 조사는 소규모 도로망에서의 교통량 조사방법을 확장한 것이라 볼 수 있다. 이 조사는 1년 내내 계속되기 때문에 각 전역조사지점에서의 AADT를 추정하는 것이 주목적이다. 모든 보정조사 및 전역조사는 48시간보다 짧은 시간 동안에 조사되어서는 안 된다. 만약 그렇게 되면 AADT를 추정하는 데 필요한 변동계수에 오차가 많아지기 때문이다.

1 상시조사 및 보정조사

교통량의 요일별 또는 계절별(또는 월별) 변동패턴을 파악하기 위해서는 1년 내내 계속적으로 조사하는 상시조사(permanent count)나 1년 중 일정한 간격으로 정기적으로 조사하는 보정조사(control count) 자료를 이용한다.

(1) 상시조사

도로상에서 교통량 측정기기를 설치하여 하루 24시간 365일 조사를 한다. 조사지점은 전국적으로 여러 가지 도로종류별로 분포된다.

(2) 보정조사

상시조사지점이 아니면서 요일별 및 계절별(또는 월별) 교통량 변동패턴을 조사할 필요가 있는 곳에서 조사를 하며, 다음과 같은 두 가지가 있다. 조사지점은 필요에 따라 정기적으로 이동할 수 있다.

- 주보정조사: 매달 한 번, 일주일간 교통량을 조사
- 부보정조사: 2개월에 한 번, 평일 5일간 교통량 조사

이 보정조사방법은 일반적으로 사용되는 것이며, 필요에 따라 달라질 수도 있다. 부보정조사는 주보정조사보다 조사횟수가 적은 대신 조사지점의 수는 2배 정도가 된다. 일반적으로 90개의 전역 조사지점당 3~5개의 상시조사 및 보정조사지점이 적당하다.

2 요일별 및 월별 변동계수 계산

요일별 및 월별 변동계수는 기준값으로 AADT를 사용하는 것 외에는 소규모 도로망 교통량 조사에서 사용하는 것과 유사한 방법으로 계산한다. 상시조사지점은 이러한 변동계수를 가장 정확히 나타낼 수 있다.

[표 5.5]는 상시조사 자료를 이용하여 요일별 변동계수를 계산한 것이다. 여기서 연간 요일 평균 교통량은 1년 중 그 요일의 평균교통량이다. 따라서 이 값의 합은 평균 일주일 교통량으로 볼 수 있으며, 이를 5~7로 나눈 값은 AADT이다.

만약 보정조사 자료를 이용하여 이러한 계산을 한다면, 각 요일별 평균교통량은 1년 52주의 평균

[표 5.5] 요일별 변동계수 계산 예

요일	연간 요일 평균교통량	요일변동계수
월	1,332 vpd	1,429/1,332 = 1.07
화	1,275	1,429/1,275 = 1.12
수	1,289	1,429/1,289 = 1.11
목	1,300	1,429/1,300 = 1.10
금	1,406	1,429/1,406 = 1.02
토	1,588	1,429/1,588 = 0.90
일	1,820	1,429/1,820 = 0.80
총계 = 10,000대		AADT = 1,429 vpd

[표 5.6] 월별 변동계수 계산 예

월	총 교통량(대)	월별 ADT(vpd)	월변동계수(AADT/ADT)
1	19,840	/31 = 640	797/640 = 1.25
2	16,660	/28 = 595	797/595 = 1.34
3	21,235	/31 = 685	797/685 = 1.16
4	24,300	/30 = 810	797/810 = 0.98
5	25,885	/31 = 835	797/835 = 0.95
6	26,280	/30 = 876	797/876 = 0.91
7	27,652	/31 = 892	797/892 = 0.89
8	30,008	/31 = 968	797/968 = 0.82
9	28,620	/30 = 954	797/954 = 0.84
10	26,350	/31 = 850	797/850 = 0.94
11	22,290	/30 = 743	797/743 = 1.07
12	21,731	/31 = 701	797/701 = 1.14

총계 = 290,851
AADT = 290,851/365 = 797 vpd

이 아니라 6~12주의 평균이 될 것이다. 그러므로 [표 5.5]의 총계는 6~12주간 조사한 전체 교통량을 6~12로 나눈 값이 되며, AADT는 이를 다시 5~7로 나눈 평균일교통량(ADT)이 된다.

[표 5.6]은 상시조사 자료로부터 계산한 월별 평균 일교통량(ADT), 연평균 일교통량(AADT) 및 월별 변동계수를 나타낸 것이다.

3 상시 및 보정조사지점의 Grouping

일반적으로 요일 및 월별 변동패턴은 그 도로 주변의 지역적 특성에 영향을 받기 때문에, 같은 종류의 도로 주위에 있는 상시 및 보정조사지점이 유사한 변동패턴을 나타내는지 조사할 필요가 있다. 만약 같은 변동패턴을 나타낸다면 같은 그룹으로 묶어 동일한 변동계수를 적용한다. Grouping을 위한 통계적 기법으로는 판별분석(discriminant analysis) 방법을 많이 쓴다.

통계적인 분석을 통하여 밝혀진 바에 의하면, 유사한 종류의 도로상에 있는 인접한 상시 및 보정조사지점의 요일별 또는 월별 변동계수가 그룹의 평균 변동계수 값보다 0.10 이상 차이가 나지 않으면 같은 그룹으로 묶어도 좋다. 이러한 평균 변동계수를 사용하면, AADT 추정에 있어서 95% 신뢰수준에서 10% 오차범위 안에 놓인다.

4 전역조사

보정조사지점이 grouping되면, 각 그룹의 대표적인 요일변동계수와 월변동계수가 결정되고, 그 그룹이 대표하는 지역 내에서 조사된 전역조사(coverage count) 자료는 이 계수를 이용하여 보정된다. 즉,

$$AADT = V_{24} \times DF \times MF \tag{5.4}$$

여기서 $DF =$ (월평균 일교통량)/(월평균 요일교통량)

$MF = AADT /$ (월평균 일교통량)

[표 5.7] 어느 그룹의 요일 및 월변동계수

월		화		수		목		금		토		일	
1.07		1.12		1.11		1.10		1.02		0.90		0.79	

1	2	3	4	5	6	7	8	9	10	11	12
1.22	1.19	1.10	0.99	0.95	0.92	0.91	0.88	0.88	0.93	1.03	1.11

예를 들어 어느 그룹의 요일변동계수와 월변동계수가 [표 5.7]과 같다고 하고, 그 그룹 내의 한 전역조사지점에서 7월 어느 화요일 24시간 조사한 교통량이 1,000대라 한다면

$$ADT = 1,000 \times 1.12 = 1,120 \text{ vpd}$$

$$AADT = 1,120 \times 0.91 = 1,020 \text{ vpd}$$

여기서 ADT란 조사한 주간의 평균 일교통량으로서, 같은 달의 주간변동은 없다고 가정한다면 이는 월평균 일교통량과 같다.

미국의 경우 국도에서 매년 평균 3 km당 한 곳에서 AADT를 추정할 수 있는 조사지점이 설정되며 조사시간의 길이는 24시간 이상이다. 또 교통량이 25대/일 이하인 도로는 조사에서 제외된다.

도시지역의 전역조사지점은 좀 더 조밀하게 분포되며 반면 조사횟수는 지방부도로에서보다 적다. 주간선도로에서 교통량이 비교적 일정한 구간에서는 하나의 조사지점을 설치하며, 보조간선 및 국지도로는 교차로에서의 교통량 변환이 많기 때문에 링크마다 조사를 한다. 따라서 전체 도시도로망을 조사하자면, 체계적인 방법으로 순회하면서 전역조사를 실시하므로 어느 한 도로구간은 몇 년에 한 번 정기적으로 조사된다.

5 전국 통행량 추정

앞에서 설명한 방법으로 추정된 각 조사지점의 AADT에 그 조사지점이 대표하는 도로구간의 길이를 곱하고 다시 365를 곱하여 전국적으로 합산하면 전국 통행량 VKT(Vehicle-Km of Travel)를 추정할 수 있다. 조사에 포함되지 않는 교통량이 적은 도로에 대한 VKT는 별도로 계산하여 앞에서 구한 값과 합한다. 일반적으로 이 값은 조사에서 제외되는 교통량 한계값의 1/2값에 제외되는 전체 도로구간의 길이를 곱하고 365를 곱하여 얻는다.

5.4 속도조사

속도조사는 일반적으로 비혼잡(非混雜)상태에서 어느 한 점을 지나는 차량들의 지점속도를 조사하는 것을 말한다. 이 속도는 주행 중인 운전자의 희망속도 또는 운전자 관점에서의 합리적인 속도를 나타내기 때문에 도로설계, 교통운영 및 교통안전의 측면에서 볼 때 매우 중요한 자료이다.

속도는 어떤 도로나 또는 도로망의 운영성능(operational performance)을 나타내는 가장 간단한

기준이다. 개개의 운전자는 스스로가 원하는 속도를 유지할 수 있는 정도에 따라 그 통행의 질을 부분적으로 평가할 수 있다. 목적지에 도달하기 위한 노선을 택할 때 대부분의 운전자는 지체가 가장 적게 일어나는 노선을 택한다. 장기적으로 볼 때 주거지의 위치는 직장으로부터 통행시간을 고려하여 결정하며, 쇼핑센터의 위치를 선정할 때도 여러 소비지역으로부터의 통행시간을 고려하는 것이 당연하다.

% 속도 역시 교통류의 속도특성을 나타내는 데 사용된다. % 속도란 교통류 내에서 그만한 %의 차량이 그 속도 이하로 주행하는 속도이다. 예를 들어 85% 속도란 그 속도 이하로 주행하는 차량이 전체 차량의 85%가 된다는 의미이다. 85% 속도는 그 교통류에서 합리적인 속도의 최고값을 나타내는 지표로 사용된다. 따라서 이보다 높은 속도로 주행하는 15%의 운전자는 합리적인 속도를 초과하여 주행하는 셈이다. 또 15% 속도는 합리적인 속도의 최저값을 나타내는 지표이다. 그러므로 교통류 내의 합리적인 속도범위는 15% 속도~85% 속도이며, 이 두 속도의 차이는 합리적인 속도분포의 분산 정도를 나타낸다.

50% 속도는 속도분포의 중앙값으로서, 속도분포가 정규분포를 따른다고 알려지고 있으므로 이 값은 평균속도와 같다고 볼 수 있다.

5.4.1 시간평균속도와 공간평균속도

시간평균속도는 일정 시간 동안 어느 지점을 통과하는 모든 차량들의 산술평균속도이며, 평균지점속도를 나타내는 데 사용된다. 반면, 공간평균속도는 일정한 도로구간길이를 주행하는 모든 차량들의 평균주행시간으로 나눈 속도로서, 평균통행시간을 나타내는 곳에 사용된다. 이 값은 각 차량들의 통행속도를 조화평균한 것과 같은 값을 갖는다.

평균지점속도 및 이 속도의 분산, 85백분위속도의 용도는 다음과 같다.

- 도로설계: 속도, 곡선반경, 편경사의 관계 설정
  속도, 종단경사, 경사길이의 상관관계
- 교통운영: 시거계산, 추월금지구간 결정, 속도제한구간 설정 및 제한속도 결정, 표지설치 위치, 신호시간 및 설치위치 결정
- 사고분석, 교통개선효과 분석, 단속지점 및 기준 선정, 단속효과 판단

평균통행속도는 교통량, 밀도, 속도 등 교통류 특성 간의 상관관계를 분석하는 데 사용하며, 도로의 성능을 나타내는 기준이 된다. 이러한 평균통행속도는 구간통행시간 및 지점속도로부터 구할 수도 있다.

5.4.2 현장측정

속도자료는 일반적으로 다음과 같은 방법으로 조사·분석된다.

① 도로상의 한 지점을 통과하는 차량들의 순간속도를 속도계를 이용하여 직접 관측한다. 이들 속도는 지점속도이며, 이를 산술평균한 것이 시간평균속도로 나타내는 평균지점속도이다.

② 정해진 긴 조사구간을 지나는 차량들의 구간 통행시간을 표본조사하여 이를 산술평균하면 평균통행시간을 얻을 수 있다. 구간길이를 이 값으로 나누면 이 구간의 공간평균속도, 즉 평균통행속도를 얻을 수 있다. 이때 이 구간 내에서 각 차량의 속도변화가 있든 없든 상관이 없다. 구간길이를 각 차량의 통행시간으로 나누어 구한 각 차량의 통행속도를 조화평균해도 위와 같은 평균통행속도를 얻을 수 있다. 만약 각 차량들의 통행속도를 산술평균하면, 그 구간 내에서 속도변화 없이 이 속도로 계속 주행했다고 가정한 경우의 그 구간 내 임의의 점에서의 평균지점속도를 얻는다.

③ 시험차량의 교통류 적응방법(floating car technique), 즉 추월당한 만큼 추월하는 방법으로 통행시간을 조사하고, 이를 시험주행횟수로 평균하면 평균통행시간을 얻는다. 구간길이를 이 값으로 나누면 공간평균속도인 평균통행속도를 얻을 수 있다.

속도를 현장에서 측정하는 방법은 조사인력과 시간 및 교통류의 방해 여부를 고려해서 결정해야 한다. 표본추출을 할 때 표본의 임의성(randomness)을 확보하도록 해야 한다. 특히 고속 또는 저속 차량, 트럭, 차량군의 선두차량 등과 같이 특이한 차량이 표본으로 선정될 가능성이 크므로 유의해야 한다. 이를 위해서는 교통량의 크기에 따라, 예를 들어 매 5번째 차량 또는 매 10번째 차량만 표본으로 추출하도록 하고 이 방침을 고수해야 한다.

교통사고나 악천후 또는 특별한 행사가 있는 경우와 같이 비정상적인 조건에서는 조사를 하지 않아야 한다.

속도계를 사용하여 속도를 측정할 경우는 접근차량의 진행방향과 투사선이 이루는 각이 크면 속도보정을 해야 한다. 차량의 진행방향의 속도는 속도계에 나타난 값에 투사각의 cosine 값을 곱해서 얻는다.

5.4.3 분석

조사자료의 통계적인 해석이 가능하려면 충분한 관측자료가 필요하다. 평균속도에 관한 필요한 정밀도를 얻기 위해 필요한 표본수를 결정하거나, 어떤 교통개선대책을 시행하기 전과 한 후의 효과, 즉 사전·사후조사를 위해서 사용되는 통계적 방법은 다음과 같다.

1 표본크기의 결정

속도분포는 정규분포를 따르므로, $z = \dfrac{\bar{x} - \mu}{\sigma / \sqrt{n}}$ 에서 $z_{\alpha/2} \dfrac{\sigma}{\sqrt{n}} = \bar{x} - \mu$ 이다.

$\bar{x} - \mu =$ 허용오차(E)이며, $n \geq 30$이면 $\sigma = s$ 라 둘 수 있으므로

$$n = \left(\frac{z_{\alpha/2} \cdot s}{E} \right)^2 = \left(\frac{K \cdot s}{E} \right)^2 \tag{5.5}$$

[표 5.8] 신뢰수준에 따른 *K*값

K	신뢰수준(%)
1.00	68.3
1.50	86.6
1.64	90.0
1.96	95.0
2.00	95.5
2.50	98.8
2.58	99.0
3.00	99.7

여기서 $z_{a/2}$ 또는 *K*는 신뢰수준에 따른 계수로서 [표 5.8]과 같다.

만약 95% 신뢰수준을 요구한다면 *K* = 1.96이다. 여기서 표본의 표준편차 *s*는 알 수 없으나 각 도로별 대표적인 표준편차는 [표 5.9]에 주어져 있으므로, 이 값을 이용하여 신뢰수준 95%에서 허용오차 $\pm E$인 표본수를 얻을 수 있다.

[표 5.9] 지점속도 표본수 추정을 위한 대표적 표준편차

지역	도로 종류	표준편차(kph)
지방부	2차로	8.5
	4차로	6.8
중간	2차로	8.5
	4차로	8.5
도시부	2차로	7.7
	4차로	7.9

예제 5.1 지방부 2차로 국도에서 평균지점속도를 추정하고자 한다. 95% 신뢰수준에서 허용오차 ± 2 kph가 되게 하려면 표본수는 얼마이어야 하는가? 만약 허용오차를 ± 1 kph 되게 하려면 필요한 표본수는?

풀이 지방부 국도 2차로도로에서 지점속도의 일반적인 표준편차는 $\sigma = 8.5$ kph([표 5.9])

(1) $n = \left(\dfrac{1.96 \times 8.5}{2} \right)^2 = 70$개

(2) $n = \left(\dfrac{1.96 \times 8.5}{1} \right)^2 = 278$개 ∎

2 사전 · 사후조사 비교

교통개선대책을 시행하기 전·후 또는 교통운영방법이 바뀌기 전·후의 교통성능에 차이가 있는지를 검증할 때 통계적 방법을 사용한다. 이때 사전 및 사후의 통계량은 모두 정규분포를 가진 것이어야 한다. 따라서 전·후 두 모집단의 평균의 차이를 나타내는 확률변수 *z*는 정규분포이므로, 두 모집단의 크기 n_a 및 n_b가 30보다 큰 경우 *z*는 다음과 같다.

$$z = \frac{\bar{x}_a - \bar{x}_b}{\sqrt{(s_a^2/n_a) + (s_b^2/n_b)}} \tag{5.6}$$

예제 5.2 어느 지점에 속도규제 표지를 설치한 결과 속도감소 효과가 있는지를 95% 신뢰수준으로 알고 싶다. 속도규제 표지를 설치하기 전과 설치한 후의 현장관측자료는 다음과 같다.

구분	조사차량대수	평균속도	속도의 표준편차
설치 전	45	67 kph	8.3 kph
설치 후	49	61 kph	7.8 kph

풀이 단측검증(one-tail test)이며, 식 (5.6)을 이용하면

$$z = \frac{61 - 67}{\sqrt{\dfrac{7.8^2}{49} + \dfrac{8.3^2}{45}}} = -3.6 < z_{0.05} = -1.64$$

따라서 속도감소 효과가 있다고 95% 신뢰수준에서 말할 수 있다. ■

5.5 통행시간 및 지체조사

도로의 일정 구간을 통과하는 시간은 그 구간의 교통혼잡상태를 나타내는 가장 기본적인 지표이다. 그러나 이 통행시간조사 자료만으로는 혼잡의 요인인 지체에 관한 정보를 알 수 없다. 따라서 통행시간조사와 지체조사는 함께 이루어지며, 이때 조사되는 지체발생 장소, 원인, 크기 등 지체특성 자료는 교통개선대책을 수립하는 데 필수적인 요소이다.

5.5.1 정의 및 용도

(1) 용어 정의
① 속도, 공간평균속도, 시간평균속도: 3장 참조
② 지체: 통행 중 어떤 요소에 의해 방해를 받는 동안에 손실된 시간
③ 운영지체: 교통류 내의 다른 교통에 의한 간섭에 의해 발생하는 지체. 여기에는 큰 교통량, 도로용량 부족, 합류 및 분류로 인한 교통류 내부간섭(내부마찰)에 의한 지체와 주차된 차량, 주차면을 나오는 차량, 보행자, 고장난 차량, 버스정거장, 횡단교통 등으로 인해 흐름에 방해를 받아(측면마찰) 생기는 지체가 있다.
④ 고정지체: 신호기, 정지표지, 양보표지, 철길건널목 등 교통통제설비로 인한 지체로서 주로 교차로에서 발생하며, 교통량이나 교통류의 내부간섭과는 상관없는 지체이다.
⑤ 정지지체: 차량이 완전히 정지한 동안의 지체

⑥ 통행시간 지체: 통행하는 동안 가속, 감속, 정지 등에 의한 지체

⑦ 접근지체: 교차로에 접근하여 정지하였다가 가속하여 제 속도를 회복하기까지의 교차로 총 지체(감속지체＋정지지체＋가속지체)

(2) 용도

① 혼잡: 지체의 크기, 위치, 원인을 알면 혼잡 정도를 파악할 수 있고 해소 방안을 강구할 수 있다. 또 이와 관련되는 다른 조사, 즉 사고조사, 교통량조사, 교통통제설비 및 교통법규의 준수조사 등의 필요한 위치를 파악할 수 있다.

② 도로충족도(sufficiency ratings), 혼잡도 평가: 서로 다른 도로를 비교하는 방법들로서 모두 통행시간에 기초를 두고 있다.

③ 사전·사후조사: 주차제한 또는 신호시간, 새로운 일방통행제 등과 같은 교통운영기법의 사전·사후 효과를 파악할 때 통행시간 및 지체자료를 사용한다.

④ 교통배분: 도로망이나 교통시설을 이용하는 교통량 예측은 상대적인 통행시간 자료를 사용한다.

⑤ 경제성 분석: 통행시간 절약에 의한 경제적 편익을 계산하기 위해 통행시간 자료를 사용한다.

⑥ 경향분석: 시일이 경과함에 따라 변하는 서비스수준을 평가하는 데 통행시간 자료를 사용한다.

5.5.2 통행시간 및 지체조사 방법

통행시간 및 지체조사 방법에는 ① 시험차량 방법, ② 차량번호판 판독법, ③ 직접관측법, ④ 면접 방법이 있다. 조사방법은 조사목적, 조사구간의 종류, 길이, 조사시기, 조사인원 및 장비를 고려하여 선택한다.

1 시험차량 방법

시험차량 방법(test car method)은 분석구간을 시험차량으로 여러 차례 반복 주행하여 평균속도와 지체의 크기, 원인, 지체가 일어나는 장소 등을 조사하는 방법이다. 이 방법은 주행하는 방법에 따라 평균속도 방법, 교통류 적응 방법, 최대속도 방법으로 구분된다. 이 방법은 어떤 도로에도 사용할 수 있으나 평면교차로를 가진 간선도로에 주로 사용하며 조사구간 길이는 2 km를 넘지 않는 것이 좋다. 자료조사 및 기록은 2개의 stop watch를 사용한다. 하나는 조사구간 내 각 통제지점 사이의 경과시간을 기록하는 데 사용되며, 나머지 하나는 개별 정지지체의 길이를 측정하는 데 사용된다. 이때 지체의 위치와 원인을 함께 기록해야 한다.

(1) 평균속도 방법

평균속도 방법(average-car technique)은 운전자가 판단해서 그 교통류의 평균속도로 주행하면서 조사하는 방법이다.

(2) 교통류 적응 방법

교통류 적응 방법(floating car technique)은 추월 당한 횟수만큼의 차량수를 추월하면서 조사하는 방법이다.

(3) 평균최대속도 방법

평균최대속도 방법(maximum-car technique)은 앞차량과의 안전거리와 최소 추월거리를 유지하면서 제한속도로 주행하는 방법이다. 이 방법은 시험차량 운전자의 심리적 상태로 인한 영향을 배제하면서 도로 및 교통조건에 의한 지체만을 반영하는 좋은 자료를 얻을 수 있다.

시험차량 방법에서의 표본크기는 조사목적에 따라 다르나 보통 다음과 같은 허용오차를 기준으로 하여 정한다.

- 교통계획 및 도로요구 조사: ±5~8 kph
- 교통운영, 경향분석, 경제성 분석: ±3.5~6.5 kph
- 사전·사후조사: ±2~5 kph

[표 5.10]은 허용오차와 통행속도의 평균범위에 따른 95% 신뢰수준에서의 최소 시험주행횟수를 나타낸 것이다. 여기서 통행속도의 평균범위란 연속된 속도측정값의 차이(절댓값)를 평균한 것이다. 즉,

$$통행속도의 \ 평균범위 \quad R = \frac{\Sigma S}{N-1} \tag{5.7}$$

여기서 ΣS = 연속된 측정값의 절댓값 차이를 합한 것(kph)

N = 시험주행횟수

처음 4번 정도 시험주행을 하여 만약 요구되는 시험횟수가 [표 5.10]에 나타난 값보다 크다면 유사한 교통조건하에서 추가적인 시험주행이 필요하다.

[표 5.10] 95% 신뢰수준에서의 최소표본수

통행속도의 평균범위(kph)	허용오차에 따른 최소 시험주행횟수				
	±2.0	±3.5	±5.0	±6.5	±8.0
5.0	4	3	2	2	2
10.0	8	4	3	3	2
15.0	14	7	5	3	3
20.0	21	9	6	5	4
25.0	28	13	8	6	5
30.0	38	16	10	7	6

자료: 참고문헌(1)

예제 5.3 어느 도로구간을 4회 시험주행한 결과 55, 62, 48, 58 kph의 통행속도를 얻었다. 이 조사의 목적이 사전·사후조사 분석이며 허용오차를 ±2.0 kph라 할 때, 95% 신뢰수준에서의 표본수를 구하라.

$S_1 = $ 절댓값$(55 - 62) = 7$

$S_2 = $ 절댓값$(62 - 48) = 14$

$S_3 = $ 절댓값$(48 - 58) = 10$

식 (5.7)에서 $R = (8 + 4 + 10)/(4 - 1) = 7$

[표 5.10]에서 통행속도 평균범위 $7 < 10$와 허용오차 ± 2.0 kph의 최소표본수는 8이다. 따라서 추가적으로 4회 더 측정해야 한다. 그러나 총 8회 측정하여 위의 공식을 사용하면 통행속도의 평균범위가 10 kph의 범위를 벗어날 수도 있으나 그런 경우는 매우 드물다. ■

2 차량번호판 판독법

차량번호판 판독법(license plate method)은 통행시간 자료가 충분할 때만 가능하다. 관측자가 구간 시작점과 종점에 위치하여 통과하는 차량의 번호판 끝자리 3~4개와 그 차량의 통과시간을 기록한다. 보통 50대의 표본이면 정확한 자료를 얻을 수 있다. 이 방법은 시험차량 방법보다 정확하다고 알려져 있으나 자료를 수집하고 분석하는 데 많은 인력이 소요된다.

3 직접관측법 및 면접방법

직접관측법(direct observation method)은 관측자가 조사구간의 입구와 출구를 동시에 관측할 수 있을 때 사용 가능하다. 면접방법(interview method)은 적은 비용으로 많은 자료를 얻고자 할 때 사용하는 방법으로서, 어느 기관에 소속된 직원이나 공무원을 대상으로 출퇴근 시의 통행시간을 조사하는 방법이다.

5.5.3 통행시간 및 지체와 혼잡도

혼잡은 도시의 상업활동을 위축시키고 재산가치를 하락시키며, 물가상승, 주구분열, 도로사용자 비용을 증가시킨다. 교통혼잡을 완화하면 결과적으로 차량운행 비용절감, 사고감소, 통행시간단축은 물론이고 운전자의 편의성과 쾌적성을 현저히 증진시킨다.

1 혼잡도

도시교통시설의 혼잡도를 나타내는 지표는 ① 속도, 지체, 총 통행시간을 나타내는 운영특성, ② 교통시설의 v/c 특성, ③ 자유이동을 제약받는 차량의 비율 및 제약시간 길이 등 이동의 자유도를 함께 나타낼 수 있어야 한다.

이러한 세 가지 요소를 포괄하는 혼잡도는 도로를 새로 건설하거나 개선계획을 수립할 때 서비스수준을 결정하는 데 큰 도움이 된다. 만족할 만한 서비스수준을 제공하는 데 있어서 도로시스템의 종류에 따른 바람직한 최소평균구간 통행속도(average overall travel speed)는 [표 5.11]에 보인다.

[표 5.11] 도로종류별 평균통행속도 기준

| 도로 종류 | 평균통행속도(kph) | | 단위통행시간(분/km) |
	첨두시	비첨두시	첨두시
고속도로	55	55~80	1.1
주간선도로	40	40~55	1.5
집산도로	30	30~40	2.0
국지도로	15	15~30	4.0

주: 미국의 기준이므로 사용에 유의할 것

앞의 이동차량 방법에서 북쪽 방향의 교통량, 속도자료와 위 표에 나타난 기준을 이용하여(주간선도로라 가정) 몇 개의 지표를 계산하면 다음과 같다.

(1) 지체율(delay rate): 1 km당 실제통행시간과 기준통행시간의 차이

실제통행시간 = 60/17.4 = 3.45분/km

기준통행시간 = 1.5분/km

지체율 = 3.45 − 1.5 = 1.95분/km

(2) 총 차량 지체율(vehicle delay rate): 모든 차량의 총 지체시간을 나타낸다.

총 차량 지체율 = 1,336 × 1.95 = 2,605분 · 대/km

(3) 혼잡지표(congestion index): 혼잡을 나타내는 지표는 다음과 같은 것이 있다.

- 실제통행시간/비혼잡통행시간: 비혼잡통행시간은 설계기준 서비스수준에서 얻을 수 있다.
- 설계기준 서비스수준에 해당되는 통행속도를 15 kph 이상 초과할 때 혼잡상태로 정의
- 총 평균구간속도와 속도변화 및 속도변화 빈도와의 관계
- 시간손실과 운전자의 편리성, 쾌적성과의 관계
- 속도변화의 분산값을 나타내는 가속소음 모형

2 지체자료의 종합

(1) 시간등고선도: 기준이 되는 중심점으로부터의 시간거리를 분으로 나타내어 등고선을 그린 것이다. 이것은 CBD로부터 나오는 방사형 도로의 소통상태를 비교하거나 도로를 신설할 때 절감되는 통행시간을 추정하는 데 사용된다. 도시 내 모든 주요 간선도로의 통행시간 및 지체를 이 방법으로 조사하여 CBD를 중심으로 한 특정 시간대의 통행시간 등고선도를 그리면 도시 전체의 교통상황을 한 눈에 볼 수 있다.

(2) 막대그림표: 원인별 지체를 나타내거나 사전·사후조사의 결과를 비교하는 데 사용된다.

(3) 속도 및 지체 종단면도: 노선 주위의 토지이용별 또는 block별 평균구간속도 및 지체를 종단면도로 나타낸다.

(4) 지체 zone도: 여러 노선의 구간별, 시간별 총 지체를 나타낸다.

(5) 속도 zone도: 여러 노선의 구간별 속도 또는 통행시간을 나타낸다.

3 속도와 지체 특성

도시지역의 평균통행속도는 개발밀도가 높은 곳에서는 5 kph, 외곽 주거지역의 짧은 도로구간에서는 55~65 kph 정도가 된다. 도시중심과 도시외곽을 연결하는 방사선도로의 평균통행속도는 25~30 kph 정도이다. 일반적으로 첨두 및 비첨두시간의 도로별 총 구간통행속도는 각 도로의 계획서비스수준을 기준으로 할 때, [표 5.11]에 보인 값 이상이어야 만족스럽다.

차로도로의 통행속도와 지체에 관한 다변량 분석에 의하면, 통행속도에 영향을 주는 요인을 그 크기순으로 나열하면 다음과 같다.

- 연속교통류의 평균구간 통행속도는 교차도로 수, 도로연변의 상점 수, 추월가능 구간비, 교통량, 용량 등에 의해 영향을 받는다.
- 단속교통류의 평균구간 통행속도는 G/C비, 교차로 접근경사, 주기길이, 모든 접근로의 총 접근교통량, 해당 진행방향 접근교통량에 의해 영향을 받는다.
- 단속교통류의 평균지체는 G/C비, 주기길이, 모든 접근로의 총 접근교통량, 해당 진행방향 접근교통량 등에 의해 영향을 받는다.

5.5.4 교차로 지체조사

교차로 지체는 교차로 혼잡을 분석하는 데 반드시 필요하다. 다양한 교차로 통제방법의 효과와 효율을 평가하려면 여러 가지 요소를 고려해야 하나 그중에서 교차로 지체가 가장 중요한 요소이다. 교차로 지체에 영향을 주는 것에는 차로수, 차도폭, 경사, 출입제한, 도류화 및 버스정거장과 같은 도로조건과 각 접근로의 교통량, 회전교통량, 차종, 접근속도, 주차, 보행자 및 운전자 특성과 같은 교통조건, 신호기 종류, 신호시간, 정지 및 양보표지, 회전 및 주차제한과 같은 교통통제조건이 있다. 교차로 지체조사에는 통행시간을 조사하여 접근지체를 구하는 방법과 정지지체만 조사하는 방법이 있다.

1 통행시간 방법

교차로 전후지점을 통과하는 통행시간을 측정하는 방법이다. 앞에서 설명한 시험차량방법, 차량번호판 판독법 등을 이용할 수 있고, 교차로 인근 건물 위에서 stop watch로 측정할 수도 있다.

또 하나의 방법은, 각 접근로의 이동류별로 짧은 시간간격(예를 들어, 매 15초)마다 교차로 전후의 정해진 지점 사이에 있는 차량의 순간밀도를 연속적으로 측정하고, 아울러 조사기간(예를 들어, 10분) 동안 교차로를 통과한 차량대수를 측정하여 계산에 의해 그 접근로의 해당 이동류에 대한 평균통행시간을 구하는 방법이다. [표 5.12]는 이 방법으로 얻은 측정자료의 예를 나타낸 것이다.

[표 5.12]의 조사자료에서 평균통행시간 $T = N \cdot t/V = 89 \times 15/70 = 19.1$초이다. 이때 이 조사는 한 접근로의 한 이동류에 관한 것이다. 교차로의 접근지체를 구하기 위해서는 이 통행시간에서 순행시간을 빼야 한다.

[표 5.12] 교차로 통행시간조사(순간밀도 조사)

조사 시작시간	순간밀도				통과대수*
	+0초	+15초	+30초	+45초	
5:00 pm	0	4	5	7	14
5:01	3	8	4	2	12
5:02	5	0	6	1	18
5:03	5	3	6	6	12
5:04	6	7	4	7	14
소계	19	22	25	23	
총 밀도 = N	89				70

* 통과대수는 5:00~5:05까지 조사

2 정지지체 방법

교차로에서 어느 한 접근로 또는 한 이동류에 대한 정지한 시간만 조사하는 것이다. 짧은 시간간격(예를 들어, 매 15초)마다 정지해 있는 차량대수를 연속적으로 측정하고, 아울러 조사기간(예를 들어, 10분) 동안 교차로 통과 차량 중에서 정지한 대수와 그대로 통과한 대수를 측정하여 그 이동류의 평균정지지체를 구한다. [표 5.13]은 이 방법으로 얻은 측정자료의 예를 나타낸 것이다.

[표 5.13] 교차로 정지지체 조사

조사 시작시간	정지차량대수				접근교통량*	
	+0초	+15초	+30초	+45초	정지대수	통과대수
5:00 pm	0	2	7	9	11	6
5:01	4	0	0	3	6	14
5:02	9	16	14	6	18	0
5:03	1	4	9	13	17	0
5:04	5	0	0	2	4	17
소계	19	22	30	33	56	37
계	104				93	

* 접근교통량은 5:00~5:05까지 조사

위 조사자료로부터

$$총 \ 정지지체 = 104 \times 15 = 1,560 대\text{-}초$$
$$정지차량당 \ 평균정지지체 = 1,560/56 = 27.8초$$
$$차량당 \ 평균정지지체 = 1,560/93 = 16.8초$$
$$정지차량 \ \% = 56/93 = 60.2\%$$

이 조사는 한 접근로에 대해서 또는 한 이동류에 대해서 조사하는 것이다.

5.6 개별차량 주행행태 조사

5.6.1 조사의 목적

우리나라의 도로정책은 국가도로종합계획, 도로건설관리계획 등을 통해 구체화되며, 계획 수립 시 다양한 교통 데이터를 활용한다. 교통 데이터 중 교통량과 속도가 핵심지표로 활용되고 있으며, 데이터의 신뢰도에 따라 도로계획의 실효성에 큰 영향을 미친다. 교통량의 경우 수동식 조사를 통해 차종별 상시조사 및 수시조사를 수행하여 수집하거나, 구축된 지능형교통체계(Intelligent Transport Systems, ITS) 인프라를 통해 교통량 및 속도 데이터를 수집하고 있다. 도로교통정보 수집 시 관리 주체별로 수집체계가 상이하고 공간적인 수집 범위가 제한적이라는 한계가 존재한다. 정보의 신뢰성과 이력관리의 문제 또한 발생할 수 있다. 최첨단 시대가 도래함에 따라 기술의 발전으로 인해 데이터의 수집 및 분석 기술 또한 진보하였으며, 새로운 교통 빅데이터가 등장하고 있다. 도로교통 분야에서는 개별차량 주행궤적 데이터의 수집 및 활용이 가능하게 되었다.[10]

개별차량 데이터란 차량의 위치정보(GPS) 기반의 초 단위 이하의 주행궤적 데이터로 Digital Tachograph(DTG), 내비게이션, Cooperative Intelligent Transport Systems(C-ITS) 데이터 등이 대표적이다. 개별차량 데이터를 이용하여 기존에 분석할 수 없었던 도로 특성, 교통류 특성, 운전자 주행행태 등에 대한 분석이 가능하다. 또한 데이터 수집 범위가 광범위하기 때문에 기존 교통 데이터 수집이 어려운 지역, 구간에 대한 데이터 수집이 가능하다. 개별차량 데이터의 궤적 추적을 수행할 경우 교통조사를 통해 수집 가능한 교통량, 속도, 통행시간, O-D 정보 등을 모두 분석할 수 있다. 예를 들어 기존의 교통량 데이터는 수동식 조사 또는 검지기를 통해 특정 지점의 교통량 정보만을 수집하였으나, 개별차량 데이터는 차량의 기종점, 운행경로, 통행시간 등의 구체적인 정보 수집이 가능하다. 또한 도로에서 주행하는 차량이 데이터 수집 장치의 역할을 수행하여 도로 인프라의 추가적인 장비 설치 없이 전국적으로 교통정보 수집이 가능하다. [표 5.14]에는 교통자료 수집기법의 유형구분에 대해 제시하였다.

과거에는 전문가의 가정과 거시적 모형을 활용한 추정치에 의존하여 교통현상을 설명하고자 했다면, 향후 교통 빅데이터를 통해 실제 통행 및 주행패턴, 확률적 통계치에 근거한 데이터 기반의 현상 해석이 가능할 것이다. 개별차량 데이터에서 수집되는 초 단위 이하의 위치, 속도, 종방향 및

[표 5.14] 교통자료 수집기법의 유형구분

교통자료 수집체계		특징
1세대	단순관측법	수작업을 통한 교통량 관측 인터뷰 조사법 등
2세대	고정센서 설치	루프 검지기 영상 기반 검지기
3세대	이동센서 활용	스마트폰 기반 GPS 데이터 차량단말장치(DTG, 내비게이션, C-ITS 등)

자료: 참고문헌(11)

횡방향 가속도 등의 미시적인 교통정보를 분석하여 실시간 교통소통정보, 교통안전정보 등을 제공할 수 있다. 기존의 교통정보 기반 분석은 사고 데이터 또는 AADT 등의 거시적 단위의 이력 데이터를 이용한 분석이 주를 이루었다. 특히 교통안전관리 측면에서 사고 이후의 수동적 대응을 통해 피해를 최소화하기 위한 노력을 하였다. 그러나 개별차량 데이터의 실시간 수집 및 분석이 가능한 인프라가 구축될 경우 실시간 교통상황을 고려하여 사고가 발생하기 이전에 선제적 교통안전관리를 수행할 수 있을 것이다. 개별차량 데이터는 운전자 특성, 기하구조 특성, 주행행태 특성이 모두 반영된 데이터이며, 이를 분석하여 사고개연성을 평가할 수 있다. 평가된 실시간 사고위험도를 고려하여 교통정보를 제공할 경우 능동적으로 사고를 예방할 수 있다.

5.6.2 개별차량 데이터의 종류

국내에서 수집 및 활용 가능한 개별차량 데이터로는 대표적으로 DTG, 내비게이션, C-ITS 데이터 등이 존재한다. DTG는 사업용 자동차의 운행정보를 기록 및 분석하여 운전자의 안전교육 등에 활용되고 있다. 내비게이션 데이터는 일반 운전자의 이용의 대중화로 방대한 데이터가 수집되고 있으며 개인정보보호 등의 문제로 활용에는 제약이 있다. C-ITS는 차량 중심의 통신환경을 이용한 통신기술을 통해 주행 중 다른 차량 또는 도로에 설치된 인프라와 통신이 가능한 시스템이다.

1 DTG

DTG 데이터는 한국교통안전공단에서 관리하는 데이터로 버스, 택시, 화물차 등의 사업용 자동차를 대상으로 의무적으로 장착하는 운행기록장치에서 수집되는 데이터이다. 사업용 자동차의 1초 단위 주행궤적 정보 수집이 가능하며, 자동차의 속도, 방위각, 가속도, 위치정보(위경도) 등의 주행정보가 저장된다. 한국교통안전공단의 운행기록분석시스템(eTAS)에서 운행기록데이터와 위험운전 통계데이터로 관리된다. 원시 데이터에서는 개별차량의 주행정보 외에도 자동차 유형, 일일/누적 주행거리, RPM, 브레이크 신호 등의 정보가 수집된다. 운행기록분석시스템에서는 사업용 자동차 운전자의 DTG 데이터 의무 수집을 통해 운수업체 및 운수종사자의 운행기록 분석을 기반으로 안전관리 및 교육를 수행하고 있다.

2 내비게이션

실생활에서 가장 자주 접하는 실시간 길 안내 기능 등을 내비게이션 단말기를 통해 제공하고 있으며, 최근 민간업체에서는 내비게이션 정보를 이용하여 운전자의 주행행태를 모니터링하고, 개별차량의 행태 및 실시간 교통상황을 고려하여 최적의 의사결정지원을 위해 활용하기 위한 시도를 하고 있다. 관리업체별로 수집체계 또는 데이터 형식에 다소 차이가 있으나, 기본적으로 DTG 데이터와 유사하게 초 단위 이하의 GPS 기반 개별차량의 주행정보가 기록된다. 전체 운전자 중 내비게이션 사용자 비율은 60%를 넘겨 대부분의 운전자가 내비게이션을 이용하는 것으로 나타난다. 최근에는 스마트폰의 급속한 보급 확대로 스마트폰 기반의 내비게이션을 이용하는 이용자가 증가하고 있다. 민간에서는 보다 적극적으로 실시간 데이터를 활용하고 있으며, 실시간 교통상황을 고려한 도로 소통정보 제공, 운전자의 운전습관 분석 등이 가능하다. 향후 공공기관 및 민간업체의 교통 빅데이터의 통합 및 연계가 가능하다면 교통운영, 교통계획 등 다양한 분야에서 활용 가치가 높아질 것이다.[12]

3 C-ITS

지능형교통체계(ITS)가 도입된 이후 많은 시간이 지나면서 인프라 기반의 도로교통체계에서 차량 중심의 통신환경(Vehicle to Everything, V2X)을 이용한 통신기술, 서비스 발굴 등이 진행되고 있다. 한국도로공사에서는 국내 C-ITS 도입을 위한 시범사업, 실증사업 등을 추진하고 있으며, V2X 서비스를 통해 교통사고를 획기적으로 예방하고 나아가 Connected Vehicle(CV)과 Automated Vehicle(AV) 두 교통환경을 실현하여 미래 교통환경을 구축하기 위한 전략을 마련하고 있다. C-ITS란 차량이 주행 중 다른 차량 또는 도로에 설치된 인프라와 통신하면서 주변 교통상황과 급정거, 낙하물 등 위험정보를 실시간으로 확인 및 경고하여 교통사고를 예방하는 시스템이다.[13]

C-ITS 데이터는 DTG, 내비게이션 등과 같이 주체차량의 주행정보뿐 아니라 추가적으로 첨단 운전자 지원 시스템(Advanced Driver Assitance Systems, ADAS) 데이터가 통합된 데이터를 의미한다. C-ITS 데이터는 선행차량 간의 차간거리, 상대속도 등의 차량 간 상호작용 정보를 추가적으로 수집할 수 있다. 또한 V2X 통신을 통해 주체차량의 위치정보와 운행정보를 공유하면서 안전, 편의 등의 교통 서비스를 제공하고 있다. 개별차량 데이터의 수집 정보 예시는 [표 5.15]와 같다.

[표 5.15] 개별차량 데이터의 수집 정보 예시

교통자료 수집체계		설명
주체차량 주행정보 (DTG, 내비게이션, C-ITS)	자동차유형	차종 또는 차량 고유번호
	정보발생일시	날짜 및 시간(초 단위 이하)
	위치	위경도(x, y)
	방위각	차량의 Heading 각도
	속도	정보 수집 시 차량의 속도
	가속도	정보 수집 시 차량의 가속도
	RPM	분당 엔진회전수
	브레이크 신호	브레이크 작동 유무
	주행거리	일일 또는 누적 주행거리
차량 간 상호작용 정보 (C-ITS)	차간거리	선행차량 간의 차간거리
	상대속도	선행차량 간의 상대속도
	충돌 예상시간	선행차량과의 충돌 예상시간
서비스 (C-ITS)	서비스 시각	서비스 발생 시각
	위치	서비스 발생 위치
	서비스 번호	표출 서비스 번호
	이벤트	발생 이벤트

5.6.3 개별차량 데이터 분석 방법

GPS 기반의 개별차량 궤적 데이터를 이용하여 미시적 수준의 통행패턴 분석이 가능하다. 예를 들어 교통지표 및 경로 분석, 교통안전 측면의 위험도 분석 등을 통해 교통운영관리 기법을 고도화할 수 있다.

1 교통지표 및 경로분석

개별차량 데이터를 이용하여 차종별 경로를 분석하고, 다양한 교통분야별로 지표를 산출할 수 있다. 기존 지점검지체계 데이터의 한계점으로는 고속도로 전 구간에 대한 차종별 교통량 정보 부재, 검지기 미설치 구간 교통량 산정 불가능, 도로구간별, 차종별 개별차량 속도분포 부재 등이 있다. 이러한 데이터의 한계로 인해 기존에는 가정을 통해 교통지표를 분석하였다. 분석 데이터별 교통지표 및 경로분석 등을 통한 교통분야 활용방안은 [표 5.16]과 같다.

검지기 시스템은 실시간 교통운영관리를 위해서 필수적으로 필요하다. 그러나 검지기 데이터는 집계된 이력 데이터이므로 실시간 교통상황 분석이 불가능하다. 민간 내비게이션 업체에서는 개별차량 데이터를 통해 실시간 소통상황 정보를 제공하고 있다. 이용자 맞춤형 교통안전관리를 하기 위해서는 공공과 민간에서 수집한 자료를 원활하게 결합하고, 이용자-데이터 수집기관(민간)-데이터 활용기관(공공) 간의 책임과 권한의 명확한 범위 설정에 대한 논의가 필요하다.[12]

[표 5.16] 분석 데이터별 교통분야 활용방안 예시

활용방안		분석 데이터(차종별, 시간대별 데이터)				
		교통량	속도/통행시간	개별차량 주행궤적	링크 O-D	기종점 통행경로
교통 지표	교통혼잡비용 산정	○	○	○		
	배출가스 산정	○	○	○		
	소음도 분석	○	○	○		
	차선마모도/포장상태 분석	○	○	○		
경로분석	노선 간 연계성 분석			○		
	차종별 통행경로 분석	○		○	○	○

자료: 참고문헌(11)

2 실시간 교통안전 분석

과거에는 사고이력 데이터를 기반으로 사고발생 이후 수동적 사고대응이 이루어졌다. 그러나 링크 단위의 집계된 교통정보를 이용할 경우, 데이터 수집의 시·공간적 제약이 발생한다. 개별차량 데이터 수집 및 분석이 가능해짐에 따라 링크 단위 데이터에 비해 신뢰성 높은 사고 시점 매칭이 가능해졌다. 또한 개별차량의 주행행태 분석을 통해 미시적인 차량 거동에 따른 위험도를 평가하고, 사고가 발생하기 이전에 위험도가 높은 구간에 대한 선제적 교통안전관리가 가능하다. 도로 위의 모든 차량들은 차량 간에 상호작용을 가지고, 상충을 발생시킨다. 교통사고는 인적 특성, 교통류 특성, 기하구조 및 도로환경 특성 등 다양한 요인이 복합적으로 작용하여 발생하고 있으며, 차량의 거동과 차량 간 상호작용을 미시적으로 분석하여 사고개연성을 계량화하는 다양한 대리안전척도가 개발되고 있다.

개별차량 데이터를 통해 도로의 실시간 사고개연성을 예측할 수 있으며, 사고가 발생하기 이전에 선제적으로 교통안전관리를 수행할 수 있다. 그러나 사고, 검지기 등 기존의 링크 단위 데이터의 경우 존 단위 또는 이정 단위로 기록되고 있으며, 개별차량 데이터는 GPS 기반의 위경도 좌표 형태로 기록된다. 따라서 사고지점을 포착하여 차량의 주행행태를 분석하기 위해서는 데이터의 분석 단위를 일치시키는 작업이 필요할 것이다. 개별차량 데이터는 데이터의 수집 장치의 역할을 하면서 도로의 실시간 소통 및 위험도를 분석할 수 있는 분석 데이터를 제공한다. 뿐만 아니라 분석된 실시간 교통정보를 제공할 수 있는 정보 제공 방안의 역할 또한 수행할 수 있다.

5.7 교통사고조사 및 상충조사

교통사고조사를 할 때 가능하면 모든 교통사고 위험성을 다 조사하는 것이 좋다. 인명피해를 수반하지 않는 교통사고는 통계에 포함되지 않으며, 그 발생건수는 통계에 나타난 숫자보다 훨씬 많다. 또 사고가 발생할 뻔한 미연사고(未然事故, near accident)까지 합하면 잠재적인 교통사고건수는 이보다 훨씬 많다고 볼 수 있다. 사실상 인명피해를 수반한 사고와 미연사고와의 차이는 극히 미미하다.

5.7.1 교통안전의 과제

교통안전에 관한 국가적인 과제는 ① 사고발생건수 감소, ② 치사율 감소, ③ 충돌 후 생존율 증대, ④ 조직적인 안전활동, ⑤ 안전한 도로설계라 할 수 있다. 이러한 과제를 수행함에 있어서 교통공학과 관련되는 핵심적인 요인은 운전자 요인, 차량요인 및 도로요인이다. 교통공학은 이 중에서 도로요인에 주된 관심을 갖지만 그 밖에 운전면허제도, 차량설계 및 자동차등록제도 등에 관해서도 관심을 가져야 한다.

(1) 사고발생건수 감소
도로상의 안전을 확보하는 것은 매우 어려우면서도 복잡한 일이다. 교통사고의 요인은 대단히 복잡하고 많지만 그중에서도 운전자의 잘못으로 인한 사고가 그의 대부분을 차지한다. 따라서 교통사고를 줄이는 가장 효과적인 방법은 운전자 교육훈련과 더불어 사고 및 교통법규 위반이 많은 운전자에 대한 법적인 제재(制裁)를 가하는 것이다.

(2) 치사율 감소
교통사고건수를 줄이는 것도 중요하지만 사고가 발생했을 경우 치사율을 줄이는 것도 매우 중요하다. 예를 들어 주행차로를 벗어난 차량을 위해 적절한 가드레일, 중앙 방호책, 충격흡수시설 또는 부러지기 쉬운 표지판 지주를 설치함으로써 차량 및 운전자의 피해를 줄일 수 있다. 또 고속도로에서 유출연결로 입구의 고어지역(gore area)은 진행방향을 잘못 판단한 차량이 순간적으로 차로변경을 할 수 있도록 주위에 장애물이나 구조물이 없어야 한다.

(3) 충돌 후 생존율 증대

충돌 시 충격이 운전자에게 미치지 않고 차량이 흡수하도록 차량설계가 되어야 한다. 충격흡수범퍼, 안전벨트, 에어백 같은 것은 충돌 시 충격을 흡수하여 생존율을 높이는 효과적인 설비이다.

(4) 조직적인 안전활동

정부나 지자체에서는 자동차검사제도, 속도규제, 음주운전 연령 상향조정, 자동차설계기준과 같이 교통안전을 증진시키는 정책을 가지고 있다. 교통전문가는 이러한 정책을 수립하고 지침을 마련하는 데 참여해야 한다.

(5) 안전한 도로설계

도로설계는 교통안전과 밀접한 관련이 있다. 비록 도로가 일반적인 설계기준에 부합되게 설계되었다 하더라도 도로상에서 일어나는 다양한 교통상황을 모두 만족시키는 설계를 할 수는 없다. 특히 평면 및 종단선형, 도로변 설계, 중앙분리대, 또는 고어지역과 같은 곳에서는 교통상황에 따른 차량 및 운전자의 동적 행태에 따라 사고위험성이 크게 달라진다.

5.7.2 교통사고조사의 목적

교통사고조사는 교통사고 발생 가능성이 높은 지점을 찾아내고, 개별사고에 대한 충분한 자료를 확보하며, 개별사고와 관련된 도로, 운전자, 교통여건, 환경 등에 대한 심도 있는 자료를 파악하기 위한 것이다.

교통전문가는 교통사고와 그 발생요인 간의 개략적인 상관관계를 알아야 하며, 사고 잦은 지점을 분석하고 개선하기 위한 구체적인 자료를 얻을 수 있어야 한다. 사고기록은 안전이란 측면에서 본 도로시스템의 성능을 나타내는 값진 자료이다. 교통전문가나 경찰, 법원, 교육기관 및 모든 안전관련 기관들은 이 사고기록 자료를 이용한다. 사고분석에 관련되는 모든 단체의 목표는 사고를 감소시키고, 사고감소 개선책의 성과를 평가하는 것이다. 사고통계는 개선책을 계획하고, 교통단속이나 안전시설 건설을 위한 예산할당의 우선순위를 결정하는 데 중요한 기초가 된다.

사고조사에 포함되는 사항은 사고위치, 날짜, 요일, 시간, 사고종류, 피해 정도, 사고에 연루된 차량의 종류, 노면상태, 기후 등이며 사고발생의 경위 및 사고 직전의 상황들이다. 가장 간단한 사고기록제도는 사고기록을 발생 위치별로 분류하여 보관하고 지도상에 사고조사를 해야 할 위치와 각 사고의 재산피해, 인명피해를 서로 다른 색깔의 핀으로 표시한다.

사고건수가 많으면 자료를 기록·유지 및 원인분석을 하는 데 많은 인원과 시간을 필요로 하며 이를 통계적으로 분석하고 이 결과를 여러 곳에 대량으로 전파하기가 어렵다. 따라서 효과적인 교통안전대책을 수립하기 위한 많은 양의 사고자료를 처리하기 위해서는 컴퓨터의 도움이 필수적이다.

가장 간단한 처리 시스템은 사고보고 자료를 코드화하여 컴퓨터에 입력시키고 필요에 따라 사고 많은 지점 목록 등과 같은 특별한 항목별 통계나 전체 통계를 신속히 얻을 수 있게 하는 것이다. 이렇게 해서 더욱 자세한 분석을 반복해서 할 수 있고, 또 교통량이나 교통통제설비 및 운전자, 차량에 관한 자료들과의 상관관계를 찾아낼 수 있다.

사고자료를 분석할 때 특별히 유의해야 할 것은 교통개선책을 시행한 후 어느 기간 동안은 사고가 오히려 증가한다는 사실이다. 그 이유는 이용자가 개선책을 잘 인식하지 못했거나 익숙하지 않기 때문이다. 시간이 경과하면 이러한 경향은 줄어든다. 따라서 교통안전에 대한 개선책을 시행하기 전후의 교통사고를 비교할 때, 개선책 시행 직후 적어도 1년 정도의 사고자료는 분석대상에서 제외되어야 한다.

5.7.3 위험도 분석

교통사고조사 분석의 목적은 '사고 잦은 장소'를 파악하여 이를 개선하는 데 한정된 예산을 효율적으로 사용하기 위함이다. 그러기 위해서는 사고자료를 이용하여 사고 잦은 장소를 선정하는 절차를 수립해야 한다. 사고 잦은 장소란 다른 유사한 조건을 가진 장소와 비교해서 사고위험도가 높은 곳을 말한다. 이때의 비교는 단순 비교일 수도 있고 통계적인 비교가 될 수도 있다. 위험도를 분석하고 이를 평가하는 방법에는 다음과 같은 것이 있다.

(1) 사고건수 비교법
주어진 어떤 값의 최소 사고건수보다 사고발생건수가 많은 장소를 위험도가 높다고 판정한다. 이때 사용되는 평가척도는 어떤 장소의 사고건수 또는 도로의 단위길이당 사고건수이며 주로 같은 종류의 도로를 비교할 때 사용한다.

사고건수 또는 사망자수, 부상자수 어느 하나만으로는 피해 정도를 비교하기 곤란하다. 예를 들어 사망사고가 많은 장소와 부상사고가 많은 장소 또는 사고건수가 매우 많은 장소의 위험도를 서로 비교하기 어렵다. 따라서 사망 및 부상의 사회적인 손실을 재산피해와 비교하여 가중치를 부여하고 이들 피해를 모두 합하여 재산피해 환산건수(Equivalent Property Damage Only; EPDO)로 나타내어 사고건수 대신에 사용하기도 한다. 그러나 이때 가중치의 결정에 대한 논란이 많아 아직도 잘 사용되지 않는다.

(2) 사고율 비교법
도로구간의 경우 통행량 1억 대·km당 사고건수 또는 교차로와 같은 장소의 경우 진입차량 100만대당 사고건수로 환산한 사고율을 아래와 같은 공식을 사용해서 구하고, 그 크기순으로 위험도가 높은 것으로 본다.

$$R_i = \frac{1\,억 \times A}{365T \times V \times L} \qquad \text{(도로구간)} \qquad (5.8)$$

$$R_j = \frac{100\,만 \times A}{365T \times V} \qquad \text{(교차로)} \qquad (5.9)$$

여기서 $R_i = i$ 도로구간의 사고율

$R_j = j$ 교차로의 사고율

$A =$ 분석기간 동안의 사고건수

$T =$ 조사 및 분석기간(년)

$V =$ AADT

$L =$ 도로구간의 길이(km)

(3) 사고건수와 사고율 비교법

사고건수와 사고율을 함께 사용한다. 예를 들어 1 MEV당 사고율이 150을 초과하고 연간 사고건수가 5건을 초과하는 교차로나 교량을 '사고 잦은 장소'로 선정한다. 도로구간도 마찬가지로 사고건수와 사고율이 주어진 어떤 값보다 많으면 사고 잦은 장소로 간주된다. 이와 같은 값은 국가 또는 어떤 지역의 사정에 비추어 경험적으로 결정된다.

(4) 전통적 통계방법

어느 장소의 사고건수는 정규확률분포를 따른다는 가정하에, 비교 대상이 되는 모든 장소들의 평균사고건수나 평균사고율보다 통계적으로 높은 값을 보이는 장소를 사고 잦은 장소로 선정한다. 즉 아래와 같은 조건이면 그 장소는 사고 잦은 장소이다.

$$N_i \geq X_N + k \times S \tag{5.10}$$

여기서 $N_i = i$ 장소의 사고건수

$X_N =$ 비교 대상이 되는 모든 장소의 평균사고건수 또는 평균사고율

$S =$ 모든 장소의 사고건수 또는 사고율의 표준편차

$k =$ 신뢰수준에 따른 검정계수로서 다음과 같은 값을 갖는다.

신뢰수준(%)	검정계수 k
50	0.0
80	0.842
90	1.282
95	1.645
98	2.054

예제 5.4 어느 도(道) 내에 있는 국도 어느 한 구간의 지난 한 해의 사고율은 210건/억 대 · km이었다. 이 도의 모든 국도의 평균사고율은 89건/억 대 · km이며 표준편차는 64건/억 대 · km이었다. 이 구간의 위험도, 즉 이 구간이 사고 잦은 장소인지를 95% 신뢰수준에서 판정하라.

풀이 (1) 이 도로구간의 임계사고율 U_L은 식 (5.10)에서

$U_L = X_N + k \times S$

$= 89 + 1.645 \times 64 = 194$ 건/억 대 · km이다.

(2) 실제 사고율은 210건/억 대 · km이므로 이 구간은 사고 위험성이 높은 구간이라고 95% 신뢰성을 가지고 말할 수 있다. ■

(5) Rate-Quality Control법(평균사고율 비교법)

어느 장소의 사고율을 이와 유사한 조건을 갖는 장소들의 평균사고율과 통계적으로 비교한다. 즉 아래와 같은 조건이면 i장소는 사고 잦은 장소이다.

$$R_i \geq X_R + k \sqrt{\frac{X_R}{V_i} + \frac{1}{2V_i}} \qquad (5.11)$$

여기서 $R_i = i$장소의 사고율

$X_R =$ 비교 대상이 되는 모든 장소의 평균사고율

$V_i =$ 그 장소의 통행량(억 대·km 또는 MEV)

예제 5.5 하루에 15,400대의 차량이 통과하는 200 m 도로구간의 도시간선도로에서 3년간의 교통사고는 39건이었다. 이와 유사한 도로의 우리나라 평균치는 1억 대·km당 3년간 615건이다. 이 도로구간의 사고율을 구하고, 이 구간의 위험도, 즉 이 구간이 사고 잦은 장소인지를 유의수준 5%에서 판정하라.

풀이 (1) 이 도로구간의 사고율 계산

노출률 $V_i = $ 3년 × 365일 × 15,400대 × 0.2 km = 0.0337억 대·km

실제 사고율 $R_i = \dfrac{39}{0.0337} = 1,160$건/억 대·km

(2) 임계사고율 계산(CR_i)

$$CR_i = X_R + k \left(\frac{X_R}{V_i} \right)^{0.5} + \frac{1}{2V_i} = 615 + 1.645 \left(\frac{615}{0.0337} \right)^{0.5} + \frac{1}{2 \times 0.0337}$$

$$= 852\text{건/억 대·km}$$

(3) 위험도 계산 및 평가

위험도 $= \dfrac{1,160}{852} = 1.4 > 1.0$

그러므로 이 도로구간은 위험한 구간(사고 잦은 장소)이다. ■

(6) 사고패턴 비교법

어느 장소의 사고패턴을 이와 유사한 조건을 갖는 장소들의 평균패턴과 통계적으로 비교한다. 즉 아래와 같은 조건이면 i장소는 평균적으로 다른 사고패턴을 갖는다.

$$P_i \geq X_P + k \sqrt{\frac{X_P(1 - X_P)}{N_i}} \qquad (5.12)$$

여기서 $P_i = i$장소의 사고패턴

$X_P =$ 비교 대상이 되는 모든 장소의 평균사고패턴

$N_i =$ 그 장소의 사고발생건수

예제 5.6 교통량이 전 구간에 걸쳐 거의 일정한 지방부 2차로 국도 2 km 내의 지난 3년간 사고발생건수는 15건이었으며, 이 구간 내에 있는 200 m 곡선구간에서의 사고는 5건이었다. 이 구간과 교통조건이 유사한 도로구간의 우리나라 평균을 예측한 결과는 전 구간 13건, 200 m 구간 1.5건이었다. 이 도로구간의 200 m 곡선구간이 신뢰수준 95%에서 사고 위험성이 높은지를 판정하라.

풀이 (1) 이 구간의 곡선부 사고건수 비율

$$P_i = 곡선부 \ 사고건수 / 전체 \ 구간 \ 사고건수 = 5/15 = 0.333$$

(2) 임계사고건수 비율(CP_i)

$$X_P = 1.5/13 = 0.115$$

$$N_i = 15건$$

$$CP_i = X_P + k \sqrt{\frac{X_P(1-X_P)}{N_i}} = 0.115 + 1.645 \sqrt{\frac{0.115 \times 0.885}{15}} = 0.25$$

(3) 위험도 계산 및 평가

$$위험도 = \frac{0.333}{0.25} = 1.3 > 1.0$$

그러므로 이 도로구간의 곡선부는 다른 도로의 곡선구간보다 위험하다. ■

어느 특정 장소에서의 교통안전수준은 사고보고서 자료를 근거로 하여 현황도(現況圖, condition diagram)와 충돌도(衝突圖, collision diagram)를 그려서 분석한다([그림 5.3]). 현황도는 축척에 맞추어 그리며 안전에 영향을 미칠 수 있는 모든 요소, 즉 시계제약(視界制約) 건물, 또는 나무, 가로 등 기둥, 소방전, 표지판, 노면표시, 신호등 등을 표시한다. 충돌도는 축척에 맞출 필요 없이 모든 사고의 발생일시 및 사고유형을 표시한다. 이 도면은 안전상의 문제점을 파악하기 쉽게 하며 현황도와 대조하여 사고원인을 찾아내는 데 도움을 준다. 그러나 회전 교통량을 포함한 교통량, 속도 및 신호운영 방식 등도 사고분석을 위해서는 반드시 알아야 할 사항이므로 이를 조사해야 한다.

5.7.4 교통상충조사

과거에 발생한 사고조사 자료를 가지고 위험도를 평가할 때는 최소한 3년의 자료가 필요하고, 또 사고 잦은 장소를 명확히 구분해 내기가 어렵다. 따라서 충돌 가능성이 높은 곳에서 교통사고가 많이 발생한다는 가정하에 어떤 장소에서 짧은 시간 동안 교통사고와 밀접한 관련이 있는 차량의 운행행태를 관측하여 그 장소의 사고위험성을 평가할 수 있다. 이와 같은 방법을 교통상충조사(交通相衝調査, traffic conflict study)라 하여 주로 교차로나 합류 또는 엇갈림 지역과 같은 사고위험 지역의 사고위험성을 평가하는 데 사용된다.

차량과 차량 또는 차량과 보행자가 그대로 진행하면 충돌이 일어날 경우, 이를 피하기 위한 어떤 행동을 할 때 이를 회피행동이라 하며, 이때 상충이 발생했다고 한다. 따라서 상충조사는 "한 장소에서 발생하는 상충은 사고 잠재성을 의미하며, 그 발생빈도는 사고 가능성의 척도가 되고, 또 상충

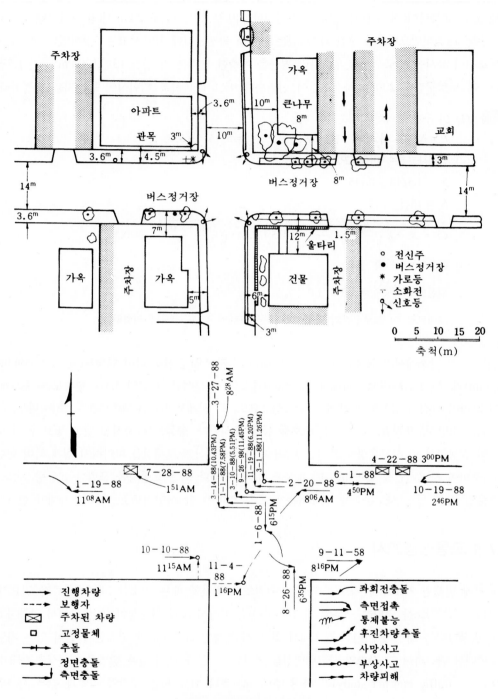

[그림 5.3] 현황도(상) 및 충돌도(하)

자료: 참고문헌(8)

의 종류와 잠재적 사고의 유형과 밀접한 관계가 있다."는 가정에 기초를 두고 있다. 충돌을 회피하기 위한 브레이크 작동(제동등이 켜짐) 또는 진로변경 등이 가장 일반적인 회피행동이며, 충돌에 근접하는 정도에 따라 상충의 위험도를 구분한다. 또 회피행동은 아니지만 적색신호 및 횡단보행자를 위한 제동, 사고와 결부되기 쉬운 위험행위 및 교통법규 위반행위도 상충에 포함시키는 사람도 있다.

상충횟수를 나타내는 방법에는 두 가지, 즉 ① 단위시간당 상충수, ② 차량당 상충수로 나타내는 방법이 있다. 두 방법 중 어떤 것을 사용해도 좋으나 분석에 필요한 표본수를 얻기 위해서는 사전에 모집단에서 얻는 자료가 다르다. 표본수를 구하는 공식은 다음과 같다.

$$N_T = \left(\frac{z_{\alpha/2} \cdot s}{E_T} \right)^2 \tag{5.13}$$

$$N_V = \left(\frac{z_{\alpha/2}}{E_V} \right)^2 pq \tag{5.14}$$

여기서 N_T = 단위시간당 상충수 방법에서 표본의 크기(관측시간의 수)

$\quad N_V$ = 차량당 상충수 방법에서 표본의 크기(관측차량의 수)

$\quad s$ = 단위시간당 관측 상충수의 표준편차

$\quad E_T$ = 시간당 상충수로 나타낸 허용오차($\bar{x} - \mu$)

$\quad E_V$ = 차량당 상충수로 나타낸 허용오차($\hat{p} - p$)

$\quad p$ = 차량당 평균 상충수(상충에 연류된 차량의 비율)

$\quad q = 1 - p$

상충조사 결과의 신뢰도를 알기 위하여 통계적인 검정을 한다. 또 사고방지대책을 시행한 후의 효과를 검정하기 위하여 사전·사후의 상충횟수를 조사하고 그 결과를 비교하여 그 차이가 통계적으로 유의한지 아니한지를 판단한다.

최근에는 기술의 발전으로 인해 교차로 등에서 영상 기반의 차량들 간의 상충을 분석하는 사례가 늘어났다. 교차로는 서로 다른 방향에서 주행하는 교통류가 합류, 분류 및 교차하는 곳으로 주로 교통신호를 이용하여 이를 제어한다. 일반 도로에서 동일한 방향으로 향하는 차량 간의 상호작용으로 인한 상충 상황도 존재하지만, 교차로에서는 좌회전-우회전 차량 및 우회전-직진 차량 등과 같이 서로 다른 방향으로 향하는 차량 간 상충이 발생할 수 있다. 기존 상충분석은 차량의 물리적 정보를 수집하여 교통안전 대리척도 계산을 통해 상충을 검지하고 사고개연성을 정량적으로 평가하고 있다. 영상 검지 기술은 사람 또는 사물을 인식하고, 움직임을 검지하고 추적하는 등 다양한 목적을 위해 활용이 가능하다. 현재 영상 검지 기술의 개발을 통해 촬영된 영상 데이터에서 움직이는 차량을 검지하고 추적할 수 있다. 영상 기술을 교통분야에 적용하여 고속도로 분·합류 구간, 교차로 등 차량의 상충 발생 개연성이 높은 곳에서의 상충 분석을 수행하고 있다.

5.8 주차조사

주차시설은 교통체계에서 볼 때 차량을 이동시키는 도로만큼이나 중요하다. 즉 교통에 적절한 서비스를 제공하기 위해서는 출발지에서부터 목적지까지 효율적으로 이동시켜야 할 뿐만 아니라, 그 통행이 끝나는 곳에 일시적인 정차시설을 마련해야 한다. 가로 시스템이 아무리 좋아도 주차하는 데 소요되는 시간과 그 후 최종 목적지까지 걸어가는 데 걸리는 시간이 길면 이 가로 시스템의 효과는 반감된다.

노외주차시설은 소유자 또는 운영자가 누구이든 공공기관이 전반적인 계획지침을 마련하고 관장할 책임이 있다. 특히 도시 주차시설의 대부분을 차지하는 노상주차시설에 관해서는 공공기관이 더욱 큰 책임을 진다. 주차 및 터미널 문제는 일반적으로 CBD에서 가장 중요한 교통문제이지만 기타 지역에서도 이와 비슷한 중요성을 가지므로 결코 소홀히 취급해서는 안 된다.

주차조사의 목적은 어떤 지역의 주차문제를 해결하기 위한 주차개선계획을 세우기 위함이다. 그러기 위해서는 ① 주차시설의 형태와 공급량, ② 주차시설의 사용목적과 사용방법, ③ 필요한 주차공간의 크기, ④ 주차수요 특성, ⑤ 주차발생원(發生源)의 위치, ⑥ 주차에 관한 법적, 재정적, 행정적 자료 등의 정보가 필요하다.

5.8.1 주차시설 현황조사

주차조사를 하기 위해서는 현재의 주차장 크기와 그 운영방식을 파악해야 한다. 이때 주차시설은 노상주차시설과 평면주차장 및 옥내주차장 등 노외주차시설을 포함한다.

조사지역을 나타내는 지도는 1:100 축척을 사용하며 여기에는 CTD(Central Traffic District)가 반드시 포함되어야 한다. CTD는 CBD 내와 CBD에 출입하는 사람들이 주차장으로 사용하는 지역이나 도로를 포함한 것이다. 조사지역 내의 모든 주차시설은 블록별 또는 가로링크별로 번호가 부여된다.

노상주차시설 현황조사에서는 각 시설별 운영방법과 함께 그 시설의 위치, 주차각도, 주차면(駐車面)의 규격과 수, 시간제한, 기타 승강장, 소화전, 주요건물 출입구로 인한 주차금지 구간의 길이 등을 조사한다. 이때 공공주차에 주로 이용되는 골목길에 있는 주차가능공간도 조사하여 노상주차시설에 포함시킨다. 만약 골목길 주차공간이 화물차의 하역주차장으로 이용되면 이때는 노외주차장시설로 간주한다.

노외주차시설에서는 그 시설의 위치와 규모, 운영방식을 조사한다. 만약 주차장의 관리방침이 통로까지도 주차공간으로 이용된다면 이때의 주차시설 용량은 실제 주차면수에 이를 추가시켜야 한다.

5.8.2 주차 이용도조사

주차시설에서 주차수요(駐車需要)와 주차 이용도(利用度)란 말뜻의 차이를 이해해야 한다. 즉 주차를 원하는 모든 사람이 주차할 수 있는 충분한 주차시설이 있다면 이 둘은 같을 수 있지만, 도시 지역에서와 같이 주차하기가 어려운 경우는 실제 주차수요를 모르므로 이용도를 조사하여 주차의 적정성을 나타낸다.

소도시 내 중심지역에서의 높은 이용도는 주차수요와 아주 근사한 값을 나타낸다. 주차시설 이용 도를 정기적으로 점검하면 어떤 중요지역의 성장방향을 찾아낼 수 있다. 소도시에서는 보행거리가 길지 않으므로 신설되는 주차장은 이러한 수요를 만족시키도록 해야 한다.

주차 이용도조사는 하역장(荷役場) 또는 골목길이 트럭에 의해 어떻게 이용되며 또 다른 차량에 의해 이용되지 않는 부분이 얼마인지를 조사한다. 또한 모든 차량의 도착률과 주차대수를 파악하여 첨두주차시간 및 관측주차(觀測駐車)대수(parking accumulation)가 가장 많은 시간대를 알아낸다. 관측주차대수란 분석시간대의 어느 시점(時點)에 주차되어 있는 차량대수를 말한다. 주차조사와 함께 경계선 교통량 조사를 하여 차량의 도착, 출발대수로부터 구한 누적차(累積差)대수와 관측주차 대수를 비교한다. 이로부터 시간당 이동 중인 차량대수와 CTD에서 주차하지 않고 통과하는 교통량을 알 수가 있다.

각 조사지역(블록 또는 링크별로)의 노상주차와 노외주차를 구분하여 시간당 관측주차대수로부터 시간당 점유율(occupancy)을 구한다. 이때 조업(操業)주차(operational parking)에 대해서도 같은 방법으로 구한다. 관측주차대수 곡선을 그리면 첨두주차시간을 한 눈에 알 수 있다. 일반적으로 첨 두주차시간을 포함한 연속된 3시간의 첨두주차시간대에 대해서 주차 이용도를 분석한다.

규제가 엄하거나 주차요금이 비싼 주차장은 대체로 이용도가 낮으며, 이용도가 매우 높은 경우는 주차공간이 적으며 불법주차가 많다는 것을 예상할 수 있다. 특히 첨두주차시간대에 주차장 내에서 주차공간을 찾기 위해 돌아다니거나, 주차를 끝내고 주차장을 떠나거나, 또 공사 중이거나 인접 주 차면을 침범하여 주차한 차량 때문에 주차장의 실용용량(實用容量, practical capacity)은 주차장 가 용용량(可用容量, possible capacity), 즉 주차장 총 주차가능면수의 80~95% 정도밖에 되지 않는 다. 실용용량 대 가용용량의 비를 나타내는 이 값을 효율계수(efficiency factor)라 한다.

주차수요가 실용용량을 초과할 경우의 점유율은 이 효율계수와 같은 값을 갖는다. 평균주차시간 길이가 긴 주차장은 이 계수가 크며, 주차장의 진출입로(driveway), 통로(aisle) 및 주차면(stall)의 크기와 배치가 이상적일수록 이 값은 커진다. 일반적으로 주차장을 설계할 때 평면주차장은 0.85, 옥내주차장은 0.8, 노상주차장은 0.9~0.95 이상의 효율계수를 갖도록 해야 한다.

5.8.3 주차시간 길이조사

주차미터링 시설이 없는 노상주차장 또는 평면주차장이나 옥내주차장에서는 차량번호판 관측을 통하여 주차시간 길이를 구할 수 있다. 통상 오전 9시부터 오후 5시, 오전 7시부터 오후 7시까지 사이에서 일정 시간 간격으로 주차되어 있는 차량번호를 기록한다. 이때 조사 간격이 짧을수록 더 정확한 결과를 얻을 수 있으나 2시간을 넘지 않는 것이 좋다. 만약 조사가 1시간마다 행해진다면 앞에서 설명한 이용도조사와 함께 하는 것이 편리하다. 주차시간 제한이 있는 주차장을 조사할 때는 조사원이 주차단속원으로 오해를 받아 조심스럽게 주차하기 때문에 주차 현실을 있는 그대로 조사하지 못하는 경우가 있으므로 몰래하는 것이 좋다.

5.8.4 자료의 분석

주차자료의 분석으로 주차시설의 공급량과 이용도 및 주차수요를 구할 수 있다. 총 수요량을 가용(可用)주차면과 비교해서 부족한 면수(面數)를 알아낸다.

주차시설 현황조사로부터 이론적인 가용주차면·시간을 알 수 있으나 앞에서 설명한 바와 같이 주차회전(turnover)에 소요되는 시간손실 때문에, 또는 주차수요가 공급보다 적을 경우에는 주차장을 100% 모두 이용하지 않는다.

주차 이용도에 관한 자료로부터 불법주차의 위치와 종류, 주차시간 길이, 노상주차시설과 노외주차시설 이용자 수의 비교, 주차규정 시행의 강도 및 전일(全日) 주차하는 차량의 비율을 알아낼 수 있다.

연주차시간(延駐車時間, parking load)은 어느 시간 동안 주차에 이용된 총 주차면·시간을 말한다. 이것은 어떤 시간 동안 주차한 총 차량대수를 나타내는 실주차대수(parking volume)와는 다르다.

주차조사에서 특히 유의해야 할 것은 조사·분석의 대상이 되는 시간대(時間帶)에 관한 것이다. 즉 분석의 시간대가 정확히 정의되어야만 필요한 자료를 얻을 수 있다. 예를 들어 하루 24시간의 평균 주차시간이나 회전수 또는 점유율을 구한다는 것은 별 의미가 없다. 왜냐하면 이용률이 아주 적은 밤 시간대가 평균값에 포함되어 원하는 목적에 사용될 주차특성을 나타낼 수가 없기 때문이다.

노상주차나 도시 전역 또는 도시 일부의 주차 이용을 조사하기 위해서는 07:00~19:00까지의 시간대를 사용하는 것이 좋으며, 특정 주차발생원이 되는 건물이나 행사장의 주차특성을 파악하기 위해서는 주차수요가 최대가 되는 1~3시간대를 기준으로 잡는 것이 좋다.

주차특성을 구하는 문제는 크게 두 가지로 구별된다. 첫째는 주차수요를 고려하여 주차장의 규모를 계획하는 문제이고, 둘째는 기존 주차장의 주차특성을 구하는 문제이다. 두 문제에서 공통적으로 적용되는 주차수요 및 주차특성 변수들의 상관관계는 다음과 같다.

$$V = CT \tag{5.15}$$

$$L = VD = CHO \tag{5.16}$$

여기서 V = 분석시간 동안의 실주차대수(parking volume)(대)

C = 주차장 가용용량, 즉 주차장 총 면수(possible capacity)(면)

T = 분석시간 동안의 주차회전수(turnover)(대/면)

L = 분석시간 동안에 이용된 총 주차면·시간, 즉 연주차시간(parking load)

D = 분석시간 동안의 평균주차시간(시간/대)

H = 분석시간 길이(시간)

O = 분석시간 동안의 평균점유율(occupancy)

주차장 계획에서는 분석시간대의 주차수요(V)와 평균주차시간(D)을 알고, 기대하는 점유율(O)이 주어졌을 때 이에 적합한 주차면수, 즉 가용용량(C)과 회전수(T)를 구할 수 있다. 만약 가용용량(C)과 평균주차시간(D)을 알고 점유율 대신 효율계수(e)를 사용하면 최대 주차가능대수를 얻을 수 있다.

또 주차특성을 분석할 때는 분석시간 동안의 관측주차대수, 실주차대수(V), 가용용량(C)을 알면 평균주차시간(D), 회전수(T), 점유율(O)을 얻을 수 있다.

예제 5.7 어느 건물의 주차장을 건설하고자 한다. 주차첨두시간은 11:00~14:00까지로 예상되며, 이 동안의 주차수요는 100대, 평균주차시간은 1.5시간으로 추정된다. 다음 물음에 답하라.

(1) 첨두 3시간의 평균점유율을 0.7로 하고 싶다. 소요주차면수는 얼마인가? 또 이렇게 건설되었을 때의 평균회전수는 얼마인가?

(2) 이 주차장 내부 순환의 어려움 때문에 효율계수가 0.9를 넘을 수 없다. 위의 주차수요를 만족시키려면 최소 주차면수를 얼마로 해야 하는가? 또 이때의 평균회전수는 얼마인가?

(3) 이 주차장의 부지가 50면으로 제한되어 있다. 첨두시간 동안에 주차할 수 있는 최대 주차가능대수는 몇 대인가?

풀이 $V = 100$대, $D = 1.5$시간, $G = 3$시간, $O = 0.7$, $e = 0.9$

    (1) 소요주차면수(C) $VD/HO = 100 \times 1.5/(3 \times 0.7) = 72$면

           평균회전수(T) $V/C = 100/72 = 1.4$회$/3$시간

    (2) 소요주차면수(C) $VD/He = 100 \times 1.5/(3 \times 0.9) = 56$면

           평균회전수(T) $V/C = 100/56 = 1.8$회$/3$시간

    (3) 최대 주차가능대수(V) $CHe/D = 50 \times 3 \times 0.9/1.5 = 90$대   ∎

5.9 교통여건 분석 및 예측

5.9.1 현재의 교통여건 분석

조사·분석의 자료수집단계에서 얻은 대부분의 정보는 교통과 관련되는 그 지역의 여건을 한 눈에 알아볼 수 있도록 여러 가지 방법으로 종합된다. 그러나 이 자료의 용도는 그것만이 전부가 아니다. 나중에 그 지역의 발전과 교통수요를 모형화하는 데 사용될 뿐만 아니라 새로운 교통시스템을 설계하고, 평가하며, 프로그래밍하는 데 매우 요긴하게 사용된다.

조사·분석의 종류에 따라 자료를 종합하고 이것을 나타내는 방법이 다르지만, 일반적인 조사·분석에서 반드시 포함되어야 할 사항은 다음과 같다.

1 인구

인구분포를 파악하는 것은 교통조사를 하거나 교통수요를 예측하는 데 꼭 필요하다. 그러나 이를

위해 특별히 인구조사를 하는 일은 드물고 대부분의 경우 센서스 조사의 결과를 이용한다. 인구에 대한 지표에는 야간인구(상주인구), 주간인구, 취업인구, 고용인구 등이 있으며, 이들 각각에 의한 자료는 주민등록대장이나 센서스 조사에서 얻을 수 있다.

어떤 지역의 연대별 인구성장패턴을 지도에 표시하면 한 눈에 도시성장추세를 알 수 있어 편리하다.

2 토지이용 및 밀도

여러 가지 종류의 토지이용 현황을 그 지역의 주된 특성과 함께 토지이용 지도에 쉽게 나타낼 수 있다. 이 특성은 주택 용지(저밀도, 중밀도, 고밀도), 소매점포 용지, 교통·통신·편의시설 용지, 산업 및 관련시설 용지, 도매업 및 관련시설 용지, 공공문화시설 및 도시공간 용지, 공공건축물 용지, 공한지 및 비도시화 지역 용지 등으로 분류하면 좋다.

토지이용의 밀도는 도시지역에서 토지이용의 위치만큼이나 중요하다. 이것은 인구밀도로 표시되는 경우가 많다. 또한 주거용 토지이용과 모든 토지이용의 밀도를 구분하여 조사하기도 한다.

3 사회 · 경제지표

교통시설의 수요와 관련되는 사항의 경향을 나타내는 것으로서 다음과 같은 것이 포함된다.

- 인구 증가추세
- 평균소득 증가추세
- 자동차보유대수의 증가추세
- 대중교통이용과 수입의 증가추세
- 차량통행 증가추세
- 고용의 구성비
- 항공승객의 증가추세
- 항공화물운송의 증가추세
- 항공기종의 변화추세
- 지역 내 철도승객수와 수입현황
- 철도를 이용하는 주요 화물현황
- 해운을 이용하는 주요 화물현황
- 해운·항만의 수입추세
- 지역 내 개인통행량(인·km)의 수단분담률 변화추세
- 지역 내 화물통행량(톤·km)의 수단분담률 변화추세
- 파이프라인과 같은 기타 수단이용의 변화추세

4 O-D 자료

O-D 정보는 지역지도에 희망선도를 이용해서 명확하게 나타낼 수 있다. 일반적으로 승용차와 대중교통을 이용하는 개인통행을 나타내는 데 사용되지만, 때에 따라서는 개인이나 화물이동을 위

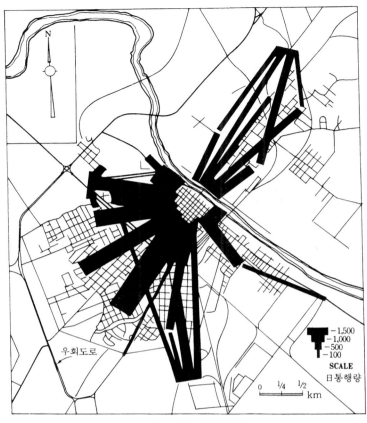

[그림 5.4] 도시지역 내의 희망선도

자료: 참고문헌(8)

한 모든 교통수단의 통행을 나타낼 수도 있다. [그림 5.4]는 어떤 도시지역에서의 통행패턴을 나타낸 것이다.

5 시설 및 기능적 특성

조사지역 내의 여러 가지 교통시설의 위치를 지도에 나타낸다. 이들 교통시설을 간결하게 나타냄으로써 토지이용, 인구 및 교통시설 간의 상관관계를 분명히 알 수 있다.

뿐만 아니라 문제지역을 찾아내는 데 도움이 될 수 있게 여러 가지 시스템 특성을 나타낼 필요가 있다. 시스템이 가지는 특성은 도로시스템의 기능별 분류([그림 7.2] 참조), 기준연도의 교통량 및 통행시간 등고선도(等高線圖) 등으로 나타낸다.

5.9.2 장래의 교통여건 분석

1 토지이용, 인구 및 사회 · 경제지표 예측

현황조사와 기초조사에서 수집된 자료를 분석한 후에는 조사지역에서의 장래 토지이용, 인구 및 사회·경제지표를 예측하는 단계에 이른다. 인구와 경제예측은 그 지역의 계획부서에서 설정한 그 지역의 목적과 함께 맨 처음 이루어진다. 이 예측을 사용하여 적어도 한 개의 장래 토지이용계획안을 만든다. 일반적으로 대규모 조사에서는 여러 개의 토지이용계획안을 만들고, 이들을 평가한 후에 목적과 목표를 가장 잘 만족시킬 수 있는 계획안을 선정하여 통행예측을 한다.[22] 토지이용에 대한 계획이 비교적 자유로운 지역에서는 여러 가지 토지이용 모형을 사용하여 훌륭한 토지이용 대안을 만들어낼 수가 있다.[23] 제한된 인력을 가진 소규모 조사 때나 매우 강력한 계획통제를 하는 지역에서는 토지이용계획 대안이 매우 주관적이며 목표지향적인 기법에 의존하는 경우가 많다. 인구 및 경제예측 기법에 대해서는 지역계획 및 지역경제 분야에서 상세히 다루는 것이 일반적이지만[24], [25] 15장에서도 비교적 자세히 언급된다.

2 통행예측

인구, 사회경제 여건 및 토지이용을 예측한 후에는 [그림 5.5]에 보인 것처럼 통행수요에 관한 예측을 하게 된다. 이때 사용되는 모형화 과정이 대단히 복잡하기 때문에 통행수요예측은 별도의 장에서 자세히 설명한다.

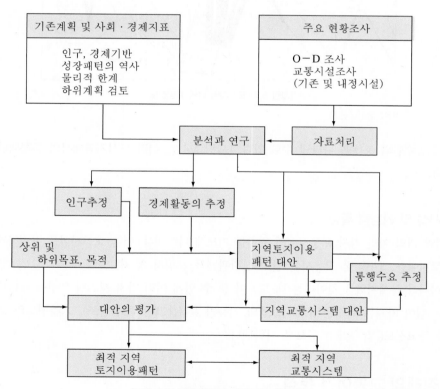

[그림 5.5] 퓨겟 사운드 지역교통 계획과정

자료: Puget Sound Regional Transportation Study

5.9.3 표준의 채택

현재와 장래 시스템의 결함을 객관적으로 평가하기 위해서는 서비스수준과 설계에 대한 표준 (standard)을 채택할 필요가 있다. 현재 또는 앞으로 전개될 문제점 영역을 명확히 나타내려면, 모든 교통수단의 운행특성을 수요특성의 변화에 맞추어야 한다. 모든 통행수단은 그 종류에 따라 여러 가지 최소표준을 가지고 있을 것이다. 여러 가지 교통수단에 대한 몇 개의 전형적인 표준을 열거하면 다음과 같다.

(1) 설계표준
- 도로 및 대중교통
  - 지방부도로의 최저 평균도로속도(minimum AHS)
  - 포장의 최소 바퀴하중내력(耐力)
  - 최소 차로폭
  - 적정 버스베이 면적
  - 주차 및 터미널 표준
  - 대중교통수단의 용량
- 공항
  - 최소 활주로 길이
  - 예상되는 항공기를 수용하기 위한 최소 계류장 크기
  - 탑승객 1,000명당 터미널 면적
  - 활주로, 유도로, 계류장의 지압강도
- 수로, 해운
  - 운하 깊이
  - 부두의 하역 계류장 폭
  - 접안대당 운반창고의 적정 면적
  - 컨테이너 취급 용량
- 철도
  - 최소 선로 곡선반경
  - 최소 총 구간운행속도
  - 최대 가속 및 감속도

(2) 서비스수준 표준
- 도로
  - 총 구간통행속도
  - 서비스수준
  - 1억 대-km당 사고건수

- 대중교통의 배차간격
- 대중교통이용권(보행거리 이내) 내에 있는 인구비율
- 적절한 주차공급/주차수요의 비
- 공항
  - 개별 항공기 운행의 최대 지체시간
  - 기상조건으로 인한 연간 공항폐쇄시간
  - 항공기의 부하계수
- 수로, 해운
  - 배가 도착하고 접안대를 기다리는 평균대기시간
  - 컨테이너 선박의 짐 부리는 속도
  - 항구에서 하역창고를 이용할 수 없는 시간의 비율
- 철도
  - 서비스 간격
  - 승객수요 대 좌석 비
  - 서비스 취소율
  - 차량의 연령

5.9.4 현재 및 장래의 결함 파악

기본적인 계획조사와 중요한 현황조사에서 얻은 정보를 근거로 해서 결함을 나타내는 교통망의 영역을 파악하게 된다. 결함은 교통시설이 설정된 표준에 미치지 못하는 것을 말한다. 설계나 서비스수준에 대해서 시설이 부적절하다면 운행상 지체가 생기거나 혼잡, 총 통행시간의 증가, 길고 불편한 배차간격, 불안전한 운행, 쾌적성과 편리성 감소 등의 결과를 초래하며 극단적인 경우에는 서비스가 완전히 마비된다. 사실상 교통분석가는 기존 교통망을 검토하고 현재의 결함을 평가하여 이 부적절한 것을 여러 가지 도표와 지도에 나타낸다. 예를 들어 기존 도로를 평가할 때에는 시설의 종류별로 현재의 운행속도를 나타내고, 또 마찬가지로 시설별로 사고율을 나타내며, 위치별로 문제점을 나타낼 필요가 있을 것이다. 또 대중교통서비스가 부적절하거나 부족한 지역, CBD로부터 승용차 및 대중교통수단을 이용한 등(等)운행시간지역, 개별시설이나 교통축에 대한 용량-수요의 관계 등을 도식적으로 나타낼 필요가 있을 것이다.

현재의 결함을 파악하는 것 이외에, 장래의 통행수요를 예측하고 이 수요를 내정된 시스템에 적용시키는 것이 일반적인 절차이다. 여기서 내정된 시스템이란 말은 더 이상 수정할 수가 없는 현재 시행과정에 있는 시설을 말한다. 그러나 어떤 곳에서는 시설용지를 매입하기 시작한 시설을 말하기도 하며, 또 다른 곳에서는 최종계약단계가 시작된 시설을 의미하기도 한다. 내정된 시스템에 대해서는 14장 2절에서도 언급한 바 있다. 장래의 교통수요를 내정된 시스템에 적용함으로써 시설을 더 이상 건설하지 않을 때 야기되는 결함을 알 수 있게 된다. 지역 전반의 결함을 도면으로 나타내면 부적절하거나 불충분한 시설이 있는 지역이나 교통축을 쉽게 찾아낼 수 있다.

기존 및 내정된 교통망이 장래 교통수요를 충분히 처리할 수 있는가 하는 수요와 공급을 비교하기 위해서는 그 초기 대안의 용량과 이 교통망 대안에 배분시킨 교통량을 지역별 또는 노선별로 비교한다. 어떤 지역 내의 모든 도로망 링크에 대하여 그 길이와 용량을 곱하여 합하면 그 지역 내의 모든 도로망의 교통공급을 대·km로 나타낸 결과가 된다. 같은 방법으로 각 링크에 배분된 교통량과 그 길이를 곱하여 모든 링크에 대해서 합하면 초기 도로망 대안의 교통수요를 대·km로 나타낸 것이 되어 앞에서 구한 교통공급과 비교가 된다. 이와 같은 전체 지역에 대하여 수요와 공급을 비교한 결과 용량이 부족하다고 판단되면 새로운 교통망 대안을 개발해야 한다. 만약 전체 지역에 대하여 비교하지 않고 특정 노선에 대해서 앞에서와 같은 방법으로 수요와 공급을 비교하여 공급이 부족하다고 판단이 되면 같은 교통축 내에서 새로운 노선건설을 고려해야 한다.

물론 이 두 가지의 대안개발개념이 반드시 옳다고는 할 수 없다. 예를 들어, 한 노선의 용량이 부족하다고 판단될 때 다른 여러 노선도 같은 상황일 수 있으며, 이때는 차라리 지역 전반의 새로운 도로망 대안을 구상하는 것이 더 합리적일 수 있기 때문이다.

이때 주의해야 할 것은 새로운 도로망 또는 노선이 건설된다면 유발교통이 생긴다는 것을 염두에 두어야 한다. 따라서 그 지역의 모든 교통수요를 충족하고도 여유가 있는 시설을 공급할 필요가 있다. 이와 같은 여유용량의 크기를 결정하는 일은 교통용량과 교통수요에 대한 자료를 올바르게 분석하고 판단할 수 있는 계획가의 능력에 달려 있다.

5.10 교통공급 및 수요조사

5.10.1 도로 및 대중교통 자료

기존의 도로 및 대중교통시설과 도시지역 내 통행행태에 대한 현황은 현장조사와 여러 부서에서 사용하는 자료를 종합하여 얻을 수 있다. 과거의 경제 및 인구성장경향은 뒤에서 언급되는 O-D 조사, 토지이용조사 및 다른 자료를 수집하여 얻는다.

1 도로분류 및 교통량도

이 조사의 목적은 모든 도로에 대해 현재 이용되고 있는 교통량과 그 기능을 파악하기 위함이다.

도시지역 내의 모든 도로는 잠정적으로 고속도로, 주간선도로, 보조간선도로, 집산도로 및 국지도로로 분류된다. 지방부도로는 국도 및 지방도(특별시, 시, 군도 포함)의 위계에 따라 기능별 및 설계수준별(2차로도로, 다차로도로, 고속도로 등)로 분류된다. 이와 같이 잠정적으로 분류하여 각 도로구간별 교통량을 나타내는 교통량도(圖)를 만든다.

2 교통서비스 현황조사

현재의 교통수요에 대해서 기존 시설이 제공하는 교통서비스의 현황을 조사하는 것으로서 여기서는 주로 교통계획에 관계되는 조사를 다룬다.

(1) 교통량조사

교통량조사의 종류에는 특정 지점의 교통량조사, 광역교통량조사, 경계선(cordon line) 교통량조사, 검사선(screen line) 교통량조사가 있다. 이 중에서 처음 두 가지는 앞에서 자세히 설명한 바있다. 경계선 교통량조사는 CBD 또는 전체 도시지역으로 출입하는 교통량을 조사하거나 O－D 조사에서 역내, 역외 통행의 정확성을 체크하기 위하여 O－D 조사 또는 주차조사 등과 병행해서 실시하는 경우가 많다. 이 조사에서는 조사지역을 둘러싼 경계선과 이와 교차하는 도로와의 교점, 즉경계점(cordon station)을 조사지점으로 하여 출입교통량을 측정한다.

검사선 교통량조사는 강, 철도, 도로 등과 같은 자연적이거나 인공적인 경계선 또는 임의로 설정한 가상선을 통과하는 교통량을 조사하는 것이다. 이 검사선은 조사지역을 크게 분할을 하기 때문에이 선을 통과하는 O－D 자료와 교통배분자료를 체크할 수 있다. 또 토지이용이나 통행패턴이 크게변함으로써 야기되는 교통량 및 교통 이동방향의 변화를 장기적으로 파악하는 데 사용된다.

(2) 통행시간조사

주요 도로시스템에서의 통행시간을 측정하면 기존 도로망을 구성하고 있는 여러 도로구간에서의서비스수준을 비교할 수 있다. 또 이 조사를 하루 중 서로 다른 시간대에 실시하여(첨두시간과 비첨두시간) 서로 비교할 수 있다. 이 조사는 평균속도방법(average speed method) 또는 교통류적응방법(floating car method)을 사용하여 운전자가 시험차량을 운전하고 관측자가 측정하는 방법을 쓴다. 여기서 평균속도방법은 운전자가 전반적인 교통류의 평균속도에 가깝다고 판단되는 속도로 주행하면서 통행시간을 측정하는 방법이며, 교통류적응방법은 시험차가 다른 차에 의해서 추월당하는횟수와 같은 횟수만큼 다른 차량을 추월하면서 주행할 때의 통행시간을 측정하는 방법을 말한다.

(3) 용량조사

주요 도로의 모든 구간에 대한 용량은 그 도로의 기하구조, 교통통제의 형태 및 교통류 내의 차종구성에 근거를 두고 계산된다. 이 계산방법은 일반적으로 각 나라마다 독자적으로 가지고 있는 '도로용량편람'에 자세히 설명되어 있다. 우리나라의 '도로용량편람' 중에서 몇 가지의 교통시설에 대한 용량계산 방법은 6장에 비교적 상세하게 기술되어 있다. 이 편람에서 취급되지 않는 특이한 여건에서의 용량을 계산하는 방법은 교통공학자가 스스로 개발해야 한다. 도시지역에서는 2개의 주요도로가 만나는 모든 교차로에 대한 용량을 분석한다. 이것은 일반적으로 모든 교차로의 약 5% 정도에 해당한다.

(4) 사고조사

승용차 및 화물차 등 사고에 대한 자료를 수집하고 지방 행정부서와 경찰서의 데이터베이스 등에수집되어 있는 기존 자료들과 종합한다. 사고자료는 도로시스템의 안전성을 나타내는 척도가 될 뿐만 아니라 혼잡 및 편리성과 함께 서비스수준을 결정하는 또 다른 기준이 된다.

(5) 주차조사

모든 교통계획에는 승용차와 트럭터미널에서 적절한 주차시설을 마련하는 대책이 포함되어 있기 때문에 주차조사는 현황조사에 매우 중요한 사항이다. 주차조사에는 지금까지 두 가지의 기법, 즉 종합적 주차조사와 제한적 주차조사가 사용되었다.

종합적 주차조사는 CBD 및 기타 중요한 지역에서 승용차의 주차시설의 문제점을 전반적으로 분석할 필요성이 있을 때 실시된다. 종합적 주차조사에 포함되는 사항은 다음과 같다.

- 현재 주차시설의 현황
- 현재 주차관련법규의 적절성 검토
- 행정적인 책임의 한계 분석
- 기존 주차시설의 이용패턴(주차시간 길이 및 보행거리 포함)
- 현재의 주차수요 패턴
- 가능한 재원조달 방법
- 교통류
- 주차특성
- 대규모 교통발생원의 영향

제한적 주차조사는 종합적 주차조사보다 그 범위가 훨씬 좁으며, 다음과 같은 네 가지 사항만을 검토한다.

- 주차공급
- 주차 이용도
- 주차시간 길이
- 주차료 수입

(6) 교통통제시설조사

교통통제시설이 도로망의 용량에 미치는 효과가 너무나 크기 때문에 다음과 같은 사항을 파악하기 위해 종합적인 조사가 필요하다.

- 중요한 모든 교통통제시설의 위치, 종류 및 기능적인 특성
- 도로구간별 주차규제 내용
- 대중교통 노선 및 대중교통 승하차 구역

3 대중교통현황조사

대중교통이 승객의 서비스 수요를 얼마나 잘 충족시키는지를 알기 위해서는 현재의 대중교통 서비스수준과 수요를 종합적으로 파악할 필요가 있다. 이를 위한 조사에는 다음과 같은 것이 있다.

(1) 노선 및 서비스 범위 조사

적절한 보행거리 내에서 서비스받을 수 있는 지역이 전체 지역 중에서 어느 정도를 차지하는가 알기 위해서는 대중교통의 역할, 구조, 현황이 조사된다. 서비스가 통행의 희망축선을 따르고 있는지, 점증하는 대중교통 통행수요를 처리할 수 있는지를 알기 위해서는 노선을 세밀히 검토해야 한다.

(2) 대중교통노선의 현황조사

모든 대중교통노선의 물리적인 특성을 조사한다.

(3) 서비스 빈도, 규칙성 및 주행시간 조사

대중교통의 운행서비스 현황을 조사하여 요망되는 표준과 비교할 수 있다.

(4) 재차인원 조사

서비스 빈도가 현재의 수요를 만족시키기에 적합하며, 적절한 쾌적성을 유지할 수 있는지를 판단하기 위해 이 조사를 실시한다. 배차간격의 타당성은 이 자료로부터 평가할 수 있다.

(5) 대중교통속도 및 지체조사

실제 운행 중인 대중교통에서 속도 및 지체조사를 하여 지체의 원인과 종류를 파악할 수 있다. 개선책을 수립하기 위해서는 이들 지체의 내적, 외적 원인을 다각도로 분석해야 한다.

(6) 전반적인 운행조사

일반적으로 여섯 가지의 척도를 구하여 서로 비교하는 데 사용된다.

- 인구당 차량·km(서비스 질의 척도)
- 승객당 차량·km(서비스 질의 척도)
- 차량·km당 노선주행시간(서비스 효율 척도)
- 인구당 승객수(서비스 이용 척도)
- 인구당 노선 km(서비스 범위 척도)
- 운행시스템의 속도(시간의 편리성)

기타 기준으로서 비용, 편리성 및 시스템 전체의 쾌적성 등이 있다.

(7) 승차행태

승객의 승차행태, O-D 및 그들의 경제적·사회적 지위 등에 대한 자료를 표본조사한다. 필요하다면 그들의 성향조사도 함께한다.

4 도로시스템의 물리적 현황조사

도로시스템의 현재와 장래의 용량을 구하기 위해서 다음과 같은 사항에 대한 물리적 현황조사를 실시할 필요가 있다.

- 도로폭
- 블록 길이

- 포장상태
- 기하설계
- 노면배수 및 우수거(雨水渠)

5.10.2 항공교통 자료

항공교통의 현재 상태는 물리적인 설비 현황, 수요 및 이용도 현황에 대한 여러 가지 조사를 통하여 얻을 수 있다.

1 공항의 분류

어떤 지역 내 항공교통의 전반적인 현황은 공항 간의 공간적인 상호관계와 도시지역과의 관계를 고려하여 모든 항공시설을 검토함으로써 얻을 수 있다. 공항을 분류할 때에는 각 공항의 기능과 발전계획을 포함시켜야 한다.

2 항공교통현황조사

항공교통의 현재 패턴 및 이들이 기존 공항시설에 미치는 영향을 다음과 같은 여러 가지 조사를 통해서 분석한다.

(1) 교통량

항공교통량은 각 공항의 기록으로부터 얻을 수 있으며, 개별 항공기에 대한 취항자료도 얻을 수 있다.

(2) 통행시간

공항과 공항 간의 통행시간은 비행기 운행스케줄로부터 구할 수 있다.

(3) 공항용량

공항의 시간 및 연간용량은 그 공항시설이 시간 또는 연간 취급할 수 있는 최대이동률이다. 우리나라의 경우 단일 활주로 용량은 시간당 최대 40회를 기준으로 통상 계산된다.

(4) 승객수요

교통수요와 승객수송의 월별, 일별 및 시간별 변동자료는 공항자료를 통하여 구할 수 있다.

3 공항시설현황

공항의 전반적인 현황은 다음과 같은 물리적 특성에 대한 자료로부터 얻는다.

- 활주로, 유도로, 탈출램프, 조명, 배수로, 계류장
- 항공기 대기소, 격납고, 정비소
- 관제시설

- 승객, 수화물, 화물용 터미널 시설
- 일반 항공 지원시설
- 육상 수송시설
- 주차장 및 접근로
- 확장을 위한 주변 토지이용

5.10.3 항만 및 항구자료

항만 및 항구시설의 적절성과 기능적인 성과를 분석하는 데에는 현재 교통의 서비스수준과 그 시설의 물리적 특성에 대한 깊은 지식이 필요하다.

1 교통서비스

교통서비스의 평가는 기존 시설이 현재의 수요를 얼마나 충족시키며, 또 장래의 필요성에 얼마나 잘 부응할 수 있는가를 판단하기 위한 것이다. 이를 위한 자료를 수집하기 위해서는 다음과 같은 조사를 해야 한다.

(1) 교통량

항만 운영기록으로부터 승객 및 화물량이 추정되어야 한다. 화물의 종류에 따라 하역, 적환, 저장 및 지상수송을 하는 데 필요한 시설이 다르기 때문에 화물량은 종류별로 분류되어야 한다.

(2) 계절별 변동

화물은 계절을 타기 때문에 교통량은 연간 계절별로 큰 변동을 보인다. 전년도의 계절별 변동자료는 항만 운영기록으로부터 얻을 수 있다.

(3) 접안용량

접안용량에 대한 자료는 해운터미널의 종류별로 분류될 필요가 있다. 즉, 선착순으로 운영되는 공공시설이나 임차 또는 사적 운영을 하는 시설로 분류를 한다.

(4) 하역용량

화물 취급장비의 기동력에 따라 화물을 하역하는 용량이 달라진다. 고정화물 취급시설이 있으면 개개의 접안대(接岸垈)에서 화물을 처리하는 용량에 제한받는다.

(5) 저장용량

저장용량은 단기저장, 장기저장, 궤도저장, 무개(無蓋)저장, 컨테이너저장 등으로 분류된다. 또 냉동시설과 비냉동시설로 구분해야 한다.

(6) 지상수송접속

지상수송으로의 연결이 가능한지를 검토해야 한다. 재래식 해운터미널은 수직화물 이동시설을 가지고 있었으나 요즘은 화물을 더욱 쉽게 취급할 수 있는 수평이동식 시설을 갖추고 있는 곳이 많다.

(7) 컨테이너화

현재 컨테이너화할 수 있는 용량을 공간적으로나 하역능력 면에서 분석해야 한다. 급성장한 해상운송을 감안한다면 컨테이너화 문제는 언제나 매우 중요하다.

(8) 살화물

살화물(撒貨物, bulk cargo)의 증가로 항만이나 접안공간에 있어서 전반적인 저장용량을 얼마만큼 공급해야 할 것인가를 분석할 필요가 있다.

(9) 특화서비스

어떤 항만이든 항만 자체의 특정한 필요에 부응할 수 있는 서비스를 제공한다. 이 서비스는 해운을 이용하게 하는 유인책이 될 수 있으므로 특별히 관심을 쏟아야 한다. 이와 같은 서비스의 종류에는 포장, 중개, 화물발송, 건조 및 특별 취급장비 등이 있다.

2 시설현황조사

항만시설의 현황조사는 다음과 같은 시설의 물리적 특성을 포함한다.

- 항구, 수로, 내만(內灣)
- 사로(斜路), 부두, 배 매는 시설
- 항해지원시설
- 계류장
- 창고
- 철도 및 무개(無蓋)저장소
- 살화물, 화공약품, 유류저장소
- 하역설비
- 지상수송접속시설
- 주위의 토지이용

5.10.4 철도 자료

철도는 지역 간 및 도시 내 통행을 처리함에 있어 중요 교통수단으로 인식되고 있으며 지속적으로 관심이 늘어나고 있는 교통수단이다. 철도 수단의 계획이 필요하다면 다음과 같은 조사를 실시해야 한다.

1 분류

그 지역의 철도시설을 수입, 용도 면에서 분류하고, 또 기능별로 분류할 수도 있다.

공급되고 있는 현재 교통의 서비스수준을 파악하기 위해서는 다음과 같은 몇 가지 사항을 분석해야 한다.

- 화물 및 승객의 노선 현황
- 각 노선에서의 서비스 빈도
- 노선의 용량
- 분류장(classification yards)의 용량 및 서비스 특성
- 터미널시설
- 승객의 승차 습관
- 전반적인 운행자료
- 노선 및 분류장의 크기
- 교통통제설비

3 시설현황조사

현재의 철도 설비상태를 파악하기 위해서 기관차, 동력설비, 교량, 궤도, 구조물, 노상, 교통통제설비, 기하설계, 부지폭 및 터미널시설 등과 같은 항목에 대한 현황조사를 해야 한다. 이와 같은 자료의 대부분은 철도공사에서 보유하고 있으며, 자료가 불충분하다면 현장에서 조사하여 보완할 수 있다.

4 기타 운영패턴

현황조사가 끝난 후에 다른 교통수단 간의 관계가 정립되어야 한다. 그러기 위해서는 공동시설의 운영을 분석해야 하고, 상호교환협정, 교환노선 및 전반적으로 처리되는 교통량에 대해서 분석을 해야 한다.

5.11 여객통행실태조사

5.11.1 통행실태조사의 종류

아마도 가장 중요하고, 많은 시간과 경비가 소요되는 계획조사는 통행실태조사일 것이다. 이 조사는 개인통행이 언제, 어디서 시작되고 끝나며, 통행인의 사회·경제적 특성과 통행의 목적, 통행의 수단 및 통행 기종점의 토지이용 형태가 무엇인지를 파악하는 것이다.

통행실태조사는 지역 내에서 일어나는 모든 이동의 양상을 조사하는 것이다. 이 양상은 조사가 수행되는 시기에 시스템의 평균통행수요를 대표하는 것이어야 한다. 수요와 지역의 특성 및 인구와

의 상관관계를 파악함으로써 장래의 경제발전 및 인구증가를 예측한 것을 가지고 장래의 통행수요를 구할 수 있다. 그러므로 통행실태조사는 교통조사에서 가장 근본적이며 중요한 자료를 제공한다. [그림 5.6]과 [그림 5.7]은 통행실태조사를 위한 설문지의 한 예를 보인 것이다.

도시의 크기가 커질수록 도시를 통과하거나 도시 안에서 일어나는 통행발생의 양상은 변한다. [표 5.17]은 도시의 크기가 커질 때 도시지역으로 들어오는 교통의 특성이 변하는 것을 보인 것이다. 도시를 통과하는 교통의 비율을 볼 때 인구 5,000명 이하인 도시에서는 50% 정도이던 것이 인구 50만이 넘으면 8%로 현저하게 감소한다. 이러한 차이에 따라 통행패턴을 설정하기 위해서 행하는 O–D 조사의 종류가 달라진다. O–D 조사의 종류에는 다음과 같은 것들이 있다.

[표 5.17] 도시유입 교통의 목적지별 구성비(%)

도시인구(천 명)	CBD	도시 내 기타 지점	도시 밖의 지점
5 이하	29	22	49
5~10	29	29	42
10~25	28	37	35
25~50	26	49	25
50~100	24	57	19
100~250	21	62	17
250~500	18	70	12
500~1,000	15	77	8

1 외부 경계선 조사

보통 역외교통이 주종을 이루는 인구 5,000명 이하의 도시에서 수행된다. 표본의 크기는 교통량이 많은 도로에서 20%로부터 교통량이 적은 도로에서는 100%의 범위를 가지도록 하면 좋다.

2 내부–외부 경계선 조사

인구 5,000명에서 50,000명의 도시에 적용하면 좋다. 두 경계선에서 직접면접 조사방법을 쓴다. 외부 경계선은 도시지역의 외곽에 설치되며, 내부 경계선은 CBD의 가장자리에 설치된다. 이 조사로 완전한 통행패턴을 구할 수 있으며, 표본의 크기는 약 20%이면 충분하다.

3 외부 경계선–주차조사

대중교통이 잘 발달되어 있지 않고 도심에 문제점이 많은 인구 5,000명에서 50,000명 사이의 도시에 적용하면 좋다. 외부 경계선 조사는 앞에서 언급한 바와 같은 방법으로 실시되며, 주차조사는 다음과 같은 세 가지 사항으로 구성된다.

- 현재 주차공간의 현황조사
- 노상 및 노외주차장에서 모든 주차차량 운전자를 면접하여, 통행의 기종점, 통행목적, 주차시간 길이 등을 조사
- 도심을 진출입하는 교통량 조사(경계선에서)

주의사항

▶ 본 조사표는 가구특성 조사, 개인별 통행특성조사로 구성되어 있습니다.
▶ 모든 조사내용은 통계법 제33조에 의해 비밀이 보장되며, 본 조사의 목적(연구 및 통계 등) 이외의 **다른 용도에는 절대 사용되지 않습니다.**

1. 가구 특성 조사

1. 현재 함께 살고 있는 가구원(최근 1개월 이내 현역 군인, 자취/하숙생 등은 제외)은 모두 몇 명입니까?

(조사시점 현재) 총 가구원수		만5세 미만 (2017년 1월 1일 이후 출생자)-(가)		만5세 이상 ~ 만14세 미만 (2008년 1월 1일~2016년 12월 31일 출생자)-(나)		만 14세 이상~만 74세 미만 (1947년 1월 1일~2007년 12월 31일 출생자-(다)		만 75세 이상 (1946년 12월 31일 이전 출생자)-(라)
명	=	명+	+	명	+	명	+	명

본 설문 조사대상자입니다

2. 주택종류는 무엇입니까?	□1) 아파트 □2) 연립주택(빌라) □3) 다세대/다가구 □4) 단독주택 □5) 오피스텔(주상복합) □6) 기타 ( )
3. 가구 전체의 월평균 소득 (세금공제전)은 대략 얼마입니까?	□1) 100만원 미만 □2) 100만원 ~ 300만원 미만 □3) 300만원 ~ 500만원 미만 □4) 500만원 ~ 1,000만원 미만 □5) 1,000만원~1,500만원 미만 □6) 1,500만원 이상

4. 귀 댁에 보유하고 계신 교통수단은 어떤 것이 있습니까? (영업용 차량 보유는 제외)

이동수단 보유현황	가구내 총 보유 대수 (없으면 0 기입)	이동수단 보유현황	가구내 총 보유 대수 (없으면 0 기입)
1) 일반 승용차(8인승 이하)	대	7) 일반 자전거	대
2) 승합차(9인승 이상)	대	8) 전기 자전거	대
3) 소형화물차(2.5톤 미만)	대	9) 전동킥보드/전동휠	대
4) 중형화물차(2.5톤 이상 8.5톤 이하)	대	10) 전동휠체어 및 노인전동차	대
5) 대형화물차(8.5톤 초과)	대	11) 기타 ______________	대
6) 오토바이(이륜차)	대		

4-1. 보유하고 계신 이동 수단 중 친환경 교통수단은 몇 대 입니까?

이동수단 보유현황	친환경 교통수단 보유 대수 (없으면 0기입)	이동수단 보유현황	친환경 교통수단 보유 대수 (없으면 0기입)
1) 일반 승용차(8인승 이하)	대	7) 일반 자전거	대
2) 승합차(9인승 이상)	대	8) 전기 자전거	대
3) 소형화물차(2.5톤 미만)	대	9) 전동킥보드/전동휠	대
4) 중형화물차(2.5톤 이상 8.5톤 이하)	대	10) 전동휠체어 및 노인전동차	대
5) 대형화물차(8.5톤 초과)	대	11) 기타 ______________	대
6) 오토바이(이륜차)	대		

[그림 5.6] O–D 조사를 위한 가구 특성조사표(예)

자료: 참고문헌(29)

문1) ___월 ___일 목요일 하루동안 통행 하셨습니까?

1) 통행함   2) 통행안함【이유: □①자가격리중이어서 □②병환/거동불편 등으로

□③재택근무/비대면수업 중이어서 □④그냥 쉼   □⑤기타_____】

2-1) 어디에 머무르셨습니까? 1. 집   2. 기타(   )

<목적 통행> 최대 12개 통행 기입 가능

문2) 첫번째 통행(이동/외출)은 어디에서 출발하셨습니까?

2-1) 첫 번째/n번째 목적지는 어디입니까? 2-2) OO(출발지)에서 OO(목적지)에 간 목적은 무엇입니까?

목적별 통행순서	첫 번째 통행	두 번째 통행	세 번째 통행
출발지	1) 자택 2) 직장 3) 학교 4) 기타 : 시(도) 구(시·군) 동(읍·면) (지명 :)	1) 자택 2) 직장 3) 학교 4) 기타 : 시(도) 구(시·군) 동(읍·면) (지명 :)	1) 자택 2) 직장 3) 학교 4) 기타 : 시(도) 구(시·군) 동(읍·면) (지명 :)
최종 목적지	1) 자택 2) 직장 3) 학교 4) 기타 : 시(도) 구(시·군) 동(읍·면) (지명 :)	1) 자택 2) 직장 3) 학교 4) 기타 : 시(도) 구(시·군) 동(읍·면) (지명 :)	1) 자택 2) 직장 3) 학교 4) 기타 : 시(도) 구(시·군) 동(읍·면) (지명 :)
통행목적	□1)집으로 돌아감(귀가) □2)직장으로 돌아감(귀사) □3)출근 □4)등교 □5)학원수업 들으러 □6)직업관련(업무)으로 □7)물건을 사려고(쇼핑, 음식포장 등) □8)여가/운동/관광/레저 위해 □9)식사 하려고(회식 포함) □10)친지방문 위해 □11)병원진료 받으러 □12)누군가를 태우거나 내려주려고 □13)기타	□1)집으로 돌아감(귀가) □2)직장으로 돌아감(귀사) □3)출근 □4)등교 □5)학원수업 들으러 □6)직업관련(업무)으로 □7)물건을 사려고(쇼핑, 음식포장 등) □8)여가/운동/관광/레저 위해 □9)식사 하려고(회식 포함) □10)친지방문 위해 □11)병원진료 받으러 □12)누군가를 태우거나 내려주려고 □13)기타	□1)집으로 돌아감(귀가) □2)직장으로 돌아감(귀사) □3)출근 □4)등교 □5)학원수업 들으러 □6)직업관련(업무)으로 □7)물건을 사려고(쇼핑, 음식포장 등) □8)여가/운동/관광/레저 위해 □9)식사 하려고(회식 포함) □10)친지방문 위해 □11)병원진료 받으러 □12)누군가를 태우거나 내려주려고 □13)기타
출발시간	___시 ___분(24시간 기준)	___시 ___분(24시간 기준)	___시 ___분(24시간 기준)
도착시간	___시 ___분(24시간 기준)	___시 ___분(24시간 기준)	___시 ___분(24시간 기준)

<수단 통행> 1개 통행당 최대 7개 이동수단 기입 가능

문3) OO목적으로 출발지에서 목적지까지 가기 위해 이용한 이동수단을 순서대로 기입해주세요.

이용 이동수단	첫 번째 통행			두 번째 통행			세 번째 통행		
	순서	이동수단	목적지/환승지(2)별명, 정류장명, 역명 등	순서	이동수단	목적지/환승지(2)별명, 정류장명, 역명 등	순서	이동수단	목적지/환승지(2)별명, 정류장명, 역명 등
(보기)우측의 이동수단란에 해당 번호를 기입해주세요. ① 걸어서/도보 ② 승용차/승합차 ③ 시내/광역버스 (마을/농어촌/순환포함) ④ 시외/고속버스 ⑤ 기타버스 (학원/전세/관광 등) ⑥ 지하철/전철/경전철 ⑦ 일반철도 (새마을호, ITX 등) ⑧ 고속철도(KTX, SRT) ⑨ 택시 ⑩ 화물차 ⑪ 자전거 ⑫ 오토바이 ⑬ 전동킥보드/전동휠 ⑭ 전동휠체어 및 노인전동차 ⑮ 항공 ⑯ 선박 ⑰ 기타	1		□환승지 주소( ) 소요시간___	1		□환승지 주소( ) 소요시간___	1		□환승지 주소( ) 소요시간___
	2		□환승지 주소( ) 소요시간___	2		□환승지 주소( ) 소요시간___	2		□환승지 주소( ) 소요시간___
	3		□환승지 주소( ) 소요시간___	3		□환승지 주소( ) 소요시간___	3		□환승지 주소( ) 소요시간___
	n-1		□환승지 주소( ) 소요시간___	n-1		□환승지 주소( ) 소요시간___	n-1		□환승지 주소( ) 소요시간___
	n		□목적지	n		□목적지	n		□목적지
직접/타인 구분 (승용차/승합차 이용자만)	□1)직접운전 □2)타인운전			□1)직접운전 □2)타인운전			□1)직접운전 □2)타인운전		
탑승인원 (승용차/승합차,택시, 화물차 이용자만)	운전자(기사) 포함( ) 명			운전자(기사) 포함( ) 명			운전자(기사) 포함( ) 명		
차량연료 (승용차/승합차(직접운전), 화물차,오토바이 이용자만)	□1)휘발유 □2)경유 □3)LPG □4)하이브리드 □5)전기 □6)수소 □7)잘 모름			□1)휘발유 □2)경유 □3)LPG □4)하이브리드 □5)전기 □6)수소 □7)잘 모름			□1)휘발유 □2)경유 □3)LPG □4)하이브리드 □5)전기 □6)수소 □7)잘 모름		
개인/공유 여부 (자전거,전동킥보드/전동휠 이용자만)	□1)개인 □2)공유			□1)개인 □2)공유			□1)개인 □2)공유		
전기자전거 유무 (자전거 이용자만)	□1)전기자전거 □2)일반자전거			□1)전기자전거 □2)일반자전거			□1)전기자전거 □2)일반자전거		
개인,공유,렌트,회사 여부 (승용차/승합차(직접운전), 화물차 이용자만)	□1)개인 □2)공유/렌트 □3)회사			□1)개인 □2)공유/렌트 □3)회사			□1)개인 □2)공유/렌트 □3)회사		

[그림 5.7] 개인 O-D 조사표(예)

자료: 참고문헌(29)

4 외부 경계선-가구면접조사

모든 크기의 도시에 적용할 수 있는 종합적인 조사이다. 외부 경계선 조사는 경계선을 지나는 모든 차량의 20%를 표본으로 하여 앞에서와 같은 방법으로 수행한다. 뿐만 아니라 경계선 내에서는 표본을 추출하여 가구면접조사가 실시된다. 이때 표본의 크기는 그 지역의 인구와 인구밀도에 따라 달라진다. 인구 5만 이하의 지역에서는 전체 가구수의 20%를 표본으로 하며, 100만을 넘는 지역에서는 4% 정도를 표본으로 한다.

표본의 크기는 허용오차와 신뢰수준 및 통행량에 따라 변한다. 조사자는 모든 표본가구를 방문하여 그 가구의 인원수와 나이 및 직업, 자동차 보유대수 등을 조사하고 가구구성원 개개인의 그 전날에 대한 통행수, 통행목적, 기종점, 통행수단, 통행시작 시간과 끝나는 시간을 조사한다.

5 대중교통조사

대중교통 이용패턴을 파악하기 위해 사용되는 조사과정에는 두 가지가 있다.

(1) 대중교통 터미널승객조사

버스나 지하철을 타기 위해 기다리는 승객에게 설문지를 나누어 주고 이것을 작성한 후에 반송우편으로 보내게 한다. 이 방법의 변형으로 조사자가 대중교통에 탑승하여 설문지를 나누어 주기도 한다.

(2) 대중교통 노선승객조사

버스에 탄 두 사람의 조사자가 승객들에게 설문지를 나누어 주고, 버스 안에서 작성한 후 승객이 내리면서 제출하게 하는 방법으로서 우편으로 회답을 받는 앞의 방법보다 회수율이 높다. 그러나 이 방법은 앞의 방법보다 비용이 많이 든다. 대중교통수단의 분담률이 전반적으로 낮은 곳에서는 터미널승객조사와 노선승객조사를 같이 한다. 이러한 방법은 신속히 설문지를 작성해야 하므로 가구면접조사보다 덜 상세할 뿐만 아니라 신뢰성도 떨어진다.

6 기타 승객 O-D 조사

철도, 항공 및 해운의 승객에 대한 O-D 자료는 그들의 터미널에서 승객들을 상대로 한 설문을 통하여 가장 잘 얻을 수 있다. 일반적인 항공승객의 패턴은 공항에서 개인적인 면접을 통하여 표본을 얻을 수 있다.

5.11.2 표본조사와 표본수

O-D 조사는 설문지를 이용하여 조사하는 것으로서 조사자가 알고 싶은 사항을 조사표에 인쇄하여 여러 조사대상자에게 배포한 다음 그들로부터 동일한 질문에 대한 답을 얻어 이를 집계하여 결과를 얻는 방법이다. 이 조사방법은 인문사회적 현상을 수량적으로 파악할 수 있으며, 주관적인 개인의 관찰이나 청취로부터 얻을 수 있는 방법보다 객관적이고 균일한 조사를 할 수가 있다. 이

방법은 도시조사에서도 널리 사용되고 있다. 예를 들어 공업실태 조사, 상업실태 조사, 상권 조사, 소비생활 조사, 통근교통 조사, 주민이동 조사, 시민생활실태 조사, 도시권 조사 등과 같은 조사에도 널리 이용되므로 충분히 이해해 둘 필요가 있다.

이 조사방법에는 보고식과 면접식이 있다. 보고식은 조사대상자에게 설문지를 나누어 주고 이를 기록한 후에 현장에서 회수하거나 우편으로 반송하게 하는 방법으로 많은 사람으로부터 동시에 회답을 얻을 수 있는 반면에 복잡한 내용의 조사를 할 수가 없다. 질문내용에 대한 이해가 쉽도록 해야 하고, 질문문항이 많으면 회수율이 낮아지므로 6개 문항을 초과하지 않도록 설문지를 작성해야 한다. 면접식은 조사원이 조사대상자를 직접대면하여 조사사항을 청취한 후에 설문지에 기입하는 방법으로서 개인통행조사 등 상당히 복잡한 내용을 조사할 수 있으나 많은 인력과 비용이 들고 방대한 조사조직이 요구되는 단점이 있다.

설문의 문항이 작성되면 많은 사람들의 의견을 들은 후 소수의 피조사자를 대상으로 예비조사를 실시하여 질문사항이 적합한지, 조사목적을 달성할 수 있는지를 검토한 후에 본 조사를 시작하는 것이 바람직하다.

설문지를 배포하는 방법에는 조사대상자 전체에게 나누어 주어 조사하는 전수조사법(complete enumeration 또는 census 조사)과 조사대상자의 일부를 선별하여 조사하는 표본조사법(sampling method)이 있다. 소규모의 도시나 도시 내의 좁은 범위 또는 특정한 소수를 조사대상으로 하는 경우에는 전수조사가 필요하겠지만, 일반적으로 도시 전체의 조사에는 조사인원, 조사비용, 조사시간 등을 고려하여 표본조사를 실시한다.

표본을 선별하는 방법에는 조사대상 가운데서 임의로 추출하는 단순무작위표본법(simple random sampling)과 조사대상자의 직업이나 연령 등의 구성비에 비례하여 표본을 추출하는 층화표본법(stratified sampling) 등이 있으며, 그중에서 후자가 더 좋은 결과를 가져올 수 있다.

설문지를 배포하는 방법으로는 학교, 정부기관 등에 배포를 의뢰하는 의뢰법과 우편을 이용하는 우편법, 조사원이 직접 방문하여 나누어 주는 직접법이 있다. 의뢰법은 회수율과 비용 면에서 가장 유리하나 표본이 편향되는 단점이 있다.

1 표본의 크기

O-D 조사에 사용되는 표본의 크기를 결정함에 있어서 먼저 표본선정과정에서 반드시 있게 마련인 정확도를 평가해야 한다. 의도적으로 계획된 기준에 의해 피조사자가 표본으로 선정되는 모든 조사에서는 표본선정과정에서 생기는 통계적인 변동량은 알려진 편차에 따라 좌우된다. [그림 5.8] 은 주어진 통행량에 대한 표본의 크기와 정확도의 관계를 나타낸 것이다.

그림으로 볼 때 표본의 크기가 증가하면 정확도는 증가하면서, 또 그 증가율이 점차 줄어드는 것을 알 수 있다. 예를 들어, 경계선 조사에서 총 통행량이 10,000통행일 때 표본의 크기가 1%에서 2%로 증가한다면 67% 신뢰구간은 ±10%에서부터 ±7%로 줄어들어 오차의 범위가 줄어들지만, 표본의 크기가 9%에서 10%로 증가한다면 추정의 정확도는 거의 개선되지 않는다. 이 말의 앞부분은, 1%의 표본으로부터 추정한 값의 ±10% 이내에 참값(전수조사에서 얻은 값)이 놓일 확률이

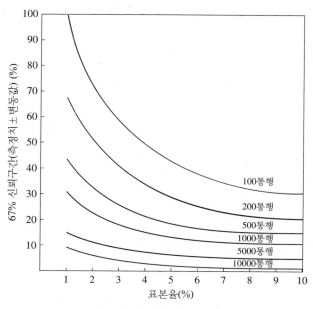

[그림 5.8] 표본율과 67% 신뢰구간의 관계

자료: 참고문헌(20)

67%이던 것이 표본수를 2%로 증가시키면 추정값의 ±7% 이내에 참값이 놓일 확률이 67%가 된다는 의미이다. 다시 말하면 1%의 표본으로 추정한 값의 오차가 그 값의 ±10%보다 적을 확률은 67%이다(67%의 신뢰수준에서 신뢰한계는 상한이 '추정값 + 그 값의 10%', 하한은 '추정값 - 그 값의 10%'이다).

반면 통행량이 적은 경우에 표본선정을 할 때 표본수를 증가시키면 통행량이 많을 때보다 67% 신뢰구간은 큰 폭으로 감소한다(오차의 범위가 줄어든다). 예를 들어, [그림 5.8]에서 보는 것처럼 100통행일 때에 표본의 크기를 1%에서 2%로 증가시키면 67%의 신뢰구간은 추정값 ±100%에서 추정값 ±71%로 줄어들므로 앞에서 예시한 통행량이 10,000일 때보다 개선폭이 훨씬 커진다. 더욱이 표본수가 10%가 되면(통행량 100에서) 67%의 신뢰구간은 추정값 ±32%로 줄어든다. 결국 통행량이 적을 때는 같은 표본율이라 하더라도 통행량이 많을 때보다 정확한 추정값을 얻기가 어렵다.

다행히도 총체적인 교통계획을 수립함에 있어서 대부분의 경우 많은 통행량을 취급하기 때문에 매우 높은 정확도를 얻을 수 있다. 더욱이 개선의 필요성이 높은 곳은 교통량이 많은 곳이기 때문에 더욱 정확한 추정을 할 수 있다.

광범위한 교통정책이나 계획을 수립할 때 도시의 주요 교통발생원(CBD와 교외의 주요 상업 및 산업지역)에서 하루에 발생하는 통행량을 알아야만 한다. 뿐만 아니라 이 지역에서 일어나는 통행의 수단과 통행목적에 관한 정보도 알 필요가 있다.

일반적인 교통계획을 수립하는 데 있어서 표본율은 [표 5.18]에 나타난 최솟값보다 적어서는 안 된다. 더 상세한 계획을 필요로 한다면 미국의 공로청(Bureau of Public Road: BPR)에서 추천한 표본율을 따르는 것이 좋다.[10]

[표 5.18] 표본추출의 비율(표본율)

도시인구	최소표본율(%)	BPR 추천 표본율(%)
50,000 이하	10	20
50,000~150,000	5	12.5
150,000~300,000	3	10
300,000~500,000	2	6.7
500,000~100만	1.5	5
100만 이상	1	4

주: BPR 추천 표본율은 가구면접조사 때에도 이 값을 사용함
자료: 참고문헌(20)

화물차의 이동은 가구면접조사에서 사용하는 표본율의 2배로 하여 조사하는 것이 현실적이다. 택시 조사의 경우는 가구면접조사 때와 같은 표본율을 사용해도 좋다. 왜냐하면 택시는 일반적으로 조사목적상 개인승용차와 함께 분류되기 때문이다.

특정 조사에서 표본율을 결정하는 데 고려해야 할 사항은 다음과 같다.

① 표본율을 증가시킬 때 조사에 소요되는 인원과 시간을 고려해야 한다. 종종 숙련된 조사인원이나 이들을 훈련시키는 일이 조사 자체에 영향을 미치는 수가 있다.
② 조사하는 데 시간적인 제약이 있을 수 있다.
③ 자료를 분석하는 방법(특히 컴퓨터를 이용할 때)에 유의해야 한다.
④ 자료를 제시하는 형식을 검토해야 한다. 예를 들어 자료를 희망선도(desire line map) 또는 통행등고선도(trip contour map) 중에서 어떤 것으로 나타낼 것인가를 결정해야 한다.
⑤ 면접, 자료의 분석 및 제시에 드는 비용을 고려해야 한다. 비용은 반드시 표본의 크기에 비례하지는 않는다. 표본율이 작을수록 표본 하나당 비용은 커진다.

2 조사빈도

교통패턴의 변화를 파악하기 위해서는 O-D 조사를 주기적으로 실시해야 할 필요가 있다. 이러한 변화는 경제적인 여건이나 토지이용 패턴의 변화 때문에 일어나는 것이므로 단기간에 일어나지는 않는다. 국가통합교통체계효율화법 시행령에서는 여객 및 화물의 기종점 통행량에 대한 정기조사를 5년마다 실시하도록 하고 있다.

어떤 도시든 간에 토지이용상의 주요 변화가 통행패턴에 미치는 영향을 정기적으로 파악할 수 있다. 이것은 토지이용변화를 근거로 하여 각 존의 성장계수를 추정하고, 존 간의 통행을 연속적으로 실제의 통행과 유사하게 분배함으로써 이루어진다.

원래 O-D 조사는 인구센서스 조사를 하는 해에 실시하면 더 좋다. 그렇게 하면 표본선정에 어려움이 없고, 동시에 수집된 자료를 수정할 필요성이 없어진다. 종합적인 O-D 자료를 정기적으로 검토하여 교통 이외의 분야에서도 이용할 수 있다. 예를 들어 성장패턴을 알 수 있을 뿐만 아니라 도시지역에서 토지이용상 어떠한 기능적 변화가 일어나고 있는지를 알 수 있다.

O－D 조사를 실시하기 전에 이 자료들을 수집하고 평가·분석하는 방법을 결정하는 일이 매우 중요하다. 왜냐하면 이에 따라 설문지의 양식과 면접의 방법이 달라지기 때문이다. 조사한 자료를 컴퓨터로 분석하고 도표 등으로 나타내며, 또 이를 확장하여 사용한다. 확장한 자료를 검증하는 방법에는 ① 어떤 조사지점의 교통량과 비교하는 법, ② 이미 알고 있는 대중교통 승객수와 비교하는 법, ③ 경계선 조사값과 비교하는 법, ④ 검사선 조사값과 비교하는 법, ⑤ 인구, 주거단위, 총 취업자 수를 비교하는 법, ⑥ 특정 장소의 취업자 수를 체크하는 법 등이 있다.

검사선 조사란 가구면접조사, 영업차면접조사, 경계선면접조사 등으로부터 합성된 통행의 정확도를 검토하기 위해서 실시되는 조사로서 조사대상구역 내에 설정된 검사선을 횡단하는 도로상에서 교통조사를 실시하는 것을 말한다.

검사선은 하천이나 철도 등과 같이 경계구분이 명확한 선을 이용하는 것이 보통이다. 일반적으로 조사지점에 교통량 조사기(traffic counter)를 설치하고 교통량을 지속적으로 측정함과 동시에 교통량의 시간변동을 조사한다.

지금까지 언급한 O－D 조사에 포함되는 여러 가지 조사방법 및 검사방법은 참고문헌 (21)에 상세히 기술되어 있다.

5.12 화물통행실태조사

화물통행에 대한 교통계획을 수립하고자 할 때에는 그 지역의 장래 경제지표와 연관시켜 화물통행을 예측하고, 통행량이나 특성에 적합한 시설의 건설이나 운영을 계획한다.

화물의 기종점 간 패턴을 알아내는 일은 대단히 중요하다. 항공과 해운의 경우에는 터미널에서 화물운송장(waybill)으로부터 필요한 자료를 얻을 수 있다. 철도에서도 같은 종류의 자료를 얻을 수 있기는 하나 좀 어려운 편이다. 화물차는 개인 차고지 등을 이용하는 경우도 많기 때문에 이러한 자료를 얻기가 힘들다. 우리나라에서는 현재 5년 주기로 정기적인 화물통행실태조사를 수행하고 있다.

화물통행실태조사의 목적은 도시 내에서의 '화물의 움직임' 현황을 파악하고 아울러 화물통행에 관련되는 교통현황을 해명하는 동시에 장래의 화물차 교통량을 예측하고 화물이 유출(production) 및 유입(attraction)되는 거점(據點)과 시설을 체계적으로 배치하는 방안을 강구함으로써 전체 교통 망계획수립에 도움을 주기 위한 것이다. 또 전국적인 화물출하구조 및 화물의 O－D 현황을 파악하여 효율적인 수송체계를 수립하고, 교통계획, 산업배치계획 등 국토개발의 방향을 검토하는 전국화물통행실태조사가 있다. 이 조사는 전국의 사업소(광업, 제조업, 도매업, 창고업, 위험물질 취급 사업체 등) 중에서 표본을 추출하여 출하품목, 목적지, 수량, 이용교통수단, 소요시간 등을 조사를 하는 것이다. 세부적인 조사표본 설계, 조사자료 분석 결과 등은 참고문헌 (30)에 상세히 기술되어 있다.

5.12.1 조사의 개요

화물통행조사를 하자면 대개 다음과 같은 요구조건을 충족시키도록 조사계획을 수립해야 한다.

(1) 화물통행의 현황과 도시활동의 관련성
- 화물통행량의 유출 및 유입점을 파악
- 실제의 O-D(화물을 싣고 내리는) 지점을 알 수 있을 것
- 도시권에 관계되는 전 통행량을 존별로 파악
- 화물의 물동량과 화물차의 교통량이 서로 부합
- 화물통행에서 특히 중요한 지구, 시설 및 업종의 특성을 파악
- 화물통행시설의 양과 기능을 파악
- 화물통행과 관계되는 업무통행을 파악

(2) 화물통행 예측 및 시설계획의 유용성
- 장래의 화물물동량 및 화물자동차 통행량 예측
- 유통센터 및 화물물류거점의 시설계획
- 화물통행에 관계되는 수송망의 배치계획 수립
- 화물통행에 유리하게끔 도시의 공간적 구성

이와 같은 것들을 달성하기 위한 통행조사는 사업체를 대상으로 하여 표본조사를 실시하는 것이 보통이다.

5.12.2 조사의 종류

화물통행의 현황조사는 파악해야 할 내용에 따라 다음과 같이 나누어지며 이들은 모두 조사설문지 등을 이용해서 조사된다.

(1) 사업체물류현황조사

광업, 제조업, 도매업 분야의 조사는 각 사업체 현황 및 출하실적을 파악하여 향후 전국 단위의 물동량 추정을 위한 기초자료로 활용되며, 17개 시도 단위로 선정된 사업체를 대상으로 하며, 개별 조사원이 해당 사업체를 방문하여 면접을 통한 설문조사를 진행한다.

창고업 분야의 조사는 물류창고를 이용하는 화물특성(취급품목, 취급단위, 보관방법 등), 입출하 특성 파악, 물류시설수요예측 및 규모 산정을 위한 원단위 산정, 지역별, 규모별 물류창고의 특성 분석에 활용되며, 위험물질 취급 사업체 분야의 조사는 화물품목으로 조사관리가 되지 않아 실태를 파악하기 어려운 위험물질을 취급하는 사업체의 현황 및 운송실태를 분석하기 위한 기초자료로 활용된다.

(2) 화물자동차통행실태조사

화물자동차실태조사는 영업용 및 비영업용 화물자동차의 운송현황 및 통행행태를 파악하여 향후 전국 단위의 화물자동차 기종점통행량 추정을 위한 기초자료로 활용된다. 조사장소는 영업용과 비영업용 화물자동차 표본을 적절히 확보할 수 있도록 일반사업체, 공동사업장, 농수산물도매시장, 택배업체, 자동차검사소, 주유소, 고속도로 휴계소 등 다양한 지점을 선정한다.

(3) 물류거점진출입통행량조사

화물자동차통행실태조사 결과를 실제 관측교통량을 통해 산정되는 통행수로 보정할 수 있도록 주요 물류거점별 진출입 지점의 관측교통량 조사를 실시한다. 교통량 조사는 영상장비를 이용하여 24시간 동안 촬영 후 모니터링을 통해 교통량을 계수한다.

5.12.3 조사의 내용

화물통행실태조사로부터 얻은 현황자료는 장래의 교통시설계획을 수립하는 데 필요한 장래의 화물통행량을 예측하는 데 사용하기 위해서 집계되고 종합된다.

(1) 사업체물류현황조사(광업, 제조업, 도매업)
- 사업체 일반현황
- 물류시설 및 운송수단 이용현황
- 물류 이용현황
- 3일간 수송현황

(2) 사업체물류현황조사(창고업)
- (창고 소유자) 일반 및 창고현황, 이용업체현황
- (창고 이용자) 사업체 개요, 운영현황, 화물운송현황, 출발/도착현황, 이용현황

(3) 사업체물류현황조사(위험물질 취급 사업체)
- 사업체 일반현황
- 출하 및 운송현황
- 위험물질/비위험물질 공급 및 출하 유형별 비중
- 1일 출하 및 운송현황
- 화물자동차 보유 및 이용현황

(4) 화물자동차통행실태조사
- 차량특성
- 통행특성
- 통행일지

현황을 종합하여 얻어지는 결과는 다음과 같은 것이다.

- 화물의 유출·유입 원단위: 화물통행실태조사에는 각 사업체의 화물물동량을 파악할 수 있기 때문에 사업체당 화물물동량, 종업원 1인당의 화물물동량, 부지면적당의 화물물동량 원단위를 구할 수 있다.
- 화물물동 형태(pattern): 지역 간의 화물물동 특성, 업종 간, 물류시설 간의 물동패턴을 명확히 알 수 있기 때문에 산업활동과 화물물동의 관련성을 파악할 수 있다.
- 수송수단의 신호: 수송수단별 수송량, 품목에 따른 수송수단의 특성, 수송수단별 운행길이 등을 파악할 수 있다.
- 터미널 이용현황: 트럭터미널, 철도역, 항만 등의 터미널 이용현황 및 터미널을 이용하는 화물의 특성을 파악한다.
- 화물차 수송 실태: 화물차를 이용하는 물동량, 적재중량, 평균통행횟수, 화물차의 유출·유입 교통량, 운행목적, 평균통행길이 등이 파악되므로 화물물동량과 화물차와의 관련성을 파악한다.

5.13 기타 계획조사

총체적이고 종합적인 교통계획안을 마련하는 과정에는 여러 가지 특수조사가 필요하다. 계획과정의 연속성을 유지하기 위해서는 5.3절에서 설명한 교통량 조사와 도로용량 조사는 필수적이며, 다음에 설명하는 몇 개의 특수조사를 이해해야 할 필요가 있다.

5.13.1 토지이용조사

통행의 특성은 토지이용의 위치와 그 강도와 밀접한 관련이 있다. 교통모형을 개발하고 교통시설의 물리적인 영향을 명확하게 이해하기 위해서는 그 지역 전반의 최신 토지이용 자료가 필요하다. 이 자료를 얻기 위해서는 보통 다음과 같은 방법을 사용한다.

- 토지이용조사
- 토지이용 분류
- 공한지 이용조사
- 토지이용 자료의 제시 및 보관

(1) 토지이용조사

지역 내에 있는 모든 토지의 이용형태를 알아내기 위하여 현장 혹은 문헌조사를 실시한다. 현장조사에 주로 사용되는 두 가지 방법은 현장답사방법과 현장답사–면접방법이 있다.

현장답사방법은 걸어서 또는 운전자와 조사자가 차를 몰고 다니면서 모든 필지의 용도를 직접 지도에 표시하거나 조사용지에 기록하는 방법을 말한다. 현장답사–면접방법은 토지이용도가 높은 지역에서 실시하는 방법으로서 토지이용의 종류별 실제 상면적(floor area)을 정확하게 조사하고자

할 때 사용되는 방법이며, 조사결과는 준비된 조사용지에 기록된다.

(2) 토지이용 분류

토지이용의 공간적인 배치나 활동패턴을 구별하는 과정에서 표준분류방법으로 토지이용을 분류할 필요가 있다. 토지이용을 세부적으로 구별하는 토지이용 분류방법에는 여러 가지가 있으나 교통계획의 측면에서 보면 중요한 몇 개의 범주로 나누어 분석하면 된다. [표 5.19]는 토지이용을 8개의 범주로 나누어 알기 쉽게 색깔로 나타내도록 한 것이며, 용도에 따른 이 색깔은 표준화하는 것이 좋다.

[표 5.19] 도시토지이용의 분류

종류	표시 색깔
주택 용지	
저밀도	황색
중밀도	오렌지색
고밀도	갈색
소매점포시설 용지	적색
교통·통신 편의시설 용지	군청색
산업 및 관련시설 용지	청남색
도매업 및 관련시설 용지	보라색
공공문화시설 및 도시공간 용지	녹색
공공건축물 용지	회색
공한지 및 비도시화 지역 용지	흰색

자료: 참고문헌(13)

(3) 공한지 이용조사

장래의 토지이용계획안을 설계하기에 앞서 지역 내의 공한지에 대한 개발가능성을 판단할 필요가 있다. 이런 분석을 공한지 조사 또는 개발가능성분석(development capability analysis)이라 부른다. 공한지는 크게 다음과 같은 두 가지 기준에 의해서 분류된다.

· 지형과 배수의 표준
· 편의시설과 가용한 개선책

계획을 위해서는 토지를 상급지(prime land)와 하급지(marginal land)로 나눈다.

상급지란 심한 경사가 아니고 배수가 잘되는 땅을 말하며, 하급지란 저지대 또는 가파른 경사이거나 버려진 땅으로서 큰 자본을 투입하여 정지해야만 상급지로 바뀔 수 있는 땅이다. 하급지는 토지의 경사에 따라 다시 세분할 수 있다. 예를 들어 경사도가 10~15%로서 주거지역으로 개발하는 데에는 문제점이 없으나 대규모의 1층짜리 산업시설부지로는 부적합한 땅이 있을 수 있으므로 상급지를 다시 1등 상급지, 2등 상급지로 나눈다.

또 가능한 개선책을 고려하여 더욱 세분하기도 한다. 예를 들어, A급은 모든 편의시설과 개선이 가능한 토지, B급은 상하수도만 가능한 토지, C급은 전력만 들어올 수 있는 토지 등으로 나눌 수 있다.

따라서 전 지역을 각 지구별로 2등 상급 A지 등으로 분류할 수 있다.

(4) 토지이용 자료의 제시 및 보관

수집된 토지이용 패턴의 자료는 정리·보관되고 다음과 같은 방법을 사용하여 표현된다.

- 토지이용 지도: 전 지역 도면에 [표 5.19]와 같이 색깔을 이용하여 토지이용 패턴을 나타낸다.
- 종합표: 여러 가지 조사로부터 나온 자료를 이용하여 만든 토지이용조사에 대한 종합표로서 그 지역의 성격을 명확히 해준다.
- 전산 data bank: 인적사항, 필지, 도로시설 등에 관한 정보를 컴퓨터에 입력시킨다. 전산입력자료를 이용하여 컴퓨터로 토지이용 지도를 아주 자세하게 그릴 수도 있다.

5.13.2 성향조사

교통에 종사하는 사람이 필연적으로 직면하는 것 중에서 가장 어려운 분야는 어떤 계획을 수립하기 이전에 그 지역사회의 가치관을 평가하는 일이다. 선형, 계획속도 및 용량에 대해서 나무랄 곳 없는 어떤 시설이 그 지역사회의 관점에서 볼 때 환경을 이유로 맹렬한 반대에 부딪치는 것은 조금도 이상할 것이 못 된다. 교통계획을 세울 때 그 지역사회의 가치관을 고려해야 하지만 사실상 지역 주민 또는 국민의 성향을 평가하는 기법은 모든 계획기법 가운데서도 가장 개발이 늦은 분야 중의 하나이다.

지역사회의 가치를 파악하는 데에는 그 지역에 사는 사람들의 성향을 알 필요가 있다. 성향은 여론보다는 더욱 본원적인 감정으로서 사회적인 압력에 영향을 받는다면 시간이 지남에 따라 변할 수도 있다. 성향은 기본적인 가치판단과 연관이 된다. "성향이란 어떤 주어진 상황에서 일관된 태도로 행동하는 몸에 밴 성질이다. 즉 이것은 여론보다는 훨씬 더 영속적인 것이다. 그러므로 성향조사는 최종행동을 예측하는 데 있어서 여론조사보다 훨씬 신뢰성 있는 자료를 제공한다."[28]

기본성향을 조사하는 데에는 여러 가지 방법이 있다. 가구면접과 우편설문을 통하여 주택이나 거주지의 시 또는 군 및 관광·위락 등에 대한 성향을 조사할 수 있다. 이에 대한 반응을 분석하여 여러 소득계층별 또는 거주밀도별 성향을 파악한다. 지역사회의 기본적인 성향을 파악하기 위하여 사용되는 기법들은 대부분 사회학 및 심리학에서 널리 쓰이는 것으로서 다음과 같은 것이 있다.

- 어휘연상법(word association)
- 문장완성법(sentence completion technique)
- 어의구별법(semantic differential technique)

지역사회의 가치관을 판단하는 데 사용되는 또 다른 좋은 방법은 임의표본 대신에 특별히 선정한 사람들로부터 의견을 듣는 방법이다. 공무원이나 그 지역의 유수한 사업가 또는 지도급 인사들로 구성된 실무검토위원회에서 반대여론의 소지가 있는 초기계획서를 평가한다. 또 공통된 경험이나 관심을 가진 사람들로 표적 집단(focus group)을 만들어 계획에서 고려해야 할 여러 가지 관점을 하나하나 토론하게 하는 방법도 있다. 계획 분야의 전문가들로 구성된 평가단(rating panel)을 만들어 그 지역 전반의 목적과 목표에 관한 기준에 비추어 여러 가지 개발대안의 장단점을 평가하기도 한다. 학자나 경영자 및 자문위원으로 전문가 패널(Delphi panel)을 구성하여 여러 번에 걸쳐 질문을 하여 여론을 수집하는 방법도 있다.

5.13.3 환경영향 조사

교통시스템의 건설과 그 환경과의 상호관계는 앞에서도 여러 번 언급한 바 있다. 여기서 교통시설은 그 수명 동안 토지이용에 매우 오랜 기간에 걸쳐 영향을 미친다는 사실을 강조했다. 그러나 교통프로젝트가 환경에 미치는 영향은 단지 토지이용에 대해서만이 아니라 그보다 훨씬 광범위한 분야에 영향을 미친다고 알려졌다. 교통시설의 건설은 그 프로젝트에 바로 인접한 환경의 범위를 훨씬 넘어 그 지역 전반의 환경변화를 초래할 수 있다. 선진국에서는 1950년대와 1960년대에 지방부 고속도로와 도시고속도로를 건설할 때 환경문제를 등한시했기 때문에 지역사회의 환경보호론자들의 강력한 반발에 직면한 적이 있었다. 도로건설을 반대하는 이 운동은 그 후에 제트항공기의 출현과 함께 급증하는 항공교통수요로 인한 소음을 반대하는 사람들과 합류하게 된다. 현대도시의 환경파괴에 대한 관심이 고조됨에 따라 환경에 관한 입법이 이루어져서 교통시설을 계획하고 건설하는 것을 통제할 뿐만 아니라 이 시설을 이용하는 차량의 설계와 운영까지도 통제하게 되었다.

현행 우리나라의 환경영향평가법에는 도시개발, 산업입지 및 공업단지의 조성, 도로건설, 철도건설 등 환경보전에 영향을 미치는 사업을 하고자 하는 사람은 환경부장관이 규정하는 "환경영향평가서등 작성 등에 관한 규정"에 따라 환경영향평가서를 작성하여 미리 환경부장관에게 협의를 받도록 규정하고 있다.

환경영향평가에서는 자연생태환경, 대기환경, 물환경, 토지환경, 생활환경, 기타 사회환경·경제환경을 다룬다.

1 소음공해

원하지 않는 소리인 소음은 차량운행의 필연적인 부산물이다. 자동차는 엔진, 타이어 및 속도변환장치와 같은 곳에서 소음을 발생시킨다.

항공기는 동체와 날개를 스치는 공기의 기체역학적인 흐름과 엔진으로부터 소음이 생긴다. 기차는 철로와 차량바퀴의 접촉, 기관차의 모터소리뿐만 아니라 차량 표면의 기체역학적인 흐름이 소음의 근원이 된다. [그림 5.9]는 각 교통기관의 발생소음 크기를 일상적으로 경험하는 소리의 크기와 비교하여 나타낸 것이다.

주관적인 소리의 크기(loudness)는 음의 강도가 10 dB씩 증가함에 따라 2배가 된다고 일반적으로 생각된다. 사람의 청각은 A영역에 있는 주파수에 대해서 특히 예민하다. 그래서 소리는 통상 이와 같이 가장 예민한 영역(A)을 나타내는 데시벨(dBA)을 사용하여 측정된다.

개인이나 혹은 지역사회의 소음에 대한 반응에 영향을 주는 또 하나의 요인은 시간이다. 소리란 시간에 따라 일정한 경우는 드물다. 시간이 소음효과에 영향을 미치는 요소는 다음과 같다.

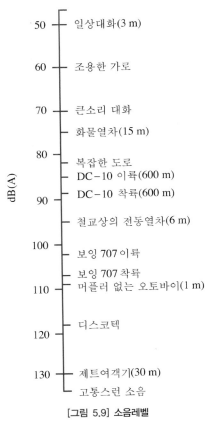

50	일상대화(3 m)
60	조용한 가로
70	큰소리 대화
	화물열차(15 m)
80	복잡한 도로
	DC-10 이륙(600 m)
	DC-10 착륙(600 m)
90	철교상의 전동열차(6 m)
100	보잉 707 이륙
	보잉 707 착륙
110	머플러 없는 오토바이(1 m)
120	디스코텍
130	제트여객기(30 m)
	고통스런 소음

[그림 5.9] 소음레벨

자료: 참고문헌(17)

- 소리의 지속시간
- 소리가 반복되는 횟수
- 하루 중 소음이 발생하는 시간대

2 대기오염

대기오염은 완전연소되지 않았거나 부분적으로는 연소된 엔진연료가 완전연소되었을 때의 부산물과 함께 방출됨으로써 생긴다. 이 오염물질의 농도와 구성성분은 차량의 운행 사이클, 즉 순행, 가속, 감속, 또는 공회전(空廻轉)에 따라 달라진다. 교통에 의한 대기오염물질에는 다음과 같은 것이 있다.

(1) 일산화탄소(CO)

내연기관 승용차가 배출하는 주된 배출가스이다. 이 가스는 엔진이 공회전하거나 혹은 정상적인 순행속도보다 낮은 속도로 운행될 때 많은 양이 배출된다. 이 가스는 비록 농도가 낮더라도 인체에 메스꺼움, 두통 및 현기증을 유발하는 유독가스이다. 농도가 크면 혈중 헤모글로빈과 작용하여 인체에 치명적이 될 수도 있다.

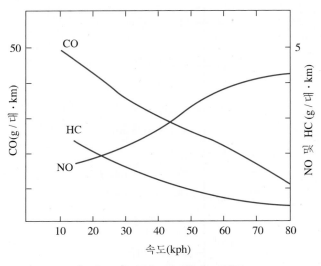

[그림 5.10] 차량속도와 배출가스 방출률

자료: 참고문헌(17)

(2) 질소산화물(NO_x)

연소의 부산물로서 일산화질소(NO)와 이산화질소(NO_2)가 있으며, 이 중에서 이산화질소가 더 자극성이 있다. 이것은 스모그(smog)의 주성분으로서 고농도에서 심각한 호흡기장애를 일으킨다.

(3) 탄화수소(HC)

불완전연소의 결과로 생기는 가스로서 배출 때 방출되는 것과 크랭크케이스에서 누설되는 것이 있다. 대기 중에서 광화학작용을 일으켜 스모그 중에서 매우 산화력이 강한 화학물질을 만든다. 또 탄화수소는 발암물질로 알려져 있다.

(4) 유황산화물(SO_x)

유황을 포함한 휘발유는 연소과정에서 이산화황(SO_2)을 만든다. 대기 중의 수증기와 혼합되면 눈, 코, 목구멍에 불쾌감을 주는 매우 자극적인 화학물질을 만들며, 고농도에서는 폐질환을 유발시킨다. 이 물질은 부식성이 강해서 강구조물이나 석조물을 부식시킨다.

(5) 미세먼지(particulates)

불완전연소의 생성물질로서 눈에 보이는 먼지와 탄소입자이다. 비교적 큰 입자는 가라앉지만 작은 입자는 공기 중에 떠다니면서 스모그와 안개의 원인이 된다. 입자 그 자체는 독이 없지만 유독성 오염물질을 폐로 옮기는 역할을 한다.

도로교통수단은 소비하는 연료가 비교적 많기 때문에 교통이 유발하는 대기오염의 주원인이 된다. 우리나라에서는 도로차량의 배출가스 방출률을 규제하고 있으며, 비행기에 대해서는 미세먼지 방출을 감소시키기 위한 장치를 하도록 권하고 있다.

3 수질오염

일반적으로 교통프로젝트가 수질오염에 미치는 효과는 소음이나 대기오염에 비해 그다지 크지 않다. 그러나 공항과 같이 넓은 포장면적을 가지는 곳에서는 대단히 많은 유출수가 부근의 하천으로 흘러 들어가며, 그 주위의 표면수위의 변화에 영향을 준다. 미국에서는 국제공항을 건설하는 계획이 그 지역의 표면수의 흐름을 차단하는 문제 때문에 중단된 적이 있다.

5.13.4 장단기 토지이용의 효과

교통시설의 건설은 장기적인 토지이용에 여러 가지 방법으로 영향을 미친다. 이러한 토지이용의 변화는 그 지역사회의 복합적인 편익을 주어 이에 영향을 받은 사람으로부터 복합적인 반응을 불러 일으킨다. 다음은 주요 교통프로젝트와 관계되는 여러 가지 장기 변화를 설명한 것이다.

① 고속대중교통시스템이 건설된 다음에 고밀도교통축과 거점이 개발된다. 그러나 교외에 거주하는 사람은 고밀도개발을 반대하는 경우도 있다.
② 고속대중교통노선에 대규모 환승주차장(park-and-ride parking lots)을 건설함으로써 기존 지역사회 구조를 변경시킨다.
③ 고밀도사용을 위해서 재개발을 기다릴 동안 장기적인 계획의 부재현상이 생긴다.
④ 고속도로 또는 고속대중교통의 부지가 마을이나 도시구조를 분할시킨다.
⑤ 이동하거나 주차한 차량이 많이 증가하면서 동시에 소음, 악취, 먼지 및 전반적인 불쾌감이 커진다.

단기적으로 볼 때도 건설기간에 기존의 토지이용에 큰 변화가 있을 수도 있다. 이와 같은 효과는 그 프로젝트에 관한 전반적인 사회적 비용을 평가할 때 흔히 무시되는 경우가 많으니 유의해야 한다. 이러한 효과에는 다음과 같은 것들이 있다.

① 주민이나 사업자가 영구적으로나 일시적으로 이전
② 건설기간의 혼란으로 말미암아 사업이나 산업에 미치는 경제적 손실
③ 건설 시의 교통으로 야기되는 혼잡

● 참고문헌 ●

1. ITE., *Manual of Transportation Engineering Studies*, 4th ed., 1994.
2. ITE., *Transportation and Traffic Engineering Handbook*, 1982.
3. McShane, W. R., and R. P. Roess, *Traffic Engineering*, Prentice Hall, 1990.
4. Bruce, D. Greenshields, and F. Weida, *Statistics with Application to Highway Traffic Analysis*, Eno Foundation, 1952.
5. FHWA., *Urban Origin-Destination Surveys*, U.S. Government Printing Office, 1973.
6. USDOT., FHWA., *Guide for Traffic Volume Counting Manual*, 1970.
7. A. Whittick, *Encyclopedia of Urban Planning*, McGraw-Hill Book Co., 1974.
8. ITE., *Manual of Traffic Engineering Studies*, 4th ed., 1976.
9. L. J. Pignataro, *Traffic Engineering-theory and practice-*, Prentice-Hall, Inc., 1973.
10. 국토교통부, 차량운행경로 빅데이터의 도로정책 활용방안, 2017.
11. 한국도로공사, 차량의 통행경로 자료를 활용한 교통분석체계 구축 연구, 2017.
12. 서울연구원, 교통분야의 실시간 데이터 활용 동향, 2020.
13. 한국도로공사, 고속도로 C-ITS 인프라 구축·운영관리 방안 연구.
14. 국토교통부, 교통조사지침, 2016.
15. A. Whittick, *Encyclopedia of Urban Planning*, McGraw-Hill Book Co., 1974.
16. F. J. Murray, *A Comparative Study of the O-D Traffic Survey Data Obtained by Home Interview and Controlled Post Card Methods*, Ohio DOT., HRB. 37th Annual Meeting Paper, 1957.
17. F. H. Wynn, *Intra-City Traffic Movements*, HRB. 34th Annual Meeting Paper, 1955.
18. H. Perloff and Wingo(eds), *Issues in Urban Economics*, Baltimore: Johns Hopkins Press, 1968.
19. A. M. Voorhees, *Proceedings of 34th Annual Meeting*, A General Theory of Traffic Movement, ITE., 1955.
20. National Committee on Urban Transportation, *Procedure Manual(2A): Origin- Destination and Land use*, Public Administration Service, 1958.
21. National Committee on Urban Transportation, *Procedure Manual(2B): Conducting a Home Interview-Origin-Destination Survey*, Public Administration Service, 1958.
22. N. J. Rajanikant and F. Utevsky, *Alternative Patterns of Development-Puget Sound Region*, Staff Report No. 5, Seattle: Puget Sound Regional Transportation Study, 1964.
23. HRB., *Urban Development Models*, Special Report 97, 1968.
24. F. S. Chaplin and E. J. Kaiser, *Urban Land Use Planning*, Univ. of Illinois Press, 1979.
25. H. Perloff and Wingo(eds), *Issues in Urban Economics*, Baltimore: Johns Hopkins Press, 1968.
26. 한국교통연구원, 2016년 교통사고비용 추정, 2018.
27. 한국건설기술연구원, 다중영상기반 실시간 교통검지 기술 개발, 2015.

28. M. T. Shaffer, "Attitudes, Community Values and Highway Planning", *HRR. No. 187,* HRB., 1967.
29. 한국교통연구원, 2021년 「국가교통조사」 최종보고서, 전국여객 O/D조사, 1편 전국조사, 2021.
30. 한국교통연구원, 2017년 「국가교통조사·DB시스템 운영 및 유지보수」 전국화물통행실태조사, 2017.

제6장

용량과 서비스수준

    용량분석의 목적은 교통시설이 수용할 수 있는 최대교통량을 추정하는 데 있다. 그러나 교통시설이 용량에 도달하면 그 운영상태가 나빠지므로, 계획하거나 설계할 때는 이러한 수준에 이르지 않도록 해야 한다. 그러므로 어떤 시설이 주어진 수준의 운영상태를 유지할 수 있을 정도의 교통량을 추정하는 것도 분석의 목적이라 할 수 있다.

    운영상태를 나타내는 기준은 서비스수준(level of service)으로서 각 수준의 운영상태의 범위는 시설의 종류에 따라 다르며, 이는 또 각 수준에 따라 수용할 수 있는 교통량과도 관계가 있다. 이 장에서는 여러 교통시설 가운데 연속교통시설과 단속교통시설의 대표적인 시설로서 고속도로 기본구간과 신호교차로에 대한 용량 및 서비스수준을 분석하였다.

    사실상 용량은 동일한 시설일지라도 시간과 장소, 기후, 날씨, 지방에 따라 그 값이 다를 수 있다. 용량이라고 계산된 숫자는 발생할 수 있는 합리적인 값이기는 하지만 이 값에 영향을 주는 모든 변수를 다 고려할 수 없으므로, 경우에 따라서는 실제 관측값이 계산된 용량값을 훨씬 초과할 수도 있고 적을 수도 있다. 더욱이 매우 짧은 시간 동안 수용할 수 있는 차량대수에 임의변동이 있을 것이라는 사실은 충분히 예상할 수 있다. 다시 말해 용량은 매우 확률적이라 할 수 있다. 그러므로 용량계산을 할 때 적은 숫자상의 차이에 연연할 필요는 없다.

6.1 정의 및 개념

    용량분석은 기존 교통시설의 운영분석(operational analysis)과 장래시설의 계획 및 설계분석(planning and design analysis)으로 나누어 생각하는 것이 편리하다. 운영분석은 도로조건과 교통조건 및 교통운영조건이 주어졌을 때 그 교통류의 서비스수준이나 기타 교통류의 특성을 분석하는 것이고, 계획 및 설계분석은 예상되는 교통조건과 계획하는 서비스수준이 주어졌을 때 그 서비스수준을 유지하는 데 필요한 교통시설의 크기를 결정하는 것이다.

6.1.1 용량

이 장에서 다루는 용량 및 서비스수준 분석에 대한 내용은 우리나라 국토교통부에서 발간한 '도로용량편람'에서 일부 내용을 발췌하였다. 연속류 및 단속류의 용량을 분석하고 서비스수준을 산출하기 위하여 필수적인 조건과 분석과정을 위주로 내용을 전개하였으며, 세부적인 요소들에 대해서는 '도로용량편람'을 참고하는 것이 바람직하다.

일반적으로 시설의 용량이란 주어진 시간 내에 주어진 도로조건, 교통조건, 교통운영조건 아래에서 도로 또는 차로의 균일구간이나 지점을 통과할 수 있는 최대시간교통량을 말하며, 이때의 도로조건은 좋은 기후조건과 좋은 노면상태를 전제로 한 것이다. 따라서 교통량은 교통수요의 변화에 따른 실제교통류율을 의미하는 반면에 용량은 어떤 시설이 처리할 수 있는 최대교통류율 또는 그 능력을 나타낸다.

용량분석에서 사용되는 '주어진 시간'의 길이로는 동일한 교통류 특성을 유지하는 최대시간인 15분을 사용한다. 그러나 도시부도로의 특정 애로구간 분석에서는 첨두 5분의 교통량을 사용할 수도 있다. 이 시간 길이는 혼잡지속시간을 어느 정도로 허용할 것인지와 관계가 있다. 즉 용량을 초과하는 시간을 줄이기 위해서는 분석시간을 짧게 잡아야 한다.

기존 도로에 대한 용량분석은 도로 또는 도로망의 용량이 교통수요에 비해 얼마만큼 부족한지를 판단하고, 개선의 우선순위를 결정하기 위해서 행하며, 계획도로에 대해서는 그 도로가 예상되는 교통량을 만족할 만한 서비스수준으로 처리할 수 있는지를 분석하기 위해서 행해진다. 그러나 적절한 도로시스템이란 용량으로만 평가할 수 있는 것은 아니다. 안전성, 경제성, 노선의 연결성, 서비스수준, 토지이용 및 환경에 미치는 영향도 함께 고려해야 한다.

용량산정에서 정의되는 주어진 도로, 교통 및 교통운영조건은 분석하고자 하는 시설구간에 걸쳐 균일해야 한다. 왜냐하면 주어진 조건이 변하면 용량도 변하기 때문이다.

(1) 도로조건

도로조건이란 도로의 종류, 주변 개발환경, 차로수, 차로폭 및 갓길폭, 설계속도, 측방여유폭(lateral clearance), 평면 및 종단선형 등을 포함하는 도로의 기하특성을 말한다.

(2) 교통조건

교통조건이란 그 시설을 이용하는 교통류의 특성을 말하며, 교통량, 교통류 내의 차종구성(車種構成), 교통량의 차로별 분포 및 방향별 분포가 여기에 해당된다.

(3) 교통운영조건

교통운영조건이란 운영설비의 종류 및 구체적인 설계와 교통규제를 말하며, 교통신호의 위치, 종류 및 신호시간은 용량을 좌우하는 결정적인 운영조건이다. 기타 중요한 운영조건은 '정지' 및 '양보' 표지, 차로이용 통제, 회전통제 등과 같은 교통통제 대책들이다.

6.1.2 서비스수준

서비스수준이란 교통류 내에서의 운행상태를 나타내는 것으로서, 운전자나 승객이 느끼는 정성적(定性的)인 평가기준이다. 도로조건이나 교통운영조건이 일정하다면 서비스수준은 주로 교통조건에 따라 좌우된다. 서비스수준을 평가하는 효과척도(效果尺度, Measure of Effectiveness; MOE)로는 통행속도, 정지수(停止數), 통행시간, 교통밀도, 운행비용 등 여러 가지가 있으나 운전자나 승객이 느끼는 것은 속도 및 통행시간, 이동의 자유도, 정지수, 쾌적감, 편리성, 안전감이다. 그러나 MOE는 측정하기가 쉽고 또 다른 MOE들을 대표할 수 있는 것이어야 한다.

1 서비스수준의 등급

서비스수준에 따른 교통상태는 교통시설의 종류에 따라 큰 차이가 있으나, 연속교통류(連續交通流, uninterrupted flow) 시설의 서비스수준과 교통상태 사이의 일반적이며 개념적인 관계는 서비스수준 A에서부터 F까지 6개 등급으로 정의된다. 그러나 단속교통류(斷續交通流, interrupted flow)에서는 서비스 질(質)에 대한 사용자의 인식과, 이들을 설명하면서 교통상태를 나타내는 변수가 서비스수준 A에서부터 FFF까지 8개이며, 이들은 연속교통류의 그것과는 전혀 다른 교통상태를 설명한다는 데 유의해야 한다.

2 서비스교통량

서비스교통량이란 주어진 시간 내에 주어진 도로조건, 교통조건, 교통운영조건 아래에서 주어진 서비스수준을 유지하면서, 도로 또는 차로의 균일구간이나 어떤 지점을 통과할 수 있는 최대시간교통량을 말한다. 용량에서와 마찬가지로 서비스교통량도 15분간의 교통량을 사용한다.

'도로용량편람(Highway Capacity Manual; HCM)'은 서비스수준 F를 제외한 나머지 5개 등급의 서비스수준에 대한 각 교통시설이 수용할 수 있는 서비스교통량을 예측 또는 산정하는 방법을 제시하였다.

서비스수준이 운행상태의 어떤 범위를 나타내는 반면에 서비스교통량은 일정한 값을 갖는 데 유의해야 한다. 서비스교통량이 각 서비스수준을 유지하는 범위 안에서의 최대교통량을 의미하기 때문에 어떤 서비스수준을 유지하는 서비스교통량의 범위는 그 수준에서의 서비스교통량과 그보다 한 등급 높은(좋은) 서비스수준의 서비스교통량 사이에 있음을 알 수 있다.

3 효과척도

각 시설에 대한 서비스수준은 각 시설의 운행상태를 가장 잘 나타내는 한 개 또는 몇 개의 운행변수에 의해서 표현된다. 서비스수준의 개념은 운행상태를 폭넓게 나타내려고 하지만, 여러 종류의 시설을 많은 운행변수로 표현한다는 것은 자료수집 및 활용의 제한성 때문에 사실상 불가능하다.

각 시설의 서비스수준을 정의하기 위하여 사용되는 매개변수를 효과척도(效果尺度, Measure of Effectiveness; MOE)라 하며, 이들은 각 시설의 운행상태를 가장 잘 나타내는 서비스 기준들을 대

[표 6.1] 각 시설별 효과척도

시설	MOE
고속도로	
기본구간	v/c비, 밀도(pc/km/차로)
엇갈림구간	밀도(pc/km/차로)
연결로구간	밀도(pc/km/차로)
다차로도로	평균통행속도(kph)
2차로도로	교통량, 총 지체율(%)
신호교차로	평균운영지체(초/대)
비신호교차로	평균운영지체(초/대), 교통량(vph)
도시 및 교외 간선도로	평균통행속도(kph)
대중교통	탑승인원(명), 운행시격(분), 운행시간(시간/일)
보행자	보행교통량(인/분/m), 점유공간(m^2/인)
자전거	상충횟수(회), 정지지체(초/대), 평균통행속도(kph)

표하는 것이어야 한다. [표 6.1]은 각 시설의 서비스수준을 결정하는 데 사용되는 효과척도를 나타낸 것이며, 이 값의 크기에 따라 그때의 서비스수준이 결정된다.

6.2 이상적 조건과 실제 현장조건

교통시설 가운데서 도로조건, 교통조건, 교통운영조건이 똑같은 경우란 있을 수 없다. 따라서 용량 및 서비스수준 분석과정은 이들의 특정 표준조건, 즉 이상적(理想的)인 조건에 대해 분석한 후, 이상조건과 상이한 실제 현장의 조건에 대해서 보정을 해야 한다.

6.2.1 이상적 조건

원칙적으로 이상적인 조건이란 더 좋게 개선하여도 용량이 증가되지 않는 상태를 말한다. 이와 같은 조건은 용량의 관점에서 볼 때만 이상적일 뿐 그 외에 안전이나 혹은 다른 요소와는 상관없음을 유의해야 한다. 연속교통류 시설과 신호교차로의 이상적인 조건을 들면 다음과 같다.

1 연속교통류 시설의 이상적 조건

- 3.5 m 이상의 차로폭
- 평지
- 1.5 m 이상의 측방여유폭(주행차로 외측에서부터 도로변 또는 중앙분리대의 장애물까지의 거리)
- 유출입 지점이 없음
- 2차로도로의 경우 직진 방해요소 없음
- 승용차로만 구성된 교통류
- 2차로도로의 경우 추월가능구간이 100%

- 3.0 m 이상의 차로폭
- 평지
- 승용차로만 구성된 직진교통류
- 정지선에서 75 m 이내 도로변 주차 및 버스 승하차 없을 것
- 정지선에서 60 m 이내에 진출입로 없을 것
- 교차도로를 횡단하는 보행자 없을 것

대부분의 용량분석에서 실제 현장의 조건이 이상적인 상태가 아니므로 용량, 서비스교통량, 또는 서비스수준의 계산 등은 이들 영향을 감안하여 보정되어야 한다. 실제 현장의 조건들은 도로조건, 교통조건, 교통운영조건으로 나누어 생각할 수 있다.

6.2.2 실제 현장조건

1 도로조건

도로조건은 도로를 설명하는 것으로 다음과 같은 기하요소를 포함한다.

- 도로의 종류와 주변 개발환경
- 차로폭
- 갓길폭과 측방여유폭
- 설계속도
- 평면 및 종단선형

차로폭과 갓길폭은 교통류에 많은 영향을 준다. 차로폭이 좁으면 차량 간의 횡간격이 좁아지므로 운전자가 위축감을 느끼면서 속도를 줄이거나 또는 속도를 유지한다 하더라도 종방향의 차량간격을 넓게 유지함에 따라 용량 또는 서비스교통량이 감소하게 된다.

갓길폭과 도로변 장애물은 용량에 두 가지 중요한 영향을 미친다. 많은 운전자들은 도로변과 중앙분리대에 설치된 물체들로부터 떨어져 운행하고 싶어 하기 때문에 인접차로로 접근하게 되어 결과적으로 차로폭이 좁은 곳에서 운행하는 것과 같은 효과를 낳는다. 또 2차로도로에서 경우에 따라서는 갓길이 추월하는 데 필요한 공간을 제공해 주기도 하므로 갓길폭이 좁으면 교통 흐름에 악영향을 미치게 된다.

설계속도는 서비스수준 및 운행에 영향을 준다. 왜냐하면 도로는 설계속도보다 낮은 속도로 운영되며, 설계속도가 낮아짐에 따라 조악한 평면선형 및 종단선형이 설계되어 이러한 선형을 주행하기 위해서는 더 많은 주의를 기울이게 된다. 심한 경우에는 다차로도로의 용량도 설계속도의 크기에 영향을 받는다고 알려져 있다.

도로의 평면선형 및 종단선형은 도로가 설치될 지형과 사용될 설계속도에 좌우된다. 연속교통류 시설의 분석은 일반지형과 특정 경사구간으로 구분되며, 일반지형은 다시 평지(平地), 구릉지(丘陵

地), 산지(山地)로 나뉜다. 이러한 구분은 중차량의 승용차환산계수를 적용하는 데 사용된다.

일반적으로 지형이 나빠지면 용량 및 서비스교통량은 감소하게 된다. 이와 같은 영향은 2차로도로에서 특히 심하게 나타나는데, 지형이 나쁘면 교통류 내의 각 차량들의 주행능력이 감소함은 물론이고 교통류 내의 저속차량을 추월할 수 있는 기회도 적어진다.

지형은 이러한 전반적인 영향뿐만 아니라 상당히 긴 상향경사의 독립된 구간에서도 운행에 상당한 영향을 미친다. 중차량은 이와 같은 구간에서 매우 낮은 속도로 주행하게 되므로 교통류의 흐름에 지장을 주어 도로의 효율을 절감시킨다.

2 교통조건

(1) 차종

용량, 서비스교통량, 서비스수준에 영향을 주는 교통류의 특성은 차종구성(車種構成)이다. 중차량은 승용차보다 크기 때문에 승용차보다 넓은 도로면(道路面)을 차지하게 되며 승용차보다 주행능력이 떨어진다. 특히 가속·감속과 등판능력이 승용차보다 낮다.

후자의 영향은 매우 중요하다. 중차량은 대부분의 경우 승용차와 같이 민첩하게 이동할 수 없기 때문에 긴 차량간격이 생기고 또 이를 추월로써 메우기도 어렵다. 이와 같은 현상은 도로공간의 이용을 비효율적으로 만든다. 이러한 영향은 계속적으로 가파른 언덕길이나 반대편 차로를 이용하여 추월해야 하는 2차로도로와 같이 차량 간에 주행능력의 차이가 현저히 나타나는 곳에서 특히 심각하다.

중차량은 하향경사의 구간에서도 영향을 받는다. 중차량이 저속으로 변속해야 할 만큼 급한 하향경사구간에서는 중차량의 속도가 승용차보다 낮아지기 때문에 교통류 내에 긴 차량간격이 형성된다.

우리나라 HCM에서는 중차량의 차종분류를 소형, 중형, 대형의 세 가지로 구분하고 있다.

(2) 차로이용 및 방향별 분포

교통량의 방향별 분포는 2차로 지방부도로의 운영에 상당한 영향을 미치게 된다. 가장 바람직한 상태는 각 방향별로 50대 50으로 분포될 때이며 방향별 분포가 어느 한쪽에 치우칠수록 용량은 감소한다.

다차로도로의 용량분석에서는 한 방향 교통만을 고려한다. 그러나 설계 시에는 양방향 모두 중(重)방향의 첨두유율을 사용하게 되는데, 이는 통상 오전 첨두현상이 어느 한 방향에서 일어난다면 오후 첨두현상은 그 반대 방향에서 발생하기 때문이다.

차로이용률도 다차로도로의 중요한 특성 중의 하나이다. 일반적으로 맨 바깥쪽 차로의 교통량이 가장 적다. 분석에서는 각종 도로에 대한 대표적인 차로이용률을 가정한다.

단속교통류 시설은 특정 교통류의 진행시간을 조절한다. 또한 이것은 용량, 서비스교통량 및 서비스수준을 좌우하는 중요한 요소이다. 이와 같은 교통류 운영시설의 대표적인 것이 교통신호등이다. 도로운영은 사용되고 있는 교통운영의 형태, 신호현시, 녹색신호시간 및 주기의 길이에 영향을 받는다. 그러므로 신호교차로, 나아가서 이들을 연결한 도시간선도로의 효율을 높이기 위해서는 각 진행방향별로 적절한 신호시간을 계산해 내는 것이 아주 중요하다. '정지'와 '양보' 표지도 용량에 영향을 주지만 신호등처럼 확실한 방법은 아니다. 그 밖에 용량, 서비스교통량 및 서비스수준에 큰 영향을 주는 교통통제 또는 규제형태에는 노상 주차제한(路上駐車制限), 회전제한(回轉制限), 차로이용통제(車路利用統制) 등이 있다.

노상 주차제한으로 도로의 이용 가능한 차로수를 증가시킬 수 있으며, 회전제한은 교차로에서 충돌사고의 위험성을 줄이고 교차로용량을 증대시킨다. 차로이용통제는 교차로에서 교통류의 진행방향별 경로를 할당하기 위한 것으로서, 주요 간선도로에서 가변차로를 설치할 경우에도 사용된다.

6.3 고속도로의 용량 및 서비스수준 분석

고속도로는 완전한 형태의 연속교통류를 유지하는 도로로서, 교통신호등과 같이 교통류의 운영상태에 영향을 미치는 시설 요인이 없는 도로를 의미한다.

고속도로는 일반적으로 다음과 같은 세 가지 요소로 구성되어 있다.

(1) 고속도로 기본구간

연결로 부근의 합류 및 분기(分岐), 또는 엇갈림에 영향을 받지 않는 고속도로 구간이다.

(2) 엇갈림 구간

둘 이상의 교통류가 서로 다른 교통류의 경로를 교차해야 하는 고속도로 구간으로서, 보통 두 도로의 합류지역이 그 다음에 오는 분류지역과 가까이 있는 경우에 생긴다. 또 고속도로의 진입 연결로가 고속도로의 바깥쪽 보조차로로 연결되어 다시 진출 연결로로 이어질 때도 생긴다.

(3) 연결로 접속부

진입 및 진출 연결로가 고속도로와 만나는 점으로서, 이러한 접속부는 합류 및 분기차량의 집중으로 인하여 혼잡하다.

고속도로의 기본구간을 설정하기 위해서는 연결로 또는 엇갈림 구간의 영향권을 정의해야 한다. 진입 연결로 또는 엇갈림의 합류지역의 영향권은 접속부의 상류 100 m에서부터 하류 400 m까지이며, 진출 연결로 또는 엇갈림의 분기지역의 영향권은 접속부의 상류 400 m에서부터 하류 100 m까지를 말한다. 이와 같은 지침은 안정류 상태에 대한 것이며, 혼잡이나 병목현상이 생기게 되면 그 영향권이 이보다 훨씬 길 수도 있다.

6.3.1 고속교통류의 특성

어떤 특정 도로의 속도－교통량－밀도 관계는 그 도로구간이 갖는 실제 현장의 도로조건 및 교통조건에 의해서 결정된다. 이와 같은 조건하에서 여러 가지 설계속도에 대한 전형적인 교통류 특성은 [그림 6.1]과 [그림 6.2]에 잘 나타나 있다. [그림 6.1]은 밀도와 교통량의 관계를 나타낸 것이며, [그림 6.2]는 평균통행속도와 교통량 간의 관계를 나타낸다. 이 관계는 설계속도가 120 kph, 100 kph, 80 kph인 도로에서 얻은 결과이다.

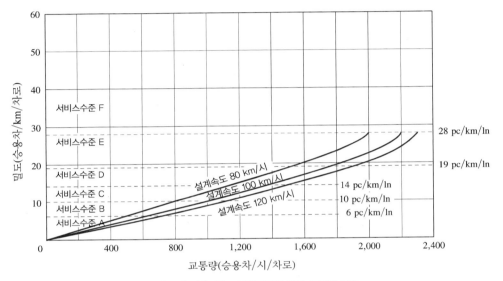

[그림 6.1] 이상적인 조건하에서의 밀도–교통량 관계

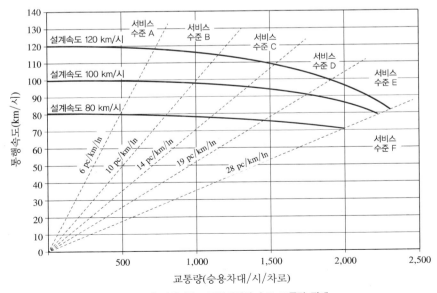

[그림 6.2] 이상적인 조건하에서의 속도–교통량 관계

[그림 6.1]과 [그림 6.2]에서 보는 바와 같이 세 도로의 용량은 각각 2,300, 2,200 및 2,000 pcphpl(passenger car per hour per lane; 차로당 시간당 승용차대수)이다. 또 교통량이 상당한 수준에 이를 동안 속도의 변화는 아주 적은 편이나, 교통량이 용량에 이를 즈음에는 교통량 증가에 따라 속도가 현저하게 감소한다. 이와 같은 현상은 설계속도가 높은 도로가 낮은 도로보다 더욱 심하다.

이상적인 조건이 아닌 실제 조건에서는 용량이 변할 뿐만 아니라 속도 – 교통량 – 밀도의 상관관계도 변한다. 이들의 변화요인에는 차로폭, 측방여유폭 및 설계속도의 감소, 차종구성 등이 있다.

6.3.2 고속도로 서비스수준

근본적으로 속도를 고속도로 기본구간의 MOE로 사용하기에는 부적합하다는 것은 잘 알려진 사실이며, 수차에 걸친 미국 HCM의 개정도 이러한 개념상의 변화를 반영한 것이다. 통행속도가 고속도로 기본구간의 MOE로 부적합한 이유는 다음과 같다.

① 속도 – 교통량 관계 곡선에서 볼 수 있는 바와 같이 서비스수준이 높은 영역에서는 교통량 변화의 범위가 상당히 큰데도 불구하고 속도는 거의 변화를 보이지 않는다. 바꾸어 말하면 서비스수준을 구하기 위한 속도 추정에 조그만 차이가 있어도 서비스수준은 크게 달라질 수 있다.

② 어떤 한 서비스수준을 나타내는 데 단일 속도값으로 나타낼 수 없다. 예를 들어 도로 및 교통조건에 따라 어느 도로는 평균통행속도가 65 kph 이상이 서비스수준 A라면 어느 도로는 75 kph 이상이라야 서비스수준 A가 되는 것처럼, 도로나 교통조건에 따라 그 속도 기준값이 변한다. 심지어 같은 설계속도를 가진 도로라 하더라도 도로조건이나 교통조건이 달라지면 같은 서비스수준에 해당하는 기준속도가 달라지므로, 모든 도로종류와 다양한 모든 교통조건에 따른 기준값을 만들어야 하나 그렇게 하기는 사실상 불가능하다.

운전자의 입장에서는 속도가 서비스 질(質)을 평가하는 데 가장 중요한 척도가 될 수 있지만, 이동의 자유도(自由度) 역시 중요한 매개변수가 아닐 수 없다. 따라서 이동의 자유도를 가장 잘 나타내는 밀도를 고속도로 기본구간의 서비스수준을 반영하는 주요 MOE로 삼는다.

고속도로 기본구간의 각 설계속도에 따른 서비스수준의 기준은 [표 6.2]에 잘 나타나 있다. 밀도는 운전자가 원하는 대로 움직일 수 있는지의 여부 또는 고속도로 통행의 안전 측면에서 매우 중요한 앞뒤 차량과의 거리를 나타낼 수 있는 좋은 기준이다. 또한 v/c비는 해당 시설을 이용하는 교통류의 상태를 설명해 주는 또 다른 효과척도로, 계획 및 설계 단계에서 유용하게 이용된다.

밀도와 v/c비는 도로나 교통조건이 이상적이든 일반적이든 공통적으로 적용되는 값이기 때문에 주어진 도로의 서비스수준을 평가하는 좋은 척도가 된다. 차로당 최대서비스유율(maximum service flow rate; MSF)은 이상적인 조건하에서 차로당 통과시킬 수 있는 용량에 v/c비를 곱한 값이다.

고속도로 기본구간에서 각 서비스수준에 대한 운행상태는 다음과 같다.

(1) 서비스수준 A

교통수요가 적을 경우에는 차량 상호 간의 간섭이나 영향은 거의 없고 운전자는 주로 도로조건에

[표 6.2] 고속도로 기본구간의 서비스수준

LOS	밀도 (pc/km/차로)	설계속도 120 kph		설계속도 100 kph		설계속도 80 kph	
		v/c	MSF[1] (pcphpl)	v/c	MSF[1] (pcphpl)	v/c	MSF[1] (pcphpl)
A	≤6	≤0.30	≤700	≤0.27	≤600	≤0.25	≤500
B	≤10	≤0.50	≤1,150	≤0.45	≤1,000	≤0.40	≤800
C	≤14	≤0.65	≤1,500	≤0.61	≤1,350	≤0.58	≤1,150
D	≤19	≤0.83	≤1,900	≤0.80	≤1,750	≤0.75	≤1,500
E	≤28	≤1.00	≤2,300	≤1.00	≤2,200	≤1.00	≤2,000
F	>28	[2]	[2]	[2]	[2]	[2]	[2]

주: 1) 이상적인 도로 및 교통조건 때의 값임
2) 불안정류로서 변동이 심함

만 영향을 받는다. 즉 평면곡선과 종단곡선, 속도제한 및 운전자 개인의 선호에 따라 주행속도가 달라진다. 또 다른 차량 때문에 이동에 제약을 받는 일이 거의 없으며, 운전자는 자기가 원하는 속도를 낼 수 있으므로 다른 차량으로 인한 지체가 거의 일어나지 않는다. 이와 같은 상태를 자유류(自由流, free flow) 상태라고 하며, 이때의 밀도는 대단히 적다.

(2) 서비스수준 B

안정류(安定流, stable flow) 상태에 있으면서, 주행속도는 교통조건 때문에 어느 정도 제약을 받기 시작한다. 운전자는 여전히 자기가 원하는 속도와 차로를 자유로이 선택할 수 있어 육체적으로나 정신적으로 상당한 수준의 쾌적감을 유지한다.

(3) 서비스수준 C

역시 안정류 상태에 있으나, 보다 많은 교통량 때문에 속도선택, 차로변경 및 추월을 자유롭게 할 수 없게 된다. 교통량이 조금만 증가해도 서비스 질이 현저히 떨어진다. 운전자는 안전운행을 하기 위해서 주의를 해야 하기 때문에 긴장이 상당히 커진다. 그러나 비교적 만족스러운 주행속도를 유지할 수 있으므로 우리나라에서 지방부 고속도로의 설계는 이 상태를 설계기준으로 삼는다.

(4) 서비스수준 D

불안정류에 접근하면서, 운행조건의 변화에 크게 영향을 받지만 대체로 견딜 만한 주행속도를 유지한다. 교통량의 순간적인 변동이나 일시적인 교통장애(차량고장 등)로 인해서 주행속도가 현저하게 감소하는 수도 있다. 운전자의 이동은 자유롭지 못하며 쾌적하고 편리한 느낌은 적으나 짧은 시간 동안이므로 견딜만하다. 사소한 사고가 발생해도 그 영향을 흡수할 차간간격이 없기 때문에 상당히 긴 대기행렬을 형성하게 된다. 우리나라의 경우 지방부 일반도로와 도시부의 모든 도로는 이 상태를 설계기준으로 삼는다.

(5) 서비스수준 E

속도만으로는 설명이 곤란하나 서비스수준 D보다는 낮은 주행속도에서 도착교통량이 도로의 용량에 거의 도달할 때이다. 전체 속도는 낮아져 비교적 일정한 속도로 운행된다. 교통류 내에서 이동의 자유도(自由度)는 극히 적으며, 쾌적하고 편리한 느낌이 적어 운전자나 보행자의 욕구불만이 매우 높은 상태이다.

이 수준에서는 교통류 내에 차량 간의 여유간격이 없으므로 지극히 불안정한 상태이므로 교통량이 조금이라도 증가하거나 사고 등 사소한 내부혼란이 발생하여도 그 영향이 흡수되지 않아 긴 대기행렬을 발생시킨다. 도로조건이 이상적일 경우 이 상태에서의 주행속도는 대략 70~80 kph 정도이다.

(6) 서비스수준 F

저속에서의 강제류(強制流) 상태를 말하며 도착교통량이 용량보다 클 때 발생한다. 이와 같은 상황은 통상 하류부에 있는 어떤 장애요인으로 인해 밀려있는 차량의 대기행렬 때문에 일어난다. 그러므로 이 지점은 첨두시간 내내 또는 첨두시간의 어느 기간 동안 차량대기소로서의 역할을 한다. 속도는 현저히 감소되며 잠시 또는 긴 시간 동안 정지상태가 계속될 수 있다. 극단적으로 속도와 교통량 모두 0으로 떨어질 수도 있다.

서비스수준 F는 대기행렬 또는 병목지점 상류부의 상태를 설명하는 데 사용된다. 병목지점 바로 아래 부분은 용량상태로 운영되며, 그보다 더 하류부는 운행상태가 매우 양호하다.

6.3.3 용량 및 서비스수준 분석

1 서비스교통량 계산

최대서비스유율(MSF)은 이상적인 조건하에서 어떤 서비스수준을 유지하는 차로당 최대교통량을 의미하는 반면에, 서비스교통량이란 이상적 조건이 아닌 주어진 실제의 도로조건, 교통조건 및 교통운영조건하에서 주어진 서비스수준을 유지할 수 있는 최대교통량을 말한다. 따라서 i서비스수준에서의 최대서비스유율 MSF_i와 서비스교통량 SF_i는 다음과 같이 정의된다.

$$MSF_i = c_j \times (v/c)_i \qquad \text{(pcphpl)} \qquad (6.1)$$

$$SF_i = c_j \times (v/c)_i \times N \times f_w \times f_{HV} \qquad \text{(vph)} \qquad (6.2)$$

$$= c_j \times (v/c)_i \times f_w \qquad \text{(pcphpl)} \qquad (6.3)$$

여기서 MSF_i = 이상적인 조건하에서 서비스수준 i에서의 차로당 최대서비스유율(pcphpl)

  c_j = 설계속도가 j인 도로의 이상적인 조건하에서의 차로당 용량(pcphpl)

  $c_{120} = 2,300$ pcphpl, $c_{100} = 2,200$ pcphpl, $c_{80} = 2,000$ pcphpl

  SF_i = 실제의 도로 및 교통조건에서 한 방향 N차로의 i서비스수준의 서비스 교통량(vph) 또는 차로당 승용차환산 서비스교통량(pcphpl)

  $(v/c)_i$ = 서비스수준 i에서의 최대교통량 대 용량비

  N = 고속도로의 한 방향 차로수

  f_w = 도로폭과 측방여유폭에 대한 보정계수

  f_{HV} = 교통류 내의 중(重)차량에 대한 보정계수

[표 6.2]에 나타난 $(v/c)_i$값은 운전자가 느끼는 서비스수준에 따라 적절하게 정의된 값일 뿐, 어떤 정량적인 근거가 있는 것은 아니다. 그러므로 이상적인 조건하에서는 $(v/c)_i$가 MSF_i/c_j이며, 실제 조건하에서의 $(v/c)_i$는 SF_i를 그 조건하에서의 최대용량, 즉 서비스수준 E에서의 서비스교통량 SF_E로 나눈 값을 말하며, 이 두 $(v/c)_i$값은 물론 동일하다.

교통류 내에 포함된 중차량의 승용차환산계수는 차종구성뿐만 아니라 지형에도 큰 영향을 받으므로, 일반지형과 특정경사구간으로 나누어 생각한다. 일반지형은 다시 평지, 구릉지, 산지로 구분하여 승용차환산계수를 적용한다. 이 환산계수와 이를 이용하여 중차량 보정계수를 구하는 방법은 KHCM을 참고로 하는 것이 좋다.

중앙분리대 시설들은 대부분 장애물로서의 영향을 주지 않는다. 그러나 이것이 평면곡선부에서 시거(視距)에 장애가 된다면 운행에 영향을 주는 요인이 된다. 보정계수 f_w는 차로폭, 장애물까지의 거리, 고속도로의 차로수, 장애물의 한쪽 또는 양쪽에 설치되어 있는가에 따라 정해지며 이것 역시 KHCM에 그 값이 주어진다.

2 운영분석

도로조건과 교통조건이 주어지고 서비스수준을 분석하거나 기타 다른 교통류 특성, 즉 밀도와 평균통행속도(고속도로의 경우는 평균주행속도와 같음)를 추정하는 것을 말한다.

교통량이 주어지면 이 값을 첨두15분 교통량으로 환산하기 위하여 PHF로 나누어야 한다. 또 식 (6.3)과 함께 사용하기 위해서는 차로당 pcu로 환산해야 한다. 즉, 첨두15분 교통류율 v_p는

$$v_p = v/PHF \qquad \text{(vph)} \qquad (6.4)$$

$$= v/(PHF \times N \times f_{HV}) \qquad \text{(pcphpl)} \qquad (6.5)$$

이 값을 이용하여 서비스수준을 구하는 방법에는 두 가지가 있다.

① 용량상태의 서비스수준은 E이며 $(v/c)_E$는 1.0이므로 식 (6.2) 또는 (6.3)을 이용하여 이 도로구간의 용량 c를 구한다. v_p/c를 계산하여 이 값이 [표 6.2]에 있는 v/c값의 어느 범위 안에 있는지 찾는다. 큰 값을 갖는 서비스수준이 이 도로의 서비스수준이다.

② 식 (6.2) 또는 (6.3)을 이용하여 v_p값을 사이에 둔 2개의 SF_i를 구하면, 큰 값을 갖는 서비스수준이 이 도로의 서비스수준이다.

예제 6.1 설계속도 100 kph인 한 방향 2차로 고속도로의 기본구간에서 한 방향의 첨두시간교통량이 2,000 vph이고 첨두시간계수는 0.95이며, 이 중에 소형트럭이 5%, 2.5톤 트럭 이상의 중차량이 20% 포함되어 있다. 차로폭은 3.5 m이며 중앙분리대가 있고 측대의 폭이 1.0 m이나 시거에 제약을 주며, 도로변 갓길의 폭은 2.5 m이다. 지형은 구릉지이고 경사가 4% 되는 구간이 있기는 하나 길이가 그다지 길지 않은(500 m 이하) 2 km의 도로구간이다. 서비스수준을 구하고 용량에 도달하기까지의 여유용량을 구하라. 또 밀도와 평균통행속도를 추정하라.

풀이 ・ 특정경사구간으로 분리해야 할 구간이 없으므로 일반지형으로 분석한다.

・ $v_p = 2,000/0.95 = 2,105$ vph

・ 장애물은 시거에 지장을 주는 왼쪽 중앙분리대이다.

KHCM에 의하면 $f_w = 0.98$

・ 구릉지이므로, KHCM에서 $E_{T0} = 1.2$, $E_{T12} = 3.0$

따라서 $f_{HV} = 1/[1 + 0.05(0.2) + 0.2(2)] = 0.71$

・ 설계속도 100 kph일 때의 $c_{100} = 2,200$ pcphpl

(1) 서비스수준

① 방법 1

용량 $c = c_j \times N \times f_w \times f_{HV} = 2,200 \times 2 \times 0.98 \times 0.71 = 3,062$ vph

$v_p/c = 2,105/3,062 = 0.69$

$(v/c)_C = 0.61 < 0.69 < (v/c)_D = 0.80 \rightarrow$ 서비스수준은 D

② 방법 2

$SF_C = 2,200 \times (0.61) \times 2 \times 0.98 \times 0.71 = 1,868$ vph

$SF_D = 2,200 \times (0.8) \times 2 \times 0.98 \times 0.71 = 2,449$ vph

$1.868 < 2,105 < 2,449 \rightarrow$ 서비스수준은 D

(2) 여유용량

$3,062 - 2,105 = 957$ vph(첨두15분 교통류율)

$957 \times 0.95 = 909$ vph(1시간 교통량)

(3) 밀도 및 속도 추정

・ [표 6.2]에서 $v/c = 0.69$에 해당되는 밀도를 계산, 밀도 $= 16.1$ 대/km

・ 교통량 $=$ 밀도 $\times$ 속도 관계식을 이용

차로당 승용차환산 교통량 $2,105/(2 \times 0.71) = 1,482$ pcphpl

속도 $= 1,482/16.1 = 92$ kph ■

3 계획 및 설계분석

장래에 예상되는 교통량 및 차종구성비에 따라, 요구되는 서비스수준에 적절한 고속도로 기본구간의 필요한 차로수를 결정하는 분석이다. 장래의 예상 교통량은 연평균 일교통량(AADT)으로 주어지므로, 설계에 이용하기 위해서는 첨두시간교통량으로 환산해야 한다. 또 이 교통량도 양방향을 합한 교통량이므로 중(重)방향 교통량으로 바꾸어 주어야 한다. 뿐만 아니라 첨두15분 교통량을 기준으로 설계한다면 마찬가지로 PHF를 적용하는 것이 타당하다. 이렇게 해서 얻은 설계시간교통량(Design Hourly Volume)을 요구되는 서비스수준의 차로당 서비스교통량으로 나누어 필요한 차로수를 구한다.

AADT에서 첨두시간교통량이 차지하는 비율인 K계수는 지방부와 도시부에 따라 차이가 있다. 지방부도로는 교통량의 시간별 변동이 큰 관계로 K계수가 0.12~0.18의 범위를 가지나, 도시부도로는 그 반대로 변동이 적어 0.06~0.12 사이의 범위를 갖는다고 알려져 있다. 우리나라 '도로용량편람'에서는 K값을 도시지역은 0.09, 지방지역은 0.15로 사용할 것을 권장하고 있다. 교통량의 방향

별 분포의 경우 도시지역은 중(重)방향의 교통량이 전체 교통량의 60%, 지방부도로는 65% 값을 사용하면 무리가 없다. 이 값을 D계수라 한다.

예제 6.2 A지방과 B지방을 연결하는 고속도로를 설계속도 100 kph, 서비스수준 C로 설계하고자 한다. 어느 기본구간의 예상 경사는 2% 미만이다. 목표연도의 AADT가 40,000대로 추정되며, 이 중에서 첨두시간의 교통류에는 2.5톤 이상의 트럭과 대형버스가 23%, 대형트럭이 2% 혼합되리라 예상된다. PHF = 0.90일 때 기본구간의 차로수를 결정하라. 또 건설한 후의 서비스수준, 밀도, 통행속도를 추정하라. 단 K계수와 D계수는 지방부의 일반적인 값을 적용한다.

풀이 경사가 2% 미만이므로 일반지형의 평지부이다.

설계속도 100 kph의 c_j = 2,200 pcphpl이다.

① 수요 교통량 산정
- K = 0.15, D = 0.65,   PHF = 0.9
- AADT = 40,000대/일
- 첨두시간교통량 = 40,000 × 0.15 = 6,000 vph
- 첨두시간 설계교통량($PDDHV$) = 6,000 × 0.65/0.9 = 4,333 vph

② 차로당 서비스교통량 산정
- 차로폭 3.5 m, 측방여유폭 1.5 m 이상으로 가정
  KHCM에 의하면 f_w = 1.0, E_{T2} = 1.5, E_{T12} = 2.0이므로
- f_{HV} = 1/[1 + 0.23(1.5 − 1) + 0.02(2.0 − 1)] = 0.88
- $(v/c)_c$ = 0.61 ([표 6.2])
- SF_C = 2,200 × (0.61) × 0.88 = 1,181 vphpl

③ 차로수 계산
4,333/1,181 = 3.7 → 4차로 (한 방향) → 양방향 8차로가 필요

④ 8차로로 건설할 때의 서비스수준 분석
- 용량 = 2,200 × 4 × 0.88 = 7,744 vph
- v_p/c = 4,333/7,744 = 0.56 → 서비스수준 C

⑤ 8차로일 때의 밀도, 속도 추정
- 밀도 = 12.8 대/km [표 6.2] 이용 계산
- 차로당 pcu = 4,333/(4 × 0.88) = 1,231 pcphpl
- 속도 = 1,231/12.8 = 96 kph

예제 6.3 평지부에 편도 3차로이며 설계속도 80 kph인 도시부 고속도로를 건설하려고 한다. 이 도로의 어느 해의 교통수요는 하루 55,000대이고 매년 4% 정도의 증가추세를 보일 것으로 예측되며 이 교통에는 2.5톤 이상의 중형트럭이 10% 포함될 것으로 예상된다. 이 도로의 확장시기를 검토하라. 단, PHF는 0.95이며, 설계 서비스수준은 D이고, K 및 D계수는 도시부 고속도로의 일반값으로 한다.

① 설계상 특별한 제약이 없으므로 차로폭, 측방여유폭은 이상적인 값으로 한다. 따라서 $f_w = 1.0$

② 중차량 보정계수 $f_{HV} = 1/[1 + 0.1(1.5 - 1)] = 0.95$

③ $K = 0.09$, $D = 0.6$인 일반적인 값 사용

④ 2003년의 첨두시간교통량= $55,000 \times 0.09 = 4,950$ vph

첨두시간 설계교통량= $4,950 \times 0.6/0.95 = 3,126$ vph

⑤ 용량 $c = c_j \times N \times f_w \times f_{HV} = 2,000 \times 3 \times 1.0 \times 0.95 = 5,700$ vph

$(v/c)_D$의 하한값 = 0.75를 초과하면 확장을 고려한다.

즉, v_p가 $5,700 \times 0.75 = 4,275$ vph을 초과하면 확장을 고려한다.

⑥ $3,126 \times (1.04)^n = 4,275$

$n = 7.98$

8년 후에는 서비스수준 D에 도달되므로 그 이전에 도로확장이 검토되고 또 건설이 완료되어야 한다. ■

4 요약

지금까지 설명한 고속도로 기본구간의 운영분석 및 계획·설계분석 과정을 모두 종합하면 [그림 6.3]과 같이 요약할 수 있다.

기본공식: $SF_i = c_j \times (v/c)_i \times f_w$ (pcphpl)

$v_p = v/(PHF \times N \times f_{HV})$ (pcphpl)

$c_{120} = 2,300$, $\quad c_{100} = 2,200$, $\quad c_{80} = 2,000$

운영분석:
- 용량 $c = c_j \times N \times f_w \times f_{HV}$ (vph)

$= c_j \times f_w$ (pcphpl)
- $v/c = v_p/c$ → [표 6.2]를 이용 서비스수준, 밀도 구함
- 속도= $v_p/$밀도

계획 및 설계분석:
- $PDDHV = AADT \times K \times D/PHF$ (vph)
- 계획 서비스수준의 $SF_i = $ [표 6.2] (pcphpl)
- 소요 차로수= $PDDHV/(SF_i \times f_{HV})$ → 올림 (N)

보정계수 f_w, f_{HV}의 경우 '도로용량편람'을 참고

[그림 6.3] 고속도로 기본구간의 용량분석 계산과정

6.4 신호교차로의 서비스수준 분석

신호교차로는 방향이 다른 2개 이상의 도로가 만나는 곳으로서 교통시스템 중에서 가장 복잡한 지점이다. 따라서 여러 방향의 이동류가 한 지점을 안전하고 효율적으로 통과하기 위해서는 통행권을 순차적으로 할당하는 교통신호가 있어야 한다. 연속교통류의 용량 및 서비스수준을 분석하는 데

는 교통량과 그 분포, 교통구성 및 도로의 기하특성을 고려해야 하지만, 신호교차로의 용량 및 서비스수준을 분석하는 데는 이러한 조건 외에 신호시간 및 신호운영 방식 등을 추가로 고려해야 한다.

신호교차로의 용량 및 서비스수준의 분석은 주어지거나 또는 예상되는 조건하에서의 서비스수준을 찾는 데 초점을 맞춘다. 분석은 처음에 각 차로군의 용량과 교통량으로부터 지체를 구하고, 이를 종합하여 한 접근로에 대한 지체와 서비스수준을 구하며, 다시 이를 종합하여 교차로 전체의 지체와 서비스수준을 구한다.

용량은 용량 그 자체가 사용되는 경우는 극히 드물며, 대신 v/c비를 계산하는 데 사용된다. 서비스수준을 결정하는 MOE는 차량당 제어지체를 기준으로 하고 있다. 제어지체는 교차로에서 신호운영으로 인한 총 지체로서, 감속지체, 정지지체, 가속지체를 합한 접근지체에 초기 대기행렬로 인한 추가지체를 합한 것이다. 이 초기 대기행렬은 분석기간 이전에 교차로를 다 통과하지 못한 차량들로서, 분석기간 동안 도착한 차량이 이들에 의해 받는 지체를 추가지체라 한다.

6.4.1 분석방법 및 서비스수준

신호교차로의 서비스수준 분석방법이 복잡한 이유는 포화교통량 산정과 차로군 분류방법이 복잡하기 때문이다.

이 장에서는 아래와 같은 이유로 이 분석과정을 단순화하였다. 원래의 분석과정은 우리나라 '도로용량편람'을 참고하면 좋다.

- 포화교통량을 산정하기 위해서 고려되는 요인은 11가지나 되며, 이 변수들을 계량화할 때에 많은 오차가 누적되어 그 정확도를 보장할 수 없다.
- 분석에 포함되는 요인들의 상세도(詳細度, level of detail)에 차이가 많아 미시적인 분석의 의미를 상실한다.
- 차로군 분류에서 비현실적인 조건까지 포함되어 있어 이들을 무시할 수 있다.

1 분석의 종류

신호교차로의 분석에 포함되는 요소는 교차로의 기하구조, 교통조건, 신호운영조건 및 서비스수준이며, 이들 중 3개의 조건이 주어지면 나머지 한 조건을 구할 수 있다. 이 조합의 구성에 따라 운영분석, 설계분석, 계획분석으로 구분한다. 계획분석은 개략적인 조건들을 사용한다.

① 운영분석: 교통량, 신호운영 및 기하구조를 알고 서비스수준을 구함
② 설계분석: 교통량, 신호시간 및 요구 서비스수준을 알고 접근차로수 등을 계산
③ 계획분석: 교차로의 전반적 크기 결정 또는 교차로 용량의 과부족 여부 파악

운영분석(operational analysis)은 교통량, 신호시간 및 교차로의 기하구조가 주어지고 지체 및 서비스수준을 구하는 분석으로서 신호교차로 분석에서 가장 기본이 되며 간단한 분석이다.

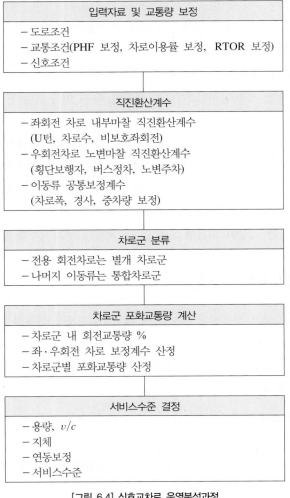

[그림 6.4] 신호교차로 운영분석과정

설계분석(design analysis)은 주로 교통량과 신호시간이 주어지고 어떤 요구되는 서비스수준을 만족시키는 교차로의 크기를 구하는 과정이다. 계획분석(planning analysis)은 교차로의 전반적인 크기를 구하거나 교차로 용량의 적절성을 파악하기 위해 실시된다.

설계분석이나 계획분석은 결국 운영분석의 과정을 다시 거치는 경우가 많다. 구태여 설계분석과 계획분석을 구분한다면 입력자료들이 구체적이며 현실적인 자료인지 혹은 장래에 대한 개략적인 추정값인지의 차이이다.

분석의 가장 기본이 되는 운영분석은 5개의 모듈, 즉 입력자료 및 교통량 보정, 이동류 포화교통량 계산, 차로군 분류, 차로군 포화교통량 계산, 서비스수준 결정으로 나눌 수 있다. [그림 6.4]는 운영분석방법의 기본적인 계산절차와 입력자료를 나타낸다.

2 서비스수준별 정의 및 특징

신호교차로에서 서비스수준의 평가기준으로 사용되는 지체는 운전자의 욕구불만, 불쾌감 및 통행시간의 손실을 나타내는 대표적인 매개변수이다. 특히 이 서비스수준의 기준은 분석기간(보통 첨두 15분) 동안의 차량당 평균제어지체로 나타낸다. 이 지체의 크기에 따라 서비스수준을 A, B, C, D, E, F, FF, FFF 등 8개의 등급으로 나타낸다.

차량당 평균제어지체란 분석기간에 도착한 차량들이 교차로에 진입하면서부터 교차로를 벗어나서 제 속도를 낼 때까지 걸린 추가적인 시간손실의 평균값을 말한다. 또 여기에는 분석기간 이전에 교차로를 모두 통과하지 못한 차량으로 인해서 분석기간 동안에 도착한 차량이 받는 추가지체도 포함된다.

평균제어지체는 각 차로군별로 계산되며, 이를 각 접근로별로 종합하고, 또 각 접근로별의 지체를 종합하여 교차로 전체에 대한 평균지체값을 계산한다. 지체는 현장에서 측정하거나 계산에 의해서 구할 수 있는 것으로서, 주기길이, 녹색시간비, 연동형식 및 차로군의 v/c에 의해서 좌우된다.

[표 6.3]은 신호교차로에서 차량당 평균제어지체값에 해당하는 서비스수준을 나타낸 것이다.

[표 6.3] 신호교차로의 서비스수준 기준

서비스수준	차량당 제어지체
A	≤ 15초
B	≤ 30초
C	≤ 50초
D	≤ 70초
E	≤ 100초
F	≤ 220초
FF	≤ 340초
FFF	> 340초

(1) 서비스수준 A

지체가 15초 이하인 운행상태로서, 양호한 연속진행 신호시스템을 갖는 교차로에서 대부분의 차량들은 녹색시간 동안에 도착하므로 정지함 없이 진행하게 된다. 이러한 상태는 교통량이 적을 때이므로 신호주기가 짧으면 지체를 줄이는 데 도움이 된다.

(2) 서비스수준 B

일반적으로 연속진행 상태가 좋으나 서비스수준 A 때보다 지체가 좀 긴 15~30초의 상태이다. 신호주기도 비교적 짧다.

(3) 서비스수준 C

비교적 좋은 연속진행 상태이며 신호주기는 비교적 길다. 이 수준에서는 녹색신호에 도착해도 정지해야 하는 경우가 상당히 많으며 심지어는 녹색신호 동안에 교차로를 통과하지 못하는 수도 있다. 지체는 차량당 평균 30~50초 정도이다.

(4) 서비스수준 D

상당히 혼잡한 상태로서 부적절한 연속진행 시스템, 지나치게 짧거나 긴 주기, 또는 높은 v/c비일 때 발생한다. 많은 차량들이 정지하게 되고, 정지하지 않고 교차로를 통과하는 차량의 비율은 매우 적다. 또 한 주기 이상 기다려도 통과 못하는 차량이 더욱 많아진다. 지체는 차량당 평균 50~70초 정도이다.

(5) 서비스수준 E

차량당 평균 70~100초의 지체로 운영되는 상태를 말하며, 이 지체의 범위가 운전자로서 받아들일 수 있는 최대의 지체한계로 생각된다. 이 같은 상태는 일반적으로 좋지 못한 연속진행상태, 높은 v/c비 및 불합리한 신호시간 때문에 발생하게 되며 한 주기 이상 기다려야 하는 경우가 빈번하다.

(6) 서비스수준 F

대부분의 운전자들이 받아들일 수 없는 과도한 지체상태로서 과포화상태, 즉 도착교통량이 용량을 초과할 때 주로 발생한다. 좋지 못한 연속진행과 불합리한 신호시간이 이러한 상태를 유발하는 주요 원인이 된다. 평균지체는 100~220초 정도이다.

(7) 서비스수준 FF

심각한 과포화상태이다. 교차로를 통과하는 데 평균적으로 2주기 이상 3주기 이내의 시간이 소요된다. 신호시간을 개선한다 하더라도 연속진행이 어려워 서비스수준 F 이상 좋아지기 힘들다. 교통수요를 줄이거나 회전을 금지하거나 교차로의 구조를 개선함으로써 이 상황을 호전시킬 수 있다.

(8) 서비스수준 FFF

극도로 혼잡한 상황으로 교차로를 통과하는 데 3주기 이상 소요되는 상태이다. 평상시에는 이와 같은 상황이 거의 발생하지 않으나 상습 정체지역에서 돌발상황이 발생했거나 악천후 시 관측될 수 있는 혼잡상황이다.

지체가 복합적인 평가기준이기 때문에 지체와 용량의 관계 또한 복잡하다. 서비스수준은 지체의 크기에 따라 운전자들이 느끼는 서비스수준이므로 이를 용량과 1 대 1로 대응시킬 수 있는 것은 아니다. 도로에서는 서비스수준 E 상태가 용량상태라고 정의하고 있으나, 신호교차로에서는 예를 들어 v/c비가 1.0보다 작은 값에서도 지체의 크기는 서비스수준 F를 초과하는 경우도 생길 수 있다.

주어진 교통량에 대한 지체는 포화교통량, 주기, 녹색시간비 및 연속진행 정도에 따라 좌우된다. 또 v/c비는 포화교통량과 녹색시간비에 의해 영향을 받으므로 v/c비는 지체와 밀접한 관계가 있다. 비록 녹색시간비가 일정하다 하더라도 주기의 길이에 따라 지체가 달라지지만, 흔히들 알고 있는 것처럼 주기가 길다고 해서 지체가 커지고 주기가 짧다고 해서 지체가 작은 것은 아니다. 어떤 교통량에서든지 지체가 최소가 되는 적정주기가 있으며, 이 적정주기는 교통량이나 교통량비에 따라 그 크기가 달라진다. 즉 동일한 녹색시간비라 하더라도 주기의 길이가 너무 짧거나 길면 지체는 매우 커진다.

6.4.2 입력자료 및 교통량 보정

분석을 위한 현장의 도로, 교통 및 신호조건과 이상적인 조건 간의 차이로 인한 영향을 찾아내기 위해 자료를 정리한다. 신호교차로 접근로의 이상적인 조건이란 평지이며, 3 m 이상의 차로폭을 가지며, 모든 교통은 직진하는 승용차이며, 정지선에서 75 m 이내에 버스 및 노상주차가 없으며, 정지선에서 60 m 이내에 이면도로의 진출입차량이 없으며, 교차도로를 횡단하는 보행자가 없는 경우이다.

1 입력자료

교차로 조건, 교통량 및 신호조건에 관한 자료를 준비한다. 분석대상이 현재의 교차로이면 현장관측으로부터 자료를 얻을 수 있다. 장래의 조건하에서 분석한다면, 예측 또는 제안된 교통량 및 교차로 조건, 신호시간을 사용한다. 장래조건에 대한 분석을 할 때는 현장관측을 할 수가 없기 때문에 합리적인 예측 모형식을 이용해서 많은 변수들의 값을 결정한다.

(1) 도로조건

분석하는 접근부의 모든 기하구조를 파악해야 한다. 자료에 포함해야 할 항목은 차로수 N, 평균 차로폭 w(m), 경사 g(%), 상류부 링크 길이(m), 좌·우회전 전용차로 유무 및 차로수, 우회전 도류화 유무, 횡단보도 유무 등이다.

접근로에 공용좌회전 차로가 있으면 동시신호로 운영될 수밖에 없으므로, 차로수 N은 접근로 전체의 차로수가 된다. 이때 좌회전 차로가 2개여서 맨 왼쪽 차로가 전용좌회전으로 이용된다 하더라도 마찬가지이다. 만약 전용좌회전 차로가 있고 직·좌 분리신호로 운영되면 좌회전 차로와 직진차로를 별도로 분석한다.

(2) 교통조건

분석자료에 포함해야 할 항목은 분석기간(시간), 이동류별 교통수요 v(vph), 기본포화교통류율 s_0(pcphgpl), 중차량 비율 P_T(%), 순행속도(kph), U턴 교통량(vph), 횡단보행자수(인/시), 정지선 상류부 75 m 이내의 버스정차대수 및 주차활동, 승하차 인원수, 버스 베이 유무, 초기 대기차량 대수(대)이다.

교통량, 특히 과포화가 일어나는 경우는 각 접근로별, 각 이동류별 교통수요를 조사해야 한다. 조사시간은 분석의 대상이 되는 시간대의 첨두시간교통량이다. 이때 분석대상이 반드시 첨두시간이 아닌 임의의 시간일 수도 있다. 만약 v/c비가 약 0.9 이상인 경우가 발생하면, 제어지체는 분석기간의 길이에 따라 크게 달라진다. 이 경우, 만약 15분이 넘도록 비교적 일정한 교통류율을 나타내면 그 일정 유율의 시간을 분석기간으로 한다.

만약 분석기간의 v/c비가 1.0을 넘으면, 과포화상태가 해소될 때까지 분석기간을 연장한다. 또 이렇게 연장된 분석기간 내에 교통수요의 변동이 심하면, 이 기간을 15분보다 짧은 단위로 여러 개 나누어 각각에 대해서 분석한다.

중차량에 대한 보정은 전체 차로군에 동일하게 적용하며, 횡단보행자수는 횡단신호와 함께 우회전을 방해하는 요소로 사용된다.

(3) 신호조건

분석자료에 포함해야 할 항목은 주기 C(초), 차량녹색시간 G(초), 황색시간 Y(초), 좌회전 형태, 상류부 교차로와의 옵셋(초) 등이다.

운영분석에서는 이들의 값이 주어지며, 최적 신호현시 및 신호시간을 찾기 위한 설계분석에서는 교통수요와 포화교통류율에 관한 보정이 끝난 후에 이들을 계산해야 하나, 비보호좌회전을 고려해야 하는 경우에는 포화교통량이 신호시간에 의해 영향을 받으므로 포화교통량과 신호시간을 반복적으로 계산할 필요가 있다. 신호교차로에서 매우 중요한 것이 상류부 교차로와의 연동수준이다. 이 연동수준은 링크의 길이, 순행속도, 주기 및 녹색시간비에 좌우된다.

2 교통량 보정

분석에 사용되는 교통량은 15분 교통류율이며, 이 교통량이 차로군에 균등하게 분포되지 않아 교통량이 많은 차로의 교통량을 기준으로 한다. 우회전 교통량은 실제 녹색신호를 이용하는 교통량만 고려한다.

(1) PHF 보정

분석에 사용되는 교통량은 분석시간대의 평균교통류율(vph)을 말한다. 분석기간은 보통 15분이므로 교통량 조사도 15분 단위로 한다. 교통량 조사, 정확히 말하면 교통수요 조사시간은 주기의 배수가 되어야 하며, 이를 15분 교통량으로 환산한다. 예를 들어 주기가 110초일 경우의 교통량은 9주기(990초) 동안 조사한 교통량에 900/990을 곱하여 15분(900초) 교통량을 얻는다.

만약 시간당 교통량이 주어지는 경우는 이 값을 첨두시간계수로 나누어 첨두시간 교통류율로 환산해서 사용한다. 즉

$$v_p = \frac{v_H}{PHF} \tag{6.6}$$

여기서 v_P = 첨두15분 교통류율(vph)

   v_H = 첨두시간교통량(vph)

   PHF = 첨두시간계수

(2) 차로이용률 보정

차로군에서 각 차로 간의 교통량 분포가 일정하지 않아 교통량이 많이 이용하는 차로를 기준으로 분석한다. 따라서 차로당 평균교통량보다 큰 값을 갖도록 보정해 주어야 한다. 보정 교통량을 구하는 공식은 다음과 같으며, 보정계수는 [표 6.4]에 나와 있다.

$$v = v_P \times F_U \tag{6.7}$$

여기서 $v =$ 보정된 교통량(vph)

$v_P =$ 첨두시간 교통류율(vph)

$F_U =$ 차로 이용계수

[표 6.4] 차로 이용계수

직진의 전용차로수	차로당 평균교통량(vphpl)	
	800 이하	800 초과
1차로	1.00	1.00
2차로	1.02	1.00
3차로	1.10	1.05
4차로 이상	1.15	1.08

(3) RTOR 보정

분석의 대상이 되는 교통량은 녹색신호를 사용(소모)하는 것에 국한되므로 적색신호에서 우회전하는(right turn on red, RTOR) 교통량은 분석에서 제외(除外)시켜야 한다. 우측차로는 일반적으로 다른 직진차로보다 넓기 때문에 녹색신호 때 직진 옆으로 우회전하여 빠져나가는 교통량은 분석에 포함되나 다음에 설명하는 직진환산계수가 그만큼 작아진다. 정지선 부근에 교통섬으로 도류화(導流化)된 공용(共用)우회전 차로는 일반적으로 차로폭이 넓으므로 이러한 경우가 더 많다.

정지선 부근에 우회전 도류화 시설이 없는 공용우회전 차로와 도류화된 공용우회전 차로 및 전용우회전 차로를 가진 교차로 접근로의 우회전 교통량 보정계수(F_R)는 [표 6.5]에 나와 있다. 이 계수는 우회전 교통량 중에서 직진신호를 배타적으로 소모하면서(직진차량이 소모하지 않으면서) 우회전하는 교통량의 비율을 나타낸다. 주어진 총 우회전 교통량에 이 보정계수를 곱하면 분석에 사용되는 우회전 교통량을 얻을 수 있다.

$$v_R = v_{RT} \times F_R \tag{6.8}$$

여기서 $v_R = RTOR$에 대해서 보정된 우회전 교통량(vph)

$v_{RT} =$ 총 우회전 교통량(vph)

$F_R =$ 우회전 교통량 보정계수

[표 6.5] 우회전 교통량 보정계수(F_R)

우회전 차로 구분		$F_R(v_R/v_{RT})$
4갈래 교차로	도류화 안 된 공용우회전 차로	0.5
	도류화된 공용우회전 차로	0.4
3갈래 교차로	전용우회전 차로 기타 우회전 차로	0.5

6.4.3 직진환산계수 산정

모든 회전차로 및 노변차로는 교통류 내부 및 외부마찰에 의해 이동효율이 감소한다. 내부마찰이란 차량 상호 간의 간섭을 말하며, 이로 인해 포화차두시간(saturation headway)이 증가하고 포화교통량이 감소한다. 외부마찰이란 횡단보행자의 간섭, 도로변의 버스정차, 주차활동, 이면도로의 진출입차량으로 인한 포화차두시간의 증가를 말한다. 따라서 좌회전 차로는 내부마찰이 거의 대부분이며, 우회전 차로는 내부마찰 및 외부마찰을 같이 받는다. 우회전이 없거나 금지된 접근로의 우측은 외부마찰만 받는다. 이외에 모든 이동류에 공통적으로 작용하는 내부마찰로는 차로폭, 경사 및 중차량에 의한 영향이 있다.

포화교통량은 포화차두시간으로 나타낼 수도 있다. 따라서 어떤 교통류 또는 차량의 평균 포화차두시간을 기본포화류율의 포화차두시간으로 나눈 값, 또는 기본포화류율을 그 교통류의 포화류율로 나눈 값을 그 교통류 또는 그 차량의 평균 직진환산계수(through-car equivalent)라 한다.

예를 들어 도로폭, 경사 및 중차량의 영향을 제외한 내부마찰 및 노변마찰을 받는 어느 회전 이동류의 포화류율이 1,570 pcphgpl이라면, 이 교통류의 평균 직진환산계수는 2,200/1,570 = 1.4이다. 차로폭, 경사 및 중차량의 영향은 직진과 회전 이동류 모두에 공통적으로 적용되므로 이 환산계수에는 변화가 없다.

직진환산계수를 사용하면 각 이동류의 교통량을 포화차두시간의 누적으로 나타낼 수 있고, 이를 비교하여 차로군 분류를 할 수 있다.

(1) 좌회전 차로의 직진환산계수(E_L)

좌회전은 좌회전 그 자체의 효율감소뿐만 아니라 곡선반경과 U턴에 의해 효율이 감소한다. [표 6.6]은 좌회전 자체의 직진환산계수(E_l)를 나타내었다.

[표 6.6] 좌회전 자체의 직진환산계수(E_l)

좌회전 차로수	좌회전 형태	
	전용좌회전	공용좌회전
1	1.00	1.00
2	1.05	1.02

주: 좌측차로가 좌회전 차로라 하더라도 우측차로가 공용이면 두 차로 모두 공용으로 간주함

좌회전은 곡선반경에 따라 포화교통류율이 변한다. [표 6.7]은 좌회전 궤적의 곡선반경에 따른 포화유율의 변화를 직진환산계수로 나타낸 것이다.

[표 6.7] 좌회전 곡선반경별 직진환산계수(E_{pa})

좌회전 곡선반경(m)	≤ 9	≤ 12	≤ 15	≤ 18	≤ 20	> 20
직진환산계수(E_{pa})	1.14	1.11	1.09	1.06	1.05	1.00

좌회전 차로에서 U턴의 비율이 좌회전의 포화유율에 영향을 준다. U턴 자체의 교통량은 다른 이동류와는 다른 신호에서 진행하고 또 그것이 신호시간에 영향을 주지 않기 때문에 분석에서 제외된다. [표 6.8]은 좌회전 차로수별 맨 좌측차로에서의 U턴이 좌회전 포화유율에 미치는 영향을 직진환산계수(E_u)로 나타내었다. 이 표는 공용좌회전 차로가 하나 혹은 2개일 때의 경우에도 사용할 수 있다. 또 U턴 전용차로가 있는 접근로에서는 U턴의 영향이 없으므로 E_u는 1.0이다.

[표 6.8] 차로수별 U턴 %에 따른 좌회전 직진환산계수(E_u)

U턴 %	0	10	20	30	40	50	60
좌회전 차로 1개	1.00	1.21	1.39	1.64	1.97	2.55	3.25
좌회전 차로 2개	1.00	1.17	1.30	1.48	–	–	–

좌회전 차로의 종합 직진환산계수는 앞에서 설명한 좌회전 차로수에 따른 좌회전 자체의 영향, 좌회전 궤적의 곡선반경의 영향, U턴의 영향을 종합적으로 고려한 것으로서 다음과 같이 나타낼 수 있다.

$$E_L = E_l \times E_{pa} \times E_u \tag{6.9}$$

공용좌회전 차로가 둘 이상일 때는 좌측차로는 전용좌회전 차로일 수밖에 없다. 그러므로 이때도 공용좌회전으로 분류한다. 비보호좌회전의 직진환산계수는 이 책에서 취급하지 않는다.

비보호좌회전의 직진환산계수는 대향 직진교통량과 차로수 및 좌회전 교통량에 따라 달라지며 그 값은 KHCM을 참조하면 좋다.

(2) 우회전 차로의 직진환산계수(E_R)

우회전 차로를 이용하는 차량들은 우회전 차량 자체에 의한 영향이나 교차도로를 횡단하는 보행자에 의한 방해 이외에도 버스에 의한 방해, 주차에 의한 방해, 진출입차량에 의한 방해를 받는다. 이들의 영향은 차두시간의 증가로 계산되고, 이를 합산(合算)하여 하나의 우회전 직진환산계수로 나타낸다.

이 차로를 이용하는 직진은 인접(隣接)한 직진차로보다 여건이 좋거나 같아야 이 차로를 이용한다. 더욱이 그 구성비가 도로조건과 교통조건에 따라 수시로 변하므로 노변마찰의 영향을 우회전 또는 직진에 구분하여 적용하기 어렵다. 이 영향을 직진환산계수 E_R로 나타낸다.

우회전 차로가 이상적인 도로 및 교통조건을 가질 때, 포화된 우회전의 교통류율은 직진차량이 정지선을 벗어날 때와 마찬가지로 우회전 차량이 우회전 차로를 포화상태로 벗어날 때의 평균 최소 차두시간을 측정함으로써 얻을 수 있다. 우회전의 포화교통류율은 우회전의 곡선반경에 따라 다소 차이가 있으나, 도시부도로의 일반적인 교차로의 우회전 곡선반경에서 자유로운 우회전 상태의 기본포화교통류율 s_{R0}는 1,900 pcphgpl의 값을 갖는다. 따라서 우회전 자체의 내부마찰에 의한 직진환산계수는 2,200/1,900 = 1.16으로 일정한 값을 갖는다.

진출입차량으로 인한 영향은 다른 요인에 비해 크지 않다. 이 영향은 다음과 같은 수식으로 계산할 수 있다.

$$E_{dw} = 0.2 \times \frac{v_{dw}}{v_R} \qquad\qquad (6.10)$$

여기서 v_{dw} = 이면도로 진출입 교통량(vph)의 합

v_R = 우회전 교통량

도류화되어 있지 않은 공용우회전 차로에서는 녹색신호 때 우회전 차량이 회전한 후 교차도로의 보행자에 의해 진행이 차단되어 직진 및 우회전의 진행이 방해를 받는다. 이때 첫 우회전 차량 앞에 도착한 직진은 녹색신호를 이용하므로, 횡단보행자로 인해 이 차로를 이용할 수 없는 시간은 실제 차단시간보다 짧다. 반면에 도류화된 공용우회전 차로의 경우, 횡단보도가 교통섬에 연결되어 있으면 우회전이 횡단보행자에 의해 거의 차단(遮斷)되지 않는다. 뿐만 아니라 녹색신호에서 직진은 정지선에서, 우회전은 도류화된 경로(經路)를 이용하여 동시에 진행이 가능하므로 직진환산계수가 줄어든다.

우회전 차량의 직진환산계수 E_R은 다음과 같다. 이러한 직진환산계수는 교차로의 형태에 따라 선별적으로 적용할 수 있다. 예를 들어 교차로가 도류화되어 교차도로의 횡단보행자에 의한 영향이 없을 때는 E_c가 0이 된다. 버스정차나 주차활동도 마찬가지이다.

$$E_R = 1.16 + E_{dw} + E_c + E_b + E_p \quad \text{(도류화 안 된 공용우회전 차로)} \qquad (6.11)$$
$$= 1.16 + E_{dw} + E_b + E_p \quad \text{(도류화된 공용우회전 차로)} \qquad (6.12)$$

여기서 E_{dw} = 정지선 뒤 60 m 이내의 진출입차량으로 인해 증가된 차두시간의 직진환산계수

E_c = 교차도로의 횡단보행자로 인해 증가된 차두시간의 직진환산계수

E_b = 정지선 뒤 75 m 이내의 버스정차로 인해 증가된 차두시간의 직진환산계수

E_p = 정지선 뒤 75 m 이내의 주차활동으로 인해 증가된 차두시간의 직진환산계수

이들 네 가지 환산계수는 KHCM에 수록된 표를 이용해 얻을 수 있다.

6.4.4 차로군 분류

신호교차로 용량분석은 접근로별, 차로군(車路群, lane group)별로 구분해 실시한다. 전용좌회전 차로가 있으면 신호현시가 양방좌회전(직·좌 분리)신호이든 양방동시(직·좌 동시)신호이든 상관없이 좌회전과 직진은 별도의 차로군을 형성한다. 그러나 공용좌회전 차로가 있는 경우는 양방좌회전 신호를 사용할 수 없고 양방동시신호를 사용해야 하므로 좌회전과 직진은 같은 차로군으로 편성되어야 한다. 이때 공용차로의 혼잡도가 직진전용차로의 혼잡도보다 크면 이 차로는 실질적인 좌회전 전용차로(de facto left turn lane)와 같은 역할을 하게 되어 별도의 차로군으로 분류한다. 우회전에 대해서도 같은 원리를 적용한다.

(1) KHCM의 차로군 분류의 개념
차로군 분류는 기본적으로 실질적 전용회전차로군의 존재 유무를 판별하는 것이다. 이 판별과정

은 수리적 계산으로 이루어지기 때문에 대단히 복잡하다. 직진과 좌회전의 공용차로, 또는 직진과 우회전의 공용차로의 혼잡도가 직진전용차로의 혼잡도보다 크면 이 차로는 실질적인 전용차로와 같은 역할을 한다. 따라서 이 차로는 별도의 차로군으로 분석한다. 이와 같은 경우는 회전교통량이 많거나 회전교통의 직진환산계수가 클 때 발생한다. 반대로 이 차로와 직진전용차로의 혼잡도가 평형을 이룬다면, 이 차로는 직진차로와 같은 차로군이 되어 묶어서 분석한다. 여기서 혼잡도란 v/c 또는 v/s로 생각해도 좋다.

따라서 전용좌회전 차로가 있는 경우, 이 차로는 항상 별도의 차로군이 된다. 이때 나머지 직진과 우회전 차로가 통합되어 한 차로군이 되는 경우와, 우회전 교통량이 많아 실질적 전용우회전 차로가 되는 경우 두 가지가 있다. 그러나 우회전 교통량이 많아 실질적 전용우회전이 되는 경우는 극히 드물다.

직·좌 공용차로 좌측에 좌회전 전용차로가 있는 경우는 두 차로 모두 공용좌회전 차로로 간주한다. 그 이유는, 좌회전이 가능한 두 차로가 직·좌 동시현시에 진행을 하며, 두 차로 간에 평형상태를 유지하려는 경향이 있기 때문이다. 즉 전용좌회전 차로에서처럼 일정한 좌회전 교통량만 이용하는 것이 아니라 직진교통량의 많고 적음에 따라 이 두 차로를 이용하는 좌회전 교통량의 상대적 크기가 변하여 인접차로와 평형상태를 유지하려는 경향이 있기 때문이다.

우리나라 '도로용량편람'의 차로군 분류방법을 정리하면 다음과 같다. 이 중에서도 ③, ④, ⑤ 과정은 수리적 계산으로 판별해야 하기 때문에 대단히 복잡하다.

① 좌회전 전용차로는 별개의 차로군으로 분석한다. 설사 동시신호로 운영된다 하더라도 이 차로의 혼잡도와 인접한 직진차로의 혼잡도가 같을 수가 없기 때문이다.

② 접근로 차로수(전용좌회전 차로 제외)가 1개이면 그 한 차로는 하나의 차로군을 이룬다.

③ 좌회전 공용차로가 1개 있는 경우, 직진과 공용차로가 평형상태인지, 아니면 좌회전 교통량이 많아(이 차로의 혼잡도가 직진차로의 그것보다 많아) 좌회전 전용차로처럼 운영되는지를 결정해야 한다.

④ 좌회전 전용차로가 공용차로와 함께 있는 경우는 공용차로로 간주한다. 이때는 좌회전 차로, 공용차로 및 직진차로가 평형상태를 나타내는 경우와 2개의 좌회전 차로가 실질적 좌회전 전용차로가 되는 경우를 판별해야 한다.

⑤ 극히 드문 경우지만 우회전 전용차로가 있는 경우는 좌회전 전용차로의 경우와 같은 방법으로 해석하며, 직진과 우회전의 공용차로에서도 그 차로가 평형상태인지, 아니면 우회전 교통량이 많아 우회전 전용차로처럼 운영되는지를 결정해야 한다.

(2) 간단한 차로군 분류법

그러나 통상적인 조건(prevailing condition)에서 실질적 전용좌회전 차로군이 발생할 경우는 극히 드물다. 왜냐하면 공용좌회전 차로가 있는 경우는 직·좌 동시신호를 사용해야 하므로, 그렇게 하면 좌회전 교통량이 많은 경우 직진신호가 낭비되는 비효율이 발생할 것이기 때문이다. 이런 경우의 교차로는 차로운영이나 신호운영 변화 등을 통하여 즉각적으로 개선되어야 하기 때문에 실제 현장에서는 볼 수 없는 교차로이다. 더욱이 분석기간 15분 내내 이런 상황으로 운영되는 교차로는 아마도 없을 것이다.

우회전도 마찬가지로 직진과 함께 통합차로군에 포함된다. 특히 우회전은 RTOR과 같이 분석 신호시간이 아닌 시간에 우회전하는 차량이 많으므로 이런 교통량은 분석에서 제외시켜야 한다. 따라서 우회전이 직진보다 혼잡도가 높아 실질적 전용우회전 차로군(de facto right turn lane group)을 만드는 경우는 거의 없다. 그러나 전용우회전 차로는 있을 수 있으므로 이때는 전용좌회전 차로와 같은 방법으로 다룬다. 그러므로 통상적인 조건을 고려하여 이 책에서 채택한 차로군 분류방법은 다음과 같다. "전용좌회전 또는 전용우회전 차로는 각각 별도의 차로군을 이루고, 나머지 이동류는 통합차로군을 형성한다."

설사 동시신호로 운영된다 하더라도 전용차로의 혼잡도와 인접한 직진차로의 혼잡도가 같을 수가 없다. 또 공용좌회전 차로가 있으면 직·좌 동시신호로 운영되어야 하므로 이 접근로는 좌회전과 직진 및 우회전을 묶어 통합차로군 1개를 구성한다.

6.4.5 차로군 포화교통량 산정

차로군의 포화교통량은 기본포화교통량에 차로군별 회전보정계수(f_L, f_R, f_{LTR})를 곱하고, 차로폭과 경사 및 중차량 보정계수를 곱하여 얻는다.

(1) 차로군별 회전교통량 비율(P_L, P_R)

전용좌회전 차로가 있는 접근로는 좌회전 차로군과 직진과 우회전의 통합차로군으로 구성되며, 공용좌회전 차로가 있는 접근로는 모든 이동류가 하나의 통합차로군으로 묶인다. 드문 경우이지만, 전용우회전 차로가 있는 접근로는 우회전 차로군과 직진 및 좌회전 차로군으로 구성된다. 이러한 각 차로군에서 좌회전 교통량 비율을 P_L, 우회전 교통량 비율을 P_R로 나타낸다. 이를 종합하면

① 전용좌회전 차로가 있는 접근로: $P_L = 1.0,$ $P_R = \dfrac{v_R}{v_{Th} + v_R}$ (6.13)

② 공용좌회전 차로가 있는 접근로(통합차로군): $P_L = \dfrac{v_L}{v_T},$ $P_R = \dfrac{v_R}{v_T}$ (6.14)

③ 전용우회전 차로가 있는 접근로: $P_L = \dfrac{v_L}{v_{Th} + v_L},$ $P_R = 1.0$ (6.15)

여기서 P_L = 좌회전 교통량 비율

P_R = 우회전 교통량 비율

v_{Th} = 전체 직진교통량(vph)

v_L = 좌회전 교통량(vph)

v_R = 우회전 교통량(vph)

v_T = 직진·좌회전·우회전 통합차로군에서 접근로의 총 교통량(vph)

(2) 차로군별 회전 보정계수(f_L, f_R, f_{LTR})

기본포화교통류율에 적용하는 최종적인 보정계수는 앞에서 언급한 회전교통량의 비율 P와 회전교통류의 직진환산계수 E를 이용하여 다음 기본식으로부터 얻을 수 있다.

$$f = \frac{1}{1 + P(E-1)} \tag{6.16}$$

① 전용좌회전 차로가 있는 접근로: $f_L = \dfrac{1}{E_L}$, $\qquad f_R = \dfrac{1}{1 + P_R(E_R - 1)}$ \qquad (6.17)

② 공용좌회전 차로가 있는 접근로: $f_{LTR} = \dfrac{1}{1 + P_L(E_L - 1) + P_R(E_R - 1)}$ \qquad (6.18)

③ 전용우회전 차로가 있는 접근로: $f_L = \dfrac{1}{1 + P_L(E_L - 1)}$, $\qquad f_R = \dfrac{1}{E_R}$ \qquad (6.19)

여기서 f_L = 좌회전 보정계수

$\qquad f_R$ = 우회전 보정계수

$\qquad f_{LTR}$ = 좌회전·직진·우회전의 통합차로군 보정계수

$\qquad E_L$ = 좌회전의 직진환산계수

$\qquad E_R$ = 우회전의 직진환산계수

(3) 차로군 포화교통류율 산정

포화교통류율 또는 포화교통량은 차로군 또는 어떤 접근로가 유효녹색시간의 100%를 모두 사용한다는 가정하에서 통상적인 도로 및 교통조건하에서 어떤 접근로 또는 차로를 이용하는 최대교통량을 말한다. 따라서 포화교통량 s는 유효녹색시간당 차량대수로 나타낸다. 장래의 도로 및 교통조건에서의 운영분석 또는 설계분석 및 계획분석 등 많은 부분에서는 합리적인 절차에 따라 다음과 같은 공식을 이용하여 계산된 포화교통류율 값을 사용한다.

$$s_i = s_o \times N_i \times f_L(\text{또는 } f_R,\ f_{LTR}) \times f_w \times f_g \times f_{HV} \tag{6.20}$$

여기서 s_i = 차로군 i의 포화교통류율(vphg)

$\qquad s_o$ = 기본포화교통류율(2,200 pcphgpl)

$\qquad N_i$ = i차로군의 차로수

$\qquad f_w$ = 차로폭 보정계수

$\qquad f_g$ = 접근로 경사 보정계수

$\qquad f_{HV}$ = 중차량 보정계수

차로폭 보정계수와 경사 보정계수는 KHCM에 수록된 표를 이용해서 얻으며, 중차량 보정계수는 다음과 같이 구한다.

$$f_{HV} = \frac{1}{1 + P(E_{HV} - 1)} = \frac{1}{1 + 0.8P} \tag{6.21}$$

여기서 f_{HV} = 중차량 보정계수

P = 중차량의 실교통량에 대한 혼입비율

E_{HV} = 중차량 승용차환산계수($=1.8$)

승용차 단위로 나타낸(pcphgpl) 포화교통류율에 f_{HV}를 곱하면 그 단위가 vphgpl이 된다.

6.4.6 서비스수준 결정

신호교차로에서 접근로의 용량은 차로군별로 구한다. 이 용량은 각 차로군의 v/c비와 지체 및 서비스수준을 구하거나, 차로군의 지체를 교통량에 관해서 가중평균하여 그 접근로, 나아가 교차로 전체의 평균지체 및 서비스수준을 구하기 위해 사용된다. 따라서 한 접근로 내의 차로군별 용량을 합하여 그 접근로의 용량으로 생각하는 것은 서로 다른 이동류의 용량을 합하는 것이므로 의미가 없다.

(1) 차로군 교통량비 및 임계차로군

각 차로군의 교통량비(v/s)는 교통량을 포화교통량으로 나눈 값을 말한다. 주어진 현시에 진행하는 모든 차로군의 v/s 중에서 이 값의 크기가 가장 큰 차로군을 임계차로군(critical lane group)이라 한다. 이 임계차로군의 v/s비의 합은 적정 신호주기를 계산하거나, 신호현시가 주어질 경우 교차로 전체의 v/c를 구하는 데 사용된다.

교통량비는 신호시간과는 무관하므로 이 값으로 어느 차로군의 혼잡 여부를 판단할 수는 없다. 식 (3.9)에서 보는 바와 같이 이 값을 유효녹색시간비(g/C)로 나누면, 다음에 설명하는 v/c비를 얻을 수 있으므로, g/C가 주어지면 혼잡도를 얻을 수 있다. 따라서 적정 신호시간을 설계할 경우, 각 현시의 임계차로군의 v/s비에 비례하여 녹색신호시간을 할당함으로써 모든 현시의 임계차로군이 동일한 v/c를 갖도록 한다.

(2) 용량, 포화도 및 임계v/c비

각 차로군의 용량은 포화교통량에 유효녹색시간비를 곱해서 구한다. 또 각 차로군의 포화도(v/c)는 그 차로군의 실질적 혼잡도를 나타내는 것으로서, 교통량을 용량으로 나눈 값이다. 신호교차로에서는 임계차로군이 중요하며, 이 차로군이 그 현시의 녹색시간 길이를 좌우한다. 이상적인 신호시간에서는 각 현시의 임계차로군의 v/c비가 같다.

신호교차로 전체의 용량 개념은 의미가 없으므로 사용하지 않는다. 대신 교차로 전체의 v/c비를 나타내기 위해서는 앞에서 언급한 임계v/c비란 개념을 사용한다. 이 값은 X_c로 나타내며 식 (6.22)와 같이 구한다. 이 값은 주기가 주어졌을 때 현시계획의 적절성을 나타내기도 하며, 이 값을 가장 작게 하는 현시계획이 가장 좋다.

$$X_c = \frac{C}{C-L} \times \sum_j (v/s)_j \tag{6.22}$$

여기서 X_c = 임계v/c비

$\sum_j (v/s)_j$ = 각 현시 임계차로군의 교통량비의 합

C = 신호주기(초)

L = 주기당 총 손실시간(초)

이 값은 교차로 전체의 운영상태를 나타내는 것은 아니다. 예를 들어 임계v/c비가 1.0보다 작더라도 신호현시가 부적절하면 교차로의 운영상태가 매우 나쁠 수 있다.

(3) 지체 계산 및 연동계수 적용

여기서의 지체는 분석기간 동안에 도착한 차량에 대한 평균제어지체를 말하며, 여기에는 분석기간 이전의 해소되지 않은 잔여차량에 의해 야기되는 지체도 포함하여 접근부의 감속지체 및 정지지체, 출발 시의 가속지체를 모두 합한 접근지체를 말한다. 어느 차로군의 차량당 평균제어지체를 구하는 공식은 다음과 같다.

$$d = d_1(PF) + d_2 + d_3 \tag{6.23}$$

여기서 d = 차량당 평균제어지체(초/대)

d_1 = 균일 제어지체(초/대)

PF = 신호연동에 의한 연동계수

d_2 = 임의도착과 과포화를 나타내는 증분지체로서 분석기간 바로 앞 주기 끝에 잔여차량이 없다고 가정(초/대)

d_3 = 분석기간 이전의 잔여 대기차량에 의해 분석기간에 도착하는 차량이 받는 추가지체 (초/대)

신호교차로에 도착한 교통량이 설사 분석기간 내에 다 처리된다 하더라도 균일한 차간간격으로 도착하지 않는 한 지체가 발생한다. 이 지체(제어지체)는 교통량이 일정한 차간간격으로 도착한다고 가정했을 때의 지체(균일지체, uniform delay)와 도착의 임의성으로 인한 증분지체(incremental delay)로 구성된다.

(4) 균일지체

앞에서 언급한 바와 같이 주어진 교통량이 교차로에 정확하게 일정한 차두간격으로 도착한다고 가정할 때의 차량당 평균지체는 ① 초기 대기차량이 없는 경우(유형 I), ② 초기 대기차량이 있으나 분석기간 이내에 다 해소될 경우(유형 II), ③ 초기 대기차량이 있고 분석기간이 끝난 후에도 대기차량이 남아 있는 경우(유형 III) 각각에 대해 다음과 같은 확정모형으로 구할 수 있다.

$$d_1 = \frac{0.5C\left(1 - \dfrac{g}{C}\right)^2}{1 - \left[\min(1,X)\dfrac{g}{C}\right]} \qquad (Q_b = 0\text{의 경우}) \tag{6.24}$$

$$= \frac{R^2}{2C(1-y)} + \frac{Q_b R}{2TS(1-y)} \qquad (\text{유형 I의 경우}) \tag{6.25}$$

$$= \frac{R}{2} \qquad\qquad \text{(유형 Ⅱ, Ⅲ의 경우)} \qquad\qquad (6.26)$$

여기서 C =주기(초)

$\quad\quad g$ =해당 차로군에 할당된 유효녹색시간(초)

$\quad\quad R$ =적색신호시간

$\quad\quad y$ =교통량비(flow ratio)

$\quad\quad s$ =해당 차로군의 포화교통량(vphg)

(5) 증분지체

증분지체는 비균일 도착에 의한 임의지체(random delay)와 분석기간 내에서 몇몇 주기 과포화현상(cycle failure)에 의한 과포화지체(overflow delay)를 포함한다. 따라서 분석기간의 시작과 끝부분에는 잔여 대기행렬이 없는 상태이다. 어느 차로군의 증분지체는 그 차로군의 포화도(X), 분석기간의 길이(T) 및 그 차로군의 용량(c)에 크게 좌우된다. 다음 식은 증분지체를 구하는 식으로, 이때 X는 1.0보다 큰 값을 가질 수도 있다.

$$d_2 = 900T \left[(X-1) + \sqrt{(X-1)^2 + \frac{4X}{cT}} \right] \qquad\qquad (6.27)$$

여기서 T =분석기간 길이(시간)

$\quad\quad X$ =분석기간 중의 해당 차로군의 포화도

$\quad\quad c$ =분석기간 중의 해당 차로군의 용량(vph)

(6) 추가지체

분석 전 남아 있는 초기 대기차량 때문에 발생하는 추가지체(initial queue delay)는 분석기간 동안의 v/c비에 따라 그 영향이 크게 나타날 수도 있고 작게 나타날 수도 있다. v/c비가 1.0과 같거나 크면 그 영향은 크고, 1.0보다 작으면 줄어든다. 그러나 v/c비가 0.5 이상일 때는 그 영향이 상당기간 지속될 수 있기 때문에 이를 무시해서는 안 될 것이다. 또한 서비스수준 분석이 일반적으로 첨두시간에 대해서 많이 이루어지기 때문에 분석기간 전에 과포화가 발생하였다면 분석기간 중에도 과포화가 될 가능성이 클 수밖에 없으므로 초기 대기행렬이 지체에 미치는 영향은 크다. 이로 인한 지체시간의 크기는 초기 대기행렬의 길이에 따라 다르기 때문에 일률적으로 말할 수 없지만 최대 100초 이상의 값을 가질 수도 있기 때문에 서비스수준에 상당한 영향을 줄 수 있다.

초기 대기차량(Q_b)은 현장에서 차로군별로 관측해야 하며, 앞에서 설명한 세 가지 유형별 추가지체의 모형식은 다음과 같다.

$$d_3 = \frac{1,800Q_b^2}{cT(c-v)} \qquad\qquad \text{(유형 Ⅰ의 경우)} \qquad\qquad (6.28)$$

$$= \frac{3,600Q_b}{c} - 1,800T(1-X) \qquad\qquad \text{(유형 Ⅱ의 경우)} \qquad\qquad (6.29)$$

$$= \frac{3,600Q_b}{c} \qquad\qquad \text{(유형 Ⅲ의 경우)} \qquad\qquad (6.30)$$

현장관측은 분석시간대에 과포화상태가 발생하는 접근로에서 필요한 차로군에 대해서만 실시하며, 조사대상은 차로별 차량대수가 아니라 차로군별 차량대수이다. 조사는 각 차로군별로 3회 이상 조사한 자료의 평균값을 사용하는 것이 좋다.

(7) 연동계수(PF)

신호교차로에서의 지체는 연속적인 차량의 흐름이 어느 정도 원활한가에 의해 크게 좌우된다. 가령 도착교통량이 거의 용량에 도달할 정도로 많아도 교통류가 연속적으로 잘 진행하도록 신호의 연동이 잘 맞춰진 경우 개별차량이 느끼는 지체는 그다지 크지 않으며, 반대로 도착교통량이 용량에 훨씬 못 미치더라도 교차로 간의 신호연동이 좋지 않은 경우 개별차량이 받는 지체는 매우 클 수가 있다.

정주기신호 시스템에서 연동방향의 접근로에서 발생하는 지체는 연동의 효율에 크게 영향을 받는다. 특히 연동효과는 앞에서 설명한 균일지체에 가장 크게 작용하므로 연동계수는 균일지체에만 적용된다. 이 연동계수는 연동의 효과를 나타내는 모든 차로군에 대해서 적용한다. 정확히 말하면, 연동의 주된 대상이 되는 차로군(주로 직진)과 동일한 신호현시에 진행하는 모든 차로군은 그것들이 같은 차로군이든 다른 차로군이든 상관없이 같은 연동계수가 적용된다. 따라서 동시신호의 경우 모든 차로군이 동시에 진행하므로 모두 같은 연동계수를 적용한다. 만약 직진교통을 연동시킬 때, 좌회전 신호가 직진과 다른 현시에서 움직인다면, 이 좌회전은 연동효과를 적용하지 않고 연동계수를 1.0으로 사용한다.

Y형 교차로와 같이 직진이 없는 경우도 마찬가지로 주(主) 차로군과 같은 현시에 진행하는 모든 차로군에 같은 연동계수를 적용한다.

정주기신호에서 연동계수는 옵셋 편의율(偏倚率) TVO와 유효녹색시간비(g/C)로부터 [표 6.9]를 이용해서 구한다. 이 표에서 옵셋 편의율 TVO는 다음과 같이 계산한다.

[표 6.9] 정주기신호 연동계수(PF)

TVO	g/C								
	0.1	0.2	0.3	0.4	0.5	0.6	0.7	0.8	0.9
0.0	1.04	0.86	0.76	0.71	0.71	0.73	0.78	0.86	1.06
0.1	0.62	0.56	0.54	0.55	0.58	0.64	0.72	0.81	0.92
0.2	1.04	0.81	0.59	0.55	0.58	0.64	0.72	0.81	0.92
0.3	1.04	1.11	0.98	0.77	0.58	0.64	0.72	0.81	0.92
0.4	1.04	1.11	1.20	1.14	0.94	0.73	0.72	0.81	0.92
0.5	1.04	1.11	1.20	1.31	1.30	1.09	0.83	0.81	0.92
0.6	1.04	1.11	1.20	1.31	1.43	1.47	1.22	0.81	0.92
0.7	1.04	1.11	1.20	1.31	1.43	1.56	1.63	1.27	0.92
0.8	1.04	1.11	1.20	1.31	1.43	1.47	1.58	1.76	1.00
0.9	1.04	1.11	1.15	1.08	1.06	1.09	1.17	1.32	1.59
1.0	1.03	1.01	0.89	0.80	0.74	0.71	0.71	0.81	1.08

주: 1) 주 차로군(주로 직진)과 동일한 현시에 진행하지 않는 차로군은 1.0을 적용함
    2) 보간법을 사용함

$$TVO = \frac{T_c - \text{offset}}{C} \tag{6.31}$$

여기서 TVO = 옵셋 편의율

C = 간선도로의 연동에 필요한 공통주기(초)

g = 연동방향 접근로의 유효녹색시간(초)

T_c = 상류부 교차로의 정지선에서부터 분석 교차로의 정지선까지의 구간길이를 순행속도로 나눈 값. 즉 상류부 링크의 순행시간(초)

offset = 상류부 교차로와 분석 교차로 간의 연속진행방향 녹색신호 시작시간의 차이(초). 주기보다 작은 값 사용

만약 TVO가 1.0보다 크거나 0보다 작으면, 적절한 값의 정수를 빼거나 더하여 TVO의 값이 0~1.0 사이의 값을 갖도록 한다.

(8) 지체 종합 및 서비스수준 결정

신호교차로의 각 차로군의 차량당 제어지체가 결정되면, 각 차로군별 서비스수준을 결정하고, 각 접근로의 제어지체는 차로군별 제어지체를 교통량에 관하여 가중평균하여 구하고 서비스수준을 구한다. 또 각 접근로의 제어지체를 교통량에 관하여 가중평균하여 교차로의 평균제어지체를 구하고 서비스수준을 결정한다. 이를 수식으로 표현하면 다음과 같다.

$$d_A = \frac{\sum d_i v_i}{\sum v_i} \tag{6.32}$$

$$d_I = \frac{\sum d_A v_A}{\sum v_A} \tag{6.33}$$

여기서 d_A = A접근로의 차량당 평균제어지체(초/대)

d_i = A접근로 i차로군의 차량당 평균제어지체(초/대)

v_i, v_A = i차로군 또는 A접근로의 보정교통량(vph)

d_I = I교차로의 차량당 평균제어지체(초/대)

6.4.7 예제(운영분석)

운영분석은 교차로 구조, 교통조건 및 교통운영조건이 주어지고 교차로의 서비스수준을 구하는 과정이다. 운영분석은 ① 입력자료 및 교통량 보정, ② 직진환산계수 산정, ③ 차로군 분류, ④ 포화교통량 산정, ⑤ 서비스수준 결정의 단계를 거쳐 이루어진다. 각 단계의 계산과정은 해당 분석표를 이용할 수 있다. 이 분석표는 위의 계산과정과 같은 순서로 구성되어 있으나, 한 과정이 반드시 한 장의 분석표에 표시되는 것은 아니다. 이 설명에서 원 안의 번호는 해당되는 그림의 각 항목의 번호와 일치한다.

1 입력자료(운영분석표 1)

입력자료는 교차로 기하구조, 교통량, 신호조건 등 분석에 필요한 모든 도로, 교통조건 및 교통운영 조건을 망라한다. 기존 교차로를 분석한다면, 대부분의 자료는 현장에서 관측한다. 반면에 장래의 조건을 분석하고자 한다면, 예측된 교통량 자료를 사용하고 교차로 기하구조 및 신호조건은 주어진 값을 사용한다. [그림 6.5]는 자료입력에 사용되는 운영분석표이다. 이 분석표의 맨 위 부분은 분석대상 교차로의 이름, 주변의 토지이용특성, 자료조사 시간 및 조사자의 이름을 기록한다. 그 아래 부분은 교차로의 기하구조 및 좌회전운영의 종류를 스케치한다. 또 교차로 전체에 일률적으로 적용되는 값, 예를 들어 분석기간, 중차량 혼입률(P), 출발지연시간(start-up delay), 진행연장시간(end lag) 등 필요한 자료와 버스베이(bus bay) 유무를 여기에 기입한다. 우리나라에서는 출발지연시간을 2.3초, 진행연장시간을 2.0초로 통일하여 사용하고 있다. 따라서 유효녹색시간은 녹색신호시간보다 0.3초 짧다.

분석과정의 이해를 돕기 위하여 대표적인 한 접근로의 자료를 사용하여 앞으로 모든 과정을 설명하도록 한다. 분석은 [그림 6.5]의 운영분석표에 나타난 교차로의 동향(EB) 접근로를 대상으로 한다.

(1) 그림으로 반드시 표현되어야 할 사항

① 차로수

② 좌회전 전용차로 유무

③ 교통섬, 횡단보도

④ 차로의 이용상황

좌회전 전용차로의 길이는 충분하다고 가정하고 이 길이의 영향은 분석에서 고려하지 않는다.

(2) 그림과 함께 제시할 자료

① 분석기간: 보통 15분 단위(0.25 시간)로 한다.

② 중차량 혼입률

③ 각 접근로별 버스베이 유무

(3) 각 접근로별로 기입할 사항

① 이동류별 교통량(vph): 첨두15분 교통량은 좌회전 90 vph, 직진 450 vph, 우회전 100 vph이다.

② 차로이용률 보정: 직진만 이용하는 차로수가 1개이므로 보정계수는 1.0이다([표 6.4]).

③ RTOR 보정계수: 공용우회전 차로에서 적색신호에 우회전하는 차량을 제외하기 위한 것이다. [표 6.5]를 이용해서 구한다. 이 접근로는 도류화되지 않은 공용우회전 차로를 가지므로 이 계수는 0.5이다.

④ 보정교통량, v(vph): 분석기간이 15분이며 첨두15분 교통량을 조사했으므로 PHF를 적용할 필요가 없다. 따라서 우회전만 보정하면 된다. $v_R = 100 \times 0.5 = 50\,\text{vph}$.

⑤ 초기 대기차량대수, Q_b(대): 분석기간 이전에 다 처리되지 않은 차량이 남아 분석기간 동안 도착차량의 지체에 영향을 주는 차량대수(대)로, 이 예제에서는 $Q_b = 0$이라고 가정한다.

⑥ U턴 교통량(vph): 0

<table>
<tr><td colspan="6" align="center">입력자료</td></tr>
</table>

입력자료	
교차로명: A도로 × B도로 지점특성: 일반업무지구	조사시간: 2023. 4. 26. 15:30~15:45 조사자: 장삼오, 이사육

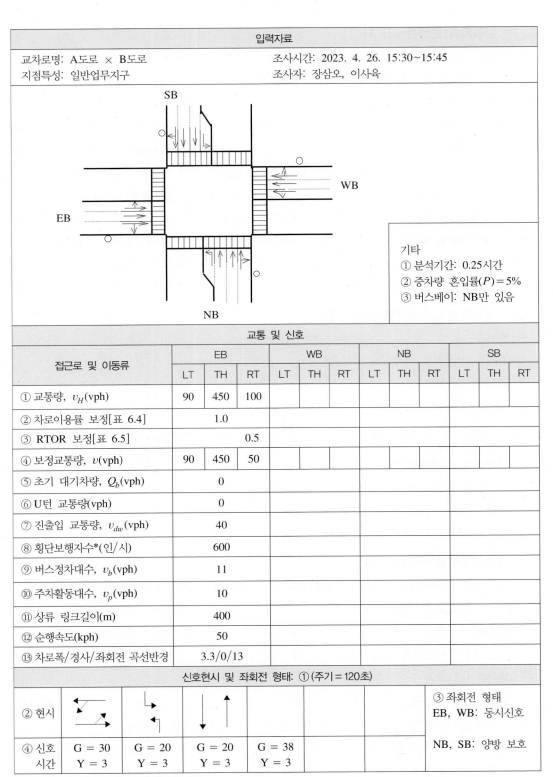

기타
① 분석기간: 0.25시간
② 중차량 혼입률(P) = 5%
③ 버스베이: NB만 있음

접근로 및 이동류	EB			WB			NB			SB		
교통 및 신호	LT	TH	RT	LT	TH	RT	LT	TH	RT	LT	TH	RT
① 교통량, v_H(vph)	90	450	100									
② 차로이용률 보정[표 6.4]		1.0										
③ RTOR 보정[표 6.5]			0.5									
④ 보정교통량, v(vph)	90	450	50									
⑤ 초기 대기차량, Q_b(vph)		0										
⑥ U턴 교통량(vph)		0										
⑦ 진출입 교통량, v_{dw}(vph)		40										
⑧ 횡단보행자수*(인/시)		600										
⑨ 버스정차대수, v_b(vph)		11										
⑩ 주차활동대수, v_p(vph)		10										
⑪ 상류 링크길이(m)		400										
⑫ 순행속도(kph)		50										
⑬ 차로폭/경사/좌회전 곡선반경		3.3/0/13										

신호현시 및 좌회전 형태: ① (주기 = 120초)

② 현시					③ 좌회전 형태 EB, WB: 동시신호 NB, SB: 양방 보호
④ 신호 시간	G = 30 Y = 3	G = 20 Y = 3	G = 20 Y = 3	G = 38 Y = 3	

* 우회전을 방해하는 교차도로의 횡단을 말함

[그림 6.5] 입력자료(운영분석표 1)

⑦ 진출입 교통량(vph), v_{dw}: 40 vph

⑧ 우회전을 방해하는 교차도로의 양방향 횡단보행자수(인/시): 600명/시간

⑨ 정지선으로부터 75 m 이내 버스정류장에서의 버스정차대수(vph), v_b: 11 vph

⑩ 주차 가능한 경우, 시간당 주차활동대수(vph), v_p: 10 vph

⑪ 상류부의 링크 길이(m): 400 m

⑫ 상류부 링크의 순행속도(kph): 50 kph(13.9 m/s)

⑬ 평균차로폭/경사/좌회전 곡선반경: 3.3 m/ 0%/13 m

(4) 신호에 관한 사항

① 주기: 120초

② 현시를 순서대로 스케치: 그림 참조

③ 좌회전 형태: 동서 – 동시신호, 남북 – 분리신호(양방보호)

④ 신호시간(초): 그림 참조

⑤ 상류부 교차로와의 옵셋(초): 운영분석표 3의 ⑧에 기록

2 직진환산계수 산정(운영분석표 2)

직진환산계수는 회전차로에서 교통류의 내부 및 외부마찰의 정도를 나타내는 것으로서, 이로 인해 증가된 차두시간을 직진 포화교통류의 차두시간과 비교한 것이다. 이를 이용하여 각 차로의 혼잡도를 예상하고 차로군을 분류한다.

따라서 좌회전은 내부마찰, 즉 좌회전 자체의 비효율, U턴의 영향을 종합하여 직진과 비교하여 직진환산계수를 구한다. 우회전은 내·외부마찰, 즉 우회전 자체의 비효율, 노변의 버스, 노상주차에 의한 영향을 종합하여 직진과 비교한 직진환산계수를 구한다.

① 차로수, N: 분석에서 사용되는 N값은 공용좌회전 차로가 있는 경우는 접근로 전체의 차로수, 전용좌회전 차로가 있는 경우는 접근로 전체 차로 중에서 전용좌회전 차로를 제외한 차로수를 사용한다. 따라서 이 값은 3이다.

② 좌회전 자체의 직진환산계수, E_l: [표 6.6]에서 $E_l = 1.0$이다.

③ 좌회전 곡선반경별 직진환산계수, E_{pa}: [표 6.7]에서 $E_{pa} = 1.09$이다.

④ 보호좌회전의 U턴 영향: [표 6.8]에서 U턴이 없으므로 $E_U = 1.0$이다.

⑤ 좌회전 차로의 직진환산계수: $E_L = 1.0 \times 1.09 \times 1.0 = 1.09$[식 (6.9)]이다.

⑥ 진출입차량의 영향, E_{dw}: 식 (6.10)에서 $E_{dw} = 0.16$이다.

⑦ 횡단보행자 영향, E_c: KHCM에서 $E_c = 1.0$이다.

⑧ 버스 영향, E_b: 버스베이가 없이 주행차로에 정차를 하며, 주변이 일반 업무지구이므로 KHCM에서 $E_b = 0.1$이다.

⑨ 노상주차의 영향, E_p: 노상주차가 허용되므로 KHCM에서 $E_p = 0.7$이다.

⑩ 우회전 차로의 직진환산계수: $E_R = 1.16 + 0.16 + 1.0 + 0.1 + 0.7 = 3.12$[식 (6.11)]이다.

3 차로군 분류(운영분석표 2)

모든 분석은 차로군별로 이루어진다. 차로군 분류는 근본적으로 운전자가 교차로 정지선에 접근하거나, 정지해서 대기하거나, 혹은 녹색신호에서 방출될 때 혼잡도에 관해서 평형을 이루려는 경향을 가지고 각 차로를 이용한다는 가정에서부터 출발한다. 이 혼잡도를 나타내기 위해서 회전차량의 직진환산계수를 사용한다.

이 예제에서는 직진현시에서 좌회전과 직진 및 우회전이 통합차로군을 형성한다.

4 포화교통량 계산(운영분석표 2)

차로군 분류가 끝나면 이후의 모든 과정은 차로군별로 분석된다. 각 차로군의 교통량을 이용하여 각 차로군 내에 포함된 회전교통량의 비율을 구한다. 이 비율과 회전교통의 직진환산계수로부터 좌·우회전의 보정계수, 정확히 말해 좌·우회전 차로군의 보정계수를 구한다. 이렇게 해서 얻은 보정계수와 접근로 전체에 일률적으로 적용되는 차로폭 보정계수, 경사 보정계수, 중차량 보정계수를 사용하여 각 차로군의 포화교통량을 얻는다. 용량도 마찬가지로 차로군별로 구한다.

① 차로군별 교통량, v_i: 차로군 교통량은 한 차로군으로 묶이는 이동류의 교통량을 합한 것이다.

$$통합차로군 \ 교통량 \ v_T = 450 + 90 + 50 = 590 \ vph$$

② 회전교통량비, P_L, P_R: 차로군의 총 교통량에서 회전교통량이 차지하는 비율이다.

$$통합차로군의 \ 좌회전교통량비 \ P_L = 90/590 = 0.153$$
$$통합차로군의 \ 우회전교통량비 \ P_R = 50/590 = 0.085$$

③ 회전 보정계수: 위의 회전교통량비와 직진환산계수 산정 모듈의 ⑤항 및 ⑩항에서 구한 직진환산계수 E_L, E_R을 이용하여 보정계수를 구한다.

$$통합차로군의 \ 보정계수 \ f_{LTR} = \frac{1}{1 + 0.153(1.09-1) + 0.085(3.12-1)} = 0.84$$

④ 차로폭 보정계수, f_w: 차로폭은 운영분석표 1의 ⑬항에 나타나 있으며, KHCM에 의하면 보정계수 값은 1.0이다.

⑤ 경사 보정계수, f_g: 경사는 운영분석표 1의 ⑬항에 나타나 있으며, KHCM에 의하면 보정계수 값은 1.0이다

⑥ 중차량 보정계수, f_{HV}: 모든 접근로에 동일하게 적용되는 값이다. 중차량 혼입률은 운영분석표 1의 그림 우측 ②항에 나와 있으며, 이에 대한 보정계수는 식 (6.21)로부터 구한다. 즉

$$f_{HV} = \frac{1}{1 + 0.05 \times 0.8} = 0.96$$

⑦ 차로군의 포화교통량, s_i: 식 (6.20)을 이용하여 구한다.

$$통합차로군 \ s_{LTR} = 2,200 \times 3 \times 0.84 \times 1.0 \times 1.0 \times 0.96 = 5,322 \ vphg$$

직진환산계수 산정				
접근로	EB	WB	NB	SB
① 차로수, N^*	3			
② 좌회전 자체의 직진환산계수, E_l [표 6.6]	1.0			
③ 좌회전 곡선반경 영향, E_{pa} [표 6.7]	1.09			
④ U턴 영향, E_U [표 6.8]	1.0			
⑤ 좌회전 차로의 직진환산계수, E_L [식 (6.9)]	1.09			
⑥ 진출입차량의 영향, E_{dw} [식 (6.10)]	0.16			
⑦ 횡단보행자 영향, E_c (KHCM에서)	1.0			
⑧ 버스의 영향, E_b (KHCM에서)	0.1			
⑨ 노상주차 영향, E_p (KHCM에서)	0.7			
⑩ 우회전 차로의 직진환산계수, E_R [식 (6.11)] $E_R = 1.16 + E_{dw} + E_c + E_b + E_p$	3.12			
* 전용좌회전 차로를 제외한 접근로 총 차로수				
차로군 분류				
① 전용회전 차로가 있는 경우				
② 공용회전 차로가 있는 경우	통합차로군			
포화교통량 계산				
① 차로군 교통량, v_i (vph)	590			
② 회전교통량비 P_L, P_R $\dfrac{v_L \text{ or } v_R}{v_T}$	0.153/0.085			
③ 회전보정계수 f_L, f_R, f_{LTR} $\dfrac{1}{1+P(E-1)}$	$f_{LTR} = 0.84$			
④ 차로폭 보정계수, f_w (KHCM에서)	1.0			
⑤ 경사 보정계수, f_g (KHCM에서)	1.0			
⑥ 중차량 보정계수, f_{HV} [식 (6.21)]	0.96			
⑦ 포화교통량(vph) $s_i = 2200 N_i \times f_L (\text{또는 } f_R, f_{LTR}) \times f_w \times f_g \times f_{HV}$	5,322			
용량 계산				
① 차로군 교통량비, $(v/s)_i = y_i$	0.111			
② 현시의 임계차로군($\sqrt{}$)	$\sqrt{}$			
③ 임계차로군의 합, v/s				
④ 차로군 녹색시간비, (g/C)	0.248			
⑤ 차로군 용량, $c_i = s_i (g/C)_i$	1,320			
⑥ 차로군 포화도, $(v/c)_i = X_i$	0.447			
⑦ 손실시간, 임계v/c비	$4(3+0.3) = 13.2$초			
⑧ 적정주기(설계분석 시)				

[그림 6.6] 차로군 분류 및 포화교통량, 용량계산(운영분석표 2)

① 차로군의 교통량비, $(v/s)_i = y_i$: 차로군의 교통량을 포화교통량으로 나눈 값이다. 이 값은 포화도에 유효녹색시간비를 곱한 값과 같다. 그러나 계산 결과의 통일을 위해서 교통량을 포화교통량으로 나눈 값을 사용한다.

$$(v/s)_{LTR} = 590/5,322 = 0.111$$

② 현시의 임계차로군: 공용좌회전 차로를 가지므로 동시신호를 사용해야 하며, 통합차로군이 임계차로군이다.

③ 임계차로군의 v/s합: 위에서 표시한 각 접근로의 임계차로군의 y값을 합한 것이다. 이 값은 교차로 전체의 임계v/c를 구하거나 설계분석 및 계획분석에서 적정신호주기를 구하는 데 사용된다. 이 값은 교차로의 모든 접근로에 대한 신호현시의 임계차로군 및 그들 차로군의 v/s비를 알아야만 구할 수 있다.

④ 차로군 유효녹색시간비, g/C: 차로군이 받는 녹색시간비이다. 유효녹색시간은 녹색신호시간에서 0.3초를 뺀 값을 사용한다.

$$g/C = (30 - 0.3)/120 = 0.248$$

⑤ 차로군 용량, $c = s(g/C)$: 차로군의 포화교통량에 유효녹색시간비를 곱한 것이다.

$$c_{LTR} = 5,322 \times 0.248 = 1,320 \text{ vph}$$

⑥ 차로군의 포화도, $(v/c) = X$: 차로군의 교통량을 용량으로 나눈 값이다. 어떤 차로군에 대한 이 값이 1.0보다 크면 사실상 이 차로군은 매우 혼잡하다는 것을 의미한다. 그러나 이러한 바람직하지 못한 교통성과에도 불구하고 교차로 전체의 서비스수준이나 다음에 설명하는 임계v/c비는 매우 좋게 나타나는 수가 있으므로 교차로 전체의 서비스수준이나 임계v/c비를 절대적으로 신뢰해서는 안 된다.

$$X_{LTR} = 590/1,320 = 0.447$$

⑦ 손실시간, 임계v/c비: 신호현시당 손실시간은 황색시간에 0.3초를 더한 값이다. 만약 이 교차로가 4현시로 운영된다면 각 현시당 3초의 황색시간을 가지므로, 주기당 손실시간 $L = 4(3 + 0.3) = 13.2$초이다.

임계v/c비는 적정한 신호운영조건하에서 교차로 전체의 혼잡도를 나타내는 지표이다. 신호운영이 잘못되어 있으면 어느 이동류 또는 접근로의 v/c비가 1.0보다 큰데도 불구하고 이 임계v/c비의 값은 1.0보다 작을 수 있다. 따라서 임계v/c비가 교차로 전체의 서비스수준을 잘 나타낸다고 볼 수 없다. 이와 같은 경우는 신호운영조건을 개선하여 이 값을 현저히 줄일 수 있다. 이 값은 식 (3.10)으로부터 얻는다.

⑧ 적정주기: 설계분석에서만 필요한 항이므로 설계분석과정에서 설명된다.

6 지체계산 및 서비스수준 결정(운영분석표 3)

차로군별로 균일지체, 증분지체 및 추가지체를 계산하고 연동효과에 의한 지체를 보정하여 총 평균제어지체를 구한 다음 각 차로군의 서비스수준을 구한다. 한 접근로의 서비스수준 분석은 이 접근로에 포함된 각 차로군들의 평균제어지체를 그들의 교통량에 관하여 가중(加重)평균하여 얻은 접근로의 평균제어지체로부터 구한다. 또 교차로 전체의 서비스수준은 각 접근로의 평균제어지체를 그들의 교통량에 관하여 가중평균하여 교차로 전체의 평균제어지체를 계산한 후 [표 6.3]으로부터 얻는다.

이렇게 해서 얻은 교차로 전체의 평균지체 또는 서비스수준은 녹색시간 동안 교차로를 이용하는 모든 교통량에 관한 평균값인 반면, 앞 절에서 설명한 교차로 전체의 임계 v/c 비는 각 현시의 임계차로군에 관한 것이므로 교차로의 교통상황을 나타내는 방법에서 차이가 나는 것에 유념해야 한다. 임계 v/c 비가 매우 큰데도 불구하고 평균지체의 값이 그다지 크지 않으면, 이 교차로의 임계차로군과 그렇지 않는 차로군 간의 혼잡도의 차이가 많다는 의미이다. 이런 경우는 각 차로군의 교통수요에 적절한 신호현시 및 신호시간으로 변경해 주면 임계 v/c 비를 줄일 수 있다.

(1) 차로군 분석

① 차로군 분류: 운영분석표 2에 나타난 것과 같다.

② 초기 대기차량대수, Q_b (대): 운영분석표 1에 나타난 것과 같이 $Q_b = 0$ 대이다.

③ 추가지체 유형 판단: 두 차로군 모두 추가지체 없다.

④ 균일지체, d_1: 도착교통이 완전히 일정한 시간간격으로 도착한다고 가정할 때의 지체이며, 초기 대기차량이 없으므로 식 (6.24)를 사용한다.

$$d_{LTR1} = \frac{0.5 \times 120(1 - 0.248)^2}{1 - 0.447 \times 0.248} = 38.2 \text{초/대}$$

⑤ 증분지체, d_2: 도착교통의 무작위성, 과포화성으로 인한 증분지체이다[식 (6.27)].

$$d_{LTR2} = 900 \times 0.25 \left[(0.447 - 1) + \sqrt{(0.447 - 1)^2 + \frac{4 \times 0.447}{1,320 \times 0.25}} \right] = 1.1 \text{초/대}$$

⑥ 추가지체, d_3: 초기 대기차량에 의해서 분석기간 동안에 도착한 차량이 받는 지체이다. 초기 대기차량이 없으므로 0이다.

⑦ 순행시간, T_c: 이 접근로 상류부 링크의 순행시간으로서, 링크의 길이는 400 m이고 순행속도는 50 kph이므로(운영분석표 1 참조) 순행시간은 $400 \times 3.6/50 = 28.8$초이다.

⑧ 옵셋: 상류부의 직진과 이 접근로의 직·좌 공용차로군의 녹색신호가 켜지는 시간의 차이이며, 여기서는 10초라 가정했다.

⑨ 옵셋 편의율, TVO: 순행시간과 옵셋이 얼마나 잘 일치하는가를 나타내는 지표이다. 이 값이 − 값이나 1.0보다 큰 값을 갖는 경우는 정수 값을 더해 주거나 빼 주어서, 이 값이 0~1.0 사이의 값이 되도록 만들어준다. 본 예에서는 다음과 같다.

$$TVO = \frac{T_c - \text{offset}}{C} = \frac{28.8 - 10}{120} = 0.16$$

⑩ 연동계수, PF: 연동이동류가 직진이므로 직진현시에 같이 진행하는 모든 이동류에 적용한다. 사실상 비보호좌회전과 우회전은 대향직진 차량군 또는 $f_c G_p$ 시간 때문에 연동을 방해받지

만, 이 방해시간이 E_L 및 E_R에 포함되어 반영되었으므로 같은 연동계수를 적용한다. 만약 비보호좌회전 및 우회전이 직진신호 이외의 시간에 시작된다면 연동계수 1.0을 적용한다.

이 연동계수는 옵셋 편의율(偏倚率) TVO과 녹색시간비 (g/C)로부터 [표 6.9]를 이용해서 보간법으로 구한다.

$$PF = 0.64$$

⑪ 평균제어지체, d: 균일지체에 연동계수를 곱하고, 증분지체와 추가지체의 합이다. 식 (6.23)에 의해서 $d_{LTR} = 38.2 \times 0.64 + 1.1 = 25.5$ 초/대이다.

⑫ 차로군 서비스수준: 위에서 구한 차로군의 평균제어지체 값으로부터 [표 6.3]을 이용하여 구한다.

$$LOS_{LTR} = B$$

지체계산 및 서비스수준 결정				
차로군 분석				
접근로	EB	WB	NB	SB
① 차로군 분류	통합차로군			
② 초기 대기차량대수, Q_b(대)	0			
③ 추가지체 유형 판단	–			
④ 균일지체	38.2			
⑤ 증분지체	1.1			
⑥ 추가지체, d_3	0			
⑦ 순행시간 $T_c =$ 링크길이/순행속도(초)	28.8			
⑧ 옵셋(초)	10			
⑨ 옵셋 편의율 $TVO = (T_c - \text{offset})/C$	0.16			
⑩ 연동계수, PF[표 6.9]	0.64			
⑪ 평균제어지체(초/대) $d_i = d_1(PF) + d_2 + d_3$	25.5			
⑫ 차로군 서비스수준[표 6.3]	B			
접근로 분석				
① 접근로 지체, $d_A = \dfrac{\sum(d_i v_i)}{\sum v_i}$	25.5			
② 접근로 서비스수준[표 6.3]	B			
교차로 분석				
① 접근로 교통량, $v_A = \sum v_i \,(\text{vph})$	590			
② 교차로 지체, $d_I = \dfrac{\sum(d_A v_A)}{\sum v_A}$				
③ 교차로 서비스수준[표 6.3]				

[그림 6.7] 지체계산 및 서비스수준 결정(운영분석표 3)

(2) 접근로 분석

접근로가 통합차로군을 이루므로 접근로 전체의 평균지체는 바로 이 통합차로군의 평균지체와 같다.

(3) 교차로 분석

① 접근로 교통량: 접근로 전체의 교통량 590 vph

② 교차로 지체: 각 접근로의 평균지체를 교통량에 관해서 가중평균한 값이다.

$$d_I = \frac{16.0 \times 590 + d_{WB} \times v_{WB} + d_{SB} \times v_{SB} + d_{NB} \times v_{NB}}{590 + v_{WB} + v_{SB} + v_{NB}}$$

③ 교차로 서비스수준: 위의 d_I값으로 [표 6.3]에서 서비스수준을 찾는다.

● 참고문헌 ●

1. 국토교통부, 도로용량편람, 2013.
2. TRB., *Highway Capacity Manual*, 2000.
3. 도철웅, USHCM 신호교차로 분석과정상의 문제점 및 새로운 기법 제안, 교통안전연구논집, 제 19권, 2000. 12., pp. 17-27.
4. 도철웅, 신호교차로 우회전보정계수에 관한 이론적 연구, 대한토목학회 논문집, 제17권 제Ⅲ-4 호, 1997. 7., pp. 315-321.
5. 도철웅, 좌회전 전용차로에서의 비보호좌회전 용량, 대한토목학회 논문집, 제20권 제Ⅲ-1호, 2000. 1.
6. Doh, Tcheol Woong, *Development of Lane Grouping Methodology for the Analysis of Signalized Intersections*, Journal of the EASTS, Vol. 4, No. 4, 2001. 10.

제 2 편
교통설계

교통설계란 도로, 교차로, 인터체인지, 터미널, 주차장, 기타 교통구조물 등 교통시설의 기능설계,
기하설계를 위한 기준, 표준, 기법, 지침을 연구 발전시키는 분야이다.

제7장

도로의 계획과 기하설계

교통시스템의 물리적 요소인 고정시설의 위치를 선정하고 설계하는 일은 교통공학에서 대단히 중요한 부분이다. 노선계획(路線計劃)과 설계란, 새로운 시설과 이것의 운영에 관한 일반적인 계획을 자세하고 구체적인 형태로 나타내는 과정이다. 실제로 설계란, 도로, 교량, 비행장, 철도 등과 같이 특정 분야에 관련된 전문가들에 의해서 수행된다. 그러나 일반 교통전문가도 설계과정에서 직접적인 관여를 하기 때문에 설계과정의 기본요소를 이해할 필요가 있다. 그렇게 함으로써 설계자와 교통시스템 전문가 사이의 커뮤니케이션을 증진하여 상호 관심사인 시스템의 질을 개선시킬 수 있다.

7.1 개설

7.1.1 도로의 역할과 기능

도로는 물자나 사람을 수송하는 데 있어 없어서는 안 될 가장 기본적인 공공교통시설로서, 국토의 기능을 증진시키는 전국 간선도로망에서부터 지역개발과 주변 토지이용을 활성화시키는 지역 내 도로망에 이르기까지 다양하다. 이들은 서로 유기적인 도로망 체계를 이루어 각 도로가 상호 기능을 보완해 가면서 국토발전의 기반과 생활기반의 정비, 생활환경의 개선에 큰 역할을 하고 있다. 특히 자동차 보급이 급격히 증가하고, 이에 따른 도로망이 충실해짐에 따라 도로교통의 특성인 기동성·편리성·경제성이 증진되고 경제·사회발전이 촉진되어 국민생활 향상에 기여하는 바가 절대적이다.

도로의 기능은 크게 이동(移動)기능, 접근(接近)기능, 공간(空間)기능으로 세 가지로 나눌 수 있다. 예를 들어 이동기능을 중요시해야 할 고속도로에서는 접근기능을 제한(access control)하여 교통류를 원활히 소통시키며, 인터체인지 이외에서는 접근하지 못하게 한다. 그 반대로 주거지역 내의 국지도로(local road)에서는 접근기능을 중요시하여 이동기능을 제한함으로써 주행속도 또는 주행의 쾌적성(快適性)이 감소하게 된다.

[그림 7.1]은 도로기능과 도로교통특성과의 관계를 나타낸 것이며, [그림 7.2]는 도로의 기능별 위계(位階)를 나타낸 것이다.

도로기능	도로 교통 특성				
	교통량	통행길이	교통속도	교통수단	교통목적
이동기능 ↕ 접근기능	많음 ↕ 적음	길다 ↕ 짧다	빠름 ↕ 늦음	자동차 ↕ 자전거 도보	직업적 통근업무 ↕ 통학 사교 산보 가정적

[그림 7.1] 도로기능과 교통특성과의 관계

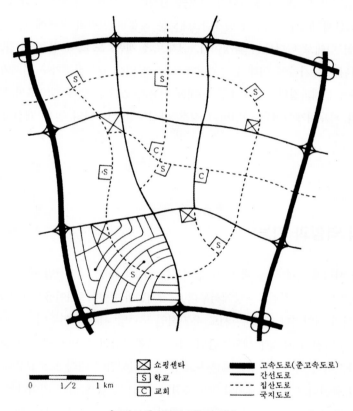

⊠ 쇼핑센타		▬ 고속도로(준고속도로)
S 학교		─ 간선도로
C 교회		┄ 집산도로
0 1/2 1 km		─ 국지도로

[그림 7.2] 도로의 기능별 위계

자료: 참고문헌(2)

도로의 접근기능이 갖는 부수(附隨)효과는 토지이용 활성화이다. 지역개발은 바로 이 접근기능의 부수효과에 의한 것이기 때문에 도로를 계획할 때는 반드시 그 지역의 개발가능성을 예측하여 여유 있는 도로시설을 계획해야 한다.

공간기능은 제한된 공간을 갖는 도시부에서 특히 중요한 역할을 한다. 도시부에서의 도로는 방재(防災)도로, 화재 확산방지를 위한 차단공간, 채광, 통풍을 위한 공간을 제공할 뿐만 아니라 놀이터,

행사장 등으로서의 생활공간으로도 사용되며, 상하수도, 전력·전화선, 가스관, 맨홀, 지하도 등 도시시설 공간으로서도 사용되기 때문에 도시부도로의 공간기능은 매우 크다.

7.1.2 도로계획의 기본 틀

국토구조의 골격인 고속도로에서부터 지역사회의 일상생활기반인 시·군도까지 포함하는 도로망을 이들 각 도로가 분담해야 할 교통특성에 따라 체계적으로 정비해야 하는 것이 도로정비의 가장 중요한 기본목표이다. 도로계획을 할 때는 이 도로망에 포함된 각 도로의 기능을 고려하여 도로의 규격 및 기본적인 구조를 결정해야 한다.

도로는 그 도로가 갖는 행정관할권, 기종점 특성, 노선의 연속성, 도로망 간격 등과 같은 네트워크 특성과 교통량, 통행길이, 주행속도, 교통수단 등과 같은 교통특성에 따라 고속도로(高速道路), 주간선도로(主幹線道路), 보조간선도로(補助幹線道路), 집산도로(集散道路), 국지도로(局地道路)로 분류된다. 도로는 여러 가지 복합적인 기능을 갖고 있으며, 또 네트워크 특성과 교통특성은 상호 밀접한 관계가 있으므로, 그 도로의 기능을 분류할 때는 이 중 어느 한 지표에 의거해서가 아니라 이들을 두루 고려하여 분류해야 한다.

다음 단계로 각 도로의 기능과 조건에 적합한 구조를 결정하고, 구체적인 도로계획과 설계에 들어가게 된다. 도로구조에 대해서는 '도로법' 제39조에 의거한 '도로의 구조·시설 기준에 관한 규칙'(1999. 8. 9. 건설교통부령 제206호)에 규정되어 있으며 여기에는 도로구조의 기본적인 기술기준을 제시하고 있다.

원래 도로의 구조는 앞에서 설명한 바와 같은 기본적인 틀에 따라 결정되어야 하지만 법령의 성격상 어느 정도 명확한 기준을 사용해야 할 필요성이 있기 때문에 네트워크 특성과 교통특성의 대략적인 값을 도로분류의 기준으로 나타내고 있다. 도로분류에 관한 자세한 사항은 뒤에서 다시 설명한다.

'도로의 구조·시설 기준에 관한 규칙'의 규정에는 최소 또는 최댓값만 정해져 있기 때문에 실제 적용에 있어서는 도로의 기능을 고려하여 적절한 값을 사용하는 것이 바람직하다.

1 지역계획과 도로교통계획

도로교통계획에서는 전국적인 것에서부터 시·도 단위의 것, 더 나아가서는 지방생활권 단위에 이르기까지 여러 가지가 있지만 어느 경우이든 제일 먼저 그 대상권역의 경제·사회활동과 병행하여 인구, 산업의 배치 및 장래의 전망 등을 분석해야 한다. 그러기 위해서는 여러 가지 경제·사회 및 교통관계 자료를 수집하고 기존의 지역계획을 충분히 이해하고 이를 활용해야 한다. 이때 상위계획과 모순이 없으며 타당성이 있는지를 검토하는 것도 매우 중요하다.

지역계획은 장래 그 지역의 경제·사회·공간구조 등에 관한 기본계획과 보다 가까운 장래에 대한 구체적인 실시계획으로 구성되지만, 도로교통계획은 구체적인 계획까지 포함하는 경우와 교통시스템의 기본적인 틀이나 패턴을 제시하는 데 그치는 경우가 있다.

통상 기본계획에 입각하여 교통수요를 예측하고, 도로교통계획에서 도로망계획으로 차례로 진행하게 된다. 기본계획이 잘 수립되어 있는 대도시권에서는 개인통행조사, 화물유통조사 등으로부터 교통수단 분담을 포함한 종합계획을 수립하지만, 자동차 위주의 지역에서는 대체로 자동차 O-D 조사로부터 도로교통계획을 수립해도 충분하다.

도로교통계획 작성 시 유의해야 할 사항은 다음과 같다.

① 경제·사회 고도성장기에는 장래교통의 예측이 매우 불확실하나, 자동차 보급률의 성장이 둔화되면 특수한 지역을 제외하고는 현재의 성장패턴을 그대로 적용시켜도 비교적 정확한 예측이 된다.

② 도로망을 기능별로 체계화하는 것이 도로망 전체의 서비스수준을 높이는 결과를 가져온다. 도로교통계획도 이 점에 유의하여 교통량뿐만 아니라 서비스수준을 균등화하는 것을 염두에 두어야 한다.

③ 도로사업 시행의 진도가 느릴 때는 중간에 교통계획을 다시 검토함으로써 단계적인 건설절차를 수정하는 것이 좋다.

2 도로교통계획과 도로망계획

도로교통계획은 도로망계획의 필수요건이지만 한 과정에 불과하다. 도로교통계획은 어떤 가정들을 근거로 하여 목표연도의 교통수요를 나타내고 도로체계의 기본적인 틀이나 패턴을 제시하는 데 반해, 도로망계획은 초(超)장기적인 시설계획으로서 그 지역의 개발 가능성, 주변의 토지이용현황, 공간, 환경 등과 같이 노선에 대한 여러 가지 제약요건을 판단하여 주요 간선도로망을 결정하는 것이다. 일반적으로 교통계획이라 함은 이와 같은 도로망계획을 포함하는 것으로서 더 자세한 것은 14장에서 언급한다.

이와 같은 관점에서 본 도로망계획을 수립할 때 유의해야 할 사항은 다음과 같다.

- 도로의 기본적 역할과 기능을 인식하고, 도로교통계획에 입각해서 지역계획과 공간적, 환경적 제약조건을 고려하면서 기능별로 체계화된 도로망계획을 수립해야 한다.
- 도로망계획은 몇 개의 대안을 만들어 각 안에 대한 총 사업비, 교통처리, 지역계획, 공간배치, 환경보전 등의 관점에서 타당성 조사를 하고 영향평가를 하여 최종안을 선택한다. 또한 각 노선의 사업시행 때까지 계획안을 지속적으로 상세히 검토한다.
- 교통, 공간, 환경, 건강, 교육, 지역사회발전 등 여러 가지 측면을 고려하여 그 도로망의 명확한 정비수준을 설정하고, 국토공간 혹은 도시공간에서 그 도로가 차지하는 위치를 명확히 해야 한다.

7.1.3 도로계획 및 설계과정

도로계획은 도로망을 구성하는 한 노선에 관한 계획으로서 그 과정은 도로망계획과 같다. 특히 도로계획은 신설과 정비에 대한 것이 있으며, 신설계획은 또 종합교통계획의 일부로 실시하는 경우

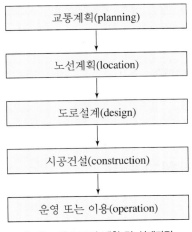

[그림 7.3] 도로의 계획 및 설계과정

와 단독 신설계획을 수립하는 경우가 있다.

도로의 계획 및 설계과정은 앞에서도 설명한 바와 같이 몇 개의 단계로 이루어진다. 새로운 노선의 필요성 여부는 교통계획과정에서 판단되며, 이때 노선의 기종점, 일반적인 위치, 크기 및 등급, 중요한 교차점 및 터미널의 개략적인 위치, 개략적인 용량 및 계획 서비스수준, 계획교통량 등과 같은 그 도로의 근본적인 특성이 결정된다(교통계획).

다음 단계는 노선의 위치를 결정하는 것이다. 노선계획은 노선의 기종점을 연결하는 교통축(交通軸, corridor) 내에 놓이는 몇 개의 노선 대안 가운데서 하나를 선택하는 단계이다(노선계획).

이렇게 해서 일단 노선의 개략적인 위치가 결정된 다음에는 그 도로의 정확한 위치나 크기, 종단경사, 건설을 위한 표준, 사용될 재료의 종류 및 양 등을 구체화하면서 설계를 한다(도로설계). 그다음에 건설이 뒤따르며 이것이 완성된 후 도로를 운영하거나 이용한다. 이 일련의 과정을 도표로 나타내면 [그림 7.3]과 같다.

설계는 표준화된 방법을 곧바로 적용하는 것으로서 매우 틀에 박힌 기계적인 과정으로 간주되기 쉽다. 또 어떤 종류의 설계는 실제로 그와 같은 경우가 있다. 그러나 대부분의 경우는 어떤 교통상의 문제점을 합리적인 비용으로 해결하도록 설계해야 하기 때문에 상당한 창의성을 필요로 한다. 더군다나 환경에 대한 관심이 날이 갈수록 고조되고 있기 때문에 새로이 야기되는 문제점들을 지금까지 사용하던 틀에 박힌 방법으로 해결할 수는 없게 되었다. 뿐만 아니라 자원의 효율적인 사용이 강조되고 있으므로 건설 및 운용비용을 줄이도록 설계되어야 한다.

대부분의 설계는 어떤 규정이나 표준에 의해 제약을 받는다. 이와 같은 규제는 최대소음 또는 환경오염수준, 구조물의 최대높이 등과 같이 시설을 차량의 특성에 적합시키기 위한 것이다. 이와 같은 최저 또는 기본요구조건 이외에 일반적으로 통용되는 설계표준이 주어진다. 예를 들어 표준 곡선반경, 갓길의 표준폭, 표준 노면표시 및 표지(標識) 등이 그것이다. 이와 같은 것들은 도로시스템 내의 통일성을 유지하게 하여 운전자로 하여금 곡선부(曲線部)나 합류 혹은 교차교통을 만날 때에 도로조건이 어떠하리라는 것을 신속하게 판단하게 한다. 이와 같은 설계표준은 경제적이며, 이용자에게 안전하고 환경에 손상을 주지 않는 상호 이율배반적인 목표달성을 위한 절충안이라 할 수 있다. 그러므로 이 표준은 공공의 기호(嗜好)나 취향이 바뀌고 가치관이 바뀌거나 또는 새로운 기술이 개발되면 당연히 바뀌어야 한다.

훌륭한 설계란 계산만으로 이루어지는 것이 아니다. 모든 교통시설의 설계는 인간의 판단과 창의를 필요로 하며, 인간이 최종적인 의사결정을 한다.

7.2 도로의 분류 및 계획교통량

7.2.1 도로의 분류방법

도로교통에 종사하는 전문가나 행정가뿐만 아니라 일반대중들 간에 도로에 대한 개념상의 혼동을 방지하기 위해서는 도로를 운영체계별, 기능별, 혹은 기하구조별로 분류할 필요가 있다. 특히 지방부도로와 도시부도로는 그 기능이 판이(判異)하므로 서로 다른 분류체계를 사용하고 있다.

기하구조의 설계형태(設計形態)에 따른 분류는 노선계획이나 설계과정에서 매우 편리한 분류방법으로서 고속도로와 일반도로로 분류한다. 노선번호에 의한 분류는 도로에 고유번호를 부여하는 방법으로서 도로행정 및 이용자를 위한 노선안내에 유용하다. 또 도로의 재정 등 관할권을 나타내기 위해서는 고속국도, 일반국도, 지방도, 특별·광역시도, 시도, 군도 등으로 분류한다.

도로의 서비스 기능에 따라 고속도로, 주간선도로, 보조간선도로, 집산도로, 국지도로로 분류하는 방법은 처음에 교통계획 목적으로 사용되었으나 지금은 도로계획이나 설계에서도 이 방법을 많이 사용하고 있다. 물론 경제·사회발전을 위한 종합교통계획을 수립할 때도 이 기능별 분류방법을 사용한다.

도로망계획에서 나온 계획도로를 기능별로 분류하기 위해서는 예상되는 서비스 기능, 통행길이, 이용교통수단 등과 같은 교통특성과 노선의 성격, 기종점, 노선의 연속성, 도로망의 간격 등과 같은 네트워크 특성을 검토한다. 이러한 교통특성과 네트워크 특성은 그 도로가 지방부에 있는지 도시부에 있는지에 따라 다르다. 일반적으로 지방부도로의 국도는 주간선 또는 보조간선, 지방도는 보조간선 또는 집산, 군도는 집산 또는 국지도로의 기능을 하며, 도시부의 도시계획상의 광로는 주간선, 대로는 주간선 또는 보조간선, 중로는 보조간선 또는 집산, 소로는 국지도로의 기능을 한다. 이들의 관계와 이에 따른 설계특성은 [표 7.1]과 [표 7.2]에 잘 설명되어 있다.

(1) 고속도로

지역 간 또는 도시 간의 많은 통과교통을 신속히 이동시키는 도로로서 지방부에서는 안전성, 원활성, 쾌적성을 중요시하며 주위의 토지에 대한 접근은 통제된다(access control). 도시부에서는 안전성, 원활성을 중요시하나 접근기능은 필요에 따라 허용하며 주행속도를 높은 수준으로 유지한다.

(2) 주간선도로

고속도로와 보조간선도로를 연결하면서 지역 간 또는 도시 간의 통과교통을 처리하고 출입구를 적절히 통제한다면 인접토지에로의 직접 접근도 가능하다. 일반국도의 대부분이 여기에 해당된다.

지방부에서는 안전성, 원활성을 중요시하고 주행속도가 비교적 높고 보행자 및 자전거 이용자의 안전도 중요시하며, 또 도로주위의 환경도 고려해야 한다.

도시부도로에서는 안전성, 원활성 및 접근성도 중요시하며 주행속도를 비교적 높은 수준으로 유지하며 보행자 및 자전거 이용자의 편리성, 안전성 및 도시공간기능, 도로주변 환경을 충분히 고려해야 한다.

(3) 보조간선도로

주간선도로와 집산도로를 연결하면서 군(郡) 간의 주요지점을 연결하는 도로로서 국도의 일부분과 지방도 대부분이 여기에 해당된다. 안전성이나 이동성은 주간선도로보다는 낮으나 여전히 접근성보다는 더 큰 중요성을 갖는다.

(4) 집산도로

간선도로와 국지도로 사이의 교통을 처리하며 인접토지에 직접 접근을 하게 한다.

주행의 안전성과 접근기능, 보행자, 자전거 이용자의 편리성, 안전성을 중요시하고 주행속도는 높은 수준을 요구하지는 않지만 지방부도로에서는 도로 부근의 환경을 많이 고려하되 차량주행의 쾌적성을 손상시켜서는 안 된다.

(5) 국지도로

인접토지에 직접 접근하는 지구 내 교통을 처리하며, 보행자, 자전거 이용자의 편리성, 안전성 및 자동차의 안전성을 중요시하여 주행속도를 낮추는 것이 좋다. 도시부에서는 주구(住區)형성을 위한 도시공간기능을 확보해야 한다.

이와 같은 도로의 주된 기능은 이동성과 접근성을 제공하는 것으로서 이용자의 통행욕구, 접근의 필요성 및 도로시스템의 연속성에 따라 그 기능의 수준이 달라진다. 고속도로와 간선도로는 주요도로체계를 이루며, 집산도로와 국지도로는 국지도로체계를 이루는 구획도로(區劃道路, subdivision street)로서 이들의 기능에 따른 계획원리는 14장에서 다룬다.

[표 7.1]은 도로분류에 따른 네크워크 특성 및 교통특성에 관한 기준을 나타낸 것이다.

도로의 기능이 결정되면 설계는 이들 기능을 충분히 발휘할 정도가 되어야 하며, 그렇다고 과다(過多)설계가 되어서는 안 된다. 다시 말하면 부여된 기능을 발휘함으로써 얻는 이득보다 더 큰 비용으로 건설해서는 안 된다. 이와 같은 도로운영상의 이득과 건설비용 간의 상관관계를 경제성 분석을 통하여 규명한 것은 없지만 지금까지의 오랜 실무 경험에 따른 원칙들이 널리 통용되고 있다. [표 7.2]는 일반적으로 사용되는 도로의 종류별 설계특성을 요약한 것이다.

[표 7.1] 기능별 도로의 특성 및 기준

구분		주간선도로	보조간선도로	집산도로	국지도로
지방부	도로의 종류	국도	국도, 지방도	지방도, 군도	군도
	간격(동일시스템 간)	3 km	1.5 km	500 m	200 m
	간격(유출입지점 간)	700 m	500 m	300 m	100 m
	설계속도(kph)	80~60	70~50	60~40	50~40
	연결	도시 간, 지역 간	지역 간	지구 간	지구 내
	교통량(ADT)	10,000 이상	2,000~10,000	500~2,000	500 미만
	이동성	주기능	주기능	부기능	없음
	접근성	부기능	부기능	주기능	주기능
	통행거리	5 km 이상	5 km 미만	3 km 미만	1 km 미만
	통행속도(kph)	60	50	40	30
	버스	고속, 일반버스	일반버스	일반버스	없음
도시부	도시계획도로	광로, 대로	대로, 중로	중로	소로
	간격(동일시스템)	1.0 km	500 m	250 m	100 m
	연결	지역 간	지역 간	지구 간	지구 내
	교통량(ADT)	20,000 이상	5,000~20,000	2,000~5,000	2,000 미만
	이동성	주기능	주기능	부기능	없음
	접근성	부기능	부기능	주기능	주기능
	통행거리	3 km 이상	3 km 미만	1 km 미만	500 m 미만
	통행속도(kph)	50	40	30	20

자료: 참고문헌(2), (8)

[표 7.2] 일반적인 도로종류별 설계특성

구분	고속도로	준고속도로	간선도로	집산 및 국지도로
출입제한	완전	완전 또는 부분적	통상 제한 없음	제한없음
부교차도로	연결 안 됨	연결 안 됨	평면교차	평면교차
주교차도로	입체분리	경우에 따라 평면교차	평면교차	평면교차
교차로 통제	–	정지표지. 경우에 따라 신호등	정지표지 또는 신호등	없거나 경우에 따라 정지, 양보표지
사도(私道) 연결	불가	불가하나 경우에 따라 극소수 허용	제한적이며 우회전만 연결	제한없음
출입로 연결	램프	도류화 또는 램프	정상연결 또는 확폭	정상연결
측도	필요할 경우 설치	필요할 경우 설치	통상 설치하지 않음	없음
중앙분리대	설치	설치	타당한 경우 설치	없음
보행자횡단시설	분리	분리 또는 횡단보도	횡단보도	횡단보도
노상주차	불가	불가	타당하면 금지	제한없음

자료: 참고문헌(2), (9)

7.2.2 계획교통량과 교통특성

도로는 국민의 생활과 산업의 기반시설로서 국토의 균형 있는 발전을 기하는 데 가장 중요한 사회자본이며, 그 계획의 입안은 그 나라의 경제사회개발계획의 일환으로서 장기적인 구상을 가지고 시행해야 한다.

도로의 계획은 장래 지역사회의 개발, 산업경제의 발전, 적정한 인구배치 및 합리적인 유통체계의 확립 등을 목표로 한 것이어야 하며, 이들을 고려해서 추정된 장래교통수요와 관련되는 도로망이 일체가 되어 합리적으로 그 목표를 달성할 수 있도록 해야 할 것이다.

대상노선을 계획할 때는 계획목표연도에 있어서의 연평균 일교통량(年平均日交通量, Annual Average Daily Traffic; AADT)을 기준으로 하며, 따라서 이를 계획교통량으로 삼는다.

1 도로의 계획목표연도

계획목표연도를 몇 년 후로 할 것인가 하는 것은 정책적 문제이지만 일반적으로 20년이 설계교통량 예측의 한계라고 알려져 있다. 구상 중인 도로 영향권 내의 인구와 산업경제활동 및 토지이용을 20년 후까지 예측한다는 것은 비현실적이어서 계획으로서의 의미가 희박하다. 또 국토종합개발계획 또는 도로정비계획이 대략 20년 후를 목표로 하고 있으므로 계획수립 당시로부터 20년 후를 목표연도로 잡는 것이 타당하다. 단지 지역계획에서 행하는 교통량 예측은 대체로 10년 후까지이기 때문에 그 지역도로의 계획·설계에 있어서는 10년 후의 추정교통량을 기초로 하고 장기적인 개발가능성을 고려한다면 도로시설을 좀 여유있게 해 준다. 다시 말하면 일반 지방도나 시·군도에 대해서는 현재의 유지관리 상황을 고려할 때 과대 계획되는 경우도 있어, 노선의 성격과 중요성을 참작해서 계획목표연도를 10년 또는 그 이내로 한다. 또 도로의 계획목표연도를 결정할 때는 도로의 단계적 정비도 고려해야 한다. [표 7.3]은 도로의 등급별 개략적인 목표연도를 나타낸 것이다.

[표 7.3] 도로의 등급별 목표연도

시설 구분	목표연도	
	도시부	지방부
고속도로	15~20년	20년
간선도로	10~20년	15~20년
집산도로	15~15년	10~15년
국지도로	5~10년	10~15년

2 계획교통량의 추정

도로의 구조기준은 주로 계획교통량의 양과 질에 따라 결정되는 것이므로 이를 위해서는 장래의 교통수요를 적절히 추정할 필요가 있다.

도로의 장래교통량을 추정하는 방법은 계획노선의 특성, 지역적 특성 등에 따라 여러 가지 방법이 있을 수 있지만 여기서는 도로망을 계획하는 경우에 있어서의 일반적인 방법을 소개한다. 더 자세한 것은 15장에서 자세히 설명한다.

(1) 지역계획의 조사

어느 도로망을 계획하는 경우 계획의 기초가 되는 그 지역 전체의 모든 계획을 조사하여 이들과 도로계획이 조화를 이루도록 해야 한다. 이를 위해서는 국토종합개발계획, 수도권정비계획 등 블록계획 및 이들 계획이 적용되는 권역계획, 지역계획, 도시계획 등에 나타난 계획대상지역의 지역개발 및 산업경제구상, 인구의 배치계획, 토지이용계획 및 교통시설계획 등에 대해서 충분히 조사한다.

(2) 조사지역 설정과 존 분할

대상 도로망의 범위에 따라서 이를 포함하는 조사지역을 설정한다. 이 조사지역을 존(zone)으로 세분하여 경제조사, 교통조사 등은 모두 이 존을 단위로 해서 실시한다. 존 분할(zoning)을 할 때에는 토지이용현황, 교통현황 및 행정구역 등을 고려해야 한다.

(3) 경제 및 토지이용현황 조사

경제조사로서는 거주인구, 주간(晝間)인구, 산업별 취업인구 등에 관한 자료 및 산업별 생산소득, 공산품생산출, 상품판매고 등 소득에 관한 자료를 수집한다.

토지이용현황 조사로서는 조사지역의 토지이용현황, 여러 가지 시설의 현황을 조사하며, 필요에 따라서는 건축물의 실태 등 상세한 조사를 실시한다.

(4) 교통현황 조사

교통조사로서는 주요지점에서의 교통량 관측조사 외에 존 간 교통량, 통행의 기종점, 통행목적 등을 파악하기 위한 O－D(Origin-Destination) 조사가 필요하다. O－D 조사의 결과는 O－D표에 정리되어 장래 O－D를 추정하는 기초 자료가 된다.

또 대도시에 있어서는 통행목적 및 그 목적에 따라 각 교통수단의 분담관계, 사람의 움직임과 토지이용과의 상관관계 등을 명확히 하기 위하여 사람통행(person trip) 조사 등 사람의 동태에 관한 조사가 필요하다.

(5) 교통현황 분석

경제조사, 토지이용 조사 및 교통조사의 결과를 이용하여 장래교통량 예측에 필요한 분석을 한다. 발생교통량의 분석으로서는 인구, 경제지표 및 토지이용현황과 발생교통량 간의 상관관계를 분석하여 통행발생모형을 만드는 방법과 인구, 각종 경제지표, 토지이용 및 시설 등에 의해 생기는 교통발생 원단위(原單位)를 분석하는 방법이 있다. 또 교통배분(交通配分)의 분석으로서 성장률법(成長率法)이나 중력모형(重力模型) 등을 이용하는 방법도 있다. 그리고 교통량을 도로망에 배분하는 데 관련되는 교통의 전환요인을 분석할 필요도 있다.

(6) 인구, 경제 및 토지이용 예측

여러 가지 개발계획을 기초로 하여 조사지역 내 각 존의 인구구성, 장래의 경제활동, 산업경제의 개발방향 등을 설정하여 장래의 토지이용상황을 예측한다. 이때 관련되는 각 기관의 여러 가지 계획 또는 도시계획 등을 충분히 고려할 필요가 있다.

(7) 장래교통량 예측

발생교통량의 예측은 장래의 인구, 산업경제활동의 규모 및 토지이용현황 등에 의거, 발생모형을 사용하여 존별로 구한다. 또 교통발생 원단위를 사용해서 구해도 좋다.

예측된 존별 장래 발생교통량을 각 존에 분포시켜 장래 O－D표를 만들고, 이 통행량이 이용하는 교통수단 분담량을 예측한 후 장래도로망을 설정해서 각 노선으로 장래교통량을 배분한다.

장래교통량의 배분은 통상 확정되어 있지 않은 장래도로망을 대상으로 하여 배분하게 되므로 반복작업이 필요하다. 이 경우 장래도로망을 검토할 때에는 교통수요의 양적인 과부족을 검토하는 데만 그치지 않고 경합 혹은 보완하는 노선이 많은 간선도로에 대해서는 O – D를 분석하여 통행거리(trip length), 통과경로 등을 분석하여 배분결과가 타당한 것인가 아닌가를 검토할 필요가 있다.

이상은 간선도로망 또는 가로망에 있어서의 종합적인 장래교통량을 추정하는 과정을 설명한 것이나 도시에서 떨어진 지방부도로에 있어서는 망(網)으로서의 장래교통량을 추정할 필요가 적은 경우도 있다. 이러한 경우의 장래교통량 예측에는 그 노선의 교통량을 조사하여 그 지역의 장래 인구증가나 자동차 보유대수의 증가를 추정해서 계획목표연도의 교통량을 추정하는 간략한 방법을 사용한다. 이렇게 해서 추정된 노선별 장래교통량(계획교통량)에 따라 계획노선의 구체적인 규격, 폭, 차로수 등을 결정한다. 계획노선은 장래의 토지이용, 장래교통량이 양적으로나 질적으로 현재의 노선과는 성격이 다른 경우가 많으므로 도로를 분류할 때에는 신중한 배려가 필요하다.

3 연평균 일교통량(AADT) 조사

앞에서 설명한 바와 같이 도로의 계획교통량은 계획목표연도의 연평균 일교통량을 말하며, 계획교통량을 추정하기 위해서는 그 노선의 현재의 AADT를 파악하는 것이 매우 중요하다.

우리나라의 전국 교통량 조사 제도는 매년 400여 개의 상시조사지점(常時調査地點, permanent count station)에서 365일 계속 교통량을 조사하는 상시조사와 1300여 개소의 전역조사지점(全域調査地點, coverage count station)에서 1년 중 48시간 동안 교통량을 조사하는 전역조사로 구성된다.

이렇게 조사된 전역조사는 교통량 변동패턴에 따라 분류된 그룹별 요일변동계수와 월변동계수를 이용하여 AADT로 전수화(全數化)된다. 더 자세한 것은 5장에서 설명한 바 있다.

예제 7.1 어느 도로구간에서 10월 둘째주 목요일 하루의 전역조사 교통량이 37,000대였다. 이 도로 부근에 있으면서 교통량 패턴이 비슷하여 같은 그룹 내에 있다고 판단되는 상시조사지점에서 얻은 교통량의 월변동계수(AADT/월평균 일교통량)와 요일변동계수(월평균일 교통량/월평균 요일교통량)는 다음과 같다. 이 도로구간의 AADT를 구하라.

월변동계수(AADT/월평균 일교통량)

월	1	2	3	4	5	6	7	8	9	10	11	12
월변동계수	1.05	0.98	0.90	1.08	1.09	1.08	1.03	0.94	0.96	1.00	0.96	0.96

10월의 요일변동계수(월평균 일교통량/월평균 요일교통량)

요일	월	화	수	목	금	토	일
요일변동계수	1.00	1.00	0.99	0.99	0.99	1.01	1.03

풀이 10월의 평균 일교통량＝37,000×0.99＝36,630대/일

AADT＝36,630×1.00＝36,630대/일 ■

7.3 도로계획 및 설계과정

도로사업을 효율적으로 추진하고 시행착오를 예방하기 위해서는 타당성 조사(妥當性 調査), 기본설계(基本設計), 실시설계(實施設計)의 세 단계를 거친다. 일반적으로 도로계획 또는 노선계획이라 함은 앞의 두 단계, 즉 타당성 조사와 기본설계 단계를 말한다. 도로건설은 각 단계마다 검증과 협의 과정을 거치는 것이 일반적이지만, 과업대상 구간이 길지 않고 또 균일하면 이들 각 단계별 업무를 통합하여 수행할 수도 있다.

도로관리자가 용역계약에 의해 계획과업을 수행할 때에는 노선의 규모에 따라 타당성 조사와 기

[표 7.4] 도로사업 단계별 세부업무 내용

구분			타당성 조사	기본설계	실시설계
조사업무	1. 관련계획 조사 및 검토		○	△	△
	2. 현지조사 및 답사		○	○	○
	3. 교통조사		○	△	△
	4. 수자원	수리, 수문조사	○	○	
		기상, 해상 조사	○	△	
		선박운항 조사	○	△	
	5. 환경영향 조사		△	○	△
	6. 측량			○	○
	7. 지질, 지반 조사			○	○
	8. 지장물, 구조물 조사			○	○
	9. 토취장, 골재원, 사토장 조사			△	○
	10. 용지 조사			△	○
계획업무	1. 전 단계 성과 검토			○	○
	2. 교통분석 및 평가		○	○	△
	3. 환경영향 검토 및 평가		△	○	△
	4. 경제성, 재무 분석		○	△	
	5. 노선선정	노선대 결정	○		
		노선 결정	△	○	
		출입시설	△	○	○
	6. 수리, 수문 검토		△	○	△
	7. 구조물 계획	교량	△	○	○
		터널		○	○
	8. 설계기준 작성			○	○
	9. 관계기관 협의		○	○	○
설계업무	1. 개략설계		○		
	2. 예비설계			○	
	3. 상세설계				○

○: 수행하는 업무   △: 필요시 수행하는 업무

본설계를 동시에 추진하고 실시설계를 분리하여 수행하는 방법, 타당성 조사를 별도로 시행하고 기본설계와 실시설계를 동시에 묶어서 시행하는 방법, 또는 세 단계를 통합해서 발주하는 방법 등이 있다. 어떤 형식을 따르든지 기본적으로 도로계획의 흐름도 상에 제시된 모든 과정을 거쳐야 된다는 점을 고려할 때 설계기간의 결정과 과업수행 방법 등에 세심한 주의를 기울일 필요가 있다.

도로의 개량사업이라든가 단순 확장공사와 같은 경우에는 타당성 조사를 생략하고 실시설계를 곧바로 시행할 수 있는 경우도 있으나 기본설계 과정상의 공정은 반드시 포함해야 한다.

거시적인 측면에서 사업시행의 필요성과 미시적인 측면에서 개략적인 수요, 비용 등을 종합적으로 검토하여 타당성 조사 시행여부를 결정하는 예비 타당성 조사도 수행할 수 있다.

타당성 조사, 기본설계, 실시설계 세 단계의 도로사업에 대한 세부업무와 각 세부업무에 대한 상세도(詳細度, level of detail)에 있어 차이가 있기 때문에 각 단계마다 세부업무의 내용을 개념적으로 나타내면 [표 7.4]와 같다.

7.3.1 단계별 업무 내용

(1) 타당성 조사(개략설계)

타당성 조사는 장래교통수요를 예측하여 대상 도로의 기능을 설정하고 기술적, 경제적 및 사회·환경적 타당성을 입증하며 다른 사업과 비교하여 투자의 우선순위를 결정하기 위해 시행한다.

국가통합교통체계효율화법 제18조에 따라 공공교통시설의 신설·확장 또는 정비사업이 포함된 국가기간교통망계획, 중기투자계획 등을 수립하거나 공공교통시설 개발사업을 시행하기 전 투자평가지침에 따라 사업추진의 당위성을 확인하고 기본방향을 결정하기 위한 필요한 정보를 수집 및 분석하고 사업의 타당성을 종합적, 전문적으로 상세하게 분석 평가하는 절차를 타당성 평가라 한다.

타당성 평가는 사회경제 지표현황, 도로교통현황 및 환경현황 등에 대한 조사, 대안 선정 및 기술검토, 장래교통수요 예측, 경제적 타당성 분석, 재무적 타당성 분석 등 일련의 과정이 포함되어 있다.

(2) 기본설계(예비설계)

타당성 조사가 끝나면 결정된 최적노선에 대한 기본설계가 실시된다. 기본설계는 교통영향평가, 환경영향평가 및 타당성 조사에서 도출된 제반조건을 바탕으로 하여 사전조사 사항, 주요 설계기준과 구조물 형식 및 단면의 결정, 개략적인 건설방법, 공정계획, 공사비, 설계기준 및 조건 등 실시설계에 필요한 기술적 자료를 작성하는 단계다. 일반적인 조사 및 분석, 비교·검토를 실시하여 최적안을 계획하고, 주요 시설물에 대해서 예비설계를 수행하며 기본적인 내용을 설계도서에 수록한다.

(3) 실시설계(상세설계)

실시설계는 기본설계를 구체화하여 실제 건설공사에 필요한 내용을 설계도서에 구체적으로 표시하는 것을 말한다. 이는 도로계획단계가 아닌 시행단계에 포함되나 외부조건의 변화 등으로 인해 일부 설계조건의 변경은 이전 단계의 결정사항에 크게 영향을 미치지 않는 수준이어야 한다. 큰 영향을 미칠 경우 설계 변경에 따른 타당성을 재검토해야 할 경우도 있으므로 세심한 주의가 요구된다.

7.3.2 교차도로와의 연결

1 도로의 기능과 연결방법

노선계획을 할 때 그 도로가 넓은 도로망 안에서 차지하는 역할을 파악하고 그 기능을 충분히 발휘할 수 있도록 하는 것도 중요하지만, 그러기 위해서는 노선의 위치뿐만 아니라 교차하는 도로와의 연결방법이 적절해야 한다.

통과기능 위주의 도로에서는 지역 내 교통의 혼입(混入)을 방지하기 위해 연결을 제한할 필요가 있으며, 특히 장거리교통을 처리하는 자동차 전용도로에서는 연결지점 간의 간격을 보다 길게 하고 연결방법도 입체분리(grade separation)하여 주행서비스를 좋게 유지하도록 한다. 반면에 접속기능이 강한 도로는 평면교차시키고 통과교통 위주의 간선도로와는 직접 연결시키지 않는 것이 바람직하다.

이와 같이 교차도로와의 연결방법을 결정하기 위해서는 그 지역의 교통계획을 참고로 하여 해당 도로의 기능, 규격, 교통량, 교차간격과 지형, 주변환경, 토지이용현황 등을 충분히 감안해야 한다. 또 새로운 도로인 경우에는 통상 기존도로에 기종점을 갖게 되지만, 연결부에서의 용량제약으로 인해 그 해당 도로의 기능을 충분히 발휘할 수 없을 경우가 생기므로, 상세한 교통분석을 통하여 연결방법과 교통처리방법을 검토해야 한다.

다음은 도로의 종류에 따른 연결방법을 설명한 것이다.

고속도로는 일반적으로 설계속도가 높고, 높은 서비스수준을 요구하기 때문에 연결도로의 선정과 연결방법에 따라 그 기능이 크게 달라진다. 연결위치를 선정할 때, 고속도로를 이용하는 교통의 접근을 용이하게 해야 하며, 출입교통이 주변의 일반 도로망에 배분됨으로써 혼잡을 유발한다거나 그 혼잡이 고속도로에 영향을 미치지 않도록 특히 유의해야 한다. 또 고속도로 이용 교통이 학교나 연구단지, 주거지역을 직접 통과하게끔 연결해서는 안 된다.

한편 연결방법에 있어서는 고속도로 상호간의 연결은 당연히 높은 설계속도를 유지하기 위해 대규모 입체교차 방법을 사용하지만, 일반도로와의 연결도 고속도로로부터 안전한 유출입이 이루어질 수 있는 방법과 선형을 택해야 한다. 이 경우 일반도로와의 연결방법이 평면교차, 부분입체교차 및 완전입체교차 중에서 어느 방법을 택하는가에 따라 인터체인지 전체의 형태나 규모가 결정된다. 이는 일반도로의 기능과 교차부에서의 교통량을 감안하여 결정하게 된다. 필요에 따라서는 당장에는 평면교차로 하지만 장래 입체교차로 할 것에 대비하여 부지를 확보하고 아울러 주변토지 이용을 적절히 유도하도록 해야 한다.

일반도로에서도 도시 간 도로나 도시주변의 우회도로, 순환도로인 주요 간선도로에서는 원활한 소통과 높은 용량을 확보할 필요가 있기 때문에, 주요한 도로와의 교차부는 입체교차로 할 수 있도록 노선계획 때 이를 고려한다. 또 등급이 낮은 다른 도로로부터의 접근을 제한하기 위해서 불완전 출입형으로 하여 측도(側道, frontage road)에서 등급이 낮은 도로들의 교통을 종합하여 본 도로에 연결시키거나, 연속적으로 중앙분리대를 설치하여 우회전만 평면교차로 하는 방법을 사용하여 횡단교통으로 인해 본 도로의 용량이 저하되지 않도록 특히 노력해야 한다.

일반도로 상호간의 교차부(交叉部)는 용량으로 판단해서 입체로 할 필요가 없는 한 평면교차로 해도 좋으나 다음과 같은 사항에 유의하여 노선계획을 해야 한다.

① 교차각은 될수록 직각에 가깝도록 한다.
② 엇갈림교차나 곡선부에서의 교차는 피한다.
③ 교차로 전후의 종단경사는 완만해야 하며(통상 2.5% 이하), 종단곡선의 정상부나 맨 아랫부분에는 교차로를 설치해서는 안 된다.
④ 편경사가 큰 곡선부에서의 교차는 피한다.
⑤ 기능이 현격히 다른 도로와의 교차는 가능한 한 줄인다.
⑥ 교차로에서는 충분한 시거(視距)가 확보되어야 한다.

2 교차로의 입체교차

도로의 기능상 당연히 입체교차가 필요한 경우가 있는가 하면, 교차로의 용량이 부족하여 입체화가 필요한 경우도 있다. 일반도로에서 4차로 이상의 도로가 서로 교차하는 경우에는 그 도로들의 기능이 주간선도로이면 원칙적으로 입체교차를 하는 것이 좋다. 또 어느 한쪽이 2차로도로라 할지라도 신호교차로서는 교통량을 처리할 수 없으면 입체교차를 검토해야 한다.

입체교차의 효율은 진행방향에 따라 좌우된다. 예를 들어 직진교통이 많은 교차로에는 입체교차를 하면 효과가 있지만, 회전교통량이 많은 교차로에서는 그것이 완전입체교차로가 아닌 한 별로 효과가 없다.

입체교차는 원칙적으로 주이동류를 손상시키지 않는 것이 원칙이지만 주변상황으로 보아 이것이 곤란하거나 불가피한 경우에는 이를 단절하는 수도 있다. 어떻든 입체화 계획은 교차로에서의 교통류, 지형, 주변 토지이용, 건설비 등을 종합적으로 판단하여 수립해야 한다. 또 시가지에서의 입체교차는 소음, 배기가스, 일조(日照) 등 환경적인 측면도 고려해야 한다. 입체교차의 구조형식에는 지하차도와 고가(高架)차도가 있으나 그 선택은 경제성, 시공성(施工性), 유지관리 및 경관을 포함한 환경적인 요소까지 고려해야 한다.

3 철도와의 교차

'도로법' 제54조의6 및 '철도건널목 개량촉진법' 제7조에 도로와 철도의 교차는 특별한 사유가 없는 한 입체교차로 하여야 한다고 규정하고 있으나 다음과 같은 경우에는 평면교차를 고려할 수 있다.

① 해당도로의 교통량이나 해당 철도의 운행횟수가 현저하게 적은 경우
② 지형상 입체교차가 곤란한 경우
③ 입체교차를 함으로써 철도 또는 도로의 효율이 현저하게 떨어지는 경우
④ 해당 교차가 일시적인 경우
⑤ 입체교차에 소요되는 공사비용이 입체교차로 인해 생기는 이익을 훨씬 초과하는 경우

그러나 이들은 어디까지나 예외규정이기 때문에, 교통의 안전과 원활한 소통을 위해서는 신규노선을 계획할 때 철도와 입체교차시키는 것이 원칙이다.

입체교차를 시킬 때는 지형, 지질조건에 따른 경제성, 시공성 및 유지관리, 경관, 환경 등도 마찬가지로 고려해야 한다.

7.3.3 중요 구조물의 계획

긴 터널이나 교량, 연약지반 지대 등은 노선선정에 있어서 중요한 통제지점(統制地點, control point)이 되며 건설비에도 큰 영향을 주게 되므로, 비교노선을 검토하는 단계에서부터 현지답사, 지질조사, 지반조사, 항공사진판독 등을 통하여 공사의 난이도를 파악하고 개략적인 공사비를 산출해 두는 것이 좋다. 또 계획선을 결정하여 사업효과를 파악하는 단계에서는 전체 사업비를 보다 자세히 계산하기 위해서 구조물의 규모나 형식을 구체적으로 결정할 필요가 있다.

(1) 터널

산지부(山地部)에 노선계획을 할 때는 바람직한 선형을 얻기 위해서 터널을 건설해야 할 경우가 많다. 그러나 터널길이가 길면 건설이 어렵고 공사비가 많이 들며, 환기, 조명 및 방재(防災)시설 등을 고려해야 유지관리비도 증가한다.

터널의 위치로는 통과지점의 지질이 좋고 용수나 단층(斷層)이 적은 곳을 선정해야 한다. 이와 같은 지질은 지표면을 답사하거나 보링 등 물리탐사를 통하여 조사한다.

터널의 평면선형은 직선이 바람직하나 선형 전체의 연속곡선의 한 부분인 경우에는 가능한 한 큰 곡선반경으로 한다.

(2) 교량

하천을 횡단하는 긴 교량은 건설비가 많이 소요될 뿐만 아니라, 가능한 한 하천과 직각으로 건설해야 하고, 수위면(水位面)과 교량 하단 사이의 소요여격(所要餘隔, clearance)를 확보해야 하기 때문에 노선선정상 중요한 통제지점의 하나가 된다.

교량위치를 선정할 때는 지형, 지질, 양쪽 도로의 통제지점, 지역주민의 입장에서 본 사회적 요인 등을 종합적으로 판단하여 결정할 필요가 있다. 지형적으로는 하천의 만곡부(彎曲部), 분류·합류지점 등은 흐름이 불안정하므로 교량위치로는 적합하지 않다. 또 지반의 지내력(地耐力) 등을 알아야 하므로 현장답사나 각종 토질시험이 필요할 때도 있다. 경우에 따라서는 보링 등을 통해 지형 및 지질도를 작성한다. 이 지형·지질조건과 하천의 정비계획을 참조하여 스팬(span)의 길이가 결정되며, 이에 따라 상부구조 형식이 결정되고 또 대략적인 건설비가 산정된다.

7.4 노선대안의 평가

노선계획과정에서 여러 가지 대안이 검토되고 평가되지만 그 평가방법은 일정하지가 않다. 계획의 규모가 작거나 누가 보아도 결과가 분명할 경우에는 특별한 대안을 검토하지 않고 바로 다음 단계로 넘어갈 수도 있지만, 도로의 규모가 크고 몇 개의 대안을 고려할 때는 사업을 하지 않는 경우(Do Nothing)도 포함하여 대안들 간의 장단점을 비교·평가해야 한다.

간선국도에 대한 도로계획을 할 경우 일반적으로 1/10,000~1/50,000 축적의 지형도를 사용하여 개략노선을 검토할 때, 토지이용도나 항공사진에 통제지점을 표시하여 몇 개의 후보노선을 선정하지만 이 단계에서는 정확한 비교·검토를 하기보다는 거시적인 판단에서 오류를 범하지 않도록 하는 것이 더욱 중요하다.

후보노선이 2~3개로 압축되어 최적안을 선정하는 단계(1/2,500~1/5,000 지형도 이용)는 최종적인 노선결정 단계로서, 도로의 건설로 인한 광범위한 긍정적인 효과와 부정적인 효과를 빠뜨리지 말고 종합적으로 평가해야 한다.

도로건설로 인해 영향을 받는 그룹은 도로를 직접 사용하는 이용자와 도로로 인해 간접적으로 혜택을 받는 사람, 그리고 소음, 배기가스, 환경훼손 등으로 인해 피해를 받는 인근 주민이 있다.

7.4.1 노선대안의 평가기준

노선계획 시 통상적으로 사용되는 평가항목은 [표 7.5]에 잘 나타나 있다. 초기 건설비용은 가장 중요한 항목으로서 용지매수, 시설철거, 주택 및 사업이전비용(보상을 위한 비용 포함)과 그 시설의 건설비용이 포함된다. 건설하는 동안에 특별히 발생하는 비용은 공사기간 동안에 인접지(隣接地)의

[표 7.5] 도로 위치선정의 기준

기준	영향을 주는 요소
건설비용	• 기능별 분류 및 설계형태 • 지형 및 토질조건 • 토지이용현황
사용자 비용	• 교통량 • 설계형태(경사지점, 교차로 등) • 운행조건(속도, 교통통제설비 등)
환경적 영향	• 도로시설과 영향권과의 거리 • 영향감소시설의 효과
사회적 영향	• 근린지구의 고립화 및 분할 • 설계의 미관 • 바람직한 개발형태의 촉진
이익집단의 입장	• 정부기관 • 개인회사 • 근린집단 및 일반대중

사업을 방해하는 데 따르는 보상이다. 대안노선마다 경사, 곡선 또는 노선길이가 다르므로 노선별 초기 건설비용은 현저한 차이가 난다. 통상 선형을 직선화하고 경사를 낮게 하면 건설비용이 더 든다. 이때의 추가비용은 그에 따라 감소되는 운행비용보다 적어야 타당성을 갖는다.

교통시설의 위치에 따른 이용자 수의 변화는 그 시설의 종류에 따라 크게 차이가 난다. 예를 들어 비행장이나 지방부 고속도로와 같은 시설은 그 위치에 따라 이용자의 수가 크게 달라지지 않는다. 그러나 도시부의 고속도로 또는 버스노선은 그 위치나 접근지점의 위치에 따라 이용자 수가 크게 변할 수 있다. 후자의 경우에는 다른 대안의 이용자를 포함한 전체 이용자를 대상으로 평가해야 한다. 다시 말하면 이용자의 어떤 그룹은 특정대안만을 이용하지만 다른 대안을 평가할 때 함께 포함되어야 한다. 즉 영향을 받는 모든 그룹이 분석대상이 되어야만 사용자 비용을 정확하게 구할 수 있다.

근래에 와서 교통시설이 환경에 미치는 영향은 갈수록 중요시되고 있다. 그 이유는 환경에 대한 사회적 인식의 변화와 교통시설이 환경에 미치는 부정적인 영향들이 연구에 의해서 밝혀지고 있기 때문이다. 조류(鳥類)의 서식처(棲息處)와 공원과 같은 지역을 피하기 위하여 노선의 위치를 바꾸면 환경의 영향은 아주 달리 나타난다. 또 설계가 달라짐에 따라 환경에의 영향도 크게 달라진다. 예를 들어 평탄한 고속도로와 방음벽을 설치한 움푹 들어간 고속도로의 소음효과는 큰 차이가 있다.

교통시설이 사람의 활동에 미치는 영향은 미묘하고 계량화하기 어렵지만 대단히 중요하다. 특히 새로운 시설이 바람직한 방향으로 토지개발을 유도하거나 또 그 반대의 경우도 있다. 예를 들어 고속도로는 주거지역과 상업지역을 분리시킬 목적으로 사용될 수 있으며, 반면에 만약 그 도로가 주거지역을 가로지른다면 그 주거지역은 쇠퇴하게 될 것이다. 그러나 그 시설을 쇠퇴된 지역이나 방치된 구조물을 통과하도록 위치시킴으로써 도시 재개발의 수단으로 사용될 수도 있다. 새로운 시설을 업무지역이나 위락시설 등 교통발생지에 근접시킴으로써 지역 간의 접근성을 높여 그 시설이 통과하는 여타 지역의 발전을 도울 수 있다.

교통시설의 효과가 어떻게 될 것인가에 관해서 그 시설의 영향권에 있는 사람들 또는 이해집단이 가지고 있는 생각이 위치결정에 영향을 미칠 수 있다. 그러나 현재는 시설을 계획하고 건설하는 부서에서 일방적으로 그 위치를 결정하고 필요한 용지를 소유주와 협의 또는 토지수용권(土地收用權)을 발동하여 적정한 가격으로 구입하고 있다.

7.4.2 비교대안 수립

노선계획은 각 단계에서 검토·평가를 하지만 최종적으로는 2~3개 대안에 대해서 상당히 상세한 종합평가를 하는 것이 보통이다.

후보노선을 설정할 때는 대개 다음과 같은 단계를 밟는다.

(1) 해당지역의 현황파악과 장래예측

대상구간의 현재도로상황, 토지이용현황, 교통상황 등을 파악하고 지역의 장래, 장래교통량, 교통상황을 예측하여 노선계획을 위한 기초자료를 준비한다.

(2) 기본적인 계획조건 설정

준비된 자료를 이용하여 계획도로가 구비해야 할 조건, 즉 대상구간, 도로의 성격, 긴급성(노선의 필요한 시기) 등을 명확히 한다.

(3) 비교대안 수립조건의 설정

여러 비교대안에 대해 노선설계, 노선평가를 하는 것이 이상적이지만 현실적으로는 예산, 시기, 노력의 제약이 있기 때문에 상세한 비교·평가는 2~3개 노선에 대해서만 하는 경우가 많다. 그러므로 계획을 하는 사람은 경험에 의한 정확한 판단력을 가져야 한다. 이 경우에 자연, 생활환경조건 외에 농업, 지역사회, 토지이용 등과 적합해야 하고, 하천, 철도, 학교, 중요문화재 등의 통제지점을 고려해야 한다.

대안의 하나로서 'Do Nothing' 대안을 반드시 고려해야 한다. 예를 들면 우회도로나 도로확장과 같은 도로개량계획을 하지 않을 경우에는 교통혼잡이나 환경손상과 같은 부정적 효과가 생기며, 이 것과 도로개선을 했을 때의 영향을 비교할 수 있다. 또 경우에 따라서는 'Do Nothing' 대안이 최적 안으로 선정될 수도 있기 때문이다.

7.4.3 평가방법

노선계획을 평가할 때는 계획의 목적과 계획이 영향을 미칠 범위를 고려하여 평가항목을 선정하고, 각 항목별 영향을 파악·예측하여, 각기 단위가 다른 각 항목의 영향을 종합하여 결론을 낸다. 평가기법에는 여러 가지가 있으나 그 차이는 단위가 다른 항목별 영향을 종합하는 방법에 있다.

(1) 정성적 기술법

정성적 기술법(定性的 記述法)은 미국의 국가환경정책법(NEPA)에 의거해서 작성하게 되어 있는 환경영향평가보고서(EIS)가 대표적인 것으로, 환경에 미치는 영향을 서술식으로 기술하는 방법이다.

(2) Matrix 방법

많은 평가항목 중에서 사업으로 인한 영향이 특히 중요하다고 판단되는 항목을 선택하여 각 항목에 대한 영향을 정량화(定量化)하는 방법이다. 이 방법은 각 평가항목을 개별적으로 평가하기 때문에 정량화가 되었다 하더라도 평가항목 간의 비교나 합계치는 의미가 없고 각 항목의 평가치를 직관(直觀)에 따라 종합하여 비교한다.

(3) 무차원화 기법

이 방법은 평가단위가 다른 여러 가지 비교 대상 항목 간의 단위를 통일하기 위해 무차원화(無次元化)하여 각 항목에 가중치를 두어 종합하는 방법이다.

(4) 금액화 기법

금액화(金額化) 기법은 도로계획의 영향이나 효과를 돈의 가치로 나타내는 방법으로서, 도로의 개선으로 인한 시간단축 때문에 생기는 비용의 감소 등 편익을 계산하여 비용 – 편익비로 나타내는 방법이다.

2차 또는 3차적인 파급효과의 예측은 지역경제 Model을 사용하여 효과를 예측하는 방법이 개발되어 있다.

경제적인 항목 이외의 평가항목은, 예를 들어 환경에 주는 영향의 경우, 그 대책비용으로 평가할 수 있지만 대부분의 항목은 정확하게 평가하기가 어렵다. 이와 같은 각 평가방법들의 장단점이 있으므로, 일반적으로 널리 이용되고 있는 방법은 각 평가항목별로 정량화(定量化)할 수 있는 것은 수치로 나타내고, 그렇지 못한 것은 서술식으로 정리하여 일목요연하게 일람표로 만들어 종합·판단한다. 그러나 규모가 큰 계획일수록 종합·판단이 어렵기 때문에 되도록 정량화할 필요가 있다.

7.5 도로설계 및 기준

설계과정은 교통계획과 노선계획에서 나온 결과를 도로의 기하구조에 구체적으로 적용시키는 과정을 말한다. 이때 문제점이 생기면 그 이전 단계의 결과를 조정할 수 있다. 그러므로 교통계획 – 노선계획 – 실시설계는 순환과정으로서 최종계획이 확정될 때까지 서로 연관성을 갖는다.

도로의 기하설계란 눈에 보이는 도로구조를 설계하는 것으로서 지형과 토지이용계획 및 도로이용자의 요구에 부응하게끔 해야 한다. 이는 횡단면, 곡선, 시거 및 통과높이(clearance)와 같은 차도부분을 위주로 하기 때문에 교통류 특성과 직접적인 연관을 갖는다.

옛날에는 각 도로의 기하구조가 도로부지의 면적이 지형적인 제약 및 경제적 타당성에 좌우되었다. 즉 설계기준은 도로의 중요성이나 지형 및 가용예산을 고려하여 수립되었다. 그러나 교통시설이란 교통운영에 결정적인 영향을 미치므로 오늘날에 와서는 무엇보다도 교통상황에 맞는 도로건설에 주안점을 두고 있다. 그러므로 교통시설의 기하설계를 가리켜 교통설계(交通設計)라고 일컫기도 한다. 교통설계에서 도로의 위치선정(位置選定, location)과 구조설계(design)는 통과교통과 국지교통의 많고 적음뿐만 아니라 장차 그 도로가 도로망 내의 다른 교통시설이나 그 지역사회에 미치는 영향들을 크게 고려하여 이루어진다.

도로의 기하설계에 영향을 미치는 요소는 이 밖에도 많이 있다. 운전자나 차량의 능력 및 제약조건은 특히 중요하다. 또 누가 도로를 이용하며 얼마나 빈번하게 이용하느냐 하는 것도 매우 중요한 사항이므로 교통의 구성과 교통량 및 속도 등이 중요한 의미를 갖는다. 안전하고 효율적이며 경제적인 교통운영을 달성하기 위해서는 도로시설의 기하구조가 교통운영상황(traffic performance)이나 교통수요와 밀접한 관련을 맺어야 한다.

기하설계에 대한 오늘날의 개념은 많은 경험이나 연구를 통하여 잘 표출되고 있다. 현재 우리나라의 설계기준은 '도로의 구조·시설 기준에 관한 규칙'에 규정되어 있으며, 실무에서는 참고문헌 (2)~(6) 등을 많이 이용하고 있다. 여러 교통관련부서는 설계실무에서 표준화된 기준이 필요하며 그렇게 함으로써 도로설계는 일관성을 유지할 수 있다.

7.5.1 설계기준

도로는 이동성, 편의성, 운영의 경제성 및 안전성을 제공하고 바람직한 토지이용을 촉진할 수 있도록 설계되어야 한다. 설계수준이 높은 도로는 이와 같은 목적을 달성할 수 있으나 수준이 낮은 도로는 이들의 목적을 모두 충족시키지 못한다. 따라서 설계수준이 높으면 고급도로로서 건설비용이 많이 들므로 이러한 대규모 투자가 정당화되기 위해서는 도로의 목적달성으로 얻어지는 이득이 투자액보다 커야 한다.

도로의 노선계획이나 설계는 지형이나 주위의 구조물 또는 주위의 토지이용 등 환경적인 요인에 의해 영향을 받을 뿐만 아니라 교통량 및 교통구성, 설계차량, 설계속도, 운전자나 보행자 특성 등과 같은 교통조건에 의한 영향을 받으며, 건설하고자 하는 도로의 설계 서비스수준이나 출입제한 여부에 따라서도 영향을 받는다. 이처럼 설계에 영향을 미치며 설계의 기준이 되는 요소를 설계기준(design criteria)이라 한다.

설계의 기준이 되는 이들 요소는 각각의 항목별로 정식으로 설계계획서 내에 자세히 언급되어야 하며, 이 항목에는 현재의 AADT, 목표연도의 AADT, 목표연도의 K계수, 방향별 교통량분포(D계수), 대형차량의 구성비(T계수), 설계속도, 설계 서비스수준 등이 있으며, 근래에 와서는 여기에 추가하여 출입제한의 정도(완전 혹은 부분 출입제한 등)와 설계차량도 지정하고 있다.

이와 같이 결정된 설계기준에 따른 기하구조상의 구체적인 값, 예를 들어 산지부 간선도로의 설계기준속도, 즉 설계속도가 80 kph로 결정되었다면, 이에 적합한 최소곡선반경 및 최대 편경사의 값을 설계표준(設計標準, design standard)이라 한다. 그러나 우리나라에서는 설계기준과 설계표준을 구분하지 않고 모두 설계기준으로 사용하므로 구체적인 표현에 제약을 받고 있다.

7.5.2 설계시간교통량

장래교통량은 그 도로의 장래 예상되는 서비스수준을 판단하게 하고 새로 건설하거나 개선할 도로의 종류와 기하구조를 결정하는 데 기본적인 자료이다. 지방부의 교통자료는 연평균 일교통량, 필요한 지점의 시간별 교통량 및 종류별, 중량별 차량의 분포이며, 도시부에서는 이와 비슷하나 교통량이 많기 때문에 더욱 종합적이어야 한다.

교통량 자료는 사용목적에 따라 그 종류가 달라진다. 앞에서도 언급한 바와 같이 계획교통량은 그 노선의 계획목표연도에서 예측되는 일(日)교통량으로서, 일반적으로 AADT로 나타낸다. 그러나 도로설계의 기초가 되는 교통량 자료는 시간당으로 나타내는 설계시간교통량(設計時間交通量)이다.

AADT가 차량분류 조사나 투자개선계획 및 도로구조물 설계에는 대단히 중요한 자료일지 모르나 도로의 기하설계에 사용되지는 않는다. 왜냐하면 AADT 그 자체로는 하루 중의 교통량 변화패턴, 특히 첨두특성을 나타내지 못하기 때문이다. 그러므로 하루보다 짧은 시간대(통상 한 시간)의 교통량이 설계의 기초가 된다. 그러나 요즈음에는 도시부도로의 설계에서는 한 시간보다 짧은 시간대의 교통량을 사용하는 것이 더욱 바람직하다고 알려지고 있다.

1 30 HV

계획, 설계 및 운영목적을 위해서 사용되는 시간교통량의 크기는 그 교통량으로 얻을 수 있는 서비스수준과 경제적 효율성을 함께 고려하여 결정한다. 다시 말하면 기준이 되는 분석시간교통량을 크게 책정하면 과다설계가 되어 경제적 효율성이 떨어지고, 시간교통량을 낮게 하면 혼잡을 겪는 시간이 많아진다.

기하설계를 위한 설계교통량으로는 첨두시간교통량이 널리 사용된다. 이것은 설계목표연도의 첨두시간 예상교통량으로서 이를 설계시간교통량(設計時間交通量, Design Hourly Volume; DHV)이라고 부른다.

지방부도로에서의 설계시간교통량은 연중(年中) 30번째 높은 시간당 교통량을 기준으로 하며 이를 30 HV라 한다. 1년 365일(8760시간)의 매시간 교통량을 가장 큰 것으로부터 가장 작은 것까지 순서대로 나열한다면 [그림 7.4]에서 보는 바와 같이 큰 교통량은 큰 변동을 보이나 교통량이 작아지면 거의 변동이 없다. 이와 같은 사실은 교통시설을 설계할 때 어떤 시간교통량을 기준으로 하여 설계하면 경제적인 설계가 될 것인가를 판단하는 데 중요한 기준이 된다.

[그림 7.4]에서 30 HV는 곡선의 변곡점(變曲點) 부근에 해당되는 것으로, 이 값을 설계기준으로 한다면 1년을 통해서 29시간은 설계값을 상회하므로 혼잡이 불가피하다. 그러나 이들까지 모두 만족시키기 위한 시설을 하려면 시설규모가 매우 커지기 때문에 경제적 측면에서 본다면 30번째 교통량을 기준으로 하는 것이 타당하다고 알려져 있다.

1년 365일의 매시간 교통량을 측정하여 30 HV를 얻기란 매우 어려운 일이다. 따라서 지방부도로의 경우 매주 주말 최대시간교통량을 구하여 이를 평균한 값을 30 HV로 본다.

도시부도로에서는 매주 평일 최대시간교통량을 52주간 구하여 이를 평균한 것을 30 HV로 본다. 이 평균값은 1년 중 26번째 높은 교통량과 거의 같으며, 또 30번째 교통량과도 설계에 어떤 변화를

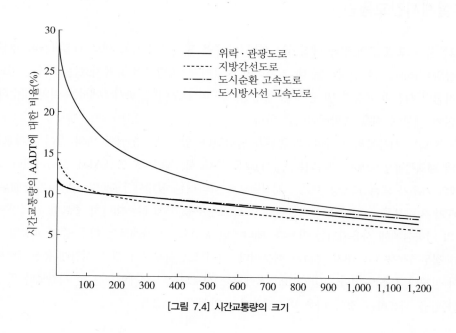

[그림 7.4] 시간교통량의 크기

줄 정도로 큰 차이를 나타내지 않는다.

[그림 7.4]에서 볼 수 있는 바와 같이 교통량의 변동특성은 도로의 종류에 따라 다르다. 특히 계절별 변동이 심한 위락·관광도로는 첨두현상이 매우 심하게 나타나게 되어 30 HV는 매우 큰 값이 된다. 이와 같이 높은 30 HV를 분석시간교통량으로 할 때 경제성이 현저히 상실된다고 판단되면 상황에 따라 80~100번째 시간교통량을 분석시간 교통량으로 해도 좋다.

교통량을 상시 관측하는 도로에서나 앞에서 설명한 바와 같이 매년 주말 혹은 평일의 첨두시간교통량을 구할 수 있는 도로에서는 30번째 시간교통량을 쉽게 추정할 수 있다. 그러나 이와 같이 시간교통량을 알 수 없을 때에는 도로특성이나 교통상황이 유사한 다른 도로의 실측값을 이용하여 설계교통량을 추정할 수밖에 없다.

2 K계수

설계시간교통량은 통상 AADT의 퍼센트인 K값, 즉 설계시간계수(設計時間係數, Design Hour Factor; DHF)로 나타낸다. 일반적으로 이 값은 AADT가 큰 도로에서는 비교적 낮고, 개발밀도가 증가하면 감소하며, 위락·관광도로, 지방부도로, 교외도로, 도시부도로 순으로 점점 작아진다. 다시 말하면 교통량의 시간별 변동이 크면 K값이 커지고, 도로 인접지역의 개발이 활발할수록 K값은 감소한다. K값은 지방부도로에서는 12~18% 범위 사이에 있으며, 도시부도로에서는 5~12% 사이에 있다.

어떤 도로의 정확한 설계시간교통량을 알기 위해서는 될수록 정확한 K값을 찾아내야 한다. 그러기 위해서는 그 도로와 유사한 교통량 변동특성을 가지면서 상시조사나 보정조사를 하는 도로를 찾아 그 값을 사용하는 수밖에 없다. K값은 장기간에 걸쳐 조금씩 변한다고 알려져 있으나 이에 관해서는 아직 명확하게 연구된 것이 없다.

3 D계수

교통량의 방향별 분포(方向別 分布)는 도로설계에서 대단히 중요하다. 양방향도로에서 하루 동안 통과한 교통량은 각 방향별로 거의 같지만 첨두시간의 교통량은 방향별로 큰 차이를 보이는 경우가 많다.

양방향도로에서 양방향 왕복교통량에 대한(첨두 1시간 단위) 중방향(重方向) 교통량이 차지하는 비율(%)을 D계수라 한다.

교통량의 방향별 분포는 다차로도로를 설계할 때는 특히 중요하다. 즉, 양방향 왕복교통량을 기준으로 설계를 하면 중방향에 대해서는 서비스수준이 아주 낮은 도로가 되고 만다. 그렇다고 예를 들어 중방향은 3차로로 하고 그 반대방향은 2차로로 할 수도 없기 때문에 중방향 교통량을 한 방향의 설계교통량으로 삼는다.

한편 2차로도로에서는 왕복합계 교통량을 기준으로 하기 때문에 이 경우에는 방향별 분포가 문제가 되지 않지만 주요 교차로의 설계, 특히 보조차로의 설치 등을 고려할 때에는 방향별 분포를 알아야만 한다. 따라서 D값은 다차로도로에서만 필요한 것이 아니다.

우리나라의 *D*계수는(첨두시간에 대한) 고속도로가 50~60%, 2차로도로가 55~75%의 범위에 있으며, 도시부도로는 55~65%, 지방부도로는 60~70%의 범위에 있다.

도시부에서의 *D*값이 비교적 작은 까닭은 통근교통 이외의 여러 가지 목적을 가진 교통이 많이 혼합되어 있기 때문이다. 지방부에서의 *D*값은 어떤 특이한 특성을 가진 도로에서는 상당히 높을 수도 있어 정확한 관찰을 요하지만 통상 평균 65%에 가깝다고 생각하면 무난하다.

4 *T*계수

설계목적을 위해서는 차종구성(交通構成)을 알아야 하며, 특히 기하구조설계에서 문제가 되는 것은 대형차(대형트럭 및 버스)이다. 대형차의 구성비는 특히 도로의 교통용량에 큰 영향을 미치므로 어떠한 도로를 설계하는 경우에도 이를 정확하게 파악해야 할 필요가 있다. 다시 말하면 대형차는 더 중량이 크고, 느리며 더 넓은 도로공간을 차지하므로 교통류 내에 대형차량 대수가 많으면 더 큰 교통부하가 걸리며, 따라서 더 많은 도로용량을 필요로 한다. 바꾸어 말하면 실제 기하설계의 기준이 되는 설계시간교통량을 표시할 때 차량대수(vph)로 나타내면 대형차의 구성비가 크고 작음이 설계에 반영되지 않는다. 따라서 설계시간교통량은 대형차를 승용차로 환산한 값(pcu, pcph)으로 나타내어야만 동일한 단위를 갖게 된다.

대형차의 구성비(*T*계수)도 도로의 특성이나 지역에 따라 상당한 변화를 보이는데, 일반적으로 시가지에서는 낮고 지방부에서는 높으며, 또 간선도로의 성격이 클수록 높은 값을 나타낸다. 우리나라의 대형차 구성비는 외국에 비해 매우 높은 경향을 보이며 35~50%의 범위에 있다. 그러나 승용차의 보유대수가 크게 증가하면 이 구성비는 감소하는 경향을 보인다.

구조설계상으로 볼 때 대형차 구성비는 첨두시간의 것만 필요하다. 그러나 관측값은 대부분 교통량조사에서 얻는 24시간 것밖에 없으므로 곤란하다. 그러나 일반적으로 첨두시간의 대형차 구성비는 24시간 구성비보다 작다는 것이 알려져 있다. 계획교통량은 차종별, 통행구성별로 추정되는 것이 보통이므로 장래의 대형차 구성비는 이로부터 비교적 쉽게 추정할 수 있다.

설계목표연도의 AADT 추정값, 설계시간교통량, 방향별 분포 및 차종구성 등에 관한 자료는 교통계획단계에서 수행하는 통행조사로부터 얻어지며, 이러한 자료는 도로설계에서 없어서는 안 될 기본적인 것이다.

5 첨두시간계수(PHF)

도시부도로에서는 첨두시간 내의 첨두교통류율을 설계기준으로 삼는다. 통상 첨두교통유율은 첨두시간의 시간당 평균교통류율보다 크다. 이와 같은 첨두현상은 도시의 크기에 따라 다르다. 예를 들어 인구 100만의 도시에서 첨두15분 교통류율은 첨두시간의 평균 15분 교통류율보다 약 10% 정도 크다. 이 퍼센트는 도시의 크기가 클수록 작아진다. 그러므로 도시부도로설계에는 첨두시간 내에 일어나는 첨두15분 교통량을 처리하기 위해서는 이를 4배 한 첨두시간교통량을 사용한다. 첨두시간교통량과 첨두15분 교통량을 4배 한 값의 비를 첨두시간계수라 하며, 3장에서 자세히 설명한 바 있다.

미국의 경우는 지방부도로에서 첨두 5분 교통량을 사용하며, 신호교차로의 경우는 우리나라와 같이 첨두15분 교통량을 사용한다.

첨두시간 설계교통량은 AADT 및 앞에서 설명한 K계수와 D계수를 이용하여 다음 식으로부터 얻을 수 있다.

$$PDDHV = AADT \times K \times D/PHF \tag{7.1}$$

여기서 PDDHV = 첨두시간 설계교통량(대/시)
 AADT = 연평균 일교통량(대/일, 양방향)
 K = 첨두시간교통량(30 HV)의 $AADT$에 대한 비율
 D = 첨두시간 중방향 교통량의 양방향 교통량에 대한 비율

예제 7.2 앞의 예제에서 이 도로구간의 AADT는 36,630이었다. 또 이 도로구간과 유사한 교통패턴을 갖는 어느 상시조사지점의 자료로부터 K값(30 HV/AADT)이 14%이고 PHF가 0.95임을 알았다. 조사지점에서의 중방향 교통량비율(D계수)과 대형차 구성비(T계수)가 각각 60%와 15%로 관측되었을 때 (1) 이 도로구간의 첨두시간 설계교통량을 구하라. (2) 대형차의 승용차환산계수(pce)가 1.8이라 가정할 때 이 첨두시간 설계교통량을 승용차 단위로 나타내라.

풀이 (1) 식 (7.1)에서 PDDHV = $36,630 \times 0.14 \times 0.6/0.95 = 3,239$ vph

(2) $f_{HV} = 1/[1 + 0.15(1.8 - 1)] = 0.893$

PDDHV = $3,239/0.893 = 3,627$ pcph

또는 $3,239 \times 0.15 \times 1.8 + 3,239 \times 0.85 = 3,627$ pcph ■

예제 7.3 이 도로의 설계 서비스수준이 D이고, 이때의 서비스교통량이 1,340 vph이라면 몇 차로의 도로를 건설해야 하는가?

풀이 $N = 3,239/1,340 = 2.4 \rightarrow$ 3차로(한 방향)

따라서 양방향 6차로가 필요하다. ■

7.5.3 설계차량

차량의 물리적인 특성과 크기가 다른 각종 차량의 구성비는 도로설계의 중요한 영향요인이다. 그러므로 모든 차량의 종류를 파악하고 분류하여 각 부류별로 대표적인 차량크기를 결정하여 설계에 이용할 필요가 있다. 설계차량이란 이와 같이 대표적으로 선정된 차량으로서 그것의 중량, 크기 및 운행특성은 그 부류의 차량에 적합한 도로를 설계하는 데 이용되는 영향요인이다. 설계차량은 중량과 크기 외에 그 부류의 모든 차량보다도 큰 최소회전반경을 갖는다. 고속도로는 거의 모든 부류의 설계차량에 적합하도록 설계하여야 한다. 그러나 곡선반경이 작은 교차로와 연석이 있는 노폭이 좁은 도시도로에서는 어떤 차량이 설계에 영향을 미치는지를 잘 판단해야 한다.

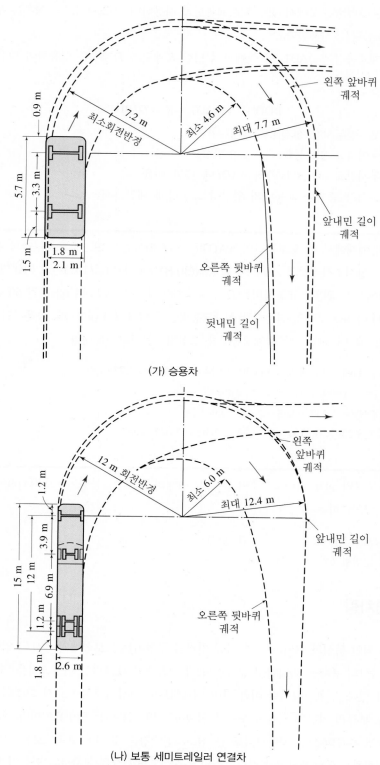

(가) 승용차

(나) 보통 세미트레일러 연결차

[그림 7.5] 승용차, 보통 세미트레일러 연결차의 최소회전궤적(미국)

자료: 참고문헌(3)

소요 차로수를 결정하는 데는 차량을 승용차와 트럭의 두 가지 부류로 나누면 충분하지만 도로의 세부설계를 위해서는 더욱 자세한 차량 특성을 알 필요가 있다. 차량의 폭은 차로폭을 결정하고, 차량길이는 곡선반경 및 확폭에 영향을 미치며 차량높이는 지하차도와 같은 입체분리구조물(立體分離構造物, grade separation structure)의 통과높이(clearance)에 영향을 미친다.

AASHTO는 차량을 승용차, 트럭, 버스, 보통 세미트레일러 연결차 및 풀 트레일러 연결차 등 여섯 가지 부류로 구분하고, 각 부류의 대표적인 설계차량을 정하여 이들에 대한 축간(軸間)거리, 길이, 폭, 높이, 앞내민 길이, 최소회전궤적을 결정했다. 우리나라는 차량을 소형자동차, 중·대형자동차, 세미트레일러 연결차로 구분하고 각 설계차량의 길이, 폭, 높이, 축거, 앞내민 길이, 뒷내민 길이, 최소회전반경을 정했다([표 7.6]).

[그림 7.5]는 최소회전궤적을 구체적인 그림으로 나타낸 것이며 이를 템플레이트(template)로 만들어 설계에 사용하면 매우 실용적이다.

[표 7.6] 설계기준차량

제원(단위: m) 자동차종별	길이	폭	높이	축거	앞내민 길이	뒷내민 길이	최소회전 반경
소형자동차	4.7	1.7	2.0	2.7	0.8	1.2	6.0
중·대형자동차	13.0	2.5	4.0	6.5	2.5	4.0	12.0
세미트레일러 연결차	16.7	2.5	4.0	앞축거 4.2 뒷축거 9.0	1.3	2.2	12.0

주: 위 표에서 사용하는 용어의 정의는 다음과 같음
　① 축거: 앞바퀴축의 중심으로부터 뒷바퀴축의 중심까지의 거리
　② 앞내민 길이: 차의 전면으로부터 앞바퀴축의 중심까지의 거리
　③ 뒷내민 길이: 뒷바퀴축의 중심으로부터 차의 후면까지의 거리
자료: 참고문헌(11)

7.5.4 설계속도

속도는 도로이용자가 노선이나 교통수단을 선택하는 데 있어서 가장 중요한 요소일 뿐만 아니라 도로설계에서도 아주 중요하다. 설계속도란 어떤 특정구간에서 모든 조건이 만족스럽고 속도가 단지 그 도로의 물리적 조건에 의해서만 좌우되는 최대안전속도를 말한다. 그러므로 설계속도가 정해지면 수평 및 종단선형, 시거, 편경사, 갓길 및 차로폭, 건축여유폭 등 설계요소는 이 속도에 맞추어 설계된다. 이들 설계속도의 허용 한계값은 자유류 상태의 교통량과 예상되는 도로조건에서 충분히 안전성을 가질 수 있도록 하는 값이다.

설계속도의 선택은 주로 도로의 기능에 기초를 둔다. 예를 들어 지역 간의 많은 교통을 처리해야 하는 지방부의 어느 도로라면 국지교통을 처리하는 도시간선도로보다 높은 설계속도를 가져야 할 것이다. 또 설계속도의 선택은 평균통행길이를 고려해야 하며 긴 통행을 처리하는 도로는 높은 설계속도를 가진다. 설계에서 포함되는 모든 요소는 그 설계속도에 맞추어 일관성을 유지하면서 서로 균형을 맞추어야 한다. 운전자는 도로와 교통의 특성에 맞추어 그들의 속도를 선택하는 것이지 그

도로의 등급이나 기능에 따라 속도를 선택하는 것이 아니다.

설계속도는 통상 10 kph의 배수로 나타낸다. 설계속도는 최저설계기준을 수립하기 위해서 사용된다는 사실이 중요하다. 설계속도에 적합한 최소설계기준보다 높은 기준을 사용하는 경우는, 이로 말미암은 추가비용 부담이 없을 때에 한한다.

상당히 긴 도로구간을 설계할 때는 일관성 있는 설계속도를 갖도록 하는 것이 무엇보다 중요하다. 한 도로상에서 설계속도가 바뀌는 경우는 지형이나 물리적인 조건이 큰 변화를 보일 때이다. 이때의 속도변화는 긴 구간에 걸쳐서 점진적으로 이루어지게 하여 설계속도 변화지점에 이르기 전에 운전자로 하여금 운행속도를 안전하게 조정할 수 있도록 해야 한다.

구릉지나 산지와 같은 전반적으로 설계속도가 낮은 도로에서 직선구간이나 완만한 곡선구간이 많이 있거나 이런 구간이 길면 운전자는 속도를 높이는 경향이 있으므로 이러한 구간은 설계속도를 운전자의 성향에 맞게 높여서 건설하는 것이 안전하다.

교통과 도로조건이 운전자가 속도를 마음대로 선택할 수 있을 정도라면 그 속도의 변화범위는 대단히 넓다. 설계속도는 이러한 속도분포를 많이 수용할 수 있는 값이면 좋다. 다시 말하면 교통량이 적고, 조건이 허락한다면 설계속도보다 높은 속도로 달리는 운전자가 어느 정도는 있다는 사실을 인정해야 한다. 최저설계속도를 설계기준으로 사용한다면 교통량이 적을 때는 속도제한을 해야 한다. 바람직한 설계속도는 다음과 같은 조건을 가지며, 최저설계속도는 [표 7.7]에 나타나 있다. 따라서 안전성이 보장되고 건설비용이 허락하면 표에 나타난 최저값보다는 높은 설계속도를 사용하도록 해야 한다.

① 도시고속도로의 설계속도는 비첨두시간의 바람직한 안전주행속도를 반영해야 하나 건설비, 용지매입비 및 사회경제비용의 한계를 넘어서는 안 된다. 왜냐하면 많은 차량이 높은 설계속도를 필요로 하지 않는 첨두시간에 통과하기 때문이다. 설계속도는 80 kph보다 낮아서는 안되며, 최저설계속도 80 kph를 사용한다면 속도표지를 적절히 설치하고 비첨두시간에 속도단속을 해야 한다. 특히 교외의 고속도로는 여기서 조금만 비용을 더 추가하면 100 kph 이상의 설계속도를 가진 도로를 만들 수 있다. 직선구간이 길고 인터체인지의 위치나 조건이 좋으면 110 kph의 설계속도가 바람직하다.

② 지방부 고속도로의 설계속도는 120 kph가 좋으나 구릉지의 경우 운전자의 속도선택 성향에

[표 7.7] 도로종류별 최저설계속도

도로 구분		최저설계속도(kph)		
		지방지역		도시지역
		평지	산지	
고속도로		120	100	100
일반도로	주간선도로	80	60	80
	보조간선도로	70	50	60
	집산도로	60	40	50
	국지도로	50	40	40

일치한다면 80~120 kph도 사용가능하다.

③ 도시간선도로의 설계속도는 일반적으로 60~100 kph 범위 내에 있으며 경우에 따라서는 50 kph 정도로 낮을 수도 있다. 60 kph 이하의 설계속도는 이미 개발된 지역이나 교외지역이라 하더라도 어떤 제약을 받는 도로에 적용된다. 특별히 80 kph 이상의 설계속도는 지방부 조건과 유사한 교외도로에 적절하다.

④ 지방부 간선도로의 설계속도는 50~100 kph 범위에 있으며 평지부는 70~100 kph, 산지부는 50~100 kph를 적용한다.

⑤ 도시 집산도로의 최저설계속도는 50 kph이나 가용한 도로용지, 지형, 주변의 토지개발 정도에 따라 달라진다. 짧은 교차로 간의 거리는 차량의 운행속도에 제약을 가하므로 높은 설계속도는 필요가 없다. 그러나 지정된 값보다 높은 설계속도에 걸맞은 긴 시거와 곡선반경을 확보할 수 있다면 안전하고 타당한 수준까지 설계속도를 높여도 좋다.

⑥ 지방부 집산도로의 경우 60 kph 이하의 낮은 설계속도는 구릉지나 산지부의 곡선구간에 사용하고 평지부 직선구간에는 80 kph를 적용한다. 이들의 중간 범위는 지형이나 환경조건이 이들의 중간 정도에 해당될 때 사용한다.

도시의 국지도로에서는 도시 집산도로에서와 같은 이유로 설계속도에 대한 개념이 거의 없다. 그러나 설계의 일관성을 위해서 30~50 kph의 설계속도가 사용되나 가용한 도로용지, 지형 및 인근지역의 개발 정도에 좌우된다. 주거지역에서 50 kph 이상의 설계속도는 긴 시거와 곡선반경을 필요로 하지만, 이는 국지도로의 기본 기능에 적합하지 않다.

⑦ 지방부 국지도로의 경우 구릉지와 산지부의 꾸불꾸불한 길은 낮은 설계속도, 평지의 직선구간에는 높은 설계속도를 사용하며, 그 중간값은 지형이 이들의 중간 정도에 해당될 때 사용한다.

[표 7.8]은 우리나라에서 사용되는 일반적인 설계구간의 표준길이와 설계내용의 변화 없이 설계속도만을 줄이는 최소구간 길이를 나타낸 것이다.

설계구간이란 도로의 종류나 설계속도가 같으며, 같은 설계기준이 적용되는 구간을 말한다. 도로의 종류에 따른 구간은 비교적 명확하고 길이도 어느 정도 길지만, 설계속도에 따라 구분되는 구간은 경우에 따라 매우 짧을 수도 있다.

노선의 기하구조는 가능한 한 연속적인 것이 바람직하므로 설계구간을 설정할 때 그 길이나 변경점을 신중히 고려해야 한다.

설계속도를 변경할 때는 그 지역이 도시부인가 지방부인가, 평지부인가 산지부인가를 고려하고

[표 7.8] 지방부도로의 설계구간 길이

도로의 구분	표준설계구간 길이	부득이한 경우 설계속도만 줄이는 최소구간 길이
고속도로, 지방부 간선도로	20~30 km	5 km
지방부 기타도로	10~15 km	2 km
도시부 일반도로	주요 교차로 간격	

교통량, 인터체인지나 교차로 등 운전자가 시각적으로 판단하기 쉬운 장소에서 변경되도록 하는 것이 바람직하다.

7.5.5 용량 및 서비스수준

용량은 교통계획에서 도로의 필요성을 평가하는 데 사용되며, 교통운영분석과 또 하나의 설계 영향요인으로서 도로설계에도 사용된다.

설계교통량은 계획연도에 그 도로를 이용할 것이라고 예측하는 교통량이며, 설계용량은 설계교통량이 그 도로를 이용할 때 정해진 서비스수준(설계 서비스수준)에 도달하도록 설계된 도로가 통과시킬 수 있는 최대 가능교통량을 말한다.

도로의 운영상태, 즉 서비스수준은 교통조건인 교통량 및 교통구성에 따라 크게 달라지며 같은 조건하에서는 도로조건, 즉 차로수, 차로폭, 경사 등에 따라 변한다. 따라서 주어진 설계교통량에 대해서 주어진 서비스수준을 나타내기 위해서는 적절한 용량을 갖도록 설계해야 한다. 그러기 위해서는 설계 서비스수준이 정해져야 설계용량을 계산할 수 있고 이에 따라 도로조건을 설계할 수 있다.

도로의 서비스수준은 혼잡도를 나타내며 도로이용자의 관점에서 볼 때 혼잡도를 가장 잘 나타낼 수 있는 지표는 통행속도이다. 이 속도는 어느 구간을 주행하는 차량들의 평균통행속도(平均通行速度, average travel speed)로서 쉽게 측정 및 계산된다. 교차로에서와 같은 단속교통류에서는 대기시간이 혼잡도의 기준이 된다.

도로의 운영상태를 서비스수준 A에서 F까지 등급을 매겨 평가한 것은 미국의 도로용량편람(Highway Capacity Manual)이 처음으로 시도한 것이며 오늘날에 와서 이 방법이 널리 사용되고 있다.

각 서비스수준을 나타내는 지표는 앞에서 말한 대로 밀도 또는 운행속도나 평균통행속도, 또는 교통량 대 용량의 비(v/c비)로 나타내며 교차로의 경우는 평균정지지체시간 등으로 나타낸다. 각 교통시설별로 서비스수준을 측정하는 효과척도(效果尺度, Measures of Effectiveness; MOE)와 이들 MOE값에 해당되는 서비스수준은 6장에서 설명한 바 있다.

도로의 종류와 위치에 따른 적절한 설계 서비스수준은 [표 7.9]에 나와 있다.

설계교통량이 도로를 이용할 때, 설계 서비스수준에 도달하기 위한 이 시설의 용량을 설계용량(設計容量, design capacity)이라고 하며, 그 설계교통량을 이 서비스수준에서의 서비스교통량(service volume)이라고 한다.

[표 7.9] 설계 서비스수준의 기준

구분	지방부	도시부
자동차 전용도로	C	D
일반도로	D	D

[표 7.10] 설계 서비스수준에 따른 MOE의 설계이용 방법

시설	MOE 사용방법	근거	주요 설계요소
고속도로			
도로구간	v/c비와 설계교통량으로부터	설계용량계산	차로수
위빙구간	평균 통행속도로부터	표에서*	차로수, 길이
램프구간	설계교통량으로부터	표에서*	설계속도
다차로도로	v/c비와 설계교통량으로부터	설계용량계산	차로수

* 사용되는 표는 우리나라 HCM에 있는 표를 말함

[표 7.11] 도시간선도로의 서비스교통량

도로 종류	서비스수준 D에서의 서비스교통량(차로당 pcph)
• 횡단교통 및 노변마찰이 적은 도시외곽 주간선도로	900~1,100
• 횡단교통 및 노변마찰이 많은 도시외곽 주간선도로	800~1,000
• 신호등 간격이 1.5 km 이상 떨어져 있고 주차금지 된 도시 내 주간선도로	700~900
• 신호등 간격이 1.5 km 이내이며 주차금지 된 도시 내 주간선도로	가장 혼잡한 교차로의 용량에 좌우

자료: 참고문헌(6)

결론적으로 시설의 규격을 결정하기 위해서는 설계교통량과 설계 서비스수준을 사용하여 설계용량 등 설계에 직접 영향을 미치는 값을 계산해야 한다. 예를 들어 어떤 설계 서비스수준이 주어졌을 때 이에 해당하는 평균통행속도만을 가지고는 설계를 할 수가 없다. [표 7.10]은 어떤 설계 서비스수준이 주어졌을 때 거기에 따른 MOE값과 설계교통량을 사용하여 주요 설계요소를 설계하는 방법을 간단히 요약한 것이다. 이 표에 언급되지 않은 도시간선도로의 설계 서비스수준과 설계교통량 및 설계요소와의 관계는 대단히 복잡하여 서비스수준 분석으로도 해결되지 않으므로 생략을 하고 참고문헌 (3)을 참고하는 것이 좋다. 그러나 도시간선도로의 경우 MOE를 v/c비로 나타냈을 때 서비스교통량을 [표 7.11]과 같이 사용하여 차로수를 구한다.

7.6 설계요소

[표 7.12]는 도시부에서 여러 가지 도로종류에 따른 최소설계기준 또는 표준을 종합한 것이다. 이 표준은 최소치이기 때문에 가능한 한 이보다 높은 수준의 값을 택할 필요가 있음에 유의해야 한다. 다음에 언급되는 사항은 설계에 적용되는 일반적인 원칙과 이에 따른 설계표준과의 관계를 설명한다.

[표 7.12] 최소설계표준

설계요소	고속 또는 준고속도로	간선도로	집산도로		국지도로	
			주거지역	기타	주거지역	기타
차로수	4 이상	4~6	2	4	2	2~4
차로폭(m)	3.5	3~3.5	3~3.3	3.3	2.7~3.3	3.3
도로변주차로 폭(m)	3	3	2.1~2.4	3	2.1~2.4	3
노변지역 폭(m)	4.8	3.6	3	2.4	1.5~3	2.4
중앙분리대 폭(m)	6	4.2~6	–	4.2~6	–	–
도로부지 폭(m)	36 이상	24~39	18	24	15~18	18~21
설계속도(kph)	80~120	50~100	50	50~65	40	40~50
정지시거(m)	165	105	60	75	48	60
곡선반경(m)	225	150	80	80	–	–
경사(%)	3	4	8	8	12	12

자료: 참고문헌(2), p.23

7.6.1 시거

차량을 안전하게 운행하기 위해서는 항상 적당한 거리 앞을 바라볼 수 있어야만 필요한 정보를 미리 검지(檢知)하여 적절한 행동을 취할 수 있다. 안전운행을 위해서는 진행경로상의 위험요소를 발견하고 급정차하는 데 필요한 최소거리보다 항상 더 멀리 볼 수 있어야 한다. 그러나 효율적인 운행을 위해서는 위험요소를 발견하고 앞에서처럼 정지함이 없이 여유있게 행동을 판단하고 이를 피할 수 있게끔 더 멀리 볼 수 있어야 한다. 뿐만 아니라 양방향 2차로도로에서 저속차량을 추월하기 위해서는 맞은편에서 오는 차가 있는지 없는지를 확인하기 위해서 추월에 필요한 거리만큼 앞을 볼 수 있어야 한다.

다음에는 이들 세 시거(視距), 즉 정지에 필요한 거리로서 모든 도로에 적용되는 정지시거(停止視距, stopping sight distance)와 복잡한 장소에서 정지하지 않고 행동을 판단하고 반응하는 데 필요한 거리인 피주시거(避走視距, decision sight distance), 그리고 추월하는 데 필요한 거리로서 양방향 2차로도로에만 적용되는 추월시거(追越視距, passing sight distance)에 관해서 자세히 설명한다.

1 정지시거

안전정지거리란 운전자가 설계속도 혹은 그와 가까운 속도로 운행하는 동안 운행경로상의 어떤 물체를 발견하고 그 이전에 정지하기 위해서 볼 수 있어야 하는 최소거리를 말한다.

정지시거는 물체를 본 시간부터 브레이크를 밟아 브레이크가 작동하기까지 달린 거리(空走距離)와 브레이크가 작동되고부터 정지할 때까지의 미끄러진 거리(制動距離)로 이루어진다. 첫 번째의 거리는 PIEV(지각–반응) 시간 동안 달린 거리로서 이는 차량의 속도와 운전자의 능력에 따라 달라지나 설계목적으로 통상 2.5초를 사용한다. 이 중에서 1.5초는 반사시간(反射時間)으로서 지각, 식별, 행동판단시간이며 1.0초는 근육반응 및 브레이크 반응시간으로 본다. 제동거리를 계산하는 공식은 2장의 가속, 감속에서 자세히 언급한 바와 같이 타이어–노면의 마찰계수와 속도 및 도로의

[표 7.13] 최소정지시거

설계속도 (kph)	예상주행속도 (kph)	마찰계수	주행속도에 따른 정지시거(m)	정지시거 설계기준(m)
				(젖은 노면)
120	102	0.29	212	215
110	93.5	0.29	183.6	185
100	85	0.30	153.8	155
90	76.5	0.30	129.9	130
80	68	0.31	105.9	110
70	63	0.32	92.5	95
60	54	0.33	72.3	75
50	45	0.36	53.3	55
40	36	0.40	37.8	40
30	30	0.44	28.9	30
20	20	0.44	17.5	20
				(건조 노면)
120	120	0.54	188.3	190
110	110	0.55	163.0	165
100	100	0.56	139.7	140
90	90	0.57	118.4	120
80	80	0.58	99.0	100
70	70	0.59	81.3	85
60	60	0.61	64.9	65
50	50	0.62	50.6	55
40	40	0.64	37.6	40
30	30	0.66	26.2	30

경사에 좌우된다. 마찰계수는 노면상태, 타이어 마모정도, 차량종류, 기후조건 및 속도에 따라 달라진다. 설계에 사용되는 마찰계수는 이와 같은 여러 가지 영향에 의한 마찰계수의 평균값보다는 이러한 조건들을 포함하는 낮은 값이어야 한다. [표 7.13]은 이러한 조건들을 고려하여 설계목적으로 계산된 최소정지시거를 나타낸 것이다.[2] 여기에 나타낸 값은 평지에서 젖은 노면에 대한 값이다. 이 표는 또 비교의 목적으로 건조한 노면에 대한 마찰계수와 이에 따른 정지시거를 함께 나타내었다. 왜냐하면 단속(斷續)교통류로 이루어지는 도시부도로에서는 정지거리 및 정지시거 계산 시 건조노면의 마찰계수를 사용하기 때문이다.

오르막길에서의 정지시거는 짧아지며 내리막길에서의 정지거리는 길어진다. [표 7.14]는 경사에 따른 정지시거의 변화를 나타낸 것이다.

설계목적으로 시거를 계산할 때 젖은 노면상태를 기준으로 하면서도 속도를 줄이지 않고 그대로 사용하는 이유는 관찰 결과 젖은 노면이라 하더라도 운행속도에 별다른 변화를 보이지 않기 때문이다.

정지시거를 측정하기 위한 기준으로서 운전자의 눈높이를 1.0 m로 하며 노면 위의 위험물체의 높이를 15 cm로 한다.

[표 7.14] 경사에 따른 정지시거 효과(젖은 노면)

설계속도 (kph)	예상속도 (kph)	오르막길 경사에 대한 정지시거 감소량(m)			내리막길 경사에 대한 정지시거 증가량(m)		
		3%	6%	9%	3%	6%	9%
30	30	–	1	2	1	2	3
40	38~40	1	2	3	2	3	5
50	46~50	2	3	5	3	6	10
60	54~60	3	6	9	4	10	16
70	62~70	5	10	14	7	15	26
80	70~80	7	14	–	9	21	–
90	78~90	10	19	–	13	29	–
100	86~100	13	23	–	16	36	–
110	94~110	16	30	–	21	47	–
120	102~120	20	35	–	25	55	–

2 추월시거

대부분의 지방도로는 양방향 2차로도로이기 때문에 천천히 달리는 앞차를 추월하기 위해서는 중앙선을 넘어야 할 경우가 있다. 이때 안전하게 추월하기 위해서는 추월하기에 필요한 거리 내에 맞은편에서 오는 차가 없어야 하며, 또 맞은편에서 오는 차의 유무를 알기 위해선 그만한 거리 앞을 볼 수 있어야만 추월할 것인가 말 것인가를 판단할 수 있다. 이때 추월하는 데 필요한 최소거리로서 추월가능성을 판단하기 위해 앞을 바라볼 수 있어야 하는 거리를 추월시거라 한다. 다시 말하면 이 거리는 추월차량이 중앙선을 넘어 앞차를 추월하여 다시 본 차로로 돌아올 동안 맞은편에서 오는 차량과 충돌을 피할 수 있는 거리이다.

설계목적을 위한 최소추월시거를 계산하는 데는 교통행태에 관한 몇 개의 가정이 필요하며 그것은 다음과 같다.

① 피추월차량은 일정한 속도로 주행한다.
② 추월차량은 추월할 기회를 찾으면서 피추월차량과 같은 속도로 안전거리를 유지하며 앞차를 따른다.
③ 추월차량의 운전자는 추월행동을 개시할 때까지 행동판단 및 반응시간을 필요로 한다.
④ 추월차량은 추월 동안 가속을 하며 좌측차로를 점유하는 동안의 평균속도는 피추월차량의 속도보다 15 kph 더 높은 속도로 달린다.
⑤ 추월차량이 본 차로로 복귀했을 때 대형차량과는 적절한 안전거리를 필요로 한다.

[그림 7.6]에서 보는 바와 같이 최소추월시거는 아래의 네 요소를 합한 값이다.

d_1 = 추월가능성을 판단하기 위하여 맞은편 차로를 보는 순간부터 추월가능성을 판단하고 추월을 결심하며 가속하여 중앙선을 넘기까지 달린 거리
d_2 = 추월차량이 좌측차로를 조금이라도 걸치거나 넘어서 달린 거리
d_3 = 추월차량이 본 차로에 복귀했을 때 맞은편 차량과의 안전여유거리

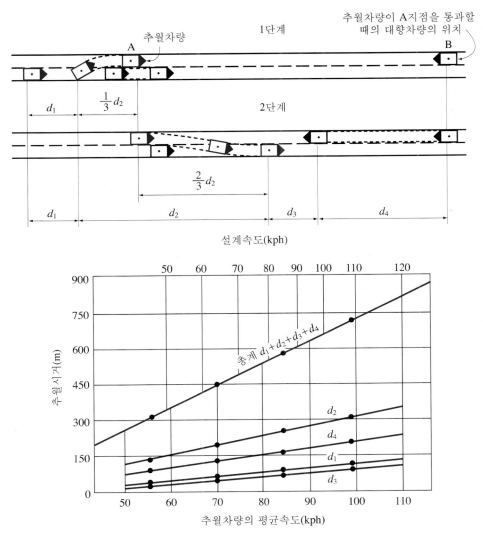

[그림 7.6] 2차로도로에서의 추월시거

자료: 참고문헌(3)

d_4 = 추월차량이 좌측차로를 차지한 시간의 2/3 동안 맞은편 차량이 달린 거리. 추월차량이 $(1/3)d_2$ 내에 있는 동안에는 위험하다면 다시 본 차로로 복귀할 수 있으나 $(2/3)d_2$ 내에 있을 동안에는 복귀가 곤란하므로 맞은편 차량의 속도가 추월차량과 같다고 할 때 $d_4 = (2/3)d_2$

사실상 추월시거는 추월차량이 d_1, d_2를 달리는 동안에 맞은편 차량이 달린 모든 거리가 포함되어야 하나($2/3d_2$만이 아니라) 그렇게 되면 추월시거가 너무 길어져 추월을 위한 건설비가 많아지므로 경제성을 잃게 된다. 따라서 추월차량이 추월행동을 하다가도 이를 포기하고 원래 차로로 안전하게 복귀하는 것을 허용한다면 추월시거는 훨씬 짧아진다. 다시 말하면 추월행동의 최종판단을 d_1의 시작점이 아니라 A지점에서 하게 함으로써 추월시거를 줄이는 대신 추월행동을 취했다가 포기하고

[표 7.15] 2차로도로설계에서의 최소추월시거 기준

설계속도 (kph)	가정 속도		d_1			d_2		d_3 (m)	d_4 (m)	최소추월시거(m)	
	피추월차량 (kph)	추월차량 (kph)	α (m/s²)	t_1 (초)	d_1 (m)	t_2 (초)	d_2 (m)			계산값	설계기준
30	25	40	0.6	2.9	20	8.5	94	20	63	198	200
40	35	50	0.61	3.1	33	8.8	122	35	82	276	280
50	45	60	0.62	3.4	46	9.2	153	40	102	342	350
60	50	65	0.63	3.7	56	9.6	173	50	116	395	400
70	60	75	0.64	4.0	72	10.0	208	60	139	479	480
80	65	80	0.65	4.3	84	10.4	231	70	154	539	540

본 차로로 복귀하는 경우를 허용하게 된다. [표 7.15]는 실제 설계에서 기준으로 사용되는 최소추월시거를 나타낸다.

추월구간은 되도록 길며 전 노선에 걸쳐 많이 있을수록 좋다. 특히 교통량이 많은 2차로도로에서는 길고 잦은 추월구간이 필수적이다. 반면에 교통량이 적은 도로에서는 추월구간이 그다지 길고 잦을 필요가 없다. 예를 들어 평균도로속도(平均道路速度, average highway speed)가 100 kph인 고급 2차로도로에서 평균운행속도(average operating speed)가 80 kph일 때, 추월시거의 제한이 없으면 차로당 서비스교통량이 990 vph이던 것이 추월구간의 길이가 전 노선길이의 40%가 되면 680 vph로 줄어들며 만약 설계속도가 110 kph보다도 작아지면 이와 같은 감소효과는 더욱 커진다.

가파른 산지부의 2차로도로에서는 추월시거를 확보하기 위하여 경사를 낮추는 데에 돈을 들이는 것보다도 정지시거만 확보된 4차로도로 구간을 간헐적으로 건설하는 것이 훨씬 경제적일 수 있다.

추월시거를 측정하기 위한 기준으로서 운전자의 눈높이를 1.0 m로 하며 맞은편에서 오는 차량의 높이를 1.2 m로 한다.

3 피주시거

정지시거는 유능한 운전자가 보편적인 주변환경에서 급정거하는 데 필요한 거리이다. 그러나 복잡한 도로조건 및 교통환경에서 예측하지 못한 행동을 해야 할 경우에는 이 거리로서는 부족하며, 또 이 거리로서는 정지를 하지 않아도 될 정도의 어떤 행동반응을 취하기에는 부족하다.

피주시거(避走視距)란 운전자가 진행로상에 산재해 있는 예측하지 못한 위험요소를 발견하고 그 위험가능성을 판단하며, 적절한 속도와 진행방향을 선택하여 필요한 안전조치를 효과적으로 취하는 데 필요한 거리이다. 피주시거는 운전자의 판단착오를 시정할 여유를 주고 정지하는 대신 동일한 속도로, 또는 감속을 하면서 안전한 행동을 취할 수 있게 하기 때문에 이 길이는 정지시거보다 훨씬 큰 값을 갖는다.

피주시거는 운전 중 어떤 정보를 받아들이고 행동판단을 하는 데 있어서 착오가 일어날 가능성이 있는 곳에서는 꼭 필요하다. 특히 인터체인지와 교차로, 예측하기 곤란하거나 유다른 행동이 요구되는 지점, 톨게이트 또는 차로수가 변하는 지점 또는 도로표지, 교통통제설비 및 광고 등이 한 데 몰려 있어 시각적인 혼란이 일어나기 쉬운 곳에는 반드시 피주시거가 확보되어야 한다. 이와 같은

[표 7.16] 피주시거

설계속도 (kph)	총 반응시간(초)				피주시거(m)	
	지각 및 식별	행동판단 및 반응	반응행동	계	계산값	설계값
50	1.5~3.0	4.2~6.5	4.5	10.2~14.0	135~185	135~185
60	1.5~3.0	4.2~6.5	4.5	10.2~14.0	169~232	170~230
70	1.5~3.0	4.2~6.5	4.5	10.2~14.0	195~267	195~265
80	1.5~3.0	4.2~6.5	4.5	10.2~14.0	224~308	225~310
90	1.8~3.0	4.5~6.8	4.5	10.8~14.3	274~350	275~350
100	2.0~3.0	4.7~7.0	4.5	11.2~14.5	308~395	310~395
110	2.0~3.0	4.7~7.0	4.0	10.7~14.0	392~430	330~430

중요지점에 사용되는 피주시거의 설계기준은 [표 7.16]과 같다.

만약 평면 및 종단곡선부로 인해 이 피주시거 확보가 여의치 못하면 이와 같은 조건으로 인해 일어날 수 있는 위험요소를 미리 알려주는 표지판을 설치해 주어야 한다.

피주시거를 측정하거나 계산하기 위한 기준으로서 정지시거와 같은 기준인 눈높이 1.0 m, 물체높이 15 cm를 사용한다.

7.6.2 평면선형

도로의 평면선형은 곡선과 직선으로 이루어진다. 차량이 곡선을 따라 움직일 때 원심력이 작용하여 바깥쪽으로 밀리거나 쏠리게 되므로 이에 대항하기 위하여 곡선부분의 바깥쪽에 편경사(片傾斜, superelevation)를 만들어 준다. 또 직선구간에서 곡선구간으로 진행될 때 완만한 변화를 만들어 주기 위하여 완화곡선(緩和曲線, easement curve 또는 transition curve)을 사용한다.

평면선형은 일반적인 여건하에서 예상되는 속도로 계속적인 운행이 가능하게끔 균형을 이루는 것이 중요하다. 예를 들어 긴 직선구간에 급커브구간이 연결된다면 직선구간을 고속으로 달리던 차량이 급커브에서도 고속으로 달릴 우려가 있다. 운전자는 도로조건의 합리적인 변화에는 잘 순응하지만 갑작스런 변화에는 즉각적인 반응을 하기가 어렵다.

도로 곡선부의 설계에서 설계속도, 곡선반경 및 편경사는 서로 밀접한 관계가 있음은 앞에서도 설명한 바 있다. 이들의 관계는 역학법칙에서 도출될 수 있지만 실제 설계에 사용되는 값은 경험에 의해서 어느 정도 알려진 설계 영향요인들에 좌우된다.

1 편경사

편경사는 차량이 곡선부를 돌 때 원심력에 의해서 바깥쪽으로 미끄러지거나 전도(顚倒)되는 것을 방지하기 위하여 곡선부 바깥쪽을 높여 경사를 지워주는 것을 말한다. 원심력은 차량의 중심에 작용하여 바깥쪽 바퀴와 노면의 접촉점을 중심으로 한 전도모멘트를 유발하며, 반대로 차량의 중량이 중심을 향해 아래로 작용함으로 인해서 차량을 곡선의 안쪽으로 전도시키려 하는 반대방향의 안정모멘트가 발생한다. 만약 전도모멘트가 안정모멘트보다 크면 바깥쪽으로 전도모멘트가 일어날 수

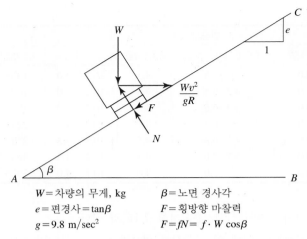

$$W = \text{차량의 무게, kg} \qquad \beta = \text{노면 경사각}$$
$$e = \text{편경사} = \tan\beta \qquad F = \text{횡방향 마찰력}$$
$$g = 9.8 \text{ m/sec}^2 \qquad F = fN = f \cdot W \cos\beta$$

[그림 7.7] 편경사 이론

있지만 일반차량의 경우 중심이 낮게 설계되어 있어 그런 예는 극히 드물며, 더욱이 일반적인 도로 조건에서 안정모멘트가 전도모멘트보다 클 정도의 편경사를 두는 예는 없으므로 곡선부 안쪽으로 전도도 생각할 수 없다. 따라서 곡선부에서의 차량은 전도의 위험보다는 바깥쪽으로 미끄러지는 경우가 더 많이 생긴다. 그러나 대형트럭의 경우는 중심이 높기 때문에 미끄러지기 전에 전도가 발생하는 경우를 종종 볼 수 있다.

곡선부의 노면이 수평이면 차량에 작용하는 원심력에 대항하는 힘은 단지 노면과 타이어 간의 횡방향 마찰력뿐이다. 그래서 편경사를 만들어 줌으로써 원심력에 의한 노면에 평행한 방향으로 작용하는 힘을 줄이고 아울러 차량의 무게에 의한 원심력과 반대되는 방향의 힘을 얻을 수 있다. 여기서 노면과 타이어 간의 마찰계수는 정지시거 등에 사용하는 종방향이 아닌 횡방향 마찰계수를 말한다.

[그림 7.7]은 편경사가 설치된 곡선부를 지나는 차량에 작용하는 힘들을 나타낸다.

편경사 노면에 수직인 힘들의 평형상태는

$$W\cos\beta + \frac{W \cdot v^2}{g \cdot R}\sin\beta = N$$

이고, 노면에 수평인 힘들의 평형상태는

$$W\sin\beta + F = \frac{W \cdot v^2}{g \cdot R}\cos\beta$$

이다. 여기서 노면과 타이어의 횡방향 마찰력 F는 $f \cdot N$이므로,

$$W\sin\beta + f\left(W\cos\beta + \frac{W \cdot v^2}{g \cdot R}\sin\beta\right) = \frac{W \cdot v^2}{g \cdot R}\cos\beta$$

이들의 양변을 $W\cos\beta$로 나누면,

$$\tan\beta + f + \frac{v^2}{g\cdot R}\cdot f\cdot\tan\beta = \frac{v^2}{g\cdot R}$$

여기서 $\tan\beta$는 편경사 e와 같으므로,

$$e+f = \frac{v^2}{g\cdot R}(1-f\cdot e)$$

이며, $f\cdot e$는 대단히 작은 값이라 이를 무시하면,

$$e+f = \frac{v^2}{g\cdot R} \tag{7.2}$$

이다. 속도 v의 단위를 kph, R을 m, e와 f는 소수로 나타낸다면 위의 식은 다음과 같이 표시된다.

$$e+f = \frac{v^2}{127R} \tag{7.3}$$

그러므로 주어진 설계속도에 대한 최소곡선반경 R은 최대편경사와 최대허용마찰계수로부터 구할 수 있다. 즉,

$$R = \frac{v^2}{127(e+f)} \tag{7.4}$$

이론적으로 주어진 설계속도에 대하여 e와 f를 매우 크게 하여 R을 작게 할 수 있다. 또 자동차 경주 트랙에서처럼 실제로 그렇게 하기도 한다. 그러나 편경사 값을 너무 크게 하면 제동 시 곡선부 내측으로 쏠리는 힘을 받고, 노면 결빙(結氷) 시 정지하거나 설계속도보다 낮은 속도로 주행할 때는 차량이 곡선부 안쪽으로 미끄러져 내려오게 되므로, 편경사는 지방부도로의 경우 0.08 이하, 도시부 도로에는 0.06 이하로 하는 것이 적당하다. 특별히 강설량이 많거나 상습적인 결빙지역이면 이보다 낮은 값의 최대편경사를 사용해야 한다. 교차로의 회전차로에서는 편경사를 사용하지 않는다.

최대편경사 상태에서 타이어－노면의 횡방향 마찰계수가 최대마찰계수(0.7 정도)에 도달하게끔 곡선반경을 줄일 수도 있다. 그러나 설계표준으로 사용되는 최대허용 마찰계수는 이보다 훨씬 작은 값을 사용한다. 그 이유는 운전자가 곡선부에서 안전하고 쾌적하게(몸이 곡선부 외측으로 너무 쏠리지 않게) 차량을 통제할 수 있는 횡방향 원심가속도(v^2/R)의 한계가 $0.3g \coloneqq 3\ \mathrm{m/s^2}$ 정도이기 때문이다. 식 (7.2)에서 원심가속도는 $(e+f)g$와 같으므로 결국 운전자가 곡선부에서 원심력에 대항해서 차량을 적절히 통제할 수 있는 $(e+f)$값은 0.3 범위 이내에 있어야 한다.

[표 7.17]은 지방부도로나 도시고속도로의 최대편경사에 따른 최대허용마찰계수와 최소곡선반경을 나타낸 것이다. 일반 도시부도로의 최대편경사에 따른 최대허용마찰계수 및 최소곡선반경은 [표 7.18]에 나타나 있다.

[표 7.17] 지방부 및 도시고속도로의 e, f에 따른 최소곡선반경

설계속도 (kph)	최소 평면곡선반경(m)		
	적용 최대편경사		
	6%	7%	8%
120	710	670	630
110	600	560	530
100	460	440	420
90	380	360	340
80	280	265	250
70	200	190	180
60	140	135	130
50	90	85	80
40	60	55	50
30	30	30	30

[표 7.18] 저속 도시부도로의 e, f에 따른 최소곡선반경

설계속도 (kph)	최대 e	최대허용(설계) f	합계 ($e+f$)	최소곡선반경 (m)
30	0.06	0.300	0.360	20
40	0.06	0.252	0.312	40
50	0.06	0.215	0.275	72
60	0.06	0.188	0.248	115
30	0	0.300	0.300	24
40	0	0.252	0.252	50
50	0	0.215	0.215	92
60	0	0.188	0.188	151

자료: 참고문헌(3)

2 완화곡선

완화곡선(easement curve)은 직선부와 곡선부를 원활하게 연결시켜 주기 위한 것이다. 직선구간에서는 편경사가 필요 없으나 원곡선(圓曲線, circular curve)에서는 완전한 편경사가 필요하기 때문에 고속에서 차량의 안전과 승객의 안정감을 유지하기 위해서는 직선부와 원곡선 사이에 완화곡선(주로 나선곡선 또는 clothoid 곡선)을 넣고 편경사를 점진적으로 변화시켜 준다. 나선형 완화곡선은 직선부의 무한대 곡선반경에서부터 점차적으로 곡선반경이 감소되어 일정한 곡선반경을 갖는 원(圓)곡선부에 이르는 경과구간으로서, 원심력 또한 점차적으로 증가하므로 편경사도 이에 따라 점진적으로 증가하도록 해 준다.

편경사는 통상 직선구간에서부터 변하기 시작하여 완화곡선을 거치는 동안 일정한 비율로 변하고 원곡선의 시점에서 완성된다. 이때 편경사가 변하기 시작하여 바깥쪽 노면경사가 수평이 되는 지점(T.S. 또는 S.T.)까지를 tangent runout이라 부르고, 그 점에서부터 편경사가 완성되는 점(S.C. 또는 C.S.)까지를 편경사 변화구간(片傾斜 變化區間, superelevation runoff) 또는 완화구간이라 부른다. 통상 전자는 직선구간에 놓이며 후자, 즉 편경사 변화구간은 완화곡선 구간에 놓인다([그림 7.8] 참조).

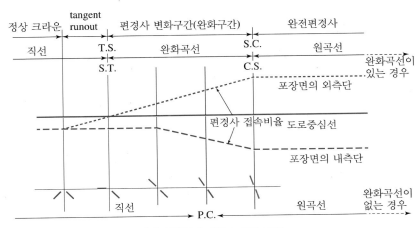

(가) 중심선에 대한 노면의 회전

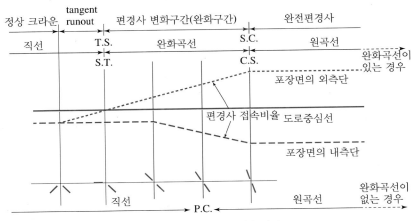

(나) 내측단에 대한 노면의 회전

주: T.S.=tangent to spiral, S.C.=spiral to curve
   S.T.=spiral to tangent, C.S.=curve to spiral
   P.C.=point of curve

[그림 7.8] 편경사 설치방법

원칙적으로 완화곡선은 생략하지 않는 것이 바람직하지만 주어진 설계속도에 대해서 곡선반경이 매우 크면 완화곡선을 생략해도 무방하다. 완화곡선을 생략할 수 있는 곡선반경의 최솟값(한계곡선반경)은 [표 7.19]에 나타낸 것과 같다. 이와 같이 완화곡선을 사용하지 않을 경우의 편경사 변화구간(완화구간)은 직선부에 60~80% 정도, 나머지를 원곡선 부분에 설치한다.

편경사 변화구간의 길이는 소요 편경사, 설계속도, 곡선반경 및 도로폭에 따라 다르나, 일반적으로 소요되는 편경사가 완전히 이루어졌을 때 노면 중심선에서 노면 끝단까지의 수직높이의 50~200배로 한다. 그러나 소요 편경사가 작을 경우에는 이에 따른 완화곡선의 길이가 대단히 짧을 수가 있다. 따라서 완화곡선의 길이는 운전자가 편경사의 변화를 느끼면서 최소한 2초 동안 주행할 수 있는 거리로 확보해야 한다. 설계속도에 따른 편경사의 접속비율과 편경사 변화구간의 최소길이는 [표

[표 7.19] 설계속도와 한계곡선반경, 편경사 접속비율, 완화구간 및 곡선부 최소길이

설계속도 (kph)	한계곡선반경 (m)	편경사 접속비율 (최대)	편경사 변화구간 길이 (최소)	곡선부 최소길이 (m)
120	3,000	1/200	70	$700/\theta$
100	2,000	1/160	55	$550/\theta$
80	1,500	1/130	45	$450/\theta$
70	1,000	1/115	40	$400/\theta$
60	800	1/100	35	$350/\theta$
50	500	1/85	30	$300/\theta$
40	300	1/70	25	$250/\theta$
30	150	1/60	20	$200/\theta$
20	50	1/40	15	$150/\theta$

주: 1) θ는 도로교각의 값(도)이며, θ가 2° 미만일 경우에는 2°로 함
    2) 도로교각이 5° 이상인 경우의 곡선부 최소길이는 최소편경사 변화구간 길이의 2배임

7.19]에 나타나 있다.

편경사는 노면을, ① 중앙선, ② 포장면의 내측단, ③ 포장면의 외측단을 중심으로 회전시켜서 얻는다. [그림 7.8]은 포장면의 중앙과 내측단을 중심으로 하여 회전한 두 경우의 편경사 변화를 나타낸 것이다. 중앙분리대가 있는 다차로도로인 경우에는 양쪽 차도별로 각각 회전시키거나, 혹은 중앙분리대가 좁거나 또는 곡선부 안쪽에 넓힐 수 있는 공간이 있으면 중앙분리대를 중심으로 회전시킨다.

도로교각이 매우 작은 경우에는 곡선의 길이가 실제보다 짧게 보이므로 도로가 급하게 굴절되어 있는 것처럼 착각을 일으킨다. 이 경향은 교각이 작을수록 현저하다. 따라서 교각이 작을 경우에는 곡선부를 길게 하여 도로가 완만하게 굴절되어 있는 듯한 감을 갖도록 해야 한다. 우리나라의 도로의 구조·시설 기준에 관한 규칙에는 5° 미만의 도로교각(θ)에 대한 전체 곡선부(원곡선과 완화곡선 포함)의 최소길이를 [표 7.19]와 같이 정하고 있다. 곡선부의 길이라 함은 곡선부 시작부분의 완화곡선과 원곡선 및 곡선부 끝부분의 완화곡선을 모두 합한 길이를 말한다. 5° 이상의 도로교각에 대한 곡선부의 최소길이는 편경사 변화구간(완화구간) 길이의 2배이다.

3 평면곡선의 시거

평면곡선의 내측으로 바라보는 시거는 앞에서 설명한 종단시거와 마찬가지로 중요하다. 벽이나 절토(切土)경사, 건물, 가드레일 등과 같은 시계장애물이 곡선부 안쪽에 있으면서 그것을 제거할 수 없는 경우에는 선형을 변화시키거나 정상적인 도로 단면을 조정해 줌으로써 적절한 시거를 확보할 수 있다. 만약 설계속도에 따른 최소정지시거가 사용된 곳이라면, 실제조건에 맞는 적절한 시거를 얻기 위해서 필요한 조치를 취해야 한다.

평면곡선의 설계에 일반적으로 사용되는 시계는 곡선의 현(弦) 방향이지만, 적용되는 정지시거는 곡선부 내측차로의 중심선을 따라 측정한 거리이다. [그림 7.9]는 여러 가지 곡선에서 안전 정지시거를 위한 시계를 확보하기 위해 필요한 중앙종거(中央縱距), 즉 곡선부 내측차로의 중심선에서부터 시계장애물까지의 최단거리를 나타내었다.

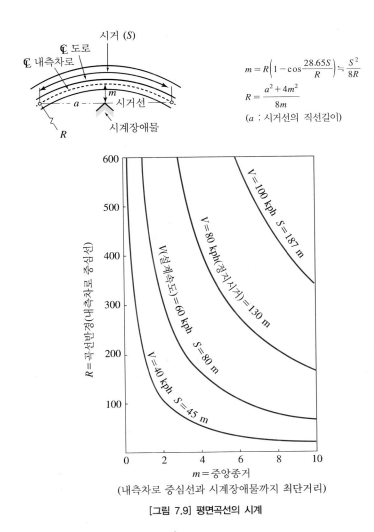

$$m = R\left(1 - \cos\frac{28.65S}{R}\right) \fallingdotseq \frac{S^2}{8R}$$

$$R = \frac{a^2 + 4m^2}{8m}$$

(a : 시거선의 직선길이)

[그림 7.9] 평면곡선의 시계

7.6.3 종단선형

종단선형은 경사면과 종단곡선으로 이루어진다. 종단면도에서 볼 수 있는 바와 같이 종단선형은 도로중앙선의 높이의 변화를 나타내도록 직선과 종단포물선으로 연결되어 있다. 가장 바람직한 설계는 가능한 한 경사선을 지형을 그대로 따르되 좋은 승차감과 넓은 시계를 확보하고 토공량을 줄일 수 있도록 긴 종단곡선을 사용하는 것이다.

1 종단경사

종단경사는 속도와 용량 및 운행비용에 영향을 준다. 경사의 크기에 따라 차량의 운행특성은 크게 변하지만 근래의 승용차는 10% 이내의 긴 경사라도 속도의 감소 없이 오를 수 있는 힘을 가지고 있다. 10%가 넘는 종단경사는 잘 사용하지 않으므로 경사가 속도에 미치는 영향은 트럭에 대해서만 고려한다. [표 7.20]은 우리나라 도로의 설계속도에 따른 최대종단경사를 나타낸다. 지형 등 부득이

[표 7.20] 설계속도와 최대종단경사

설계속도(kph)	종단경사(%)	
	표준	부득이한 경우
120	3	4
110	3	5
100	3	5
90	4	6
80	4	6
70	5	7
60	5	8
50	5	8
40	6	9

[표 7.21] 종단경사의 제한길이

설계속도(kph)	종단경사(%)	제한길이(m)
120	3	750
100	4	550
	5	400
80	5	400
	6	300
70	5	550
	6	450
60	6	550
	7	400
	7	450
50	8	400
	9	350
	8	550
40	9	400
	10	–

한 경우 지방부도로 및 도시고속도로에서는 경사를 3% 정도 증가하고, 도시부 일반도로에서는 2% 증가시켜도 좋으나 가능하다면 5%가 넘은 경사는 사용하지 않는 것이 좋고, 특히 눈이 많이 오는 지역은 5%를 넘어서는 안 된다.

퍼센트로 나타낸 경사의 크기뿐만 아니라 '경사의 최대길이'는 화물을 적재한 트럭이 현저한 속도 감소 없이 오를 수 있는 최대길이를 말한다. 이때의 현저한 속도 감소란 오르막구간의 진입속도보다 20 kph 낮은 속도를 말한다. 오르막구간의 진입속도가 설계속도와 같다고 할 때 감소된 속도에 도달하는 경사의 길이를 제한길이라 하며 경사길이는 그 값보다 짧아야 한다. [표 7.21]은 설계속도와 종단경사에 따른 제한길이를 나타낸 것이며, 이는 1마력당 150 kg의 트럭을 기준한 값이다.

경사의 길이가 그 경사에 해당되는 '최대길이'보다 길면 경사가 작아지도록 선형을 바꾸거나 혹은 그 구간에 오르막차로를 설치하는 것이 바람직하다. 일반적으로 트럭이 많으면 그 도로의 용량과 서비스수준이 떨어지므로 오르막차로를 설치하기 위한 부가비용이 오르막차로를 설치함으로 인해 그 도로를 이용하는 다른 교통이 얻을 수 있는 이득보다 적어야만 그 차로의 설치는 타당성을 갖는다.

경사의 크기를 검토하는 데 고려해야 할 또 하나의 요소는 차량의 운행비용이다. 가장 바람직한 것은 경사를 줄이는 데 필요한 부가비용 및 운행비용과 경사를 감소시키지 않은 채 운행할 때의 운행비용을 비교하여 균형을 맞추는 것이다.

2 종단곡선

경사의 변화는 직선 종단경사를 곡선으로 연결함으로써 이루어진다. 오르막 경사 다음에 내리막 경사가 연결된 곡선을 볼록곡선(crest)이라 하고, 내리막 경사 다음에 오르막 경사가 연결되는 곡선을 오목곡선(sag)이라 한다. 종단곡선은 안전하고 쾌적한 운행과 배수를 고려해서 설계해야 하며 종단곡선의 길이는 곡선부분에서의 시거와 토공량을 고려해서 선택한다.

직선종단경사를 연결하는 곡선은 포물선이 주로 사용된다. 이 곡선은 도로뿐만 아니라 철도의 종단곡선에서도 많이 사용되는 것으로서 수직 옵셋을 수식으로 계산하기가 용이한 장점이 있다.

종단곡선은 그 곡선의 길이(L)와 두 경사(G_1, G_2)의 대수차(A)로 나타낸다. [그림 7.10]은 종단포물선과 그 성질을 나타내기 위한 수학적 관계식을 보인다.

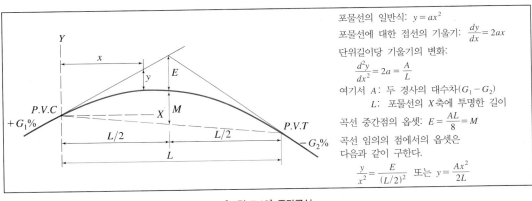

[그림 7.10] 종단곡선

(1) 볼록종단곡선

볼록곡선의 최소길이는 통상 소요시거에 따라 결정된다. 운전자는 곡선상에 있는 물체를 소요시거보다 더 멀리서 볼 수 있어야 한다. L과 A, 그리고 시거 S에 대한 방정식을 유도하기 위해서 L과 S는 수평거리로 나타낸다([그림 7.11]).

그림에서 시거가 종단곡선보다 긴 경우(즉, $S > L$)와 종단곡선보다 짧은 경우(즉, $S < L$) 두 가지를 나타낸다.

① $S > L$인 경우, 포물선 접선의 교점의 수직선은 포물선의 현을 2등분하게 되므로 시거 S는 [그림 7.11(가)]에서 보는 바와 같이 $ab + bc + cd$의 수평거리이다.

그러므로 소요시거 S를 제공하는 데 필요한 종단곡선의 최소길이 L은

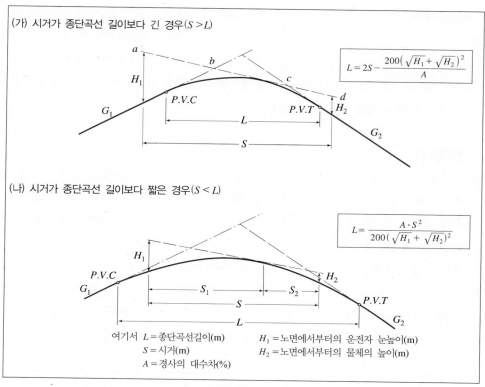

(가) 시거가 종단곡선 길이보다 긴 경우($S > L$)

$$L = 2S - \frac{200(\sqrt{H_1} + \sqrt{H_2})^2}{A}$$

(나) 시거가 종단곡선 길이보다 짧은 경우($S < L$)

$$L = \frac{A \cdot S^2}{200(\sqrt{H_1} + \sqrt{H_2})^2}$$

여기서 L = 종단곡선길이(m) H_1 = 노면에서부터의 운전자 눈높이(m)
       S = 시거(m) H_2 = 노면에서부터의 물체의 높이(m)
       A = 경사의 대수차(%)

[그림 7.11] 볼록 종단곡선에서의 시거

$$L = 2S - \frac{200(\sqrt{H_1} + \sqrt{H_2})^2}{A}$$

여기서 $S > L$의 조건과 위 식을 종합하면

$$S < \frac{200(\sqrt{H_1} + \sqrt{H_2})^2}{A} \text{의 경우,} \quad L = 2S - \frac{200(\sqrt{H_1} + \sqrt{H_2})^2}{A} \tag{7.5}$$

② $S < L$의 경우, [그림 7.11(나)]에서처럼 S_1, S_2에 대해서 구하고 이를 합하면

$$L = \frac{A \cdot S^2}{200(\sqrt{H_1} + \sqrt{H_2})^2}$$

여기서 $S < L$의 조건과 위 식을 종합하면

$$S > \frac{200(\sqrt{H_1} + \sqrt{H_2})^2}{A} \text{의 경우,} \quad L = \frac{A \cdot S^2}{200(\sqrt{H_1} + \sqrt{H_2})^2} \tag{7.6}$$

이때 눈높이 H_1과 물체의 높이 H_2에 대한 설계기준을 적용하여 위 공식들을 요약한 것이 [표 7.22]이다. 정지시거는 통상 운전자의 눈높이 $H_1 = 1.0$ m, 물체의 높이 $H_2 = 0.15$ m를 기준으로 계산한다.

[표 7.22] 볼록곡선의 설계기준

매개변수	정지시거 고려 시	추월시거 고려 시
눈높이 H_1	1.0 m	1.0 m
물체높이 H_2	0.15 m	1.2 m
$S < \dfrac{385}{A}$	$L = 2S_s - \dfrac{385}{A}$	$L = 2S_p - \dfrac{878}{A}$
$S > \dfrac{385}{A}$	$L = \dfrac{A \cdot S_s^2}{385}$	$L = \dfrac{A \cdot S_p^2}{878}$

추월시거를 위한 종단곡선의 최소길이는 $H_1 = 1.0$ m인 운전자가 맞은편에서 오는 높이 $H_2 = 1.2$ m인 차량을 기준으로 계산한다. 추월시거는 정지시거의 4배 이상이므로 당연히 추월시거를 위한 곡선의 길이는 정지시거를 위한 것보다 길다. 그러므로 만약 험한 지형에서 추월을 많이 해야 할 경우, 추월시거를 기준으로 한 2차로도로보다 정지시거를 기준으로 한 4차로도로의 건설비용이 더 적을 수 있다.

(2) 오목종단곡선

오목곡선의 길이를 결정하는 데 고려해야 할 사항은 전조등 시거, 승차감, 배수(排水) 등이며, 이 중에서 특히 전조등 시거가 가장 중요하다. 차량이 밤에 오목곡선을 운행할 때 운전자가 볼 수 있는 범위는 전조등이 밝히는 범위에 국한된다. [그림 7.12]는 오목곡선의 최소길이 L을 구하기 위하여 차량으로부터 전조등이 밝히는 거리 S, 전조등 높이 H, 전조등의 조명각(照明角) B의 관계를 나타낸다.

① $S > L$인 경우 소요곡선의 길이는

$$L = 2S - \frac{200(H + S \cdot \tan B)}{A}$$

여기서 $S > L$의 조건과 위 식을 종합하면

$$S < \frac{200(H + S \cdot \tan B)}{A} \text{의 경우,} \quad L = 2S - \frac{200(H + S \cdot \tan B)}{A} \tag{7.7}$$

② $S < L$의 경우 소요곡선의 길이는

$$L = \frac{A \cdot S^2}{200(H + S \cdot \tan B)}$$

여기서 $S < L$의 조건과 위 식을 종합하면

$$S > \frac{200(H + S \cdot \tan B)}{A} \text{의 경우,} \quad L = \frac{A \cdot S^2}{200(H + S \cdot \tan B)} \tag{7.8}$$

우리나라 오목곡선 설계기준인 전조등의 높이 $H = 0.6$ m, 조명각 $B = 1°$(윗방향)를 사용하여 위 식들을 정리하면 다음과 같다.

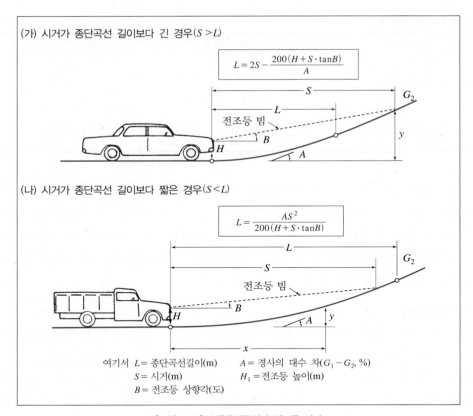

[그림 7.12] 오목종단곡선과 전조등 시거

$$S < \frac{120 + 3.5S}{A} \text{의 경우,} \qquad L = 2S - \frac{120 + 3.5S}{A}$$

$$S > \frac{120 + 3.5S}{A} \text{의 경우,} \qquad L = \frac{A \cdot S^2}{120 + 3.5S}$$

종단곡선에서의 승차감의 변화는 오목곡선인 경우 중력과 원심력이 같은 방향으로 작용하므로 볼록곡선에서 느끼는 것보다 크다. 쾌적한 승차감을 유지하기 위한 오목곡선의 길이는

$$L = \frac{A \cdot U^2}{400} \quad (U : \text{kph}, \ L : \text{m}) \tag{7.9}$$

로 나타낸다.

지하차도의 오목종단곡선에서는 상부구조물에 의해서 시계가 차단되고 시거가 어느 정도 짧아진다. 이와 같은 조건에서 적절한 시거와 건축한계에 필요한 오목곡선의 길이는 [그림 7.13]과 같이 구할 수 있다.

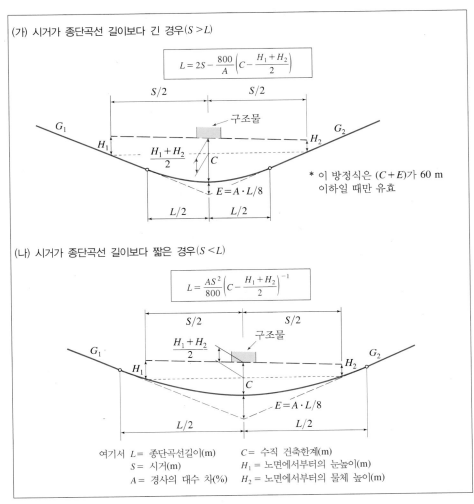

(가) 시거가 종단곡선 길이보다 긴 경우$(S > L)$

$$L = 2S - \frac{800}{A}\left(C - \frac{H_1 + H_2}{2}\right)$$

G_1

H_1

$\frac{H_1 + H_2}{2}$

구조물

C

$E = A \cdot L / 8$

G_2

H_2

$S/2$ $S/2$

$L/2$ $L/2$

* 이 방정식은 $(C + E)$가 60 m 이하일 때만 유효

(나) 시거가 종단곡선 길이보다 짧은 경우$(S < L)$

$$L = \frac{AS^2}{800}\left(C - \frac{H_1 + H_2}{2}\right)^{-1}$$

G_1

H_1

$\frac{H_1 + H_2}{2}$

구조물

C

$E = A \cdot L / 8$

G_2

H_2

$S/2$ $S/2$

$L/2$ $L/2$

여기서 $L =$ 종단곡선길이(m) $\quad C =$ 수직 건축한계(m)
$S =$ 시거(m) $\quad H_1 =$ 노면에서부터의 눈높이(m)
$A =$ 경사의 대수 차(%) $\quad H_2 =$ 노면에서부터의 물체 높이(m)

[그림 7.13] 지하차도의 시거

3 평면곡선과 종단경사의 조합

곡선부에서의 시계는 안전운행에 큰 영향을 미친다. 만약 평면선형과 종단선형이 따로 설계되거나 적절히 조화를 이루지 못하면 아주 부적절한 꼴이 되어 운전자에게 미치는 역효과가 크다.

평면선형과 종단경사의 결합은 도로의 주요 구간에서뿐만 아니라 연결로(ramp)나 교차로 등 방향전환을 하는 곳에서도 균형과 조화를 이루어 설치되어야 한다. 속도를 줄일 필요가 있으면서 평면곡선과 종단곡선이 연결되는 곳에는 이 평면곡선부를 오르막길에 설치하는 것이 좋다. 어떤 경우이든 충분한 시거가 확보되어야 하며, 특히 곡선부가 시작되는 부분을 멀리서 잘 볼 수 있도록 하는 것이 안전 면에서 대단히 중요하다. 연결로의 끝부분에 곡선부가 설치된다면 이러한 모양이 눈에 잘 띄어야 되며 또 적절한 감속거리가 반드시 필요하다. 급한 평면곡선이 볼록곡선의 정상부근이나 오목곡선의 하단부에 설치되면 매우 위험하다.

적절한 배수를 위하여 배수로 경사와 배수공 등을 포함한 배수의 흐름을 충분히 검토해야 한다.

인터체인지와 같은 다소 복잡한 곳에서는 도로구간 전체에 대한 등고선(等高線)을 그려 적절한 배수시설을 설계하는 것이 좋다. 연석이 설치된 도로에 편경사를 설치할 경우 노면배수를 반드시 고려해야 한다. 특히 연석으로 된 중앙분리대가 연속으로 설치되어 있으면 배수문제는 더욱 까다롭다.

7.7 횡단면 설계

도로 횡단면의 설계요소의 모양이나 크기는 도로의 용도에 따라 다르다. 높은 설계교통량을 가진 도로는 당연히 많은 차로를 필요로 하거나 넓은 갓길이나 중앙분리대 또는 출입제한을 필요로 할 것이다.

도로 횡단면의 설계요소는 크게 다음 세 가지로 나뉜다.

① 차도: 차량이 통행하는 부분
② 노변지역: 갓길, 배수시설, 기타 도로변 시설
③ 교통분리시설: 중앙분리대, 측도

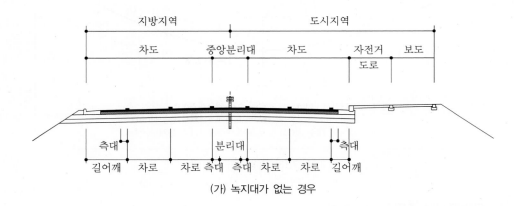

(가) 녹지대가 없는 경우

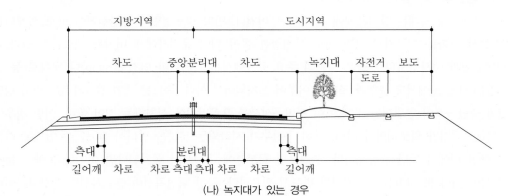

(나) 녹지대가 있는 경우

[그림 7.14] 횡단구성 요소와 그 조합(예시)

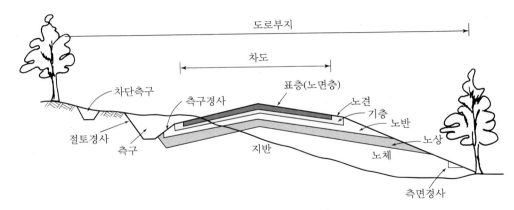

[그림 7.15] 지방부도로의 횡단면

각 요소의 크기는 설계 서비스수준과 교통특성에 따라 달라진다. [그림 7.14]는 녹지대 유무에 따른 도시부도로의 횡단면과 지방부도로의 횡단면을 나타낸 것이며, [그림 7.15]는 지방부도로의 전형적인 횡단면을 나타낸 것이다.

7.7.1 차도

1 차로수

도로의 차로수는 도로의 종류, 도로의 기능, 설계시간교통량, 설계 서비스수준, 지형조건, 합류 또는 분류의 차로수 등을 고려해서 정한다. 이때 교통류의 형태, 교통량의 시간별, 방향별 분포, 그 밖의 교통특성 및 지역 여건에 따라 홀수 차로로 할 수도 있다. 특히 도시부도로는 회전교통처리를 위해 차로수가 추가될 수도 있다.

통상 주택지역에서는 차로분할이 그리 중요하지 않다. 주요 간선도로는 6차로까지가 바람직하며 그 이상이 필요한 경우에는 고속도로나 준고속도로 건설을 고려해야 한다. 집산도로는 통상 4차로이면 충분하나 경우에 따라서는 6차로도 가능하다. 상업지구나 공업지구에서는 화물적재와 국지교통을 함께 처리하기 위해 역시 6차로까지도 필요할 때가 있다.

지방부도로는 2차로 이상으로서 설계교통량에 따라 차로수가 결정된다. 고속도로는 4차로가 기준이며 장래 확장을 고려하여 당분간 2차로로 운용하는 수도 있고 또 특별한 경우 5차로 또는 6차로로 건설하는 수도 있다. 한 방향에 4차로 이상이 필요한 경우는 별도의 도로를 건설하는 것이 좋다.

2 차로폭

차로폭은 교통안전 측면에서 설계기준차량의 폭을 수용할 수 있도록 충분히 여유가 있어야 하고, 엇갈림이나 앞지르기 등에 필요한 여유폭을 확보하며, 핸들조작에 따른 부정확한 운전을 고려해야 한다. 차로폭은 설계기준차량의 폭과 설계속도에 따라 달라져야 하므로, 설계속도가 높거나 대형차량의 혼입률이 높을수록 넓은 차로폭이 요구된다.

우리나라에서는 현재 3.5 m의 차로폭이 일반적으로 받아들여지고 있다. 3.5 m 이하의 차로는 용량을 감소시킬 뿐만 아니라 안전에도 바람직하지 못한 영향을 미치므로 고속도로나 교통량이 많은 도로에서는 잘 사용하지 않는다. 그러나 도로부지에 제한을 받는 곳이거나 도심지에서는 3.0 m 또는 3.25 m의 차로도 가능하다.

고속의 지방부 2차로도로에서는 4.0 m 또는 4.2 m 정도의 차로도 있으나 그 이상의 넓이는 운전자가 이를 다차로로 사용할 염려가 있으므로 바람직하지 않다. 주차차로나 교차로 부근의 보조차로는 다른 차로폭만큼 넓어야 하며 3.0 m 이하가 되어서는 안 된다.

우리나라의 표준 차로폭은 [표 7.23]과 같다.

[표 7.23] 도로종류별 차로폭의 표준치

도로종류	차로폭의 표준치(m)
고속국도	3.50~3.60
간선도로	3.00~3.50
국지도로	3.00

주: 회전차로의 차로폭은 2.75 m임

3 주차차로의 폭

연석에 평행하게 주정차하기 위해서는 2.5 m의 폭이 필요하나 통과교통이 많을 경우 안전을 고려하여 3.0 m 이상이 바람직하다. 이는 설계기준차량의 폭 2.5 m에 차로를 통행하는 차량과 주정차한 차량 간의 여유폭 0.3 m, 그리고 주정차한 차량의 바퀴가 연석으로부터 떨어진 거리 0.15~0.30 m를 고려한 것이다. 이 정도면 주차하거나 빠져나올 때 주차차로에 인접한 차로의 오른쪽 반만 이용하게 되므로 다른 차로의 교통을 크게 방해하지 않는다.

각도주차의 경우는 뒤에 다시 설명한다. 주요 간선도로는 인접 토지에 접근을 허용하지 않을 경우가 많으므로 주차차로를 마련하지 않는다.

4 노면경사

노면의 횡단경사는 도로 중심선에서부터 노면 끝단까지의 횡단면 경사로서 배수의 목적으로 사용된다. 운전자의 핸들조작에 지장을 주지 않는 범위에서 배수를 고려한 바람직한 경사는 최대 4%까지이다. 보통 고급포장도로(콘크리트 또는 아스팔트콘크리트)의 경사는 1~2%이다. 저급도로일수록 포장 또는 비포장을 막론하고 경사를 급하게 해야 하며 그 범위는 1.5~4% 사이이다.

직선구간에서 횡단경사가 2% 이상이 되면 차량의 핸들이 한쪽으로 쏠리는 경향이 생기고, 결빙되었거나 높은 습윤상태에서는 횡방향으로 미끄러질 우려가 있다. 건조한 노면에서도 급제동할 때는 이와 같은 현상이 일어날 수 있다.

3차로 이상의 다차로도로의 경우 바깥 차로가 안쪽 차로보다 한 차로당 0.5% 정도씩 증가시켜 설치한다. 장차 차로수를 증가시킬 예정인 도로에서는 최초설계 시에 미리 이에 대비해 놓아야 한다.

7.7.2 도로변 설계

1 갓길

갓길의 역할은 다양하지만 그중에서 특히 차도부를 보호하고 고장차량의 대피소를 제공해 주기 때문에 모든 도로에 연해서 계속적으로 설치되는 것이 좋다. 경험적으로 볼 때 갓길은 안전을 위해서 뿐만 아니라 포장면의 바깥쪽이 구조적으로 파괴되는 것을 감소시키는 역할을 한다. 고급도로의 경우 갓길의 최소폭을 2 m로 하는 것이 바람직하며, 도시부도로는 1.5 m 이상으로 한다. 소형차 위주의 간선도로급 이상인 도로는 긴급차량이 대피할 수 있는 폭을 확보하도록 하며, 저급도로 또는 긴 교량이나 터널에서는 1.2~1.5 m 정도이면 만족스럽다.

중앙분리대가 설치된 도시간선도로에서는 도로중앙선 쪽에 왼쪽 갓길(이를 측대라고 한다)을 설치해야 하며 도시고속도로는 최소 1.2 m의 왼쪽 갓길을 설치해야 한다.

갓길은 일반적으로 차도부보다 경사가 급해야 하며 포장된 갓길의 경사는 3~5%, 비포장의 경우는 4~6%, 잔디갓길은 8%가 적당하다.

대개의 경우 갓길을 포장하는 것이 장기적으로 볼 때 경제적이다. 포장이 안 된 갓길은 설치하는 데 드는 초기비용은 적으나 유지하기 어렵고 또 비용이 많이 든다. 갓길의 색깔이나 질감(質感)은 차도와 적절한 대비를 이루도록 하는 것이 좋다. 고장난 차가 갓길을 많이 이용하기 때문에 구조적으로 튼튼히 설치하여 유지관리의 필요성이 적어지도록 해야 한다. 갓길에 대한 구조적인 기준을 차도와 같게 함으로써 사고, 고장수리, 도로의 용량초과 등으로 인해 필요한 경우 차로로 이용할 수 있도록 하는 것도 좋다.

2 측면경사

완만한 측면경사(side slope)와 원형의 배수구(排水口)는 안전과 유지관리 측면에서 경제성을 고려할 때 좋다. 4 : 1(수평 대 수직)보다 급한 경사는 차량이 차도를 이탈할 때 극히 위험할 뿐만 아니라 풀베기 등과 같이 유지관리하기도 어렵다.

경사면이 접하는 부분은 둥글게 처리해야 하며 갑작스런 경사변화는 피해야 한다. 배면경사(背面傾斜, back slope)가 절토부인 경우 최대 4 : 1을 초과해서는 안 되나 절토부가 바위이거나 다른 안전시설이 부수되어 있다면 이보다 급한 경사를 사용해도 좋다.

3 배수구

배수구(排水溝, ditch)의 깊이는 도로중심선 높이로부터 최소 60 cm 이상은 되어야 하며 기층(base course)의 배수를 돕기 위하여 노반보다 최소 15 cm 이상 낮아야 한다. 배수구의 단면적은 그 지역의 배수량에 따라 결정되어야 한다.

4 연석

연석(緣石, curb)은 배수를 유도하고 차도의 경계를 명확히 하며 차량의 차도이탈을 방지하는 역할을 하는 것으로 주로 도시부도로에 설치한다.

연석에는 방책형(防柵形, barrier)과 등책형(登柵形, mountable curb)이 있다. 방책형은 비교적 높고 가파른 면을 가진 것으로서 차량의 차도이탈을 방지하기 위한 것인 반면, 등책형은 비교적 높은 속도에서도 별무리 없이 쉽게 넘을 수 있도록 되어 있다. 등책형 연석은 일반적으로 약 15 cm 정도의 높이로 완만한 경사를 가지며 주로 주거지역의 도로에 많이 사용한다.

방책형 연석의 높이는 차도 이탈방지의 중요성에 따라 15~50 cm까지 사용되며, 모양은 수직 또는 급경사로서 설계속도가 80 kph 이상인 도로에서는 사용하지 않는다. 또 보행자를 보호하기 위한 보도(步道)와의 경계선에 사용한다. 이 연석은 교량이나 터널 또는 교각 주위나 벽을 따라 설치함으로써 차량이 교량을 벗어나거나 구조물에 충돌하는 것을 방지한다. 15 cm 이상의 연석은 차량이 정지해야 하는 장소 부근에 설치해서는 안 된다.

연속적인 방책형 연석은 차도 끝단에서부터 30 cm 정도 떨어지게 설치해야 하며, 연속적으로 설치되지 않은 곳에서는 차도 끝단으로부터 60~90 cm 떨어져 설치해야 한다.

지방부에서 연석을 설치할 경우, 포장된 갓길의 외측단에 연(延)하여 설치하되 등책형이어야 한다. 그 외에 등책형 연석은 중앙분리대 양쪽 또는 도류화(導流化) 시설의 외곽에 연하여 설치하면 좋다.

지하 배수로는 연석과 차도 사이에 위치하며 그 폭은 통상 30~90 cm 넓이이다.

연석에 시인성을 높이기 위하여 페인트칠을 하거나 반사물질을 사용하기도 하는데, 이는 비가 오거나 안개가 많이 낄 때 매우 효과가 있다.

5 구조물의 폭

도시부도로에서 구조물의 폭은 차도폭과 보도폭을 합한 것과 같으며 지하차도에서도 같은 넓이의 폭이 필요하다. 만약 보도가 없다면 차도 끝단과 교대(橋臺) 또는 지하차도인 경우 기둥까지의 수평거리가 최소한 1.8 m는 되어야 한다.

7.7.3 교통분리시설

1 중앙분리대

중앙분리대(median)는 진행방향과 반대방향에서 오는 교통의 통행로를 분리시키는 부분을 말한다. 이것은 통행로 왼쪽 윤곽을 분명히 나타내면서 반대편 차로로 침범하는 것을 막아주고 위험한 경우 왼쪽 차로 밖에서 벗어날 공간을 제공한다. 중앙분리대의 명확한 기능은 그 도로의 출입제한의 정도에 따라 달라진다. 즉 좌회전 혹은 횡단하는 차량을 보호하거나 제한하고 보행자에게 대피공간을 제공하며 또 고장난 차량의 대피소 역할도 한다.

기후나 지형에 따라 차로수가 허락한다면 중앙분리대는 배수나 제설작업을 위한 공간으로도 그 중요성이 크다. 눈이 많이 오는 지방에서 중앙분리대가 좁으면 치운 눈을 왼쪽 차로에다 쌓아둘 수밖에 없다.

맞은편에서 오는 차량의 전조등 불빛 효과를 감소시키기 위한 목적으로 중앙분리대를 설치하고자 한다면 도로의 선형, 속도, 조경 또는 다른 조명시설에 의한 효과를 고려해야 한다.

중앙분리대의 또 다른 개념은 장차 차로를 추가하거나 또는 버스전용차로 및 대중교통수단 등과 같은 다른 교통수단을 설치할 공간을 제공할 수 있다는 것이다. 때에 따라서는 도로시설물이나 속도변화차로 또는 연결로 등을 추가로 설치할 장소를 제공한다.

중앙분리대는 크게 횡단형(橫斷形), 억제형(抑制形), 방책형(防柵形)으로 나뉜다. 횡단형은 페인트로 칠한 노면표시(路面表示)나 표지병(標識鋲) 또는 주행차로와 대비되는 색상 또는 질감을 가진 재료를 사용하거나 잔디를 이용한다. 억제형은 횡단형에 소규모의 등책형 연석을 설치하거나 주름철판을 사용하여 경우에 따라서는 횡단이 가능하도록 하는 것이다. 방책형은 가드레일이나 관목 또는 벽을 설치하여 차량의 진입 또는 횡단을 금지시키기 위한 것이다.

사용할 중앙분리대의 종류를 선택할 때 재료가 충격을 받아 옆으로 휘어지는 성질을 고려해야 한다. 최대의 휘어짐은 중앙분리대의 반을 넘어서는 안 된다. 그래서 반대편 차로를 침범하지 않아야 하며 또한 충돌한 차량이 진행하는 방향으로 되돌아오도록 설계되어야 한다. 뿐만 아니라 미관상으로도 보기 흉하지 않은 것을 설치해야 한다.

교통량이 많으면서 분리대 폭이 좁을 경우에는 급경사면을 가진 콘크리트 방책이 유리하다. 이와 같은 방책은 차량이 충격할 때 충격각과 반사각이 같으며, 보기도 좋을 뿐만 아니라 무엇보다 유지관리가 쉽다. 특히 좁은 중앙분리대를 유지관리하기 위한 작업을 하자면 고속의 주행차로를 침범해야 하므로, 중앙분리대를 선택할 때 유지관리 측면을 가장 중요하게 고려해야 한다.

2 측도

고속도로나 주요 간선도로에 평행하게 붙어 있는 국지도로를 측도(側道, frontage road)라 한다. 이 도로의 기능은 주요 도로에로의 출입을 제한시키고 주요 도로에서 인접지역으로의 접근성을 제공하며, 또 주요 도로의 양쪽에 교통순환을 시켜 원활한 도로체계를 유지하게 한다. 측도에서 주요 도로로의 진입은 특별히 정해진 곳에서만 허용된다. 도시부에서의 측도는 주로 일방통행으로 운영된다. 그러나 지방부에서는 주요 도로와 교차하는 도로의 간격이 너무나 멀기 때문에 측도는 양방통행을 사용한다.

측도를 고속도로의 보조시설로서 사용한다면 고속도로운영을 크게 개선시킬 수 있다. 도시고속도로의 건설기간 동안에 측도가 이 교통량을 처리함으로써 고속도로의 단계적 건설을 가능하게 한다.

연속적인 측도시스템은 고속도로에 인접한 토지에 대한 최대한의 교통서비스를 제공하게 된다. 또 인터체인지의 기능을 다양화시키는 데 크게 기여함으로써 전체 도로체계의 중요한 일부분을 이룬다. 미국의 몇 개 주에서는 출입제한(access control)을 하는 모든 도로는 반드시 측도를 설치하도록 규정하고 있다.

그러나 부분적인 출입제한을 하면서 운행속도가 비교적 높고 평면교차하는 도로에서는 측도가 바람직하지 못하다. 예를 들어 측도를 가진 주요 간선도로가 교차도로와 평면교차할 때 위험성이 제기되므로, 측도의 설치에 따른 용량증대나 안전 측면에서의 이점이 상쇄된다. 또 이러한 지점에는 2, 3개의 교차점이 생기므로 설계상 문제점이 발생하고 교통통제가 대단히 복잡해진다.

7.8 기타 설계요소 및 조명

1 기타 설계요소

기하설계에 포함되는 것 중에서 비교적 중요성이 적은 것도 있다. 수직 및 측방여유폭은 이 중의 하나로서 구조적인 여건에 따라 그 값이 고정되므로 이에 대해서 분석할 필요는 없다. 또 다른 하나는 방호책(guardrail)으로서 이를 사용함으로써 성토의 기울기를 가파르게 하여 건설비용을 줄이고 안전성을 높인다. 많은 사람들이 안전성을 제고하기 위한 여러 가지 방호책의 모양이나 구조적인 설계에 창의력을 경주하고 있다.

도로에 대한 진일보한 개념은 도로의 미관(美觀)을 크게 중요시한다. 도로의 기하구조나 구조물 또는 도로변의 경관이 도로이용자에게뿐만 아니라 도로주변의 사람들에게 미적 감각을 만족시킬 수 있어야 한다. 도로의 외관을 개선하기 위해서는 마지막 세부설계 때는 물론이고 최초의 위치 선정단계에서부터 이 점에 관심을 가져야 한다. 시각적으로 특별히 매력적으로 보이는 도로를 건설하기 위해서는 통상 도로부지의 확보나 평면 및 종단선형설계 또는 도로구조물 설계에서 최소 기준값보다 높은 기준값을 사용해야 할 것이다. 그러기 위해서는 설계자의 미적 감각을 개발시키거나 또는 조경이나 건축가의 참여를 필요로 한다.

기타 설계에 고려되는 요소는 ① 배수시설, ② 옹벽 및 축대, ③ 편의시설, ④ 도로미관 시설, ⑤ 소음방지 시설, ⑥ 차도, ⑦ 휴게소, ⑧ 교통통제설비, ⑨ 보행자 횡단시설이다. 이들에 대한 자세한 내용은 참고문헌 (3)에 잘 언급되어 있다.

2 조명

도로나 주차장시설에서의 조명은 교통전문가가 특히 관심을 가져야 할 분야이다. 우리나라 교통사고로 인한 사망자의 70% 정도가 야간에 일어난 사고에 의한 것이며, 사고 위험도가 주간의 2배가 넘는다는 사실과 우리나라의 가로조명이 외국에 비해 대단히 부적절하다는 사실과 관련시켜 볼 때 가로조명이 갖는 중요성을 쉽게 이해할 수 있다.

가로조명 기준에 미달된 교통시설이라면 아직 완전한 교통시설이라고 볼 수 없다. 가로조명설계는 매우 복잡하기 때문에 조명계획을 발전시키기 위해서는 과학적인 원리를 이용하여 공학적인 해결책을 제시해야 한다.

가로조명의 목적은 운전자나 보행자가 안전하게, 그리고 안심하고 운전하거나 걷기 위하여 도로주위환경을 잘 볼 수 있도록 적절한 조명을 제공하는 것이다. 운전자는 다음과 같은 몇 가지 방법으로 물체를 식별한다. 즉 ① 그 물체가 어두우면서 주위환경과 대비되는 곳에서는 그림자(silhouette)로, ② 물체가 배경보다 밝은 곳에서는 역 실루엣으로, ③ 물체표면의 색깔이나 밝기의 변화를 알아냄으로써, ④ 물체로부터 거울처럼 반사되는 효과로부터, 그리고 ⑤ 물체배경의 실루엣 형태로부터 물체를 식별하게 된다.

그러므로 어떤 물체가 보이는 정도는 그 물체의 밝기와 배경의 밝기의 대비에 크게 좌우된다. 물체의 크기, 모양, 질감뿐만 아니라 보는 시간도 그 물체를 식별하는 데 도움을 준다.

조명에 문제점을 야기시키는 것은 눈부심이다. 이것은 보는 능력을 감소시키거나 불편하게 하며, 광원의 크기, 시선방향과 광원의 위치, 눈의 적응력, 노출시간, 주위의 밝기 등과 같은 요소에 의해 영향을 받는다.

또 빛의 질을 좌우하는 성질은 조명의 균일성, 눈부심 효과 억제, 차도의 윤곽을 밝히는 정도 등이다.

완전한 조명시설 설계는 눈을 자극하는 빛의 크기, 즉 밝기와 관계가 된다. 밝기란 물론 대상물체와 배경의 반사능력뿐만 아니라 광원의 특성에 좌우된다. 대상물체의 반사가 근본적으로 일정하다고 보고 그 물체에 필요로 하는 조도(照度)를 제공토록 하는 것이 종래의 조명설계 방법이다.

필요한 조도를 얻기 위해서는 ① 광원의 에너지를 변화시키고, ② 조명방향을 렌즈로 조정하며, ③ 광원의 높이와 위치를 변경시켜 물체가 받는 광량(光量)을 조절한다. 사용되는 등화는 2,500루멘에서부터 50,000루멘까지 아주 다양하다. 렌즈는 빛을 다양한 패턴으로 변화시키기 위해서 사용된다.

조명의 이점은 ① 교차로, 인터체인지, 엇갈림지역의 운영을 개선하고, ② 도로의 윤곽이나 의사결정지점을 명확히 나타내며, ③ 악천후에 안심하고 운전할 수 있게 하며, ④ 범죄를 예방하고, ⑤ 용량을 어느 정도 증대시키며, ⑥ 도로의 야간이용을 증가시키고, ⑦ 상가지역을 활성화시킨다.

보행자가 많고 도로변의 혼잡이 심한 도시부나 도시외곽지역에서 고정광원에 의한 조명시설은 야간사고를 현저히 감소시킨다(영국의 경험으로 10~40% 감소). 지방부도로의 조명은 바람직하기는 하나 도시부에서처럼 큰 필요성이 있는 것은 아니다. 그러므로 지방부도로의 인터체인지나 교차로, 철길건널목, 좁거나 긴 교량, 터널, 급커브 및 혼잡한 도로변을 제외하고는 가로조명이 필요 없다. 또 보행자가 없고 평면교차점이 없으며 도로부지가 비교적 넓은 고속도로도 가로조명시설이 필요 없다.

지방부의 평면교차로에 조명시설의 설치여부는 교차로의 모양이나 교통량에 따라 결정된다. 도류화(導流化, channelization)가 필요 없는 교차로는 가로조명을 하지 않아도 좋다. 반면에 대규모 도류화 시설을 갖는 교차로는 조명시설이 바람직하다. 급커브에 교차로가 있으면 전조등이 이를 비추지 못하고, 또 맞은편에서 오는 차의 전조등은 시계를 방해하기 때문에 가로조명시설을 해 주어야 한다.

입체교차시설의 연석, 교각 및 옹벽 등은 반드시 조명시설을 해 주어야 한다. 교차로에서 교통량, 특히 회전교통량이 많으면 많을수록 가로조명의 필요성은 커진다. 주요 간선도로 주위의 개발지역에서 출입하는 회전교통량이 많으면 역시 조명시설을 고려해야 한다. 터널은 항상 조명시설이 필요하고 도시부나 교외의 긴 교량에도 조명시설이 필요하나 교통이 비교적 한산한 지방부의 긴 교량에 조명시설을 설치할 필요는 없다.

가로등의 눈부심 효과를 줄이고 경제적인 조명을 하기 위해서는 가로등의 높이가 적어도 9 m 이상은 되어야 하나 노면에 균일하게 조명이 되기 위해서는 10 m 또는 15 m 높이가 바람직하다. 특히 출입제한을 하는 큰 도로의 인터체인지와 그 부근을 밝히기 위해서는 30 m 이상의 아주 높은 마스트에 대형 가로등을 설치하는 수도 있다.

● 참고문헌 ●

1. 일본교통공학연구회, 교통공학핸드북, 1983.
2. National Committee on Urban Transportation, *Standards for Street Facilities and Services*, Public Administration Service, 1958.
3. AASHTO., *A Policy on Geometric Design of Highway and Streets*, 1984.
4. ITE., *Guidelines for Urban Major Street Design*, 1984.
5. ITE., *Recommended Guidelines for Subdivision Streets*, 1984.
6. ITE., *Planning Urban Arterial and Freeway Systems*, 1985.
7. TRB., *Highway Capacity Manual,* 2000.
8. ITE., *System Considerations for Urban Arterial Streets: an Informational Report*, 1969. 10.
9. W. S. Homburger, *Fundamentals of Traffic Engineering*, 1981.
10. Road and Transportation Association of Canada, *Geometric Design Standards for Canada Roads and Streets*, 1976.
11. 국토해양부, 도로의 구조·시설 기준에 관한 규칙, 2020.
12. 국토해양부, 도로용량편람, 2013.
13. 한국도로공사, 도로설계요령 제1권, 도로계획 및 기하구조, 2020.

제8장

교차로 및 인터체인지 설계

교차로는 서로 합쳐지거나 교차하는 2개 또는 그 이상의 도로가 만나는 공간 및 그 내부의 교통시설을 말한다. 교차로는 도로의 중요한 일부분으로서 도로의 효율성이나 안전성, 속도, 운영비용 및 용량은 교차로의 설계에 좌우된다.

운영 면에서 본 교차로의 주요 기능은 통행노선을 자유롭게 변경하는 것이며, 이와 같은 차량의 움직임은 교차로의 형태에 따라 여러 가지 방법으로 처리된다. 이 때문에 교차로는 의사결정 지점이 되며 운전자는 여기서 희망하는 노선을 선택해야 한다. 교차로는 운전자에게 교차로가 아닌 지점에서는 요구되지 않는 부가적인 임무를 요구한다. 그러므로 교차로 설계자는 교차로를 이용하는 운전자가 봉착할지도 모를 특별한 문제점을 인식하고 좋은 설계를 통하여 가능한 한 운전을 쉽고 안전하게 하도록 해야 한다.

8.1 교차로에서의 상충

교차로는 의사결정 지점인 동시에 교통류 간에 많은 상충이 생길 가능성이 있는 지점이다. 어떤 차량의 움직임은 같은 방향의 다른 차량과 상충할 수 있으며, 또 교차하는 차량, 반대편 차량 및 횡단보도의 보행자와도 상충된다. 교차로에 대한 공학적 분석은 기본적으로 이와 같은 모든 상충문제에 관한 연구이다. 훌륭한 교차로 설계는 상충의 횟수와 정도를 최소화하고, 운전자의 노선선정을 단순화하기 위한 것이다.

상충에는 세 가지 종류, 즉 교차(crossing), 합류(merging), 분류(diverging)가 있다. [그림 8.1]은 4개의 접근로를 가진 교차로에서 일어날 수 있는 상충의 종류와 수를 나타낸다.

교차로 분석에서는 어떤 종류의 상충이 가장 중요한가를 알 수 있다. 상충의 중요성은 상충의 형태, 상충류의 교통량, 상충점에 도착하는 차량 간의 시간 간격 및 차량의 속도에 따라 달라진다.

상충 교차류의 상대속도는 역시 상충의 중요성을 좌우하는 또 하나의 요소이다. 교차로에 접근하는 상충하는 두 차량은 각기 상대방 차량에 대한 상대속도를 가지며, 이것은 두 차량의 속도벡터의 차이를 말한다.

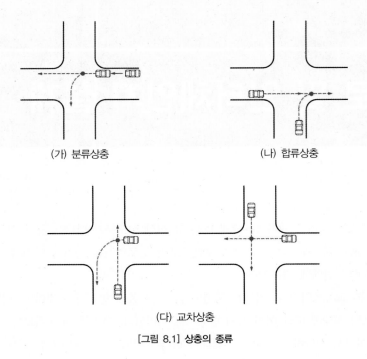

(가) 분류상충   (나) 합류상충

(다) 교차상충

[그림 8.1] 상충의 종류

상대속도를 줄이면 세 가지 이점이 있다. 첫째, 합류 및 분류 시 상충이 서서히 일어나므로 운전자의 판단시간이 길어지고, 둘째는 충돌 시 흡수되는 상대에너지를 줄임으로써 피해를 감소시킨다. 또 상대속도가 낮으면 연속해서 주행하는 차량 간의 차간시간이 짧더라도 합류 및 교차하는 교통이 그 사이를 잘 이용할 수 있으므로 용량을 증대시킨다.

8.2 교차로의 종류

교차로는 교차상충을 처리하는 구조적 특성에 따라 평면교차로와 연결로가 없는 입체교차로 및 인터체인지로 나뉜다.

평면교차로는 교차되는 도로의 접근로 수와 교차각 및 교차장소에 따라 다시 세분된다. 일반적으로 볼 수 있는 평면교차로는 다음과 같이 분류된다.

- 3갈래 교차로(T형 또는 Y형)
- 4갈래 교차로
- 기타 교차로(회전교차로, 로타리, 기형 교차로)

일반적으로 두 도로가 만나서 이루어지는 교차로는 4갈래 교차로이며, 그보다 많은 접근로를 가진 교차로는 바람직하지 않다.

[그림 8.2]는 이와 같은 평면교차로의 기본적인 형태를 나타낸다.

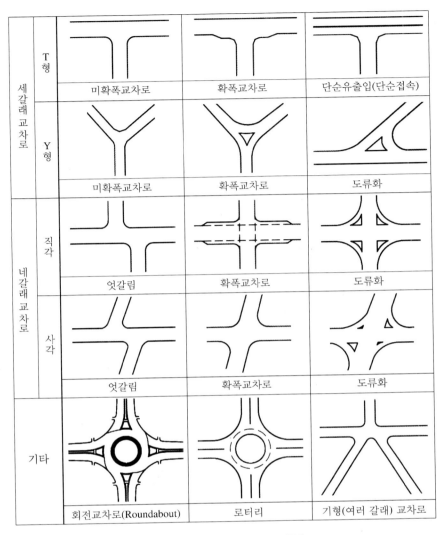

		미확폭교차로	확폭교차로	단순유출입(단순접속)
세 갈 래 교 차 로	T 형			
	Y 형	미확폭교차로	확폭교차로	도류화
네 갈 래 교 차 로	직 각	엇갈림	확폭교차로	도류화
	사 각	엇갈림	확폭교차로	도류화
기타		회전교차로(Roundabout)	로터리	기형(여러 갈래) 교차로

[그림 8.2] 평면교차로의 일반적 형태

8.3 교차로 설계의 원리

교차로 설계의 기본목표는 사람이나 차량이 교차로를 편리하고 쉽게 편안히 이용하게 하면서 차량이나 자전거, 보행자 또는 교통수단 간의 충돌 가능성을 최소화시키는 것이다. 그러므로 설계는 교차로 이용자의 운행특성과 일상적인 진로에 되도록 부합되도록 하는 것이 좋다.

교차로 설계에서 기초가 되는 단위는 개개의 진행로이다. 이와 같은 진행로들을 종합하여 교차로 전체에 대한 몇 개의 설계대안을 만들어 낸다. 이때 교통수요, 토지이용 및 경제적이며 환경적인 고려사항을 감안하여 개개의 진행로를 적절히 배합한다. 교차로 설계 시 고려해야 할 10가지 기본 원리는 다음과 같다.

(1) 다섯 갈래 이상의 여러 접근로(갈래)를 설치해서는 안 된다. 교차로에 진입하는 접근로 수가 증가하면 교차로 내의 상충수가 현저히 증가한다.

(2) 교차각은 직각에 가깝도록 75~105도 이내로 하고, 합류각은 작게 하여 상대속도를 줄임으로써 정지함이 없이 합류할 수 있게 한다.

(3) 엇갈림교차, 굴절교차 등으로 상충점이 연속되거나, 합류와 분류가 복잡하게 일어나는 변형교차는 피해야 한다.

(4) 교통량이 많고 빠른 교통류에 우선권을 주어야 한다.

(5) 이질(異質) 교통류는 분리시켜야 한다. 속도나 차종 또는 진행방향이 현저히 다른 교통류가 있다면 이들을 분리시킨다. 좌회전 또는 우회전 전용차로, 도로 중앙에 보행자 안전지대가 대표적인 예이다.

(6) 회전교통의 경로를 마련해 주는 것이 좋다. 많은 우회전 교통을 처리하기 위해서는 직결형 연결로를 설치할 수 있다.

(7) 교차로 면적을 줄여 상충면적을 줄여야 한다. 상충면적이 넓으면 도류화 기법을 사용해야 한다.

(8) 교차로의 기하구조와 교통통제방법이 조화를 이루도록 해야 한다. 교차로 안으로 높은 상대속도를 갖는 교통류가 많이 유입되면 정지표지나 신호등과 같은 교통통제시설이 필수적이다.

(9) 가장 타당한 교차방법을 사용해야 한다. 교차방법에는 네 가지가 있다. 즉
- 통제되지 않는 평면교차
- 교통표지 또는 신호등으로 통제되는 평면교차
- 엇갈림
- 입체분리

일반적으로 운영상의 효율이나 건설비용은 위의 순서에 따라 커진다. 사용되는 교차방법은 그 교차로를 사용하는 차량의 종류와 교통량에 부합되는 것이어야 한다.

8.4 인터체인지

인터체인지란 교차도로 상호간의 연결로를 갖는 입체교차 구조로서, 주로 출입제한도로와 타 도로와의 연결을 위하여 설치되는 도로 부분을 말한다. 또한 출입제한이 없는 지방부 간선도로를 입체화한 것도 포함한다.

인터체인지는 여러 가지 회전연결로의 패턴에 따라 구분되며, 일반적인 형태는 다이아몬드형 (diamond), 클로버잎형(clover leaf) 및 직결형(directional)이 있다([그림 8.3]).

실제 인터체인지의 형상은 교통류의 진행방향과 교통통제 및 운영방식과 같은 교통상의 필요성과 지형, 인접지역의 토지이용 및 도로부지와 같은 물리적인 제약조건을 함께 고려하여 경제적으로 설계한다. 다시 말하면 앞에서 말한 세 가지의 대표적인 인터체인지 이 외에도 도로 및 교통조건에

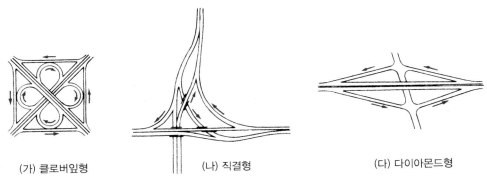

| (가) 클로버잎형 | (나) 직결형 | (다) 다이아몬드형 |

[그림 8.3] 인터체인지의 일반적 형태

자료: 참고문헌(1)

맞추어 직접연결, 반직접연결 또는 루프연결로를 여러 가지 방법으로 조합하여 인터체인지를 만들 수도 있다. 이때 일반적으로 이용되는 조합패턴의 수는 한정되어 있으며, 패턴을 결정할 때는 인터체인지가 차지하는 면적을 작게 하고 복잡한 구조물을 최소화하며, 내부 엇갈림을 최대로 줄이면서 지형과 교통조건에 알맞도록 해야 한다.

가장 기본적인 패턴을 대별하면 다음과 같다.

- 루프 설치 및 엇갈림 허용
- 루프 설치 및 엇갈림 방지
- 부분적 직접연결 및 엇갈림 방지
- 완전 직접연결(다층구조물 건설)

인터체인지가 설치 운영되면 거의 예외 없이 인터체인지 부근의 고속도로 교통류에 혼란이 생기며, 이 혼란은 차량이 하류로 흐르면서 변화된 조건에 적응할 수 있을 때까지 지속된다. 이와 같은 적응에 필요한 거리는 인터체인지에서의 교통의 움직임이 복잡할수록 길어진다. 따라서 인터체인지 간의 거리는 가까울수록 좋지 않으며 적어도 1.5 km 이상은 떨어져 있어야 한다.

인터체인지에서 운전자가 편하고 안전하게 운행하려면 연속되어 있는 인터체인지의 운행방식이 비슷해야 한다. 예를 들어 [그림 8.4]에서 (a)와 (b)가 연속되든, (a)와 (c)가 연속되든 간에 출구의 위치나 개수에 일관성이 없다. 다시 말하면 (a)에서의 출구는 하나면서 교차도로 이전에서 시작되는 반면에, (c) 또는 (e)의 출구는 둘이면서 하나는 교차도로 이전에, 또 다른 하나는 교차도로를 지나서 있기 때문에, 두 인터체인지가 연속되는 경우 운전자는 고속으로 주행하면서 망설이거나 일방통행 연결로로 잘못 진입하는 수가 있다. 이 말은 모든 연속된 인터체인지가 반드시 같은 형태를 가져야 한다는 의미가 아니라, [그림 8.4]와 같이 출구의 위치가 일관성을 가져야 한다는 것이다. 교통수요와 물리적 제약조건을 만족시키면서 일관성 있는 설계를 하기 위해서는 설계자의 독창력이 크게 요구된다.

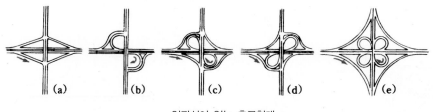

일관성이 없는 출구형태

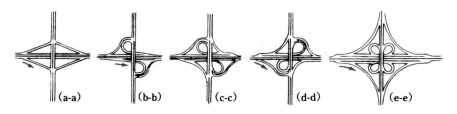

일관된 출구형태

[그림 8.4] 연속된 인터체인지에서의 출구 배치

자료: 참고문헌(6)

8.4.1 다이아몬드형 인터체인지

다이아몬드형 인터체인지는 두 도로의 교차점이 분리된 인터체인지 중에서 가장 간단한 형태이다. 통과교통과 교차교통 간의 상충은 교차점을 교량구조물로 설치하여 입체화시키므로 제거되며, 교차하는 두 도로 중에서 주도로(중요도로)에서의 좌회전은 연결로를 통하여 부도로(중요성이 적은 도로)로 끌어들여 좌회전시킴으로써 상충의 위험성을 줄인다. 그러므로 모든 좌회전은 부도로상의 연결로 끝단에서 일어나되 부도로의 직진과 교차상충이 발생한다. 또 모든 연결로의 입구와 출구에서 합류와 분류상충이 일어난다.

다이아몬드형 인터체인지는 점유면적이 다른 인터체인지에 비해 가장 작으며, 건설비용이 저렴하다. 뿐만 아니라 통과거리가 가장 짧으므로 차량운행비용이 다른 인터체인지에 비해 가장 적게 들어 경제적이며, 주도로부터의 분기점이 하나이므로 표지설치의 문제가 간단해진다. 이와 같은 이점 때문에 다이아몬드형은 가장 이상적인 인터체인지라 할 수 있다. 그러나 연결로 끝에서의 충돌위험이 많기 때문에 연결로 교통량이 많은 경우에는 주도로에서 빠져나와 부도로로 좌회전하는 연결로 끝에 신호등 또는 '정지'표지를 설치하는 등 별도의 대책을 고려해야 한다. 이때 부도로에서 신호등시간에 문제가 생길 수 있으며, 따라서 어떤 진행방향에 대한 용량이 부적절하게 될 수도 있다.

8.4.2 클로버잎형 인터체인지

클로버잎형 인터체인지는 엇갈림 구간을 사용하여 모든 방향의 교차상충을 제거한다. 교차상충은 이 엇갈림 구간 내에서 합류상충으로 바뀌고 얼마의 거리를 지난 다음에는 분류상충으로 변한다.

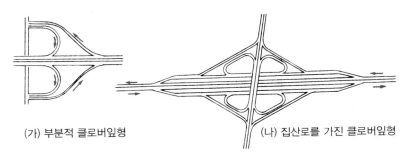

(가) 부분적 클로버잎형　　　　　　　(나) 집산로를 가진 클로버잎형

[그림 8.5] 클로버잎형 인터체인지

자료: 참고문헌(1)

각 직진도로는 인터체인지 지역 내에서 2개의 입구와 2개의 출구를 갖는다. 첫 출구는 교차점 이전 300~600 m 사이에 위치하여 우회전 교통을 처리한다. 두 번째 출구는 교차점 바로 지나서 설치되어 좌회전 교통을 한 바퀴 돌려서 처리한다. 교차도로의 좌회전 교통이 돌아서 유입되는 입구는 교차점 직전에 있으며, 교차도로의 우회전 교통이 유입되는 입구는 교차점을 지나 300~600 m 이내에 있다. 엇갈림 구간은 교차점 직전의 출구와 직후의 입구 사이에 생기며, 이 구간이 클로버잎형 인터체인지 설계에서 가장 중요한 부분이 된다. 이 구간은 합류와 분류를 원만히 처리할 만한 정도의 충분한 길이와 용량을 가져야 한다.

비록 클로버잎형 인터체인지가 다이아몬드형 인터체인지에서 보는 좌회전 교차를 제거시킬 수는 있지만, 운행거리 및 운행비용이 커지고 엇갈림 구간의 처리가 어렵다. 또한 연결로속도를 유지하기 위해서는 큰 곡선반경이 필요하여 넓은 인터체인지 부지가 요구되는 단점이 있다. 경우에 따라서는 완전한 클로버잎형 인터체인지 대신 부분적 클로버잎형이 더욱 바람직할 수도 있다. 부분적 클로버잎형은 다이아몬드형의 요소에 클로버잎형의 루프를 추가함으로써 중요한 회전상충만을 제거하기 위한 것이다([그림 8.5(가)]).

클로버잎형의 변형 중에서 또 하나는 집산로를 가진 것이다. [그림 8.5(나)]에서 보는 바와 같이 주도로 외측에 집산로를 설치하여 엇갈림 교통만을 처리하게 하고 통과교통은 주도로상을 이용하도록 분리시킴으로써 주도로는 각각 하나의 출구와 입구를 갖는다. 이렇게 함으로써 상대속도가 큰 교통을 분리시켜 엇갈림 구간의 문제점을 감소시킨다. 그러나 이와 같이 인터체인지가 클로버잎형의 운영상의 문제점을 어느 정도 감소시킬 수는 있으나 긴 통행거리와 넓은 인터체인지 부지를 필요로 하기는 마찬가지이다. 이 인터체인지는 고속도로와 준고속도로, 또는 다이아몬드형 인터체인지로는 교통수요를 충분히 처리할 수는 없는 도로와 고속도로가 만나는 곳에 설치하면 좋다.

8.4.3 직결형 인터체인지

직결형 인터체인지는 좌회전 교통을 처리하기 위한 하나 혹은 둘 이상의 직접 혹은 반직접연결로를 가지고 있다. 2개의 고속도로가 만나는 인터체인지나 또는 대단히 교통량이 많은 하나 혹은 둘 이상의 회전교통을 가진 인터체인지에는 직접연결로를 설치하는 것이 좋으며, 그렇게 함으로써 루프연결로에 비해 용량이 증대되고 고속을 유지할 수 있다. 그러나 이 인터체인지는 다이아몬드형이나 클로버잎형에 비해 더 많은 구조물과 도로부지를 필요로 하며, 또 좌회전 교통을 위한 전용출입구가 요구되므로 교통운영상의 문제점을 야기시킬 수도 있다.

8.5 교차로 설계요소

앞 장에서 설명한 바 있는 도로의 설계요소인 속도, 용량, 평면 및 종단곡선, 시거, 횡단면, 편경사 등은 교차로 설계에서도 그대로 적용된다. 그러나 교차로 설계는 교차하는 두 도로의 교통류를 동시에 고려해야 하고, 또 두 도로의 설계요소를 함께 고려해야 하므로 상당히 복잡하다.

8.5.1 시거

7장에서 설명한 바 있는 정지시거에 대하여 설계된 도로는 신호교차로에 대해서는 만족스러운 시거를 갖게 되나, 통제되지 않거나 또는 '정지'표지 또는 '양보'표지를 갖는 교차로에서는 교차도로에 접근하는 다른 차량에 대해서 명확한 시계를 확보해야만 한다. 이와 같은 곳에서의 시거는 두 접근로에 의해 생기는 삼각형 내의 장애물에 의해서 제한을 받는다. 즉, 시거삼각형 안에는 시계 장애물이 없어야 한다.

[그림 8.6]은 간단한 시거(視距)삼각형의 예를 보인 것이다. 여기서 장애물이라 함은 A, B, C의 포장면 높이에 의해 형성되는 평면 위로 1.1 m 이상 돌출된 물체를 말한다.

통제되지 않는 교차로에 접근하는 운전자는 정지, 감속, 또는 속도의 변화 없이 그대로 진행할 것인가를 판단하기 위한 시간을 가질 수 있을 정도의 시거가 필요하다. 이 중에서 정지여부를 판단

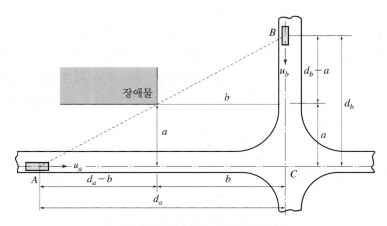

[그림 8.6] 통제되지 않는 교차로에서의 시거

자료: 참고문헌(1)

할 필요성이 있는 상황에서 가장 긴 시거가 소요된다. 따라서 그림에서 시거삼각형의 각 변의 길이 d_a 및 d_b는 차량속도가 각각 u_a 및 u_b일 때의 안전 정지시거에 여유거리 4.5 m를 합한 값과 같다.

반대로 교차로에서 시계 제약사항이 주어지고 안전한 접근속도를 구하는 문제는 13장 속도제한에서 시거삼각형과 함께 설명한다.

예제 8.1 주택가에 통제가 되지 않는 4갈래 교차로가 있다. A도로에서의 접근속도가 50 kph이고 교차도로인 B도로에서의 접근속도는 40 kph일 때, 시거삼각형을 설계하라. 단 교차로에서의 임계감속도는 5.5 m/s², 반응시간은 2초이다.

풀이 앞의 식 (2.4)를 이용하여 정지거리를 구하고 여기에 4.5 m를 더한다.

$$d_a = \frac{v^2}{2a} + t_r \cdot v + 4.5 = \frac{(50/3.6)^2}{2 \times 5.5} + 2(50/3.6) + 4.5 = 50 \text{ m}$$

$$d_b = \frac{(40/3.6)^2}{2 \times 5.5} + 2(40/3.6) + 4.5 = 38 \text{ m}$$

따라서 교차로 중앙을 중심으로 A도로상 50 m, B도로상 38 m를 삼각형으로 연결하면 시거삼각형을 이루며, 이 사이에는 시계 장애물이 없어야 한다. ■

교차로가 '정지'표지나 '양보'표지에 의해서 통제되면 그 접근로의 차량은 반드시 정지를 하거나 또는 속도를 줄여야 하므로 시거삼각형의 면적은 이보다 훨씬 작아진다. 예를 들어 '정지'표지에서 정지했다가 출발하기 위해서는 교차도로에서 접근하는 차량들의 간격을 판단하고 안전하게 횡단하는 데 필요한 시간 동안 교차도로상의 차량이 달릴 수 있는 거리가 안전시거이다. 이와 같은 경우는 교차로뿐만 아니라 다이아몬드형 인터체인지의 연결로 끝에서 교차도로(부도로)로 좌회전하기 위한 '정지'표지에서도 일어난다. [표 8.1]은 연결로 끝의 '정지'표지에서 부도로로 좌회전하는 차량에 대한 소요시거를 나타낸 것이다. 만약 부도로가 주도로 위로 지나가는 입체교차인 경우에서처럼 부도로가 종단곡선을 이루면 이때의 시거는 더욱 길어지게 된다.

여기서 주의할 것은 부도로상을 직진하는 차량은 통행우선권을 가지고 진행하지만, 연결로 끝에

[표 8.1] 인터체인지 연결로 끝에서 도로 방향의 소요시거

부도로 설계속도 (kph)	평탄한 부도로로 좌회전 시 소요시거(m)			종단곡선 부도로로 좌회전 시 소요시거[*](m)	
	연결로 차량			연결로 차량	
	승용차	화물차	연결화물차	승용차	화물차
50	100	140	190	95	110
60	120	170	230	120	135
70	140	200	270	130	160
80	160	230	310	160	180
90	180	255	345	200	220
100	200	285	385	235	265

* 부도로 교통의 정지시거는 충분하다고 가정
자료: 참고문헌(1), p.798

서 자기의 진로를 가로질러 좌회전하는 차량을 볼 수 있는 충분한 정지시거를 확보하는 것도 중요하다.

부도로가 주도로 아래로 입체교차하는 경우 연결로 끝의 시거는 입체구조물의 교대(橋臺)나 교각에 의해서 제한을 받을 수 있으므로 이들을 뒤로 물리거나 연결로 끝의 위치를 구조물로부터 멀리함으로써 필요한 시거를 확보하도록 해야 한다. 만약 이와 같은 고려를 할 수 없는 경우에는 신호등을 설치하는 것이 좋다.

8.5.2 회전반경

도시 평면교차로 설계에서 두 가지 중요한 고려사항은 교차로 면적의 최소화와 보행자로 하여금 안전하고 편리하게 도로를 횡단하게 하는 것이다. 때문에 도시 평면교차로의 설계에서는 가능한 한 최소 연석회전반경을 사용한다. 최소 연석회전반경은 회전속도와 차종 및 회전교통량, 회전 시의 쾌적감, 회전차량이 다른 차로를 침범하는 허용 정도에 따라 좌우된다.

도시 평면교차로의 연석회전반경은 15 kph의 속도로 우회전하는 차량을 기준으로 하며 그 값은 1.5~15 m 범위에 있고, 그중 대부분은 3~4.5 m 사이에 있다. 아주 낮은 속도로 3 m 폭의 차로를 우회전하는 승용차는 4.5 m 연석회전반경으로도 다른 차로를 침범하지 않고 우회전을 할 수 있다. 그러나 회전속도가 증가하거나, 낮은 속도지만 차량의 크기가 커지면 인접차로를 많이 침범하게 된다. 두 교차도로변에 도로변 주차(駐車)차로가 설치되어 있고 교차로 모서리의 일정 거리를 주차금지시키는 경우에는, 이 주차차로가 없는 경우보다 짧아도 지장이 없다.

연석회전반경이 커지면 모서리의 인도가 좁아지며 보행자의 횡단거리가 길어지게 된다. 예를 들어 연석회전반경이 12 m이면 대형화물차도 인접차로를 침범하지 않고 회전할 수 있으나 4.5 m 반경에 비해 보행자 횡단시간이 5초 정도 증가된다. 그러나 교통량이 많은 간선도로에서의 효율적인 교통운영을 위해서는 승용차를 위해서 4.5~7.5 m의 연석반경을, 화물차와 버스를 빠른 속도로 회전시키기 위해서는 9~15 m의 연석반경이 이상적이다. 대형트레일러 화물차가 많은 교차로에서는 이보다 더 큰 회전반경이 필요하며 주거지역의 가로는 4.5~7.5 m의 반경이면 충분하다. 실제 회전차량에 적합한 연석회전반경을 설계하기 위해서는 실제 차량의 회전궤적과 매우 비슷한 3점 복합곡선을 사용하며, 여기에 관한 것은 참고문헌 (1)에 자세히 설명되어 있다.

지방부도로의 평면교차로에서는 교차로 부지 및 보행자의 횡단문제는 그리 중요하지 않다. 다만 회전교통량이 많거나 회전교통의 중요성이 증가하고 설계기준이 높아지면 경제성을 고려하여 회전반경을 증가시킨다. 교차로에 접근하는 속도와 같은 속도로 회전할 수 있게 교차로 회전반경을 만들어 주는 것이 좋긴 하지만 이와 같은 설계는 일반적으로 비경제적이다. 더군다나 그와 같은 설계는 안전이란 측면에서 볼 때도 바람직하지 않다. 인터체인지 연결로 또는 지방부 평면교차로에서 여러 가지 회전속도에 따른 적절한 설계값이 [표 8.2]에 나타나 있다.

[표 8.2] 교차로 곡선의 최소회전반경

회전설계속도(kph)	20	30	40	50	60
횡마찰계수(f)	0.35	0.28	0.23	0.20	0.17
최소편경사(e)	0.00	0.02	0.04	0.06	0.08
최소회전반경(m)	10	24	46	76	111
적정 회전반경(m)	11	25	45	75	111
평균 주행속도(kph)	12	27	35	43	51

자료: 참고문헌(1), p.220

8.5.3 보조차로

보조차로란 주차, 속도변환, 회전, 회전대기, 엇갈림, 화물차등판 및 기타 통과교통류의 이동을 도울 목적으로 주행선에 붙여서 추가로 설치된 차로를 말한다. 이 차로의 폭은 통과차로의 폭과 같아야 한다.

교차로 보조차로의 근본적인 목적은 회전차량을 모아두기 위한 것이며 부차적인 목적은 회전차량이 정상적인 접근속도에서부터 교차로를 벗어나기 전에 정지하는 지점까지(정지할 필요가 없을 경우에는 안전하게 회전하는 데 필요한 속도까지) 감속하는 데 필요한 공간을 제공하는 것이다. 뿐만 아니라 버스정거장이나 승용차 이용객이 승하차하는 곳에도 보조차로를 설치할 수 있다.

두 인터체인지가 가까이 있을 경우(한 인터체인지 출구의 테이퍼 끝으로부터 다른 인터체인지 입구의 테이퍼 끝까지의 거리가 450 m 이내)에는 두 출입구 단(端) 사이에 보조차로를 계속적으로 연결시켜 준다.

보조차로가 시작되거나 끝나는 곳에는 테이퍼(taper)를 설치하여 차로폭이 서서히 증가하거나 감소하게 한다. 고속도로의 인터체인지 유출입을 위한 보조차로의 길이는 그 차로의 기능과 경사에 따라 좌우되나 최소 750 m(테이퍼 길이 포함)가 되게 한다. 교차로에서는 대형화물차가 많이 다니거나 승용차가 25 kph 이상의 속도로 회전하게 하기 위해서는 보조차로를 설치함으로써 교차로의 운영상태가 개선되거나 용량 및 안전성을 증대시킬 수 있다. 보조차로는 원래의 접근로 폭에 추가되는 좌회전, 우회전 또는 직진차로를 말한다.

보조차로의 폭은 적어도 3 m 이상은 되어야 하며 3.5 m 정도면 만족스럽다. 회전을 위한 보조차로의 길이는 다음과 같은 세 가지로 구성된다.

- 감속길이
- 대기차로 길이
- 진입테이퍼 길이

총 길이는 이들 세 가지 길이의 합이지만, 중간 정도의 속도의 도시간선도로에서는 대기차로 길이와 테이퍼 길이만 있으면 된다.

교차로에서 평균주행속도 30, 50, 65, 80 kph에 대한 보조차로의 길이는 각각 50, 75, 110, 150 m 정도로 하면 된다.

대기차로 길이는 신호교차로의 경우 1.5~2주기 동안 도착하는 회전차량의 평균대수를 수용할 수 있어야 하며, 신호등이 없는 교차로에서는 2분 동안 도착하는 회전차량 대수를 기준으로 한다.

보조차로는 직진교통류로부터 우회전 교통류를 분리시키는 역할을 한다. 도시도로의 경우 연석차로는 교차로에서부터 일정 길이에 주차를 금지시킴으로써 우회전 차로로 이용되기도 한다. 우회전 보조차로를 설치한다면 25 kph 이상의 회전속도를 낼 수 있게끔 연석회전반경을 증가시키는 결과가 된다. 이 경우 그 차로는 일반적으로 교통섬에 의해서 분리되며 이 교통섬은 횡단보행자 대피소 역할을 할 수 있다.

좌회전 전용차로는 지체와 추돌사고 및 회전사고를 감소시키며 교차로의 용량을 증대시키는 역할을 한다. 또 좌회전 전용차로를 마련함으로써 교차상충이나 분류상충의 위험을 줄인다.

중앙분리대가 있는 도로에서의 좌회전 차로는 교차로 가까이의 일부를 철거하고 좌회전 차로를 만들 수 있다. 좌회전 차로를 설치할 수 있는 중앙분리대 폭은 4.2 m 이상이면 된다. 좌회전 차로 설치를 위한 중앙분리대 철거 길이는 분리대의 개구부(開口部) 길이와 회전교통량에 따라 좌우되나 인접교차로와 비슷하게 하는 것이 좋다. 중앙분리대가 없는 지방부도로에서는 중앙선을 약간 왼쪽으로 물림으로써 좌회전 전용차로를 만들 수 있다.

좌회전 전용차로의 맞은편은 중앙분리대 혹은 같은 좌회전 전용차로여야 하며, 절대로 직진차로여서는 안 된다. 좌회전 차로의 길이가 충분치 못하면 뒤에 도착한 좌회전 차량이 직진차로를 침범하게 되어 직진교통용량을 감소시킨다. 반대로 직진대기행렬이 좌회전 전용차로의 길이보다 길면, 좌회전 차량이 전용차로에 진입할 수 없게 되어 좌회전 신호의 효율이 감소되는 수가 있다. 그러나 좌회전 신호시간이 좌회전 교통수요에 적합하고, 좌회전 전용차로의 길이가 앞에서 말한 1.5~2주기 동안의 좌회전 도착교통량을 대기시킬 수 있는 길이라면 이 문제는 해결된다. 또 한 가지 유의할 것은 좌회전 전용차로가 설치되어 있으나 이에 인접한 직진차로가 직선이 아니면 좌회전 차량의 후미가 직진차량과 충돌할 위험성이 많으므로 특히 조심해야 한다.

테이퍼는 교차로에서보다도 고속도로의 인터체인지 연결로에서 더욱 중요하다. 다시 말하면 이는 가속 및 감속차로의 시작 및 끝부분에 설치하여 접근속도를 크게 변화시키지 않으면서 차량을 서서히 횡방향으로 이동시켜 합류 및 분류를 원활하게 하는 경과구간이다. 고속도로의 테이퍼 길이는 횡방향의 이동률과 속도에 따라 다르나 일반적인 설계기준으로는 안전하고 쾌적한 횡이동률을 1.0 m/s로 본다. 예를 들어 가속차로를 완전히 벗어나 80 kph 속도의 주행선에 합류하는 경우 가속차로의 폭을 3.5 m라 하면 이를 벗어나는 데 걸리는 시간은 3.5초이며, 따라서 테이퍼 길이는 $3.5 \times 80 \times 1,000/3,600 = 78$ m이다.

그러나 일반적인 기준으로는, 교차로에서 테이퍼를 직선으로 설치할 경우 그 변화율은 접근속도가 50 kph까지는 8 : 1, 그 이상에서는 이 비율이 증가하며 속도가 80 kph일 때는 15 : 1을 사용한다.

8.5.4 보행자 시설

보행자를 보호하기 위한 시설은 도시교차로 설계에서 매우 중요한 비중을 차지한다. 특히, 보행자 횡단은 주로 교차로에서 일어나므로 설계에서는 이를 고려하여 가능한 한 안전하게 횡단할 수 있도록 해야 한다.

보행자 시설은 보행자 수와 차량 교통량, 횡단 차로수 및 교차로에서의 회전교통량에 의해 좌우된다. 보행자는 육교나 터널 등 입체분리시설을 이용한 횡단을 별로 달가워하지 않으므로 될수록 노면횡단시설을 하는 것이 좋다. 그러나 보행자와 차량의 교통량이 아주 많거나 차량의 속도가 높아 횡단에 위험이 따르면 보행자용 육교나 터널을 설치해야 한다.

등급이 낮은 도로, 특히 회전교통이 적은 도로와 교차하는 도로에서는 보행자 문제를 해결하기 위한 가장 보편적인 방법은 노면횡단보도를 설치하는 것이다. 이때 필요하다면 가로등이나 안전지대 및 방호책 또는 신호등 시설이 함께 따르는 것이 좋다. 중요한 간선도로, 예를 들어 차량교통량이 많은 4~8차로도로에서는 차량교통과 보행자의 평면교차는 대단히 위험하다. 특히, 이와 같은 도로가 CBD를 통과하거나 또는 다른 중요도로와 만나는 교차로인 경우는 더욱 심각하다. 이럴 때는 보행자용 입체분리시설만이 유일한 해결책이라 할 수 있다.

교통량이 많은 도로를 횡단하는 보행자 수는 될수록 최소화해야 한다. 그러나 CBD 부근이나 그 안에 있는 모든 교차로에는 횡단보도를 설치할 필요가 있다. 교차로에서 다른 횡단시설이 없으면서 보행자 횡단이 금지되었을 때 이를 단속하기란 매우 어렵다. 보행자의 불편보다도 안전이나 교통운영상의 이득이 더 클 경우에 한해서만 횡단금지가 정당화된다. 보행자 횡단을 불합리하게 금지시키면 불법횡단을 야기시켜 더욱 위험성이 높아진다. 때문에 적절하고 합리적인 횡단시설 설계가 무엇보다 중요하다.

측도를 갖는 넓은 간선도로에 보행자 신호등을 설치하면 외곽분리대가 보행자 안전지대로 활용되므로 매우 효과적이다. 아주 넓은 도로의 보행자 신호등은 길 건너편에는 물론이고 중앙분리대에도 설치하는 것이 좋다.

좌회전 또는 우회전 차로가 있거나 직각으로 교차하지 않는 다차로교차로에서는 접근로의 폭이 보행자 횡단에 어떤 영향을 미치는가를 분석해야 한다. 보행자의 속도는 통상 1.2 m/s이므로 한 차로가 증가하면 횡단시간은 약 3초 정도 증가한다.

8.5.5 도류화

도류화(導流化)는 차량과 보행자를 안전하고 질서 있게 이동시킬 목적으로 교통섬이나 노면표시를 이용하여 상충하는 교통류를 분리시키거나 규제하여 명확한 통행경로를 지시해 주는 것을 말한다. 적절한 도류화는 회전차로나 가·감속차로를 이용하게 함으로써 안전성을 제고하고, 용량을 증대시키며, 최대의 편의성을 제공하며 운전자에게 확신을 심어준다. 부적절한 도류화는 이와 반대되는 효과를 나타내며 때로는 그것을 설치하지 아니함만도 못할 경우도 있다. 지나친 도류화는 혼동을 일으키기가 쉽고 운영상태가 나빠지므로 될수록 피하는 것이 좋다. 도류화를 이용하면 사고를 현저히 줄일 수 있다. 이런 경우의 대부분은 좌회전 이동류를 위한 도류화이다. 교차로에서 도류화를 이용하여 좌회전 전용차로를 설치하면 후미추돌사고를 감소시키고 원활한 좌회전이 이루어진다.

평면교차로에서 도류화는 다음과 같은 목적을 위하여 설치된다.

① 2개 이상의 차량경로가 교차하지 않도록 통행경로를 제공한다.
② 차량이 합류, 분류 및 교차하는 위치와 각도를 조정한다.
③ 평면교차로 면적을 줄여 차량 간의 상충면적을 줄인다.
④ 차량이 진행해야 할 경로를 명확히 알려준다.
⑤ 높은 속도의 주 이동류에게 통행우선권을 제공한다.
⑥ 보행자 안전지대를 설치하기 위한 장소를 제공한다.
⑦ 분리된 회전차로는 회전차량이 직진교통류를 횡단할 때까지 기다리는 장소를 제공한다(비보호 좌회전의 경우).
⑧ 교통통제설비를 잘 보이는 곳에 설치하기 위한 장소를 제공한다.
⑨ 어떤 이동류의 진행을 금지 또는 원하는 방향으로 통제한다.
⑩ 차량의 속도를 원하는 정도로 통제한다.

도류화된 교차로 설계는 통상 다음과 같은 요소, 즉 설계차종, 교차도로의 횡단면, 예상교통량 대 용량, 보행자 수, 차량속도, 버스정거장 위치, 교통통제설비의 종류와 위치 등에 의해서 지배된다. 더구나 도로부지나 지형과 같은 물리적인 요소에 의해서 경제적으로 타당성 있는 도류화의 범위가 결정된다.

교차로를 도류화시킬 때는 기본적인 원칙을 따라야 하나 그렇다고 다른 여건을 감안한 전체적인 설계특성을 무시하면서 이를 적용시켜서는 안 된다. 또한 독특한 조건하에 설계원칙이 적용될 때는 이를 수정할 수도 있으나 그때는 이에 따른 결과를 충분히 예상할 수 있어야 한다. 이와 같은 설계원칙을 무시하면 위험성을 내포한 설계가 되기 쉽다.

평면교차로에서의 도류화를 위한 일반적인 설계원칙은 다음과 같다.

(1) 단순성

① 운전자는 한 번에 한 가지 이상의 의사결정을 하지 않도록 해야 한다.
② 필요 이상의 교통섬을 설치하는 것은 피해야 하며, 원칙적으로 도류화가 필요하다 하더라도 평면교차로의 면적이 좁은 경우에는 피해야 한다. 교통섬의 최소 면적은 적어도 4.5 m^2 이상은 되어야 한다.
③ 설계를 단순화하고 운전자의 혼돈을 막기 위해서 상충점을 분리시킬 것인지 또는 밀집시킬 것인지를 결정해야 한다.

(2) 자연스런 경로, 선형

① 30° 이상 회전하거나 갑작스럽거나 급격한 배향곡선(背向曲線, reverse curve)의 선형 등 부자연스런 경로를 피해야 한다.

② 곡선부는 적절한 곡선반경과 차로폭을 가져야 한다.

③ 접근로의 끝부분은 차량의 속도와 주행경로를 점진적으로 변화시킬 수 있도록 처리를 잘해야 한다.

④ 교통섬은 운행경로를 편리하고 자연스럽게 만들 수 있도록 배치해야 하며, 정상적인 통행로의 끝단으로부터 최소한 뒤로 60 cm 정도 물려서 설치해야 한다.

(3) 시인성

① 운전자가 적절한 시인성 및 시계를 가지도록 해야 한다.

② 숨은 장애물이 없어야 하며, 교통섬은 눈에 잘 띄도록 해야 한다.

③ 지방부도로의 경우 야간에 교차로 조명을 하든가 교통섬의 외곽 연석 주위에 반사버튼과 같은 적절한 조명시설을 해야 한다.

④ 특히 회전차량의 대기장소는 직진교통으로부터 잘 보이는 곳에 위치해야 한다.

(4) 교통운영과의 조화

① 교통통제설비는 도류화의 일부분이므로 이를 고려하여 교통섬을 설계해야 한다.

② 다(多)현시 신호에서는 도류화를 하여 이동류들을 분리시키는 것이 좋다.

이와 같은 설계원칙에 따라 도류화를 실시한 예를 몇 가지 들면 다음과 같다.

① 상충면적을 줄여 교차로에 진입하는 운전자의 판단시간을 줄인다. 대체로 넓은 교차로는 차량과 보행자의 이동에 위험성이 높다.

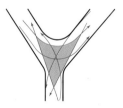 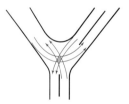

② 교통류가 합류 또는 엇갈림 없이 교차할 때 될수록 직각으로 교차하도록 한다. 그렇게 함으로써 예상되는 상충면적과 교차시간을 줄이고, 운전자로 하여금 교차 교통류의 상대속도와 상대위치에 대한 판단을 쉽게 하도록 한다.

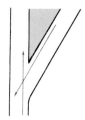 

③ 합류각도를 줄인다. 합류각이 10~15° 정도이면 두 합류 교통류의 속도 차이가 거의 없어지 므로 함께 흐르게 된다. 또 주교통류에 합류되는 차량은 비교적 짧은 차간시간을 이용할 수 있다.

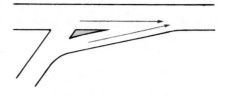

④ 금지된 방향의 진로를 막아준다.

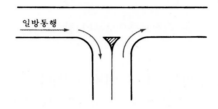

⑤ 직진이동류는 회전이동류와 분리시키며, 같은 이동류는 한 경로를 이용하게 함으로써 상충을 줄이고, 운전자의 판단을 쉽게 한다.

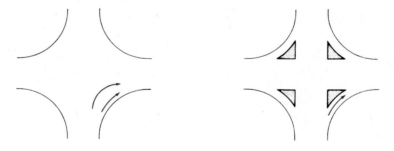

⑥ 교차로에 진입하는 교통류의 진로를 구부림으로써 속도를 줄일 수 있다. 이때 주교통류의 진 로는 되도록 구부리지 않는 것이 좋다. 또 교통류의 경로를 깔때기 모양의 좁은 통로로 만들 어 줌으로써 속도를 줄인다.

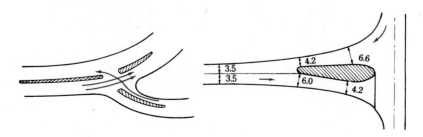

⑦ 교차 또는 회전하는 차량이 보호되도록 한다. 2개 이상의 상충교통류를 횡단해야 할 때는 대피지역을 이용하여 한 번에 한 교통류만 횡단하게 할 수 있다. 이때 교통섬이 대피지역 역할을 한다.

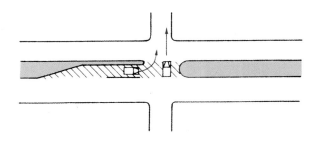

무엇보다도 교차로에서는 운전자에게 자연스런 통행경로를 인도해 줌으로써 운전 조작행위를 단순화시키는 것이 도류화의 근본 목적이다. 또 운전자가 어떤 교차로의 도류화에 잘 적응하기 위해서는 연석이나 노면표시로 도류화를 실시하기 전에, 교통콘(traffic cone)이나 모래주머니로 임시 교통섬을 설치하는 것이 바람직하다.

두 교차로에서의 여러 가지 조건이 꼭 같은 경우는 드물다. 어떤 교차로에서는 꼭 어떤 형태의 도류화만이 적합하다는 것은 아니며 최종설계는 운전자, 차량 및 도로여건에 따라 결정되어야 한다([그림 8.7]).

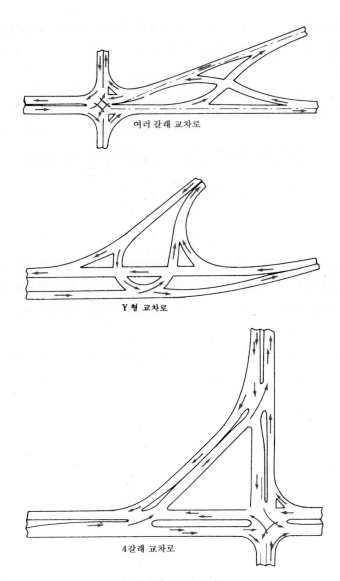

여러 갈래 교차로

Y 형 교차로

4갈래 교차로

[그림 8.7] 도류화 교차로

자료: 참고문헌(1)

● 참고문헌 ●

1. AASHTO., *A Policy on Geometric Design of Highways and Streets,* 1984.
2. Matson, T. M., W. S. Smith, and F. W. Hurd, *Traffic Engineering*, McGraw-Hill Book Co., 1955.
3. ITE., *Guidelines for Urban Major Street Design*, 1984.
4. ITE., *Recommended Guidelines for Subdivision Streets*, 1984.
5. ITE., *Planning Urban Arterial and Freeway System*, 1985.
6. Jack E. Leisch, *Adaptability of Interchange Types on Interstate System*, ASCE Proc., Vol. 84, 1958.
7. 국토교통부, 도로용량편람, 2013.
8. 국토교통부, 도로의 구조·시설 기준에 관한 규칙 해설, 2020.

제 9 장

주차 및 터미널시설 설계

교통시스템은 차량(vehicle), 통행로(guideway), 운전자(driver)의 3요소로 구성되어 있으며, 이 중에서 통행로는 반드시 터미널시설을 수반한다. 따라서 터미널시설은 그 위치나 종류에 관계없이 도로교통시스템의 극히 중요한 부분이다. 도로교통에서의 터미널에는 노상(路上)주차장, 평면주차장, 옥내주차장, 쇼핑센터, 사도(私道) 등과 같은 주차공간과 버스정거장 및 터미널, 택시승강장 및 화물적하장(積荷場) 등이 있다.

도로이용자는 최소의 비용으로 최대한 목적지 가장 가까운 곳에 주차하기를 원한다. 그러므로 통행발생이 적은 지역에서는 노상주차장이 이와 같은 필요성을 가장 잘 만족시킨다. 그러나 토지이용도와 통행이 증가하면 노상주차 공간만으로는 주차수요를 충족시킬 수가 없다. 더구나 통행차량이 많으면 될수록 도로의 많은 부분이 통행에 이용되어야 하므로 노상주차 공간의 여지는 적어진다. 따라서 도시의 크기가 커지면 CBD 내의 노상주차의 비율은 감소하며 평면주차장, 옥내주차장 및 특수터미널 등 노외(路外)주차시설에 대한 의존도가 높아진다.

이와 같은 노외주차시설이 효율적으로 제 기능을 발휘하기 위해서는 이들이 종합적인 도로시스템의 한 부분으로 취급되어야 한다. 특히 CBD, 쇼핑센터, 교육기관, 공항, 버스정거장 및 주요 산업시설 등에 집중되는 주차수요는 이들 특성에 알맞는 공급시설을 마련해 주어야 하나, 토지이용 및 환경정책상 통행패턴의 변화를 유도하기 위하여 고의적으로 주차시설 공급을 억제하는 경우도 있다.

주차시설의 계획과 설계과정에서는 그 위치와 소요주차면수 및 주차면의 배치방법을 결정한다. 이와 같은 주차시설의 위치나 주차면의 배치 및 운영방식은 운전자에게 편리해야 하며 이용차량에 적합해야 한다. 이러한 과정은 토지이용 패턴별 주차발생 특성과 이용자 및 그 지역 전반의 주차운영특성을 이해해야만 가능하다.

9.1 주차수요 추정

주차수요란 주차공간, 즉 주차면(駐車面)의 수요를 말한다. 주차수요 추정에는 어느 지역 전체의 주차수요를 추정하는 경우와 특정 건물 또는 주요 도로구간이나 토지이용이 균일한 어느 구역에 대한 수요를 추정하는 경우가 있다. 두 경우의 차이는 토지이용의 종류 또는 이에 따른 주차시간 길이가 주차수요 추정에 어느 정도 영향을 미치는가에 달려있다.

어느 지역의 주차수요는 대상지역 내의 토지이용의 종류 및 개발밀도, 토지 이용자의 사회·경제적 특성에 따라 좌우되며, 그 지역의 주간(晝間)인구 및 이용인구, 주차시설 현황, 주차규정에 영향을 받는다.

업무지구 내의 총 주차수요를 추정하기 위해서는 ① 현재 합법적으로 주차하고 있는 차량대수, ② 지역 내의 불법주차 차량대수, ③ 지역 밖에 주차하고 걸어오는 사람 수, ④ 다른 교통수단을 이용하지만 주차할 수만 있다면 차를 가지고 올 사람 수를 추정해야 한다.

특정 건물 또는 토지이용의 종류가 비교적 균일한 구역은 주차특성 역시 균일하므로 주차수요를 더욱 정밀하게 추정할 수 있다.

주차장의 총 주차면 중에서 80~95% 정도가 이용되고 있다면 이는 용량에 도달한 상태로 본다. 또 그 지역의 총 주차공급량을 판단할 때는 개인소유의 사설 주차면수도 포함시켜야 한다. 이때 사설 주차면수의 현황을 조사하여 포함시키는 것이 아니라 공공 주차장면수의 10~15%를 증가시켜주면 된다.

주차수요를 추정하는 방법에는 다음과 같은 몇 가지가 있다.

1 p계수법

p계수법(parking space factor method)은 도심지나 중심업무지구와 같이 비교적 넓은 지역의 주차수요를 추정하는 데 사용되는 방법이다. 그 지역 하루의 이용인구로부터 주간 통행집중률, 평균승차인원, 첨두시 주차집중률 등을 이용해서 첨두시 주차차량대수를 구하여 이 값을 그 지역의 주차수요로 하는 방법으로서 아래와 같은 식으로 표시된다.

$$P = t \cdot a \cdot p \tag{9.1}$$

$$p = \frac{d \cdot s \cdot c \cdot r \cdot p_r}{o \cdot e}$$

여기서 P =주차수요(parking space demand; 면수)

$\quad\quad p$ =그 지역에 승용차를 이용하여 들어오는 개인통행당 소요주차면수(p계수)

$\quad\quad d$ =주간(07:00~19:00) 통행집중률

$\quad\quad s$ =계절집중률(seasonal peaking factor)

$\quad\quad c$ =지역보정계수(locational adjustment factor)

$\quad\quad r$ =주차첨두시 주차집중률

$\quad\quad p_r$ =진입차량 중 주차차량 비율

$\quad\quad o$ =평균승차인원(인/대)

$\quad\quad e$ =주차장 효율계수

$\quad\quad t$ =지역의 1일 이용자 수

$\quad\quad a$ =그 지역 이용자 중 승용차 이용률

p계수는 그 지역에 승용차를 이용하여 들어오는 한 개인통행당 소요주차면수로서 일반적으로 도시의 인구가 클수록 그 값은 커진다. 미국에서 인구 1,000만 명의 도시의 경우 지역보정계수가 높은 도심 중앙에서 계절집중률이 높을 경우 약 0.35의 값을 갖는다. 이 방법의 가장 큰 단점은 p계수에 포함되는 변수가 너무 많고, 그 값들을 얻기 어려우며, 또 적용 시 오차가 누적될 우려가 있다는 것이다.

2 단순추정법

도시인구의 변화, 사회경제 지표 및 교통시설 등 주차의 수요와 공급에 영향을 주는 과거자료를 이용하여 주차수요를 추정한다. 또 토지이용 예측과 건물의 총 연상면적도 주차발생률과 함께 사용된다. 종합교통계획조사에서 얻은 승용차통행 예측자료를 이용하면 더 나은 결과를 얻을 수 있다. 적은 지역이나 도로변 구간의 개략적인 수요추정에 사용하면 좋다.

3 원단위법

주차특성은 어떤 시설이나 건물의 용도에 따라 달라진다. 따라서 어떤 토지이용 종류에 따른 주차수요를 그 건물의 단위면적당으로 다음과 같이 나타내어 사용할 수 있다.

$$P = \frac{U \cdot f}{1,000 \cdot e} \tag{9.2}$$

여기서 P = 주차수요(면)

U = 주차발생 원단위(면/$1,000 \text{ m}^2$)

f = 건물의 연상면적(floor area; m^2)

e = 주차장 효율계수

이 방법은 사용하기에 매우 간단하여 편리하나, 시간이 지나면 주차특성이 변하며, 지방 또는 지역에 따라 원단위(原單位)가 다를 수가 있으므로 사용에 주의해야 한다. 따라서 단기간의 주차수요를 추정하거나, 특히 주차특성이 균일한 개별 건물의 주차수요를 추정하는 데 유용하다. 만약 어느 지역 내에 있는 건물의 용도별 주차발생 원단위와 각 건물의 연상면적을 알면 이 지역의 주차수요를 비교적 정확히 추정할 수 있다.

4 누적주차대수법

분석대상지역, 지구 또는 건물에 대하여 매우 이른 아침부터 주차장을 출입하는 차량들의 대수를 시간대별로 예측하여 최대 주차대수가 예상되는 시간대가 주차 첨두시간이며, 이때의 차량대수가 주차수요이다. 분석대상지역이 넓거나 토지이용이 다양하면 이 방법을 사용하기 어렵다. 누적주차대수법(parking accumulation method)은 매우 미시적인 추정방법으로서, 유사한 주차특성을 나타내는 용도의 건물 또는 지구의 주차수요를 추정하는 데 사용하면 좋다.

9.2 주차 설계

주차시설을 설계할 때는 시설주인의 관점뿐만 아니라 이용자의 관심도 고려해야 한다. 주차장을 이용하는 사람 중에는 직접 주차하려는 사람도 있고, 안내원이 주차시켜 주기를 원하는 사람도 있으며, 또 주차방식에 상관하지 않는 사람도 있다. 통행목적과 주차시간 길이는 천차만별이며 이는 이용자의 요구와 주차요금에 좌우된다. 또 주차시설을 운영하는 측은 이용자의 요구를 만족시킴과 동시에 주차시설로부터 최대한의 이윤을 얻기를 바란다.

주차장의 설계에서는 이와 같은 양쪽의 요구사항을 설계기준 및 운영기준에 반영하며, 이 기준에 의하여 여러 가지 시설대안을 만들고 이를 평가하여 최상의 대안을 선택한다.

9.2.1 노상주차 설계

도로변주차장의 타당성을 결정하기 위해서는 통과교통 및 도로변 이용자 양쪽의 요구사항에 대한 분석을 해야 한다. 만약 어느 도로변에 노상주차가 허용된다는 결정이 되었으면 구체적인 주차면 배치를 해야 한다. 이때의 설계는 비록 주차시간 길이(parking duration)나 회전수(廻轉數, turnover) 및 점유율(占有率, occupancy)에 좌우되기는 하나 근본적으로 저속으로 움직이는 차량임을 감안해야 한다.

[그림 9.1]은 주차면의 배치에 따른 바람직한 주차면의 크기를 보인 것으로 연석(緣石)길이당 주차가능 대수는 평행주차(parallel parking) 때가 각도주차(angle parking) 때보다 적은 것을 알 수 있다. 그러나 각도주차는 평행주차에 비해서 통과교통에 장애를 주는 면적이 크며 또 주차행동 범위도 크기 때문에 장애 정도가 크다. 뿐만 아니라 교통사고율도 높다.

이와 같은 역기능 때문에 각도주차는 일반적으로 저속교통이 이용하는 넓은 부도로에만 사용되고 있다. 반면에 평행주차는 주차행동에 걸리는 시간이 짧으며 주도로의 노상주차에 적합하다.

버스나 트럭 및 택시승강장의 구조는 차량의 크기에 따라 다르다. 블록의 끝부분에 있는 주차면이나 진출입로 가까이 있는 주차면은 주차행동에 걸리는 시간이 짧으므로 교통흐름에 그다지 큰 지장을 주지 않는다.

9.2.2 노외주차시설의 출입구

노외(路外)주차시설이라 함은 노상주차시설이 아닌 다른 주차시설, 즉 평면주차장(parking lot) 및 옥내주차장(garage)을 말한다. 대형 노외주차시설의 유출입은 인접도로의 교통운영에 영향을 미친다. 주차장에 진입하기 위한 차량이 도로상에서 대기하지 않아야 하며, 또 원활하게 주차장을 빠져나오게 하기 위해서는 출입구간의 간격이나 용량이 적절해야 한다. 가장 효율성이 높은 시설의 크기는(특히 단시간 주차에 사용되는 시설에서) 주차수요에 의해서 좌우되기보다는 인접도로가 주차장 유출입차량을 얼마만큼 잘 소화하는가에 따라 결정된다. 이런 이유 때문에 주차장은 두 도로에

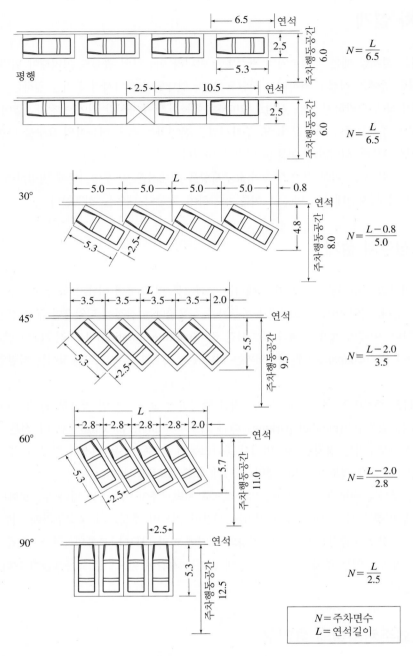

[그림 9.1] 노상주차 배치(m)

자료: 참고문헌(1)

인접해 있는 것이 좋다.

출입구는 통상 한 쌍을 이루고, 가능하면 교차로에서 멀리 떨어지게 위치시킴으로써 교차로 운영에 영향을 미치지 않게 하고, 교차로에 대기하는 차량이 주차장 진입로를 막지 않도록 해야 한다. 또 교차로 모퉁이의 지가(地價)는 매우 높기 때문에 주차장으로서 가장 좋은 입지는 2개의 평행도로 사이에 끼인 블록 중간부분이다.

입구는 넓고 눈에 잘 띄어야 하며 이용자가 쉽게 진입할 수 있어야 한다. 옥내주차장의 경우 연결로는 출입구 가까운 곳에 두어서는 안 된다. 왜냐하면 그렇게 되면 유입차량이 입구에서부터 속도를 줄이게 되며, 또 유출차량은 출구의 연결로 경사에서 기다리게 되기 때문이다.

구조물의 기둥이나 벽이 유출차량 운전자의 시계를 제한함으로써 보도의 보행자를 볼 수 없게 되어서는 안 된다. 주차장에서 나오는 교통량과 보도의 보행자 교통량이 다같이 매우 크면 입체분리시설을 해 주는 것이 좋다. 이와 같은 경우에는 보도부분에서 연결로가 시작되게 하고 보도는 건물 안쪽으로 해서 연결로 위나 혹은 아래로 지나가게 하는 방법도 있다.

9.2.3 주차장 운영

노외주차시설의 내부운영의 형태는 직접주차(直接駐車, self parking)와 대리주차(代理駐車, attendant 또는 valet parking)로 나눌 수 있다. 두 형태가 갖는 운영상의 차이점이 설계를 크게 좌우하므로 어떤 형태의 운영방식을 택할 것인가 하는 결정을 초기단계에 완료해야 한다.

직접주차방식은 쇼핑센터에서 널리 사용되는 것으로서, 대부분의 운전자들이 좋아하는 방식이다. 이 방식은 고용인 수가 적으므로 주차시설 운영비용이 매우 적은 반면에 대리주차에 비해 주차면(駐車面)당 평균면적(통로를 포함한)과 초기비용이 크다.

대리주차방식은 운전자가 직접 주차하지 않고 숙련된 안내원으로 하여금 좁은 면적에 주차를 시키거나 이중주차를 시키는 방식이다. 이렇게 하면 공간이용률을 30~50% 증가시킬 수 있으나, 첨두시간에 차를 뺄 때는 상당한 시간이 걸리는 것을 감수해야 한다.

안내원의 노임이 비싼 경우는 직접주차방식보다 이득이 적을 수도 있으며, 주차장 대지의 땅값이 아주 높은 경우는 이를 보상하기 위해서 이 방식이 검토된다.

9.2.4 주차면 배치

주어진 면적에 최대의 주차면이 확보되도록 주차면을 배치하는 것이 중요하다. 그러나 원활한 주차행동을 제한할 정도로 과밀하게 주차면을 배치하면 차량의 처리율이 감소되므로 주차장의 효율이 떨어진다.

주차면을 배치하는 과정에서 염두에 두어야 할 점은 다음과 같다.

- 장차 자동차의 크기가 변할 경우에 대비한 융통성 있는 배치계획을 해야 한다.
- 연결로, 주차면, 통로의 규격은 주차장 운영방식에 적합해야 한다.

배치계획에 필요한 중요한 자료는 주차면의 길이와 폭, 통로의 폭, 주차각도 및 회전반경이다. 이들은 모두 차량의 규격 및 특성과 관계가 있다. 후드, 지붕 및 트렁크의 높이와 하체여격, 운전자가 문을 열고 내릴 때 필요한 열린 문의 최소 측방폭 등은 설계에 영향을 주는 요소이다.

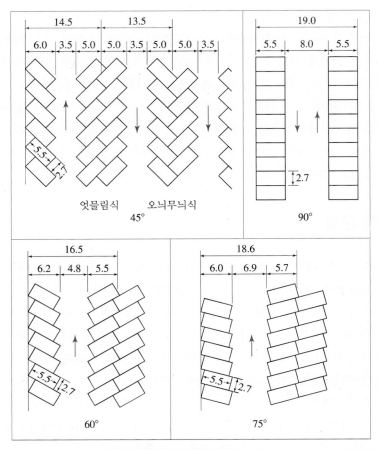

[그림 9.2] **직접주차장 배치**(단위: m)

자료: 참고문헌(3)

　바람직한 주차면의 규격과 주차각에 따른 배치계획이 [그림 9.2]에 나타나 있다. 주차행동이 용이하게 이루어지기 위해서는 주차면의 폭이 2.7 m 정도는 되어야 한다.

　주차장 설계 때 두 줄의 주차면과 그 사이 통로를 하나의 단위로 하여 개략적인 배치계획을 세운다. [그림 9.2]에서 왼쪽 벽에서부터 오른쪽의 엇물린 주차열(列)까지가 그 단위이다. 90° 주차방식을 제외한 각도주차의 경우 엇물린 주차를 하면 단위면적당 주차면수를 많이 배치할 수 있다.

　직각주차를 하면 주차면수를 많이 확보할 수 있으며, 또 통로를 2방향으로 운용할 수 있다. 각도주차방식의 통로도 2방향 운용이 가능하나 그림에서 보는 것보다 더 넓은 통로폭이 필요하다. 그러나 주차장에서 질서 있고 신속한 주차행동을 기대하려면 각도주차방식에 일방통행 통로가 바람직하므로 쇼핑센터 같은 곳은 거의 이 방식을 사용한다.

　주차장을 효율적으로 사용하기 위해서는 30~75°의 주차각(駐車角)을 사용하며 같은 주차장이라 하더라도 엇물림의 여지가 못하면 서로 다른 각도를 사용할 수도 있다. 30° 이하의 주차각은 주차열의 끝부분에 쓸모없는 자투리 공간이 많이 생긴다. 75° 이상에서는 직각주차보다 별로 나을 것이 없기 때문에 잘 사용하지 않는다. 45° 주차방식은 다른 각도의 주차방식과는 달리 오늬무늬식으로 엇갈림하여 통로의 사용방향을 인접통로와 같은 방향으로 할 수도 있다([그림 9.2]).

대리주차방식에는 2중 주차열로 주차함으로써 땅 모양이 이상하게 생긴 주차장이라 할지라도 이를 최대한 이용할 수 있다. 그러나 이 방식에는 뒷줄에 있는 차를 빼내기 위해서는 앞줄의 차를 옮겨야 하므로 번거롭고 시간이 걸린다. 2중 주차는 직접주차방식의 주차장에는 사용될 수 없다.

통로(aisle)는 단번에 주차를 하거나 빼낼 수 있을 정도의 폭을 가져야 한다. 통로의 외측 회전반경은 그 주차시설을 이용하는 가장 큰 차량의 앞범퍼 바깥측 회전반경에 맞추면 된다. 일반적으로 승용차용 주차장의 경우 이 회전반경의 크기는 외측 6.5 m, 내측 3.0 m 이상이면 된다.

9.3 옥내주차장

옥내주차장(garage)은 통상 토지가격이 매우 높은 도시지역에 건설된다. 시설의 적정규모를 구하기 위해서는 토지가격을 고려한 경제적인 건물층수를 먼저 구한 다음 건물의 면적을 구하는 방법을 쓰며, 이는 [그림 9.3]에 보인 것과 같은 분석방법을 사용한다.

이때 건물층수에 따른 주차면(駐車面)당 건설비용을 알아야 한다. 주차면당 면적(전체 주차계획 면적을 주차면수로 나눈 값)은 건물모양과 주차면의 크기에 따라 달라지며, 층수가 증가하면 연결로 라든가 계단, 엘리베이터, 기둥 등과 같은 부대시설물이 추가되므로 건물층수가 높을수록 주차면당 건설비용은 커진다. 그림으로부터 단위면적당 토지가격을 알면 주차건물의 적정층수와 주차면당 건설비용을 구할 수 있다. 건물의 대지면적은 최대 주차수요를 건물층수로 나눈 값으로부터 얻는다.

옥내 지하주차장은 옥내 지상주차장에 비해 굴착 및 환기시설로 인한 공사비용이 훨씬 더 많이

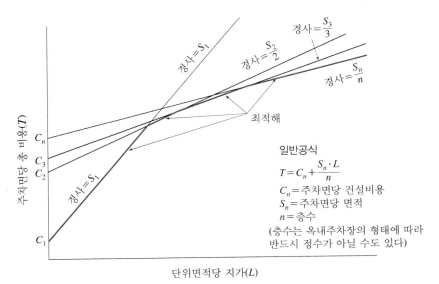

[그림 9.3] 지가와 옥내주차장의 적정높이

자료: 참고문헌(3)

소모된다. 그러나 이들은 통상 고층사무실 빌딩이나 아파트 또는 공원 등의 지하에 건설되기 때문에 땅값이 차지하는 비중은 그다지 크지 않다. 지상건물은 통상 벽체가 없고 지붕이 낮으면 난방이나 환기시설이 필요 없다.

옥내주차장은 1시간 이내 완전히 채우거나 또는 비울 수 있어야 한다(또는 30분 이내에 60%를 채우거나 비울 수 있어야 한다). 이와 같은 유율(流率)은 운동경기 등과 같이 한꺼번에 차량이 몰려드는 특별한 행사를 위한 주차장 계획에서 필요한 기준이다.

아래위층을 연결하는 잘 설계된 연결로의 용량은 차로당 500~600 vph이며 일반적인 연결로의 최대설계용량은 400 vph이다. 그러나 자동주차권을 발급하는 입구의 용량은 650 vph 정도가 되며, 주차요금을 징수하는 출구의 용량은 150~200 vph밖에 되지 않는다. 출구의 용량을 증대시키기 위해서는 차를 빼내기 전에 요금을 미리 지불하는 방법이 있다. 일반적으로 옥내주차장의 출구차로수는 입구차로수의 2배로 하는 것이 바람직하다.

진출입로(driveway)가 보행자의 영향을 받지 않는다면 그 용량은 일반적으로 연결로의 용량보다 크므로(650~1,100 vph) 결국 옥내주차장을 출입하는 차량은 진출입로, 출입구, 연결로 중에서 용량이 가장 적은 출입구에 의해 제약을 받는다.

옥내주차장은 차량의 이동방식에 따라 연결로식, 경사바닥식, 기계식으로 분류되며 이 중 어느 방식을 선택할 것인가 하는 문제는 마찬가지로 대지의 가격에 따라 결정된다. 연결로식 옥내주차장은 주차면당 면적이 다른 방식보다 조금 더 소요되는 반면 경사바닥식 옥내주차장은 통로가 연결로 기능을 함께 하므로 소요 면적이 적다. 또 기계식은 지가가 아주 높고 대단히 좁은 장소에서 운영해야만 경제성을 갖는다.

건물의 위치와 접근상황이 서로 틀리므로 어떠한 주차건물도 꼭 같이 설계될 수는 없으나, 연결로식과 경사바닥식 옥내주차장의 보편적인 형태는 [그림 9.4]에 나타나 있다.

9.3.1 연결로식

연결로의 종류에도 여러 가지가 있다. 그 종류는 대지의 모양과 운영방식에 따라 달라지며, 차이점은 다음과 같이 구분할 수 있다.

- 일방향 또는 양방향: 통행방향에 따라 구분
- 직선 혹은 곡선: 곡선인 경우 원 또는 반원
- 동심(同心) 또는 다심(多心) 통행경로: 일방향 연결로의 통행경로가 같은 중심을 기준으로 선회하는가 혹은 다른 중심으로 이동하며 선회하는가에 따른 구분
- 평행 및 반대경사: 오르고 내리는 연결로가 같은 방향으로 경사졌는가 반대방향으로 경사졌는가에 따라 구분

직접주차방식의 옥내주차장 연결로는 그 경사가 12%를 넘지 않아야만(특히 곡선 연결로에서는) 운전자가 편안한 마음으로 오르내린다. 대리주차방식에는 안내원의 숙련도가 높기 때문에 연결로의

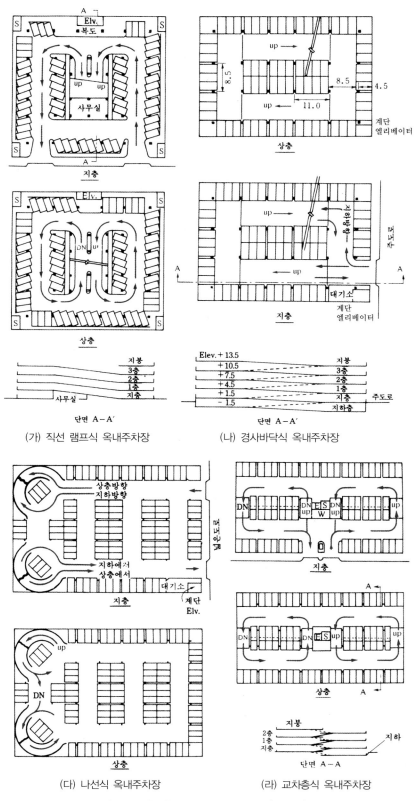

[그림 9.4] 전형적인 옥내주차장 설계도(단위: m)

자료: 참고문헌(3)

경사는 일반적인 차량의 등판능력인 20%까지도 무방하다.

연결로의 폭은 직선인 경우 최소 3 m, 곡선은 5 m 정도이면 좋다. 곡선연결로의 외측반경은 10~12 m 범위에 있어야 하며, 최대 편경사는 5~10% 이내이어야 한다.

특수한 경우 한쪽 바닥은 다른 쪽 바닥의 중간 높이에 있는 교차층식(交叉層式, staggered floor)이 좋을 때도 있다. 이때 직선연결로는 반층을 올라가므로 그 길이가 짧아도 좋다. 엇갈리는 두 층이 만나는 가운데 부분에 주차하는 한 열의 앞 1 m를 반층 위에 있는 열의 아래에 둠으로써 공간을 최대한 이용할 수 있다. 이때 앞 1 m 부분은 차량의 후드 부분이 이용하도록 하면 된다. 이에 대한 자세한 그림은 [그림 9.4]에서 보인다.

9.3.2 경사바닥식

연결로식 옥내주차장은 평행이며 수평인 각 층의 바닥을 경사진 연결로가 연결해 주는 반면, 경사바닥식은 각 층의 바닥이 경사져 있으며 같은 경사면의 양쪽에 주차공간이 되고 가운데가 통로이면서 경사진 연결로 역할을 하는 것이다. 차량은 한 연결로로 들어와서 주차면을 찾을 때까지 경사진 통로를 오르내릴 수 있다. 주차공간이 경사져 있기 때문에 경사의 크기는 5.5%를 넘어서는 안 되며 주차각은 60° 이상이어야 한다. 3층 이하의 주차건물에서는 2방향 연결로를 사용하며 주차각도는 90°이다. 층수가 높은 옥내주차장이나 60~70°의 각도주차를 하는 경우에는 흐름을 원활하게 하기 위하여 한 방향 흐름으로 하고 유출연결로는 유입연결로와 분리시키는 것이 좋다.

9.3.3 대기장소

입구 바로 안쪽에 위치한 대기장소의 설계는 주차방식, 즉 직접주차방식이냐 대리주차방식이냐에 따라 크게 달라진다. 만약 직접주차방식으로 운영된다면 주차권을 발급받는 시간만큼 지체하므로 대기장소는 필요 없다.

대리주차방식에서는 차량의 탑승자가 내리고 안내원이 주차장소까지 운전해 갔다 오는 데 시간이 걸리므로 다음에 도착하는 차량들을 임시로 대기시킬 수 있는 몇 개의 주차면이 필요하다. 대기장소에서부터 주차장소까지 시간당 옮겨지는 차량대수는 탑승자가 내리는 시간, 안내원 수 및 안내원이 옮겨서 주차하는 데 걸리는 시간에 따라 달라진다.

대기공간은 운전자가 차량 본래의 운전자에서 안내원으로 바뀌는 데 필요한 시간을 감안하고, 평균도착률을 초과해서 도착한 차량이 일시적으로 대기할 수 있을 정도로 충분히 커야 한다. 이 짧은 시간 동안에 누적되는 차량대수는 포아송 확률분포를 이용하여 얻을 수 있다.

[그림 9.5]는 차량도착률과 주차처리율, 도착교통량에 따른 대기장소의 크기를 나타내는 도표이다. 예를 들어 시간당 평균 120대가 도착하고 주차처리율이 도착률과 같을 때 소요되는 대기장소의 크기는 27대 분이 기다릴 수 있는 공간이다. 만약 주차안내원이 추가되어 주차처리율이 도착률의 1.10배이면 15대 분의 대기장소가 있으면 충분하다.

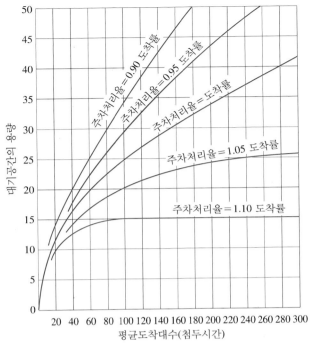

[그림 9.5] 과부하되는 시간 비율이 1% 이하일 때 소요되는 대기공간의 크기

자료: 참고문헌(4)

9.3.4 이용자 이동

고층 옥내주차장에서는 이용자용 엘리베이터가 필요하다. 계단은 소방규정에도 필요하며 2~3층 정도의 이동에 많이 쓰인다. 이와 같은 수직이동시설의 위치는 지층과 주차하는 층을 고려하여 결정된다. 지층에서의 수직이동시설은 도로에 쉽게 접근할 수 있는 주차요금징수소 가까이에 있는 것이 좋다. 주차층의 수직이동시설은 주차지역의 중앙에 두어 보행거리를 최소화하는 것이 좋다. 경우에 따라서는 주차건물 위층을 인접건물과 보행자교량으로 연결하여 보행자의 이용을 편리하게 하며 주차건물의 수직이동시설의 이용도를 줄일 수도 있다.

9.3.5 기계식 옥내주차장

차량을 들어올려 저장하는 기계장치에는 여러 가지 종류가 있다. 이 장치를 가진 주차장은 연결로와 통로가 필요 없으므로 좁은 주차공간이라 하더라도 이용도를 극대화시킬 수 있게 설계한다. 도착된 차량은 신속히 처리될 수 있으나 처리율은 기계의 대수에 의해 좌우된다. 따라서 기계 대수가 적은 경우 상당히 큰 대기장소가 필요하다. 기계설비는 이동식 엘리베이터와 고정식 엘리베이터로 구분되며 이동식은 차량이 엘리베이터로 들어간 다음 수평 및 수직이동을 통하여 주차면에 놓인다

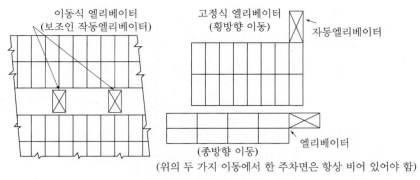

이동식 엘리베이터
(보조인 작동엘리베이터)

고정식 엘리베이터
(횡방향 이동)

자동엘리베이터

(종방향 이동)

엘리베이터

(위의 두 가지 이동에서 한 주차면은 항상 비어 있어야 함)

[그림 9.6] 기계식 옥내주차시설

자료: 참고문헌(5)

([그림 9.6]). 반면 고정식은 기중기가 차량을 들어 엘리베이터에 올려놓으면 엘리베이터가 수직으로 움직이면서 차량을 각 층마다 평행한 두 열로 이루어진 플랫폼에 둔다. 이 플랫폼은 전후좌우로 움직일 수 있다.

다른 한 방식은 수평축을 중심으로 해서 회전하는 회전관람차(ferris wheel)와 같은 것으로서, 차량을 지면에 있는 빈 주차판에 실은 다음 4각형 경로를 따라 수직으로 회전하는 방식이다. 이 방식은 환경적인 측면에서 그다지 바람직하지 않으므로 유용성이 적다.

이와 같은 기계식 주차방식은 고용인을 최소로 하는 장점은 있으나 초기투자 및 운영비용이 상당히 크다. 따라서 최근 외국에서는 이것의 사용을 기피하는 경향이 있다.

9.4 버스터미널

적하소(積荷所)의 적정 수를 계산하는 방법이나 버스터미널의 필요성에 관한 것은 17장에서 자세히 설명한다. 일반적으로 터미널은 진출입로 또는 적하(積荷)장소로 연결되거나 이를 우회하는 도로망 및 보행자도로뿐만 아니라 입체분리된 순환지역이나 인접도로 또는 인접시설과 연결되는 계단 및 에스컬레이터를 포함한다. 물론 여기에는 여행자를 위한 편의시설, 매표소, 버스주차시설 및 운전자 휴게실도 있어야 한다. 장거리 버스터미널의 경우에는 수하물이나 화물탁송을 위한 설비도 필요하다.

버스터미널은 고속도로와 도시도로 및 가까운 버스정비소, 박차장(泊車場)과 직접 연결되는 것이 좋다. 공항 및 항만에 있는 대형 터미널의 설계는 더욱 세심한 설계과정을 거친다. 연결로는 고속도로, 교량 또는 터널과 직접 연결되며, 장거리 버스는 시내버스와 분리되어 톱니모양의 정차대(停車臺)를 가진 정거장을 이용하며, 이 정거장은 화물적하장을 구비해야 한다. 시내 출퇴근 버스는 통상 직선 승강대를 이용하여 승객이 타고 내린다. 승객이 자기가 이용할 버스를 쉽게 찾아내게 하기 위해서 출발위치를 여러 곳으로 분산시킬 수 있으며, 도착은 같은 장소에서 하거나 또는 그 버스가 바로 출발할 계획이 없다면 승객을 편리한 지점 아무 곳에나 내리게 할 수도 있다. 이와 같은 운영은 중앙통제소의 통제에 의해 이루어진다.

9.5 화물터미널

화물트럭은 크게 소형화물차와 대형화물차로 구분된다. 소형화물차는 소형화물의 집배(集配)에 이용되며, 만약 기종점이 같은 지역에 있으면 주로 위탁화물을 수송한다. 대형화물차는 트레일러가 연결된 화물차로서 지역 간의 모든 화물수송을 담당한다. 만약 개인적인 위탁화물이 소형트럭으로 취급하기에 너무 크면 대형화물차가 이 기능을 담당한다.

화물취급의 경우는 세 가지가 있다. 소형화물차의 적하(積荷)는 노외시설이 필요 없으므로 주로 도로변의 적하구역에서 이루어진다. 그러나 창고나 쇼핑센터와 같은 대형화물수송이 필요한 곳에서는 노외 적하시설이 반드시 필요하다. 집배역할을 하는 소형트럭과 대형화물차 간에 화물을 옮겨 싣는 일은 특별히 설계된 화물터미널에서 이루어지는 것이 좋다.

화물적하대의 모양 및 배치는 화물차가 움직이는 행태에 따라 결정된다. [표 9.1]은 차량의 길이와 주차면의 폭에 따른 아프론공간(화물적하대 전면의 기동공간)의 크기를 나타낸 것이다. 한 번에 한 대의 트럭만 주차한다면 아프론의 폭은 화물적하대의 끝에서부터 잰 길이이다([그림 9.7] 왼쪽).

[표 9.1] 트럭 길이와 주차면 폭에 따른 소요 아프론공간

트럭 총 길이(m)	주차면 폭(m)	아프론 폭(m)
12.0	3.0	14.0
	3.6	13.0
	4.2	12.0
15.0	3.0	18.0
	3.6	17.0
	4.2	16.0
18.0	3.0	22.0
	3.6	19.0
	4.2	18.0

자료: 참고문헌(6)

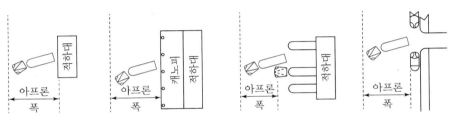

[그림 9.7] 화물적하대의 아프론

자료: 참고문헌(7)

그러나 캐노피(canopy)를 지지하는 지주나 인접한 곳에 주차한 차량이 있는 경우 아프론의 폭은 이와 같은 장애물의 끝에서부터 잰 길이이다([그림 9.7] 오른쪽).

화물적하대의 높이는 집배트럭의 경우 1.1 m, 큰 트럭의 경우는 1.2~1.3 m이다. 화물적하대의 높이와 트럭바닥 간의 차이는 화물을 나르기 위한 널판 및 연결로로 연결된다. 그러나 만약 화물적하대의 높이가 트럭바닥보다 높으면 트럭의 문을 열 수가 없다. 적하대의 폭은 그 위에서 움직이게 되는 장비의 종류에 따라 달라진다.

화물을 옮겨 싣기 위한 터미널에서는 긴 건물의 양단에서 구역(區域) 화물과 장거리 화물을 따로 취급하도록 하는 것이 좋다. 소형화물차 취급은 도로 쪽 출입구 가장 가까운 곳에서 하는 것이 좋다. 건물의 중앙부분은 지역 및 장거리 화물을 분류하고 경유선(經由線)을 지정하는 곳으로 사용하며 경우에 따라서는 짧은 기간 동안 화물을 보관하는 역할도 한다. 화물은 포크리프트(fork lift)나 가공 (架空) 호이스트(hoist) 또는 카트(cart)를 끄는 전기트럭으로 옮겨진다. 터미널 내부에서는 적하를 기다리는 대기소와 트럭이나 직원들의 주차장 및 가벼운 정비나 주유를 할 수 있는 공간이 확보되어야 한다. 대규모 터미널에는 직원들의 기숙사 시설과 식당 등도 마련되어야 한다.

● 참고문헌 ●

1. R. H. Burrage, D. A. Gorman, S. T. Hichcock, and D. R. Levin, *Parking Guide for Cities,* 1956.
2. E. C. Carter and W. S. Homburger, *Introduction to Transportation Engineering,* ITE., 1978
3. R. E. Whiteside, *Parking Garage Operation,* Eno Foundation, 1961.
4. E. R. Ricker, *Traffic Design of Parking Garages,* Eno Foundation, 1957.
5. E. A. Seelye, *Design-Data Book for Civil Engineers,* John Wiley and Sons, Vol. 1, 1960.
6. Recommended Yard and Dock Standards, *Transportation and Distribution Management,* 1966. 10.
7. R. H. Burrage and E. G. Mogren, *Parking,* Eno Foundation, 1967.

제 3 편
교통운영 및 관리

교통운영이란 교통소통 및 교통안전의 관점에서 교통시설을 효율적으로 이용하기 위하여 교통의 통제기법, 대책, 설비 등을 적용시키는 것을 말하며, 교통관리란 교통운영, 유지보수, 평가, 개선 등 일련의 순환활동을 통하여 소통, 안전, 환경 및 에너지 측면에서 교통운영대책의 효율을 증대시키기 위해 이 기법, 대책, 설비들을 복합적, 종합적으로 적용하는 것을 말한다. 특히 넓은 지역 안에 있는 모든 교통수단과 수송망 전체의 효율을 고려한 교통관리를 교통체계관리라 한다.

제 10 장

교통통제설비

　도로나 차량이 잘 설계되고 운전자가 유능하다고만 해서 교통정체 및 사고가 예방되는 것은 아니다. 차량은 다른 차와 충돌을 피해야 하며, 다양한 도로조건으로부터 사고가 일어나지 않도록 해야 하고, 교통소통이 원활히 이루어지도록 해야 한다. 뿐만 아니라 정상적인 상태로 흐르는 교통류의 운행패턴을 변화시키기 위해서는 전방의 도로상황을 미리 예고해 주어야 한다. 이와 같이 잠재적인 위험성을 사전에 예고하고 효율적인 교통류를 유지하기 위해서는 신호등, 표지, 노면표시 등과 같은 교통통제설비(交通統制設備, traffic control devices)가 필요하고, 이들을 이용하여 교통을 규제하고 지시, 안내하며 신호를 제어하는 기술이 있어야 한다. 이와 같이 교통의 원활한 소통과 안전을 위해서 교통을 통제하는 여러 가지 대책과 기법을 적용하는 것을 교통운영(交通運營, traffic operation)이라 하며, 대부분의 교통운영은 교통통제설비라는 수단을 통해 이루어진다.

　여러 가지 교통운영기법을 개별적으로 넓은 지역 또는 도시 전체에 적용할 때 각각의 기법 하나로는 충분히 그 효과를 나타낼 수 없으며, 그 효과가 상쇄되거나 부작용이 상승효과를 일으킬 수 있다. 따라서 서로 보완효과를 낼 수 있는 몇 개의 대책을 복합적으로 사용한다. 이 대책에는 예를 들어 대중교통 우대처리, 시차출근제 등과 같은 교통수요 억제 방책을 구사하는 것도 있다.

　교통관리(交通管理, traffic management)란 이와 같은 교통의 수요감축과 소규모의 공급확대를 포함하는 대책들의 운영(operation), 중간점검 및 수정(maintenance), 평가(evaluation), 개선(improvement)의 연속적인 순환활동을 통하여 소통, 안전, 환경 및 에너지 등의 관점에서 교통의 목적을 달성하는 활동을 말한다.

　교통관리 중에서도 특히 도시 전체 또는 넓은 지역 내에 있는 보행자를 포함한 모든 교통수단과 도로 및 철도 등 교통망 전체를 하나의 시스템으로 보고 이들의 소통, 안전, 환경 및 에너지 측면의 효율을 증진시키기 위한 대책들을 적용하는 것을 교통체계관리(Transportation System Management; TSM)라 하며, 13.7절에서 자세히 설명한다.

　이 장에서는 교통운영 및 관리의 도구로서 교통을 규제하고 지시, 안내하며 위해요소(危害要素)에 대한 주의를 환기시키기 위하여 공공기관에서 도로상이나 그 주위에 설치한 표지, 신호등, 노면표시 및 기타 교통시설을 포함한 교통통제설비를 취급한다.

10.1 기본 요구조건

교통통제설비란 교통을 규제하고 지시하며, 주변의 위해(危害)사항을 예고 또는 경고하며, 진행로 또는 목적지를 안내하기 위해서 국가기관에서 설치한 설비이다. 최근의 교통통제기법은 차량 사고만을 줄이기 위한 목적이 아니다. 도로는 그 주위환경과 불가분의 관계가 있으므로 주위환경을 보호하거나 주위의 토지이용자를 위한 여러 가지 기법, 예를 들어 속도제한이나 주차제한 등의 기법을 이용하여야 한다.

도로망이 복잡할 경우 운전자가 목적지에 이르는 길을 찾는 데 갈피를 잡지 못하면 심각한 문제가 아닐 수 없다. 그래서 노선번호체계, 도로표지 및 도로정보표지를 국가에서 관장해서 설치하고 있다. 이와 같은 종류의 교통표지는 교통상황을 나타내는 것이 아니고 도로시스템의 효율적인 운영을 촉진시키는 교통통제설비이다. 그러나 이와 같은 설비를 설계, 적용 및 위치를 선정함에 있어서 통일성을 견지하는 것이 무엇보다 중요하다.

교통통제설비의 일반적인 기준은 도로교통법 및 교통안전표지 설치관리 업무편람(행정안전부 경찰국)에 자세히 수록되어 있다. 교통통제설비는 도로상에서 도로를 이용하는 운전자 및 보행자에게 그들이 지켜야 할 교통법규를 현현(顯現)시키는 것이므로 다음과 같은 기본요구조건(基本要求條件)을 갖추어야 한다.

- 필요성에 부응해야 함
- 주의를 끌 수 있어야 함
- 간단명료한 의미를 전달할 수 있어야 함
- 도로이용자에게 존중될 수 있어야 함
- 반응을 위한 시간적인 여유를 가질 수 있는 곳에 설치되어야 함
- 교통을 통제 또는 규제, 지시할 경우는 법적인 근거가 있어야 함

위의 기본요구조건을 충족시키기 위해서는 다음과 같은 다섯 가지를 고려함으로써 그 효과를 충분히 발휘할 수 있다.

① 적절한 설계: 주의를 끌면서 강한 의미를 전달하는 모양, 색상 및 규격들의 조합으로 설계
② 적절한 설치: 운전자의 시계 내에서 주의를 끌고 반응할 시간을 부여할 수 있도록 설치
③ 일관성 있는 운영: 통일되고 일관성 있게 통제설비로서의 기능을 수행하고, 필요성에 부응하며, 존중되어야 하며, 반응할 시간을 부여할 수 있도록 운영
④ 규칙적인 관리: 판독성과 시인성을 유지하도록 규칙적으로 유지보수하며, 불필요하게 되었을 경우에는 이를 신속히 제거함으로써 통제시설의 권위를 유지
⑤ 통일된 적용: 동일한 상황에서는 동일한 통제설비를 통일되게 사용함으로써 이용자의 필요성에 부응하면서 그들로부터 존중되어진다. 특히, 국제적인 왕래가 빈번한 오늘날에는 교통통제설비의 통일성이 그 어느 때보다도 절실히 필요하다. 통일성은 그 설비에 대한 운전자의 식별 및 이해시간을 줄이므로 운전에 큰 도움을 준다.

도로이용자나 교통경찰 및 교통법정이 교통표지에 대한 통일된 해석을 하지 않는다면 문제가 심각할 것이다. 더구나 이들의 통일성은 이를 제작, 설치, 정비유지 및 운영하는 데 종사하는 사람들에게 대단한 경제적 이익을 준다. 특히, 오늘날의 교통은 매우 속도가 빠르며 교차로나 인터체인지가 복잡하다. 또 통행길이가 길기 때문에 낯선 곳에서 운전할 기회가 많아지며, 안전에 대한 정부의 책무가 더욱 증대되어 교통통제설비의 통일성은 더욱 중요성이 커지고 있다.

모든 교통통제설비는 법으로 정한 설치표준에 적합해야 하며, 인가되지 않은 교통통제설비는 허용되지 않는다. 교통통제설비는 모든 운전자가 알아야 할 기본 수칙과 운전에 필요한 여러 가지 상황에 관해서 운전자의 이해를 도와준다. 이 '도로상의 수칙'은 운전자뿐만 아니라 보행자, 자전거이용자 및 기타 모든 도로이용자에게 영향을 미친다.

10.2 도로상의 수칙

'도로상의 수칙(守則)'은 교통행태에 관해 널리 적용되는 일반적인 수칙을 말한다. 이 수칙에는 교통법규준수, 차량우측통행, 교통통제설비의 의미 이해 및 준수, 추월요령, 출발, 정지 및 회전요령 숙지, 교차로에서의 통행우선권 이행, 속도제한 준수 등이 있다. 이러한 것들은 너무나 기본적인 것이기 때문에 교통안전이나 통일성의 관점에서 볼 때 이러한 통제는 중앙행정부서의 책임하에 이루어지는 것이 좋다. 주차, 자전거, 도시가로의 '정지' 표지 등 지역단위에서 주로 일어나는 교통 문제를 해결하기 위한 수칙은 지방행정부서에서 관장한다.

속도통제는 어느 지역에서나 쉽게 볼 수 있다. 운전자는 현재의 도로상태에 적합한 합리적인 속도를 유지하려고 한다. 속도가 교통사고의 피해 정도와 큰 관계가 있으므로 이들 관계로부터 속도통제의 기준이 마련된다. 지방행정부서는 교통상황이나 공학적인 근거에 의해서 속도제한과 속도제한구간을 설치하지만 그렇다고 교외지역인데도 아주 낮은 제한속도를 두거나, 또한 도로상에서 제한속도를 너무 자주 바꾸어서는 안 된다. 속도제한을 실시하면 차량들 간의 속도가 서로 비슷해지며 따라서 교통사고도 적어진다.

도로교통법에는 보행자의 권리와 의무를 규정해 놓고 있다. 이 법에 따르면 보행자나 차량운전자 모두가 교통신호를 지켜야 한다. 운전자는 횡단보도의 보행자에게 통행우선권을 양보해야 하며, 만약 횡단보도의 보행자 신호등이 적색이면 보행자는 차량에게 통행우선권을 양보해야 한다.

우회전의 경우 횡단보도신호가 무엇이든 횡단 중인 보행자가 있거나, 횡단을 준비하고 있는 보행자가 있다면 차량은 일단 정지한 후 보행자가 횡단을 완료한 후 우회전할 수 있다.

보행자는 보도를 사용해야 하나, 만약 보도가 없다면 마주 오는 차량을 볼 수 있게끔 도로의 좌측으로 통행하는 것이 안전하다.

교통법규는 자전거와 2륜차(오토바이)에 관한 규정도 포함한다. 이들 규정에는 자전거나 2륜차에 적용되는 '도로상의 수칙'뿐만 아니라 면허, 등록, 자전거 등화(燈火), 승차인원, 제동장치에 관한 것들이 있다.

10.3 교통표지

교통표지(交通標識)의 설계, 설치 및 유지보수에 따르는 기본원리는 다음과 같다.

① 해석: 교통표지는 운전자에게 간단명료한 의미를 전달해야 하며, 표지에 사용되는 문자와 부호는 의도하는 의미가 잘못 이해되는 일이 없도록 설계되어야 한다.

② 연속성: 표지는 긴 도로구간을 통하여 다른 표지와 연관시켜 볼 때 모순이 없도록 설계되고 설치됨으로써 운전자로 하여금 표지를 경시하지 않도록 해야 한다.

③ 사전예고: 표지는 운전자로 하여금 쉽게 반응할 수 있는 적절한 시간을 갖도록 설치해야 한다. 만약 신호등 예고표지를 설치할 경우라면 운전자는 신호교차로에서 정지할 경우도 있기 때문에, '천천히' 표지에서 사용되는 것보다 더 긴 예고거리가 필요한 것이다. 너무 잦은 사전예고는 표지의 효과를 줄이게 되므로 좋지 않다.

④ 상호일치성: 방향표지에 사용되는 용어는 안내지도나 다른 곳에서 사용되는 용어와 일치해야 한다. 고속도로표지는 특히 이 점에 대해서 주의하여 운전자가 자신이 바라는 길이 아닌 다른 길로 빠져나가지 않도록 해야 한다.

⑤ 현저성: 표지는 두드러지게 눈에 띄거나 강조되어야 한다. 그렇게 하기 위해서는 같은 표지가 반복되는 횟수뿐만 아니라 표지의 크기와 위치도 눈에 잘 띄어야 한다. 도시부에서는 이들 표지가 광고물이나 도로변의 다른 물체들 때문에 주의를 빼앗기는 경우가 많다.

⑥ 비정상운행: 운전자가 예기치 않은 상황에 처할 경우를 예고하기 위해서는 특별히 고안된 표지를 사용한다. 예를 들어 고속도로의 차로가 보수공사로 폐쇄된다면 주의표지, 바리케이드 및 경고등(警告燈, beacon)을 사용하여 교통을 안내해야 한다.

10.3.1 표지의 종류

교통표지는 그 수행기능으로 보아 도로상태가 위험하거나 위험물이 있는 경우에 필요한 안전조치를 할 수 있도록 이를 도로이용자에게 알리는 주의표지(注意標識, warning sign), 교통상의 금지 또는 제한사항을 나타내는 규제표지(規制標識, prohibitory sign), 필요한 사항이나 행동을 지시하는 지시표지(指示標識, indicatory sign), 도로의 노선이나 저명한 지점 혹은 장소를 안내하는 안내표지(案內標識, guide sign)로 대별된다. 그 외에 이들과 함께 사용되면서 제한적이거나 구체적인 의미를 추가로 나타내는 보조표지(補助標識, supplementary sign)가 있다(미국을 위시하여 유럽의 많은 나라에서는 prohibitory sign과 indicatory sign을 합하여 regulatory sign이라고 부른다).

이들 네 가지 표지 중에서도 특히 학교 앞이나 공사구간에 사용되는 표지는 중요하므로 통상 별도로 취급한다. 이들 표지의 설계 및 적용에 관한 세부적인 사항은 '교통안전표지 설치·운영·관리 업무편람'을 참고로 하는 것이 좋다.

1 주의표지

주의표지는 도로상 또는 그 인접한 곳에 있는 현재 또는 잠재적인 위해요소를 경고할 필요가 있을 때 사용한다. 여기에는 적극적인 의미(어떤 행동을 취할 것을 권고하는)를 가진 것과 소극적인 의미(단순히 어떤 상태를 예고하는)를 가진 것이 있다. 후자의 경우 운전자 본인이 스스로 행동을 판단해야 하므로 판단시간이 전자보다 많이 소요되기 때문에 될 수 있으면 적극적인 의미의 표지를 사용하는 것이 좋다. 예를 들어 급커브 길에 설치되는 표지는 '위험' 표지보다는 '급커브' 표지가 좋고, 이보다 더 좋은 것은 '급커브' 표지에 '안전속도 ○○'의 보조표지를 함께 사용하는 것이 좋다.

주의표지는 일반적으로 삼각형 모양으로 황색바탕에 적색 테두리이며 문자 및 부호는 흑색이다. 이 모양과 색상은 도로이용자에게 특히 강하고 명확한 경고의 의미를 전달한다.

주의표지는 반드시 적절한 반사재료를 사용해야 한다. 이 표지는 그 중요성을 인정받으면서도 운전자로부터 그에 합당한 주의를 받지 못하는 수가 종종 있다. 표지는 항상 최대 효과를 유지할 수 있도록 해야 하며, 운전자가 이 표지에 충분히 잘 반응한다고 판단되는 경우에는 이 표지를 지나치게 많이 설치하는 것은 피해야 한다. 표지를 불필요하게 많이 사용하면 운전자가 다른 모든 표지에 대해서도 경시하는 경향을 갖게 된다.

우리나라에서 사용하는 주의표지에는 다음과 같은 것이 있다.

(1) +자형 교차로, (2) T자형, Y자형, ㅏ자형, ㅓ자형 교차로, (3) 우선도로, (4) 우합류, 좌합류, (5) 회전형 교차로, (6) 철길건널목, (7) 노면전차, (8) 우로 굽은 도로, 좌로 굽은 도로 (9) 우로 2중 굽은 도로, 좌로 2중굽은 도로, (10) 2방향 통행, (11) 오르막 경사, 내리막 경사, (12) 도로폭 좁아짐, (13) 우측차로 없어짐, 좌측차로 없어짐, (14) 우측방 통행, (15) 양측방 통행, (16) 중앙분리대 시작, 중앙분리대 끝남, (17) 신호기, (18) 미끄러운 도로, (19) 강변도로, (20) 노면 고르지 못함, (21) 과속방지턱, 고원식 횡단보도, 고원식 교차로, (22) 낙석도로, (23) 횡단보도, (24) 어린이 보호(보호구역 내), (25) 자전거, (26) 도로공사 중, (27) 비행기, (28) 횡풍, (29) 터널, (30) 교량, (31) 야생동물 보호, (32) 위험, (33) 상습정체구간.

2 규제표지

규제표지는 도로이용자에게 직접적인 영향을 주며 강제적인 것이기 때문에 이에 대한 설계와 적응은 대단히 중요한 의미를 갖는다. 또 이 표지의 내용을 위반하는 경우에는 단속 및 제재조치가 뒤따르기 때문에 어떤 형태의 전문적인 입법 및 사법기관에서 이 표지를 관장한다.

규제표지는 몇 개의 예외를 제외하고는 대부분 원형이며 흰색바탕에 테두리와 금지를 나타내는 횡선은 적색이며 문자 및 부호는 흑색이다. 그러나 이 표지 중에서 특히 중요한 '정지' 표지는 8각형, '양보' 및 '천천히' 표지는 역삼각형을 사용하여 더 많은 주의를 끌도록 하고 있다. 또 '주차금지', '주정차금지' 표지는 원형이지만 색상을 달리함으로써 그 의미를 더욱 강조한다.

우리나라에서 사용하는 규제표지에는 다음과 같은 것이 있다.

(1) 통행금지, (2) 자동차, 이륜자동차, 원동기 장치 자전거, 개인형 이동장치, 화물차, 승합자동차, 경운기, 트랙터, 손수레, 자전거, 위험물 적재차량 등 차종별 통행금지, (3) 진입금지, 직진금지,

(4) 우회전 금지, 좌회전 금지, (5) 유턴 금지, (6) 앞지르기 금지, (7) 주정차금지, (8) 주차금지, (9) 차중량제한, (10) 차높이 제한, (11) 차폭 제한, (12) 차간거리 확보, (13) 최고속도 제한, (14) 최저속도 제한, (15) 서행, (16) 일시정지, (17) 양보, (18) 보행자 보행금지.

3 지시표지

지시표지는 안내표지와 매우 비슷한 의미를 가지나 안내표지가 노선이나 지점을 안내하는 데 반해 지시표지는 운행 중에 운전자가 꼭 알아야 할 사항, 즉 진행방향, 주차장, 전용도로 등을 알려주거나 보행자에게 횡단보도 등을 알려주는 역할을 하는 것이 다르다. 따라서 지시표지는 대부분 강제성을 띠지 않는다.

뒤에 언급하는 노면표시는 지시표지를 보완하는 역할을 많이 한다. 특히 진행방향을 나타내는 표지 중 일부는 노면에도 이를 표시하여 운전자로 하여금 미리 차로를 확보하도록 도와준다. 진행방향을 나타내는 표지는 진행해서는 안 될 다른 방향에 대한 진행금지 표지인 규제표지를 사용해도 좋으나 두 가지 중에서 될수록 간단하고 시인성이 좋은 것을 사용한다.

지시표지는 규제표지와 같이 대부분 원형이며 청색바탕에 백색 부호를 사용한다. 그러나 보행자와 관계되는 표지는 5각형이다. 지시표지는 항상 그 표지의 의미가 적용되는 대상이 운전자인가 혹은 보행자인가에 따라 표지의 종류와 설치방향에 차이가 나므로 이에 특히 유의해야 한다. 예를 들어 주의표지의 '횡단보도' 표지는 차량운전자에게 전방에 횡단보도가 있음을 경고하는 것이며, 지시표지의 '횡단보도' 표지는 보행자 횡단보도 위치를 보행자에게 알려주기 위한 것이므로 그 방향이 전자의 것과 달라야 한다. 또 다른 예로는 보행자 전용도로의 경우 보행자를 위해서는 '보행자전용도로' 표지를, 운전자를 위해서는 '진입금지' 표지를 설치해야 한다.

우리나라에서 사용하는 지시표지에는 다음과 같은 것이 있다.

(1) 자동차 전용도로, (2) 자전거 전용도로, (3) 자전거, 보행자 겸용도로, (4) 노면전차 전용도로, (5) 회전교차로, (6) 직진, (7) 우회전, 좌회전, (8) 직진 및 우회전, 직진 및 좌회전, (9) 좌회전 및 유턴, (10) 좌, 우회전, (11) 유턴, (12) 양측방 통행, (13) 우측면 통행, 좌측면 통행, (14) 진행방향별 통행구분, 우회로, (15) 자전거 및 보행자 통행 구분, (16) 자전거 전용차로, (17) 주차장, (18) 자전거 주차장, (19) 개인형 이동장치 주차장, (20) 어린이 통학버스 승하차장, (21) 어린이 승하차장, (22) 보행자 전용도로, (23) 횡단보도(보행자용), (24) 노인보호(노인보호구역 안), 어린이보호(어린이보호구역 안), 장애인보호(장애인보호구역 안), (25) 자전거 횡단도, (26) 일방통행, (27) 비보호 좌회전, (28) 버스전용차로, (29) 다인승 차량 전용차로, (30) 노면전차 전용차로, (31) 통행우선, (32) 자전거 나란히 통행 허용, (33) 도시부.

4 안내표지

안내표지란 운전자를 안내하는 데 필수적인 것으로서, 교차되는 도로를 알려주고, 도시나 다른 중요한 지점을 가르쳐 주며, 부근의 강이나 공원 및 역사적 유적지를 알려주는 등 간단하고 직접적인 방법으로 운전자를 도울 수 있는 정보를 제공한다.

안내 또는 방향표지는 다른 표지처럼 안전에 직접적인 관련이 있지는 않지만 대단히 중요하다. 속도가 낮은 도로보다 고속도로에서의 노선선택은 훨씬 신속히 결정될 필요가 있으며, 고속도로상의 안내표지는 특히 중요하다.

고속도로는 다른 도로에 비해 규격이 더 크고 더 단순한 내용을 가진 안내표지를 사용할 필요가 있다. 이 표지의 모양은 사각형으로서 청색이나 녹색바탕에 흰색 부호나 문자를 사용한다. 일반적으로 녹색바탕은 방향안내에 사용되며, 청색바탕은 노선표시나 서비스 시설(휴게소, 주유소, 주차장 등)을 나타내는 데 사용된다.

방향안내표지는 단순히 분기점에서 분기되는 방향만을 화살표로 나타내었으나 요사이는 분기점 주위의 진행경로를 도식적으로 표시함으로써 인터체인지의 개략적인 모양을 운전자에게 알려주는 표시방법을 사용하기도 한다. 두 방법의 장단점은 있으나 복잡하거나 예측하기 어려운 교차로나 인터체인지의 개략적인 모양을 운전자에게 알려줌으로써 운전자의 혼동을 방지하는 측면에서 본다면 후자가 좋다. 그러나 그렇더라도 아주 복잡한 교차로나 인터체인지는 단순화시켜 나타내어야 그 효과를 기대할 수 있다.

안내표지의 근본원리는 그곳 지리에 익숙하지 못한 운전자가 순조롭게 노선변경을 할 수 있도록 분명하고 이해하기 쉬운 방향정보를 표시하는 것이다. 그렇게 함으로써 길을 잘못 들어서 파생될지도 모를 교통사고를 예방할 수 있을 것이다.

교통량이 많고 고속이며 인터체인지 램프가 가까이 있는 도로에서는 안내표지가 특히 중요하다. 고속도로의 표지는 도로시설의 일부분으로 간주하여 도로의 위치선정이나 기하설계 시 반드시 이 표지를 동시에 계획해야 한다. 이 표지의 계획은 예비설계 단계에서 분석되어야 하며 세부적인 사항은 최종설계가 마무리될 때 함께 이루어져야 한다.

도시도로의 표지를 설계하고 설치할 때는 노선번호와 가로이름을 일관되게 사용해야 하며, 중요한 비행장, 병원, 운동장과 같은 시설은 낯선 운전자들이 주로 이용하기 때문에 안내표지로 안내해야 한다. 또 안내표지의 판독성은 매우 중요하므로 문자의 설계에 특히 유의해야 한다.

우리나라에서 사용하는 안내표지에는 다음과 같은 종류가 있다.

(1) 2방향 표지, (2) 3방향 표지, (3) 방향 및 차로표지, (4) 2방향 예고표지, (5) 이정표지, (6) 출구점 예고 표지, (7) 지점 안내표지, (8) 군(시)계 표지, (9) 터널 예고 표지, (10) 휴게소 표지.

5 보조표지

보조표지는 주의, 규제, 지시, 안내표지에 나타내지 못하는 세부 통제사항을 본 표지 아래에 부착하여 나타낸다.

보조표지의 종류에는 거리, 구간, 특정 시간, 특정 차종, 방향, 기타 주의표지에 포함되지 않는 정보를 나타내는 것이 있다. 이외에도 필요할 때에 임의로 만들어 사용할 수 있으나 그 의미가 명확해야 하며, 본 표지의 의미와 중복되지 않고 상충되지도 않으며 구체적이어야 하고 글자수는 10자를 넘어서는 안 된다. 한 표지에 2개 이상의 보조표지를 사용하지 않는 것이 좋으며 3개 이상은 절대 사용해서는 안 된다.

특정 구역이나 구간지정은 클랙슨 금지나 주정차금지 또는 허용, 추월금지 등이 시행되는 구역, 구간을 나타내는 데 주로 사용된다. 특정 시간 및 요일은 학교 앞 어린이보호, 주정차금지 또는 허용 등이 시행되는 시간 및 요일을 구체적으로 나타내는 데 사용된다.

터널의 길이나 교량의 폭 또는 교량의 통과하중 등과 같은 중요한 교통시설물이나 교통제한요소 등을 나타내는 데도 보조표지를 사용한다.

기타 주의 및 규제표지를 구체적으로 설명하거나 운전자의 바람직한 행동을 권고할 때도 이 표지를 사용하며, 주차표지와 함께 사용하여 주차장 방향안내표지로도 사용된다.

무엇보다 중요한 것은 규정된 주의표지의 종류가 한정되어 있기 때문에 주의표지로 나타낼 수 없는 종류의 위해사항을 '위험' 표지와 함께 이를 설명하는 보조표지로 나타낸다. 이와 같은 종류의 보조표지에는 '안개지역' 같은 것이 있다.

우리나라에서 사용하는 보조표지에는 다음과 같은 것을 나타낸다.

(1) 거리, (2) 구역, 구간, (3) 일자, (4) 시간, (5) 신호등화 상태(예: 좌회전 신호에서 유턴), (6) 전방 우선도로, (7) 안전속도, 통행주의, 충돌주의, (8) 기상상태(예: 안개지역), (9) 노면 상태, (10) 교통규제, (11) 통행규제, (12) 차종 한정, (13) 표지 설명, (14) 우방향, 좌방향, 전방, (15) 중량, (16) 노폭, (17) 해제, (18) 견인지역.

6 학교 앞 표지

학교 주위의 교통문제는 대단히 예민한 당면문제이다. 만약 학생들의 부모가 요구하는 것을 모두 들어주려면 더 많은 교통경찰과 교통안내원, 더 많은 교통신호, 표지 및 노면표시가 필요할 것이다. 그러나 그와 같은 요구는 반드시 합리성이나 실제수요에 근거를 둔 것이라 보기는 어렵다.

학교 앞 어린이 안전을 위해서는 주의표지인 '어린이 보호'(적색) 표지 아래에 '학교 앞'이라는 보조표지를 부착하는 것이 더 효과적이라 생각된다. '어린이 보호'(청색) 표지는 지시표지이지만 차량에게 무슨 메시지를 지시하려는지 분명하지 않다. (외국의 경우는 이면도로에서 횡단보도 표시가 없는 곳에서 보행자에게 횡단지점을 알려주는 경우에 사용한다.)

학교 앞 표지는 '천천히' 또는 '최고속도제한' 표지와 같은 규제표지에 보조표지를 부착하여 사용할 수도 있다. 이때 이용되는 보조표지는 규제시간을 지정하는 것이거나 '학교 앞'을 표시하는 것 등이다.

7 공사표지

공사구간은 특별한 안전대책이 필요하며 이때는 규제표지, 지시표지, 주의표지 및 안내표지 모두가 사용된다. 주의, 규제 및 지시표지는 앞에서 설명한 바와 같으며, 주의표지는 진한 황색바탕에 흑색 테두리와 문자를 사용한다. 표지에 사용되는 문자는 공사의 종류에 따라 다양하다.

공사구간에는 바리케이드가 진행로를 차단하면서 주의 및 안내표지의 기능을 수행한다. 공사기간 동안에는 표지의 유지관리에 특별히 주의를 기울여야 한다. 공사의 종류가 단계별로 진척될 때는 그에 따른 적절한 표지로 바꾸어야 하며, 중요하다고 생각되는 경우에는 신호수를 배치하여야 한다.

10.3.2 표지의 설계

표지가 규제와 주의의 목적으로 사용될 때는 적용방법 및 근거에 있어서 일관성이 있어야 한다. 표지를 도로설계의 결함을 보완하는 수단 정도로 생각해서는 안 되며 총체적인 도로설계의 일부분으로 인식되어야 한다.

운전자가 표지의 내용을 판독하기 이전의 먼 거리에서는 표지의 규격, 모양 및 색깔만으로라도 운전자의 주의를 끌 수 있다. 운전자에게 어떤 의미를 전달하는 데 있어서 모양과 색상은 전달 의미를 나타내는 문자만큼 중요하다. 색상과 모양의 조합을 적절히 한다면 운전자가 그 표지내용을 판독하기 이전이라도 주의를 끄는 데 상당한 역할을 한다.

교통표지를 표준화시키는 일은 자동차의 대중화와 국제화 추세에 비추어 볼 때 대단히 중요하다. 표지는 각 나라에서 계속적으로 개발되고 있으며 또 그 가치를 인정받으면 전 세계적으로 통용된다. UN에서는 이를 위해서 비정기적으로 국제회의가 개최된다.

표준국제도로표지는 일반적으로 3각형을 주의표지, 원형은 규제 및 지시표지, 4각형은 안내 및 정보표지로 사용하고 있다. 8각형의 '정지' 표지나 사다리꼴과 같은 독특한 모양의 표지는 특별한 위해물이나 규제를 나타내는 데 사용된다.

표지의 색상도 표지의 모양에 못지않게 운전자의 주의를 끄는 데 중요한 역할을 한다. 시각효과는 표지의 명도와 다른 색상 간의 대비 및 표지판과 그 주위 배경과의 대비에 따라 달라진다. 또 색맹 운전자의 비율도 색상 선택 시에 고려해야 할 사항이다. 보통 남자 가운데 적색과 녹색을 구별하지 못하는 색맹은 약 8%에 이른다. 따라서 교통신호의 녹색과 적색등화는 약간 청색과 주황색을 띄는 것이 좋다.

표준교통통제설비에 사용되는 색상은 보통 여덟 가지, 즉 흑색, 황색, 백색, 녹색, 적색, 청색, 갈색 및 주황색이다. 이들 색상의 일반적인 의미는 다음과 같다.

① 적색: 주의표지와 규제표지판의 테두리 색깔, '정지' 표지와 '진입금지' 표지의 바탕색깔, 그리고 주차금지 등과 같은 금지를 나타내는 사선색깔
② 황색: 주의표지의 바탕색깔
③ 흑색: 백색이나 황색바탕 위의 문자 또는 부호의 색깔
④ 백색: '정지' 표지, '진입금지' 표지, '주차, 주정차금지' 표지를 제외한 규제표지의 바탕색깔, 녹색, 청색 및 적색바탕 위의 문자 및 부호색깔
⑤ 녹색: 안내표지의 바탕색깔
⑥ 청색: 지시표시, '주차, 주정차금지' 표지의 바탕색깔, 운전자에게 어떤 서비스 정보를 알려주는 안내표지의 바탕색깔
⑦ 주황색: 공사 및 유지보수 작업을 나타내는 표지의 바탕색깔로만 사용(문자 및 부호는 흑색)
⑧ 갈색: 위락 및 문화활동의 장소를 안내하는 안내표지의 바탕색깔(문자 및 부호는 백색)

표지의 모양과 색상은 표지의 일반적인 의미를 효과적으로 전달하며 바탕색깔과 대비되어 표지의

기능을 강화시킨다. 또 이것은 표지판에 쓰인 내용을 알아볼 수 있을 정도로 가까이 가기 전에 운전자에게 개략적인 교통통제정보를 제공해 준다. 그러나 표지가 효과적으로 운영되기 위해서는 운전자가 표지의 구체적인 의미를 이해한 후 적절히 반응할 수 있는 충분한 시간을 가져야 한다. 표지의 크기는 그 의미가 차량속도에 따른 접근거리 이내에서 쉽게 판독될 수 있도록 충분히 커야 한다. 결국 표지는 운전자가 주어진 속도에서 적절한 반응시간을 가질 수 있는 곳에 설치되어야 한다.

표지의 의미는 문자나 혹은 부호에 의해서 전달된다. 문자로 나타내기에는 긴 내용을 간단한 부호로 표시하면 판독성(判讀性)을 높일 수 있으므로 좋다. 또 잘 선택된 묘사적인 부호는 추상적인 부호보다 좋다. 그러나 묘사적인 부호로 나타내기 힘든 경우가 많으므로 결국 모든 운전자는 묘사적인 부호뿐만 아니라 외우기 어려운 추상적인 부호를 많이 숙지해야 한다.

주차통제의 경우 복잡한 제한사항(시간제주차, 주차금지 길이 등)을 문자로 일일이 나타내기는 매우 어려우나 이때 색깔을 사용하면 아주 간단해진다.

방향표시에 사용되는 내용은 중요한 것을 왼쪽 상단에 두고 책을 읽을 때의 순서와 같이 나열하는 것이 좋다. 또 목적지가 여러 개일 때는 한 표지판에 여러 개의 목적지를 다 표시하는 것보다 각각의 표지판을 사용하는 것이 좋다.

1 판독성

주간에 있어서의 표지의 판독성은 배경과 문자 또는 부호의 색깔 대비와 문자, 부호의 형태, 크기, 글자간격, 보는 사람의 시력, 움직이는 속도, 시각, 날씨, 기후 및 교통조건 등에 좌우된다.

문자 또는 부호가 이해될 수 있는 거리를 순수 판독거리(pure legibility distance)라 부른다. 또 문자 또는 부호를 짧은 시간 동안 언뜻 보아서도 판독할 수 있는 거리를 순간 판독거리(glance legibility distance)라 하며, 이는 눈동자의 움직임과 초점 맞추는 시간에 좌우된다. 동적 판독거리(dynamic legibility distance)는 보는 사람의 움직임을 고려한 판독거리로서 움직이지 않을 때의 판독거리보다 짧다. 즉 동적시력은 정적시력보다 낮다.

순간 판독거리를 고려한다면 문자로 된 전달 내용은 되도록 짧아야 한다. 운전자는 30 m 정도의 거리에서 직경 1.5 m 정도의 순간 판독면적을 가진다. 움직이는 차량에서는 표지의 전달 내용을 자세히 볼 시간이 없다. 따라서 그 내용은 짧은 순간에 얼른 보아서 판독이 가능해야 하므로 생소한 단어나 부호를 사용해서는 안 된다.

글씨체는 될수록 간단해야 한다. 둥근 글씨체는 각진 글씨체보다 판독성이 좋으며, 영문자인 경우 대문자보다는 소문자가 좋다. 글씨체는 글자의 높이와 폭의 비와 획의 굵기에 따라 구별된다. 폭이 넓은 글씨가 일반적으로 더 좋지만 공간을 많이 차지한다. 통상 글자의 높이 대 폭의 비가 8 : 4인 경우, 획의 굵기는 1이며, 이때 글자 높이 10 cm당 판독거리는 50 m 정도이다. 반면 글자 높이 대 폭의 비가 8 : 5인 경우, 획의 굵기는 1.2이며 글자 높이 10 cm당 판독거리는 60 m이다.

글자 사이의 간격 역시 판독성에 영향을 미친다. 최근의 경향은 획의 굵기가 굵고 글자 간의 간격이 넓어지고 있다. 단어와 단어 사이 줄(行)과 줄 사이도 충분한 간격을 두어야 하지만 표지판 전체에 꽉 차서도 안 된다. 표지 가장자리에 여유를 둠으로써 표지의 윤곽을 마련하고 읽기 쉽게 해준다.

화살표 등과 같은 부호도 간단하면서도 뚜렷한 모양을 나타내어야 한다.

같은 종류의 표지라 하더라도 고속이거나 위험성이 높은 도로에서는 큰 규격의 표지를 사용한다. 여러 개의 표지가 동시에 있을 경우는 중요한 표지의 규격을 더 크게 해 준다.

고속도로나 기타 출입제한이 있는 도로에서는 표지와 주행차량의 횡간격이 넓으므로 규격이 큰 표지가 사용된다. 실제 고속도로에서는 문형표지(門型標識, overhead sign)가 주로 사용되는데, 이것의 크기는 도로변에 설치하는 것보다 조금 더 크다. 도시고속도로는 첨두시간 동안에 혼잡이 심하므로 전방에서 일어나는 비정상적인 교통상황을 알릴 수 있도록 가변정보표지를 사용하는 것이 좋다.

2 표지조명 및 재료

모든 도로의 표지는 야간에도 읽을 수 있어야 하므로 반드시 표지반사 및 재료의 조명을 사용해야 한다. 도시지역에서는 주차에 관한 표지를 제외한 모든 규제, 지시, 주의표지와 지방부도로에서는 안내표지를 야간에도 읽을 수 있도록 반사 및 조명시설을 해야 만다. 아무리 조명시설이 좋다 하더라도 일광보다는 못하므로 표지규격을 결정할 때는 이 점을 고려해야 한다. 뿐만 아니라 야간에는 다른 차량의 전조등이나 다른 불빛 때문에 운전자의 시력이 장애를 받는다. 그러나 최근에는 반사재료의 획기적인 발달로 이와 같은 야간의 시인성 문제가 극복되고 있다. 하지만 반사재료가 아무리 좋다 하더라도 야간표지의 시인성을 완벽하게 확보할 수는 없으며, 또 가격이 비싸므로 꼭 필요할 경우를 제외하고는 조명시설을 사용해야 한다. 주의할 것은 반사재료나 조명시설 때문에 표지의 색깔이 낮과 다르게 보여서는 절대로 안 된다.

표지판의 시인성은 표지판의 반사성능에 따라 차이가 있으며, 도로이용자에게 시인성을 높일 필요가 있는 곳은 초고휘도 반사시트를 설치해야 한다. 특히, 속도가 높거나 교통사고가 잦은 지점에서는 반사성능이 우수한 재귀반사시트를 사용하는 것이 좋다.

반사지는 KS T 3507(산업 및 교통 안전용 재귀 반사 시트)에 따라 구분하며, 교통안전표지에서는 유형 III, IV, VIII, IX, XI를 사용한다. 각 반사시트의 특징은 [표 10.1]에 나타내었다.

[표 10.1] 재귀반사시트의 유형별 특징

종류	구조	등급	특징
III	캡슐렌즈형 또는 프리즘형	고휘도	–
IV		고휘도	–
VIII	프리즘형	초고휘도	–
IX		광각 초고휘도	광각성이 좋음
XI		초고휘도	광각성이 좋음

주: 광각성은 광시야(光視野)라고도 함

3 설치 및 관리

규제 및 지시표지는 규제와 지시가 시작되거나 또는 끝나는 지점에 설치한다. 끝나는 지점에 설치하는 표지는 속도표지와 주차제한 표지이다. 나머지 표지들은 상당한 거리에 걸쳐서 규제가 이루어지는 것이 보통이다. 주의표지는 항상 위해(危害)지역의 입구나 혹은 위해지점 이전에 설치해야 한다. 안내표지는 확실한 안내를 위해서 교차로 이전에 설치하고 또 교차로에도 설치해 준다.

표지는 통상 도로변을 따라 이용자에 가까이 설치한다. 그러나 요사이는 표지의 반사기술이 발달되었기 때문에 지나다니는 차량에 의한 먼지나 오물이 표지를 더럽히는 것을 막기 위해서 될수록 도로에서 멀리 떨어져 설치하려는 경향이 있다.

차로지시를 하기 위해서 문형표지를 사용한다면 해당되는 차로 바로 위에 이를 설치해야 한다. 또 이 표지는 도로변이 개발 중이거나 주차한 차량으로 도로변 표지가 잘 보이지 않을 때 사용한다. 이 표지는 모든 통과차량의 높이보다 높은 통과높이를 가져야 한다.

표지와 도로변까지의 횡거(橫距)는 지방부도로의 경우 1.8 m에서 3.6 m 사이에 있으며, 또 표지 하단의 높이는 지면에서 적어도 1.5 m 이상은 되어야 한다. 도시부도로의 경우 도로변 표지는 주차한 차량에 가려 보이지 않는 일이 없도록 높아야 하며, 보행자에게 장애물이 되어서는 안 된다. 그렇다고 판독거리에서 운전자가 눈을 들어 올려다 볼 정도가 되거나 도로변에서 너무 떨어져 있어 정상적인 운행 중의 시계에서 벗어나서는 안 된다.

가능하면 각 표지는 별도의 지주에 부착하여 다른 표지의 내용과 혼동되지 않도록 해야 한다. 주행속도가 높은 도로에서는 표지와 충돌 시 차량에 큰 손상을 주지 않게끔 부러지기 쉬운 지주를 사용해야 한다. 문형표지를 부착하는 대단히 큰 구조물의 지주 주위에는 방호책을 설치하여 차량이 지주에 직접 충돌하는 것을 막아 줄 필요가 있다.

고속도로에서 안내표지를 이용하여 인터체인지를 사전에 적절히 예고해 주면 장거리 여행자에게 큰 도움이 되어 교통류의 분열이나 운전자의 혼동이 줄어든다. 주요 도시가로에서는 간선도로와의 교차점 이전에 큰 글자로 교차되는 가로명 표지를 설치하여 운전자의 길안내를 돕는다.

운전자와 정보를 주고받는 방법에 관해서 많은 연구가 진행되고 있다. 여기에는 표지의 설계나 판독성 개선에 관한 것뿐만 아니라 가변표지, 차내 라디오 이용방법까지도 포함된다.

표지가 효과적으로 운영되기 위해서는 파손되거나 불필요한 표지는 즉시 대체시키거나 없애야 하며 모든 표지를 주기적으로 청소해야 한다.

10.4 노면표시

노면표시(路面表示)는 교통안전표지 등의 교통안전시설물과 유기적 결합을 통해 교통사고 예방 및 원활한 소통을 위한 규제와 지시 등의 의무, 노면의 상태, 통행방법 등에 대한 정보를 제공한다. 또 교통류를 유도하며 반대방향의 교통류를 분리시켜주고 추월금지구간이나 교차로에서의 회전차로를 나타내 준다. 마찬가지로 교차로를 횡단하는 보행자 횡단보도를 표시해 준다. 다른 교통통제에서처럼 이 표시의 설계와 기능은 통일성을 가져야 한다. 노면표시에는 다음과 같은 종류가 있다([그림 10.1]).

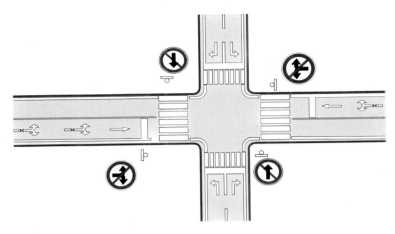

[그림 10.1] 노면표시

① 종방향 표시(통상 10 cm 및 15 cm의 폭): 도로중앙선, 차로, 노측(路側)선, 주정차금지선, 추
월금지선, 교차로 간의 특별회전차로표시, 교통섬 앞의 도류화선, 차로가 없어지거나 합류되
는 곳의 경과표시, 교각과 같은 도로상 장애물에 대한 접근표시, 그리고 교차로에서의 회전차
로 등이 있으며 차로의 색깔은 중앙선과 주정차금지선만 황색이고 나머지는 모두 흰색이다.

② 횡방향 표시(통상 30 cm에서 60 cm의 폭): 횡단보도와 정지선

③ 전달내용표시: 글자나 화살표를 포함한 부호 등

④ 기타표시: 주정차금지를 나타내는 녹색표시, 주차면표시 등

우리나라 도로교통법에서 규정한 노면표시 색깔은 백색, 황색, 청색, 적색, 분홍색, 연한 녹색 또
는 녹색, 흑색이며 그 의미는 다음과 같다.

① 백색: 가장 많이 사용되는 차선의 색깔로, 같은 방향의 교통류를 분리하고 경계 및 지시하는
표시에 사용된다.

② 황색: 반대방향의 교통류를 분리하거나 도로이용을 제한 및 지시하는 표시로서, 중앙선표시,
주차금지표시, 주정차금지표시 및 안전지대표시 등이 있다.

③ 청색: 지정방향의 교통류를 분리하는 표시로, 전용차로표시 및 노면전차 전용로 표시에 사용
된다.

④ 적색: 소방시설 주변 주정차금지표시 및 어린이보호구역 또는 주거지역 안에 설치하는 속도제
한표시의 테두리 선에 사용된다.

⑤ 분홍색, 연한 녹색 또는 녹색: 주행방향으로의 유도선 표시에 사용된다.

⑥ 흑색: 단독으로 사용되지 않고 백색, 황색, 청색과 같은 기본색의 대비효과에 의한 시인성 확
보를 위해서 보조색으로 사용된다. 예를 들어 교각과 같은 도로변 장애물에 반사성을 가진
황색 또는 흰색의 줄무늬 사이에 흑색을 사용한다.

가장 많이 사용되는 백색과 황색은 파선(破線)과 실선(實線)으로 사용되며, 파선은 횡단을 허용

하는 경우, 실선은 횡단을 금지하는 의미로 사용된다. 황색실선에는 다차로도로에서의 중앙선(2중일 경우도 많음), 2차로도로에서 추월금지구간을 나타내는 중앙선, 장애물 오른쪽으로 통과하게 하는 접근부 등에 설치한다. 또 황색은 도로변의 주정차금지표시로 사용되기도 하며, 이는 보·차도가 분리되지 않은 도로에서는 노측선으로 이용되기도 한다. 보·차도가 분리된 도로에서는 연석에 이용표시를 한다(황색실선은 도로변의 주정차 모두 금지, 황색 파선은 도로변의 주차금지). 교통섬의 윤곽선도 황색실선을 사용한다.

노면표시에 사용되는 재료는 매우 다양하다. 이와 같은 재료는 내구성이 있어야 하며 빨리 건조되는 것이어야 한다. 주로 사용되는 재료에는 다음과 같은 것들이 있다.

① 페인트: 노면표시 재료로서 맨 처음 사용되었으며 오늘날도 가장 널리 사용되고 있다. 근래에 사용되는 페인트는 내구성이 매우 크며 건조속도가 빠른 것으로서 유리구슬가루를 혼합하여 반사성을 높였지만 시공한 후의 표면이 매끄럽지가 않다. 또 노면에서부터 올라오는 습기가 페인트를 밀어 올리게 되므로 수증기에 대한 침투성이 있어야 한다.

② 가열가소성 줄: 고온 및 저온용이 있으며 혹한기에 소금이나 모래 또는 제설작업이 필요한 곳에 시공해야 할 경우에 매우 적합하다. 고온용은 130 ℃ 정도에서 시공하며 페인트보다 내구성이 강하다. 두 종류 모두 시공 즉시 차량이 통과할 수 있으며 가격이 조금 비싸기는 하지만 내구성이 크기 때문에 전반적인 효과로 보아 페인트와 비슷하다.

③ 조립식 테이프: 노면에 달라붙는 테이프로서 도로공사 중 교통을 유도하는 임시표시로 사용되거나 또는 주차면이나 주차장표시 등과 같은 반영구표시로 사용된다. 최근에는 비오는 날 야간에 반사성을 높이기 위해서 이 테이프를 사용하기 전에 노면에 초벌시공을 한다.

④ 돌출표시: 제설작업이나 못박은 타이어를 사용하지 않는 지역에 사용하며 야간이나 비 오는 날 반사성이 대단히 좋다. 돌출높이는 통상 0.6~2.5 cm까지 사용한다.

정지선은 30~60 cm 폭을 가진다. 노면에 사용하는 글자는 운전자가 멀리서 볼 수 있게 세로방향으로 길어야 하며, 가로세로 비는 속도에 따라 다르나 보통 도시부도로의 경우 1 : 5의 비율을 가진다.

유리구슬가루를 이용한 반사방법의 결함은 노면이 젖었을 때 반사가 잘 되지 않는다는 것이다. 이는 수막(水膜)이 거울과 같은 역할을 하여 입사광(入射光)을 분산시키기 때문이다. 이와 같은 현상을 극복하기 위해서는 유리구슬가루가 첨가된 폴리에스테르나 빛을 반사시킬 수 있는 조그만 플라스틱 쐐기들을 노면에 견고하게 박아서 반사된 빛이 운전자의 눈에 들어오게 한다. 그러나 이러한 설비들도 눈이 오면 제 기능을 다하지 못하며 제설차에 의해 훼손되기 쉽다. 야간에 노면표시와 포장면 색깔을 대비시키기 위해서는 노면표시의 반사화가 필요하다. 만약 눈이 많이 오지 않는 지방에 사용된다면 운전자가 이 차로를 넘을 경우 차가 진동하게 되므로 노면의 요철효과를 부수적으로 얻을 수 있다.

선의 종류는 중앙선, 유턴구역선, 차선, 전용차로, 길가장자리구역선, 진로변경 제한선, 주정차금지선, 유도선으로 구분한다. 선의 종류 및 도로 구분에 따른 선의 설치규격이 정해져 있으며, 일반적으로 너비는 10~20 cm이다. 노면표시 문자의 크기는 차로폭에 따라 기본규격보다 0.5~2배까지 축소하거나 확대할 수 있다.

노면표시는 비, 눈, 먼지 등에 의한 시인성의 제한과 과적차량 등에 의한 내구성의 영향을 받을 수 있다. 따라서 설치목적과 기능, 도로조건에 따라 도로표시용 도료, 반사 테이프 또는 발광형 소재를 사용하여 설치한다. 도료는 성상과 시공방법의 차이에 따라 다양한 종류로 나뉘며 교통안전 확보를 위해 도료의 내구성, 재귀반사성능을 확보해야 한다. 노면표시는 주·야간이나 기상상태, 조명 여부 등에 관계없이 운전자 및 보행자의 눈에 잘 띄어야 한다. 그에 따라 각각 정해진 도료형 노면표시 및 테이프식 노면표시의 초기 재귀반사성능을 충족하여야 한다.

10.5 교통신호

교통통제설비 중에서도 가장 중요한 것은 교통신호이다. 입체교차로가 교통류를 공간적으로 분리시킨다면 교통신호는 시간적으로 분리시킨다. 즉 교통신호란 상충하는 방향의 교통류들에게 적절한 시간 간격으로 통행우선권을 할당하는 통제설비이다. 이와 같은 교통신호는 전기식 또는 전자식으로 작동되며 그 종류에는 교차로신호등, 점멸등, 차로지시등, 램프 유입조절신호등, 보행자신호등, 철길건널목신호등과 같은 것이 있다.

최초의 교통신호기는 1868년 영국 런던에서 처음 사용되었다. 이 장치는 신호기둥에 arm을 매달아서 이를 수동식으로 올리거나 내림으로써 정지, 진행 및 주의신호를 나타내었다.

오늘날 사용하고 있는 모든 신호장비는 질적인 면에서 차이는 있지만 1930년까지 이미 다 실용화되었다. 3색 등화의 순서가 표준화되었으며, 수동식이 전기식으로 발전되었고, 교통감응신호기도 출현했다. 전자기술의 발달로 신호장비뿐만 아니라 그 운영 면에서 혁신적인 발전을 이룩했다.

신호교차로에 설치된 신호기기(信號器機)는 신호등 뭉치(信號燈頭, signal head), 신호제어기(信號制御機, signal controler) 및 검지기(檢知機, detector)이다. 신호등 뭉치란 여러 개의 접근로에서 볼 수 있는 신호등면(信號燈面, signal face)으로 구성되며, 신호등면은 한 접근방향에서 볼 수 있는 3~4개의 신호등화(信號燈火, signal lens)로 이루어진다.

10.5.1 교통신호의 기본개념

교통신호를 이해하기 위해서는 등화(燈火)의 의미와 현시방법 및 설치위치와 등화배열 순서 등을 이해할 필요가 있다.

1 등화의 의미

등화의 의미는 우리나라 '교통신호기 설치·운영·관리 업무편람'에 자세히 언급되어 있으며, 이를 요약하면 다음과 같다.

① 녹색표시는 교통류를 합법적인 방향으로 진행시키고자 할 때 사용된다. 특히 녹색 화살표시는 회전이동류를 보호하기 위해 사용된다.

② 황색표시는 녹색표시에서 적색표시로 바뀌는 경과시간에 사용된다. 황색표시 때 이미 교차로에 진입해 있거나 교차로의 정지선에 정지하기가 불가능할 때는 그대로 진행한다.

③ 적색표시에서는 진행해서는 안 된다. 그러나 우회전은 횡단보행자나 교차도로의 진행차량을 방해하지 않는 범위에서 우회전을 할 수 있다.

2 신호등화의 배열순서 및 등화원칙

신호등 렌즈의 순서는 왼쪽에서부터(또는 위에서부터) 적색, 황색, 녹색 화살표, 녹색순으로 배열하는 것이 원칙이다. 또 빠른 속도로 진행하는 차량 운전자의 식별 및 판단시간을 줄이고 혼동을 방지하기 위해서 다음과 같은 원칙이 국제적으로 적용되고 있다.

① 한 접근로에서 다음과 같은 신호는 동시에 표시되어서는 안 된다.
- 2렌즈의 경우 2색 등화
- 3렌즈의 경우 2색 등화
- 4렌즈의 경우 3색 등화
- 녹색과 적색(적색은 녹색 화살표와는 동시에 켜질 수 있다.)

② 어떠한 경우에도 적색 다음에 황색이 오거나, 적색 다음에 적색+황색이 동시에 켜져서는 안 된다. 우리나라에서 선행 양방좌회전이 끝나고 양방직진신호가 올 때 그 사이에 적색과 황색 신호를 같이 켜주는 경우가 있으나, 이때는 황색신호 하나만으로 족하다. 어떤 경우이든 녹색 예비신호는 필요 없다.

10.5.2 신호등의 시인성 및 설치위치

1 시인성

신호등의 시인성(視認性)은 등화의 색깔, 명도, 렌즈의 크기 및 신호등면의 개수에 따라 좌우된다. 신호등화의 색깔은 세계 어느 나라나 공통이지만 색상에는 약간의 차이가 있다. 특히 황색(yellow) 대신 주황색(amber)을 사용하는 나라도 많으며 녹색 대신 청색을 사용하는 나라도 있다. 색깔의 물리적인 특성으로 보아 주황색과 녹색이 시인성이 좋으나 색맹인 운전자를 위해서는 녹색 대신 청색을 쓰는 것이 좋다.

신호등 렌즈의 크기와 전구는 대부분의 나라가 20~30 cm, 135와트인 표준규격품을 사용하고 있으며, 우리나라에서도 보행자 신호등(20 cm) 외에는 모두 직경 30 cm인 렌즈를 사용하고 있다. 30 cm 직경의 신호등 렌즈가 녹색등화를 표시할 때 정상적인 기후조건하에서 보통시력을 가진 사람의 눈으로는 최대 600 m 밖에서도 볼 수 있다. 그러나 기후조건이 나쁘거나 시력이 약한 경우는 물론이고 신호등 주위의 복잡한 가로시설물 때문에 시인성은 크게 감소된다.

시인성을 증가시키는 또 하나의 방법은 신호등 챙(visor)을 적절히 설치하는 것이다. 신호등 챙을 설치하는 목적은 햇빛을 차단하여 등화가 잘 보이게 하고, 다른 진행방향을 위한 신호등화가 보이지 않게끔 하는 것이다. 특히 불규칙한 교차로에서는 원하는 진행방향에 해당되는 신호를 판별할 수 없어 머뭇거리거나 잘못 진행하다 사고를 내는 경우가 있다. 그러므로 신호등의 설치방향과 교차로의 구조를 고려하여 적절한 크기의 챙을 설치하는 것이 필수적이다.

2 설치위치

신호등이 효율적으로 운영되기 위해서는 운전자가 자기방향의 신호등만을 계속적으로 확연히 볼 수 있는 위치에 설치되어야 한다. 그렇게 해야만 교차로에 접근하면서 분명하고도 착오 없는 통행권을 지시받을 수 있다.

신호등 설치위치를 결정하기 위한 가장 중요한 요소는 신호등면을 향한 운전자 시선의 수직 및 수평각도 범위이다. 이때 물론 운전자의 눈높이, 도로의 경사 및 평면선형 등을 고려해야 한다.

신호등면의 개수와 설치위치에 관해서 우리나라 '교통안전시설 설치관리편람'의 권장사항을 요약하면 아래와 같다.

① 각 접근방향별로 교차로 건너편에 설치되어 접근차량이 계속적으로 볼 수 있어야 한다. 이때 정지선 이전에서 신호등을 볼 수 있어야 하는 가시거리는 다음 표의 값 이상이어야 한다. 여기서의 속도는 85백분위 접근속도이다.

[표 10.2] 85백분위 접근속도별 최소가시거리

85백분위 접근속도(kph)	30	40	50	60	70	80	90	100
최소가시거리(m)	35	50	75	110	145	165	180	210

② 신호등면은 정지선으로부터 전방 10~40 m 이내에 위치해야 한다.
③ 교차로 건너편의 신호등이 정지선에서 40 m 이상 떨어져 있는 경우, 교차로 건너기 이전의 위치에 신호등을 추가로 설치해야 한다.
④ 신호등면은 진행방향으로부터 좌우 각각 20° 범위 내에 위치해야 한다.
⑤ 한 접근로상의 2개 이상의 신호등면은 2.4 m 이상 서로 떨어져 있어야 한다.
⑥ 다음과 같은 이유로 신호등이 계속적으로 보이지 않을 경우에는 교차로에 도달되기 전에 적절한 주의표지, 경보등 또는 추가적인 신호등을 설치해야 한다.
  • 정상적으로 설치된 신호등의 시인성 확보가 어려운 곳
    (예를 들어 교차로 구조가 특이하거나 건물 등에 가려서)
  • 운전자의 판단을 흐리게 하는 곳
  • 대형차량 혼입률이 높은 곳
⑦ 신호등의 높이는 신호등면의 하단(下端)이 노면으로부터 4.5~5.0 m 범위에 있어야 한다.

위의 기준에 의거하면, 대형차량에 의한 시인장애와 전구 등의 고장으로 혼란을 줄이기 위해 접근로 전면에 2~5개 면을 설치하되, 정지선에서 운전자가 고개를 움직이지 아니하고 볼 수 있는 시계(視界) 내에 설치한다.

(1) 신호등의 수평적 위치

신호등 설치위치에 관한 중요한 기준은 보편적인 운전자가 운전대를 잡고 앞을 바라볼 때 머리를 돌리지 않고 비교적 명확하게 볼 수 있는 범위 내에 신호등이 설치되어야 한다는 것이다. 보편적인 운전자의 이러한 전방 가시범위는 보통 좌우 각각 25° 이내에 있다(눈동자를 움직일 경우). 외국의 기준이나 충분한 여유를 고려하여 이를 20°로 가정하면, 교차로의 폭에 따른 수평면상의 이상적인 설치위치는 다음과 같이 구할 수 있다([그림 10.2] 참조).

$$l = 2D\tan20° - (B-3) = 0.72D - B + 3 \qquad (10.1)$$

여기서 l = 신호등이 설치되는 위치로서, 차도 중앙선에 대칭임(m)

D = 접근로 정지선에 신호등까지 거리(m)

B = 접근로 폭(m)

l 범위 안에 2.4 m 간격으로 2개의 신호등면을 설치하는 것이 좋으나, 우리나라는 대향(對向)교통류를 위한 신호등면 뒤에 양면(兩面)신호등을 설치하는 경우가 많으므로 l 범위 안에 1개만 설치해도 좋다.

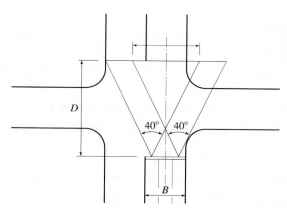

[그림 10.2] 신호등의 수평적 위치

(2) 신호등의 높이

신호등의 높이는 운전자의 시각특성, 차량의 높이, 교차로 횡단거리 및 건축한계 등을 고려하여 결정한다. 신호등은 도로를 이용하는 차량의 높이보다 높아야 하며, 이 높이는 도로의 구조시설에 관한 규칙에서 규정한 도로시설물의 건축한계(clearance)인 4.5 m를 기준으로 삼는다.

따라서 신호등 높이는 노면에서부터 4.5 m보다 높아야 하며 운전자의 시각특성을 고려하여 앙각(仰角)이 15° 이내의 범위에 들면 된다. 예를 들어 교차로의 횡단거리가 15 m이고 신호등의 높이가 4.5 m이면 노면에서부터 운전자 눈높이를 1.0 m로 가정할 때 앙각은 13°이므로 합리적인 범위 안에 들게 된다. 대형트럭이나 버스의 경우처럼 운전자의 눈높이가 높아지면 이 각도는 줄어들고, 또 교차로 횡단거리가 길어지면 마찬가지로 이 각도가 줄어들므로 신호등 높이를 우리나라 규정대로 4.5~5.0 m 범위에 들게 하면 합당하다. 세로형 보조신호등의 경우 운전자의 시인성과 보행자의 통행을 고려하여 노면으로부터 신호등 하단까지의 수직높이는 최소 2.5 m를 기준으로 하며 상황에 따라 3.5 m 범위 내에서 높일 수 있다.

10.5.3 교통신호운영의 장단점

신호등이 적절히 설치 운영된다면 교통안전이나 통제의 측면에서 볼 때 큰 이점을 갖는다. 반면에 신호 설치로 인한 단점도 있다.

(1) 신호운영의 장점
- 질서 있게 교통류를 이동시킨다.
- 직각충돌 및 보행자충돌과 같은 종류의 사고가 감소한다.
- 교차로의 용량이 증대된다.
- 교통량이 많은 도로를 횡단해야 하는 차량이나 보행자를 횡단시킬 수 있다.
- 인접교차로를 연동시켜 일정한 속도로 긴 구간을 연속진행시킬 수 있다.
- 수동식 교차로 통제보다 경제적이다.
- 통행우선권을 부여받으므로 안심하고 교차로를 통과할 수 있다.

(2) 신호운영의 단점
- 첨두시간이 아닌 경우 교차로 지체와 연료소모가 필요 이상으로 커질 수 있다.
- 추돌사고와 같은 유형의 사고가 증가한다.
- 부적절한 곳에 설치되었을 경우, 불필요한 지체가 생기며 이로 인해 신호등을 기피하게 된다.
- 부적절한 시간으로 운영될 때, 운전자를 짜증스럽게 한다.

모든 통제설비의 정비유지는 대단히 중요하나 특히 그중에서도 신호등은 교통사고와 밀접한 관계가 있으므로 유지관리는 특히 중요하다. 신호등이 고장나거나 적절히 운영되지 못함으로써 야기되는 위험성은 다른 교통통제설비가 부적절한 것보다 훨씬 더 크다. 왜냐하면 신호등은 수동적인 내용뿐만 아니라 능동적인 내용을 나타내기 때문이다. 예를 들어 교차로에서 직각으로 교차하는 두 접근로의 신호가 고장에 의해서 동시에 녹색이 나타났다면 매우 심각한 사고를 유발할 것이다. 이와 같은 경우는 '정지' 표지가 부러져 나갔거나 혹은 표지판이 무엇에 가려져 있는 경우와는 비교가 안 될 정도로 위험할 것이다. 왜냐하면 녹색신호에서 교차로에 진입하는 운전자는 신호가 고장났으리라고 의심할 이유가 없으므로 통행우선권을 가진 것처럼 안심하고 진행할 것이기 때문이다.

주기적으로 렌즈를 닦고 전구가 고장나기 전에 갈아 끼우는 것도 대단히 중요하다. 교통신호등이나 점멸등(點滅燈)의 정비계획을 체계분석법을 이용하여 수립한다면 적절한 전구교환주기, 예방정비를 위한 최단순회경로, 정비원의 적정 사용 등을 결정할 수 있다. 예방정비계획은 경제적이며 또 신호등 고장확률을 줄여줌으로써 안전에 크게 기여한다. 또 신호등 정비를 위한 경제적이며 효율적인 계획을 수립하기 위해서는 적절한 정비기록제도를 의무화해야 한다.

10.5.4 신호등의 설치 타당성 기준(준거)

교통신호는 상충하는 이동류에 통행우선권을 체계적으로 할당하기 때문에 교차로에 접근하는 모든 차량들에게 상당한 지체를 유발시킨다. 그렇기 때문에 교통신호의 설치는 여러 조건을 감안하여 정당화되는 것이 매우 중요하다. 이처럼 정당화의 기준을 준거(準據, warrant)라 한다.

준거는 일반적인 기준보다 더 구체적이고 명확한 것으로서, 준거에 명시된 어떤 수준에 도달하지 않으면 신호설치를 해서는 안 될 뿐만 아니라 설치된 신호등이라 할지라도 운영을 해서는 안 된다는 강한 의미를 지니고 있다.

만약 수준에 미달된 조건에서 신호등을 운영하면 앞의 "신호운영의 장단점"에서 언급한 바와 같이 신호등이 없는 것보다 못한 결과를 나타내기 때문이다.

1 미국의 준거

미국에서는 다음과 같은 8개의 설치 타당성에 관한 준거항목을 가지고 있다.

① 8시간 교통량: 교통량이 교통신호설치 여부를 결정하는 주요 이유가 되는 곳에 적용하는 준거로서, 교차로 전체의 혼잡을 고려한 최소차량교통량과 주도로의 교통량이 너무 많기 때문에 교차도로의 교통이 주도로 교통을 횡단하는 데 많은 지체를 하거나 위험성이 있는 곳에 적용하는 주도로 교통단절의 필요성을 고려한 준거이다.

② 4시간 교통량: 준거 ①이 8시간의 시간교통량을 기준으로 하기 때문에 첨두현상에 충분히 대응하지 못한다. 즉 4시간 동안만 매우 큰 첨두현상을 보일 때도 신호설치의 타당성을 부여한다.

③ 첨두시간교통량: 사무실, 공장 등이 몰려 있어 짧은 시간에 주도로의 통행량이 많아, 평일 최소 1시간 동안 부도로의 교통이 주도로 진입이나 횡단이 어려운 곳에 신호등 설치여부를 결정하는 준거이다.

④ 최소보행자교통량: 차량과 보행자교통이 혼합되어 위험성이 있다고 판단되는 곳에 적용되는 준거로서, 이 준거에 의해 독립교차로에 교통신호를 설치할 경우에는 보행자 작동신호라야 한다.

⑤ 학교 앞 횡단보도: 학교 앞 횡단보도의 차량교통이 학생들이 안전하게 길을 건너지 못할 정도로 많은 곳에 적용되는 준거이다. 특히, 사람이 교통류를 차단하지 않고 횡단할 수 있는 차간간격이 1분당 평균 1개 이하이면 어린이들은 기다리지 않고 위험을 각오하고 짧은 차간간격이라도 이용하려고 한다. 이와 같은 조건이라면 적절한 횡단시간을 마련하기 위해 교통류를 차단하는 신호통제를 한다.

⑥ 연속진행: 독립교차로가 아니라 연동되는 신호교차로에서의 준거이다. 신호교차로가 멀리 떨어져 있으면 신호등구간 내에서 차량군(車輛群)이 분산되므로 연동효과를 상실한다. 이럴 경우에는 중간지점에 신호등을 설치하여 연동효과를 살릴 수 있다.

⑦ 교통사고: '양보' 또는 '정지' 표지로는 교통사고를 줄일 수 없는 곳에 적용되는 준거이다. 이 경우는 1년간의 사고발생건수와 피해액을 조사하여 신호설치의 타당성 여부를 결정한다.
⑧ 도로망 체계: 앞에서 설명한 연속진행에 관한 준거가 간선도로와 같은 한 노선에 대한 교통통제인 데 반해, 이 통제방법은 신호등을 가진 도로망 전체의 효율을 증대시키기 위한 준거이다.

2 우리나라의 설치기준

우리나라의 신호등 설치기준은 5개의 항목으로 되어 있으며, 그 내용은 다음과 같다.

(1) 차량교통량

평일의 교통량이 아래 기준을 초과하는 시간이 8시간 이상일 때(연속적 8시간이 아니라도 가능함) 신호기를 설치해야 한다.

[표 10.3] 차량교통량

접근로 차로수		주도로 교통량(양방향) (vph)	부도로 교통량(교통량이 많은 쪽) (vph)
주도로	부도로		
1	1	500	150
2 이상	1	600	150
2 이상	2 이상	600	200
1	2 이상	500	200

(2) 보행자교통량

평일의 교통량이 아래 기준을 초과하는 시간이 8시간 이상일 때 신호기를 설치해야 한다.

[표 10.4] 보행자교통량

차량교통량(양방향)(vph)	횡단보행자(1시간, 양방향, 자전거 포함)(인/시간)
600	150

(3) 통학로

어린이 보호구역 내 초등학교 또는 유치원의 주출입문에서 300 m 이내에 신호등이 없고 자동차 통행시간 간격이 1분 이내인 경우에 설치하며, 기타의 경우 주출입문과 가장 가까운 곳에 위치한 횡단보도에 설치한다.

그러나 여기서 '자동차 통행시간 간격이 1분 이내'라는 말은 무작위로 도착하는 교통류에 적합하지 않은 애매모호한 기준이다. 만약 '평균 1분'이란 의미라면 시간당 60대의 교통량을 의미한다. 이 기준은 미국의 기준 '1분당 횡단기회가 평균 1개 이하'라는 말을 '시간당 60대 이상'으로 잘못 이해한 결과라 생각된다.

횡단할 수 있는 기회는 횡단하는 데 필요한 시간 및 어린이의 임계수락 간격(critical acceptable gap)과 밀접한 관계가 있다. 미국의 기준을 무작위 도착을 나타내는 음지수 분포(4.1.2절 참조)를 적용해서 계산하면 [표 10.5]와 같은 기준을 얻을 수 있다. 예를 들어 어린이가 도로를 횡단하는 데 필요한 시간이 20초라 가정하면, 차량교통량이 양방향 시간당 250대 이상이면 20초보다 긴 차간 시간은 시간당 60개(즉, 1분당 1개) 이하로서 통학로의 신호기 설치기준에 다다른다. 물론 교통량이 아주 적으면 차간간격 수가 적어져서 시간당 60개가 되지 않을 수 있지만, 그 경우는 매우 넓은 차간간격으로 인해 앞의 예로 볼 때 20초의 2배 이상 되는 횡단기회도 발생한다.

[표 10.5] 통학로 기준

어린이 횡단 소요시간(초)	양방향 차량교통량(vph)
10	1,000
12	750
15	500
18	350
20	250

(4) 사고 기록

신호기 설치예정 장소로부터 50 m 이내의 구간에서 교통사고가 연간 5회 이상 발생하여 신호등의 설치로 사고를 예방할 수 있다고 인정되는 경우에 신호기를 설치한다.

(5) 비보호좌회전

비보호좌회전 기준은 여기서 언급되는 '신호기 설치기준'이 아니고, 13장의 '신호운영 방법에 관한 기준'에서 언급되어야 할 항목이다. 즉, '보호좌회전', '좌회전 금지 기준' 등과 함께 취급되는 것이 좋다(13.4.2절 참조).

- 교통량 기준: 어떤 좌회전 교통량에 대한 대향직진교통량이 [표 13.2]에 나타난 값보다 작으면 비보호좌회전이 더 효율적이고, 대향직진교통량이 표에 나타난 값보다 크면 보호좌회전이 효율적이다.
- 교통사고건수 기준: 좌회전 사고가 연간 4건 이하일 때 비보호좌회전, 5건 이상이면 보호좌회전

3 교통조사

신호등 설치의 필요성을 결정하거나 신호시간의 적절한 설계와 운영을 위한 충분한 자료를 확보하기 위해서는 그 지점의 도로 및 교통조건에 관한 종합적인 조사가 이루어져야 한다. 이러한 자료들 가운데 특히 중요한 것은 다음과 같다.

① 시간교통량: 보편적인 날의 연속적인 16시간 동안 각 접근로로 진입하는 시간당 교통량(하루 중 교통량이 가장 많은 16시간대를 선택)
② 첨두교통량: 각 접근로별, 각 진행방향별, 각 차종별(승용차, 버스, 트럭) 교통량을 오전, 오후 첨두 2시간(각각) 동안, 15분 간격으로 조사
③ 보행자교통량: ②의 조사기간 동안의 보행자교통량과 보행자가 가장 많을 때의 보행자교통량
④ 평균차량 지체: 첨두시간 동안 각 접근로별 지체
⑤ 차간시간 분포: 부도로에서 횡단하기 어려운 주도로 교통류의 차간시간(gap) 분포

⑥ 접근속도: 교차로에 도달하기 전의 차량 접근속도(85백분위 속도)

⑦ 현황도(condition diagram): 교차로의 기하특성을 나타내는 현황도 작성(교차로 구조, 경사, 시거, 버스정거장, 버스노선, 주차여건, 노면표시, 가로등, 주행선, 인접 철길건널목, 인접 신호등 위치, 전신주, 공중전화 부스, 주변의 토지이용상황)

⑧ 충돌도(collision diagram): 적어도 지난 1년간 그 지점에서 일어난 교통사고의 일시, 요일, 시각, 기후, 사고종류, 진행방향, 사고의 피해 정도를 나타내는 충돌도

만약 보행자교통량을 알 수 없으면 첨두시간 동안의 보행자교통량이 많은가 적은가의 정도만 알아도 된다. 지체와 차간시간 분포 자료는 세부 교통분석을 할 때만 필요하다.

신호등 설치는 다른 교통통제설비의 설치보다도 많은 비용이 소요되므로, 설치 이전에 반드시 신호등 설치 이외의 다른 대안이 없는지 검토해 보아야 한다. 예를 들어 도심지 교차로에서 접근로 주위의 주차금지 구역을 연장하거나 교통방해 요소를 제거하면 교차로에서의 지체를 현저히 줄이고 신호등 설치의 필요성을 제거할 수 있다.

10.6 기타 교통통제설비

표지나 노면표시와 비슷하게 사용되는 기타 교통통제설비에는 다음과 같은 것들이 있다.

① 장애물 표시: 노면에 설치하지는 않지만 교각, 임시 바리케이드, 배수구 입구 등 도로주변에 있는 중요한 장애물에 표시를 하거나 또는 그러한 장애물이 있다는 것을 나타내는 표지

② 반사체, 차로유도표 등 기타표시: 교통을 규제, 지시, 안내, 주의시키는 교통표지 이외에 도로변에 세워서 교통을 유도하거나 교통안전을 도모하기 위한 시설. 대표적인 예로 야간에 차로의 경로를 잘 나타내기 위해서 갓길을 따라 일정한 간격으로 세워두는 반사체 막대, 즉 차로유도표가 있다. 또 노면표시 중에서 페인트표시 대신에 사용하는 볼록 튀어나온 반사체의 교통버튼도 이 부류에 속한다. 교통섬이나 차량이 침범해서는 안 될 구역 또는 감속구간 등에 설치하는 노면요철(路面凹凸, rumble strips)도 이 종류이다. 고무로 고깔모양으로 만든 교통콘(traffic cone)도 일시적으로 교통을 유도하는 데 많이 사용되는 설비이다.

③ 방호책(baricade): 공사 또는 정비유지 작업을 운전자에게 알리기 위해 사용되는 임시 설비

④ 교통콘(traffic cone): 위해물(危害物) 주위나 혹은 이를 지나치는 차량에게 안전한 주행선을 안내하는 일종의 이동차로표시

⑤ 방호책 경고등: 방호책 위에 설치하는 경고등

⑥ 노면요철(rumble strips): 노면을 갈구리로 긁은 것처럼 작은 요철을 만들어 운전자에게 전방의 상황 변화를 예고하는 데 사용

⑦ 이정표(里程標): 잘 알려진 지점을 기준으로 하여 어떤 지점의 정확한 위치를 나타내는 표지

● 참고문헌 ●

1. 경찰청, 교통안전시설 시설관리편람, 1994.
2. 경찰청, 교통안전표지 설치·운영·관리 업무편람, 2022.
3. 경찰청, 교통노면표시 설치·운영·관리 업무편람, 2022.
4. 경찰청, 교통신호기 설치·운영·관리 업무편람, 2022.
5. FHWA., *Manual in Uniform Traffic Control Devices*, 1978.
6. ITE., *Manual of Traffic Signal Design*, 1982.
7. W. S. Homburger and J. H. Kell, *Fundamentals of Traffic Engineering*, 10th ed., 1981.
8. ITE., *Transportation and Traffic Engineering Handbook*, 1982.
9. FHWA., *Traffic Control Systems Handbook*, 1976. 6.

제 11 장

신호교차로 운영

도시가로의 병목지점은 항상 교차로이다. 교차로는 8장에서 언급한 바와 같이 교차상충, 분류상충, 합류상충이 빈번히 일어나는 지점으로서 용량과 서비스수준이 도로구간에 비해 비교적 낮다. 따라서 교차로가 어떤 도로시스템의 병목역할을 한다면 교차로의 구조나 운영 면에서의 능력 또는 제약사항을 면밀히 조사하여 가능한 개선책을 마련해야 한다.

교통운영 개선대책에는 교통통제설비의 설치, 도류화, 좌회전 전용차로 설치, 도로 조명개선 등 소규모 개선사업뿐만 아니라 교차로의 효율성을 높이기 위하여 어떤 이동류의 통행우선권(right of way)을 독점적으로 부여하거나, 허용 또는 금지하며, 접근속도를 감소시키거나, 차로 사용을 지정하거나, 교차로 주위의 주정차를 허용 또는 금지시키는 교통통제기법과 신호제어 등 교통공학적인 기법을 포함한다.

이 장에서는 교차로의 교통운영에 관한 것 중에서 특히 중요한 신호운영에 관한 것을 중점적으로 다루고, 13장에서 교통통제기법과 교통체계관리 부분을 다룬다.

11.1 교차로의 교통통제

11.1.1 교통통제의 목적

교차로의 교통통제는 다음과 같은 목적을 위하여 시행한다.

① 교차로용량 증대 및 서비스수준 향상
② 사고 감소 및 예방
③ 주도로에 통행우선권 부여

1 교차로용량 및 서비스수준 증대

교차로에서는 이동류 간에 상충이 생기기 때문에 교차로의 용량은 접근로의 용량보다 적다. 교차로용량을 증대시키기 위해서는 여러 가지 방법으로 교차로 통제를 하는데, 그 방법에는 다음과 같은 것이 있다.

- 이용차로의 효율을 증대시키기 위해 교차로 부근에 주차금지
- 상충과 이에 따른 혼잡을 줄이기 위해 좌회전금지
- 교통신호를 이용하여 상충하는 이동류에 통행우선권을 교대로 부여함으로써 상충을 줄이고 교통용량을 증대시킴

교차로의 용량을 증대시키면 대체로 서비스수준이 좋아지나, 신호교차로에서는 반드시 그렇지 않을 수도 있다. 예를 들어 신호주기를 길게 하면 용량은 증가하지만 지체는 길어진다.

2 교통사고 감소 및 예방

교차로에서 교통류의 교차, 합류, 분류는 사고위험성을 크게 한다. 모든 교통사고의 약 30%는 교차로나 횡단보도에서 일어난다. 적절한 속도통제, 차량의 주정차통제 및 이동류의 통행우선권 할당 등으로 정면충돌, 직각충돌 및 보행자 충돌사고 등을 줄일 수 있다.

3 주도로 보호 및 우선처리

주(主)도로 위주의 교차로 통제는 주도로를 이용하는 교통류를 더 빠르고 안전하며 계속적인 이동을 하게끔 해 준다. 그렇게 하면 인접한 부도로를 이용하는 통과교통이 주도로로 흡수됨으로써 부(副)도로이용자를 편하고 안전하게 해 준다. 도로의 기능상 통과교통은 주도로를 이용하게 하고, 저속이며 교통량이 적은 접근교통은 부도로를 이용하게 하여 특성이 서로 다른 교통은 분리시키는 것이 좋다.

주도로교통을 우선 처리함으로써 얻는 이점은 ① 통과교통의 지체를 줄이고, ② 인접 부도로는 국지교통만 이용하게 함으로써 국지교통의 지체를 줄이며, ③ 모든 도로의 교통사고가 감소되며, ④ 통과 및 국지교통의 특성에 알맞는 교통통제를 각각의 도로에 대해서 시행함으로써 용량을 증대시킨다.

통과도로 위주의 통제가 갖는 결점은 ① 통과교통의 속도가 증가하므로 교통사고의 심각도가 커지며, ② 통과교통을 횡단해야 하는 차량 및 보행자교통은 오랜 지체를 감수해야 한다.

통과도로를 지정하기 위한 명확한 교통량 기준이 있는 것은 아니다. 그러나 평일의 첨두시간교통이 양방향 450대 이상이 되지 않으면 통과도로로 지정해서는 안 된다.

11.1.2 교차로 통제의 종류

교차로에서 상충교통류를 통제하는 방법에는 통제정도에 따라 다음과 같은 것이 있다.

1 기본 통행우선권 수칙

비통제교차로에서 차량 및 보행자교통을 제약하거나 통제하기 위한 기본적인 통행우선권 수칙(守則)은 다음과 같다.

① 교차로에 접근하는 차량의 운전자는 다른 접근로에서 교차로에 이미 진입한 차량에게 우선권을 양보해야 한다.

② 두 접근로에서 거의 동시에 접근한 차량의 경우에는 오른쪽 접근로의 차량이 우선권을 가진다.

③ 좌회전하려고 하는 운전자는 맞은편에서 접근하는 직진차량에게 우선권을 양보해야 한다.

④ 비신호교차로에서 도로를 횡단하고 있는 보행자에게 차량은 우선권을 양보해야 한다. 이때 교차로에 횡단보도가 설치되어 있지 않더라도 마찬가지이다.

우리나라의 도로교통법(21조)에서는 이외에도 두 대의 차량이 동시에 교차로에 도착했을 경우 큰 도로의 차량이 우선권을 가진다고 되어 있으나, 이는 운전자가 운행 중 교차도로의 크기가 자기가 이용하는 도로보다 큰 도로인지 작은 도로인지 구분할 수가 없거나 또 이를 판별하는 데 시간이 걸리므로 이 우선순위 책정방법은 바람직하지 못하여 이 경우는 ②의 방법으로 충분하다.

이와 같은 통제방법은 적절한 시거를 가진 작은 교차로에서만 사용할 수 있다.

2 '양보' 표지

'양보' 표지를 보면서 교차로에 접근하는 차량은 감속을 하면서, 교차로 안에 있거나 교차도로 가까이서 진입하려고 하는 모든 차량에게 우선권을 양보해야 한다. 양보하는 차량은 우선권을 가진 다른 차량에게 방해가 되지 않는다면 정지할 필요 없이 그대로 교차로를 통과할 수 있다. 이 '양보' 표지에 의한 통제방법은 기본적인 통행우선권 수칙과 '정지' 표지에 의한 통제방법의 중간 형태이다.

'양보' 표지 통제를 실시하기 위한 기준은 통제되는 접근로에서의 안전접근속도에 의해 결정된다. 미국의 경우 통제되는 교차로에서 접근로의 안전접근속도가 15 kph 이상이면 '양보' 표지를, 그 이하이면 '정지' 표지를 사용한다. 그 외에 접근로의 교통량, 시거의 제약, 또는 교통사고의 위험성에 따라 준거를 결정하는 수도 있다.[2]

'양보' 표지를 주도로교통의 통제를 위해 사용하지는 않으며, 교차되는 도로 중에서 2개 이상의 도로에 사용해서도 안 된다. 다시 말하면 한 교차로에서 어느 한 도로의 두 접근로에만 사용한다. 뿐만 아니라 한 교차로에서, 어떤 접근로에는 '정지' 표지를 사용하고 다른 접근로에는 '양보' 표지를 사용해도 안 된다.

3 2방향 '정지' 표지

'정지' 표지가 설치된 접근로를 이용하는 모든 운전자는 교차로에 진입하기 전에 반드시 일단 정지한 후에 안전하다고 판단되면 진행한다. 이처럼 '정지' 표지는 운전자에게 불편을 주므로 반드시 기준에 합당한 곳에만 설치해야 한다.

이 표지는 통상 주도로와 교차하는 도로의 접근로에 설치하며, 신호등 설치지역 내의 비신호교차로에 시행하면 효과적이다. 주도로의 교통이 고속이거나, 교차도로 접근로의 시거가 제한되어 있거나, 교통사고가 많이 나는 곳은 이 표지를 이용한 통제방법을 사용하는 것이 좋다.

주도로의 교통량이 많아 교차도로 교통의 50% 이상이 정지해야 하는 경우가 평일날 8시간 이상일 때 '정지' 표지를 사용하는 것이 바람직하다. 그러나 이 기준은 적용하기가 쉽지 않다. 왜냐하면 주도로 교통의 차간시간 분포를 파악해야 하고, 두 도로의 시간별 교통량을 조사해야 하기 때문이다.

4 여러 방향 '정지' 표지

이 교통통제 형태는 어떤 교차로의 안전대책으로 많이 사용되는 것으로서, 차량이 일단 정지한 후에는 앞에서 설명한 통행우선권 수칙에 따라 교차로에 진입한다. 이 통제방법은 교통신호의 설치가 필요하긴 하지만 당장 설치할 수 없는 곳에 임시방편으로 사용될 수 있다.

이와 같은 통제방법의 기준은 최소교통량 및 보행자와 교통량에 관한 교통신호 준거에 도달한 수준이다.

5 교통신호

여러 방향 '정지' 표지보다 제약 정도가 큰 통제방법은 교차로를 이용하는 여러 이동류에 대해 교대로 통행우선권을 할당하는 교통신호이다.

독립교차로 통제는 두 가지 기본통제방식, 즉 정주기(定週期) 신호제어 또는 교통감응 신호제어 방식을 사용한다. 여기서 독립교차로(isolated intersection)란 의미는 연동신호 시스템이나 전자신호 시스템에 포함된 교차로가 아니거나, 또 이들 시스템에 포함되었다 할지라도 그 교차로만 독립적으로 분리시켜 분석할 필요가 있을 때의 교차로를 뜻한다.

정주기신호제어 방식에서는 주기길이, 시간분할(split), 현시수 및 현시순서를 미리 결정해야 한다. 물론 이와 같은 시간계산은 교차로에서의 교통류 특성에 따라 좌우된다. 교통감응제어 방식에서의 주기길이와 시간분할은 여러 접근로에서 검지된 교통량의 특성에 따라 교통감응제어기에 의해 자동적으로 결정된다.

11.2 신호현시의 명칭 및 등화표시 방법

신호교차로의 한 도로상에 있는 두 접근로의 신호표시는 서로 밀접한 상관이 있다. 반면 이와 교차하는 도로의 두 접근로의 신호현시는 교차도로의 현시와는 전혀 상관이 없다. 앞으로 설명할 신호시간 및 신호현시를 이해하기 위해서는 이들 신호현시의 명칭을 정의하여 통일되게 사용하는 것이 편리하다.

신호교차로에 접근하는 어떤 도로에서 한 쌍의 접근로의 교통을 모두 처리하는 데 사용되는 신호표시의 종류와 명칭은 [표 11.1]에 나와 있다. 여기서 사용된 그림들은 예를 들어 신호교차로의 남북 접근로의 신호현시를 나타낸 것으로서, 그림의 아래에 있는 등화(燈火) 색깔은 남쪽 접근로에서 북향하는 교통류가 받는 신호표시이며, 그림의 위에 있는 등화색깔은 북쪽 접근로에서 남향하는 교통류가 받는 신호표시를 나타낸 것이다. 등화색깔의 의미는 다음과 같다.

[표 11.1] 신호표시 조합의 명칭

현시 형태	명칭	미국 명칭
↓ ↑	직진 (비보호좌회전 허용 포함)	Through
┗→ ←┏ ↓ ↑	선행 양방좌회전	Lead Dual Left
↓ ↑ ┗→ ←┏	후행 양방좌회전	Lag Dual Left
←┓ ↓ ↑	선행 좌회전	Lead Left
↓ ↑ ←┛	후행 좌회전	Lag Left
←┓ ┏→	양방 동시신호	Directional Separation
┗→ ←┛ ↓ ↑	중첩 선행좌회전	Both Left Turns with Overlap
←┓ ↓ ↑ ┏→	직진중첩 동시신호	Lead and Lag Left Turns
←┓ ┗→ ┏→ ←┛	좌회전중첩 동시신호	Directional Separation and Both Left Turns

자료: 참고문헌(9)

- ◯ : 녹색
- Ⓨ : 황색
- ● : 적색
- ⊖ : 좌회전 화살표

이들 각 현시형태와 그에 따른 명칭을 설명하면 다음과 같다. 한 도로상의 두 접근로의 교통량을 처리하기 위한 적절한 현시 및 순서를 결정하기 위해서는 접근로의 도로조건과 교통량의 크기를 정확히 알아야 하며, 이에 대한 설명은 뒤에 자세히 언급된다.

(1) 직진신호

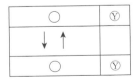

좌회전 금지 또는 비보호좌회전(permitted left turn)을 허용할 때 사용하며, 직진신호만 있다.

(2) 분리신호: 선행 또는 후행 양방좌회전

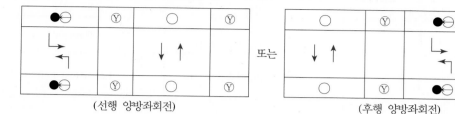

(선행 양방좌회전)   또는   (후행 양방좌회전)

　　좌회전과 직진의 분리신호 중에서 양방향 좌회전이 동시에 시작되고 끝난 후(전용좌회전) 양방향 직진이 동시에 이루어지는 방식을 선행 양방좌회전(先行兩方左回轉, lead dual left)이라 하며, 이와는 반대로 양방향 직진현시 이후에 양방향 좌회전(전용좌회전)이 오는 경우를 후행 양방좌회전(後行兩方左廻轉, lag dual left)이라 한다. 두 방식은 반드시 좌회전 전용차로(좌회전 포켓)가 있어야 한다.

　　선행 좌회전이 좋으냐 후행 좌회전이 좋으냐 하는 문제는 좌회전 포켓의 용량, 직진과 좌회전의 차로당 교통량, 인접 교차로와의 연동 여부에 따라 결정된다. 예를 들어 좌회전 교통량이 많아 좌회전 전용차로를 채우고 그 꼬리가 직진차로를 침범하여 있는 경우 직진신호가 먼저 켜지면 맨 좌측 직진차로의 직진은 원활하게 진행할 수가 없다.

　　분리신호 방식은 동일한 현시에서 진행하는 두 방향의 교통량(차로당 교통량)이 비슷할 때 사용하면 효과적이지만 이들 이동류의 차로당 교통량이 비슷하지 못하면 비효율적이다. 더 자세한 것은 11.4.4절 단순현시방법에서 다시 설명한다.

(3) 선행 또는 후행 좌회전

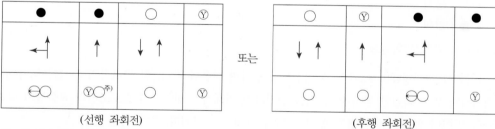

(선행 좌회전)   또는   (후행 좌회전)

주): Ⓨ 대신 황색점멸 신호가 효과적임

　　좌회전 교통량이 많은 접근로에 보호좌회전 신호가 직진신호와 함께 나타난 후 좌회전이 끝나고 직진은 그대로 계속되어 마주 보는 두 접근로의 신호가 직진이었다가 동시에 끝이 나는 방식을 선행 좌회전(lead left)이라 하고, 반대로 처음에는 마주 보는 두 접근로가 직진만 계속되다가 어느 한 접근로는 직진이 계속되면서 좌회전 신호가 나타나는(따라서 맞은편 접근로는 적색신호) 방식을 후행 좌회전(lag left)이라 한다. 이때 직진신호에서는 비보호좌회전이 허용되는 것이 좋다. 그러므로 좌회전 교통량이 적은 어느 한 접근로는 보호좌회전 없이 단지 비보호좌회전만 있는 셈이다. 이 방식은 3갈래 교차로에 사용되거나 또는 4갈래 교차로라 하더라도 어느 한 접근로의 교통량이 대향 접근로의 교통량에 비해 매우 크며 대향 접근로의 좌회전 교통량이 비보호좌회전으로도 충분히 처리될 수 있을 때 사용한다.

(4) 동시신호

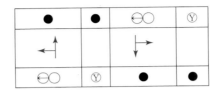

접근로의 좌회전과 직진신호가 동시에 시작되어 동시에 끝나며 대향 접근로도 마찬가지이다. 동시신호(directional separation) 방식의 장점은 좌회전을 위한 별도의 차로가 반드시 필요한 것이 아니라는 점이다. 다시 말하면 접근로의 맨 좌측차로는 시간적으로나 공간적으로 직진과 좌회전이 동시에 이용할 수 있는 공용차로이다(좌회전 전용차로가 있어도 가능).

이 방식은 좌회전 교통량이 많으나 접근로의 폭이 좁아 별도의 좌회전 차로를 마련할 수 없고, 한 접근로에서 좌회전 교통량이 차로당 직진 교통량에 비해 조금 적거나 비슷할 때 사용하면 효과적이다.

(5) 중첩 선행좌회전

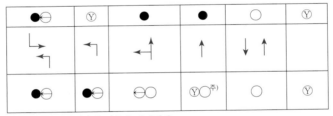

주): Ⓨ 대신 황색점멸 신호가 효과적임

양방보호좌회전이 동시에 진행된 후에 한 방향 동시신호가 있고, 그 후 좌회전이 중단되면서 양방직진이 진행된다. 중첩 선행좌회전(both left turns with overlap) 방식은 어느 한 접근로의 교통량이 대향 접근로의 교통량과 큰 차이가 날 때 사용되며 우리나라에서도 간혹 볼 수 있는 통제방식이다.

(6) 직진중첩 동시신호

주): Ⓨ 대신 황색점멸 신호가 효과적임

직진중첩 동시신호(lead and lag left turns)는 두 방향의 동시신호 중간에 직진신호를 삽입한 것으로서, 연동신호 시스템에서 양방향의 넓은 진행대를 만들기 위해서 사용된다.

(7) 좌회전중첩 동시신호

좌회전중첩 동시신호(directional separation and both left turns)는 두 방향의 동시신호 중간에 양방보호좌회전을 삽입한 것으로서, 두 접근로 모두 좌회전 교통량이 많으면서 비슷한 경우에 사용된다.

위의 예에서 볼 수 있듯이 현시방법은 매우 다양하며, 교차도로의 현시까지 고려한다면 그 조합수는 엄청나게 많다. 한 도로의 두 접근로 현시가 이와 같이 변할 동안 교차도로의 신호는 물론 적색이어야 한다.

11.3 독립교차로 신호기

교통신호기의 운영을 이해하기 위해서는 신호제어에 자주 사용되는 다음과 같은 용어들을 이해해야 한다.

① 주기(週期, cycle): 신호등의 등화(燈火)가 완전히 한 번 바뀌는 것, 또는 그 시간의 길이이다.
② 신호표시(信號標示, signal indication 또는 signal display): 교통류의 통행권을 지시하는 신호등화의 표시를 말한다.
③ 신호현시(信號顯示, signal phase): 동시에 통행권을 받는 하나 또는 몇 개의 이동류에 할당된 시간구간을 말하며, 하나 이상의 신호간격으로 이루어진다. 따라서 중첩현시(overlap phase)에서는 한 신호표시가 두 현시에 걸쳐서 계속될 수도 있다.
④ 신호간격(信號間隔, signal interval): 주기 중에서 신호표시가 변하지 않는 시간구간이다. 또한 주기를 이러한 구간으로 분할하는 것을 시간분할(時間分割, split)이라 한다.
⑤ 신호제어기(信號制御機, signal controller): 신호현시를 나타내는 시간조절기로서 전기기계식, 전자식 및 solid state식으로 운영된다. 제어기의 종류에는 크게 정주기제어기(pretimed 또는 fixed-time controller), 교통감응제어기(交通感應制御機, traffic-actuated controller), 교통대응제어기(交通對應制御機, traffic responsive controller)로 나눌 수 있다.
⑥ 점멸신호(點滅信號, flashing): 정지할 것인가 혹은 주의해서 진행할 것인가를 나타내는 적색 혹은 황색의 점멸등이다.

11.3.1 신호제어의 종류

독립교차로의 신호제어는 정주기식(定週期式, pretimed 또는 fixed-time) 제어와 교통감응식(交通感應式, traffic-actuated) 제어로 운영된다. 교통감응식 제어에는 반감응(semi-actuated) 제어, 완전감응(full-actuated) 제어, 교통량－밀도(volume-density) 제어 방식이 있다.

이들 각 방식은 설치되는 현장조건에 따라 성능이나 비용 면에서 차이가 많다. 더욱이 신호기기의 발전속도가 워낙 빠르므로 교차로의 적정제어방식을 단정적으로 말할 수는 없다. 그러나 지금까지 알려진 각 제어방식의 특성과 적용성은 다음과 같다.

1 정주기신호

정주기신호란 미리 정해진 신호등 시간계획에 따라 신호등화가 규칙적으로 바뀌는 것을 말한다. 이 신호시간계획은 현재의 교통량이 아니라 과거의 교통량 자료를 기초로 하여 만든 것이므로 교차로 교통량의 순간적인 변동에 적응하지 못한다. 한 시간계획으로부터 다른 시간계획으로의 변동은 교통량의 변화에 따른 것이 아니라 제어기 안에 있는 시계에 의해 정해진 시간이 되면 바뀐다. 이를 시간제 방식(時間制方式, Time of Day Mode; TOD)이라 한다. 따라서 정주기신호는 교통량의 시간별 변동을 예측할 수 있거나 포화상태가 빈번히 일어나는 교차로에 사용하면 좋다.

정주기신호기의 장점은 신호기의 구조가 간단하기 때문에 운용과 정비유지가 쉬우며, 인접신호등과 연동(連動)하여 일정한 속도로 연속진행시킬 수가 있다. 또 신호시간을 현장에서 쉽게 조정할 수 있다. 반면에 이 신호제어기의 단점은 짧은 시간 동안의 교통량 변동에 적응할 수 없으며, 첨두시간이 아닐 때는 불필요한 지체를 유발하게 된다.

2 교통감응신호

접근로에 설치된 검지기로부터 얻은 실시간 교통량에 따라 통행권이 할당되며, 주기 및 녹색시간 길이와 현시순서가 끊임없이 조정되며, 경우에 따라서는 교통수요가 없는 현시는 생략되기도 한다.

교통감응신호기에는 반감응신호기(半感應信號機, semi-actuated signal), 완전감응신호기(完全感應信號機, full-actuated signsl) 및 교통량－밀도신호기(交通量－密度信號機, volume-density signal)가 있다.

교통감응신호기를 설치하기 위한 준거는 정주기신호 때와 같다. 그러나 이 신호기는 정주기신호기와는 달리 불필요한 지체를 야기시키지 않으므로 정주기신호의 설치 준거에 미달하는 곳에 설치해도 무방하다. 이 신호기는 또 도로 중간구간의 횡단보도나 한 번에 한 방향으로만 횡단할 수 있는 좁은 횡단로에 설치하면 좋다. 이 신호기를 설치하기 위해서 고려해야 할 사항은 다음과 같다.

① 교통량: 정주기신호를 설치하기 위한 준거에 도달하지 않는 교통량이라 하더라도 변동이 심하고 주·부도로 간의 불균형이 심할 때, 경제성이 인정된다면 교통감응신호기 설치를 고려한다.

② 횡단교통량: 주도로의 교통량이 매우 크기 때문에 보행자나 부도로 교통이 주도로를 횡단하기 어려울 때 반감응신호기 설치를 고려한다.

③ 첨두시간교통: 하루 중 잠시 동안의 첨두시간에만 부도로의 교통량이 많아 신호등의 필요성이 제기될 때 경제성이 있다면 교통감응신호기 설치를 고려한다.

④ 보행자교통: 보행자 때문에만 정주기신호가 필요한 경우라면 보행자 작동식 교통감응신호기 설치를 고려한다. 이때 만약 정주기신호라면 불필요한 차량지체가 생긴다.

⑤ 교통사고: 교통사고 때문에만 정주기신호가 필요한 경우라면 교통감응신호기의 설치를 고려한다.

⑥ 접근로별 교통량 차이가 클 때: 완전감응신호기를 설치하면 좋다.

⑦ 복잡한 교차로: 여러 현시(顯示)신호의 경우 교통감응신호기를 사용함으로써 교통량이 적은 현시를 생략할 수 있다.

⑧ 연속진행 신호시스템: 교차로의 특성 및 교차로 간의 간격이 정주기신호로 연속진행 연동을 만족스럽게 수행하지 못할 때 교통감응신호기 설치를 고려한다.

교통감응신호의 세 종류에 대해서 여기서 간략히 설명하고, 더 자세한 내용은 이 장 뒷부분에 자세히 언급한다.

(1) 반감응신호기

이 제어방식은 교통량이 너무 많고 고속의 간선도로와 그 반대의 특성을 가진 도로가 만나는 교차로에 주로 사용한다.

이와 같은 제어방식은 교통량이 적은 부(副)도로 교통이 신호등 없이는 주(主)도로 교통을 횡단할 수 없는 교차로에 설치하면 아주 좋다. 부도로 교통이 산발적으로 도착함에도 불구하고 주도로의 교통류를 정주기신호를 이용하여 규칙적으로 단절시킨다면 효과가 적을 것은 당연하다. 주도로와 부도로의 교통량이 모두 변동이 심하면 반감응식을 사용해서는 안 된다.

(2) 완전감응신호기

이 방식은 교차로의 모든 접근로에서 접근하는 차량을 같은 비중으로 처리한다. 근본적으로 이 신호기는 접근교통량이 비교적 적고 크기가 비슷하나 짧은 시간 동안에 교통량의 변동이 심하며 접근로 간의 교통량 분포가 크게 변하는 독립교차로에 적용하면 좋다. 교통량이 큰 경우에 사용하면 마치 정주기신호기와 거의 비슷하게 운영되기 때문에 감응신호기로서의 효과가 없다.

완전감응식 제어기는 위와 같은 운영특성상 다른 신호기와 연동시키더라도 효과가 없다. 뿐만 아니라 이 신호기의 효과를 최대로 발휘하기 위해서는 도착교통 패턴에 영향을 미치는 인접신호등과는 최소 1.5 km 이상 떨어져 있어야 한다.

(3) 교통량-밀도 신호기

독립교차로에 대한 교통감응신호기 중에서 가장 이상적이며 복잡한 제어기로서, 녹색시간은 각 접근로의 교통량에 비례해서 할당된다. 다른 감응식 제어기와는 달리 미리 정해진 방식에 따라 감응하지 않고 교통량, 대기행렬 길이 및 지체시간에 관한 정보를 수집 기억하였다가 이를 이용하여 현시와 주기를 수시로 수정한다.

11.3.2 정주기신호기와 교통감응신호기 비교

정주기신호는 일관되고 규칙적인 신호지시 순서가 반복되는 것이다. 여기에다 보조장치나 원거리 통제장비를 붙이면 훨씬 더 큰 기능을 발휘할 수 있다. 정주기신호기는 교통패턴이 비교적 안정되고, 교통류 변동이 이 신호기의 신호시간계획으로 무난히 처리될 수 있는 교차로에 설치하면 좋다. 또 정주기신호는 특히 인접교차로의 신호등과 연동할 필요가 있을 때 사용하면 바람직하다.

교통감응신호는 신호시간이 고정되어 있지 않고 검지기에서 검지되는 교통류의 변화에 의해서 결정되는 것이 정주기신호와 근본적으로 다른 점이다. 주기의 길이나 신호순서는 사용되는 제어기나 보조장치에 따라 다르나 주기마다 변할 수도 있다. 경우에 따라 도착교통이 없는 현시는 생략될 수도 있다.

1 정주기신호의 장점

① 일정한 신호시간으로 운영되기 때문에 인접신호등과 연동시키기 편리하며, 교통감응신호를 연동시키는 것보다 더 정확한 연동이 가능하다. 연속된 교차로에 대한 차량당 평균지체는 교통감응신호를 사용할 때보다 적다.

② 교통감응신호기에서는 검지기를 지난 후 정지한 차량이나 도로공사 등과 같이 정상적인 흐름을 방해하는 조건에 영향을 받으나 정주기신호기는 그와 같은 영향을 받지 않는다.

③ 보행자교통량이 일정하면서 많은 곳이나 보행자작동 신호운영에 혼동이 일어나기 쉬운 곳에는 교통감응신호보다 정주기신호가 좋다.

④ 일반적으로 설치비용이 교통감응신호기에 비해 절반 정도밖에 되지 않으면서 장비의 구조가 간단하고 정비수리가 용이하다.

2 교통감응신호의 장점

① 교통변동의 예측이 불가능하여 정주기신호로 처리하기 어려운 교차로에 사용하면 최대의 효율을 발휘할 수 있다. 그러나 교차로 간격이 연속진행에 적합하다면 정주기신호가 더 좋다.

② 복잡한 교차로에 적합하다.

③ 주도로와 부도로가 교차하는 곳에서, 부도로 교통에 꼭 필요할 때에만 교통량이 큰 주도로 교통을 차단시킬 목적으로 사용하면 좋다.

④ 정주기신호로 연동시키기에는 간격이나 위치가 적합하지 않은 교차로에 사용하면 좋다.

⑤ 주도로교통에 불필요한 지체를 주지 않게 부도로에서 적색점멸등으로 계속적인 '정지 – 진행'의 운영을 할 수 있다. 반면 독립교차로의 정주기신호에서는 교통량이 적을 경우에 점멸등 운영을 한다.

⑥ 하루 중에서 잠시 동안만 신호설치의 준거에 도달하는 곳에 사용하면 좋다.

⑦ 일반적으로 독립교차로에서 특히 교통량의 시간별 변동이 심할 때 사용하면 지체를 최소화한다.

11.4 독립교차로의 신호시간 계산

정주기신호로 운영되는 독립교차로의 신호시간을 계산하는 과정은 [그림 11.1]과 같다. 여기서 유의할 것은 우리나라 도로용량편람의 '신호교차로 용량 및 서비스수준 분석'의 설계분석 과정을 따르면서 적정신호시간 계산을 하려면 그 계산과정이 너무나 복잡하고 또 주어져야 할 조건들이 많기 때문에 여기서는 단순화하였다.

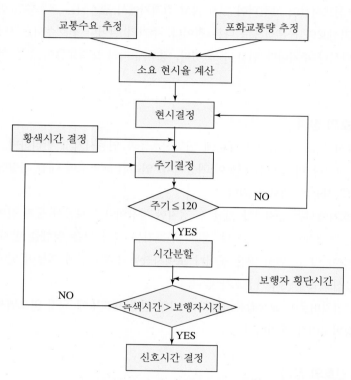

[그림 11.1] 신호시간 계산과정(독립교차로 정주기신호)

11.4.1 교통수요의 추정

신호기의 신설, 개선 또는 현재의 신호시간을 검토하기 위해서는 교차로의 교통량을 알아야 한다. 교통량의 측정은 주중 어느 날의 12시간을 관측하는 것이 바람직하며, 각 접근로의 방향별 차량교통량과 횡단 보행자 수를 15분 단위로 조사하여 4배 한다. 가능하면 첨두시간의 차종별 조사도 함께 하여 차종구성비를 정확히 파악하여 포화교통량을 구할 때 사용한다.

시간제(TOD mode)로 운영되는 경우를 위하여 교통량이 어느 정도 일정한 운영시간대별 교통량을 각각의 설계교통량으로 한다. 보통 일주일을 주기로 하여 평일의 몇 개 시간대와 토요일, 일요일 또는 공휴일의 시간대를 합하여 7~10개의 설계교통량을 설정하는 것이 좋다. 여기서 주의해야 할 것은 이 설계교통량은 교통수요를 의미하므로 도착차량의 교통량을 뜻한다. 다시 말하면 교차로를

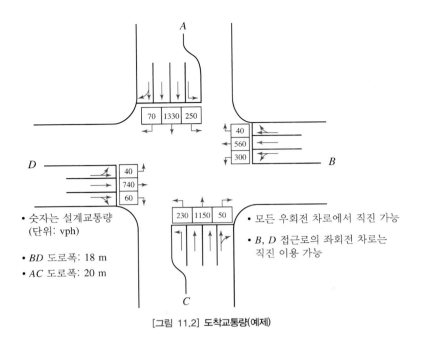

[그림 11.2] 도착교통량(예제)

통과하는 차량대수를 말하는 것이 아니다. 또 이 교통량은 진행방향별, 차종별로 측정해야 한다.

[그림 11.2]는 예를 들어 설명하기 위해서 전형적인 4갈래 교차로의 각 방향별 교통수요를 가정한 것으로서 분석에 적합하게 보정한 값이다.

교통수요 자료를 분석에 사용하기 위해서는 앞에서 언급한 첨두시간교통량으로 보정하고, 차로이용률 보정을 해야 한다. 특히 우회전은 신호에 관계없이 우회전하는 교통량을 분석에서 제외해야 한다.

11.4.2 차로군 분류 및 포화교통량, 소요 현시율 산정

(1) 차로군 분류

신호교차로의 모든 분석은 차로군 단위로 이루어진다. 따라서 분석대상 접근로의 모든 이동류를 하나 또는 몇 개의 차로군으로 묶는다. 차로군 분류 방법은 우리나라 도로용량편람에 자세히 설명되어 있으며, 6장 '신호교차로 부분'에서는 차로군 분류 과정을 단순화시키는 방법을 소개하였다.

앞에서 예시한 교차로에 대해서 차로군 분류를 한 결과, 남북도로 접근로(A, C)는 전용좌회전 차로를 가지므로 좌회전은 별도의 차로군을 구성하게 되며 직진과 우회전은 한 차로군으로 묶인다. B 접근로는 좌회전이 실질적 전용좌회전(de facto left turn)이 되며 직진과 우회전이 같은 차로군이 된다. 반면에 D 접근로는 모든 이동류가 1개의 차로군으로 묶인다고 가정한다.

(2) 포화교통량 산정

차로군이 분류되면 각 차로군별로 포화교통량을 산정한다. 우리나라에서는 이상적인 조건에서의 포화교통량으로 2,200 pcphgpl 값을 사용한다는 것은 앞에서 언급한 바 있다. 그러나 도로 및 교통 조건이 이상적이 아닌 실제 현장의 조건에서는 포화교통량이 이 값보다 작으므로(따라서 포화차두시간은 길어짐), 현장에서 최소 방출차두시간(最小放出車頭時間, minimum departure headway), 즉 포화차두시간(saturation headway)을 직접측정을 하여 3,600에서 이 값을 나누어 포화교통량을 계산하거나, 아니면 도로용량편람이나 6장 '신호교차로의 용량 및 서비스수준 분석'에서 설명한 방법으로 수리모형을 이용해서 구할 수도 있다. 이 보정과정에는 대형차량에 대한 보정은 물론이고, 좌회전 및 우회전의 직진과 비교한 영향도 포함된다.

각 차로군별 포화교통량을 계산한 결과는 [그림 11.3]과 같다고 가정한다.

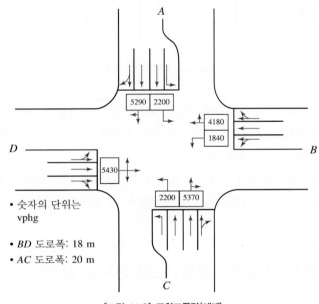

[그림 11.3] 포화교통량(예제)

(3) 소요 현시율 계산

차로군별 포화교통량이 구해지면 각 차로군에 대한 소요 현시율을 구한다. 소요 현시율은 설계시간 동안의 실제도착교통량(설계교통량)을 포화교통량으로 나눈 값이다. 이와 같은 값들을 각 차로군에 대한 교통량비(交通量比, flow ratio)라 하며 v/s로 나타낸다.

앞의 예에서 각 차로군의 소요 현시율을 계산하면 [표 11.2]와 같다. 여기서 유의해야 할 것은 좌회전 전용차로를 갖는 남북도로는 좌회전 신호운영에 융통성이 많으나 동서도로는 공용 좌회전 차로를 가지므로 반드시 동시신호로 운영되어야 한다.

[표 11.2] 차로군별 소요 현시율 계산

접근로	차로군	v	s	v/s
A	직진+우회전	1,400	5,290	0.265
	좌회전	250	2,200	0.114
C	직진+우회전	1,200	5,370	0.223
	좌회전	230	2,200	0.105
B	직진+우회전	600	4,180	0.144
	좌회전	300	1,840	0.163
D	직진+우회전+좌회전	840	5,430	0.155

11.4.3 황색시간 결정

녹색신호 다음에 오는 황색신호의 목적은 신호를 보고 오는 차량에게 곧 정지신호가 온다는 것을 예고하고 미리 대비하기 위한 것이다. 이 시간은 교차도로의 차량이 움직이기 이전에 이미 진행하고 있는 차량들이 교차로를 완전히 빠져나가는 데 필요한 시간이어야 한다. 이론적으로 이 시간의 길이는 한 차량이 정상적인 접근속도로 교차도로의 폭과 안전정지거리를 합한 거리를 주행하는 시간이다. 다시 말하면, 만약 접근차량이 신호가 황색으로 바뀔 때 정지선에서부터 안전정지거리 바로 안쪽에 있었다면, 교차도로의 교통이 녹색신호를 받기 전에 그 차량이 안전정지거리와 교차로 폭을 달릴 수 있어야 하며 이에 필요한 시간을 주어야 한다.

만약 황색시간이 너무 길면 운전자는 이 중의 일부분을 녹색신호시간처럼 사용할 우려가 있어 본래의 목적을 상실하며, 또 너무 짧아도 추돌사고를 증가시키는 위험이 따른다. 따라서 황색시간의 길이는 대단히 중요하며, 이 길이는 차량의 접근속도와 교차도로의 폭에 따라 크게 달라진다. 우리나라의 경우 일반적인 도시도로의 황색시간은 4초 이상이지만 현재 이보다 짧은 3초를 사용하는 곳이 많다.

황색신호 길이를 계산하는 공식은 다음과 같다.[5]

$$Y = t + \frac{v}{2a} + \frac{(w+l)}{v} \tag{11.1}$$

여기서 Y =황색시간(초)

      t =지각－반응시간(보통 1.0초)

      v =교차로 진입차량의 접근속도(m/s)

      a =진입차량의 임계감속도(보통 $5.0\,\mathrm{m/s^2}$)

      w =교차로 횡단길이(m)

      l =차량의 길이(보통 5 m)

여기서 a는 임계감속도(臨界減速度)로서 정상적인 속도로 교차로에 진입하려고 하는 차량이 앞에 다른 차량이 없는 상태에서 황색신호가 나타날 때, 그래도 진행할 것인지 아니면 정지할 것인지를 결정하는 기준이 된다. 운전자가 황색신호를 본 후 정지하려고 할 때 이 값보다 큰 감속도가 요구되면 진행을 하고 이보다 작은 감속도로 정지할 수 있으면 정지하는 경계값이다. 이를 최대수락감속도(最大受諾減速度)라 부르기도 한다.

일반적으로 운전자가 황색신호에서 정지할 것인지 진행할 것인지를 결정하는 기준은, 황색신호를 본 순간의 위치가 정지선에서 얼마만큼 멀리 떨어져 있느냐에 두는 것으로 알고 있으나 이는 잘못된 정보이다. 예를 들어 건조한 노면에서 임계감속도 부근에서 정지하는 거리라 하더라도 노면이 미끄러우면 그대로 진행하기 때문이다. 결국 운전자는 운전하면서 느끼는 노면상태와 정지선까지의 거리를 판단하여 그 거리가 임계감속도를 사용하여서도 정지선 이전에 정지할 수 없으면 그대로 진행한다. 운전자가 선택하는 임계감속도는 노면상태에 따라 달라진다. 감속도는 타이어·노면 간의 마찰계수와 중력가속도의 곱과 같다. 임계감속도는 타이어·노면 간의 최대마찰계수(미끄럼 마찰계수)보다 조금 작으면서, 통상적인 정지 때 적용되는 마찰계수보다 훨씬 큰 값을 적용한다.

신호등 황색시간을 결정하기 위해서 사용되는 임계마찰계수 f 는 60 kph에서 건조한 노면과 조금 마모된 타이어와의 미끄럼 마찰(skidding friction) 직전의 마찰계수를 적용시키며 그 값은 0.50이다. 도로의 기하설계를 위한 정지시거 계산에서의 마찰계수는 젖은 노면을 기준으로 하지만, 교차로의 황색신호 계산에서는 젖은 노면을 기준으로 하면 황색시간이 너무 길어지므로 건조한 노면을 기준으로 한다.

매우 넓고 복잡한 교차로에서는 6초 이상의 황색신호가 필요한 경우도 있으나 그렇게 되면 교차도로에서 신호변화를 기다리는 운전자가 짜증스러워 녹색신호가 나오기 전에 출발하는 경향이 있다. 이와 같은 경우에는 4~5초 정도의 황색신호를 준 후에 1~2초 정도의 전적색(全赤色) 신호를 주어 교차도로의 교통이 출발하기 전에 교차로 내의 차량을 효과적으로 완전히 정리한다.

황색신호에 대해서 운전자가 취해야 할 행동은 도로교통법에 "황색신호에서는 횡단보도 또는 교차로의 직전에 정지하여야 하며 이미 교차로에 진입하고 있는 경우에는 신속히 교차로 밖으로 진행하여야 한다."(시행규칙 6조)로 정해져 있으나 사실상 교차로 직전에서 황색신호를 만난 경우에는 교차로 직전에서 정지하기가 불가능하다. 이로 인해서 교통단속 경찰과 운전자 간에 언쟁이 발생하는 경우가 종종 있다. 따라서 차량의 운행특성을 고려한 황색신호의 의미를 앞에서 언급한 바와 같이 적용하고 또 그렇게 결정을 하면 이와 같은 문제는 해결된다. 뿐만 아니라 그렇게 함으로써 교통단속의 기준도 명확하여 적색신호가 시작되는 순간에 교차로를 다 통과하지 못한 차량을 교차로 건너편에서 쉽게 적발할 수 있다.

1 딜레마 구간

실제 황색시간이 위에서 설명한 적정 황색시간보다 짧으면 교차로의 정지선 이전에 딜레마 구간(dilemma zone)이 생긴다. 딜레마 구간이란 황색신호가 시작되는 것을 보았지만 임계감속도로 정지선에 정지하기가 불가능하여 계속 진행할 때, 황색신호 이내에 교차로를 완전히 통과하지 못하게 되는 경우가 생기는 구간이다. 바꾸어 말하면 이 구간에서 황색신호를 만날 경우 정지선에 정지하자면 임계감속도보다 더 큰 감속도가 요구되고, 그대로 진행하자면 실제 황색신호 동안 교차로를 다 건너지 못하게 되는 구간이다.

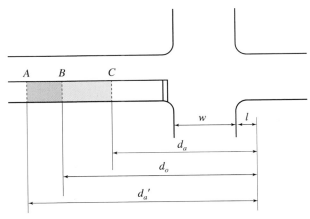

[그림 11.4] 딜레마 구간 및 옵션 구간 개념도

식 (11.1)에서 나온 이상적인 황색시간과 실제 황색시간을 각각 y_o, y_a라 할 때, [그림 11.4]에서 보는 바와 같이 딜레마 구간의 시작점(B)은 교차로를 건넌 차량의 앞부분을 기준으로 하여 후방으로 $d_o = y_o \times$ (접근속도)만한 거리에 있으며, 딜레마 구간의 끝점(C)은 같은 기준점에서부터 후방으로 $d_a = y_a \times$ (접근속도)만한 거리에 있다. 따라서 이 구간의 길이는 $(d_o - d_a)$로서 그림에서 사선 친 부분이다.

2 옵션 구간

실제 황색시간이 이상적인 황색시간보다 길면 반대로 옵션 구간(option zone)이 생긴다. 황색신호가 켜지는 순간 이 구간 안에 있는 운전자는 그대로 진행을 하더라도 황색신호 동안에 교차로를 횡단할 수 있고, 또 정지를 하더라도 임계감속도 이내에서 정지선에 어려움 없이 정지할 수 있다.

앞의 딜레마 구간에서와 마찬가지로 이상적인 황색시간과 실제 황색시간을 각각 y_o, y_a라 할 때, [그림 11.4]에서 보는 바와 같이 옵션 구간의 시작점(A)은 교차로를 건넌 차량의 앞부분을 기준으로 하여 후방으로 $d_a' = y_a \times$ (접근속도)만한 거리에 있으며, 옵션 구간의 끝점(B)은 같은 기준점에서부터 후방으로 $d_o = y_o \times$ (접근속도)만한 거리에 있다. 따라서 이 구간의 길이는 $(d_a' - d_o)$이다.

앞의 예에서 A, C 도로의 폭은 20 m, B, D 도로의 폭은 18 m이며, 접근속도는 다 같이 60 kph, 임계감속도는 5.0 m/s^2, 차량의 길이 5 m라 할 때

$$AC \text{ 도로의 황색시간}(BD \text{ 도로 횡단}) \quad Y = 1.0 + \frac{60/3.6}{2 \times 5} + \frac{(18+5)}{60/3.6} = 4.1 \text{초}$$

$$BD \text{ 도로의 황색시간}(AC \text{ 도로 횡단}) \quad Y = 1.0 + \frac{60/3.6}{2 \times 5} + \frac{(20+5)}{60/3.6} = 4.2 \text{초}$$

신호시간 설계에서 사용되는 숫자는 보통 소수점 이하 한 자리로 표시한다. 왜냐하면 신호제어에서 소수점 이하 한 자리의 의미가 매우 크기 때문이다.

11.4.4 현시의 결정

신호교차로를 효율적으로 운영하기 위한 현시의 수는 접근로의 수와 교차로 형태뿐만 아니라 교통류의 방향과 교통구성에 따라 결정된다.

가장 기본적인 현시는 2개로서, 교차하는 두 도로에 교대로 통행우선권을 부여하는 것이다. 좌회전 교통량이 많거나 보행자교통량이 많은 교차로 혹은 접근로가 4개보다 많은 교차로는 차량 간또는 차량과 보행자 간의 상충을 줄이기 위해 3개 이상의 현시를 사용한다. 현시는 수가 많아지면주기가 길어져 지체가 커지고 손실시간이 많아지므로 바람직하지 않다.

상충되지 않는 교통류를 순서대로 진행시킬 때 한 현시 내에서 현시율이 가장 큰 차로군의 현시율의 합이 가장 적은 것이 좋다. 다시 말하면 현시율, 즉 교통량비의 합이 가장 적으면 모든 차로군을 한 번씩 진행시키는 데 소요되는 시간, 즉 주기가 가장 짧아진다.

그러므로 최적 현시방법을 찾기 위해서는 접근로의 좌회전 전용차로 설치 여부와 함께 11.2절에서 제시한 여러 가지 현시방법을 비교해야 한다. 좌회전 전용차로가 있는 경우의 좌회전 통제방식은어떤 방법을 사용해도 무방하다. 그러나 좌회전 공용차로가 있는 경우에는 동시신호, 비보호좌회전및 좌회전금지 방식 중에서 하나를 선택해야 한다. 이때 직진중첩 동시신호 방식(동시신호 → 직진→ 동시신호)으로 운영할 경우, 동시신호가 끝난 후 공용차로에 좌회전 차량이 한 대라도 남아 있다면 그 다음 양방향 직진신호에서 직진이 그 차로를 이용할 수가 없으므로, 중첩현시(overlap phase)를 사용하지 않는 것이 좋다.

1 좌회전 전용차로가 있는 접근로

좌회전 전용차로가 있는 경우의 최적 현시방법은 중첩현시방법 또는 단순현시방법을 이용하여 찾아낸다. 중첩현시방법이란 한 현시에서 어느 이동류가 다 해소되었을 때(그 현시가 불필요할 때)그와 상충되는 이동류의 신호를 조기에 현시하는 방법으로, 한 이동류의 현시가 두 신호간격(signal interval)에 걸쳐 중첩이 된다. 이러한 중첩이 두 도로에 대해서 각각 독립적으로 이루어지므로 이를중첩현시(dual ring)방법이라고도 한다. 반면에 단순현시(single ring)방법이란 어떤 현시에서 어느한 이동류의 수요가 없어도 그와 상충되는 이동류의 신호를 사용할 수 없는, 즉 중첩신호가 없는경우이다. 이때는 두 도로(4접근로)에 대한 현시가 한꺼번에 고려되며 중첩이 없는 단순현시가 된다.

(1) 중첩현시(dual ring)방법

서로 상충되는 현시조합을 2개의 블록 그림으로 만들되 [그림 11.5]의 ① 방법과 같이 두 블록의아래위 이동류를 달리하는 방법과, ② 방법과 같이 아래위 이동류를 같게 하는 방법이 있다. ①,② 방법 중에서도 짧은 블록의 한끝을 긴 블록의 한끝에 맞추되 위쪽을 기준으로 하는 방법과 아래쪽을 기준으로 하는 방법이 있다. 이렇게 한 후 중첩현시와 현시율을 그림과 같이 구한다.

이와 같은 중첩현시방법으로 구한 신호현시계획은 모든 현시 대안 중에서 가장 좋은 현시를 나타낸다. 중첩신호 4세트 중에서 짧은 블록의 좌회전을 기준선에 맞추는 것이 유리하다. 그렇게 하면

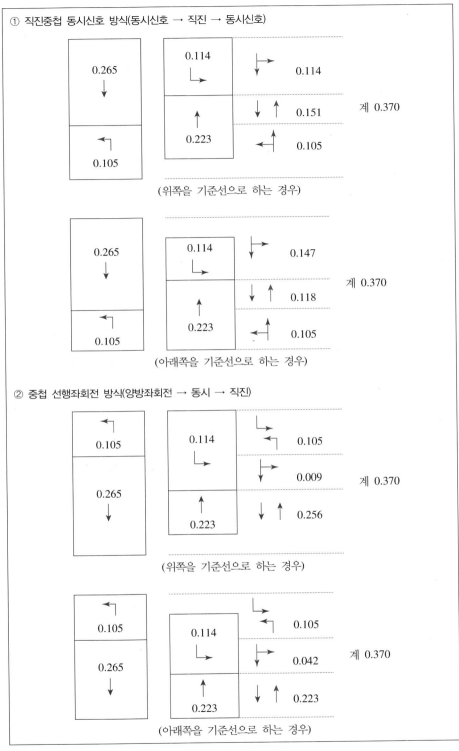

[그림 11.5] **중첩현시방법**

짧은 블록의 여유 현시율이 좌회전보다 차로수가 많은 직진에 할당되기 때문이다. 또 어느 현시율이 0.08보다 작으면 황색신호보다 짧은 신호간격(signal interval)이 생기기 쉬우므로 이를 피해야 하고, 3개의 현시율이 균등하면 좋다. 따라서 ①의 첫 번째가 가장 좋다.

(2) 단순현시(single ring)방법

한 도로 두 접근로상에 있는 4개 이동류의 현시율(v/s비) 값의 크기를 비교해서 그중 가장 큰 값과 두 번째로 큰 값을 갖는 이동류가

① 두 접근로의 같은 종류의 이동류이면(직진과 직진 또는 좌회전과 좌회전이면), 선행 또는 후행 양방좌회전(분리신호)이 좋다.

② 어느 한 접근로의 두 이동류이면(한 접근로의 직진과 좌회전이면), 동시신호가 좋다.

③ 두 접근로의 상충이동류(직진과 대향 좌회전)이면 동시신호, 분리신호 다 좋으나, 보행자 신호시간을 더 많이 확보하기 위해서는
  - 직진이 큰 값을 가지면 분리신호가 좋다.
  - 대향좌회전이 큰 값을 가지면 동시신호가 좋다.

④ 분리신호를 사용 시
  - 원칙적으로 현시율이 큰 이동류를 먼저 처리하되,
  - 좌회전 전용차로(포켓)의 길이가 짧아 정지 시 좌회전 대기차량이 직진차로를 침범하면 좌회전을 먼저 한다(선행 양방좌회전). 그러나 좌회전 포켓의 길이를 적절하게 연장하면 직진을 먼저 할 수 있다(후행 양방좌회전).
  - 인접 교차로와의 연동시스템 안에 있으면 여기에 적합한 현시방법을 선택한다.

(현장에서 간편하게 실무에 적용하기 위해서는 계산하기 어려운 현시율(v/s비)보다 방향별 차로당 교통량을 사용하여 위의 원칙을 적용하면 간편하게 적정현시를 결정할 수 있다.)

앞의 예에서 남북도로의 두 접근로 4개 이동류의 현시율 중에서 가장 큰 값과 두 번째 큰 값은 0.265와 0.223이며 이들은 모두 두 접근로의 직진이동류의 현시율이다. 따라서 ①의 경우에 해당되므로, 현시는 선행 양방좌회전(양방 보호좌회전 → 양방 직진)을 사용하면 좋다.

중첩현시를 사용하지 않을 경우, 위와 같은 방법으로 단순현시를 구하면 비교적 좋은 현시를 얻을 수 있다. 이렇게 할 때 각 현시의 임계이동류의 현시는 0.114와 0.265이므로 현시율의 합은 $\sum y_i = 0.379$이다. 이 값은 중첩현시 때의 0.37보다 크므로, 중첩현시보다 못하다는 것을 알 수 있다. 그러나 동시신호보다는 낫다. 참고로 동시신호 때의 현시율의 합은 0.488이다.

중첩현시나 단순현시에서 만약 실질적 전용우회전 차로군이 존재한다면 이 차로군은 다른 차로군과 상충되지 않으므로 모든 현시에 우회전이 가능하다. 따라서 현시율의 합은 증가되지 않으나 횡단보행시간이 줄어들 수 있으므로 유의해야 한다.

2 좌회전 공용차로가 있는 접근로

좌회전 공용차로가 있는 경우의 최적 현시방법은 동시신호와 비보호좌회전 방법 중에서 효율적인 방법, 즉 임계차로군의 v/s 비의 합이 작은 것을 선택한다.

(1) 동시신호 방식

동시신호 방식에서 임계차로군의 v/s 비는 앞의 차로군 분류에서 설명한 차로군별 소요 현시율을 사용한다. 동서도로의 경우, 동쪽 접근로의 임계차로군은 좌회전이동류이며 v/s 비는 0.163이고, 서쪽 접근로의 임계차로군은 두 이동류를 합한 것이며 임계차로군의 v/s 비는 0.155이다. 따라서 동서도로 전체의 임계차로군의 v/s 비의 합은 $(0.163+0.155)=0.318$이다.

(2) 비보호좌회전 방식

신호시간을 알 수 없으므로 우선 주기를 100초로 가정하고, B, D 접근로의 직진현시의 녹색시간은 교차도로(A, C 접근로)의 현시율의 합(0.37)과 B, D 접근로의 모든 v/s 비 중에서 큰 값(여기서는 0.163)에 비례하여 할당한다. 이때 B, D 접근로는 좌회전 현시가 없어지므로 한 현시가 줄어드는 것에 유의해야 한다.

가정된 주기와 녹색시간을 사용하여 6장에 있는 '비보호좌회전의 포화교통량을 구하는 방법'을 사용하여 직진현시 때의 임계차로군의 v/s 비를 구하고(비보호좌회전이 임계차로군이 될 수 있음) 이것과 앞에서 구한 동시신호 때의 v/s($0.163+0.155=0.318$)비를 비교하여 비보호좌회전을 해소할 수 있는 직진현시의 v/s 비가 0.318보다 작으면 비보호좌회전 방식을 택하고 그렇지 못하면 동시신호 방식을 택한다.

본 예에서 동서도로를 비보호좌회전으로 하면 동쪽 접근로의 비보호좌회전이 임계차로군이 될 것이다. 물론 이를 한 눈으로 확인할 수 없을 때는 네 이동류를 다 검토해야 한다. 동쪽 접근로의 비보호좌회전의 v/s 비를 도로용량편람을 이용하여 구하면 0.506이다. 이 값은 동시신호 때의 0.318보다 크다. 따라서 동서도로는 동시신호로 운영하는 것이 더 좋다. 만약 비보호좌회전 방식이 채택되었을 때 뒤에서 계산되는 주기와 녹색시간이 앞에서 가정한 값과 현저한 차이가 나면 주기와 녹색시간을 합리적으로 다시 가정하고 이 과정을 반복한다.

좌회전 공용차로가 있는 경우도 좌회전 전용차로가 있는 경우와 마찬가지로, 동시신호 방식이나 비보호좌회전 방식에서 실질적 전용우회전 차로군이 존재하더라도 이 차로군은 모든 현시에 우회전이 가능하므로 현시율의 합은 증가되지 않는다.

종합적으로 이 예제에서의 최적 현시방법은 다음과 같다.

① 중첩현시방법

ϕ_1	ϕ_2	ϕ_3	ϕ_4	ϕ_5	
0.114	0.151	0.105	0.155	0.163	$\sum y_i = 0.688$

② 단순현시방법(4현시)

ϕ_1	ϕ_2	ϕ_3	ϕ_4
0.114	0.265	0.155	0.163

$$\sum y_i = 0.697$$

☐ : 임계이동류의 현시율

11.4.5 주기의 결정

신호시간계획의 주된 목적은 교차로와 도로구간 내에서의 지체와 혼잡을 최소화하며 모든 도로이용자의 안전을 도모하기 위한 것이다. 교통신호가 실제 교통의 요구사항을 최대한 만족시킬 때 비로소 효용을 갖는다.

일반적으로 짧은 주기(週期)는 정지해 있는 차량의 지체를 감소시키므로 더 좋다고 할 수 있다. 그러나 교통량이 커질수록 주기는 길어야 한다. 따라서 교통량에 따라 적정주기가 결정되나, 어떤 주어진 교통량에서 적정주기보다 짧은 주기는 긴 주기 때보다 더 큰 지체를 유발한다. 주기는 보통 30~120초 사이에 있으며 교통량이 매우 많은 경우에는 140초까지 사용하기도 한다. 교통량이 매우 적고 직각으로 교차하는 두 도로폭이 9~12 m 정도일 때의 주기는 35~50초이면 충분하다. 교차도로의 폭이 넓어 보행자 횡단시간이 길거나 교통량이 매우 많고 회전 교통량이 많으나 2현시로 처리될 수 있으면 45~60초 정도의 주기가 필요하다. 교차하는 도로의 숫자가 많거나 현시수가 증가하면 적정주기는 길어진다.

교통량이 많으면 이를 처리하기 위한 녹색시간이 길어지므로 주기가 길어진다. 긴 주기는 단위시간당 황색시간으로 인한 손실시간이 적어지기 때문에 이용 가능한 녹색시간의 비율이 커지므로 용량이 커진다.

주기의 길이는 90초 이하에서 5초 단위로, 90초 이상의 주기에서는 10초 단위로 나타내며 통상 120초보다 큰 주기는 잘 사용하지 않는다.

최적주기란 지체를 최소화시키는 주기를 말한다. 녹색신호 때 통과시켜야 할 차량대수는 적색신호에서 기다리는 차량뿐만 아니라 녹색 및 황색시간 때에 도착하는 차량도 통과시켜야 한다. 다시 말하면 한 주기 동안에 도착하는 모든 차량대수를 녹색시간에 통과시켜야 한다. 그러므로 녹색신호 때 통과시켜야 할 차량대수를 결정하기 위해서는 주기의 길이를 알아야 한다.

신호시간을 계산함에 있어서 중요한 것은 첨두시간 내의 교통량 변동을 고려해야 한다. 이 변동은 첨두시간 내의 첨두15분 교통량의 변동을 말한다. 대도시의 중심부 교차로에서는 첨두시간계수(尖頭時間係數, peak hour factor; PHF)의 값이 0.95 이상을 나타내며 보통 도시부 교차로에서는 0.85~0.95 사이의 값을 가진다.

1 임계차로군 방법

Greenshields의 방법으로 관측한 정지선 방출 차두시간을 이용하여 신호주기를 계산하는 방법을 예시하기 위하여 4갈래 교차로 2현시 신호에서 N_1, N_2, Y_1, Y_2의 값을 다음과 같이 정의한다.

N_1 = 주도로 접근로에서 임계차로군의 차로당 첨두 교통류율(vphpl)

N_2 = 교차도로 접근로에서 임계차로군의 차로당 첨두 교통류율(vphpl)

Y_1 = 주도로 접근로에서의 황색시간

Y_2 = 교차도로 접근로에서의 황색시간

C = 최소주기길이

h_1 = 주도로 임계차로군의 차두시간(3,600/포화교통량)

h_2 = 부도로 임계차로군의 차두시간

첨두15분 교통량에서 한 주기당 도착하는 교통량을 구하고 이들을 모두 통과시키기 위한 주기당 소요 녹색시간을 식 (3.13)으로 구하면 다음과 같다.

$$T = \frac{N_1}{\dfrac{3,600}{C}} \times h_1 + 2.3 + \frac{N_2}{\dfrac{3,600}{C}} \times h_2 + 2.3$$

$$= \frac{C}{3,600}(N_1 h_1 + N_2 h_2) + 2(2.3)$$

이 값은 주기에서 총 정리손실시간의 길이를 뺀 값과 같다. 즉,

$$C - (Y_1 + Y_2 - 2 \times 2.0) = \frac{C}{3,600}(N_1 h_1 + N_2 h_2) + 2(2.3)$$

$$C\left(1 - \frac{N_1 h_1 + N_2 h_2}{3,600}\right) = Y_1 + Y_2 + 2(0.3)$$

그러므로 최소주기

$$C_{\min} = \frac{Y_1 + Y_2 + 2(0.3)}{1 - \dfrac{N_1 h_1 + N_2 h_2}{3,600}} \tag{11.2}$$

$\dfrac{3,600}{h}$ = 포화교통유율 s이므로, 최소주기는

$$C_{\min} = \frac{Y_1 + Y_2 + 2(0.3)}{1 - \left(\dfrac{N_1}{s_1} + \dfrac{N_2}{s_2}\right)} = \frac{L}{1 - \sum y_i} \tag{11.3}$$

이와 같이 해서 구한 주기는 첨두 도착교통량을 처리할 수 있는 용량을 제공하는 최소주기이다. 또 교차로 전체의 임계 v/c비의 정의[식 (3.10)]에 의하여 위의 식을 다시 쓰면 $X_c = \dfrac{C}{C-L}\sum y_i$ = 1.0이므로, 임계차로 교통량을 기준으로 한 교차로 전체의 포화도를 1.0으로 하는 주기이다.

2 Webster 방법

Webster는 지체를 최소로 하는 주기를 구하기 위하여 다음과 같은 공식을 만들었다.

$$C_o = \frac{1.5L + 5}{1 - \sum_{i=1}^{n} y_i} \tag{11.4}$$

여기서 C_o =지체를 최소로 하는 최적주기(초)

L =주기당 총 손실시간으로서 주기에서 총 유효녹색시간을 뺀 값

y_i = i 현시 때 임계차로군의 교통량비(flow ratio), 즉 교통수요/포화교통량

이 방법은 임계 v/c비(교차로 전체의 v/c비)가 0.85~0.95인 경우에 해당된다. 만약 임계 v/c비가 1.0이면 논리적으로 $C_o = \dfrac{L}{1 - \sum y_i}$ 이다[식 (3.10)].

Webster의 지체분석은 시뮬레이션 기법을 사용한 매우 종합적인 것이다. 이 분석결과는 대단히 중요한 사실을 나타낸다. 즉, 최적주기 부근인 $0.75C_o \sim 1.5C_o$ 정도의 범위에서는 지체가 그다지 크게 증가되지 않는다.

[그림 11.6]은 주기와 교통량의 변화에 따른 지체를 나타낸 Webster의 시뮬레이션 결과이다. 주기를 구하는 이들 두 가지 방법은 근본적으로 교차로의 운영효율을 어떤 기준으로 파악하느냐에 차이가 있다. 첫 번째 방법은 도착교통량을 모두 수용하는 주기, 즉 용량에 관점을 둔 것이며, 반면 Webster 방법은 도착교통량의 처리여부에 관계없이 차량의 총 지체를 최소화하기 위한 방법이다. 이 두 가지 방법으로 구한 주기는 통상 같은 값을 갖지 않는다.

이들 계산에서 교통량은 첫 번째 방법에서는 임계차로 교통량(critical lane volume)만을 사용하며, Webster 방법에서는 임계차로 교통량과 임계차로군 교통량(critical lane group volume) 둘 다 사용할 수 있다.

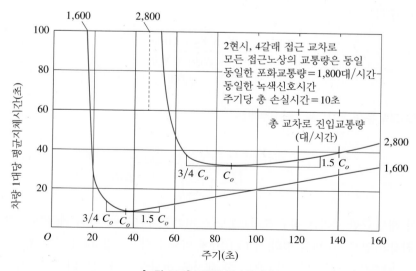

[그림 11.6] 지체와 주기의 관계

임계차로 방법으로 구한 주기는 교차로 전체의 임계 v/c비가 1.0이 되는 최소주기인 반면에 Webster 방법으로 구한 주기는 교차로 전체의 임계 v/c비가 0.85~0.95 사이에 놓이게 하는 적정주기이므로, Webster 방법을 사용하여 본 예제의 적정주기를 구하면 다음과 같다.

$$\text{주기당 총 손실시간} \quad L = 4.1 + 4.1 + 4.2 + 4.2 + 4(2.3 - 2.0) = 17.8초$$

$$C_o = \frac{1.5(17.8) + 5}{1 - 0.688} = 102 \quad \rightarrow \quad 110초 \ (5현시 \ 경우)$$

$$C_o = \frac{1.5(17.8) + 5}{1 - 0.697} = 105 \quad \rightarrow \quad 110초 \ (4현시 \ 경우)$$

만약 이 값이 140초를 넘으면 좌회전을 금지하거나 B, D 접근로에 좌회전 전용차로를 설치하는 등 별도의 방안을 강구해야 한다.

여기서 특히 유의해야 할 것은 5현시인데도 4현시와 마찬가지의 손실시간을 사용한 것이다. 그 이유는 5현시 중 3현시가 중첩현시이기 때문이다. 즉 중첩현시라 할지라도 이동류 각각에 대한 황색신호는 한 번밖에 없으므로 4현시 때와 손실시간이 같다([그림 11.9]).

11.4.6 최소녹색시간 계산

신호시간의 일반적인 원칙으로 차량을 위한 녹색신호는 적색신호에서 기다리고 있던 보행자군(步行者群)이 안전하게 횡단하는 데 필요한 시간보다 짧아서는 안 된다는 것이다. 여기서 보행녹색신호 시작부터 보행자군의 후미가 모두 차도로 내려서기까지의 시간은 $1.7(n/w - 1)$초로 계산하되, 그 최솟값은 횡단보행자가 주기당 10명 이상이면 7초, 그보다 적으면 4초를 사용한다. 여기서 n은 한 주기당 한 방향 동시횡단 인원수이며 w는 횡단보도폭으로서 한 사람이 1 m를 차지하면서 앞뒤 사람의 간격을 1.7초로 본 것이다. 보행자군의 후미그룹이 안전하게 횡단하려면, 후미그룹이 횡단을 시작하고부터 횡단을 금지하기 위한 녹색점멸이 필요하므로 $L/1.2$초의 녹색점멸시간이 더 필요하다. 여기서 L은 횡단길이(m), 1.2는 보행자 속도(m/s)이다.

그러나 실제 녹색점멸시간은 이 값에서 차량의 황색시간을 뺀 값을 사용하는 것이 일반적이다. 즉 차량의 황색신호가 켜질 때 보행자 신호는 적색이 켜지도록 하여 차량의 황색신호가 끝날 때는 후미의 보행자가 횡단을 완료하게 한다.

예를 들어 보행자 신호등이 있는 교차로에서 보행자 횡단시간이 14초이고 차량의 황색신호가 3초이면, 보행자 횡단방향과 같은 방향의 차량의 최소녹색시간은 $7 + 14 - 3 = 18초$이다. 또 보행자의 신호는 점멸시간이 $14 - 3 = 11초$, 초기녹색시간이 7초이다. 보행자의 횡단보행속도는 통상 1.2 m/s로 한다.

앞의 계속되는 예에서 보행자의 횡단을 고려한 차량의 최소녹색시간은 다음과 같이 구한다. 이 시간은 15초보다 적어서는 안 된다.

① 보행자 횡단시간

- A, C 도로(B, D 도로 횡단)

  $$\frac{18}{1.2} = 15초 \ (점멸시간: \ 15 - 4.1 = 10.9초)$$

- B, D 도로(A, C 도로 횡단)

  $$\frac{20}{1.2} = 16.7초 \ (점멸시간: \ 16.7 - 4.2 = 12.5초)$$

② 최소녹색시간(보행자 횡단시간−황색시간+보행자 최소 초기녹색시간)

- A, C 접근로: $15 - 4.1 + 7 = 17.9초$
- B, D 접근로: $16.7 - 4.2 + 7 = 19.5초$

11.4.7 주기의 분할

주기의 시간분할(split)은 각 현시의 임계차로군 교통량에 비례해서 분할해서는 안 된다. 예를 들어 어느 현시의 임계차로군 교통량이 다른 현시의 임계차로군 교통량에 비해서 훨씬 크다 하더라도 그 차로군이 이용하는 차로수가 다른 차로군의 차로수에 비해 훨씬 많다면 긴 녹색시간이 필요 없다. 따라서 주기 내에서의 각 현시당 녹색시간은 임계차로군의 현시율에 비례해서 할당하면 된다. 이와 같은 개념은 각 현시의 임계차로군이 동등한 서비스수준을 갖도록 하는 데 근거를 둔 것이다.

녹색시간을 할당할 때 교통량이나 도착교통패턴 이외에도 보행자 횡단이나 교차로의 구조적 제약 사항 등을 함께 고려해야 할 필요가 있다. 녹색시간을 결정하는 또 하나의 방법은 주기과포화현상 (週期過飽和現象, cycle failure)을 이용하는 방법이다. 주기과포화현상이란 어느 시점에 도착한 차량이 가장 가까운 녹색시간에 통과하지 못하는 경우가 어느 한 접근로에서라도 발생하는 경우를 말한다. 신호주기를 결정할 때는 첨두시간 내에 이와 같은 경우가 발생할 확률을 정하여 이를 기준으로 녹색시간과 주기를 결정한다. 예를 들어 신호시간 설계의 기준이 되는 주기과포화율은 첨두시간에서 일반적으로 10~15%이다. 이 말은 첨두시간의 여러 주기들 중에서 85~90%의 주기만 도착교통량을 충분히 처리하고 나머지 주기는 주기과포화현상이 일어나게 되는 녹색시간을 갖는다는 뜻이다.

이와 같은 과정은 [그림 11.7]을 이용하여 쉽게 나타낼 수 있다. 예를 들어 첨두시간에 어느 현시의 임계차로 교통량이 360대일 때 주기가 80초이면 한 주기당 도착교통량은 $360 \times 80/3,600 = 8$대이다.

[그림 11.7]에서 이 교통량을 위하여 26초의 녹색시간을 할당하면 위의 도착교통량을 처리할 수 있는 주기는 전체 주기수의 89%이다. 즉, 11%만 주기과포화가 일어난다.

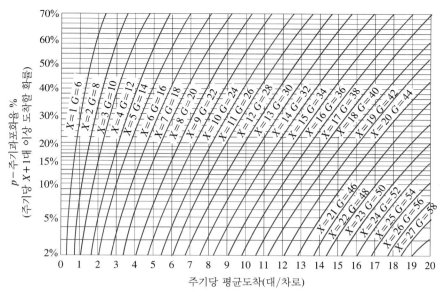

[그림 11.7] 주기과포화율 도표

자료: 참고문헌(16)

1 단순현시방법

앞의 연속된 예에서 4현시를 기준으로 할 때 각 현시의 신호시간은 다음과 같이 구한다.

① 총 유효녹색시간: $110 - 2(4.1 + 4.2) - 4(0.3) = 92.2$초

② 각 현시의 녹색시간(4현시 기준)

$\phi_1 = 92.2 \times (0.114/0.697) + 0.3 = 15.4$초

$\phi_2 = 92.2 \times (0.265/0.697) + 0.3 = 35.3$초

$\phi_3 = 92.2 \times (0.155/0.697) + 0.3 = 20.8$초

$\phi_4 = 92.2 \times (0.163/0.697) + 0.3 = 21.9$초

③ 최소 녹색시간과 비교

· A, C 접근로 직진: 35.3초 > 17.9초 OK

· D 접근로 동시신호: 20.8초 > 19.5초 OK

· B 접근로 동시신호: 21.9초 > 19.5초 OK

④ 신호시간

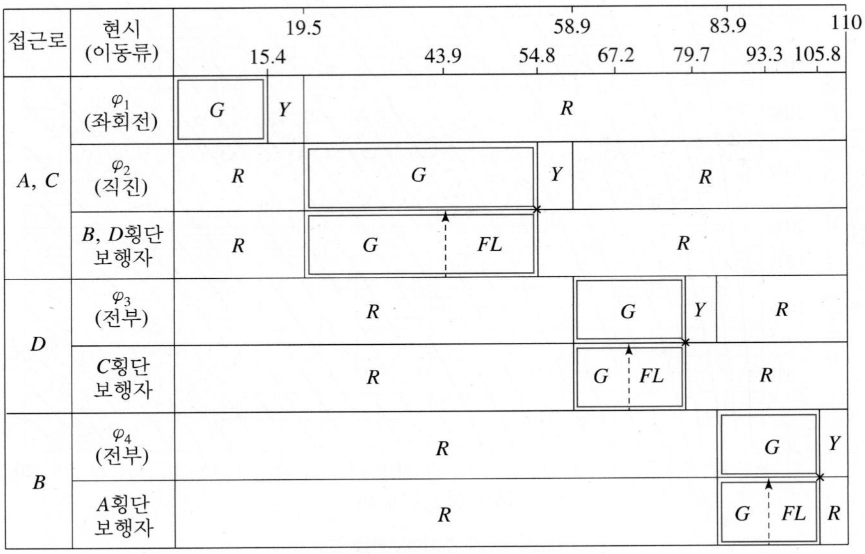

접근로	현시 (이동류)									
		15.4	19.5	43.9	54.8 58.9 67.2	79.7 83.9	93.3 105.8 110			
A, C	φ_1 (좌회전)	G	Y	R						
	φ_2 (직진)	R		G	Y	R				
	B, D횡단 보행자	R		G	FL	R				
D	φ_3 (전부)	R				G	Y	R		
	C횡단 보행자	R				G	FL	R		
B	φ_4 (전부)	R						G	Y	
	A횡단 보행자	R						G	FL	R

△: 보행자 신호가 점멸하는 시작점이며, 이때부터는 보행자가 횡단을 시작할 수 없다.
×: 보행자 신호가 적색으로 바뀌는 시점이며, 보행자의 끝부분이 횡단 완료 이전(1.2×황색시간) 거리에 와 있으나 보행자 신호가 적색이므로 신속히 횡단을 완료하려 한다. 이때 보행자와 상충되는 교통류는 적색신호이나 곧이어 녹색신호가 나타난다.

[그림 11.8] 신호시간계획도(예제 4현시)

2 중첩현시방법

앞의 예에서 5현시를 기준으로 할 때 각 현시의 신호시간은 다음과 같이 구한다.

① 총 유효녹색시간: $110 - 2(4.1 + 4.2) - 4(0.3) = 92.2$초

② 각 현시의 유효녹색시간

$\phi_1 = 92.2 \times (0.114/0.688) = 15.3$초

$\phi_2 = 92.2 \times (0.151/0.688) = 20.2$초

$\phi_3 = 92.2 \times (0.105/0.688) = 14.1$초

$\phi_4 = 92.2 \times (0.155/0.688) = 20.8$초

$\phi_5 = 92.2 \times (0.163/0.688) = 21.8$초

③ 각 이동류의 실제녹색시간

A 접근로: 좌회전; $15.3 + 0.3 = 15.6$초   직진; $15.3 + 20.2 + 0.3 = 35.8$초

C 접근로: 좌회전; $14.1 + 0.3 = 14.4$초   직진; $14.1 + 20.2 + 0.3 = 34.6$초

D 접근로: (좌회전+직진); $20.8 + 0.3 = 21.1$초

B 접근로: (좌회전+직진); $21.8 + 0.3 = 22.1$초

④ 최소녹색시간과 비교

- A 접근로 직진: 35.8초 > 17.9초 OK
- C 접근로 직진: 34.6초 > 17.9초 OK

- *D* 접근로 동시신호: 21.1초 > 19.5초 OK
- *B* 접근로 동시신호: 22.1초 > 19.5초 OK

⑤ 신호시간

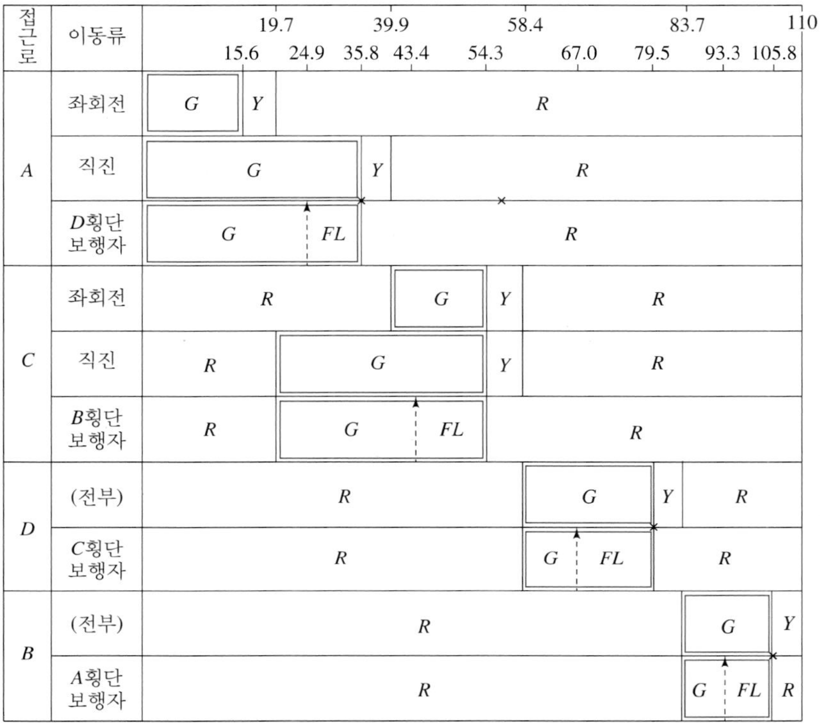

접근로	이동류									
		19.7	39.9		58.4		83.7		110	
		15.6 24.9	35.8 43.4	54.3		67.0	79.5	93.3 105.8		
A	좌회전	G	Y			R				
	직진	G		Y		R				
	*D*횡단 보행자	G	FL			R				
C	좌회전	R		G	Y		R			
	직진	R		G	Y		R			
	*B*횡단 보행자	R		G	FL		R			
D	(전부)	R				G	Y	R		
	*C*횡단 보행자	R				G	FL	R		
B	(전부)	R							G	Y
	*A*횡단 보행자	R							G FL R	

주: 중복현시에서 중복되는 부분은 반드시 계산값(20.2초)만큼 녹색신호가 중복되는 것이 아니고, 황색신호 시간을 포함한다.

[그림 11.9] 신호시간계획도(예제 5현시)

교차로 주위에 주차가 허용된 경우에는 보행자 횡단시간은 보행자가 통과차량의 주행차도폭을 횡단하는 데 필요한 시간이면 된다. 이런 경우에는 최소녹색시간이 약 2초 정도 짧아진다.

도시부 교차로에서의 차량 신호시간은 교통량에 의해서가 아니라 보행자에 의해서 좌우되는 경우가 많다. 특히 도로폭이 넓은 경우에는 보행자 횡단시간이 길므로 차량교통량에 필요한 시간보다 보행자에 의한 최소녹색시간이 더 길 수도 있으므로 신호시간 계산에서는 보행자교통을 반드시 고려해야 한다.

1.2 m 이상의 중앙분리대가 있는 도로에서는 한 현시의 보행자 횡단을 연석에서부터 중앙분리대까지 가는 시간으로 하되 만약 그 신호등이 보행자 작동신호이면 중앙분리대에 보행자 작동 검지기를 설치할 수도 있다.

만약 어느 현시의 녹색시간이 보행자 횡단을 고려한 최소녹색시간보다 작으면, 그 현시의 녹색시간을 최소녹색시간과 같게 연장하고 다른 현시의 녹색시간도 같은 비율로 증가시킨다. 물론 이렇게 하면 주기가 길어질 것이나 주기가 140초보다 크다면 현시수를 줄여서 신호시간을 다시 계산해야 한다.

11.5 교통감응신호기

초기녹색시간(初期綠色時間, initial portion 또는 initial interval)은 적색신호 동안 검지기와 정지선 사이에서 기다리고 있던 차량들을 교차로에 진입시키는 데 필요한 시간이다. 단위연장시간(單位延長時間, unit extension 또는 vehicle interval)은 초기녹색시간 직후에 한 대의 차량이 검지기로부터 교차로에 진입하는 데 필요한 시간이다.

최소녹색시간(最小綠色時間, minimum green period)은 초기녹색시간과 한 단위연장시간의 합이다. 만약 첫 단위연장시간 내에 후속(後續)되는 차량의 검지가 없으면, 녹색신호는 황색신호로 바뀐 후에 신호요청이 있는 다른 접근로에 녹색신호가 돌아간다.

만약 어느 한 차량이 첫 번째 단위연장 중에 검지기를 통과했다면 그 단위연장시간의 남은 부분은 취소되고 새로운 단위연장시간이 그 순간부터 시작된다. 차량들이 단위연장시간 안에 검지기를 통과하는 한, 즉 차량 간의 시간 간격이 단위연장시간보다 짧은 한, 교차도로에서 차량검지가 생길 때까지는 계속해서 감응현시에 녹색신호가 나타난다.

연장한계(延長限界, extension limit)란 최소녹색시간 이후부터 녹색신호가 끝나는 시점까지이며, 이 시점은 교차도로에 차량이 검지된 후 그 도로에 녹색신호가 돌아올 때까지 기다려야 하는 최대허용대기시간으로서 결정된다. 즉, 감응현시에서 단위연장시간이 계속될 정도로 교통수요가 많다 하더라도 교차도로의 차량이 한없이 기다릴 수는 없기 때문에 교차도로 차량검지 이후 정해진 시간이 지난 후에 교차도로로 녹색신호가 돌아온다. 두 도로에 대한 연장한계는 정주기신호에서 녹색시간을 분할하는 것처럼 분할하여 얻을 수 있다.

[그림 11.10]은 감응현시의 구도를 나타내고 감응현시가 어떻게 진행되는가를 보여주기 위한 것이다. 어느 도로가 감응현시를 받을 때(반감응식에서는 부도로만 감응현시를 받음) 맨 처음 초기녹색시간과 하나의 단위연장시간이 주어지며, 이때 초기녹색시간 이내에 추가 도착이 있으면 녹색신호시간은 변함이 없다. 만약 단위연장시간 이내에 추가 도착이 있으면, 그때부터 새로운 단위연장시간이 주어지고 진행되던 앞 단위연장시간의 나머지 부분(그림에서 음영부분)은 취소된다.

수요가 계속되어 제어기에 설정된 최대녹색시간에 도달하면 녹색시간이 끝나고 황색신호가 이어지며 그 다음 교차도로 쪽으로 녹색신호가 돌아간다. 반감응신호에서는 최대녹색시간이 감응현시 시작부터 계산되지만 완전감응신호에서는 교차도로의 call이 있은 다음부터 연장한계시간(교차도로 쪽에서는 최대대기시간)이 계산된다.

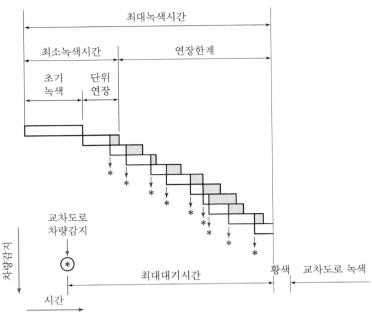

[그림 11.10] **교통감응신호 현시의 구도**

11.5.1 반감응신호기

반감응신호기는 검지기를 부도로 접근로에만 설치하여 운영한다. 이와 같은 통제방식은 부도로의 교통이 주도로의 교통을 신호등 없이는 안전하게 횡단할 수 없는 경우에 사용하면 매우 좋다. 이때 부도로의 교통은 통상 신호등 설치 준거에 미달하는 경우가 많다. 일반적으로 부도로 교통량이 주도로의 20%보다 적을 때 사용한다.

반감응신호기에 사용되는 신호시간에는 다음과 같은 것이 있다.

(1) 주(主)도로
  • 최소녹색시간
  • 황색시간
  • 보행자 횡단시간(보행자 작동신호가 있을시)
(2) 부(副)도로
  • 초기녹색시간
  • 단위연장시간
  • 최대녹색시간(연장한계)
  • 황색시간

이들 신호시간에 대한 이해를 쉽게 하기 위해서 12 m 넓이의 두 도로가 만나는 교차로를 예를 들어보기로 한다. 검지기는 2개의 부도로 접근로에서 정지선 이전 45 m 지점에 설치되고 교차로 평균접근속도는 60 kph로 가정한다.

1 단위연장시간

단위연장시간은 검지기에서 정지선까지의 거리와 평균접근속도에 따라 적절한 값을 결정해야 한다. 이 시간은 차량이 평균접근속도로 검지기에서부터 정지선에 이르는 데 걸리는 시간보다 짧아서는 안 된다. 그러므로 이 값은 다음과 같다.

$$\frac{45}{16.67} = 2.7초 \ (60 \text{ kph} = 16.7 \text{ m/s})$$

이 값은 60 kph의 속도로 접근하는 차량이 검지기에서부터 정지선에 도달하는 값이다. 따라서 후속차량의 검지가 없는 경우 마지막 차량이 검지기를 지나서부터 약 3초 후에 정지선에 도달하며 이후 황색신호가 켜지면서 황색신호 동안 교차로를 횡단한다.

2 초기녹색시간

초기녹색시간은 적색신호 동안 검지기와 정지선 사이에서 기다리고 있던 차량들이 정지선을 지나가는 데 소요되는 시간이다. 따라서 이 시간은 대기차량이 방출될 때의 포화유율과 출발지연시간으로부터 얻을 수 있으며, 우리나라의 경우 그 대략적인 값은 다음 식을 이용할 수 있다.

$$초기녹색시간 = 2.5 + 1.7\left(\frac{후퇴거리}{6}\right) \tag{11.5}$$

위의 검지기 위치에서 검지기와 정지선 사이에 대기할 수 있는 차량대수는 차량 1대당 차두거리를 6 m라고 할 때 45/6 ≒ 8대이다. 이들 차량이 정지선을 통과하는 데 소요되는 시간은 2.5+1.7×8=16.1초이다. 따라서 최소녹색시간은 2.7+16.1=18.8초이다.

3 연장한계

연장한계를 구하기 위해서는 첨두시 최대교통량과 정주기신호를 이 조건에 사용했다고 가정할 때 신호시간을 계산하여 이를 기준으로 하면 편리하다. 즉 부도로의 교통을 위해서 주도로 교통이 과도한 지체를 유발하면 안 된다.

4 황색시간

차량용 황색시간은 앞에서 설명한 정주기신호 때와 같다. 또 보행자 작동신호를 설치한다면 최소녹색시간과 점멸시간은 정주기신호 때와 동일하다.

반감응신호기의 기본적인 운영방식은 다음과 같다.

① 부도로 접근로에만 검지기를 설치한다.
② 주도로는 각 주기에서 최소녹색시간을 할당받는다.
③ 주도로는 최소녹색시간이 지난 후라도 녹색이 계속되나, 부도로의 검지기가 차량 도착을 알리면 주도로는 적색, 부도로는 녹색으로 바뀐다.

④ 부도로에 차량이 도착하더라도 주도로가 최소녹색시간이 경과되지 않았으면 최소녹색시간이 끝날 때까지 적색에서 대기한다.

⑤ 부도로는 초기녹색(initial portion)을 받은 후 정해진 단위연장시간(unit extension) 이내에 다른 차량이 추가로 도착하면 녹색시간이 연장되고, 또 다른 추가 도착차량에 대해서도 연장되나 연장한계(extension limit)를 초과할 수 없다.

⑥ 부도로가 연장한계를 지나고도 추가 도착이 있으면 주도로로 돌아간 녹색은 주도로의 최소녹색시간이 지난 후에는 자동적으로 부도로로 다시 돌아가는 기억장치가 되어 있다(locking memory).

⑦ 각 녹색시간 끝에는 정해진 황색시간이 따른다.

반감응신호에서는 부도로에 최대녹색시간이 있고, 주도로에는 최대녹색이 없고 최소녹색시간만 있다. 부도로의 첨두시간에는 부도로가 최대녹색시간에 도달하고, 또 주도로는 최소녹색기간을 가지므로 결국 이때는 정주기신호기와 다를 바 없이 운용된다. 이 경우 최대 혹은 최소녹색시간은 부도로와 주도로의 도착교통량과 서비스수준을 고려하여 신중히 결정해야 한다. 뿐만 아니라 주도로를 이용하는 차량군의 길이와 속도도 고려해야 한다. 주도로의 최소녹색시간이 너무 짧아 이와 같은 차량군의 이동을 방해해서는 안 된다.

[그림 11.11]은 반감응 신호제어의 알고리즘을 나타낸 것이다.

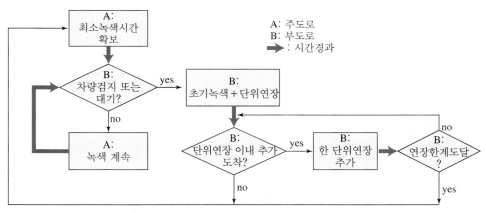

[그림 11.11] 반감응신호기의 알고리즘

11.5.2 완전감응신호기

두 교차도로의 교통량이 적으면서 상대적인 교통량 변동이 하루 종일 심하게 일어나는 교차로에는 완전감응신호기를 사용하면 아주 좋다. 또 블록중간과 T형 교차로의 횡단보도에 사용하면 효과적이다. 두 도로의 교통량 변화가 크더라도 시간별 변동패턴이 비슷하면 별다른 효과가 없고 차라리 정주기신호가 더욱 효과적이다.

이 감응신호기의 효과는 초기녹색시간과 단위연장시간에 따라 크게 달라진다. 특히 단위연장시간의 영향이 더 크다.

첨두시간의 교통감응신호기는 두 교차도로에서의 검지횟수가 매우 많기 때문에 정주기신호기와 대단히 유사하게 운영될 것이므로 두 도로에 할당되는 녹색시간은 연장한계를 설정하는 데 사용될 수 있다. 즉, 첨두시간에는 두 도로의 녹색시간 요청이 동시에 매우 크기 때문에 어느 한 도로에 무한정 녹색시간을 할당할 수 없고 다만 두 도로의 교통량에 비례해서 분배해 주어야 한다.

완전감응신호시간의 계산방법은 반감응신호 때와 거의 같다. 첨두시간교통량을 사용하여 연장한계를 계산할 때 보행자교통은 고려하지 않는다. 만약 보행자를 고려하려면 보행자 작동신호로서 차량에서와 같은 원리로 녹색시간을 요청해야 한다.

완전감응신호기의 기본적인 운영방식은 다음과 같다.

① 모든 접근로에 검지기를 설치한다.
② 각 현시는 초기녹색시간을 가진다. 그 길이는 그때까지 대기했던 차량들이 교차로를 통과하는 데 필요한 시간이다.
③ 초기녹색시간이 끝나면 추가로 도착하는 차량당 단위연장시간만큼 녹색이 연장된다. 그러나 정해진 연장한계를 초과할 수 없다.
④ 어느 도로에도 call이 없으면 현재의 현시가 그대로 지속된다.
⑤ 이런 상태에서 교차도로에서 call이 있으면 녹색신호는 즉시 그쪽으로 전환된다.
⑥ 현재 감응현시가 진행 중이면(계속 call이 있어) 교차도로의 첫 call이 있는 순간부터 감응현시의 최대녹색시간(연장한계)이 카운트된다. 즉 반대현시의 call이 없는 동안은 최대녹색시간으로 카운트되지 않은 녹색신호가 계속된다.
⑦ 각 현시 끝에는 정해진 황색신호가 따른다.

완전감응제어의 알고리즘은 [그림 11.12]와 같다.

최근의 감응제어기는 대부분 한 제어기에 소환스위치(recall switch)를 사용하여 반감응제어, 완전감응제어, 또는 정주기제어의 기능을 수행할 수 있게 되어 있다. 이 소환스위치는 최대녹색시간이 지난 현시의 녹색신호를 반대 현시로 불러들이는 역할을 한다. 예를 들어,

① 두 교차도로의 소환스위치를 모두 "off"로 하면, 소환이 되지 않으므로 완전감응제어기능으로 작동한다.
② 주도로의 소환스위치를 "on"으로 하고, 부도로 소환스위치를 "off"로 하면, 반감응제어기능을 수행한다.
③ 두 도로의 소환스위치를 모두 "on"으로 하면, 정주기신호제어를 수행한다.

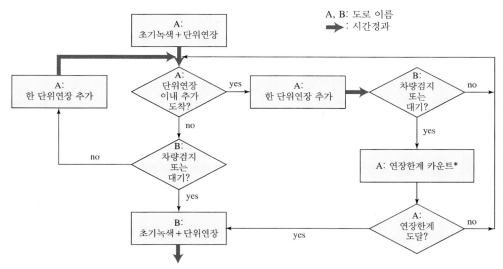

* A도로 연장한계는 B도로 최초감응시점부터 카운트되며, 이는 B도로의 최대대기시간임

[그림 11.12] 완전감응신호기의 알고리즘

11.5.3 교통량-밀도 신호기

이 제어기는 매우 예측하기 힘든 교통량 변동을 가진 주요 교통류가 서로 만나는 교차로에 사용되며, 검지기는 모든 접근로에 설치하되 교차로에서 멀리 떨어진 곳에 설치하여 대기행렬이 이 검지기와 정지선 사이에 들어오도록 한다.

이 제어기는 교통감응제어기와는 달리 단위연장시간이 다른 현시의 누적지체와 대기행렬의 길이에 따라 변한다. 한 현시의 초기녹색신호가 끝나면 한 단위의 연장시간이 추가되고, 또 그 사이에 추가 도착교통이 있으면 계속 연장시간이 추가된다. 그러나 이 추가 연장시간은 다른 모든 접근로의 누적지체와 대기행렬이 커짐에 따라 점점 감소한다. 연장시간은 이 현시 동안 녹색시간에 진행하는 차량밀도가 감소할 때도 마찬가지로 감소한다.

이 제어기는 또 감응차량대수를 기억하고, 이에 따라 초기녹색시간이 변하는 가변 초기녹색시간 (variable initial interval)을 갖는다.

여기에 사용되는 검지기는 모든 접근로의 딜레마 구간 상류에 설치되며, 따라서 후퇴거리가 완전감응신호기에 비해 훨씬 길다. 접근속도가 고속이며, 교통량이 많고 변화도 심한 독립 교차로에 사용하면 매우 효과적이다.

교통량-밀도 신호기의 기본적인 운영방식은 다음과 같다.

① 모든 접근로에 검지기를 설치한다.

② 각 현시는 초기녹색시간을 가진다. 그 길이는 일정 녹색시간을 추가하거나, 적정 녹색시간을 계산하거나, 연장 가능한 시간에 의해 변한다.

③ 초기녹색시간이 끝난 후 추가로 도착하는 차량에 의해 연장된 녹색시간이 통과시간(passage

time)이며, 검지기와 정지선 사이를 통과하는 데 소요되는 시간으로 설정된다.

④ 통과시간은 정해진 시간 이후에는 단위연장시간까지 단축될 수 있다.

⑤ 각 현시의 최대녹색 또는 연장한계가 미리 정해진다.

⑥ 각 현시의 황색 및 전(全)적색시간이 미리 정해진다.

11.5.4 검지기

교통감응신호에서 검지기의 종류와 설치위치는 신호제어의 효율을 좌우하는 데 있어서 결정적인 역할을 한다. 교통감응신호제어의 목적이 변화가 큰 교통수요에 민감하게 대응하기 위한 것이므로, 이를 위해서는 검지기에 대한 충분한 이해가 있어야 한다.

검지기를 사용하여 얻고자 하는 교통자료는 차량출현 여부, 교통량, 속도 및 점유율이다. 이 자료는 개별 신호교차로와 연동화된 교통대응 신호시스템 또는 고속도로 운영에서 제어변수로 사용된다. 예를 들어 교통감응식 교차로에서 검지기 자료를 사용하여 녹색시간을 연장하거나 통행권을 할당한다. 현장 제어기는 이 자료를 처리하여 미리 정해진 제어변수와 비교해 신호시간과 현시를 결정한다.

1 검지기의 종류

재래식 검지기로 감응루프(inductive loop) 검지기, 자기(magnetic) 검지기, 압력(pressure) 검지기가 있으며 이들은 모두 도로포장 속에 묻는 것들이다. 이 중에서 감응루프 검지기가 가장 널리 사용되고 있다. 최근에는 포장 속에 묻지 않는 검지기로 레이다(radar) 검지기와 영상(image processing) 검지기의 사용이 증가하고 있다.

① 감응루프 검지기: 도로포장 속에 묻힌 루프형의 전선 위를 차량이 통과하거나 정지할 때 루프 인덕턴스가 낮아지는 현상을 이용하여 검지한다.

② 자기 검지기: 도로포장 속에 묻거나 또는 도로변에 설치하며 차량이 지나갈 때 자장의 혼란이 일어나는 것을 검지한다. 정지해 있거나 150 kph 이상의 차량은 검지가 곤란하며, 주차된 차량이나 주위의 금속물질도 계속해서 자장에 영향을 미치므로 이를 염두에 두어야 한다.

③ 압력 검지기: 도로포장 속에 묻어서 통과차량의 하중에 의해 작동되며 차량속도가 100 kph 이상이거나 차량이 그 위에 정지하면 검지되지 않는다.

④ 레이다 검지기: 도로 위에 설치하며, 전자파를 발사하여 검지한다. 도로상에 주차된 차량이나 고정물체의 영향을 받지 않는다. 최근 개발된 것은 여러 차로뿐만 아니라 여러 곳을 동시에 검지할 수 있다.

⑤ 영상 검지기: 비디오 기술과 영상처리 기술을 결합하여 차량을 검지하는 것으로서 도로상에 설치된 카메라의 시각 범위 안에 있는 여러 지점의 교통을 동시에 검지할 수 있다. 이 검지기는 루프 검지기처럼 차량의 출현을 검지할 뿐만 아니라 교통량, 점유율 및 속도 등의 자료도 얻을 수 있다. 한 대의 카메라가 넓은 지역을 검지할 수 있어 여러 개의 루프 검지기를 대신할 수 있다.

⑥ 특별 검지기: 그 밖에 특별한 목적으로 사용되는 검지기로 버스 검지기, 차량식별 검지기, 환경상태 검지기, 보행자 검지기, 긴급차량 검지기 등이 있다.

2 검지기의 위치

교통감응제어를 위한 검지기의 위치는 각 나라마다 그 기준이 다르나, 속도, 검지기의 종류, 교통량 및 제어기의 종류를 고려하여 결정된다. [표 11.3]은 황색신호에 반응하는 임계감속도(최대 수락감속도)를 $5.0\,\mathrm{m/s^2}$로 했을 때 참고문헌 (9)에 제시한 방법으로 계산한 검지기의 후퇴거리(setback), 즉 정지선으로부터 검지기까지의 거리로서, 임계감속도, 반응시간, 접근속도의 함수로 나타낸 것이다.

[표 11.3] 검지기 후퇴거리

접근속도(kph)	감속거리(m)	반응거리(m)	안전정지거리(m)	후퇴거리(m)
30	6.9	8.3	15.2	16
40	12.3	11.1	23.4	24
50	19.3	13.9	33.2	34
60	27.8	16.7	44.5	45
70	37.8	19.4	57.2	58
80	49.4	22.2	71.6	72

주: 70 kph 이상은 여러 개의 통과검지기를 사용하거나 교통량−밀도 제어기를 사용함

초기녹색시간은 검지기와 정지선 사이에 있는(있을 수 있는) 차량들을 모두 방출할 수 있을 정도로 길어야 하며, 단위연장시간은 접근차량이 검지기에서 정지선까지 접근속도로 통과할 수 있는 충분한 시간이어야 한다.

적절한 단위연장시간은 후퇴거리를 접근속도로 나눈 값이며, 만약 단위연장시간이 이 값보다 짧다면, 차량이 정지선을 벗어나기 전에 단위연장시간이 끝나므로 단위연장횟수가 적어져 연장한계에 도달하는 확률이 작아진다. 만약 단위연장시간이 적정값보다 길다면 차량이 정지선을 벗어난 후에도 연장시간이 계속되므로, 결과적으로 연장횟수가 많아지고 연장한계에 도달하는 확률이 커진다. 따라서 지나치게 긴 단위연장시간은 정주기신호와 같은 효과를 나타낸다.

후퇴거리에 따른 초기녹색시간은 몇 가지 문제점을 가지고 있다. 예를 들어 접근속도가 60 kph일 때의 초기녹색시간은 앞의 공식으로 계산하면 16.1초가 되기 때문에 부도로의 도착차량이 한 대 뿐이라면 녹색시간의 낭비가 크고 교통수요에 잘 대응한다고 볼 수 없을 뿐만 아니라 주도로 차량운전자는 짜증을 낼 것이다.

후퇴거리가 지나치게 짧으면 주도로의 최소녹색시간이 끝난 후에 부도로의 최초 접근차량이 정지선에 거의 다 와서 녹색신호가 켜지기 때문에 불필요한 지체가 생기며, 또 저속으로 인해 검지기가 작동되지 않을 염려가 있다.

후퇴거리가 너무 길면 주도로의 최소녹색시간이 끝난 후에 부도로의 첫 접근차량이 정지 또는 지체하지 않고 정지선을 통과할 수는 있으나 단위연장시간이 길어지므로 후속차량이 바로 뒤따르지 않으면 단위연장시간에서 신호시간 낭비가 생긴다.

또 후퇴거리가 길 경우에는 검지기와 정지선 사이에 있는 이면도로에서 유입되는 차량이나 주차된 차량이 떠날 때 검지가 되지 않기 때문에 진행할 수가 없다. 따라서 이와 같은 문제점을 극복하기 위해서는 후퇴거리를 너무 멀리하지 않거나 보조검지기를 사용해야 한다.

검지기는 일반적으로 45 m 이상의 후퇴거리를 사용하지 않는 것이 기본이다. 이보다 더 길면 초기녹색시간이 길어져 민감한 운영을 할 수 없다. 반면에 이 길이로 설치하면 고속으로 접근하는 차량은 정지하지 않을 수 없다. 이러한 문제점을 해결하기 위해서는 가변 초기녹색시간(variable initial interval)을 갖는 교통량–밀도 제어기를 사용한다.

3 통과검지기와 점유검지기

통과(通過)검지기는 passage detector(또는 point detector, motion detector, unitdetector, short loop detector, small area detector)라고도 하며, 1.8 m×1.8 m 크기의 루프로서, 그 위를 지나가는 차량이 검지되면 제어기는 차량의 통과를 기억하는 locking 상태가 된다.

근래에 많이 사용되는 점유(占有)검지기(presence detector, long loop detector, large area detector)는 1개의 긴 루프나 작은 루프를 여러 개 연결한 것으로, 차량이 검지되면 제어기는 nonlocking 상태가 되어 루프 내의 차량 점유를 검지하고, 차량이 루프 안에 있는 동안에는 녹색신호를 받으나 이를 벗어나면 녹색신호가 끝난다. 따라서 루프 끝단이 정지선 가까이 있으면 초기녹색시간이나 단위연장시간은 없다고 볼 수 있다.

점유검지기는 도착차량이 차량군을 이룰 때는 매우 효과적이지만 임의도착일 때, 특히 한 대가 루프를 막 벗어나려고 할 때 다른 한 대가 루프 내에 들어오는 경우가 생기면 과도한 녹색신호를 요청하는 결과가 되어 효과가 적어진다. 이러한 결점은 점유검지기를 적당한 간격으로 여러 개 연속해서 설치함으로써 해결할 수 있다.

점유검지기는 또 부도로가 RTOR로 운영될 때나 좌회전 전용차로에서 점유검지기를 사용하면 직진교통이 없을 때 회전이 끝나면 녹색신호가 불필요하게 계속되지 않아 유리하다.

점유검지기는 통과검지기보다 설치비용이 비싸고, 특히 노면이 눈이나 얼음으로 덮히는 경우는 유지관리상에 문제를 발생시킨다. 이와 같은 문제점 역시 여러 개의 작은 검지기를 연속해서 설치함으로써 해결할 수 있다.

11.6 교통섬

교통섬(交通島)이란 차량이동을 통제하거나 보행자 대피를 위하여 설치한 차로 간의 특정구역을 의미한다. 차량교통은 이 구역과 이를 보호하기 위하여 주의표지 등을 설치한 주변구역을 침범해서는 안 된다.

11.6.1 교통섬의 종류 및 기능

교통섬을 기능적으로 분류하면 보행자 대피섬, 교통분리섬, 도류화섬 등이 있다. 보행자 대피섬은 보행자를 보호하고 보행자가 이용하는 안전지대(safety zone)를 말한다. 안전지대란 도로 내의 보행자 전용구역을 말하며 이것은 항상 쉽게 눈에 띌 수 있도록 적절한 표지나 표시를 사용하여 보호된다.

교통분리섬이란 같은 방향 혹은 반대방향의 교통류를 분리시키기 위해서 도로 안에 설치한 좁고 긴 구역을 말하며, 도류화섬은 회전교통류와 같은 특정 이동류가 특정경로를 이용하게끔 유도하는 도로 안의 시설을 말한다.

(1) 보행자 대피섬

대피섬은 도시부에서 특별히 넓은 도로나 넓고 비정상적인 모양의 교차로에 사용되는 것으로서 보행자와 차량교통량이 많아 보행자가 길을 건너기 위험하거나 어려운 곳에 설치된다. 이 섬은 길이 넓어 보행자 횡단시간이 긴 신호등 교차로에 설치함으로써 보행자 횡단시간을 줄이고 차량의 소통을 빠르게 한다. 이때 보행자는 보행자 대피섬에서 한 주기를 기다려야 한다. 보행자 대피섬은 또 보행자 교통사고가 많은 곳에 설치함으로써 보행자 사고를 현저히 줄일 수 있다.

대피섬과 연석 사이 또는 대피섬과 대피섬 사이가 두 차로보다 적어서는 안 되며, 그 대피섬이 교통에 장애가 되어서도 안 된다. 대피섬은 보행자를 보호하기 위해서 방호울타리형 연석(barrier curb)으로 둘러싸는 것이 바람직하다.

(2) 교통분리섬

도시지역 내 주요 도로의 안전성과 용량을 확보하기 위해서는 없어서는 안 될 중요한 요소이다. 일반적으로 지방부 4차로 이상의 도로에서는 중앙분리대를 반드시 설치해야 한다.

중앙분리대의 중요한 기능은 다음과 같다.

① 반대방향의 교통류와 분리시켜 사고 감소
② 길이 넓을 경우, 횡단과 회전교통류 모두를 보호하고 통제할 수 있으며 회전전용차로를 설치할 여유 제공
③ 비상시 대피소 역할
④ 보행자 대피소를 마련할 수 있으며 교통신호의 필요성을 줄임
⑤ U회전을 방지
⑥ 차량의 이동경로를 적시(摘示)하여 교통류가 빠르고 안전히 원활하게 움직이게 함

중앙분리대는 가능한 한 넓어야 하고 주간과 야간을 막론하고 눈에 잘 띄어 직진차로와는 두드러지게 구별되어야 한다. 분리대의 폭이 아주 좁고(1.2 m 이하) 보행자 보호의 필요성이 매우 큰 곳을 제외하고는 등책형 연석(mountable curb)으로 중앙분리대 주위를 둘러싸는 것이 좋다.

(3) 도류화섬

일반적으로 평면교차로에서 교통류를 적절한 경로로 유도하기 위해서 사용된다. 도류화 설치의 목적은 8장에 자세히 설명한 바 있다.

도류화 설치의 준거는 교차로의 크기 및 형상뿐만 아니라 교통류의 무질서나 불필요한 상충 또는 위험을 얼마나 감소시킬 수 있는가에 기준을 둔다. 도류화의 목적을 달성하기 위한 위치나 모양을 결정하는 데는 매우 신중한 연구가 필요하다.

11.6.2 교통섬의 설계

교통섬의 모양은 자연스런 차량의 경로를 따르도록 하고 노면상에 돌출된 섬이 교통 위해요소가 되지 않도록 설계해야 한다. 넓은 도로의 교차로에 설치된 교통섬은 교통류를 질서 있게 유도함으로써 교통신호의 필요성을 없애 주기도 한다.

(1) 조명 및 반사

교통섬은 항상 운전자의 눈에 멀리서도 잘 보여야 한다. 만약 교통섬을 적절히 조명시키거나 반사시킬 수 없다면 차라리 이를 설치하지 않는 것이 좋다. 대피섬의 조명과 접근단의 처리는 섬의 개략적인 모양과 차량의 통행경로를 뚜렷이 나타낼 정도로 충분해야 하며, 특히 보행자나 차량에 대해 위험한 지점에는 집중적인 조명을 해야 한다. 야간에 조명이 여의치 못할 경우에는 반드시 반사시설로 교통섬을 나타내도록 해야 한다.

교통분리 및 도류화섬과 그 주위의 차로는 직접 가로조명시설을 이용하여 야간에 분명히 보이도록 해야 한다. 만약 조명시설이 여의치 못하면 시인성이 아주 높은 설비로 섬의 윤곽을 뚜렷이 나타내야 한다.

(2) 크기 및 모양

섬의 모양은 일반적으로 좁고 길거나 또는 삼각형이다. 섬의 크기는 구체적인 역할에 따라 다르나 주의를 끌 수 있을 정도의 크기는 되어야 한다. 지방부에서는 교통섬의 크기가 적어도 6.5 m^2 이상은 되어야 하나 부득이한 경우는 4.5 m^2까지 허용된다. 도시부에서의 저속도로에 이용되는 교통섬은 반드시 $3 \sim 4.5 \text{ m}^2$ 이상은 되어야 한다.

일반적으로 교통섬은 다음과 같은 방법으로 설치한다.

- 노면 위로 돌출시켜 연석으로 경계지운 다음 포장을 하거나 혹은 잔디를 입힌다.
- 통상 저속이며 제한된 공간을 가진 도시부도로에서는 포장면 위에 노면표시, 표지병(標識鋲) 또는 돌출봉으로 경계를 지운다.
- 노면과 같은 높이로 비포장한 채로 안내표지나 칸막이 기둥 등으로 주위를 표시하며, 이 방법은 매우 큰 교통섬에 사용한다.

(3) 접근단 처리

교통섬의 접근단은 접근교통이 쉽게 알아보고 진행 경로를 신속히 선택하게끔 최대한의 경고 기능을 다 하도록 설계해야 한다. 운전자가 교통섬을 쉽게 보고 그 주위를 안전하게 통과하도록 하는 설비에는 다음과 같은 것이 있다.

① 노면표시
② 표시물체
③ 표지판
④ 반사능력을 갖는 위험표시물
⑤ 황색경보등
⑥ 포장색깔과 대비되는 색채 또는 질감
⑦ 돌출봉, 표지병 또는 벽돌
⑧ 조명설비

교통섬에 접근하는 것을 미리 알려 이 지역으로 바퀴가 침범하지 않도록 하는 기법으로는 노면요철(rumble strips)을 들 수 있다. 노면요철이란 노면에 가는 홈을 파든가 혹은 크고 각진 자갈을 입혀 자동차 바퀴가 흔들리고 소리를 냄으로써 운전자에게 경고를 주는 시설을 말한다. 이 방법은 위험스런 교차점에 접근하는 운전자에게 미리 경고를 주거나 고속에서 저속으로 감속하게 하는 데 아주 효과적인 방법이다.

11.7 보행자 통제 및 버스정거장

우리나라의 교통사고 중에서 보행자 사고가 차지하는 비율은 매우 높은 편이다. 이 중에서도 특히 교통약자, 즉 노인, 어린이, 지체부자유자가 차지하는 비율이 매우 클 뿐만 아니라 치사율 또한 다른 연령층이나 정상적인 사람에 비해 높다.

CBD의 교차로와 같이 차량과 보행자교통량이 똑같이 많은 곳에서는 교통류의 상충이 혼잡과 지체 및 위험을 수반한다. 이와 같은 조건은 신호교차로라 할지라도 회전 교통량이 많은 보행자교통량과 상충될 때 발생한다.

따라서 보행자 및 차량의 적절한 통제는 교통혼잡과 지체를 감소시키는 데 필수적이다.

11.7.1 보행자 안전대책

1 보도

보도는 도시부지역에서는 반드시 필요하지만 지방부에서는 필요성이 적다. 그러나 지방부도로는 일반적으로 속도가 높으며 가로조명이 불충분하기 때문에 보도의 필요성이 매우 큰 곳도 있다. 이와

[표 11.4] 보도 설치의 준거

차량교통량(vph)	하루 보행자 교통량(인)	
설계시간교통량	설계속도 50~80 kph	설계속도 80~110 kph
편측보도 30~100대	150	100
100대 이상	100	50
양측보도 50~100대	500	300
100대 이상	300	200

자료: 참고문헌(13)

같은 지방부에 있으면서 보도가 필요한 곳은 학교나 공공장소, 교회, 시장 및 공장 등과 같은 곳이다.

[표 11.4]는 보도 설치의 타당성에 대한 준거를 보행자 및 차량의 교통량과 속도에 관해서 나타낸 것이다.

보도의 폭을 결정하기 위해서는 1 m의 폭당 1분 동안에 35~55명 또는 1시간에 2,000~3,200명이 통행 가능하다고 본다.[13] 또 다른 연구에 의하면 도심지역에서 보도의 폭은 최소 1.8 m 이상이나 통상 2.4~3.6 m 정도가 적절하며, 주거지역에서는 최소 1.2 m이나 바람직한 면적은 1.8 m다.[14]

2 횡단보도

횡단보도는 교차로나 도로구간 내의 일정 지점에서 보행자가 집중적으로 횡단하는 곳을 말한다. 이 지점은 주간이나 야간을 막론하고 잘 보일 수 있도록 표시할 필요가 있다. 횡단보도의 폭은 통상 주변의 보도폭보다 넓어야 한다. 교차로의 회전교통이 없으면 횡단보도의 용량은 훨씬 증가한다.

횡단보도를 나타내는 노면표시는 차량이 그 안에 정지하지 못하게 함으로써 보행자를 보호한다. 외국의 어느 도시에서는 백색의 횡단보도 경계선 안에 녹색 페인트칠을 한 결과 매우 효과가 있었다는 연구가 있다.

우리나라에서는 현재 대부분의 횡단보도를 제브라(zebra)식으로 설치하고 있으며, 이 방식은 영국에서 매우 효과적인 것으로 알려지고 있다. 제브라식 횡단보도란 차량의 진행방향으로 평행하면서 일정한 간격의 백색 페인트 선(폭 60 cm 정도)으로 도장한 것이다.

3 보행자 방호울타리

보행자가 길을 건너지 못하게 하는 시설로, 길을 횡단함으로써 차량교통에 지체가 생기거나 보행자를 위험으로부터 보호하기 위한 곳에 설치한다. 이 방호울타리는 보행자를 횡단보도나 육교 또는 지하도로 유도하기 위한 도류화 시설의 역할도 한다. 방호울타리는 차량과 보행자교통량과 이들의 상충 및 교통사고 기록 등을 세밀히 분석한 후에 설치해야 한다.

4 가로조명

가로조명은 야간의 보행자 사고를 줄이는 데 큰 역할을 한다. 조명의 강도와 설치위치는 차량 및 보행자교통량에 따라 결정되지만, 도시부의 모든 도로는 동일한 표준하에 조명되어야 한다. 우리나라 통계에 의하면 교통사고로 인한 사망자 수에 있어서 야간에 발생한 비율이 전체의 50% 정도로서 주간과 별 차이가 없다.[12] 그러나 주간과 야간의 교통량 비는 7 : 3 정도이므로 결국 야간의 교통사고율은 주간의 약 2.5배에 달한다. 이와 같이 야간 교통사고율이 높은 원인은 물론 가로조명이 부적절하기 때문인 것만은 아니나, 운전자들이 야간운전에서 느끼는 가로조명의 정도는 외국에 비해 훨씬 낮다.

5 보행자 육교 및 지하도

보행자 육교 및 지하도는 보행자 및 차량의 교통량이 대단히 많고 사고가 많이 나는 곳에 설치한다. 이와 같은 시설은 간단하고 경제적인 다른 대책이 별다른 효과가 없을 경우에 설치하는 것으로서 공장이나 학교, 체육시설, 철길건널목 등과 같은 곳에 설치한다. 이 시설은 보행자 방호울타리와 함께 설치하며 이용도를 높이기 위해서는 계단 대신 램프를 사용하는 것이 좋다.

육교는 비용이 적게 들며 굴착이나 강제환기 및 특별한 배수시설이 불필요하므로 지하도보다 좋다. 그러나 지하도는 육교에 비해 더욱 모양이 좋으며 수직 깊이가 낮고 눈비를 피할 수 있어 좋다.

6 보행자 신호

교통신호의 설치 준거에는 보행자교통량을 기준으로 하는 것도 있음은 앞에서 여러 번 언급한 바 있다. 보행자 신호란 신호교차로에서 보행자만을 통제할 목적으로 설치되는 교통신호이다.

보행자 신호시간은 차량 신호시간과 밀접한 관련을 갖고 있으며 다음과 같은 세 가지가 있다.

(1) 보행자-차량 연계신호

보행자가 횡단보도를 건너는 현시는 그 횡단보도와 평행한 진행방향의 차량현시가 녹색일 때이며, 이때 우회전하는 차량은 이 횡단보도를 주의하여 지나갈 수 있다. 비보호좌회전이 허용되는 교차로에서는 좌회전도 허용된다.

(2) 보행자 전용 횡단신호

보행자가 횡단보도를 횡단하는 동안에는 회전차량이 이 횡단보도를 건너지 못한다. 이와 같은 운영방법은 현재 우리나라에서는 많이 사용하는 전용좌회전 교차로에 사용하고 있으나, 우리나라에서는 우회전 차량이 보행자가 횡단 중인 횡단보도를 건널 수 있으므로 엄격한 의미에서의 전용 횡단신호는 아니다.

전용 횡단신호 방법을 사용하기 위해서는 차량의 회전신호를 반드시 화살표로 나타내야 한다. 경우에 따라서는 보행자 횡단을 잠시 연기하고 우회전 차량부터 우선 처리한 다음, 보행자와 남은 우회전 차량의 횡단을 같이 허용하는 방법도 있다. 또 다른 방법은 직진과 우회전이 일어나는 동안 보행자 횡단을 금하고 조금 지난 후 보행자 횡단을 시키되 차량의 우회전을 금지하는 방법이다.

(3) 보행자 전용현시(전적현시)

이 현시 동안에는 모든 방향의 차량이 정지하고 보행자는 어느 방향으로든지 횡단이 가능하다. 이 현시를 전적(全赤)현시라 한다. 이 방법은 보행자와 차량의 교통량이 많고, 교차로 모양이 복잡하며, 교차로의 경우에는 보행자교통량이 많으면서 모든 접근 차량이 회전을 해야 하는 교차로에 사용하면 좋다.

이와 같은 운영방법은 도로의 폭이 좁은 곳에(15~18 m) 적용하면 매우 효과적이다. 만약 도로폭이 넓은 곳에 사용하면 보행자 횡단시간이 길어지므로 주기가 너무 길어진다.

11.7.2 버스정거장의 위치

버스정거장의 위치는 가능하면 표준화시키는 것이 좋다. 버스가 정거장에서 정지하고 출발하는 데 따른 다른 차량과의 상충문제는 정거장의 위치에 따라 다르게 나타난다. 정거장의 위치는 교차로를 지난 직후에 있는 원측정거장(遠側停車場, far-side stop)과 교차로를 지나기 직전에 있는 근측정거장(近側停車場, near-side stop), 그리고 교차로와 교차로 중간에 있는 블록중간정거장(midblock stop)이 있다.

원측정거장은 교차로에서의 시거가 제한되어 있거나 접근로의 용량이 부족한 경우, 도로변 주차가 허용되는 경우, 버스가 맨 오른쪽 차로를 이용할 경우, 승용차의 좌·우회전 교통량이 비교적 많을 경우에 사용하면 좋다. 뿐만 아니라 버스가 좌회전할 때는 특히 이 방법이 좋으며, 대부분의 경우에 이와 같은 원측정거장이 근측정거장보다 유리하다.

근측정거장은 버스교통량은 많은 데도 불구하고 전체 교통상태 및 주차여건이 양호할 경우에 사용할 수 있다. 버스운전자의 관점에서 볼 때는 정거장에 정지했다가 교통류에 다시 합류하기가 쉬우므로(특히 첨두시간에 교차로 건너편에 도로변주차가 허용되어 있는 경우) 이 방법을 더 선호한다. 왜냐하면 교통류에 다시 합류할 때 교차로의 횡단거리를 이용할 수 있기 때문이다. 만약 버스가 중앙차로를 이용하거나 신호교차로 간의 간격이 짧거나 혹은 도로변주차가 하루 종일 허용되는 경우에는 근측정거장이 유리하다.

근측정거장은 또 버스가 우회전을 하고 다른 차량의 우회전 교통량이 그다지 많지 않을 때 사용하면 좋다. 첨두시간당 우회전 교통량이 250대를 초과하면 근측정거장이나 블록중간정거장을 사용해도 좋다. 중앙버스전용차로에서는 반드시 근측정거장을 사용해야 한다.

블록중간정거장은 일반적으로 여러 개의 버스노선이 통과함으로써 비교적 긴 승강장을 필요로 하는 도심부에 많이 사용된다. 또 교통조건이나 도로 및 환경여건으로 보아 원측정거장과 근측정거장의 설치가 어려운 곳과 큰 공장, 상업시설 등 버스 이용객이 많은 곳에 설치하면 좋다.

11.7.3 법령, 단속 및 교육

보행자와 차량은 다같이 도로를 이용하기 때문에 보행자도 운전자와 마찬가지로 도로사용에 대한 법령을 준수할 책임이 있다. 그러므로 법을 효과적으로 집행하는 관점에서 볼 때 단속과 법령 위반자에 대한 처벌은 반드시 필요하다.

보행자에 대한 법규를 시행하고 단속하기 이전에 보행자 교육프로그램을 만드는 것은 매우 중요한 일이다. 또 이 프로그램은 집중적이며 계속적으로 시행되어야만 효과가 있다.

교통사고 통계를 잘 분석·평가하면 이 교육프로그램이 포함해야 할 방향과 내용을 파악할 수 있다. 교육프로그램에 포함될 내용은 주로 다음과 같은 것들이다.

① 일반대중은 도로를 공용하는 데 필요한 법규를 숙지해야 한다.
② 일반대중에게 보행자의 책임이 강조되어야 하며 그들이 이를 받아들이도록 모든 노력을 다해야 한다.
③ 보행자 교육은 교통사고에 많이 연루되는 노인, 어린이, 운전을 할 줄 모르는 사람 및 외국사람 등과 같은 계층에 집중되어야 한다.
④ 일반대중은 교통에 관한 다음과 같은 기본적인 지식을 숙지해야 한다.
   • 보행자와 차량의 속도 차이
   • 보행자는 야간에 차량 운전자에게 잘 보이지 않는다.
   • 운전자가 차량을 정지시키는 데 상당한 제동거리가 필요하다.
   • 운전이란 매우 복잡한 행동과 판단을 요하며, 운전자는 보행자를 항상 조심해서 관찰할 수는 없다.

교통교육 프로그램은 대중에게 전달되지 않으면 아무런 가치가 없다. 이와 같은 프로그램의 전달매체는 라디오, TV, 신문, 학교교육 또는 광고, 포스터, 슬로건, 스티커 및 사회단체를 통한 교육 등이 있다.

학생이 당한 교통사고만큼 학생이나 일반대중에게 충격을 주는 교통사고는 없다. 그러므로 경찰이나 교통행정부서는 학교 앞 횡단보도에 더 많은 표지와 노면표시 또는 신호등을 설치해 달라거나 교통경찰을 배치해 달라는 요청을 끊임없이 받는다.

● 참고문헌 ●

1. 경찰청, 교통사고통계, 1993.
2. Kell, *Yield Right-of-Way Signs: Warrants and Applications,* Proc., ITE., 1959.
3. Raff, *A Volume Warrant for Urban Stop Signs*, Eno, 1950.
4. 도로교통안전협회, 교통안전시설설치관리편람, 1993.
5. Gazis, Herman, and Maradad, *The Problem of the Amber Signal Light in Traffic Flow*, TE., 1960. 7.
6. Greenshields, Shapiro, and Erlcksen, *Traffic Performance at Urban Intersection*, Technical Report No. 1, Yale BHT, 1947.
7. 오익수, 도시부 평면신호교차점의 차량통행특성에 관한 연구, 영남대학교 박사학위논문, 1985.
8. 도철웅, TRANSYT 모델의 내재 매개변수에 관한 연구, 대한교통학회지, 제6권 1호, 1988. 6.
9. ITE., *Manual of Traffic Signal Design*, 1982.
10. *Turn Controls in Urban Traffic*, Eno, 1951.
11. Wagner, F. A., D. L. Gerllough, and F. C. Barnes, *Improved Criteria for Traffic Signal Systems on Urban Arterials*, NCHRP, Report 73, 1969.
12. 경찰청, 교통사고통계, 1993.
13. ITE., *Traffic Engineering Handbook*, 1965, pp. 4-10.
14. AASHTO., *A Policy on Geometric Design of Highway and Street*s, 1984.
15. Storey., *New Street Marking System Control for Pedestrian Traffic*, TE., 1954. 10.
16. ITE., *Transportation and Traffic Engineering Handbook*, 1985.

제 12 장

교통신호시스템

도로체계 내에서 교통소통을 원활히 하기 위해서는 교차로 하나 하나를 효율적으로 잘 처리하는 것만으로는 불충분하다. 즉 인접한 각 교차로가 어떤 형태로든 연동되지 않고는 계속적이며 원활한 교통류의 이동은 불가능하다.

적색신호 동안에 만들어진 대기행렬은 녹색신호 동안에 차량군을 만들어 교차로를 통과하게 된다. 차량군이 통과한 다음 상류의 차량군이 도착하기까지의 시간 간격은 적색신호가 되어 교차도로의 차량군이 이용할 수 있다. 이와 같이 밀집된 차량군을 교통류 내의 간격을 이용하여 자유롭게 이동시키기 위하여 인접 신호교차로들과 연동시키는 신호운영을 신호시스템이라 하며 11장에서 설명한 독립교차로 신호운영과 구별한다.

12.1 개설

이 신호시스템을 계획하고 설계하기 위해서는 신호교차로 제어와 특별 제어에 대한 개념을 이해해야 한다. 신호교차로 제어에는 다음과 같은 것이 있다.

(1) 독립교차로 제어

독립교차로 제어(isolated intersection control)란 인접 신호교차로 운영을 전혀 고려하지 않고 그 교차로만의 교통류를 제어하는 신호제어 방법이다(점제어, point control). 이것에 관해서는 11장에 자세히 설명한 바 있어 이 장에서는 설명을 생략한다.

(2) 간선도로 교차로 제어

간선도로 교차로 제어(arterial control)는 간선도로의 교통류를 연동시키는 제어로서, 모든 신호는 선형제어(linear control) 시스템으로 움직인다.

(3) 도로망 교차로 제어

도로망 교차로 제어(network control)란 어떤 지역 또는 지구(예를 들어 CBD)의 신호망교차로를 연동시켜 도로망 전체의 효율을 높이는 신호제어 방법이다.

(4) 광역제어

광역제어(areawide control)는 어떤 도시나 도시권 전체의 모든 교통신호를 제어하는 방법으로써, 이 시스템 내에는 독립교차로 신호, 간선도로 및 도로망 제어시스템이 모두 포함될 수도 있다.

신호와 관련되는 특별 제어에는 다음과 같은 것들이 있다.

- 운전자 정보시스템: 혼잡한 가로망을 이용하는 운전자에게 가로상황이나 우회로 등에 관한 정보와 안내를 제공하는 시스템(예: 가변정보판)
- 선행/우선 시스템: 버스, 다승객차량 및 응급차량에 우선권을 부여하는 제어 전략
- 방향제어: 가변차로제와 같이 교통량이 많은 어떤 한 방향에 우선권을 부여하는 제어
- TV 모니터링
- 과적(過積) 차량 제어시스템

12.1.1 신호시스템의 필요성

간선도로 제어에서는 차량군이 녹색신호에 도착하여 적색신호 이전에 통과를 완료하게 하되 차량군이 분산되지 않도록 해야 한다. 차량군의 분산을 막기 위해서는 교차로와 교차로의 간격이 짧아야 한다. 그러나 교차로 간격이 아무리 짧다고 해도 그 도로로 회전해서 유입되는 차량이나 그 도로상의 비신호 교차로가 차량군의 분산을 촉진시킨다.

밀집된 차량군을 유지하는 최대거리는 노선의 성격이나 또는 차량군이 진행하는 과정에서 받는 교통류의 내·외부 마찰 정도에 따라 달라진다. 미국의 MUTCD[1]는 인접신호교차로가 800 m 이내에 있어야만 효과적인 연속진행을 기대할 수 있다고 했다. 이 거리보다 멀리 떨어져 있으면 한 교차로에서 출발한 차량군이 다음 교차로에 도착할 때쯤이면 분산되어 연속진행 효과가 줄어든다. 이와 같은 경우에 차량군을 유지하기 위한 목적으로 중간에 보조신호기를 설치할 수도 있다. 이때의 보조신호기는 차량군을 유지시키는 데는 좋으나 지체는 증가하기 때문에 주의해야 한다.

신호시스템의 시간계획을 수립하는 데는 여러 가지를 고려해야 하나 그중에서 중요한 것은 다음과 같다.

① 신호시스템의 종류: 선형(일방통행, 양방통행 간선도로) 제어, 도로망 제어
② 연속진행: 양방통행 간선도로에서 한 방향 또는 양방향 모두 연속진행. 도로망에서는 우선경로를 선정하여 이에 대한 연속진행
③ 목표: 연속진행을 시키는 목표 설정, 즉 진행대폭의 최대화, 지체의 최소화, 정지 수와 지체 합의 최소화 등
④ 특수처리: 주요 교차로, 특별현시, 시스템 주기의 배수(倍數), 또는 약수(約數) 주기 사용을 고려

신호패턴은 주기마다 반복되어야 하므로 간선도로에서 연속진행을 위해서는 시스템 전체의 공통주기를 사용해야 한다. 따라서 정주기신호제어기를 사용한다. 특별한 경우에는 이 주기의 배수 또는 약수가 더 좋을 때도 있다. 그러나 신호망 시스템에서는 교차도로의 연속진행까지 고려해야 하므로 대단히 복잡하여 컴퓨터제어 신호기를 주로 사용한다.

반감응신호기를 연속진행시스템 내에 설치해서는 안 되지만 연속진행을 방해하지 않도록 그 기능을 수정하여 사용할 수도 있다. 그러나 그럴 경우 반감응식이 갖는 장점인 융통성을 어느 정도 잃게 된다.

다(多)현시 때문에 정주기신호가 효율적이 되지 못하는 경우에는 연속진행시스템 내에 있는 한 교차로에 교통량 – 밀도 신호기를 사용하는 수도 있다. 그렇게 되면 인접 교차로에서 오는 차량군이 이 교통량 – 밀도 신호기를 연속진행식으로 작동시킨다. 그러나 이와 같은 경우는 큰 차량군이 한 방향으로 흐를 때만 그렇게 된다.

정주기신호기를 이용한 연속진행 효과는 아래와 같은 조건에서 현저히 감소한다.

① 부적당한 도로용량
② 주차 및 승하차 행위로 인한 방해
③ 다현시 신호를 사용하는 복잡한 교차로
④ 많은 회전 교통량
⑤ 다양한 속도
⑥ 매우 짧은 교차로 간격

12.1.2 신호제어변수 및 현시

제어변수는 교통조건을 설명하는 변수들로서 교통대응(交通對應) 제어 전략을 선정하고 평가하는 데 사용된다. 일반적으로 사용되는 제어변수로는 차량점유 여부, 교통류율, 점유율 및 밀도, 속도, 차두시간 및 대기길이 등이다.

일반적으로 검지기가 이 변수들을 검지하며, 또 도로환경적인 조건이 교통에 영향을 주므로 어떤 경우에는 노면상태(젖음, 미끄러움 등), 기후조건(눈비, 안개 등), 차량배기가스 등과 같은 것을 제어변수로 사용하기도 한다.

신호제어 시스템에서 가장 기본적인 신호변수는 다음과 같다.

① 옵셋(offset): 어떤 기준시간으로부터 녹색등화가 켜질 때까지의 시간차를 초 또는 주기의 %로 나타낸 값
② 연동(coordination): 몇 개의 교차로신호기가 유선 또는 무선으로 연결되거나, 연결되지 않더라도 동기모터로 상관관계를 유지하면서 시스템으로 운영되는 것
③ 연속진행(progression): 연동된 신호시스템에서 계획속도에 따라 차량군을 진행시킬 때 인접 신호등에서도 정지하지 않게 하는 시간관계

④ 진행대(進行帶, through band): 연동식 신호시스템에서 실제 연속진행할 수 있는 첫 차량과 맨 끝 차량 간의 시간대(帶). 또 시간(초)으로 나타낸 이 폭을 진행대폭(進行帶幅, band width)이라 하며, 이 기울기를 연속진행속도(progression speed)라 함

독립교차로뿐만 아니라 연동교차로에서도 현시의 근본은 좌회전 처리의 문제이다. 특히 연동교차로에서의 좌회전은 주된 직진교통의 효율을 떨어뜨리지 않게 처리할 필요가 있다.

1 좌회전 현시

좌회전 교통량과 대향직진교통량이 많으면 좌회전 전용현시를 사용해야 한다. 이때 가장 일반적으로 사용되는 방법은 선행 또는 후행 양방좌회전(lead or lag dual left turn)이다.

현시수가 증가하면 주기와 지체가 길어져 교차로의 운영효율이 나빠진다. 그러나 비보호좌회전에서 안전성에 문제점이 나타나면 운영효율 대신 안전성을 확보하기 위하여 좌회전 전용현시를 사용한다. 좌회전 현시기준은 나라마다 다르다. 일반적으로 정주기의 좌회전 현시 대신 교통감응제어를 사용하면 불필요한 좌회전 시간을 직진에 할당할 수 있어 좋으나 검지기를 설치해야 한다. 또 좌회전의 순서를 변화시켜 연동효과를 개선할 수 있으나 운전자가 현시순서를 예상 못함으로 말미암아 사고 위험성이 있다. 외국에서 많이 사용하는 방법인 보호좌회전 직후에 비보호좌회전이 허용되는 현시는 지체와 대기행렬을 감소시키지만 고속이거나 다차로 접근로에서는 사용이 곤란하다.

2 좌회전 순서

독립교차로이든 연동교차로이든 신호현시의 융통성에 따라 신호교차로의 운영효율은 크게 달라진다. 각 현시의 황색신호와 출발지연시간이 신호효율을 크게 떨어뜨리므로, 다(多)현시 교차로에서 현시순서를 다양하게 바꾸거나 현시를 생략할 수 있는 능력이 있으면 아주 효율적으로 신호를 운영할 수 있다.

12.1.3 신호시스템의 운영방법

신호시스템은 정주기식 제어기 및 교통감응식 제어기를 사용한다. 이들 현장제어기들을 조정·감독하면서 신호시간을 결정하거나 변경하여 일정한 시간관계를 유지하기 위해서는 시계(time clock), 시간기준 연동기(time-base coordinator), 중앙컴퓨터, 또는 주(主)제어기를 사용한다. 이때 이들이 사용하는 교통량 자료나 신호시간을 선정하는 방법은 제어의 목적과 적용시스템에 따라 다르다. 사용되는 교통량 자료는 검지기를 사용하여 검지된 현장자료나 검지기 없이 정기적으로 조사한 과거 자료이다.

1 신호시간 결정방법

신호시간을 선정하는 방법에는 시간에 따라 정해진 신호시간을 나타내는 시간제 방식(TOD, Time of Day mode)과 제어기에 내장된 신호시간계획 중에서 검지기로 측정된 교통량 자료에 가장 적합한 신호시간계획을 선택하는 패턴선택 방식(pattern selection mode), 그리고 검지기에서 측정된 현장자료를 이용하여 신호시간을 온라인으로 계산하는 패턴계산 방식(pattern computation mode)이 있다. 여기서 시간제 방식을 제외한 패턴선택 방식과 패턴계산 방식을 교통대응 방식(traffic-responsive mode)이라 한다. 시간제와 패턴선택식 제어를 전략적 제어, 패턴계산식 제어를 전술적 제어라고도 한다.

(1) 시간제 방식

시계와 신호시간계획을 대응시켜 어떤 시간이 되면 자동적으로 어떤 신호시간계획이 시행되는 제어방식을 말한다. 일반적으로 평일의 오전 및 오후 첨두시간대, 몇 개의 비첨두시간대, 주말의 시간대 등 6~10개의 시간대로 나누어 그 시간이 되면 이에 해당되는 신호시간이 현시된다. 신호시간계획은 장기적으로 측정한 과거의 교통량 자료를 이용하여 계산하고 이를 제어기에 입력시킨다.

(2) 패턴선택 방식

가능한 교통패턴을 예상하여 이에 적합한 신호시간계획을 수립하고 이를 저장하고 있다가, 검지기에서 5~15분간 검지된 교통패턴에 알맞는 신호시간을 찾아 이를 현시하는 것이다. 통상 15~20개 정도의 신호시간계획을 가지고 있으며 입력된 신호시간계획 중에서 그때의 교통패턴에 적합한 신호시간계획을 선택한다고 하여 table look-up mode라고도 한다. 따라서 어느 신호현시 바로 그 순간의 교통패턴에 적합한 것이 아니라 5~15분 전의 교통패턴에 적합한 것이며 신호시간도 5~15분마다 한 번씩 바뀐다.

(3) 패턴계산 방식

신호시간계획이 순간순간마다 또는 주기보다 짧은 시간 내에 바뀌는 것으로, 글자 그대로의 실시간 방식(real-time mode)이다. 이것은 교통패턴을 검지하는 즉시 컴퓨터에서 신호시간을 계산하여 이를 현시한다. 이와 같은 패턴계산 제어방식에 해당하는 제어기로는 다음과 같은 것이 있다.

① 교통량–밀도 감응제어기: 각 교차로에 감응식 제어기를 사용하여 도착하는 차량대수에 따라 현시길이 및 주기를 조정한다. 간선도로의 연속진행은 차량군 이월효과(platoon carry-over effect)로 불리는 제어방식에 의해 계획된다. 이 기법은 간선도로상의 차량군이 신호등에 도달할 때 녹색신호가 켜지게 하는 것이다. 이와 같은 제어방식은 각 교차로에서의 교통수요에 대응하는 것이긴 하나 일반적으로 원하는 수준의 연속진행은 보장되지 않는다.

② 주기를 가진 반감응제어기: 연속진행을 유지하면서 동시에 교통대응제어를 하려면 일정한 주기를 갖는 반감응제어기를 연결해서 사용한다. 이 기법은 각 교차로의 부도로에 검지기를 설치해서 운영하나, 부도로 교통은 간선도로의 연속진행을 방해하지 않도록 하는 범위 내에서만 주기의 일부분을 사용하도록 한다. 부도로의 도착 교통이 없으면 간선도로는 계속해서 녹색신호를 할당받는다. 부도로의 녹색은 교통량 검지에 따르지만 가능한 한 빨리 끝나도록 해야 한다.

③ 중앙컴퓨터 제어기: 온라인으로 신호시간을 계산하고 제어하는 것으로써 다음과 같은 두 가지 방법이 있다. 첫째는 주기마다 바람직한 신호시간을 계산하여 이를 현시하는 것으로써, 이때는 한 신호시간에서 다른 신호시간으로 바뀔 때의 경과조치가 문제가 된다. 두 번째 방법은 진행대폭을 극대화하는 방법을 사용하여 주기와 옵셋을 결정한다. 각 교차로의 모든 현시에서의 교통량을 점검하기 위해 검지기를 사용하며, 녹색시간은 필요한 만큼 할당된다. 가능한 한 현시를 생략하거나 짧게 하여, 여기서 생긴 녹색시간은 간선도로 쪽으로 전환시킨다. 그러나 간선도로의 연속진행을 확보하기 위해서는 바람직한 옵셋 또는 주기를 유지하도록 계속적으로 노력해야 한다. 진행대는 필요할 경우 언제나 바꿀 수 있으며, 제어시스템 역시 필요할 경우 제어방식을 시스템 제어에서 독립교차로 제어로 바꿀 수 있다.

2 신호연동 방법

독립교차로의 신호제어는 인접교차로를 고려하지 않는 반면, 간선도로 신호제어는 간선도로상의 교차로 신호를 하나의 시스템으로 운영하는 것이다. 또 도로망 신호제어는 도로망 내 간선도로의 연속진행을 추구하고, 두 간선도로가 교차하는 곳을 연동시키는 것이 목적이다.

신호의 연동은 다른 신호등과 연결시키지 않고, 통제도 받지 않으며, 단지 동기제어기를 사용하기만 해도 가능하다(동기제어기는 정확한 주기와 시간분할을 유지하므로). 그러나 교통량이 많을 경우 서로 연결되지 않는 연동은 바람직하지 않다. 왜냐하면 교통류의 변동에 적응할 방도가 없으며, 제어기 중에서 어느 하나라도 고장이 나는 경우 그 연동이 계속해서 유지될 수 없기 때문이다.

그러므로 동기모터를 사용하는 정주기신호제어기를 여러 개 연결하면 연동이 가능하다. 통상적인 연동은 주제어기(主制御機, master controller)와 종속제어기(從屬制御機, slave controller)를 유선 혹은 무선으로 연결하여 주제어기가 종속제어기를 제어, 감독하게 하는 것이다.

주제어기는 종속제어기를 거느리면서 신호시간을 유지하고, 연결된 전체 신호시스템을 켜거나 끄며, 수동식으로 작동시키거나 점멸등(點滅燈)으로 운영하는 등 이 시스템을 총괄한다. 또 주제어기는 각 종속제어기의 주기를 자동적으로 변화시킬 수 있으며, 종속제어기의 시간 다이얼을 자동적으로 다른 다이얼로 옮기게 할 수 있다.

정주기신호기를 이용하여 시스템을 연동시키는 방법에는 다음과 같은 네 가지 종류가 있다.

① 비연결 시스템: 신호시스템의 가장 원시적인 형태로서 각 교차로의 정주기제어기는 상호 연결되지 않고 시계를 이용하여 옵셋을 맞추고 각 지역제어기에 동기(同期)모터를 사용하여 일정한 옵셋을 유지함으로써 연동을 이룬다. 따라서 이용 가능한 신호시간계획은 한 가지밖에 없으며, 만약 어느 한 교차로 신호등이 고장이라도 나면 옵셋을 다시 수동으로 맞추어야 한다.
② 시간기준 시스템: 각 교차로의 정주기제어기는 상호 연결되지 않으나 한 전원을 사용함으로써 주파수가 같으므로 신호시간을 정확하게 유지할 수 있어 연동이 가능하다. 여러 가지 시간계획은 시간제(TOD) 방식에 의해 요일별, 시간별로 미리 정해진 신호시간이 선정된다.

③ 연결 시스템: 비연결 신호체계에서 사용하는 것과 같은 종류의 현장제어기를 사용하되 각 제어기를 서로 연결시켜 연동을 이룬다. 만약 어느 한 제어기의 신호시간이 연동시스템에서 벗어나더라도 자동적으로 다시 동기(同期)된다. 신호시간계획의 수는 다이얼의 수, 다이얼당 옵셋 및 시간분할의 수에 좌우된다. 일반적으로 사용되는 신호시간은 3다이얼, 3옵셋 및 한 가지 시간분할을 조합하여 이루어진다. 신호시간계획의 선택은 TOD 방식에 의한다. 어느 한 현장 제어기는 그 연동시스템의 주제어기 역할을 한다.

④ 교통대응 시스템: 각 교차로의 정주기제어기를 연결하여 어느 한 주제어기가 주기 및 옵셋을 제어한다. 검지기를 사용하여 검지된 교통량에 의해 주기가 결정되고, 방향별 교통량의 차이로 옵셋이 결정된다. 주제어기로 컴퓨터 제어기를 사용할 수 있다.

교통감응식 및 컴퓨터 제어기를 사용한 시스템연동방식에는 다음과 같은 것이 있다.

① 연결감응제어시스템: 주제어기와 종속제어기의 관계를 갖는 2~3개 교차로의 소규모 연동체계로서 완전감응식이나 반감응식 제어기를 사용하며, 이 중에서 1개는 그 신호체계의 주기를 제어하는 현장 주제어기 역할을 한다. 옵셋의 변화는 한정되어 있다.

② 연결감응식 루프 제어시스템: 여러 개의 현장 주제어기를 폐쇄루프 형태로 통합하여 제어하는 시스템이다. 각 주제어기는 저장된 시간계획을 선택하여 현장제어기가 현시하도록 하고, 중심부가 여러 개의 현장 주제어기를 연동시킬 수 있도록 한다. 각 주제어기는 고립시킬 수 있으며 교통대응식으로 운영이 가능하다. 이런 설계는 하드웨어상의 큰 수정 없이 시스템을 확장시킬 수 있다.

③ 중앙컴퓨터 제어시스템: 컴퓨터를 이용하여 연동신호체계를 제어하고 운영, 감독한다. 이 시스템은 사용목적에 따라 여러 가지 방법으로 변경될 수 있으며, 이 장치의 주요 구성부분은 다음과 같다.

- 중앙컴퓨터: 중앙컴퓨터 한 대와 몇 대의 소형 컴퓨터
- 통신설비: 전선, 전화, 라디오 등을 이용하며 상호 연결하여 요사이는 광섬유, 레이저 및 인공위성 등도 이용
- 현장설비: 현장제어기, 검지기, 가변정보표지, 버스 또는 긴급차량 식별 등

[표 12.1]은 신호시스템의 제어방식과 신호시간계획 선정방법 및 신호시간 계산방법 간의 일반적인 관계를 요약한 것이며, [표 12.2]는 신호시스템의 제어방법과 적용성을 요약한 것이다.

[표 12.1] 신호시스템의 개요

제어방식	신호시간계획 선정방법	신호시간 계산방법	사용 제어기	적용 교통량
시간제 방식	시간제(TOD)	수작업, 오프라인	정주기	과거 교통량
교통대응 방식	패턴선택 방식	오프라인	정주기	검지된 교통량
	패턴계산 방식	온라인	교통량 – 밀도 주기를 가진 반감응 중앙컴퓨터	검지된 교통량

[표 12.2] 신호시스템의 운영방법

제어대상	제어기법	방법	적용
독립교차로 제어	정주기	정해진 시간에 따라 통행권 부여. 수작업으로 교통수요에 비례해서 녹색시간 할당 가능. 컴퓨터로 최적신호시간 계산 가능	교통패턴을 예측할 수 있는 교차로. 자주 포화되는 교차로
	교통감응	하나 이상의 접근로에 설치된 검지기로부터 측정한 실시간 교통수요에 따라 녹색시간 조정	
간선도로 제어	정주기 연동	오프라인으로 최적신호시간계획 작성	통신연결이 불가능할 경우에 사용 가능. 교통패턴이 비교적 반복적일 때 사용
	연결감응	시간제 방식(TOD), 패턴선택 방식(표본 검지지점의 교통량 및 점유율을 측정하여 주제어기가 주기, 녹색시간, 옵셋을 선택). 제어전략이 컴퓨터에 내장. 현장제어기와 양방통신 가능	중·소규모 길이의 간선도로 제어 가능
	연결감응식 루프	패턴선택 방식으로 운영되는 여러 개의 주제어기를 루프식으로 연결. 각 주제어기는 분리시킬 수 있음. 중심부가 여러 개의 현장주제어기를 연동시킬 수 있도록 시스템을 구성. 이런 설계는 하드웨어상의 큰 수정없이 시스템을 확장시킬 수 있다.	여러 개의 현장 주제어기 제어 가능
	중앙제어	중심부로부터 연동된 신호제어. 다양한 실시간 제어전략 선택 가능. 기존 현장제어 장비 사용 가능. 버스우대 시스템과 같은 특별기능 채택가능. 제어 시스템과 교차로 간의 자료처리 공유	많은 교차로 제어 가능. 기존 제어기를 그대로 사용할 경우 다른 ITS와 함께 사용 가능
도로망 제어	정주기 연동	위의 간선도로와 같음	위의 간선도로와 같음
	연결감응	위의 간선도로와 같음	소도로망 제어 가능
	연결감응식 루프	위의 간선도로와 같음	소도로망 제어 가능
	중앙제어	위의 간선도로와 같음	중·대도로망 제어 가능

12.2 간선도로 제어

간선도로 제어는 앞에서 정의한 것처럼 간선도로를 이용하는 교통류를 연속진행시키기 위한 목적으로 행한다. 간선도로의 한 교차로에서 방출된 차량군이 그 다음 교차로의 녹색신호 시작 순간에 도착하여 적색신호 이전에 통과를 완료하게 하되 차량군이 분산되지 않도록 인접교차로 간의 신호시간을 조절해야 한다. 이렇게 함으로써 간선도로의 교통류를 연속진행시켜 지체를 줄일 수 있다.

간선도로의 신호시간을 설계하는 데 고려해야 할 기본 요소는 다음과 같다.

(1) 신호교차로 간의 거리

간선도로 신호교차로 간의 거리는 50 m에서부터 500 m를 넘는 경우도 있다. 신호교차로 간의 거리가 짧고 도로변의 마찰이 적을수록 신호등을 시스템화하여 운영하면 효과가 커진다.

(2) 도로운영(일방통행, 양방통행)

일방통행으로 운영하는 것이 연속진행을 하기가 쉬우며 제어의 효과도 커진다.

(3) 신호현시

교차로 형태에 따른 신호현시 역시 시스템제어에 영향을 미친다. 간선도로상의 어떤 교차로는 단순한 2현시인 반면 어떤 교차로는 4현시가 필요한 경우도 있다. 현시의 수뿐만 아니라 현시순서도 중요하다. 교차로 제어의 종류에 따라 좌회전 현시순서는 주기길이가 변하면 바뀔 수 있다.

(4) 차량도착 특성

신호교차로에서의 차량도착 특성은 매우 중요하다. 차량군 도착이 아닌 임의도착(random arrival)은 시스템의 효과를 떨어뜨린다. 다음과 같은 조건을 갖는 도로 하류부 교차로의 접근교통은 임의도착 양상을 나타낸다.

- 교차로 간의 거리가 멀 때
- 2개의 신호교차로 사이에서 쇼핑센터와 같은 교통 발생원(發生源)이 있어 간선도로로 유입되는 교통량이 많을 때
- 신호교차로의 부도로 접근로에서 간선도로로 회전하는 교통량이 많을 때

(5) 시간에 따른 교통량 변동

차량도착 특성 및 교통량은 하루 24시간 동안 크게 변한다. 첨두시간의 교통조건은 간선도로를 시스템으로 운영할 필요가 있지만, 비첨두시간에는 독립교차로 또는 점멸신호로 운영해도 만족스러운 경우가 있다.

12.2.1 연동 방법

간선도로 신호시스템에서 연동신호의 운영패턴은 크게 동시(同時)시스템, 교호(交互)시스템 및 연속진행(連續進行)시스템으로 나눌 수 있다.

(1) 동시시스템

동시시스템(simultaneous system)은 시스템 내 모든 교차로의 신호가 동시에 같은 신호표시를 나타낸다. 따라서 각 교차로의 시간분할은 같으며, 각 교차로 간의 옵셋은 0이다. 이 시스템은 교통량이 많고, 교차로 간격이 짧으면서 길이가 비슷한 간선도로에서 비교적 긴 주기로 사용하면 효과적이다. 연동속도(m/s)는 교차로 간격을 주기로 나눈 값과 같다.

(2) 교호시스템

교호시스템(alternate system)은 인접교차로의 신호가 정반대로 켜지는 시스템이다. 교차로 간격이 동일해야만 효과가 있으며, 양방향 모두 연속진행을 시키자면 녹·적색 시간분할이 50 : 50이어야 한다. 즉 옵셋이 주기의 1/2이어야 한다. 그러나 시간분할이 50 : 50이므로 교차하는 부도로의 교통량이 적을 경우 그쪽에 너무 많은 녹색시간을 할당하는 꼴이 된다. 연동속도(m/s)는 교차로 간

격의 2배를 주기로 나눈 값과 같다.

2개의 인접한 교차로가 한 그룹이 되어 같은 신호로 움직이며, 인접한 교차로 그룹과는 교호시스템을 갖는 것을 2중 교호시스템(double alternate system)이라 한다. 이 경우는 교차로 간격이 교호시스템보다 짧고 옵셋이 주기의 1/2이어야 하며, 진행대폭은 교호시스템의 1/2이 된다. 연동속도는 교차로 간격의 4배를 주기로 나눈 값과 같다.

그러나 일반적으로 동시시스템이나 교호시스템의 적용조건은 우리나라의 도로 및 교통조건에 적합하지 않아 잘 사용하지 않는다.

(3) 연속진행시스템

연속진행시스템(progression system)에서는 어떤 신호등의 녹색표시 직후에 그 교차로를 연속진행방향으로 출발한 차량이 다음 교차로에 도착할 때에 맞추어 교차로의 신호가 녹색으로 바뀐다. 따라서 진행방향에서 볼 때 어느 두 교차로 사이의 옵셋은 두 교차로 간의 거리를 희망하는 연속진행속도로 나눈 값과 같다.

앞에서 설명한 연동시스템과는 달리 이 시스템에서는 몇 개의 교차로가 각기 독립적인 시간분할 값을 가져도 좋다. 그러나 주도로의 최소 녹색시간이 연속진행방향의 진행대폭을 결정하게 된다.

연속진행시스템은 통상 동시시스템이나 교호시스템보다 훨씬 더 효과적이긴 하나 오전·오후 첨두시간에 교통량의 방향별 변동에 충분히 탄력적으로 대응 못한다는 결점이 있다. 근자의 교통신호시스템은 이와 같은 탄력성을 가장 중요시하므로, 시간에 따라 연동신호시간을 변화시켜 준다.

연속진행시스템은 원하는 연동속도와 교통량 등을 고려하여 차량군이 원활하게 진행할 수 있도록 옵셋을 결정한다. 앞에서 설명한 다른 시스템과는 달리 신호변경의 진행속도와 차량의 주행속도가

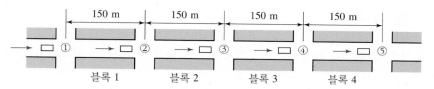

가정: 차로당 동일 대기차량 Q, 진입률 1대/3초,
60초 주기, 15 m/s의 계획속도, 녹색시간비 50 : 50

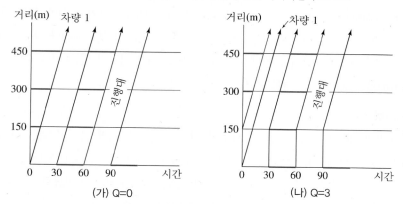

[그림 12.1] 일방통행도로의 연속주행

현저히 다를 수 있다. 차량의 주행속도가 규칙적이 되도록 하려면 신호변경은 매우 불규칙하게 된다. 예를 들어 [그림 12.1]의 (가)는 각 교차로에 정지해 있는 차량이 없을 경우 사용할 수 있는 신호변경방식이며, (나)는 ②번 교차로에 정지해 있는 차량의 수가 3대일 때 이들을 먼저 보내어 계속적인 주행을 시키기 위한 신호변경방식이다. 같은 방법으로 각 교차로의 정지차량대수가 같지 않을 때 이들의 연속진행을 위한 신호시간은 불규칙하게 될 것이다.

연속진행시스템의 장점은 다음과 같다.

- 전체 차량이 계획된 속도에서 최소의 지체로 계속적인 주행을 하게 한다.
- 각 교차로의 교통조건에 알맞게 시간분할을 할 수 있으므로 최대한의 효율을 얻을 수 있다.
- 계획된 속도보다 높은 속도로 주행을 하면 연속진행신호에 맞지 않아 자주 정지하게 되므로 높은 속도를 내는 것을 억제시킨다.

주요 도시가로에서의 연속진행시스템은 일반적으로 30~50 kph의 진행속도에 맞추며, 도시 외곽도로는 계획속도가 이보다 높은 것이 좋다. 일반적으로 교통량과 부근 지역의 개발 정도, 혼합교통, 보행자 및 횡단교통이 증가함에 따라 혹은 차로폭이 감소함에 따라 계획속도를 낮게 잡아준다.

12.2.2 연속진행 신호시간계획

간선도로 또는 도로망의 한 노선에서 가장 중요한 것은 차량이 계속적으로 진행하면서 가능한 한 녹색신호를 효과적으로 이용하는 것이다. 그러자면 옵셋은 차량군이 정지하지 않고 움직일 수 있도록 설정되어야 한다. 이를 그림으로 나타낸 것이 시공도(時空圖, Time-Space Diagram)이다. 여기에 사용되는 용어들, 즉 진행대, 진행대폭, 옵셋 등은 앞에서 설명한 바 있다. 진행대 속도는 간선도로 교통의 연속진행속도를 나타내는 것으로서 진행대의 경사와 같다.

간선도로를 일방통행으로 운영할 것인가 또는 양방통행으로 운영할 것인가 하는 것이 신호시간계획을 수립하는 데 중요한 고려사항이 된다. 일방통행식으로 운영하면 연속진행 시 녹색시간대를 완전히 사용할 수 있으나 양방통행식에서는 양방향 모두 연속진행시키기가 어렵다. 양방통행에서의 연속진행은 모든 교차로의 간격이 거의 일정하고, 계획된 연속진행속도에 따라 다르지만 그 간격은 300~400 m 정도이어야 효과적이다. 그러나 이러한 조건을 모두 갖추기란 어려우므로 진행대폭을 조정할 수밖에 없다.

[그림 12.2]는 시공도를 통한 교통류 제어개념을 보인 것으로써, 각 교차로의 간격이 일정하고 각 교차로의 현시시간이 일정한 이상적인 조건에서의 시공도를 나타낸다. 이러한 조건이 아니면 [그림 12.6]과 같이 어느 한 방향은 진행대폭이 좁아진다.

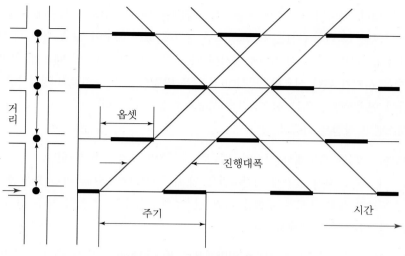

[그림 12.2] 이상적인 조건의 시공도

1 신호시간계획 요소

간선도로 제어시스템의 운영은 모든 신호기를 하나의 시스템으로 간주한 신호시간계획을 필요로 하며, 이들은 다음과 같은 요소로 구성된다.

- 주기길이(cycle length): 한 시스템 또는 시스템 일부의 모든 신호주기는 같거나 배수이다. 시스템 내 교차로의 가장 긴 주기가 그 시스템의 공통주기가 된다.
- 시간분할(split): 각 현시의 길이는 각 교차로별로 계산된다.
- 옵셋(offset): 시스템 내에 있는 주(主) 교차로를 기준해서 각 교차로의 간선도로 진행현시가 켜지는 시간 차이로서 계획된(요망하는) 진행속도와 교차로 간의 거리를 고려하여 구한다.

2 교통량 변동

신호시간계획에서 당면하는 문제점은 교통류의 변동이다. 하나의 주어진 신호시간계획은 한 교통조건에 적합한 것이기 때문에 만약 이 교통조건이 현저하게 변한다면 그 신호시간은 의미를 상실한다. 교통류변동의 종류로는 다음과 같은 두 가지가 있다.

(1) 각 교차로의 교통량

교차로에 도착하는 교통량이 증가하거나 감소할 수 있으며, 이 변동은 주기 또는 시간분할에 영향을 미친다.

(2) 교통류의 방향

일반적으로 양방향 간선도로에서는 교통량이 방향별로 변동을 나타낸다. 즉 시내로 들어오는 방향의 교통량이 나가는 방향보다 많은 경우, 양방향 교통량이 비슷한 경우, 그리고 시내에서 나가는 방향의 교통량이 들어오는 방향보다 많은 경우가 있다. 어느 경우이든 교통량이 많은 쪽에 연속진행을 좋게 하고 교통량이 균등한 경우는 동등한 수준의 연속진행을 시킨다.

3 신호시간 계산

신호시간을 계산하는 방법에는 세 가지가 있다.

① 시공도 기법: 시공도를 이용하여 주기길이, 시간분할 및 옵셋을 계산한다.
② 오프라인 계산방법: 컴퓨터를 이용하여 계산하는 방법이다. 오프라인이란 사전에 조사한 교통자료를 이용하여 신호시간을 계산하는 것을 말한다. 다시 말하면 신호시간계산은 신호시스템과 상관없이 이루어진다. 계산된 신호시간은 제어기에 저장되어 TOD 방식 또는 패턴선택 방식으로 이용된다.
③ 온라인 계산방법: 교통조건에 관한 자료를 수집하고, 이에 적합한 신호시간을 계산하고, 이 시간계획에 따라 신호제어를 하는 일련의 과정을 모두 컴퓨터가 수행하는 교통대응방법이다. 신호시간계산 및 조정은 매 주기 또는 5분마다 실행된다.

(1) 시공도 기법

시공도(時空圖)의 한 축은 간선도로에 연속적으로 설치된 신호교차로를 나타내며 다른 한 축은 이들 신호등의 신호표시를 시간에 따라 나타낸 것이다.

4개의 신호교차로에 대한 시공도가 [그림 12.3]에 예시되어 있다. 그림에서 보는 바와 같이 북쪽 진행 이동류에 대하여 신호 B와 A 사이의 옵셋은 15초, C와 A 사이의 옵셋은 0초이다. 옵셋은 주기보다 짧은 값으로 표시되는 것이 관례이다. 또 북쪽 이동류의 진행대폭(band width) BW_1은 약 22.5초이며, 남쪽 이동류의 진행대폭 BW_2도 같은 값을 갖는다.

시공도는 차량의 경로를 추적하고 그 성과를 예측하는 데 매우 도움이 된다. 만약 차량 1이 $t = 0$일 때 A에 정지해 있다가 북쪽으로 초속 15 m의 속도로 진행한다면, 이 차량은 정지함 없이 이 신호시스템을 통과할 수 있을 것이다. 그러나 차량 2는 신호 D에서 같은 속도로 남쪽으로 진행하자

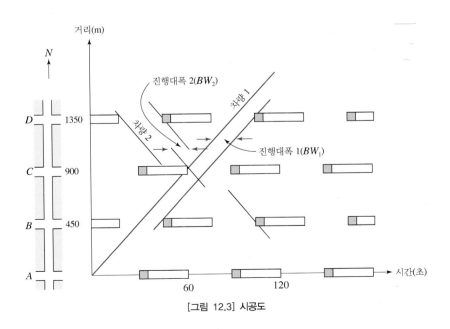

[그림 12.3] 시공도

면 15초를 기다려야 하고 또 신호 C에서는 정지해야 한다.

따라서 간선도로 신호시스템의 신호시간을 계획하기 위해서는 교차로 간의 거리(정지선에서 정지선까지), 도로의 폭, 차로수, 접근로 등과 같은 도로조건에 관한 자료와 교통량(회전 교통량 포함), 교통량 변동, 제한속도 등과 같은 교통조건에 관한 자료를 알아야 한다.

일단 자료가 준비되면 신호시간을 계산하는 순서는 다음과 같다(양방통행도로인 경우이며 일방통행도로에서는 이보다 훨씬 간단하다).

① 신호시스템을 그림으로 나타낸다. 종축을 간선도로의 길이로 나타내면 연속진행속도가 그림에서의 진행대의 기울기로 나타나므로 편리하다.

② 또 간선도로상의 방향별 교통량 변동을 조사하고, 요구되는 시간계획의 개수를 결정한다. 이는 최소 3개(오전첨두, 비첨두, 오후첨두 시간), 많으면 6~10개이다.

③ 각 시간계획에 해당하는 시간에 대해서 각 교차로의 교통량을 검토하여 주기와 시간분할을 결정한다. 이때 11장의 독립교차로에서 사용한 방법을 적용한다. 각 교차로의 주기 중에서 가장 큰 주기를 시스템 공통주기로 사용한다.

④ 각 시간계획에 대한 옵셋을 결정하기 위해 [그림 12.4]와 같은 도해법을 사용한다. 즉,
- 첫 교차로(기준 교차로) 적색시간의 반(半)을 횡축에 먼저 나타낸다.
- 그 교차로의 녹색신호 시점을 지나는 연속진행속도선을 그리되 이 선의 기울기는 요망하는 연속진행속도를 나타내게 한다.
- 기준 교차로 신호의 적색 또는 녹색신호의 중심선을 지나는 수직선을 그린다.
- 모든 교차로의 적색 또는 녹색신호의 중심이 이 중심선을 지나도록 하면서 양방향 교통이 동등한 진행대폭을 갖게끔 진행대속도, 주기, 시간분할을 시행착오법으로 반복 조정한다.

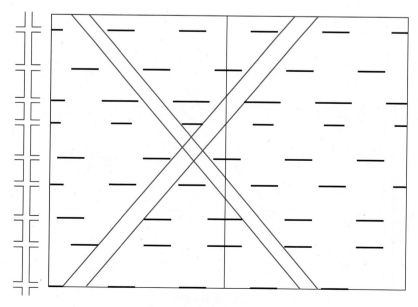

[그림 12.4] 시공도 작성 방법

- 만약 한쪽 방향에만 연속진행을 시키자면 각 교차로의 녹색신호 시점을 요망하는 연속진행속도와 맞추면 된다.
- 적색시간과 진행대 밖에 있는 녹색시간은 직진이 연속진행할 수 없으므로, 가능하다면 이 동안에 좌회전 신호를 주면 좋다.

최대 차량군 이동을 기준으로 한 진행대폭의 결정은 그 차량군이 진행하는 동안 교차로에 대기하고 있는 차량이 없다는 가정하에서 이루어진다. 만약 어떤 교통조건이나 회전조건으로 교차로에 대기행렬이 형성되어 있다면 진행대폭을 최대로 한다고 해서 총 지체시간이 최소가 되지는 않는다.[3]

이와 같은 수작업 또는 시공도 방법은 시행착오법이라 할 수 있다. 예를 들어 이렇게 해서 얻은 연속진행속도가 너무 느리거나 빠르다면 시스템 주기길이를 조정해 주어야 한다. 주기길이를 15% 정도 줄이거나 25% 정도 늘임으로써 지체를 크게 증가시키지 않고 원하는 연속진행속도를 얻을 수 있다. 또 우리나라에서는 사용하지 않지만 보호좌회전 이후에 비보호좌회전을 허용하면 직진이 동류에 더 많은 녹색시간을 줄 수 있어 더 효율적인 결과를 얻을 수 있다.

(2) 오프라인 계산방법

간선도로 신호시간을 계산하는 데 있어서 두 가지 기본적인 접근방법은 지체를 최소화하는 것과 진행대폭을 최대로 하는 것이다. 지체를 최소화하는 신호시간은 반드시 정지수를 최소화하거나 연속진행을 보장한다고 말할 수 없다. 그러므로 진행대폭을 최대로 하는 방법이 지금까지 많이 사용되어 왔다.

진행대폭을 최대화하는 컴퓨터 프로그램은 MAXBAND, MULTIBAND, PASSER II-90, AAPEX, PASSER IV 등이 있다. 지체 및 정지수를 최소화하는 프로그램 중에서 가장 많이 사용되는 것으로는 TRANSYT가 있다. MAXBAND, PASSER II-90, TRANSYT-7F는 정주기신호기에 사용되는 것이다. PASSER III-90은 정주기 또는 교통대응 및 신호순서가 고정된 다이아몬드형 IC의 분석에 사용되는 프로그램이다. TRANSYT-7F는 간선도로뿐만 아니라 다음에 설명하는 신호망 제어에도 사용된다.

(3) 온라인 계산 및 제어방법

간선도로의 교통대응 신호제어 개념은 교통량 검지기에서 교통량에 관한 정보를 수집하고 이를 중앙컴퓨터에 보내어 저장하고, 한 주기 또는 5~15분마다 한 번씩 그 교통량으로 신호시간을 계산한다. 따라서 이 시간 동안의 교통량에 맞는 신호시간으로 그 다음의 주기 또는 5~15분의 교통제어를 하는 결과가 된다.

온라인 제어기법은 시간제 방식과 교통대응 방식을 모두 사용할 수 있다. 이를 요약하면 [표 12.3]과 같다.

[표 12.3] 온라인 제어기법

제어 기법	정의	시간계획 선정	개요
시간제(TOD)	하루 중 정해진 시간에 정해진 시간계획	하루 중 오전첨두, 오후첨두, 비첨두, 토요일, 일요일 등 4~7개의 시간계획	교통량 예측이 가능한 곳에서 정주기제어기를 연동시킴. 1개 이상의 교차로에서 다현시가 요구되면 연동시스템 안에 완전감응제어기 사용 가능. 이 시스템은 4개의 주기길이, 3개의 옵셋, 주기길이당 3개의 시간분할/신호순서 조합으로 운영 가능
교통대응식	검지기로 측정된 교통조건에 맞는 시간계획. 주기마다 시간계획 조정 가능	일반적으로 세 가지 전략사용(조합전략 가능) • 패턴선택 방식 • 패턴계산 방식(매 주기 또는 수분마다) • 한 주기 내에서 신호변수 변경	대부분의 경우 TOD 또는 교통대응식으로 운영 가능하므로 • 교통패턴이 예측 가능하면 초기 TOD 제어 가능 • TOD 제어 동안 공사, 추가된 교통발생원, 잦은 교통사고, 방향별 교통분포, 시차제 출근 등으로 교통패턴을 예측할 수 없을 때 교통대응식으로 전환

12.2.3 일방통행도로의 연동

일방통행도로에서의 연속진행은 연속진행 연동시스템 중에서 가장 이상적인 경우이다.

[그림 12.5]는 일방통행이며 6개의 신호교차로로 이루어진 연속진행시스템을 예로 나타낸 것이다. 이 시스템은 2현시이며 주기는 교통량이 가장 많은 교차로를 기준으로 하여 75초로 결정되었다고 가정한다. 각 교차로에서의 시간분할은 그림에서 %로 나타낸다. 계속적으로 주행하기 위한 연속진행 희망속도는 40 kph이며 황색시간은 3초로 가정한다. 일방통행도로에서의 옵셋을 구하는 일반식은 다음과 같다. 이 식은 상류부와 하류부 교차로에 미리 와서 기다리는 대기차량이 없는 경우이다.

$$T_{off} = \frac{L}{U} \tag{12.1}$$

여기서 U는 속도이며(40 kph = 11.1 m/s), L은 교차로 간의 간격(m)이다. 옵셋은 인접 신호등과의 시간 차이로 나타낼 수도 있으나 어떤 신호등을 기준으로 한 시간 차이로 나타내는 것이 통례이다. 이 예제에 관한 각 교차로에서의 신호시간은 [표 12.4] 및 [그림 12.6]에 자세히 나타나 있다.

신호시간의 효율은 주기에 대한 진행대폭의 비(%)로 나타내진다. [그림 12.6] 또는 [표 12.4]에서 알 수 있는 바와 같이 효율은 34.5/75 = 46%이며, 여기서 황색시간은 진행대폭 계산에서 제외된다. 이 효율은 양호한 상태이며 바람직한 값은 40~55% 정도의 범위 안에 있다.

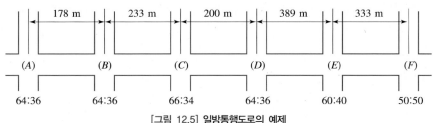

[그림 12.5] 일방통행도로의 예제

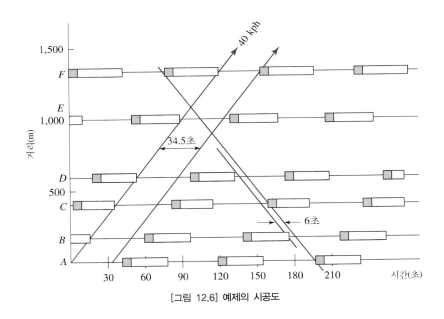

[그림 12.6] 예제의 시공도

[표 12.4] 예제의 신호시간, $C = 75$초

교차로	시간분할	주도로의 신호			상류부교차로에 대한 옵셋	교차로 A에 대한 옵셋
		녹색시간	황색시간	적색시간		
A	64 : 36	44	3	28	−	−
B	64 : 36	44	3	28	16.0	16.0
C	66 : 34	46	3	26	21.0	37.0
D	64 : 36	44	3	28	18.0	55.0
E	60 : 40	41	3	31	35.0	15.0
F	50 : 50	34.5	3	37.5	30.0	45.0

일방통행도로에서는 원하는 속도에 적합한 옵셋을 설치할 수 있으며, 또 연속진행식 연동시스템에서 일방통행이 아니고는 이처럼 큰 효율을 얻을 수 없다. 그렇기 때문에 간선도로의 효율적인 교통처리를 위해서는 일방통행제가 유리하다.

만약 상류부 또는 하류부 교차로에 미리 대기하고 있는 차량대수가 있으면 식 (12.1)은 달라진다. 왜냐하면 상류부 교차로의 차량군이 하류부에 도착하기 전에 이들을 먼저 방출시켜야 하므로 녹색신호가 이들을 방출시키는 시간만큼 먼저 켜져야 하기 때문이다. 하류부 교차로의 대기차량이 n대이고, 차량당 방출 차두시간 h초, 출발지연시간을 d초라 할 때, 상·하류부 교차로의 대기차량 상태에 따른 옵셋은 [표 12.5]와 같다.

상류부 교차로가 연속진행시스템의 첫 교차로, 즉 옵셋의 기준 교차로이면 대기차량이 있다고 간주된다. 또 대기차량이 많은 경우 옵셋값이 0보다 작을 수도 있다. 이는 하류부의 녹색이 상류부보다 먼저 켜지는 경우로서 이를 역옵셋(reverse offset)이라 하며, 신호망 제어에서 다시 설명한다.

[표 12.5] 교차로 대기차량 상태에 따른 옵셋

교차로 대기차량 상태		상류부 교차로	
		대기차량 없음	대기차량 있음
하류부 교차로	대기차량 없음	$\dfrac{L}{U}$	$\dfrac{L}{U}+d$
	대기차량 n대	$\dfrac{L}{U}-(n\times h+d)$	$\dfrac{L}{U}-(n\times h)$

12.2.4 양방통행도로의 연동

양방통행도로에서의 신호시간은 도로구간의 길이가 같으면 아주 간단해진다. 그러므로 새로운 도로망을 건설할 때 이와 같은 사실을 염두에 둔다면 도로운영의 효율성을 높일 수 있다.

그러나 일반적으로 신호교차로 간의 간격이 일정하지 않다. 만약 [그림 12.6]이 양방통행도로라고 가정한다면 이에 맞는 신호시간을 계산하기가 매우 복잡하리라는 것은 쉽게 짐작이 갈 것이다. 양방향 교통을 처리하는 신호시간은 통상 세 가지 방법, 즉 시내 방향우대, 시외 방향우대, 평형처리 중 어느 하나를 선택하여 계획된다. 연동시스템의 목표가 진행대폭을 최대로 하기 위한 것이라고 할 때 어느 한 방향을 완전히 우대하면 마치 앞에서 설명한 일방통행제의 신호와 같이 만들어 주는 꼴이 된다.

[그림 12.6]에서 보는 바와 같이 어느 한 방향에 완전 우대신호를 주면, 비우대(非優待)방향은 겨우 6초의 진행대폭밖에 갖지 못한다. 그러나 만약 교차로 B와 D 및 E의 녹색신호를 조금 빨리 켜주면 우대방향의 진행대폭에 영향을 주지 않으면서 비우대방향의 진행대폭을 크게 증가시킬 수 있다.

신호시간계획에는 이와 같은 우대방향 신호 외에도 평형처리 또는 가중처리, 시행착오에 의한 계획 및 도해법(圖解法), 컴퓨터 이용방법 등이 있다. 무엇보다 중요한 것은 적용하는 방법의 기준을 신중하게 재평가해야 한다. 예를 들어 시스템 내부에 대기차량이 있는 경우에는 컴퓨터에서 얻은 최대 진행대폭을 가진 신호시간계획이 반드시 가장 좋은 신호시간계획이라고 할 수 없다.

12.3 신호망 제어

도로망 시스템을 이루는 개개의 도로나 노선은 선형시스템과 같은 방법으로 처리하면 된다. 그러나 도로망 시스템 전체를 고려할 경우에는 교차하는 도로의 신호도 포함되므로 대단히 복잡해진다. 다시 말하면, 선형시스템에서는 두 방향 교통만 고려하여 연동시키면 되지만, 도로망 시스템에서는 4방향 교통을 동시에 고려해야 하므로 매우 복잡하다.

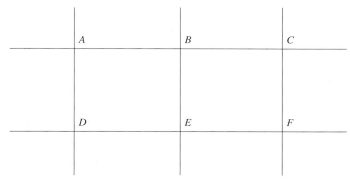

[그림 12.7] 폐쇄 신호망의 교차로

　광범위한 지역 내에 있는 격자형 도로망에서 신호를 연동시키기 위해서는 시공도와 같은 수법으로 신호시간을 계획하기란 거의 불가능하다. 그러므로 컴퓨터를 이용하여 신호시간을 최적화시키는 방법이 오늘날 널리 보급되고 있다. 가장 바람직한 컴퓨터 제어시스템은 모든 교차로의 각 접근로의 교통수요에 따라 적절한 녹색시간분할을 할 수 있어야 한다. 또 인접 교차로의 녹색시간을 감안하여 지체와 정지수를 최소화하도록 해야 한다. 뿐만 아니라 어떤 지점에서나 혼잡도를 측정할 수 있고 이에 대한 대책을 적용할 수 있어야 한다. 이 대책이란 혼잡지역에 들어오는 유입교통량을 감소시키고, 혼잡지역에서의 유출교통량을 최대로 하게끔 신호시간을 변경시키는 것을 말한다.

　신호망 제어의 요체는 두 간선도로가 만나는 교차로에서는 두 도로 모두 연속진행되도록 해야 한다. 그러기 위해서는 두 도로 모두 같은 주기를 사용해야 하며, 신호시간은 그 교차로에서의 신호시간을 기준값으로 사용해야 한다.

　신호망의 신호시간은 공통주기를 가진다. 또 폐쇄신호망의 특성상 망 내의 모든 루프 주위의 옵셋의 합은 주기길이의 배수가 되어야 한다. 예를 들어 [그림 12.7]에서 각 교차로 간의 옵셋은 다음과 같아야 한다.

$$D_{AB} + D_{BC} + D_{CF} + D_{FE} + D_{ED} + D_{DA} = n_1 \cdot C$$

$$D_{AB} + D_{BE} + D_{ED} + D_{DA} = n_2 \cdot C$$

$$D_{BC} + D_{CF} + D_{FE} + D_{EB} = (n_1 - n_2)C$$

여기서 $D_{AB} = B$와 A 사이의 옵셋

　　　C = 주기의 길이

　　　n_1 및 n_2 = 양의 정수

　신호망 제어시스템의 신호시간도 간선도로와 마찬가지로 시간제 방식, 패턴선택 방식 및 패턴계산 방식으로 신호시간을 선정할 수 있다. 신호시간계산은 시간제와 패턴선택 방식에서는 오프라인으로, 패턴계산 방식에서는 온라인으로 신호시간을 계산한다. 오프라인 신호시간 계산방법에는 연속진행 기법과 신호시간 최적화 기법이 있다.

12.3.1 오프라인 신호시간계획 기법

1 연속진행 기법

신호망에서의 시공도 기법은 3차원적으로 해석해야 하기 때문에 대단히 어렵고 잘 사용되지 않는다. 만약 신호망이 정확히 격자형이고 교차로 간의 거리가 동일하며 시간분할이 일정하다면 폐쇄신호망을 개방신호망으로 만들어 간선도로 시스템에서처럼 시공도 기법을 사용할 수 있다.

신호망 제어의 기본 개념은 혼잡한 지역의 유출교통량을 최대화하고, 유입교통량을 제한하는 것이다. 이에 대한 대표적인 제어방법이 우선제어(preferential control)이다. 이것은 CBD와 같은 혼잡지역의 첨두시간교통을 처리하기 위해서 CBD의 폐쇄신호망을 개방신호망, 즉 간선도로 신호시스템으로 만들어 주는 방법이다. 이 기법의 장단점은 11.1절에서 자세히 설명한 바 있다.

[그림 12.8]에서 보는 바와 같이 CBD의 첨두시간 교통혼잡은 특정 간선도로를 우선적으로 제어함으로써 효율적으로 완화시킬 수 있다. 물론 우선 처리되는 이들 간선도로를 선정할 때는 주교통의 기종점과 도로의 형태를 고려해야 한다.

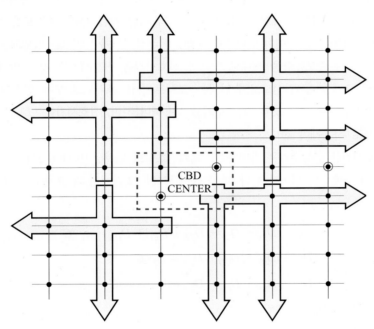

⊙: 독립교차로(연속진행 안 됨)
자료: 참고문헌(9)

[그림 12.8] 우선처리 교통류

2 최적화 기법

신호망의 어떤 성과지표(MOE)를 가장 좋게 만드는 신호시간을 찾는 기법이다. 주로 많이 이용되는 MOE로는 교차로의 모든 접근로에서의 총 지체와 정지수이다.

오프라인으로 최적화된 신호시간을 계산하는 컴퓨터기법으로서 그 효과가 인정되고 있는 것으로는 SIGRID 프로그램, SIGOP 프로그램, TRANSYT 프로그램이 있다. SIGRID 프로그램은 캐나다에서 개발된 것으로써 다음에 설명하는 SIGOP 프로그램보다 덜 정교하나 사용하기 간단하고 계산시간이 짧은 장점이 있다.

(1) SIGOP 프로그램

이 프로그램은 교통신호 최적화 프로그램으로서 1960년대 미국에서 개발되었다. 도로망에 관한 적절한 자료가 주어지면 SIGOP은 신호망 내의 각 신호등의 적정주기, 시간분할, 옵셋 등을 계산해 낸다. 적정신호시간 계산에 사용되는 목적함수는 지체로서 신호망의 총 지체를 최소화하는 신호시간을 찾아낸다. 이 프로그램에서 어떤 링크상의 지체는 그 링크의 옵셋의 함수이며 다른 신호에 영향을 받지 않는다고 가정한다. SIGOP은 여러 도시에서 성공적으로 사용된 바 있으며, 다양한 도로망 상황에 잘 적용될 수 있는 융통성을 가지도록 설계되었다. 그러나 입력자료의 준비와 출력해석이 대단히 복잡하여 이를 사용하기 위해서는 숙련이 필요하다.

(2) TRANSYT 프로그램

TRAffic Network StudY Tool의 약자로서 신호망 시간계획용으로 가장 많이 사용하는 모형이며, 1968년 영국의 TRRL의 Robertson에 의해서 처음 개발되어 지금까지 여러 번 개정되었다. 여기서 7이란 숫자는 TRRL의 7번째 개정판을 의미하며, F는 FHWA판을 의미한다.

TRASYT-7F는 신호시간 최적화 프로그램이면서 교통류 및 신호시간 설계용의 강력 도구이다. 입력자료로서 교통량 자료와 신호변수를 사용하며, 현재 신호시간에 대한 교통성과를 평가하고 교통성과지표(交通成果指標, traffic Performance Index; PI)라 부르는 MOE를 최소화하는 최적신호시간, 즉 주기, 시간분할, 옵셋을 찾아낸다. 또 버스우대를 위한 신호시간을 계획할 수 있는 알고리즘도 갖추고 있다. 사용되는 MOE는 지체, 가중 정지수 및 적체 대기행렬의 합, 또는 총 운행비용이며, 여러 가지 개정판 중에는 연료소모와 배기가스를 MOE로 사용할 수 있는 것도 있다.

TRANSYT-7F는 어떤 신호시간에 대한 성과지표를 계산하는 교통모형(traffic model)과 신호시간을 변경시켜 성과지표의 증가·감소를 알아내는 최적화절차(optimization procedure)로 구성되어 있다. 이 프로그램은 FORTRAN IV로 작성되었으며, 대부분의 마이크로컴퓨터로 사용 가능하다.

미국의 200개 이상의 도시가 신호시간을 개선하기 위해 이 모형을 사용하고 있으며, 어느 도시는 연동시스템에서 520개 교차로의 적정신호시간을 만들어 내었다. 이 프로그램으로 얻어진 신호시간은 기존 신호시간계획에 비해 평균통행시간을 16% 감소시켰으며, 도로망 용량을 25% 정도 증가시켰다고 알려지고 있다.

SIGOP와 TRANSYT를 비교하면 TRANSYT가 더욱 적절한 신호시간을 찾아낸다고 알려지고 있으며, 신호망의 어떤 신호등에서는 공통주기의 1/2을 사용할 수 있다. 입력을 위한 자료준비 시간은 두 프로그램이 거의 비슷하며 컴퓨터 사용시간은 TRANSYT가 조금 더 길다.

(3) SIGOP II 프로그램

UTCS(Urban Traffic Control System)의 제3세대 연구의 일부분으로 개발된 프로그램이다. 이 프로그램은 지금까지 개발된 프로그램의 최적화 절차 및 사용상의 장점을 살린 것이다.

12.3.2 온라인 컴퓨터 기법

교통제어의 궁극적인 목표는 효율적이며 효과적인 실시간(實時間, real-time) 교통제어시스템을 개발하는 것이다. 이러한 목표를 달성한다는 것은 대단히 어려우므로 이 분야에 대한 연구가 교통제어의 첨단 연구분야가 되고 있다. 현재까지 잘 알려진 온라인 컴퓨터 프로그램은 UTCS(Urban Traffic Control System: 미국), SCOOT(Split, Cycle, and Offset Optimization Techniques: 영국), SCATS(Sydney Co-ordinated Adaptive Traffic Control System: 오스트레일리아), STREAM(일본), UTOPIA(이태리), 우리나라의 COSMOS 2000이 있다. 우리나라의 COSMOS 시스템은 SCATS의 알고리즘을 우리나라 실정에 맞게 변형시킨 것으로써, 과포화상태가 아닌 조건에서 좋은 성능을 나타내고 있으나 아직도 개선할 여지가 많다.

1 UTCS

UTCS(Urban Traffic Control System)는 1970년대와 1980년대에 미연방도로국(FHWA)에서 개발한 도시교통제어시스템이다. FHWA는 이 신호망 제어전략을 개발하고 시험할 목적으로 Washington D.C.에 있는 200개의 신호교차로를 시범적으로 선정하여 3단계로 나누어 제어기법을 개발했다.

- 제1세대: 과거 교통량 자료를 이용해서 오프라인으로 계산한 여러 가지 신호시간계획을 마련하고(40가지까지) 이를 저장하고 있다가 시간제 방식(TOD mode), 운영자 직접선택 방식, 또는 교통상황에 적합한 신호시간 선택방식 등의 방법으로(pattern selection mode) 신호시간을 선택한다. 이들 제어방식의 선택은 운영자가 결정한다. 이 프로그램에는 빈번히 포화되는 교차로를 중점으로 제어하는 주요 교차로 제어(CIC, Critical Intersection Control) 알고리즘이 포함되어 있다.

  또 신호시간계획이 변할 때의 경과시간을 원만하게 처리하는 알고리즘도 있다. 어떤 CIC는 교차로에 접근하는 버스에 대한 우선처리를 가능하게 한다(Bus Priority system; BPS).

- 제2세대: 현재의 교통상황에서 신호망 내의 총 지체와 정지수를 최소화할 신호시간을 결정하는 온라인 최적화 알고리즘(pattern computation mode)을 가지고 있다. 이 최적화 과정은 교통상황이 변할 경우 5~10분 간격으로 반복된다. CIC는 그 교차로의 녹색시간뿐만 아니라 인접 교차로와의 옵셋도 조정한다. 이 세대는 또 신호망을 교통상황에 따라 세분하여 소신호망(小信號網) 간의 연속진행을 확보하는 능력도 있다.

- 제3세대: 주기마다 교통량 변화에 대응하는 신호시간을 결정하여 그 다음 주기에 반영한다. 그러므로 특정한 경과기간 없이 항상 경과기간처럼 운영되며 일정한 주기가 없다. 따라서 모든 교차로가 교통량의 변화에 따라 끊임없이 조정되므로 CIC는 소용이 없다. 이 세대는 혼잡한 교차로를 찾아내어 그 혼잡이 다른 교차로로 확산되는 것(대기차량이 다른 교차로를 막는 것 때문에 발생하는)을 방지한다. 또 교통량이 보통일 때는 매우 신속한 최적화 절차를 사용하여 각 현시의 변환시간을 결정한다. 이때 차량군의 도착 및 출발을 위한 녹색시간을 우선적으로

고려하기 때문에 주기, 시간분할, 옵셋의 개념은 없어진다.

UTCS의 제2세대와 제3세대는 신호시간을 온라인으로 계산하여 사용하기 때문에 신호시간계획이 무한하며 연동 교차로군(群)도 수시로 변하여 현장 적용성이 만족할 만한 수준에 이르지 못하여 잘 사용되지 않는다. 특히 제3세대는 완전한 실시간 제어이기 때문에 가장 이상적인 소프트웨어이기는 하나 신호시간이 수시로 변하므로 경과시간의 처리가 어렵다.

(1) UTCS 1½세대

사실상 여러 가지 교통패턴에 적합한 신호시간을 개발하기란 쉽지 않다. 설사 개발한다 하더라도 수많은 제어구간과 서로 다른 교통패턴 때문에 수백 개의 신호시간계획이 필요할 수도 있다. 또 TRANSYT를 이용하여 시간계획을 만들지만 자료를 수집하고 이를 정리 및 입력하는 일이 복잡하고 힘들다. 그러므로 컴퓨터 신호시스템의 대부분은 소수의 신호시간계획으로 운영되며, 더욱이 교통조건의 변화에 따라 신호시간계획이 제대로 조정되지 않는 경우도 많다.

따라서 최적 신호시간계획표를 만들고 이를 유지하는 데는 절차가 간단해야 할 필요가 있다. UTCS 1½세대는 시간계획 세대가 시스템에서 자료를 수집하고, 오프라인으로 분석하고, 생산된 시간계획을 자동적으로 교통제어시스템 내에 저장하여 사용하는 비교적 간단한 절차를 거치므로 현재 이 프로그램이 많이 사용되고 있다.

(2) 주요 교차로 제어(Critical Intersection Control; CIC) 알고리즘

만약 소신호망 내에 있는 몇 개의 교차로가 포화 또는 준포화상태가 되면 이 지점에 대한 특별한 제어기법이 필요하다. 주요 교차로란 일상적으로 혼잡이 발생하는 곳으로, 검지기를 이용하여 모든 혼잡한 접근로 또는 이동류를 검지하며, 특수제어기법을 시행하기 위해서는 더 많은 검지기를 필요로 한다.

CIC 알고리즘은 각 현시의 교통량에 따라 주요 교차로의 시간분할을 한다. 이때의 교통량은 순간적인 교통수요가 아니라 임의성을 제거한 확정교통량으로 계산한 것이다. 따라서 CIC의 교통상황을 개선하려면 교통수요의 임의성 변화가 심하지 않아야 한다.

이 교차로 제어방식은 독립교차로식으로 운영되며 주기가 길어지고 포화방향의 녹색신호가 길어진다. 만약 포화상태가 해소되면 신호는 다시 본래의 신호망 제어방식으로 전환된다. 제어원리는 상류 교차로로부터의 차량이 주요 교차로 접근로에서 대기하고 있는 행렬의 끝에 도달하기 이전에 그 대기행렬을 방출시키도록 주요 교차로의 신호를 상류교차로의 신호시간과 맞추는 것이다.

CIC 방식은 반드시 포화교통류에서만 적용되는 것이 아니고 교통량이 그보다 적은 경우에도 가능하다.

2 SCOOT(Split, Cycle, and Offset Optimization Techniques)

영국의 TRRL은 1973년부터 SCOOT를 개발하기 시작하여 1979년에 글래스고시(市) 전역에 이를 시범 설치하였다. SCOOT 교통모형은 교차로 상류부의 검지기 측정자료를 이용하여 모든 링크에 대해서 4초마다 교통류 프로파일을 계산한다. 또 TRANSYT의 차량군 분산모형을 사용하여 하류부 교차로까지 이 프로파일을 예측한다. SCOOT의 신호 최적화 알고리즘은 특정 링크 또는 노선을 우선 처리할 수 있으며 혼잡 및 포화상태에서 특별히 필요한 성능을 보강했다.

3 SCATS(Sydney Co-ordinated Adaptive Traffic Control System)

호주의 뉴사우스웨일스의 도로교통청(RTA)에서 개발한 실시간 신호망 제어시스템으로서 미국을 비롯하여 세계적으로 많은 도시에서 사용하고 있으며, 정지선 바로 앞의 각 차로별로 설치된 검지기에서 얻은 교통량 자료로부터 교통수요와 시스템 용량 변화에 대응하는 신호시간을 얻는다.

SCATS는 전략과 전술적인 제어수준을 사용한다. 전략적 제어에서는 평균적인 현장조건에서 신호망 및 소신호망의 적절한 신호시간을 결정하며, 전술적 제어에서는 개별 교차로 수준의 제어를 한다.

SCATS는 TRANSYT의 최적화 알고리즘을 모방했으며, 신호시간계획을 자동적으로 생산하는 능력이 있고, 검지기를 자동으로 보정하는 능력이 있어 시스템을 시험하거나 연습하는 데 좋다.

12.3.3 소신호망, 포화교통 상황

1 소신호망

매우 큰 신호망을 컴퓨터로 제어할 때는 소신호망(sub-network)을 사용하면 좋다. 예를 들어 어느 도시권이 큰 강으로 구분되어 있으면, 이 두 부분을 별도의 소신호망으로 하여 서로 다른 신호시간으로 운영할 수 있다. 서울에서 강남·강북의 경우처럼 두 지역의 도로조건이나 교통상황이 현저하게 서로 다르거나, 두 지역을 상호 연결시킬 필요성이 없거나 연결시키더라도 연동효과가 적은 경우에는 더욱 그러하다. 교량이 길어 교량 양쪽 신호등 간의 거리가 멀면 차량군 분산으로 인해서 연속진행의 효과가 떨어진다.

2 포화교통 상황

포화교통 상황은 도로망의 한 지점에서의 교통수요가 상당한 기간 동안 용량을 초과할 때 생긴다. 이렇게 되면 긴 대기행렬이 생기고 상류부까지 이어져 녹색신호에서도 진행할 수 없는 혼잡상태가 된다. 혼잡상태를 제거하기 위해서는 특별한 제어개념이 필요하다. 신호망에서 일어날 수 있는 두 가지 포화상황을 ① 몇 개의 교차로가 포화되었을 때, ② 광범위하게 포화되었을 때로 나누어 각 상황에 적합한 제어개념을 적용해야 한다.

(1) 몇 개의 교차로 포화

신호망 내 몇 개의 교차로가 포화되었을 때 사용할 수 있는 가능한 대책으로는 다음과 같은 것이 있다.

- 교차로 또는 신호망의 교통대응 신호처리
- 큰 대응력을 가진 신호제어

- 회전금지 및 단속
- 회전 전용차로 설치 등 신호 아닌 대책
- 교통의 공간적 분산

이외에 앞에서 설명한 CIC 알고리즘이 있으며, 최소녹색시간(minimum green time) 끝에서 포화상태를 검토하여 녹색시간을 연장하는 것의 이점과 이를 중단하고 녹색을 교차도로에 주는 것의 이점을 비교하여 녹색시간의 연장을 결정하는 전략이 있다. 두 전략은 포화상태에서도 사용 가능한 전략이며, 여기서 포화교차로는 비연동교차로처럼 운영되고 비포화교차로는 분리되어 연동된다.

수요가 교차로 용량을 초과할 때 대기행렬 생성을 지연시키거나 적절한 교통법규나 단속을 통하여 모든 접근로에 차량 저류(貯留)용량을 충분히 사용하도록 함으로써 차량 밀림(spillback)을 없앤다.

(2) 광범위한 신호망 포화

PASSER 및 TRANSYT와 같은 간선 및 신호망 신호시간 프로그램은 비포화교통류를 먼저 최적화시킨다. 이 개념은 연속진행대를 만들어 지체 및 정지수와 같은 신호망의 MOE를 최적화시킨다. 그러나 광범위한 도로망 포화는 특별한 연동기법을 필요로 한다. 이러한 전략들의 공통적인 특징은 하류부 교차로가 대기행렬로 포화되어 있는 경우, 상류부의 차량군을 진행시키는 대신 상류부 교차로까지 차단한 대기행렬 끝부분이 움직이기 시작할 때까지 계속 적색신호로 붙잡아 두는 것이다. 그동안 상류부 교차로의 녹색신호는 교차도로가 받는다. 따라서 녹색신호를 켜는 시간의 차이, 즉 옵셋은 일반적인 교통류 방향과 반대이다. 그래서 이것을 역옵셋이라 부르기도 한다.

이 원리를 이용한 제어전략의 예를 들어 본다. 어떤 신호망은 한 방향 간선도로와 한 방향 부도로로 이루어진다. 여러 요인에 의해서 간선도로상에 생긴 대기행렬과 차량 밀림이 부도로의 흐름에 영향을 준다. 이때 간선도로에서 하류부 교차로의 녹색신호를 상류부보다 먼저 켜주면서(역옵셋) 동시에 녹색시간을 상류부보다 길게 하는 신호시간을 사용한다. 이처럼 신호망 외곽부분(하류부)으로 갈수록 녹색시간이 길어지는 flared split은 간선도로를 이용하여 시외곽으로 나가는 용량을 증가시키기 위한 것이다. 부도로는 동시시스템으로 한다. 이와 같이 도심에서 외곽방향의 간선도로에 우선신호 제어를 함으로써 도심의 혼잡을 신속히 제거하는 제어방법을 내부진입조절(內部進入調節, internal metering)이라 한다.

이와 대비되는 개념으로 신호망 외부에서의 진입을 조절하는 외부진입조절(external metering)과 CBD의 주차장에서 유출률을 조절하는 유출조절(release metering)의 개념이 있다. 광범위하게 포화된 지역을 일정한 저류용량을 가진 지역으로 간주하여 그 용량 또는 여유용량에 따라 그 지역으로 들어오는 진입교통류를 조절하는 것이 외부진입조절이다.

어떤 도로망 내의 차량대수, 도로망의 통행량(대-km), 평균통행속도 간에는 연속교통시설의 밀도, 교통량, 통행속도 간의 관계와 유사한 관계를 보인다. 이 관계를 이용하여 그 도로망에 유입되는 차량대수를 외부진입조절 기법으로 조절함으로써, 그 도로망 내의 적절한 통행량 상태를 유지할 수 있다.

12.4 광역시스템 제어

컴퓨터의 발달과 통신기술의 혁신으로 도시지역의 모든 교통신호를 통합 시스템으로 간주하여 중앙관제센터의 감독하에 감시·제어할 수 있게 되었다. 이를 광역(廣域)시스템 제어라 하며, 이것의 장점은 다음과 같다.

- 전체 관제: 전체 신호시스템을 계속적으로 감시·제어하는 개념이다. 시스템 내의 어떠한 고장도 즉시 발견되며 교통성과 자료도 도로망 전체에서 얻을 수 있다.
- 제어전략: 독립교차로 신호, 간선도로 신호, 신호망 시스템을 제어하기 위한 가장 적합한 제어전략을 개발하고 도시의 모든 신호등에 이 전략을 일률적으로 적용할 수 있다.
- 장비: 장비의 기종을 표준화하고 숫자를 줄일 수 있다. 이와 같은 통합적 접근방법을 적용하면 효율적으로 관리가 되고 경제성을 얻을 수 있다.

광역시스템 제어방법에는 모든 제어논리와 감시능력을 어느 한 곳이 집중적으로 가지고 있는 중앙집중방식과 제어논리와 감시능력이 제어의 위계(位階)에 따라 다양한 수준을 가지고 또 지리적으로 분산되어 있는 분산방식이 있다.

1 중앙집중 제어시스템

[그림 12.9]에서 보는 것처럼 한 지점에서 동일 수준의 모든 제어논리와 감시능력을 가지고 있다.

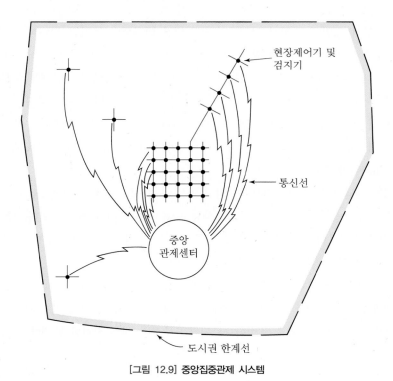

[그림 12.9] 중앙집중관제 시스템

자료: 참고문헌(9)

모든 검지기로부터 얻는 자료는 중앙컴퓨터에 입력되며, 모든 의사결정과 제어명령도 중앙컴퓨터에서 나온다. 이 시스템은 모든 제어장비가 한 곳에 집중되어 있으며, 제어논리가 동일 수준이기 때문에 시스템을 개발, 유지하는 데 복잡하지 않다. 또 현장설비가 그다지 복잡하지 않고 현장제어기는 단지 변환기 역할만 하기 때문에 유지관리하기가 쉽다. 그러나 넓은 지역에 분산되어 있는 대단히 많은 신호등을 제어해야 할 경우에는 시스템을 설계하기가 매우 어렵다.

2 분산, 다(多)수준 제어시스템

[그림 12.10]에서 보는 것처럼 세 가지 수준의 제어논리 및 감시능력이 있다. 제1수준에서는 교차로에 위치한 관제소가 검지기와 제어결정을 점검하고 장비의 고장을 점검하며, 검지기로부터의 자료를 수집 및 종합하며 교통자료와 장비의 고장 유무를 제2수준의 제어기로 보낸다. 제2수준에서는 지역적으로 중앙에 위치한 관제소가 제1수준의 제어기로부터 받은 정보를 제3수준 관제소에 보내기 위해 점검을 하고, 제1수준 제어기를 감시하며 제어방식, 제어전략 선택 및 제1수준 제어기와의 협조관계를 결정한다. 제3수준에서는 도시지역의 중앙에 위치한 중앙관제소에서 어떤 교차로의 자료를 모두 점검할 수 있으며 이를 받아 처리하고 상황판을 운영하며 감시한다. 또 장비의 고장정보를 접수하여 대책을 세운다.

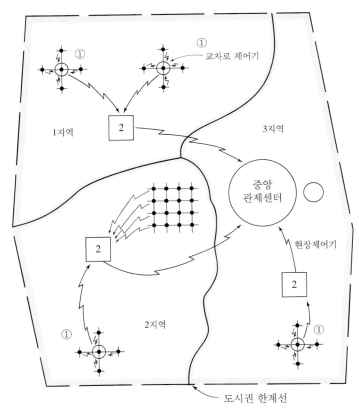

[그림 12.10] 분산 제어시스템

자료: 참고문헌(9)

분산, 다수준 제어시스템의 장점은 자료를 미리 처리하고 자료 전달을 집중시키므로 통신비용을 절감할 수 있으며, 시스템의 일부분이 고장이 나도 다른 시스템에 영향을 미치지 않고, 실시간 제어 능력이 크며, 제어전략상의 융통성과 시행상의 융통성이 크다는 것이다. 단점으로는 현장에 상당히 복잡한 장비가 필요하며, 복잡한 제어절차를 개발해야 하고, 관제소를 여러 곳에 설치해야 한다는 것이다.

12.5 특별제어

특별제어란 신호교차로 이외의 교통제어를 말하며, 방향제어, 우선처리시스템, 운전자 정보시스템 등이 있다. 이들 대부분은 12.7절에서 설명하는 ITS의 관심분야에 속한다.

1 방향제어 및 차로제어

기존시설을 최대한 이용하기 위하여 불균형차로제(가변차로제) 또는 가변일방통행제를 고려할 경우가 있다. 가변일방통행제는 일방통행의 방향이 바뀔 수 있는 경우를 말하며 짧은 시간 동안 교통량이 방향별 분포가 크게 불균형을 이루거나, 한 쌍의 일방통행이나 도로를 확장하지 않고는 다른 해결책이 없거나, 지나치게 혼잡하여 어느 한 방향의 용량을 증대시킬 필요가 있을 때, 그리고 인접해 있는 평행한 도로가 반대방향의 교통을 처리할 수 있을 때 사용한다.

불균형차로제(가변차로제)는 한 도로에서 중(重)방향 교통류가 이용하는 차로수가 반대방향 교통류의 차로수보다 더 많은 것을 말하며 적용조건은 위의 가변일방통행제와 같다.

방향별 이동류를 제어하기 위한 교통제어기법은 교통표지와 차로제어 신호를 함께 사용한다. 일반통행의 방향을 변경하거나 중방향의 차로수를 변경할 때는 시간제(TOD mode)로 한다. 터널이나 교량에 사용되는 방향제어신호는 ① 현재의 방향별 교통량에 적절한 차로를 할당하거나, ② 공사기간 중 차로이용을 지정하거나, ③ 돌발상황에 대처하는 동안 차로를 지정하는 목적으로 사용된다.

차로제어신호는 문형식(overhead)으로 설치하여 각 차로의 사용가, 사용불가를 명확히 표시해야 한다.

이러한 제어를 위해서 별도의 장비를 사용하는 것이 보통이지만 장래에는 이들과 중앙제어기능을 함께 수행하도록 하는 것이 바람직하다. 운영방식을 변경할 때는 교통대응기법(traffic-response technique)을 사용하는 것이 앞으로 더욱 바람직할 수 있다.

2 다승객차량 우선시스템(priority system)

버스 등 다승객차량(多乘客車輛, High Occupancy Vehicle; HOV)은 통행우선권을 부여받을 필요가 있다. 이와 같은 개념은 차량의 이동보다 사람의 이동을 중요시하는 것에서부터 출발한다. 버스는 승용차에 비해 10~30배 이상의 승객을 수송할 수 있으므로 이들에게 버스우선차로, 버스전용차로, 버스전용도로, 버스우선신호와 같은 우선권을 줌으로써 사람의 이동을 중요시하는 목적을 달성할 수 있다. 이와 유사한 우선권으로 일방통행도로에서의 버스 역류차로(逆流車路, contra-flow lane) 기법이 있다.

일반적으로 버스통행시간의 20% 이상이 신호교차로 지체에 의한 것이며, 이는 총 지체의 50%나 된다. 버스 지체를 감소시키면 버스 승객뿐만 아니라 승용차를 이용하는 사람의 지체도 줄어든다. 버스우선처리 기법에는 버스우선 현시방법과 신호시간계획법 두 가지가 있다.

(1) 버스우선 현시방법

① 시간 연장: 녹색신호 끝에 버스도착이 검지되면, 녹색신호를 몇 초 연장하여 버스가 정지하지 않게 하는 방법으로서 근측정거장이 없을 때 사용하면 효과적이다.

② 조기출발: 적색신호 끝에 버스도착이 검지될 때, 녹색신호를 몇 초 앞당겨 켜줌으로써 계속 진행하게 한다.

③ 버스전용 좌회전신호: 교차로에서 좌회전하려는 버스에게만 좌회전 현시를 준다.

④ 예비신호: 교차로에서 버스전용차로가 끝나는 지점에 예비신호(pre-signal)를 설치하여, 교차로에 설치된 신호가 적색일 때 예비신호를 녹색으로 만들어 버스를 다른 차량과 분리시켜 다른 차량 앞으로 전진시키는 기법으로, 버스가 두 번 정지해야 하는 번거로움이 있으나 갓길에 정거장이 있을 경우 버스의 이동이 쉽다.

⑤ 현시생략: 중요성이 적은 현시를 생략한다. 이때 생략되는 현시 쪽 접근로의 혼잡을 측정할 수 있어야 한다.

버스우선처리 동안 시간 손해를 본 우선이 아닌 현시에 녹색시간을 보상해 주거나 우선처리되는 신호주기수를 일정한 수로 제한하는 방도가 강구되어야 한다.

(2) 버스우대 신호시간계획법

TRANSYT-7F는 버스운행을 좋게 하는 신호시간계획을 만들 수 있다. 이 알고리즘은 정거장에서의 승하차 시간을 고려하고, 버스 링크를 지정하여 이 링크의 MOE에 가중치를 줌으로써 버스우대신호를 만들어 낸다. 카풀(car-pool)도 같은 방법으로 모델링한다.

그러나 HOV 우선시스템(priority system)을 시행하기 위해서는, ① 우선처리 대상 버스대수, ② 우선처리로 인해 손해보는 버스대수, ③ 다른 교통 및 보행자에 미치는 영향, ④ 동시에 사용되는 다른 버스우선대책을 반드시 고려해야 한다.

③ 선행 및 우선처리시스템

HOV를 위한 우선처리시스템(preemption/priority systems) 외에도 철도에 인접한 교차로에서 철도와 평행한 도로에 우선권을 준다든가, 소방차와 같은 긴급차량에게 통행우선권을 줄 필요가 있는 교차로에 적용하는 우선통행 시스템(preemption system)이 있다. 전자의 경우는 검지기가 열차의 접근을 검지하여 열차가 통과할 때까지 철도와 평행한 도로 쪽에 녹색신호를 보낸다. 그러나 열차가 지나간 후에 교차도로의 대기행렬을 감소시키기 위한 특별 신호대책이 마련되어야 한다.

소방차 및 구급차의 경우는 긴급차량을 검지하는 문제 때문에 꽤 까다롭다. 만약 긴급차량을 검지할 수 있다면 그 차량이 접근할 때 녹색신호가 일정 기간 켜지고 차량이 통과한 후에 신호운영은 원상태로 회복된다. 이를 차량검지 시스템(vehicle-detection system)이라 한다. 또 다른 방법은 긴급차량 노선상의 모든 교차로 신호를 연속진행시켜 주는 방법이다. 이를 녹색대(綠色帶) 시스템(green-band system)이라 한다. 긴급차량의 노선은 미리 정해져 있으므로 긴급차량이 출발하는 소방서와 중앙신호관제소와 연결하여 녹색대의 통행권을 나타낼 수 있다. 이때 다른 차량은 주의하여 통행하도록 황색점멸 신호를 사용할 수 있다. 이 신호는 긴급차량이 통과한 후에는 다시 정상적으로 운영된다.

녹색대 시스템과 똑같은 방법으로 운영되면서 신호만 점멸등으로 작동되는 점멸등 시스템(flashing-signal system)도 있다. 긴급차량 노선상에는 황색점멸등을 사용하고 교차도로에는 적색점멸등을 사용한다.

4 운전자 정보시스템

교통운영에 관계되는 문제점들을 분류하면, 첨두시간 교통혼잡과 같은 반복혼잡(recurrent congestion)과 교통사고나 일시적인 도로폐쇄나 공사 등과 같은 비반복혼잡(non recurrent congestion), 그리고 비, 눈, 안개와 같은 자연적인 것이 있다. 광역감시 및 제어를 위해서는 이와 같은 문제점을 재빨리 파악해야 할 뿐만 아니라 중앙관제소에서 이와 같은 상황을 운전자 정보시스템을 통해 운전자에게 알려주어야 할 필요가 있다. 이에 따라 운전자는 통행의 시기와 통행노선, 통행수단 등을 결정하게 된다.

운전자의 기대를 충족시키는 정보의 종류는 규제정보, 운영정보, 도로상황, 교통상황, 운행정보, 위치정보, 지역정보 등이다. 운전자에게 이와 같은 정보를 전달하는 데는 시각적 방법과 청각적 방법이 있다. 시각적인 방법은 다시 신호, 단순정보표지, 가변정보표지(variable message sign)와 같은 외부적인 것과 차내 디스플레이와 같이 차량 내부에서 볼 수 있는 내부적인 것이 있다. 또 청각적인 방법도 주의신호(호루라기, 경음기 소리 등), 확성장치, 전화 등과 같은 외부적인 것과 무선방송과 같은 내부적인 것이 있다.

(1) 신호

교통통제설비이기도 하지만 신호망 시스템의 일부분으로서 운전자에게 제어정보를 알려주는 설비이기도 하다. 차로제어 신호 및 노선지시 신호와 같은 특별신호는 제어정보를 운전자에게 알려주는 수단으로 장차 더욱 널리 사용될 것이다.

(2) 표지

단순정보표지는 규제 및 권장의 의미를 전달할 목적으로 도시가로의 운영에 널리 사용되고 있다. 이와 같은 표지는 항상 동일한 역할을 수행하거나 또는 학교 앞 횡단표지처럼 특정 시간에 그 효과를 증대시키기 위해 점멸등과 함께 사용하는 경우도 있다.

가변정보표지는 도시가로에서는 거의 사용되지 않으며 주로 고속도로에서 실시간 정보를 운전자에게 전달할 목적으로 많이 사용된다. 여기서 실시간은 그 당시 현장의 상황을 정확하게 전달하는 것으로써 가변정보표지의 요체이다.

도시가로에서 사용되는 가변정보표지는 고속도로의 상황을 운전자에게 알리고 운전자로 하여금 고속도로 진입로의 선택이나 대안노선의 선택을 가능하게 한다. 이러한 개념은 도시가로에서도 그대로 적용될 수 있다. 가변정보표지를 통하여 운전자는 2~3 km 떨어져 있는 혼잡한 도로구간을 알 수 있기 때문에 혼잡지역을 벗어나거나 피해서 가는 노선을 선택할 수 있다.

(3) 차내 디스플레이

차내의 CRT 화면을 통하여 노선을 안내하는 설비로써 현재 많이 이용되고 있는 시스템이다. 전자노선 안내시스템(Electronic Route Guidance System; ERGS)이라 불리는 이 시스템은 도로망의 여러 의사결정 지점에서 목적지까지 가는 동안 통행거리와 교통혼잡을 감안하여 가장 좋은 노선을 운전자에게 자동적으로 화면에서 안내하는 장치이다. 운전자가 목적지의 코드번호를 입력하고 주행하다가 어떤 교차로에 접근하면 그 교차로의 코드번호를 입력하여 최종목적지에 이르는 노선을 분석하고 추천노선을 제시한다. 미국과 일본에서 집중적으로 연구되고 있는 이와 같은 설비는 장차 교통제어시스템의 중요한 역할을 할 것임에 틀림없다.

(4) 청각 장치

철길건널목에서 열차의 접근을 종소리로 예고하거나, 고속도로 진입을 잘못한 경우 경음기가 울리거나 확성장치를 사용하는 방법이 있으나 다른 소음과 혼동되기 쉽고, 또 운전자 이외 주위 사람들에게 방해가 되는 단점이 있다.

(5) 전화

운전자가 출발하기 전에 교통정보센터에 전화를 걸어 도로 및 교통상황을 알아본 후에 출발시간과 노선을 결정하게 하는 것이다. 사용되는 전화는 일반가정 또는 직장 전화이며, 중앙정보센터는 도시지역 전체의 최신의 종합적인 도로 및 교통상황을 신속·정확하게 제공할 수 있어야 한다.

(6) 방송

중요도시의 교통관제센터에 그 지역의 모든 방송국의 방송 부스를 설치하고 각 방송국의 아나운서들이 현황판(교통제어센터의 교통상황판)을 보면서 관제센터의 사람들과 직접 교통상황에 대한 정보를 교환한다. 우리나라도 현재 서울에서 이와 같은 시스템을 활용하고 있다. 이와 같은 방송시스템의 장점은 실시 비용이 저렴하고 넓은 지역을 담당할 수 있다는 것이며, 반면 라디오방송국의 협조가 필요하며 운전자가 교통정보를 청취하는 시간을 맞추기 어려운 단점도 있다. 이와는 달리 1990년부터 서울을 비롯한 몇 개 도시에 비상업적인 저출력 교통방송국을 설치, 운영하는 것과 같은 방법으로 교통전담 방송국을 운영하는 경우도 있다. 이러한 방송시스템은 가변정보표지를 운영하는 것보다 비용이 적게 들며 운영상의 융통성이 크다.

(7) 교통관제센터

운전자 정보시스템을 효과적으로 운영하기 위해서는 교통관제 또는 교통지휘관제소가 필요하다. 이와 같은 관제소는 도로 및 교통상황에 관한 정보를 수집하고, 이 정보를 중앙관제소에 보내며, 분석 및 의사결정을 하여 운전자를 포함한 일반인들에게 알리는 능력을 가져야 한다.

12.6 고속도로 교통관리

고속도로 교통관리의 목적은 고속도로의 소통을 원활히 하고 안전성을 제고하기 위함이다. 고속도로의 소통이 원활하지 못하면 통행속도의 감소, 정지·출발의 반복, 일정치 않는 통행시간, 높은 운행비용, 사고율 증가, 연료 낭비, 대기오염, 운전자 욕구불만 등이 야기된다.

고속도로 교통관리의 종류에는 본선 제어, 램프(연결로) 제어, 교통축 제어, 돌발상황 관리, 다승객차량 우대, 도로상에서 곤경에 처한 운전자 지원, 다른 도로와의 연동, 운전자 정보시스템 운영은 물론이고 유지보수 공사나 특별행사 또는 악천후 시의 교통혼잡을 처리하는 등 광범위한 교통제어 개념을 포함한다. 여기서는 연결로 진입조절, 본선 제어, 돌발상황 관리 및 HOV 우선통제만 다룬다.

12.6.1 혼잡 및 제어의 개념

혼잡이란 수요가 용량을 초과하거나 용량이 수요 이하로 감소하여 병목현상이 발생하는 것이다. 혼잡은 발생 장소와 시간을 예측할 수 있는 반복(recurrent)혼잡과 교통사고와 같은 돌발상황이나 운동경기, 대규모 집회, 또는 유지보수 공사 등 특별행사 때 발생하는 비반복(non-recurrent)혼잡으로 나눌 수 있다. 따라서 반복혼잡은 운전자가 이를 예상하고 필요한 대응을 할 수 있다.

혼잡은 도로조건의 결함이나 교통조건, 돌발상황, 유지보수 공사, 또는 악천후 때문에 발생한다.

① 도로조건: 용량 감소의 원인이 되는 기하구조는 차로수, 평면선형, 종단선형, 차로폭, 측방여유폭, 램프(연결로) 설계, 노면상태 등이다.

② 교통조건: 교통수요가 용량을 초과하는 곳에는 언제나 혼잡이 발생하며 이러한 지점을 병목지점이라 한다. 이럴 경우 수요의 일부분은 노선전환 또는 수단전환을 하거나 통행시간을 변경하므로 현재의 교통량은 항상 교통수요보다 적다. 또 혼잡상태는 항상 병목지점의 상류부에 생긴다.

본선 교통량과 램프 진입 교통량을 합한 것이 본선 용량을 초과할 경우, 유입램프에서 진입조절(ramp metering)을 하지 않으면 본선뿐만 아니라 램프에서도 혼잡과 대기행렬이 발생한다. 램프유출 교통량이 많거나, 램프의 저류용량이 적거나, 유출램프와 연결된 도시간선도로가 혼잡하면 유출램프 상에 대기행렬이 생기고 이것이 본선에 혼잡을 야기한다.

12.6.2 연결로 진입조절

연결로 진입조절(ramp metering)이란 램프 상의 차량을 본선으로 진입시킬 때, 본선의 용량을 초과하지 않도록 교통신호로 조절하여 본선의 혼잡을 감소시키고 안전성을 확보하게 하는 것을 말한다. 이때 램프에서 기다리는 대신 다른 도로를 이용하거나 다른 램프를 이용하거나 혹은 다른 시간대, 다른 수단을 이용하는 차량도 있을 것이다.

1 진입률 결정

진입조절의 목적이 본선 혼잡을 감소시키는 것인지 아니면 안전한 진입을 하기 위한 것인지에 따라 진입률이 달라진다.

(1) 본선 혼잡 감소 목적

본선의 혼잡을 감소시키기 위해서는 본선을 용량 이하로 유지해야 한다. 만약 상류부 교통수요와 램프 진입수요를 합한 값이 합류부의 하류 어느 지점의 용량보다 적거나 같으면 진입조절을 할 필요가 없다. 또 상류부 교통수요가 하류부 용량보다 크다면 진입조절로는 혼잡을 해소할 수 없으며 최소진입률을 사용하여 혼잡을 최소화하거나 진입조절 대신 램프를 폐쇄한다. 그러나 상류부 교통수요와 램프 진입수요의 합이 하류부 용량보다 크다면 진입조절이 필요하다.

(2) 안전한 진입 목적

합류 때 가장 큰 문제점은 램프 상의 차량군이 본선의 차간간격을 서로 먼저 확보하려고 하기 때문에 추돌사고나 차로변경 접촉사고가 많이 일어난다는 것이다. 진입조절은 이러한 차량군 형태의 진입을 방지하고 한 번에 한 대씩 진입하게 하여 합류를 원활하게 한다. 안전한 진입을 위한 최대 진입률은 900 vph/ramp lane이다.

2 진입조절 전략

연결로 진입조절 전략은 현재 또는 장래의 교통수요 및 용량 상태와 실시간 교통측정을 통하여 수립된다. 이때 교통량, 밀도, 속도와의 관계를 나타내는 교통류 모형을 이용한다. 이 모형은 도로구간별로 다르며 같은 구간이라 하더라도 교통조건에 따라 다를 수 있다.

연결로 진입조절의 기본전략은 고속도로 및 진입 램프의 교통변수, 예를 들어 교통류율과 점유율을 실시간 측정하여 고속도로의 운영상태를 판단하고, 비혼잡상태를 유지하기 위한 최대 진입률을 결정하는 것이다. 진입률을 결정하는 방법에는 수요-용량 방법과 상류부 점유율 방법이 있다.

(1) 수요-용량 방법

상류부 교통량과 하류부 용량을 실시간으로 비교하여 진입률을 결정한다. 이때 하류부 용량은 과거 자료를 이용하여 미리 정해진 값을 사용하는 방법과 하류부의 교통조건을 실시간으로 측정하여 계산한 실시간 용량을 사용하는 방법이 있다. 그러나 전자는 악천후 또는 돌발상황에 따른 용량의

[표 12.6] 진입 형태별 진입률 범위

진입 형태	1대씩 진입	차로당 1대씩 진입	단차로 차량군 진입
진입 차로수	1	2	1
진입률 범위(vph)	240~900	400~1,500	200~1,100

변화를 반영하지 못한다. 실시간으로 진입률을 결정할 때의 시간 간격은 보통 1분이다. 만약 상류부 교통량이 하류부의 용량을 초과하면 [표 12.6]에 있는 최소 진입률을 사용한다.

하류부의 점유율을 측정하여 식 (12.2)를 이용하여 진입률을 결정하는 방법도 있다.

$$r_{(i)} = r_{(i-1)} + K_R(O - O_{out(i)}) \tag{12.2}$$

여기서 $r_{(i)}$ 또는 $r_{(r-1)} = i$ 또는 $i-1$ 기간의 진입률

K_R =상수

O =소요 하류부 점유율

$O_{out(i)}$ =i 기간에 측정된 점유율

(2) 상류부 점유율 방법

상류부의 점유율을 실시간으로 측정해서 이에 적합한 진입률을 결정하는 방법으로써 현재 1분 동안의 점유율을 측정하여 여기에 적합한 진입률을 구하고 다음 1분 동안 진입시킨다. 이때 진입률은 [그림 12.11]과 같은 교통량-점유율 모형을 이용하여 상류부 점유율에 따라 미리 정해진다. 예를 들어 본선 차로점유율이 14%이면 12대/분의 진입률을 사용한다.

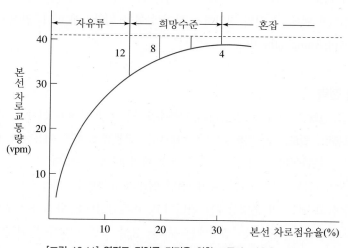

[그림 12.11] 연결로 진입률 결정을 위한 교통량-점유율 방법

이 교통량-점유율 모형에서 상류부 점유율에 해당되는 교통량이 용량보다 크면 최소진입률을 사용한다. 진입조절은 신호제어시스템과 같이 실시간으로 운영되는 교통대응식과 정주기식이 있다. 정주기식은 첨두시간 때와 비첨두시간의 돌발상황 또는 공사 때만 진입조절을 하는 방식이다.

3 운영의 종류

연결로 운영의 종류에는 연결로 하나만을 취급하는 단일미터링과 도로구간 내에 있는 인접한 여러 개의 연결로를 함께 고려하는 시스템미터링이 있다.

(1) 단일미터링

안전한 진입을 목적으로 하는 곳이나 하류부에서 반복혼잡이 일어날 때, 또는 어느 연결로에서 진입조절이 타당하지가 않아 시스템진입조절이 어려울 때 사용하는 방법이다. 이 방법에는 정주기식 전략과 교통대응식 전략을 사용한다.

- 정주기식 전략: 본선 교통류율이 연결로의 하류부 용량보다 적게끔 수요-용량 방법으로 진입량을 조절한다.
- 교통대응식 전략: 실시간 측정자료에 의해 상류부 점유율 방법으로 진입률을 결정한다.

(2) 시스템미터링

고속도로 주요 구간을 제어하기 위한 것으로써, 통합 교통관리계획의 한 요소이며 단일미터링과 마찬가지로 정주기식과 교통대응식이 있다.

- 정주기식 전략: 각 연결로의 진입률은 ① 그 연결로 주위의 교통량-용량과, ② 다른 연결로의 교통량-용량 제약에 좌우된다. 진입조절을 몇 개의 상류부 연결로로 분산시켜 줌으로써 제어 수준을 높이는 것도 있다.
- 교통대응식 전략: 도로구간 내에 있는 각 연결로의 진입률을 결정할 때, 각 연결로는 물론이고 도로구간 전체의 수요-용량 상황을 고려하여 결정한다. 예를 들어 어느 지점에서 수요가 용량을 초과하여 병목이 발생하면 초과분만큼의 교통량을 그 지점 상류부에 있는 여러 연결로에서 나누어 진입률을 줄인다.

4 연결로 설계

유입 연결로 대기차량이 간선도로 교통에 지장을 주지 않기 위해서나 유출 연결로 대기차량이 고속도로 본선 교통에 지장을 주지 않기 위해서는 연결로의 저류공간(貯留空間)이 필요하다. 그러기 위해서는 다음과 같은 방법을 사용한다.

- 연결로에 대기행렬 검지기를 설치하여 다른 도로 차단을 방지
- 대기행렬이 검지되면 진입률을 증가시키거나 간선도로에서의 진입을 억제
- 연결로를 2차로로 확장

저류공간의 크기를 좌우하는 것은 ① 연결로의 교통수요와 진입률, ② 연결로로 진입하는 교통류의 패턴(이 차량군을 이루면 큰 저류공간이 필요), ③ 간선도로상의 저류 여유, ④ 대기행렬 제어의 정확도(진입률 조정이 신속하면 저류공간이 적어도 됨)이다.

저류공간의 기준으로 사용되는 한 예로 ① 저류공간의 용량이 시간당 연결로 수요의 1.1배 이상이면 미터링을 하고, ② 1.05~1.1배 이상이면 차로를 추가로 설치하거나 대기행렬 검지기 사용을

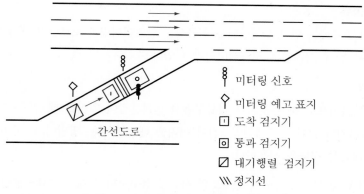

	미터링 신호
	미터링 예고 표지
	도착 검지기
	통과 검지기
	대기행렬 검지기
	정지선

간선도로

[그림 12.12] 유입 연결로 미터링 시스템 개념도

자료: 참고문헌(9)

검토하며, ③ 1.05배 이하이면 미터링이 부적절하다.

유입 연결로의 합류부에는 충분한 길이의 가속차로를 설치해야 하며, 버스나 다인승차량을 우대하여 승용차보다 먼저 합류시키는 방법을 고려하는 것이 좋다. [그림 12.12]는 일반적인 유입 연결로에서의 진입조절 시스템을 나타낸 것이다.

5 연결로 폐쇄

연결로 폐쇄는 진입률이 0으로써 미터링의 극단적인 방법이다. 이때는 유입구에 우회도로를 명시해야 할 필요가 있다. 연결로 폐쇄가 도로혼잡을 완화시키기는 하지만 부적절하게 사용할 경우 고속도로의 이용을 지나치게 줄이거나 주변의 다른 도로에 과부하를 줄 수도 있다. 연결로 폐쇄에 사용되는 설비에는 일시적인 폐쇄인가 장기적 폐쇄인가에 따라 달라지나 수동 또는 자동 방책 설치, 표지, 가변표지, 신호가 있다.

6 유출 연결로 제어

유출 연결로 제어는 고속도로의 안전과 효율성에 역행할 가능성이 있기 때문에 잘 사용되지 않는 방법이지만, 인접한 간선도로의 혼잡을 완화시키거나, 인접한 두 연결로로 인한 엇갈림의 위험을 감소시키기 위해 이 방법을 사용하기도 한다. 그러나 이 방법을 사용한다면 반드시 다른 출구를 미리 잘 안내해야 하며, 운전자의 혼란을 방지하기 위해 계획된 시간과 장소에서 시행하되 충분히 홍보를 한 후에 실시해야 한다. 유출 연결로의 제어방법은 미터링을 하거나 폐쇄하는 것이다.

12.6.3 본선 제어

고속도로 본선의 교통을 주의, 규제, 지시, 안내하는 것을 말하며 다음과 같은 목적으로 시행된다.

- 교통류의 균일성과 안전성을 확보하고 혼잡을 사전 예방
- 혼잡 시 추돌사고의 가능성을 감소

- 돌발상황을 관리하여 혼잡을 신속히 완화
- 교통축의 용량을 효과적으로 이용하기 위해 우회도로로 유도
- 가변차로제 시행으로 방향별 용량 증대

본선 제어의 방법에는 다음과 같은 것이 있다.

① 운전자정보시스템: 운전자에게 고속도로 전방의 교통상황을 알려준다. 실시간 정보를 제공하여 운전자가 더욱 안전하게 운전하고 필요할 경우 대체노선을 선택하게 한다.

② 가변속도규제 표지: 기후 또는 공사 등으로 인한 안전속도를 알려준다. 돌발상황 관리 때도 사용한다.

③ 차로폐쇄 및 차로통제: 한두 개의 본선차로를 폐쇄함으로써 그 전방에 있는 차로차단에 미리 대비하게 하거나, 유입 연결로의 합류를 원활히 하며 또는 터널의 교통을 통제할 수 있다. 또 차로통제 방법을 사용하여 가변차로통제와 HOV 우대처리를 한다.

④ 돌발상황 관리: 뒤에서 별도로 설명한다.

⑤ 본선 미터링: 고속도로 병목지역의 사용을 억제하여 병목지점을 원활히 통과하게 하고, 연결로에서 진입하는 차량과 동등한 지체를 감수하게 하며, 혼잡으로 인한 배기가스를 최소화하는 전략으로 사용된다. 본선 미터링은 본선에서 대기행렬을 야기할 수 있으므로 이용자들의 큰 반발을 불러올 수 있다. 요금징수소도 일종의 본선 미터링 역할을 한다. 미터링으로 합류부에서 교통이 잘 처리됨으로써 그 지점의 용량이 증대된다.

⑥ 가변차로 제어: 가변차로는 첨두방향 교통수요를 처리하기 위해 고속도로의 방향별 용량을 변화시킨다. 따라서 이 방법은 첨두시 방향별 교통량의 불균형이 매우 클 때 타당성을 가진다. 가변차로에 대한 것은 13장에서 설명한다.

12.6.4 돌발상황 관리

돌발상황이란 용량의 감소 또는 비정상적인 수요 증가를 일으키는 비반복적인 사건으로, 고속도로의 돌발상황은 교통사고, 적재화물의 떨어짐, 차량고장(연료부족, 타이어 파손, 기계고장 등) 등의 원인으로 인한 도로상의 정차를 말한다. 만약 이러한 상황이 첨두시간에 발생한다면 이로 인한 지체가 상당 시간 동안 지속된다.

돌발상황 관리란 돌발상황을 검지, 대응, 조치하는 모든 활동을 말한다. 더 자세히 말하면, 돌발상황이 발생했을 때 미리 계획되고 협조체제를 갖춘 인력 및 기술력을 동원하여 소통능력을 극대화하도록 노력하며, 운전자에게는 돌발상황이 완전히 해소될 때까지 교통상황과 대체노선에 관한 정보를 제공하는 것을 말한다.

1 돌발상황의 문제점

대부분의 돌발상황은 용량을 현저히 감소시킨다. 고속도로의 돌발상황은 매우 자주 발생한다. 미

국의 경우 차로가 차단되는 돌발상황의 빈도는 1일 km당 약 0.2~0.5건 정도로 알려져 있다. 이로 인한 지체는 그 상황이 다 처리될 때까지 기하학적으로 증가한다. 돌발상황은 또 운행비용 증가는 물론이고 예측하지 못한 정지 및 감속 때문에 2차 사고를 유발하며, 관련 운전자, 경찰 및 대응인력 들이 위험에 노출된다. 돌발상황으로 인한 지체량은 돌발상황 및 처리시간 동안 도착한 교통수요와 그때의 용량을 이용하여 계산할 수 있다.

2 해결책

돌발상황 관리의 목표는 돌발상황의 검지시간과 확인시간, 처리하는 인원 및 장비 동원시간, 조치 및 회복시간을 단축하고, 돌발상황 동안 도착하는 교통량을 감축하고 용량을 증대시키는 것이다. [그림 12.13]은 이러한 활동과 지체시간의 변화관계를 나타낸 것이다.

(1) 돌발상황 검지 및 확인

돌발상황의 지속시간을 단축하기 위해서는 신속한 검지가 필수적이며, 또 현장에서 적절한 조치 를 취하기 위해서는 상황의 종류와 정확한 위치를 파악하고 이를 관련기관에 전달해야 한다. 검지 및 확인을 위해서 운전자, 순찰차, 정비차량, 고정 감시자, 공중감시, 또는 전자 모니터링 시스템을 이용하는 방법이 있으나 이들의 장단점과 비용을 고려하여 적절한 방법을 선택한다.

- 검지기: 도로상에 설치한 검지기에서 관측한 교통류 변수의 급격한 변화로부터 돌발상황 여부 를 판정한다. 오래 전부터 본선 검지기 자료로부터 돌발상황을 식별하는 몇 개의 알고리즘이 개발되어 왔다. 이들의 검지능력은 검지율, 오보율(誤報率) 및 검지시간으로 판단하나 이 지표 들은 서로 절충(trade-off)관계에 있기 때문에 어느 한 지표의 성능을 향상시키면 다른 지표의 성능이 떨어지는 경향을 보인다. 이들 알고리즘은 돌발상황 상·하류부 검지기간의 점유율 및

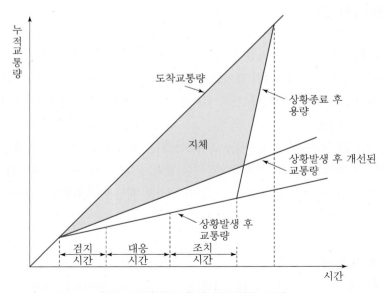

[그림 12.13] 돌발상황 관리와 지체감소 효과

속도 차이를 이용하여 상류부가 혼잡하고 하류부가 혼잡하지 않으면 돌발상황이라 판정한다.

- CCTV: CCTV 모니터링은 돌발상황을 검지하고 확인하는 가장 빠르고 확실한 방법이다. 고속도로의 종단 및 평면선형에 따라 다르나 1~1.5 km 간격으로 설치한 TV 카메라의 영상으로 돌발상황을 판정하고 적절한 대응책을 결정한다. 고속도로 전 구간을 볼 수 있고, 관제센터의 운영자는 각 카메라를 신속하고 정확하게 계속적으로 모니터링할 수 있어야 한다. 그러나 카메라 설치비용이 많이 들고, 밤이나 기상조건이 나쁠 때는 좋은 영상을 얻기 어려우며, TV 화면을 모니터링하기가 귀찮고, 자질이 있는 운영자를 구하기가 어렵고 비싸다.
- 공중감시: 경찰이나 화물차 라디오방송국에서 전반적인 교통상태를 알기 위해 경비행기나 헬리콥터를 이용하여 돌발상황을 파악하고 라디오방송국으로 그 정보를 보낸다. 정보를 파악하고 전달하는 데 시간이 지체되며 비용이 많이 드는 단점이 있다.
- 운전자 통보: 운전자가 도로변에 있는 비상전화를 이용하여 돌발상황을 알려준다. 운전자의 요구사항을 같이 알려주는 것은 좋으나 운전자가 이를 알려주기까지는 상당한 시간이 걸리며, 또 잘못된 정보전달이 많다.
- 고속도로 순찰: 경찰의 순찰차를 사용하여 왕복 순찰하면서 연료, 냉각수, 오일 및 간단한 수리 서비스를 제공하기도 한다. 돌발상황의 검지와 조치를 동시에 할 수 있으나 넓은 지역을 순찰하려면 비용이 많이 든다.

(2) 대응 및 조치

대응이란 돌발상황이 발생했다는 합리적인 판정이 나는 즉시 적절한 인원, 장비, 통신선로 및 운전자 통신수단을 편성 가동하는 협동적인 관리활동을 말한다. 신속한 대응은 상황지속시간을 줄임으로써 지체를 현저히 줄인다.

대응계획은 초기에 관련기관 간의 협조가 긴요하다. 일단 계획이 수립되고 시행되면 각 기관이 일체가 되어 일상적인 과업처럼 계획이 전개되어야 하며, 기관 간의 업무관계는 과업의 성공에 초점을 맞추어야 한다. 가장 좋은 방법은 예상되는 돌발상황 시나리오를 작성하고, 각 시나리오에 적합한 대응 및 조치계획을 사전에 수립해 두고 이에 따른 동원자원 및 협조관계를 프로그램으로 만들어 두는 것이다.

(3) 교통관리

돌발상황을 조치할 때 가장 시급한 일은 가능하면 빨리 도로를 원상복구시키는 것이다. 물론 여기에 인명피해가 있으면 응급처치를 하고 병원으로 보내야 한다. 이때 가능하면 빨리 경찰에 알려야 한다. 도로관리청은 차로이용을 통제하거나 갓길을 이용하게 하고, 교통을 우회시킬 경우도 있다. 돌발상황 지역에서의 교통관리 대책에는 차로의 폐쇄 또는 개방, 대체노선 설정 및 운영, 긴급차량의 주차, 사상자 및 구급인력의 안전확보 등이 있다.

고속도로 옆에 사고조사 지점을 설치하여 부상당하지 않은 사고당사자나 사고목격자로부터 사고조사에 필요한 정보를 얻는다. 위험물이 엎질러졌으면 부근의 소방서나 그 물질의 생산과 수송을 담당하는 사람을 불러 특수한 조치를 취해야 한다.

(4) 운전자 정보시스템

고속도로 돌발상황이 발생하면 운전자는 돌발상황 발생 시의 교통상황과 정상적인 통행패턴으로 복귀하는 데 필요한 정보를 원한다. 그러므로 운전자 정보시스템은 운전자들에게 우회로를 알려주거나 최소한 혼잡의 원인이 무엇인지를 알려주어야 하며, 이러한 정보는 정확하고 시의적절해야 한다.

12.6.5 HOV 우선통제

고속도로에서 다승객차량에 대한 우대는 승객이 적은 차량에 비해 버스나 다승객차량에게 통행시간상의 이익이나 정시성(定時性)을 부여함으로써, 다승객차량으로 개인통행을 유도하여 고속도로를 더욱 효율적으로 사용하고, 대기오염을 저감시키며 연료소모를 줄이는 효과를 가진다.

(1) 분리시설

HOV를 다른 차량과 분리시키는 시설을 설치하면 비용은 많이 들지만 단속의 필요성이 적어지고 안전성도 좋아진다. 이러한 시설에는 완충차로를 마련하여 경계를 지우는 방법이 있고 물리적인 경계시설을 설치하는 것도 있다. 일반적으로 이 통제구간의 끝부분과 중간 출입부를 통제하고 모니터링하기 위해서는 CCTV와 가변정보판을 설치해야 할 필요가 있다.

(2) 전용차로

HOV용 차로는 기본적으로 첨두 교통류의 방향과 같은 방향의 중앙분리대 쪽에 전용차로가 있는 동일방향 차로와 첨두 교통류의 중앙분리대 넘어 반대편에 맞은편에서 오는 교통류를 거슬러 가는 역류(逆流)방향 차로, 2개의 형태가 있다. 전자는 단속의 어려움이 있어 특별한 단속계획이 있어야 하며, 후자는 교통량의 방향별 불균형이 크고 혼잡이 극심할 때 사용되는 것으로써 안전성에 문제가 많다.

(3) 연결로 미터링 생략

연결로에 일반차량용과는 별도로 HOV 차로를 설치하여 연결로 미터링 지점에서 대기하지 않고 그대로 통과하게 하는 방법이다.

(4) HOV 전용 연결로

HOV 전용 연결로를 만들어 HOV 차로 또는 일반차로와 버스터미널과의 연결, HOV 차로와 도시가로와의 연결, HOV 차로와 환승주차장과의 연결을 편리하게 한다.

12.7 지능형 교통시스템

지능형 교통시스템(Intelligent Transportation System; ITS)이란 기존의 도로, 신호기, 표지, 노면표시 등과 같은 교통시설물과 교통수단에 첨단 전자, 통신, 제어기술을 접목시켜 기존도로의 용량을 증가시키고, 교통정보를 활용하여 교통혼잡, 교통사고 및 교통공해를 줄임으로써 기존도로의 운영효율을 극대화시키기 위한 첨단 교통시스템이다.

ITS 사업을 통해서 기대되는 효과는 기존 교통시설물의 이용효율을 높이고, 교통수요를 시간적으로나 공간적으로 분산 또는 감소시키며, 환경을 보전하고 교통안전을 확보할 수 있으며, 에너지 절감 및 과학적인 교통정책의 수립 및 집행을 지원할 수 있게 하는 것이다.

12.7.1 ITS의 분야

ITS는 5개의 시스템 분야로 구분된다.

① 첨단교통관리시스템(Advanced Traffic Management Systems; ATMS)
② 첨단교통정보시스템(Advanced Traveler Information Systems; ATIS)
③ 첨단대중교통시스템(Advanced Public Transportation Systems; APTS)
④ 첨단화물운송시스템(Commercial Vehicle Operations; CVO)
⑤ 첨단차량 및 도로시스템(Advanced Vehicle & Highway Systems; AVHS)

이들 각 분야의 특성은 서로 다르지만 적용하는 기술이나 기능적인 요구사항은 공통될 수도 있다. 그러나 ATMS는 교통에 관한 데이터베이스를 중앙관리하기 때문에 다른 분야들과의 관계가 특히 긴밀하다.

첨단기술을 적용한다는 사실 이외에 ITS가 갖는 특성은 다음과 같다.

• 행정관할 구역 경계와 상관없는 운영을 한다.
• 비용 – 효과적인 서비스를 이용자에게 광범위하게 제공한다.
• 통합된 교통시스템 접근방법을 사용한다.
• 범위가 다(多)수단이다.
• 교통계획에서 중요한 고려요소가 된다.
• 혁신적인 변화가 아니라 발전적이며 점진적인 변화를 제공한다.
• 재정부담과 시행에는 공공과 민간 부문이 함께 참여한다.
• 모든 사람들 간의 합의 도출이 필요하다.
• 제도적, 법적인 문제를 취급한다.
• 산업 및 기업체에 기회를 제공한다.
• 기업가의 독창력을 고취한다.
• 대학 및 연구기관의 연구의욕을 자극한다.

1 첨단교통관리시스템(Advanced Traffic Management Systems; ATMS)

교통류의 흐름에 연속성을 부여하는 기능을 갖도록 하는 시스템이다.

① 실시간 교통제어(Advanced Traffic Control; ATC): 교통량 변화에 실시간으로 대응하여 신호시간, 고속도로 진입 등을 자동조절
② 돌발상황 관리(Advanced Incident Management; AIM): 교통사고, 차량고장, 혼잡 등 각종 돌발상황을 조속히 인지·처리
③ 자동 요금징수(Electronic Toll Collection; ETC): 톨게이트 통과 시 정상주행(nonstop)상태에서 통행료, 혼잡통행료 등 요금을 자동으로 징수
④ 중차량관리(Heavy Vehicle Monitoring; HVM): 주행 중 차량의 중량을 자동 계중(計重)하여 중차량의 위험교량 진입통제 및 과적차량 단속·관리

○ 기대효과
• 실시간 교통제어와 무(無)정지 단속 및 요금징수를 통한 교통흐름 개선 및 소통능력 제고, 운행시간 단축
• 과속·과적 등에 대한 상시 단속을 통해 교통위반 감소로 교통사고 감소 및 자동단속으로 운영·관리비용 절감
• 인적 단속에 따른 마찰 및 부정의 소지를 제거, 단속인원 감소 등 업무효율화로 운영·관리비용 절감
• 고속도로·국도를 이용하는 중차량의 통제로 포장수명 연장, 교량균열, 안전사고 감소

2 첨단교통정보시스템(Advanced Traveler Information Systems; ATIS)

이 시스템은 운행 중 차내에서 운행에 필요한 정보를 얻을 수 있을 뿐만 아니라 사무실 등에서 여행 전에 미리 알아야 할 각종 정보를 얻을 수 있다.

① 교통정보 제공(Traffic & Road Information Service; TRIS): 교통정보를 수집·분석하여 다양한 매체를 통하여 제공할 수 있는 교통정보 체계를 구축. 운행 중 차내 또는 차외에서 교통상황, 공사, 주차정보, 돌발상황 정보, 날씨, 노면상태 등에 관한 정보를 실시간으로 제공받을 수 있음. 노인 운전자 또는 낯선 여행객이 험한 지형 또는 지방을 여행할 때 도로조건 및 안전속도를 나타내는 표지판 정보를 얻을 수 있음.
② 종합여행안내(Traveler Information Service; TIS): 여행 전 또는 여행 중에 출발－목적지 간의 이용 가능한 수단, 경로 및 통행시간, 버스 스케줄, 요금, 숙박지의 위치, 영업시간, 식사, 주차, 차량수리, 병원, 경찰서 등에 관한 정보를 집, 사무실, 공공장소 또는 차내에서 서비스받을 수 있음.
③ 최적경로안내(Route Guidance Service; RGS): 차량항법장치를 통하여 운전자가 원하는 목적지까지의 교통상황에 따른 실시간 최적경로를 알려주거나 회전, 직진 등의 진행방향을 지시함. 보행자, 자전거도 휴대용 기기로 정보를 제공받음.

○ 기대효과
- 소통정보 및 실시간 최적경로안내를 통한 교통혼잡 완화, 운행시간 단축
- 이동시간·수단·경로에 대한 최적선택기능으로 개인의 합리적 시간 및 일정관리 가능
- 교통사고, 도로공사, 기상변화 등 운행여건에 대한 전반적인 정보 제공으로 교통사고예방 및 교통정보시스템과 관련된 첨단산업 육성

3 첨단대중교통시스템(Advanced Public Transportation Systems; APTS)

이 시스템은 차내 또는 차외의 대중교통 이용자에게 편의성을 제공하고 대중교통 서비스 제공자에게는 운영의 효율성을 제공하는 기능을 갖는다.

① 대중교통정보 제공(Public Transportation Information Services; PTIS): 노선정보, 환승정보, 대중교통안내, 버스도착 예정시간 등 실시간 대중교통정보 제공
② 대중교통관리(Public Transportation Management; PTM): 운수회사는 버스 위치·승객수 등 실시간 운행정보를 수집하고, 차량 배차 및 운전자 관리를 자동화하며, 정거장, 주차장, 차내의 안전대책을 확보

○ 기대효과
- 이용자 대기시간을 획기적으로 감축하고, 정확한 시간정보를 바탕으로 대중교통을 연계한 여행계획 수립
- 과학적 정보를 바탕으로 버스회사의 경영관리 능력을 제고할 수 있고, 승객 증가를 통해 경영수지개선을 도모
- 버스운행 상황정보를 통해 부수적인 교통정보 수집 가능

4 첨단화물운송시스템(Commercial Vehicle Operations; CVO)

화물 및 화물차량과 위험물차량의 안전상태를 관리하고, 화물운송 중의 검사, 통관 등의 절차를 효율적으로 처리하는 기능을 갖는다.

① 화물 및 화물차량 관리(Freight and Fleet Management; FFM): 화물 및 화물차량의 위치를 계속 추적하고 각종 운전정보를 제공함으로써 공차율(空車率)을 최소화하고 효율적인 차량 및 배차관리
② 위험물차량 관리(Hazardous Material Monitoring; HMM): 위험물 적재차량의 위치를 추적하여 지정노선 운행 감시 및 특정지역 운행제한 등 특별관리하고, 돌발상황 시 교통관리시스템과 연계하여 신속한 사고처리를 수행

○ 기대효과
- 화물 및 화물차량의 효율적인 운행계획 수립 및 통관절차를 간소화하여 물류비 절감
- 위험물 적재차량 특별관리로 안전사고를 미연에 방지하고, 돌발사고에 대한 응급처리기능 향상

5 첨단차량 및 도로시스템(Advanced Vehicle & Highway Systems; AVHS)

운행 중 차량 간 또는 도로상의 고정물체와의 충돌을 자동으로 방지하는 기능을 가진 차량을 개발하고, 도로는 이와 연계되도록 지능화된다. 재래식 차량을 운행하는 경과기간 동안에는 자동화가 안 된 차로로 운행한다.

① 첨단차량시스템(Advanced Vehicle System; AVS): 운전자 시계확대, 전후방 충돌경고. 차량간격을 자동조절하는 무인자동제어 등 능동적 차량제어기술을 기반으로 한 첨단차량 개발·보급

② 첨단도로시스템(Advanced Highway System; AHS): 각종 센서를 통해 노면 및 도로주변 상태를 감지·경고하는 등 우선적으로 도로 시설을 지능화

○ 기대효과

- 졸음 및 방심에 따른 실수 및 돌발상황에서의 대처능력 부족으로 인한 교통사고 획기적 감소
- 동일한 도로면적으로 2~3배의 교통량 처리 및 도로폭의 최소화
- 환경오염 감소 및 에너지 절약

6 우리나라의 서비스 기준 분류

ITS의 국제표준화기구(ISO)와 미국 및 일본 등이 제공서비스 중심으로 기본계획을 수립하는 추세를 반영하여 우리나라도 위에서 설명한 5개의 시스템 분야를 대분류 7개 서비스 분야와 중분류 22개 서비스로 분류했다. 7개 서비스 분야와 22개 서비스는 다음과 같다.

(1) 교통관리서비스

- 교통흐름제어(신호제어, 램프제어, 교통상황 안내 등 차량의 흐름을 제어)
- 기본교통정보제공(교통상황 안내)
- 돌발상황 관리 및 대처(교통상황 모니터링을 통한 돌발상황 검지)
- 교통위반 단속(버스전용차로 위반 단속, 불법주정차 자동단속, 제한속도위반 단속)
- 주의구간 관리(결빙, 도로파손장애물 등 위험요소 실시간 검지, 위험요소 안내 및 처리)
- 교통수요관리 지원(교통상황 안내, 교통량 분산을 통한 혼잡 예방)

(2) 전자지불서비스

- 유료도로 통행료 지불(통행료 자동 지불, 시스템 전산화 운영)
- 대중교통요금 전자지불(하나의 카드로 다양한 대중교통 요금 지불)
- 교통시설 이용요금 전자지불(주차장, 쇼핑센터 등)

(3) 교통정보유통서비스

- 권역별 교통정보 및 수단간 교통정보 연계, 관리(국가 ITS 센터)
- 권역별 교통정보 및 수단간 교통정보 통합 교통정보 제공(국가 ITS 센터)

(4) 여행자정보제공서비스
- 차량여행자 부가정보 제공(여행자정보제공, 출발 전 여행정보제공, 운전 중 교통정보제공, 여행 경로안내, 주차정보 제공)
- 비차량여행자 부가정보 제공(보행자 경로제공, 자전거 경로안내, 장애자 경로안내, 기타 부가정보제공)

(5) 대중교통서비스
- 대중교통정보 제공(시내버스 정보제공, 고속버스 정보제공, 시외버스 정보제공)
- 대중교통 운행관리(시내버스 운행관리, 고속버스 운행관리, 시외버스 운행관리, 좌석 예약관리, 환승요금관리, 대중교통 안전관리, 대중교통 시설관리)
- 준대중교통수단 이용 지원(택시 정보제공 및 예약 지원 등)
- 대중교통예약(시외버스 예약관리)

(6) 화물운송 서비스
- 화물차량 운송지원(화물추적관리, 운행관리, 안전관리지원, 차량경로 안내)
- 위험물차량 안전관리(위험물 사고처리, 위험물 관리, 위험물차량 경로안내, 관리)

(7) 지능형 차량·도로 서비스
- 안전운전지원(위험요소 안내 및 경고, 위험상황 자동 제어 등)
- 안전운행도로(위험요소 자동검지 등)
- 자율주행지원(첨단운전자보조시스템, 군집주행 등)

12.7.2 차세대 ITS

차세대 ITS(Cooperative ITS, C-ITS), 즉 C-ITS란 차량이 주행 중 운전자에게 주변 교통상황과 급정거, 낙하물 사고 위험정보 등을 실시간으로 제공하는 시스템으로 V2V(차량 간), V2I(차량과 인프라 간) 정보를 공유하여 안전성과 이동성을 향상시키고 교통사고를 예방하고자 하는 시스템이다.

기존 ITS가 교통수단과 교통시설이 차량의 주행정보를 수집한 후 이용자에게 단방향으로 전달하는 데에 비해 C-ITS는 인공지능, 사물인터넷(IoT) 등 첨단기술을 활용하여 양방향, 복합적 소통을 통해 정보의 정확성을 높임과 동시에 교통서비스의 활용도와 효율성을 증진시키는 역할을 한다. C-ITS의 구성요소는 차량(Vehicle), 사람(Person), 도로변 각종 센서와 노변장치(Roadside equipment), 정보를 생산·관리·배포하는 교통정보센터로 정의된다.

국토교통부와 한국도로공사에서는 [표 12.7]과 같이 C-ITS를 활용한 대표적인 15가지 서비스를 제안하고 있다.

[표 12.7] C-ITS 안전서비스

번호	서비스명	번호	서비스명	번호	서비스명
1	위치기반 데이터 수집	2	위치기반 교통정보 제공	3	요금징수시스템
4	도로위험구간 정보제공	5	노면 기상정보 제공	6	도로작업구간 주행지원
7	교차로 신호위반 위험경고	8	우회전 안전운행 지원	9	버스 운행관리
10	옐로우버스 운행 안내	11	스쿨존 속도제어	12	보행자 충돌방지 경고
13	차량 추돌방지 지원	14	긴급차량 접근경고	15	차량 긴급상황 경고

12.7.3 우리나라의 ITS 및 C-ITS 현황

도로교통시스템의 안전성과 효율성을 제고하기 위해서 첨단기술을 응용하기 시작한 나라는 일본이었고 그 뒤를 이어 유럽이 여기에 관심을 갖기 시작했다. 우리나라도 이 사업의 중요성을 인식하고 ITS 대열에 동참하게 되었다. 그 경위와 이에 관련된 기관의 역할은 다음과 같다.

- 1993년~1998년 ITS 도입
- 1999년~2004년 제도화 및 기반 조성
- 2005년~2010년 성장 및 확산
- 2011년 차세대 ITS(C-ITS) 도입
- 2014년 국토부 C-ITS 시범사업 추진(대전~세종 고속도로, 일반국도, 도심지)
- 2018년 서울시, 제주시 실증사업 추진, 한국도로동사 실증사업 추진
- 2019년 울산광역시, 광주광역시 실증사업 추진

① 국토교통부: 법제도 제정, 상용화 지원, 기술개발 지원
② 한국도로공사: 고속도로관리시스템 구축 및 운영, 교체 및 유지관리, 관련연구수행
③ 지자체: 도시부도로 ITS 구축 및 운영, ITS 시스템 교체 및 유지관리, ITS 사업 발주 등
④ ITS 관련 민간 기업체: 기술 및 서비스 개발, ITS 사업 추진 및 서비스 제공
⑤ 국책연구기관: ITS 정책 및 기술관련연구, ITS 전략계획, ITS 사업관리, 신기술 개발 및 타당성 검토
⑥ 한국지능형교통체계협회: 표준화, 표준적용검증 및 인증, 성능평가 등

12.7.4 외국의 ITS 및 C-ITS 현황

1 미국

- 1989년부터 ITS 개발을 국가적 전략사업으로 추진, 국가적 협력체인 "Mobility 2000"을 설립 (20년간 약 250조 원, 이 중 정부부담 20%)
- 1990년에 첨단교통체계의 연구개발을 체계적으로 추진하기 위한 ITS America 구성
- 1990년대부터 V2X 서비스 필요성을 인식하고 1998년 지능형차량 개발을 착수

- 2003년 VII 프로젝트, 2011년 Connected Vehicle 프로그램 등을 추진
- 2014년 'ITS Strategic Plan 2015-2019' 발표
- 2014년 CV Pilot 프로젝트 추진

2 유럽

- 하나의 유럽을 지향하며 상호운영성과 끊김 없는 서비스를 목표로 함
- 1991년에 비영리단체인 유럽 첨단도로구축추진위원회를 구성하여 EU 차원에서 ITS 개발 추진전략 수립
- EC 주도하의 DRIVE project 및 EUREKA의 PROMETHEUS project에 의해 유럽의 ITS 주도
- 2006년 CVIS, COOPERS, SAFESPOT 프로젝트 추진
- 2006년 EU 표준개발, 국가 간 연구협력 지원 및 COMeSafety 프로젝트 추진
- 2008년 대규모 C-ITS 실증단시 TeleFOT 프로젝트 추진
- 2011년 DRIVE C2X, FOTsis 추진, 2014년 Compass4D, SCOOP@F 추진
- 2015년 C-ITS Corridor 시범사업 추진

3 일본

- 1980년대 초부터 1993년까지는 정부부처가 독자적으로 ITS 기술개발 추진
- ITS 하부구조와 차량 내 주행장치 간의 호환성 문제 해결을 위해 1991년 건설성이 주관한 RACS와 국립경찰청이 주관한 AMTICS를 통합 VICS 설립
- 1994년에 정부부처를 포함한 국가차원의 ITS 추진위원회인 VERTIS/IMC를 구성하여 ITS 개발을 위한 공조체계 강화
- 항법시스템 고도화, 자동요금징수시스템 등 9개 분야 20개 서비스 추진
- 1996년 차량정보교통통신시스템, 2000년 자동요금징수시스템 상업화
- 2011년 차량단말기(OBU)를 통한 다양한 애플리케이션 활용, 동적 경로안내, 안전운전 지원 등 개발
- 미국, 유럽과 공조해 C-ITS 표준화 시장 선도

● 참고문헌 ●

1. FHWA., *Manual on Uniform Traffic Control Devices*, 1971.
2. Hanna et al., *A Simultaneous vs. Triple Alternate Signal System*, TE., 1957.
3. Bavarez and Newell, *Traffic Signal Synchronization on a One-Way Street*, Transportation Science 1(2), 1967.
4. Little, *The Synchronization of Traffic Signals by Mixed-Integer Linear Programming*, OR., 1966.
5. Yardeni, *Algorithms for Traffic-Signal Control*, IBM Systems Jounal, Vol. 4, 1965.
6. Morgan and Little, *Synchronizing Traffic Signals for Maximal Bandwidth*, OR., 1964.
7. Irwin, *Development of a Method for the Optimal Timing of Traffic Signals in An-Urban Street Network*, Proc., BPR, Program Review Meeting, 1966.
8. San Jose., *Traffic Control Project, Final Report*, 1967.
9. FHWA., *Traffic Control System Handbook*, 1976.
10. 국토교통부, 차세대 ITS 활성화를 위한 추진계획, 2013.
11. 국토교통부, 지능형교통체계(ITS) 기본계획 2030, 2021.

제 13 장

교통통제 및 교통체계관리

교통운영(traffic operation)은 교통의 원활한 소통과 안전을 위해서 교통통제(traffic control), 신호제어 및 교통관제 등 교통공학적인 기법을 교통시설에 적용하여 그 시설의 기능을 가장 효율적으로 발휘하게 하는 것이다. 교통체계관리(Transportation System Management)는 소통과 안전문제뿐만 아니라 환경문제, 에너지문제까지 포함하여 교통시스템 전체의 효율을 극대화하기 위해 교통시설이나 조직 및 제도 등을 관리하는 것을 말한다. 따라서 교통체계관리 대책은 기존시설을 최대한 활용하기 위해 교통운영기법을 적용하면서 교통수요를 줄이거나 분산시키는 관리기법을 포함한다.

교통통제란 도로교통에 관한 금지, 제한을 나타내는 교통규제뿐만 아니라 지시, 지정 및 안내를 나타내는 것으로서 교통운영기법을 구성하는 가장 중요한 요소이다. 넓은 의미의 교통통제는 경찰이 담당하는 도로교통법과 도로관리자가 담당하는 도로법, 운수관리자가 담당하는 도로운송차량법에 근거를 두고 있다.

도로교통법에 의한 교통통제는 교통의 안전과 원활한 소통을 도모하기 위하여 차량통행에 대해서 행하는 금지, 제한, 지시, 지정, 안내를 말하며, 도로법에서는 도로의 파손, 붕괴, 공사 등에 의하여 도로사용이 위험한 경우, 도로의 구조를 보전하고 사고위험을 방지할 목적으로 도로통행을 금지, 제한, 지시, 안내할 수 있게 되어 있다. 또 도로운송차량법에서는 도로를 이용하는 차량의 안전성을 확보하기 위하여 차량의 길이, 폭, 높이, 총 중량, 제동장치, 등화, 경음기 등의 기준을 정하고, 차량의 구조 및 장치에 대하여 규제조치를 취하고 있다.

그러나 일반적으로 협의의 교통통제란 도로교통법에 근거하여 도로에서의 위험을 방지하고, 교통의 원활한 소통을 도모하기 위하여 도로에 있어서의 통행과 이에 수반되는 각종 행위를 금지, 제한, 지시, 지정, 안내하는 것을 말한다.

13.1 개설

13.1.1 교통통제의 필요성

대도시의 도로교통 상태는 교차로 부근이 문제 구간이 되어 교통정체가 생기고, 그 결과 해가 갈수록 통행속도가 저하되고 있다. 그로 말미암아 도시민의 일상생활과 경제활동이 지장을 받고 있다.

도로교통이 오늘날처럼 어렵게 되고, 정체현상이 일상화된 주요 원인은 말할 필요 없이 경제발전에 따르는 교통의 급속한 신장과 이에 대응하는 도로시설 용량의 부족 때문이다. 교통의 증가는 급격한 차량대수의 증가를 의미할 뿐만 아니라 통행길이의 증가도 포함된다. 자동차의 종류 및 차체의 크기도 다양해지고 있으며 여기에 보행자까지 증가함으로써 노면교통을 더욱 복잡하게 하고 있다. 한편 교통소통을 원활히 하기 위하여 만들어지는 도로시설은 그 방대한 투자규모 때문에 교통의 증가율에 미치지 못하고 있다. 따라서 대도시의 정체현상은 갈수록 심각해지고 있다.

이상에서 언급한 바와 같이 도로교통, 특히 대도시에 있어서 도로교통의 안전과 원활한 소통을 유지하기 위해서는 합리적인 도로망을 구축하고 교통수요를 충분히 감안하여 도로시설을 시급히 정비해야 하는 것이 근본적인 해결책이다. 뿐만 아니라 기존 도로를 최대한 효율적으로 활용한다는 것도 빼놓을 수 없는 대책이다.

도로는 그 구조(선형, 경사, 폭, 노면상태)와 교통상태에 따라 가능한 한 안전하고 효율적으로 사용할 수 있는 방법이 있을 것이며, 이 방법을 합리적으로 찾아내고 이를 실행에 옮기는 수단을 교통통제라 할 수 있을 것이다. 교통통제의 대표적인 방법이라 할 수 있는 속도통제, 회전통제, 차로이용통제, 주차통제 등은 기존도로를 최대한 효율적으로 활용한다는 측면뿐 아니라 교통사고를 줄인다는 측면에서 볼 때 매우 효과적인 방법으로 알려져 있다. 외국의 예에서 보더라도 대부분의 대도시에서는 이와 같은 교통통제를 점점 강화해 가고 있다.

횡단보도에서만 보행자의 횡단을 허용하는 통제는 보행자나 운전자에게 다소 불편할지 모르나(운전자는 횡단보도 앞에서 일시 정지해야 하므로) 안전이나 교통질서란 관점에서 볼 때 대단히 효과적인 방법이다.

앞으로 안전과 원활한 소통을 위해 더욱 효과적인 교통통제 대책이 마련되어야 하며, 중요한 것은 이를 실시하기 전에 반드시 그 효과에 대한 연구검토를 거쳐야 한다.

13.1.2 교통통제의 종류 및 실시요건

교통통제는 도로교통에 대한 금지·제한·지시·지정·안내를 뜻하며, 도로교통법에 의하여 행하는 조치이고 표지(규제표지, 지시표지, 안내표지 등)와 노면표시에 의해 그 법적 효과가 담보된다.

교통통제는 항상 이와 같은 법령에 근거를 둔 것만으로 법적인 효력을 갖는다는 데 유의해야 한다. 우리나라의 도로교통법에 명시된 교통통제의 내용은 제1장 총칙, 제2장 보행자의 통행방법, 제3장 차마(車馬)의 통행방법, 제4장 2항의 고속도로 등에 있어서의 특례에서 상세히 취급되고 있다.

교통통제가 법적인 효력을 갖기 위해서는 도로교통법에 근거한 교통통제 대책을 구체적으로 어떻게, 어느 장소에, 어느 시간대에 실시하겠다는 행정부서의 의지가 문서로 작성되고, 이것이 도로현장에 정해진 규격의 표지판 혹은 노면표시로 설치되면 적법성은 확보된다. 이 말을 바꾸어 말한다면, 이와 같은 요건이 갖추어지지 않은 교통통제는 적법성을 상실한다. 뿐만 아니라 개인이나 단체가 임의로 제작하여 임의의 장소에 사용하는 표지 또는 노면표시는 적법성이 없는 것은 당연하다.

종래의 교통통제는 주로 교통사고를 방지한다는 측면에서 검토되었고, 통제의 규모도 적은 편이었다. 이는 교통통제가 일반시민의 자유스러운 도로이용에 대한 일종의 제약이었고, 또 종래의 교통상태하에서는 그 정도면 충분히 안전과 원활한 소통을 기할 수 있었기 때문이다. 그러나 최근처럼 교통사정이 악화된 경우에는 종전의 교통통제에서 한 걸음 더 나아가 좀 더 기술적이며 적극적인 통제대책을 개발하고 이를 확대 실시해야 할 필요성이 있을 것이다. 이와 같은 교통통제 기술의 개발과 그 효과 분석에는 컴퓨터 시뮬레이션기법과 같은 상당히 고도화된 교통공학 기법을 사용해야 된다. 이와 같은 관점에서 볼 때 교통통제를 실시함에 있어서 항상 다음과 같은 사항에 유의할 필요가 있다.

① 교통용량 증대 대책의 일환으로서 적극적으로 추진할 것
② 종합적인 효과에 초점을 맞추고 국부적인 이해에 얽매이지 말 것
③ 올바른 여론을 참작하여 실시할 것
④ 도로를 효과적으로 활용하도록 노력할 것
⑤ 과학적인 기초 조사에 근거하여 합리적으로 실시할 것
⑥ 실시 이전에 널리 홍보할 것
⑦ 적절한 지도 단속을 할 것
⑧ 사전, 사후의 효과를 측정할 것

13.2 속도통제

교통의 이동을 안전하고 효율적으로 하기 위해서 속도를 통제하는 것은 대단히 중요하다. 어느 지점에서의 최대안전속도는 교통조건, 도로조건, 날씨, 조명, 기타 다른 중요한 조건이 달라짐에 따라 변한다. 속도통제는 운전자가 그 당시의 상황에 적절한 안전속도를 선택하는 데 도움을 준다.

어떤 상황에 비추어 보아서 너무 빠른 속도는 심각한 교통사고를 유발시키는 주원인이 된다. 또 고속에서 발생하는 교통사고는 저속에서의 사고보다 훨씬 더 심각하다.

지금까지 지방부의 2차로 및 4차로 주요 도로에서 속도와 교통사고와의 관계에 대한 연구결과를 정리하면 다음과 같다.[1]

- 어느 차량의 주행속도가 교통류의 평균속도와의 차이가 크면 클수록 사고율은 높다. 다시 말하면 평균속도보다 너무 낮거나 또는 너무 높으면 사고율이 높다. 따라서 속도통제의 목적은 교통류를 구성하는 모든 차량이 될수록 균일한 속도를 유지하도록 하는 것이다.
- 속도가 증가할수록 사고의 심각도는 커지며, 특히 100 kph 이상의 속도에서의 사고는 대단히 위험하다.
- 사망률은 매우 높은 속도에서 최대가 되며, 교통류의 평균속도에서 최소가 된다.
- 속도분포가 비정규분포이면 사고율은 크게 증가하며, 정규분포이면 감소한다.

- 속도제한구간 설정 여부를 판단하는 기준으로서 이와 같은 속도분포를 이용할 수 있으나 그 기준 하나만으로는 불충분하다.

속도통제는 통상 교통공학적인 조사를 기초로 하여 수립되며, 이를 수정하는 일은 법규에 정해진 기본제한속도를 수정하는 형식을 밟아서 이루어진다. 이처럼 특정 장소에 속도규제를 실시하는 것을 속도제한 구간설정(speed zoning)이라 부른다.

속도통제의 두 가지 기본적인 형태는 ① 법적인 효력을 가지며 단속이 가능한 규제통제(regulatory control)와 ② 단속할 기준은 아니지만 운전자에게 특정 장소와 특정 조건하에서의 최대 안전속도를 권고하는 역할을 하는 권장통제(advisory control)가 있다.

그리고 규제속도통제는 ① 입법기관에서 입법화하여 전국 또는 지방에 일반적으로 적용될 수 있는 속도규정과 ② 공학적인 조사를 근거로 하여 행정력에 의하여 특정 장소에만 적용하는 속도규정(속도제한구간 설정) 두 가지로 나누어진다.

권장속도통제는 주의표지판에 권장안전속도를 표시한 보조표지를 부착하여 사용한다. 대부분의 경우 표시된 권장안전속도보다 높은 속도로 운전하여 사고가 날 경우에는 그 운전자는 난폭운전을 한 것으로 간주된다.

13.2.1 속도제한구간 및 구역

1 속도제한 구간

일반적으로 속도가 적절하지 않은 어떤 구역이나 도로구간을 정하여, 안전하고 합리적인 속도제한을 하는 것이 필요할 경우가 있다. 이와 같은 속도제한이 실시되는 곳은 일반적으로 다음과 같다.

① 지방부에서 도시부로 연결되는 도로 부분
② 비정상적인 도로조건, 예를 들어 도로의 굴곡부, 급커브, 급한 내리막길, 시거에 제약을 받는 부분, 좁은 측방여유폭을 가진 부분, 노면상태가 극히 나쁜 곳, 기타 위험한 부분 등
③ 교차로 접근로, 특히 시계에 장애를 받는 부분
④ 부근의 다른 도로보다 설계기준이 아주 높거나 낮은 도로
⑤ 도로공사구간 또는 학교 앞과 같은 곳

속도제한구간과 이에 적합한 최고속도를 설정하는 데 있어서 반드시 고려해야 할 사항은 다음과 같다.[2]

(1) 현장실제속도

속도제한구간을 설정하는 데 있어서 실제의 현장속도는 아주 중요한 역할을 한다. 속도제한이 효과를 거두기 위해서는 그 제한속도가 운전자가 안전하고 적절하다고 느끼는 속도와 일반적으로 일치되어야 한다. 그러기 위해서는 지점속도조사를 실시하여 평균속도, 중위(中位)속도, 15백분위속도, 85백분위속도, 또는 최빈 10 kph 속도(pace speed)를 구해야 한다. 속도조사로부터 어떤 최고속도한계를 결정하는 데 가장 많이 사용되는 기준은 85백분위속도이다. 최빈 10 kph 속도는 여러 차

량의 속도 중에서 가장 많은 빈도를 갖는 10 kph 범위(예를 들어 55~65 kph)의 속도를 말하며, 이 것도 제한속도를 결정하는 데 많이 사용된다.

(2) 도로의 기하구조

속도제한구간의 설치여부와 그 제한속도값을 결정하는 데는 도로의 기하구조를 반드시 고려해야 한다. 곡선반경이 매우 짧은 단일곡선부에는 일반적으로 권장안전속도표지(규제속도가 아닌)를 사용한다.

교차로가 많은 도로, 즉 교차로 간의 거리가 짧은 도로는 상충수가 많기 때문에 제한속도가 낮아야 한다. 교차로 간의 거리와 제한속도와의 관계는 [표 13.1]에 나와 있다.

노면상태와 그 특성은 최대안전속도에 영향을 주므로, 추천된 제한속도의 적합성 여부를 결정할 때 이를 참고로 하여야 한다. 최대안전속도에 영향을 주는 노면상태와 그 특성은 노면의 매끄러움, 거칠음, 요철의 유무와 그 상태, 중앙분리대의 유무와 그 폭 등을 말한다.

[표 13.1] 속도제한구간 점검표

(1단계)

도로조건(2개 이상 만족되어야 함)			최고속도 예비평가 (kph)
설계속도 (kph)	속도제한의 최소길이 (km)	교차로 간 평균거리 (m)	
30	0.3 이상	–	30
40	0.3 이상	–	40
50	0.4 이상	–	50
60	0.5 이상	35 이상	60
70	0.6 이상	55 이상	70
80	0.8 이상	75 이상	80
90	0.8 이상	120 이상	90
100	0.8 이상	215 이상	100

(2단계)

속도특성(2개 이상 만족되어야 함)			최고제한속도 (추천값) (kph)
85백분위속도 (kph)	최빈 10kph 속도의 범위[*] (kph)	평균 시험주행속도 (kph)	
32.5~37.5	21~39	32.5 이상	35
37.5~42.5	26~44	37.5 이상	40
42.5~47.5	31~49	42.5 이상	45
47.5~52.5	36~54	47.5 이상	50
52.5~57.5	41~59	52.5 이상	55
57.5~62.5	46~64	57.5 이상	60
62.5~67.5	51~69	62.5 이상	65
67.5~72.5	56~74	67.5 이상	70
72.5~77.5	61~79	72.5 이상	75
77.5~82.5	66~84	77.5 이상	80
82.5~87.5	71~89	82.5 이상	85
87.5~92.5	76~94	87.5 이상	90

[*] 상한값과 하한값 모두를 포함하는 범위
자료: 참고문헌(3)

(3) 사고 기록

사고의 빈도, 종류, 원인 및 심각도 등을 검토해야 한다. 제한속도를 낮추면 차량의 속도가 반드시 낮아지거나 교통사고가 적어지는 것은 아니다. 충돌빈도와 사고율은 오히려 현실적인 수준으로 제한속도값을 올림으로써 줄어드는 경우도 종종 있다. 그러므로 속도제한이 불합리하여 사고를 유발하거나 심각성을 높이는 사고에 특별히 유의해야 한다.

(4) 교통특성과 통제상황

추천된 제한속도가 적절한지 아니한지를 판단할 때 교통특성이나 교통통제 상황을 고려해야만 한다. 여기에는 첨두시간과 비첨두시간의 교통량, 주차 및 승하차, 교통류 내의 화물차 비율, 회전교통 및 이의 통제, 교통신호 및 기타 교통통제설비, 차량─보행자 상충 등이 있다. 차량 간의 속도 차이는 교통량이 적은 도로에서는 별반 문제가 되지 않으나 교통량이 많으면 사고의 위험성이 더욱 크다.

(5) 제한속도의 변경표시

300 m 이내에서 제한속도를 변경해서는 안 된다. 이것은 [표 13.1]의 속도제한의 최소길이에 반영되어 있다. 이 값은 속도가 증가함에 따라 커진다.

[표 13.1]에서 보는 바와 같이 만약 1단계에서 두 가지 이상의 조건이 만족되면 그 속도제한구간은 해당 최고속도값을 가져도 좋다. 이렇게 해서 결정한 최고속도값은 단지 일차적으로 평가된 값이므로, 그 후 현장에서 실제 속도특성을 측정하여 최종적인 최고속도값을 결정해야 한다. 85백분위속도와 최빈 10 kph 속도는 지점속도조사를 통하여 구할 수 있다. 또 이 조사에서 구한 속도값들을 검증하는 과정에서 평균 시험주행속도를 구해야 한다. 시험주행은 교통조건 때문이 아니라 도로조건과 그 주변의 환경에 의해 영향을 받는 차량속도를 얻기 위해서 교통량이 적은 상태에서 행하여진다.

85백분위속도와 최빈 10 kph 속도를 근거로 하여 얻은 최고제한속도는 일반적으로 합리적이다. 최빈 10 kph 속도의 상한값이 보통 85백분위속도와 비슷하다. 중요한 것은 선택된 최고제한속도는 최빈 10 kph 속도의 상한값과 85백분위속도 중 낮은 것과 비교하여 5 kph보다 더 낮아서는 안 된다는 것이다.

이렇게 해서 구한 값을 [표 13.1]의 2단계 점검표에 적용시켜 더욱 정확한 제한속도값을 구할 수 있다. 즉 표로부터 두 가지 이상의 조건을 만족시키는 제한속도값이 속도제한구간에 사용되는 제한속도값이다.

2 속도제한 구역

개별적인 도로에 대해서 속도제한을 하는 것 이외에 어떤 넓은 구역에 대하여 속도제한을 실시하는 경우도 많다. 다시 말하면 어떤 특정구역 내의 모든 도로에 특정한 값의 속도제한을 실시한다. 이와 같은 특정구역이란 통상 다음과 같은 것들이다.

- 상업 및 업무지구
- 주거지구
- 산업지구
- 큰 학교 및 공공기관이 있는 지역
- 공원 및 위락시설 지구
- 주위의 다른 지역에 비해 개발 정도가 매우 큰 지구

차량의 운전자가 위와 같은 지역을 통행할 때는 속도에 관한 제약이 더 크리라 예상을 하고 또 이를 받아들일 것이다. 지역단위로 속도제한을 할 때 고려해야 할 사항은 개별적인 속도제한을 할 때와 거의 같다. 그러나 이와 같은 지역 기준의 속도제한 때문에 그 지역 내에 있는 어느 도로에 부과된 제한속도를 바꿀 필요는 없다.

속도제한을 할 지구의 위치나 지역성을 고려하여 속도제한을 하고자 할 때, 그 규제가 항상 필요한 것인가 아니면 특정 시간이나 특정한 계절에만 효과가 있는가를 판단하여 이를 고려하여야 한다.

13.2.2 제한속도의 표시 및 속도통제 신호

법적인 속도를 표시하는 표지는 행정구역의 입구나 도시부의 경계에 설치되어야 한다. 한 노선에서 제한속도가 다르면 속도제한을 받는 구간의 시작점과 적당한 중간지점에 속도제한 표지를 설치한다. 그와 같은 구간의 끝에는 그 다음의 제한속도를 표시해야 한다. 지방부에서는 속도제한구간의 시작점으로부터 90~300 m 이전에 표지판을 설치해야 한다.

속도제한 표지의 설치간격은 도로의 종류나 그 위치에 따라 다르다. 도시부도로에서 제한속도가 60 kph 이하이면 속도표지의 설치간격은 800 m를 넘어서는 안 된다. 고속도로나 지방부도로에서의 속도표지 간격은 1.5~8.0 km 사이에 있는 것이 보통이다.

고속의 차량이 어떤 문제점을 야기할 가능성이 있는 지점에서는 속도통제 신호등을 사용하는 것이 매우 효과적이다.

(1) 비교차로

비교차로 신호는 도로의 곡선부, 교량 또는 학교 앞 등에서 차량의 속도를 통제한다. 신호표시는 적색으로 있다가 신호등 이전에 설치된 검지기로부터 접근하는 차량이 검지되면 신호가 작동된다. 즉 접근하는 차량이 최고 허용속도 이하로 그 지점을 통과하게끔 녹색신호가 켜지는 시간을 지연시켜 준다.

(2) 교차로

접근로에 접근하는 속도가 특히 위험성을 내포할 때 사용되는 교차로 통제신호이다. 완전감응식 통제방식으로서, 접근하는 차량이 없으면 신호는 적색으로 남아 있다. 교차로로 접근하면서 검지기를 통과하는 한 대의 차량이 교차로에 거의 도착할 때쯤 녹색신호로 바뀐다. 만약 그 차량이 지정된 안전속도보다 낮은 속도로 주행한다면, 녹색신호는 그 차량이 정지함 없이 교차로를 통과할 수 있게

끔 켜진다.

차량속도를 효과적으로 조절하기 위해 교통신호를 사용하는 방법에는 연동식 신호체계가 있다. 운전자가 일련의 교차로를 정지함 없이 통과하고자 한다면 신호체계의 시간계획에 맞는 속도로 주행하게 될 것이기 때문이다.

13.2.3 제한속도 계산

1 평면곡선

평면곡선에서의 최대안전속도는 곡선반경, 편경사 및 타이어 – 노면의 횡방향 안전마찰계수로 구할 수 있으며 이들의 관계는 다음과 같다.

$$V^2 = 127R(e+f) \tag{13.1}$$

여기서 V = 속도(kph)
  R = 곡선의 반경(m)
  e = 편경사(m/m)
  f = 횡방향 안전마찰계수

2 비통제 교차로의 시거삼각형

비통제 교차로 또는 어느 한 도로에 '양보' 표지로 운영되는 교차로에서, 동시에 접근하는 차량의 운전자가 교차점에서의 충돌을 방지하기 위해서는 제때에 서로 상대방을 볼 수 있는 충분한 거리를 확보해야 한다. 만약 그렇지 못하고 시거에 제약을 받는다면 접근속도를 줄여야 안전하다.

시계장애가 있는 교차로에서 차량의 안전한 접근속도를 계산하는 방법에는 여러 가지가 있다. 이들 각 방법은 운전자나 차량의 형태에 관해서 각기 조금씩 다른 가정을 사용하고 있으나 모두 [그림 13.1]과 같은 시거삼각형을 사용하여 접근속도를 계산한다.

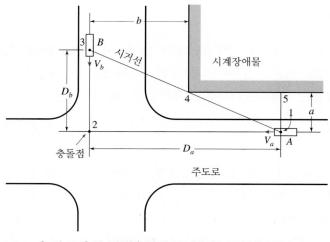

[그림 13.1] 시거삼각형(비통제 또는 '양보' 표지 통제 교차로)

그림에서 a와 b는 차량 A, B로부터 장애물까지의 지거(支距, offset)로서 주어진 값이다. 삼각형 1, 2, 3은 삼각형 4, 5, 1과 닮은꼴이므로 D_b는 다음과 같이 나타낼 수 있다.

$$\frac{D_b}{D_a} = \frac{a}{D_a - b} \quad \text{즉} \quad D_b = \frac{aD_a}{D_a - b} \tag{13.2}$$

여기서 D_a는 주도로에서의 시거로서 7장의 시거에서 설명한 바와 같이 주도로의 속도로부터 안전 정지거리를 구하여 얻는다. 주도로의 속도는 법적인 속도, 설계속도, 또는 85백분위 속도 등을 사용할 수 있다.

3 안전접근속도 계산

주어진 속도 혹은 실제 현장속도를 갖는 차량의 D_a는 이 차량의 안전정지거리와 충돌점까지의 여유거리 4.5 m를 합한 값이다. 안전정지거리는 임계감속도 5.5 m/s², 지각－반응시간 2.0초를 기준으로 계산된다. 사실상 임계감속도와 지각(知覺)반응시간은 속도나 노면상태에 따라 변하지만 여기서는 일정한 값을 갖는다고 가정한다. 따라서 식 (2.4)로부터

$$D_a = 0.007V_a^2 + 0.55V_a + 4.5 \tag{13.3}$$

여기서 V_a는 법적인 제한속도(kph), 또는 85백분위 실제 현장속도로 가정한다. 차량 B의 속도는 B점에서부터 예상 충돌점까지의 거리로부터 구할 수 있으며, 이 거리는 B차량의 안전정지거리와 예상 충돌점까지의 여유거리 4.5 m를 합한 값이다. 따라서

$$D_b = \frac{aD_a}{D_a - b} = 0.007V_b^2 + 0.55V_b + 4.5 \tag{13.4}$$

그러므로

$$V_b = -40 + 12\sqrt{D_b + 6.5} \tag{13.5}$$

그러나 이 방법은 직각교차로에서만 유효하다. 시거삼각형을 구성할 때 유의해야 할 것은 시거삼각형의 크기를 가능한 한 작게 해야만 더 안전한 결과를 얻을 수 있다는 것이다. 즉 고려되는 접근로의 왼쪽에서(오른쪽이 아닌) 접근하는 교통류와의 충돌을 고려해야 하며, 고려하는 차량의 위치도 a와 b를 짧게 하는 위치여야 한다. 즉 고려되는 접근로의 차량은 중앙선 부근에 있다고 가정하고, 교차 접근로의 차량은 연석차로에서 접근한다고 가정해야 가장 작은 시거삼각형을 구성할 수 있다.

이 문제와는 반대로 정해진 속도에 대한 시거를 계산하고 offset이나 장애물의 setback을 결정하는 교차로설계 방법은 8.5.1절에 설명되어 있다.

비통제 교차로에서의 속도계산은 다음과 같은 곳에 이용된다.

• 실제 현장 속도에 대하여 시계장애물이 존재하는지 여부 결정
• 제한속도에 맞추어 장애물을 옮겨야 할 정도를 결정
• 도로변에 주차된 차량에 의해 시계장애가 생길 경우 노상주차의 범위를 결정

- '양보' 또는 '정지' 표지를 설치함에 필요한 충분한 시계가 확보되는지를 확인
- 새로운 도로의 설계나 기존도로 개선 시 시계장애를 없애기 위한 기준 수립

예제 13.1 [그림 13.1]과 같은 비통제 교차로에서 주도로의 제한속도는 60 kph이며 $a = 15$ m, $b = 18$ m이다. 이때 교차도로의 제한속도는 얼마로 하면 좋은가?

풀이 $D_a = 0.007(60)^2 + 0.55(60) + 4.5 = 62.7$ m

$$D_b = \frac{aD_a}{D_a - b} = \frac{15 \times 62.7}{62.7 - 18} = 21.0 \text{ m}$$

$$V_b = -40 + 12\sqrt{D_b + 6.5} = -40 + 12\sqrt{21.0 + 6.5} = 22.9 \text{ kph} \rightarrow 20 \text{ kph}$$ ■

13.2.4 속도제한에 대한 의미 있는 연구결과[7]

① 한 노선에서 제한속도가 갑자기 변하면 그 이전에 충분한 경과구간을 두어 서서히 변하게 해야 한다. 속도 변화는 20 kph 단위로 감소시키는 것이 좋으며 교통공학적인 조사가 수반되어야 한다.

② 곡선부에서의 안전속도가 다른 직선부의 제한속도보다 낮으면 반드시 교통표지판을 이용하여 적절한 표시를 해야 한다.

③ 공학적인 조사나 연구결과 속도제한이 필요 없으면 속도제한구간을 설정해서는 안 되며, 단속도 할 수 없다.

④ 속도제한구간을 설치한 후 제한속도를 10 kph 이상이나 초과하는 차량이 전체의 약 15%를 넘으면 그 제한속도를 상향조정해야 하는지, 부적절한 속도표지나 단속소홀 혹은 홍보부족으로 인해서 속도제한이 잘 지켜지지 않는지를 다시 검토해야 한다.

⑤ 대부분의 운전자는 자신이 도로나 교통조건을 판단하여 적합한 속도를 선택하며, 불합리한 속도제한은 거의 무시하거나 잘 지키지 않는다.

⑥ 합리적인 속도제한은 빨리 달리는 운전자를 천천히 달리게 하는 데 큰 효과가 있으며, 천천히 달리는 운전자를 좀 더 빨리 달리게 하고 비슷한 속도로 달리는 차량의 수를 증가시킨다.

⑦ 제한속도란 적어도 85%의 운전자에게는 너무 높은 것처럼 보여야 한다.

⑧ 불합리한 속도제한은 단속하지 않는 것이 좋다. 이와 같은 경우에는 오히려 자율적으로 지키는 풍토가 조성될 때까지 그대로 두는 것이 좋다.

⑨ 강제로 천천히 달리도록 만든다고 해서 더욱 안전성이 높아지는 것은 아니다.

⑩ 교통사고는 모든 속도 범위에서 일어나며, 어느 한 제한속도가 모든 주행조건하에서 안전할 수는 없다. 느린 차량이 경우에 따라서는 빠른 차량보다 더욱 위험할 때가 있다.

13.3 속도통제 법규 및 단속

속도규제는 교통전문가나 단속경찰, 운전자 및 도로 주위에 사는 주민들 간의 의견이 서로 다르거나 또 이들의 상대적인 영향력 때문에 항상 논란의 소지가 많다. 이처럼 속도규제의 성격이나 그 정도에 관해서 여러 가지 의견들이 많지만 기본적으로는 기본속도법칙을 어겨서는 안 된다.

기본속도법칙이란 운전자가 현재 또는 잠재적인 위해요소(危害要素)에 유의하면서 주행할 때 현재의 조건에 알맞은 합리적인 속도보다 높은 속도로 운행해서는 안 된다는 것이다. 숫자로 나타내는 최고제한속도에는 다음과 같은 두 가지 종류가 있다.

(1) 일응제한속도

일응(一應)제한속도(prima facie limit) 개념에 근거를 둔 속도통제 법규에서는 지정된 속도를 초과하는 차량은 기본속도법칙을 위반한 것으로 간주한다. 그러나 만약 이때 그 속도가 불안전한 속도가 아니라는 사실을 운전자가 증명할 수 있다면 속도위반의 죄는 성립되지 않는다. 그러므로 일응속도제한은 어떤 특정 속도가 어느 때나 반드시 안전하거나 또는 불안전한 것이 아니라는 사실을 인정하는 것이 된다.

이와 같은 속도제한의 결정적인 단점은 속도위반의 의미가 가끔 불분명하며 단속이 비교적 어렵다.

(2) 절대제한속도

주어진 어떤 속도 이상으로 달리면 무조건 속도위반이 된다. 절대제한속도(absolute limit)는 운전자가 제한속도를 초과했을 때 그 속도가 안전속도인지 아닌지를 따질 필요가 없다.

이 속도제한의 장점은 속도위반의 의미가 분명하며 단속이 아주 용이하다는 것이다. 절대제한속도의 한계는 일응제한속도보다 조금 높게 책정되는 경향이 있다.

13.3.1 속도제한에 관한 법령

속도에 관한 법령은 각 나라마다 크게 차이가 난다. 우리나라는 도로교통법 시행규칙(행자부령)의 제19조에 자동차의 속도에 관한 자세한 규정이 나와 있다.[8] 이 규정에 의하면 차량의 종류와 도로의 종류에 따라 최고속도 또는 최저속도를 제한하였다. 예를 들어 승용차의 경우 편도 2차로 이상의 일반도로에서는 최고 80 kph(편도 1차로는 60 kph), 고속교통을 위한 특별시설이 되어 있는 자동차전용도로에서는 최고 90 kph, 최저 30 kph로 한정하였다. 편도 2차로 이상의 고속도로에서는 최고 100 kph, 최저 50 kph로 한정하였으나 특별히 지정한 노선 또는 구간에 대해서는 최고 120 kph, 최저 50 kph이다. 편도 1차로 고속도로는 최고 80 kph, 최저 50 kph이다.

운전자뿐만 아니라 일반시민들에게 속도규정의 의미와 표시된 속도준수의 중요성, 상황에 따라 속도를 조절하는 방법 및 속도통제에 따르는 교통기술과 단속과정을 여러 경로를 통하여 교육·홍보하는 일은 대단히 중요하다. 운전자가 교통규제를 이해하고 이에 숙달되면 될수록, 이 규제를 더욱 존중하게 된다.

13.3.2 제한속도의 단속

적절한 단속은 잘 훈련된 단속요원에 의해서 달성된다. 또 단속은 단속요원의 훈련 및 장비 구입을 위한 예산의 뒷받침과 함께 속도통제에 가장 큰 비중을 두어야 한다. 그런 의미에서 교통경찰의 훈련과 속도에 관한 법규의 효과적인 적용은 매우 중요하다.

1 단속방법

(1) 후미 추격

가장 보편적으로 사용되는 방법으로서, 교통경찰이 상당한 거리 동안 속도위반자 뒤를 따르며 그의 속도를 확인한다. 이 방법은 많은 단속요원을 필요로 하며, 위반자가 고속으로 달리거나 교통량이 많을 때는 매우 위험하다. 뒤따르는 데 소요되는 거리는 교통경찰의 재량에 달려 있다.

(2) 거리·시간 계산

지점속도측정에서처럼 어떤 거리를 주행한 시간을 측정하여 속도를 계산한다. 시간을 측정하는 데는 여러 가지 기기가 사용된다.

(3) 레이더 속도계 사용

이 장비는 매우 효과적으로 단속요원 수를 줄일 수 있다. 속도위반 차량을 적발하는 데 사용되는 가장 보편적인 방법으로 두 대의 차량을 사용한다. 차량 한 대에는 레이더 속도기와 무전시설을 갖추고 얼마만한 거리 앞에 있는 두 번째 차량의 경찰에게 속도위반자에 대한 정보를 무전으로 통보해 준다. 이때 두 번째 차량에 있는 경찰은 접근하는 속도위반자를 적발한다. 적당한 허용한계를 인정하지 않고 레이더를 사용하여 단속한다면 부당한 단속이 될 수도 있다. 그러므로 운전자들은 이 단속 방법에 대해 거부감을 갖기 쉽다.

2 허용한계

속도를 측정하기 위해서 속도계기를 사용한다면 그 계기의 정확도나 한계성뿐만 아니라 그 측정방법도 고려해야 한다. 이런 이유로 해서 단속요원은 위반자를 적발하기 이전에 어느 정도만큼의 속도초과는 묵인할 필요가 있다. 또 비합리적인 제한속도가 있을 수도 있으며, 속도제한이 일반대중에게 지지를 얻기 위해서도 이러한 허용한계는 필요하다. 속도통제의 목적이 정당하게 평가받지 못하면 속도제한은 일반대중의 지지를 얻기 힘들다. 이 허용한계는 통상 10 kph 정도로 하는 것이 합리적이라 생각된다.

13.4 교차로 회전통제

교차로의 회전통제방법은 보호 회전신호를 사용하는 방법, 회전을 금지시키는 방법, 비보호 회전

방법이 있다. 이와 같은 회전통제방법은 주로 좌회전 교통에 대한 것으로서 그 통제의 목적은 교차로에서 차량–차량, 또는 차량–사람 간의 상충을 줄이고 사고 위험성을 감소시키며, 차량의 지체를 줄이고 교차로 용량을 증대시키는 데 있다.

이와 같은 목적을 달성하기 위해서 어느 한 교차로에서 채택된 통제방법이 반드시 다 좋은 것은 아니다. 예를 들어 어떤 교차로에서 좌회전을 금지시키면 좌회전해야 할 차량이 다른 곳을 이용하여 돌아가야 하므로 결국 다른 교차로에 그 영향을 전가시키기 때문이다. 따라서 통제방식의 선택은 그로 인한 전반적인 영향을 면밀히 조사해서 결정해야 한다. 특정 시간대의 회전금지방식은 교통수요에 대한 탄력성 있는 대책으로서 이론적으로는 매우 좋으나 대다수 이용자들은 이것을 바람직하지 않은 방법이라고 생각하고 있다.

우리나라 교차로에서의 회전통제방식은 미국을 비롯한 다른 나라와는 근본적으로 문제점 인식의 출발이 다르다.

외국은 역사적으로 비보호좌회전, 즉 직진신호 때 좌회전이 허용되는 통제방식으로부터 출발하였기 때문에 이 방식이 주종을 이루고 있다. 따라서 교통량이 많아지면 좌회전을 금지시키거나 혹은 좌회전 전용신호를 사용하는 방식을 검토한다. 그러나 우리나라의 경우는 보호좌회전 신호방식이 주종을 이루고 있으며 근래에 와서야 이 신호가 불합리하다고 판단되는 곳에 비보호좌회전 방식을 고려하고 있다.

13.4.1 통제방식과 현시

교차로 좌회전 통제방식의 결정은 결국 현시방법의 문제로 귀착된다. 예를 들어 4갈래 교차로에서 비보호좌회전 및 좌회전 금지방식은 2현시이며 보호좌회전 방식은 4현시 또는 그 이상이다. 사용되는 현시 수에는 제한이 없지만 될수록 적은 것이 좋다(특히 정주기신호에서). 3현시 이상은 주기와 지체가 길어진다. 왜냐하면 다른 현시의 가용 녹색시간이 감소되기 때문이다. 또 출발지연, 증가되는 황색시간 및 긴 주기 등에 의해 교차로 효율이 감소된다. 적절한 시간계획으로 운영되는 다(多)현시 교통감응신호를 사용하면 이와 같은 바람직하지 못한 영향을 제거할 수 있다.

현시 수를 결정함에 있어서 안전성을 증대하는 것과 용량을 증대하는 것은 서로 상충되는 수가 많다. 예를 들어 많은 경우 보호좌회전은 비보호좌회전에 비해 안전하기는 하나 현시 수의 증가로 인해 주기가 길어지며 신호체계상의 연속진행을 방해하고 지체 및 정지수가 증가한다. 이와 같은 효과는 다시 교통성이나 지체 및 연료소모에 영향을 미치며 결과적으로 모든 교통의 안전성을 감소시킬 수도 있다. 일반적으로 좌회전과 대향(對向)직진교통량이 증가하면 좌회전이 회전하기 위한 대향직진 내의 수락간격을 발견할 수 없는 시점에 도달한다. 따라서 좌회전 차량의 대기행렬이 생기므로 같은 접근로를 이용하는 직진교통의 효율을 저하시킨다.

좌회전 전용차로를 설치하면 수락간격을 기다리는 차량이 대기하는 공간이 있으므로 이 문제는 해결되나 그렇더라도 이 시점에 이르면 보호좌회전 신호방식을 검토해야 한다. 또 다른 해결책으로는 좌회전을 전면 금지하거나 교차로 구조를 개선하는 방법을 생각해 볼 수 있다. 좌회전 금지는 편리한 우회도로가 있을 때만 가능하다. 예를 들어 교차로 간격이 균일한 주요 간선도로에서 신호등을 하나 건너씩 설치하여 비보호좌회전 또는 좌회전을 금지시키는 방법이다. 이때 비신호 교차로에서의 좌회전은 대향직진교통의 차량군 사이를 이용한다. 이 기법은 주 간선도로와 교차하는 도로가 교통량이 적은 국지도로의 역할을 할 경우에만 효과적일 수 있다. 복잡한 도시지역에서 좌회전 교통처리방법은 안전성을 고려하기보다는 좌회전 교통수요를 처리하는 데 주안점을 두고 결정된다. 교차로 전체의 용량은 보호좌회전 때문에 줄어들지 않을 수 없다.

좌회전 통제방식을 결정하기 위한 일반적인 준거는 아직 없을 뿐만 아니라 여기에 대한 연구도 별반 없는 실정이다. 그러나 일반적이며 개략적인 기준으로, 좌회전 교통량이 많으면 보호좌회전, 직진에 비해 좌회전 교통량이 매우 적으면 좌회전 금지, 직진과 좌회전이 모두 적으면 비보호좌회전 방식을 사용한다.

13.4.2 비보호좌회전 통제방식

비보호좌회전은 교통량이 비교적 적은 교차로에서 사용되는 방법이다. 두 도로가 만나는 교차로인 경우 2현시로 운영되므로 주기가 짧고 지체가 적어 효과적이다. 교통량이 증가하여 좌회전이 반대편의 직진 간격을 이용하여 회전하기가 어려우면 좌회전에 대한 별도의 통제대책, 즉 좌회전을 금지하거나 별도의 신호를 사용하는 등의 방법을 강구해야 한다. 비보호좌회전 통제방식에 대한 준거는 연구된 바가 없지만 뒤에 설명되는 보호좌회전의 준거를 사용할 수 있다. 비보호좌회전을 더욱 효율적으로 운영하기 위해서는 좌회전 전용차로를 설치한다. 이 전용차로는 좌회전 교통량이 많거나 또는 대향직진교통량이 많아 좌회전 대기행렬이 크게 발생하는 곳에 설치해 줌으로써, 같은 접근로의 직진교통이 방해를 받지 않게 된다. 좌회전 전용차로의 설치에는 교차로 접근로의 폭을 그만큼 증가시켜야 할 필요성이 제기되나 대부분의 좁은 도시부 교차로에서는 이를 설치할 수 없는 곳이 많다.

비보호좌회전의 허용에 관해서 일반적으로 통용되는 기준은 없지만 우리나라 도로용량편람을 이용하여 보호좌회전과 비보호좌회전의 서비스수준을 분석한 결과에 따르면 [표 13.2]와 같다.[26] 이 표에서 좌회전 교통량에 대한 대향직진교통량이 표에 나타난 값보다 크면 보호좌회전이 더 효율적이고, 대향직진교통량이 그 값보다 작으면 비보호좌회전이 좋다.

13.4.3 회전금지 통제방식

좌회전금지는 교통량이 많은 주요 도로상의 교차로에 많이 사용되는 통제방법이다. 한 교차로에서 좌회전을 금지하려면 그로 인한 영향이 부근의 다른 교차로로 파급된다는 것을 고려해야 한다. 또 금지되는 좌회전 교통이 대신 이용할 수 있는 대체노선이 있어야 하며, 그와 같은 노선을 검토하기 위해서는 주위의 교통량과 교통류 패턴을 조사할 필요가 있다.

[표 13.2] 비보호좌회전 기준(vph)

대향직진교통량 (vph)	임계 좌회전 교통량(vph)[1]	
	2차로도로[2]	3차로도로[2]
200	220	180
300	200	150
400	180	120
500	175	100
600	170	80
700	165	70
800	160	60
900	145	50
1,000	130	40
1,100	95	37
1,200	60	35

1) 좌회전 교통량에 대한 대향직진교통량이 표의 값보다 크면 보호좌회전이 좋고, 작으면 비보호좌회전이 좋음
2) 대향접근로의 직진차로수

좌회전 교통량이 많다고 좌회전을 금지해서는 안 되며, 적극적으로 이 좌회전 교통을 처리하기 위한 모든 가능한 방법을 찾도록 노력해야 한다. 통상 전반적인 교통량이 많으면서도 좌회전 교통량의 비율이 크면 좌회전 전용신호를 사용하여 처리한다.

우회전금지는 통상 보행자와 차량의 상충이 아주 심한 곳에 사용되는 통제방법이다. 우회전 교통이나 또는 직진교통이 사고위험성이나 지체 또는 혼잡을 일으킬 가능성이 높을 때 우회전금지를 할 수도 있다. 그러나 우회전 전용신호나 또는 제한정도가 적은 대책을 강구함으로써 가능하면 우회전 금지방법을 사용하지 않는 것이 좋다.

13.4.4 보호좌회전 통제방식

전반적으로 교통량이 많으면서 좌회전 교통량이 많으면 보호좌회전(protected left turn) 통제방식을 사용한다. 이 방법을 사용하면 주기가 길어지므로 다른 차량이나 보행자의 지체가 증가하지만 회전금지방식보다는 좋은 통제방식이다.

보호좌회전은 양방좌회전 또는 동시신호를 직진현시와 조합하여 사용한다. 우리나라에서 사용되는 가장 일반적인 보호좌회전은 선행 양방좌회전 방식이며 이때는 좌회전 전용차로가 필요하다. 그러나 우리나라에서는 좌회전 전용차로가 없으면서 이와 같은 통제방식을 사용하고 있는 곳이 더러 있으나 이는 바람직하지 않다. 이 경우는 반드시 좌회전 전용차로를 설치해야 한다.

보호좌회전 다음에 직진현시가 오는 경우는 선행 양방좌회전 또는 선행 좌회전이다. 또 직진현시 다음에 보호좌회전이 오는 경우는 후행 양방좌회전 또는 후행 좌회전이다.

교통감응신호에서는 좌회전 교통수요가 없을 경우에는 대향직진 신호가 켜지게 되므로 선행 좌회전 통제방식을 사용하면 순서가 이와 잘 맞는다. 선행 좌회전과 후행 좌회전의 장단점은 [표 13.3]과 같다.[9]

[표 13.3] 선행 및 후행 좌회전 비교

	장점	단점
선행 좌회전	• 좌회전 전용차로가 없는 좁은 접근로의 용량 증대(비보호좌회전에 비해서) • 좌회전을 먼저 처리하므로 대향직진과 좌회전의 상충 감소 • 후행 좌회전에 비해 운전자의 반응이 빠름	• 선행 녹색 시작 때 대향직진이 잘못 알고 출발 우려 • 선행 녹색이 끝날 때 출발을 시작하는 보행자와 상충 우려
후행 좌회전	• 양방향 직진이 동시에 출발 • 후행 녹색 시작 때 보행자 횡단은 거의 끝난 상태이므로 보행자와 상충 감소 • 연동신호에서 직진차량군의 후미 부분만 절단	• 후행 녹색신호 시작 때 대향좌회전도 좌회전할 우려 • 좌회전 전용차로가 없을 때 후행 녹색 이전에 좌회전 대기차량이 직진 방해 • 정주기신호 혹은 T형 교차로의 교통감응신호에 사용하면 위험

자료: 참고문헌(9)

보호좌회전에 대한 통일된 기준은 아직 없으나 미국의 여러 도시에서는 교통량, 지체 및 교통사고를 기준으로 하여 다음과 같은 기준을 사용하고 있다.[9]

(1) 교통량 기준

• 좌회전 교통량과 이에 상충하는 직진 교통량의 곱이 첨두시간에 100,000대를 넘을 때
• 첨두시간 좌회전 교통량이 100대를 넘을 때
• 비보호좌회전에서 녹색신호가 끝난 후 한 접근로, 한 주기당 2대 이상의 좌회전 차량이 남아있을 때(정주기신호에서)
• 직진교통의 속도가 70 kph를 넘고 첨두시간의 좌회전 교통량이 50 vph 이상일 때

(2) 지체기준

• 좌회전 차량의 지체가 2주기보다 클 때
• 1시간 동안 1주기 이상 지체하는 좌회전 차량이 1대 이상일 때

(3) 교통사고 기준

• 연간 좌회전 교통사고가 5건 이상일 때

교차로 신호현시방법은 좌회전 전용차로 유무, 접근로 폭, 방향별 교통량의 크기에 따라 탄력적으로 선택할 필요가 있다. 예를 들어 좌회전 전용차로가 없을 경우에는 좌회전 전용신호를 사용해서는 안 되며, 접근로 폭이 좁으면 동시신호를 사용하면 효과적이다.

13.4.5 우회전 통제

우리나라에서는 현재 보행자 신호기 옆에 우회전용 차량신호기를 사용하고 있는 곳이 많다. 이 신호는 그 접근로를 횡단하는 보행자 신호가 녹색일 때만 적색이며 나머지 시간은 모두 우회전 신호 지시를 나타낸다. 우회전한 연후에 교차 접근로의 횡단보도신호가 녹색신호를 나타내는 경우에는

정지했다가 보행자 간의 간격을 이용하여 우회전을 완료한다. 따라서 이 우회전 신호는 우회전 전용 신호가 아니라 우회전 허용신호라 볼 수 있다

우리나라에서는 흔히 보행자 횡단보도신호가 차량용 신호로도 사용되는 경우가 흔하다. 예를 들어 우회전 차량이 우회전할 때 횡단보도의 신호가 녹색이면 반드시 정지해서 그 신호가 적색으로 바뀔 때까지 기다려야 한다. 이것은 보행자용 신호가 차량 규제까지 담당하게 되는 것으로서, 신호등에 관한 가장 초보적인 개념의 혼동에서 온 것이라 할 수 있다. 다행히 근래에 와서는 보행자 신호에 상관없이 차량이 횡단보도 앞에서 일단 정지한 후에 보행자 간의 간격을 이용하여 우회전을 하도록 허용함으로써 외국의 RTOR(Right-Turn-On-Red) 방식과 유사하게 운영되고 있다.

RTOR 방식은 차량의 적색신호(횡단보도는 녹색 또는 적색신호) 때 우회전 차량이 횡단보도 앞에서 일단 정지한 후 보행자의 간격을 이용하여 우회전하는 방식을 말한다. 우리나라에서도 우회전 보조신호가 없는 경우에는 위의 RTOR 방식과 같은 요령으로 우회전이 인정이 되나, 우회전 보조신호가 있으면 이와는 다르게 통제된다. 즉, 우회전 보조신호가 적색이면(교차도로의 차량이 직진녹색이며 따라서 횡단보도의 보행자 신호가 녹색) 횡단보도의 보행자가 있든 없든 횡단보도 앞에서 대기해야 하므로 RTOR 방식과는 다르다. 또 보조신호가 우회전 화살표라 하더라도 경우에 따라서는 우회전한 후 교차도로의 횡단보도신호가 녹색인 경우에는 그 횡단보도 앞에서 일단 정지해야 하므로 보조신호가 회전전용신호라고 할 수는 없다. 따라서 우리나라의 우회전 보조신호 운영방식이 경제적 측면뿐만 아니라 교통소통 측면에서 보더라도 외국의 RTOR 방식보다 좋지 않음을 알 수 있다. 그러나 접근하는 우회전 차량에게 횡단보도를 그대로 진행할 것인지 정지할 것인지를 보조신호 등을 이용하여 알려줌으로써, 횡단보도 앞에서 정지해야 함에도 이를 지키지 않는 운전자가 일으킬 수 있는 사고 가능성을 감소시켜 준다.

교차로의 기하구조가 우회전한 차량이 직진교통과 합류하기 어렵게 되어 있으면 사고의 위험성이 커진다. 이와 같은 경우 또는 우회전 교통량이 많을 경우에는 우회전 보조신호와 우회전 전용차로를 설치하여 우회전 교통을 원활히 처리할 수 있다.

13.5 차로이용 통제

교통류의 장애는 회전이동류 간의 상충, 보행자 차량 간의 상충, 노상주차와 통과교통 간의 상충 및 차종 간(트럭, 승용차, 버스 등)의 상충 때문에 발생한다. 이와 같은 상충을 기존의 통제수법으로 해결할 수 없다고 판단되면, 좀 더 적극적으로 상충을 방지하거나 제거하는 방안을 강구해야 한다. 이와 같은 방안은 상충을 최소화함으로써 교통류의 효율을 높일 뿐만 아니라 도로 공간을 더욱 효율적으로 이용하도록(도로의 용량 증대) 하기 위함이다.

이처럼 교통류를 적극적으로 통제하는 방안에는 다음과 같은 것들이 있다.

① 통상적인 일방통행도로(oneway street): 항상 한 방향으로만 통행할 수 있다.

② 가변 일방통행도로(reversible oneway street): 일방통행도로지만 다른 시간대에는 그 방향이 반대로 될 수 있다.

③ 부분가변 일방통행도로(partial reversible oneway street): 첨두시간에는 첨두방향으로 일방통행, 기타 시간대에는 양방통행이 가능하다.

④ 불균형 통행도로(unbalanced flow street): 양방향 도로에서 방향별 차로수가 교통수요에 따라 오전 첨두, 오후 첨두 및 기타 시간대별로 바뀌는 것이다(가변차로제).

⑤ 일방우선도로(oneway preference street): 양방향 도로에서 항상 어느 한쪽 방향에만 우대를 하는 것이다.

⑥ 버스전용차로(reserved bus lanes): 도로의 어느 한 차로를 버스만 사용하게 하는 것이다.

⑦ 양방좌회전 차로 또는 능률차로(two-way left turn lane): 중앙의 1개 차로를 양방향의 좌회전만 이용할 수 있도록 하는 것이다.

13.5.1 일방통행도로

1 일방통행도로의 장점

(1) 용량 증대

일방통행도로는 이동이 자유롭기 때문에 통상 평행한 인접도로로부터 교통이 유입된다. 또 교차로에서의 상충이 줄어들고 교통신호시간이 일방통행 교통에 편리하므로 양방통행으로 운영될 때보다 더 많은 교통량을 처리할 수 있다.

양방통행에 비해 일방통행이 갖는 장점은 양방통행일 때의 방향별 교통량의 분포, 회전 교통량, 도로폭 및 주차조건에 따라 달라진다. 아침·저녁 첨두시간에 각기 다른 방향으로 일방통행을 하고 기타 시간에는 양방통행을 하면서 도로 한쪽만 주차를 하는 도로에 대해서 분석한 결과 일방통행 때가 양방통행에 비해서 용량이 월등히 크다. 그러나 그보다는 양방통행을 하면서 주차를 금지하는 것이 효과가 더욱 크다. 뿐만 아니라 주도로가 양방통행일 때보다 일방통행일 때, 교차도로의 용량은(일방이든 양방통행이든 관계없이) 더욱 커진다.[10] 이것은 주로 회전교통이 감소되기 때문에 생기는 결과라고 판단된다.

[표 13.4] 일방 및 양방통행도로의 용량 비교(한 쌍의 도로)(vphg)

도로폭(m) (연석과 연석 간)	노상주차(양쪽)			노상주차금지		
	양방통행	일방통행	변화(%)	양방통행	일방통행	변화(%)
10	3,680	4,220	+14.7	5,600	6,680	+19.3
12	4,380	5,240	+19.6	6,460	7,740	+19.8
14	5,080	6,380	+25.6	7,320	8,800	+20.2
15	5,860	7,480	+27.6	8,220	9,900	+20.4
17	6,640	8,650	+29.8	9,100	11,000	+20.9
18	7,360	9,783	+32.9	9,960	12,120	+21.7

(2) 안전성 향상

일방통행의 특성은 회전이동류의 수가 감소하므로 차량들 간 또는 보행자와 차량 간의 예상되는 상충수가 훨씬 적어져 교통안전에 큰 기여를 한다. [표 13.5]는 일방통행으로 인한 상충수의 감소효과를 나타낸 것이다. 여기에는 분류상충이 고려되지 않았다.

[표 13.5] 상충이동류의 수(분류상충 제외)

A 도로	B 도로	기본이동류	상충수
2차로, 양방통행	2차로, 양방통행	12	24
2차로, 일방통행	2차로, 양방통행	7	11
2차로, 일방통행	2차로, 일방통행	4	6

즉 대향교통이 없기 때문에 정면충돌이나 측면접촉사고는 현저히 줄어들고 전조등 불빛에 의한 눈부심 현상도 줄어든다. 또 보행자가 주의해야 할 이동류 수가 적기 때문에 보행자·차량 간의 사고도 적다. 교차하는 두 도로의 어느 하나 또는 모두가 일방통행이면 교차로의 회전교통이 매우 적어지므로 횡단보도를 이용하는 보행자와의 상충이 적어진다. 교통안전에 관한 종합적인 연구결과에 의하면, 교통사고를 줄이는 가장 효과적인 대책은 잘 계획되고 통합된 일방통행도로체계를 만드는 것이다.[11]

(3) 신호시간 조절이 쉬움

한 쌍의 일방통행도로에서 두 방향의 교통류에게 완전한 연속진행을 하도록 신호시간을 계획할 수 있다. 연속진행 신호시간은 일방통행 때 매우 간단하다. 그러나 양방통행일 때는 같은 도로에서 각 방향에 적합한 연속진행식 시간을 구하기란 대단히 어렵다.

효과적인 연속진행시스템 내에 있는 원활한 교통류에서는 교통사고가 없다. 갑작스런 정지도 없으므로 연속진행 신호시간은 속도를 통제하는 효과적인 방도가 될 수도 있다.

(4) 주차조건의 개선

노상주차가 도로 주위의 사람들에게 꼭 필요하다면 일방통행을 하여 노상주차를 하도록 하는 것이 좋다. 양방통행으로부터 일방통행으로 바꾸면 도로 한쪽 변에 주차시킬 수 있으나 양방통행에서는 이것이 불가능하다. 좁은 도로라 하더라도 한쪽 변에 주차를 하면서 일방통행을 시킬 수 있다. 그러나 만약 양쪽에 주차를 못하게 하고 양방통행으로 운영하면 전반적으로 효율이 훨씬 떨어진다.

(5) 평균 통행속도 증가

대향 교통류가 없고, 신호시간 조절이 더욱 효율적이며, 상충이 없으므로 이로 인한 지체와 혼잡이 줄어들게 되어, 일방통행하는 차량의 평균 통행속도가 증가된다.

(6) 교통운영의 개선

일방통행 운영을 하면 서행하는 차를 추월하기가 쉬우나 양방통행인 경우는 그렇지 못하다. 또 일방통행 운영은 통행속도의 증가와 지체 및 교통사고의 감소로 경제적인 이득을 가져오며, 차로수가 홀수인 도로를 잘 이용할 수 있고, 버스전용차로 확보가 용이하다.

(7) 도로변 상업지역의 활성화

일방통행은 반드시 도로주변의 사업을 활성화시키며, 따라서 재산가치도 올라간다. 이 이득은 근본적으로 상업지구로의 접근성이 좋아지고 혼잡이 줄어들기 때문이다. 여기는 비단 승용차뿐만 아니라 화물차, 택시 및 버스의 이용도 좋아진다. 특히 많은 사람을 실어 나를 수 있는 버스는 혼잡이 줄고 통행시간이 짧아지므로 운행시간을 규칙적으로 유지할 수 있다. 또 양방통행에서는 마땅히 없어져야 할 노상주차가 일방통행하에서는 그대로 존속시킬 수 있다.

일방통행을 실시함으로써 주차장이나 식료품점, 음식점, 주유소 등과 같이 특정한 방향에서 오는 사람을 상대로 하는 사업은 손해를 볼 수도 있다. 이와 같은 점포들이 중심업무지구로 향하는 일방통행 도로상에 있지 않고 중심업무지구로부터 나오는 일방통행도로상에 있다면 판매량은 일시적으로 줄어들 수도 있다.

2 일방통행도로의 단점

(1) 통행거리의 증가

운전자는 자신의 목적지에 도착하기 위해서는 돌아가야 한다. 이때 돌아가는 거리는 일방통행도로의 수와 블록의 길이에 비례한다. 또 지리에 익숙하지 못한 운전자는 혼동을 하며, 특히 일방통행이 불필요할 정도로 교통량이 적은 시간대에는 운전자를 짜증스럽게 한다. 예를 들어 일방통행 운영이 첨두 4시간 동안은 좋을지 모르나 나머지 20시간 동안은 바람직하지 못할 수도 있다.

(2) 버스 용량의 감소

버스는 승객의 승하차를 위해 자주 정거해야 하므로 일반적으로 한 차로로 운영된다. 예를 들어 남북방향으로 8개의 도로가 있으면 이들을 양방통행으로 운영할 경우, 각 방향당 8개의 차로가 있다. 그러나 일방통행으로 운영할 경우에는 각 방향당 4개의 차로밖에 이용하지 못한다. 만약 이때 양방통행으로 8개의 차로가 용량에 도달된 상태에서 운영된다면, 일방통행으로는 승객을 다 처리하지 못하게 될 것이다.

버스를 타기 위해서 또는 갈아타기 위해서 걷는 거리도 길어진다. 만약 한 쌍의 일방통행도로 사이의 블록 길이가 지나치게 길면 승객들이 걷는 길이가 길어져 문제가 된다. 또 일방통행제 실시로 버스노선이 갑자기 변하면 이용자는 적합한 노선이나 방향을 파악하는 데 매우 곤혹을 느낄 것이다.

(3) 도로변 영업에 악영향

앞에서 언급한 바와 같이 어떤 종류의 영업은 일방통제로 인해 이용자가 접근하기가 불편해지므로 손해를 볼 수도 있다. 시내 중심지로 향하는 이용자를 상대로 하는 사업은 만약 일방통행이 그 반대방향으로 되어 있다면 심각한 타격을 받을 것이며, 그 반대의 경우도 마찬가지다. 손해를 보는 사업의 대표적인 예는 버스정거장에 위치하여 버스 이용자를 상대로 하는 사업이다. 만약 버스정거장이 옮겨지면 그 사업은 심각한 손해를 볼 것이다. 이 경우는 일방통행제로 바뀜에 따라 버스노선이 바뀜으로써 이용자가 버스노선에 접근하기 매우 어려울 때 발생한다.

(4) 회전용량의 감소

격자형의 도로망에서의 일방통행제는 양방통행제에 비해 좌·우회전 기회가 25% 감소한다. 그러므로 회전 교통량이 많으면 지체가 크게 증가한다. 이러한 문제점을 해소하기 위한 방안으로는 우측두 차로에서 우회전을 할 수 있게 하는 것이다. 즉 맨 우측차로는 우회전 전용으로 하고, 그 옆의한 차로는 우회전과 직진을 동시에 사용할 수 있도록 하는 방법이다. 만약 우회전 교통량이 적으면맨 우측차로만 우회전 전용차로로 해도 상관없다. 일방통행도로의 끝부분에서는 왼쪽에 있는 2개의인접한 차로를 이용하여 좌회전을 하게 해야 할 경우도 있다.

일방통행제에서는 순환교통량이 증가하므로 양방통행제에 비해 항상 회전 교통량이 많아지는 것은 당연하다.

(5) 교통통제설비의 증가

모든 교차로에 '일방통행' 표지를 설치해야 하며 뿐만 아니라 회전금지 표지, 진입금지 표지들이추가로 설치되어야 한다. 또 2개의 차로를 이용하여 좌회전 또는 우회전을 허용할 경우에는 차로통제 표지도 설치해야 한다.

(6) 넓은 도로에서 보행자 횡단곤란

넓은 도로(4차로 이상)에 일방통행제를 실시하면 보행자 대피섬을 도로 중앙에 설치할 수가 없다.또 보행자는 길을 건널 때 왼쪽을 먼저 확인한 후 오른쪽을 확인하는 습관이 있기 때문에 일방통행제에서는 이 습관을 깨어야 하므로 사고 가능성이 증가한다.

3 일방통행도로 시스템의 기준

일방통행도로체계를 구축함에 있어서 이들의 모든 장점과 단점을 주의 깊게 검토해야 한다. 이용자에게 불편을 주는 대책은 부득이한 경우를 제외하고는 사용하지 않아야 한다.

일방통행제를 채택해야 할 상황에는 여러 가지가 있다. 예를 들어 상충이동류를 감소시키는 데있어서 일방통행제보다 더 통제정도가 약한 방법이 실행 불가능한 경우이다. 일방통행제가 필요한또 다른 경우로는 고속도로의 측도(側道) 및 연결로, 로터리, 그리고 양방통행으로는 위험한 좁은도로와 같은 경우이다.

평행한 두 도로를 각각 한 쌍의 일방통행도로로 운영하기 위해서는 주의 깊은 검토가 필요하다.한 쌍을 이루는 두 도로는 대략 비슷한 기종점을 가져야 하고, 서로 비슷한 용량을 가져야 하며,일방통행에서 양방통행으로 변환되기 위한 편리한 말단부분이 있어야 한다. 효과적인 일방통행제가이루어지려면, 격자형 도로가 서로 비슷한 특성을 가져야 한다.

중요성이 덜한 일방통행도로는 복잡한 교차로 통제를 단순화시키는 데 사용될 수 있다. 예를 들어양방통행의 5갈래 교차로는 최소 3현시가 필요하다(비보호좌회전인 경우). 그러나 만약 이 중에서중요성이 적은 어느 한 접근로를 교차로에서 유출되는 방향으로 일방통행을 실시한다면 2현시를 사용해도 된다.

일방통행 방식을 적용하기 위해서는 다음과 같은 사항을 면밀히 검토하여야 한다.

① 교통류의 기점과 종점

② 각 도로구간의 첨두시간교통량(회전 교통량을 구분)

③ 첨두시간과 비첨두시간 동안 각 노선의 통행시간과 지체시간

④ 도로와 교차로의 정확한 용량(일방통행 때와 양방통행 때)

⑤ 정확한 노선망도

⑥ 일방통행제 실시에 따른 증가된 통행거리와 감소된 통행시간을 고려한 경제성 평가

⑦ 주요 교통발생원의 위치

⑧ 하역구역 등의 접근성, 교통사고, 대중교통노선, 긴급차량 접근, 보행자 이동, 인접지의 사업 등에 미치는 영향

4 일방통행 시스템의 설치 및 효과

일방통행제가 충분한 효과를 거두려면 한꺼번에 완전한 시스템으로 구축되는 것이 바람직하다. 그러나 이 제도가 만약 반대에 부딪치면 단계적인 설치계획을 수립하면서 아울러 일방통행제의 장점을 가능한 한 빨리 홍보를 해야 한다.

일방통행제도의 필요성이나 그 효과에 대한 이견이 있다면 시험기간을 두는 것도 좋다. 일방통행제에 대한 효과를 입증하거나 반증을 하려면 최소한 3개월, 또는 그 이상의 기간이 필요하다. 이 기간 동안 일방통행제의 효과를 파악하기 위한 여러 가지 교통분석이 수행되어야 한다.

일방통행제 실시로 인한 통행속도, 안전성 및 운행조건의 개선정도는 이 제도가 실시되기 이전의 상황에 따라 다르다. 일반적으로 통행시간은 10~50% 정도 감소되며, 교통량이 조금 증가하지만 교통사고도 10~40% 정도 감소한다.

일방통행제를 실시하기 위해서는 적절한 표지와 노면표시를 해야 하나 참고문헌 (15)에 설명되어 있는 바와 같이 이 과정은 생각보다 까다로우므로 주의를 요한다.

일방통행제를 실시하기 위해서는 그 취지, 이유 및 전반적인 계획을 일반대중, 운전자, 보행자들에게 충분히 홍보를 해야 한다. 또 가능한 한 많은 관심 있는 민간단체들에게 신문이나 라디오, TV 등을 통해서 대화를 나누어야 한다. 뿐만 아니라 일방통행 시스템을 종합적으로 설치하기에 앞서 정책이나 민간단체들과 연관된 교육프로그램을 개발하여 몇 달간 지속적으로 운용해야 한다.

시스템을 채택한 후에는 이 제도의 효과를 측정하기 위해 적절한 연구가 수행되어야 하며, 여기에는 도로용량, 속도와 지체, 신호시간, 교통사고, 일반대중의 반응, 그리고 도로 주위의 사업체나 대중교통에 미치는 영향들을 포함한다.

13.5.2 가변 일방통행도로 및 부분가변 일방통행도로

이와 같은 두 가지 종류의 운영방법은 교통량이 많으며, 시간대에 따라 교통량의 방향별 변동이 심하고, 또 그 교통을 처리할 수 있는 도로가 하나뿐인 경우에만 사용된다. 보통 부분가변(部分可變) 일방통행방식은 오전 첨두시간에는 시내 쪽으로 일방통행, 오후 첨두시간에는 교외(郊外) 쪽으

로 일방통행, 기타 시간에는 두 방향의 교통량이 비슷할 때 양방통행으로 처리한다. 이와 같은 통제 방식은 오전엔 유입교통, 오후엔 유출교통이 많은 CBD에 이르는 간선도로에 주로 사용된다.

가변 일방통행제는 시간대에 따라 일방통행의 방향이 바뀌는 방식이다. 가변 일방통행제는 양방 통행으로는 첨두시간의 중방향 교통을 도저히 처리할 수가 없고, 일방통행제로 할 경우 짝을 이룰 평행한 다른 도로가 없을 때에 한해서만 이 방법을 사용한다. 그러나 반대방향에서 오는 적은 교통을 처리할 평행도로가 인접한 곳에 있어야 함은 물론이다.

정상적인 일방통행제가 운전자나 보행자의 통행길이를 증가시키기 때문에, 가능하다면 이보다는 오히려 가변 일방통행제를 사용하고 싶어 할지 모른다. 또 일방통행제는 첨두 4시간 동안의 문제를 해결하기 위하여 24시간 내내 같은 방식으로 운영해야 한다는 비판이 있을 수 있다. 그러나 가능하다면 정상적인 일방통행제 대신 가변 일방통행제를 사용하는 것을 삼가야 한다. 가변 일방통행제의 단점은 다음과 같다.

- 교통규제를 실시하기 위한 교통통제설비를 설치하기가 어렵다.
- 지리에 생소한 운전자가 교통규제를 이해하고 이를 지키기가 어렵다. 따라서 일방통행의 반대 방향으로 진입하는 것과 같은 우발적 교통위반의 소지를 만든다.
- 규제가 철저히 단속되지 않으면 사고의 위험성이 높아진다.

13.5.3 불균형 통행도로(가변차로제)

이 기법의 목적은 양방통행에서 어느 한 방향의 교통량이 다른 방향에 비해 월등히 많을 때 기존 도로의 효율성을 높이기 위한 것이다. 다시 말하면 양방통행도로에서 첨두시간에 한쪽 방향에 교통이 몰리고 그 반대방향은 용량에 비해 교통량이 현저하게 적을 때 도로 이용상의 비능률을 없애기 위해 가변차로제가 적용된다.

1 장점
- 필요한 방향에 추가적인 용량을 제공한다.
- 일방통행 때 생기는 운전자 및 보행자의 통행거리가 길어지는 것을 방지한다.
- 적절한 평행도로가 없더라도 일방통행제와 같은 장점을 살릴 수 있다.
- 대중교통의 노선을 재조정할 필요가 없다.

2 단점
- 교통량이 적은 쪽에 대한 용량이 부족할 경우가 있다.
- 교통량이 적은 쪽에 버스정거장이나 좌회전을 금지해야만 할 경우가 있다.
- 교통통제설비의 설치에 비용이 많이 든다.
- 교통사고의 빈도나 심각성이 높아질 수 있다.

3 준거

이 방식은 한쪽 방향으로 교통량이 집중되는 교량이나 터널 등에 사용하면 좋다. 또 정기적으로 교통혼잡이 발생하고 정상적인 일방통행제 실시가 불가능하거나 타당하지 못한 간선도로 역시 가변 차로제를 실시하기에 적격이다.

가변차로제의 필요성을 판단하기 위해서는 첨두시간의 주차금지, 회전제한, 하역제한, 신호개선, 노면표시 개선 등을 주의 깊게 고려해야 한다.

도로의 폭에 연속성이 없거나 3~4개 차로의 좁은 도로에는 가변차로제가 실용적이 못되나, 속도와 밀도가 낮고 교통량이 적은 쪽의 차로상 정차를 금지하면 가변차로제가 가능하다. 차로폭이 충분히 넓으면 4차로 혹은 6차로도로를 5차로 혹은 7차로로 만들어 2 : 3 혹은 3 : 4로 가변차로제를 실시할 수 있다.

4 통제방법

차로이용을 표시하는 데 사용되는 교통통제설비에는 여러 가지가 있으며 그 선택은 경제성을 판단하여 결정한다. 가변차로제를 위한 세 가지 기본적인 통제방법은 다음과 같다.

- 차로경계 시설물
- 차로지시 신호등
- 표지

이들은 서로 독립적인 것이 아니고 서로 보완하면서 혼용되고 있다. 그러나 이들은 통제 면에서의 융통성과 설치 및 운영 면에서의 경제성에 차이가 있다.

(1) 경계시설

영구 및 임시 경계시설, 또는 차로표시 등을 말한다. 영구시설로는 등책형 연석(mountable curb)을 주로 사용한다. 예를 들어 8차로도로인 경우 가운데 두 차로의 양변에 등책형 연석을 설치하여 전체 차로를 3-2-3으로 분할한다. 만약 교통량이 평형을 이루면 4 : 4로 하고, 불균형을 이루는 첨두시간에는 5 : 3의 비율로 차로를 이용하게 한다. 실시되는 도로구간의 양쪽 끝단에서는 교통콘(traffic cone) 같은 것을 설치하여 차로유도를 한다.

또 다른 영구시설로는 가동식 판을 차로에 설치하여 유압식으로 20 cm 정도 올렸다 내렸다 하며 차로변경을 한다. 이렇게 하면 각 방향의 차로를 2개, 4개, 또는 6개로 이용할 수 있다. 가변차로 도로에 진입하기 위해서는 비교적 긴 길이가 필요하다.

(2) 차로지시등

차로지시등(燈)은 가변차로제에서 가장 많이 사용되는 방법으로, 차로지시신호를 공중에 문형식(門型式)으로 설치하면 시인성이 좋고 노상장애물이 없게 된다. 자동 또는 수동으로 작동될 수 있으며, 초기비용이 많이 들기는 하나 유지관리비용이 적게 든다.

(3) 표지

차로이용을 통제하는 표지로서는 도로변에 세운 측주식(側柱式)과 머리 위를 가로지르는 문형식(門型式)이 있다. 도로변의 표지는 통제의 효과가 적으므로, 국지교통이 주로 이용하는 도로에만 설치해서 이용자가 가변차로제에 빨리 익숙해지도록 해야 한다. 일반표지판과 구분하기 위해서는 이 표지의 용도에 따라 각기 다른 색깔을 사용하는 것이 바람직하다.

문형식 표지는 차로 사용요령을 표시하는 데 널리 이용된다. 일반적으로 차로지시 신호등에 관한 보충설명도 문형식 표지를 이용한다. 문형식 표지의 설치간격은 300 m가 적당하다.

13.5.4 일방우선도로

이 방식은 양방통행도로에서 교통량이 많은 어느 한쪽 교통에만 항상 차로수를 많이 할당함으로써 일방통행과 양방통행의 장점을 취함과 동시에 두 방식의 단점을 제거할 수 있다.

일방우선도로는 가변차로제에서 야기되는 문제점과 그에 따른 운영경비를 절감할 수 있다. 통행차로의 표시가 영구적이므로 부가적인 경비는 들지 않는다. 또 차로수를 홀수로 만들 수 있는 넓은 도로라면 이를 아주 효과적으로 사용할 수 있다.

일방우선도로는 또 양방통행에서 일방통행으로 전환하는 동안의 중간단계로 활용하면 좋다.

13.5.5 버스전용차로

버스전용차로란 버스가 주행을 하거나 승객을 승하차시키거나 또는 신호등에서 정지하는 데 이용되는 전용차로를 말한다. 다른 차량들은 허용되는 경우에 한해서만 이 차로를 진출입하거나 횡단할 수 있고 어떠한 경우에도 이 차로 내에 있는 버스를 현저하게 방해해서는 안 된다. 또 버스는 전용차로가 있는 도로라 할지라도 다른 차로를 이용할 수는 있으나, 어떤 경우라도 전용차로 밖에서 승객의 승하차를 위한 정차는 할 수 없다.

전용차로의 목적은 버스를 다른 일반차량으로부터 분리시킴으로써 서로 간에 장애가 되지 않게 하기 위함이다. 교통류 내에서 서로 다른 종류의 차량들 간의 마찰을 줄이기 위해서 사용하는 방법은 앞에서 언급한 일방통행제, 가변차로제뿐만 아니라 회전전용차로도 있다. [그림 13.2]는 이러한 버스전용차로를 운영하는 예를 보인 것이다.

전용차로제의 장점은 다음과 같다.

- 버스와 다른 차량 간의 마찰방지
- 버스의 통행시간 단축
- 일반차량의 지체 감소에 따른 도로용량 증대(버스가 전용차로 이외의 차로를 방해하지 않으므로)
- 사고율 감소

전용차로제의 단점은 다음과 같다.

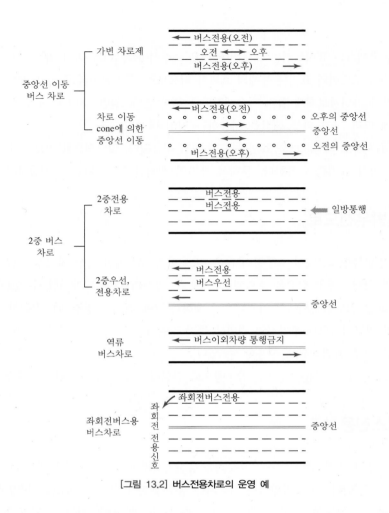

[그림 13.2] 버스전용차로의 운영 예

- 전용차로가 도로변차로인 경우 승용차의 도로 우측으로의 접근 방해
- 회전이동류와 상충
- 전용차로가 도로중앙차로인 경우 별도의 승하차 교통섬 필요
- 교통통제설비 추가 소요

1 도로변 전용차로의 운영기준

① 일반차량의 회전이 버스의 운행을 방해해서는 안 된다. 교차도로의 교통순환의 필요성에 따라 버스 이외의 다른 차량이 우회전할 수도 있다.

② 전용차로가 효과적으로 잘 사용되기 위해서는 회전하는 차량이나 승하차시키는 택시를 제외하고는 다른 어떤 차량도 이 차로에 들어와서 버스의 운행을 방해해서는 안 된다.

③ 버스정거장은 교차로를 지나거나, 또는 블록 중간에 두어 전용차로에서 다른 차량의 우회전이 가능하도록 해야 한다.

④ 버스는 회전 시나 고장난 차를 추월하는 것과 같은 특별한 경우가 아니고는 전용차로를 이탈

하지 못하게 해야 한다.

⑤ 양방통행에서 양쪽 모두 전용차로를 설치해서는 안 된다. 만약 양쪽에 도로변 전용차로를 설치해도 지장이 없을 정도로 넓은 도로라면 중앙전용차로를 설치하는 것이 더 바람직하다.

⑥ 원활한 주행을 보장하기 위해서는 적절한 단속을 해야 한다.

2 중앙전용차로의 운영기준

① 일방통행도로에서 일반차량이 교차로 안이나 교차로를 통과한 후 중앙전용차로를 비스듬히 가로지를 수 있다. 이와 같은 행동은 전용차로의 운행을 방해하지 않는 경우에 한한다.

② 양방통행 중앙전용차로가 있으면 적절한 경우를 제외하고는 다른 차량의 좌회전이 금지되어야 한다.

③ 버스정거장은 반드시 근측정거장(near-side stop)이어야 하며, 승객의 승하차를 위한 안전섬이 마련되어야 한다. 이 안전섬에 접근하려면 교차로 이전의 횡단보도를 이용하도록 해야 한다.

④ 버스는 회전 시나 고장난 차를 추월하는 것과 같은 특별한 경우가 아니고는 전용차로를 이탈해서는 안 된다.

⑤ 전용차로가 일부 시간대에만 운용되는 경우, 첨두시간이 아닐 때에는 그 차로를 다른 차량과 같이 사용하지만 승하차는 정해진 안전섬에서 해야 한다.

전용차로제는 도로의 일부를 다른 차량이 사용하지 못하게 하고 도로변의 접근을 막을 뿐 아니라 회전을 못하게 하므로, 도로 전체의 이용효율이 커진다는 보장이 있을 때에 한해서 이 방식을 사용해야 한다.

이 밖에 버스우선차로는 버스전용차로에 비해 다른 일반차량의 방해를 다소 받는다. 버스전용도로는 버스 이외의 차량통행이 금지되는 도로이다. 예를 들어 교외의 주요 철도역으로 통하는 폭이 좁은 도로의 짧은 구간에 설치할 수 있다. 또는 혼잡한 교통애로구간이 있을 경우 이를 우회하는 버스전용도로를 설치하면 효과적이다.

13.5.6 양방좌회전 차로

일반적으로 교차로가 도로용량을 좌우하지만 블록중간 구간 역시 진출입하고 엇갈리는 이동류들 때문에 많은 교통마찰을 야기한다. 양방좌회전 차로제(two-way left turn lane)란 중앙의 1개 차로를 양방향의 좌회전만 이용할 수 있도록 하는 기법으로서 도로주변이 고밀도로 개발된 지구의 도로에 사용된다. 사실상 이 중앙차로는 좌회전하는 차량의 감속 및 대기공간이 된다. 이 기법은 전체 교통류의 지체와 혼잡을 감소시키며, 첨두시간에는 가변차로로 사용될 수도 있고 버스 및 다승객차량만 사용하게 할 수도 있다.

예를 들어 15~18 m의 4차로도로는 5개 차로로 만들어, 가운데 차로를 양방향에서 좌회전하는 데만 사용하는 차로로 만들면 이 도로의 용량을 크게 증가시킬 수 있다. 이때 중앙차로의 노면표시는 바깥쪽은 황색실선, 안쪽은 황색파선으로 한다.

13.6 노상주차 통제

13.6.1 노상주차의 영향

도시교통에서 주차문제가 큰 비중을 차지한다. 특히, CBD에서는 주차난으로 인해 교통혼잡이 가중된다. 이러한 주차문제는 노상주차를 탄력성 있게 운용하면 상당부분 해소된다. 그러나 노상주차를 허용하면 다른 측면에서 많은 문제점을 야기한다.

노상주차의 허용여부를 결정하는 데 있어서 고려해야 할 노상주차의 영향은 다음과 같다.

1 교통소통과 주차

교통수요가 교통시설의 공급보다 커지면 항상 우선순위를 정해야만 한다. 통행을 주목적으로 하는 도로는 자유로운 이동이 필요하게 되며, 따라서 그 도로에서는 주차를 못하게 해야 할 것이다. 그러나 교통혼잡이 심각해지기 이전까지는 주차금지를 하지 않는 것이 좋으며, 가능한 한 긴 시간 동안 어디서든지 어느 정도 통제는 받더라도 주차는 허용되어야 한다. 교통소통이나 주차문제는 공공의 이익에 관계되는 문제이므로 어떤 집단이나 개인이 부당하게 이득을 보도록 해서는 안 된다.

2 도로용량

도심지역에서의 도로용량은 도로변주차에 크게 영향을 받는다. 양방통행도로 양변에 주차금지를 하는 신호교차로의 용량은 주차금지가 안 된 도로보다 약 2배가 크다. 마찬가지로 일방통행도로 양변에 주차금지를 하는 신호교차로의 용량은 주차가 허용된 도로의 용량보다 2.5배 정도가 크다.[16], [17], [18]

3 교통사고

노상주차는 교통사고의 주요 원인이다. 도로변주차를 위해 출입하는 차량들, 비정상적이거나 불법 주차한 차량들, 그리고 주차한 차량들 사이로 도로에 진입하는 보행자들이 일반적으로 심각한 사고원인이 된다.

미국의 한 연구에 의하면 모든 사고의 18.3%가 노상주차에 의한 것이며, 약 10%는 주차된 차량 뒤에서 도로로 뛰어나온 보행자들이었다.[19]

4 도심지 업무에의 영향

사업을 하는 사람에게서 사업의 손실은 부분적으로 교통혼잡과 주차공간의 부족에도 그 원인이 있다. 몇 가지 연구에서 보면 대도시 지역의 총 판매액 중에서 도심지역의 기존사업체는 외곽지역의 쇼핑센터에 밀려서 사업기반을 상대적으로 상실해가고 있을 뿐만 아니라 절대적인 사업실적 면에서도 뒤지고 있다. 도심지역 사업가에게는 더 나은 주차시설이 필요하나 외곽지역의 쇼핑센터와는 경쟁이 되지 않는다. 많은 경우에 있어서 노상주차허용이 도심지역 주차난 해소에 큰 도움이 되어 왔다.

5 긴급차량 이용공간

경찰관서와 소방서는 도로변 주차상태에 대해 아주 중요하게 생각하고 있다. 왜냐하면 도로변주차가 그들의 임무수행에 방해가 될 소지가 있기 때문이다. 도로변주차로 인해 소화시설을 가로막게되면 더 큰 화재피해를 당할 우려가 있다. 소방서나 소화전 근처의 주차금지, 공공차량 운행에 필요한 충분한 차로폭, 소화호스 작동에 필요한 공간 등은 노상주차규제 문제를 다룰 때 반드시 고려하여야 할 주민 안전문제에 관한 필수요건이다.

6 승하차 및 하역구역

버스, 화물차, 택시 등에게 필요한 도로변 승하차 및 하역구역에 대한 규정이 마련되어어 한다.

(1) 버스 승하차 구역

버스가 쉽게 도로를 출입하거나 도로변과 평행하게 주차할 수 있도록 하기 위해 [표 13.6]과 같은 버스의 최소 승하차 공간을 생각해 볼 수 있다. 도로변의 버스 승하차 공간의 최소크기에 대한 ITE의 추천값은 [표 13.7]에 나타나 있다.

[표 13.6] 최소 노상 버스 승하차 구역

버스 좌석수	버스길이(m)	1대 정차(m)			2대 정차(m)		
		근측	원측	블록 중간	근측	원측	블록 중간
30 이하	7.5	27	20	38	36	27	45
35	9.0	28	21	39	39	30	48
40~45	10.5	30	23	40	42	33	51
51	12.0	32	24	42	54	36	54

자료: 참고문헌(20)

버스정거장은 일반적으로 교차로에 위치한다. 이 위치는 4방향으로부터 쉽게 접근할 수 있고 버스노선이 교차하는 경우 갈아타는 거리가 최소로 줄어들어 버스이용자에게 편리하다. 더군다나 이 위치는 도로용량 측면에서 볼 때 가장 효율적이다.

[표 13.7] 버스 한 대의 승하차 구역 길이*(m)

근측정거장	원측정거장‡	블록중간정거장
32	24	42

* 한 대 추가당 14 m 연장
‡ 우회전 후에 원측에 정차하는 경우는 42 m
자료: 참고문헌(21)

(2) 화물차 하역구역(하역 Bay)

CBD 도로의 기본목적은 이 지역의 업무가 가능하도록 접근성을 제공하는 것이다. 이는 CBD 안팎으로 상품을 이동시키고 또 이들을 승하차시키는 데 필요하다. 대부분의 경우 하역(荷役) 작업은 도로변에서 하게 된다. 화물을 취급하는 트럭은 목적지에 가장 가까이 주차하지 않을 수 없기 때문에 이중주차를 하여 교통류를 방해하는 데 큰 몫을 한다. 그래서 트럭운전자는 더 심한 주차위반을 하게 된다. 화물차의 하역구역의 필요성 여부는 주차조건, 노외 또는 골목길에 있는 하역공간의 가용여부, 집배(集配)의 빈도, 화물의 크기, 차종, 그리고 서비스를 받는 인접 사업장의 수에 따라 결정된다. 구역의 길이는 최소 10 m, 또는 그 길이의 배수가 되는 것이 좋다.

트럭의 도로변 하역구역 설치를 위한 준거는 다음과 같다.

- 하역을 위한 골목길 또는 노외공간이 없을 때
- 도로나 골목길을 건너지 않고는 30 m 이내에 다른 도로변 하역공간이 없을 때(그러나 하역활동이 심한 구역에는 이와 같은 제한에 구애를 받지 않는다.)
- 취급되는 화물의 무게, 수량 및 필요한 작업시간 때문에 하역구역의 필요성이 있을 때

(3) 택시의 승하차 구역

택시승객을 위해서는 도로변에 택시정차구역이 마련되어야 한다. 이와 같은 정차구역의 수와 구역의 길이는 평균 승차인원과 이용자의 수에 따라 결정된다.

13.6.2 노상주차의 종류

노상주차의 방법에는 평행주차(平行駐車)와 각도주차(角度駐車) 두 가지가 있다. 각도주차는 평행주차보다 도로변 길이당 더 많은 차량을 주차시킬 수 있다. 각도가 커질수록 주차시킬 수 있는 대수가 많아지며 90°에서는 평행주차보다 거의 2.5배 정도 많이 주차시킬 수 있다. 또 각도가 커질수록 주차를 위한 도로폭을 많이 차지하며 게다가 이 구역을 진출입하는 데도 추가적인 도로폭이 소요된다. 보통 60°가 가장 실용적이긴 하나 일반적으로 45°가 가장 좋은 결과를 나타낸다. 각도주차는 차도폭이 적어도 20 m 이상인 도로에서만 고려되어야 한다.

각도주차는 쉽고 빠르게 주차시킬 수가 있다. 하지만 이 주차방법에서는 주차면에서 차가 빠져나올 때, 평행주차방식에서보다 더 위험하다. 사전·사후조사에서 밝혀진 바에 의하면, 도로변에서의 각도주차가 사고의 주요 원인이 되며, 평행주차로 바꾸었을 때 사고율이 현저히 감소한다.

주차면의 표시는 노면에 분명히 표시해야 한다. 한 주차면의 크기는 통상 2.5×6.5 m 정도이다. 평행주차를 허용하는 도로의 최소폭은 [표 13.8]과 같다.

[표 13.8] 평행주차를 위한 최소 도로폭(m)

도로구분	화물차 주차 15% 이하		화물차 주차 15% 이상	
	양변주차	한변주차	양변주차	한변주차
양방통행	11	8.5	11.5	9
일방통행	8	5.5	8.5	6

자료: 참고문헌(22)

13.6.3 주차금지 및 시간제한

소화전, 횡단보도, 차도, 교차로, 갱도 등과 같은 곳에서는 안전 측면에서 주차가 금지된다. 또 버스정거장, 승하차 구역 및 통과교통 등을 위해 주차금지 표지를 세운다.

주차에 관한 정의는 우리나라 도로교통법 제2조에 다음과 같이 나와 있다. "주차(駐車)라 함은 제차(諸車)가 승객을 기다리거나 화물을 싣거나 고장 기타의 사유로 계속적으로 정지하는 것, 또는 해당 제차의 운전자가 그 차로부터 떠나서 즉시 운전할 수 없는 상태를 말한다." 반면에 정차(停車)란 "제차가 정지하는 것으로서 5분을 초과하지 아니하는 주차 이외의 것을 말한다." 다시 말하면 운전자가 즉시 운전할 수 있는 상태로 5분 이내 정지해 있는 것을 정차라 하며, 그 외의 것을 주차라 한다.

주차금지는 정해진 일정 시간 동안 행해져야 한다. 이 시간제한은 주차공간이 충분한 적은 도시에서는 아예 없을 수도 있고, 첨두시간에 모든 도로변주차를 금지해야 할 정도의 대도시에서는 주차금지시간이 아주 길어야 할 경우도 있다.

주차시간제한은 현재 또는 장래의 교통량 패턴에 따른 주차특성을 분석하여 결정한다. 대부분의 도시에서, 주차가 허용되는 경우 다음과 같은 시간제한을 하면 좋다.

- 1시간 제한: 도심부에서 사용되며 대부분의 운전자는 1시간 정도의 주차에 만족한다.
- 2시간 제한: 중심부 주변지역에 실시한다. 이 시간제한은 최종 목적지까지 걷는 거리가 멀지만, 오래 주차하기를 원하는 사람들이 이용하기 편리하다.
- 15분~30분 제한: 우체국, 은행 및 공공건물 주위에 실시하며, 이곳을 찾는 운전자는 이 시간 동안 충분히 용무를 끝낼 수 있다.

13.6.4 주차단속

주차규제나 제한은 표지판이나 노면표시로 표시해 주어야 하며, 엄격히 단속되어야 한다. 도로변 주차는 경쟁이 치열하기 때문에 주차량(駐車量)을 극대화하고 교통흐름을 원활히 하기 위해서는 시간제한을 엄격히 지켜야 한다. 항시 주차가 금지되는 곳도 물론 엄한 단속을 해야 도로용량을 극대화할 수 있다.

주차위반을 단속하는 데는 많은 인원과 장비가 필요하다. 단속을 하는 데는 여러 가지 방법이 알려져 있으나, 대부분의 나라에서 단속에 어려움을 겪고 있다. 도로변 주차단속은 경찰업무 중에서도 큰 비중을 차지하나 가장 인기가 없는 업무이기도 하다. 예를 들어 뉴욕 같은 대도시에서 1년 동안 발부하는 주차위반 티켓은 백만 장이 넘는다. 주차단속 방법에는 도보순찰, 차량순찰, 고정배치 경찰 및 불법주차차량의 견인 등이 있다.

13.6.5 주차미터

   주차미터는 1935년에 처음 사용되기 시작해서 도로변 주차통제에 큰 기여를 하고 있다. 외국의 예를 보면 교통행정부서는 대부분 처음에는 주차미터 설치를 두려워하는 경향이 있으나, 그 장점을 알고 나면 그와 같은 염려는 해소되고 주차미터의 사용을 확대하는 경향을 보인다. 만약 주차면의 크기, 수요에 적합한 주차시간제한, 승하차 구역에 대한 대책이 적절하다면 주차미터는 다음과 같은 장점을 갖는다.

1 장점

① 정확한 주차시간을 점검할 수 있으므로 시간을 초과하여 주차하는 차량을 적발하기 쉽고, 하루 종일 주차하는 차량을 억제한다.

② 시간을 초과하여 주차하는 차량수를 줄이고, 회전수(turnover)를 높여 더 많은 차량이 주차하도록 한다.

③ 주차단속에 필요한 인원을 감소시킨다. 어떤 지역은 이런 목적만을 위하여 주차미터를 설치하기도 한다.

④ 이중주차를 못하게 한다.

⑤ 교통혼잡을 줄여 교통흐름을 돕는다.

⑥ 노외주차시설과 교통통제설비의 재원을 마련한다.

2 단점

위의 장점을 유지하고 주차미터가 충분히 효과적으로 운용되려면 철저한 감독 및 단속이 필요하다. 주차미터의 단점은 다음과 같다.

① 불필요한 곳에 설치할 경우 비난을 받는다.

② 적절히 단속하지 않으면 운전자들이 벌금을 물지 않고도 시간을 초과하여 주차할 수 있는 줄 안다.

③ 자주 점검하지 않으면 미터에 동전을 집어넣으면서 오랜 시간을 주차할지도 모른다.

④ 미터를 철거할 필요가 있는 경우에도 수입을 계속 올리려는 욕심 때문에 미터 철거를 주저한다.

⑤ 첨두시간에만 주차가 금지되는 도로에서는 주차한 차량을 단속하는 데 어려움이 따른다.

   일반적으로 도시가 크면 클수록 미터당 수입도 커지며, 노상주차장에서의 수입이 노외주차장에서의 수입보다 많다. 미국의 도시에서는 주차장에서 나오는 수입이 엄청나게 많아 도시교통 행정비용의 75%를 상회하는 경우도 있다.

   주차수요가 크고 또 이에 따른 주차수입도 크기 때문에, 이 수입이 주차시설이 아닌 다른 목적으로 사용되는 것은 공공의 이해문제뿐만 아니라 적법성에서도 문제가 생길 소지가 있다. 주차수입은 일반회계에 들어가는 것이 아니다. 통상 주차시설의 개선 및 확장에 사용되어야 바람직하며 그렇지 않으면 적어도 교통개선대책에는 사용되어야 한다. 뉴욕 같은 곳은 미터 수입을 특별교통개선기금으로 사용해야 한다고 법에 규정해 놓고 있다.

3 주차미터의 효과

주차미터를 사용하는 근본 목적은 시간을 초과해서 주차하는 것을 방지하며 도로변주차의 회전수를 증가시키는 것이다. 주차미터가 설치되지 않은 시간제한제의 주차와 비교할 때 주차미터의 효과는 다음과 같은 사항을 중심으로 평가된다.

- 시간을 초과해서 주차하는 차량의 비율
- 그들의 사용 시간대
- 이와 같은 위반자의 평균 주차시간길이
- 주차 회전수

15~30분 시간제한 주차지역에서는 철저한 단속이 수반되지 않는 한 미터는 충분한 효과를 발휘할 수 없다. 단속은 모든 주차지역에서 필요하나, 1시간 또는 2시간 주차제한지역에서는 단속을 하든 않든 간에 확실한 효과를 보인다. 이와 같은 지역은 전체 주차미터지역의 대부분을 차지한다.

4 주차미터의 준거

ITE의 보고서에는 주차미터의 목적, 운영방법 및 설치에 관한 세부사항뿐만 아니라 이들의 준거가 명시되어 있다. 도로변 주차미터는 다음과 같은 조건에서 사용하는 것이 좋다.[23], [24]

- 주차시간제한이 설정되어 있고 단속이 되고 있을 때
- 주차제한시간 동안 주차수요가 연가용용량(延可用容量, available space-hours)의 70% 이상으로 높을 때
- 주차지역이 상점이나 공공기관 같은 단기주차수요를 발생시키는 곳으로부터 도보거리 이내에 있을 때
- 눈으로 보아 높은 회전수를 필요로 하는 곳, 예를 들어
    - 평균 주차시간길이가 매우 길고,
    - 주차위반 단속을 강력히 하고 있고,
    - 주차장을 찾기 위해 운전자가 계속적으로 배회하는 경우가 발견될 때

13.7 교통체계관리

교통은 출발지와 목적지가 서로 다른 교통수단이 도로망 내에서 서로 다른 속도로 혼합되는 현상이다. 지금까지 교통문제의 접근방법은 이러한 여러 가지 교통수단과 교통행태를 종합적이며 유기적인 것으로 보지 않고 개개의 단일요소에만 관심을 두어왔기 때문에 교통체계 전반에 걸친 효율은

매우 저조하였다. 따라서 각 도시교통시스템의 구성요소를 함께 고려하여 시스템 전체의 생산성, 즉 에너지를 절감하고 환경의 질을 높이며 도시생활의 질을 향상시키기 위한 단기 교통개선계획과 운영과정을 교통체계관리(Transportation system management; TSM)라 한다.

TSM의 특징은 개별적이거나 독립적인 대책을 사용하는 것이 아니라 이미 잘 알려진 독립적인 여러 대책을 밀접히 결합하여 어떤 특정 목표를 달성하는 것이다. 따라서 TSM은 기존시설을 최대한 이용하면서 여러 가지 교통운영기법, 예를 들어 버스 및 다승객차량 우대, 신호운영 개선, 주차통제 및 관리, 통행수요 관리, 대중교통관리 개선 등과 같은 기법을 사용한다. 물론 이러한 기법을 시행할 때는 도로 및 교차로의 개선을 위한 소규모의 투자사업은 불가피하다.

그런 관점에서 볼 때 TSM은 계획이라기보다 관리의 분야이다. 따라서 일반적인 시스템의 관리(management) 개념처럼 TSM도 운영(operation), 유지보수(maintenance), 평가(evaluation), 시스템 개선(system improvement)의 단계를 반복적으로 거쳐야 한다.

13.7.1 TSM의 배경

미국 연방정부는 1967년 모든 도시로 하여금 '도로용량과 안전성 향상을 위한 교통운영계획(Traffic Operations Program to Increase Capacity and Safety; TOPICS)'이라는 교통공학적인 대책수립을 지시하고, 이의 시행을 지원하였다. 이것이 발전하여 1975년에는 '교통체계관리법(Transportation Systems Management Act)'을 제정하여, 향후 교통시설을 확장하거나 신설할 때는 이를 계획하기 전에 우선 기존시설을 최대한 활용할 방도가 없는가에 관한 검토보고서를 요구하게 되었다. 뿐만 아니라 도시교통계획과정에 중·소규모 투자의 TSM 사업을 포함하게 하였다. 도시교통 문제의 해결을 위해 이와 같은 교통체계관리로 관심이 이전된 배경은 (1) 교통시설의 건설비 증가, (2) 예산의 제약, (3) 시설의 효율성 제고, (4) 인구 및 토지이용의 변화, (5) 효율과 형평성 검토, (6) 신규건설에 대한 거주민들의 거부감, (7) 융통성 있는 교통시스템의 필요성 때문이다.

13.7.2 TSM의 기본요건 및 특징

새로운 교통시대에 효과적으로 적응할 수 있는 도시교통 개선전략의 특성이나 기본요건은 다음과 같다.

- 투자 및 운영비용이 저렴할 것
- 기존시설을 최대한 이용하고 관리용 기반시설에 한해서만 신규투자를 할 것
- 계획과 시행이 단기적이며 효과측정이 용이할 것
- 장려 또는 억제책, 사용자 정보시스템 등을 이용하여 기존의 공급에 맞추어 수요를 효율적으로 관리, 조화시키는 데 중점을 둘 것
- 특정 계층, 특정 교통수단, 특정 시간대, 특정 지역별로 구분하여 특별한 서비스를 제공하거나 접근을 제한할 것

- 장기적인 고투자사업을 보완할 것
- TSM 대책의 부정적인 영향과 시스템의 비효율을 감소시키기 위해서 뿐만 아니라 형평의 원칙 상 비용과 편익을 시스템 구성요소에 고루 할당할 것
- 경쟁적인 교통수단을 서로 조화시킴으로써, 차량보다는 사람과 화물을 동등하게 우선적으로 취급할 것
- 이동성, 비(非)교통목표(에너지, 대기오염 절감 등), 절충이나 차선책을 요구하는 제약조건에 즉각 대응할 수 있을 것

TSM은 3~5년의 단기 교통관리기법으로서 장기교통계획과는 큰 차이가 있다. 장기교통계획은 대규모 투자사업에 관한 것으로서 사회전반에 대하여 규범적이며, 종합적인 특성을 가지며 장기적인 목표를 향한 것이다. 반면 TSM은 소규모 투지사업이며, 특정 시설이나 작은 지역을 대상으로 특정 문제점을 해결하고자 하는 것으로서 계획과 시행이 단기적이다. 이처럼 TSM과 장기교통계획 간에 여러 측면의 차이를 종합한 것이 [표 13.9]이다.

TSM의 여러 대책들이나 장기교통계획 가운데 3~5년에 걸쳐 시행할 과업을 우선순위별로 정리한 것을 교통개선계획(TIP, Transportation Improvement Program)이라 하며, 미국에서는 지방정부가 연방정부의 예산지원을 받기 위해 이 계획서를 제출해야 한다.

[표 13.9] TSM과 장기교통계획과의 차이

구분	TSM	장기교통계획
문제점	명확히 정의되고 관측 가능	성장시나리오와 통행예측에 의존
범위	국부적, 소구역, 노선축	교통축 또는 광역
목표	문제점과 관련된 목표	광범위하고 정책에 관련된 목표
대안	극소수의 구체적 대책	여러 개의 수단, 도로망, 선형대안
분석절차	유추해석 또는 간단한 관계식 이용	통행 및 도로망 모형에 근거
반응시간	빠른 반응이 나타나야 함	그다지 중요치 않음
결과	시행을 위한 설계	추가조사, 세부설계를 위한 좋은 대안

13.7.3 TSM 대책

TSM 대책은 새로운 것이 아니라 지금까지 알려진 여러 가지 교통운영상의 기법들이다. 이 기법들을 그 목적에 맞게 체계적으로 조합하고 정리한 것을 대책묶음(action package)이라 한다. 대책을 묶을 때는 각 대책들 간에 서로 효과를 상쇄시키는 것은 없는지를 파악해서 적용해야 한다. 이 기법들을 실무적이며 기술적인 내용과 적용 목적을 고려해서 종합하면 다음과 같이 나눌 수 있다.

- 교통류 개선
- 다승객차량 우대
- 첨두 교통수요 감축

- 주차관리
- 승용차 이용 억제
- 버스 및 비정규 대중교통 관리
- 고속도로 운영관리

1 교통류 개선 대책

모든 TSM 대책의 주된 목표는 교차로나 도로 또는 교통축 및 전체 교통시스템 내의 차량 흐름을 개선하는 것이다. 이와 같은 대책은 비용이 적게 들고 시행가능성 및 효율성을 갖도록 함으로써 도로확장의 필요성을 줄인다. 이러한 대책은 대부분 교통운영 기법들로서 신호 개선, 회전통제, 노상주차금지, 도류화, 조업주차장 위치조정, 버스정거장 위치조정, 차로이용 통제 등이 있다.

도시고속도로의 진입조절(ramp metering) 역시 도시고속도로의 교통류 개선뿐만 아니라 램프와 연결된 도시간선도로의 교통류에도 크게 영향을 미친다. 고속도로와 관련된 교통류 개선 대책은 뒤에 고속도로 운영관리에서 별도로 다룬다.

(1) 신호 개선

교통신호기의 설치장소가 신호설치기준에 적합하지 못하면 교통운영이 비효율적으로 된다. 따라서 기준에 적합하지 못한 곳에 설치된 신호는 제거해야 한다. 또 각 교차로의 신호시간을 최적화하거나 간선도로의 연속진행을 위한 연동시스템을 구축하면 간선도로의 교통운영 효율이 매우 좋아진다.

교통감응신호기는 주로 독립교차로에 사용하나, 간선도로 연동시스템의 한 부분으로도 이 교통감응신호기를 사용할 수 있다. 그러기 위해서는 컴퓨터 신호시스템을 구축해야 하며, 이 시스템을 운영 및 유지관리하는 데는 많은 전문인력이 필요하다.

(2) 회전통제

교차로에서의 회전, 특히 좌회전이동류의 처리는 교차로의 효율, 나아가 간선도로 전체의 효율에 큰 영향을 준다. 좌회전을 통제하는 방법은 보호좌회전시키는 방법, 좌회전을 금지시키는 방법, 비보호좌회전시키는 방법이 있으나 그 운영기준은 교차로의 구조와 교통량에 따라 달라진다. 자세한 내용은 11장과 이 장 4절에 언급되었다.

(3) 노상주차금지

대부분의 TSM 사업은 간선도로 주변에서 이루어지므로 노상주차를 금지하면 도로용량과 안전성이 증가하고 통행속도가 향상된다. 만약 노상주차가 필요할 때는 주행차로의 폭을 확보하고 안전을 고려하여 사각(斜角)주차보다 평행주차 방식을 택하는 것이 좋다. 도로가 넓고 주차수요가 많은 곳에서는 첨두시간에만 노상주차를 금지하고 기타 시간에는 허용하는 것이 좋다.

노상주차를 금지함으로써 좌·우회전 전용차로를 설치할 여유를 확보할 수 있고, 버스정거장의 운영이 원활하며, 자전거 전용도로 설치가 가능하다. 뿐만 아니라 승용차 이용자를 대중교통으로 유도할 수 있다. 반면에 도로변 상점의 영업에 지장을 주며, 노외주차공간의 증설이 필요하다.

일반적으로 일방통행제를 실시하면 노상주차를 허용할 여유가 생긴다. 주차통제는 이 장 5절에 자세히 언급하였다.

(4) 도류화

도로용량은 언제나 교차로의 용량에 따라 결정된다. 따라서 도류화 기법은 교차로의 운영효율과 간선도로의 용량을 증대시킨다. 도류화 기법의 장단점 및 적용효과는 8장 및 11장에 상세히 언급하였다.

(5) 조업주차장 위치조정

노상 조업주차를 방지함으로써 본선 교통류에 미치는 영향을 줄이고, 도로의 용량을 증대시킨다. 그러나 도시화물의 운반을 위해서는 노외 조업주차장이 필요하나 비용이 많이 들기 때문에 이를 확보하는 데 많은 어려움을 겪고 있다. 외국에서는 상업지역 내에 건물의 상면적(床面積)에 비례하여 노외 조업주차시설의 확보를 요구하고 있다. 이에 대한 절충안으로 첨두시간에만 노상 조업주차를 금지하는 방법도 있다. 자세한 사항은 9장 5절과 이 장 5절에 언급하였다.

(6) 버스정거장 위치조정

버스정거장의 위치로는 근측정거장(near-side stop), 원측정거장(far-side stop), 블록중간정거장(mid-block stop)이 있다. 이 중에서 근측정거장은 원측정거장으로의 환승을 쉽게 하는 반면, 교차로에서 운전자의 시야를 차단하고 도로변 차로의 직진이동을 방해하며, 다른 운전자들이 버스를 우회하게끔 유도하여 교통사고 위험이 있다. 원측정거장은 회전차량의 회전을 용이하게 하고, 더 많은 RTOR 기회를 제공하며, 교차로(특히 비신호교차로)에서의 시거를 증대시킨다. 블록중간정거장은 도로변의 마찰을 최소화하는 반면 다른 노선으로 환승 시 이동거리가 길어진다. 버스베이를 설치하면 노변마찰을 현저히 줄일 수 있다. 더 자세한 사항은 11장 7절에 언급하였다.

(7) 차로이용 통제

2개의 양방통행 좁은 도로를 한 쌍의 일방통행로로 운영하거나, 어느 정도 넓은 도로를 가변차로로 운영하거나 홀수의 차로로 만들어 양방좌회전 차로로 운영하는 방법이 많이 사용된다. 또 시간적으로 방향의 변화를 주는 방법도 있다. 여러 가지 차로이용통제 방법에 관한 내용은 이 장 4절에 상세히 언급하였다. 이 중에서 특히 많이 사용되는 방법은 일방통행과 가변차로제이다.

- 일방통행: 2개의 양방통행로를 한 쌍의 일방통행로로 전환하는 것은 가장 효과적인 TSM 대책 중 하나이다. 이런 변환은 차로 재조정, 신호수정 및 표지판을 다시 설치하는 데 드는 비용 외에는 추가비용이 없다. 경우에 따라서는 일방통행이 끝나는 부분에 도로폭을 확장해야 할 필요가 있을 수 있다.
- 가변차로제: 양방향 교통량의 불균형에 따라 이용하는 차로수를 달리하는 것을 말한다. 이 기법은 도로를 확장하지 않으면서 도로의 용량을 증대시키는 효과가 있다.

2 다승객차량 우대

대중교통, 카풀(carpool), 밴풀(vanpool) 등을 장려하는 방법은 다승객차량(HOV)을 우대하는 것이다. 여기에 해당되는 TSM 대책에는 도시간선도로에 HOV 전용 또는 우선차로 설치, 버스우선신호, 통행료 우대 등과 같은 것이 있다.

고속도로에 HOV 전용차로 및 전용진출입로를 설치하여 다승객차량을 우대하는 대책은 뒤에 나오는 고속도로 운영관리에서 별도로 다룬다.

(1) 도시간선도로 다승객 전용 또는 우선차로

도시간선도로에서도 HOV 우대를 하면 고속도로에서와 같이 대중교통 이용률 및 차량당 승차인원이 증가한다. HOV 차로로 노변차로 또는 중앙차로를 많이 이용하나 역류(逆流) 차로를 사용할 수도 있다.

노변차로를 HOV 차로로 사용하면 편리하나 우회전하는 다른 차량과 상충이 일어나므로 차로 위반율이 높다. 중앙 HOV 차로는 도로변 마찰이 적은 반면 보행자의 안전이 문제가 되며 버스가 좌회전 차량을 방해한다.

(2) 버스우선신호

버스우선신호 시스템은 버스의 통행시간을 줄이고 지체를 최소화하여 승객은 물론이고 버스회사의 운영조건을 개선한다. 이 시스템은 버스가 교차로에 접근할 때 버스에 장착된 센서와 신호등의 검지기가 상호 작동하여 녹색시간을 연장하거나 적색시간을 단축함으로써 버스의 지체를 줄일 수 있다. 더 자세한 것은 12장 5절에 잘 설명하였다.

(3) 통행료 우대

통행료 징수소에서 HOV는 정지하지 않고 통과하거나 낮은 통행료를 받는다. 이 대책은 ITS 사업에 포함되어 시행되어야 한다.

3 첨두 교통수요 감축

교통문제, 특히 첨두시간의 교통문제를 해결하는 가장 근본적인 방안은 수요를 줄이거나, 이 수요를 시간적·공간적으로 분산시키는 것이다. 이 대책에는 출퇴근 시차제, 근무일수 단축, 혼잡통행료 징수, 트럭의 통행시간 및 통행경로 제한 등이 있다.

(1) 출퇴근 시차제

근무시간의 길이는 같으나 출근 및 퇴근시간에 융통성을 두는 방법으로서, 종업원들은 지각에 대한 두려움이 없고 출퇴근 중의 혼잡이 줄어들어 이 방법을 선호한다. 근무시간이 무제한적으로 자유로운 것이 아니라 어떤 범위를 두어 모든 사람이 반드시 동시에 근무하는 시간대가 있다. 이 대책의 장점은 언제든지 실행이 가능하며, 도로뿐만 아니라 엘리베이터, 대중교통의 역, 화장실 및 식당 등의 혼잡도 분산되어 출퇴근 및 근무환경을 쾌적하게 한다. 단점은 이 대책은 승용차 함께 타기와 같은 대책과 상충이 되며, 혼잡감소로 개인 승용차의 이용을 조장할 수 있어 다른 대책에 미치는 영향을 함께 고려해야 한다.

(2) 근무일수 단축

하루의 근무시간을 늘리는 대신 근무일수를 줄이는 방법이다. 이 대책을 사용하면 업무통행이 통상적인 첨두시간의 30분~1시간 정도 앞뒤에서 발생하며, 근무일수가 4일인 경우 통행수가 약 20% 줄어든다고 알려져 있다. 이 대책의 장점은 고용주나 종업원 모두가 선호하며, 결근이 감소하고 초과근무 요구가 줄어들고, 여가시간이 늘어난다. 단점으로는 출퇴근 횟수가 줄어들어 직주(職住)거리가 늘어나 통행길이가 길어지고, 대중교통 이용률 및 승용차 합승 효과는 크게 지장을 받는다. 또 주중(週中)에 위락통행량이 증가하며, 종업원은 피로를 느끼고, 회사 측은 근무시간계획에 어려움이 있다.

(3) 혼잡통행료 징수

첨두시의 이용자에게 통행료를 징수함으로써 교통수요를 다른 시간대로 분산시키거나 다른 교통수단을 이용하도록 유도하는 대책이다. 이 방법은 첨두시간교통량을 줄이기 위해 이들에게 더 높은 통행료를 물리며, 대중교통이나 합승으로 유도하기 위해 탑승인원이 적은 차량에게 더 높은 통행료를 부과한다. 또 대중교통에서 비첨두시간 동안의 운행비용 부담을 덜기 위해 첨두시간 이용자에게 높은 요금을 부담시키거나, 승용차 대신 대중교통수단 이용을 권장하기 위해 장기주차 차량에게 높은 주차요금을 매긴다.

(4) 트럭의 통행시간 · 통행경로 제한

CBD 내의 트럭이 간선도로나 좁은 도로를 통행할 때나 화물 하역(荷役)을 위해 주차해 있을 때 교통혼잡의 원인이 된다. 따라서 첨두시 고속도로 및 도시간선도로에서 트럭운행을 제한하는 것은 좋은 TSM 대책이 된다. 트럭 교통량이나 도로용량을 검토하여 고속도로에서 통행을 제한하는 대신 간선도로에서는 통행을 허용하는 경우도 있다.

첨두시간에 하역하는 것을 피하고, 노외 하역시설이 없을 경우 도로변 하역공간을 마련하는 것이 가장 효과적인 방법이다. 아무튼 트럭이 차로를 점유하여 교통을 방해하는 시간과 기회를 줄이는 것이 가장 효과적인 방법이다.

4 주차관리

주차관리와 통제는 TSM 대책 중에서 매우 중요한 요소이다. 어떤 교통운영대책도 적절한 주차시설 공급보다 더 큰 영향을 주는 것은 없다. 주차관리 대책에는 주차장 운영개선, 주차규제, 환승주차장 설치 등이다. 주차에 관한 자세한 사항은 9장과 이 장 5절을 참조하면 좋다.

(1) 주차장 운영개선

주차관리에서 우선적으로 결정해야 할 요소는 ① 주차가 허용될 장소, ② 노상 및 노외주차장에 할당되는 주차면수, ③ 주차요금 구조, ④ 주차가 허용되는 시간길이이다.

노상주차는 주행차량과의 상충으로 도로의 용량을 감소시키며 사고를 유발하는 반면 노외주차는 그 반대이다. 운전자는 주차장이 최종목적지와 가까이 있기를 원한다. 단기주차(2시간 이하) 운전자는 그들의 도보거리가 200 m 이상이면 안 된다고 생각한다. CBD 또는 주차수요가 많은 지역에서의 장기주차 운전자는 600 m 정도까지도 도보거리로 인정을 한다.

주차요금은 일반적으로 수요와 공급에 근거해서 결정된다. 주차수요가 공급을 초과하면 주차요금은 매우 높은 반면 공급이 수요보다 많으면 주차요금은 낮아진다. 매우 높은 주차요금은 수요에 상관없이 주차장의 이용을 억제할 것이다.

주차장의 공급규모는 인접지역의 토지이용 및 개발가능성에 좌우된다. 주차장의 크기는 언제나 약 10~15%의 여유를 갖도록 하는 것이 좋다.

노외주차장과 건물부설 주차장은 일반적으로 시간제한이 없으나, 노상주차장은 주차수요가 많기 때문에 여러 사람이 골고루 이용하게 하기 위해서 보통 30분~2시간 정도로 시간제한을 한다.

(2) 주차규제

혼잡지역에 진입하는 차량의 수와 차종을 통제할 필요가 있을 때 주차규제를 한다. 이 대책은 HOV의 우선처리하는 방법과 같은 개념이다. 주차요금은 어느 지역 내의 차량수를 통제하고자 할 때 혼잡료를 부과하는 형태로 이루어진다. 주차요금이 높으면 승용차 이용이 줄고 대중교통 이용률이 높으며, 대기오염을 줄이는 데도 큰 역할을 한다.

주차요금 인상은 넓은 지역에 걸쳐 시행되어야 한다. 그렇지 않으면 주차요금이 싼 그 부근 지역에 주차할 것이다. 또 단기주차에 유리하게 함으로써 장기주차를 줄이도록 주차요금이 책정되어야 한다. 주차요금 인상으로 도로혼잡이 크게 개선되지 않으므로 이 대책은 대중교통수단 이용을 권장하는 방법으로 사용되어야 한다.

주차미터기를 설치하면 주차요금의 조정이나 주차공급에 대한 통제가 비교적 쉽다. 주차미터기의 설치요건과 효과 및 장단점은 이 장의 5절에 자세히 언급하였다.

단기주차의 요금을 내리고 장기주차의 요금을 인상하면 출퇴근용 주차수요가 줄고 다른 단기주차 수요가 늘어난다. 또 정부가 기업주로 하여금 '나홀로 차량'에 대한 주차요금을 추가로 받을 수 있게 한다면 합승이나 대중교통 이용률이 높아질 수 있다.

주차공간이 줄어들면 비슷한 비율로 대중교통 이용자가 증가한다는 것이 외국의 예이나, 이 경우는 불법주차가 언제나 단속되기 때문에 가능한 결과이다.

(3) 환승주차장 설치

환승(park-and-ride)주차장은 대중교통 이용자, 카풀 이용자, 또는 이들의 복합 이용자를 위해 마련된다. 예를 들어 도시외곽의 고속도로 시작점에 설치하여 도시외곽에서 도시로 들어오는 차량을 차단하기 위해 많이 사용된다. 이것은 또 교회나 쇼핑센터 등 출퇴근 시간과 무관한 시설의 주차장과 연계하여 운영되기도 한다. 환승주차장의 설계와 운영은 대중교통시설과 직접 연결하면 매우 효과적이다. 고속도로가 이 주차장 가까이 있다면 HOV 전용차로로 직접 연결될 수 있도록 설계되어야 한다. 일반적인 환승주차장 계획지침은 다음과 같다.

- 차량 순환과 보행자 안전을 위해 충분히 넓어야 한다.
- 가능하면 CBD와 가까워야 하나 2 km 이상 7 km 이내가 좋다.

- 고밀도 개발지구와 연결되는 교통축선상 또는 고속도로와 가까우면서 고속도로에 의한 혼잡을 벗어난 곳이 좋다.
- 가능하면 기존 주차장을 이용하면 좋다.
- 다른 대중교통과 경쟁을 하지 않는 곳이 좋다.
- 지역 교통순환 및 환경에 영향을 주지 않는 곳이 좋다.
- 버스와 승용차의 접근이 쉽도록 한다.
- 첨두시간에는 5분 간격, 다른 시간에는 최소 버스 한 대꼴로 운영하도록 한다.
- 가능하면 무료주차를 하도록 한다.

환승주차장의 크기는 보행거리와 연계되는 대중교통의 운행간격에 따라 달라진다. 이상적인 최대 보행거리는 주차장으로부터 대중교통의 역까지 150 m이나 보통 200~300 m인 경우가 많다. 버스 또는 지하철의 배차간격은 5~10분이 이상적이다. 이 주차장으로 접근하기가 어려우면 이용차량이 줄어든다. 또 지하철 및 버스 배차간격이 길면(20분 이상) 주차장의 크기를 줄여도 좋다.

환승주차장은 최소한 2개의 출입구가 있어야 한다. 이 출입구는 간선도로나 고속도로가 아니라 집산로 또는 국지도로 쪽에 설치하여 교차로 및 고속도로 운영을 방해하지 않도록 해야 한다. 또 주차장의 위치는 가능하면 도심 진입차량을 위해 도로 오른편에 두는 것이 좋다. 버스의 진출입구는 분리하는 것이 좋다.

5 승용차 이용 억제

승용차 함께 타기, 자전거 및 보행자 우선대책, 자동차 금지구역 설정은 기존 교통시스템의 효율을 높일 수 있는 좋은 TSM 대책이다. 이 대책은 첨두시 혼잡지역에서 이동성을 훼손시키지 않고 통행량(Vehicle-Kilometers of Travel; VKT)을 줄이므로 연료소모와 대기오염을 감소시킨다.

(1) 승용차 함께 타기

비정규 대중교통의 한 형태인 '승용차 함께 타기'는 주로 출퇴근에 사용되며, 위락 또는 쇼핑통행에도 이용된다. 참가자는 자신의 차량들을 교대로 운전을 하며 금전 거래는 없다. 고용주는 종업원들에게 무료 또는 할인주차와 같은 방법으로 이 카풀제를 권장한다. 밴풀은 일반적으로 10~12명을 태우고 15 km 이상을 가는 편도통행에 이용된다. 밴은 승객 중의 한 사람이거나 고용주 또는 비정규 대중교통 회사의 소유이며 이용자는 요금을 지불한다.

이 대책은 다른 대책, 예를 들어 HOV 우선차로 이용, 통행료 및 주차요금 감면, 출퇴근시차제 및 환승주차장 건설과 같은 대책과 함께 사용하면 효과가 있다.

(2) 자전거 및 보행자 우선대책

TSM 대책으로서의 자전거 및 보행자 시설은 운동과 건강 또는 도시환경을 보전하기 위해서나 교통혼잡을 줄이기 위한 것이다. 자전거 시설은 ① 도시공원 주변이나 간선도로에 평행하게 설치된 자전거 전용도로, ② 노변차로 또는 넓은 보도의 일부분에 설치된 자전거 전용 또는 반(半)전용 차로, ③ 차로상에 표지나 노면표시로 지정한 자전거와 차량의 공용차로가 있다. 이 중에서 두 번째가 가장 많이 사용된다. 자전거 도로 시스템은 통행발생원으로부터 접근이 쉬워야 하며, 주거지역으로부터 통행목적지까지 연속된 노선체계를 이루고 분명한 표시가 되어야 하며, 편리하고 안전한 보관시설을 갖추어야 한다.

자전거 도로 이용을 기피하는 이유는 굴곡노선이며, 너무 많은 정지표지가 있고, 유지보수가 잘되어 있지 않고, 차량통행과 주차된 차량이 많고, 자전거 노선을 잘 알지 못하며, 노선의 연속성이 없기 때문이다. 버스나 지하철역 주변에 안전한 자전거 보관소를 설치하면 대중교통을 많이 이용하게 된다. 자전거 이용자는 교차로에서 다른 차량들과 상충을 일으킨다. 특히 회전하는 차량이나 주차된 차량과의 상충은 사고의 위험성이 크다. 따라서 각 경우에 대해서 통행우선권이 누구에게 있는지를 교통법규에 명시해야 한다.

보행자 시설은 보행자와 다른 교통수단 간의 충돌을 감소시키는 수단으로서, 육교, 지하도, 보행자 몰 및 스카이 워크(sky walk)가 있다. 이 시설들은 차량의 흐름으로부터 보행자를 분리시켜 보행자 안전을 도모하고 혼잡을 해소한다. 뿐만 아니라 기후가 좋지 않을 때 대피소를 제공하기도 한다.

(3) 자동차 금지구역

자동차 금지구역은 보행자 몰의 개념과 유사한 것으로서 CBD 내의 어느 구역을 지정하여 자동차 통행을 금지시킨다. 금지구역 주변에 주차장을 마련하여 주차하게 하고, 대중교통은 그 구역 안으로 들어올 수 있다. 이 대책은 그 구역의 경제를 활성화하는 데 기여한다.

유럽에서는 차량진입을 제한하는 데 교통 셀(cell)을 사용한다. 이 방법은 환상(環狀)의 간선도로로 둘러싸인 도심부 상업지역 내의 주요도로를 보행자 전용도로로 만들어 몇 개의 셀로 나누고 셀 간의 차량이동을 금지한다. 각 셀은 환상도로로 둘러싸이며, 이 도로의 지정된 지점에서만 진출입할 수 있다. 셀 내부의 도로는 좁은 도로로서 일방통행으로 운영된다. [그림 13.3]은 교통 셀의 대표적인 모양을 나타낸 것이다.

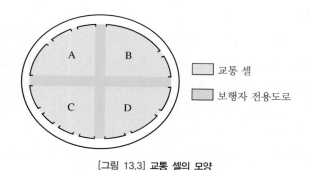

[그림 13.3] 교통 셀의 모양

6 버스 및 비정규 대중교통 관리

대중교통 서비스의 질을 높이면 대중교통 이용률이 증가한다. 또 대중교통의 이용자가 늘어나면 차량통행수요와 통행량(VKT)이 줄어들어 교통혼잡이 감소한다. 이러한 TSM 대책에는 대중교통 이용 홍보, 대중교통 안전대책 확보, 버스정거장 및 터미널 정비, 요금정책 및 징수방법 개선, 버스의 비정규 운행, 대중교통 도착안내시스템 등이 있다.

(1) 대중교통 이용 홍보

대중교통시스템에 대해 호감을 갖도록 하고, 서비스 내용을 홍보하며, 이용률을 높이기 위해 대중교통시스템 운영을 모니터링하고 평가한다. 이러한 홍보대책에는 노인 및 학생요금 할인, 이용객이 적은 요일 혹은 주말의 특별요금, 신문 내 문구를 통한 홍보 등이 있다.

(2) 대중교통 안전대책 확보

승용차 이용자를 대중교통으로 전환시키기 위해서는 대중교통의 서비스 향상, 비용 및 시간절감이 필요한 것은 물론이고 차내 혹은 정거장에서 범죄로부터 안전해야 한다. 대중교통의 운행빈도가 높고 정시성(定時性)이 있을 때 범죄에 대한 노출은 줄어든다. 정거장과 대피소를 이용자의 눈에 잘 띄도록 설계하면 진입하고 있는 차량을 잘 볼 수 있고, 또 언제 나타날지 모를 치한으로부터 안전감을 가질 수 있다.

(3) 버스정거장 및 터미널 정비

버스정거장에 대피소가 있어 눈비가 올 때 이용객이 피할 수 있으면 대중교통 이용을 촉진한다. 정거장이나 터미널에 의자를 비치하는 것도 마찬가지이다. 그 외에 대피소에 공중전화, 쓰레기통, 자판기 및 조명시설이 있으면 더 좋다. 터미널은 CBD 가운데 있거나 외곽의 환승시설 안에 있으면서 승객이 모이고 탑승하며 환승하는 곳이다. 터미널의 장점은 많은 버스와 이용객을 동시에 취급할 수 있으며, 노외 승하차 때문에 다른 교통을 방해하지 않으며, 교외 터미널은 CBD를 향하는 교통량을 줄인다.

(4) 요금정책 및 징수방법 개선

첨두시간대에 높은 요금을 부과하면 비첨두시 이용이 증가하며, 비첨두시 운영비용을 충당할 수 있다. 비첨두시 낮은 요금은 비첨두 이용률을 높인다. 대중교통 요금정책은 탑승거리에 관계없이 일정 요금을 내는 방법과 탑승거리가 길수록 요금을 많이 내는 방법이 있다.

(5) 버스의 비정규 운행

대중교통 서비스는 좁은 지역에서 많은 사람을 실어 나를 때 가장 효율적이다. 따라서 인구밀도가 줄어들면 대중교통 서비스의 효율은 떨어진다. 인구밀도가 낮은 지역에서 대중교통의 대체수단으로, 또는 대중교통에 연계시키는 수단으로 비정규 대중교통수단을 사용한다.

비정규 대중교통은 주로 대중교통수단이 없는 작은 도시에서 운영되거나, 개인적으로 door-to-door 서비스가 필요한 소수의 노약자를 위해 제공된다. 비정규 대중교통은 노선이 유동적이며, 승객이 편리하고 쾌적감을 느끼고, 프라이버시가 보장되므로 저밀도지역에 있는 소수의 교통수요에 적합하다.

비정규 대중교통은 ① 사전에 협의된 공동탑승 방식, ② 수요대응 방식으로 운영된다. 전자에 속하는 것으로는 카풀, 밴풀 및 예약버스가 있다. 예약버스는 대형 밴풀로서 장거리 출퇴근을 위해 여러 사람이 함께 버스회사와 계약하여 이용한다. 수요대응(Demand-responsive) 운행방식에는 콜차량(Dial-a-Ride 또는 Dial-a-Bus), 합승택시, 소형 합승버스(Jitney)가 있다. 콜차량 서비스는 이용객이 전화로 서비스 요청을 하는 즉시 또는 조금 후에 승용차, 밴 또는 미니버스를 보내온다. 이 서비스는 콜택시와 유사하나 몇 사람이 함께 이용하므로, 자기가 원하는 시간과 노선으로 운행되지 않을 수도 있다.

합승택시의 서비스 방식은 콜차량과 유사하나 사용되는 차량은 콜차량과는 달리 일반택시 서비스에 사용되는 차량과 같다.

소형 합승버스는 매우 다양한 차량(소형버스, 밴, 특수제작 택시)을 이용한다. 정해진 노선을 운행하나 운행시간은 불규칙하다. 노선은 필요에 따라 변경될 수도 있다. 승객을 태우는 지점이 정해져 있으나 그 외 다른 곳에서도 승객이 부르면 태울 수 있다.

비정규 대중교통의 장점은 다음과 같다.

- 대중교통의 지선 역할
- 첨두시간에 용량 추가 제공
- 인구 저밀도지역에 서비스 제공
- CBD 내에 단거리 서비스 제공
- 비첨두시간대에 서비스 제공
- 교외지역 자가용통행의 대체 수단
- 교통약자에 서비스 제공

7 고속도로 운영관리

고속도로가 이동성과 안전성을 향상시키지만 도시고속도로는 출퇴근 교통수요를 처리하는 데 역부족이며 혼잡은 여전하다. 고속도로 혼잡의 원인은 고속도로 그 자체에 있다. 도로건설은 토지이용을 엄청나게 변화시켰으며, 고속도로로 인해 고속으로 출퇴근이 가능하고 접근성이 더욱 좋아지기 때문에 고속도로 교통축 내에 상업 및 주거지 개발이 더욱 활발해진다. 그 교통축 내의 개발을 통제하고 통행발생을 정확히 예측하기가 어렵기 때문에 도시고속도로의 성공률이 비교적 낮은 편이다.

도시고속도로 시스템은 어느 정도 구축이 되었고, 또 신규 건축을 한다 하더라도 천문학적인 건설비용 때문에 기존시설을 효율적으로 운영하는 데 초점을 맞추지 않을 수 없다.

고속도로 운영효율을 극대화시키기 위하여 많은 고속도로 관리기법이 개발되었다. 이들 기법에는 연결로 진입조절(ramp metering) 또는 폐쇄, 다인승 차량 우대, 운전자 정보시스템, 돌발상황 관리, 모니터링 등이 있다.

고속도로의 교통운영 및 관리에 관한 더 자세한 내용은 12장 6절에서 설명하였다.

(1) 연결로 진입조절

진입램프 통제는 고속도로 수요관리에서 가장 많이 사용되는 방법으로서, 고속도로의 진입차량 수를 조절하여 본선 교통을 원하는 최적교통상태로 유지되도록 하는 것이다. 연결로 진입조절(ramp metering)은 본선의 혼잡을 감소시키거나 본선으로 안전하게 진입시키기 위해 고속도로와 연결로의 교차점에 신호를 설치하여 진입을 조절한다. 기본적인 개념은 고속도로로 진입하는 차량의 수를 통제하여 고속도로의 교통류질을 원하는 수준(용량 이하)으로 유지하도록 하고, 본선의 차두시간이 적절할 때만 진입을 시켜 안전하고 원활한 본선 교통류를 유지하도록 한다는 것이다.

(2) 고속도로 다승객 전용차로 및 전용진출입로

첨두시간의 수요를 처리하기 위해서 도시고속도로 시설의 확장이 필요하나, 단지 차로를 증설하는 것만으로는 부족하다. 이를 위해 대부분의 도시에서는 버스나 봉고 또는 다승객 승용차를 위한 HOV 우선차로를 설치한다. 이러한 본선 교통통제를 위한 HOV 우대 방법에는 ① 전용램프를 가진 전용도로, ② HOV 전용차로, ③ HOV 역류차로가 있다.

(3) 운전자 정보시스템

운전자 정보시스템은 고속도로 이용자에게 현재의 고속도로 운영조건을 알려줌으로써 운전자가 어떤 대비를 하거나 필요한 행동을 취하게 한다. 이때 사용되는 설비는 표지나 라디오 방송이다. 표지에는 HOV를 위한 차로이용 지시표지나 우회전 전용차로 표지와 같은 고정표지와 진입조절 (ramp metering) 및 진입폐쇄(ramp closed) 상태를 나타내거나 가변속도표지와 같이 메시지 내용이 변하는 가변표지(variable message sign)가 있다.

가변정보표지는 운전자에게 전방의 혼잡발생 지점과 예상 지속시간을 알려줌으로써 운전자의 당혹감을 해소하고 편안하고 안전하게 운전하도록 한다. 가변속도표지는 교통류율이 최대가 되도록 하면서(고속도로의 경우 설계속도에 따라 다르나 70~80 kph) 차량 간의 속도 차이를 줄여주어 안전하고 효율적인 교통류를 만들어 준다.

(4) 돌발상황 관리

돌발상황으로 인해 용량이 감소하면 상당히 긴 시간 동안 혼잡을 겪게 된다. 따라서 돌발상황이 발생했을 때 이를 검지하고 대응하며 조치하는 모든 활동은 신속히 이루어져야 한다. 그러기 위해서는 돌발상황의 발생 여부를 계속 감시하고 확인하는 시스템이 있어야 하며, 돌발상황이 검지되고 확인되었을 때는 미리 계획되고 협조체제를 갖춘 인력 및 기술력을 동원하여 그곳의 소통능력을 극대화하도록 노력해야 한다. 또 운전자에게는 돌발상황이 완전히 해소될 때까지 교통상황과 대체노선에 관한 정보를 제공해야 한다.

13.7.4 TSM 사업의 절차

TSM 사업의 전술적 활동은 ① 문제점 분석 및 파악, ② 해결책 대안 수립 및 선정, ③ 해결책의 설계, 분석 및 평가, ④ 대책의 실행계획안 작성의 4단계로 구성된다. 이들 각 단계의 세부 활동내용을 요약하면 다음과 같다.

① 1단계: 문제점 분석 및 파악
- 관련자료 수집 및 검토
- 문제점 분석 파악

② 2단계: 해결책 대안 수립 및 선정
- 전략 및 대책 대안 수립
- 적용성 및 효율성 검토 후 대안 선별
- 초기 대책묶음 작성
- 대책묶음 분석을 위한 계획수립

③ 3단계: 해결책의 설계, 분석 및 평가
- 평가기준 및 MOE 선택, 분석
- 대책묶음의 효과분석
- 대책묶음의 2차 영향 분석

④ 4단계: 대책의 실행계획안 작성
- 분석결과 및 계획안 제시
- 실행계획 작성

1 1단계: 문제점 분석 및 파악

먼저 TSM 사업 장소의 관련 자료를 수집하고 검토한다. 이 자료에는 기존의 기하구조 및 운영조건, 이미 내정된 개선책 및 개발계획, 기하구조 및 운영상의 제약조건, 사고자료, 대중교통 이용인구, 교통량 자료 및 버스노선 등이 포함된다.

관련 자료를 수집하고 검토한 후 교통량 조사, 승차인원 조사, 주차이용 조사를 실시하며, 도로구조, 안전설비, 교통통제설비 및 도로시설 조건들을 조사하고, 소통 및 안전 등 교통운영상의 문제점을 분석하고 파악한다.

2 2단계: 해결책 대안 수립 및 선정

문제점을 해결하기 위한 기본적이고 타당성 있는 접근방법을 정한다. 예를 들어 교통류 개선 전략을 위한 대책은 교차로의 좌회전 전용차로를 건설하는 것일 수 있다. [표 13.10]은 각 전략에 따른 대책 대안들을 종합한 것으로서 이것을 이용하여 대책을 선정하면 편리하다. 이들 대안들이 합리적이고 타당성과 실행가능성이 있는지를 검토하여 취사선택한다. 선택된 대책이 여러 개인 경우가 많다.

가능한 몇 개의 대책을 조합하여 몇 개의 대책묶음(action package)을 만들고 각 대책묶음의 효과를 분석하고 비교하기 위한 계획을 세운다. 이때의 비교기준은 안전성, 서비스수준, 용량, 비용, 현 여건에서의 적용성 등이다.

[표 13.10] TSM 전략과 대책의 종류

전략		대책	전략		대책
교통 운영	교차통제	– 버스우선신호 시스템 – 신호시간 최적화 – 신호설치 – 육교 건설 – 컴퓨터제어 신호시스템	사용료 징수 (계속)	주차요금 징수(계속)	– 다승객차량에 대한 차등주차요금 – 주차세
	진입통제	– 일방통행제 – 가변도로 – 회전제한 – 자동차 금지구역 – 연결로 metering – 우선진입연결로 – 진입연결로 폐쇄		대중교통 및 준대중교통 요금	– 요금 할인 – 첨두·비첨두 차등 요금 – 대중교통요금 무료 – 노인 및 학생요금 할인 – 정기 통근자 승차권 할인
	차로이용 통제	– 가변차로제 – 다승객 우선차로 – 차로이용 및 회전금지 – 교차로 도류화 – 차전거 차로 설치	공급 확충	대중교통	– 순환버스 서비스 – 직행버스 서비스 – 예약버스 서비스
				도로	– 도로 및 교차로의 선별적 확장 – 다승객차량 전용 차로 – 고속도로 연결로 추가 – 버스베이 – 고속버스 정거장
	차로변 통제	– 주차제한 – 버스정거장 재배치 – 하역구간 설치 – 보도 확장 – 화물차 제한		보행자, 자전거	– 보행자 몰 – 자전거 도로 – 보도 확장
	속도통제	– 속도제한(최고 및 최저)		주차	– 주차장 공급 억제 – CBD 외곽주차 – 교외 주차환승시설
	주차통제	– 다승객 우대주차 – 주차시간길이 제한 – 불법주차 단속 강화		화물	– 터미널 밀집화 – 화물차 부지 확장 – 노외 적하시설
대중 교통 운영 개선	버스운영 개선	– 버스노선 조정 – 버스 스케줄 조정 – 승객 승하차시간 단축 – 요금징수 단순화 – 특정시간대에 수요대응 서비스 대 체(고정노선 및 고정스케줄 대신)		준대중교통 운영	– 합승 유도책 – 합승 중개 – 택시 관계규정 개정 – 소형 합승버스 운영 – 수요–대응 버스 – 사원 승용차 합승제(기업주)
	수단 전환	– 버스정거장 재배치 – 주차환승 시설 – 정거장 환경개선 – 환승 단순화 – 지선, 분산노선 개선	수요 조정	수요의 시간적 분포	– 시차제 출퇴근 – 근무일수 단축 – 쇼핑 및 서비스 시설의 저녁시간 연장 – 쇼핑 및 서비스 시설의 주말 영업 시간 연장
	관리의 효율성 제고	– 기술상의 협력(일반교통과 대중 교통) – 마케팅 개선 – 프로그래밍 개선 – 회계 개선 – 유지관리 개선 – 점검 및 감독 – 안전성 제고		수요의 빈도 조정	– 화물 및 서비스의 택배 장려 – 교통 대신 통신수단 이용 – 우편 및 전신이용 장려
				수요의 공간적 위치조정	– 토지이용 변경
사용료 징수	도로사용료 징수	– 시설 이용료 – 지역 통행세 – 차량 보유세 – 차량 사용세(연료세) – 혼잡세 – 차등 통행료	사용자 정보 안내	교육	– 운전자 교육확대 – 어린이 교통안전 교육
				통행 전 정보	– 통행 전 교통상황 안내 – 합승 공개 모집 – 화물차노선 및 운행스케줄 최적화 – 대중교통 노선 및 운행스케줄 안내 – 준대중교통 서비스 안내
	주차요금 징수	– 주차장 사용료 – 주차장 보조금 삭감		운행 중 안내	– 시스템상황 방송 – 교통류상황 표지 – 연동속도 권장 표지 – 노선 권장 표지 – 돌발상황 검지 및 관리

3 3단계: 해결책의 설계, 분석 및 평가

대책 대안들이 선택되고 몇 개의 대책묶음 조합이 구성되면 이들 간에 교통 측면의 효율을 비교하는 과정이 필요하다. 또 개선비용 혹은 효율과 직접적인 관련은 없지만 TSM 대책을 선택할 때 정치적·환경적·법적인 요소가 미치는 부수적인 영향을 고려해야 한다. 이러한 부수적인 영향은 여론 혹은 지역사회의 수용여부, 제도적, 또는 법적인 문제, 사회적·환경적·경제적인 관심사 등이다. 이때 사용되는 효과척도(MOE)는 TSM 사업의 목표를 가장 잘 나타내는 지표이어야 하며, 일반적으로 다음과 같은 범주에 속한다.

- 서비스의 질(통행속도 또는 시간)
- 용량(차량 및 인원 수송률)
- 교통량 또는 이용도(교통량, 버스 이용률, 승차인원)
- 안전성(사고 또는 교통상충)
- 비용(자본, 운영 및 유지관리 비용)

MOE는 상황이나 대책에 따라 다르나 다음과 같은 구비요건을 만족시켜야 한다.

① 계량적이어야 한다: 비계량적인 목표에 대해서는 간혹 간접적인 대리 MOE를 사용하여 계량화한다. 어떤 목표에 대해서는 복합 MOE를 사용하여 효과를 나타낸다. 혼잡을 예로 들면, 이것을 직접 측정할 수 없으므로 통행시간, 지체, 정지수 등과 같이 간접적이고 구체적인 MOE로 나타낸다.

② 시뮬레이션이 가능하고 현장측정이 가능해야 한다: 교통류와 도로와 관계되는 MOE는 지체, 속도, 정지수(停止數), 교통량 등과 같은 교통류 모형의 변수로부터 유도될 수 있어야 한다. 통행발생, 통행빈도 등에 관계되는 MOE는 한 도로의 교통량 또는 두 지점 간의 통행시간 등과 같이 수요모형으로부터 얻을 수 있어야 한다.

③ 현장에서 성과를 점검할 수 있어야 한다: MOE는 현장에서 직접 측정되거나 다른 현장자료로부터 구할 수 있어야 한다.

④ 민감한 것이어야 한다: 매우 민감한 척도로서는 MOE를 조합한 것일 수도 있다. 예를 들어 속도나 지체 MOE 없이 교통량 MOE 하나만으로는 불충분하다.

⑤ 통계적으로 나타낼 수 있어야 한다: MOE 측정에서 어떤 수준의 정밀도를 얻기 위해서는 얼마나 많은 표본이 필요하냐 하는 문제는 비용과 관계가 되므로 이를 고려해야 한다.

⑥ 중복되는 것을 피해야 한다: 목표가 여러 개라 할지라도 될수록 공통된 MOE를 사용함으로써 MOE의 숫자를 줄이는 것이 좋다. 예를 들어 통행시간과 통행속도는 근본적으로 같은 MOE이므로 2개 모두 사용할 필요가 없다.

MOE는 각각의 목표에 대해서 개발되어야 하며, 그중에서도 가장 강력하고 분명한 것을 찾아야 한다.

4 4단계: 대책의 실행계획안 작성

마지막 단계는 실행계획을 작성하는 것이다. 이 실행계획은 합리적이고 정당해야 하며 실행 가능하고 더 이상 깊은 연구를 필요로 하지 않아야 한다. 경우에 따라서는 지역 주민에게 미치는 영향을 최소화하고 장기적으로 실행비용을 분산시키기 위해서 단계적인 실행계획을 세우는 수도 있다.

● 참고문헌 ●

1. Prisk, *The Speed Factor in Highway Accidents*, TE., 1959. 8.
2. ITE., *An Informational Report on Speed Zoning*, TE., 1961. 6.
3. ITE., *Traffic Engineering Handbook*, 1956.
4. Carsten, *Inform the Driver*, TE., 1958. 1.
5. Smith, *Control of Speeds with Signal and Markings*, Proc., ITE., 1939.
6. FHWA., *Manual on Uniform Traffic Control Devices*, 1971.
7. Johnson, *Speed Control and Regulation*, Proc., ITE., 1955.
8. 내무부, 도로교통법 시행규칙, 1984.
9. National Committee on Uniform Traffic Laws and Ordinances, *Uniform Vehicle Code and Model Traffic Ordinance*, 1972.
10. French, *Capacities of One-Way and Two-way Streets with Signals and Stop Signs*, HRB. 112, 1959.
11. Congress of the U.S., *The Federal Role in Highway Safety*, HD., No. 93, 86th, Cong., 1959.
12. Dennis, *The Businessman's Viewpoints on One-Way Streets*, TE., 1953. 4.
13. Bruce, *Improved Street Utilization through Traffic Engineering*, Special Report 93, HRB., 1967.
14. Duff, *Traffic Management, Conference on Engineering for Traffic*, 1963.
15. Moran and Reagan, *Reserved Lanes for Buses and Car Pools*, TE., 1969. 7.
16. *Current Intersection Capacities*, HRB., Circular 376, 1958.
17. Bartie, *Effect of Parked Vehicle on Traffic Capacity of Signalized Intersection*, HRB. 112, 1956.
18. *Highway Capacity Manual*, Special Report 209, TRB., 1985.
19. *Zoning Applied to Parking*, Eno, 1967.
20. *Standards for Street Facilities and Services*, PMTA., NCUT., PAS., 1958.
21. ITE., *Proper Location of Bus Stops*, Recommended Practice, 1967.
22. Wermyer, *Progress Report of Commettee 6-E*, Proc., ITE., 1955.
23. ITE., *Parking Meters*, TE., 1957. 8.
24. Sprungman, *Progress Report of Committee 4-C*, Proc., ITE., 1955.
25. *Turn Controls in Urban Traffic*, Eno, 1951.
26. 도철웅, 조원범, 도로용량편람에 근거한 비보호좌회전 준거에 관한 연구, 대한교통학회지, 제20권 제7호, 2002. 12.

제 4 편
교통계획

교통계획이란 사람이나 화물을 신속하고 안전하게, 효율적이며, 경제적으로, 질서 있게 이동시키기 위하여 교통시설을 개선하고 교통망을 체계적으로 구상하여, 현재와 장래에 그 시설의 적절성을 검토하며, 장래의 건설을 계획하는 과정이다. 그러기 위해서는 교통시스템의 내력, 상태, 사용빈도, 효과, 비용 및 필요성 등에 관한 자료를 계속적으로 수집하고 분석하여 효율적이며 효과적인 교통시스템을 개발하도록 해야 한다.

교통계획은 끝이 없이 반복되는 과정이다.

제 14 장

교통계획의 개요 및 구성

계획이란 앞을 내다보고 장래에 대비하는 과정이다. 따라서 교통계획은 교통시설의 위치와 설계, 운영에 대한 어떤 결정을 내리기 위해 다음과 같은 의문점이나 과제를 제기하고 이에 대한 해답을 구하는 과정이다.[1]

- 교통문제가 전반적으로 어느 정도 심각하며, 또 장래 어느 시점에서는 어떻게 변할 것인가?
- 요구되는 교통서비스를 충족시키는 교통수단은 어떤 것인가?
- 교통시스템이 변함에 따라 통행수요는 어떻게 변하는가?
- 교통프로젝트가 어떻게 하면 사람과 환경에 미치는 역효과를 최소화할 수 있는가?
- 이를 시행하는 데 예산이 부족하다면, 단기해결책으로는 어떤 것이 있는가?

교통계획의 기능은 그 지역사회의 구성원이 경제적·사회적·환경적인 대가를 지불하면서 요망하는 수준 이상의 서비스를 보장받도록 하는 것이다. 계획의 산출물(output), 즉 계획안(plan)은 교통에 대한 요구가 무엇이며, 어떤 대안을 사용하며, 이 대안이 그 지역사회의 욕구를 얼마나 충족시키며, 그 계획안을 만족스럽게 시행하기 위해서 궁극적으로 행해야 할 활동이 무엇인지를 제시하는 것이다.

교통계획을 계획기간에 따라 분류하면 단기 및 중기계획과 장기계획이 있다. 이 중에서 단기 및 중기계획은 건설이 간단하고, 또 큰 예산을 필요로 하지 않기 때문에 장기계획에 비해 간단하다. 대체로 단기계획은 기존시설의 용량을 극대화하거나 운영방법을 개선하는 것이 고작이다. 또 해결책을 제시함에 있어서 대안의 수도 몇 개 안 되며, 그 대안들은 교통에 할당된 예산범위 내에 있는 것들이다. 그러므로 문제의 범위가 한정적이며, 분석과 평가도 소수의 기준을 사용하기 때문에 간단하다.

반면에 장기 또는 종합적 교통계획은 20~25년 앞을 내다보는 계획으로서 대단히 복잡하다. 이것은 대규모의 예산을 필요로 하고, 또 경제, 사회, 환경에 영향을 미칠 수 있는 대규모의 건설계획을 수반한다. 더욱이 요망되는 해결책은 정부 및 해당 행정부서의 정책결정을 통하여 수립된다. 이처럼 복잡한 문제점은 지금까지 시스템 접근방법을 사용하여 비교적 성공적으로 해결할 수 있었다.

이 장은 크게 3개 부분으로 나누어진다. 첫째 부분은 교통계획의 정의, 방법론의 변천, 기타 다른 계획의 연관성 등에 대해서 언급을 했으며, 둘째 부분은 교통계획의 종류와 과정에 대해서 설명을 하였다. 셋째 부분은 교통계획에서 사용되는 각종 교통수단의 특성을 설명하였다.

이 책의 전체를 통하여 많이 사용되는 용어 중에서 혼동하기 쉬운 몇 가지를 여기서 미리 정의한다.[2]

- 계획(planning): 어떤 행위를 준비하는 것으로서 현재상황을 검토하고, 장래의 상황을 예측하며, 어떤 목적을 달성하기 위하여 정책과 장래의 대책을 수립하는 과정을 말한다. 여기서 나온 결과, 즉 정적인 계획을 계획안(plan)이라 한다.

- 프로그래밍(programming): 어떤 일의 목표를 특정기간 동안에 달성하기 위하여 그 일을 구성하는 과업(project)들의 상대적인 절박성을 고려하여 세부계획을 세우는 과정을 말하며, 최종결과로 나온 문서화된 계획을 프로그램이라 한다. 여기에는 전체 가용예산을 가장 효율적으로 사용할 수 있도록 각 과업들이 논리적인 순서로 배열되어 있다. 프로그래밍이나 프로그램이 간혹 계획 또는 세부계획이라는 말로 사용되기도 한다. 예로서 capital program을 투자계획이라는 용어로 사용한다.

- 스케줄링(scheduling): 세부계획을 수행하기 위해서 운영계획을 발전시키는 과정을 말하며, 처음에 프로젝트를 활동(activity)별로 세분하고, 이들 활동의 시작 및 종료시간을 정한 다음, 그 활동에 필요한 자원을 결정하여 배분한다. 자원의 제약으로 인해 필요한 경우에는 어떤 활동의 시간을 조정하는 수도 있다.

- 통행(trip, travel): trip이란 사람 또는 차량이 두 지점(보통 두 존) 간을 어떠한 목적을 가지고 한 수단을 이용하여 한 노선상을 이동하는 것 또는 그 이동횟수의 단위를 말한다. 그리고 travel이란 어떤 주어진 기간 동안에(보통 1일 기준) 목적이나 수단에 관계없이 모든 trip을 합한 것 또는 그 크기를 말한다. 따라서 travel은 통행 또는 통행량이라 하고, trip을 통행 또는 그냥 트립이란 말로 사용한다. 예를 들어 "A, B 두 존 간의 하루 통행량(travel)은 500통행(trip)이며, 이 중에서 출근목적 통행(trip)이 400통행(trip)이고, 이들 가운데 200통행(trip)이 버스를 이용한다."는 말로 사용할 수 있다. trip에는 이용하는 수단에 관계없이 한 목적을 가진 통행을 한 trip으로 보는 목적통행(linked trip)과 한 목적통행이 여러 개의 수단을 이용할 때 각 수단별 통행을 각각의 trip으로 보는 수단통행(unlinked trip)이 있다. 전자는 일반적으로 계획목적으로 많이 사용되며, 후자는 분석목적으로 많이 사용된다.

- 이용자 총 통행시간(journey time): 교통수단 이용자가 출발지에서부터 목적지까지 도달하는 데 걸리는 총 시간으로서, 이용자 통행시간(travel time)과 교통수단으로의 접근시간을 합한 것이다. 이용자 통행시간(travel time)은 다시 차량(교통수단) 통행시간(trip time)과 교통수단 대기시간을 합한 것을 말한다.

14.1 교통계획의 정의 및 기조

14.1.1 교통계획의 정의

국민의 생활수준이 급격히 향상되고 인구의 도시집중 현상으로 말미암아 도시부나 지방부를 막론하고 효율적인 경제 및 사회생활을 유지하기 위하여 교통수요가 급증하게 되었다. 이로 인해 절대적으로 부족한 교통시설을 정비하고 확충하는 일이 시급한 문제로 대두되었으나, 예산의 제약이나 환경문제로 인해 교통시설의 정비 및 확충에 많은 제약을 받고 있다. 이러한 경향은 도시부에서 특히 현저히 나타났고, 그 결과 사람들의 생활패턴에 큰 변화가 일어나고 있어 교통계획에 대한 관심이 더욱 고조되고 있다.

교통계획이란 사람이나 화물이 공간적인 이동을 효율적으로 하기 위하여 여러 가지 기법을 조직적으로 구성하는 계획 또는 교통시설의 배치와 기능에 대한 계획이다. 다시 말하면 국토계획 및 지역계획의 입장에서 그 지역에 적합한 교통로와 교통수단을 어떻게 배치하고, 또 이들의 기능을 어떻게 발휘하게 할 것인가를 계획하는 것이다.

교통계획에 있어서의 중요한 당면과제로는 도시교통, 종합교통시스템, 화물교통의 합리화, 환경 및 안전 문제를 들 수 있다. 이와 같은 과제들은 이 장에서는 물론이고 다음의 여러 장에서 다룬다. 장기적이며 종합적인 교통계획의 틀은 계획대상지역 내의 각종 교통수단을 그 특성이나 기능에 따라 유기적으로 결합시켜, 현재 및 장래에 그 지역 내의 전체 교통수요에 부응할 수 있도록 공간적으로 배치하고 기능적으로 분담시키는 것이다. 이렇게 함으로써 단일수단(도로 또는 철도 등 한 가지만)에 대한 계획에 비해 효율적인 투자를 할 수 있고, 국토 및 도시공간의 효율적인 이용이 가능하며, 환경보전 및 안전성을 기대할 수 있을 뿐만 아니라 교통개선 및 교통시설에 대한 투자우선순위를 결정할 수 있다.

미국의 FHWA에서는 교통계획을 다음과 같이 정의했다.

'교통계획이란 사람과 화물의 이동을 위한 모든 시설을 대상으로 하는 것이며, 여기에는 터미널 시설과 교통통제시설도 포함된다. 교통계획의 과정은 현재와 과거의 성장에 대한 자료를 수집하고 분석하는 것, 대상지역 또는 도시의 목적과 목표를 설정하는 것, 지역 또는 도시의 장래발전 및 교통수요를 예측하는 것, 실행 가능한 대안을 검토하여 교통프로젝트를 작성하고 평가하는 것뿐만 아니라 상황의 변화에 따라 정기적인 검토 및 계획변경을 하는 것도 포함한다.'

이러한 정의에 입각하여 계획을 진행하는 순서대로 다시 상세히 설명하면 다음과 같다.

① 교통계획은 독립적인 계획이 아니다. 교통계획은 국토종합계획, 지역계획, 도시계획 등의 일부분이며, 이들 상위계획의 목적 및 목표에 따라 교통계획의 목적을 정하고 이 목적을 달성할 수 있도록 목표를 세워야 한다.

② 교통계획의 목표가 수립되면 목표를 달성하는 데 필요한 각종 조사 및 자료수집의 범위를 정한다.

③ 수집한 자료 및 조사결과로부터 교통현황을 분석하고 장래의 교통수요를 예측한다.

④ 예측된 장래의 교통수요와 현 교통시설의 용량을 비교·검토하여 교통계획을 수립한다.

⑤ 수립된 교통계획이 상위계획의 목표에 부응하는가 혹은 같은 수준의 다른 계획과 저촉되는 점이 없는가를 검토한다.

⑥ 교통계획의 경제적 타당성을 평가하고, 계획시행에 필요한 재정계획을 수립한다.

14.1.2 교통계획 방법의 변천

사회가 발전하고 사람들의 가치관이 변함에 따라, 또 교통시설의 상태에 따라 사회가 요구하는 교통문제의 내용이 바뀌어가고, 따라서 교통계획의 목표와 과제도 정책변화에 따라 변화한다. 이와 같은 현상은 교통계획의 방법에서도 예외가 아니다.

교통계획의 초기에는 교량, 터널, 우회도로와 같은 도로의 단일구간을 현재의 교통량에 맞추어 설계하는 링크계획(link planning)이 고작이었다. 이때는 차량교통과 차도폭과의 관계를 이용하여 도로폭을 구하면 되었다. 그 후에 도시 간 도로나 고속도로의 전체 노선을 계획하는 노선계획(route planning)으로 관심이 이전되었다. 1885년 미국의 몇몇 도시지역에서 교통조사(traffic studies)를 실시하고 도로를 이용하는 교통량을 정기적으로 조사하여 도로폭을 정하고 교통규제대책을 수립하는 것이 교통계획의 효시라고 볼 수 있으며, 이러한 방법은 그 후에 지방부 도로계획에 더 많이 사용되었다.[3] 이와 같은 방법은 1930년대까지 계속되었다. 이때쯤 해서 교통의 기종점에 대한 자료를 얻기 위해 노상면접 조사방법이 사용되었다. 이렇게 해서 얻은 자료는 도시지역에서 우회도로의 필요성을 검토하는 데 주로 사용되었다. 1940년대에 들어와서는 도시가로망이 크게 개선되어야 한다는 인식이 널리 퍼졌고, 정부의 재정지원으로 도시도로의 건설이 활발해졌다. 이때의 관심은 주로 단일수단 시스템계획(single mode system planning), 즉 단일시스템으로 완전한 도로망이나 대중교통망을 계획하는 것이었다.

노상면접 조사방법을 활용하여 장래 교통수요를 예측한 것은 1953년도에 실시한 'Detroit Metropolitan Area Transportation Study'가 처음이며, 이 연구에서는 교통과 토지이용을 연관시켜 장래 교통량을 예측하기 위해 해석적인 방법을 처음으로 사용했다. 이때 사용된 모형은 통행발생, 통행분포, 교통배분의 3단계 예측 모형이었다.

1950년대의 교통조사 및 분석(transportation studies)에서는 여전히 종래의 가구면접 조사방법으로부터 얻은 자료를 사용했으나, 분석을 할 때는 조사된 통행특성과 인구 및 토지이용 활동특성과의 상관관계를 규명했으며, 이러한 관계가 시간이 지나도 변하지 않는다는 가정하에 토지이용과 인구변화에 관한 예측값을 사용하여 장래의 통행행태를 예측했다. 조사지역 내의 모든 O-D 존 간의 교통수단별 통행수요 예측값을 사용하여 도로와 대중교통시설을 개선하기 위한 여러 가지 계획대안을 만들었다. 이러한 대안들을 평가한 다음, 비용-편익 기준을 이용하여 최적안을 선정했다. 최적안이란 교통시설 이용자의 통행비용 및 기타비용과 그 시설을 건설하고 유지하는 데 드는 비용을 비교하여 가장 이득이 큰 대안을 말한다.

이와 같은 Detroit와 Chicago의 교통조사 및 분석을 시작으로 하여, 그 후에 미국의 다른 도시와 유럽에서도 이러한 해석적 방법을 이용하여 도시교통계획을 수행해 왔다.

이러한 도시교통계획 활동의 중요성을 인식하고 미국정부에서는 장기도로계획을 수립할 때는 다른 교통개발 및 토지이용계획과 서로 협조·조정하도록 입법화하였다. 1965년 이 법에 의하면 앞으로 인구 50,000명이 넘는 도시는 주정부와 지방정부가 협조하여(cooperative) 지속적(continuing)이고도 종합적인(comprehensive) 교통계획을 수립하지 않으면 어떠한 도로건설에 대해서도 연방정부의 보조금을 지급하지 않기로 했다(이를 소위 말하는 3C 방침이라 한다).

이러한 교통계획의 개념은 다(多)수단 교통망계획(multi-mode network planning)으로 볼 수 있으며, 모든 교통수단은 그들 특유의 장점을 살려 함께 균형을 이루도록 계획된다. 즉 도로계획과 철도계획의 균형 또는 개별수송과 대량수송의 균형을 이루기 위한 계획을 말한다. 여기서는 여러 가지 교통수단을 고려해야 하기 때문에 통행조사는 개인통행(person trip)을 기준으로 해야 하며, 그 자료를 이용하여 통행발생, 통행분포, 수단분담, 교통배분의 4단계 추정법을 사용하여 교통수요 예측이 이루어졌다.

영국에서는 1963년에 발간된 도시교통(Traffic in Town)이라는 보고서에서 토지이용계획과 교통계획과의 관계를 더욱 긴밀히 할 필요성을 강조했다. 거의 같은 시기에 미국에서 정형화시킨 교통계획 방법이 영국의 주요 도시에서도 사용되었으며, 토지개발과 교통 및 환경에 대한 장기정책을 제시한 도시개발계획을 수립하게 되었다.

근래에 와서 교통계획의 범위는 더욱 넓어지고 계획방법은 더욱 정교해졌다. 중요한 발전 중의 하나는 토지이용 예측에 대한 것이다. 즉 새로운 교통시설의 위치와 건설시기에 따라 토지이용 패턴이 달라지는 것을 예측하는 방법이 개발되었다. 이것은 1960년대에 들어와서 일어난 일로서, 교통계획 과정에서 결과된 수요예측의 유효성은 토지이용 패턴 예측의 정확도에 크게 좌우된다는 사실을 깊이 인식했기 때문이다. 또 미국의 'Northeast Corridor Transportation Study'에서는 교통시설의 변화에 따라 경제 및 인구활동의 공간적 분포의 변화를 예측하기 위한 모형이 개발되었다. 이 조사·분석은 또 정치적인 성향이 여러 가지 교통계획의 시행에 미치는 영향을 고려했다.

그러나 근래에 와서는 대중교통을 포함한 적절한 교통서비스의 확보, 주거환경파괴의 방지, 자동차교통의 억제, 신교통시스템의 출현, 자전거나 보행자의 재평가 등 여러 가지 당면과제로 인해 4단계 예측기법으로는 한계를 느끼고 있어 1975년 이후부터는 비집계 행태모형(disaggregate behavior model)에 대한 연구가 이루어지고 있다. 사실상 통행의 주체가 되는 사람의 통행은 반드시 집계모형(aggregate model)에서 보이는 4단계 과정을 밟아 의사결정을 하는 것이 아니라 오히려 복합적인 방법으로 의사결정을 하기 때문에 이것을 감안하여 통행분포, 수단분담 및 교통배분을 복합시킨 모형이 개발되었다.[4] 또 발생에서부터 배분까지 한 과정으로 종합한 모형도 있으나[5], [6] 여기서는 설명을 생략한다.

지금까지 설명한 모형을 이용한 교통수요 예측과정은 장기계획의 관점에서 볼 때 많은 결함을 가지고 있다. 전통적으로 전략적 토지이용-교통모형에 사용된 모형은 대부분 미국이나 유럽 등지에서 경제적·사회적·정치적으로 안정된 시기인 1950년대 중반에서부터 1970년대 중반에 개발된 것이다. 따라서 이 모형들은 계획기간 동안 변화의 범위가 비교적 적은 소수의 변수만을 취급한 것으로서, 이들의 성과를 시험해 보면 시간에 따른 안정성이 매우 큰 것을 알 수 있다.[7], [8], [9] 통행수요를 예측하는 데 사용된 변수는 통행비용, 대기시간 및 보행시간 등과 같은 통행서비스의 수준, 상대적인 통행시간, 통행을 하는 사람의 상대적 소득 수준, 여러 가지 교통수단으로의 접근성 등이다. 이들 변수들이 변하는 범위는 비교적 한정되어 있으므로 서방국가들이 경제적 성장과 번영을 계속한다면 이 모형들은 장래에 대해서 매우 정확한 예측을 할 수 있을 것이다.

그러나 1970년대 후반부터는 예측하기 힘든 여러 가지 불확실성이 가미되어 전통적인 모형화 과정에서는 다음과 같은 요인을 취급할 수 없게 되었다.

- 원유가의 급격한 상승으로 각종 비용이 증가하고 정치적인 유류통제로 공급부족 초래
- 구조적인 실업률의 증가 및 노사관계 악화
- 자동차기술의 급격한 발전으로 직장의 위치, 작업시간 및 퇴직연령의 변화
- 세계적인 에너지수요의 증가
- 인구증가율의 감소 및 도시화 패턴의 변화; 대도시는 예상보다 팽창속도가 느리나 중소도시는 예상보다 빠른 속도로 성장
- 환경에 대한 관심 증대
- 국내외의 정치적 변화가 많고 저소득층은 교통정책에 큰 영향을 미치며, 이러한 정책은 단순히 비용–편익 방법으로는 결정될 수 없다.
- 인플레이션은 정부의 큰 부담이 될 뿐만 아니라 케인즈 경제이론하에서의 공공부문에 대한 지출정책에 영향을 준다. 또 앞으로 지속적인 경제성장은 불확실하다고 볼 수 있다.

이러한 여러 측면에서의 불확실성 때문에 종래의 모형화 과정은 과거의 안정된 틀에 너무 의존한 것처럼 인식되었다. 따라서 이와 같은 결점을 극복하고 장래를 모형화하는 데 사용되는 기법이 시나리오 구축(scenario building)이다.

이 모형화 기법에서는 여러 개의 시나리오를 작성하고 이에 따른 장래의 최종상태(end state)를 예측한다. 이 최종상태는 실체가 없는 요인을 사용해서 구하는 것으로서 종래의 분석방법으로 모형화하기는 매우 어렵다. 그래서 종래의 모형으로 정확히 예측할 수 없을 때는 이러한 실체가 없는 요인들이 교통수요에 미치는 영향을 모형을 이용하지 않고 추정한다. 예를 들어 국가의 어떤 계획을 위하여 하나의 최종상태는 다음과 같은 가상적인 시나리오에서 구한다.

- 향후 20년간 경제성장이 저조하다.
- 환경에 대한 관심이 높다.
- 강력한 중앙집권 정부형태이다.
- 노조활동이 미약하다.
- 산업자동화 수준이 높다.
- 인구증가율은 중간 정도이다.

이와 같은 요인들이 다른 조건을 가질 때는 최종상태가 다르게 예측된다. 이와 같이 여러 가지 시나리오를 만들고 그에 따른 최종상태를 예측하는 기법에는 다음과 같은 몇 가지 장점이 있다.

- 최종상태는 구체적인 시기에 대한 것이 아니기 때문에 장기계획에 사용하면 현실성이 크다.
- 실체가 없는 요인들 간의 상호관계를 예측할 수 있다.
- 사회적·기술적·경제적 불연속성을 초월하여 예측할 수 있는 강력한 모형이다.
- 단기 또는 중기계획에는 부적합할지 모르나 장기계획에는 매우 좋다.

14.1.3 교통계획의 기조와 고려요소

간단히 말해서 교통계획의 목표는 이동성에 대한 그 지역사회의 목적 및 목표를 적정수준으로 만족시키는 것이다. 지금까지의 일부 교통계획이 실패한 것은 교통계획과 넓은 의미에서의 종합계획의 상호작용을 잘 인식하지 못했기 때문이다. 예를 들어, 도로의 건설이 환경에 미치는 나쁜 영향을 과소평가했다든가, 저소득계층의 교통수요를 제대로 반영하지 않았다든가, 혹은 과도한 예산을 투입했다든가 하는 이유로 해서 교통계획이 실패로 끝난 예가 허다하다.

계획기조는 적절한 실행계획을 발전시키는 데 필수적이다. 계획과정에서 이 기조를 잘 고려하지 않으면 두 가지의 난관에 봉착한다. 첫째 어려움은 어떤 것이 적정계획인지를 확실하게 정의할 방법이 없으며, 또 사실상 좋은 계획과 나쁜 계획의 차이를 명확하게 파악할 수가 없다. 둘째 어려움은 지역사회의 가치로부터 괴리된 계획은 시행하는 데 있어서 큰 저항에 직면할 수도 있다.

[그림 14.1]은 교통에 관한 그 지역사회의 목적이나 목표를 달성하기 위하여 투자계획을 하는 과정을 보여준다. 여기서 지역사회란 국제적일 수도 있고, 국가 또는 근린(近隣) 단위일 수도 있다.

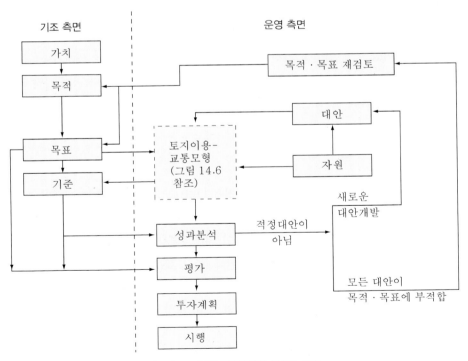

[그림 14.1] 장기기본계획의 시스템 구조

교통계획의 목적과 목표는 사회의 가치기조의 틀 안에서 수립되고, 기준은 운영계획의 평가단계에서 설정된다. 이들 기준은 목적과 목표뿐만 아니라 모형화 과정의 방식에 따라 달라진다.

일단 교통계획과정의 기조가 합리적으로 구축되면 운영 측면의 계획이 뒤따른다. 모형화 과정은 지역사회의 목적과 자원제약 및 가능한 대안을 고려하여 진행되는 것이 이상적이다. 모형화의 결과는 시스템에 미치는 여러 가지 영향으로 나타나며, 이것은 평가과정에서 이미 수립된 기준에 따라 분석된다. 이 시스템 평가의 과정은 교통계획의 중요한 부분이므로 16장에서 별도로 취급한다.

제안된 시스템을 평가한 결과는 어느 한 시스템이 적절하다고 판정되거나 혹은 모든 시스템대안이 전부 거부되는 것으로 나타낸다. 첫 번째 경우에서는 건설과 장비에 대한 자본투자의 순서를 나타내는 세부계획을 작성하며, 두 번째 경우에는 모형화 과정을 통해서 새로운 시스템대안을 만들고 이를 다시 평가해야 한다. 이러한 과정을 몇 번 거친 후에도 만족할 만한 대안이 없거나 대안을 더 이상 만들어 낼 수 없는 경우가 있다. 이러한 경우는 자원가용성이 희박하기 때문에 그 시스템을 연기시킬 수밖에 없을 때 일어난다. 이때에는 목적과 목표를 재평가하여 적어도 한 대안은 평가기준을 만족시키도록 해야 한다.

교통계획 과정은 다음과 같은 세 가지 기본요소를 포함하고 있다.

- 시스템의 수요예측
- 시스템 개발에 따른 경제, 사회, 환경변화를 파악
- 시스템의 편익과 불편익을 평가

시스템을 분석할 때는 이 요소들을 고려한 시스템의 적합성에 대해서 서로 다른 견해를 가지는 세 가지 계층, 즉 운영자, 사용자 및 비사용자를 함께 생각해야 한다. 운영자는 자본비용, 운영비용, 운영수익 및 정부의 규제 등에 대해서 관심을 가지며, 사용자는 요금이나 운임, 통행시간, 안전성, 신뢰성, 편리성, 쾌적성 등에 관심을 가진다. 비사용자는 대기, 수질, 또는 쓰레기, 소음, 시계(視界), 안전성, 토지이용 변화, 주거지 이전 및 경제적인 효과에 관심을 가진다. 성공적인 교통계획이란 비사용자에 미치는 편익 및 불편익과 운영자, 사용자의 욕구 사이에 균형을 이루는 계획이다.

14.1.4 토지이용-교통모형

[그림 14.1]에 보인 체계도는 모든 교통계획 과정을 나타내는 데 일반적으로 사용될 수 있다. [그림 14.2]는 종합토지이용-교통계획에 사용된 가장 보편적인 모형화 절차를 자세히 나타낸 것이다. 정확히 말하면 [그림 14.2]는 [그림 14.1]에서 보인 전략계획시스템의 하위시스템이라고 할 수 있다. 토지이용-교통모형은 두 단계로 명확히 구분된다. 즉 모형을 설정하고 기준연도의 자료로부터 이를 검증하는 calibration 단계와 계획연도의 사회·경제 예측에 근거하여 장래 교통수요를 예측하는 예측단계이다. 장기계획 과정에 사용되는 7개의 주요 모형은 다음과 같다.

- 인구 모형
- 경제활동 모형

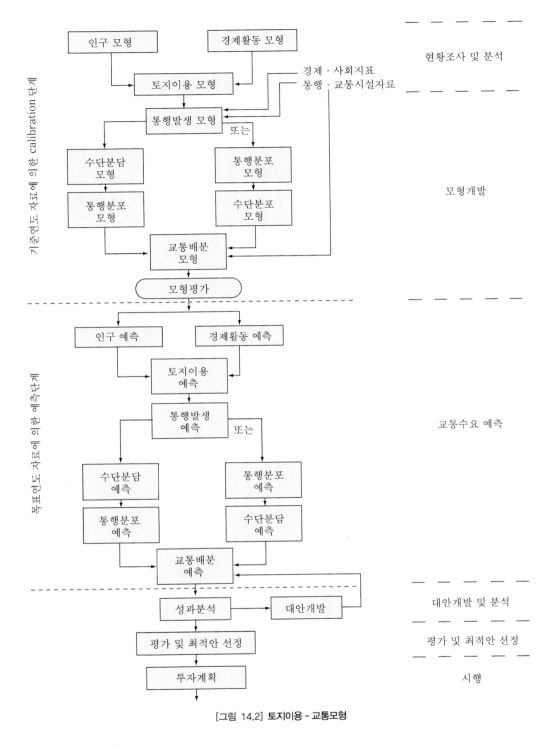

[그림 14.2] **토지이용 – 교통모형**

- 토지이용 모형
- 통행발생 모형
- 통행분포 모형

- 수단분담 모형
- 교통배분 모형

인구 및 경제활동 예측은 일반적으로 교통계획의 범위 밖에서 인구 및 경제전문가에 의해 이루어진다. 이 영역들은 통상적인 장기교통프로젝트를 작성할 때 교통전문가에 의해 세부적인 검토를 필요로 하지 않는 것이 보통이므로 이 부분에 대해서는 언급하지 않기로 한다.

토지이용에 관한 모형은 많이 개발되어 있으나 일부 논란의 여지도 있다. 이들은 다음과 같은 여러 가지 독립변수와 토지이용 간의 상관관계를 나타내는 것이다.

- 직장까지의 접근성
- 기준연도의 순(純) 개발밀도
- 가용한 공지(空地)의 비율
- 토지이용별 고용자 수
- 지가(地價)
- 가장 지가가 높은 곳까지의 시간 및 거리
- 토지이용밀도
- 대중교통의 접근성
- 용도별 토지의 크기
- 상하수도 서비스의 질

토지이용 모형에서 예측되는 종속변수는 다음과 같다.

- 주거단위의 변화
- 상업용 토지의 변화
- 산업용 토지의 변화
- 근린상업용 토지의 변화

지금까지 여러 가지 많은 모형이 개발되었으며 이 중에서 어떤 것은 매우 정교하고 정확한 것도 있다. 이 모형들은 모두 교통시설과 도시성장 간의 상호작용에 기초를 두고 있다. 그러나 순전히 도시성장을 예측하기 위해 토지이용 모형을 사용하는 것에는 강하게 반대하는 입장이 있다. 계획을 하는 사람들은 토지이용계획이 어떤 지역사회를 적절하게 발전시키는 데 매우 중요한 것임을 알고, 계획에 필요한 이러한 기본 입력자료를 모형으로 구하고자 하는 데 반대한다. 토지이용의 형태별로 필요한 토지를 구하기 위해서 넓은 의미의 토지이용 모형을 사용할 수도 있다. 그러나 이 경우에도 지구의 변경을 모형화하지는 않는다. 토지이용 모형이 토지이용-교통모형화 과정에 적용가능하다고 입증된 바가 없기 때문에 이 문제에 대해서는 더 이상 언급하지 않는다. 종합적으로 말하면, 교통계획을 하는 사람에게는 토지이용계획이 주어지는데, 이것은 모형의 결과로부터 얻는 것이 아니라 이미 정해진 토지이용의 형태와 밀도를 사용하는 것이다.

나머지 네 가지 모형, 즉 통행발생, 분포, 수단분담 및 교통배분 모형은 전략적 교통계획에서 매우 중요한 것이다. 계획대상지역은 여러 개의 비교적 균일한 교통발생존으로 나누어진다. 모든 교통은 각 존의 중심에서 발생하여 주요 교통망을 이용하여 존 간 혹은 존 내를 이동하는 것으로 보고 전체 교통을 모형화한다. 전통적으로 이 모형화는 순차적으로 진행된다. 통행발생 모형은 어떤 특정 통행목적으로 각 존에서 얼마나 많은 통행이 발생되는가를 나타낸다. 통행분포 모형은 어떤 존에서 발생한 통행이 다른 존으로 얼마나 많이 이동하는가를 나타낸다. 수단분담 모형은 경쟁관계에 있는 여러 교통수단을 이용하는 통행비율을 구하기 위한 것이며, 교통배분 모형은 통행이 O−D 간의 어느 노선을 얼마나 선택하느냐 하는 것을 구하는 것이다.

14.2 교통계획의 종류 및 과정

14.2.1 교통계획의 분류

교통계획이란 용어는 정적(靜的)계획인 plan과 동적(動的)계획인 planning이란 두 가지 의미로 사용된다. plan이란 의사결정 과정인 planning의 결과를 의미하므로 여기서는 계획안이라 부른다. 이 계획안에는 계획의 목적을 달성하기 위한 수단, 방법, 순서 등이 구체적으로 나열되어 있다. 따라서 이 장에서 말하는 교통계획이란 대부분 계획안을 만드는 과정을 의미한다.

교통계획은 대상지역에 따라 전국교통계획, 지역교통계획, 도시교통계획, 지구교통계획으로 나눈다. 또 계획기간에 따라 장기교통계획, 중기교통계획, 단기교통계획으로 나눈다. 계획대상이 되는 교통시설에 따라 분류하면, 도로계획, 철도계획, 항만계획, 공항계획, 파이프라인계획, 주차장계획, 터미널계획 등이 있다. 또 계획의 목적에 따라 도로, 철도, 항만, 공항, 파이프라인 등의 신설, 개선, 보수, 복구 등의 계획이 있다.

교통계획은 종적으로 위계를 가진다. 지역계획이 국토개발계획의 하위계획인 것처럼 지역계획의 일부분인 지역교통계획은 국토종합계획의 일부분인 전국교통계획의 하위계획이다. 또 도시계획의 일부분인 도시교통계획의 하위계획은 도시가로망계획이며 그보다 더 하위계획은 도로계획이다.

횡적계획은 동위(同位)계획이다. 도시종합교통계획은 토지이용계획과 횡적인 동위계획이며, 또 도시종합교통계획의 하위계획인 도로망계획과 지하철망계획은 서로 동위계획이다. 종적인 계획에서는 상·하위계획 간에, 또 횡적인 계획에서는 동위계획 간에 밀접한 관계가 있으므로 이들은 서로 유기적으로 연관되어야 한다.

동적계획(planning)은 계획을 하는 사람이 어떤 의사결정 과정을 거쳐 어떤 결과를 도출하는 계획활동 분야로서, 형성(形成)과정과 사고(思考)과정이 있다. 이를 도식화한 것이 [그림 14.3]이며, 이를 각 요소별로 행렬화한 것이 [그림 14.4]이다.

1 계획의 형성과정

계획의 형성과정은 구상, 대안개발, 최적안 선정, 실행계획 수립의 단계가 있다.

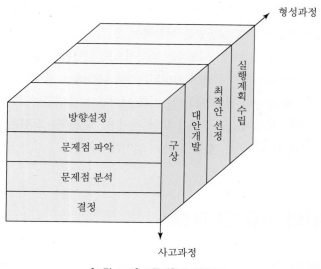

형성과정

방향설정

문제점 파악

문제점 분석

결정

구상

대안개발

최적안 선정

실행계획 수립

사고과정

[그림 14.3] **교통계획의 진행과정**

(1) 구상

구상(構想)이란 vision 또는 image란 의미이다. 계획대상의 문제점을 명확하게 하고, 충족해야 할 요망사항을 명확히 제시하고, 계획의 목적을 설정하는 것이다. 매우 창조적인 식견이 요구되며, 자원의 제약을 고려하지 않는다.

대도시의 교통에서 앞으로의 도시규모와 교통수요를 현재의 교통시설로 감당할 수 있는가? 없다면 어떤 도시종합교통체계를 수립해야 하는가? 도로, 철도와 도시고속도로, 도로와 지하철 등 여러 가지의 안을 구상할 수 있다.

(2) 대안개발

구상단계에서 나온 구상안 중에서 사고과정을 거쳐 몇 가지의 실행 가능한 계획안을 만드는 과정을 말한다. 대안개발이란 구상단계의 조사·분석으로는 실행 가능성 여부를 판단하거나 우열을 가리지 못한 여러 개의 계획안에 대하여 보다 상세한 조사·분석을 하여, 그래도 우열을 가리기 힘든 몇 개의 실행 가능한 계획안을 만들어 내는 단계이다. 이때의 조사·분석은 주로 각 안에 대해서 개별적으로 행하며 다른 안과 비교하는 것이 아니다. 여기서 선정된 몇 개의 대안은 상호배타적인 성질을 가지고 있다. 즉 한 안이 최종적으로 선정되면(그 다음 단계에서) 나머지 안은 폐기된다.

(3) 최적안 선정

여러 대안 가운데 하나를 최적안으로 선정하는 과정이다. 최적안 선정은 의사결정자가 하는 것이지 계획하는 사람이 하는 것이 아니다. 계획하는 사람은 의사결정자가 최적안을 선정하는 데 필요한 각종 계획결과로부터 얻은 자료를 정리해서 제공하기만 한다. 각 계획대안의 평가는 주로 경제적 효과를 기준으로 하며, 정량적으로 그 효과를 나타낼 수 없는 항목에 대해서는 그 장단점을 열거한다.

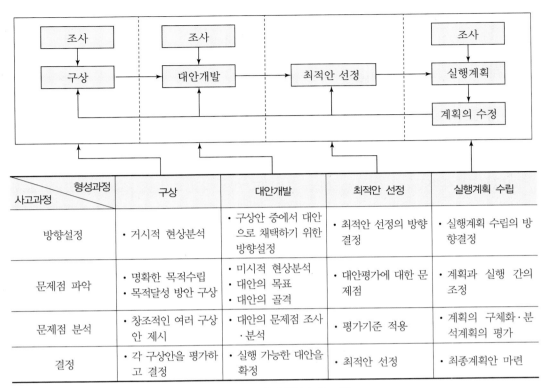

형성과정 사고과정	구상	대안개발	최적안 선정	실행계획 수립
방향설정	• 거시적 현상분석	• 구상안 중에서 대안으로 채택하기 위한 방향설정	• 최적안 선정의 방향 결정	• 실행계획 수립의 방향결정
문제점 파악	• 명확한 목적수립 • 목적달성 방안 구상	• 미시적 현상분석 • 대안의 목표 • 대안의 골격	• 대안평가에 대한 문제점	• 계획과 실행 간의 조정
문제점 분석	• 창조적인 여러 구상안 제시	• 대안의 문제점 조사·분석	• 평가기준 적용	• 계획의 구체화·분석계획의 평가
결정	• 각 구상안을 평가하고 결정	• 실행 가능한 대안을 확정	• 최적안 선정	• 최종계획안 마련

[그림 14.4] 계획의 형성과 사고과정

(4) 실행계획 수립

최적안이 선정되면 그것의 실행계획을 수립한다. 예를 들어 도로와 지하철을 같이 건설하는 안이 선택되었으면, 기존가로망을 어떻게 정비하며, 가로와 지하철을 기능적으로 어떻게 유기적으로 연관시킬 것인가에 대한 계획을 수립한다. 지금까지 조사·분석한 것을 세부적으로 더 보완해서 지하철계획, 가로계획을 할 수 있도록 하는 것이 이 단계이다.

2 계획의 사고과정

계획하는 사람이 계획 형성과정의 각 단계에서 계획을 어떻게 구체화시켜 나가느냐에 대한 정신활동을 사고과정이라 한다. 여기에는 방향설정, 문제점 파악, 문제점 분석, 결정 등의 단계가 있다.

(1) 방향설정

방향설정이란 motivation의 뜻이며, 이 말은 본래 교육심리학에서 학습자의 학습의욕을 고취시키는 의미로 사용되었으며, 일반적으로 어떤 행동을 일으켜 그것을 일정한 방향으로 유도하는 과정이다. 형성과정의 각 단계에서 계획을 어떤 방향으로 이끌어 가느냐 하는 방향을 결정하는 것을 말한다.

도시종합교통계획의 구상단계에서 교통시스템을 도로, 도로와 도시고속도로, 도로와 지하철, 도로와 도시고속도로와 지하철 등 네 가지로 구상했을 때, 이들 각 안에 대하여 어떻게 조사·분석·

비교할 것인가에 대한 방향을 결정한다. 조사의 방향은 주로 통계자료를 이용해서 현 교통시설의 교통용량과 장래의 교통수요를 개략적으로 추정하는 것이다.

(2) 문제점 파악

문제점의 파악도 계획의 형성과정에 따라 그 대상이 다르다. 계획에 있어서의 종적관계 및 횡적관계에서 생기는 모순과 현재 및 장래에 예상되는 문제점을 파악하는 것이 이 과정이다. 구상단계에서의 문제점 파악이란, 계획의 목적을 명확하게 하고, 계획의 환경 중에서 문제점이 생기는 요인의 파악과 그 성격 및 상관관계를 명확하게 하는 과정이라 할 수 있다.

도시종합교통계획의 구상단계에서 방향을 결정하고, 이에 따라 도시현황, 도시계획에 의한 도시의 성격 및 장래의 도시규모, 현 교통시설 및 용량, 현재의 교통량과 장래의 교통수요 등의 자료를 사용하여 문제점을 파악한다. 특히 교통량과 관계되는 요인은 어떤 것인지를 알아내고 그 상관모형 등을 파악한다.

(3) 문제점 분석

이것도 계획의 형성과정에 따라 다르나, 앞 단계에서 파악된 문제점을 분석하는 과정이다. 문제점의 분석단계는 두 가지로 나눌 수 있다. 그 하나는, 예를 들어 도로만 사용하든가 도로와 지하철을 같이 사용하는 두 구상안 가운데 어느 것을 택하느냐 하는 기능적 대안, 즉 무엇을 하느냐(what to do)를 결정하기 위한 분석이며, 다른 하나는 활동의 대안, 즉 지하철과 도로를 어느 정도의 서비스수준과 용량을 갖도록 건설하느냐(how to do)를 결정하기 위한 것이다.

대도시의 종합교통계획은 여러 분야에서 많은 조사·분석·예측의 과정을 거치게 되나 결론적으로 말하면 장래의 교통수요를 안전·신속·저렴·쾌적하게 감당할 수 있는 교통시설을 그 도시의 재정상태에 맞게 결정하는 것이다. 각 구상안에 대하여 장래의 교통수요를 감당하려면 어느 정도의 시설을 해야 하고, 그 투자액은 얼마이며, 시민들의 편익은 얼마인가를 분석하여 각 형성과정을 종결시키는 자료를 만든다.

(4) 결정

각 형성과정을 종결시키는 의사결정단계이다. 이 결정은 의사결정자가 하는 것이 원칙이나 그다지 중요하지 않은 과정에서는 계획하는 사람이 결정한다. 계획대안 중에서 최적안을 선정하든가 실행계획을 최종적으로 확정하는 결정은 주로 의사결정자가 한다.

의사결정에 있어서 우선 각 계획대안을 비교·평가할 수 있는 평가기준을 마련해야 하며, 계획대안의 성과(편익 및 비용, 영향 등)를 정량화할 수 없으면 그들의 장단점을 기술한다.

대도시 종합교통계획 구상단계에서의 의사결정은 앞에서 설명한 여러 가지 구상안에 대해 사고과정을 거쳐 비교·평가하고 정리하여 우열을 가릴 수 없는 몇 개의 구상안을 채택하는 것이다. 구상단계의 조사·분석 정도로 우열을 가릴 수 없으면, 이것을 대안개발단계로 넘겨 보다 광범위하고 정도(精度) 높은 조사·분석을 한다.

14.2.2 도시계획과 교통계획

앞에서 언급한 교통계획의 수준은 교통계획 대상지역의 단위에 따라 구분한 것이다. 그러나 교통계획이 지역계획이나 도시계획의 주요한 근간(根幹)이기 때문에 각 계획수준에서 교통계획이 차지하는 위상을 파악하는 것도 대단히 중요하다.

교통계획은 앞에서도 설명한 바와 같이 정부와 지역사회 간의 상호작용을 나타내는 지속적인 과정이다. 또 계획활동은 여러 가지 계획수준에 따른 위계를 가진다. 지금까지 수행된 도시교통시스템계획은 이 계획수준을 다른 계획수준과 제대로 연관시키지 못한 경우가 많다. [그림 14.5]는 교통시스템계획의 위상을 나타내는 여러 가지 계획활동의 위계를 보인 것이다.

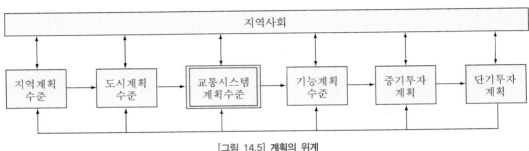

[그림 14.5] 계획의 위계

교통시스템계획 과정에서 확정된 계획안의 일부 또는 전부가 투자계획(capital programming) 수준에서 거부될 수도 있다. 그 이유는 지역사회의 태도가 바뀌었거나 또는 경험으로 비추어 봐서 그 시설이 지역사회에 나쁜 영향을 미친다는 것을 인지했기 때문이다. 이러한 교통시스템계획안이 거부되면 반대로 도시개발계획을 전면 수정하거나 또는 거부될 수도 있다.

정부와 지역사회의 상호작용을 유지시키고, 각 계획수준의 활동을 유기적으로 만드는 데 사용되는 좋은 방법은 다음 절에서 설명할 시스템 접근방법이다.

1 계획수준

(1) 지역계획 수준

지금까지 개발된 도시교통시스템계획의 큰 결점은 그 도시지역의 지역적인 배경을 그다지 고려하지 않았다는 것이다.[10] 지역계획은 20~25년을 계획기간으로 하여 개략적인 도시화 패턴과 그것이 자연환경에 미치는 영향에 주안점을 두어야 한다. 또 경제성장·사회발전 및 기술혁신에 대한 장기전망도 탐색해야 한다.

지역개발의 목적은 여러 가지 있을 수 있으나 그중에서 자주 사용되는 중요한 몇 가지를 들면 다음과 같다.

- 고유한 지역경관을 보존
- 생산녹지의 훼손을 최소화

- 수질 및 대기오염 최소화
- 지역사회의 패턴을 유지
- 최소의 비용으로 필수적인 교통시설, 상하수도시설 확보
- 장래의 기술혁신에 부합되도록 개발
- 장래 경제 및 기술개발에 따른 사회변화로부터 야기되는 필요성에 부합되도록 개발

지역계획의 산출물(output) 중에서 중요한 것은 그 지역 내에 있는 각 도시지역의 인구목표, 적절한 고용수준과 형태, 공공시설(public utilities) 및 교통시설과 같이 지역 전체에 제공되는 서비스단계와 그 종류 등에 관한 파라미터이다. 이와 같은 파라미터는 물론 장차 그 지역개발의 구조를 형성하는 데 필요한 공공정책과 부합되어야 하고, 또 도시기본계획에 사용되는 기본적인 입력자료가 된다.

(2) 도시기본계획 수준

교통시스템계획 과정의 결점은 교통투자와 토지개발 및 다른 공공사업계획 간의 상호작용을 적절히 반영하지 못한 데 있었다. 도시기본계획의 중요한 목표는 여러 가지 도시개발 개념을 세부적으로 명시하는 것이다. 도시구조는 주거, 제조, 서비스 및 상업활동의 공간적인 위치에 따라 여러 가지 대안이 개발된다. 대안개발을 좌우하는 중요한 제약사항은 지형 및 환경이다. 각 대안에서 교통관련 사항은 중력 모형 등을 사용하여 추정하고, 서비스에 관한 것은 주관적으로 추정되기도 하였다. 상업시설을 위치시키는 전략은 여러 가지가 있으나 일반적으로 지구중심 상업시설을 활성화시키는 전략이 포함되어야 한다.

도시기본계획의 중요한 산출물은 인구 및 고용의 공간적인 분포를 나타내는 것으로서 시스템계획이 진행될 수 있을 정도로 세부적이어야 한다. 또 이 계획에서는 개발의 공간적인 분포와 교통 또는 편의시설 간의 일차적인 상호작용을 설명해야 한다. 대안의 분석은 통행 및 기타 서비스 수요를 처리할 수 있는 그럴듯한 시스템을 제안할 수 있을 정도로 진행되어야 한다. 도시기본개념에는 도시활동의 공간적 분포를 의도한 대로 진행시키는 데 필요한 공공정책방향에 대한 언급이 있어야 한다.

(3) 교통시스템계획 수준

도시기본계획 과정에서 나오는 결과는 어떤 공공정책방향을 추구하기 위하여 인구 및 고용을 공간적으로 할당한 것이다. 여기서 공공정책방향이란 교통시스템의 특성을 폭넓게 기술한 것으로서, 도시 내의 예상통행시간으로 나타낸다. 도시기본계획 수준에서 수행되는 통행수요분석은 비교적 개략적이면서도 장래 교통수요가 기존 도시교통축에 미칠 영향을 평가하기에 충분할 정도이면 된다.

Creighton Hamburg[11]는 도시교통기본계획을 다음과 같이 정의했다. "도시지역에 대한 기본교통계획이란, ① 교통에 대한 장기투자규모를 결정하고, ② 통행수단 부문(고속도로, 간선도로, 대중교통) 간의 투자를 적절히 분할하며, ③ 고속도로축과 고속철도(또는 규모가 작은 도시지역에서는 간선도로)의 노선을 선정하고, ④ 투자순위와 그 시기를 결정하는 과정이다."

교통시스템계획안은 보통 20년을 기준으로 하며, 약 5년 간격으로 수정해 준다. 다른 공공시스템과 마찬가지로 이 계획안은 약 10개년 투자계획(capital program)을 준비하는 데 필요한 기능계획

및 설계용 입력자료를 얻을 수 있을 정도로 세부적으로 발전되어야 한다. 교통시스템계획 수준의 자세한 내용은 뒤에서 다시 설명한다.

(4) 기능계획 및 투자계획 수준

교통시스템계획 수준의 산출물은 주요도로와 대중교통망의 위치 및 용량을 나타내는 계획안이다. 기능계획 수준에서의 목적은 교통시스템을 여러 개의 프로젝트로 세분하고, 이들을 설계하여 세부설계 및 건설이 시작될 수 있게끔 하는 것이다.

투자계획은 10개년 단위로 하며 매년 수정되어야 한다. 기능 및 세부설계를 완성하고, 공청회를 개최하며, 토지를 사들이고, 광고 및 계약을 하기 위해서는 이 정도의 기간이 필요하다. 또 주요 교통시설을 건설할 경우 그 도로망이 다 완성되기까지는 5~10년의 프로젝트가 연속된다. 투자계획을 매년 수정하는 이유는 예산의 제약 또는 토지구입이 지연되기 때문이다.

2 도시기본계획과 도시교통기본계획

도시교통계획은 토지이용계획과 함께 도시계획의 중요한 2개의 근간이다. 그러나 우리나라의 도시계획 관련 법령은 교통계획에 관한 내용이 미약하여 도시계획과 교통계획의 상호작용을 고려하여 전략적이고 종합적인 교통계획을 수립하는 데 필요한 조항이나 지침이 부족하다.

도시기본계획 중에서의 교통계획은 장래의 교통수요를 추정하고, 모든 도로 및 대중교통시스템을 통합한 종합교통계획을 수립하는 것이어야 한다. 뿐만 아니라 도시계획지역을 넘어 도시교통권 단위의 도시교통기본계획이 중요하다. 여기에 포함시켜 검토해야 할 사항은 일반적으로 다음과 같다.

① 도시교통의 현황과 장래전망
  - 현황과 문제점
  - 장래의 구도(인구, 경제, 사회지표, 도시교통, 토지이용)
② 도시교통계획의 표준(standards)
  - 교통수단별 분담 표준
  - 교통시설개선의 표준(혼잡도, 소요시간, 쾌적성, 운행빈도)
  - 교통관리의 표준
③ 도시교통시스템의 기본계획
  - 도시구조 및 토지이용의 기본구상
  - 주요 교통시설의 기본계획(철도, 도로 등)
  - 교통결절점의 기본계획(터미널, 주차장, 역 광장)
  - 교통관리계획
④ 도시교통시스템 실행을 위한 세부계획
  - 개선계획
  - 개선방법

도시교통기본계획을 위한 자료조사는 각 도시권별로 개인통행조사, 화물유통조사, 자동차 O–D

조사 등이 정기적으로 수행되어야 하고, 또 교통의 문제점을 파악하고 교통기본계획을 검토하기 위해 종합 도시교통시스템조사가 실시된다. 국토의 계획 및 이용에 관한 법률에서는 기본적인 공간구조와 장기발전방향을 제시하는 종합계획으로서 도시기본계획을 수립하도록 규정하고, 또 그 계획을 5년마다 한 번씩 타당성 여부를 검토하여 이를 반영하도록 규정하고 있으므로 교통 관련 기본계획의 수립이나 이에 대한 검토시기도 이것과 일치하도록 해야 할 것이다.

동법 시행령 제2조에 의하여 기반시설로 규정된 교통시설은 도로, 철도, 항만, 공항, 주차장, 자동차정류장, 궤도, 차량검사 및 면허시설 등이며 이들의 종류, 명칭, 위치, 구역 및 구조(또는 면적) 등을 도시계획에서 정할 수 있다.

14.2.3 교통계획의 시스템적 접근

오늘날의 교통계획은 하나하나의 독립적인 시설에 대한 것이 아니라 총체적인 시스템에 주안점을 둔다. 즉 국가나 지역 또는 도시에 대해서 경제적으로 타당한 모든 교통수단을 고려할 뿐만 아니라 모든 종류의 개선, 즉 효율적인 신호시스템, 교차로의 도류화(導流化), 표지개선 또는 노외(路外)주차시설 등과 같은 교통공학적인 개선과 도로확장과 같은 기존시설의 재건설은 물론이고, 새로운 도로 및 대중교통시설을 건설하는 것까지 포함한다.

그러므로 교통계획을 한다는 것은 결코 쉬운 일이 아니다. 가장 큰 이유는 교통에 관련되는 여러 가지 요소들이 서로 독자성을 가지는 것이 아니기 때문이다. 예를 들어 도시교통 해결책은 여러 개의 작은 교통공학적인 해결책을 합한 것이다. 또 도시교통시스템은 전국 및 지역의 교통기반시설 중에서 작은 일부분에 지나지 않기 때문이다. 전반적인 교통계획을 하는 데는 여러 수준에서 문제점을 검토할 필요가 있다. 왜냐하면 어느 한 수준에서의 정책결정은 제안된 계획안에 심각한 영향을 미칠 수 있기 때문이다. 그러나 계획을 입안하는 데 있어서 가장 큰 문제는 공학적 해결과는 달리 교통프로젝트가 시행되었을 때 그 자신의 환경에 영향을 미친다는 사실이다. 이와 같은 환경의 변화는 시스템상의 수요를 변화시킴으로써 처음 그 계획입안에 사용되었던 기준이나 입력자료가 쓸모없게 된다. 교통시설과 토지이용 간의 상호작용은 [그림 14.6]에 보인다.

토지이용은 통행발생 활동의 가장 중요한 결정요인으로 여겨진다. 통행발생 활동의 수준과 해당 지역 내에서의 통행방향은 교통시설의 필요성을 결정한다. 이들 시설이 건설되면 그 토지의 접근성

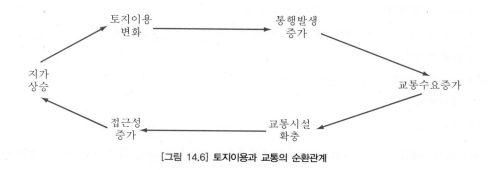

[그림 14.6] 토지이용과 교통의 순환관계

은 변화되고 이로 말미암아 지가(地價)가 변하게 된다. 지가는 토지이용의 주요 결정요인이므로 결국 이 순환과정 내에서 어느 한 요소가 변화되면 나머지 모든 요소가 변하는 순환을 계속한다.

1 시스템 분석의 원리

교통문제의 해결책을 도출하는 과정을 살펴볼 때 시스템 분석(system analysis)적인 접근방법을 사용하면 매우 편리하다는 것을 쉽게 알 수 있다. 특히 컴퓨터의 발달로 말미암아 교통수요의 예측과 경제성 분석을 손쉽게 할 수 있었기 때문에, 1960년대에 와서는 도시교통계획 대안을 평가하는 데 시스템 접근방법을 더욱 쉽게 사용할 수 있게 되었다. 특히 장기적인 문제점을 해결하는 데 있어서 단기적인 해결책을 적용하는 것을 피하기 위해서는 시스템 접근방법이 필수적일 수밖에 없다. 시스템 분석방법을 교통문제에 적용시키기 위해서는 시스템에 관한 용어를 이해할 필요가 있다.

① 시스템(system): 고정 또는 이동 가능한 요소(시설, 인원, 장비, 전략 등)들의 집합 또는 이들 사이에 존재하는 모든 상관관계를 말한다. 모든 시스템은 상위시스템을 가짐과 동시에 상위시스템의 구성요소이기도 하다(도로망의 일부분으로서의 간선도로 등).

② 시스템 분석(system analysis): 어떤 공통된 목적이나 목표를 향해서 개별적인 시스템 구성요소들(elements)을 총체적으로 고찰하는 것을 말한다.

③ 시스템 공학(system engineering): 시스템 분석과정에서 문제해결을 위한 복잡한 전략을 조직하고, 물적 자원, 에너지 및 정보들을 배분하고 통제함으로써 이들을 유기적으로 결합시키고 상호 연관시키는 기술 또는 그 학문을 말한다.

④ 환경(environment): 시스템 밖에 있으면서 그 시스템에 현저한 영향을 주는 고정 또는 이동 가능한 요소들의 집합을 말한다. 예를 들어 도로망은 그 지역의 토지이용에 의해 영향을 받으며, 또 시차출근제나 차량합승제 등에 의해서도 영향을 받는다.

⑤ 개방시스템(open system): 환경의 변화가 시스템의 변화를 초래하며, 반대로 시스템의 변화가 환경에 영향을 주는 시스템을 말한다. 대부분의 교통시스템은 개방시스템이다.

⑥ 폐쇄시스템(closed system): 환경이 시스템에 아무런 영향을 주지 않는 시스템을 말한다.

공학자(engineer)는 계획과 설계활동을 통해 사회의 편익과 복지에 기여하는 기능을 수행하는 사람이며 그 활동이 창조성을 띤다는 점에서 과학자(scientist)와 구별된다. 과학자는 관찰된 어떤 현상의 분석, 이해, 설명을 통하여 유일하고 종합적인 해답을 추구하는 데 비해, 공학자는 이전에 없던 것을 새로이 창출하여 당면한 필요성을 만족시켜야 하기 때문에 계획하고 설계한 여러 가지 대안들이 완전치 못해도 그중에서 최적안을 택해야만 하는 것이다.

계획은 목표를 설정하고 우선순위를 정하는 활동이라 한다면, 설계는 목표가 지향하는 최종결과의 형태를 구체적으로 결정하는 행위로서 계획과 설계는 상호보완적인 특성을 가지고 있다.

복잡한 건설사업의 경우 프로젝트에 관련된 여러 요소들에 대한 예비설계활동이 계획에 해당되며, 공사가 진행되기 직전까지 준비된 계획을 수정과 보완을 통하여 계속하여 다듬어 세부적인 사항까지 결정하는 것이 설계에 해당된다.

2 시스템 분석가의 요건

시스템은 서로 다른 여러 요소로 구성되어 있어 해당분야의 전문지식이 요구되므로 시스템 분석가는 우선 개별 요소들의 전문성을 구분해야 하고, 개인적 관계나 출판된 정보에 의해 각 분야가 갖추어야 할 지식이나 기술을 잘 결합하고 각 팀의 다양한 활동을 조정하여 원하는 결과를 얻을 수 있어야 한다.

조정자로서의 시스템 공학자는 각 계획단계마다 프로젝트 전체에 대한 전반적인 식견을 가져야 하며, 특정요소의 세부적인 해석이나 설계에 지나치게 편중하는 것을 피해야 한다. 그렇지만 시스템의 어떤 요소가 전체 시스템의 비용이나 역할수행에 영향을 줄 때에는 해당요소에 대한 상세한 연구를 수행해야 한다.

시스템 공학자는 시스템의 전체적인 기능과 시스템 내부의 개별요소 간의 관계에 주의를 집중해야 한다. 이와 같은 이유 때문에 시스템 공학자에게는 수학적인 지식이 요구된다. 어떤 현상을 수학적인 접근방법을 통해 수리모형으로 나타내듯이 어떤 프로젝트의 분석으로부터 비용과 편익을 객관적으로 측정할 수 있다. 특히 사람의 행위가 연관되는 경우에는 불확실성이 주는 영향을 확률모형으로 나타낼 수 있다. 많은 수학적 시뮬레이션이 컴퓨터를 사용하여 이루어지므로 시스템 공학자는 수학적인 기본소양과 함께 수치해석과 컴퓨터프로그래밍의 지식을 어느 정도 갖추는 것이 바람직하다.

시뮬레이션에 대한 지식이 우선적으로 중요한 것이기는 하지만 시스템 공학자는 수학자이기보다는 오히려 공학자이어야 한다. 시스템설계의 전체적인 과정은 본질적으로 실현 가능성에 바탕을 두므로 비록 OR(Operations Research)이라는 현대적 기법을 쓰긴 하지만, 어떤 절충안을 선택하고자 할 때에는 공학적인 상식에 비추어 보아야 할 경우가 종종 있다. 실행 가능성에 대한 제약조건이 기술적이거나 경제적일 뿐만 아니라 사회적, 정치적, 또는 법적인 문제를 포함할 때에는 많은 대안으로부터 최적안을 선택하는 과정을 과학이라기보다는 일종의 기교로 볼 수 있다. 대규모 시스템의 경우 여러 전문분야가 함께 관여하는 만큼 시스템 공학자는 다양한 분야에 대한 최소한의 기본지식은 갖추어야 한다.

시스템 분석에 종사하는 팀이나 구성원은 서로 유기적인 관계를 유지해야 하며, 문제점에 접근할 때에는 원칙적인 측면뿐만 아니라 문제점의 모든 측면을 고려해야 한다. 또 이때 이용되는 방법은 과학적인 방법이어야 한다. 이는 이론이 관측된 사실을 비교적 정확하게 나타낼 수 있어야 한다는 뜻이다. 그 이론이 알려진 사실을 올바르게 설명하고 있느냐의 여부를 판단하고, 예측의 신뢰성을 판단하기 위해서는 그 이론의 효율성을 검증할 필요가 있다.

복잡한 문제를 해결하고자 할 때, 시스템 접근방법과 같이 조직적이며 반복적인 방법을 사용한다면 다른 사람이 이 문제에 접근하더라도 매우 유사한 결론에 도달할 수 있는 장점이 있다. 따라서 의사결정자는 결론에 대한 확신을 가질 수 있다.

3 시스템 접근방법의 현실성

시스템 분석방법은 복잡한 문제를 푸는 데 도움을 주지만, 현실적으로 볼 때 이 방법은 제도적인 틀에 얽매이게 된다. 예를 들어, 다수단(multi-mode)교통을 계획하고 운영한다는 것이 여러 가지

관점에서 볼 때 매우 이상적이라고 생각될지 모르지만, 각 교통수단이 오랜 세월 동안 서로 다른 여건에서 분리되어 발전하여 왔고, 또 앞으로도 그와 같은 경향을 지속할 것임이 제도적인 현실이다. 대부분의 경우 실현 가능한 것은 다수단 통합보다는 다수단 협동일 수 있다. 계획하는 사람이나 설계하는 사람 또는 운영하는 사람의 훈련, 경험, 또는 이익은 전통적으로 각 수단별로 형성되어 왔으며, 또 각 수단들은 서로 다른 행정부서에서 관장을 하거나 재정지원을 받는 경우가 대부분이었다. 1960년대 후반 미국에서는 PPBS(Planning, Programming, Budgeting, Scheduling) 기법을 사용하여 중앙정부에서 총체적 교통운영을 위하여 시스템 접근방법을 적용하려고 시도했으나, 관할행정부서의 중복과 많은 행정운영부서를 다시 만들어야 하는 이유 때문에 이 시도는 실패로 끝이 났다. 따라서 교통계획에서 과학적인 의사결정을 하는 데 전반적인 시스템 접근방법을 사용하는 것은 좋으나 현실에 적용하는 데 상당한 주의를 필요로 한다.

4 시스템계획의 특성

계획이란 교통시스템을 위한 세부계획을 준비하는 첫 단계이다. 계획은 자료수집, 분석 및 교통시스템의 모든 측면에 관한 자료를 제시하기 위한 조직적이고도 합리적인 과정이다. 계획을 위한 구체적인 활동은 기존의 도로망 상태와 현재의 요구조건 및 장래수요를 비교하여 시스템의 필요성을 파악하고, 소요자원을 공급할 수 있는 재원을 판단하고, 시스템 중에서 필요성이 가장 큰 부분의 개선에 예산과 인력을 할당하는 것이다.

이러한 계획활동으로 그 시스템의 적절성, 사용도, 필요성, 비용 및 자금조달에 관한 정보를 얻을 수 있다. 기타 행정적인 실무 및 규정에 관한 연구도 이러한 계획과정에서 수행된다.

1962년 미국 연방 고속도로 보조법에서 명시한 교통계획의 특성을 요약하면 다음과 같다.

① 계획은 향후 15~20년의 계획기간에 걸쳐 발생하는 교통의 필요성을 예측한다.
② 계획은 다음과 같은 사항을 포함하는 종합적(comprehensive)인 것이다.
   • 경제, 인구 및 토지이용 등이 충분히 고려되어야 한다.
   • 사람과 화물의 모든 이동에 대한 장래수요를 예측해야 한다.
   • 터미널 시설 및 교통통제시스템도 계획에 포함되어야 한다.
   • 현재뿐만 아니라 예측기간 동안에 개발이 예상되는 전 지역을 포함해야 한다.
③ 계획은 관련 부처 간 협조(cooperative)가 잘 이루어져야 한다.
④ 계획은 정기적으로 재평가하고 계속적(continuous)으로 수정하는 것이어야 한다.
⑤ 계획은 의사결정을 뜻하는 것이지 결론이나 최종적인 해답을 의미하는 것이 아니다.

14.2.4 전국 및 지역교통계획

교통계획의 대상이 전국 및 광역지역으로 넓어지게 되면 그 계획은 경제계획, 국토종합계획, 국방정책 등과 같은 상위계획의 지배를 받게 된다. 전국 또는 지역교통계획은 이들 상위계획 또는 정책에 부응하면서 교통수요를 감당하고 경제적인 교통투자가 되도록 종합적인 교통계획이 되어야 한다.

전국교통계획은 1930년대 미국의 주 단위 도로계획조사에서부터 시작되었다고 볼 수 있다. 그 후 1960년대 이후부터 여러 가지 상황의 변화로 인해 각종 교통수단의 특성을 고려한 종합적인 전국교통계획의 필요성이 대두되었다. 이와 같은 상황변화란 교통기술의 발달(자동차 및 항공기 기술 등)에 따른 교통수단 영역의 개편과 자원의 낭비를 방지하기 위해서 국가가 모든 교통시스템을 총체적으로 관리하고 교통정책 간의 상충을 방지할 필요성이 증대되고 있는 것을 의미한다. 더욱이 우리나라에서는 지방자치제가 실시됨에 따라 국가 전체의 교통계획과 지방 또는 지역단위의 교통정책 간의 상충을 예방하는 것이 중요하다. 뿐만 아니라 국가자원을 효율적으로 사용하기 위해서 각종 교통수단을 조정하고, 교통 외적인 목적, 즉 사회·경제·환경적인 목적을 달성하는 중요한 수단으로서 전국적인 규모의 교통계획이 의미가 있다.

전국교통계획의 내용과 방법은 빠른 속도로 발전되어 왔다. 1970년대 초반에는 도시교통계획기법을 전국교통계획에 접합시키려는 노력이 활발했기 때문에 시스템 계획으로 지향하려는 경향이 두드러졌다. 그러나 이와 같은 전국적인 규모의 교통계획뿐만 아니라 철도지선의 폐기 여부, 지방의 대중교통시스템 등과 같은 지역적인 문제도 발생하기 때문에 계획에 참여하는 전문가는 일반적으로 지역교통계획도 함께 다루게 된다.

1 전국 종합교통계획의 정의

교통은 그 자체만이 전부가 아니다. 왜냐하면 교통이란 어떤 지역의 개발에 기여하고, 또 그 개발형태를 구체화시키기 때문이다. 교통은 '생활의 질'을 좌우하는 한 요소로서 지역사회 또는 국가의 종합적인 발전계획과 연관지어 취급되어야 한다.

전국 및 지역교통계획은 다음과 같은 사항을 고려하여 계획안을 도출해 내는 일련의 과정이다.

- 일련의 목적에 도달하거나 교통성과(어떤 기준에 의해 측정되는)를 개선하기 위한 것이다.
- 여러 계층, 즉 교통시설 이용자, 화물의 송하자 및 수하자, 교통서비스 제공자, 일반대중을 모두 망라한다.
- 건설, 관리, 투자, 기술, 가격, 보조금, 규제 등에서의 조화된 변화를 추구한다.
- 교통시설뿐만 아니라 모든 종류의 서비스를 대상으로 한다.
- 사람과 화물의 이동을 위한 것이다.
- 체계적이며 측정에 기초를 둔 객관적인 과정을 통해서 계획된다.
- 토지이용, 경제, 환경, 에너지계획과 밀접하게 통합·조정된다.
- 어떤 특정 지역 또는 광역권, 나아가서 전국을 대상으로 한다.
- 계획기간이 10년에서 30년 이상이다.

전국 및 지역교통계획은 모든 종류의 교통수단과 여러 가지 목적, 교통에 관련되는 모든 사람이나 기관과 연관이 있으며, 시설의 건설뿐만 아니라 가격(운임, 요금), 규칙, 관리기법을 사용한다. 또 전국교통계획은 인구 및 토지개발정책과 밀접한 관련을 맺고 있으며, 에너지, 환경 및 경제적 관련성이 매우 크다.

오늘날의 전국교통계획은 종합계획의 일부분으로서 시스템계획 접근방법을 따르고 있으며, 다음과 같은 활동을 포함한다.

- 모든 요인과 영향을 충분히 고려하여 물리적인 변화와 개발의 길잡이가 되도록 한다.
- 영향을 파악하기 위한 가장 좋은 기법을 사용한다.
- 계획안을 개발하는 데 정해진 원리를 적용한다.

전국교통계획에서 시스템계획 방법을 사용하는 이유는 다음과 같다.

① 시스템계획법은 아래 분야에 대한 지역 또는 국가정책을 입안하는 데 필요한 자료를 제공한다.
  - 교통투자의 수준을 결정하고, 교통 관련 계획과 비(非)교통계획(교육, 후생, 위락, 수자원계획 등) 간의 절충
  - 토지개발정책, 관광개발목표, 지역 및 국지적인 관심사에 대한 부처 간 협력, 수자원 및 자연자원 보존 등에 대한 국가정책 결정에 도움을 주기 위해서
  - 요금, 운임규제와 운수사업 인·허가 등과 같은 사항에 대해서 규제에 대한 결정과 투자에 대한 결정을 효과적으로 접목
  - 위치선정, 개발계획 및 경제성장에 대한 민간부문의 결정사항과 공공정책을 효과적으로 종합
  - 화물과 승객의 수송에 영향을 주는 사항들을 효과적으로 종합
② 시스템계획법은 교통수단 간 또는 수단 내에서 자원을 효과적으로 할당하는 데 도움을 준다. 투자재원(중앙 또는 지자체의)을 예측하고, 이 재원의 불확실성을 예측하며, 추가자금을 조달하거나 수단의 예산제약을 파악하기 위한 메커니즘을 마련하는 데 국가적인 차원에서의 계획의 필요하다. 또 투자계획의 우선순위를 정하고 세부계획 대안 가운데서 수단 간의 절충을 판단하기 위해서도 이 계획이 필요하다.
③ 전국적으로 교통서비스의 형평성을 유지하는 데 도움을 주기 때문이다. 여기에는 지역적으로 서비스수준을 절충시키고(도시부 대 지방부), 계층별, 연령별, 장애인 등을 포함하여 사용자와 비사용자를 절충시킨다.

2 전국교통의 당면과제 및 문제점

지금까지 정의한 전국교통계획은 매우 광범위하고 포괄적이다. 이론적으로도 철도 지선의 중요성을 결정하는 것에서부터 지방부도로 대신 도시대중교통에 얼마의 예산을 할당해야 하는가 하는 정책결정에 이르기까지 그 범위가 넓다. 그래서 당면과제들을 전국교통계획과 직접 관련이 있는 것과 관련이 적은 것으로 나누어 더욱 완전하게 명시함으로써 앞에서 정의된 것을 보충한다.

[표 14.1]은 전국교통계획과 직접적으로 관계되는 과제와 관련이 적은 과제를 나타낸 것이다. 시간이 경과되면 국가의 관심이 현저하게 변할 수도 있으므로 그때는 이 표의 내용을 수정해 주어야 한다. 이 표에서 보는 바와 같이 전국교통계획에서 다루는 관심분야는 다음과 같다.

[표 14.1] 전국교통계획의 과제

수단	관련 과제	직접 관련이 없는 과제
도로	모든 시스템에 대한 원칙적인 시스템 설계. 주간선도로(고속도로 포함)의 교통축의 위치선정. 도로의 종류, 위치, 시기별 투자수준(도시 내 및 전국). 안전성. 사용자 비용, 환경영향.	노선의 위치선정. 기술설계. 보조간선의 교통축. 교통통제 방법.
버스	노선체계(설계와 노선 간 협조조정). 서비스수준(배차간격). 개략적인 터미널 위치선정. 안전성. 운임결정. 버스 크기.	터미널의 구체적 위치결정. 스케줄링.
항공여객 및 항공화물	항공노선체계와 공항. 개략적인 공항위치, 규모, 투자. 환경 영향. 운임 결정. 영공 사용.	구체적인 공항위치. 스케줄링, 내부운영. 안전성. 항공교통통제.
철도여객	철도여객 시스템, 일반적인 역위치. 운임. 서비스수준(배차간격). 보조금. 철길건널목 입체화.	스케줄링 및 운영. 안전성.
철도화물	시스템의 크기와 설계, 투자규모. 터미널(특히 TOFC와 COFC). 시스템의 속도와 서비스 빈도. 철도–트럭 협동. 운임결정. 철길건널목 입체화.	스케줄링 및 운영. 안전성.
트럭	TOFC, COFC 위치결정. 고속노선 위치결정. 트럭 크기. 안정성. 운임결정.	운영. TOFC, COFC의 위치 구체화. 안전성.
수로	투자 및 유지관리 비용. 철도 및 도로와 연계.	운영. 위락용으로 사용.
항만	투자. 철도 및 도로와 협동. 항만 간 협동.	운영. 관리.
파이프라인	철도, 수로, 항만에 미치는 영향	안전성. 관리. 운영.

주: 1) TOFC: Trailer On Flat Car
　　2) COFC: Container On Flat Car

- 공공투자의 규모
- 도로, 버스, 철도의 교통축 위치, 항공, 철도, 트럭 및 해운시스템의 터미널 위치
- 각 수단 내에서의 시설종류(도로의 종류, 공항의 종류 등)
- 요구되는 서비스수준
- 건설시기 또는 기타 시행활동
- 요금 및 운임
- 규제
- 안전
- 교통과 토지이용, 경제, 환경 및 에너지와의 관계

　전국교통계획이란 이러한 당면과제의 해결책을 말한다. 이 계획은 도시지역이나 광역도시지역까지도 포함하지만, 도시지역은(그것이 크든 작든 간에) 그 나름대로의 특수한 문제점이 있기 때문에 별도의 방법으로 정밀한 모형을 사용하여 더욱 구체적인 계획을 한다. 따라서 도시교통계획은 전국교통계획의 일부분으로 취급되지 않는다. 그러나 도시지역에 대한 계획된 교통투자의 규모와 그 시기는 국가 전체에 대해서 뿐만 아니라 다른 도시지역에도 영향을 미치기 때문에 전국교통계획에서 이를 고려해야 한다. 또 이 계획의 고속도로, 철도 및 기타 교통수단의 노선이 도시지역을 벗어날 때 이들의 형태에 관심을 가져야 한다. 왜냐하면 이 노선은 전국시스템의 일부분이 되기 때문이다. 경우에 따라서는 도시지역 내 또는 그 부근의 공항, 항구, 철도역(특히 COFC와 TOFC 터미널)의

일반적인 위치와 다른 도시 또는 국가 전체에 대한 서비스에 영향을 주기 때문에 전국교통계획을 수립할 때 여기에 대한 관심을 가져야 한다.

[표 14.1]에서 제시된 과제들은 전국교통계획에 종사하는 사람들에게 관계되는 모든 분야를 총망라한 것이기 때문에 전문가의 영역에서 다루기에는 너무 벅찬 것이다. 따라서 이들을 교통분야에 대한 문제점과 중요과제 중심으로 나열한 것이 [표 14.2]이다.

전국교통계획에 포함되는 당면과제를 몇 개의 그룹으로 분류하면 결과를 나타내기도 편리할 뿐만 아니라 책임이 다른 여러 기구에 업무를 할당하기도 좋다. 가장 일반적으로 사용되는 분류방법은 ① 계획과정상의 단계별, ② 계획수준별, ③ 수단별로 분류하는 것이다.

(1) 계획단계별 분류

기업이나 정부에서 하는 어떤 계획이든 간에 대부분의 계획과정은 7개의 단계를 거친다.

- 목적 명시: 교통시스템의 성과는 여러 가지 목적의 달성여부를 나타낸다. 목적은 교통계획 과정의 맨 처음에 기술되어야 한다.
- 자료 수집: 정확하고 객관화된 자료를 수집하여 예측과 분석에 사용한다.
- 예측: 계획된 교통시설의 용량과 장래 교통상황을 예측한다. 교통개선으로 인한 경제·인구부문의 변화를 알기 위해서는 계획과정에 피드백 과정이 포함되어야 한다.
- 계획안 마련: 교통시스템이나 서비스에 관한 실현 가능한 몇 개의 대안을 만든다. 이때 기존시스템도 하나의 대안이 되어야 한다.
- 분석: 대안의 교통성과를 예측하는 과정으로서 비용, 에너지, 환경영향 예측 등이 포함된다.
- 평가: 각 대안의 목적과 목표의 달성 정도를 비교·평가하여 최적안을 선택할 수 있도록 한다.
- 시행: 시행을 위한 추천안을 마련하여 제출한다.

(2) 계획수준별 분류

전국교통계획이 수행되는 수준에는 정책계획, 시스템계획, 교통축(프로젝트)계획, 사전 기술검토, 공학적 설계, 기존시스템 또는 서비스의 운영계획 등이 있다. 이 중에서 정책계획을 제외하고는 모두 실시계획으로 볼 수 있다(실시계획이란 도로프로젝트가 시스템계획에서부터 설계단계에 이르기까지 그 프로젝트의 사회, 경제, 환경적인 영향을 충분히 고려하여 계획되도록 하는 조직과 절차를 기술한 공식 문서이다). 전국교통계획은 처음의 세 가지 수준에만 관심을 가지기 때문에 이들만 설명한다.

- 정책계획: 예산, 세제, 연료소비세, 운임, 요금 등의 통제를 통해 인적, 물적, 에너지 자원을 배분하고 철도나 대중교통시스템 운영을 개편하는 것과 같은(공동배차제 등) 제도적 개편을 하고, 천연자원, 경제, 에너지, 인구, 주택, 토지이용, 환경 등 교통에 영향을 주는 다른 부문의 정책을 조화시키는 과정이다. 일반적으로 정책계획은 구체적인 교통시설이나 운영을 다루지는 않는다.
- 시스템계획: 도로, 철도, 대중교통, 수로, 관로의 망을 물리적으로 개편하고, 공항과 항구의 위치선정을 한다. 개별 구성요소가 아니라 시스템 전체를 총체적으로 취급하며, 한 요소의 위치가 다른 요소의 성과나 이용도에 영향을 줄 때 이 계획방법을 사용하면 좋다.

[표 14.2] 전국교통의 문제점 및 과제

철도화물 수송 과제
- 이용도가 낮은 노선 폐지
- 이용도가 높은 노선의 전동화
- 도시전철 합리화
- 도시지역 주변에 우회노선 건설
- 터미널, 주차장 이전 및 현대화
- 환승시설 개선 및 설치
- 수단 간 환승을 위한 하역장 접근 불량
- 선로의 노상, 궤도, 구조상태
- 폐기된 노선의 부지 처리
- 서비스수준(속도, 신뢰성, 안전성)
- 신규서비스 개발, 분석 및 마케팅
- 운임, 규제의 개선
- 시설에 대한 과세
- 자본증식의 불가능성
- 철길건널목의 안전성
- 안전성(탈선, 위험물)

철도여객에 관한 과제(도시 간 서비스)
- 높은 수준의 보조금
- 노상상태
- 저속의 운행속도
- 객차 노후
- 역 상태
- 서비스의 신뢰성 부족

도로화물 수송 과제
- 도로의 유지관리 상태 불량
- 교통혼잡(특히 도시부)
- 차량 크기 및 중량 제약
- 터미널비용 과다
- 화물의 도난, 손괴
- 규제 개선의 필요성
- 도로의 안전성
- 시스템의 부적절(용량 부족, 연결성 부족)
- 차량 안전성
- 열악한 지방부도로
- 대형차량이 지방부도로 및 차량에 미치는 영향

도로여객 수송 과제(도시 간 버스)
- 철도여객 서비스와의 경쟁
- 도로의 안전성
- 도시교통 혼잡
- 터미널 위치 및 유지관리 상태
- 정기서비스 간의 협조부족
- 지방부 서비스에 대한 높은 비용

도로여객 수송 과제(승용차)
- 많은 화물차 교통
- 도로의 유지관리 상태 불량
- 교통혼잡(특히 도시부; 공휴일 위락 교통혼잡)
- 도로 또는 통행의 안전성
- 도로변 개발의 무질서
- 차량통행과 도로변 개발 간의 상충
- 도로시스템의 부적절(용량 부족, 연속성 부족)
- 지방부도로의 건설, 유지관리 상태 불량

항만 및 수로 과제(화물수송)
- 새로운 항만의 필요성(특히 대형유조선, 위험물질 하역을 위한 해안에서 떨어지고 수심이 깊은 항만)
- 항만 확장 및 현대화를 위한 자금부족
- 항만 터미널 건물의 확장, 현대화를 위한 자금부족
- 항만 터미널 접근도로 불비
- 항만 터미널 접근철도 불비
- 항만, 수로의 수심을 증가시킬 필요성
- 수단 간 환승시설을 개선하는 데 제도적 장애
- 규제의 개선 필요
- 사용료의 형평성

항공 과제(항공화물)
- 항공화물 터미널의 현대화, 확장 필요
- 규제의 개선
- 화물의 안전

항공 과제(여객 서비스)
- 시스템의 안전성
- 여객 보호
- 부적절한 주차시설
- 지상 접근 불비
- 대중교통연결 불량
- 중소도시지역의 서비스

파이프라인 수송 과제
- 시스템용량 제약
- 서비스되지 않는 지역으로 확장
- 안전성

환경, 에너지, 경제적, 사회적 과제
- 환경영향(대기오염, 소음, 수질오염, 진동, 경관)
- 지역사회 개발
- 경제발전 촉진
- 에너지 소모

- 교통축(프로젝트)계획: 국가적으로 볼 때 대규모 단일시스템을 계획하는 것이다. 경부고속철도의 경제성 분석이나 도시 간 교통시설의 적정위치 선정 등이 그 좋은 예이다. 이 계획은 노선위치에 관한 대안뿐만 아니라 수단 대안까지도 검토하며 시스템계획보다 더 세부적이다.

(3) 수단별 분류

교통수단을 크게 ① 고정시설의 분류, ② 차량 종류, ③ 수송대상에 따른 용도(승객용, 화물용)로 분류한다.

3 전국교통계획 과정

전국교통계획을 수립하거나 기존계획을 재검토하기 위해서는 여러 가지 당면과제에 대한 아이디어와 현황 및 의견들을 수집한 다음 필요성을 충족시키는 실행계획을 종합해야 한다.

(1) 문제점(필요성) 파악

교통계획을 새로 만들거나 개정하기 위해서는 가장 심각한 문제점이 무엇인지를 우선 찾아내야 한다. 이와 같이 문제점을 찾아내고 그 해결책을 개발하는 프로그램에는 국가의 교통목적이 항상 내포되어 있어야 한다. 문제점을 파악하고 여기에 필요한 실행계획을 개발하기 위해서는 다음과 같은 절차를 밟으면 좋다.

① 먼저 [표 14.1]을 이용하여 계획과 관련된 관심사항을 파악한다. 어느 당면과제가 관심사항인가? 이러한 과제는 전국교통계획을 담당하는 부서의 행정권한 내에 있는가? 계획팀이 각 관심영역을 취급할 수가 있는가?(이러한 의문에 대한 답은 기술적인 능력과 시간 및 계획팀의 크기에 따라 달라진다.)

② [표 14.2]를 이용하여 국가의 교통현안과 과제를 나열하되 가능하면 문제가 있는 곳의 위치나 문제의 크기 등을 포함해서 구체적으로 하는 것이 좋다.

③ ①, ② 단계의 결과를 독자적으로 검토할 방법을 생각한다(기술요원을 필요한 부서의 고위 책임자를 만나게 하거나 교통자문위원회를 구성하는 방법 등).

④ 앞의 결과를 종합하여 관심사항과 문제점을 확정하고 이들의 우선순위를 각각 정하여 어떤 것을 먼저 시작하고 어떤 것을 나중에 해야 할 것인지를 결정한다.

이렇게 해서 얻은 결과와 담당 계획기관의 인력, 시간, 예산범위를 고려하여 실행계획을 만든다. 이 실행계획을 만들기 위해서는 앞에서 설명한 바와 같이 계획단계별, 계획수준별, 수단별로 분류를 하고, 개인이나 소수의 전문가 또는 자문기관에 회부될 수 있게끔 세분되어야 한다. 통상적인 교통계획 과정은 이때부터 시작된다.

(2) 문제해결의 접근방법

전국교통계획을 만들거나 개정할 때 전국적으로 영향을 미치는 문제점을 해결하는 데 사용될 접근방법을 결정해야만 한다. 여기서 우리가 관심을 가지는 것은 구체적이며, 국지적이고, 기술적인 문제를 다루는 기법이 아니라 대규모 시스템문제를 해결하는 방법 또는 이 시스템 구성요소의 상대적인 장점을 파악하는 방법이다.

기본적으로 이러한 문제를 해결하는 방법에는 세 가지가 있다. 첫째는 필요성－표준(needs-standards) 방법으로서 의사결정의 기준으로 표준을 정하는 방법이다. 이때의 표준은 판단이나 경험을 기초로 하여 정해진다. 둘째는 단일수단 시뮬레이션－평가(single-mode simulation-evaluation) 방법으로서 시스템의 상황을 여러 가지 목적에 비추어 시뮬레이션하고 평가하는 방법이다. 셋째는 프로그래밍 방법으로서 주어진 프로젝트들에 대해서, 예를 들어 비용-편익 비를 적용하여 우선순위를 매기는 방법이다.

(3) 목적과 목표

우리나라는 국토개발계획이 수립되어 있으므로 전국 및 지역교통계획을 수립할 때 상위계획의 목적을 달성할 수 있도록 해야 한다. 또 계획목적을 설정하는 데 염두에 두어야 할 사항은 다음과 같다.

- 지역교통계획의 경우 계획대상지역이 국토개발계획상 어떤 지역권에 속하고 있으며, 그 지역이 담당할 기능은 무엇인가
- 전(全)지역의 교통체계상 그 지역의 교통의 입지조건
- 경제발전과 국토개발로 발생하는 장래의 교통수요량
- 현교통시설과 시설용량
- 그 지역에 적합한 교통체계
- 교통시설의 건설비, 유지관리비와 그 지역의 재정
- 각 교통수단의 특성

전국교통계획이 시작되면 목적과 표준을 정식으로 작성해야 하며, 이것은 기존교통시스템 및 서비스수준을 판단하고, 이들에 대한 장래의 변화를 평가하는 데 사용된다.

(4) 현황조사 및 분석

먼저 대상지역을 교통존으로 분할하되 대상지역이 넓으면 존도 커진다. 국토개발계획에 필요한 전국교통계획인 경우는 전국을 수도권, 태백권, 충청권, 전주권, 대구권, 부산권, 광주권, 제주권과 같이 8개의 권역으로 분할한다. 권역교통계획은 시·도 단위로, 군의 교통계획은 면 단위로, 시의 교통계획은 동 단위와 같이 행정구역 단위로 존 분할을 하는 것이 경제지표 등 여러 통계자료를 이용하는 데 편리하다.

교통계획을 위한 현황조사에서는 (1) 인구, 토지이용, 생산물 등 경제현황을 통계집 또는 행정기록으로부터 자료를 수집하고, (2) 현재의 도로, 철도, 항만, 공항 등과 같은 교통시설 현황조사를 하며 이 자료로부터 그 시설의 용량을 분석한다. (3) 도로교통량 조사와 철도, 항만, 공항 등에서 운행 열차수, 출입 선박수, 이착륙 항공기수 등을 조사한다.

차량 O－D 및 개인통행조사는 교통계획에서 가장 중요한 것이지만 대상지역에 너무 넓어 실시하지 못할 경우가 많다. 시·군 단위의 교통계획에서는 실시할 수 있으나 도(道) 단위 이상의 넓은

지역에 대해서는 비용관계로 조사하기가 어렵다. 조사된 자료를 이용해서 O-D표를 만든다. (4) 교통수단별 수송실적을 조사한다. (5) 위에서 설명한 각 항목별 조사·분석을 종합해서 경제지표(인구, 토지, 생산품, 공장, 소득, 자동차 보유대수)를 설명변수로 하여 교통발생, 분포, 배분모형을 만든다. 이에 대한 것은 15장에서 설명한다.

(5) 장래 교통량의 예측 및 교통계획

교통량을 예측하는 방법은 앞의 도시교통계획에서 언급한 바와 같이 과거의 경향을 그대로 연장하여 직접적으로 추정하는 현재패턴법과 어떤 설명변수와의 상관관계를 규명하여 모형을 만들고 이를 이용하여 예측하는 간접적인 방법이 있다. 전자는 과거의 자료가 풍부해야 하며, 후자는 현재의 여러 변수 간의 상관관계가 그대로 지속된다고 가정한 것이다. 즉 현황조사 및 분석으로 경제지표와 교통수요의 상관관계식을 만들고 이 모형에 예측된 경제지표값을 대입하여 장래 교통수요를 예측한다.

전국 및 지역종합교통계획이라고 해서 특별한 예측방법이 있는 것은 아니며, 다만 대상지역이 광범위하면 종합적 예측방법에 필요한 차량 O-D 조사와 개인통행조사를 실시할 수 없으므로 여러 가지 방법을 고안해서 사용하고 있다. 앞에서 설명한 교통수단별 수송량의 조사·분석도 이러한 방법 중의 하나이다.

이렇게 해서 구한 장래교통수요를 교통현황조사로부터 나온 교통시설의 용량과 비교해서 교통수단별로 공간적인 시설계획량을 결정한다. 이 시설을 건설하기 위한 예산의 규모가 한정되어 있으므로 여기에 적합하게 세부계획을 세워 프로젝트의 우선순위를 정한다.

(6) 계획의 평가 및 세부계획 수립

종합교통프로젝트가 마련되면 전국 및 지역종합개발계획의 목적과 목표에 잘 부합되는지를 검토한다. 상위계획에 저촉이 되거나 혹은 모순이 되면 교통프로젝트를 재조정해야 한다.

계획의 평가 및 프로젝트의 우선순위를 결정하는 방법은 다음에 설명하며, 기술적인 것은 16장에서 상세히 언급할 것이다.

4 계획 수립 시의 협조

전국적인 교통계획을 하는 데 있어서 끊임없이 제기되는 문제는 각종 조사연구, 대책 및 의사결정 간에 서로 협조를 이루는 문제이다. 이때 의사결정은 운수회사나 행정부서가 더 나은 서비스를 제공하기 위해서 교통시스템을 조정할 때 항상 제기되는 사항이다. 이러한 협조의 문제가 제기되는 곳은 다음과 같다.

- 다양한 목적과 관점: 앞에서 언급한 바와 같이 교통에 관한 의사결정에 영향을 주는 세 그룹 간의 서로 다른 목적
- 그 지역의 다양한 분야에 대한 여러 가지 목표([표 14.3])
- 교통계획을 하는 사람이 직면한 각종 과제: 전국적인 규모의 과제와 국지적 규모의 과제

[표 14.3] 여러 가지 분야별 목표

분야	목표
경제	• 기술적인 효율성 유지 • 경제활동 증대 • 무역적자 감소 • 생산성 증대 • 실업률 감소
사회	• 개인의 실질소득 증대 • 빈곤퇴치 • 안전 • 보건후생 • 주택 • 교육기회의 증대 • 부의 균등분배 • 균등한 고용기회 • 문화 및 여가선용 기회 증대
토지이용	• 생산녹지 보존 • 자연경관 보존 • 해안지역 보존 • 역사·유적지 보존 • 도시미관, 도시기능, 도시경제 증대 • 도시쇠퇴방지 • 공원 및 공지 확보
천연자원	• 에너지의 효율적 이용 • 야생동물 보존 • 자연환경 보존 및 오염감소 • 멸종동식물 보존

이러한 수많은 과제에 직면하거나 동시에 서로 상충되는 목표를 대할 때, 교통계획가나 정책결정자는 어떤 과제를 먼저 제기할 것인가를 결정해야 하지만 아울러 더욱 어려운 문제, 즉 연구결과가 잘된 것인지 잘못된 것인지도 판단해야 한다. 어려운 문제의 예를 몇 가지 들면 다음과 같다.

① 주요 고속도로계획은 환경적인 목표와 상충되기 때문에 건설이 지연되는 수가 있다. 이 때문에 장기적으로나 단기적으로 볼 때 도시경제에 심각한 영향을 준다.

② 철도화물운송을 위한 계획에 의하면 화물운송량이 적은 몇몇 노선을 폐기해야 좋을 때가 있다. 그러나 정부의 산업입지정책이나 운임정책을 능동적으로 시행하여 노선이용률을 높임으로써 그 노선을 존속시킬 수 있다.

③ 전국적인 철도 및 항공 승객서비스 계획에 따라 서비스를 개선하려면 운영비용이 부족할 수도 있다. 이때 이 돈을 도로부문에서 충당해야 하는가 하는 문제가 생긴다.

이러한 경우들은 모두 어떤 목표를 위한 개선이 다른 목표의 달성을 어렵게 하는 것들이다. 이와 같은 상황하에서 의사결정의 협동을 이루는 방법은 일상적인 전국교통계획 사이클 동안에 어떤 통합조정(unifying control)을 하는 것이다. 이러한 조정 가운데서 가장 중요한 것은 세부계획 활동이다.

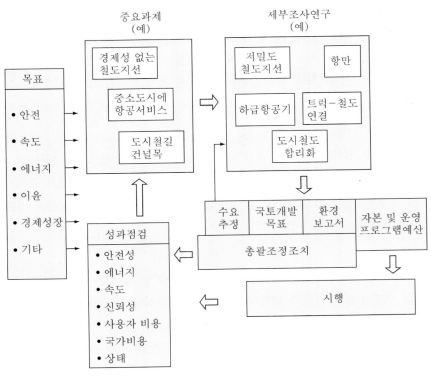

[그림 14.7] **전국교통계획 과정**

[그림 14.7]은 전국교통계획 과정을 도식으로 나타낸 것이다.

기술적인 계획은 [표 14.2]에 나타난 바와 같이 여러 가지 중요한 과제를 반영해야 한다. 이러한 과제는 단일철도를 계획하는 것과 같이 특정적일 수도 있고, 전국의 비행장들을 계획하는 것과 같이 일반적인 것일 수도 있다. 단일수단을 취급하든 어떤 시설의 위치결정 문제를 취급하든 간에 협조의 문제는 항상 생기게 마련이다.

그러나 세부적인 조사연구를 통하여 중요과제를 다룰 때 협조가 잘 이루어지기 위해서는 몇 개의 요건을 갖추어야 한다.

- 세부적인 조사연구를 할 때, 수요추정의 입력자료로서 국가에서 정한 인구, 경제성장, 예측값 (소구역별)을 그대로 반영해야 할 것이다.
- 모든 세부조사연구는 경제, 사회, 환경 및 에너지에 미치는 영향을 추정해야 할 것이다. 이 추정값은 어떤 통합조정과 관련을 가질 것이다.
- 모든 세부조사연구는 국가 교통의 세부계획 과정에 맞게 자본 및 운영비용을 추정해야 할 것이다.

세부연구나 단일수단 조사연구에서 요구되는 이러한 요건들은 세부연구결과가 바람직한가를 판단하는 수단으로서 국가가 행사하는 통합조정과 일치해야 한다. 통합조정이 이루어지게 되는 네 가지의 중요한 분야는 다음과 같다.

(1) 교통수요 추정

세부조사연구에서 승객이나 화물수요를 추정하는 것이 관례이며, 때로는 이들을 추정할 때 국가의 장래인구 및 경제성장에 대해서 다른 가정치를 사용할 때도 있다. 이것은 협조 역행하는 것이다. 그래서 국가가 인구 및 경제지표에 대한 공통된 가정치를 가지고 통행수요를 추정하도록 하기 위한 노력이 필요하다.

(2) 국토계획

교통이 국토계획에 기여해야 한다는 것은 너무나 당연하며, 그 방법으로는 인구 및 경제활동과 각 지역의 개발밀도를 분산하고 자연자원을 보존하는 것이다. 이러한 개발목표가 구체적이고 더욱 세부적일수록, 세부조사연구와 토지수요 및 경제성장과 인구배치에 미치는 영향을 비판하기 위한 기준으로서의 개발목표는 바로 통합조정의 기준이 된다.

(3) 환경계획

국가의 환경을 유지하고 개선하는 것은 교통분야에 영향을 줄 수 있는 매우 중요한 목적이다. 전국환경보고서는 현재의 환경여건, 즉 대기의 질, 수질, 야생동식물, 멸종동식물, 그리고 더욱 광범위하게는 국민 전체의 사회, 경제 및 생활환경 등을 포함해야 한다. 에너지에 관한 당면과제가 환경보고서에 취급되는데, 이것은 에너지소비가 환경오염의 주요 원인이 되기 때문이기도 하다. 이 환경목표와 교통프로젝트의 환경영향이 서로 통합조정되어야 한다.

(4) 자금 및 운영계획 예산

세부조사연구에서 추정된 자본 운영비용은 국가교통의 세부계획 과정에 반영되어야 하므로 이 둘은 서로 통합조정된다.

앞에서 언급한 것들은 어떤 방법으로든 거의 모든 세부조사연구에 영향을 미치며, 세부연구의 결과를 평가하기 위한 기틀을 마련하는 통합조치들이다.

전국교통계획 과정의 최종적인 단계는 성과를 점검하는 것이다. 국가의 모든 개별적인 교통수단과 시스템은 그들의 성과수준을 파악하기 위해서 정기적으로 점검되어야 한다. 성과는 다음과 같은 몇 개의 중요한 목표에 대해서 측정되어야 한다.

- 안전성
- 에너지소모
- 속도 및 교통량
- 신뢰성
- 사용자 비용
- 국가비용
- 수단 및 시스템의 상태

점검활동으로부터 중요한 문제점을 찾아내고 이에 대한 세부조사연구를 통하여 전국교통계획을 완성한다. 계획을 하고 협조하는 데 있어서 이 방법을 사용하면 네 가지 이점이 있다. 첫째, 세부조사연구에서 개별적인 수단과 개별적인 과제를 제기할 수밖에 없다는 것을 인식할 수 있다. 둘째, 국가가 균일하고 객관적인 기준을 세워 세부조사연구를 평가하고 의식적으로 통제할 수 있는 수단을 마련한다. 셋째, 계획과정 안에서 성과점검의 중요성을 인정받을 수 있다. 넷째, 정부의 기구를 극히 일부 변경하여 전 과정을 쉽게 시행할 수 있다.

5 세부계획의 통합조정 역할

정부가 보조금이나 직접건설로 재정지원을 하는 모든 교통수단에 대해서는 세부계획이 협조 및 통제를 위한 가장 좋은 수단이 된다. 여기서 세부계획이란 가용예산 범위 내에서 각 프로젝트의 상대적인 중요성과 국가정책에 따라 프로젝트를 스케줄링하는 것을 말한다. 이를 프로젝트 세부계획 또는 우선순위 계획이라고도 하고, 부분적으로 계획기능이기도 하며, 한편으로는 정부의 최고위 교통관리기능이기도 하다. 흔히 세부계획은 도로건설프로젝트를 스케줄링하는 수단으로 사용되기도 했으나 본래 과정 그 자체로 다수단 프로젝트를 취급하는 것도 가능하다. 그러나 어떤 경우든 세부계획의 외면성을 인정해야 한다. 왜냐하면 그것이 우선순위에 따라 프로젝트의 순위를 매기는 내면적인 과정만큼이나 중요하기 때문이다.

(1) 세부계획의 개요

[그림 14.8]은 미국 켄터키 주의 세부계획 구도를 예시한 것이다. 이 중에서 중요한 사항은 다음과 같다.

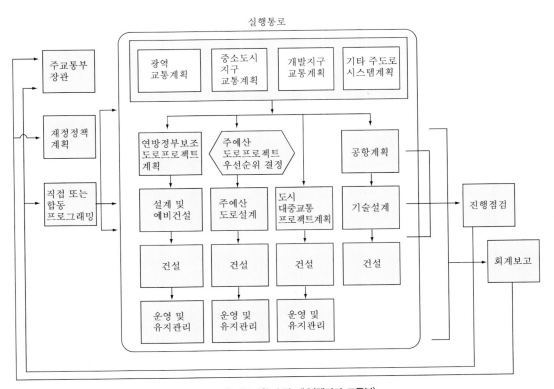

[그림 14.8] 세부계획 수립 개요(켄터키 교통부)

① 주교통부: 세부계획을 담당하는 행정부서를 나타내지만 넓은 의미에서는 교통에 관한 주요정책 사항에 대하여 주지사 및 주의회와의 연결점을 나타낸다.

② 재정정책 계획: 주교통부장관의 요청에 의해서 수행되는 진행 중인 행정활동으로서 재원을 추정하고, 수단 또는 과업별 세부계획(고속도로, 교량 재건설, 지역 대중교통 등) 간의 예산배정지침을 수립하며, 기존 세부계획의 가치를 평가한다.

③ 실행통로 및 과정: 교통시스템계획이 수립되고, 프로젝트가 계획되며, 기술적인 설계가 이루어지고, 공사입찰, 건설, 완성된 시설의 운영, 관리가 이루어지는 모든 과정을 합한 것을 말한다.

④ 점검: 실행과정 내에서의 프로젝트 진행을 관측하고, 프로젝트 비용이나 범위의 변화를 점검하는 활동이다. 점검보고서는 최고관리자뿐만 아니라 교통부 내의 각종 계획 및 설계그룹의 책임자에게 배부된다.

⑤ 회계보고: 프로젝트 과정 내에서 프로젝트에 대한 지출 및 부채를 기록하고 이것을 최고관리자와 교통부 내의 관련 예하기관에 배부한다.

세부계획 활동은 위와 같은 사항들과 직접적인 관계가 있다. 첫째, 세부계획은 주어진 재정정책에 따라 수행되어야 한다. 어떤 재정정책은 교통부에서 수립되기도 하나 대부분의 주(州)예산, 행정정책 등은 주의회에서 결정된다. 둘째, 세부계획은 프로젝트가 생성되고 발전되며, 최종적으로 건설 또는 시행단계로 넘겨지는 실행과정과 일정한 상호작용을 유지해야 한다. 이 과정을 통한 프로젝트의 진행은 결코 같은 속도로 진행되는 것은 아니다. 어떤 종류의 프로젝트는 법적인 조치나 환경에 대한 검토 때문에 지체되어 건설에 이르기까지 1년 이상 걸리기도 하며, 어떤 프로젝트는 1~2년에 완결되기도 한다. 세부계획은 프로젝트를 가용한 예산에 맞추어야 하기 때문에 이와 같은 지체는 끊임없이 점검되어야 한다. 이 때문에 세부계획에 종사하는 사람은 프로젝트의 진행상황과 재정적인 문제점에 대해 정기적인 보고를 받아야 한다.

실행과정은 한 가지만의 계획이 아니고 서로 다른 계획과정을 가진 여러 가지 계획을 포함하고 있다. 즉 중앙정부보조예산의 도로계획, 지방예산도로계획, 대중교통계획, 항공계획, 철도계획, 해운계획 등을 포함하고 이들 모든 계획그룹은 세부계획에 대한 책임을 가지고 있다고 볼 수 있으므로 정부의 책임하에 이들 간의 협조체제를 유지하는 것도 큰 일 중의 하나이다.

지금까지 언급한 것은 세부계획의 복잡성을 합리적으로 설명한 것으로서 이 때문에 주정부 수준에서의 세부계획 기능이 필요한 것이다. 세부계획은 기술적인 과정일 뿐만 아니라 제도적인 과정이기 때문에 제도적인 현실성을 인정해야 한다.

(2) 세부계획 과정

실제 세부계획을 작성하는 데 있어서 그 내부작업의 과정은 매우 복잡하다. 그 과정의 핵심은 다음과 같은 기본적인 몇 개의 질문에 답함으로써 프로그램을 구성하는 것이다.

- 프로젝트 1이 프로젝트 2, 3, 4보다 더 중요한가? 만약 그렇다면 2, 3, 4보다 먼저 스케줄링이 되어야 한다.

- 프로젝트 1, 2, 3, 4를 시행할 충분한 예산이 있는가? 그렇지 않다면 예산이 충분히 반영된 프로젝트만 세부계획을 수립하고 나머지는 연기되어야 한다.
- 우선순위를 변경시켜야 할 외부적인 요인(지역적인 형평성과 같은)이 있는가?
- 몇 개의 연속된 프로젝트를 위해 따로 마련해 둔 별도의 예산이 있는가? 만약 있다면 세부계획 과정은 별도로 다른 것과 병행하여 진행시킬 수 있다.

이러한 질문은 수작업 또는 컴퓨터를 이용하여 경제성 분석방법으로 해답을 얻을 수 있다. 어떤 방법을 사용하든 의사결정에 필요한 입력자료는 필요하며 그중에서 중요한 입력자료는 다음과 같다.

① 재정정책: 어떤 프로그램의 예산을 결정하는 재정정책은 여러 수준의 정부기관(의회, 교통부, 주의회, 주행정부서 등)에서 정한다. 그러나 실제 사용할 수 있는 예산규모는 거의 임박해서 알 수 있기 때문에 향후 5년의 예산도 추정해야 할 경우가 많다. 이것을 추정하는 일은 세부계획에 종사하는 사람의 임무이기도 하다.

② 프로젝트 착수: 어떤 종류의 계획이나 기술적인 조사 및 설계를 위한 프로젝트가 주정부의 어느 기관에 의해 승인이 나면 계획 – 설계 – 건설 – 운영의 과정을 거치기 위해 세부계획 작업에 들어간다.

③ 세부계획 운영: 세부계획은 다음과 같은 분리된 작업과정을 거쳐 이루어진다.
- 가용한 예산의 종류에 따라 프로젝트를 몇 개의 범주로 나눈다.
- 각 범주 내에 있는 프로젝트의 우선순위를 정한다. 우선순위의 결정은 B/C비, 필요성(안전성, 물리적 상태, 기하설계 및 서비스 표준달성도, 혼잡도 등), 또는 이들을 조합한 지표를 이용하여 순위를 결정한다.
- 우선순위가 높은 프로젝트는 몇 년(2~5년)간 매년 예산을 할당받는다.
- 이와 같은 과정을 모든 범주의 프로젝트와 예산에 대해서 반복한다.
- 이렇게 해서 나온 프로그램은 지역적으로 분포가 잘 되었는지, 도시 – 지방 간의 분포가 잘 되었는지, 또는 다른 기준을 잘 만족시키는지에 대해서 교통부의 고위직이 검토를 한다. 이 프로그램은 매년 또는 2년에 한 번씩 책자로 출판하는 것이 좋다.

④ 수정: 세부계획은 계속적인 과정이다. 대상지역이 전국과 같이 넓으면 규모가 작은 프로젝트는 지방으로 위임된다. 프로젝트가 법적 절차 때문에 지체되거나 홍수와 같은 긴급사태로 예산이 전용되어 버리면 세부계획의 수정이 필요하다. 더욱이 계획과 설계 또는 부지매입 등의 진도가 늦어질 수도 있다. 지체 가능성이 생기면 모든 프로젝트의 진도를 점검하여 예산을 재할당하여야 한다.

14.2.5 도시교통계획의 개념

도시교통은 사람이나 화물의 이동으로 구성되어 있으며, 이들은 각기 다른 교통행태를 가지며 다른 교통수단을 선택하는 경향이 있다. 사람의 이동은 여러 가지 교통목적을 가지는 통행으로 구성되어 있으며, 교통목적에 따라 O−D 패턴, 통행길이, 시간에 따른 변동 등 교통특성이 크게 다르다. 예를 들면 도시교통의 대부분을 차지하는 출퇴근통행과 업무통행은 전자(前者)가 도심부와 주변부를 연결하는 방향성이 있고 아침·저녁 첨두시에 집중되는 특성을 가진 데 반해, 후자(後者)는 낮 시간 동안에 폭넓게 분포되고 도심부를 중심으로 중심시가지 전체에 분포되어 있다. 또 도시운행은 몇 개의 교통수단을 이용할 수 있고, 교통목적이나 교통행태에 따라 이용되는 교통수단이 크게 다르다.

한편 도시교통계획은 행정구역의 범위를 넘어 광역도시권 전체를 계획대상으로 삼아야 하지만, 동시에 도심지구, 주거지구 등과 같이 지구단위의 교통계획도 도시교통계획의 중요한 지주가 된다. 즉 도시교통계획은 광역도시권 수준−도시수준−지구수준 등 3단계의 계획수준이 있으며, 이들이 상호 체계화된 계획을 이루어야 한다.

다음으로 도시교통은 도시구조 및 토지이용 패턴과 밀접한 관계를 가지고 있고, 특히 도시교통의 형태, 즉 O−D 패턴은 토지이용 패턴에 크게 좌우된다. 따라서 도시교통계획에서는 도시구조, 토지 이용 등과 교통상황과의 관계를 분석하고 장래의 도시구조, 토지이용을 예측하여 계획을 수립할 필요가 있다.

또 도시교통은 여러 개의 교통수단으로 구성되기 때문에 교통계획을 할 때에는 이 수단들 간의 합리적인 분담을 고려하여 종합적인 교통시스템을 실현할 수 있도록 해야 한다. 이 경우 특히 대중 교통수단과 승용차에 대해서 각자의 특성을 살린 합리적인 분담을 검토하는 것이 도시교통계획의 요체이다. 모든 교통수단을 하나의 교통시스템으로 통합할 때에는 각 수단을 연결할 수 있는 교통 결절점(結節点)(역전광장, 환승주차시설 등)의 계획에도 유의해야 한다.

한편, 도시교통에서는 교통시설의 계획뿐만 아니라 각 시설을 효율적으로 이용하기 위한 대책 및 교통통제대책의 계획도 필수적이기 때문에 도시교통시설계획과 함께 도시교통운영(관리)계획도 수립할 필요가 있다.

지금까지 설명한 여러 가지 사항을 고려하면서 도시종합교통계획을 진행할 때, 다음과 같은 계획 과제에 특히 유의해야 한다.

- 혼합대책 및 장래 교통수요 증가에 대한 대응
- 바람직한 서비스수준 달성
- 교통시스템의 경제성, 효율성 확보
- 교통시스템과 도시구조와의 조화 및 효율성 확보
- 각종 제약요인에 대한 검토
- 단기계획과 장기계획의 조화
- 시설계획과 운영계획의 조화
- 광역계획에서 지구계획까지의 체계성

도시교통계획은 현재 또는 장래의 토지이용에 이바지하는 도로나 대중교통시설을 평가 또는 선정하는 것을 의미한다. 예를 들어, 새로 건설하는 쇼핑센터나 공항, 대회의장, 또는 주거단지나 산업단지 등은 새로운 교통을 발생시킴으로써 도로나 대중교통서비스가 신설되거나 확장될 필요가 있다.

도시교통계획에는 장기계획과 단기계획이 있다. 장기계획은 20년 이상의 장기적인 교통수요를 처리하는 데 필요한 교통시설 및 서비스를 계획하는 것으로서 새로운 도로구간 건설, 버스노선이나 고속도로 확장, 고속대중교통 확장, 공항이나 쇼핑센터의 접근로 개선 등과 같은 것이 있다. 반면에 단기계획은 1~3년 이내에 시행될 수 있는 프로젝트를 선정하는 것으로서 신호개선, 차량합승제, 환승주차장 건설, 대중교통 개선 등 주로 기존시설을 효율적으로 관리하는 대책을 결정하는 것이다.

14.2.6 도시교통계획의 과정

사람이나 화물을 수송하는 것은 목적이 아니라 다른 목적을 위한 수단이다. 예를 들어, 교통개선은 수송시간을 단축시킴으로써 화물과 서비스의 비용을 절감시킨다. 한정된 가용자원을 절감하면 그것을 다른 목적에 사용할 수 있다. 또 교통개선은 화물, 서비스 및 활동들을 다양화시킴으로써 사회적인 편익을 발생시킨다. 사람은 거주지와 직장, 쇼핑장소들을 자유로이 선택할 수 있으며, 더욱 폭넓은 교육, 문화 및 위락 활동을 추구할 수 있다. 사람과 조직은 이러한 교통편익을 얻는 쪽으로 그들의 활동을 만든다. 그래서 교통은 도시발전의 형태와 도시민의 생활방식에 영향을 미친다. 교통시스템을 계획하고 시행하는 사람은 장래의 발전양상이 좀 더 바람직한 형태로 나아가도록 영향을 행사할 수 있다.

교통개선의 중요성을 충분히 인식한다면, 도시가로의 노선선정과 설계는 경제 및 사회적인 발전이 이루어질 수 있는 방향으로 나아가야 할 것이다. 만약 도로가 모든 시민의 복지를 극대화시키기 위한 것이라면 도로사업에 참여하는 전문가는 계획된 도시교통시스템의 기초를 명확히 이해할 필요가 있다. 이 기초란 종합도시계획의 일부분으로 수행되는 도시교통계획 과정을 말한다.

종합도시계획은 도시발전에 관련된 어떤 목적을 달성하기 위한 대책을 모색해 내는 것이다. 이것이 이상적으로 이루어진다면 종합계획은 공익을 위하여 학교, 공원, 병원, 편의시설 및 교통시스템 등과 같은 모든 공공시설의 위치선정에 길잡이 역할을 할 것이다. 종합계획은 또 산업, 기업, 주거 등과 같은 개인의 위치선정에도 영향을 미칠 것이다.

도시교통계획은 종합도시계획의 한 요소로서 교통시스템의 목적에 따라 그 성격과 규모가 결정된다. 도시교통계획은 모든 교통수단이 서로 균형을 이루고 최적수준을 유지함으로써 도시의 목적을 달성하기 위한 대책을 개발하는 계속적인 과정이다.

도시교통계획은 일반적으로 [그림 14.1]과 [그림 14.2]에서 보는 바와 같은 과정을 통하여 수행된다. 처음에 일반적인 문제점이 파악되고 목적이 수립되며, 과정이 진행됨에 따라 문제점이 더욱 상세히 나열되고, 목적이 다시 검토된다. 그 다음에 계획에 참여하는 사람을 조직하고, 필요한 자료를 수집하기 위하여 현황조사를 실시하며, 통행량과 통행목적 간의 상관관계를 나타내는 모형을 설정한다. 이 모형들은 장래의 교통수요를 예측하는 데 사용된다. 예측된 통행을 이용해서 교통프로젝트를 만들고 그것이 목적을 어느 정도 만족시키는지를 분석한다. 이때 목적은 대안을 개발하고 분석하는 과정에서 변경될 수도 있다. 그 다음 적합하다고 여겨지는 대안들을 비교·평가하여 최적안을 선택하고 이를 더욱 구체화시킨다. 선택된 교통프로젝트는 노선선정, 설계, 건설 및 운영 과정을 거친다. 계획의 연속성을 유지하고, 시행을 편하게 하고, 또 계획을 항상 최신의 상태로 유지하기 위하여 전 기간에 걸쳐 이 과정을 반복하므로 이를 '계속적인 과정'이라 한다.

1 문제점 정의

도시교통계획은 올바른 의문에서부터 출발해야 한다. 즉 해결하고자 하는 문제점을 명확히 정의하는 것으로부터 시작된다. 도시지역(urban region)이란 무엇인가? 도시지역은 광역도시권(metropolitan region)에서 개발 정도의 차이가 현저히 나는 인구밀도가 비교적 높은 지역을 말한다. 그러나 계획목적상 그 지역의 경계선은 계획기간 동안(20~30년)에 개발이 예상되는 주변지역까지 포함해야 한다. 도시지역은 하나 이상의 CBD를 가지고 있으며 도시지역개발의 경계선은 행정적인 경계선과 무관한 경우가 많다. 미국의 경우는 도심인구가 5만 명 이상인 지역을 도시지역이라 부른다.

도시교통시스템이란 무엇인가? 도시교통시스템은 사람과 화물의 이동을 위하여 도시지역까지, 도시지역 내, 또는 도시지역을 통과하는 육상, 해상, 항공의 모든 공공 또는 개인 교통수단을 말한다. 오늘날 도시지역에서 사용되고 있는 교통수단은 도로, 철도, 항공, 수로 및 보행자로이다.

교통개선이 필요한가? 지역의 성장과 역사 및 경향을 종합하면 중요한 문제점, 즉 생활공간, 개인통행 및 화물이동에 대한 수요가 계속적으로 증가하면서도 서비스수준은 만족할 만한 정도에 이르지 못하고 있다는 것을 알 수 있다. 도시인구가 급격히 증가하면 개인통행 및 화물이동이 증가하며, 이러한 교통수요를 만족시키는 수준이나 방법은 바로 개인이나 가정 또는 사회의 기본적인 욕구충족을 가늠하는 척도가 된다.

도시가로체계란 무엇인가? 도시가로체계는 도시교통체계 중에서 사람이나 화물을 차량으로 이동시키는 부분을 말한다. 차량이란 승용차, 버스, 화물차 등을 일컬으며, 그 소유와 운영이 개인에게 있든 공공기관에 있든 상관이 없다. 여기서 '도로'란 자동차가 통행하는 모든 종류의 도시시설을 광범위하게 말할 때 쓰인다.

도로개선은 필요한가? 도로는 오늘날 도시교통체계의 주요 구성요소이며 앞으로도 상당한 기간 동안 그러리라 예상된다. [그림 14.9(가)]는 1인당 연간도로통행량의 연도별 변화를 보인다. 도로에서 화물의 1인당 통행량도 [그림 14.9(나)]에서 보이는 것처럼 국가경제적인 상황에 따라 크게 변함을 알 수 있다. 앞으로 자동차 이외의 교통수단이 출현할지라도 도로는 도시교통의 중요 수단으로 남아 도시 이동성의 대부분을 담당하게 되리라 예상된다. 도시지역에 따라 중요성이 서로 다른 여러 개의 도시교통수단이 공존하고 있으면, 각 도시지역의 특성에 따라 이들 교통수단을 계획해야 한다.

2 목적 파악

모든 계획활동에서 문제점을 이해하기 전에 취해야 할 첫 번째 단계는 목적을 파악하는 것이다. 교통의 목적은 항상 명확하거나 공통된 것이 아니므로 추상적이기 쉬운 목적을 명료하게 기술하는 것이 교통계획에서 매우 중요하다. 국가적인 목적에 추가하여 교통계획에 영향을 주는 도시목적(urban goal)에는 지역개발목적(regional development goal)과 국지목적(local goal)이 있다.

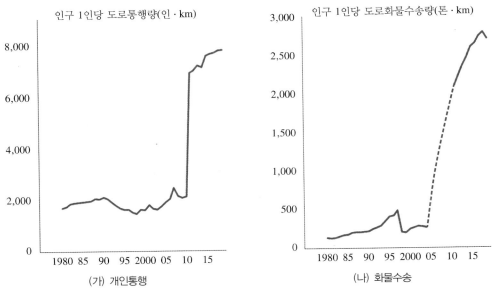

[그림 14.9] 도로교통 성장추세

주: 1) 도로통행량은 2011년부터 승용차 수송실적이 추가 포함
    2) 도로화물수송량은 2011년, 2015년 등 통계작성방식 변경, 2005~2010년 화물수송량 공식배포 자료 부재
자료: 국가교통DB센터(수송실적), 국가통계포털(인구)

지역개발목적은 그 지역 전반의 주거환경에 관한 지역적 욕구를 나타낸다. 예를 들어, 토지이용(주거, 산업, 공지 등)에 관한 목적, 연계체계(교통, 편의시설 등)에 관한 목적, 기타 서비스(학교, 병원 등) 및 환경적인 고려사항(미관, 대기질 및 수질 등)에 관한 목적이 있다. 지역교통목적은 지역개발목적의 일부분이다. 예를 들어 여기에는 접근성, 안전성, 선택성, 쾌적성, 토지이용에의 영향, 경제성장, 시스템 효율성 및 경제성, 기타 지역환경의 다른 부분에 미치는 영향에 관한 목적들이 있다.

국지목적은 교통시설이 그 지역 내의 주민에게 미치는 구체적인 효과를 감안하여 그 주민들의 욕구를 나타낸다. 예를 들어 주거지 이전, 지역사업에 미치는 영향, 미관, 국지도로패턴과의 조화와 같은 주민의 사회·경제·환경 등에 관한 목적이 그것이다. 대부분의 국지목적은 지역목적과 본질적으로는 같으나 적용 범위나 그 주안점이 다르다.

효과적인 교통계획을 계속적으로 하기 위해서는 교통계획 기능이 종합도시계획을 수행하는 기구에 들어가야 하며, 도시의 규모가 클수록 이의 필요성이 더 커진다. 만약 이와 같은 기구가 없다면 교통계획을 위해서라도 그와 같은 기구를 창설할 필요가 있다.

3 현황조사 및 분석

도시교통계획 과정을 밟아가는 데에는 교통조사 및 분석(transportation studies)이라는 기술적인 노력을 통하여 여러 가지 대안의 성과를 분석하게 된다. 여기에는 현황조사, 현재상황 분석, 예측기법의 개발, 장래 교통수요의 예측, 장래상태 분석 및 결함파악 등 5개의 과정이 있다.

현황조사는 어떤 지역의 장래상황을 예측하는 기준이 되는 현재상황을 파악하기 위해서 행해진다. 대부분의 자료는 가구단위, 분석존(zone) 및 도로 또는 대중교통구간과 같이 작은 단위로 수집된다. 이 자료수집의 목적은 그 지역 내의 활동의 분포와 교통시스템 및 이에 수반되는 통행수요간의 상관관계를 파악하기 위함이다. 이때 수집되는 자료로는 통행 자료, 교통시설 자료, 토지이용자료, 인구 및 경제관련 자료, 법령관련 자료, 지역사회가치 자료, 투자재원 자료 등이다.

여기서는 현황조사의 개요만 설명을 하고 더욱 자세한 것은 5장 교통조사 및 분석에서 다룬다.

(1) 통행 자료

통행 조사의 일차적인 목적은 뒤에서 언급되는 통행모형을 개발하고 calibration하는 데 필요한 자료를 얻기 위함이다. 이러한 조사는 대부분 표본의 크기를 달리하는 체계적 표본추출(systematic sampling) 방법을 사용한다.

조사에 드는 비용과 노력뿐만 아니라 과거로부터 현재까지의 많은 자료 때문에 요즈음의 추세는 새로운 방식의 조사방법론을 적용하려고 노력하고 있다. 이 조사는 기존자료로부터 통행모형을 calibration하고, 그 calibration을 개선·보완하기 위해서 소규모의 표본조사를 하고, 이들 모형의 정확도를 여러 가지 방법으로 점검하는 것을 포함한다.

(2) 교통시설 자료

도로 및 가로, 주요 교통통제설비, 주차시설, 철도, 환승시설, 각종 터미널(트럭, 버스, 철도, 항공) 및 대중교통 운행특성 등을 조사한다. 시스템의 모든 구간의 용량을 계산하고 그 서비스수준을 파악하기 위하여 전 교통노선의 물리적 특성과 운행특성에 관한 자료를 상세히 조사한다. 대중교통에 관한 자료는 요금, 배차간격, 정거장 위치, 노선, 용량, 속도, 부하계수 등이다. 도로와 가로는 기능별로 분류되어야 한다.

도로의 기하특성에 따른 설계형태별 분류(고속도로, 일반도로)는 노선계획이나 설계목적으로 유용하며, 노선번호별 분류(국도 5번, 지방도 745번 등)는 교통운영에 도움이 되고, 행정적 분류(국도, 지방도, 시도, 군도 등)는 그 시설의 건설과 관리책임을 나타내는 데 사용된다.

교통계획을 위해서는 도로를 기능별로 분류하는 것이 좋다. 모든 도로는 그 도로가 가지는 기능에 따라 주간선, 보조간선, 집산, 국지도로로 나눌 수 있으며, 분류방법에는 ASF 체크리스트 방법, CGRA 설계표준방법(캐나다), Trade Area Hierarchy 방법(BPR) 등이 있으나 여기서는 설명을 생략한다. 각 기능별 도로가 가지는 특성은 7장 2절에서 자세히 설명하였다.

앞에서 설명한 주차 조사는 주차수요를 조사하기 위함이다. 그러나 터미널 및 환승시설 조사에서는 대중교통이나 트럭터미널과 같은 시설과 주차장의 공급에 관한 자료를 수집한다.

(3) 토지이용 자료

토지이용 조사를 완전하게 하자면 조사지역 내의 모든 상점, 집, 또는 모든 건물의 이용상태를 100% 조사해야 한다. 그러나 규모가 매우 큰 조사라 하더라도 모든 토지이용을 다 조사할 수는 없고 CBD 안과 주요 상업중심지에 있는 건물에 대해서만 그 안에 있는 회사 또는 상점의 목록을 작성하는 데 그친다. 이와 같은 자료는 도시의 자료나 회사목록, 또는 개발된 지역의 토지이용 상황을 알 수 있는 자료로부터 간접적으로 얻는 수가 더 많다. 현장조사는 단지 이 간접적인 자료를 보완하고 점검(spot check)하는 데 사용된다.

중요한 교통조사의 대부분은 항공사진을 이용하여 이미 개발된 지역의 윤곽을 찾아내고, 미개발된 토지의 적합성을 분류하며, 주거지역을 직접 분류한다. 토지이용을 분류한 후에 각 용도별 이용면적을 지도나 항공사진을 이용해서 구하고, 특히 고밀도로 개발된 지역은 건물의 상면적도 구한다. 또 상하수도와 같은 서비스와 기존의 용도지구 또는 지역에 대한 현황조사도 필요하다. 이러한 자료의 이용은 뒤에서 설명한다.

(4) 인구 및 경제지표 자료

인구 및 경제에 대한 자료는 연구방법에 따라 다르나 대부분이 현장조사보다는 기존의 자료로부터 얻을 수 있으며, 소규모 지구 단위별로 구한다. 이러한 자료로는 다음과 같은 것이 있다.

- 인구(연령, 성별, 가구인원, 가구의 소득 수준별)
- 자동차 보유대수
- 직업별 고용자 수
- 가구수
- 학생수
- 상점수(종류별)

여기에 추가해서 그 지역 전체의 경제적 여건을 평가(경제기반 조사)하여 장차 그 지역의 성장을 예측하는 데 기초로 사용한다. 이 자료는 앞에서 말한 토지이용 자료와 함께 여러 가지 목적으로 다양하게 사용되며, 그중 가장 중요한 용도는 다음과 같다.

- 지역의 토지이용계획안을 수립하고 인구와 고용기회를 분포시키는 기초자료로 사용
- 통행 조사에 나타난 통행발생의 설명변수로 사용
- 가구면접 조사 표본을 분석지구 전체에 대해 전수화시키는 데 총량지표로 사용
- 다른 현황조사의 정확도를 점검하기 위한 독립적인 추정값으로 사용

(5) 법령조사 자료

그 지역의 교통과 토지이용에 영향을 주는 법령을 검토한다. 이 법령은 현재까지의 토지이용 추세를 분석하고 장래의 토지이용을 예측하는 데 필요한 자료를 제공한다.

(6) 지역사회의 가치조사 자료

목적의 기저를 이루는 그 지역사회의 가치관을 파악하기 위한 것으로서 계획과정에 일반대중의 가치를 반영시켜 이를 지침화한다는 것은 바람직한 일이다. 예를 들어, TV나 라디오 또는 공청회를 이용하여 일반의 성향을 조사하는 방법이 있다.

(7) 투자재원 조사 자료

이 지역의 교통에 관련된 수입과 지출이 지금까지 어떻게 이루어져 왔고, 또 앞으로의 전망이 어떤지를 알 필요가 있다. 국가 또는 지방정부의 세금구조와 예산할당규정 등을 분석하고, 아울러

지방정부의 부채와 수입 및 지출을 조사한다. 그 지역이 사용할 수 있는 모든 재원을 장기적으로 예측하기는 대단히 어렵지만 지금까지의 추세가 그대로 지속된다는 가정하에 이를 추정한다. 이러한 예측에는 그 지역의 장래 교통발전에 쓰일 재정자금뿐만 아니라 사용자부담금, 통행료 등과 같이 그 지역을 통행하거나 그 지역에 사는 사람으로부터 거두어들이는 재원까지를 포함한다.

투자재원 조사의 목적은 계획기간 동안에 교통시설에 사용될 자금을 추정하고, 그 계획이 행정단위(정부, 시, 도 등)의 예산능력 범위 내에 있는지를 확인하는 것이다.

(8) 기타 현황조사 자료

교통계획 조사분석에서는 그 지역의 필요성에 따라 다음과 같은 자료도 조사된다.

- 화물이동
- 교통사고 잦은 지점 및 사고율
- 시스템 내의 속도 및 지체
- 특별 통행발생원(공항, 경기장, 콘서트홀 등)

4 모형

교통계획에 사용되는 모형은 사회·경제지표, 토지이용, 교통시스템 변수 및 이에 따른 통행패턴 간의 관계를 알아내기 위한 수식이나 절차를 말한다. 물론 그와 같은 모든 관계를 모두 수식으로 나타낼 수 있는 것은 아니다. 예컨대, 토지이용 예측기법은 대부분 경험과 지식에 기초를 둔 순차적인 절차이지 수식이 아니다. 모형의 개발과 검증을 할 때에는 그 모형에 기존변수를 사용하여 현재의 통행패턴을 재현시키는 방법을 쓴다. 즉 교통배분의 결과를 실제의 교통량과 비교하여 그 모형의 유효성을 나타낸다. 개발된 모형이 모순이 되는 결과를 나타내는 특별한 경우에는 개개의 주요 통행발생원을 개별적으로 취급할 수도 있다. 만약 모형변수 간의 기본관계가 상당한 기간 동안 지속된다고 가정한다면, 장래의 토지이용과 교통시스템대안을 검증하는 데 그 모형의 결과를 사용할 수 있다. 그런 다음, 목표에 비추어 이들 대안을 비교·평가하여 가장 좋은 대안을 선정한다. 모형을 설명하기 위해서 자주 사용되는 절차를 요약하면 다음과 같다.

- 토지이용 모형: 통행을 구성하는 활동범위가 그 지역의 어디에 위치하는가를 구함
- 통행발생 모형: 이 활동범위에서 얼마나 많은 통행이 시작되고 끝이 나는가를 구함
- 통행분포 모형: 이 지역 내의 여러 존 간에 얼마나 많은 통행이 이루어지는가를 구함
- 수단분담 모형: 어떤 교통수단에 의해 얼마의 통행이 이루어지는가를 구함
- 통행배분 모형: 이들 통행이 수단별로 어느 노선을 이용해서 이루어지는가를 구함

이 모형의 결과는 교통시스템대안을 시험하고 평가하는 데 매우 유용하며, 계획과 설계를 연결하는 역할을 한다.

5 예측

가장 기본적인 예측은 인구 및 경제 예측이다. 이것은 보통 맨 처음, 지역에 대한 총량 예측을

하고 그 다음에 이를 앞에서 설명한 토지이용 모형과 절차를 사용하여 분석존에 할당하는 방법을 쓴다. 그 지역에 대한 장래의 개발대안이 각 분석존에서의 활동으로 구체화되는 것은 이때이다. 앞에서 언급한 바와 같이 토지이용 모형이나 절차는 정책대안의 효과는 물론이고 그 지역의 여러 가지 물리적 특성을 포함한다. 현실적인 지역개발대안들은 고정되지 않은 물리적 특성(교통과 같은)과 정책(용도지구 지정과 같은)상의 변화를 통해서 만들어진다.

예측에 사용되는 연한은 보통 20~30년으로 하며, 평균적인 평일 하루를 기준으로 한다. 그 이유는 기준연도의 평균적인 평일 통행 조사 자료로부터 모형이 개발되기 때문이다. 평균평일 가운데 일반적으로 첨두시간이 명시된다. 첨두시간교통량은 기준연도의 첨두시간계수와 시설의 종류 및 위치에 따른 방향별 분포를 구하고, 이를 목표연도의 평균평일 교통량에 적용시켜 얻는다. 더욱 좋은 방법은 존 간의 첨두시간통행을 구하여 이를 최종계획안에 배분함으로써 시설의 종류와 위치별로 보정하는 것을 생략할 수 있다. 첨두시간통행은 기준연도에서 얻은 계수를 목표연도 평균평일 통행(보통 통행목적별)에 적용시키거나, 또는 기준연도 현황조사에서 얻은 첨두시간자료를 근거로 순차적인 4단계 모형(통행발생에서부터 통행배분까지)을 발전시킴으로써 구할 수 있다.

이러한 교통량예측은 얼마나 정확한가? 만약 최종적으로 선정된 교통시스템이 완벽하게 건설되고, 인구 및 경제예측과 토지이용분포가 목표연도에 정확하게 이루어지고, 계획기간 동안 통행을 크게 변화시키는 변수를 교통모형이 잘 반영한다면(예를 들어, 특이한 교통수단의 출현이나 통행수요를 감소시킬 수 있는 획기적인 통신기술 개발이 없다면), 아마도 통행예측 과정의 정확도는 대단히 높을 것이다. 그러나 여기서 제시한 조건이 얼마나 충족되는지 알 수 없기 때문에 엄밀한 의미에서 예측의 정확도를 사전에 알 수 있는 방법이 없다. 그러나 한 가지 분명한 것은 이러한 계획과정에서 예측을 한다는 것이 아무것도 하지 않고 가만히 있거나 혹은 교통혼잡이 걷잡을 수 없게 된 후에야 해결책을 찾으려고 애쓰는 것보다도 훨씬 더 합리적이라는 사실이다.

새로운 시설이 계획되고 설계·건설되었을 때 목표연도에 도달하기도 전에 혼잡이 생기는 이유는 무엇 때문인가? 물론 계획하는 사람이 인구, 경제, 토지이용을 예측할 때 도시지역의 성장을 과소평가했기 때문에 이런 일이 일어난다. 그러나 또 다른 이유는 사용된 모형의 오차 때문이다. 또 간과할 수 없는 이유 중 하나는 최종적으로 선정된 시스템계획안이 승용차와 대중교통 모두를 위한 시설이기 때문이다. 만약 단계적으로 그 시설의 일부분만 건설되고 나머지가 지연된다면, 건설된 부분은 앞으로 건설되어야 할 부분을 이용할 통행도 함께 이용을 하게 된다. 이러한 상황은 예상되는 토지이용 패턴을 왜곡시켜 건설된 부분의 교통축(交通軸)이 기대했던 것보다 더 많이 개발되고, 그로 인해 문제를 더욱 악화시킨다. 도시지역에서 어떤 시설을 이용하는 통행이 얼마가 될 것인가를 추정할 때, 관련되는 노선(사실상 대단히 많을 것이다)의 상황을 고려하지 않고는 그 추정이 불가능하다는 것은 자명한 사실이다.

6 시스템대안의 개발과 분석

현황조사와 예측모형을 이용하여 각 교통시스템대안에 대한 수단별 장래통행을 예측하는 데에 필요한 자료를 얻을 수 있다. 앞에서 설명한 바와 같이 목적을 분명히 명시하여 좋은 교통시스템으로부터 기대하는 것이 무엇인지를 더욱 명확하게 기술할 수 있도록 해야 한다.

이 절에서는 일반적인 목적을 종합하여 교통시스템을 판단하는 데 도움이 되게 기술하는 과정, 시스템대안을 개발하는 방법과 목적을 달성하는 데 좋은 대안이 무엇인지를 찾기 위해 이들 대안을 분석하는 방법을 설명한다.

(1) 목적기술

지역교통의 목표는 지역개발의 목표로부터 나온다. 어떤 지역은 뚜렷한 지역개발 목표가 없거나 또는 교통계획에 그다지 도움이 되지 않는 목표를 가진 경우도 있다. 대부분의 경우, 지역개발 목표는 교통계획에서 필요로 하는 수준만큼 자세하게 되어 있지 않다. 그러므로 필요한 목적을 잘 기술하고 이에 대한 정책승인을 얻는 것은 교통계획을 하는 사람들의 임무이다.

목적기술을 하는 데 사용되는 특수한 용어를 정의하면 다음과 같다.

- 가치(values): 어떤 사회의 활동이나 행위를 지배하는 우선체계, 즉 인간의 행태를 지배하는 기본적인 사회의 흐름이다. 여기에는 생존욕구, 소유욕구, 질서욕구, 안전욕구 등이 있다. 적어도 중기적으로는 이들이 줄어들거나 변하지 않는다.
- 목적(goals): 가치체계 내에 있는 열망 또는 추구하는 결과, 즉 가치극대화에 유리한 환경과 같은 것으로서 달성되어야 할 조건을 나타낸다. 이 성취도는 명확히 나타낼 수는 없지만 말로써 표현할 수 있다. '기회균등'은 안전 및 소유라는 가치에 기초를 둔 목적이다.
- 목표(objectives): 목적의 구성요소 또는 목적을 달성하는 데 필요한 발판 및 수단으로서 구체적이며 도달할 수 있고 측정 가능하다. 기회균등의 목적과 관련된 교통목표는 '그 도시 내의 위치에 관계없이 모든 시민의 동일한 대중교통 비용'이다.
- 평가기준(evaluation criteria): 어떤 계획의 목표달성 효과를 평가하는 척도로, 예를 들어 개인소득에 대한 버스요금의 비는 앞의 교통비용 균등의 목표달성 여부를 판단하는 기준이다.
- 표준(standards): 성과수준의 어떤 정해진 값보다 작거나, 같거나, 혹은 클 것을 요구하는 제약조건이다. 앞의 예에서 '버스서비스는 모든 주거지역의 400 m 이내에서 가능할 것'이 표준이 될 수 있다.

평가기준은 다음과 같은 세 가지로 분류할 수 있다.

- 금전화 가능 기준: 건설비용, 교통사고, 차량비용, 부지비용 등과 같이 척도와 표준을 명확히 금액으로 나타낼 수 있는 평가요소
- 정량화 가능 기준: 통행시간, v/c비, 이전된 가구수 등과 같이 금전화시킬 수는 없으나 다른 단위를 사용하여 측정할 수 있는 평가요소
- 정성화(定性化) 가능 기준: 사회적 영향, 미관 등과 같이 금액으로나 정량적으로 나타낼 수 없고 주관적인 판단에 의해 나타낼 수 있는 평가요소

목적기술에 관해서 일반적으로 사용되는 예는 아래와 같으나 시스템을 완전하게 평가하기 위해서는 이외에도 많은 다른 목적, 목표, 평가기준 및 표준이 필요할 수 있다.

예 1

- 목적: 효율적이며 경제적인 교통서비스를 제공
- 목표: 혼잡을 최소화
- 평가기준: 첨두시간의 교통량
- 표준: v/c비가 0.75를 초과하지 않도록

예 2

- 목적: 안전한 교통시스템을 제공
- 목표: 사고 건수와 사망자를 최소화
- 평가기준: 각 시설별 MVK(million vehicle kilometers)당 현재의 사고율과 사망자를 기준으로 하여 추정한 목표연도의 사고 건수와 사망자 수
- 표준: 사고율과 치사율이 기준연도에 비해 증가되어서는 안 됨

예 3

- 목적: 환경오염 감소
- 목표: 차량의 배출가스 최소화
- 평가기준: 속도, 차량 배출가스의 배출규제표준 및 운행조건에 따른 차량대·km당 배출가스 배출률을 기준으로 하여 추정한 목표연도의 배출가스량(kg으로 나타낸 HC, CO, NO_x의 양)
- 표준: 목표연도의 총 배출가스 방출량이 현재의 총 배출량보다 적어야 함

어떤 평가기준은 순전히 주관적인 정성적인 판단에 따르고, 또 표준이 없는 경우도 있다. 이와는 달리 측정이 가능한 기준이라 하더라도 표준을 정하기에 적합하지 않을 수도 있다. 그러나 가장 중요한 통행서비스에 대한 목표(혼잡을 최소화하는 등)는 측정 가능한 평가기준과 표준을 가지는 경우가 많다.

이 목적기술은 바로 그 지역의 교통정책에 관한 기술이 되고, 또 정식 승인을 필요로 한다는 사실을 알아야 한다. 시스템대안의 개발과 분석이 진행되는 동안 정해진 목적기술이 비실용적이거나 불완전하다고 여겨질 수도 있으며, 다른 이유로 해서 수정될 필요성이 있을 수 있다. 그러므로 목적기술은 정태적(情態的)인 것이 아니라 계획하는 사람이 끊임없이 추구해야 하는 목표이다.

(2) 초기대안개발 및 분석

사실상 교통시스템대안의 개발 및 분석은 개발에서 분석으로, 분석에서 다시 개발로 피드백되는 순환의 연속이다. 시스템의 개발은 교통시스템대안을 분명하고 조직적으로 나타내는 것을 말하며, 대안의 분석은 어떤 한 대안이 최소한 받아들일 수 있는 해결책인지를 결정하는 것을 말한다. 분석을 하자면 어떤 한 시스템이 표준을 만족시키는지 알기 위해서 측정을 해야 하고, 또 표준이 없는

기준을 사용하는 경우 이 시스템이 그 기준에 대해서 적합한지를 주관적으로 판단해야 한다. 여기서 받아들여질 수 있다고 여겨지는 시스템은 평가과정으로 넘어간다.

대안을 찾아내는 일은 완전히 분석가 등의 창의력에 달려있지만, 이와 같은 창의적인 기능에 도움이 되는 개념을 대안개발목표에 따라 몇 가지 소개하면 다음과 같다.

▌혼잡 최소화

대안 개발의 단계는 일반적으로 기존 시스템에 이미 내정(內定)된 교통시설의 일부분을 추가하는 것으로 시작된다. 내정된 시설이란 건설되지는 않았지만 계획, 노선선정, 설계 및 때에 따라서는 부지확보까지 진행된, 즉 현재의 연구결과에 의한 계획결정과는 상관없이 앞으로 건설한다는 정책결정이 이미 내려진 시설을 말한다. 이러한 시설들이 기존 교통망에 추가된다.

분석단계의 시작은 첫 번째 도로망 대안으로서 기존 + 내정시스템 대안의 목표연도 교통수요를 모든 교통모형을 적용하여 구하는 것이다. 존별 토지이용분포(토지이용 모형 또는 절차)가 목표연도에 대해서 추정된 다음, 존별 통행발생량(통행발생 모형)이 토지이용분포결과를 이용하여 추정된다. 이 첫 교통망 대안에서 통행분포 모형의 입력자료는 존별 통행발생량이다. 이 통행량을 수단별로 세분하거나(수단분담 모형) 또는 이 첫 대안에 대해서는 수단분담을 무시할 수도 있다. 이 지역의 대중교통 분담률이 현저히 많으면 일반적으로 수단분담 모형을 사용하지 않고 현재의 분담률을 목표연도에 적용한다. 이렇게 해서 얻은 결과가 기존 + 내정시스템 대안에 대한 목표연도의 통행수요 예측(수단별 또는 총량)이다. 이 통행을 도로망에 자유배분하는 것으로 분석단계의 모형적용이 끝나게 된다.

분석단계의 다음 순서는 이 시스템이 평가기준에 비추어 볼 때 최소한 받아들일 수 있는 것인가를 결정하는 것이다. 이 시스템의 결함을 파악하기 위해서는 가장 기본적인 통행서비스 형태의 평가기준(첨두시간의 교통량 등)을 기존 + 내정시스템 대안에 적용만 하면 된다. 이때 만약 그 기준값이 표준에 미치지 못한다면 이 시스템을 다른 평가기준으로 검토할 필요 없이 새로운 시스템대안을 개발하는 단계로 되돌아가야 한다.

새로운 시스템대안을 개발하기 위해서는 혼잡한 그 시설을 개선하거나 부근의 다른 시설을 개선하면 된다고 생각할지 모른다. 그러나 얼핏 보아서 분명한 해결책이라 할지라도 그것이 반드시 옳은 해결책이 아닐 수도 있다. 예를 들어, 혼잡한 노선과 가까이 있지 않은 지역에 완전히 새로운 도로 또는 대중교통노선을 건설하거나, 서비스(속도 또는 비용)를 변경시키는 것이 혼잡한 시설 자체를 개선하는 것보다 더 나은 해결책이 될 수도 있다. 새로운 우회도로를 건설하는 것이 이와 같은 이유 때문이다.

▌통행욕구 충족

통행의 기종점, 길이 및 기타 특성을 그림으로 나타내면 문제점의 해결책을 구상하는 데 큰 도움이 된다. 이와 같은 방법에는 다음과 같은 것이 있다.

① 특정링크 분석: 혼잡한 노선의 한 구간을 선정하여 컴퓨터를 이용하여 그 구간을 이용하는 모든 통행의 기종점을 파악한다. 이 결과를 [그림 14.10]과 같이 나타낸다. 이로부터 이 노선

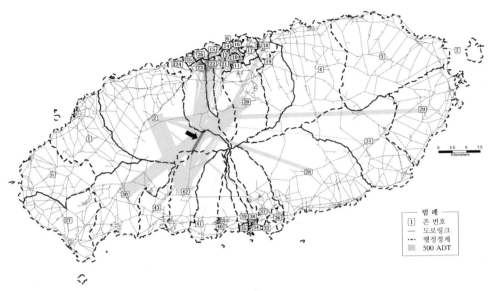

특정링크(화살표로 나타낸)를 이용하는 통행의 O-D

[그림 14.10] **특정링크 분석**

을 이용하는 사람들의 통행희망을 만족시키면서 이 노선과는 다른 개선책을 고안해 낼 수 있다.

② 거미줄망 배분: 거미줄망은 모든 도로가 같은 속도를 가진다고 가정하여 도로망을 만든 것으로서 해당 지역에 상당히 조밀한 거미줄망을 형성한다. 이러한 가상도로망에 배분된 통행은 기존 + 내정시스템에 배분된 통행보다 통행희망을 더 잘 나타낸다([그림 14.11]). 왜냐하면 이 거미줄망은 기존 노선에 의한 제약을 받지 않기 때문이다. 그래서 이 분석은 통행의 기종점을 나타내지는 않지만 링크에 누적된 통행희망을 잘 나타낸다.

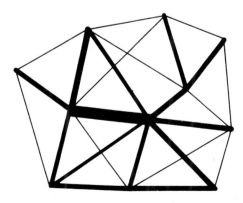

[그림 14.11] **거미줄망 배분**

③ 특정 통행교차 표시: 특정 지역 간의 모든 통행을 나타내기 위한 것이다. 예컨대, 도심지에 종점을 둔 모든 통행의 기점을 알 필요가 있거나(대중교통개선책을 수립하는 데 도움이 됨), 또는 CBD로부터 공항까지의 통행량을 알고 싶거나, 도심지를 통과하는 통행이 얼마인지를

알고 싶을 때(우회도로의 가능성을 검토하기 위해) 사용한다. 이 방법은 시스템을 개발하는 데 큰 도움이 된다.

④ 통행길이와 통행목적별 배분: 통행길이와 통행목적을 분석하는 데 사용된다. 예컨대, 출퇴근 통행만을 배분한 것을 가지고 대중교통개선책을 개발하는 데 사용하면 좋다. 또 통행길이별로 통행배분한 것을 가지고 고속도로를 건설할 것인가(긴 통행에 대한) 혹은 간선도로를 개선할 것인가(짧은 통행에 대한)를 결정하는 데 사용하면 좋다.

그 외에도 대안개발에 따른 문제점을 해결하는 방법에는 여러 가지가 있다. 예를 들어, 도로의 적절한 간격을 지침(spacing guidelines)으로 정하고 이에 따르는 방법, 통행의 주발생원에 접근하는 행태를 분석하는 방법, 저소득층 위주의 접근방법, 기능별 분류 및 도로의 연속성에 의한 방법, 일반화된 토지이용 패턴에 대한 서비스 방법, 시스템 배치지침 방법 등이 그것이다.

▮ 토지이용 접근성 제공

교통시스템대안을 개발하는 데 또 하나 도움을 주는 것은 토지이용계획안이다. 교통시스템대안은 기존 및 장래 토지이용에 대한 계획에서 파악된 접근성의 욕구를 충족시키기 위해 개발된다. 이 접근방법은 도시형태와 도시발전의 모양을 만들게 되는 다수단(多數段) 교통시스템을 직접적으로 고려한다.

현재 또는 장래 통행발생원이 필요로 하는 접근성을 고려하고, 다양한 계층, 특히 자가용을 갖지 않은 시민들의 접근성 요구를 고려해야 한다.

▮ 시스템의 연속성 제공

이론적으로는, 그 지역에 적용할 수 있는 교통시스템의 배치나 패턴은 무한정 많다. 그러나 이것은 결국 연속통행의 필요성과 건설 및 운영조건에 제약을 받으며, 기본적인 골격은 격자형, 방사순환형 및 불규칙형으로 대별된다([그림 14.12]).

지형적, 문화적인 국지조건 때문에 균형 있게 배치하지 못하거나 그 일부의 배치가 불가능할 때도 있다. 도시의 규모가 작아질수록 지역 간 도로체계가 그 도시도로의 패턴에 미치는 영향은 커진다.

대부분의 도시지역에서 방사순환형 고속도로시스템은 수요에 비례해서 용량을 균등하게 분포시키는 결과가 되나(수요가 많은 곳에 도로밀도가 높다) 중앙으로 몰리게 되어 용량과 주차문제가 발

격자형 　　　　　　　　방사순환형 　　　　　　　　불규칙형

[그림 14.12] 기본적인 교통망 패턴

생하게 된다. 이 고속도로시스템은 또 방사형 이동서비스를 하는 대량 대중교통수단과 경쟁관계에 놓일 수 있다. 격자형 고속도로시스템은 중앙으로 집중되는 문제점은 없으나 차로수나 도로간격을 달리하지 않고는 그 지역 내의 다양한 수요밀도를 충족시킬 수가 없다. 이 두 기본형을 조합하면 인터체인지에서 기하설계상의 어려움이 따른다. 배치계획을 세우는 데 있어서의 중요한 원칙은 도시고속도로시스템이 중앙에 집중되지 않도록 설계하는 것이다. 방사형 시스템이 환상 또는 통과노선을 설치하지 않은 채 도시중심으로 집중되어서는 안 된다. 이 원칙은 큰 도시지역에서 방사형보다는 격자형 간선도로시스템이 전반적으로 더 바람직하다는 것을 의미한다.

고속도로는 노선 및 용량상의 연속성을 반드시 확보해야 한다. 고속도로가 짧게 끝이 나서는 안되며, 교외지역으로 연장될 때에는 지역 간 고속도로체계와 연속성을 유지해야 한다. 그러한 연속이 불가능한 곳이나, 수요가 적어 더 이상 고속도로가 필요 없는 지점은 그 노선의 연속성에 적합한 다른 도로에 직접 연결해야 한다. 고속도로가 도시지역 안에서 일시적으로나 영구히 끝나야 할 필요성이 있는 곳에서는 고속도로용량을 수용할 수 있는 충분한 용량의 간선도로와 직접 연결해야 한다.

지형적으로 어려움이 있거나 특별한 상황이 아니고는 인터체인지는 모든 방향으로 연결되어야 한다. 이 경우는 2개의 고속도로가 만나는 인터체인지에서는 특히 그러하다. 고속도로가 T형으로 만나는 경우는 되도록 피하는 것이 좋다.

▌시설간격의 최적화

고속도로의 규모와 간격에 어떤 제한을 두면 대안개발의 융통성이 줄어든다. 더욱 중요한 것은 객관적인 시스템 배치계획을 수립하기 위해서는 규모와 간격에 대한 원칙이 필요하다.

고속도로시스템의 크기와 간격은 통행밀도와 통행길이를 이용하여 구한다. 고속도로시스템의 크기와 간격을 구하는 한 가지 기법은 모든 통행이 평균통행길이만큼 고속도로를 이용하고, 용량과 통행수요 사이에 평형을 이룬다고 가정을 한다. 이 가정에 의하면 간격은 인구밀도와 고속도로용량에 따라 변한다([표 14.4]).

또 다른 기법은 지역사회의 교통비용을 최소화하도록 간격을 결정하는 방법이다. 이 기법에서는 어떤 간격을 가지는 교통시스템의 건설비용과 통행비용의 합이 다른 간격에서의 비용보다 적을 때 그 간격이 최적이라고 가정한다([그림 14.13] 참조).

어떤 기법을 사용하든 고속도로의 간격이 12 km보다 크거나 1.5 km보다 작은 경우는 드물다. 고속도로의 간격을 결정하는 세 가지 변수는 통행밀도, 통행특성 및 그 지역의 물리적 특성이며, 이 특성은 도시지역 내에서는 물론이고 도시지역 간에도 서로 다르다.

통행밀도, 즉 평방 km당 차량의 통행발생은 토지이용의 종류와 강도, 인구밀도 및 차량보유수, 그리고 대중교통의 비중과 직접 관계가 있다. 이러한 특성을 이용하여 지역계획의 목적을 수립하고 기초예측자료를 마련한 후에 고속도로시스템의 크기와 간격을 검토해야 한다.

통행특성 역시 도시에 따라 다르다. 도시의 크기에 따라 통행길이의 분포가 다르므로 총 통행량 중에서 어떤 간격의 고속도로시스템을 이용할 수 있는 통행의 비율이 도시마다 다르다. 또 평균일교통량 중에서 첨두시간 교통량의 비율과 첨두시간의 지속시간도 달라진다. 일교통량에 대한 첨두시

[표 14.4] 고속도로 간격

인구밀도 (인/km²)	도로간격(km)		
	4차로	6차로	8차로
1,500	8.0	12.0	16.0
3,000	4.0	6.0	8.0
4,500	3.0	4.0	5.5

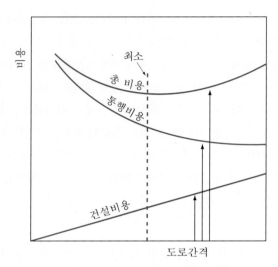

[그림 14.13] 도로간격 결정의 최소비용방법

간 교통량의 비가 다른 지역보다 크면 평균일교통량이 같다고 하더라도 간격을 좁힐 필요가 있다. 마찬가지로 첨두교통량의 방향별 분포특성도 지역마다 다르며, 또 이에 따라 간격을 달리한다.

고속도로시스템의 간격을 결정하는 또 하나의 요소는 설계 및 물리적 특성이다. 예를 들어, 개발지역을 제외하고는 간선도로의 간격을 바꾸기가 어렵기 때문에 이 간격이 고속도로시스템의 간격에 영향을 미치는 수도 있다. 또 고속도로시스템이 그 지역의 물리적(지형적) 특성과 변경시킬 수 없는 기존의 도로패턴에 영향을 받는다는 것은 명확한 사실이다. 그렇지만 더욱 중요한 것은 고속도로간격이 고속도로시스템과 그 하위 도로체계 간의 서비스수준의 차이에 따라 영향을 받는다는 것이다. 두 도로체계 간의 속도 차이가 클수록 간격은 좁아지고, 또 용량이나 건설비용의 차이가 작을수록 간격이 좁아진다.

따라서 도시지역 간의 통행밀도나 교통특성 또는 물리적인 특성이 서로 다르기 때문에 고속도로 간격을 표준화할 수는 없고, 여기서 언급한 기법은 다만 고속도로시스템계획대안을 개발하는 데 필요한 기초를 제공한 것이다.

지금까지의 간격 결정요인은 모두 정량적인 것이었으나 계량이 어려운 안전, 위락욕구, 대기오염, 소음 및 경제적 여건 등 그 지역의 환경적 목적에 대한 요인도 고려해야 한다. 그러나 앞에서 말한 정량적 요인을 기초로 하여 광범위한 시스템계획을 먼저 한 다음에, 노선선정 단계에서 환경적인 요인을 자세히 고려한다.

(3) 최종대안개발 및 분석

일단 기존 및 내정된 도로체계 외에 다른 몇 개의 대안이 개발되면, 분석단계로 되돌아가서 성과를 분석할 필요가 있다. 첫 시스템대안에 대하여 교통예측 모형을 사용했으므로, 여기서 예측된 교통수요가 새로운 대안에 대해서도 적합한지를 검토할 필요가 있다. 두 대안 간의 토지이용분포가 꼭 같지는 않을 것이므로 통행발생이 변하게 된다. 통행분포는 새로운 대안을 사용하여 다시 구해야 할 것이고 이는 다시 교통수요를 변화시킨다. 따라서 수단분담도 다시 구해야 할 필요가 있으며, 새로운 교통배분도 필요하다.

이와 같이 모든 모형을 사용하는 데에는 많은 시간과 비용이 소모되므로 새로운 대안이 그 이전 대안과 얼마나 차이가 나는가를 판단하여 차이가 별로 없으면 모형을 다시 사용하지 않아도 결과는 큰 차이가 없다.

최소한 교통배분 모형은 자유배분 방법을 사용하여 새로운 대안에 적용시켜 본다. 여기서 혼잡이 가장 우선적인 기준이 된다. 즉 기존의 혼잡이 해소되었는가, 또 새로운 혼잡이 생기지 않았는가를 검토한다.

개발과 분석의 순환과정은 대안이 개발될 때마다 계속된다. 대안이 혼잡기준치를 만족시킨다면 다른 통행서비스 기준(통행시간, 통행거리, 안전, 주차, 사용자비용, 혼잡한 업무지역의 통과교통, 저소득층 지역의 접근성 등)의 관점에서 더 자세히 평가한다. 이렇게 해서 다듬어진 대안은 대기오염, 소음, 이전되는 가구와 사업체, 교통시설의 미관 또는 조경, 국지도로의 연속성 등의 기준에 미치는 영향을 알기 위해서 분석된다.

이처럼 자세한 분석을 하자면 용량제약배분, VKT 종합, 운행비용 결정, 노선선정 및 설계 가능성의 예비조사, 소규모 지역의 토지이용계획에 대한 세밀한 조사 등과 같은 광범위한 조사를 해야 한다.

개발한 대안들이 받아들일만한 대안이 되지 못하면 표준을 완화하거나 기준을 변경시키도록 정책부서에 건의하는 것이 이 과정의 어느 시점에서 필요하게 된다. 만약 너무 많은 대안이 통과되면 반대로 표준을 높게 하거나 기준을 확대하는 것이 좋다.

개발과 분석은 취급 가능한 몇 개의 대안을 얻을 때까지 계속되며, 이들은 모든 평가기준 내에서 측정되고 판단되고 받아들일 수 있다고 여겨진 것이다. 이러한 대안들은 다음의 평가단계로 넘어간다.

7 평가

받아들여질 수 있는 몇 개의 대안들을 서로 비교하여 최적안을 선정하는 과정이다. 재원조사에서 나타난 예산의 한계도 이 과정에서 고려할 수 있다. 평가에 가장 널리 사용되는 방법은 각 대안을 평가기준에 대해서 검토하고, 정책기관이 판단하여 가장 좋은 대안을 선정할 수 있게끔 이것을 정책기관에 제출하는 것이다. 이 방법은 정책기관에 의한 일련의 절충과정(trade-offs)을 필요로 한다(예컨대, 통행에서 X분이 단축되는 것을 Y가구수가 이전되는 것과 바꿀 수 있다). 정책결정자가 이러한 절충을 하는 데 도움을 주는 방법에는 크게 나누어 금전적 방법과 종합적 방법이 있다.

(1) 금전적 방법

금전적 방법에서는 어떤 대안을 평가할 때 금액으로 나타낼 수 있는 기준만 적용하고, 정량적 및 정성적인 요소는 단지 정책결정자의 주관적인 판단에 의존한다.

금전적 평가기준에는 다음과 같은 것이 있다.

① 사용자비용 발생 또는 절감
  - 차량운행
  - 대중교통승객 요금
  - 주차
  - 통행시간
  - 교통사고
  - 통행료
② 시스템비용 발생 또는 절감
  - 기술적 측면
  - 건설
  - 부지
  - 유지관리
  - 운영

또 금전적인 절충을 나타내는 데 사용되는 가장 흔한 방법은 노선계획에 사용되는 방법과 유사한 것으로 다음과 같은 것이 있다.

- 연간비용 방법
- 현재가치 방법
- 편익/비용비 방법
- 수익률 방법

시스템 평가에 이 방법을 사용하는 요령은 노선선정분석에서와 아주 비슷하다. 노선계획단계에서의 평가요령은 7장에 잘 나와 있으므로 여기서는 노선계획평가와 시스템 계획 간의 차이점만 간단히 설명한다.

이러한 방법을 사용하기 위해서는 시간의 가치를 금액으로 나타낼 필요가 있으며, 또 경제적 측면에서 본 평가기간 동안 비용 발생 또는 절감이 일어나는 때를 추정할 필요가 있다. 노선계획평가에서는 이 추정이 비교적 쉽지만, 이 경우는 여러 가지 교통수단을 고려해야 하고 20년 정도의 긴 기간을 생각해야 하기 때문에 통행의 크기와 패턴이 계속 변하므로, 비용 발생과 절감이 일어나는 시기를 추정하는 데 주의를 기울여야 한다.

완전한 도시교통시스템의 성격과 그 중요성은 한 노선구간의 성격이나 중요성과는 완전히 다르다. 한 시스템의 경제성 평가에서 금전적인 평가기준은 그 시스템에 어떤 지역 안에 있는 사람과 그 생활에 미치는 영향의 일부분만을 나타낼 뿐이다. 그래서 최적 시스템대안을 선정할 때에는 이러한 금전적 기준 외의 타 기준도 함께 고려해야 한다.

(2) 종합적 방법

이 방법은 금전적 기준, 정량적 기준, 정성적 기준을 모두 고려하는 평가방법이다. 앞에서도 언급한 것처럼 분석하는 사람이 가장 많이 사용하면서도 간단한 방법은 모든 대안들을 평가기준으로 나타내고, 또 최적안을 결정하는 데 있어서 절충이 가능해야 한다. 그러나 금전적 기준 간의 절충만으로는 불완전한 평가가 되기 쉽다.

종합적인 평가를 하는 데 사용되는 방법은 여러 가지가 있으나 그들의 일반적인 개념은 다음과 같다.

① 각 평가기준의 중요성에 따라 가중치를 부여한다. 정책기관이 각 기준의 순위를 정하거나 (ranking), 평점을 매기거나(rating) 하여 정량화함으로써 정책결정자의 주관적인 절충을 배제한다.

② 각 기준에 관한 모든 대안의 상대적인 성과를 평점한다. 금전적 또는 정량적인 기준은 객관적인 평점을 할 수 있지만 정성적 기준은 주관적인 평점을 할 수밖에 없다.

③ 각 대안의 평점을 그 기준의 가중치로 곱하여 모든 대안에 대하여 합산한다.

④ 사용된 기준이 모두 금전적인 기준이라면 앞에서 합산한 점수가 가장 큰 것이 가장 좋은 대안이다. 그러나 정성적 기준도 포함된다면 이들을 따로 구분하여 금전적 기준에 의한 '비용'과 정성적 기준에 의한 '효과'를 절충하여 최적안을 선정한다.

실제로는 이와 같은 종합적 방법을 사용하는 경우에 숫자로 나타난 결과에만 전적으로 의존하는 것이 아니라 정책기관에서 고려하는 정치적 또는 기타 관심사항에 따라 최적안이 선정된다. 그렇더라도 정책결정자가 올바른 결정을 내리는 데 도움을 주는 종합적인 자료를 준비하는 것은 분석하는 사람의 의무이다.

선정된 최적안은 어떤 지역 전체의 교통축체계이거나 혹은 각 교통축에 대하여 구체화된 개선책이다. 앞에서도 언급한 바와 같이 분석단계를 거치는 동안 각 교통축 내에서의 위치선정 및 설계 가능성을 사전에 검토할 수 있다. 다음 과정은 선정된 계획안의 시행과 조정이다.

8 시행

선정된 계획안을 시행하는 것은 계획과정에 포함되지 않는다. 계획의 존재 이유는 목적달성을 위해서 어떤 기간에 걸쳐 시행해야 할 대책을 세우는 데 지침을 제공하는 것이다. 이러한 지침을 마련하기 위해서 계획과정 동안 해야 할 일은 문제점을 찾아내고, 목적을 설정하며, 현황조사, 모형구축, 수요예측 등 지금까지 설명한 여러 가지 활동을 수행하는 것이다. 계획하는 기구를 만드는 것도 매우 중요하다. 계획평가와 최적안 선정단계에서 효율적인 절차를 밟고, 정책결정자를 포함시키는 것이 대단히 중요하다. 계획과정에서의 현황조사나 위원회, 공청회 등을 통하여 일반시민을 참여시키는 일은 시행과정에서 중요한 의미를 가진다.

또 계획하는 사람과 계획을 시행하는 사람 간의 비공식적인 교류도 중요하다. 계획의 시행은 변화되는 상황과 미지의 상황에 적응시켜 나가는 계속적인 과정이다. 국지적인 교통의 목적이나 목표도 변할 수 있다. 계획하는 사람은 계획을 시행하는 사람에게 끊임없이 국지적인 목표를 이해시켜야 한다.

계획은 시행을 책임지고 있는 사람에게 필요한 자료나 조언을 제공해야 한다. 여기에는 토지이용자료, 교통자료(인터체인지의 회전 및 엇갈림 교통량, 단지계획검토 등 계획 각 부분의 세부적인 분석에 필요한), 지도 등이 포함된다. 교통축 내에 있는 교통시설의 위치선정 및 설계를 위한 기초자료도 제공해야 한다.

계획과정에 이어 노선계획, 설계, 부지확보, 건설 등의 과정이 뒤따른다. 이때 국지적인 교통목적이 더욱 더 직접적으로 연관이 된다. 교통축 내의 결정사항이 그 지역 교통의 결정사항에 영향을 미치게 될 때에는(예컨대, 교통축 내에 터널구간 건설이 결정되었다면, 이에 따른 추가비용은 그 지역의 결정사항에 큰 영향을 주며 이는 다시 도로시스템대안의 평가단계에 피드백될 필요가 있다) 계속적인 계획과정을 통하여 필요한 자료를 제공해 줌으로써 계획이 시행과정에 참여하게 되는 작용을 한다. 물론 계획은 시간이 경과함에 따라 변하고, 따라서 새로운 계획을 수립하려면 계획과정이 새로이 반복된다.

9 감시 및 재평가

도시지역은 놀랄만하게 빨리 변한다. 불과 몇 년 전에 실시한 20년 교통계획이 오늘날 거의 쓸모가 없을 수도 있다. 이와 같은 현상의 중요한 원인은 예기치 않은 토지이용의 변화와 이에 따른 교통수요의 변화이다. 이러한 결과는 토지이용에 대한 규제가 적을수록 커진다. 또 다른 중요한 원인은 목적의 변화, 목적 내에서 중점의 변화, 투자재원의 변화, 행정상의 변화 및 교통계획을 하는 절차나 수단의 개선 등이다.

따라서 계획의 '유지관리'라 부를 수 있는 어떤 대책이 필요하다. 여기에는 여러 변화를 중간 점검하고, 그것이 계획의 유효성에 미치는 효과를 추정하고, 필요할 경우 그 계획을 변경시키고, 시일이 경과함에 따라 목표연도를 연장하기도 한다. 또 계획에서부터 시행까지 정보의 흐름을 유지하고 계획과정 자체를 새롭게 변경시킬 필요도 있다. 간단히 말해서 계획과정 자체를 변화에 맞추어 계속적으로 만들어 줄 필요가 있다.

감시는 토지이용과 교통시스템 특성에 관련된 기존 토지이용 및 사회·경제자료의 유지관리를 필요로 한다. 이러한 자료들은 예측되고 계획된 개발이 이루어지고 있는지, 개발된 모형이 통행예측에 여전히 유효한지를 결정하는 데 기초가 된다. 더 구체적으로 말하면, 감시는 존별 인구 및 고용성장을 중간 점검하고, 교통량을 조사하며, 시스템의 물리적 또는 특성상의 변화에 유의하며, 용도지역지구에 관한 법령과 그 변화를 기록하는 활동이다.

재평가는 시간이 경과함에 따라 변화가 일어날 때, 이전에 이루어진 계획과정과 선정된 계획안이 여전히 만족스러운지를 판단하는 데 필요한 각종 연구조사를 말한다. 앞의 감시단계에서 얻은 자료는 이런 판단을 할 근거를 제공한다.

이 지역에서 일어난 변화를 감시한 결과, 이 변화가 예상한 것보다 크게 다르다면 통행예측과 교통프로젝트가 여전히 타당한지를 판단해야 할 필요가 있다. 그러기 위해서는 그 지역의 몇 개 부분에 모형을 적용시켜 간단한 점검을 하면 된다. 이 점검 결과에 따라 그 지역 전체에 모든 모형을 모두 적용시킬 것인가를 판단하고 적용시켜 새로운 통행자료를 구하고 계획안을 수정한다.

설사 개발이 예상대로 이루어지더라도 예측을 다시하고, 모형을 돌리고 주기적으로(예를 들어 5년마다) 계획목표연도를 연장하는 것이 바람직하다. 이것은 시간이 경과함에 따라 장기계획을 유지하는 데 필요하다. 또 가끔 모형의 유효성을 종합적으로 점검하기 위해서도 필요하다. 결과에 따라서는 몇 개의 모형을 다시 개발해야 할 경우도 있을 수 있다.

더 긴 간격(예컨대 10년마다)으로 재평가하는 경우 계획과정과 모든 예측 및 모형, 그리고 계획안을 완전히 다시 검토할 필요가 있다. 이 경우는 최초의 계획과 거의 맞먹는 노력을 필요로 한다.

14.3 교통수단의 특성

현재 우리가 이용하고 있는 주요 교통수단은 자동차, 철도, 선박, 항공기, 파이프라인 등이며 넓은 의미에서는 도보와 자전거도 포함된다. 이들 교통수단은 각기 고유한 특성을 가지고 있으며, 이용자는 각각의 특성을 고려하여 이용수단을 선택한다.

교통수단의 특성을 기능, 교통서비스, 교통에너지 면으로 분류하면 다음과 같다.

1 각 교통수단의 기능

각 교통수단의 기능을 요약하면 [표 14.5]와 같다.

[표 14.5] 각 교통수단의 기능

수단	승객	화물	기타
자동차	• 단거리, 면수송(지역 내, 도시 내) • 지역 간, 도시 간 중거리 수송 • 업무, 관광 및 생활 교통 • 버스, 택시 기능 – 지방생활권 내의 공공 수송기관 – 대도시의 지하철, 고속철도의 보완역할 – 고속철도 간의 링크수송	• 단거리, 면(面)수송(지역 내, 도시 내) • 복합일괄 수송의 터미널 수송 • 간선, 중거리 이하의 수송 • 가공도가 높은 소량화물의 장거리 수송	• 국토보전 기능 • 도시공간으로서 재해방지, 대피, 위생 기능 • 도시인구의 분산, 균형화 기능 • 일상생활에 밀접한 생활환경형성 기능
철도	• 도시 간 승객수송 • 대도시 통근, 통학수송	• 건선, 중장거리 대량수송	• 도시인구의 집중 기능 • 도시의 선형적 발전 기능
선박	• 관광여행	• 간선, 장거리 대량수송	• 대규모 공업지역 개발 기능
항공	• 장거리 수송 • 시간절약의 효과가 큰 구간	• 신속성 운임부담력이 있는 수송	–
파이프라인	–	• 중단거리 대량수송	–

2 서비스 및 수송비용 측면

교통수단이 생산하는 이동서비스, 시간, 공간, 접근성의 네 가지 서비스를 그 비용 및 수요의 질과 양에 대하여 분류하면 [표 14.6]과 같다.

[표 14.6] 각 교통수단의 수송서비스와 비용

교통수단	이동서비스	시간생산	공간생산	접근성 향상	비교	수요내용 (질과 양)
도보	• 개인통행 단위 • 인도, 육교, 엘리베이터	• 다른 교통수단이 접근할 수 없는 곳을 제외하고는 비효율적	• 좁은 공간의 고밀도이용 • 입체공간생산	• 원칙적으로 무한대	• 자기부담 • 시설－사적부담, 공적부담	• 고밀도일수록 효율적
자동차	• 400 km까지 단거리 소량 이동 • 부정기적 이용으로 편리	• 시속 100 kph까지의 범위 • 버스는 소량, 높은 빈도에 의한 시간생산	• 도로망에 의한 생활공간생산이 큼 • 버스교통의 공간생산이 큼	• 도로시설망에 의한 접근성 향상 • 과소지역에서 안전	• 도로망의 비용 • 자가용 차량비용 • 버스－사적부담, 공적부담 • 차량운행비용	• 생활지역의 변화에 적응성이 높음 • 고밀도일수록 효율적
철도	• 500 km 이상 1,000 km까지의 이동 • 대량, 고속, 고빈도 이동	• 대량, 고속, 높은 빈도에 의한 장거리, 단거리 모두 시간생산 증대	• 광역 공간의 생산 • 통근 고속망의 구축은 고밀도의 공간 확대	• 시설만으로는 접근성 향상 불가 • 차량을 주행시키면 접근성 향상 비용 증대 • 가장 부적합	• 시설－사적, 공적부담 • 차량비용－사적, 공적부담 • 운행비용－사적, 공적부담	• 고밀도일수록 시간, 공간생산이 효율적이며 수요증대 • 기회생산은 저밀도 지대가 많을수록 수요가 큼
해운	• 대량, 저속, 장거리	• 시간소비형 교통	• 대부분 관계가 없음 • 위락의 경우 광역 공간 확대	• 극히 한정적	• 선박 및 항만시설 비용	• 장거리 증대
항공	• 소량, 고가, 고속, 장거리	• 시간생산이 큼 • 총 생산은 적음	• 가장 긴 정보 공간생산	• 극히 한정적	• 항공기 및 공항비용	• 증대 경향 • 장거리 증대

3 교통수단의 에너지 측면

1973년 세계적인 유류파동은 각국의 교통수단에도 영향을 미쳤으며, 따라서 각국마다 교통수단의 유류절약 및 대체에너지 개발에 부심하고 있다.

1988년 우리나라 총에너지 1차 소비량의 14%가 교통에너지이며, 이 중에서 99%가 유류에 의존하고 있다. 에너지의 효율은 교통수단의 운행, 이용형태에 따라 크게 변하며, 하중 등을 고려한 비교를 해야 하기 때문에 교통수단의 수송 특성과 에너지 특성을 종합적으로 평가하여 교통정책을 수립해야 할 필요가 있다. [표 14.7]은 교통수단의 에너지 원단위를 나타낸 것이며(1974년도 일본자료), [표 14.8]은 수송부문에서의 에너지 정책을 제안한 것이다.

[표 14.7] 교통수단별 에너지 원단위

승객 (kcal/인·km)	철도	버스			승용차			항공기
		영업용	자가용	계	영업용	자가용	계	
	85.1	140.3	103.9	130.4	1,342.9	654.3	695.6	759.0
화물 (kcal/톤·km)	철도	트럭			내항해운			
		영업용	자가용	계				
	195.6	649.6	1,993.1	1,275.8	295.8			

[표 14.8] 수송부문의 에너지 정책

정책분야 \ 정책수단		규제	유도(세별, 운임, 보조금)	투자
원단위 개선	기술개선 (신기술 개발)	• 연비가 높은 차량을 규제	• 자동차연비의 효율화 촉진 • 자동차경량화, 대형화 억제 • 디젤차, 전기자동차 보급촉진	• 낮은 연비, 저공해 수송수단의 개발(자동차, 선박 위주) • 디젤승용차, 전기자동차 개발 • 차량에너지 장치의 기술 개발 • 대체에너지 개발
	경제적 원단위 개선 (적재효율 향상)	−	• 공동수송체제(트럭) 추진 • 택시 합승제 • 트럭수송 합리화	• 택시 승하차장 정비
수송 수요 조절	대량수송수단의 강화, 수송조건 개선	• 버스우선대책	• 운임체계 검토 • 연료가격체계 검토 • 대량수송수단의 세부담 경감 • 복합일괄수송 추진 (철도, 내항해운, 트럭)	• 대, 중량 수송망 정비 • 건설투자(신도시교통시스템 포함) • 철도, 해운용 터미널 정비
	개별 수송수단 (자동차)의 억제	• 주차 규제 • 승용차 통행금지지구 강화 • 일반교통규제 강화	• 개인승용차의 보유세, 휘발유세 인상	−

14.3.1 교통수단 비교

각 교통수단은 서로 보완하고 협조하여 교통수요를 경제적으로 분담하여 수송하는 것이 이상적이나 현실적으로는 그렇지 못하고 서로 경쟁하는 경우가 생긴다. 19세기의 주된 교통수단이 철도, 수로, 연안해운이던 것이 20세기에 들어와서는 철도의 수송분담률이 점차 적어지고, 자동차, 항공기의 분담률이 높아지고 있다. 철도는 항공기와 장거리버스에 승객을 빼앗기고, 단거리화물과 고가화물을 트럭에 빼앗겨 적자운영을 경험하고 있다.

1 비용-편익 분석

교통수단을 선택할 때 국가경제적인 관점에서 비용-편익 분석을 하면 좋다. 이 방법은 어떤 교통수단의 연간등가균등비용(또는 그 비용의 현재가치)과 연간등가균등편익(또는 그것의 현재가치)을 비교하는 것으로서, 편익이 비용보다 크면 경제적으로 타당성이 있다. 2개의 교통수단을 비교할 때에는 두 수단의 차등편익과 차등비용을 비교해야 한다. 어느 한 수단의 편익과 비용은 다음과 같이 나타낼 수 있다(더 자세한 내용은 17장 참조).

$$B = \sum_{0}^{T} \frac{B_t}{(1+r)^t} \qquad C = \sum_{0}^{T} \frac{C_t}{(1+r)^t}$$

여기서 B_t = 어떤 교통수단을 선택했을 때 t년도에 발생하는 편익으로서 수송비 절감(차량비, 차량운영비 포함), 수송시간, 쾌적성 등에 관한 편익이다.

C_t = 같은 교통수단에 대하여 t년도에 발생하는 비용으로서 건설비, 용지비, 유지관리비, 교통사고 비용, 교통공해비용 등이다.

r = 이자율

T = 교통시설의 경제적 수명

2 수송과정의 비용 비교

화물수송수단의 경제성을 비교할 때에는 전체 수송과정 중에서 각 과정의 비용을 알아야 할 필요가 있다. 비용에 가장 큰 영향을 주는 요인은 터미널비용과 고정비 및 가변비용이다. 터미널비용은 노선수송거리와는 무관하고, 화물량에 좌우된다. 철도수송의 예를 들면, 역까지 출하하고, 또 역에 도착한 화물을 인수하여 목적지까지 운반하는 비용, 즉 집배비용과 하역비용, 비용청구 및 수취비용의 합이다.

고정비는 시설, 교통수단의 감가상각비, 영업비 등으로 구성되며, 일정한 범위까지는 수송량의 증가에 대하여 거의 변하지 않고, 수송량이 그 한계를 넘으면 크게 증가한다. 가변비는 순 수송비와 기타의 비용으로 구성되며 수송거리에 따라 변한다. [표 14.9] 및 [표 14.10]은 터미널비용 및 수송거리에 따른 원가의 감소현상에 대한 외국의 예를 나타낸 것이다.

[표 14.9] 교통수단별 수송거리에 따른 터미널비용의 %

수송수단 \ 수송거리(km)	하역비 제외		하역비 포함	
	100	500	100	500
철도	62	25	85	54
해운	91	68	94	92
자동차	4.5	0.9	16	4
항공	–	–	14	3
파이프라인	14	3	–	–

[표 14.10] 교통수단별 수송거리별 원가(10 km를 100으로 했을 때)

수송수단 \ 수송거리(km)	10	20	50	100	200	500	800	1,000
철도	100	53.4	25.6	16.4	11.6	7.7	6.9	6.2
해운	100	50.2	20.6	10.8	5.8	2.9	2.1	1.9
자동차	100	84.7	72.8	68.5	67.0	66.1	65.0	65.8

3 투자효율의 비교

각 교통수단의 고정비와 가변비가 서로 다른 것은 근본적으로 각 교통수단의 가변(可變)시설과 고정시설에 대한 투자비율이 다르기 때문이다. [표 14.11]은 교통수단별 가변시설투자와 고정시설투자의 비율을 나타낸 것이며, [표 14.12]는 연간 50만 톤을 수송하는 철도의 10톤·km 수송에 대한 수송비 가운데 고정비를 100으로 했을 때 교통수단별 고정비와 가변비의 비율이다. 철도와 도로를 비교하면 50만 톤에서 고정비는 서로 비슷하나 100만 톤 이상이 되면 철도가 유리하다.

[표 14.11] 교통수단별 고정시설 및 가변시설 투자비율

수송수단＼시설	고정시설	가변시설
철도	43	57
해운	18	82
자동차	38	62
항공	19	81
파이프라인	100	−

[표 14.12] 교통수단별 투자별 수송비의 %

연간수송(만 톤)		10		50		100		1,000		2,000	
수송수단	투자	고정	가변	고정	가변	고정	가변	고정	가변	고정	가변
철도		462	5.2	100	4.1	53.9	2.0	10.0	2.0	4.6	2.0
도로		258	11.9	91.5	11.0	72.0	9.4	−	−	−	−
파이프라인				27.1		15.2	−	4.5		2.6	−

4 운송속도 비교

각 수송수단을 비교할 때 속도도 중요한 요소의 하나이다. 각 교통수단은 기술 및 구조상 특유의 운행속도를 가지고 있으며, 재래식 교통수단(고속철도, 고속도로 제외)의 화물운송속도는 [표 14.13]과 같다. 또 이 화물운송속도는 순수한 운행시간과 터미널 체류시간에 의해 결정되며 이들 두 요소의 구성비는 [표 14.14]와 같다.

[표 14.13] 교통수단(화물수송)의 표준속도   (kph)

철도		해운	자동차	항공기	파이프라인
디젤	전기	화물선	도시 간 화물 트럭	터빈	파이프
55~60	60~70	25~33	35~40	1,200~2,500	3~6

[표 14.14] 교통수단의 총 수송시간 중 운송시간과 터미널 체류시간

수송수단＼구성	총 수송시간	운송시간		터미널 체류시간		평균수송거리 (km)
		시간	%	시간	%	
철도	82.5	61.2	74.2	21.3	25.8	800
해운	213.0	68.1	41.4	124.9	58.6	2,200
자동차	1.6	0.6	37.5	1.0	62.5	12.0
항공	3.5	1.5	42.8	2.0	57.2	800
파이프라인	114.5	114.5	100.0	−	−	526

주: 터미널에서의 보관시간은 제외

14.3.2 화물수송수단

화물이 시간적·공간적으로 이동하는 것, 또는 그 이동에 따른 인위적 행위를 화물유통이라 한다. 우리나라는 유통구조의 합리화가 물가정책의 중요한 과제이기도 하다. 유통구조의 합리화는 화물수송의 합리화를 통하여 달성된다.

1 복합일괄수송

복합일괄수송이란 각 수송수단의 특성, 즉 수송단계별 비용, 수송시간, 안전성 등을 고려하여 어느 수송수단을 선택할 것인지를 종합적으로 판단하고 최적 수송수단을 결정하는 것으로, 생산으로부터 소비까지 일괄하여 합리적으로 수송하는 것을 말한다. [표 14.15]는 일괄수송방법을 요약한 것이다.

(1) 컨테이너수송

컨테이너수송은 신속성, 안전성, 경제성 등 모든 면에서 종래의 수송방식보다 우수하다. 즉 하역을 철저히 기계화하여 각종 수송수단의 적환을 신속, 안전, 용이하게 하여 집 앞에서부터 집 앞까지 일괄수송하게 할 수 있을 뿐만 아니라 도난, 파손의 우려도 없다. 그러나 전용차량의 제작, 컨테이너 선박건조, 컨테이너 터미널건설 등에 많은 돈이 들고, 또 컨테이너수송을 경제적으로 하려면 집·배양단에 컨테이너에 적합한 화물이 대량으로 있어야 한다. 현재는 지역격차로 화물이 편재해 있으므로 편도수송이 되는 단점이 있다.

[표 14.15] 일괄수송 방식

방식 \ 수송단계	광역수집			터미널	노선수송	터미널	광역배달		
고속도로 방식	수집 전용차			리프트, 컨베이어 등에 의한 하역	대형 고속 트레일러(평균 70 kph 이상) 접속도로 – 고속도로 – 접속도로	리프트, 컨베이어 등에 의한 하역	배달 전용차		
Flat Liner 방식	대형 트레일러			대형 크레인에 의한 하역	고속직행 컨테이너 열차 (평균 80 kph 이상)	대형 크레인에 의한 하역	대형 트레일러		
	수집차	복합 터미널 에서 혼재	대형 트레 일러				대형 트레 일러	복합 터미널 에서 혼재	배달차
해상 컨테이너 방식	위와 같음			대형 크레인에 의한 하역	대형 컨테이너 선(평균 10~13 노트)	대형 크레인에 의한 하역	위와 같음		
Ferry 방식	위와 같음			트레일러와 트렉터	대형 페리선 (평균 10~17 노트)	트레일러와 트렉터	위와 같음		

(2) 복합터미널

복합일괄수송의 목적은 각 수송수단의 특성을 최대한 활용하여 복잡·다양한 수송수요에 대처하려는 것으로 각종 교통수단의 결절점에서의 연결이 원활하지 못하면 좋은 수송시스템을 실현시킬 수 없다. 각 교통수단별 단독터미널은 단순한 적환장소에 불과하여 일괄수송으로서의 터미널 기능을 발휘할 수 없으므로 복합터미널이 출현하게 되었다.

복합터미널의 장점은 혼재(混載)업무와 집배업무를 일원화할 수 있는 데 있다. 혼재업무를 일원화하면 대규모화, 기계화할 수 있어 효율적이고, 집배업무의 일원화는 각 교통수단의 집배를 공동으로 운영할 수 있으므로 경제적인 동시에 도로교통의 혼잡을 줄이고 이용자에게도 편리하다.

(3) 전용수송

석유, 석탄, 철광석, 곡물 등과 같은 대량 살화물(撒貨物, bulk cargo)인 경우에는 컨테이너 방식을 이용할 수 없으므로 전용수송 방식이 유리하다. 각종 수송수단의 수송비용을 줄이기 위해서 살화물의 형태 및 특성에 맞는 전용수송기관을 만들었다. 예를 들어 해운에서 유조선, 철광석 전용선, 철도수송에서는 석탄, 석회, 시멘트, 석유, 생선, 식료품 등의 각종 전용화차, 자동차에 있어서는 유조차, 콘크리트 수송트럭, 컨테이너 수송트럭, 그 외에 파이프라인 수송 등이 발달되어 왔다. 무엇보다도 수송, 보관, 하역 부문을 조직화하여 보관시설을 갖춘 발착기지건설, 소비지 부근의 저장기지건설을 추진함과 동시에 미개발된 전용수송 분야를 발전시킬 필요가 있다.

14.3.3 균등기초 이론과 종합교통시스템

경제발전과 사회가 다양해짐에 따라 각 교통수단은 독자적으로 발전되어 왔으나 그 결과 교통수단 간에 심한 경쟁이 생기게 되었다. 교통수단의 근본목적은 경제·사회의 발전에 적응할 수 있도록 각 교통수단의 특성을 살리면서 서로 보완·협조하여 합리적인 종합교통체계를 이룩하는 데 있다. 교통수단 간의 심한 경쟁은 국가 또는 지역적으로 큰 손실이 되므로 이것을 정책적으로 시정하려고 하는 것이 균등기초(equal footing) 이론이다.

균등기초란 철도, 자동차 등 각종 교통수단의 경쟁여건을 균등화시킴으로써 교통시장에서 교통수단 간의 자유롭고 공정한 경쟁을 하도록 하여 종합교통시스템을 확립하는 것을 말한다. 이 이론의 배경은 철도가 자동차에게 수송시장을 침식당해 경영위기에 처하고 있기 때문에 철도를 재건하려는 목적으로 등장한 것이다.

균등기초 이론의 구체적인 내용은 여러 가지가 있으나 그중 대표적인 것은 다음과 같다.

- 철도에 대한 도로의 통행료 부담의 불균형을 적정화시키는 개념
- 통행료뿐만 아니라 운임규제, 겸업규제, 공공부담 등 제도적인 면을 포함해서 적정화시키는 개념
- 통행료, 제도 면에 추가하여 공해, 사고 등 경제외적인 요인까지 포함시켜 적정화시키는 개념

각 통행수단의 경쟁조건을 균등화시키는 데 적합한 운임이나 요금을 결정하기 위해서는 투자정책에 있어서 투자결정기준, 투자를 위한 보조정책, 투자비의 부담방법과 공공정책에 있어서의 공공의

무부과, 공공요금규제, 기타 인허가규제 등에 대해서 균등기초가 성립되어야 한다. 이 가운데서 공공부담과 운임 및 통행료 등에 대해서 간단하게 설명한다.

1 공공부담

철도는 산업정책, 교육정책 등에 의해 농산물이나, 석탄, 학생 등에 대하여 특별운임 또는 할인운임을 적용하고 있다. 이러한 운임제도는 철도의 경쟁력을 높이기는 하나 경영 면에서 볼 때에는 적자운영의 한 요인이 되고 있다. 철도사업을 국가가 경영하는 우리나라와 같은 경우에는 이와 같은 공공부담은 국가가 떠맡도록 되어 있다.

2 운임

철도는 전국적으로 종합원가주의로 획일적인 운임제도를 실시하고 있다. 그 결과 몇 개의 주요간선에서는 흑자운영을 하고 있으나 나머지 지방지선과 같은 곳에서는 대부분 적자운영을 하고 있다. 획일적인 운임제도가 우리나라와 같은 철도독점상태에서 적용되면 철도수송망 건설, 지역개발촉진, 소득재분배 등의 효과는 있으나 자동차에 대한 경쟁력이 약하게 되는 부분(지방부 지선과 같은)이 생기게 된다. 따라서 개별적이고 다양한 원가운임제도를 적용하여 적자를 나타내는 지방철도선 가운데 도로수송으로 전환할 수 있는 것을 빨리 폐선시키는 것이 좋다. 그러나 사회·경제적으로 존속시킬 필요가 있는 것은 국가에서 보조를 하도록 해야 한다.

3 운임과 비용

수송시장의 경쟁은 수요자의 지불비용으로 결정된다. 이 지불비용이란 영업용 수송서비스를 이용하는 경우는 운임이 되고, 자가용 수송서비스를 이용하면 주행비용을 의미하게 된다. 이들 운임이나 주행비용이 실제 수송서비스의 공급비용과 일치하지 않으면 경쟁조건이 불균등하여 경쟁에 의한 합리화를 기대할 수가 없다.

철도는 기초시설의 비용 일부를 이용자의 지불비용으로 충당하고 있으나 도로, 항공, 해운 등은 그 기초시설비를 일반예산으로 충당하고 있다. 사용자부담과 원칙에 따라 항공에서는 공항이용료, 해운에서는 항만이용 요금 등으로 기초시설의 재원을 조달하고 있으나 그것은 일부분에 지나지 않는다. 도로의 경우도 사용자부담 원칙에 따라 운행료를 징수하지만 그것은 고속도로와 같은 특정도로의 경우에 한하고 일반도로의 경우에는 불특정 다수인에게 사용료를 받을 수 없으므로 일반세수에서 충당하는 수밖에 없다. 그러나 사용자부담의 원칙에 충실하기 위해서는 휘발유세와 같은 목적세를 신설하여 도로만을 위한 기금(fund)을 만들어 운용해야 할 필요가 있다.

4 통행료

통행료에 대해서는 지금까지 그 계측방법이 확립되어 있지 않다. 도로의 경우 건설, 유지관리비뿐만 아니라 안전시설비, 경찰비와 경제외적비용(사고, 공해, 혼잡비용 등) 등을 통행료로 회수해야 철도와의 경쟁여건을 균등화시킬 수 있다.

통행료의 계산방법은 EEC(유럽경제 공동체)의 한계비용계산법, 예산균형방식계산법, 자산재평가에 의한 감가상각비를 기초로 하여 계산하는 총비용법(total cost method)이 있으며, 독일에서는 총원가계산방식, 프랑스에서는 한계비용방식을 택하고 있다. 혼잡비용에 대해서는 여러 가지 이론적인 연구가 진행되고 있으나 여기서는 설명을 생략한다.

도로와 철도를 비교할 때 전체의 평균수송비용은 큰 의미가 없다. 왜냐하면 도로와 철도는 거시적으로 보면 대체성보다는 상호보완성이 강하기 때문이다. 따라서 균등기초 이론은 어떤 한계를 가진다.

도로와 철도 간의 균등기초를 달성하기란 이론적으로는 가능하나 현실적으로는 매우 어려운 문제이다. 특히 우리나라와 같이 국토의 종합개발을 위해서 국가경제적인 측면에서 전략적인 프로젝트에 대해 투자를 할 때에는 자원의 적정배분을 목적으로 하는 균등기초 이론과는 다른 차원의 정책이 필요하므로 여기서도 균등기초 이론은 한계성을 지닌다.

최근 유럽의 종합교통정책은 균등기초 이론에 의해 자유경쟁주의의 교통정책을 실시하면서도, 다른 면에서는 수송조정을 중요시하는 정책으로 전환하고 있다. 예를 들어 도시교통에서 균등기초 이론과는 맞지 않는 도시고속철도를 적극적으로 건설하고 있는 것이라든가, 독일의 경우처럼 사회·경제적 입장에서 장거리 중량트럭의 수송은 어느 정도 억제하고(4톤 이상의 트럭에 대한 운송세 부과, 주말 및 공휴일에 고속도로 사용금지 등), 화물을 철도와 트럭의 복합일괄수송으로 유도하고 있다. 영국에서는 1968년 Transport Act에 의해 중량트럭에 대해서 질적 및 양적규제를 하고 있다. 대도시교통에 대해서 미국에서는 1969년 Public Transportation Assistance Act에 의해 도시고속철도의 건설에 대해서는 2/3를 국고보조하고 있다. 독일에서는 지하철 건설비 50%를 국가에서 보조하고 이 재원은 휘발유세 특별인상분의 40%에서 충당하고 있다.

교통에 관련되거나 교통에 의한 여러 가지 문제점을 해결하기 위한 종합교통시스템을 구축하기 위해서는 각종 교통수단의 특성을 충분히 이해하고 다음과 같은 사항에 유의하여 종합교통체계를 수립해야 한다.

① 투자결정의 기준을 각 교통수단에 동일하게 적용하고, 서로 경쟁 및 보완관계에 있는 교통수단에 대한 투자배분을 적정화하고, 국가경제와 사회정책상 필요한 투자(지역개발, 소득재분배를 위한)는 수익성에 관계없이 투자할 수 있도록 한다.

② 철도, 도로, 항만, 항공 등을 장기적인 안목에서 계획한다.

③ 각 교통수단의 이용가격에 공해, 교통사고의 비용을 포함시켜야 한다.

④ 각 교통수단의 유지관리에는 국가경제적, 사회정책적 관점에서 필요한 유인조치를 취할 수 있도록 해야 한다.

⑤ 국가에너지 관점에서 교통정책을 수립해야 한다.

● 참고문헌 ●

1. R. J. Paquette, N. J. Ashford, and P. H. Wright, *Transportation Engineering-planning and design-*, 2nd ed., 1982.

2. E. C. Carter, *Regional Transportation Planning*, University of Maryland, Lecture Note, 1973.

3. A. Whittick, *Encyclopedia of Urban Planning*, 1974.

4. A. G. Wilson, "The Use of Entropy Maximizing Models in the Theory of Trip Distribution, Modal split, and Route Split", *Journal of Transport Economics and Policy*, Vol. 3, No. 1, 1969.

5. M. Schneider, "Direct Estimation of Traffic Volume at a Point", *Highway Research Record*, No. 165, HRB., 1967.

6. P. R. Stopher and A. H. Meyburg, *Urban Transportation Modeling and Planning*, 1975.

7. N. Ashford and F. M. Holloway, "Validity of Zonal Trip Production Models over Time", *Transportation Engineering Journal*, ASCE., 1972. 12.

8. R. L. Smith and D. E. Cleveland, "Time Stability Analysis of Trip Generation and Predistribution Modal Split Models", *Transportation Research Record*, No. 569, TRB., 1976.

9. N. Ashford and D. O. Covault, "The Mathematical Form of Travel Time Factors", *Highway Research Record*, No. 289, HRB., 1970.

10. B. G. Hutchinson, *Principles of Urban Transport Systems Planning*, 1974.

11. C. Hamburg, *Data Requirements for Metropolitan Transportation Planning*, NCHRP Report 120, HRB., 1971.

12. AASHTO., *A Policy in Design of Urban Highways and Arterial Streets*, 1973.

13. TRB., *Issues in Statewide Transportation Planning*, Special Report 146, TRB., 1974.

14. B. G. Hutchinson, *Principles of Urban Transport System Planning*, McGraw-Hill Book Co., 1974.

15. E. L. Grant and W. G. Ireson, *Principles of Engineering Economy*, 6th ed., Ronald Press, 1975.

16. NCHRP., *Evaluating Options in Statewide Transportation Planning/Programming, Techniques and Application*, NCHRP Report 199, 1979. 3.

17. National Transportation Policy Study Commission, *National Transportation Policies through the year 2000*, 1979. 6.

18. TRB., *State Transportation Issues and Actions*, Special Report 189, 1978.

19. USDOT., *A Statement of National Transportation Policy*, 1975. 9.

제 15 장

교통수요의 예측

15.1 개설

교통계획을 수립한다는 것은 교통시설의 위치와 그 규모를 정하고 그것을 어떻게 배치할 것인가를 결정하는 것을 말하며, 이러한 과정에서 국토계획, 지역계획, 도시계획 및 산업입지를 반드시 고려해야 한다.

경제규모가 확대되면 이에 따라 사람의 활동 범위가 확대되고 통행의 빈도가 증가되므로 교통계획을 위해서는 이와 같은 교통수요가 파악되어야 한다. 다시 말하면 교통계획안을 작성하기 위해서는 대상지역에서의 교통수요를 알아야 하며, 또 정해진 어떤 교통프로젝트가 장차 어느 시점에서 어떤 상태로 기능할 것인가를 알기 위해서는 교통수요를 예측해야 한다.

교통수요 분석은 그 수요의 현상을 분석하는 과정과 여기서 발견된 결과를 이용하여 수요량을 예측하는 과정으로 나누어진다. 비교적 간단한 장래계획은 직관적인 판단으로도 가능하나 거대하고 복잡한 계획은 체계적이고 종합적이며 과학적인 방법으로 수요를 예측해야만 한다.

통행발생은 원자재의 공장수송, 제품의 시장수송, 통근통행, 직장에서의 업무통행 등 경제활동을 위한 생산활동으로부터 일상적인 쇼핑통행, 사교나 위락통행 등의 생활통행에 이르기까지 여러 가지 원인에 기인한다. 생산통행이 인간의 경제활동과 직접적인 관련을 가지고 있는 것은 분명하나 생활통행도 그 동기는 경제활동과 직접적인 관련이 없다고 하더라도 간접적으로는 경제활동의 영향을 받는 것만은 분명하다. 예를 들면, 관광위락통행은 산업구조의 변화와 소득 수준이 향상함에 따라 증가한다. 교통이 경제외적인 요인, 즉 사회적·문화적인 요인에 의해서도 큰 영향을 받으며, 특히 최근에 이와 같은 통근 외 통행의 증가가 현저해지고 있다.

교통수요 예측방법은 대상지역의 공간적 영향권, 교통시설의 종류 및 계획의 목적에 따라 달라지지만 이 장에서는 도시교통계획에서의 교통수요 예측을 주로 취급한다.

도시교통계획의 과정과 그 방법은 1950년대 미국의 각 도시권에서 실시한 'Transportation Study'를 통하여 그 기초가 이루어졌다고 볼 수 있다. 즉, 1953년 디트로이트시를 시작으로 하여 시카고, 워싱턴 D.C., 피츠버그, 필라델피아 등에서 차례대로 실시되면서 그 계획방법이 점차 발전되어 왔다. 1962년 미국연방정부는 '연방보조도로법(The Federal Aid Highway Act of 1962)'에 의해서 인구 5만 명 이상의 도시지역에 대해서 거의 강제적으로 종합적인 도시교통 조사를 실시하여 도시교통계획을 수립하게 함으로써 도시교통 연구분야에 획기적인 발전을 가져오게 되었다. 또 일본에서는 1960년대 후반에 들어와서 도시교통의 주체인 '사람'의 통행뿐만 아니라 '화물'의 유동에 대한 조사를 실시하고 그 현황 및 특성을 체계적으로 파악하여 종합적 교통계획을 수립하는 데 이용하였다. 한편, 이와 같은 도시 수준의 종합교통계획을 넘어 보다 생활감각과 밀착되는 계획을 요구하는 경향이 생기고 있다. 즉, 지구 수준에서의 이른바 생활도로나 철도, 버스의 터미널서비스 등 정교한 교통계획이 도시교통계획의 중요한 과제로 대두되고 있다.

이 장에서는 이상과 같은 배경을 가지고 도시교통계획을 위한 전형적인 교통수요 예측기법인 4단계 예측법을 중점적으로 설명한다.

15.2 교통수요 예측과정

15.2.1 교통수요 예측기법의 분류

현재 교통계획을 위한 교통수요 예측기법으로 가장 널리 사용되고 있는 방법은 수요예측과정을 통행발생(trip generation), 통행분포(trip distribution), 수단분담(modal split), 교통배분(traffic assignment)의 4단계로 분할하여 각각의 모형을 만들고 이들을 순차적으로 연쇄시켜 나아가는 4단계의 수요예측 모형기법이다. 그러나 각 단계의 모형을 개량하여 개인통행을 모형화한다든가, 통행의 발생, 목적지, 이용수단, 경로 등을 동시에 모형화하는 접근방법이 개발되고 있다. 이와 같은 교통수요 예측모형은 그 분석구조에 따라 몇 가지의 관점으로 분류할 수 있다.

1 집계형과 비집계형

집계형(aggregate) 모형은 기본적인 행동단위를 존 등으로 집계하여 그것들의 거시적 현상을 평균 특성이라는 집계형 변수로 설명하려고 하는 것이다. 이 경우 집계 단위에서 개인이나 가구의 통행행태를 정확하게 나타낼 수 없기 때문에 통행행태와 집계결과 간의 인과관계가 애매해진다. 그러나 현재로서는 자료수집 및 이론전개가 보편화되어 집계형 모형(4단계 예측모형과 같은)에 의한 예측이 일반화되어 있다.

한편 비집계형(disaggregate) 모형은 교통현상의 최소단위인 개인 혹은 가구를 대상으로 하여 그 교통행동을 모형화하려는 것으로서, 도시활동이나 교통서비스는 물론이고 개인의 특성을 고려하여 그 개인의 통행수, 목적지, 이용수단, 경로의 일부 혹은 전부를 결정하는 것을 말한다.

2 확률형과 결정형

확률형(probabilistic 또는 stochastic) 모형은 통행수, 목적지, 이용수단, 경로에 관한 여러 가지 선택 가능성에 대하여 그들 중에서 상대적으로 일어나기 쉬운 다양한 가능성을 예측하고자 하는 모형이다. 한편, 결정형(deterministic) 모형에서는 그들의 선택 가능성 중에서 유일한 조합만을 선택하여 예측하려고 하는 것이다. 일반적으로 비집계형 모형의 대부분은 확률형 모형으로 이루어지며, 집계형 모형은 결정형 모형을 이루고 있는 것이 많다.

3 동시형과 연쇄형

통행수, 목적지, 이용수단, 경로 등 통행에 관계되는 선택요소를 동시에 결정하는 것이 동시형 (direct 또는 simultaneous) 모형이며, 4단계 기법과 같이 통행수를 우선 추정한 다음 이 값을 이용하여 통행분포 예측을 하고, 다시 다음의 수단분담 예측과 교통배분단계로 진행해 나가는 방법을 연쇄형(indirect 또는 sequential) 모형이라 한다.

지금까지의 각종 교통수요 모형은 이상의 세 가지 분석구조의 관점에서 정리할 수 있으며, 그 대표적인 예를 들면 다음과 같은 두 가지가 있다.

(1) 집계-결정-연쇄형 모형

지금까지의 4단계 예측모형은 이러한 형태의 모형이다.

(2) 집계-결정-동시형 모형

통행의 발생단계로부터 수단분담까지를 동시에 결정하는 B-Q 모형(Baumol-Quant Model)으로 대표되는 일반배분법(General Share Model)이 이 형태의 모형이다.

그 외에 수단분담 모형이라 하여 비집계-확률-연쇄형 모형이나 집계-확률-연쇄형 모형에 속하는 여러 가지 모형이 개발되었다. 이후에 설명하는 대부분은 집계형 모형에 대한 것이다.

15.2.2 예측기법의 종류와 과정

1 4단계 예측모형

4단계 예측기법은 통행을 통행발생, 통행분포, 수단분담, 교통배분의 4단계로 나누어 예측하는 것이다. 통행발생의 예측은 대상지역에 관계되는 총 통행생성량(T) 및 존별 유출량(O_i), 유입량 (D_j)을 예측하는 단계이며, 통행분포 예측은 존 간의 통행량(T_{ij})을 예측하는 것이다. 수단분담 예측은 존 간의 통행량을 각 교통수단별(m) 수요로 분할하고($_mT_{ij}$), 교통배분은 이것을 링크(l)와 노드로 나타낸 교통망에 할당하여 각 링크의 교통량(V_l)을 예측하는 단계이다.

이 4가지 단계의 조합방법은 [그림 15.1]에서 보인 바와 같이 (가)형이 표준이지만 수단분담과 통행분포가 뒤바뀌는 (나)형이 되는 수도 있다. 그러나 (나)형의 경우는 수단분담에서 네트워크의 서비스수준을 직접적으로 예측과정에 삽입할 수가 없다. (나)형은 1960년도 전반에 미국의 도시교통계획에 많이 이용되었으나 현재는 대부분의 선진국에서 (가)형을 많이 이용하고 있다. (가)형의 수단분담 모형을 통행교차 수단분담 모형(trip-interchange modal split model)이라 하고, (나)형의 수단분담 모형을 통행단 수단분담 모형(trip-end modal split model)이라 한다.

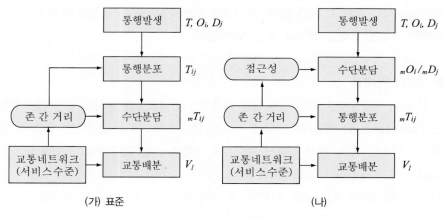

[그림 15.1] 4단계 예측기법의 과정

(가) 표준   (나)

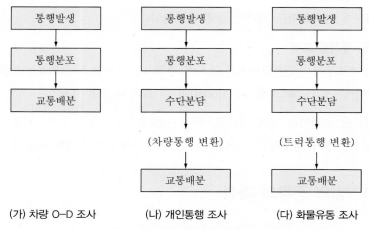

(가) 차량 O-D 조사   (나) 개인통행 조사   (다) 화물유동 조사

[그림 15.2] 4단계 예측기법에서 차량통행의 예측

차량통행을 예측할 경우에는 기초로 하는 조사자료를 어느 것으로 하느냐에 따라 이와 같은 과정이 약간 달라진다. 즉 차량 O-D를 기초로 할 경우, 앞에서 설명한 4단계 중에서 수단분담 예측은 불필요하기 때문에 3단계 과정이 된다([그림 15.2] 참조).

또 개인통행 조사자료를 기초로 할 경우에는, 수단분담은 개인통행으로 추정할 수 있기 때문에 이것을 차량통행으로 변환시키는 단계가 필요하게 된다. 이 경우 영업용차량의 이동은 가구면접 조사에서 충분히 파악할 수 없기 때문에 다른 자료로 보완할 필요가 있다.

화물유동 조사자료를 기초로 할 경우에는, 화물유동으로부터 수단분담이 예측되기 때문에 화물차 통행으로 변환시키는 과정이 필요하게 된다. 또 철도 등의 터미널수단으로 이용되는 화물차에 대해서도 별도로 예측하는 것이 보통이다.

2 일반배분모형

일반배분모형(general share model)은 처음에 미국의 북동교통축(The Northeast Corridor) 프로

젝트의 도시 간 승객수요예측용으로 개발된 모형으로서, 앞에서와 같은 4단계 예측기법의 과정을 밟지 않고 직접 하나의 모형을 사용하여 예측하는 것이다. 그러므로 4단계 예측기법을 간접적 단계 예측법이라 부르는 반면에 일반배분법을 직접적 동시결정예측법이라 부른다.

일반배분법의 대표적인 것으로 3개의 모형을 예로 들면 다음과 같다.

(1) KRAFT-SARC 모형

$$_m T_{ij} = \alpha_{1no} (P_i P_j)^{\alpha_m} \cdot (Y_i Y_j)^{\alpha_m} \prod \left(t_{ijq}^{\beta q_1} c_{ijq}^{\beta q_2} \right) \tag{15.1}$$

(2) McLynn 모형

$$_m T_{ij} = \alpha_0 (P_i P_j)^{\alpha_1} (Y_i Y_j)^{\alpha_2} \frac{t_{ijm}^{\beta m_1} c_{ijm}^{\beta m_2}}{\sum_q \left(t_{ijq}^{\beta q_1} c_{ijq}^{\beta q_2} \right)} \sum \left(t_{ijq}^{\beta q_1} c_{ijq}^{\beta q_2} \right)^{\delta} \tag{15.2}$$

(3) Baumol-Quant 모형

$$_m T_{ij} = \alpha_0 (P_i P_j)^{\alpha_1} (Y_i Y_j)^{\alpha_2} \left(t_{ijm}^{\beta_1} c_{ijm}^{\beta_2} \right) \left(t_{ijb}^{\beta_3} c_{ijb}^{\beta_4} \right) \tag{15.3}$$

여기서 $_m T_{ij}$: 존 i, j 간에 교통수단 m을 이용하는 통행량

$\quad P_i$: 존 i의 인구

$\quad Y_i$: 존 i의 평균소득

$\quad t_{ijm}, c_{ijm}$: 존 i, j 간 수단 m의 소요시간과 요금 및 비용

$\quad t_{ijb}$: 존 i, j 간의 최소 소요시간을 가지는 수단 b의 소요시간

$\quad c_{ijb}$: 존 i, j 간의 요금 및 비용이 최소인 수단 b의 요금 및 비용(단 t_{ijb}의 수단과 같은 수단일 필요는 없다.)

$\quad \alpha, \beta, \delta$: 모형의 파라미터, 첨자는 수단과 독립일 경우(예: α_1)와 수단에 종속일 경우 (예: α_m)를 나타낸다.

(1), (2) 모형은 북동교통축 프로젝트에서 개발된 것이고, (3)은 캘리포니아에서 개발한 것이며, 이들을 다시 도시 내에서 사용할 수 있는 모형으로 개량한 것도 있다.

3 비집계모형

4단계 예측기법은 일반배분법과 마찬가지로 현재의 통행수요를 표본조사하여 그것을 전 통행량으로 확대(aggregation)한 값을 현재의 통행수요로 간주한다. 이에 반해 비집계모형(disaggregate model)은 개인의 통행행태에 관한 표본자료를 그대로 이용하여 교통수요를 예측하고자 하는 것이다. 이 모형은 개인의 통행행태를 명시적으로 모형화하여 소수의 자료로 많은 정책변수를 삽입하여 모형을 만들 수 있기 때문에 1960년대부터 미국을 중심으로 활발히 연구가 수행되어 왔다.

이 모형의 이론적인 배경은 개인의 선택행위이론에 근거하고 있으며, 개인의 선택행동을 확률효용함수를 이용하여 미시경제학에서의 소비자행동이론인 기대효용 최대화이론에 의해 설명하려고 하는 것이다. 2개의 대안 l, m 중에서 양자택일(binary choice)의 문제를 생각하면, 개인 i가 대안 l을 선택하는 확률 P_{il}은 다음과 같이 나타낼 수 있다.

$$P_{il} = \text{Prob}\,[U_{il} > U_{im}]$$

여기서 U_{il}, U_{im}: 개인 i가 대안 l, m을 선택했을 때 얻어지는 효율

개인 i가 대안 l을 선택했을 때 얻어지는 효율 U_{il}은 대안 l의 특성이나 개인 i의 사회·경제적 수준에 따른 가치 V_{il}과 확률적 오차항 ε_{il}로 구성된다. 즉,

$$U_{il} = V_{il} + \varepsilon_{il} \tag{15.4}$$

또한 개인 i가 대안 m을 선택했을 때 얻어지는 효용 U_{im}도 똑같은 방법으로 표시된다. 즉,

$$U_{im} = V_{im} + \varepsilon_{im} \tag{15.5}$$

따라서 개인 i가 대안 l을 선택하는 확률 P_{il}은 다음과 같다.

$$P_{il} = \text{Prob}\,[U_{il} > U_{im}] = \text{Prob}\,[V_{il} + \varepsilon_{il} > V_{im} + \varepsilon_{im}]$$
$$= \text{Prob}\,[V_{il} - V_{im} > \varepsilon_{im} - \varepsilon_{il}] \tag{15.6}$$

비집계모형의 구체적인 형식은 이 ε의 확률분포를 어떻게 가정하느냐에 따라 결정된다. ε_{il}, ε_{im}이 서로 독립적인 정규분포를 가진다면 P_{il}은 다음과 같은 프로빗 모형(probit model)을 나타낸다. 대안이 3개 이상인 다항프로빗 모형은 계산이 어렵기 때문에 그다지 잘 이용되지 않는다.

$$P_{il} = \int_{-\infty}^{V_{il} - V_{im}} \frac{1}{\sqrt{2\pi}} e^{-\left(\frac{1}{2}\right)u^2} \cdot du \qquad \text{(프로빗 모형)} \tag{15.7}$$

이 밖에 ε_{il}, ε_{im}이 서로 독립된 로짓 분포를 나타낸다고 가정할 때 P_{il}은 다음과 같은 로짓 모형 (logit model)을 나타낸다.

$$P_{il} = \frac{e^{V_{il}}}{e^{V_{il}} + e^{V_{im}}} = \frac{1}{1 + e^{V_{im} - V_{il}}} \qquad \text{(로짓 모형)} \tag{15.8}$$

비집계모형이 갖는 장점은 표본의 수가 적더라도 모형을 만들 수 있으며, 여러 가지 정책변수를 사용할 수 있고, 존 개념에 구애받지 않는다는 것이다. 그러나 이를 적용하기 위해서는 상세한 분석과 검토가 필요하다.

15.3 외생변수의 예측

15.3.1 교통수요 예측을 위한 외생변수

교통은 도시지역이든 전국적 혹은 소규모지역이든 간에 교통만으로 독립해 있는 것이 아니라 다른 여러 가지 지역활동을 위해서 파생되는 종속적인 것이다. 따라서 교통계획을 할 때에는 이러한

여러 가지 지역활동을 고려해야 한다. 특히 교통계획은 토지이용계획과 밀접하게 연관시킬 필요가 있다. 현재까지 교통수요 예측에 사용되는 외생변수는 인구, 토지이용 및 기타 사회경제지표로 대별된다. 그중에서도 가장 많이 사용되는 변수는 상주인구, 취업인구, 고용인구, 공장 출하액, 상품판매액, 자동차 보유대수, 용도별 토지면적 또는 상면적이다. 이들에 대한 기본적인 자료는 시, 구, 동별로 얻을 수 있다.

외생변수를 예측하기 위한 기본개념은 다음과 같다.

1 개발구도의 예측

교통계획을 할 때 계획대상지역의 개발구도는 독자적으로 예측하기도 하지만 교통계획이란 다른 상위계획과 연관시켜 생각해야 하기 때문에 각종 상위계획에 나타나 있는 지표의 예측값을 참고하는 경우가 많다. 상위계획으로는 전국계획(예를 들어 국토종합계획), 시·도계획, 광역계획(예를 들어 수도권 정비계획) 등이 있다. 이들 상위계획들은 반드시 서로 모순 없이 잘 들어맞는 것이 아니기 때문에 그 가운데서 중심이 되는 상위계획을 선정해야만 한다.

대상지역의 개발구도는 전국 또는 시·도와 대비시켜 그 경향을 예측하는 수가 많다.

2 존별 예측

존별로 예측을 할 때에는 그 예측에 영향을 주는 대상지역 내의 여러 가지 계획행위를 고려해야 한다. 그중에는 주택단지계획, 신도시계획, 공업단지계획, 유통센터계획, 매립지계획 등 대규모 계획 등이 포함되어야 한다. 이것들은 어느 것이나 인구, 공산품 출하액, 상품판매액 예측에 영향을 미치게 하는 것이지만 이 계획들이 이들 지표에 대한 계획수치를 명시하지 않을 경우에는 이것을 예측해야 한다. 그러기 위해서는 토지면적당 거주인구밀도, 취업인구밀도, 공산품 출하액당 취업인구밀도 등과 같은 원단위를 사용해야 한다.

15.3.2 인구 및 사회경제지표 예측

1 인구 예측

교통수요를 예측하기 위해서는 도시인구의 증가를 반드시 고려해야 하며, 이때 그 증가율은 도시 내에서도 일정하지 않다. 인구 예측의 가장 간단한 방법은 인구통계를 기초로 하여 인구표를 작성하고 과거의 연도별 인구변화를 이용하여 장래 도시인구를 예측한다. 도심부의 인구증가 경향은 매우 완만하지만 주변부의 인구증가 경향은 매우 급속할 수 있다.

존별 상주인구를 예측하기 위해서는 존별 인구성장 경향을 일차회귀식 혹은 로짓 곡선 $p = k/(1+e^{\alpha+\beta t})$($p$: 인구, t: 연차, k, α, β: 매개상수), 또는 지수곡선 $p = \alpha t^{\beta}$에 적합시키는 방법을 쓰고 있다. 그러나 이 방법은 존의 크기가 너무 작을 때에는 적합하지 않고 적어도 시, 구, 동 정도의 크기는 되어야 한다. 이보다 작을 때에는 차라리 상주인구밀도를 사용하는 것이 좋다. 더구나 이 경우에는 계획적으로 주택환경 등을 고려하면서 앞에서 말한 성장경향 예측값을 참고하여 인구밀도를 설정하는 방법도 사용할 수 있다.

수리적 모형을 사용하는 경우에는 다음과 같은 모형이 있다.

$$D_{ij}(t) = A_i(t) \cdot e^{\alpha_i(t)x_{ij}} \tag{15.9}$$

여기서 $D_{ij}(t)$: i sector, j존에서 t년의 인구밀도

$\quad\quad\quad A_i(t)$: i sector에서 t년의 가장 높은 인구밀도

$\quad\quad\quad \alpha_i(t)$: i sector의 t년의 밀도감소를 나타내는 계수

$\quad\quad\quad x_{ij}$: i sector의 도심부로부터 j존까지의 거리

또 인구의 증가분을 배분하는 모형으로는 다음과 같은 것이 있다.

$$G_i = G_t \frac{A_i^{\alpha}V_i}{\sum A_k^{\alpha}V_k} \tag{15.10}$$

여기서 G_i: i존의 상주인구 증가량

$\quad\quad\quad G_t$: 모든 존의 상주인구 증가량의 합

$\quad\quad\quad A_i$: i존의 접근성 계수

$\quad\quad\quad V_i$: i존의 수용가능 인구

$\quad\quad\quad \alpha$: 매개상수

취업인구는 상주인구에 취업률을 곱해서 예측할 수 있다. 반대로 취업인구에 부양률(취업률의 역수)을 곱함으로써 상주인구를 구하는 방법도 있다. 고용인구는 계획적 배치인구를 이용해서 시계열분석 모형으로 예측하거나 한꺼번에 예측하지 않고 1, 2, 3차 산업별로 분류하여 예측하는 수도 있다. 또 1차 산업에 대해서는 시계열분석, 2차 산업(특히 공업 또는 제조업)에 대해서는 공산품 출하액당 취업인구 원단위를 사용하여 예측한다. 3차 산업에 대해서는 상주인구 의존형, 1, 2차 산업의 존형으로 나누어 각각의 의존량을 더함으로써 구하는 방법도 있다.

2 경제활동 예측

경제활동은 도시의 부를 증대시키는 기본이 되며, 교통발생을 예측하는 데 기초가 된다. 경제활동의 분석에는 산업의 생산성, 생산구조의 변화 등과 같이 고용에 대한 것과 소비구조, 소득구조의 변화 등과 같은 개인소득에 대한 것이 있다.

고용분석의 방법에는 고용률을 파악하거나 고용인구의 변화경향을 파악하는 방법이 있는데, 제조업은 도시경제 중에서 가장 활동적인 부문으로서 제조업 고용인구의 변화경향을 조사하고 전체 고용자에 대한 비율이 일정하다고 가정하여 장래 고용자 수를 예측한다. 그 밖에 물자의 투입·산출에 대해서 도시 내외부의 관계를 규명하고 그 가운데서 생산·고용을 결정해 가는 산업연관분석이 있다. 특정한 제조업이 고정된 도시에서는 앞에서 말한 제조업 고용자 예측방법을 사용하는 것이 좋다. 산업연관분석은 산업구조변화에 대응할 수 있는 장점을 가지고 있다.

경제발전은 실질임금을 상승시키므로 가계 중에서 필수지출비용의 비중이 줄어들고, 가구, 주거,

옷, 교육, 위락, 교통 등 임의지출비용의 비중이 커지는 소비패턴을 보인다고 알려져 있다.

3 자동차 보유대수의 예측

자동차 보유상황은 차종에 따라 다르기 때문에 승용차, 화물차, 버스 등으로 구분하여 생각한다. 승용차에는 개인용, 영업용, 업무용, 관용 등이 있으며 예측방법으로는 가구소득분석법과 시계열분석법이 있다. 승용차 보유율은 소득 수준과 깊은 관계가 있기 때문에 소득분포를 알고 소득 수준과 보유율과의 관계를 알면 승용차 보유대수를 구할 수 있다. 또 승용차 보유율은 1인당 연평균소득액과 관계가 밀접하므로 연평균소득액에 대한 시계열분석을 통하여 승용차 보유대수를 구할 수 있다.

가구소득분석에 승용차 보유율과 소득 수준과의 관계는 장래에도 변하지 않는다고 가정하면 소득분포의 변화가 바로 보유율의 변화에 같게 되나 실제로는 보유율과 소득 수준의 관계는 시간적으로 변하는 경향이 있기 때문에 과소 예측되기 쉽다. 그러므로 가구소득 – 보유율 곡선을 시계열적으로 이동시켜 사용하는 방법을 쓴다.

도시 내의 화물차나 버스 대수의 증가는 과거의 자료를 이용한 시계열분석법으로 구한다. 도시의 경제활동이 증가함에 따라 화물수송수요가 증가하므로 화물차 대수를 산업 생산지수 등과 비교하여 예측할 수 있다.

각 존의 자동차 보유는 승용차의 경우 현재 존별 보유율을 알면 각 존의 가구소득의 증가에 따른 장래 보유율을 구하여 보유대수를 계산할 수 있다. 존별 자동차 보유대수를 구할 때는 모든 존을 포함한 전 지역의 자동차 보유대수를 조정총량(control total)으로 사용할 수 있다. 존별 예측에서는 상주인구와 고용인구를 변수로 한 중회귀모형도 사용할 수도 있다. 화물차의 경우에는 장래 토지이용 상황을 이용하여 각 존별 보유율을 구할 수 있다.

15.3.3 토지이용의 예측

토지이용과 교통시설은 서로 밀접한 관계를 가지고 교통수요에 영향을 미친다. 따라서 교통계획의 기초가 되는 장래 교통수요를 예측하기 위해서는 장래의 토지이용을 정확히 예측할 필요가 있다. 그러나 토지이용을 좌우하는 요인은 매우 광범위하고, 또 복잡하게 얽혀 있기 때문에 현실적으로 토지이용을 정확하게 예측하기란 불가능하다.

토지이용의 분석은 도시에 집중한 인구가 도시 내에서 어떻게 분산되어 있고 시민들의 직장이 어디에 위치해 있는가를 연구하는 것이다. 토지의 개발패턴은 지형, 인구, 건축비용, 교통의 편리성에 좌우된다. 일반적으로 토지의 인구밀도는 교통비용과 지가 및 건축비용 등이 균형을 이루는 상태에서 결정된다. 즉 교통이 편리한 곳은 지가가 높고 인구밀도도 높게 된다. 교통이 편리한 곳이란 어느 토지에서 다른 토지로 갈 때의 교통저항(traffic impedance), 즉 접근도(accessibility)로 표시된다. 즉 지역 i에서 지역 j로 갈 때의 접근도는 다음과 같은 방법으로 계산된다.

$$A_i = \sum_{j=1}^{m} \frac{P_j}{D_{ij}} \tag{15.11}$$

여기서 A_i: i존의 접근도

P_j: i존의 매력(유인력)을 나타내는 지수로서 인구, 토지이용 등이 사용된다.

D_{ij}: i, j존 간의 통행저항을 나타내는 지수로서 직선거리, 실거리, 시간거리 등이 사용된다.

장래의 토지이용은 현재의 도시지역과 새로이 도시로 개발되는 지역의 토지이용이다. 기존 도시의 토지이용 변화는 주로 도시재개발에 의해서 이루어진다. 이러한 토지이용의 변화를 제외하고는 기존도시의 토지이용은 큰 변화가 없다. 그러므로 중요한 것은 앞으로 도시화하는 지역의 토지이용이다. 현재는 공지인 미개발지역의 토지이용을 예측하기 위해서는 거기서 발생하는 활동, 이용밀도, 지역 내의 공지면적 등을 고려해야 한다. 일반적으로 지형적으로 우수하다든가, 기존의 지역사회가 인접해 있든가, 주요 도로의 교차점에 근접해 있다든가 하는 좋은 입지조건을 가진 지역이 먼저 개발된다. 그러므로 장래의 토지이용 대상지역은 공공적으로 개방된 지역, 비행장, 병원, 공용청사, 대학 등과 같은 특별지역, 지방의 상업중심지역, 가로, 공업지역, 주거지역 및 상점가, 학교, 교회, 광장, 소방시설 등과 같은 주거지역 내의 공공시설지역 등이다.

토지이용의 예측을 위해서는 현재의 토지이용 패턴을 관찰하여 일정한 틀을 만들고 이에 근거하여 장래 토지이용을 계산한다. 이 방법은 먼저 존 내의 공지면적을 계산하고, 장래 토지이용지역을 구분해서 표를 만들며, 현황조사에서 얻어진 자료와 장래계획을 기초로 하여 각 지역(예를 들면, 주거지역)의 필요량을 산출하여서 이를 하나씩 공지면적에서 빼나가는 방법이다. 이때 공업지역, 주거지역에 대해서는 점유밀도가 정해져야 한다. 과거의 자료에 의하면 공업지역에서는 도심에서 멀어짐에 따라 고용밀도는 현저히 낮아진다. 다만, 장래밀도는 생산성의 향상, 산업자동화, 합리화 등에 의해서 점차 감소할 수 있다. 주거지역의 인구밀도는 현재의 인구밀도, 주거지의 입지 등에 크게 좌우되며, 도심부(CBD)에서 멀어짐에 따라 감소한다. 그리고 지역 내의 도시화 현상은 도심부를 중심으로 외부로 갈수록 둔화된다.

1960년대부터 미국을 중심으로 하여 토지이용 예측을 위한 여러 가지 수리모형이 개발되었다. 이들 모형의 대부분은 지역계획 및 교통계획에 있어서 장래의 토지이용 또는 인구분포를 보다 합리적으로 예측하기 위해서 개발된 것이다. 이와 같은 모형에는 Lowry 모형을 시작으로 하여 TOMM 모형(Time-Oriented Metropolitan Model), PLUM 모형(Projective Land Use Model) 등과 같은 시장잠재력 모형, EMPIRIC 모형으로 대표되는 선형 모형, 토지시장의 수요와 공급관계를 명시적으로 추가한 Penn-Jersey 모형, Bass 모형, NBER 모형 등이 있다. 이러한 모형들은 그 모형의 이론구조, 형식 및 토지이용에 따라 분류되고 정리되는 단계에 있다. 이 모형 중에서 계량적 토지이용 모형으로 가장 널리 사용되는 Lowry 모형에 대해서 간단히 설명한다.

Lowry 모형은 Ira S. Lowry가 1964년에 피츠버그 도시권을 대상으로 하여 제안한 토지이용 모형으로서 그 후에 다른 토지이용 모형개발에 큰 영향을 미쳤다. 이 모형은 정태적 균형모형으로서 기본적인 구조는 [그림 15.3]에서 보는 바와 같다.[3]

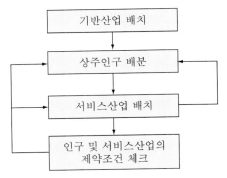

[그림 15.3] Lowry 모형의 기본구성

먼저 기반산업(basic sector)의 양과 배치는 외생적으로 주어진 것으로 하고 다음에 이 산업 종사자의 주거지(household sector)가 배치된다. 그 다음 단계는 이 사람들에게 서비스를 제공하는 서비스산업(population-serving sector)의 배치를 결정한다. 그와 동시에 이들 서비스산업 종사자들의 주거지가 정해지고 그 인구가 다시 서비스산업 입지를 필요로 하게 된다. 이 모형은 이와 같은 과정을 상주인구 및 서비스산업의 분포가 균형에 도달할 때까지 반복계산을 한다.

이 모형의 특징은 ① 정태적 모형이며, ② 서비스산업과 주거지의 분포를 구하는 모형이며 기반산업의 분포는 예측할 수 없다. ③ 토지이용에 대해서 수요 측의 입장인 기업이나 개인의 행동은 잘 설명하고 있지만 공급 측면에 대해서는 분명한 분석을 할 수가 없다. 따라서 이 모형은 주로 교통망의 형태나 구성이 도시의 토지이용 패턴에 어떤 영향을 미치는지를 분석하는 데에는 매우 합리적인 모형이다.

15.4 통행발생의 예측

통행발생 모형의 근본목적은 통행과 토지이용 및 그 지역의 사회·경제적 특성 간의 기능적인 상관관계를 밝히기 위한 것이다. 어떤 지역의 통행발생률은 근본적으로 상주인구 및 취업인구의 사회·경제적 특성과 함께 교통시스템 수요와 관련되는 토지이용에 좌우된다. 궁극적으로 통행발생분석의 기능은 토지이용과 통행발생활동 간의 상관관계를 규명하여 장차 토지이용의 변화에 따른 교통수요의 변화를 예측하는 것이다.

통행발생 모형과 밀접한 관계가 있다고 여겨지는 토지이용의 세 가지 특성은 토지이용활동의 강도와 특성 및 그 위치이다. 토지이용 강도는 보통 $1 \, km^2$당 주거단위, $1 \, km^2$당 고용자 수, 건물상면적 $1,000 \, m^2$당 고용인 수로 표시된다. 토지이용의 특성은 토지이용자의 사회·경제적 구조와 관계를 가지는 것으로서 평균가구수입 및 1인당 자동차 보유대수, 가구원 수, 가구생애주기(family life cycle) 내에서의 단계 등으로 나타낸다. 토지이용의 위치는 주차의 용이도, 가로혼잡지표 등과 같은 요인의 종합효과를 나타낼 수 있는 변수이다.

통행발생의 예측을 설명하기 전에 먼저 통행수요 예측에 나오는 통행의 정의 및 통행표에 대해서 설명한다.

15.4.1 통행의 정의 및 통행표

한 개인으로 볼 때 통행(trip)이란 어떤 목적을 가지고 어떤 교통수단을 이용하여 어떤 노선상의 한 출발지점에서 한 목적지점까지 가는 이동(movement)의 단위를 말한다. 같은 통행이란 말로 사용되는 travel은 이들 trip의 집합이다. 통행(trip)에 관한 J. W. Dickey의 정의는 다음과 같다.[3]

"A one-way journey made within a given time period between two places(usually two areal zones, i and j) on a certain route(r) of a certain mode of transport(m). Travel is simply the overlay of all component types defined above."

통행에는 또 어떤 목적을 가진 통행을 하나의 단위통행으로 보는 목적통행(linked trip)과 한 교통수단을 이용한 통행을 하나의 단위통행으로 보는 수단통행(unlinked trip)이 있다. 한 목적을 위한 통행일지라도 여러 개의 교통수단을 환승하여 이용할 수도 있으므로 수단통행이 목적통행보다도 그 값이 크다.

Journey란 용어는 travel과 같은 뜻으로 영국이나 캐나다 등지에서 사용되고 있으며, 우리말로는 종종 '여행'이라 번역되고 있으나 장거리통행으로 오해될 소지가 있어 이 말은 되도록 피하고 똑같이 통행이란 말을 사용하는 것이 좋다. 미국 교통부에서 발간한 교통용어사전에 의하면 journey는 교통수단을 이용하는 이용자통행에 사용된다. 예를 들어 journey time은 이용자 총 통행시간으로서, 이것은 차량탑승시간(in-vehicle travel time)과 추가시간(excess travel time), 즉 교통수단에 접근하는 시간, 대기시간, 하차 후 목적지까지 걸어가는 시간을 합한 것을 말한다. 여기서 차량탑승시간을 'trip time'으로, 여기에 대기시간만 합한 것을 'travel time'으로 사용할 것을 권장한다.[37]

통행발생(trip generation) 예측이란 하루 동안에 어떤 존에서 생성(produced)되거나 또는 유인(attracted)되는 통행의 수를 예측하는 과정을 말한다. 통행자가 가정에서 출발하거나 가정으로 돌아오는 통행을 그 통행자의 가정이 있는 존의 통행생성(trip production)이라 하며, 다른 존의 거주자가 어떤 존에 들어오거나 그 사람의 거주지로 돌아가는 통행을 그 존의 통행유인(trip attraction)이라 한다. 한 통행은 2개의 단(端: end), 즉 기점과 종점을 가지므로 이 점들을 통행단(trip end)이라 하며, 각 존의 통행생성과 통행유인량은 통행생성단과 통행유인단의 수와 같다.

만약 어떤 사람이 하루에 출근과 퇴근 두 통행을 만들면, 그 사람의 가정은 출발지도 되고 목적지도 되며, 직장도 마찬가지로 목적지도 되고 출발지도 된다. 이때 그 사람의 주거지존은 2개의 생성통행을 발생시키고, 직장은 2개의 유인통행을 발생시킨다. 또 다른 말로 표현하면 주거지존은 2개의 통행생성단을 가지고, 직장존은 2개의 유인통행단을 가진다. 통행생성을 다른 말로 주거지통행발생(residential trip generation)이라고도 하며, 통행유인을 비주거지통행발생(non-residential trip generation)이라고도 한다. 만약 직장에서 쇼핑을 가든가 혹은 직장에서 업무로 다른 직장으로 가는 경우와 같이 두 통행단 중 어느 것도 주거지에 놓이지 않는 비가정기반통행(non-home-based trip)의 경우에는 통행의 출발지가 통행생성단이 되고 도착지가 통행유인단이 된다.

통행생성과 통행유인이란 말은 그 통행의 기점 또는 종점의 토지이용 및 사회·경제적 특성에 대한 의미를 내포하고 있다. 통행생성은 통행이 생성되는 존의 특성, 즉 존 내에 거주하는 사람들의 소득 수준, 자동차 보유대수 등과 같은 요인에 좌우되며, 통행유인은 통행을 유인하는 존의 특성, 즉 비주거상면적, 고용인구 등과 같은 요인에 영향을 받는다. 따라서 어떤 존의 토지이용이 주거지역이면 그 존의 발생통행은 생성통행이 대부분이고 유인통행은 거의 없을 것이다. 반대로 어떤 존의 토지이용이 상업지역이면 그 존의 생성통행은 없고 유인통행만 있을 것이다.

통행발생은 통행목적별로 구분하여 분석을 한다(그 다음 단계의 통행분포 및 수단분담에서도 마찬가지이다). 그 이유는 통행의 목적에 따라 통행발생패턴은 물론이고 통행분포 및 수단선택이 크게 달라지기 때문이다. 통행목적은 크게 가정기반통행(home-based trip)과 비가정기반통행(non-home-based trip)으로 나누어진다. 가정기반통행이란 통행의 기점과 종점 중에서 어느 하나를 가정에 기반을 두는 통행을 말하며, 여기에는 출퇴근통행, 등하교통행, 쇼핑 및 귀가통행 등이 있다. 또 비가정기반통행에는 퇴근길에 쇼핑을 가거나 직장에서 업무차 다른 직장으로 가거나 또는 이들로부터 다시 원래 출발지로 돌아오는 통행을 말한다.

가정기반통행의 경우는 그 속에 귀가목적의 통행이 포함되어 있다. 그 이유는 모든 가정기반통행은 대부분 가정에서 출발하여 다시 가정으로 돌아오기 때문이다(장거리 여행인 경우나 직장에서 숙직을 하는 경우는 예외). 그러므로 앞에서 언급한 통행생성의 정의대로라면 어떤 존의 통행생성량은 가정기반통행만을 의미하게 된다. 그러나 실제 그 존의 통행생성과 통행유인에는 다른 존에 거주하는 사람들의 비가정기반통행도 포함된다. 다시 말하면 A존에 거주하는 사람이 B존에 와서 C존으로 가는 통행은 B존의 통행생성이 되며, A존의 거주자가 C존에서 B존으로 오는 통행은 B존의 통행유인이 되어 B존의 통행생성과 통행유인은 원래의 정의와 다른 값을 가진다. 이 때문에 어떤 존의 통행발생을 예측할 경우 이 값을 첨가하기가 매우 어려우나, 이 통행의 비중이 그다지 크지 않고(전체 통행수의 10~20%), 또 비교적 합리적으로 예측하는 방법(각 존의 거주자에 의해 생성된 비가정기반통행을 다른 존의 그 값에 비례하여 교차 분포시키는 방법)이 있으므로 큰 문제가 되지는 않는다.[14]

이와 같이 어떤 목적의 통행생성 또는 통행유인이 귀가목적통행까지 포함하는 개념은 미국이나 유럽에서 많이 쓰는 방법이다. 그러나 일본에서는 귀가목적통행을 하나의 목적통행으로 분리해서 사용하며, 우리나라에서도 지금껏 이것을 분리해서 사용해 왔다. 예를 들어 출근목적통행, 등교목적통행, 쇼핑목적통행으로 구분하고 퇴근목적통행, 하교목적통행, 쇼핑 후 귀가목적통행은 하나로 묶어 귀가목적통행으로 취급한다. 이때 어떤 존에서 나가는 한 방향 통행은 통행자의 거주지가 그 존이든 아니든 상관없이 통행유출(일본에서는 이를 발생통행이라 함)이라 하고, 그 존으로 들어오는 통행은 마찬가지로 통행자의 거주지에 상관없이 이를 통행유입(일본의 집중통행)이라 한다. 다시 말하면 A존에서 출근목적으로 다른 존으로 나가는 통행은 A존의 출근목적통행유출이고(다른 존의 출근목적통행유입), 그들이 다른 존에서 A존으로 귀가하는 통행은 A존의 귀가목적통행유입(다른 존의 귀가목적통행유출)으로 간주한다. 마찬가지로 출근목적으로 다른 존에서 A존에 들어오는 통행은 A존의 출근목적통행유입이면서 다른 존의 출근목적통행유출이나 그들이 다른 존으로 귀가하는 통행은 A존의 귀가목적통행유출이면서 다른 존의 귀가목적통행유입으로 나타난다. 따라서 어떤 존의 출근목적통행유출과 귀가목적통행유입은 그 존의 거주자 특성(소득 수준, 자동차 보유대수 등)에 관계가 되나 귀가목적통행유출과 출근목적통행유입은 그 존의 토지이용 특성(비거주지상면적, 고용인구 등)과 관계가 된다. 그러므로 앞에서 설명한 통행생성(trip production)과 통행유인(trip attraction)이란 용어 대신에 통행유출과 통행유입이란 용어를 사용하면 개념상의 착오가 생긴다는 데 주의해야 한다. 이들의 차이점은 다음과 같은 곳에서도 나타난다.

즉, 어떤 지역 내에 있는 모든 존의 하루 동안의 내부통행생성량을 합한 것은 내부통행유인량을 합한 것과 같음은 당연하다. 그러나 어떤 한 존의 어느 목적통행에 대한 통행생성량과 통행유인량은 서로 다를 뿐만 아니라 하루 동안의 모든 목적통행을 합해도 그 값은 서로 다르다. 예를 들어, 주거지 존의 통행생성량은 통행유인량에 비해 훨씬 클 것이다. 그러나 어떤 존에서 어느 한 목적통행에 대한 통행유출과 통행유입량은 서로 다르나 하루 동안의 모든 목적통행을 합하면 그 존의 통행유출과 통행유입량은 같아진다.

통행생성(trip production), 통행유인(trip attraction)의 개념과 통행유출, 통행유입의 개념상의 차이를 예를 들어 설명하면 다음과 같다.

어떤 존에서 가정기반 근무목적통행의 통행생성이 800통행이고 통행유인이 200통행이면, 여기에는 귀가목적통행이 포함되어 있으므로 결과적으로 출근목적통행유출 400, 귀가목적통행유입 400, 출근목적통행유입 100, 귀가목적통행유출 100이 되어 출근 및 귀가목적통행을 합하면 통행유출 500, 통행유입 500이 된다. 가정기반 근무목적통행의 통행생성 및 통행유인에서 그 내부에 포함되어 있는 귀가목적통행을 분리하여 통행유출과 통행유입을 구한 개념도가 [그림 15.4]에 나타나 있다.

통행목적에서 귀가목적통행을 분리하여 독립적으로 사용하는 것이 좋으냐 나쁘냐 하는 문제에 대한 해답은 아직 밝혀진 바가 없지만, 귀가목적통행이 그것에 대응하는 본래 목적통행(예컨대 출근통

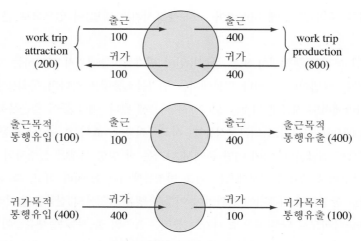

[그림 15.4] 귀가목적통행 분리의 개념도

행)과 비교해서 통행특성이 비슷하면 구태여 분리할 필요는 없다. 그러나 귀가목적통행의 통행저항 (존 간의 통행시간 또는 통행거리), 선택교통수단 및 이용노선 등이 본래 목적통행과 많이 다르면 분리시키는 것이 좋다. 예를 들어 A존에서 B존으로 출근할 때 걸리는 통행시간, 이용교통수단, 이용노선과 B존에서 A존으로 퇴근할 때 걸리는 통행시간, 이용교통수단 또는 이용노선이 서로 다른 경우가 있을 수 있기 때문이다. 특히 도시활동이 활발하거나 또는 근무시간의 단축으로 인해 비가정 기반통행의 비율이 높아지면 출퇴근의 기종점존이 다름으로 인해 이용노선 및 이용수단이 달라질 경우가 많이 생기므로 분리하는 것이 좋다.

귀가목적통행을 분리하더라도 문제는 여전히 남는다. 즉, 등교 후의 귀가목적통행과 퇴근목적통행, 쇼핑 후의 귀가목적통행을 전부 통합해서 하나의 귀가목적통행으로 생각할 경우 그 통행특성(특히 통행시간 또는 통행길이)의 동질성을 기대할 수 없을 것이다. 특히 중력모형(gravity model)을 이용하여 통행분포를 예측하는 대규모 계획조사에서는 되도록이면 통행목적을 세분해야만 통행시간계수(travel time factor)의 적용이 타당성을 가진다는 사실에 유의하여 귀가목적통행의 분리 여부를 결정해야 할 것이다. 그러나 소규모 계획조사에서는 일반적으로 출퇴근, 등하교, 기타 가정기반, 비가정기반통행으로 분류해도 충분하다.

결론적으로 요약하면 귀가목적통행을 본래의 목적통행의 한 쌍으로 간주하여 하나의 목적통행으로 본다면, 왕복방향의 통행량을 합해서 나타내는 통행생성(trip production), 통행유인(trip attraction)이란 용어를 사용하고, 귀가목적통행을 독립된 통행목적으로 취급하면 한 방향 통행량을 나타내는 통행유출, 통행유입이란 말을 사용한다. 그러나 만약 통행생성과 통행유인 개념을 사용하면 통행분포가 끝난 후에 다음에 설명되는 P−A 통행표를 통행유출과 통행유입으로 나타내는 O−D 통행표로 바꾸어 주어야 하는 번거로움이 따른다.

이 책에서는 통행유출 및 통행유입의 개념을 사용하고 필요할 경우에는 통행생성과 통행유인을 P_i와 A_j로 나타낸다. 이 책에 사용되는 O_i 및 D_j는 통행유출과 통행유입을 나타내는 기호로 사용하였다.

교통수요자료는 궁극적으로 존 간의 통행수를 나타내는 매트릭스, 즉 기종점 통행표로 종합되어 나타난다. 교통계획에 사용되는 통행표의 종류에는 O−D표와 P−A표가 있다. O−D표에서는 출발지존에서 목적지존으로 향하는 한 방향의 통행수를 나타내고, P−A표는 통행생성존과 통행유인존 간의 교차통행수, 즉 양방향통행수를 나타낸다.

통행표 O−D 조사자료는 각 통행목적별로 통행발생 및 통행분포 모형을 개발하는 데 사용된다. 즉, 차량통행이든 개인통행이든 간에 각 통행목적별로 별도의 통행표를 사용한다. 장래 통행분포 예측이 끝나면 이 자료는 O−D표로 바꾸어서(귀가목적통행을 분리할 경우에는 통행유출 및 유입이 바로 O−D이므로 그럴 필요가 없다) 각 존 간의 차량대수나 사람통행수로 나타낸다. 이 O−D표와 택시, 화물차 및 외부통행(조사지역 외부로부터의 통행) O−D를 합하여 총 차량 O−D표를 얻는다. 교통배분과정에서는 최종적인 차량통행 O−D표에 의거, 모든 통행을 도로망에 배분하여 각 도로 링크상의 교통량을 예측하는 데 사용한다.

이해를 돕기 위해서 P−A표에서 O−D표로 변화시키는 방법을 [그림 15.5]와 같이 예시한다.

가정기반 출퇴근통행 P－A표

P＼A	A	B	C	P_i
A	－	200	120	320
B	80	－	140	220
C	40	160	－	200
A_j	120	360	260	740

출근통행 O－D표

O＼D	A	B	C	O_i
A	－	100	60	160
B	40	－	70	110
C	20	80	－	100
D_j	60	180	130	370

＋

귀가통행 O－D표

O＼D	A	B	C	O_i
A	－	40	20	60
B	100	－	80	180
C	60	70	－	130
D_j	160	110	100	370

＝

출퇴근통행 O－D표

O＼D	A	B	C	O_i
A	－	140	80	220
B	140	－	150	290
C	80	150	－	230
D_j	220	290	230	740

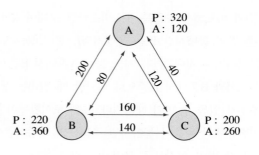

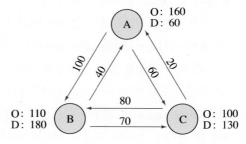

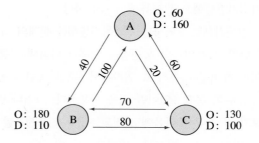

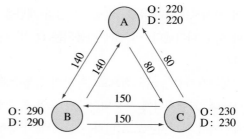

[그림 15.5] P－A표에서 O－D표로 변환

여기서 사용한 통행은 A, B, C 세 존에 대한 가정기반근무통행에 대한 것이다.

출퇴근통행 O－D표에서 보는 바와 같이 대각선을 기준으로 하여 대칭을 이루는 것은 결국 한 쌍의 통행(출근, 퇴근)을 합했을 때의 유출값과 유입값이 서로 같다는 것을 말한다. 이러한 결과는 하루 동안의 모든 목적통행을 합했을 때에도 마찬가지이다.

15.4.2 조정총량의 예측

통행발생 예측은 일반적으로 2단계를 거친다. 첫째 단계는 대상지역 내에서 발생하는 총 통행을 지역이라는 개념을 떠나 사람이나 자동차통행특성으로부터 예측하며(이 값을 조정총량, 즉 control total이라 한다), 둘째 단계는 대상지역 내에 있는 각 존의 유출·유입통행을 예측하는 것이다.

조정총량은 개인통행의 경우 1인당 혹은 가구당 발생시키는 통행수를 원단위로 하여 여기에 장래 대상지역 내의 인구나 가구수를 곱하여 예측한다. 그러나 총 교통수요를 예측하기 위해서는 그 지역 밖에 있는 사람이 그 지역으로 출입하는 통행도 있을 것이므로 조정총량의 값을 보정해 주어야 한다. 조정총량에 영향을 주는 요인은 다음과 같은 것이 있다.

- 직업 및 연령 구성
- 자동차 보유대수
- 출근율 및 등교율
- 가구소득
- 근무시간 및 여가시간
- 기타

자동차통행의 경우에는 개인통행과 마찬가지로 자동차 1대당 통행수를 원단위로 하여 여기에 장래의 자동차 보유대수를 곱하여 예측한다. 또 다른 방법으로는 자동차통행에 대한 자료를 시계열분석으로 얻을 수 있기 때문에 인구, 공산품 출하액, 상품판매액, 자동차 보유대수 등을 설명변수로 한 회귀식을 만들어 장래 예측을 하는 경우도 있다.

예측된 조정총량과 다음에 설명되는 각 존별 예측값을 합한 값을 비교·검토하여 이들을 조정할 필요가 있다. 조정총량의 값은 예측값이긴 하지만 계획의 골격을 형성하는 값이므로 계획자의 판단에 따라 이 값을 수정해도 좋다. 앞에서 언급한 통행에 대한 조정총량에 영향을 주는 요인은 그 자체로서도 조정총량을 가진다. 예를 들어 그 지역의 가구당 자동차 보유대수를 합한 값은 그 지역의 인구와 차량 증가추세로부터 얻어지는 운전면허 소지자 수보다 많아서는 안 된다.

15.4.3 존별 통행발생의 예측

존별 통행발생 활동은 여러 가지 방법으로 예측이 가능하다. 이러한 예측모형 가운데는 원단위법과 교차분류분석법(Cross Classification Analysis 또는 Category Analysis: 카테고리 분석법이라고도 함) 및 회귀분석법이 있다. 그 외에 신장률법이나 시계열분석법도 있으나 그다지 잘 사용되지 않는다. 모든 통행발생 예측은 통행목적별로 구분하여 시행한다.

1 원단위법

통행목적별로 용도별 토지면적 또는 용도별 상면적당 통행유출 및 통행유입량을 단위로 하여 장

[표 15.1] 나가사키 도시권의 주요 용도별, 목적별 원단위 (단위: 통행/1,000 m²)

구분 용도	유출원 단위						유입원 단위					
	출근	등교	쇼핑	업무	기타	귀가	출근	등교	쇼핑	업무	기타	귀가
사무실, 관공서	2.1	0.7	24.3	95.7	26.1	143.0	142.4	0.6	0.9	118.8	34.9	1.8
교육	0.7	0.5	8.6	6.4	11.9	200.9	16.7	177.7	0.2	15.2	27.3	0.7
소매	2.9	1.9	104.6	120.2	55.2	656.8	49.2	0.3	717.7	115.4	39.5	18.4
주거	24.9	15.4	19.6	7.7	21.1	6.1	0.2	0.1	1.5	4.0	6.8	82.0
의료	3.5	1.0	33.3	21.5	24.4	152.4	23.9	0.3	1.0	18.6	192.1	2.6
공업	0.1	0.1	1.0	3.5	0.6	9.2	9.5	0.1	0.1	4.5	0.5	0.2

래의 토지이용면적 또는 상면적을 여기에 곱하여 예측하는 방법이다. 이를 수식으로 표시하면 다음과 같다.

$$O_i = \sum_l C_l \cdot A_{il} \qquad D_i = \sum_l d_l \cdot A_{il} \qquad (15.12)$$

여기서 O_i, D_i: 어떤 통행목적에 대한 i존의 통행유출, 통행유입
C_l, d_l: l용도의 토지면적당 어떤 목적통행의 유출 원단위 또는 상면적당 유입 원단위
A_{il}: i존에서의 l용도의 토지면적 또는 상면적

[표 15.1]은 일본 나가사키 도시권의 교통계획에서 얻어진 원단위를 예시한 것이다.

원단위법은 그 원단위의 기준을 토지면적이나 상면적에 국한시킬 필요는 없지만 이 방법을 사용함에 있어서 가장 중요한 것은 원단위가 안정된 값을 가져야 한다는 것이다. 용도별 유출·유입통행량 또는 상면적이 전체 가운데서 차지하는 구성비가 크다면 그 값은 비교적 안정하다고 판정할 수 있다. 이 방법을 사용하는 데 있어서의 문제점은 통행 양단의 토지이용 또는 건물의 용도를 알아야하기 때문에 조사가 복잡하다는 것과 각 존에 대한 용도별 토지면적 또는 상면적을 조사하는 일이 인구를 조사하는 것처럼 쉽지 않다는 것이다. 반면에 토지이용계획과 교통계획의 균형을 유지하는 것을 고려한다면 비교적 작은 존의 예측에도 잘 맞는다는 이점이 있다.

2 회귀분석법

가장 많이 사용되는 모형으로서 다중회귀분석에 의한 모형식을 사용한다. 이 모형식의 종속변수는 통행목적별 통행유출과 통행유입량이다. 통행유출을 예측하기 위한 이 모형의 설명변수는 가구원 수, 가구소득, 승용차 보유대수, 가구원의 직업, 주거밀도 및 CBD로부터의 거리 또는 그 지역 이외의 곳으로의 접근성 등과 같은 위치변수이다. 물론 이와 같은 변수는 귀가목적의 유입통행을 예측하는 데에도 대부분 사용된다. 통행유입을 예측하는 데 사용되는 설명변수는 산업별 고용자 수, 공산업상면적, 상품판매액 등이며 귀가목적의 유출통행도 이와 유사한 설명변수를 사용한다.

설명변수를 선정할 때 가장 중요한 것은 설명변수와 종속변수 간에 인과관계(causal relationship)가 있어야 하며, 설명변수 상호 간에는 독립성이 있어야 한다. 뿐만 아니라 변수 그 자체를 예측할 수 있어야만 변수로서의 의미가 있다. 또 결정계수가 높다는 이유만으로 모형을 선택해서는 안 되

고, 통계적인 검토나 자료수집의 가능성, 모형의 인과관계, 모형의 편이성 등을 종합적으로 판단해야 한다.

회귀분석법(regression analysis)은 완전히 수학적인 것이기 때문에 유도된 상관관계의 유의성을 통계적으로 쉽게 검증할 수가 있다. 회귀분석은 변수에 대한 다음과 같은 몇 개의 가정에서 출발한다.

- 설명변수와 종속변수 간에는 선형관계가 있다.
- 회귀선에 기준한 종속변수의 값(오차량)은 설명변수의 모든 값에 대하여 정규분포를 가지는 확률변수(random variable)이며, 그 분산은 동일하고 다른 오차항과는 상관관계가 없다.
- 설명변수는 오차 없이 측정이 가능하며, 또 서로 독립적이다.

회귀분석법의 가장 큰 장점은 설명변수와 종속변수 간의 상관관계를 쉽게 파악할 수 있다는 것이고, 또 회귀모형식의 정밀도(precision)를 명확히 알 수 있다는 것이다. 분석에서 사용되는 가장 일반적인 척도(measure)에는 다음과 같은 것이 있다.

(1) 결정계수(coefficient of determination: R^2)

종속변수의 총 변동(SST, Total Sum of Squares) 중에서 회귀모형식에 의하여 설명되는 변동량(SSR, Sum of Squares due to Regression)의 비율을 나타내는 것으로서 0~1.0 사이의 값을 가진다. 관측값이 회귀식에서 얻는 값과 정확히 일치하면(단, 회귀방정식의 모든 변수의 회귀계수(regression coefficient 또는 parameter)가 0이 아닐 때, 즉 설명변수의 변화에 따라 종속변수가 변할 때에 한해서) 이 값은 1.0이 되어 완전한 모형이라 할 수 있다. 관측값이 회귀식과 정확하게 일치하지 않으면서, 설명변수의 변화에도 불구하고 일정한 종속변수값을 가지면(회귀식이 상수항만 있는 경우) 이 계수의 값은 0이다. 결국 R^2값은 관측점이 회귀식 주위에 분포되어 있는 정도(회귀식으로 설명되지 않는 변동, SSE, Sum of Squared Errors)와 설명변수의 변화에 따른 종속변수의 변화 정도(회귀식으로 설명되는 변동(SSR)으로서 단순회귀식의 경우 회귀식의 기울기가 크면 이 값이 커짐)에 좌우된다고 할 수 있다. 따라서 관측점이 회귀선 주위에 분포되어 있는 정도가 같다 하더라도 설명변수의 변화에 따른 종속변수의 변화가 둔하면(단순회귀식의 경우 기울기가 작으면) 이 값은 작아진다. 그러므로 표본의 모집단이 서로 다른 관측점들에 대한 회귀식들의 정도(예를 들어 출근통행과 등교통행)는 이 값으로 비교할 수 없다. 다시 말하면 출근통행에 대한 회귀분석의 R^2값이 등교통행에 대한 R^2값보다 크다고 해서 출근통행의 회귀모형식이 더 큰 정밀도를 가진다고 할 수는 없다. 그러나 같은 출근목적통행의 회귀분석에 참가하는 설명변수의 종류나 개수에 따라 R^2의 값이 달라지는데 이때에는 이 값이 클수록 정밀도가 높다고 할 수 있다.

(2) 추정의 표준오차(Se, standard error of estimate)

표본의 표준편차이며, 관측된 값의 회귀식에서 예측된 값에 대한 평균분산(MSE)을 제곱근한 값으로서 관측값이 회귀모형 형식 주위에 어떻게 분포되어 있는가를 나타낸다. 회귀식에서 얻은 값이 관측값과 정확히 일치하면 이 값은 0이 되어 이 모형은 완전한 모형이라 할 수 있다. 이 값을 종속변수의 평균값으로 나누어 비교함으로써 모집단이 서로 다른 회귀식들의 정도를 비교할 수 있다.

다중회귀모형은 컴퓨터를 이용하여 얻을 수 있으므로 특별히 어렵지 않으며, 따라서 다음에 설명되는 카테고리 분석법보다 편리하다. 그러나 이 방법을 잘못 이해하면 잘못된 결론에 도달할 수 있으니 특히 조심해야 한다. 통행발생 예측모형을 단계별 회귀방법(stepwise regression method)으로 구할 때 일반적으로 자주 범하는 오류는 ① 모형식의 통계적 유효성을 따지는 기준으로 R^2 하나만을 사용하는 것과 ② 서로 독립적이 아닌 설명변수들을 함께 사용하는 경우이다.

변수를 선정할 때의 판정기준은 R^2으로 하는 경우가 많으나, R^2값이 크다고 해서 반드시 좋은 회귀식이라 할 수는 없다. 왜냐하면 R^2값은 설명변수가 많이 포함될수록 그 값이 커지는 반면에 Se도 커지는 경우가 생기기 때문이다. 그 이유는 실제의 실험이나 사회현상을 회귀분석할 때에는 회귀분석 본래의 기본적인 가정(앞에서 설명한 변수들 간의 선형성, 독립성, 정규분포 등)에 어긋나는 요인들이 포함되는 것이 불가피하기 때문이다. 변수가 많이 포함될수록 변수들 간에 상호작용(interaction)이 일어나 불합리한 모형식이 되는 경우가 많고, 모형의 유효성(validity)이 감소한다. 뿐만 아니라 변수가 많아지면 자료수집에 따른 노력이 추가되는 반면 R^2의 증가는 극히 작으므로 효율성도 적어진다. 따라서 회귀모형식에 포함되어야 할 적절한 설명변수의 종류와 개수를 결정하기 위해서는 R^2, Se 등을 함께 비교하고, F, t 검증을 하여 모형의 합리성을 검토해야만 한다. 대부분의 회귀식에서는 보통 3개 정도의 변수를 사용하면 충분하다. 실제로 포함되는 설명변수가 많아지면 R^2은 계속 증가하나 Se는 어느 정도 감소하다가 다시 증가한다. 따라서 모형식을 결정하는 일차적인 기준으로서 Se가 최소가 될 때를 기준으로 하는 것이 더 합리적이다. 여기에 대한 예는 뒤에 다시 설명하며, 좀 더 자세한 내용을 알기 위해서는 참고문헌 (9)와 (10)을 참고하면 좋다.

설명변수들이 서로 독립적이 아니면 공선성(共線性: collinearity)이 있다고 한다. 공선성이 큰 설명변수들이 함께 회귀식에 포함되면 회귀식이 잘못 작성된다. 이 말은 기준연도의 관측값을 나타내는 모형으로는 적절할지 모르나 이 회귀식으로 장래의 통행발생을 예측하는 데에는 오차가 생긴다는 뜻이다. 공선성을 가지는 2개의 설명변수를 함께 사용하면 같은 변수를 두 번 사용하는 것과 같은 결과를 가져오기 때문에 예측을 위한 모형으로는 쓸모가 없다. 공선성은 설명변수들 간의 상관계수로 나타내어지며 이것을 검토하여 공선성을 제거할 수 있다. 만약 2개의 설명변수가 한 회귀식 내에서 큰 상관관계를 나타내면 이들은 공선성이 있는 것으로서 한 변수는 제거되어야 한다. 예를 들어, 교통계획 조사에서 다음과 같은 회귀모형식을 선정했다고 가정을 한다. 즉,

$$\text{첨두시간의 출근목적 통행유출} = 0.32(\text{존 내의 가구수}) + 0.56(\text{존 거주인구})$$

이 모형식은 다른 모형식에 비해서 R^2값이 크다고 해서 선정되었다. 이 회귀분석의 상관계수 매트릭스를 검토해 본 결과 두 설명변수, 즉 존 내의 가구수와 존 거주인구 간의 상관관계가 0.998임을 알았다. 이 사실은 두 변수가 공선성을 가지고 있다는 것과 한 변수는 다른 한 변수를 선형변환하여 구할 수 있음을 뜻한다. 즉 어떤 존의 가구수와 인구는 같은 변수, 즉 그 존의 노동력의 척도로 간주될 수 있는 것이기 때문에 두 변수가 함께 모형식에 포함되어서는 안 된다.

어떤 사람들은 이러한 통계적 의미를 검토하지 않고 위와 같은 모형식이 기준연도의 관측표본을 가장 잘 나타내기 때문에 그러한 회귀식을 통행예측 모형으로 사용하는 데 있어서 손색이 없다고

강변하는 경우가 종종 있다. 존의 인구는 존의 가구수와 가구당 평균인구로 나타낼 수 있으며, 가구당 평균인구가 장래에도 변하지 않으면 위의 모형식으로 출근목적통행유출을 예측해도 오차가 생기지 않는다. 그러나 이 가구당 평균인구가 점점 변하여 계획기간에 도달하는 경우 현저히 변한다면 두 변수 간의 공선성이 포함되어 예측값에 큰 오차가 생기게 된다.

설명변수 간의 독립성이 없을 때 나타나는 징후 중 하나는 그 회귀식 내에 불합리한 부호가 생긴다는 것이다. 예를 들어 분명히 통행발생에 기여해야 할 변수의 회귀계수가 +이어야 함에도 − 부호를 가지게 되는 경우이다. 이에 대한 설명은 뒤에 다시 설명한다. 공선성을 나타내는 또 하나의 징후는 회귀계수의 값이 합리적인 값을 나타내지 않는다는 것이다. 회귀계수의 크기는 설명변수가 한 단위 변함에 따라(다른 설명변수는 평균값을 가진다고 가정) 종속변수의 값이 얼마나 변하는가를 나타낸다. 앞의 모형식은 존 내의 가구수가 한 단위 증가하면 출근목적통행유출은 0.32 증가하는 것을 나타낸다.

자료가 정규분포를 가지지 않는 것은 그다지 큰 문제가 되지 않는다. 정규분포가 아닌 자료를 사용하면 부정확하긴 하나 대부분의 경우 변수들 간의 상관관계가 크게 달라지지는 않는다. 한 설명변수에 대한 종속변수의 값이 많이 편의(偏倚)되었을 경우에는 그 설명변수를 회귀분석에서 제외시키는 것이 좋다.

다중회귀분석법은 Se를 최소화하게끔 회귀평면을 관측값에 적합시키는 과정이다. 이 과정은 변수 간의 상관관계가 선형이든 아니든 간에 선형모형으로 나타내는 것이다. 만약 그 상관관계가 선형은 아니지만 그 형상을 안다면 그 변수들은 선형으로 변환시켜 선형모형으로 다룰 수 있는 것도 있다. 예를 들어, 그 모형이

$$Y = A_0 + A_1 X_1 + A_2 X_2{}^2$$

이라고 한다면, $X_2{}^2$ 대신에 Z_2 변수로 치환하여,

$$Y = A_0 + A_1 X_1 + A_2 Z_2$$

의 선형회귀식으로 만들 수 있다. 그러나 변수를 변환하면 비선형관계가 있는지 알기가 어려우며, 특히 다른 변수의 효과가 혼합될 때에는 더욱 그러하다. 비선형효과를 무시하는 경우에는 자료를 부정확한 선형관계로 나타내는 결과가 된다.

일반적으로 회귀모형은 존의 크기가 비교적 크고, 각 존 안에 여러 가지 또는 여러 개의 교통시설이 포함되어 각종 시설의 원단위로는 장래 예측이 곤란한 경우에 사용하면 좋다. 그러나 이 모형은 통행발생을 정확하게 설명하지는 못한다. 왜냐하면 분석존들의 특성이 완전히 균일하다고 볼 수 없기 때문이다. 이와 같은 문제점을 극복하기 위해서 개발된 것이 다음에 설명할 카테고리 분석법이다.

최종적으로 검토되는 회귀식이 다음 중 어느 하나로 나타난다고 가정할 때 이들을 분석해 보기로 한다.

회귀모형식		Se	R^2	t_D	자유도
A	$Y = 61.4 + 0.93X_1$	288.4	0.992	42	14
B	$Y = 507.7 + 0.98X_2$	935.9	0.921	14	14
C	$Y = 25.8 + 0.89X_2 + 1.29X_3$	199.4	0.996	51, 17	13
D	$Y = -69.9 + 1.26X_2 - 0.37X_3 + 0.02X_4$	142.6	0.998	3.7, 1.1, 0.06	12

X_1 = 총 고용인 수 X_2 = 제조업 고용인 수
X_3 = 소매 및 서비스업 고용인 수 X_4 = 기타 고용인 수
Y = 첨두시간 출근목적통행유입 Se = 추정의 표준오차
R^2 = 결정계수 t_D = 단순회귀계수 또는 부분회귀계수의 t값(유의수준 1%)

A식은 R^2이 거의 1.00에 가까우며 회귀계수(+0.93)의 부호와 크기가 매우 합리적이라 판단된다. 또 유의수준 1%에서 t 분포의 크기가 2.987이며, 회귀계수에 대한 t 값이 42이므로 이 값은 유의수준 1%에서 유의하다. B식은 A식에 비해 유효성이 떨어진다. 왜냐하면 R^2값이 작고 상수값 507.7이 너무 커서 X_2값이 작을 때 Y값이 과대평가되어 합리적이지 못하다.

C식은 A식보다 R^2값이 조금 크고 Se값은 작으면서 2개의 부분회귀계수가 1% 유의수준에서 모두 유의하며(자유도 13에서 t_D값은 3.01이므로), 상수항이 0에 가까워서 X_2, X_3 값이 매우 작을 때도 통행이 과대예측되지 않는다. C식과 A식은 통계적으로 그 유효성이 비슷하기 때문에 어느 식을 선택할 것인가 하는 결정은 자료수집에 소요되는 노력 및 비용과 설명변수 예측의 용이도에 따라 좌우된다. 이 경우 A식이 더 간단하므로 이것을 선택하는 것이 좋다.

D식의 R^2값은 네 가지 모형식 중에서 가장 크며 Se값은 가장 작다. 그러나 이 식은 통행유입 예측모형식으로 사용될 수 없는 성격을 가지고 있다. 왜냐하면 X_3의 계수인 -0.37은 합리성이 결여되었기 때문이다. 이 계수에 의하면 어떤 존의 소매 및 서비스업 고용인 수가 100명이 증가하면 출근목적통행유입은 37통행이 줄어든다는 말이 된다. 또 1% 유의수준에서의 t 값(자유도 12일 때) 3.06이므로 이 값보다 큰 부분회귀계수를 가지는 X_2의 회귀계수만이 통계적으로 유의하다. D식은 회귀모형식의 유효성을 나타내는 기준으로 R^2 하나만을 사용하면 매우 위험하다는 사실을 명확히 보여준다.

끝으로 통행발생 회귀분석에서 가장 중요한 것은 설명변수와 종속변수 간에 분명한 인과관계가 존재하는가를 검토하는 일이다. 인간의 토지이용활동의 강도와 통행발생과의 관계는 아주 밀접하기 때문에 통행발생 모형식의 유효성은 쉽게 평가될 수 있다. 그러나 많은 조사연구에서 보면, 통행발생 모형이 매우 복잡하여 통계적으로는 유효성이 있을지 모르나 인과관계의 관점에서 보면 그 타당성에 의심스러운 것이 많다. 예를 들어 어떤 교통계획 조사에서 다음과 같은 통행유출 모형식을 얻었다고 하자.

$$출근목적통행유출 = 0.46(인구) + 0.28(학생 수) + 0.43(제조업 고용인 수)$$

이 식에서와 같이 학생 수와 제조업 고용인 수는 논리적으로 볼 때 출근목적통행유출과 아무런 인과관계가 없고, 학생 수는 그 존의 등교목적통행유출과 관계가 있으며, 제조업 고용인 수는 그 존의 통행유입과 관계된다고 볼 수 있다.

또 하나의 중요한 사실은 회귀모형식의 안정성이다. 회귀식은 기준연도의 토지이용에 기초를 둔 통행유출과 통행유입을 구하기 위하여 개발된 것이다. 따라서 정확한 예측을 하기 위해서는 각 설명변수의 회귀계수가 시간이 경과하더라도 변하지 않아야 한다. 예를 들어 다음과 같은 통행유입 예측모형을 생각해 보자.

$$첨두시\ 출근목적통행유입 = 61.4 + 0.93(고용인\ 수)$$

여기서 0.93이란 계수는 이 존 내에서 근무하는 고용인 수의 93%가 첨두시간에 그 존으로 유입되고, 나머지는 비첨두시간에 유입되거나 휴가, 출장 등으로 출근하지 않는다는 것을 의미한다. 만약 앞으로 20년 후에 주 4일 근무제가 보편화되면 이 값이 변할 수도 있다. 또 통신수단이나 컴퓨터가 발달하여 가정에서 업무를 보는 경우가 많아지면 이 계수는 또 더 낮아질 수도 있다.

도시인구가 계속 증가하고 근무시간이 단축되면 비근무통행이 상대적으로 많아지므로 이것 또한 이 계수를 변화시키는 요인이 된다. 따라서 통행수요를 예측하기 위해서는 이러한 회귀계수의 변화추세를 감안해서 모형식을 사용해야 한다.

3 카테고리 분석법

카테고리 분석법(category analysis)은 일명 교차분류 분석법(cross classification analysis technique)이라고도 하며 토지이용 및 사회경제변수가 변함에 따른 통행량의 변화를 측정하는 통행발생 예측기법이다. 설명변수를 사용하는 방법은 다중회귀분석법과 어느 정도 유사하다. 이 방법은 셀(곡선상의 한 점을 나타내는 값)에 나타나는 값이 어떤 분포를 가지는 값들의 평균값인지를 고려하지 않기 때문에 근본적으로 비모수(nonparametric) 통계분석이라 할 수 있다.

이 방법은 회귀분석법에서는 찾아볼 수 없는 몇 개의 장점을 가지고 있다. 이 모형은 여러 개의 곡선군을 이용하여 다른 변수는 일정하다고 가정하고 한 설명변수의 변화효과를 명확하게 나타내므로 설명변수의 중요성을 파악하기가 쉽다. 다중회귀법에서는 유의수준이나 부분상관계수로 설명변수의 영향력을 나타내기 때문에 그 변수의 중요성을 한 눈에 알기가 어렵다. 이 기법의 또 다른 장점은 설명변수와 종속변수 간의 선형성(linearity)에 대한 가정이 필요 없다는 것이다. 그러므로 이 기법은 설명변수의 효과가 선형이 아니거나 실제의 형상을 모를 때 적용해도 좋다.

그러나 이 방법이 가지는 최대의 단점은 총 변동량 중에서 설명변수에 의해 설명되는 변동량을 알 수가 없으며, 또 각 셀에 사용되는 평균값이 어떤 분포를 가지는 값들의 평균인지 확인할 방법이 없다는 사실이다. 만약 이 분포가 심하게 편의(bias)된 것이라면 셀 값이 의미를 가지기 위해서는 표본수가 매우 커야 할 필요가 있다. 또 다른 단점은 선택되는 설명변수가 완전히 독립이 아닐 가능성이 있어 결과적으로 상관관계나 예측결과가 잘못될 경우가 충분히 있다.

이 기법은 맨 처음 1967년 런던 통행조사(London Travel Survey)에서 처음 사용된 후 꾸준히 개량되어 왔으며, 1977년 미국 교통부의 연방도로국 통행생성 모형(FHWA Trip Production Model)에서 주거지통행발생을 예측하는 데 사용된 바 있다.[6] 통행생성을 예측하기 위해서는 맨 처음 가구의 평균수입, 자동차 보유대수, 가구생애 중의 단계 및 가족수와 같은 기본적인 특성을 소득자료와

O – D 조사로부터 얻는다. 이러한 자료를 근거로 하여 가구들을 각 특성별로 몇 개의 카테고리로 분류한 다음, 이 매트릭스의 각 셀에 대한 평균통행발생률을 계산하여 이를 장래 상황에 적용시킨다.

통행유인을 예측하기 위해서는 활동의 종류와 강도에 따라 교통유인원을 몇 개의 카테고리로 분류하여 분석한다. 그러나 통행발생이 토지나 가구까지의 교통접근성에 따라 어느 정도 달라진다고 여겨지지만 이 기법에서는 아직 이에 대한 것을 고려하지 않고 있다.

통행생성 모형(이것은 통행유출과 다름에 유의해야 한다)은 O – D 조사자료를 이용하여 개발한 4개의 순차적인 하부 모형으로 구성된다. 이때 O – D 조사에 포함되는 내용 중 대표적인 것을 예시하면, 존별, 표본가구별 소득, 자동차 보유대수, 통행수(목적별) 등이다. 4개의 하부 모형은 다음과 같은 것이다.

① 소득 수준 하부 모형: 어떤 평균소득 수준을 가진 존 내에서 고소득, 중소득, 저소득 가구의 분포를 %로 나타낸 것이다([그림 15.6]).
② 자동차 보유대수 하부 모형: 어떤 소득을 가진 가구들 중에서 0대, 1대, 2대의 자동차를 가진 가구의 비율을 %로 나타낸다([그림 15.7]).

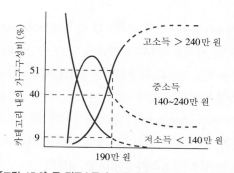

[그림 15.6] 존 평균소득과 소득카테고리 내의 가구구성비

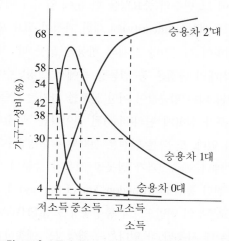

[그림 15.7] 소득카테고리 및 자동차 보유대수별 가구구성비

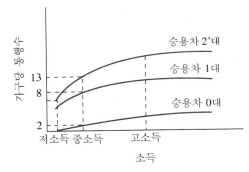

[그림 15.8] 소득카테고리 및 자동차 보유대수별 가구당 통행수

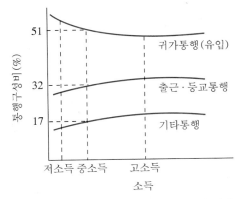

[그림 15.9] 소득카테고리 및 통행목적별 통행구성비

③ 통행발생 하부 모형: 어떤 소득과 어떤 특성(예를 들어, 자동차 보유대수)을 가진 가구가 만드는 평균통행수를 나타낸다([그림 15.8]).

④ 통행목적 하부 모형: 어떤 소득을 가진 가구가 만드는 통행 중에서 통행목적별 구성비율을 나타낸다([그림 15.9]).

이와 같은 곡선을 만들기 위해서는 곡선상의 한 점이 적어도 25개 이상 표본의 평균값(셀의 값)이 되어야만 통계적으로 정밀도를 보장할 수 있다. 조사자료로부터 이와 같은 곡선이 작성되면 이를 이용해서 통행생성을 예측할 수 있다.

이 방법은 가구의 특성을 기초로 하여 통행생성을 구하고, 이와 별도로 토지이용특성을 기초로 하여 통행유인을 구하기 때문에 회귀분석에서처럼 통행유출이나 유입별로 구할 수가 없다. 통행생성이란 유입되는 귀가목적통행도 포함된 것이므로 귀가를 별도의 통행목적으로 분류하는 경우에는 이 방법을 사용할 때 매우 주의해야 한다. 즉 지금까지 설명한 방법으로 통행생성을 구하면 여기에는 통행유입에 해당되는 귀가목적통행도 구해지는 결과가 된다. 마찬가지로 또 다른 변수와 일련의 곡선을 이용해서 통행유인을 구한다면 통행유출에 해당되는 귀가목적통행을 구한 것이 된다. 따라서 여기서 구한 통행생성과 통행유인의 값에서 귀가목적을 분리하여 귀가목적의 통행유출과 통행유입의 값을 알 수 있다.

예제 15.1 어느 도시의 교외지역에 있는 어떤 존의 장차 예상 가구수는 60세대이며 가구당 월평균 소득은 190만 원이다. [그림 15.6]~[그림 15.9]에 나타난 특성을 장차 계획연도의 이 존에 적용할 수 있다고 가정한다면, 이 존에서의 각 통행목적별 통행생성량(trip production)을 구하라.

풀이 (1) 소득 수준별 가구의 구성비를 구한다. 존 평균가구당 소득이 월 190만 원일 때 각 소득계층별 가구의 분포를 [그림 15.6]에서 구하면 다음과 같다.

소득 수준별 가구수

소득 수준	가구구성비(%)	가구수
저소득층(월 140만 원 미만)	9	5
중소득층(월 140~240만 원)	40	24
고소득층(월 240만 원 초과)	51	31

(2) 각 소득 수준 카테고리의 가구당 자동차 보유대수에 따른 가구의 구성비를 [그림 15.7]을 이용해서 구하면 다음과 같다.

소득 수준별·가구당 자동차 보유대수별 가구구성비(%)

소득 수준	가구당 자동차 보유대수		
	0	1	2^+
저소득	54	42	4
중소득	4	58	38
고소득	2	30	68

예를 들어 이 존에 있는 60가구 중에서 고소득층이 31세대이며, 이 가운데 자동차 보유대수가 2대 이상인 가구는 31 × 0.68 = 21세대이다. 이 표와 앞 표를 이용하여 소득 수준별·가구당 자동차 보유대수별 가구수를 나타내면 다음과 같다.

소득 수준별·가구당 자동차 보유대수별 가구수

소득 수준	가구당 자동차 보유대수			계
	0	1	2^+	
저소득	3	2	0	5
중소득	1	14	9	24
고소득	1	9	21	31

(3) 각 소득 수준 및 자동차 보유대수 카테고리에 해당되는 가구들의 가구당 통행생성량을 [그림 15.8]을 이용해서 구하면 다음과 같다.

소득 수준별·가구당 통행생성량

소득 수준	가구당 자동차 보유대수		
	0	1	2^+
저소득	1	6	7
중소득	2	8	13
고소득	3	11	15

(4) 앞의 두 표의 각 셀에 대응하는 값을 곱하여 각 소득 수준별 통행생성량을 구할 수 있다. 즉,

저소득층: $(3 \times 1) + (2 \times 6) + (0 \times 7)$ = 15 통행
중소득층: $(1 \times 2) + (14 \times 8) + (9 \times 13)$ = 231 통행
고소득층: $(1 \times 3) + (9 \times 11) + (21 \times 15)$ = 417 통행
계　　　　　　　　　　　　　　　663 통행

(5) 각 소득 수준별로 통행목적별 통행의 구성비를 [그림 15.9]를 이용해서 구하면 다음과 같다.

소득 수준별·통행목적별 통행구성비(%)

소득 수준	통행목적		
	출근·등교통행유출	기타 통행유출	귀가(통행유입)
저소득	30	15	55
중소득	32	17	51
고소득	34	18	48

(6) 각 소득 수준별 통행생성량에 위의 표에서 얻은 구성비를 곱하여 각 소득 수준별 통행목적별 통행생성량을 구한다.

소득 수준별·통행목적별 통행생성량

소득 수준	통행목적			계
	출근·등교통행유출	기타 통행유출	귀가(통행유입)	
저소득	5	2	8	15
중소득	74	39	118	231
고소득	142	75	200	417
계	221	116	326	663

4 비집계모형

보다 정확한 통행수요를 예측하기 위하여 지금까지 비집계모형(disaggregate model)의 분야에서도 괄목할 만한 연구가 이루어졌다. 집계모형과 비집계모형의 근본적인 차이점은 자료의 효율성에 있다. 집계모형은 보통 존이라는 단위로 집계된 가구면접 O－D 자료를 이용하여 모형을 개발하고 그 모형을 이용하여 평균값을 예측한다. 비집계모형은 가구의 종류와 통행행태의 범위 내에서 수집된 표본자료를 집계하지 않고 직접 모형을 calibration하는 데 사용한다. 행태비집계모형의 장점은 다음과 같다.[8]

- 모형을 calibration하는 데 필요한 자료가 적다.
- 지역분석 또는 세부적인 교통축분석과 같이 매우 다른 상황의 전환이 가능하다.
- 도시 간의 전환이 가능하다.
- 집계모형에서 다루기 어려운 비선형관계를 나타낼 수 있다.
- 자료를 더욱 신속하게 평가하고 분석할 수 있으며, 또 시의적절하게 상관관계를 발전시킬 수 있다.

- 이해하기가 쉽다.
- 효율적으로 점검하고 수정할 수 있다.

15.5 통행분포의 예측

통행분포의 예측은 통행발생 단계에서 예측된 각 존의 통행유출과 통행유입을 결부시켜 존 간의 통행수를 예측하는 과정이다. 어떤 존에서 유출되는 통행이 어느 존으로 얼마나 유입되는가 하는 것은 사람의 통행행태를 유추하여 모형화함으로써 예측할 수 있다.

통행분포의 패턴은 통행목적에 따라 다르며, 따라서 예측은 통상 통행목적별로 행하여진다. 분포모형에는 Fratar법, 중력모형(gravity model), Entropy 모형, 기회모형(opportunity model) 등이 있다.

15.5.1 통행분포 예측모형

1 Fratar법

이 방법은 1954년 Thomas J. Fratar에 의해서 제시된 것으로서 현재의 통행분포자료와 성장계수를 사용하여 통행분포를 예측하는 것이다.[11]

이 방법은 요즈음에 와서 광범위한 분포모형으로 거의 사용되지 않으나, 조사지역의 외부지점을 연결하는 외부-외부통행을 다루는 데에는 매우 유용하다고 알려져 있다. Fratar법과 유사하게 현재의 통행분포패턴에 성장률을 적용하여 분포를 예측하는 성장률법에는 이 밖에도 균일성장률법, 평균성장률법, Detroit법 등이 있다. Fratar법을 사용하는 과정은 다음과 같다.

① 각 존에 대한 장래의 통행유출(O_i) 및 통행유입(D_j)을 통행발생 모형에서 구하여 성장계수를 구한다. 성장계수는 기존 통행량에 대한 장래 통행량의 비로 간단히 나타낼 수 있다.

② 어떤 통행목적에 대한 존 간의 현재 통행유출 또는 유입량 t_{ij}와 성장계수 F로부터 장래 통행유출 또는 유입량을 다음 공식을 사용하여 구한다.

$$T_{ij} = t_{ij} \cdot F_i \cdot F_j (L_i + L_j) / 2 \tag{15.13}$$

여기서 $F_i = O_i / o_i (i$존의 장래 통행유출량과 현재 통행유출량의 비)

$F_j = D_i / d_j (j$존의 장래 통행유입량과 현재 통행유입량의 비)

$$L_i = o_i / \sum_{j=1}^{n} t_{ij} \cdot F_j$$

$$L_j = d_j / \sum_{i=1}^{n} t_{ij} \cdot F_i$$

③ 이 값을 구하여 각 존의 통행유출과 통행유입을 구하면 맨 처음 예측된 통행유출 및 유입량과 차이가 난다. 이때 예측된 통행유출(O_i)과 통행유입(D_j)을 계산에서 구한 값(o_i, d_j)으로 나누

어 새로운 성장계수를 구한다.

④ ②와 ③의 과정을 반복하되 모든 성장계수가 1.0이 되거나 혹은 계산된 통행유출 및 통행유입량이 예측된 O_i와 D_j와 같아질 때까지 계속한다.

예제 15.2 1, 2, 3존에서 출근목적통행에 대한 통행유출 및 통행유입, 그리고 존 간의 통행량이 아래 왼쪽 그림에서 보는 바와 같이 조사되었다. 또 장래 통행발생 예측결과는 아래 오른쪽 그림과 같다. 이때 Fratar법을 사용하여 각 존 간의 장래 교차교통량을 구하라.

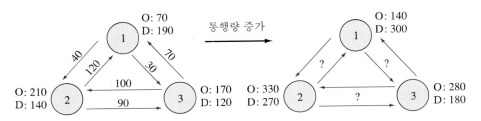

풀이 (1) 각 존의 유출·입통행량의 성장계수를 구한다.

유출: $F_{1j} = 140/70 = 2.0$ $F_{2j} = 330/210 = 1.57$ $F_{3j} = 280/170 = 1.65$

유입: $F_{j1} = 300/190 = 1.58$ $F_{j2} = 270/140 = 1.93$ $F_{j3} = 180/120 = 1.50$

(2) 통행량의 1차 분포:

$\underline{T_{12}}$

$$L_1 = \frac{70}{40 \times 1.93 + 30 \times 1.5} = 0.573 \qquad\qquad L_2 = \frac{140}{40 \times 2.0 + 100 \times 1.65} = 0.571$$

$$T_{12} = 40 \times 2.0 \times 1.93(0.573 + 0.571)/2 = 88$$

$\underline{T_{13}}$

$$L_1 = 0.573 \qquad\qquad\qquad\qquad L_3 = \frac{120}{30 \times 2.0 + 90 \times 1.57} = 0.596$$

$$T_{13} = 30 \times 2 \times 1.5(0.573 + 0.596)/2 = 53$$

$\underline{T_{21}}$

$$L_2 = \frac{210}{120 \times 1.58 + 90 \times 1.5} = 0.647 \qquad L_1 = \frac{190}{120 \times 1.57 + 70 \times 1.65} = 0.625$$

$$T_{21} = 120 \times 1.57 \times 1.58(0.647 + 0.625)/2 = 189$$

$\underline{T_{23}}$

$$L_2 = 0.647 \qquad\qquad\qquad\qquad L_3 = 0.596$$

$$T_{23} = 90 \times 1.57 \times 1.5(0.647 + 0.596)/2 = 132$$

$\underline{T_{31}}$

$$L_3 = \frac{170}{70 \times 1.58 + 100 \times 1.93} = 0.56 \qquad L_1 = 0.625$$

$$T_{31} = 70 \times 1.65 \times 1.58(0.56 + 0.625)/2 = 108$$

$\underline{T_{32}}$

$L_3 = 0.56$ $L_2 = 0.571$

$T_{32} = 100 \times 1.65 \times 1.93(0.56 + 0.571)/2 = 180$

이를 종합하여 새로운 성장계수를 구한다.

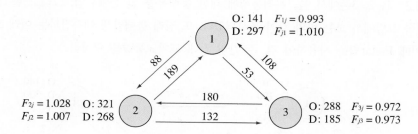

(3) 통행량의 2차 분포:

$\underline{T_{12}}$

$$L_1 = \frac{141}{88 \times 1.007 + 53 \times 0.973} = 1.006 \qquad L_2 = \frac{268}{88 \times 0.993 + 180 \times 0.972} = 1.022$$

$T_{12} = 88 \times 0.993 \times 1.007(1.006 + 1.022)/2 = 89$

$\underline{T_{13}}$

$L_1 = 1.006$ $L_3 = \dfrac{185}{53 \times 0.993 + 132 \times 1.028} = 0.982$

$T_{13} = 53 \times 0.993 \times 0.973(1.006 + 0.982)/2 = 51$

$\underline{T_{21}}$

$$L_2 = \frac{321}{189 \times 1.01 + 132 \times 0.973} = 1.005 \qquad L_1 = \frac{297}{189 \times 1.028 + 108 \times 0.972} = 0.992$$

$T_{21} = 189 \times 1.028 \times 1.01(1.005 + 0.992)/2 = 196$

$\underline{T_{23}}$

$L_2 = 1.005$ $L_3 = 0.982$

$T_{23} = 132 \times 1.028 \times 0.973(1.005 + 0.982)/2 = 131$

$\underline{T_{31}}$

$L_3 = \dfrac{288}{108 \times 1.01 + 180 \times 1.007} = 0.992$ $L_1 = 0.992$

$T_{31} = 108 \times 0.972 \times 1.01(0.992 + 0.992)/2 = 105$

$\underline{T_{32}}$

$L_3 = 0.992$ $L_2 = 1.022$

$T_{32} = 180 \times 0.972 \times 1.007(0.992 + 1.022)/2 = 177$

이를 종합하고 새로운 성장계수를 구한다.

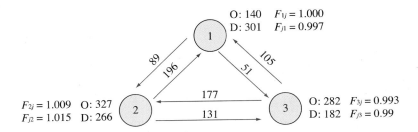

(4) 이와 같은 과정을 반복하여 얻은 최종적인 결과는 다음과 같다.

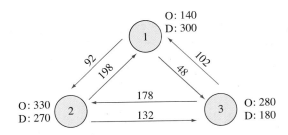

2 중력모형

중력모형(gravity model)은 교통계획에서 통행분포를 예측하는 기법으로 가장 널리 이용되는 모형이다. 이것은 Newton의 만유인력법칙을 사회현상에 적용시켜 어떤 목적통행에 관한 존 간의 교차통행량을 존의 통행유출과 통행유입 및 존 간의 물리적, 시간적, 경제적 거리로 설명하려는 모형이다. 즉 존 간의 통행량은 출발지존과 목적지존의 교통활동에 비례하고, 존 간의 거리에 반비례한다는 가정에서 출발한 것이다. 이러한 개념을 간단한 수식으로 표시하면 다음과 같다.

$$I_{ij} = \frac{K \times P_i \times P_j}{D^n} \tag{15.14}$$

여기서 I_{ij}: i와 j 간의 상호작용

$\quad\quad P_i$: i의 인구

$\quad\quad P_j$: j의 인구

$\quad\quad D$: i와 j 간의 거리

$\quad\quad K, n$: 상수

이와 같은 개념은 그 후에 더욱 정교한 모형으로 발전되었고, 특히 Voorhees는 거리의 영향을 일정한 지수로 나타내었으며, 그 후에는 통행목적에 따라 서로 다른 값의 지수를 사용할 필요성을 인식하게 되었다.[12]

현재 사용되고 있는 중력모형은 기점에서 유출되는 통행과 목적지로 유입되는 통행이 다음과 같은 요인에 정비례한다는 가정에 근거를 두고 있다.

- 어떤 목적통행의 출발지에서의 총 유출량
- 어떤 목적통행의 목적지에서의 총 유입량

・Calibration 항

・사회경제 보정계수

이러한 관계를 수식으로 표시하면 다음과 같다.

$$T_{ij} = C \cdot O_i \cdot D_j \cdot F_{ij} \cdot K_{ij} \tag{15.15}$$

여기서 T_{ij}: i에서 유출되어 j로 유입되는 어떤 목적통행량

　　　　C: 상수

　　　　O_i: i에서 유출되는 어떤 목적통행량

　　　　D_j: j로 유입되는 어떤 목적통행량

　　　　F_{ij}: i, j 간의 마찰계수를 나타내는 calibration 항

　　　　K_{ij}: i, j 간의 사회경제 보정계수

　　　　i: 출발지존 번호

　　　　j: 목적지존 번호

i 출발지에 대한 C값(C_i)은 출발지 i에서 여러 존으로 유출되는 모든 통행량(T_{ij})을 합한 것이 O_i와 같다고 놓음으로써 얻을 수 있다. 즉,

$$O_i = \sum_{j=1}^{n} T_{ij} = \sum_{j=1}^{n} (C_i \cdot O_i \cdot D_j \cdot F_{ij} \cdot K_{ij}) = C_i \cdot O_i \sum_{j=1}^{n} (D_j \cdot F_{ij} \cdot K_{ij}) \tag{15.16}$$

따라서

$$C_i = \frac{1}{\sum_{j=1}^{n} (D_j \cdot F_{ij} \cdot K_{ij})} \tag{15.17}$$

그러므로

$$T_{ij} = \frac{O_i \cdot D_j \cdot F_{ij} \cdot K_{ij}}{\sum_{j=1}^{n} (D_j \cdot F_{ij} \cdot K_{ij})} \tag{15.18}$$

이 식은 중력모형의 표준형이다. F_{ij}항은 calibration 항으로서 통행저항의 역지수함수로 나타낸다. 이 모형으로부터 계산되는 결과를 합산하면 통행유출량과는 일치하지만 통행유입량에 대해서는 일치하지 않는다. 따라서 이 둘을 모두 일치시키려면 반복적인 계산이 필요하다.

각 통행목적별로 파라미터를 구하기 위해서는 수집된 통행패턴자료를 이용하여 이 모형을 calibration해야 한다. 이 파라미터는 통행시간계수로서 calibration은 이 F_{ij}를 반복해서 보정해 주는 것을 말한다. 이 보정은 중력모형을 기준연도의 통행유출과 통행유입에 적용했을 때 모형에서 나온 통행길이별 통행의 비율과 O-D 조사의 결과를 비교하여 같아질 때까지 F_{ij}값을 계속 수정해 준다.

[그림 15.10]은 비가정기반통행에 대한 calibration에서 반복 보정된 통행시간계수의 예를 보인

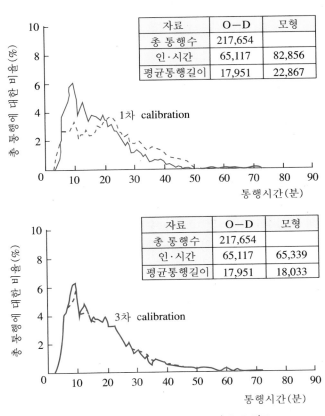

자료	O−D	모형
총 통행수	217,654	
인·시간	65,117	82,856
평균통행길이	17,951	22,867

자료	O−D	모형
총 통행수	217,654	
인·시간	65,117	65,339
평균통행길이	17,951	18,033

[그림 15.10] 중력모형의 calibration과 O−D 비교

것이다. 이 그림에서 볼 수 있는 바와 같이 세 번째의 calibration이 끝난 후에는 개인통행시간과 평균통행길이가 실제 관측값과 거의 일치함을 알 수 있다.

중력모형이 완전히 calibration되려면 기준연도의 존 간 통행교차량값과 모형에서 나온 값을 일치시키기 위해서 사회경제 보정계수 K_{ij}의 적용이 필요한지를 검토해야 한다. 이 존 간 보정계수는 통행양단 간의 통행교차현상에 대해서 아직 설명되지 않은 변동량, 즉 일반적인 함수관계로 표시할 수 없는 존 간의 특수관계를 나타내는 것으로서 이러한 특성이 통행발생에는 영향을 미치지 않는다고 가정을 한다. 이 값은 기준연도의 O−D 조사에 의한 존 간 통행량과 모형에서 나온 존 간 통행량의 비로 나타내어 장래 예측을 하는 모형에 그대로 사용된다. 여기서 K_{ij}값을 1로 한 모형을 Voorhees 모형이라 한다.

중력모형을 사용하여 통행분포를 예측할 때 F 계수는 교통네트워크가 변하여 통행시간이 달라질 때 한해서만 변한다. K 계수는 장차 예상되는 그 존의 사회·경제 특성 변화에 따라 달라질 수도 있고 변하지 않을 수도 있다.

존 간의 통행시간의 영향을 나타내는 F 계수는 통상 반(半)대수(semi-log) 곡선으로 나타내며 그 함수는 다음과 같은 모양을 가진다.

$\cdot F = t^{-\beta}$

- $F = e^{-\beta t}$
- $F = t e^{-\beta t}$
- $F = 1/(\beta + t)$

중력모형의 변형으로서 O_i와 D_j 항에 지수를 붙인 것이나, 앞에서 설명한 기본모형에 다른 여러 가지 요인을 첨가한 모형도 있다. 그중 대표적인 것이 추상수단모형(abstract mode model 또는 다항중력모형: multiterm gravity model)으로서 다음과 같은 모양을 가진다.

$$_mT_{ij} = aP_i^b \cdot P_j^c \cdot Q_i^e \cdot Q_j^f \cdot f\left(_mD_{ij}\right) \cdot f\left(_mZ_{ij}\right) \tag{15.19}$$

여기서 $_mT_{ij}$: i존과 j존 간 m 수단에 의한 어떤 목적통행량
  P, Q: 존 내의 활동강도(인구 및 고용자 수)
  $f\left(_mD_{ij}\right)$: i존과 j존 간 m 수단의 상대적 통행시간의 함수
  $f\left(_mZ_{ij}\right)$: i존과 j존 간 m 수단의 상대적 통행비용의 함수
  a, b, c, d, e, f: 매개상수

이 모형은 종래의 중력모형과 비교해 볼 때 다음과 같은 장점을 가지고 있다.

- 새로운 교통수단을 도입했을 때 기존수단이 받는 영향을 예측할 수 있다.
- 새로운 수단의 통행비용, 통행시간, 배차간격만 알면 모형을 이용할 수 있다.
- 총 통행수요 및 수단분담량이 동시에 예측된다.

이 모형은 구조상으로 볼 때 지수함수로 바꾸어 중회귀모형으로 취급할 수가 있다.

예제 15.3 3개 존으로 구성된 조사지역에서 출근목적통행에 대한 장래 각 존의 통행유출과 통행유입량, 그리고 존 간의 통행시간을 예측한 결과는 다음 표와 같다. 모든 존 간의 K_{ij}값은 1이라 가정을 하고 통행시간에 따른 F값은 마찬가지로 표에 나타나 있다. 1존의 내부통행시간이 존 간의 통행시간보다 큰 것은 그 존의 지형적 특성으로 지역 내의 접근성이 좋지 않거나 또는 도심지로서 혼잡한 상태를 나타낸다고도 볼 수 있다. 존 간의 교차통행을 분포시켜라.

조사지역 각 존의 통행유출 및 유입량(출근목적)

존	1	2	3	계
통행유출	140	330	280	750
통행유입	300	270	180	750

존 간의 통행시간(분)

존	1	2	3
1	5	2	3
2	2	6	6
3	3	6	5

통행시간(분)	1	2	3	4	5	6	7	8
F	82	52	50	41	39	26	20	13

풀이 (1) 중력모형을 사용하여 각 존 간의 통행량을 계산한다.

기본공식: $T_{ij} = O_i \left(\dfrac{D_j F_{ij} K_{ij}}{\displaystyle\sum_{j=1}^{n} D_j F_{ij} K_{ij}} \right)$ 여기서 모든 존 간의 $K_{ij} = 1$

$T_{1-1} = 140 \times \dfrac{300 \times 39}{300 \times 39 + 270 \times 52 + 180 \times 50} = 47$

$T_{1-2} = 140 \times \dfrac{270 \times 52}{300 \times 39 + 270 \times 52 + 180 \times 50} = 57$

$T_{1-3} = 140 \times \dfrac{180 \times 50}{300 \times 39 + 270 \times 52 + 180 \times 50} = 36$

계 $O_1 = 140$

(2) 같은 방법으로 2, 3존에 대해서 계산하면

$T_{2-1} = 188 \quad T_{2-2} = 85 \quad T_{2-3} = 57 \qquad$ 계 $O_2 = 330$

$T_{3-1} = 144 \quad T_{3-2} = 68 \quad T_{3-3} = 68 \qquad$ 계 $O_3 = 280$

(3) 이를 통행유출, 통행유입 매트릭스로 나타낸다.

1차 통행분포 매트릭스

존	1	2	3	O_i
1	47	57	36	140
2	188	85	57	330
3	144	68	68	280
계($C_{j(1)}$)	379	210	161	750
실제값(D_j)	300	270	180	750

따라서 계산된 각 존의 통행유입값이 주어진 실제값과 많은 차이가 난다.

(4) 아래 공식을 사용하여 각 존별 보정유입량을 계산한다.

$$D_{j(k)} = D_j \times \dfrac{D_{j(k-1)}}{C_{j(k-1)}}$$

여기서 $D_{j(k)}$: k번 반복했을 때 유입존 j의 보정유입총량(단, $k = 2$일 때 $D_{j(1)} = D_j$이다.)

$\qquad\quad C_{j(k)}$: k번 반복했을 때 유입존 j의 합산유입총량

$\qquad\quad D_j$: 유입존 j의 주어진 실제유입총량

$\qquad\quad k$: 실제유입총량과 합산유입총량을 일치시키기 위한 보정의 반복횟수

그러므로

존 1: $D_{1(2)} = 300 \times \dfrac{300}{379} = 237$

존 2: $D_{2(2)} = 270 \times \dfrac{270}{210} = 347$

존 3: $D_{3(2)} = 180 \times \dfrac{180}{161} = 201$

(5) 2차 보정유입량을 사용하여 2차 통행분포를 구한다.

$$T_{1-1} = 140 \times \frac{237 \times 39}{237 \times 39 + 347 \times 52 + 201 \times 50} = 34$$

$$T_{1-2} = 140 \times \frac{347 \times 52}{237 \times 39 + 347 \times 52 + 201 \times 50} = 68$$

$$T_{1-3} = 140 \times \frac{201 \times 50}{237 \times 39 + 347 \times 52 + 201 \times 50} = 37$$

계 $O_1 = 140$

$$T_{2-1} = 330 \times \frac{237 \times 52}{237 \times 52 + 347 \times 26 + 201 \times 26} = 153$$

$$T_{2-2} = 330 \times \frac{347 \times 26}{237 \times 52 + 347 \times 26 + 201 \times 26} = 112$$

$$T_{2-3} = 330 \times \frac{201 \times 26}{237 \times 52 + 347 \times 26 + 201 \times 26} = 65$$

계 $O_2 = 330$

$$T_{3-1} = 280 \times \frac{237 \times 50}{237 \times 50 + 347 \times 26 + 201 \times 39} = 116$$

$$T_{3-2} = 280 \times \frac{347 \times 26}{237 \times 50 + 347 \times 26 + 201 \times 39} = 88$$

$$T_{3-3} = 280 \times \frac{201 \times 39}{237 \times 50 + 347 \times 26 + 201 \times 39} = 76$$

계 $O_3 = 280$

(6) 이를 통행유출, 통행유입 매트릭스로 나타낸다.

2차 통행분포 매트릭스

존	1	2	3	O_i
1	34	68	38	140
2	153	112	65	330
3	116	88	76	280
계($C_{j(2)}$)	303	268	179	750
실제값(D_j)	300	270	180	750

아직도 $C_{j(2)}$와 D_j 간에는 조금 차이가 있다.

(7) 각 존별 제3차 보정유입총량을 계산한다.

존 1: $D_{1(3)} = 300 \times \dfrac{237}{303} = 235$

존 2: $D_{2(3)} = 270 \times \dfrac{347}{268} = 350$

존 3: $D_{3(3)} = 180 \times \dfrac{201}{179} = 202$

(8) 이를 이용하여 3차 통행분포량을 계산한다.

$$T_{1-1} = 140 \times \frac{235 \times 39}{235 \times 39 + 350 \times 52 + 202 \times 50} = 34$$

$$T_{1-2} = 140 \times \frac{350 \times 52}{235 \times 39 + 350 \times 52 + 202 \times 50} = 68$$

$$T_{1-3} = 140 \times \frac{202 \times 50}{235 \times 39 + 350 \times 52 + 202 \times 50} = 38$$

$$\text{계 } O_1 = 140$$

같은 방법으로 존 2, 3에 대해서 계산하면,

$T_{2-1} = 152 \qquad T_{2-2} = 113 \qquad T_{2-3} = 65 \qquad$ 계 $O_2 = 330$

$T_{3-1} = 114 \qquad T_{3-2} = 89 \qquad T_{3-3} = 77 \qquad$ 계 $O_3 = 280$

(9) 이를 통행유출 및 통행유입 매트릭스로 나타낸다.

3차 통행분포 매트릭스

존	1	2	3	O_i
1	34	68	38	140
2	152	113	65	330
3	114	89	77	280
$C_{j(3)}$	300	270	181	750
D_j	300	270	180	750

■

3 기타 통행분포 모형

중력모형이 널리 사용되고 있기는 하지만 이 밖에 통행자의 통행동기를 더욱 잘 나타내는 확률모형이 많이 개발되고 있다. 교통조사에서 많이 사용되는 확률모형에는 다음과 같은 것이 있다.

- 개재기회모형(intervening opportunity model)[주]
- 경쟁기회모형(competing opportunity model)

개재(介在)기회모형은 시카고 지역 교통조사와 관련되어 처음 사용된 것으로서, 이 모형의 기본적인 가정은 ① 어느 지점에서 출발한 통행자가 다른 어느 지점을 목적지로 선택할 때, 모든 대상기회는 동등한 선택확률을 가진다. ② 통행자는 통행시간을 최소화시키는 목적지를 선택한다. 즉 통행자는 가깝거나 접근성이 높은 대상기회부터 시작하여 차츰 멀어지면서 목적지로서의 선택 여부를 검토하고 결정한다는 것이다. 즉 어떤 존이 가지는 통행의 도착기회는 통행목적지에 대한 접근성(accessibility)에 따라 평가되고, 또 순서가 정해진다. 그래서 합리적으로 행동하는 통행자가 순

주: intervening opportunity model을 간섭기회모형이라고도 하나, 이는 원어를 잘못 번역한 결과라 생각된다. 간섭한다는 의미가 아니라 단순히 사이에 끼인다는 의미로 개재기회모형이라 한다.

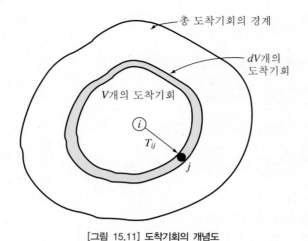

[그림 15.11] 도착기회의 개념도

서가 정해진 각 존의 통행 도착기회를 찾는 것을 확률로 나타낸다. 일반적으로 통행유입량을 그 존이 가지는 통행의 도착기회로 이용하는 경우가 많으나, 그 존의 도시활동도 도착기회로 이용될 수 있다.

이 가정에 따라 어느 존 i로부터 어떤 목적 통행이 [그림 15.11]에 보이는 바와 같은 dV개의 목적지 중에서 어느 하나에 도착할 확률은 다음과 같이 나타낼 수 있다.[34]

(dV개의 도착기회 중에서 어느 하나에 도착할 확률) = (V개의 도착기회 중에서 원하는 목적지가 없을 확률) × (dV개의 도착기회 중에서 원하는 목적지가 있을 확률)

이를 수식으로 표시하면

$$P(dV) = [1 - P(V)]f(V) \cdot dV \tag{15.20}$$

여기서 $P(dV)$: dV개의 도착기회 중에서 어느 하나에 도착할 확률(dV보다 가까운 곳에 있는 V개의 도착기회에는 원하는 목적지를 발견할 수 없으면서)

$P(V)$: V개의 도착기회 중에서 원하는 목적지가 있을 확률

$f(V) \cdot dV$: dV개의 도착기회 중에서 원하는 목적지가 있을 확률

V: 순서가 붙여진 V영역 내의 도착기회의 총화, 예를 들어 V_j는 i존에서 가까운 순서로 따져 j존까지의 모든 도착기회

목적지존을 j라고 할 때 식 (15.20)은 다음과 같이 변경된다.

$$\frac{dP(V_j)}{1 - P(V_j)} = f(V_j)\,dV \tag{15.21}$$

여기서 $f(V_j) = L$로 두고 이 식을 적분하여 풀면 다음과 같이 된다. 이때의 L값은 회귀분석으로부터 구할 수 있다.

$$P(V_j) = 1 - K_i \exp(-LV_j) \tag{15.22}$$

따라서 j 번째 존에 도착할 확률은 j 번째 존 이내에 목적지가 있을 확률 $P(V_j)$에 $j-1$ 번째 존 이내에 목적지가 있을 확률 $P(V_{j-1})$을 뺀 값과 같다. 즉,

$$P(V_j) - P(V_{j-1}) = K_i \left[\exp(-LV_{j-1}) - \exp(-LV_j) \right] \tag{15.23}$$

그러므로 출발존 i에서 도착존 j 간의 통행량 T_{ij}는 다음과 같다.

$$T_{ij} = K_i O_i \left[\exp(-LV_{j-1}) - \exp(-LV_j) \right] \tag{15.24}$$

여기서 $\sum_j T_{ij} = O_i$이며, 식 (15.24)에서

$$\sum_j T_{ij} = K_i O_i \sum_{j=1}^{n} \left[\exp(-LV_{j-1}) - \exp(-LV_j) \right]$$
$$= K_i O_i \left[\exp(-LV_0) - \exp(-LV_n) \right]$$

이다.

또 $V_0 = 0$이므로 결국 $\sum_j T_{ij} = O_i = K_i O_i [1 - \exp(-LV_n)]$이 되어

$$K_i = \frac{1}{1 - \exp(-LV_n)} \tag{15.25}$$

이 된다. 따라서 K_i는 존 i에서 생성된 모든 통행이 분포되는 존의 개수에 따라 달라진다. 예를 들어 O_i가 이 대상지역을 벗어나 무한대의 거리에 위치한 지역까지 분포된다고 가정한다면, $V_n = \infty$이므로 식 (15.24)에서 $K_i = 1$이 되고, 따라서 대상지역 내의 존에 대한 T_{ij}를 합한 값은 O_i보다 작아진다. 이와 같은 경우를 자유개재기회모형이라 한다. 그렇지 않고 O_i가 그 지역 내의 존에 모두 분포된다면 식 (15.24)는 다음 식 (15.26)과 같은 모형을 가진다. 이를 강제개재기회모형이라 한다.

$$T_{ij} = \frac{O_i \left[\exp(-LV_{j-1}) - \exp(-LV_j) \right]}{[1 - \exp(-LV_n)]} \tag{15.26}$$

이때에는 물론 T_{ij}를 합한 값이 O_i와 같으며 K_i 값은 1보다 커야 한다.

이 모형은 긴 통행과 짧은 통행에 따라 L 값이 다르기 때문에 통행비용(통행길이 또는 시간)에 따라 통행을 구분할 필요가 있으며, 장차 도착기회수가 증가할 때 짧은 통행량이 증가하기 때문에 장래 짧은 통행의 비율을 현재와 같은 수준으로 유지해 줄 필요가 있다.

Heanue와 Pyers는 여러 가지 통행분포기법을 비교하여 개재기회모형이 중력모형에 비해 정확도가 조금 떨어진다는 사실을 밝혀내었다. 그러나 중력모형에서 사회경제 보정계수를 사용하여 이를 보정하지 않는다면 기회모형보다 못하다고 보고하였다.[35]

한편 Blunden은 다음과 같은 경쟁기회모형을 개발하였다.

$$T_{ij} = O_i D_j \frac{\sum\limits_{k=1}^{n} a_k - \sum\limits_{k=1}^{m} a_k}{\sum\limits_{k=1}^{n} a_k \times \sum\limits_{k=1}^{m} a_k} \qquad (15.27)$$

여기서 a_k: k시간대에 위치한 도착기회

k: 어느 시간대

n: i존으로부터 가장 먼 시간대

m: j존이 포함된 시간대

여기서 존의 통행유입은 출발존 i로부터의 통행비용(시간 또는 거리)의 크기, 순서에 따라 합해진다.

Lawson과 Dearinger는 이 모형을 미국 켄터키 주의 렉싱턴시의 출근통행분포에 사용하였으나 calibration과 사용상의 난해함 때문에 여러 가지 다른 분포모형과 비교한 결과 중력모형이 가장 좋다는 보고를 한 바 있다.[36]

15.5.2 존 내부통행량의 예측

대부분의 통행분포 예측모형은 존 상호 간의 교차통행량을 예측하는 것으로서 존 간 소요시간, 비용 등을 산출할 때에는 존의 중심점(centroid)을 기준으로 하는 것이 보통이다. 그러므로 존 내부의 통행에 대해서는 그와 같은 평균소요시간이라든가 비용 등의 장래값을 산출하기가 곤란하다. 따라서 존 내부의 통행량은 별도로 예측해야 한다.

존 내부통행량은 각 존의 통행유출, 유입에 대한 내부통행의 비율을 구하여 적용하는 경우와 내부통행량을 직접 구하는 경우가 있다. 대부분의 경우 존 면적, 존 인구, 존의 접근성, 존의 통행유출입을 설명변수로 하는 회귀분석모형을 사용한다.

15.6 교통수단 분담의 예측

4단계 예측모형에서 제3단계는 교통수단을 선택하는 모형이다. 이 수단분담을 분석하는 목적은 통행에 이용되는 몇 가지 교통수단의 이용분담률을 예측하는 것이다. 도시지역에 있어서의 교통수단 분담이란 주로 지하철(전철), 버스, 택시, 자가용승용차에 대한 분담을 말한다.

사람이 통행을 만들 때 이용하는 교통수단의 선택은 다음과 같은 요인에 의해 좌우된다.

· 통행의 종류: 통행목적, 통행길이, 통행시간, CBD에 대한 방향 등
· 통행자의 특성: 성별, 연령, 직업, 소득 수준, 주거인구밀도, CBD까지의 거리, 자동차 보유대수 등
· 교통수단의 특성: 교통망의 특성, 서비스의 질, 운행빈도, 통행시간, 통행비용, 주차비용, 추가

통행시간(대기시간 등), 접근성

수단분담을 하나의 독립된 절차로 보아서는 안 된다. 실제상황에서 수단분담은 통행발생과 통행분포에 매우 밀접한 관련을 맺고 있다. 예를 들어 자가용승용차를 이용할 수 있으면 추가적인 통행이 발생되며, 또 그 차량을 얼마만큼 편하게 운전할 수 있는지에 따라 목적지가 달라질 수도 있다. 만약 자가용승용차 이용을 제한한다면 다른 교통수단을 이용하기보다는 통행발생 자체를 취소하는 경우도 많을 것이다.

도시교통수단의 이용자를 조사하는 데 있어서 수단선택을 더 정확하게 예측하기 위해서는 통행자를 2개의 부류, 즉 고정승객(captive rider)과 선택승객(choice rider)으로 나누어 생각한다. 고정승객이란 어떤 통행을 하는 데 있어서 자가용승용차를 이용할 수 없어서 부득이 대중교통수단을 이용할 수밖에 없는 승객을 말한다. 따라서 이들을 고정 대중교통승객(captive transit rider)이라 부르기도 한다. 선택승객이란 어떤 특정 통행목적에 대하여 자가용승용차와 대중교통수단을 마음대로 선택하여 이용할 수 있는 사람을 말한다. 선택승객 중에서 대중교통수단을 선택한 사람을 선택 대중교통승객(choice transit rider)이라 부른다.

통행발생에서 예측된 통행단을 이와 같이 고정승객과 선택승객으로 나누는 것을 고정수단 분담분석(captive modal split analysis)이라고 하며, 선택승객을 자가용승용차 이용자와 대중교통수단 이용자로 나누는 것을 선택수단 분담분석(choice modal split analysis) 또는 수단선택분석(modal choice analysis)이라고 한다. 일반적으로 고정수단 분담분석에서 고정승객과 선택승객의 신분은 통행자의 사회·경제 특성, 즉 소득 수준(승용차 보유대수), 성별, 연령, 가구구성원 수, 통행목적 등에 의해 좌우된다. 또 선택승객을 자가용 이용자와 대중교통 이용자의 비율로 나누는 데에는 경쟁하는 수단 간의 통행시간(차내시간, 차외시간), 운행비용, 주차요금, 승차요금, 정시성, 편리성, 쾌적성 등의 요인을 근거로 하여 구분된다.

고정승객을 자가용을 보유하지 않은 가구의 통행자로만 이해해서는 안 된다. 고정승객이란 이들뿐만 아니라 자가용을 보유하고 있으면서도 어떤 특정 통행목적에 자가용을 이용할 수 없는 통행도 포함된다. 예를 들면 어느 가구가 자가용승용차를 보유하고 있더라도 그 가구의 한 학생이 등교할 때 자가용을 이용하지 못하고(가장이 출근할 때 이용하므로) 버스를 이용할 수밖에 없다면 등교목적 통행을 분석할 때 그 학생은 고정 대중교통승객이 된다. 그러나 그 학생이 만약 대학원생이면서 집에 자가용이 여러 대이기 때문에 자가용으로 등교할 수 있다면 선택승객이 된다. 만약 이 학생이 자가용보다는 지하철이 편리하고 비용이 적게 들어 이것을 이용한다면 그 학생은 선택 대중교통승객이 될 것이다.

대중교통수단을 이용하는 통행자 중에서 고정승객과 선택승객의 비율은 대중교통수단의 개발이 안 되어 있는 소도시에서의 9 : 1 정도에서부터 대중교통이 잘 발달된 대도시의 3 : 1 정도까지 범위가 다양하다. 전자의 경우는 선택승객 중에서 대다수가 대중교통이용을 기피하는 현상을 나타낸 것이며, 이러한 도시의 교통계획조사에서는 선택수단 분담분석을 구태여 할 필요가 없을 것이다. 다시 말하면 고정수단 분담분석에서 나온 선택승객은 모두가 자가용승용차를 이용한다고 보면 될 것이다.

수단분담 모형을 개발한 초창기에는 이러한 고정 및 선택승객을 명확하게 구분하지 않았고, 주로 선택승객을 위주로 선택수단 분담을 예측했기 때문에 고정승객의 행태를 나타내기 어려웠다.

이 절에서는 수단분담 개념을 쉽게 이해하기 위해서 고정수단 분담예측을 하지 않고 선택수단 분담예측만을 하는 초기의 모형을 먼저 설명하고 다음에 고정수단 분담예측을 포함한 모형들을 설명한다. 그 다음에는 개인의 수단선택에 관한 행태에 기초를 둔 몇 개의 모형을 설명한다.

15.6.1 초기의 수단분담 모형의 종류

교통계획과정 중에서 수단분담이 수행되는 시점에 따라 수단분담 모형을 다음과 같이 네 가지로 분류한다.

① 수단분담이 통행발생 예측과 동시에 수행되며, 출발지존의 특성을 고려하여 각 존에서 어떤 수단을 이용하여 통행발생량을 예측한다.

② 수단분담이 통행발생과 통행분포 사이에서 수행된다. 출발지존 내의 자가용보유가구의 수단 선택은 가구당 자동차 보유대수에 따라 달라진다. 자가용을 보유하지 않은 가구는 대중교통수 단을 이용할 수밖에 없다(통행단 수단분담 모형).

③ 수단분담이 통행분포과정에서 동시에 이루어지며, 이때 분포는 수단별 통행시간뿐만 아니라 수요의 상대적인 탄력성 등과 같은 기능과 관계된다.

④ 수단분담이 통행분포와 교통배분과정 사이에서 이루어진다. 통행분포에서 대중교통과 자가용 승용차의 총 통행시간을 예측할 수 있으며, 이 통행시간과 통행비용을 근거로 하여 수단분담 을 한다(통행교차 수단분담 모형).

이들을 좀 더 자세히 설명하면 다음과 같다.

1 통행발생과정의 일부로서의 수단분담 모형

통행발생과정에서 이미 교통수단별로 통행발생을 예측하는 방법으로서 통행수요 예측모형이 개발될 초창기에 미국에서 사용되었으며, 영국에서도 작은 도시지역에서 자주 사용되었다. 일반적으로 출발지존 내의 승용차 보유대수, CBD에서부터 출발지존까지의 거리, 출발지존 내의 주거인구밀도 등을 근거로 하여 수단분담을 한다. 경우에 따라서는 출발지존에서 대중교통시설까지의 상대적인 접근도를 이 근거에 포함시키기도 한다.

[그림 15.12]는 수단별 직접통행발생모형을 이용한 교통계획과정을 나타낸 것이다. 이 방법에서 가장 문제가 되는 것은 맨 처음에 어떤 목적통행에 대한 유입통행의 교통수단을 예측하는 데 있다. 어떤 목적통행에 대한 유출통행의 교통수단은 해당 출발지존 주거인의 특성에 따라 예측될 수 있으나 그 존으로 유입되는 통행의 출발지는 통행발생단계에서 알 수 없으므로 부득이 유입통행에 사용되는 교통수단도 유입되는 존의 사회·경제 특성으로 나타낼 수밖에 없다. 그러나 일반적으로 유입통행에 사용되는 교통수단과 유입존의 특성과는 밀접한 상관관계가 있다고 보기 힘들다.

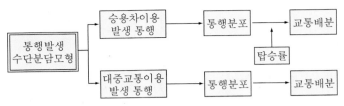

[그림 15.12] 통행발생과정의 일부로서의 수단분담 모형

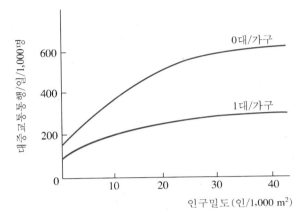

[그림 15.13] 인구밀도 및 승용차 보유대수별 대중교통이용 생성통행

또 이 방법은 대중교통망의 변화, 도로시스템의 개선, 경제적인 수단에 의한 자가용승용차 이용억제 등과 같은 것의 효과를 나타내기가 곤란하다. 일반적으로 이 모형은 장차 승용차의 이용을 과대예측하는 결과를 가져오고 교통배분과정을 거친 후에 독단적으로 수단분담을 다시 해야 할 경우가 생긴다. [그림 15.13]은 각 존의 모든 목적통행에 대한 인구밀도와 승용차 보유대수에 대한 인구 1,000명당 하루 대중교통이용 통행생성량을 나타낸다. 그림에서 보는 바와 같이 인구밀도가 증가할수록 대중교통이용 통행이 증가한다. 대중교통이용 통행유인량은 별도로 구해야 한다.

2 통행단 수단분담 모형

통행발생이 예측된 후에 각 교통수단을 이용하는 통행단의 비율이 통행단 수단분담 모형(trip-end modal split model)에 의해서 예측된다. [그림 15.14]는 이 모형을 이용하여 수단분담을 예측한 교통계획과정을 나타낸 것이다.

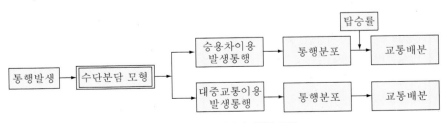

[그림 15.14] 통행단 수단분담 모형

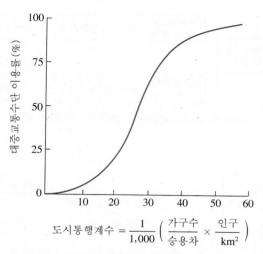

$$\text{도시통행계수} = \frac{1}{1,000} \left(\frac{\text{가구수}}{\text{승용차}} \times \frac{\text{인구}}{\text{km}^2} \right)$$

[그림 15.15] 도시통행계수와 대중교통수단 이용률

이때 예측의 근거가 되는 변수는 사회·경제 특성, 토지이용특성, 각 교통시스템의 서비스수준, 자가용대수 등이다. 이 방법은 총 통행발생이 통행수단과는 무관하다는 가정에 기초를 두고 있다. 이 모형으로 수단분담을 예측하는 과정은 다음과 같다.

- 통행목적별 개인통행유출과 유입을 구한다.
- 도시통행계수(UTF, urban travel factor)를 구한다.
- 수단분담곡선 [그림 15.15]를 사용하여 대중교통을 이용하는 통행의 비율을 구한다.
- 승차인원계수를 적용한다.
- 대중교통수단과 승용차의 차량통행을 따로 분포시킨다.

[그림 15.15]의 수단분담 예측모형은 2개의 변수, 즉 승용차 한 대당 가구수와 1 km²당 인구에 기준을 두고 있다. 이 2개의 변수를 곱한 것을 도시통행계수라 부른다. 대중교통수단을 이용하는 통행의 비율은 도시통행계수가 커질수록 증가하나 S 모양의 곡선형태를 나타낸다. 이 UTF 대신에 출발지존의 승용차 한 대당 인구를 사용해도 유사한 결과를 얻는다.[15]

회귀분석법을 이용해서도 기존의 통행행태를 수단분담에 영향을 주는 여러 가지 요인으로 나타낼 수 있다. 그러나 그러기 위해서는 회귀분석모형이 기존의 수단선택행태를 잘 설명해야 할 뿐만 아니라 장래를 예측함에 있어서 그 모형식이 수단선택에 영향을 주는 요인에 매우 민감해야 한다.

미국의 볼티모어 교통조사에 사용된 수단선택 모형식은 다음과 같다.

$$T = 1.29X_1 - 1.04X_2 + 0.53X_3 + 0.15X_4 - 102 \quad (R = 0.93) \tag{15.28}$$

여기서 T: 대중교통수단을 이용한 통행수

$\quad\quad X_1$: 발생존의 취업자 수

$\quad\quad X_2$: 발생존의 승용차 수

$\quad\quad X_3$: 대중교통서비스 지수

$\quad\quad X_4$: 발생존의 학생 수

통행단 수단분담 모형은 대중교통의 이용도가 낮은 곳에서는 적합치 않다. 왜냐하면 calibration에 사용되는 통행단의 수가 적기 때문에 매우 불안정한 통행분포 모형을 나타내기가 쉽다. 또 이 모형은 수단분담에 영향을 주는 교통시스템의 서비스 질을 전혀 고려하지 않기 때문에 결국 대중교통수단이 아니면 다른 수단이 없는 고정승객의 비중이 큰 경우에 사용하면 좋다. 일반적으로 대중교통 전체 통행 중에서 고정승객이 만드는 통행의 비율은 도시의 규모가 작을수록 커진다. 따라서 이 모형은 중·소도시에 주로 사용된다.

3 통행분포과정의 일부로서의 수단분담 모형

인간의 통행행태를 더욱 정확하게 모형화하고, 다른 예측기법의 단점을 보완하기 위해서 각 통행목적에 대해서 수단분담을 통행분포와 동시에 실시하는 모형이 개발되었다. 교통계획과정에서 이 방법을 사용하여 수단분담을 하는 과정이 [그림 15.16]에 나타나 있다. 이 방법은 SELNEC(South East Lancashire North East Cheshire) 계획조사에서 사용된 바 있으며, 2개의 통행수단이 목적지존에서 경쟁을 하는 경우에 사용되었다. 이 방법에 대한 좀 더 자세한 내용은 참고문헌 (16)과 (17)을 참고하기 바란다.

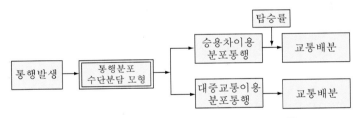

[그림 15.16] **통행분포과정의 일부로서의 수단분담 모형**

4 통행교차 수단분담 모형

이 방법은 존 간의 교차통행량을 예측하는 통행분포 이후에 수단분담을 실시하기 때문에 통행교차 수단분담 모형이라 한다. 또 통행분포 이후에 통행비용과 통행의 서비스수준을 수단분담의 기준으로 사용할 수 있기 때문에 교통계획조사에 가장 많이 이용되는 방법이다. 교통시스템의 서비스수준의 기준으로 사용되는 변수에는 상대적인 통행시간, 상대적인 통행비용, 통행자의 경제적 수준, 상대적인 통행서비스 등이 있으나 교통계획과정이 매우 복잡하기 때문에 통행시간 하나만으로 수단분담을 예측하는 경우가 많다. 이 방법은 통행분포 이후에 수단분담을 하기 때문에 선택통행(choice trip)의 수단선택기준이 교통시스템의 서비스 질을 고려할 수 있어 선택통행의 수단분담을 예측하는 데 적절하다. [그림 15.17]은 이 방법을 이용하여 수단분담을 한 교통계획과정을 나타낸 것이다.

가장 간단하게 수단분담을 구하는 방법은 통행시간비(대중교통시간/승용차시간) 또는 통행시간 차이(통행수단 간)를 가지고 전환곡선(diversion curve)에서 찾는 방법이다. [그림 15.18]은 이와 같은 전환곡선의 예를 보인 것이다.

수단분담은 통행시간비 이외에도 많은 요인이 포함되기 때문에 모든 곡선이 다 똑같지는 않으나 통행시간비가 커지면 대중교통의 분담률이 감소되는 경향을 나타내기는 마찬가지이다. 수단분담을

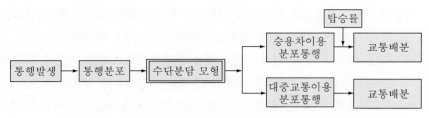

[그림 15.17] 통행교차 수단분담 모형

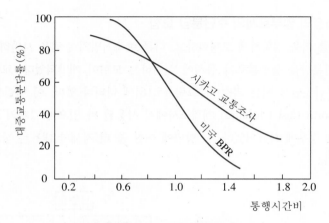

[그림 15.18] 통행시간비에 따른 대중교통분담률

자료: 참고문헌(15)

더 정확하게 얻기 위해서는 각 통행목적별로 별도로 전환곡선을 사용하는 것이 좋다. 이와 같은 전환곡선을 이용하여 간단히 수단분담을 구한다는 것은 도로의 혼잡이나 대중교통운행의 질이 수단분담에 미치는 영향만을 나타내기 때문에 주차요금이나 도로통행료와 같은 요인이 수단분담에 미치는 영향은 나타내지 못한다. 따라서 실제상황을 더욱 정확하게 모형화하려면 통행시간비 대신 통행비용비를 사용하는 것이 더 좋다.

전환곡선을 사용하지 않고 수리적 모형을 사용하여 수단분담을 예측하는 방법에는 NCHRP에서 개발한 QRS 방법(Quick Response Urban Travel Estimation Techniques)이 있다. 이 방법은 다음과 같은 관계식을 사용한다.

$$MS_a = \frac{I_{ijt}^b}{I_{ija}^b + I_{ijt}^b} \times 100 \tag{15.29a}$$

$$MS_t = 100 - MS_a \tag{15.29b}$$

여기서 $MS_a = i$존에서 j존으로 향하는 통행량 중에서 승용차를 이용하는 비율

$MS_t = i$존에서 j존으로 향하는 통행량 중에서 대중교통을 이용하는 비율

$I_{ijm} = i, j$존 간에서 m 수단통행의 통행저항 = [탑승시간(분)+2.5 × 추가시간(분)+(3 × 통행비용/1분당 소득)] = 총 통행비용을 등가시간(분)으로 나타낸 값

$b =$ 통행목적에 따른 계수

탑승시간이란 차량에 승차하여 통행한 시간을 말하며, 추가시간은 대기시간, 수단에 접근하기 위해 또는 환승을 위해 걷는 시간 등 차량에 승차하지는 않고 통행을 위해 소비된 시간을 말한다. 통행저항값은 한 쌍의 존마다 구해지며, 각 수단을 이용해서 통행을 하는 데 소요되는 비용의 등가시간을 나타낸다. 이때의 시간가치는 연간소득과 연간근무시간(1년에 120,000분)을 이용해서 나타낸다. 이 방법을 사용해서 수단분담을 예측하는 데 필요한 자료는 ① 수단별 존 간의 주행거리, ② 요금, ③ 승용차 운행의 실지출비용, ④ 주차요금, ⑤ 수단별 속도, ⑥ b계수(calibration에서 얻어짐), ⑦ 연간소득, ⑧ 추가시간 등이다.

예제 15.4 교외지역의 존 1과 CBD 지역의 존 2 간의 통행에서 수단분담을 구하려고 한다. 출근목적통행 때의 관측된 자료는 다음과 같으며 이 목적통행의 b계수는 2.0이다. 1존에서 거주하는 사람(출근자)의 연평균소득은 800만 원이다.

존 1, 2 사이의 통행자료

구분	승용차(a)	버스(t)
거리	10 km	8 km
km당 운행비용	100원	30원
추가시간	5분	8분
주차비용	한 통행당 500원	–
운행속도	50 kph	40 kph

풀이

$$I_{12a} = \left(\frac{10}{50} \times 60\right) + (2.5 \times 5) + \left(\frac{3 \times (500 + 100 \times 10)}{800만/12만}\right) = 12 + 12.5 + 67.5 = 92.0 \text{등가분}$$

$$I_{12t} = \left(\frac{8}{40} \times 60\right) + (2.5 \times 8) + \left(\frac{3 \times 30 \times 8}{800만/12만}\right) = 12 + 20 + 10.8 = 42.8 \text{등가분}$$

$$MS_a = \frac{(42.8)^2}{(92)^2 + (42.8)^2} \times 100 = 17.8\%$$

$$MS_t = 100 - 17.8 = 82.2\%$$

5 초기 수단분담 모형의 결점

지금까지 설명한 초기 수단분담 모형의 가장 큰 결점은 고정 및 선택 대중교통승객을 구분하지 않고 한꺼번에 모형화한다는 것이다. 이 때문에 고정 대중교통승객도 선택승객과 마찬가지로 수단분담을 하게 되고, 모형을 정산(calibration)할 때 사용되는 대중교통자료도 고정 및 선택승객에 관한 것을 모두 포함하게 된다.

또 이 모형은 존 전체를 집계한 평균통행패턴을 나타내기 때문에 존 내에 거주하는 통행자의 개별적인 통행특성을 다양하게 나타내지 못한다. 이와 같은 통행자에 의한 통행패턴의 다양성을 나타내기 위해서는 통행자를 사회·경제적 수준에 따라 세분하고 카테고리별로 별도의 전환곡선을 작성하여 예측하는 것이 좋다.

15.6.2 2단계 수단분담 모형

초기의 수단분담 모형이 가지는 결점을 일부분 보완하기 위해서 수단분담과정 중에 고정승객과 선택승객을 분리하는 과정, 즉 고정수단분담 분석과정을 추가할 수 있다. 다시 말하면 처음에 고정 수단분담 분석을 통하여 고정승객과 선택승객을 분류하고, 그 다음에 선택승객을 승용차 이용자와 대중교통 이용자로 분류하는 선택수단분담 분석과정을 거치는 2단계 분석과정이다. 앞에서 언급한 통행단 수단분담 모형에서 고정수단분담 분석과정을 삽입하면 [그림 15.19]와 같은 흐름도를 가진 다. 이와 같은 경우는 어떤 통행목적(예를 들어, 쇼핑)에서 볼 수 있는 바와 같이 이용할 수단을 결정한 다음에 목적지를 정하는 통행분석에 사용하면 적합하다.

마찬가지로 고정수단분담 분석과정을 통행교차 수단분담 모형에 적용할 수 있다. 이 경우는 고정 수단분담 분석을 통행분포 이전 단계에서 행하는 경우 [그림 15.20(가)]와 통행분포 이후에 하는

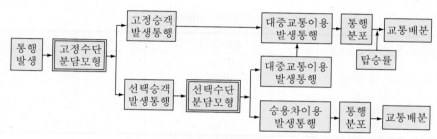

[그림 15.19] 2단계 통행단 수단분담 분석과정

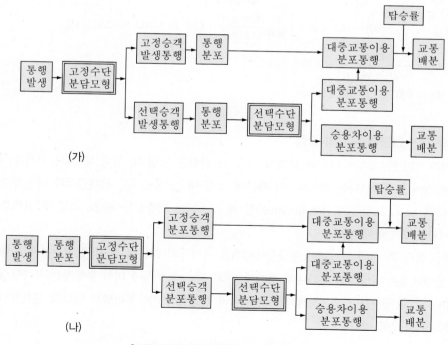

(가)

(나)

[그림 15.20] 2단계 통행교차 수단분담 모형

경우 [그림 15.20(나)]가 있다. 이 두 가지 경우는 근본적으로 같으나 존 간의 통행교차량(분포통행량) 중에서 고정 및 선택승객의 비율이 존 간의 교통시스템 서비스 질에 영향을 받으면 두 번째 모형을 사용하는 것이 좋다. 이 두 가지 경우에서 고정승객과 선택승객을 분류하는 데에는 존 내의 가구주의 평균소득(통행생성)과 존 내 총 고용자 중 다른 존에서 유입되는 고용자의 비율(통행유인)을 사용한다. (나)에 대한 연구에는 Vandertol의 것이 있다.[26]

이와 같이 2단계 수단 분담분석의 최종단계는 선택대중교통 이용통행의 통행단(또는 존 간 분포통행량)을 고정승객의 통행량과 합하여 전체 대중교통 이용패턴을 구하는 것이다. 이 결과를 장차 수단분담 예측에 사용하기 위해서는 주의해야 할 점이 있다. 현황조사기간 중의 대중교통서비스수준이 장래 계획하는 서비스수준보다 훨씬 낮으면 그 모형은 고정승객의 발생통행은 물론이고 선택대중교통 이용통행도 정확하게 예측할 수 없을 것이다. 왜냐하면 교통시스템의 서비스수준이 개선되면 이 두 가지 모두가 크게 변하기 때문이다. 이와 같은 경우에는 계획되는 서비스수준의 대중교통시스템을 가진 다른 도시의 경험을 참조하는 것이 좋다.

일반적으로 대중교통 이용승객 중에서 선택승객이 차지하는 비율은 도시의 규모가 클수록 커진다. 그 이유는 큰 도시일수록 효율적이며 종합적인 대중교통시스템을 가지고 있기 때문이다. 대부분의 도시에서 고정승객은 주거지와 직장의 위치선택에 큰 제약을 받는다. 따라서 대중교통서비스가 잘 되는 존에 고정승객통행단이 몰리게 된다.

15.6.3 통행행태 수단분담 모형

지금까지 설명한 모든 모형들은 통행자의 수단선택행태를 충분히 반영하지 못할 뿐만 아니라 민감하지 못하다는 점이 지적되었다. 이에 따라 존 전체를 집계한 수단분담행태를 나타내는 대신 각 개인의 수단선택행태에 기초를 둔 여러 가지 모형이 개발되었다. 이러한 모형들의 중심개념은 수단 간의 통행의 비효용 또는 일반화 통행비용(generalized travel cost)을 기준으로 하여 수단을 선택하는 것이다.

1 일반화 통행비용의 개념

통행을 하자면 여러 가지 불유쾌한 요인이 있고, 또 그 불유쾌한 정도는 통행자의 사회·경제적 특성에 따라 좌우된다는 근거에서 일반화 통행비용의 개념이 도출된다. 사회·경제적 수준에 따라 분류된 어느 한 계층에 대한 일반화 통행비용 또는 비효용(disutility)은 식 (15.30)과 같이 정의될 수 있다. 식 (15.31)은 어떤 계층이 어느 한 수단과 다른 한 수단을 비교하여 선택할 때(이를 양자택일 수단선택(binary modal choice)이라 한다), 두 수단 간의 비효용 차이를 나타낸 것이다.

$$Z_{ij}^m = \sum_n a_n X_{ijn}^m + \sum_w b_w U_w + c \tag{15.30}$$

$$\Delta Z_{ij} = \sum_n a_n (X_{ijn}^m - X_{ijn}^k) + \Delta c \tag{15.31}$$

여기서 Z_{ij}^m: 어느 계층이 존 i에서 존 j까지 수단 m을 이용할 때의 일반화 비용

X_{ijn}^m: 수단 m을 이용하여 존 i에서 존 j까지 통행할 때 통행비용을 야기하는 수단 m의 n번째 특성(속도, 탑승시간, 추가시간 등)

U_w: 통행자의 특성 중 w번째의 특성(연간소득 등)

a_n: 수단 m의 n번째 특성이 일반화 통행비용에 기여하는 상대적인 기여도 계수

b_w: 통행자의 w번째 특성이 일반화 통행비용에 기여하는 상대적인 기여도 계수

ΔZ_{ij}: 어느 계층이 존 i에서 존 j까지 통행할 때 두 수단 간의 일반화 통행비용의 차이

c: 통행자 특성과 수단 특성으로 나타낼 수 없는 일반화 비용(상수)

Δc: 두 수단 간 상수의 차이(대중교통과 승용차를 비교할 경우, 승용차보다 좋지 못한 대중교통의 편리성과 쾌적성을 나타내는 상대적 비효용)

Wilson은 영국의 예에서 다음과 같은 일반화 비용 관계식을 나타내었다.[18]

$$Z_{ij}^m = 0.66 d_{ij}^m + 1.32 e_{ij}^m + a_3 S_{ij}^m \tag{15.32}$$

여기서 Z_{ij}^m: 앞의 정의와 같음(단위: 펜스)

d_{ij}^m: 수단 m을 이용하여 존 i에서 존 j로 갈 때의 탑승시간(in-vehicle travel time, 단위: 분)

e_{ij}^m: 수단 m을 이용하여 존 i에서 존 j로 갈 때의 추가시간(excess travel time, 단위: 분)

S_{ij}^m: 수단 m을 이용할 때 존 i에서 존 j까지 거리(km)

a_3: 승용차일 때 1.25

철도일 때 2.00

버스일 때 1.91

Archer와 Shortreed는 Kitchener-Waterloo 지역(Canada, Ontario)의 교통연구에서 대중교통과 승용차의 일반화 비용 차이를 다음과 같이 나타내었다.[19]

$$\Delta Z_{ij} = \left\{ f - \frac{1}{a}(0.5p + cd_2) \right\} + t \left\{ (e_1 - e_2) + 60 \left(\frac{d_1}{u_1} - \frac{d_2}{u_2} \right) \right\} \tag{15.33}$$

여기서 ΔZ_{ij}: 대중교통의 일반화 비용에서 승용차의 일반화 비용을 뺀 값(달러)

f: 대중교통요금

a: 승용차 평균탑승인원

p: 하루 주차요금(CBD 한정 0.5달러)

c: 실지출 차량비용(0.04달러/마일)

d_1, d_2: 대중교통 및 승용차 통행거리(마일)

t: 통행시간비용(0.02달러/분)

u_1, u_2: 대중교통과 승용차의 평균통행속도(mph)

e_1, e_2: 대중교통과 승용차의 추가통행시간(분)

앞에서도 설명한 바 있는 NCHRP에서 개발한 QRS 방법(Quick Response Urban Travel Estimation Techniques)은 일반화 통행비용 대신에 이를 시간가치로 환산하여 등가통행시간으로 나타내는 방법을 개발하였다.[20] 즉

[표 15.2] 교외 및 CBD 지구 출근통행의 일반화 비용

항목	교외 출근		CBD 출근	
	대중교통	승용차	대중교통	승용차
통행길이(km)	5	5	5	5
평균통행속도(kph)	20	50	15	25
통행시간(분)	15	6	20	12
추가시간(분)	10	2	10	4
시간비용	400	110	450	220
통행비용	150	250	150	250
주차비용	−	−	−	500
쾌적비용	70	−	70	−
계	620	360	670	970

$$I_{ij}^m = (탑승시간) + 2.5(추가시간) + 3(통행비용)/1분당 \ 소득 \qquad (15.34)$$

여기서 $I_{ij}^m = m$ 수단을 이용하여 존 i에서 존 j로 갈 때의 통행저항(traffic impedance, 단위: 분)

식 (15.32)와 식 (15.34)에서 보는 바와 같이 추가시간의 가치는 탑승시간 가치보다 두 배 이상 크다는 데 유의해야 한다. 일반화 통행비용에 대한 대부분의 연구에서 통행자는 탑승시간보다 추가 시간에 더 중요성을 두고 있다는 것을 나타내었다.

좀 더 정확한 분석을 하기 위해서는 도시지역 내에서 일어나는 2개의 일반적인 출근통행(교외통 행과 CBD 통행)에 대한 일반화 통행비용의 구성요소 각각에 대한 상대적인 중요성을 파악하는 것 이 좋다. [표 15.2]는 교외지구와 CBD 지구로 향하는 출근통행의 비용을 다음과 같은 공식을 사용 하여 구한 것이다. 여기서 사용한 버스요금은 150원, 주차요금은 하루당 1,000원, 승용차 통행비용 은 km당 50원으로 생각했다.

$$대중교통비용 = 10(탑승시간) + 25(추가시간) + (요금) + 70 \qquad (15.35)$$
$$승용차비용 = 10(탑승시간) + 25(추가시간) + (통행비용) + 0.5(주차요금) \qquad (15.36)$$

대중교통비용 공식에서의 70원은 승용차에 비해 좋지 못한 대중교통의 편리성과 쾌적성을 비용 으로 반영한 것이다.

교외지역 출근통행에 있어서 대중교통의 일반화 통행비용은 승용차에 비해 약 두 배 정도나 된다. 따라서 선택승객은 대중교통을 이용하지 않고 승용차를 이용하려 한다. CBD 출근통행에 있어서 일반적으로 승용차의 일반화 통행비용이 대중교통의 비용보다 큰 것은 주로 주차요금 때문이다. 이 공식에서 사용되는 주차요금은 단지 출근통행에 대한 몫이므로 하루 주차요금의 절반으로 계산하 고, 나머지 반은 퇴근통행 몫으로 계산한다. 따라서 CBD의 주차요금(공용주차장이든 직장주차장이 든 관계없이)을 인상하면 CBD로 향하는 승용차이용 출근통행을 대중교통으로 전환시킬 수 있다. 각 수단의 일반화 통행비용을 [표 15.2]와 같이 나타내면 여러 가지 도시교통정책(예를 들어, 대중 교통이용 유도)의 효과를 쉽게 탐색할 수 있다.

2 양자택일 확률수단 선택모형

경쟁수단 간의 일반화 통행비용을 이용하여 수단이용률을 확률로 나타내는 여러 가지 모형이 개발되었다. 이와 같이 개인의 수단선택행태를 확률수단 선택모형으로 나타내는 방법에는 판별분석, 프로빗분석, 로짓분석 방법이 있다.

(1) 판별분석 방법

판별분석(discriminant analysis) 방법의 기본적인 전제는 도시지역에서의 통행자를 그들이 이용하고 있는 교통수단에 따라 2개의 그룹으로 분류할 수 있다는 것이다. 즉, 각 수단을 이용하는 통행자들을 관측하여 그 수단 이용자가 어떤 판별식의 값에 대하여 어떻게 분포되어 있는지를 알아낸다. 이때의 판별식은 두 수단의 비효용 차이 또는 그 비의 함수로 나타낸다. 따라서 두 수단의 비효용 차이로부터 판별값이 주어졌을 때 이 2개의 분포(대중교통 이용자 및 승용차 이용자의 분포)로부터 대중교통을 이용하는 통행자 수(A)와 승용차를 이용하는 통행자 수(B)를 구하면, 대중교통을 이용할 확률은 $A/(A+B)$가 된다.

Quarmby는 런던 중심부로 향하는 출근통행의 승용차−버스의 수단분담을 예측하기 위해서 다음과 같은 로짓 모형식을 만들었다.[21]

$$P(C|Z) = \frac{2.26e^{1.04(Z-0.431)}}{1 + 2.26e^{1.04(Z-0.431)}} \tag{15.37}$$

여기서 $P(C|Z)$ = 통행의 비효용 Z가 주어졌을 때 승용차를 선택할 확률

이때의 Z값은 총 통행시간, 추가통행시간, 기타 비용 및 소득 수준에 대한 수단 간 차이를 나타내는 변수들의 판별함수이다. 예를 들어 위의 식에서 사용한 판별함수는 다음과 같다.

$$Z = 0.461 + 0.056\Delta T + 0.097\Delta E + 0.091\Delta C - 0.535I + 0.333D + 0.62U + 0.323A \tag{15.38}$$

여기서 Z: 대중교통의 승용차에 대한 상대적 비효용

ΔT: 수단 간 통행시간의 차이

ΔE: 수단 간 추가시간의 차이

ΔC: 수단 간 통행비용의 차이

I: 가구소득

D: 가구당, 승용차 한 대당 운전가능 인원수

U: 업무수행에서 승용차 필요성(0~3)

A: 직장의 승용차 보유여부(0, 1)

(2) 프로빗분석 방법

통행자의 수단선택이 상대적 통행비용의 변화에 영향을 받게 되며, 어떤 특정수단을 선택하는 통행자의 비율은 [그림 15.21]과 같이 정규분포를 따른다는 것을 전제로 하고 있다.

Lave는 시카고 지역 자료(1956)에 대한 프로빗분석(probit analysis)에 의해 버스−승용차 간의 수단선택확률을 예측하기 위하여 다음과 같은 식을 개발하였다.[22]

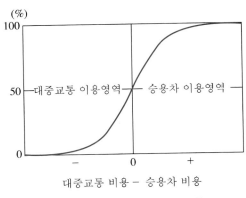

[그림 15.21] 프로빗형 수단분담 모형

$$Y = -2.08 + 0.0076kW\,\Delta T + 0.0186\Delta C - 0.0254IDH + 0.0255A \tag{15.39}$$

여기서 Y: 대중교통의 승용차에 대한 상대적 비효용·양의 값이 클수록 대중교통의 이용도가 높다 ([그림 15.21]).

k: 통행자의 여가시간에 대한 한계선호도

W: 통행자의 임금률

ΔT: 수단 간 통행시간의 차이

ΔC: 수단 간 통행비용의 차이

I: 소득 수준

D: 통행거리

H: 쾌적도(0, 1)

A: 통행자의 연령

(3) 로짓분석 방법

프로빗분석 방법은 calibration이 어려운 것이 단점이다. 따라서 확률적 수단분담방법인 로짓분석 (logit analysis) 모형이 개발되었다. Stopher가 개발한 로짓 모형은 다음과 같다.[23]

$$P_1 = \frac{\exp(Z_{ij}^*)}{1 + \exp(Z_{ij}^*)} \tag{15.40}$$

$$P_2 = 1 - P_1 \tag{15.41}$$

여기서 P_1, P_2: 수단 1 또는 수단 2를 선택할 확률

Z_{ij}^*: 존 i에서 존 j까지 가는 데 수단 1과 2에 대한 일반화 통행비용의 함수. 이 값은 일반화 통행비용의 차이, 일반화 통행비용의 비, 또는 일반화 통행비용비의 log값으로 정의된다.

이상에서 설명한 세 가지 모형은 모두 [그림 15.21]과 같은 S 모양의 관계식으로 나타낼 수 있다. Talvitie는 이 세 가지 모형을 비교하여 모두가 비슷하게 만족할 만한 결과를 나타낸다고 하였으나,[24] Stopher와 Lavender는 판별분석모형이 다른 두 방법, 즉 프로빗과 로짓분석에 비해 정확하지 않다

는 결론을 얻었다.[25] 또 이들은 프로빗과 로짓분석 결과에서 큰 차이를 발견할 수는 없으나 프로빗 방법이 calibration하는 데 어려움이 많아 로짓분석 방법을 사용하는 것이 좋다고 결론을 지었다.

15.7 교통배분의 예측

교통예측과정의 마지막 단계는 지금까지 목적별로 구해진 존 간의 분포교통량을 전체 목적에 대하여 합하고 이를 그 지역 내의 도로망에 배분하여 각 도로구간의 승용차와 버스 대수를 구하는 과정이다. 이 과정은 다음과 같은 세 가지 목적을 위하여 행해진다.

① 현재의 교통망에 현재의 분포교통량을 배분하고 그 결과를 현재 도로망상의 교통량과 비교하여 교통배분방법의 정확성을 검토하거나 calibration한다.

② 현재 및 내정된 교통망에 장래의 분포교통량을 배분하여 장래의 교통망 결함을 판단하고 개선을 위한 틀을 마련한다.

③ 장래의 계획교통망에 장래의 분포교통량을 배분하여 장래 교통망계획을 평가한다.

배분과정은 승용차이용통행과 대중교통이용통행을 구분하고, 승용차통행은 일반적으로 존 간의 교차통행량을 재차인원과 같은 어떤 기준을 적용하여 차량교통량으로 환산한 다음 이것을 각 노선에 배분하고, 대중교통 통행량은 그대로 대중교통노선에 배분한다. 엄밀히 말하면 승용차교통량으로 환산하여 배분하는 것을 교통배분(traffic assignment)이라 하고, 통행량을 그대로 배분하는 것을 통행배분(trip assignment)이라 하며, 이 둘을 두루 일컬을 때에는 노선배분(route assignment)이라는 용어를 사용하기도 한다.

각 교통망(승용차이용도로 및 대중교통노선망)을 각 링크의 특성, 즉 길이, 통행속도, 비용 및 용량으로 나타내는 것이 이 과정의 핵심이다. 교통배분의 근거가 되는 것이 통행시간이므로 도로망링크에서의 통행시간은 부가되는 배분교통을 변화시킬 것이다. 뿐만 아니라 통행시간이 통행분포과정에서도 사용되었기 때문에, 그 시간과 수단분담 및 교통배분에 사용된 통행시간을 일치시키기 위해서는 이 세 과정을 반복적으로 수행할 필요가 있다.

도로링크상의 교통량에 따른 속도의 변화는 각 도로종류별로 속도 – 교통량 관계로부터 얻을 수 있다. 통행속도변화는 앞에서도 간단히 언급한 바와 같이 ① 교통배분의 근거가 통행속도이므로 교통배분에 영향을 주며, ② 통행분포에서 중력모형은 통행시간을 기초로 하기 때문에 통행시간이 변하면 통행분포가 달라지고, ③ 통행시간을 비교하여 수단선택이 이루어지므로 통행시간은 수단분담에도 영향을 준다.

속도 – 교통량 관계에 관련되는 문제점은 같은 종류의 도로라 하더라도 도로에 따라 이 관계가 크게 달라진다는 것이다. 또 대부분의 교통연구는 24시간 교통량을 단위로 하고 있어 교통량의 시간별 변동과 방향별 분포를 알아야 하는 문제점이 있다.

교통배분에 있어서 맨 처음에 교통이 배분되는 교통망을 결절점(교차로)과 링크(도로구간)로 나타낼 필요가 있다. 교통망에 포함되는 도로는 신호화되었거나 혹은 많은 교통이 이용하는 모든 도로를 말한다. 존의 중심점(centroid)은 존에서 생성 혹은 유인되는 모든 통행이 이 점에서 생성되고 이 점으로 유인된다고 가정한 부하결절점(loading node)으로서, 이것은 결절점 위에 있거나 혹은 가상링크(dummy link)로 가까이 있는 결절점에 연결된다.

15.7.1 교통배분 예측모형

교통을 배분하는 방법에는 다음과 같은 방법이 있다.

- 전량배분법(all-or-nothing assignment)
- 전환곡선법(diversion curve)
- 용량제약법(capacity restrained assignment)
- 다경로배분법(multipath proportional assignment)

1 전량배분법

이 방법은 승용차 운전자나 대중교통 이용자가 출발지에서부터 목적지까지 가기 위해서는 언제나 최소통행시간을 가지는 노선을 선택한다는 가정에서 출발하였다. 그러기 위해서는 어떤 존 중심점에서 다른 모든 존 중심점으로 가는 최단경로를 선정해야 하며, 이를 수형도(tree)로 나타낸 것을 발췌수형도(skim tree)라 한다. 따라서 모든 존은 각기 하나의 발췌수형도를 가진다.

그런 다음 두 존 간의 O－D 통행량을 이 경로에 모두 배분시킨다. 다시 말하면 어느 한 경로에 전체 교통량을 배분하고 나머지 경로에는 하나도 배분하지 않는 것이다. 이 방법은 통행의 희망경로에 따른 이론적 통행수요를 파악하고, 도로망계획을 구상하는 데 필요한 정보를 얻을 수 있으나 어떤 링크에 용량보다 많은 교통량이 배분될 수도 있고, 또 설사 용량보다 적다 하더라도 속도－교통량 관계에 의해 교통량이 많아지면 통행시간이 길어지지만 이 방법에서는 변화되는 통행시간을 고려할 수가 없다. 또 비슷한 통행시간을 나타내는 간선도로나 고속도로(또는 고속화도로) 구간을 포함하는 노선이 있을 때 운전자가 선호하는 노선이 있을 수 있으나 이 방법에서는 이를 고려하지 못한다. 그러나 이러한 요인들은 다음에 설명할 전환곡선법과 용량제약법에서 고려된다.

전량배분법은 매우 간단하다. 두 존 중심점 간의 최단경로에 분포교통량을 전부 배분한다. 부하된 교통량은 각 링크에 누적되고, 모든 분포교통량을 링크에 부하시켜 누적한 것이 링크의 총 교통량이다. 다음은 전량배분법을 문제풀이로 예시한 것이다.

예제 15.5 다음 표에 나타난 O－D 교통량을 4개의 존으로 이루어진 그림과 같은 도로망에 배분하라. 그림의 링크상에 표시된 숫자는 그 링크의 통행시간을 분으로 나타낸 것이다.

분포 O-D 교통량(대/일)

O \ D	1	2	3	4
1	–	1,000	5,000	3,000
2	4,000	–	3,000	4,000
3	5,000	6,000	–	1,000
4	2,000	1,000	3,000	–

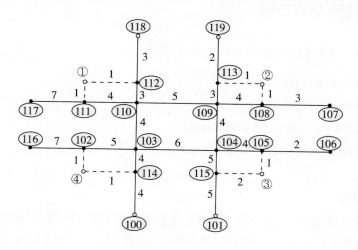

풀이 (1) 발췌수형도 작성

출발지존 ①

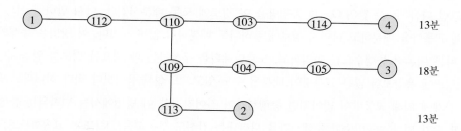

출발지존 ②

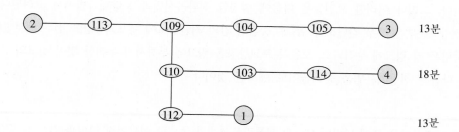

출발지존 ③

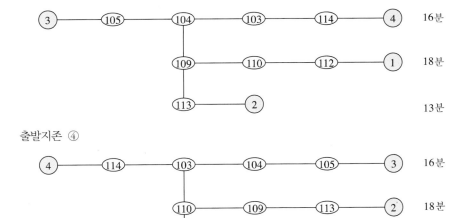

출발지존 ④

(2) 분포교통량 배분

링크 O–D	1~112	112~110	110~109	109~113	113~2	109~104	104~105	105~3	110~103	103~114	114~4	103~104
1~2	1,000	1,000	1,000	1,000	1,000							
1~3	5,000	5,000	5,000			5,000	5,000	5,000				
1~4	3,000	3,000							3,000	3,000	3,000	
2~1	4,000	4,000	4,000	4,000	4,000							
2~3				3,000	3,000	3,000	3,000	3,000				
2~4			4,000	4,000	4,000				4,000	4,000	4,000	
3~1	5,000	5,000	5,000			5,000	5,000	5,000				
3~2				6,000	6,000	6,000	6,000	6,000				
3~4							1,000	1,000		1,000	1,000	1,000
4~1	2,000	2,000							2,000	2,000	2,000	
4~2			1,000	1,000	1,000				1,000	1,000	1,000	
4~3							3,000	3,000		3,000	3,000	3,000
계	20,000	20,000	20,000	19,000	19,000	19,000	23,000	23,000	10,000	14,000	14,000	4,000

(3) 도로망배분 링크교통량

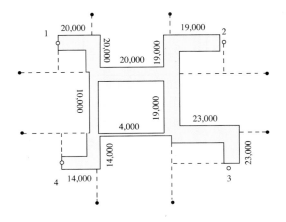

원래 전환곡선법은 새로 건설되는 하나의 도로 또는 교통시설에 유인되는 교통량을 예측하는 데 사용되었다. 신규시설의 이용 여부는 그 시설이 있을 경우와 없을 경우의 통행비용의 비 또는 그 차이를 이용해서 결정한다. 전환곡선이 교통배분에 사용될 때에도 마찬가지이다.

교통모형에서 전환이란 분포교통량을 2개의 노선에 어떤 기준에 따라 정해진 비율로 배분하는 것을 말한다. 그 기준으로는 통상 통행시간이 사용되나 경우에 따라서는 통행거리나 일반화 비용이 사용되기도 한다. 일반적으로 2개의 노선 중에서 하나는 가장 빠른 일반간선도로를 말하며, 이와 경쟁하는 다른 노선은 일부 또는 전부가 고속도로(또는 고속화도로) 구간으로 구성된 가장 빠른 노선을 말한다. 시간이나 거리가 좀 길더라도 혼잡이 덜한 고속도로를 이용하려는 사람이 있는 반면에, 일부 운전자들은 고속도로가 시간과 거리를 단축함에도 불구하고 일반간선도로를 이용하려는 경향을 보인다.

1960년대에 가장 널리 사용된 전환곡선은 미국의 BPR(Bureau of Public Roads)에서 사용한 것으로서,[30] 가장 빠른 간선 및 고속도로 결합노선의 통행시간과 가장 빠른 일반간선도로만의 통행시간비를 사용하여 [그림 15.22]에서부터 교통배분율을 구한다. 이와 같은 S형의 전환곡선은 속도 또는 거리비와 고속도로이용률의 관계를 나타낸 Detroit 교통조사의 결과와 유사하다.[27]

전환곡선을 이용하여 노선 간에 교통을 배분하는 것은 전량배분법보다 더 현실적이다. 이 방법은 근래에는 잘 사용되지 않지만 교통축의 연구에서는 매우 유용하게 쓰였다. 전환곡선의 다른 예로서 Campbell[28]이 개발한 것과 미국 캘리포니아 주에서 사용한 곡선[29]을 [그림 15.23]과 [그림 15.24]에 나타내었다.

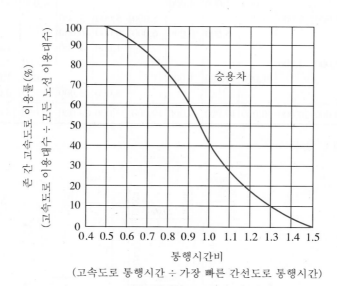

[그림 15.22] FHWA 전환곡선

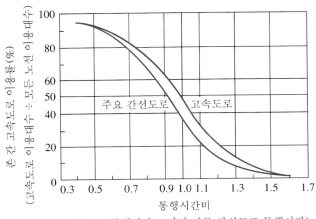

[그림 15.23] 통행시간비 전환곡선

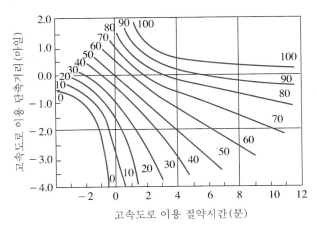

[그림 15.24] 시간 및 거리단축 전환곡선(캘리포니아)

3 용량제약법

전량배분법은 결과적으로 최단경로에는 통행량 전량이 배분되고 그 외의 링크에는 통행량이 배분되지 않는다. 따라서 최단경로에는 과부하가 일어날 수 있어 현실과 잘 맞지 않는다. 실제로는 도로망을 이용하는 교통이 그 경로의 용량을 초과할 수가 없고, 또 교통량이 커지면 통행시간이 길어지므로 이 두 가지 요인을 고려하지 않은 전량배분법은 문제가 있다.

용량제약법은 교통량이 증가할 때 통행속도는 감소한다는 사실에 기초를 두고 있다. v/c비가 매우 작을 때 교통은 거의 자유속도로 통행할 수 있다. 교통량이 증가하여 v/c비가 커지면 운전자의 운행자유도가 제약을 받아 속도가 줄어든다([그림 15.25]). 이와 같은 교통량과 통행속도(즉, 통행시간)와의 관계를 이용하여 출발지와 목적지 사이의 여러 노선의 인지통행비용(perceived travel cost)이 평형을 이룰 때까지 배분을 계속 반복 조정하는 것이 용량제약법이다.

용량제약법은 처음에 최단경로에 교통량을 전량배분한 다음, 교통량-속도 관계를 이용하여 속도(통행시간)를 보정한다. 이 속도를 이용하여 다시 최단경로를 구하여 배분을 보정하되 그 변화가

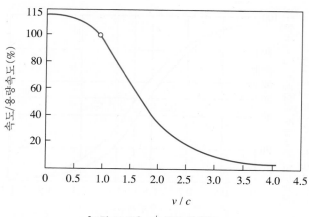

[그림 15.25] v/c 비와 상대속도

무시될 정도로 작을 때까지, 즉 각 링크의 인지통행비용이 균형을 이룰 때까지 반복한다. 이 방법에서 사용된 용량제약함수는 다음과 같다.

$$T = T_0[1 + 0.15(v/c)^4] \tag{15.42}$$

여기서 T: 균형통행시간

　　　　T_0: 자유류 통행시간

　　　　v: 배분 교통량

　　　　c: 용량

이 관계를 그림으로 나타내면 [그림 15.25]와 같다.

4　다경로배분법

도시지역의 기종점 존 간에는 선택 가능한 여러 개의 노선이 있으며, 사실상 교통은 이 모든 노선에 분포된다. 이것은 통행자가 최소비용노선을 정확히 판단할 수 없을 뿐만 아니라 같은 조건이라 하더라도 사람에 따라 다른 판단을 내릴 수가 있기 때문이다. 다경로배분법은 이러한 경우를 시뮬레이션하여 두 존 간의 통행을 두 존 간의 여러 경로에 배분하고자 하는 것이다.

Burrello[31]는 통행자가 링크를 이용하는 데 드는 실제비용은 정확히 모르지만 대략적으로 인지한다는 가정하에서 어떤 모형을 나타내었다. 이 링크별 추정비용은 어떤 평균값과 표준편차를 가지는 링크비용 확률분포로부터 무작위로 결정된다(randomly generated). 이때 이 분포는 실제비용을 평균값으로 하고 통행자가 인지하는 링크비용의 범위 내에서 확률적으로 분포된다.

어느 한 통행자에 대한 각 링크의 인지비용이 결정되면 그 사람의 최단경로가 결정되고 그 통행자는 그 경로만을 통행한다. 이 과정을 그 존 간의 모든 통행자에 대하여 반복하여 각 링크 또는 경로의 통행량을 누적하면, 그 존 간의 다경로배분이 이루어진다. 그러나 존 간의 분포교통량을 각 통행자 개인별로 하나하나 배분하는 데는 컴퓨터 시간이 다소 소요될 수 있다. 따라서 존 간의 분포교통량의 일부분이 각 링크의 비용을 동일하게 인지한다고 가정하고 이들의 최단경로를 구하여 전량배분 또는 용량제약법으로 배분하고, 남은 분포교통량도 같은 방법으로 분할하여 이 과정을 따라 배분하고 누적시킨다.

다경로배분법에는 Dial[32]이 제시한 모형도 있다. 이 방법은 두 존 간의 여러 경로가 사용될 확률이 정해지고 이에 따라 각 경로를 이용하는 교통량이 추정된다.

15.7.2 배분교통량의 예측결과 제시

배분교통량의 예측결과는 각 링크의 교통량, 각 노드의 방향별 교통량, 링크별 통행소요시간 및 통행속도, 링크별 주행 대·시간, 대·km(또는 인·시간, 인·km), 총 통행 대·시간, 대·km(또는 인·시간, 인·km), 통행료수입 등으로 나타난다. 이들은 모두 교통망의 평가자료가 되기 때문에 알기 쉬운 형태로 제시되어야 한다.

15.7.3 대중교통 배분

대중교통 배분은 승용차교통의 배분과는 근본적으로 다르다. 대중교통시스템은 규칙적인 배차시간과 정해진 노선을 운행하는 고정서비스시스템으로 구성되어 있으므로, 한 링크상에서도 여러 개의 운행노선을 고려해야 하고, 탑승통행시간(in-vehicle travel time)은 물론이고 이용자의 보행시간, 대기시간 및 환승에 필요한 시간도 고려해야 한다. 대중교통의 배분과정은 승용차교통의 배분보다 더 복잡하기 때문에 전량배분법을 많이 이용한다.

15.8 화물통행량의 예측

완전한 종합교통계획을 수립하기 위해서는 개인통행(person trip)조사와 병행하여 화물의 통행량을 파악해야 한다. 여기서는 개인통행의 예측방법과 비교하여 화물통행조사가 가지는 몇 가지 특징에 대해서 간단히 언급하고자 한다. 화물통행 수요예측과정에는 크게 다음과 같은 두 가지가 있다.

1 개인통행과 유사한 예측방법

개인통행에 대한 발생(생성, 유인), 분포 및 수단분담과정을 화물유동에 적용시키는 것이다. 단지 화물유동량을 화물차교통량으로 환산하기 위해서는 개인통행량을 평균승차인원수를 적용하여 자동차교통량으로 환산하는 데 비해 더 복잡한 과정을 필요로 한다. 따라서 화물유동의 수요예측과정은 발생, 분포, 수단분담, 화물차교통량환산, 배분 등 5단계를 거치게 된다. 화물유동 예측모형은 일본에서 많이 개발되어 있으며, 참고로 일본 동경시의 화물유통 예측과정을 요약하면 [그림 15.26]과 같다.

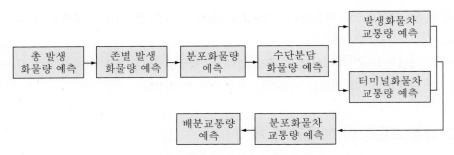

[그림 15.26] 화물유동 수요예측과정(일본 동경)

2 계량경제모형을 이용하는 방법

지역 간 화물통행을 지역의 생산, 소비와 수송비용의 관계로 설명하는 경제모형으로 화물량 분포를 예측하고, 수단분담과 수송비용을 피드백시키면서 수단분담을 예측한다. 화물차교통량환산과 도로망배분은 앞의 방법과 같은 방법으로 한다.

이 두 방법에 사용되는 대부분의 과정은 화물차교통량환산모형을 제외하고는 개인통행에 대한 예측모형을 그대로 사용한다. 화물차교통량환산모형(traffic reduction model)에는 화물발생량으로부터 화물차발생교통량을 구하는 방법과 분포화물량으로부터 화물차교통량을 구하는 두 가지 방법이 있다. 참고로 일본 나가사키 도시권에서 사용한 화물차교통량환산모형을 [그림 15.27]에 나타내었다. 이 모형은 화물발생량으로부터 화물차교통량을 구하는 모형이다.

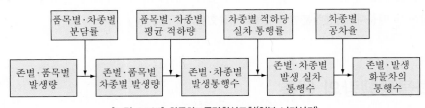

[그림 15.27] 화물차교통량환산모형(일본 나가사키)

15.9 교통수단별 수요예측

지금까지는 도시교통계획을 위한 교통수요 예측방법을 설명하였다. 이 절에서는 지역 또는 전국 교통계획에서 사용되는 교통수단별 수요예측의 거시적 분석과 고속도로, 철도, 해운, 항공 등 교통 수단별 수요예측에 대해서 설명한다. 이것에 대한 내용은 14장의 전국 및 지역교통계획에서도 언급한 바 있다.

15.9.1 교통수요 예측의 거시적 분석

전국 또는 지역종합교통계획이라고 해서 특별한 예측방법이 있는 것이 아니고, 다만 대상지역이 넓으면 종합적인 예측에 필요한 차량 O－D 조사 및 개인통행조사를 실시할 수 없으므로 국부적인 여러 가지 방법을 고안해서 사용하고 있다.

전국 또는 지역교통수요를 총량적으로 예측하기 위한 모형은 주로 회귀분석법을 사용한다. 교통수요는 경제발전과 더불어 증가하므로 이 회귀모형식에 사용되는 변수는 국민총소득, 국민총생산, 1인당 국민소득, 1인당 소비지출, 광공업생산지수 등과 같은 경제지표이다.

다음은 일본의 경제사회발전계획(1967년)에서 사용한 교통수요 예측모형이다.

1 화물운송

수송수단	톤수			(100만톤)
	국내화물 수송량의 회귀모형식	자료기간		1971년도 예측값
총 화물량	$N = 14.771\theta + 105.99$	1955~1965년도		4,738
국철	$N_1 = 0.3475\theta + 151.16$	1955~1965년도		248
민간철도	$N_2 = 0.1433\theta + 26.99$	1955~1965년도		72
트럭	$N_3 = 13.223\theta - 108.07$	1955~1965년도		4,041
내륙해운	$N_4 = 1.043\theta + 36.78$	1955~1965년도		364
	톤·km			(억톤·km)
총 화물량	$NT = 8.398\theta + 513.38$	1955~1965년도		3,147
국철	$NT_1 = 1.2137\theta + 391.42$	1955~1965년도		732
민간철도	$NT_2 = 0.02435\theta + 5.98$	1955~1965년도		14
트럭	$NT_3 = 3.178\theta - 84.05$	1955~1965년도		913
내륙해운	$NT_4 = 3.98066\theta + 200.26$	1955~1965년도		1,449

θ = 광공업생산지수(1960년＝100)

2 여객수송

수송수단	여객인 수(100만 명)			
	국내여객 수송량의 회귀모형식	자료기간		1971년도 예측값
총 여객수	$\log N = -0.69822 + 0.93408 \log C$	1955~1965년도		44,910
국철정기	$N_1 = 0.1909(L_w + S_t) - 1774.0$	1959~1965년도		5,780
국철일반	$N_2 = 0.06908C + 1098.6$	1955~1965년도		2,488
민철정기	$N_3 = 0.2032(L_w + S_t) - 1252.0$	1959~1965년도		6,789
민철일반	$N_4 = 0.09999C + 2186.5$	1955~1965년도		4,199
버스	$N_5 = 0.8989C + 1457.9$	1959~1965년도		16,632
승용차	$N_6 = 0.2957PC - 893.1$	1955~1965년도		9,062
항공기	$N_7 = 0.00084C - 5.9$	1959~1966년도		11
여객선	$N_8 = 0.00398C + 66.2$	1959~1965년도		146
	여객인·km(억인·km)			
총 여객수	$\log NT = -0.59598 + 1.00876 \log C$	1955~1965년도		5,678
국철정기	$NT_1 = 0.03089(L_w + S_t) - 258.3$	1959~1965년도		964
국철일반	$NT_2 = 0.06225C + 114.3$	1955~1965년도		1,367
민철정기	$NT_3 = 0.002332(L_w + S_t) - 249.9$	1959~1965년도		673
민철일반	$NT_4 = 0.01119C + 133.8$	1955~1965년도		369
버스	$NT_5 = 0.07773C - 244.7$	1959~1965년도		1,322

승용차	$NT_6 = 0.02921PC - 128.9$	1955~1965년도	854
항공기	$NT_7 = 0.004794C - 33.8$	1959~1965년도	63
여객선	$NT_8 = 0.001127C + 16.6$	1959~1965년도	39

C=실질개인소비지출(10억 엔) L_w=이용자 수(1,000명)
S_t=고등학교 이상 학생 수(1,000명) PC=명목개인소비지출(10억 엔)

3 자동차 보유대수

(단위: 대)

차종	자동차대수 회귀모형식	자료기간	1971년도 예측값
총 대수	$N = -3428.7 + 317.833PV$	1961~1965년도	16,100
보통트럭	$N_1 = 50098.7 + 1917.61R$	1955~1965년도	652
특수차	$N_2 = -12.742 + 5.193PV$	1955~1965년도	306
소형트럭	$N_3 = -968.232 + 150.067PV$	1955~1965년도	8,244
버스	$N_4 = 2533.06 + 3.1027PV$	1961~1965년도	193
승용차	$\log N_5 = -7.186 + 3.261 \log C$	1955~1965년도	7,031

PV=명목국민총생산(10억 엔)
C=실질개인소비지출(10억 엔)
R=광공업생산지수(1960년=100)

15.9.2 고속도로의 교통수요 예측

고속도로의 교통량 예측과정은 다음과 같다.

① 고속도로건설계획의 대상지역에 대하여 한 인터체인지당 1~2존의 크기로 지역을 분할한다.

② 전국센서스 조사 또는 기존의 O-D 조사자료를 수집한다.

③ 존별 장래의 통행발생량을 구한다. 이 발생량에는 자연증가통행량, 존의 개발에 의한 개발통행량, 고속도로신설에 의해 생기는 유발통행량이 포함된다. 자연증가분의 예측방법에는 시계열분석, 회귀분석 등을 통하여 다른 경제지표와의 상관관계 또는 교통량 자체의 성장률로부터 계산하는 방법이 있다. 개발통행량과 유발통행량은 자연증가분 계산에 포함되는 경우도 있으나 별도로 계산하기도 한다. 개발 및 유발교통은 그 개념을 이해하기는 쉬우나 이를 실제로 계량화하기는 매우 어렵다. 개발통행량은 예를 들어 대상지역에 유치되는 공업입지의 영향에 의해서 발생되는 것이며, 유발통행량은 고속도로건설의 영향에 의해서 발생하는 통행량으로서 이들은 이들 존의 현재 및 장래 토지이용 및 사회·경제변화를 예측할 수 있어야 한다.

④ 장래 존 간의 통행량을 구한다. 장래 통행발생량과 현재의 O-D 통행표를 이용하여 장래의 O-D 통행표를 작성한다. 여기서 사용되는 모형은 성장률법, 중력모형 등이다.

⑤ 전환교통량을 구한다. 통행량을 평균승차인원수를 이용하여 승용차교통량을 구하고, 이 가운데서 고속도로를 이용하는 교통량을 구한다. 존 간에 2개 이상의 노선을 선정하고 이들 노선에 배분율을 구한다. 노선배분율은 통행시간, 통행비용, 유료도로요금, 쾌적성, 안전성 등을 고려하여 앞에서 설명한 교통배분의 전환곡선법을 사용한다.

⑥ 인터체인지 상호 간의 교통량을 구한다. 고속도로에 배분된 교통량은 인터체인지 간의 O-D 표로 정리된다. 예를 들어 [그림 15.28]과 같은 고속도로계획지역에서 대상지역을 5개 존으로 나누고 존 간 교통량(왕복교통량)이 이용하는 인터체인지 번호가 [표 15.3]과 같다고 한다.

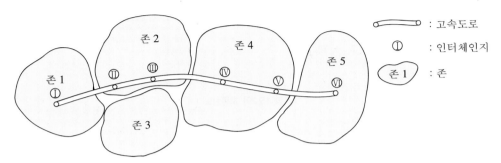

[그림 15.28] 고속도로체인지와 존 분할

[표 15.3] 존 간 교통량과 사용인터체인지

존 간 교통량	사용인터체인지	
T_{12}	①	②
T_{13}	①	③
T_{14}	①	④
T_{15}	①	⑥
T_{23}	②	③
T_{24}	③	④
T_{25}	③	⑥
T_{34}	③	⑤
T_{35}	③	⑥
T_{45}	⑤	⑥

따라서 인터체인지 ①과 ② 간의 교통량은 $T_{12}+T_{13}+T_{14}+T_{15}$이다. 같은 방법으로 인터체인지 간 교통량을 구하면 [표 15.4]와 같다.

[표 15.4] 고속도로 구간교통량

인터체인지	인터체인지 간 교통량
① ↔ ②	$T_{12}+T_{13}+T_{14}+T_{15}$
② ↔ ③	$T_{13}+T_{14}+T_{15}+T_{23}$
③ ↔ ④	$T_{14}+T_{15}+T_{24}+T_{34}+T_{25}+T_{35}$
④ ↔ ⑤	$T_{15}+T_{34}+T_{25}+T_{35}$
⑤ ↔ ⑥	$T_{15}+T_{25}+T_{35}+T_{45}$

⑦ 인터체인지 간 교통량표를 이용하여 [그림 15.29]와 같은 인터체인지에서의 교통량도를 작성한다. 이 그림에서는 출입교통량의 방향별 교통량이 명확하게 나타나지 않으므로 이를 방향별로 구분하여(즉, T_{12}를 t_{1-2}와 t_{2-1}로 나누어) 대상 인터체인지의 모양에 맞추어 [그림 15.30]과 같은 교통류도를 작성한다.

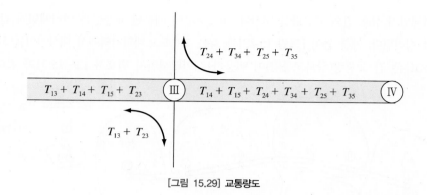

[그림 15.29] **교통량도**

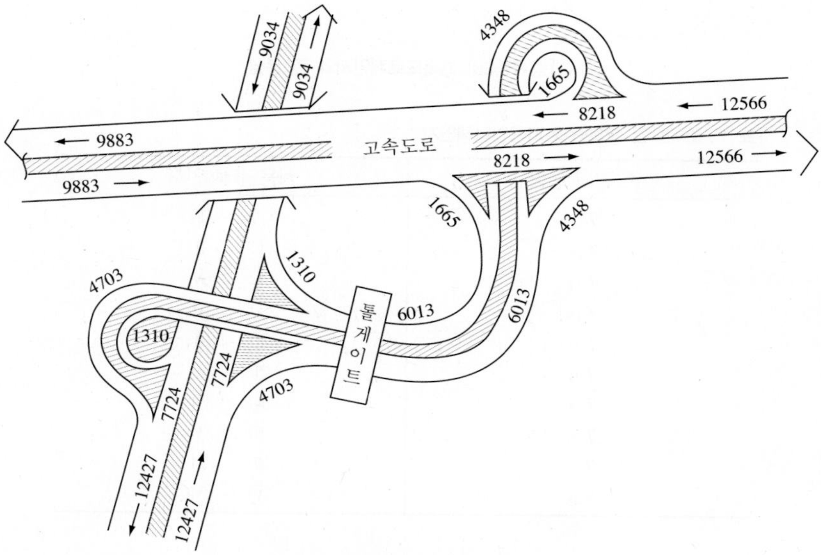

[그림 15.30] **인터체인지 교통류도**

15.9.3 철도수송 수요예측

여객수송과 화물수송으로 나누며 15.9.1절에서 언급한 경제지표와의 상관관계식을 이용하여 예측하는 방법 이외에, 인구를 기준으로 하는 방법과 연도별 수송실적을 이용하는 방법 및 수송종목별 합계를 이용하는 방법이 있다.

① 인구에 의하여 추정하는 방법은 '수송은 개인과 개인 간의 관계에서 발생한다'는 A. W. Wellington의 가정을 근거로 하여 전국수송량을 전 인구에 대한 비례함수로 나타내는 방법이다. 예를 들어 전국수송량을 T, 전 인구를 Y라 할 때, 다음과 같이 나타낼 수 있다.

$$T = K \cdot Y(Y-1)/2 \fallingdotseq KY^2/2$$

또 인구 1인당 승차횟수, 수송톤수, 평균승차 km, 화물 1톤당 수송 km를 추정하여 이를 원단위로 수송량을 예측하는 방법도 있다. 이 원단위 추정방법은 다음과 같다.

취업자, 학생 1인당 승차횟수 = 정기여객 수송인원/(취업자＋학생수)

(농림업, 수산업종사자는 제외)

인구 1인당 승차횟수 = 비정기여객 수송인원/전국인구

여객 1인당 평균승차 km = 여객 수송인·k/여객수송인원

인구 1인당 화물수송톤수 = 수송톤수/전국인구

화물 1톤당 평균수송 km = 화물수송 톤·km/화물수송톤

이들 원단위는 사회활동이 다양해짐에 따라 증가하는 경향을 보인다.

② 연도별 수송실적에 의한 예측은 시계열분석에 의하여 장래 수송량을 예측하는 방법이다.

③ 수송종목별 합계에 의한 방법은 수송량과 경제활동, 국민소득, 인구와의 관계를 정확하게 나타내기 위하여 비정기여객에 대해서 생산적 여객과 비생산적 여객, 정기여객에 대해서는 취업자와 학생, 화물에 대해서는 수송품목별로 조사를 하고, 장래 구조변화를 파악하여 각 종목별로 수송량을 예측하여 이를 합하는 방법이다. 생산적 여객은 2, 3차 산업소득 및 생산활동지수를 설명변수로 하여 예측을 하고, 비생산적 여객은 인구, 국민소득 및 운임을 변수로 하여 예측한다. 장래 취업자 수는 2, 3차 산업종사자와 소득과의 상관관계로부터 구하고, 취업자와 정기이용 취업자와의 관계를 이용하여 장래 정기이용 취업자 수를 예측한다. 또 학생수와 정기이용 학생수와의 관계를 이용하여 장래 정기이용 학생수를 예측한다. 화물은 주요 품목별 생산량과 수송량과의 관계를 이용하여 예측한다.

15.9.4 해운 및 항공수송 수요예측

해운수송수요는 전국적 단위로 예측하는 것과 항만별 취급물량을 예측하는 것이 있으며, 이때 회귀분석 또는 시계열분석 등이 일반적으로 사용된다. 최근에는 각 항만의 취급화물량을 예측하는 데 있어서 계량경제모형, 지역 간 산업연관모형 등과 같은 계량경제학적 접근방법이 개발되었다.

항공수송 수요예측은 거시적인 항공여객 절대량을 예측하는 것과 미시적으로 특정노선의 항공여객수요를 예측하는 것으로 대별된다.

1 거시적 분석

거시적 수요분석에는 ① 장기적이든 단기적이든 실질국민소득이나 실질국민소비지출 등과 같은 경제지표와 항공여객량 간의 관계를 회귀분석으로 예측하거나, ② 시간이란 변수만을 사용하여 장기적 추세를 시계열분석으로 예측하는 방법, ③ 몇몇 경제지표를 변수로 해서 다중회귀분석을 하는 방법 등이 있다.

[그림 15.31]은 거시적 및 미시적 계량모형을 나타낸 것이다. 거시적 모형에서 첫째는 1인당 국민소득(또는 1인당 실질개인소비지출) 또는 철도비정기여객수 등으로 전국항공여객을 설명하는 모

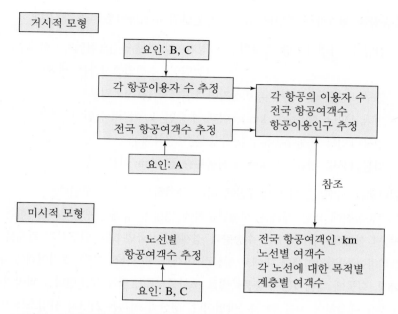

요인 A: 1인당 실질국민소득(1인당 실질개인소비지출), 철도비정기여객수 등
요인 B: 지역인구, 지역소득(지역 2, 3차 산업소득), 경쟁수송수단의 소요시간,
　　　　접속점 수, 운임, 기종, 운행빈도, 호텔 수 등
요인 C: 성별, 소득 수준, 직업, 여행목적, 항공이용이유, 항공이용경험 등

[그림 15.31] 항공수송수요 예측 흐름도

형이며, 둘째는 각 공항의 이용자 수를 설명하는 모형으로서 해당지역의 인구, 다른 모든 지역의 인구, 2, 3차 산업의 매출액 등이 중요한 설명변수가 된다. 거기에 그 공항의 환승 노선 수 및 환승 공항인지 아닌지를 나타내는 가변수 (0, 1)을 모형에 도입하여 단면분석을 한다.

일본에서는 항공여객수송수요가 경제성장과 밀접한 관계가 있다고 생각해서 경제지표 또는 간단한 연차수를 변수로 해서 다음과 같이 나타냈다.

$$\log p = a_1 \log G - b_1$$

$$\log p = a_2 + b_2 T$$

여기서　p: 여객수
　　　　G: 국민총소득
　　　　T: 연차
　　　　a, b: 매개상수

2 미시적 분석

미시적 분석에는 중력모형에 의한 방법과 다중회귀분석에 의한 방법이 있다. 중력모형은 비교적 단거리인 경우에 한해서 거리대별, 노선별로 경쟁수단과의 소요시간, 운임 면에서의 차이 및 각 도시성격의 차이로 설명할 수 있으나 멀리 떨어진 도시 간에서는 거리가 항공여객량에 영향을 주지 않는다. 거리가 여객량에 영향을 주는 구간은 약 300~1,300 km로 알려져 있다.

다중회귀분석에서 항공수송수요를 결정하는 요인으로는 항공여행경험의 유무, 직업, 연령, 소득, 교육수준 등이 있다. 또 생애주기단계에 따라 항공수송수요의 구조가 달라질 수 있다. 회귀분석을 통하여 요인의 유의성을 검정하고 회귀모형식을 만드는 동시에 요인별 장래값을 예측하여 이를 모형식에 적용하면 항공수송 수요예측이 가능해진다.

15.10 관광위락교통 수요예측

15.10.1 관광위락교통의 특성

도시 내 교통은 개인통행의 O – D 조사에 의해서 목적별 통행량을 파악할 수가 있다. 그러므로 이러한 통행은 비교적 안정된 통행패턴을 보인다.

그러나 관광위락교통은 도시 내 교통이 아니라 도시지역을 벗어나 주말, 명절, 피서휴가 등과 같은 원인에 의해 일어나는 교통으로서 그 현상이 일반 도시 내 교통과는 다르다.

관광위락활동의 주체는 그 활동의 종류, 출발지, 목적지, 이동수단 등을 가진다. 출발지는 관광활동주체의 특성, 즉 인구, 주거지, 소득, 여가시간, 생활의식 등과 관련된 문제이며, 목적지, 즉 관광지는 그 위치와 관광자원 및 관광지로서의 매력에 관련되는 것이다. 출발지와 목적지를 잇는 이동수단은 그 거리, 교통수단 및 경로 등에 관계된다. 관광위락교통의 수요예측은 이와 같은 네 가지 측면을 고려하여 종합적으로 분석해야 한다.

관광활동은 우리들의 생활 속에서 가장 자유도가 높으므로 관광수요를 예측하기가 매우 어려우나 여러 가지 관광현상을 제대로 파악하면 예측의 정확도를 높일 수 있다.

1 관광지의 특성

(1) 유치

관광객은 일반적으로 관광지에 가까운 사람이 많고 먼 곳의 사람이 적은 것은 당연하다. 그러나 많고 적은 정도는 관광객의 조건(f_i), 도달조건(L_{ij}), 관광지의 조건(g_j)에 따라 정해진다고 볼 수 있다. 관광도로를 이용하는 자동차에 대해서 f_i, L_{ij}, g_j를 고려하여 다음과 같은 모형을 생각할 수 있다.

$$C_{ij} = N_i \cdot \alpha \cdot L_{ij}^{\beta}$$

여기서 C_{ij} : i 지역에서 j 관광지도로에 진입한 자동차 대수

　　　N_i : i 지역의 자동차 보유대수

　　　L_{ij} : i 지역에서 j 관광도로에의 도달거리

　　　$\alpha \cdot \beta$: 매개상수($\beta < 0$)

이 모형은 관광지 조건(g_j), 즉 관광지가 갖는 매력을 측정할 수 없기 때문에 α가 포함된 것이며,

α가 큰 것은 매력이 크다는 것을 나타내고 β의 절댓값이 작다는 것은 유치권이 넓다는 의미이다.

(2) 변동과 집중

관광활동은 시간, 일, 계절, 일기에 좌우된다.

- 계절 변동, 월 변동: 관광지에 따라 1개월형~3계절형, 전년형 등 네 가지의 관광지가 있다.
- 주 변동, 일 변동: 여가시간의 종류에 따라 주말이나 공휴일은 크게 붐빈다.
- 연간 일별 변동: 관광지의 관광객 수를 1년을 통하여 일별로 조사하여 이를 크기순으로 늘어놓으면 관광지의 일별 집중성을 알 수 있다. 연간 최고일의 관광객 수는 총 연간 관광객 수의 약 3% 정도이다.
- 시간 변동: 관광지의 위치에 따라 관광객의 시간 변동이 다르다.

2 관광발생

사람들의 여가시간, 소비성향, 생활의식 등의 차이에 따라 관광활동경험의 정도가 다르다. 때로는 연령별로 관광유형에 대한 활동참여 여부, 발생량이 차이를 나타낸다.

3 관광교통

관광교통은 다른 교통과는 달리 그 자체가 목적인 성격을 가진다. 특히 드라이브의 경우는 더욱 그러하다. 관광교통의 특징은 한 번 지나온 도로(또는 코스)는 가능하면 다시 지나지 않으며, 두루 다니는 특성이 있고, 이용교통수단은 자가용차 보유 유무에 따라 다르며, 이용교통수단에 따라 통행의 길이가 달라진다. 승용차의 경우는 보통 200 km 전후이며, 숙박률은 여행거리에 따라 다르고 숙박률 50%의 행동권은 약 200 km, 숙박률 100%의 행동권은 약 250 km 이상이다.

15.10.2 관광위락교통 수요예측

관광교통수요는 이상에서 설명한 관광의 여러 가지 특성을 기초로 하여 현재 및 과거의 자료를 이용하여 예측한다. 즉 현재의 관광패턴을 양적으로 파악하고 관광특성의 장래를 예측하여 이를 이용하여 장래 관광패턴을 예측하는 것이다.

1 관광발생의 예측

(1) 관광발생량

관광발생요인을 파악하여 이들의 인과관계를 모형화하고 이 요인들의 장래성을 추정하여 발생수요를 예측한다.

- 관광활동 발생량에 대한 자료수집: 공간과 시간별로 관광활동을 분류하고 이에 따른 자료를 조사
- 모형화: 여가시간, 소득, 연령, 직업, 거주지역, 생활의식, 인구, 연도 등의 관광교통 발생요인

과 관광교통 발생량과의 관계를 모형화한다. 모형은 지수곡선, 회귀분석, 장래 활동패턴 예측, 다변량분석(multivariate analysis) 등을 사용하며 앞의 2개는 시계열자료를 필요로 하고, 뒤의 2개 분석방법은 단면자료를 필요로 한다.

- 장래값의 추정: 모형식 또는 활동패턴을 사용하여 장래 관광교통발생량을 추정한다. 이때 한 가지 방법으로만 예측하면 결과의 편향성이 나타날 수 있으므로 가능한 한 많은 방법을 사용하여 예측하고 그 결과를 검증 및 보정한다.

(2) 관광교통 분포의 예측

출발지에서 관광의 O−D 교통량을 계산하면 O−D표는 유출량과 유입량이 일치하지 않는다.

- 자료수집: 현재 관광 O−D 교통량, 관광지유입 관광객 수, 관광지의 수용인원용량에 관계되는 자료를 수집한다. 순수한 관광 O−D 자료는 적기 때문에 설문지 조사방법에 의해서 관광 O−D표를 작성하든가 혹은 일반교통 O−D표로부터 관광교통을 추출해서 관광 O−D표를 작성한다.
- 분포교통량의 예측: 존별 장래 관광교통량을 관광교통 O−D표를 사용하여 성장계수법으로 장래 분포교통량을 구하든가, 현재의 1박 이상의 관광여행발생량(인/년)을 중력모형을 사용하여 지역 간 분포교통량을 구한다.

2 관광지별 예측

관광지의 관광객 수는 그 관광지의 매력, 지형, 면적, 시설, 관광대상, 관광자원의 종류, 관광지 위치, 관광지의 접근성 등에 좌우된다.

(1) 유치권 설정방법

- 자료수집: 관광객에 대한 자료를 수집한다. 연간 방문객 수, 월별 변동, 관광객의 출발지별 비율 등을 조사한다.
- 모형화: 앞 절에서 설명한 관광내방객을 관광지 조건(g_j), 도달조건(L_{ij}), 관광객 조건(f_i)을 변수로 해서 모형화한다.
- 장래 예측: 변수의 장래 예측값을 모형에 적용해서 장래 내방객 수를 구한다.

이 방법은 각 관광지에 대하여 계산이 쉬운 장점이 있으나, 반면에 각각을 종합할 때 합계값을 평가하기가 곤란하다.

(2) 관광지의 관광객 배분율을 구하는 방법

- 자료수집: 국립공원, 온천관광지 등과 같은 종류의 관광지에 대한 내방관광객 자료를 수집한다. 그 다음 각 관광지의 매력을 나타내는 변수, 위치를 나타내는 변수에 대한 자료를 수집한다. 이들 변수 중에는 여관 및 호텔 수용능력, 관광지의 도로포장률, 관광지 접근노선 수, 문화재 수, 온천용출량, 해안선길이, 적설량 등이 있으며 이들은 단면자료로도 충분하다.
- 모형화: 관광내방객 수와 이들 변수들 간의 관계를 모형화하여 예측한다.

(3) 교통수단별 예측

각 교통수단의 수송량으로부터 관광객을 분리하고, 과거에서 현재에 이르는 관광객 수를 추정하여 이를 장래로 연장하여 예측하는 것으로서 거시적 예측방법이다.

● 참고문헌 ●

1. R. J. Paguette, N. J. Ashford, and P. H. Wright, *Transportation Engineering–Planning and design*, 1982.

2. E. C. Carter and W. S. Homburger, *Introduction to Transportation Engineering*, ITE., 1978.

3. J. W. Dickey, *Metropolitan Transportation Planning*, 1975.

4. B. G. Hutchinson, *Principles of Urban Transport Systems Planning*, 1974.

5. N. J. Garber and L. A. Hoel, *Traffic and Highway Engineering*, 1988.

6. *Computer Programs for Urban Transportation Planning*, USDOT/FHWA., 1977.

7. L. R. Goode, "Evaluation of Estimated Vehicle-Trip Productions and Attractions in a Small Urban Area", *TRR. 638*, TRB., 1977.

8. *Trip Generation Analysis*, USDOT/FHWA., 1975.

9. N. Draper and H. Smith, *Applied Regression Analysis*, 1966.

10. 박성현, 회귀분석, 1982.

11. T. J. Fratar, "Vehicle Trip Distribution by Successive Approximation", *Traffic Quarterly*, 1954.

12. A. M. Voorhees, *A General Theory of Traffic Movement*, ITE., 1955.

13. J. W. Dickey, *Metropolitan Transportation Planning*, 1975.

14. R. J. Salter, *Highway Traffic Analysis and Design*, 1976.

15. Wilbur Smith and Associates, *Transportation and Parking for Tomorrow's Cities*, 1966.

16. A. G. Wilson, "The Use of Entropy Maximising Models", *Journal of Transport Economic Policy*, 1967. 3.

17. A. G. Wilson, D. J. Wagon, E. H. E. Singer, J. S. Plant, and A. F. Hawkins, *The SELNEC Transport Model*, Urban Studies Conference, 1968.

18. A. G. Wilson, et al., "Calibration and Testing of the SELNEC Transport model", *Regional Studies*, Vol. 3, No. 3, 1969.

19. E. Archer and J. H. Shortreed, "Potential Demands for Demand Scheduled Buse"s, *HRR. No. 367*, HRB., 1971.

20. NCHRP., *Quick Response Urban Travel Estimation Techniques*.

21. D. A. Quarmby, "Choice of Travel Model for the Journey to Work", *Journal of Transport Economics and Policy*, Vol. 1, 1967.

22. C. A. Lave, "A Behavioral Approach to Modal Split Forecasting", *Transportation Research*, Vol. 3, 1969.

23. P. R. Stopher, "A Probability Model of Travel Mode Choice for the Journey to Work", *HRR. No. 283*, HRB., 1969.

24. A Talvitie, "Comparison of Probabilistic Modal-Choice Models: Estimation methods and System Inputs", *HRR. No. 392*, HRB., 1972.

25. P. R. Stopher and J. O. Lavender, "Disaggregate, Behavioral Travel Demand Models: Empirical Tests of Three Hypotheses", *Transportation Research Forum Proceedings*, 1972.

26. A. Vandertol, *Transit Usage Estimates from an Urban Travel Demand Model*, MA. Sc. thesis, Dept. of Civil Engr., Univ. of Waterloo, Ontario, 1971.

27. R. Smock, "An Iterative Assignment Approach to Capacity Restraint on Arterial Networks", *HRB. Bulletin 347*, HRB., 1962.

28. M. E. Campbell, *Assignment of Traffic to Expressways, (as determined by diversion studies), Southwestern Association of State Highway Officials,* Proceedings, 1951.

29. K. Moskowitz, "California Method of Assigning Diverted Traffic to Proposed Freeways", *HRB. Bulletin 130,* HRB., 1956.

30. Bureau of Public Roads, *Traffic Assignment Manual*, 1964.

31. J. Burrello, "Multiple Route Assignment and Its Application to Capacity Restraint", *4th International Symposium on the Theory of Traffic Flow*, 1968.

32. R. B. Dial, "A Probabilistic Multipath Traffic Assignment Model Which Obviates Path Enumeration", *Transportation Research*, Vol. 5, No. 2, 1971.

33. USDOT., *New System Requirements Analysis Program*, UTPS, Urban Mass Transpor-tation Administration, 1972.

34. M. Schneider, "Panel Discussion on Inter-Area Travel Formulas", *HRB. Bulletin No. 253*, HRB., 1960.

35. K. E. Heanue and C. E. Pyers, "A Comparative Evaluation of Trip Distribution Procedures", *HRR. No. 114*, HRB., 1966.

36. H. C. Lawson and J. A. Dearinger, "A Comparison of Four Work Trip Distribution Models", *Proc., Am. Soc. Civ. Engr.*, 93, 1967.

37. USDOT., UMTA., *Dictionary of Public Transport*, 1981.

제 16 장

교통프로젝트의 평가

    교통프로젝트의 평가란 교통프로젝트의 타당성을 평가하여 여러 계획안 중에서 가장 좋은 대안을 선택하는 행위, 즉 의사결정행위를 돕기 위해 자료를 수집하고, 분석하고, 조직화하는 과정을 말한다. 즉 평가란 의사결정 그 자체가 아니라 분석, 계획, 설계를 의사결정과 연결해 주는 기술적인 과정이다.

    따라서 의사결정자는 교통프로젝트의 비용과 그 프로젝트로 인한 경제적 효과뿐만 아니라 사회·문화적 효과에 대한 많은 정보를 알아야 한다.

    교통프로젝트의 여러 가지 영향 중에서도 의사결정을 하는 데 있어서 가장 중요하고 결정적인 것은 그 프로젝트의 비용과 경제적 효과이다. 이 장에서는 여러 가지의 경제적 비용과 효과 중에서 특히 계산이 쉬운 몇 가지 항목에 관해서 설명을 하고, 나머지는 이 책의 범위를 벗어나므로 설명을 생략하였다.

    이 장은 교통경제의 내용이 많이 포함되어 있으며, 또 이 장에서 반드시 언급되어야 할 많은 부분이 19장에 설명되어 있다. 따라서 반드시 19장, 특히 19.4, 5절을 함께 공부해야 할 것이다. 경제적인 효과와 함께 경제외적인 영향을 포함하여 평가하는 방법은 맨 마지막 절에 언급되어 있다.

16.1 계획대안의 개발

    조사지역의 장래 교통수요를 충족시키는 교통망과 교통수단 대안은 많이 있다. 또 교통발생, 토지이용 및 교통시설이 서로 밀접한 관련을 맺고 있기 때문에 이들 교통망은 그 수요를 조절하기도 한다. 그러나 최적시스템을 찾아내기 위해서는 수많은 대안을 모두 만들어 비교할 수는 없고, 그중에서 몇 개의 대안만을 만들어 평가하는 수밖에 없다. 그러므로 그러한 계획대안을 어떻게 만드는가 하는 것이 문제가 된다. 다행히 시스템대안을 만들어 내는 데 있어서 가장 기본적인 출발점으로서 기존교통망과 이미 내정된 교통망을 사용할 수 있다. 일반적으로 현재 있는 대규모 투자시설을 사용하지 않거나, 막대한 노력과 예산을 들여 만든 계획을 폐기한다는 것은 비현실적이다. 그러므로 일반적으로 장래의 전반적인 계획은 이처럼 내정된 시스템을 기초로 하여 진행되는 것이다.

내정된 시스템을 기초로 하더라도, 미흡한 계획안이 만들어질 가능성은 충분히 있다. 이와 같은 계획안은 적절한 평가과정을 거치는 동안에 제외될 것이다. 그러나 평가과정을 만족시키게 될 잠정 시스템을 효율적으로 개발하는 데 논리적이고 체계적인 평가기법을 사용할 필요가 있다. 이와 같은 평가기법은 종합적인 계획목적에 입각해야 하므로 시스템대안을 개발할 때는 반드시 이러한 목적을 염두에 두어야 한다. 일반적으로 하나의 종합계획안은 다음과 같은 목표를 달성하는 것이어야 한다.

- 주어진 토지이용계획을 뒷받침하는 가장 좋은 계획안
- 지역교통의 필요성을 충족시키는 최적교통시스템
- 원하는 방향으로 개발을 촉진하면서 바람직한 토지이용 패턴을 장려하고 서비스를 제공하는 시스템[1]

정상적인 상황에서는 다음과 같은 순서에 따라 계획안을 개발한다.

① 기존 및 내정된 시스템에 장래 교통수요를 배분하여, 수요에 비해 용량이 부족한지 여부를 검토한다.
② 용량이 부족하면 이를 해소하기 위해서 기존 및 내정시스템에 새로운 시설을 추가하여 한 번 더 배분한다. 이와 같은 해결책의 종류는 교통수단에 따라 달라진다. 예를 들어 도시권에 대한 조사연구의 결과로부터 버스 또는 고속대중교통시스템의 공급 정도에 따라, 또는 개인교통의 측면에서 볼 때는 승용차에 대한 의존 정도에 따라 해결책 탐색의 방향이 달라진다.
③ 여기서도 해결되지 않는 결함은 시스템설계를 변경하여 해결하는 방법을 모색한다.
④ 이러한 과정은 만족할 만한 시스템이라고 여겨져 다른 대안과 비교·평가할 정도에 이를 때까지 반복한다.

16.2 교통프로젝트의 평가개념 및 원칙

경제성 평가란 한마디로 모든 교통프로젝트의 경제적 타당성을 분석하고, 또 타당성이 있는 대안들 중에서도 가장 경제성이 높은 대안을 선정하는 과정을 말한다.

평가의 기본개념은 단순하고 명확하지만 실제과정은 매우 복잡하고 어렵다. 교통계획대안들은 각기 서로 다른 비용과 효과를 나타낸다. 일반적으로 비용을 적게 들이면 효과가 작고, 비용을 많이 들이면 효과가 크나 비용과 효과가 반드시 비례하지는 않기 때문에 이들을 비교·평가하게 된다.

교통프로젝트는 사회가 어떤 희생(비용)을 치르고서 원하는 바의 효과를 만들어 내는 메커니즘으로 볼 수 있다. 여기서 문제는 그 프로젝트로부터 얻는 편익이 그 비용을 지불할 만큼 가치가 있는가 하는 것이다. 그 편익은 교통시스템의 사용자에게만 돌아가는 경우도 있고, 때에 따라서는 그 시스템을 사용하지 않는 그 지역사회의 불특정 다수인에게 편익이 되는 경우도 있다.

16.2.1 평가의 목표 및 과정

평가의 목표는 모든 대안의 효과를 정확히 판단하여 최선의 대안선택이 이루어지도록 하는 것이다. 평가과정이란 의사결정을 하는 사람이나 기관이 의사결정을 할 수 있게끔 필요한 정보를 파악하는 활동으로 볼 수 있다. 이러한 과정에서 필수적인 것은 대안선택을 하는 데 있어서 어떤 정보가 중요한 것인지를 판단하는 일이다. 어떤 경우에 있어서는 비용을 최소화하는 것이 가장 좋은 대안일 수도 있고, 또 다른 경우에서는 비용뿐만 아니라 다른 여러 가지 목표를 달성해야 할 경우도 있다. 의사결정을 하는 사람은 각 대안의 상대적인 효과를 한 가지의 수치로 나타내기를 원하는 수도 있으나, 때에 따라서는 대안별로 각각의 기준 하나하나에 대한 효과를 나타내 보이는 것이 훨씬 도움이 될 수도 있다.

교통프로젝트가 완성된 후에도 그 결과가 예상했던 것과 차이가 있는지를 알기 위해서 평가해야만 한다. 이러한 사후평가는 원래 계획을 수정하거나, 유사한 프로젝트에 적용할 자료를 축적한다는 의미에서 매우 중요하다.

평가를 시작하기 전에 먼저 사용해야 할 평가기법과 필요한 자료의 종류를 결정해야 한다. 그러기 위해서는 프로젝트에 의해서 영향을 받는 사람이 누구이며, 그들의 관점이 어떤 것인지를 알 필요가 있다. 교통프로젝트는 여러 그룹의 사람들에게 서로 다른 종류의 영향을 준다. 어떤 경우에는 몇몇 사람들에게만 영향을 주며, 때에 따라서는 여러 그룹의 사람들에게 이해가 엇갈리는 영향을 나타내기도 한다. 예를 들어 교통프로젝트에 이해관계를 갖는 그룹 중에는 교통시스템이용자, 교통관리자, 노동자, 일반시민, 사업가, 각급 행정부서 등이 있으며, 이들 간의 서로 다른 이해관계와 관점의 차이 때문에 평가과정이 달라진다.

소규모의 교통프로젝트는 그 영향이 시스템이용자와 교통관리자에 국한되는 경우가 대부분이나 지역단위의 대규모계획일 때에는 그 영향을 받는 계층이 다양하고, 또 그 범위도 넓어진다. 예를 들어 비교적 큰 교통프로젝트는 도심지 내의 사업을 활성화하거나 건설경기가 좋아져서 그 지역의 경제적 붐을 촉발한다. 이 프로젝트는 또한 토지를 사용해야 하므로 환경에 부정적인 영향을 준다. 따라서 개인통행자나 사업을 하는 사람들의 입장에서 본다면 경제적인 효과만을 따지는 협의의 평가를 해도 되겠지만, 그 지역사회 전체의 입장에서 평가한다면 더 광범위하고 다양한 관심사항을 고려해야 할 것이다.

만약 소규모 지역사회의 입장에서 본다면, 상부기관으로부터 조달되는 건설자금은 비용으로 볼 수 없으나, 그 지역 내의 지가상승은 편익으로 간주될 것이다. 그러나 넓은 지역 또는 시·도의 입장에서 본다면 이러한 건설자금과 지가상승은 그 지역에 대한 비용으로 간주하거나 또는 한 지역에서 다른 지역으로 전환되는 편익으로 볼 수 있다. 따라서 평가할 때 누구의 입장에서 평가할 것인지를 명확히 해야 할 필요가 있다.

16.2.2 평가기준의 선정

평가를 하는 데 필요한 적절한 기준은 무엇이며, 또 이들을 어떻게 측정해야 하는가 하는 문제는 그 교통프로젝트의 목적이나 목표와 관계된다. 이처럼 각 프로젝트의 효과를 수적으로 또는 상대적인 값으로 나타낼 수 있는 기준을 효과척도(MOE, Measure Of Effectiveness)라고 한다. 계량화할 수 없는 기준이라 할지라도 '높음', '보통', '낮음' 등과 같은 상대적인 용어를 사용하여 나타낼 수 있다.

기준은 각 대안을 측정하는 기초가 되므로 기준을 선정하는 일은 평가과정에서 가장 기본적인 사항이다. 따라서 기준은 가능한 한 목표의 달성 정도를 나타내는 것이어야 한다.

이와 관련되는 또 다른 문제는 평가과정에서 MOE를 어떻게 사용하는가 하는 것이다. 그 방법의 하나로서 각 MOE를 공통적인 단위로 변환시키고, 각 대안에 대하여 모든 MOE값을 합산하여 하나의 값으로 나타내는 방법이다. 이때 MOE의 단위를 금전화하면 경제적인 관점에서 각 대안을 비교할 수 있다.

공통적인 단위를 사용하는 또 다른 방법은 각 MOE의 값을 점수로 환산하는 방법이다. 그런 다음 각 MOE의 값에 가중치를 곱하고 이를 전부 합하여 하나의 값으로 나타낸다. 이때 MOE는 서로 독립적이어야 한다. 만약 이들이 서로 상관관계가 있을 때 가중점수를 합한 값으로 우열을 비교하는 것은 의미가 없다.

끝으로 각 대안에 대한 모든 MOE의 값을 합하지 않고 그대로 매트릭스 형태로 나타내는 방법이 있으며, 이 방법은 각 MOE의 상대적인 중요성을 판단하는 번거로움 없이 최대한의 많은 정보를 한눈에 알 수 있다.

평가기준은 문제점과 직접 관련된 것이어야 할 뿐만 아니라 측정하기 쉬워야 하고 대안별로 큰 차이가 나는 것이어야 한다. 또 계획안을 평가하거나 최적안을 선택하는 사람의 의사결정을 하기 쉽도록 기준의 수를 제한하는 것이 바람직하다. 너무 많은 정보는 도움보다는 오히려 혼동을 일으키게 하며, 불확실성과 불일치를 증가시키고, 정치적으로나 또는 비계량적인 기준에 의해 의사결정을 하게 되는 결과를 초래하게 된다.

16.2.3 평가절차 및 의사결정

의사결정을 하는 데 있어서 평가과정이 얼마나, 그리고 어떻게 도움이 되는지를 알 필요가 있다. 의사결정자는 일반적으로 각 교통계획대안의 비용이 얼마나 되는지 알고 싶어 하고, 또 사실상 이 비용 하나만을 비교해서 의사결정을 하는 경우가 허다하다. 또 다른 하나는 편익이 교통투자비용을 정당화시키거나 그 돈을 다른 곳에 투자하면 더 큰 이득을 얻지 않을까 하는 의문을 가진다. 의사결정자는 계획된 대안이 바라는 결과를 가져올 수 있을지 없을지에 대한 의문(즉, 예측한 결과에 대한 신뢰도)을 갖는다. 평가과정에서는 이러한 의문에 대한 해답을 얻을 수 있어야 한다.

하나의 값보다 어떤 범위의 값을 나타내는 민감도 분석도 해야 할 필요가 있다. 또 다른 곳에서

행한 유사한 프로젝트를 평가함으로써 그 프로젝트의 성공 가능성에 대한 단서를 얻을 수 있다. 의사결정자는 모든 대안이 다 고려되었는지, 또 추천되고 있는 안과 어떻게 비교되는지 알고 싶어 한다. 목표를 달성하는 데 있어서 관리기법 및 교통통제전략을 사용한다든지 하여 비싼 예산을 들이지 않는 더 좋은 방도가 없는지를 검토해 볼 필요가 있다. 예를 들어 고속도로에서 버스 및 다승객차량 전용차로를 활용하면 고속도로의 차로를 증설하지 않고도 도로의 승객수송용량을 현저히 증가시킬 수 있다.

다른 또 하나의 요인은 건설 기간에 도로사용자에게 부과되는 통행지체이다. 또 공무원은 그들의 재임기간 동안에 사업을 끝내고 싶어 하므로 교통시설의 공기도 그들의 관심사항이며, 투자재원 역시 관심의 대상이다. 따라서 평가과정은 측정할 수 있는 기준을 사용하여 비교적 간단히 평가하는 문제뿐만 아니라 거기에 수반되는 모든 문제에 대한 해답을 얻어야 한다.

평가과정에서 전문가는 계획된 프로젝트에 대해 필요한 모든 정보를 알아야 하고 이를 명확하고 논리적인 방법으로 제시하여 의사결정을 용이하게 할 수 있도록 해야 할 필요가 있다. 또 각 프로젝트의 정치적 및 재정적인 타당성도 분석을 해야 한다. 결국 최종적인 분석에서는 의사결정자가 얻을 수 있는 모든 정보를 포함하는 여러 가지 요인과 고려사항을 기초로 하여 최적안이 선정된다.

그러나 이 장에서는 의사결정에서 가장 중요한 근거가 되는 경제성 분석을 위주로 하고 나머지 고려사항들은 19장에서 언급한다.

16.2.4 경제성 분석의 개념

정부는 필요에 따라 민간부문에서 할 수 없는 어떤 시설을 제공한다. 그 가운데는 도로, 철도, 또는 대중교통수단이 포함된다. 이러한 시설에 예산을 투자하는 이유는 ① 사람이나 화물을 원활히 수송함으로써 국가 전체의 경제 수준을 향상시키고, ② 국방상의 목적에 기여하고, ③ 경찰 및 소방, 의료, 등하교, 우편배달 등과 같은 지역사회 서비스활동을 손쉽게 하며, ④ 위락활동의 기회를 증대시키기 위함이다. 교통시설이 건설되면 토지의 접근이 용이해짐에 따라 지가가 상승하여 지주는 이익을 얻는다. 또 차량이용자는 차량운행비용이 감소하고, 통행시간이 단축되며, 사고가 감소하고, 운전 중의 쾌적성이 증대되는 이익을 얻는다. 반면에 교통시설건설은 정부나 개인이 다른 생산적인 목적에 사용할 수 있는 자원(토지를 포함해서)을 소비하고, 운행차량은 대기오염 및 소음을 발생시킨다. 자원이용 측면에서 본다면 시설이용자와 이익집단이 부담하는 비용상의 절감이 모든 비용을 초과할 때 한해서 그 교통시설의 건설이 정당화된다. 교통계획안를 검토할 때 앞에서 언급한 여러 가지 요인을 모두 고려해야 하나 여기서는 경제성과 자원소모에 대한 측면만 생각하기로 한다.

교통시설의 계획안을 비교·평가하는 데 필요한 경제성 분석은 공학경제(Engineering Economy)라는 학문분야에서 발전시킨 여러 가지 기법을 통해서 이루어진다. 공학경제는 어떤 도구나 장비, 작업, 건설 및 공정을 가장 경제적으로 계획하게 하는 학문적 도구로서 공학경제 또는 경제성 공학이라는 말로도 사용된다. 그러나 근본적으로 공학이라기보다 경제학의 범주에 속하기 때문에 여기서는 공학경제라는 용어를 사용한다.

공학경제는 계획하는 공사와 장비 및 공정을 분석함에 있어서 그 계획안에서 얻을 수 있는 경제적 이득과 그 이득을 생산하는 데 드는 경제적 비용을 비교하여 순이득의 상대적인 가치를 결정하는 것이다. 계획된 어떤 프로젝트의 경제성 분석은 그 계획안의 수익성이 계속될 때까지 복리이자를 적용하여 수입과 지출을 비교하는 과정이다. 기업에서는 투자에 대한 높은 순수익을 추구하고, 공공사업에서는 그 비용보다 큰 서비스 질을 추구한다.

공공건물, 공원, 도서관, 미술관 등과 같은 공공사업에서는 현금수입을 경제성의 척도로 삼는 것이 아니라 개인적이며 사회적인 만족도를 경제성의 척도로 삼는다. 반면에 도로 등과 같은 프로젝트에서는 그 효과가 시장적(market)이기도 하고(도로이용자에의 영향) 비시장적인 요소도 있다(일반적으로 사회·경제적 효과).

경제성 분석은 금전화할 수 있는 요소만 고려하기 때문에 결국 전체의 영향 가운데 일부분만을 대상으로 한 분석이 된다. 그러므로 최고경영자는 의사결정을 할 때 경제성 분석의 결과와 함께 다른 요인들에 대해서도(예를 들어 공공복리, 사회적 가치, 공공정책, 미관 등) 적절한 비중을 두어 참작해야 한다. 경제성 분석은 의사결정을 하는 데 있어서 유일한 자료는 아니나, 의사결정자가 활용할 수 있는 유용한 수단이다.

1 공학경제의 역사

공학의 한 분야로서의 경제는 오래전부터 인식되어 왔고, 또 이용되어 왔다. 1847년 W. M. Gillespie 교수의 저서 《Manual of the Principles and Practice of Road Marking》에서는 마차도로에 적용되는 공학경제의 여러 가지 요소와 원칙이 언급되어 있으며, 이것은 현대의 자동차도로에서도 적용될 수 있는 것들이다.[30] 철도에 대한 공학경제의 역사도 1877~1888년까지 거슬러 올라간다. A. M. Wellington의 저서 《Economic Theory of the Location of Railroads》에서 철도노선 위치선정의 경제적 효율성에 대한 것들이 언급되어 있다.[31] 초창기에 건설된 많은 철도노선이 그 후에 재조정되었다는 것은 그 당시 철도의 위치와 설계에 문제점이 있었다는 것을 의미한다.

도로개선의 경제성 조사는 1920년대 초에 시작되었으며, 이때에는 주로 비포장도로에 대한 포장도로의 장점을 연료소모와 회전저항(rolling resistance)으로 비교하는 것이었다. E. M. James는 1927년 이전에 Ingenieria International이라는 공학저널에 도로공학의 경제성을 논한 논문을 연재한 바가 있다.[32] 이 논문에서 그는 도로계획을 할 때 장기적이며, 개선의 가능성을 염두에 둘 것과 수익성이 비용보다 커야 하며, 경제적·재정적·기술적 원칙이 정치적인 고려보다 앞서야 하고, 전국 도로시스템의 운영을 감안하여 운영비용이 가장 적도록 해야 한다고 했다. 그의 이론은 지금까지도 도로의 일반경제학에 지대한 공헌을 했으며, 이를 기초로 하여 도로의 경제성 분석 개념과 원칙이 발전되어 왔다.

2 프로젝트 평가 및 구성

공학경제는 기본적인 목표 또는 적용방법에 따라 두 가지로 구분할 수 있다. 첫째는 계획된 프로젝트의 경제적인 타당성을 결정하는 경제성 평가이며, 둘째는 그 프로젝트의 설계양상에 따른(설계형태, 재료종류 등) 경제성 평가, 즉 프로젝트의 경제적 구상(project formulation)이다. 경제성 평가는 프로젝트 구상 이전에 실시되며, 지배적인 요인만 고려하기 때문에 프로젝트 구상 때보다는 예측값이 정확지 않다. 프로젝트의 경제적 구상과정에서는 경제성 평가과정에서 구체화할 수 없는 설계양상들을 다룬다. 이 과정에서는 비용과 편익에 대한 비교가 필요 없고 단지 설계양상에 따른 총비용 차이만을 검토한다. 즉 건설재료(강재, 콘크리트, 아스팔트), 설계모양(원형 칼버트, 상자형 칼버트), 기본설계(성토 또는 긴 교량) 및 건설방법 및 순서에 따른 총비용을 계산하여 비교·평가한다. 만약 설계양상에 따라 교통량이 변하면 프로젝트 구상에서도 차량운행 비용변화에 따른 편익을 고려해야 한다.

프로젝트의 경제성 평가에서는 일반적으로 최종설계나 비용추정을 할 필요는 없지만 예비설계나 개략적인 비용추정을 한다. 그러나 경제성이 한계점 부근에 있거나 그 프로젝트의 시행 여부가 경제적 타당성에 크게 좌우되는 경우에는 설계를 구체화해 비용추정을 해야 한다. 도로분야에는 크고 작은 많은 프로젝트가 있으며, 큰 프로젝트나 시스템 안에 작은 프로젝트가 있거나, 경제성이 없을지라도 도로가 필요하거나, 경제성이 명확한 프로젝트인 경우에는 건설에 필요한 실행계획을 세운다. 자연적인 재해에 의한 도로의 손상을 복구하고, 위험한 교량을 다시 건설하거나, 교통혼잡을 완화하기 위해 도로를 확장하는 일들은 경제성 분석에서 가장 경제적인 설계양상이 무엇인지를 결정하기만 하면 되는 프로젝트들이다. 프로젝트 구상은 그 프로젝트가 경제적으로 효과가 있느냐 없느냐에 상관없이 도로개선의 모든 설계에서 필요하다.

경제성 평가와 프로젝트 구상의 한 예로서, 통행거리를 단축시키기 위한 노선의 교량건설을 예로 들어 보자. 일반적인 분석은 그 교량의 대략적인 위치, 도로 단위면적당 교량의 비용, 대략적인 차량운행비용을 가정하면서 시작된다. 만약 이 분석에서 새로운 교량건설이 바람직하다고 판단되면 설계가 시작된다. 만약 이때 그 프로젝트의 경제성이 불확실하다면 두 번째, 세 번째 분석에서는 설계비용을 더욱 구체화해 경제성을 분석한다. 경제성 분석에서 그 교량의 타당성이 입증되면 다음과 같은 몇 가지에 대한 경제성 분석을 하여 설계를 구상한다.

- 설계종류: 트러스교, 현수교, 판형교(plate girder)
- 재료의 종류: 강구조, 콘크리트, 알루미늄
- 스팬의 길이 및 간격: 강의 유량에 따름
- 접근로: 성토, 교대(橋臺)

이러한 요소들은 하나하나 따로 결정되어야 한다.

16.2.5 경제성 분석의 원리

계획되는 도로개선사업의 경제성 분석은 이와 유사한 산업에서 이용되어 온 경제성 분석의 개념과 원칙에 기초를 두고 있다. 올바른 분석을 위해서는 반드시 이 원칙과 개념을 이해해야 한다.

여러 가지 수치자료를 모으고, 그 규모를 결정하고 경제성 분석에 필요한 순차적인 과정을 밟으려면 공학경제의 모든 측면을 정확히 이해해야 한다.

다음에 열거하는 개념, 원칙 및 표준은 경제성 분석의 범위를 넘어 최종적인 의사결정에서도 적용된다. 최종 의사결정 과정에서는 경제성 분석에서는 포함되지 않는 사회·경제적 요인도 포함한다.

(1) 완전한 객관성이 요구된다

경제적 분석은 객관적인 분석으로서, 전문적인 분석이 요구되지만 전문가의 견해가 포함되어서는 안 된다. 전문가의 판단에는 관련된 요인의 파악 및 그 규모결정, 비용 및 편익산정, 차후 영향의 추정 및 가능한 모든 대안 파악 등이 포함된다. 객관성의 원칙에는 정직성과 윤리적 규범을 요구한다.

경제성 분석의 최종목표는 비용과 편익을 비교하여 관리자가 최종적인 의사결정, 즉 왜 개선을 해야 하며, 어떤 설계가 더 좋으며, 건설이 시작되고 사용하는 시기는 언제가 좋은가를 결정하는 데 도움을 주는 것이다. 만약 분석의 객관성이 결여된다면 관리자가 그 분석을 토대로 가장 좋은 의사결정을 할 수 없다. 경제성 분석은 논리적이고, 합리적이며, 현실적이고, 객관적이어야 한다.

(2) 경제성 분석은 관리자의 의사결정이 아니다

분석은 모든 요인의 금전화된 가치흐름을 편견 없이 객관적으로 비교하는 것이다. 분석을 수행하는 사람은 의사결정자가 되어서는 안 된다. 어떤 사람이 분석과 의사결정의 두 기능을 모두 가지고 있을 경우에는 한 번에 한 기능만 수행하도록 해야 한다. 프로젝트 구상에 있어서 관리자 대신 설계자가 여러 가지 설계대안에 대해서 경제성 분석을 하는 경우가 있다. 경제적 분석은 그 프로젝트의 비(非)시장 특성, 일반대중의 성향 및 정치적인 영향에서 벗어나야 의사결정자가 바른 결정을 내릴 수 있다. 이러한 비시장 요인은 분석하는 사람이 아니라 의사결정자가 고려하는 것들이다.

(3) 경제성 분석에서 직감적인 결정이 개입해서는 안 된다

중요한 의사결정, 예를 들어 건설할 것인가, 상품을 구입할 것인가, 또는 아무것도 하지 않을 것인가 하는 결정은 경제성 분석과정에서 이루어진다. 불행하게도 몇몇 관리자가 직관으로 중요한 의사결정을 하는 경우가 있다. Samuel Butler(1835~1902)는 "인생은 부족한 가운데 최선의 결정을 내리는 예술"이라고 했다. 최종적인 의사결정은 전문가의 의사결정이지 수치적 해답이나 계산과정으로 되는 것은 아니다. 그러나 의사결정은 주어진 자료를 최대한 이용할 때 그 성공 가능성이 커진다. 경제성 분석이 의사결정의 지침이 되는 것은 의사가 진찰하거나 법관이 판례를 찾는 것과 같다. 의사, 법관, 또는 공학전문가의 목적은 미래의 조치를 위한 의사결정에 도움이 되는 모든 증거, 사실, 가능성 및 전문적인 판단력을 동원하는 것이다. 이와 같은 절차는 육감적 또는 직관적인 의사결정보다 나은 절차임이 분명하다.

(4) 가능한 모든 대안을 검토하라

교통시설 개선사업을 경제적, 사회적으로 분석하는 목적은 안전하고, 빠르고, 편리하고, 경제적인 수송서비스를 달성하는 데 있어서 가장 바람직한 해결책을 강구하는 데 있다. 따라서 가장 좋은 해결책을 얻기 위해서는 이 목적을 달성할 수 있는 모든 가능한 대안들을 검토해야 한다.

'모든 가능한 대안'이라고 말했지만 이들 모두에 대해서 상세한 분석을 할 필요는 없다. 예를 들어 공학적 판단결과 위치나 건설상의 어려움이 예상되면 간단한 분석 후에 그 대안을 고려대상에서 제외할 수 있다. 또 너무 예산이 많이 드는 대안이나 미관상에 문제가 있는 대안, 환경에 심대한 영향을 준다고 판단되는 대안은 제외한다.

물리적으로나 재정적 또는 미관상 문제가 없다고 판단되는 대안들은 다음 단계로 더욱 상세한 분석에 들어간다. 이 단계가 진행되는 과정에서도 어떤 대안은 배제될 수 있다. 도로 노선의 위치선정 시 그 노선의 위치조정이나 확장 및 인접한 지선의 변경 등을 고려하지 않고 그 노선의 위치선정에만 관심을 쏟는 수가 있으므로 미리 유의해야 한다.

(5) Do Nothing 대안도 고려해야 한다

여러 가지 개선대안에 대한 경제성 분석이 필요한 것과 마찬가지로 아무런 개선도 하지 않고 현 상태를 그대로 유지하는 것도 하나의 대안으로서(null alternative) 다른 대안들과 비교되는 기본조건이 된다. 마찬가지로 현재시설을 그대로 이용할 것인가, 폐기할 것인가도 검토해 보아야 한다.

현 상태를 유지하는 것과 어느 한 계획안의 경제성을 비교하는 것은 결국 그 계획안의 경제적 타당성 정도를 결정하는 것이라 할 수 있다. 그러나 여러 가지 계획안들을 서로 비교할 때는 프로젝트의 경제적 구상을 목표로 해야 한다. 여기서 궁극적인 목표는 여러 계획안이 갖는 경제성의 차이를 파악하는 것이다.

(6) 시장 요인과 비시장 요인을 분리해야 한다

경제성 분석에서는 경제적 요인이 아닌 전반적인 경제 및 사회적 영향은 고려하지 않는다. 여기서 경제적 요인인 금전화가 가능한 것이며(시장 요인), 전반적인 경제 및 사회적인 영향은 금전화가 불가능한(비시장 요인) 것들이다. 관리자의 최종 의사결정에서 좋은 결과를 얻으려면 육감이나 가정이 아닌 철저한 금전화된 가치를 토대로 하여 경제성 분석을 해야 한다. 예를 들어, 개인의 취향(쾌적성, 편리성 등)을 금전화한다는 것은 지극히 주관적으로 되거나 가정에 그치는 수밖에 없다. 이러한 요인은 비용 절감이나 통행시간 단축 등과 비교해 볼 때 경제적인 요인이 될 수 없다. 그러나 교통시설은 이용자의 쾌적성과 편리성을 고려해서 설계해야 하며, 최종적인 의사결정을 할 때 이들 요인을 고려해야 한다.

(7) 분석은 미래에 대한 연구이다

경제성 분석은 순전히 미래에 대한 분석이다. 분석에 사용되는 비용과 편익의 현금흐름은 장차 기대되는 기댓값을 의미한다. 그렇다고 적당히 추정하거나 가정해서는 안 되며, 논리적으로 계산하고 가정하여 나온 것이어야 한다. 어떤 요인의 단일값보다는 그 값의 범위를 사용하면 최종결과에 영향을 주는 그 요인의 민감도를 알 수 있어 좋다. 예를 들어 교통량을 예측할 때 이 요인의 낙관적인 값과 비관적인 값을 모두 사용하는 것이 좋다.

(8) 모든 과거의 투자는 무시해도 좋다

경제성 분석이 미래에 대한 분석이라고 말한 것처럼 과거의 조치, 과거의 현금흐름 및 비용 등은 무시해도 좋다. 모든 과거에 이루어진 조치들은 현재상태에 포함되어 있다. 지금 결정해야 할 것은 경제적으로 바람직한 미래의 결과를 만들어내는 데 있다.

이 개념은 과거가 미래를 예측하는 데 도움이 되지 않는다는 말은 아니다. 더욱이 과거의 작업이 계획대안의 비용을 산출하는 데 어느 정도 영향을 미친다. 예를 들어 기존교량을 확장하고 보강하는 대안이 있다면, 기존교량을 건설한 과거의 비용(sunk cost)은 고려되지 않는다.

(9) 모든 요인에 대해서 동일한 시간대를 사용한다

비용과 편익에 대한 분석은 같은 시간대에 대한 것이어야 하며, 할인율도 같은 시간대에 대해서 비교되어야 한다. 예를 들어 계획된 도시우회도로와 도시지역을 통과하는 기존노선의 경제성을 비교할 때, 우회도로를 분석할 때 사용되는 미래시간대와 같은 시간대에 대한 기존노선 교통량과 기타 영향들을 분석해야 한다.

(10) 분석기간은 확실한 예측기간을 초과해서는 안 된다

교통시설의 경제성 분석기간은 다음과 같은 세 가지 기준, 즉 ① 그 시설의 서비스수명(service life), ② 경제수명(economic life), ③ 신뢰성 있는 교통여건 예측기간 중에서 가장 짧은 기간을 기준으로 삼는 것이 좋다.

이 중에서 서비스수명은 일반적으로 경제수명보다 훨씬 길며, 또 경제수명은 경제성 분석을 통해서 구할 수 있지만 교통시설의 경우 대개 20~30년으로 보면 좋다.

경제성 분석은 미래에 대한 분석이기 때문에 분석기간을 정하는 데 있어서 믿을 수 없거나 근거 없는 기간까지(예를 들어, 서비스수명 100년까지) 연장해서는 안 된다. 예측 가능한 분석기간을 정하는 데 있어서 검토해야 할 관점 중에서 다음과 같은 것이 있다.

① 지금과 같은 교통수단이 분석기간에도 그대로 존속될 것인가? 또 존속된다고 하더라도 예측된 경제성이 그대로 계속될 것인가? 즉 교통량 증가로 인한 속도감소 때문에 경제성이 오히려 줄어드는 것이 아닌가?

② 앞으로 100년간의 운행비용 절감을 위해서 현재 막대한 예산으로 도로를 건설한다는 것이 타당한가?

경제성 분석에서 특히 중요한 것은 교통조건의 예측이다. 교통량, 차종구성 및 교통성과를 비교적 신뢰성 있게 예측할 수 있고, 또 다른 모든 요소의 불확실성을 줄이려면 20년 정도의 분석기간을 사용하는 것이 합당하다.

(11) 분석에서 모든 요인을 동일한 시간에 대해서 할인한다

각 대안에서 현금흐름은 다른 시간에 다른 크기로 일어난다. 이들을 비교하기 위해서는 이 요인들을 같은 시간에서의 등가 또는 비교할 수 있는 값으로 바꾸어 주어야 한다. 이러한 할인과정은 복리이자와 현재가 개념에 따라 적절한 이자율을 사용해서 이루어진다.

(12) 대안 간의 차이점이 의사결정을 좌우한다

대안 간의 모든 요인이 같고 예상되는 영향도 같다면 이들 대안 중 어느 것을 택해도 상관이 없다. 만약 대안들 간에 투자에 대한 요인 또는 결과에 대한 요인이 다르거나, 혹은 두 가지 요인들이 모두 다르다면 이 차이점을 면밀히 검토해야 한다.

도로개선에 관한 대안은 여러 가지 있을 수 있으며, 그중에서 현 상태, 즉 기존도로를 그대로 유지하는 대안이 있고, 또 기존도로를 폐기하고 새로운 도로를 건설하지 않는 대안도 있을 수 있다. 때에 따라서는 기존도로를 확폭 또는 축소하는 대안도 있을 수 있다.

(13) 크기가 같은 공통요소는 생략해도 좋다

예를 들어 계획하는 노선을 관리하고 순찰하는 데 드는 연간 일반경비가 기존도로와 같거나 별 차이가 없으면 경제성 분석에서 이러한 요소를 제외해도 좋다. 마찬가지로 모든 대안에서 비시장적 요인에 대한 영향이 비슷할 때 이들 요인을 자세히 분석할 필요가 없다.

(14) 모든 비용에서 모든 편익을 뺀 순가치를 사용하라

건설비용과 금전화 가능한 영향을 분석하는 데 있어서 분석에 필요한 자료는 순비용과 순편익이어야 한다. 또 시장가격요인과 기회비용 및 이득을 포함해야 하고, 이중계산이나 전환 및 누락이 없어야 한다. 부지를 취득하는 데 있어서 순비용이란 토지매입 및 건물비용에 건설하기 이전에 받은 임대수입 및 건물매매대금 등의 수입을 뺀 것이다. 고속도로는 교통을 유인하는 대신에 통행거리가 늘어나는 대가를 치르므로 이 효과도 분석에 포함해야 한다. 마찬가지로 교통시설개선에 조금이라도 영향을 받는 모든 영향은 분석에서 충분히 평가되어야 한다.

종종 도로개선으로 인해 기업이나 시장 및 부동산이 나쁜 영향을 받게 된다. 이처럼 도로개선으로 인한 주변지역의 경제적 영향을 상세히 분석해야 하나 주변에서 멀리 떨어진 지역까지 영향을 미치는 경우는 드물다. 그러나 이와 같은 일반적인 경제적 영향(그것이 기회비용이든 이득이든 또는 금전화 가능 비용이든 편익이든 상관없이)이 최종적인 결정을 하는 데 사용된다면, 총 순편익을 구하는 데 신중해야 한다.

(15) 경제성 분석은 재원조달과는 무관하다

경제성에 대한 의사결정은 재원조달에 대한 의사결정이 아니다. 투자재원조달은 별도로 분석해야 한다. 재원조달에서 취급되는 요소와 의사결정은 경제성 분석에 포함되는 그것들과는 다르다. 경제성 분석은 의사결정자가 그 프로젝트를 시행할 것인가, 어떤 설계로 건설할 것인가(프로젝트 구상을 할 경우)를 결정하기 위한 것이고, 재원조달분석은 의사결정자가 투자재원을 어디서 얻을 것인가를 결정하는 것이다. 따라서 계획안의 경제성 평가와 설계양상에 대한 경제적 구상은 이것이 건설될 경우 재원조달을 어떻게, 누구로부터 할 것인가 하는 문제하고는 별개의 것이다. 재원조달은 가용한 자금과 그 배정에 대한 것일 뿐 경제적 타당성이나 공학적인 설계에 대한 것이 아니다.

그러나 가용자원은 설계를 변경시킬 수 있어 경제성 예측에도 영향을 미치나 이 경우는 또 다른 대안이 생긴 것으로 볼 수 있다. 투자재원확보를 위해 도로사용자요금을 인상하면 시설의 이용도가 줄어들어 경제성이 있던 것이 경제성이 없는 것으로 바뀔 수 있다.

(16) 불확실성을 인정해야 한다

어떤 요인을 최곳값과 최젓값으로 예측하는 데 있어서 주의를 한다 하더라도 불확실성은 그대로 존재한다. 그러므로 최종적인 의사결정을 할 때 불확실성과 확률에 비중을 두어야 한다. 장래의 토지이용은 홍수나 기술발전과 마찬가지로 항상 불확실하다. 과거에 토지이용에 대한 변화가 있어 교통량과 교통특성에 영향을 주었으므로 오늘날 도로개선사업 중에서 부적절한 것이 많다. 높은 이자율을 사용하면 낮은 이자율을 사용할 때보다 장래의 불확실성을 축소하는 장점이 있다.

(17) 관리의 수준에 따라 다른 의사결정을 한다

경제성 분석의 목표 안에서도 경제성 분석과 프로젝트 구상을 적용하는 의사결정 수준이 각각 다르다. 도로관할부서 내에서도 분석가와 설계자는 하위 대안으로서의 기술적인 요소를 고려하고 서로 다른 요인에 대한 다른 의사결정을 한다. 터널의 설계에서 접근각도, 터널경사, 터널의 표고, 차로수 등은 각각 독립적으로 경제성 분석이 된다. 최고관리자는 분석에 포함되지 않은 요인을 경제성 분석결과와 함께 고려하여 최종결과를 내린다.

서로 다른 입장에서 의사결정을 한다는 것은 매우 어렵다. 왜냐하면 설계자, 기술전문가, 자문하는 사람, 최고관리자 및 경제성 분석에 능란한 분석가의 의견이 각각 다를 수 있기 때문이다. 경제성 평가와 프로젝트 구상이 이루어질 때, 각 수준의 참여자들이 충분히 정보를 교환하고 협조하며 회의하여, 기술적이며 정책적으로 올바른 토대 위에서 조화를 이루는 가운데 의사결정을 내려야 한다.

(18) 최종결정을 내리는 데 있어서 누구의 관점이 중요한가

서비스 및 만족도의 가치는 개인의 취향에 따라 다르다. 더욱이 개인도 시간, 장소 및 환경의 변화에 따라 그 가치의 평가를 달리한다. 자동차를 가지지 않은 사람은 자동차를 가진 사람에 비해 좋은 도로에 가치를 부여하지 않으며, 가진 사람이라 하더라도 도로사용의 횟수에 따라 도로의 중요성에 대한 인식이 달라진다.

개인의 관점도 그 사람의 가치판단에 영향을 준다. 대형차 소유주와 승용차 소유주의 관점이 같을 수 없으며, 도로 주변의 토지주와 도로와 멀리 떨어진 토지주의 관점이 같을 수 없다. 어떤 집단의 관점에서 볼 때 유리한 도로의 위치선정이 다른 집단의 관점에서는 불리할 수 있다. 이러한 관점은 비사용자(non-user)에 미치는 영향, 즉 지가, 산업개발, 토지이용, 자원개발 등과 특히 관계가 있다. 교통시설건설을 최종적으로 결정할 때는 모든 요인은 물론이고 정당하다고 판단되는 모든 관점에 비중을 두어야 한다. 금전화가 가능한 경제적 요인을 고려할 때는 관점이 중요하지 않다.

(19) 의사결정의 기준을 수립하라

경제성 분석은 의사결정자가 비경제적 요인과 함께 의사결정을 하는 데 도움을 주나 그 의사결정 과정은 적절하고 확실한 기준에 의해서 이루어져야 한다. 또 의사결정자는 자신의 정책, 관점, 목표 및 지침을 가지고 있어야 한다.

한 가지 중요한 기준은 순편익을 얼마만큼 추구하느냐 하는 것이다. 예를 들어 편익/비용 분석방법에서 최소수락 B/C비를 얼마로 할 것인가를 정해야 한다. 이때 사용된 이자율을 최저요구수익률(MARR, Minimum Attractive Rate of Return)로 간주할 수 있다. 이자율이 상당히 클 때에는 B/C비가 1.0보다 조금만 커도 그것을 최소누락 B/C비의 기준으로 삼을 수 있다. 수익률 방법에서는 정해진 MARR을 의사결정의 기준으로 삼는다.

분석기간도 중요한 기준이다. 즉 분석기간을 10년으로 할 것인가, 아니면 20년 혹은 30년으로 할 것인가를 정해야 한다. 분석기간을 짧게 잡는 것이 불확실성을 줄이는 데에는 좋으나 너무 짧게 잡아 불완전한 분석이 되지 않도록 해야 한다.

(20) 모든 영향을 고려하라

프로젝트가 주는 모든 영향을 고려하되 가능하다면 그 영향을 시장가격으로 추정하여 분석할 필요가 있다. 일단 영향이 파악되면 누가 영향을 받는지 상관없이 이를 평가하고 그 결과가 분석과정 또는 의사결정 과정에 반영되어야 한다. 의사결정에서 채택된 관점에 따라 어떤 영향을 제외하거나 포함할 수 있다.

도로교통 연구에서 종종 다른 교통수단(예를 들어 철도교통)에 미치는 영향을 간과하는 수가 있다. 이러한 일은 공공정책의 관점에서 볼 때 문제가 된다.

(21) 최종적인 의사결정 때에는 비시장 요인에 비중을 두어라

경제성 분석은 금전화가 가능한 경제적 요인을 토대로 하여 이루어진다. 그러나 도로프로젝트의 경우에는 이차적이며 비시장 요인인 비이용자의 사회적, 경제적, 정치적, 지역사회적 또는 개인적인 측면에까지 영향을 미친다. 그러므로 관리자의 의사결정 과정에 있어서 공공정책에 의해 결정된 가치와 부합되게끔 이들 영향에 대해서 비중을 둔다. 여기서도 역시 관점이 중요한 역할을 한다. 예를 들어 어느 지역에 경제적으로 이익이 되는 것이 다른 지역에서는 손실이 될 수도 있다. 또 교통시설 개선이 산업지역에서는 이득이 되지만 주거지역에는 피해를 줄 수도 있다.

16.3 교통시설의 비용 및 영향

교통프로젝트의 경제성 평가를 위한 분석에서 가장 중요한 것은 그 시설을 건설하는 데 소요되는 비용과 그 시설이 완성된 후에 미치는 영향(consequences)에 대한 명확한 개념을 이해하는 일이다. 시설건설을 위한 비용은 비교적 간단히 계산할 수 있다. 또 개념 자체가 단순하나 그 시설로 인한 영향은 직접적인 것뿐만 아니라 간접적이며 파생적인 영향도 있기 때문에 매우 장기간에 걸쳐 발생하는 것들이다.

교통을 개선함으로써 생기는 편익의 대부분은 그 시설을 이용하는 사람에게 돌아간다. 이러한 편익(또는 불편익)에는 차량운행비용의 감소, 통행시간 단축, 교통사고 감소 등과 같이 비교적 간단히 계량화할 수 있는 것과 그 밖에 계량화하기가 힘든 것으로서 개인적인 취향을 나타내는 쾌적성 증대, 편리성 증대, 운전피로도 감소, 화물의 손상 및 포장비 절감 등이 있다. 이와 같은 두 종류의 요인은 교통프로젝트의 타당성을 검토할 때 경제성의 기준으로 사용되며, 또 교통프로젝트를 구상할 때도 이와 같은 요인들을 고려해야 한다.

교통프로젝트에 의한 사회적·경제적 영향은 다음과 같이 여러 가지 방법으로 분류할 수 있다.

- 도로사용자와 비사용자에 미치는 영향(road-user and nonuser)
- 시장적 영향과 비시장적 영향(market and non-market)
- 직접영향과 간접영향(direct and indirect)

- 유형적 영향과 무형적 영향(tangible and intangible)
- 편익과 불편익(beneficial and adverse)
- 화폐가치화 가능한 영향과 화폐가치화 불가능한 영향(reducible and irreducible to monetary values)
- 비용절감(건설비, 차량운행비)과 파생적 사회·경제적 영향(economy and economic)
- 사회적 영향과 지역사회 영향(social and community)

일반적으로 도로사용자에 미치는 영향은 비용절감(economy)에 기초를 둔 항목, 즉 시장적 영향, 직접영향, 유형적 영향, 금전화 가능 영향 등과 같은 요인들을 포함한다. 비사용자에 미치는 영향은 원래 사회·경제적인 항목들, 즉 비시장적 영향, 간접영향, 무형적 영향 및 금전화 불가능 영향 등과 같은 요인들을 포함한다. 편익과 순영향은 도로사용자나 비사용자 모두에게 미치는 영향이다.

사실상 도로사용자집단과 비사용자집단을 엄밀히 구분하기는 어렵지만, 경제성 조사나 경제학 또는 교통프로젝트의 투자재원조달방안 등을 검토하기 위해서는 이 두 집단을 구분할 필요가 있다. 인간은 사회 안에서 여러 가지 양면적인 역할을 담당한다. 우리는 납세자이기도 하지만 그 세금으로 이득을 보기도 한다. 또 우리는 소비자인 동시에 생산자이기도 하다. 우리는 도로사용자이면서도 한 편으로는 그 도로로 인해 다른 이득을 보는 그 지역의 구성원이다.

담세율을 결정하기 위한 비용할당조사에서 지역사회, 토지소유자, 도로사용자를 구분해서 고려하지만, 이 세 집단에 속한 사람은 사실상 같은 사람일 수도 있다. 그러나 담세율의 형평성과 정당성을 기하기 위해서는 이 세 그룹을 분리해서 생각해야 한다. 그러나 이 책에서는 지역사회 및 토지소유자를 묶어 비사용자로 분류해서 이들에게 미치는 여러 가지 효과 및 영향을 분석한다.

16.3.1 교통시설의 비용

경제성 분석을 하기 위해서는 그 시설 및 사용자 측면에서 본 비용이 어떤 것인지를 알아야 한다. 교통시설을 건설하거나 개선하는 데 드는 시설비용은 초기투자비용과 유지관리, 운영 및 행정에 필요한 계속비용으로 구성된다. 초기투자비용은 교통시설의 설계, 부지구입 및 건설에 소요되는 비용을 말한다. 시설의 유지관리 및 운영비용은 그 시설의 경제수명 동안에 발생하는 비용으로서 유사한 프로젝트에서의 경험자료로부터 얻을 수 있다.

일반적으로 회계목적으로 사용되는 배당비용(allocated cost), 즉 행정비용, 계획수립비용 및 총경비(overhead cost) 등은 경제성 분석에서 제외된다. 왜냐하면 어떠한 대안이 선택되더라도 그 비용은 발생하기 때문이다. 이 밖에도 계산에서 제외되는 비용은 이미 사용된 매몰비용(sunk cost)이다. 우리가 결정하고자 하는 것은 앞으로 무엇을 해야 할 것인가 하는 것이기 때문에 과거에 이미 투자된 비용은 기정사실로 보고 계획에서는 이를 무시한다. 전가비용(transferred cost)을 고려할 때는 이중계산을 하지 않도록 유의해야 한다. 예를 들어 어떤 프로젝트에서 민간건설회사가 자신의 비용으로 도로부지 내에 있는 어떤 시설을 철거한다면, 프로젝트의 예산에서 나가는 비용은 아니지만 경제적 자원이 소모되었으므로 분석에 포함하되 그 민간회사의 계정에서는 이를 제외해야 한다.

대부분의 투자사업에서 그 프로젝트의 경제수명 또는 서비스수명을 판단하고 그 후의 잔존가치를 추정해야 한다. 잔존가치란 내용연수 끝에 남아 있는 가치를 말한다.

1 도로의 서비스수명

여러 가지 다른 환경에 있는 도로나 그 구성요소의 서비스수명을 구하기란 매우 어려운 일이다. 같은 종류의 도로라 할지라도 그것이 위치한 장소에 따라 토질, 기후, 지형 및 교통량 등과 같은 요인에 따라 수명을 달리한다. 평탄한 지형에서는 장기간 도로의 선형을 변화시킬 필요가 없으나, 구릉지나 산악지에서는 원래 있었던 구불구불한 도로가 쓸모없게 되어 서비스수명에 도달하기 전에 선형을 개선할 필요가 생기게 된다. 또 도로건설 기술이 발달하여 점차 도로의 수명이 길어지게 된다. 또 기존시설의 일부분에 대해서 재포장을 한다든가 용량을 증대시키기 위해 도로를 확장하거나 입체분리를 시키는 것이 일반적이다. 이와 같은 재포장이나 재건설을 기존도로의 수명이 다한 것으로 볼 수 있느냐 하는 것이 의문이다. 종합적으로 말해 서비스수명을 예측한다는 것은 매우 어렵고 불확실한 요인을 내포하고 있다.

도로포장의 서비스수명에 대한 연구는 1935년경에 시작되어 지금까지 많은 진전이 있어 왔다. 과거의 경험과 자료로부터 서비스수명을 예측하는 방법에는 여러 가지가 있으나 여기서는 설명을 생략한다. 서비스수명과 경제수명을 예측하는 방법은 참고문헌 (3)과 (33)을 참고하기 바란다.

2 도로행정비용

도로의 계획, 건설, 유지관리 및 운영을 책임지고 있는 행정기관이 그 기능을 수행하는 데 드는 비용은 경제성 분석에 포함된다. 그러나 계획대안을 비교할 때는 이 비용을 고려할 필요가 없다. 왜냐하면 다른 어떤 대안을 선택해서 시행한다고 하더라도 이러한 행정비용은 필요하기 때문이다.

도로를 건설하고 유지하는 데 소요되는 km당 비용은 천차만별이지만 과거의 통계자료로부터 적절한 비용을 추정해서 분석에 사용한다. 경제성 분석에 있어서 부지매입, 건설, 유지관리 및 운영에 대한 비용을 추정하는 데 있어서의 요구되는 정확도는 그 용도에 따라 다르다. 예를 들어 필요성조사(needs study)나 예비계획을 하기 위해서 장기예측을 할 경우에는 과거의 경험이나 자료로부터 얻은 km당 평균비용만 고려하면 된다. 그러나 포장설계나 재료에 대한 대안을 비교한다면 각 비용 요소에 대한 매우 자세한 비용을 알아야 한다.

3 이자

개인기업의 입장에서는 이자가 투자된 자본에 대한 비용으로 간주되어 그 기업의 경제성 분석에 포함된다. 투자되는 돈이란 생산성이 있는 다른 투자기회를 포기하거나 이자를 지불하고도 빌려오는 것이기 때문에 이자를 투자비용으로 간주하는 것이 당연하다. 공공사업 부문에서도 투자재원이 생산적일 수 있고, 또 생산적이어야 한다는 당위성과 이에 대한 이자는 소비를 뒤로 미룬 대가(도로에 투자된 경우 미래의 편익을 기대한)라는 개념에서 마찬가지로 이자를 경제성 분석에 포함시킨다.

오늘날 도로사업에서 비용으로서의 이자를 보는 견해에는 두 가지가 있다.

① 이자율로는 도로행정기관이 돈을 빌릴 수 있는 현재 이자율을 사용해야 한다. 또 현재의 예산이나 수입으로 도로개선사업을 감당할 수 있을지라도 이자를 비용으로 생각해야 한다. 장래의 불확실성을 인정하더라도 미래의 편익을 개략적으로나마 계산하여 이를 비용계산에 포함시켜야 한다.

② 이자율로는 최저요구수익률을 사용해야 한다. 장래의 위험부담을 감안하기 위해서는 이 값이 일반 이자율보다 조금 높을 것이다. 이 값은 제한된 도로예산을 가장 효율적으로 사용하는 대표적인 프로젝트를 분석한 연후에, 이때의 수익률을 토대로 하여 도로행정부서에 의해 결정된다. 어떤 경우이든 장래의 불확실성에 비추어 매력적이 되지 못하는 곳에 투자하는 것을 막기 위해서는 이 MARR이 충분히 커야 한다.

이자율은 경제성 분석결과에 큰 영향을 준다. 예를 들어, 사용되는 이자율이 0, 3, 6, 10%이고 초기투자비용이 1,000억 원, 서비스수명이 30년이라고 할 때, 30년 동안 1,000억 원을 회수하는 데 필요한 연간수익은 33.33억 원(0%), 51.02억 원(3%), 72.65억 원(6%), 106.08억 원(10%)이 되어야 할 것이다.

위의 두 가지 견해 중 첫째 것은 AASHTO에서 사용한 것이고, 두 번째 견해는 개인기업에서 사용하는 개념과 유사한 것으로서 도로 및 다른 공공사업에서 응용하는 개념이다. 현재의 이자율보다 일반적으로 큰 MARR은 투자액에 대한 이자와 예측의 위험부담에 대한 담보를 포함한 것이다. 위험부담이 큰 프로젝트에서는 사용이자율이 이보다 좀 더 클 수도 있다.

16.3.2 도로사용자에 미치는 영향

도로를 운행 중인 차량의 운전자나 승객은 차량의 운행비용이나 도로건설비용에 관심을 가진 것보다 주행 중에 느끼는 개인적인 쾌적성과 만족도에 더 큰 관심을 갖는다. 또 도로이용자는 차량의 연료세, 면허세 및 등록세가 그 도로를 건설 및 유지관리하는 재원과 어떠한 관계가 있는지를 충분히 알지 못한다. 도로이용자는 버스나 기차 또는 비행기를 이용할 때도 차량의 고정비용을 지불하고 있는 것이다.

교통시설 개선계획은 일반기업과 마찬가지로 그 시설을 건설함으로써 장래 얻을 수 있는 편익이 투자비용보다 커야 한다. 따라서 경제적인 설계란 투자비용이 적게 들면서 차량운행비용을 감소시키는(그러므로 편익이 커지는) 것이 되어야 한다.

교통수단을 이용하는 승객은 속도, 쾌적성 및 편리성을 매우 중요시하기 때문에 지금까지의 교통개선사업은 거의가 이 요소들을 개선하는 것이 주요 목적이었다. 여기서 쾌적성과 편리성은 비시장적 요인이기는 하나 이러한 요인에 대해서 기꺼이 대가를 지불하는 사실로 미루어 보아 사실상 시장요인으로 볼 수 있다. 단지 이들이 시장경쟁에서 가격이 형성되는 것이 아니기 때문에 비시장 요인으로 분류될 따름이다.

교통시설이 건설 또는 개선되었을 때 그 시설을 이용하는 사람이 받는 편익에는 다음과 같은 것이 있다.

① 차량운행비용의 절감: 운행비용에는 연료비, 오일비용, 차량수리비, 감가상각비, 인건비, 관리비 등이 있으며, 교통시설의 개선으로 인해 주행조건의 향상, 주행거리의 단축으로 차량의 운행비용이 감소한다.

② 통행시간의 단축: 통행거리가 단축되거나 통행속도가 높아져 통행시간이 단축된다.

③ 교통사고의 감소: 도로 및 교통여건이 개선되고, 운전자의 피로가 감소함으로 말미암아 교통사고가 감소한다.

④ 쾌적성의 증대: 도로 및 교통여건이 개선되어 운전자와 승객의 쾌적성이 커진다.

⑤ 화물의 손상 감소 및 포장비 절감: 운행 중인 차량의 충격이 감소하여 수송 중인 화물의 손상이 감소될 뿐만 아니라 포장비도 절감된다.

⑥ 운전자의 피로도 절감: 운전자의 정신적, 육체적 피로도가 감소한다.

1 차량운행비용

차량운행비용은 주행거리에 따라 증가한다. 즉 주행 km당 운행비용은 비교적 일정하다. 이러한 범주 내에 드는 운행비용에는 연료비, 타이어마모비용, 오일비용, 정비수리비용 및 감가상각비용 중에서 마모에 의한 부분 등과 같은 직접비용이다. 고정 비용, 즉 면허세, 등록세, 주차비용, 보험 및 감가상각비용 중에서 자연적인 가치하락 부분은 주로 시간에 따라 달라지나 어떤 기간(예를 들어, 1년) 동안에는 일정하므로 km당 비용으로 따질 때는 연간주행거리에 따라 감소한다. 또 속도에 따라 달라지는 비용(또는 가치)도 있다. 예를 들어 운전자 및 승객의 통행시간비용은 속도가 증가할수록 줄어든다. 반면에 주행거리에 따라 달라지는 운행비용 중에서 연료비, 오일비 및 타이어마모비용 같은 것은 속도와 교통혼잡에 의해서도 영향을 받는다.

여기서 말하는 비용 중에서 주로 주행거리와 속도에 따라 달라지는 주행비용(running cost)이 도로개선사업에 큰 영향을 받는다. 따라서 도로의 경제성 분석에서는 각 계획대안의 주행비용만 고려한다. 주행과 관계가 없는 고정비용은 다른 대안에서도 꼭 같이 소비되기 때문이다.

도로를 주행하는 차량에는 여러 가지 종류가 있으며, 이들의 차령도 다양하다. 차량운행비용을 조사하기 위해서는 이들을 종류 및 특성별로 분류하여 각각 별도로 분석하여야 한다. 예를 들어 Winfrey는 이들을 승용차, 픽업, 6 ton급 트럭, 가솔린 세미트레일러 트럭, 디젤 세미트레일러 트럭 등 5종으로 분류하여 각 차종에 대해서 운행조건에 따른 운행비용을 분석하였다.[3]

총 주행비용은 속도, 속도변화, 혼잡도, 경사, 곡선반경 및 시거제약에 따라 변한다. 혼잡하지 않고, 평탄하며, 직선인 도로를 주행하는 승용차의 주행비용(연료비, 타이어마모비용, 정비수리비, 감가상각비)과 이들을 합한 총 주행비용은 [그림 16.1]에 나타나 있다. 이 그림에서 보듯이 승용차에서 총 주행비용이 가장 적게 드는 속도는 55 kph이며 이보다 낮은 속도나 높은 속도에서는 주행비용이 증가한다. 그림으로 나타내지는 않았지만 대형트럭은 40 kph의 속도에서 총 주행비용이 가장 적다.

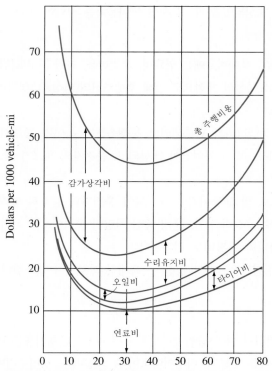

[그림 16.1] 평탄한 직선구간, 균일속도에서의 승용차 주행비용(1970년 불변가격)

자료: 참고문헌(3)

(1) 차량연료비용

어떤 한 차량에서 주행 km당 연료비용은 운전자의 운전기술, 엔진 튠업상태, 속도, 교통혼잡도, 노면, 경사, 곡선반경 및 편구배, 정지시간 및 정지횟수, 기후, 표고 등에 따라 달라진다. 차량 간에는 차의 연령, 중량, 크기, 엔진과 변속기의 효율 및 조정상태, 운전자의 운전기술에 따라 주행비용이 달라진다. 낮은 속도에서는 엔진효율이 감소하고, 높은 속도에서는 공기저항과 내부마찰 때문에 연료소모가 증가한다. 교통이 혼잡할 때의 가속 및 감속, 경사, 곡선반경, 노면상태 등은 연료소모에 영향을 준다.

(2) 타이어마모비용

타이어마모는 위의 그림에서 보는 것처럼 속도에 비례해서 증가한다. 여기에 나타나지는 않았지만 타이어마모비용은 감속, 정지, 가속, 곡선부 및 모서리운행, 오르막길, 비포장노면에서 크게 증가한다.

(3) 오일비용

도로 구조가 오일소모에 미치는 영향을 알아내기는 매우 어렵다. 그러나 일반적으로 저속 및 고속 주행 상황에서 오일소모가 더 증가한다. 또한 포장도로에 비해 토사도로에서의 오일소모가 더 클 것이다.

(4) 정비수리비용

정비수리비용이 총 주행비용에서 차지하는 비율은 비교적 크다. 이 비용은 도로 및 운행상태, 차량소유자의 정비수리능력, 차량의 연령 등에 따라 좌우된다. 정비수리비용 중에서도 도로에서 운행되는 부분만을 포함시켜야 한다. 사고로 인한 정비수리비용은 여기에 포함되지 않는다.

(5) 감가상각비용

감가상각비용은 도로를 운행함에 따라 차량마모에 의한 것과 차량의 연령이 오래됨으로 인한 자연적인 가치절하가 있으나 경제성 분석에서는 앞의 부분만 고려한다. 이 비용이 총 주행비용에서 차지하는 비율은 매우 크다.

(6) 감속, 정지, 가속 시의 비용

어떤 이유에서건 차량이 가속해서 정지하고, 또 가속하는 데는 추가적인 연료소모 및 오일소모가 생기며, 브레이크 및 타이어마모가 더 커지고 정비수리비도 증감한다. 한 번 정지하는 데 드는 비용은 정지하기 전의 속도와 차량의 종류 및 특성, 운전자의 운전습성에 따라 달라진다. 이 비용은 승용차보다 대형차에서 훨씬 더 크다.

(7) 교통혼잡에 따른 비용

[그림 16.1]의 비용은 차량이 다른 차량의 영향을 받지 않고 주행할 때의 비용이다. 교통량이 증가하면 평균주행속도가 감소할 뿐만 아니라 가·감속 및 정지가 반복해서 일어난다. 이러한 경우의 주행비용은 교통량 – 속도의 관계로부터(4장 참조) 평균주행속도를 예측하고 이를 이용하여 [그림 16.1]로부터 그 값을 얻을 수 있다.

설계속도가 120 kph 정도인 고속도로에서는 교통량이 용량에 도달할 때까지는 주행비용이 거의 일정하다. 그 이유는 교통량이 증가하여 속도가 줄어들면(55 kph) 주행비용은 감소하나 교통혼잡 증가로 인한 속도변화가 자주 일어나므로 이 두 비용의 증감이 서로 상쇄되기 때문이다. 설계속도가 낮은 도로에서는 v/c비에 따라 비용이 증가한다.

(8) 시거제약으로 인한 비용

2차로도로에서 고속차량이 저속차량을 추월하기 위해서는 감속 및 가속을 반복해야 하므로 이에 대한 비용을 고려해야 한다.

(9) 경사에 따른 비용

오르막길에서는 더 많은 연료를 소모한다. 예를 들어 6% 경사에서는 평탄지에 비해 20%의 추가적인 연료가 필요하다. 4% 이내의 내리막길에서는 평탄지에 비해 연료소모가 적으나, 그 이상의 내리막경사에서는 브레이크 작동이 자주 필요하므로 연료소모가 그다지 줄어들지 않는다.

(10) 곡선부 주행에 따른 비용

이 비용은 거의가 타이어마모에 의한 것으로서 고속으로 곡선부를 주행할 때는 이 비용이 크게 증가한다. 예를 들어 곡선반경이 280 m인 곡선부를 100 kph의 속도로 주행할 때의 주행비용은 직선구간을 주행할 때에 비해 90%가 증가한다. 물론 곡선부에서는 속도제한이 있기는 하나, 편구배와 횡방향 마찰에 의한 비용이 새로 발생한다.

(11) 노면상태에 따른 비용

지금까지 언급한 주행비용은 모두 고급 노면포장에 대한 것이었으나, 노면상태가 자갈이나 사질토인 경우에는 주행비용이 증가한다. 이러한 주행비용을 구하고 계산하는 방법은 참고문헌 (3)과 (33), (34)에 자세히 언급되어 있다.

2 통행시간 및 시간가치

시간은 통행하는 동안 소비되는 가치 있는 경제재이다. 시간이 가치가 있다는 말은 상품생산의 질과 양이 시간에 좌우되기 때문이다. 그러나 경제적인 관점에서 볼 때 시간이 지남에 따라 바람직한 서비스수준이나 만족도를 얻을 수 없다면 그 시간은 가치가 없다. 인간은 시간 때문에 더욱 창조적이고 생산적으로 활동한다. 그러나 인간은 시장에서 보는 일반상품과는 달리 표준가격을 가지고 있지 않다. '시간의 가치'란 다른 말로 바꾸어 "그 시간 동안에 생산된 상품의 가치 또는 그 시간 동안에 얻은 서비스의 가치"로 표현할 수 있다. 통행에 있어서의 시간이란 A라는 곳에서 B라는 곳으로 가는 데 사용되는 총 시간, 즉 주행에 소비된 시간뿐만 아니라 감속, 정지, 가속에서 추가로 소비된 모든 시간을 말한다. 만약 교통수단의 속도가 빨라서 통행시간이 절약되면 출발 이전 시간이나 도착 이후의 절약된 시간에 다른 가치 있는 활동을 할 수가 있고, 이때 그 활동의 가치를 시간가치라 볼 수 있다.

도로의 경우 도로이용자는 거리가 좀 더 멀고 운행비용이 더 드는 한이 있더라도 통행시간이 가장 짧은 노선을 선택하려는 경향이 있다. 이와 같은 욕구는 교통수단을 선택하는 데서도 나타나며 요금을 더 지불하더라도 더 빠른 교통수단을 이용하려고 한다. 이때 절약되는 통행시간 대신 더 지불하게 되는 요금수준, 즉 절약된 시간의 가치가 얼마인가 하는 것은 개인의 소득 수준과 통행목적, 환경, 가용한 시간의 길이, 시간절약의 신뢰도 등에 좌우된다. 예를 들어 드라이브할 때의 절약되는 시간가치는 친척의 결혼식에 참석하기 위해 갈 때의 시간가치에 비해 그 가치가 낮다. 또 직장에서 귀가할 때의 시간가치는 집에서 직장으로 출근할 때의 시간가치보다 낮다. 왜냐하면 출근시간이 조금 늦으면 불이익을 받을 수 있으나 귀가시간이 조금 늦는 것은 상관이 없기 때문이다.

교통개선사업의 경제성을 분석함에 있어서 통행시간은 직접효과를 얻는 도로이용자에게는 시장적 영향(돈으로 살 수 있는)을 가지지만 시장가격이 쉽게 형성되지 않는다. 차량의 통행시간이 짧아지면 절약되는 시간만큼의 가치는 생기지만, 이와 반대로 빠른 속도로 인해서 차량운행비용이 커지므로 이 두 가지를 함께 고려해야 한다. 만약 시간절약의 가치를 금액으로 계산한다면, 시간당 가격이 얼마인지를 반드시 언급해야 한다.

지금까지 설명한 것은 개인승용차를 기준으로 한 것이지만, 만약 버스나 화물트럭 또는 택시의 관점에서 본다면 수익률이 통행시간의 가치를 결정하는 결정적인 요소가 된다. 화물트럭의 시간절약은 자원의 절약을 의미한다. 이 절약은 운전자나 동승한 조수의 노임과 설비투자, 화물투자, 화물의 시간가치, 그 차량의 감가상각 중에서 시간에 관련된 부분에 영향을 준다. 일반적으로 화물차량은 개인승용차보다 통행시간가치를 평가하는 기준이 명확하다. 즉 화물차량은 현금수입과 현금지출을 감안하여 이익을 위해 운영되기 때문에 이 현금의 흐름이 통행시간의 가치를 계산하는 기준이 된다.

대개 화물차량 한 대당의 시간절약은 매우 적을지 모르나 많은 차량이 1년간 통행한다고 본다면 그 절약된 시간의 양은 매우 크다. 그러나 차량 한 대가 절약한 적은 시간(예를 들어, 1분)은 다른 생산적인 용도에 사용될 수 없으므로 많은 차량에 의해서 많은 시간을 절약한다고 할지라도 사실상 시간절약가치는 없다고 주장하는 사람도 있다. 예를 들어 화물트럭 운전사가 하루 8시간 운행을 기준으로 임금을 받는다고 할 때, 1~2분을 절약한다고 해서 그의 급료가 줄어들지는 않기 때문이다. 따라서 절약된 시간이 상당한 양에 이르지 않는 한 시간절약으로 인한 경제적 이득은 생기지 않는다는 것이다. 반면에 적은 양의 절약시간이라 하더라도 생산적으로 사용될 수 있으며, 더욱이 시간을 단축하는 도로개선사업이 많으면 그 누적효과를 인정해야 한다는 견해를 가진 사람도 있다.

(1) 개인승용차의 통행시간

개인승용차의 통행시간가치에 영향을 주는 요인에는 다음과 같은 것이 있다.

- 승객: 연령, 승객수, 직업, 소득 수준, 통행 동안의 요금지불 여부
- 통행: 거리, 정지수, 통행목적, 정기 및 부정기 통행 여부, 통행빈도, 총 통행시간, 통행비용을 지불하는 사람
- 환경: 요일, 시간, 계절, 토지이용, 법적 제한속도, 도시 및 지방부 여부, 통행속도, 교통량 및 차종구성, 도로종류
- 가치요인: 출발 직전의 활동, 도착 직후의 활동, 연속적으로 가용한 시간, 총 시간, 통행시작과 끝나는 시간, 절약된 시간을 사용하는 장소, 생산에 종사하는 시간, 필요로 하는 통행시간의 신뢰성, 절감된 통행시간의 활용도, 지체되었을 때 지체시간가치, 여가시간의 가치, 소득 수준

통행시간가치를 좌우하는 요인들은 각 개인이나 각 통행에 따라 다르다. 승용차의 통행시간가치를 결정하는 방법에는 지금까지 통계적 또는 시장조사방법이 있다.

통행시간의 가치는 앞에서 언급한 여러 가지 요인에 따라 달라지지만, 그 외에 절약되는 시간의 크기에 따라서도 달라진다. 예를 들어 120대의 차량이 10초씩 단축한 1,200초의 가치와 한 대의 차량이 1,200초 단축한 시간가치가 다를 것이며, 10통행에서 각각 1분간 단축한 10분의 시간가치와 한 통행에서 10분 단축한 시간가치가 같을 수 없을 것이다.

(2) 화물차량의 통행시간

화물차량의 통행시간가치를 계산하는 비용절감(cost-reduction) 접근방법은 (i) 통행시간을 단축시키는 데 드는 도로비용, (ii) 시장가격에 기초를 둔 기꺼이 지불할 수 있는 가격, (iii) 통행시간 단축이 총 순운영수익을 증대시킬 때의 수익금에 대한 광범위한 분석을 하여 통행시간가치를 결정한다. 통행시간 단축이 자원소모를 줄이고, 소모자원의 절감이 통행시간가치를 나타낸다는 근거에서 이 접근방법은 위의 세 가지 방법(승용차 통행시간)보다 좋을 수 있다. 그러나 통행시간 단축에 의해서 어떠한 자원이 얼마만큼 절감되는지 명확히 파악하기는 어렵다. 통행시간 단축가치에 관계되는 자원에는 다음과 같은 것이 있다.

① 투자에 대한 수익: 통행시간이 짧으면 일정한 양의 상품을 수송하는 데 필요한 차량대수가 적어도 된다. 따라서 수송장비에 대한 투자는 적어지고, 투자감축은 결과적으로 수익을 줄이게 되며, 이 수익감소는 장비의 감가상각비용의 감소보다 커지게 된다.

② 감가상각: 자본재의 소모비용인 감가상각비용은 통행시간에 의해 영향을 받는다. 왜냐하면 차량에 적용된 감가상각률은 총 운행시간, 총 주행길이, 연도 등 차량의 서비스수명과 관계되는 요인에 의해 결정되기 때문이다. 만약 통행시간이 단축되고 균일한 주행속도가 유지된다면, 그 차량은 서비스수명 동안에 더 많은 거리를 운행하게 될 것이며, 따라서 단위서비스당 감가상각비용은 적어질 것이다.

③ 재산세: 장비구입비를 줄이면 결과적으로 재산세가 줄어든다. 그러나 그렇게 되면 세수가 줄어들기 때문에 국가 또는 지방자치단체는 다른 재산에 대한 재산세율을 높이려 할 수도 있다. 그러나 다른 재산세율은 모든 사람이 다 부담하는 것이므로 운수산업 측에서 본다면 장비가 적을 때 총 재산세가 적을 것이다.

④ 운전자 급료: 통행시간이 단축되면 운전자에게 지불되는 급료가 줄어드는 것은 논리적으로 당연하다. 그러나 이와 같은 가정은 불확실성을 내포하고 있다. 대부분의 화물차량은 통행시간기준이 아니라 통행거리기준으로 운전자의 임금을 계산하기 때문에 통행시간이 단축되더라도 임금에는 변동이 없다. 그러나 장기적으로 볼 때 운전자 임금은 통행시간 단축과 도로개선의 영향을 고려해서 결정된다. 또 통행시간기준으로 임금이 결정되는 경우라 하더라도 운영계획 때문에 단축되어 남는 시간을 다시 운행에 사용하는 것은 아니다. 또 장기적으로 볼 때 통행시간 단축이 결과적으로 운송하는 화물의 톤·km당 운전자 임금을 줄인다고 생각할 수 있다. 운수사업주는 주행속도가 빠르고 통행시간을 단축하는 것이 기업의 이윤 측면에서 훨씬 바람직하다고 생각하는 것이 사실이다.

⑤ 운전자 무임금 보상: 고용자복지비용인 의료 및 생명보험, 병가, 사회보장제도에 의한 세금 등도 운전자 임금에 직접적으로 관련된 비용이다. 통행시간 단축은 운전자 임금을 절감시킬 수 있다는 결론이 났기 때문에, 위의 무임금 보상비용은 통행시간 단축으로 인해서 줄어들게 된다.

(3) 승용차 통행시간 단축비용

통행시간의 가치만 따질 것이 아니라 통행시간을 단축시키는 데 소요되는 도로개선비용을 계산하면 좋다. 이러한 접근방법은 두 가지 장점이 있다. 첫째, 교통프로젝트에서 승용차 1대당 1시간 단축하는 데 드는 도로비용을 계산함으로써 통행시간가치를 설정하지 않고도 프로젝트대안의 우선순위를 결정하는 기준을 마련할 수 있다. 둘째, 통행시간 단축에 드는 도로비용을 분석하면 경제성 조사에 사용되는 시간의 최소가치가 설정된다. 연간 건설계획 가운데 하나하나씩 건설해 나가는 프로젝트 중에서 시간 단축을 위한 도로비용이 가장 높은 프로젝트가 통행시간의 최소가치를 갖는다고 본다.

예를 들어 여러 개의 건설프로젝트 중에서, 통행시간 단축을 위한 도로비용으로 나타낸 승용차 통행시간 단축가치가 승용차 대·시간당 8,000원이 되는 프로젝트가 있다고 가정을 한다. 이용자는 그와 같은 가격으로 통행시간을 사게 되므로 이 값이 사실상 최소시간가치가 된다(이용자 중에는 이보다 더 높은 시간가치를 갖는 사람도 있을 것이기 때문에 이 값이 최소가치가 된다). 따라서 도로개선계획의 경제성 분석을 할 때 최소시간가치로 사용된 시간 단축에 드는 도로비용을 기준으로 하여 그 계획을 포기할 것인가 받아들일 것인가를 결정할 수 있다.

통행시간 단축을 위한 도로비용을 구하는 일은 어렵지 않다. 이 값은 총 도로개선비용에서 도로이용자편익(화물차량의 통행시간가치 포함)을 뺀 순개선비용으로부터 구한다. 통상적인 경제성 분석에서 사용하는 방법으로 도로비용의 연균등액을 구하고 여기서 연균등가 차량비용의 절감액과 사고 감소 및 화물차량 통행시간 단축가치를 뺀다. 여기서 남은 값을 분석기간의 승용차 통행시간에 관한 연균등가 단축시간으로 나눈다.

그렇게 되면 순편익(차량운행비용 감소, 사고비용 감소, 화물차량 통행시간 절감)이 연균등가 도로비용을 초과하게 되는 프로젝트에서는 승용차 통행시간 단축을 위한 도로비용이 부(負)의 값을 갖게 된다. 어떤 개선사업에서는 주행속도가 높기 때문에 차량운행비용이 증가된다. 이처럼 속도가 증가하면 차량운행비용이 증가하고, 또 승용차 통행시간의 도로비용을 증가시킨다.

3 교통사고비용

교통사고는 고통과 슬픔을 가져다 줄 뿐만 아니라 경제적 자원의 낭비를 초래한다. 2019년 한 해의 도로교통사고비용은 약 43조 억 원으로 추정되며 이는 GDP 대비 2.25% 수준이다. 차량 한 대당 약 140만 원, 인구 1인당 64만 원을 지불한 셈이 된다.

(1) 사고단위비용

경제성 분석을 할 때 포함되는 교통사고비용은 재산피해, 치료비, 소득손실, 보험회사경비 중 사고와 직접적으로 관련이 되는 비용이다. 그러나 이들을 금액으로 환산할 때는 이중계산을 하지 않도록 특별히 주의해야 한다. 예를 들면 치료비와 보험금 지급을 모두 비용으로 계산하면 이중계산이 된다.

교통사고의 사회적 영향에는 피해자 자신, 또는 부모, 자식, 친척 및 친구들의 고통과 슬픔이 있으나 이들은 자원소비를 하는 것이 아니므로 비시장 및 금전화할 수 없는 것들이다. 그렇다고 의사결정을 하는 과정에서 이들 사회적 비용을 무시하라는 말은 아니다. 단지 임의로 금전화시키면 그렇지 않아도 어려운 의사결정을 더욱 어렵게 만들게 된다는 것이다.

일반적으로 경제성 분석 목적상, 교통사고는 그 심각성에 따라 3개의 범주로 나누어진다. 즉 이들은 사망관련사고, 부상관련사고, 재산피해야기사고로 나눌 수 있다. 대개 사망관련사고에 의한 비용보다는 부상관련사고에 의한 비용이 훨씬 더 많기 때문에 경제적인 관점에서 보면 사망관련사고를 감소시키는 데만 중점을 두는 것은 옳지 않다.

우리나라에서 도로부문 교통사고 사망자 1인당 교통사고비용 원단위는 약 7억 5천만 원 정도이며, 부상자 1인당 원단위는 2천만 원(2019년 기준)으로서, 여기에는 위자료, 장례비, 생산손실비, 의료비, 경찰행정비용, 보험행정비용, 심리적 피해(PGS, Pain, Grief and Suffering)비용이 모두 포함되어 있다. 그러나 여전히 사고 단위비용을 계산함에 있어서 어떤 항목이 포함되어야 하는지, 세부 요인 구분은 어떻게 해야 하는지 지속적인 연구가 필요하다.

(2) 장래의 사고예측

경제성 분석에서 사고비용을 고려하기 위해서는 기존시설과 계획된 시설 간에 교통사고가 얼마나 차이가 나는지를 추정해야 한다. 기존도로의 교통사고자료는 현황조사를 통해서 얻을 수 있으며, 계획된 도로의 교통사고는 이와 유사한 도로에서의 교통사고자료를 토대로 하여 예측한다.

오늘날까지도 도로의 종류, 교통량 및 특성에 따른 사고감소와 경사 및 곡선반경, 차로폭 및 차로수, 중앙분리대 및 갓길의 폭, 가드레일설치 등과 같은 도로의 구성요소에 따른 사고감소를 예측한 자료들은 매우 단편적이다. 이를 예측하는 데에는 회귀분석법을 시도한 사람도 있으며, 유사한 시설에서의 사전·사후 조사결과를 이용하여 사고를 예측하기도 한다.

도로를 개선할 때 설계표준을 높이면 사고가 감소하여 사고비용을 줄이는 결과를 낳는다고 가정하는 것이 일반적이다. 그러나 이 가정이 잘못일 수도 있다. 예를 들어 교통량이 적은 지방부도로의 사고를 분석한 결과 2차로도로폭이 5.5 m보다 좁거나 넓은 도로 간에 교통사고의 차이가 없다고 알려져 있다. 더욱이 하루교통량이 400대 정도 되는 도로에 갓길을 설치하여 얻을 수 있는 사고감소 효과(경제적으로 계산한)는 매우 적었다. 이처럼 교통량이 적은 지방부도로는 위험하게 느껴져 운전자가 매우 조심하기 때문에 교통사고가 많이 발생하지 않고, 또 발생하더라고 교통량이 적어서 사고건수가 적다.

4 개인적 취향

모든 운전자나 승객은 쾌적성과 편리성을 추구하며, 사람마다 그 추구하는 선호의 정도가 다르다. 쾌적성과 편리성 등 운전자나 승객의 승차감 또는 만족도에 영향을 주는 요인들은 다음과 같다.

(1) 육체적 쾌적감
- 핸들조작 최소화 – 곡선반경, 회전, 배향곡선, 추월, 차로변경 횟수
- 시각의 쾌적화 – 전조등 눈부심, 교차로 조명, 노면표시 상태
- 가속, 감속의 최소화 – 발동작 빈도, 종방향 및 횡방향 저항력
- 기어변속의 최소화 – 경사 및 교통상태에 의한 변속 빈도
- 포장평탄 – 범퍼, 구덩이, 요철, 진동, 노면상태
- 편안한 운전 – 운전대를 지속적으로 힘껏 잡아야 할 상태
- 연료냄새, 소음, 먼지, 충격

(2) 정신적 쾌적감
- 시계, 도로변 개발상태, 도로변 광고물
- 바퀴소음, 도로변 고정물체를 지날 때의 바람소리

- 방향 및 속도를 결정해야 할 경우의 빈도
- 운전상태
- 회전 및 노선선정의 번거로움(표지판 상태)
- 속도선택의 자유도
- 목적지까지 예상된 통행시간 준수 여부
- 설계, 교통규제, 표지의 통일성

(3) 편리성

- 기어변속, 핸들조작
- 목적지까지 직행
- 동일노선
- 방향전환 횟수
- 속도, 노선 선택의 자유도
- 차량기능조작

(4) 긴장 및 불쾌감

- 위험사항인지 용이
- 사고를 방지하기 위하여 다른 차량을 계속적으로 관찰
- 다른 차량의 행동에 대한 불확실성
- 추월의 안전성에 대한 불확실성
- 운전 중 계속적인 경각심
- 일어날 뻔한 사고 및 예기치 못한 교통상황
- 설계기준의 변화(설계속도, 포장폭, 차로수)
- 좁은 갓길, 좁은 포장폭, 좁은 교량폭(차도에 근접한 고정물체)

(5) 교통류 내부마찰

- 앞의 서행 차량을 할 수 없이 따라감
- 부득이한 정지 및 서행
- 차로당 높은 교통량
- 도로변으로부터 차량유입
- 교통류 내에서 적절하고 안전한 위치를 유지하기 위한 가속 및 감속의 필요성

이러한 항목들은 통행이 즐겁고 만족스러우며 바람직한지 혹은 그것이 성가시고 짜증스러우며 불만족스럽거나 육체적이며 정신적인 피로를 가져오는 것인지를 객관적으로 평가하기 위한 것들이다. 또 이들은 운전 중의 쾌적감, 편리성, 긴장감, 저항감 등에 대한 것들로서 이것을 극복하기 위해서 기꺼이 대가를 지불할 수 있는 것들이다. O−D 조사에 의하면 운전자는 통행거리나 통행시간이 더 길더라도 고속도로를 이용하는 것을 선호한다. 또 혼잡한 노선을 무료로 통행하기보다 유료도로를 선호하는 운전자가 많다. 이러한 현상으로 봐서 운전자는 쾌적감과 편리성에 금전적인 가치를

부여한다고 볼 수 있다.

운전자나 승객의 개인적인 취향을 만족시키기 위해서 차량의 설계를 변경하는 것은 당연하다. 승차감을 높이기 위해 자동변속장치, 에어컨, 타이어, 섀시 스프링, 타이어 공기압, 파워브레이크, 파워핸들, 자동창문 개폐장치, 좌석쿠션, 소음차단장치 등이 계속 개발되고 있다. 그러나 이러한 장치는 추가 비용이 들기 때문에 차량구매자는 차량의 가격과 자신의 취향을 절충시키게 된다.

도로설계도 마찬가지로 평탄한 포장, 적절한 편구배를 갖는 평면곡선, 높은 기어로 오를 수 있는 종단구배, 고속에서의 추월시거, 넓은 포장폭, 넓은 갓길, 넓은 중앙분리대 등을 설치함으로써 최소의 노력으로 쾌적하게 차량을 운전하게 할 수 있다. 이처럼 교통통제 및 도로설계를 운전자에 편리하게 함으로써 운전 중의 의사결정횟수를 최소로 줄일 수 있다.

도로를 설계하고 건설할 때 개인적인 만족도를 높이기 위해서는 더 많은 투자가 필요하다. 따라서 도로사용자는 승차감이 더 좋은 차량을 구입하는 데 더 많은 돈을 지불하는 것과 마찬가지로 도로주행의 만족도를 높이기 위해서도 더 많은 대가를 지불해야 한다.

16.3.3 비사용자에 미치는 영향

도로개선의 사회적·경제적 영향에 대한 관심사항은 크게 세 가지로 나누어 볼 수 있다. 이들은 ① 경제적 효율을 극대화하려는 욕구, ② 도로비용을 수익자에게 부담시키려는 노력, ③ 토지이용, 인구배치, 지역사회 분할, 모든 형태의 기업활동을 고려한 도로위치에 대한 관심이다. 이와 같은 관심은 도시 및 교외지역의 교통문제 때문이기도 하고, 또 오늘날 건설되는 도로사업의 대부분은 용량 증대와 서비스의 질을 높이기 위해 도로를 재건설하고 도로위치를 조정하기 위한 것이라는 사실 때문이기도 하다.

비사용자에 대한 영향은 파급효과를 수반하며 장기간에 걸쳐서 발생하는 것이 특징이다. 그러나 이 효과가 발생하기 위해서는 다른 교통시설투자뿐만 아니라 산업기반 조성에 필요한 다른 관련투자가 동시에 이루어져야 한다. 이와 같은 이유로 간접영향을 복합영향이라고도 한다. 간접영향 중에서 중요한 것은 다음과 같다.

(1) 기존도로의 혼잡완화

교통혼잡이 발생하는 교통시설과 병행하여 새로운 교통시설이 건설되면 기존시설로부터 신설노선으로의 전환교통이 발생하여 기존도로의 혼잡이 줄어든다. 따라서 기존노선의 운행비용이 절감되고 수송시간이 단축된다.

(2) 산업개발효과

교통조건이 개선되어 기존의 산업지구보다 유리한 입지조건을 갖는 산업이 교통시설 주변에 새로이 건설된다. 이 효과를 산업개발효과라고 하며, 이로 인해 산업의 지방화(localization effect of industry)가 촉진된다. 또 이 교통시설 주변지역에 있는 기존산업도 생산능력이 확대된다.

(3) 생산 및 수송계획의 합리화

교통시설의 신설 및 개선에 의한 운행비용의 절감, 통행시간의 단축으로 산업은 생산계획이 합리화되고, 운수산업은 대형차량을 이용하는 등 수송계획이 합리화된다. 산업 및 수송계획이 합리화되면 재고투자를 절감하게 되어 자본이자를 절감시킬 수 있고, 이 절감된 자본을 생산 및 수송부문에 투자하여 생산량을 증대시킨다.

(4) 도시인구의 분산

교통시설의 개선 및 신설은 대도시에서의 출퇴근시간을 단축하여 도시인구의 교외 이전을 가능케 하므로 대도시 주변에 위성도시가 형성된다. 도시인구의 분산이 산업의 분산과 병행하게 되면 지방의 도시화(urbanization effect)가 촉진된다.

(5) 자원개발효과

교통시설의 개선 및 신설은 주변지역의 미개발자원을 개발케 하고(예컨대 공장부지 조성, 잠재적 실업자의 고용, 미개발관광자원 개발) 해당 자원의 가치를 상승시킨다.

(6) 유통구조의 합리화

교통시설의 개선 및 신설로 운행비용이 절감되고 수송시간이 단축되면 지금까지 생산자 → 도매업자 → 중간도매업자 → 소매업자 → 소비자의 상품유통과정이 단순화되어 중간도매업자가 불필요하게 된다. 또 유통속도가 빨라져 창고시설이 감소된다.

(7) 시장권의 확대

교통시설의 개선 및 신설로 운행비용의 절감, 수송시간이 단축되면 지금까지의 한계공급지 또는 한계수요지가 한층 더 먼 거리로 바뀌고, 잠재적 공급지 또는 수요지가 개발되어 그 교통시설 주변지역의 시장권이 확대된다.

교통시설의 직접 및 간접영향은 1차적으로 끝나는 것이 아니고, 2차적으로 파급효과를 수반하며, 생산 및 수요를 변화시켜 그 지역의 경제구조를 변화시킨다. 이와 같은 여러 가지 영향이 복합되면 교통시설투자의 국민경제 및 지역경제에 미치는 영향은 매우 크다.

교통시설의 개선 및 신설로 인한 영향 중에서 외부경제(external or diseconomies) 영향을 요약하면 다음과 같다.

① 농지가 교통시설부지로서 전용되거나 분단됨으로써 생기는 농산물의 감소
② 신규산업의 진출로 인한 기존산업의 생산량 감소
③ 재화의 유통패턴 변화와 시장권의 확대로 인한 기존공급지가 타격을 받음
④ 교통시설건설로 인한 문화재 및 관광자원의 파괴 등에 의한 사회적 손실
⑤ 교통조건개선으로 인한 교통량 증가와 이에 따른 교통공해 증가(대기오염, 소음, 진동 등)

비사용자가 받는 전반적인 영향은 경제가 갖는 전반적인 복합요인들을 포함하고 있다. 이익을 받는 사람과 손해를 보는 사람을 구분하기 힘들고, 경제력의 파급특성과 중복 및 상쇄되는 경향 때문

에 전가효과는 변한다. 여기서 또 중요한 것은 누구의 관점으로부터 보느냐 하는 것도 생각해야 한다. 도로주변지역은 사업규모와 고용 면에서 유리하지만 다른 지역에서는 사업규모가 축소되고 고용이 줄어들 수도 있다. 도로주변지역의 지가는 상승되고 멀리 떨어진 지역에서는 그 반대현상이 일어난다.

도로사업으로 인해 비사용자가 받는 영향은 다음과 같은 경제적인 카테고리로 분류할 수 있다.

- 도로건설에 따른 지출
- 토지이용과 토지가치
- 기업활동과 관련된 영향
- 도로건설에 의한 산업 및 기업의 확장과 위치선정

1 도로건설에 따른 지출

수천억 원을 투자하여 건설하는 도로는 국가경제에 큰 영향을 미친다. 이 공공사업은 건설자재와 건설장비를 크게 필요로 하므로 고용을 증대시키고 관련산업을 발전시킨다. 투자비용은 대부분 국고예산에서 충당되므로 국민은 결국 세금에 의해 도로를 소유하는 것이 된다.

(1) 국내총생산(GDP)

국민들은 도로를 개선하거나 연장하기를 원한다. 국민들의 가처분소득 중에서 일부분을 다른 상품을 구매하는 데 쓰지 않고 도로건설에 사용하는 것은 그들의 선택에 속한다. 경제적 측면에서 본다면 도로사업으로 국가 전체와 GDP가 영향을 받으나 국민들이 인식하는 것보다 그다지 큰 영향을 받지는 않는다.

경제력으로서의 도로교통은 국민에게 매우 강력하고, 파급효과가 크고, 동적이며, 광범위한 효과를 지닌다. 도로교통이 국가경제와 GDP에 기여한다는 것은 의심할 여지가 없다. 지금까지 도로의 구체적 기여도가 알려지지도 않았고, 또 측정된 바도 없다. 도로교통은 철도, 항공, 해운 및 파이프라인 교통을 지원하지만, 사실상 다른 교통수단으로부터 도로로 전환되는 교통이 많다. 화물과 사람을 국지적으로 이동시키는 데는 도로를 이용하는 것이 가장 경제적이며, 철도나 항공교통도 궁극적으로는 도로를 최종적으로 사용하게 된다. 철도나 해운, 파이프라인 등은 O-D 간의 고밀도통행에 따라 수익성이 보장되지만, 도로교통은 저밀도 및 분산수송에 의존한다.

(2) 비용절감 요인

가정용품이나 변하기 쉬운 상품 및 벌목과 같은 산업에서는 도로교통이 다른 수단에 비해 비용이 적게 든다. 이런 분야에서는 도로교통이 순이익을 많이 내어 국가경제에 기여한다. 그러나 도로교통의 모든 영향이 순이익을 가져오는 것은 아니다. 도로교통이 국가경제에 미치는 가장 중요한 기여는 수송비용이 저렴하고, 기업비용을 감소시키고, 새로운 토지와 천연자원에 쉽게 접근하게 하는 것이다. 기존도로를 개선하면 상품의 절약, 사고감소, 통행시간 단축을 통하여 도로이용자에게 큰 편익을 주면서 국가경제에 이바지한다.

수송은 상품을 만들기 위한 재료를 운반하고 생산품을 소비지로 보내는 역할을 한다. 교통은 또 인간의 삶을 윤택하게 한다. 수송은 더 많은 상품을 더욱 효율적으로 생산하기 위하여 사람과 재료와 기계를 결합시키며, 사람들 간에 그리고 지역 간의 교역수단을 제공한다. 그러나 더 많은 상품을 생산하더라도 그것을 소비지로 옮길 교통수단이 없으면 이득이 생기지 않는다.

고속도로는 재고에 묶여 있는(공장, 창고, 교통수단, 도매업자, 소매업자가 보유하고 있는) 상품을 좀 더 신속하고 안전하게 운반해 줌으로써 많은 자본을 풀어 사용할 수 있게 한다. 재고량 감소로 인해 풀린 자본은 다른 투자나 다른 운영 및 다른 연구개발에 사용될 수 있다.

2 토지이용과 토지가치

새로운 도로가 건설되면 그 주변지역은 물론이고 기존도로 주변지역의 토지이용 패턴도 변한다. 이러한 변화와 함께 토지가격도 상승한다. 이러한 현상은 사람들이 편리한 교통을 원하고 있고, 이에 대한 대가를 지불할 용의가 있음을 보여주는 증거가 된다. 옛날에는 농토와 시장 및 철도에 접근하는 도로가 있는 농지는 가격이 높았다. 농지에 대해서 이와 같은 현상은 오늘날에도 마찬가지이다. 그러나 이 밖에 도시개발이 활발히 이루어지고 있는 곳에서도 이와 같은 지가상승 현상이 강하게 나타난다.

(1) 인구 및 기업의 이주

편리한 도로는 사람을 도심지에서 교외 또는 시골로 이주하여 생활할 수 있도록 한다. 도로 주변의 농토는 주거지로 바뀌고 새로운 지역사회가 형성된다. 이와 같은 토지이용의 변화와 함께 지가는 엄청나게 상승한다. 또 도시에서 직주거리가 짧은 곳에 사는 사람들이 통근거리가 먼 교외로 이주를 할 수 있다.

교외지역 주민들의 편의를 위해서 쇼핑시설과 서비스업 또는 대형상가가 들어선다. 사람과 기업들이 도심부에서 외곽으로 이동하면 도심지의 인구가 줄고 상가들의 경기가 침체한다.

도로 주변의 지가상승을 야기하는 개발이 계속되면, 경공업이 이 도로 주위로 몰려오게 된다. 고용주나 고용인 모두에게 교통이 편리하게 되면 산업, 특히 새로운 회사나 새로운 사무실건물들이 들어서게 되어 교외지역의 도로 주변은 개발이 집중되고 복잡해진다. 도시지역에서도 새로운 건물은 도시고속도로와 가까운 곳에 생기게 된다.

도로개선으로 인한 지역개발현상은 경제활동이 확장되는 지역이나 매력적인 지역(예컨대 인터체인지 부근)에서 더욱 두드러진다. 이와 같은 토지이용 및 지가의 상승은 변화무쌍한 경제력의 하나로서, 도로의 이점으로 인해 더욱 활성화된다. 이러한 현상이 계속되면 결국에 가서 그 도로와 인터체인지가 곧 교통수요를 감당할 수 없을 정도가 되어 다시 새로운 도로가 건설될 필요성이 제기되기 때문에, 이와 같은 개발이 어느 정도 통제될 필요성이 있다.

(2) 차량운행비용의 역할

고속도로와 차량운행비용이 적게 드는 도로는 새로운 주택지를 찾는 사람이나 새로운 공장부지를 물색하는 기업에게 매우 매력적이다. 이러한 토지이용 변화는 제3차 산업의 변화, 즉 도로이용자의 요구에 부응하는 상점들의 변화를 수반한다. 주택지 개발, 사업체 이동 및 산업개발과 함께 그 지역

주민과 고용자들에게 필요한 서비스 산업과 상업이 번창한다.

기업이윤의 증가, 통행시간 단축 및 차량운행비용의 절감 때문에 새 토지 주인은 새로운 도로 주변의 토지를 종전보다 높은 가격에 산다. 따라서 이 상승된 가격은 그 토지의 높은 생산성을 반영하는 것이다. 도시부에서 가장 비싼 땅은 CBD에 있는 땅이며, 외곽으로 갈수록 땅값은 낮아진다. 도시가 팽창하면 외곽에 있는 농민은 농지가격보다 높은 값을 받고 도시인에게 땅을 팔고 다시 외곽으로 밀려난다.

(3) 경제적 이득과 손실

기업활동은 생각하지 않고 땅만 고려할 때, 토지이용의 변화와 지가상승으로 인한 경제적 순이득과 손실은 무엇인가?

지가의 상승은 장차 그 기업으로부터(또는 주민으로부터) 얻어지는 이윤을 자본화(capitalization)한 것을 나타낸다. 도시에서는 이 이윤 또는 편익이 도로교통개선 때문에 생긴다. 도로가 이 가치를 창출하는 것이 아니고, 도로는 토지이용상의 변화와 이에 따른 지가상승의 원인을 제공했을 뿐이다.

(4) 토지이용 변화의 역할

만약 한 국가의 모든 도로를 동시에 같은 수준으로 개선한다면 그 모든 도로 주위의 지가가 상승할 것인가에 대한 대답은 '아니다'라고 해야 할 것이다. 도로가 개선된다는 이유만으로 해서 인구와 기업이 집중되어 토지이용 패턴이 변하는 것이 아니라 도로가 개선되어 그 주변토지가 다른 토지에 비해 주거환경이나 기업여건이 좋아지기 때문에 인구와 기업이 유인된다. 도로개선사업의 경제성 분석에서 도로이용자편익과 토지가치상승을 함께 고려하면 이중계산하는 결과가 된다. 지가상승으로 인한 이득은 도로개선으로 인한 도로사용자의 편익을 반영한 것이다. 따라서 도로개선사업이 이용자에게 유리한 점이 없다면 도로에 인접한 지가가 상승하지는 않을 것이다.

도로개선사업에서 기업이나 사업체가 얻는 이득을 포함하면 편익을 3중계산하는 꼴이 된다. 왜냐하면 산업체의 이득은 다시 지가상승을 반영한 것이기 때문이다.

(5) 불로소득과 세수

지금까지 설명하지 않은 두 가지의 경제적 영향에는, 첫째, 도로개선으로 가격이 오른 토지를 팔 때 얻는 지주의 불로소득이다. 또 정부도 이때 양도소득세에 의해 이득을 본다. 이러한 소득을 어떻게 하면 회수할 수 있는가에 대한 많은 논란이 있어 왔다. 둘째로 지가상승과 빌딩건설로 인해 장래 더 큰 재산세수입을 기대할 수 있어 일반대중에게 이득이 된다. 그러나 이러한 이득이 순수익이라고 볼 수 없으며, 또 그렇다는 보장도 없다. 인구의 증가와 건물증설로 인해 교육, 도로, 도서관 등 공공서비스에 비용이 많이 들기 때문이다. 예산과 세율을 검토하기까지는 최종적인 순수익의 변화를 알 수가 없다.

(6) 지가의 하락

지금까지는 지가의 상승만 생각하였으나 지가의 하락도 고려할 수 있다. 사실상 CBD 내의 부동산가격이 하락하는 경우는 불경기 때 종종 볼 수 있다. 또 새로운 도로건설로 인해 CBD 내의 사업체가 교외로 이전해 감에 따라 CBD 내의 지가가 하락한다.

또 다른 예로서, 도시의 인구와 사업체가 증가하였으나 이들 모두가 새로운 도로 주위의 교외지역에 집중되기 때문에 기존도심지의 지가는 보합세를 이룬다. 그러나 이때도 일반적으로 지역 전체로 볼 때 이득을 기대할 수 있다.

도로에 크게 의존하는 사업체들이 이용하는 주요 도로와 매우 가까이에 이와 평행한 새로운 도로가 건설될 경우 지가하락과 기업체 감소현상을 쉽게 볼 수 있다. 이와 같은 변화는 일시적일 수도 있고 영구적일 수도 있다. 일시적인 경우는 도시 내의 사업체가 새로운 도로 주변으로 이전하지 않고도 사업이 잘 되는 경우이고, 영구적인 경우는 이와 반대의 경우이다.

지가의 변화는 도로개선사업의 경제성 평가를 위한 경제성 분석이나 프로젝트 구상에서 고려되지 않는다. 그 이유는 지가란 도로이용자의 편익을 반영한 것이며, 만약 토지에 대한 모든 영향을 계산할 수 있다 하더라도 순이익은 도로이용자 편익에 비하면 극히 적기 때문이다. 그러나 지역사회의 관점에서 본다면, 최종적인 의사결정 과정에서 지가의 변화를 비중 있게 다루어야 한다.

3 기업활동과 관련된 영향

토지이용과 지가의 변화를 떠나서라도 도로개선과 교통운영은 사업의 규모, 특히 도로에 의존하는 사업에 영향을 준다. 도로에 의존하는 사업(차량정비소, 음식점, 숙박업소 등)은 도로 및 교통특성에 많은 영향을 받으므로 그 위치에 매우 민감하다. 반면에 생활필수품 등을 취급하는 사업들은 접근로, 주차, 유출입 및 교통혼잡에 영향을 많이 받는다. 도로개선과 교통운영은 소매업 및 판매량에 많은 영향을 미치므로 이들은 도로위치와 설계요소를 최종적으로 결정하는 데 있어서 중요한 요인이 된다. 이러한 요인은 누구의 관점을 중요시하느냐에 따라 크게 달라진다.

(1) 도로에 의존하는 사업

요구되는 서비스의 종류에 따라 도로이용자는 2개의 그룹으로 나눌 수 있다. 첫째, 차량서비스를 원하는 지역주민, 둘째, 차량서비스와 식사, 숙박 및 개인적인 용무를 원하는 통과통행자이다. 도로에 의존하는 사업의 판매량은 교통량, 차종구성 O−D, 속도, 도로의 기하구조 등에 영향을 받는다. 지방에 위치한 사업은 지역주민을 대상으로 하는 사업과는 달리 통과통행자에 좌우된다. 지역주민들은 대개 복잡한 곳으로 차를 타고 나가서 필요한 물건을 구입하지 않는 것처럼 통과통행자도 교통혼잡이 적은 곳에 정차해서 물건을 구입한다.

새로운 도로가 건설되면 통과교통은 거의 100%가 그곳으로 전환되지만, 지역교통은 일부분만이 새로운 도로로 전환된다. 결과적으로 교통이 복잡한 곳에서 차량이용자를 상대로 하는 사업은 일시적으로 장사가 잘 되지 않을지 모르나, 새로운 도로가 생겨 기존도로의 교통이 완화되고 이제는 그 도로를 이용하기가 편리하다는 것을 지역고객이 인식을 하게 된다면 문제는 달라진다. 통과통행자의 요구에 부응하는 지방 또는 외딴 곳에 있는 기업은 부근지역의 주민이 이용하지 않아 사업에 손해를 볼 것이다. 그러나 지역차량이 교통혼잡 없이 편리하고 안전하게 그곳에 접근할 수 있다면 지역주민도 그곳을 많이 이용할 것이다.

(2) 지역전반의 경기

도로개선이 소규모 지역의 경기에 미치는 영향은 거의 없을지 모른다. 도로교통은 지역 및 국가경제에 어느 정도의 이득을 창출하며, 노선과 도로시설이 좋으면 도로이용자가 차량서비스, 식사 및 숙박에 돈을 쓰는 그곳 지역에 큰 영향을 준다. 지방에서는 지역주민이 돈을 쓰는 장소가 도로개선이나 교통운영에 따라 다를 수도 있으나, 부근의 도시는 거의 영향을 받지 않는 것이 확실하다. 통과 통행자는 도로의 위치 때문에 인근 도시 쪽으로 소비지역을 옮길 수도 있으나 그 영향이 먼 지역으로 전파되지는 않는다. 전체적인 결과는 어떤 지역 내의 지역경기에 큰 영향을 주지 않는다.

(3) 도로의 기여도

좋은 도로는 통행을 유인하므로 통행인을 상대로 하는 장사가 잘 되고 이윤이 크다. 그러나 전체적으로 볼 때 이는 경제적인 전가에 불과하다. 이와 같은 좋은 도로는 도로이용자의 순수익을 증가시키는 것이 아니다. 도로개선으로 인한 통행자의 지출증가는 통행자가 일시적으로 지출해야 하는 것을 도로통행에서 지출한 것뿐이다. 도로이용자는 도로통행 증가로 인한 지출을 보상하기 위해서 다른 교통수단의 이용을 줄이거나, 위락비용을 줄이거나, 혹은 물건구입을 자제하는 등의 조치를 취한다.

이러한 개인적인 행동의 영향은 다른 경기부분에 영향을 줄 수도 있으나, 총 현금지출은 마찬가지이기 때문에 전체적인 결과에는 변함이 없고 단지 소비형태만 바뀌는 결과가 된다. 이러한 상쇄, 전가, 이득 및 손실을 밝혀내기 위해서는 경제활동의 연쇄작용에 대한 깊은 연구가 있어야 할 것이다. 경제시스템을 이해하고 상쇄 및 전가현상들이 밝혀진다면, 도로관리자는 도로노선의 위치선정과 도로설계에 관한 의사결정을 훌륭히 할 수 있을 것이다.

4 산업전반에 미치는 영향

지금까지는 주로 소규모사업에 대해서 언급했었다. 그러나 도로개선은 이제 크고 작은 제조업, 분배업, 창고업 및 산업관련 서비스의 위치결정에 강력한 요인이 되고 있다. 이와 같은 도로의 역할은 옛날의 철도의 역할과 비슷하다. 토지비용, 필수자재의 수송, 생산품의 수송, 수송시설 및 고용인의 통행시간, 노동력 공급 등은 모두가 산업의 위치결정에 중요한 고려사항이면서 수송과 관련된 것이다. 도심에 가까운 위치나 도시에서 20 km 떨어진 곳이라 하더라도 고속도로가 건설됨으로써 이러한 조건을 만족시키게 된다. 따라서 새로운 도로를 건설하면(도시순환도로와 같은) 국가적 또는 지역적 경제요건에 필요한 여러 가지 기업을 끌어들이게 된다.

(1) 사업확장

어떤 회사가 사업을 확장할 때 좀 더 큰 시설을 찾는다. 이때 도시에 남아 건물을 고층화하는 것보다는 도시외곽으로 이전하여 수평으로 확장하는 것이 더 좋은 경우가 많다. 도시재개발사업과 도시고속도로 사업이 추진되면 사업 이전을 계획한 회사는 외곽지역으로 나가려는 경향이 많다.

기술개발과 새로운 상품의 개발로 이 상품을 생산하는 새로운 설비가 필요하며, 전자산업, 플라스틱제품산업, 기계제조산업 및 연구소 등이 이러한 부류에 속한다. 이러한 산업이 새로운 도로 주변에 위치하게 되는 직접적인 요인은 수송상의 장점이다. 이러한 새로운 고속도로가 사업을 창출하지 않을 뿐만 아니라 GDP에 순수익을 발생시키지도 않으나, 새로 이전한 모든 산업은 그 주위에 편리한 도로시설이 있게 마련이다.

새로운 위치로 이전한 산업은 분명히 여러 부문에서 이익을 보지만, 그 지역의 입장에서 보면 경제적으로 이익도 보고 손해도 본다. 그 지역의 사업체에 대한 재산세수입은 증가하지만, 늘어난 인구 및 고용인들에 대한 공공서비스 비용도 증가한다.

도로설계와 위치선정을 하는 의사결정의 입장에서 보면 이러한 산업개발을 통제할 아무런 힘도 없다. 지방행정기관은 지역정책에 따라서 산업을 장려하거나 억제하기 위해서 토지이용에 대한 규제를 한다. 만약 그 지역의 관점이 새로운 산업을 장려하는 것이라면, 도로이용자의 손익이 변하지 않는 범위 내에서 한 노선 주변지역을 다른 노선 주변에 비해 우대한다. 소규모사업에 관해서 언급한 바와 같이 도로관리부서는 새로운 산업 때문에 생기는 경제적 손익을 잘 파악하여야 정확하고 올바른 결정을 내릴 수 있다.

(2) 도로의 기여도

도로건설로 인해 한 지역이 이익을 보면 다른 지역은 손해를 보는 경우가 허다하다. 대부분의 선진국에서는 수송시설의 확충과 그 이용도의 증가가 경제성장에 큰 기여를 하였다. 필요한 시간과 장소에 경제재를 수송하는 교통수단이 발달하지 않고는 경제적 건강을 유지할 수가 없다. 도로가 개선되고 연장되면 국가의 경제성장은 지속된다. 그러나 이러한 성장과 함께 어떤 부류의 사람들 또는 어떤 종류의 경제활동은 큰 변화와 어려움에 부딪힐 수 있다.

16.3.4 경제적 효과 측정 개요

교통시설에 대한 투자가 수송체계상 아무리 중요하다고 하더라도 예산상의 제약이 있으므로 이를 가장 효율적으로 사용하는 방법을 생각해야 한다. 그러므로 교통투자의 경제성 분석이 필요하다.

경제성을 측정 분석하는 방법에는 교통시설을 건설함으로써 야기되는 각종 경제적 효과를 원단위를 이용하여 측정하는 개별적 측정방법과 지역경제 분석에 기초를 둔 종합적 측정방법이 있다(19.5절 참조).

1 개별적 측정방법

교통시설의 영향은 넓게 파급되므로 개별적 측정방법에 의해서 부분적으로 분석을 하면 타당한 결과를 얻기가 어렵다. 대부분의 경우 부분분석에서는 몇몇 직접관련변수를 제외하고는 다른 모든 변수가 일정하다고 생각하기 때문에 교통투자의 효과가 과소평가되기 쉽다. 예를 들면, 전환교통이나 전이교통 및 유발교통에 비해 개발교통(development traffic)은 교통시설이 건설된 후에 장기간에 걸쳐서 일어나는 영향이므로 부분분석으로는 그 영향을 알아내기가 거의 불가능하다.

교통투자효과의 개별적 측정방법은 금전화가 가능한 경제적 효과를 측정하는 것으로서 비용-편익분석법, 영향분석법 및 이 두 가지를 합한 경제효과분석법이 있다. 이러한 방법들은 한두 개 정도의 교통프로젝트를 계획하면서 그 영향권의 범위가 비교적 좁은 지역에 국한될 때 많이 사용한다.

(1) 비용-편익분석법

계획된 교통시설이 완성되어 그 시설의 경제수명까지 교통서비스를 제공함으로써 발생하는 비용과 이용자 편익을 계산한다. 이용자 편익 계산은 주로 금전적으로 환산이 가능한 직접효과만을 대상으로 한다. 직접효과 중에서도 금전적 환산이 어려운 운전자피로, 화물의 손상 및 포장비 등은 고려하지 않고, 운행비용, 통행시간 단축, 교통사고 감소 및 교통쾌적감 증대 같은 것만 고려한다. 따라서 이 방법은 교통시설의 경제적 효과 중에서 일부분만을 분석하고, 금전화할 수 없는 효과 및 경제개발 효과를 고려하지 못하는 결함이 있다.

운행비용은 단위 km당 운행비용이며, 그 가운데는 연료비, 오일비용, 타이어비, 정비수리비, 감가상각비, 인건비, 세금 등이 포함된다. 시간비용은 시간당 수송비용으로서 차량 1대당으로 나타내거나 승객 또는 화물에 대하여 나타내며, 이들은 차종에 따라 다른 값을 갖는다. 그러므로 실제 측정에서는 신·구 교통시설의 구간 일교통량, 차종별 비용-편익, 노선길이, 통행속도를 사용해서 연간 총비용을 산출하고 비교하여 신설되는 교통시설의 효과(편익)를 구한다. 사고비용은 예산되는 장래 교통량이 기존교통시설을 이용한다고 가정할 때와 신설교통시설을 이용한다고 가정할 경우의 사고 발생건수를 비교하여 구한다.

운행 중 제동과 정지 빈도가 적을수록 쾌적감이 높다. AASHTO에서는 쾌적감과 편리성 결여에 따른 비용을 '자유', '보통', '제한'의 세 가지 운행조건으로 나누었다. 즉 자유조건에 비해 보통조건에서는 대·km당 0.5센트, 제한조건에서는 1센트의 비용이 더 추가된다고 보고 있다.

비용-편익분석법에는 순현재가법(net present worth), 편익－비용비(比)법(benefit-cost ratio) 및 내부수익률법(internal rate of return) 등이 있으며, 여기에 대해서는 16.4절에서 다시 자세히 설명한다.

(2) 영향분석법

영향분석법(impact study)은 도로부지를 취득할 때 보상문제와 관련하여 미국에서 개발한 방법으로, 도로건설이 그 주변의 지역사회에 미치는 사회적, 경제적 영향을 측정하는 것을 목적으로 하고 있다. 그러므로 이것은 간접효과만을 분석대상으로 하므로 직접효과를 측정할 수 없는 것이 흠이다.

분석방법으로는 몇 개의 경제지표를 선정하여 교통시설건설 전후에 이들 지표의 변화를 비교하는 방법과 건설지역과 건설이 없는 유사지역의 경제지표를 비교하는 방법이 있다. 전자를 전·후비교법이라 하고 후자를 지역비교법이라 한다.

비교되는 경제지표는 산업별 취업인구, 산업별·규모별 사업 수, 산업별 생산소득, 차종별 자동차 보유대수, 도로교통량, 수송비용, 수송시간, 토지가격, 토지이용 현황, 관광객 수 등이 있으나 아무리 경제지표를 많이 포함해도 모든 효과를 다 망라할 수는 없다. 또 그것이 가능하다 하더라도 모든 효과를 금전화할 수는 없다.

지역비교법에서 비교지역의 선정은 산업구조나 교통조건이 유사한 지역을 선정하는 방법, 노선길이에 따라 조사지역과 비교지역을 선정하는 방법, 조사지역을 제외하고 도·시 또는 군 전체를 비교지역으로 선정하는 방법이 있다.

전·후비교법에서는 자연성장과 교통시설에 의한 개발 또는 유발효과를 식별하기가 어렵기 때문에 지역비교법이 좋으나 엄밀히 말해 지역비교법에서도 경제적으로 꼭 같은 지역이 존재하지 않는데 문제가 있다.

교통시설의 경제적 효과는 장기간에 걸쳐서 발생하므로 적어도 10년 이상의 조사를 계속해야 한다. 계획단계에서 교통시설의 경제효과를 기준으로 투자를 결정할 때 같은 종류의 교통프로젝트에 대한 경험이 없으면 장래에 발생할 경제효과를 추정할 수 없다.

(3) 비용-편익분석과 영향분석을 병행하는 방법

비용-편익분석법은 직접적인 경제효과를 중심으로 측정하고, 영향분석법은 그 간접적인 효과를 대상으로 한다. 이 두 가지 방법을 같이 사용하여 직접효과 및 간접효과 중에서 금전화가 가능한 효과를 측정하는 방법이다. 직접효과 중에서 금전화가 가능한 것은 앞에서 언급한 바 있으며, 간접효과 중에서 기존도로의 혼잡완화, 산업개발효과, 생산 및 수송계획의 합리화, 도시인구의 분산효과, 자원개발효과 등은 측정이 가능하다.

종합적으로 말하면, 교통시설의 경제적 효과를 개별적으로 측정하는 방법은, 첫째로 그 시설의 개선 및 건설이 야기하는 개개의 경제효과가 구체적으로 어떤 형태로 발생하는지를 명백히 나타낸다. 그러나 항목별로 경제효과를 계산함으로써 이중계산의 우려가 있고, 또 이것을 피하기 위해서는 어떤 항목을 선택해야 하는가에 대한 객관적인 기준이 필요하다. 둘째로 이 방법은 1차적 효과만을 측정의 대상으로 하고 있으며 2차적 효과, 즉 지역파급효과, 반사효과를 측정할 수 없다. 셋째로 경제효과를 측정함에 있어서 시장가격을 기준으로 하고 있으나 시장가격과 균형가격의 차이가 있을 경우, 교통시설의 경제효과를 시장가격으로 평가하는 것은 부적절하다. 따라서 균형가격에 일치시키는 잠재가격(shadow price) 또는 기회비용(opportunity cost)에 의하여 경제효과를 측정할 필요가 있다. 넷째로 경제효과의 측정은 수요·공급의 양면을 검토해야 한다. 끝으로 교통시설의 건설로 인한 경제효과의 측정은 장기간에 걸쳐서 해야 하므로 장래 경제구조에 대한 예측이 필요하다. 따라서 현재 사용되고 있는 개별적 측정방법은 개선해야 할 점을 많이 가지고 있으며 앞으로 더욱 많은 연구가 필요한 부분이다.

2 종합적 측정방법

종합적 측정방법은 교통경제가 주로 외부경제인 점에 착안하여 2차적인 효과 및 파급효과를 포함한 경제효과 전체를 측정하는 방법으로서, 지역 간 산업연관분석 및 지역 간 산업연관 프로그래밍방법을 이용한다. 이 방법은 광범위한 지역에서 교통시설을 건설할 때의 경제개발 효과를 분석할 때 사용된다.

이 방법은 국민소득을 기준으로 하여 종합적으로 평가하는 것으로서, 여러 가지 효과를 개별적으로 측정할 수는 없으나 지역경제의 특성을 밝히고 지역 및 산업 상호 간 재화의 유통패턴을 파악할 수 있다. 뿐만 아니라 개별적 측정방법에서 문제가 된 수요·공급관계를 검토할 수 있고, 1차, 2차 효과 및 반사효과도 측정할 수 있다. 그러나 이 방법도 소득에 나타나지 않는 효과는 측정할 수 없다. 또 교통시설건설에 의한 수송비용의 변화로 인한 여러 가지 효과, 즉 교통시설건설이 기술적 외부경제를 통하여 국민총생산에 미치는 효과를 측정하는 것이므로 수송비용의 변화로 인한 효과 이외에는 측정할 수 없다.

이 방법에서는 측정이 비교정태적 방법에 입각하고 있으며 기술투입계수가 일정하면 수익이 변하지 않는다는 가정을 하고 있어 경제가 발전할 때 생기는 규모의 경제(economy of scale)로 인한 외부경제효과를 측정할 수 없다.

경제현상을 정확하게 모형화하기 위해서는 지역의 단위를 될수록 적게 하면 더 정확한 결과를 얻는다. 반면에 모형의 수가 증가하여 계산이 복잡해질 뿐만 아니라 이에 필요한 경제관련 통계자료의 수집도 어렵다. 따라서 각 지역의 수요공급관계, 지출성향, 수요의 탄력성, 공급의 탄력성 등의 계산이 더욱 어려워진다.

이상과 같이 두 측정방법은 모두 장점과 단점을 가지고 있으므로 교통시설의 외부경제효과를 완전히 측정하기란 불가능하며, 현재까지 교통시설의 경제효과를 한 번에 측정하는 방법은 아직 개발되어 있지 않다. 따라서 교통시설의 경제효과는 매우 복잡한 양상을 가지고 있으므로, 측정방법 또한 여러 각도에서 여러 가지 방법을 사용하는 수밖에 없다. 즉 개별적인 효과는 지금까지의 개별적 측정방법을 사용하고, 누적된 효과는 지역 간 산업연관분석법을 사용하여 상호 보완시켜야 한다.

교통프로젝트의 경제효과 측정의 두 가지 방법 중에서 개별적 측정법만을 설명한다. 개별적 측정법으로 측정이 가능한 경제효과를 직접효과와 간접효과로 구분하여 설명하면 다음과 같다.

16.3.5 직접효과의 측정

교통시설의 직접효과 가운데 금전화할 수 있는 효과는 운행비용의 절감, 수송시간의 단축, 교통사고 감소 및 교통쾌적감 증대 등이다.

1 운행비용의 절감

신규교통시설(예를 들어, 고속도로)의 전환교통량과 전이교통량을 차종별로 예측하고 이들의 차종별 차량당 운행비용 절감액을 구하면, 운행비용 절감총액 S_C는 다음과 같다.

$$S_C = \sum_{i=1}^{n} (X_i \, \Delta C_i + Y_i \, \Delta d_i) \tag{16.1}$$

여기서 X_i: 기존도로로부터 고속도로로 전환한 i 차종의 교통량(대)

ΔC_i: 기존도로로부터 고속도로로 전환한 i 차종의 운행비용 절감액(원/대)

Y_i: 철도로부터 고속도로로 전이한 i 차종의 교통량(대)

Δd_i: 철도로부터 고속도로로 전이한 i 차종의 운행비용 절감액(원/대)

또 ΔC와 Δd는 다음 식으로부터 구한다.

$$\Delta C\,(또는\;\Delta d) = G_C - (H_C + A_{1C} + A_{2C}) \tag{16.2}$$

여기서 G_C: 기존도로(또는 철도)의 운행비용(원/대)

$\quad\quad H_C$: 고속도로의 운행비용(원/대)

$\quad\quad A_{1C}, A_{2C}$: 고속도로와 연결된 도로구간의 운행비용(원/대)

운행비용을 세분하면 연료비, 오일비, 타이어비, 정비수리비, 감가상각비 등이 있으며, 이들 각 항목에 대한 비용은 교통시설의 평면곡선, 종단구배와 같은 시설구조와 도로의 노면상태, 교통량 등에 따라 달라진다.

① 연료비용: 차종과 속도에 따라 달라지며, 노면상태, 종단구배, 평면곡선의 곡선반경에 따라 변한다.

② 오일비용: 엔진오일과 그리스비용을 포함하지만 그리스비용은 차량정비수리비에서 고려되기 때문에 여기서는 엔진오일비용만을 말한다. 이 비용은 차종, 노면상태, 속도에 따라 달라진다.

③ 타이어비용: 차종과 노면상태 및 속도에 따라 타이어마모 정도가 달라진다.

④ 정비수리비용: 차량의 종류, 속도, 노면상태 및 운전자의 운전습성에 따라 영향을 받으며, 통계적인 분석으로 그 값을 정한다.

⑤ 감가상각비용: 차량은 주행을 하면 수명이 단축되고 주행을 하지 않아도 가치가 줄어든다. 그러나 이를 비용으로 나타낼 때에는 주행거리에 따라 나타낸다.

2 통행시간의 단축

교통수단을 이용하는 목적 중에서 가장 중요한 것은 '시간의 절약'이다. 그러므로 시간 단축은 교통시설의 신설 및 개선의 가장 큰 편익이다. 차량의 시간비용(time cost)을 결정하는 것은 쉬운 일이 아니다. 간단한 방법으로 승용차의 경우는 보통승용차의 평균승차인원에 그들의 시간당 평균 임금 또는 시간의 기회비용을 곱해서 구한다.

신설 또는 개선된 교통시설로의 전환교통량과 전이교통량을 차종별로 예측하고, 이들의 차종별 차량당 수송시간절감과 시간가치를 구하면, 통행시간 단축에 의한 총 편익액 S_T는 다음 식을 사용하여 구할 수 있다.

$$S_T = \sum_{i=1}^{n} C_i\,(X_i\,\Delta t_i + Y_i\,\Delta g_i) \tag{16.3}$$

여기서 X_i: 기존도로로부터 고속도로로 전환한 i 차종의 교통량(대)

$\quad\quad \Delta t_i$: 기존도로로부터 고속도로로 전환한 i 차종의 통행시간 단축량(시간/대)

$\quad\quad Y_i$: 철도로부터 고속도로로 전이한 i 차종의 교통량(대)

$\quad\quad \Delta g_i$: 철도로부터 고속도로로 전이한 i 차종의 통행시간 단축량(시간/대)

$\quad\quad C_i$: i 차종의 절약시간가치(원/시간)

또 Δt와 Δg는 다음 식으로 구한다.

$$\Delta t \,(\text{또는 } \Delta g) = G_t - (H_T + A_{1T} + A_{2T}) \tag{16.4}$$

여기서 G_T: 기존도로(또는 철도)의 통행시간(시간/대)

　　　 H_T: 고속도로의 통행시간(시간/대)

　　　 A_{1T}, A_{2T}: 고속도로와 연결된 도로구간의 통행시간(시간/대)

3 교통사고 감소

　교통사고를 감소시키고 안전성을 증대시키는 것은 교통시설개선의 주요 목적 중 하나이므로 이에 대한 편익을 계산하는 것은 당연하다. 그러나 신설 또는 개선된 교통시설에서의 교통사고를 예측하기란 매우 어렵기 때문에 사고감소에 대한 편익을 계량화하기가 매우 어렵다. 따라서 지금까지의 교통시설의 종류별 교통사고 통계를 이용하여 사고를 예측한 다음, 보험금 및 기타 사회적 손실로부터 사고감소에 따른 편익을 계산한다. 미국의 경우 차로수와 교통량에 따른 평균사고율(100만대·km당)로서 사고를 예측한다.

　교통시설의 개선 및 신설로 인한 사고감소효과(S_A)는 다음 식으로 구한다.

$$S_A = X(L_G \cdot R_G - L_H \cdot R_H)\,B \tag{16.5}$$

여기서 X: 고속도로의 교통량(대)

　　　 L_G: 기존도로의 구간길이(km)

　　　 L_H: 고속도로의 구간길이(km)

　　　 R_G: 기존도로의 대·km당 사고량(인 또는 건수)

　　　 R_H: 고속도로의 대·km당 사고량(인 또는 건수)

　　　 B: 사상자 1인 또는 사고 1건당 피해액(원/인 또는 원/건수)

4 쾌적감 증대

　교통시설의 개선이나 신설로 인한 직접효과 중에서 쾌적감의 증대효과가 있다는 것은 운전자가 더 먼 거리를 수송시간이 더 소요됨에도 불구하고, 심지어 통행료를 지불하면서도 고속도로를 이용하는 경향이 있음을 보아도 알 수 있다. 그러나 이러한 효과를 계량화할 수 있는 확실한 방법이나 기준값이 아직은 없는 실정이다. 미국에서는 교통시설이용자들이 쾌적한 운전을 택하는 일종의 기회비용을 다음과 같이 판단하고 있다.

- 자유운행조건: 0센트/마일
- 정상운행조건: 0.5센트/마일
- 제한운행조건: 1.0센트/마일

　이 값은 포장된 도로를 운행하는 경우이며, 노면이 토사도로인 경우에는 1.0센트/마일, 자갈도로인 경우에는 0.75센트/마일을 추가하고 있다.

16.3.6 간접효과의 측정

교통시설의 개선 및 신설로 인한 간접효과 중에서 측정이 가능한 것은 기존도로의 교통혼잡 완화, 산업개발, 생산·수송계획의 합리화, 도시인구분산 및 자원개발 등의 효과이다.

1 기존도로의 교통혼잡 완화

고속도로건설은 기존도로교통의 일부를 흡수하므로 기존도로의 교통혼잡을 완화시킨다. 이로 말미암아 기존도로 이용자에게 운행비용의 절감 및 운행시간 단축 등의 편익을 제공한다.

(1) 기존도로의 운행비용 절감

고속도로가 건설되기 이전의 기존도로교통량을 T라 하고 이와 병행한 고속도로가 건설되었을 때 전환교통량을 T_1, 기존도로에 남아 있는 교통량을 T_2라 한다면, $T = T_1 + T_2$이다.

고속도로건설로 인한 효과 중에서 운행비용 절감효과는 고속도로가 건설되지 않았을 때의 총 운행비용(B_C), 즉 기존도로에서 교통량 T에 의한 총 운행비용으로부터 건설되었을 때의 총 운행비용 (T_1과 T_2에 의한) A_C를 뺀 값이다.

이때 각 도로의 차량당 운행비용은 교통의 혼잡도를 나타내는 통행속도에 따라 달라지므로 첨두시간과 비첨두시간을 구분해서 생각한다. 기존도로의 비첨두시간에서는 교통량이 T일 때나 T_2일 때의 통행속도가 같다고 보고, 또 고속도로에서는(교통량이 T_1) 첨두시간과 비첨두시간의 속도가 같다고 본다면, 고속도로건설로 인한 T_1, T_2의 운행비용 절감효과는 다음과 같이 나타낼 수 있다. 여기서 첨두시간 비율 α는 고속도로가 건설되기 전의 기존도로(교통량 T)나 건설된 후의 고속도로 (교통량 T_1), 건설된 후의 기존도로(교통량 T_2)에서 모두 일정하다고 가정한다.

$$B_C - A_C = \{T\alpha C_P L + T(1-\alpha)C_0 L\} - \{T_1 \alpha C_1 L + T_1(1-\alpha)C_1 L\}$$

$$- \{T_2 \alpha C_2 L + T_2(1-\alpha)C_0 L\} \tag{16.6}$$

$$= \{T_1(C_P - C_1) + T_2(C_P - C_2)\}\alpha L + T_1(C_0 - C_1)(1-\alpha)L \tag{16.7}$$

$$= T_1 L\{\alpha(C_P - C_0) + (C_0 - C_1)\} + T_2 \alpha L(C_P - C_2) \tag{16.8}$$

여기서 L은 평균구간길이이며, 각 도로의 교통량과 첨두·비첨두시의 통행속도 및 운행비용을 다음과 같이 정의한 것이다.

도로＼구분	교통량	운행비용(통행속도)	
		첨두시	비첨두시
기존도로 (고속도로건설 전)	T	$C_P(v_P)$	$C_0(v_0)$
기존도로 (고속도로건설 후)	T_2	$C_2(v_2)$	$C_0(v_0)$
고속도로	T_1	$C_1(v_1)$	$C_1(v_1)$

위의 식 (16.7)의 우변 첫째 항은 첨두시의 운행비용 절감액이고, 둘째 항은 비첨두시의 운행비용 절감액이다. 또 식 (16.8)의 우변 첫째 항은 고속도로 이용교통량 T_1의 편익으로서 직접효과로 앞에서 측정한 것이며, 둘째 항은 순수하게 기존도로의 혼잡완화에 의해서 발생하는 운행비용 절감액 (ΔC)이다. 즉,

$$\Delta C = T_2 \alpha L (C_P - C_2) \tag{16.9}$$

예제 16.1 T=240,000대/일, T_1=40,000대/일, T_2=200,000대/일, α=0.66(9:00~19:00까지 10시간 교통량의 AADT에 대한 비율), L=10 km, v_P=13.3 kph(고속도로가 건설되기 전 기존도로에서 첨두시간의 통행속도), v_2=18 kph(고속도로 건설 후 기존도로에서 첨두시간의 통행속도), C_P=21.62원/km, C_2=19.13원/km일 때 고속도로 건설에 의한 기존도로에서의 운행비용 절감액을 구하라.

[풀이] 기존도로(교통량 T_2)의 운행비용 절감액

ΔC = 200,000(대/일) × 0.66 × 10(21.62 − 19.13) = 3,236,800원

∴ 연간 총 절감액 = 3,236,800 × 365 = 12억 원 ∎

(2) 기존도로의 통행시간 단축

고속도로가 건설되지 않았을 때 기존도로(교통량 T)의 총 통행시간(B_T)과 건설되었을 때 고속도로와 기존도로의 총 통행시간(A_T)의 차이는 다음 식으로 표시된다.

$$B_T - A_T = \left(\frac{T\alpha L}{v_P} + \frac{T(1-\alpha)L}{v_0} \right) - \left(\frac{T_1 \alpha L}{v_1} + \frac{T_1(1-\alpha)L}{v_1} \right) - \left(\frac{T_2 \alpha L}{v_2} + \frac{T_2(1-\alpha)L}{v_0} \right)$$

$$= T_1 L \left\{ \alpha \left(\frac{1}{v_P} - \frac{1}{v_0} \right) + \left(\frac{1}{v_0} - \frac{1}{v_1} \right) \right\} + T_2 \alpha L \left(\frac{1}{v_P} - \frac{1}{v_2} \right) \tag{16.10}$$

식 (16.10)의 첫째 항은 고속도로의 전환교통에 의한 절약시간을 나타낸 것으로서 직접효과를 계산할 때 이미 고려된 바 있으며, 둘째 항은 기존도로교통량 T_2의 절약시간을 나타낸 것이다. 따라서 절약시간가치를 R이라 하면 고속도로건설로 인한 기존도로교통량 T_2의 시간절약편익 ΔT는 다음과 같다.

$$\Delta T = T_2 \alpha L \left(\frac{1}{v_P} - \frac{1}{v_2} \right) R \tag{16.11}$$

예제 16.2 예제 16.1에서 R= 4.33원/분일 때 연간 절약시간편익을 구하라.

[풀이] $\Delta T = 200,000 \times 0.66 \times 10 \left(\frac{1}{13.3} - \frac{1}{18.0} \right) \times 4.33 \times 60 \times 365 = 24.6$억 원 ∎

2 산업개발효과

교통시설건설에 의한 개발효과는 두 가지가 있다. 하나는 개발에 의해서 새로운 교통이 발생되는 것이고, 다른 하나는 산업진출과 관광자원의 개발에 의한 국민소득의 향상이다. 이와 같은 산업개발효과는 주로 산업연관분석법으로 계산하고 있으나, 구체적인 내용은 이 책의 범위를 벗어나므로 설명을 생략하고, 여기서는 개별적 측정법으로 계산할 수 있는 요령만을 설명한다.

고속도로가 건설되면 도로 주변의 토지는 산업용지로 전용되며, 그 현황을 기초로 하여 지가상승, 잔여 산업입지 가능면적, 산업용수 등을 고려하여 공장용지로 사용될 수 있는 면적을 예측한다. 이 면적에 대하여 단위면적당 고용자 수, 투자액, 출하액 및 부가가치를 원단위로 곱하여 이들 각 요소에 대한 총액을 구한다. 산업개발효과는 이 부가가치액으로 나타낸다. 그러나 이 효과는 고속도로건설 투자만으로 발생되는 것이 아니고 다른 공공투자(용수시설, 도로부대시설, 정지 등) 및 민간투자가 동시에 이루어질 때 비로소 발생한다. 따라서 고속도로의 경제효과는 총 투자액에 대한 고속도로 투자액의 비율로써 계산된다.

3 생산 · 수송계획의 합리화

고속도로에 의한 수송시간 단축은 기존기업의 생산계획을 합리화하는데, 그 가운데 가장 중요한 것은 재고투자의 감소에 의한 자본이자의 절감이다. 각 기업의 재고수준은 다음 식으로 표시된다.

$$S = \frac{1}{2}Q + t\sqrt{D} \qquad\qquad (16.12)$$

여기서 S: 평균재고량
$\quad\quad\ \ Q$: 1회 구입량
$\quad\quad\ \ t$: 기업행동계수
$\quad\quad\ \ D$: 평균기대수요량

위 식의 $Q/2$는 기업의 평균구입량, $t\sqrt{D}$는 완충재고로서 기업의 평균재고는 이 두 요소로 구성된다고 볼 수 있다. $t\sqrt{D}$는 리드타임(lead time, 상품의 발주시점부터 상품의 도착할 때까지의 시간)에 의해 좌우된다고 볼 때 평균기대수요(D)는 단위시간당 평균기대수요(d)에 리드타임(L)을 곱한 것과 같다. 즉 $D = L \cdot d$ 이다. 고속도로의 건설로 L이 L'이 되면 $D' = L' \cdot d$ 로 나타나고 변화된 평균재고량 S'은 다음과 같이 된다.

$$S' = \frac{1}{2}Q' + t\sqrt{L'd}$$

$Q = Q'$이라 가정하면 재고량의 감소는 다음과 같다.

$$S - S' = \varDelta S = t\left(\sqrt{L} - \sqrt{L'}\right)\sqrt{d}$$

이를 어느 특정 지역 i에 대해서 합하면 다음과 같다.

$$\sum_i \varDelta S = \sum_i t\left(\sqrt{L} - \sqrt{L'}\right)\sqrt{d} = t\left(\sqrt{L} - \sqrt{L'}\right)\sum_i \sqrt{d}$$

위 식의 t 및 $(\sqrt{L} - \sqrt{L'})$은 측정이 가능하나 $\sum_i \sqrt{d}$ 는 측정이 불가능하다. d는 단위시간당 기대수요이므로 수요지 i와 출하지 j 간의 교통량(수송량) T_{ij}에 관계되고, 또 i지역의 기업규모의 분산계수 a_i에도 관계된다. 따라서 $\sum \sqrt{d} = a \sqrt{T_{ij}}$로 둘 수 있으며 ΔS_{ij}의 총량은

$$\sum_i \sum_j \Delta S_{ij} = a_i t \left(\sqrt{L_{ij}} - \sqrt{L_{ij}{}'} \right) \sqrt{T_{ij}} \tag{16.13}$$

또 수송 중의 상품도 재고로 생각할 수 있으므로, 수송시간의 단축에 의한 수송 중의 재고량 절약은 다음과 같이 구할 수 있다.

$$\sum_i \sum_j (L_{ij} T_{ij} - L'_{ij} T_{ij}) = \sum_i \sum_j (L_{ij} - L'_{ij}) T_{ij} \tag{16.14}$$

따라서 고속도로건설이 재고량을 감소시킴으로 인해서 재고투자에 미치는 효과는 식 (16.13)과 식 (16.14)의 값을 합한 것에 이자율을 곱해서 구한다.

4 도시인구의 분산효과

고속도로가 건설될 경우 인터체인지 부근에 산업이 진출하고 이에 따라 주택개발이 촉진되어 도시 인구의 분산이 이루어지며, 뿐만 아니라 통행시간의 단축에 따른 통근권 확대효과도 발생하게 된다.

도시인구의 분산효과를 평가하는 방법에는 원단위법과 중력모형법이 있다. 원단위법에서는 산업 개발에 따른 소요고용자 수의 추정값을 기초로 하여 다른 지역으로부터 유입노동인구와 부양가족 및 그에 따른 상업인구의 유입을 원단위에 의해서 구하고 소요주택면적 및 주택수를 예측한다.

반면에 중력모형법에 의한 도시인구 분산효과를 구하는 방법은 다음과 같다.

신설교통 프로젝트의 개통 이전에 i, j 두 지역의 승객이동은 다음과 같은 관계를 가진다.

$$T_{ij} = G \frac{P_i \cdot P_j}{D_{ij}^b} \qquad (i \neq j, \ i, j = 1, 2, \cdots, n) \tag{16.15}$$

여기서 T_{ij}: i 지역과 j 지역 간의 승객이동

$\quad$ P_i, P_j: i 지역과 j 지역의 인구

$\quad$ D_{ij}: i 지역과 j 지역 간의 경제거리

$\quad$ G, b: 경험계수

교통프로젝트의 개통 이후 위의 식은 다음과 같이 변한다.

$$T'_{ij} = G \frac{P'_i \cdot P'_j}{D'^b_{ij}} \tag{16.16}$$

따라서 교통프로젝트 개통 전후의 변화율은

$$\frac{T'_{ij}}{T_{ij}} \cdot \frac{D'^b_{ij}}{D_{ij}^b} = \frac{P'_i}{P_i} \cdot \frac{P'_j}{P_j} \tag{16.17}$$

위 식에서

$$\frac{T'_{ij}}{T_{ij}} = 1 + t_{ij}, \quad \frac{D'_{ij}}{D_{ij}} = 1 - d_{ij}, \quad \frac{P'_i}{P_i} = 1 + g_i, \quad \frac{P'_j}{P_j} = 1 + g_j$$

로 놓으면 위 식은 $(1 + t_{ij})(1 - d_{ij})^b = (1 + g_i)(1 + g_j)$가 된다. 이를 전개하고 2차 이상의 항을 생략하면 $t_{ij} - bd_{ij} = g_i + g_j$가 되고, 이를 이용하여 인구의 배치분산을 최적화하는 과정을 거치면

$$g_h' = \frac{\sum_i t_{ih}}{n-2} - \frac{\sum_h \sum_i t_{ih}}{2(n-1)(n-2)} \tag{16.18}$$

$$g_h'' = \frac{\sum_i d_{ih}}{n-2} - \frac{\sum_h \sum_i d_{ih}}{2(n-1)(n-2)} \tag{16.19}$$

$$g_h = g_h' - bg_h'' \tag{16.20}$$

여기서 g_h'은 개발에 수반되는 효과이며, bg_h''은 경제거리의 단축이 인구에 미치는 영향이고, g_h는 교통프로젝트건설에 따른 h 지역의 인구변화이다.

5 자원개발효과

도로건설 또는 개선으로 그 주변지역의 미개발자원을 개발 가능하게 한다. 예컨대 주변지역의 잠재적 실업자에게 고용기회를 주거나 관광자원을 개발하는 것 등이 그 좋은 예이다. 관광자원의 개발효과는 자원의 잠재가치가 도로건설로 인해 현실로 나타나는 것이다. 어느 지역의 관광수요는 그 관광자원의 가치, 접근성, 관광인구분포 등의 시장성에 의존하고 있다. 관광수요 예측법은 관광자원의 계량화와 주거지로부터의 접근성을 실제거리, 시간거리, 경제거리 등으로 나타내고 주거지에 대하여 관광발생량을 예측한다. 사용모형은 일반적으로 중력모형이 사용된다. 이는 관광통행발생량을 관광지에 분포시키는 문제로서, 새로운 도로가 건설됨에 따라 교통저항이 적어지므로 관광교통수요가 변한다는 개념에 입각한 것이다.

16.4 교통프로젝트의 경제성 평가기법

경제성 분석을 하기 전에 교통서비스의 수요와 공급 간의 관계를 알 필요가 있다. 예를 들어 어떤 도로구간이나 교량건설과 같은 특정 교통프로젝트를 생각해 보자. 나아가 이 시설을 이용하는 운전자에게 부과되는 비용, 즉 연료비, 통행료, 통행시간, 정비수리비 및 기타 실제 혹은 인지실지출비용(perceived out-of-pocket cost)을 알 수 있다고 가정한다. 우선 15장에서 설명한 방법을 사용하여 여러 가지 사용자비용에 대한 교통량(수요)을 계산할 수 있어야 한다. 우리는 그 시설을 이용하는 비용이 감소함에 따라 교통량은 증가할 것이라는 것을 직관적으로 알 수 있을 것이다. 이러한 관계

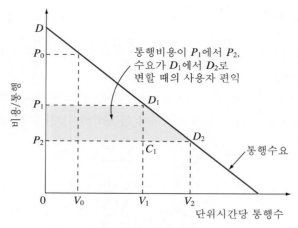

[그림 16.2] 통행의 수요곡선

는 [그림 16.2]에서 보는 바와 같이 특정 운전자그룹에 대한 그 시설의 수요곡선으로 나타낼 수 있다. 수요곡선은 아래위로 이동될 수 있고, 또 이용자의 소득 수준이나 통행목적에 따라 그 경사가 달라질 수도 있다. 만약 그 곡선이 위로 이동되면 이는 더 많은 비용을 지불하고도 그 시설을 이용할 수 있는 높은 소득 수준의 수요곡선을 나타낸다. 만약 그 곡선의 기울기가 수평에 가깝게 되면 이는 수요가 매우 탄력적인, 즉 비용의 조그만 변화에도 교통량이 크게 변함을 나타낸다. 만약 그 기울기가 수직에 가까이 이르면 이는 수요가 매우 비탄력적인, 즉 비용이 크게 변하더라도 수요는 크게 변하지 않음을 나타낸다. 예를 들어 휘발유값은 비탄력적이라고 알려져 있는데, 이는 휘발유값이 오르더라도 사람들은 자동차를 계속해서 굴리려 하기 때문이다.

이 시설에서의 통행비용을 P_1이라 하면 단위시간당 통행수는 V_1이 되고, 그 기간 동안의 모든 이용자 총비용은 $P_1 \times V_1$이 된다. 이것은 [그림 16.2]에서 사각형 $OP_1D_1V_1$의 면적과 같다. 이 수요곡선에서 보는 바와 같이 V_1에서 한 사람을 뺀 모든 사용자는 실제 이 비용보다 더 많이 지불할 수도 있다. 예를 들어 V_0만한 크기의 사용자들은 그 시설을 이용하는 데 P_0를 기꺼이 지불할 것이나 실제로는 이보다 적은 P_1을 지불했다. 수요곡선 아래의 면적 ODD_1V_1은 V_1만한 크기의 사용자들이 기꺼이 지불할 수 있는 비용이다. 여기에 V_1 이용자들이 실제로 지불하는 비용 $OP_1D_1V_1$을 뺀 나머지 P_1DD_1의 면적은 그 시설의 현재 이용자가 얻는 경제적 편익을 나타내며, 이를 소비자잉여(consumer surplus)라 한다.

시설의 개선으로 인해 시설이용비용이 P_2로 줄어들었다고 가정하면 총 사용자비용은 $P_2 \times V_2$가 되며 소비자잉여는 P_2DD_2가 된다. 따라서 이러한 개선에 의한 순편익은 P_2DD_2에서 P_1DD_1을 뺀 $P_2P_1DD_2$가 된다. 이 면적은 2개의 부분으로 이루어진다. 첫째는 처음의 통행량 V_1이 지불하는 총비용의 감소로 인한 편익 $P_2P_1D_1C_1$이며, 둘째는 비용이 낮아지므로 인해 생기는 새로운 사용자 $V_2 - V_1$의 소비자잉여, 즉 $C_1D_1D_2$이다.

개선된 교통시설이용자의 순편익은 식 (16.21)과 같이 나타낼 수 있으며, 이 값은 개선에 투입된 비용과 비교된다.

$$B_{1-2} = \frac{1}{2}(P_1 - P_2)(V_1 + V_2) \qquad (16.21)$$

여기서 B_{1-2}: 교통시설이용자의 순편익

$\qquad$ P_1: 개선되기 이전의 사용자비용

$\qquad$ P_2: 개선된 후의 사용자비용

$\qquad$ V_1: 개선되기 이전의 교통량

$\qquad$ V_2: 개선된 후의 교통량

대부분의 경우 실제로 수요곡선을 만들기는 매우 어렵다. 그래서 위의 예에서 경제성 계산에 사용되는 교통량의 값은 시설이 개선된 후에 그 시설을 사용하는 교통량으로 대신한다. 즉 식 (16.21)의 $(V_1 + V_2)/2$ 대신 V_2 값을 사용하여 다음과 같이 나타내는 것이 보통이다.

$$B_{1-2} = (P_1 - P_2)V_2 \qquad (16.22)$$

따라서 이 값은 식 (16.21)에서 구한 값보다 과대평가되는 경향이 있다.

교통시설개선의 경제적 가치를 생각하기 위해서는 개선비용을 계산하고, 이것과 그 시설의 현재 상태를 유지하는 비용을 비교한다. 그러한 방법 중의 하나는 비교되는 대안의 비용 차이 또는 증분비용(incremental cost)을 구하고, 이를 편익의 차이 또는 증분편익(incremental benefit)과 비교하여 편익의 차이가 비용의 차이보다 크면 그 대안은 타당성을 가진다. 다른 한 가지 방법은 각 대안의 총비용(사용자비용과 시설비용을 합한)을 구하여 그 값이 가장 적은 대안을 선정하는 것이다. 경제적 기준을 사용하여 최적대안을 선정하는 방법은 그 밖에도 몇 가지가 있으나 뒤에서 다시 설명한다.

교통프로젝트의 경제성을 평가하는 데는 앞에서도 설명한 바와 같이 여러 가지 방법이 있으나, 그중에서도 가장 계량화하기 쉬운 직접효과를 측정하여 이를 분석하는 비용-편익분석법(cost-benefit analysis)이 가장 기본이 된다. 이와 같은 비용-편익분석법에는 순현재가(NPW, Net Present Worth), 연균등가(EUAW, Equivalent Uniform Annual Worth) 방법, 편익-비용비(B/C 비, Benefit-Cost Ratio) 방법, 내부수익률(ROR 또는 IRR, Internal Rate of Return) 방법이 있다.

이들 중에서 어떤 방법을 사용하더라도 각 대안의 경제적인 우선순위를 구하는 데 있어서 같은 결과를 얻을 수 있다. 그러나 사용하는 방법을 선택하는 데 있어서 고려해야 할 사항은 (i) 가용한 자료의 형태, (ii) 편익 또는 수입액을 알 수 있는지 여부, (iii) 의사결정자의 취향 및 필요로 하는 정보의 내용 등이다.

B/C비 방법은 공공사업의 건설, 유지관리 및 운영에 드는 비용보다 거기서 나오는 편익이 더 많아야 한다는 단순하고도 명확한 결과를 보기 위해서 널리 사용되는 방법이다. 의사결정자에 따라서는 연간예산과 관련시켜 생각하기 위해서 연간 순편익(EUAW), 즉 연간편익에서 연간비용을 뺀 값으로 나타내는 것이 더욱 의미가 있을 수도 있다. 프로젝트 수명 동안의 모든 비용과 편익의 크기를 명확히 알기 위해서는 순현재가(NPW) 방법을 사용하는 것도 좋다. 수익률법(ROR)은 투자액에 대한 수익률을 직접 비교하는 데 매우 편리한 방법이다.

교통프로젝트는 장기간에 걸쳐서 교통서비스를 제공하기 때문에 그 기간 동안에 돈의 가치가 변한다는 것을 반드시 고려해야 한다.

16.4.1 순현재가 방법

순현재가(NPW) 방법은 여러 가지 방법 가운데 가장 간단하고 사용하기 쉬운 방법으로서 프로젝트수명 동안의 모든 비용과 편익을 현재가치로 나타낸다. 즉 장래의 주기적인 비용과 편익도 현재시점에서의 가치로 나타낼 수 있다. 사용되는 이자율(또는 할인율)은 일반적으로 프로젝트기간 동안의 최저요구수익률을 적용한다. 이자율 및 MARR에 대한 설명은 19.4절에 상세히 언급되어 있으므로 반드시 참고하기 바라며 여기서는 설명을 생략한다. 순현재가란 모든 편익의 현재가치에서 모든 비용의 현재가치를 뺀 것을 말한다. 이 값이 +이면 프로젝트는 MARR보다 높은 수익을 올릴 수 있다는 것을 뜻한다. 서로 독립적인 대안들을 비교할 때 순현재가가 큰 것이 가장 좋은 대안이 된다.

순현재가를 나타내는 식은 다음과 같다.

$$\text{NPW} = \sum_{n=0}^{N} (B_n - C_n)(P/F)_n + S(P/F)_N \tag{16.23}$$

여기서 B_n: n 연도의 편익(연말계산)

$\quad\quad C_n$: n 연도의 비용(연말계산)

$\quad\quad S$: N 연도 말의 잔존가치

$\quad\quad N$: 프로젝트의 경제수명

$\quad\quad (P/F)_n$: n 년(연말계산)에 발생한 일시불의 현재가계수로서 $1/(1+i)^n$ 의 값

만약 비용이나 편익이 매년 A만한 크기로 처음 해부터 N 년까지 균등하게 발생한다면, 이것의 현재가는 다음과 같이 계산된다.

$$\text{PW} = A(P/A)_N \tag{16.24}$$

여기서 $(P/A)_N$ 은 균등액 현가계수로서 $\dfrac{(1+i)^N - 1}{i(1+i)^N}$ 의 값이다.

이 방법의 일반적인 적용성과 한계는 다음의 예제를 푼 다음에 설명하는 것이 이해하는 데 더욱 도움이 될 것이다.

예제 16.3 다음과 같은 7개의 대안(do-nothing 대안 포함) 중에서 NPW 방법을 사용하여 가장 경제적인 대안을 찾아내라(경제수명은 모두 20년, MARR은 8%, 잔존가치는 없다고 가정).

대안	초기건설비용	유지관리비용 (연간균등)	도로사용자비용 (연간균등)	도로사용자편익[1] (연간균등)	NPW[2] (해답)
A	–	60	500	–	–
B	800	70	280	220	1,262
C	1,000	55	250	250	1,503
D	1,300	52	225	275	1,478
E	1,350	48	220	280	1,517 ※
F	1,500	46	210	290	1,485
G	1,650	46	195	305	1,482

1) 도로사용자편익은 do-nothing 대안 A의 도로사용자비용과의 차이이다. 즉 B 도로의 사용자비용이 280이므로 기존도로에 비해 사용자비용이 220 절감되는 편익을 얻는다.
2) 대안 A와 비교한 것이다.

풀이 · 이자율 $i = 8\%$
· 균등액 현가계수 $(P/A)_{20} = 9.818$

$$\text{NPW}_B = -800 - (70 - 60)(P/A)_{20} + 220(P/A)_{20} = 1,262$$

$$\text{NPW}_C = -1,000 - (55 - 60)(P/A)_{20} + 250(P/A)_{20} = 1,503$$

$$\text{NPW}_D = -1,300 - (52 - 60)(P/A)_{20} + 275(P/A)_{20} = 1,478$$

$$\text{NPW}_E = -1,350 - (48 - 60)(P/A)_{20} + 280(P/A)_{20} = 1,517$$

$$\text{NPW}_F = -1,500 - (46 - 60)(P/A)_{20} + 290(P/A)_{20} = 1,485$$

$$\text{NPW}_G = -1,650 - (46 - 60)(P/A)_{20} + 305(P/A)_{20} = 1,482$$

따라서 대안 E가 가장 경제적인 대안이다. ■

1 적용성

이 방법은 B/C비 방법이나 ROR 방법과는 달리 모든 대안 간에 증분분석을 할 필요가 없다. 왜냐하면 어느 한 대안의 NPW값이 크면 그 대안이 경제적으로 좋다는 결론을 바로 내릴 수 있기 때문이다. 설령 두 대안 간의 증분분석을 하더라도 여기서 얻은 증분값으로 두 대안의 우열은 가릴 수 있어도 그 대안들의 경제적 타당성을 판정하지는 못하기 때문에 결국은 각 대안에 대한 독자적인 NPW값을 구하여 비교함으로써 최적안을 선택할 수 있다.

2 한계

이 방법은 각 계획안의 전체적인 수익액을 나타내기는 하지만 그 수익률을 알 수는 없다. 그런 의미에서 본다면 ROR 방법보다 못하다. 경영 측면에서 본다면 수익률을 알 필요성이 크기 때문이다.

이 방법은 프로젝트의 평가는 물론이고 프로젝트를 경제적으로 구상하는 데도 사용될 수 있으나 (예를 들어, 통행료를 얼마로 해야 할 것인가를 구상하는), 프로젝트를 구상할 때 같은 서비스수준을 제공하지 않는 대안이 있을 경우 이를 고려하지 않고 서로 비교하지 않도록 유의해야 한다. 서비스수준이 다르면 그 두 대안의 순현재가의 차이가 경제적인 설계로 인하여 초기투자(또는 유지관리

비용)를 줄였기 때문인지, 아니면 서비스수준이 나빠 교통량이 적어짐으로 인해 사용자비용이 줄어들었기 때문인지를 판단해야 한다.

결론적으로 NPW 방법은 교통프로젝트, 특히 도로의 경제성 분석에 사용하기에 적합하지 않다. 근본적으로 B/C비 방법이나 ROR 방법 대신에 NPW 방법을 사용하는 경우는 의사결정자의 비계량화 기준을 더 중요시하며 판단하고 사용자편익에 대하여 통행료를 받을 수 있을 경우이다.

16.4.2 연균등가 방법

연균등가(EUAW) 방법은 등가균등년가(equivalent uniform annual net return) 방법이라고도 하며 순현재가 방법과는 달리 매년도의 순편익(편익－비용)을 매년 동일한 금액으로 나타내는 방법이다. 다시 말하면 순현재가를 매년 동일한 금액으로 균등화시킨 것으로 NPW와는 다음과 같은 관계가 있다.

$$\text{EUAW} = \text{NPW}(A/P)_N \tag{16.25}$$

여기서 $(A/P)_N$은 현재의 가치를 연간균등가로 나타내는 자본상환계수로서 $\dfrac{i(1+i)^N}{(1+i)^N-1}$의 값이다.

NPW 방법에서와 마찬가지로 이자율은 MARR을 사용하며, EUAW값이 가장 큰 것이 경제적으로 가장 좋은 대안이다. 이 방법도 각 대안 하나하나에 대해서 계산해서 그 결과를 비교하며, 프로젝트의 경제성 평가나 프로젝트를 구상하는 데 사용된다. EUAW의 값이 ＋이면 이 대안의 수익률은 MARR보다 크다는 뜻이 된다.

이 방법도 상호독립적인 한 쌍의 대안을 비교하여 증분 EUAW를 구할 수 있다. 이때 비용의 감소는 편익으로 간주할 수 있다. 증분 EUAW값이 ＋이면 어느 한 대안이 다른 대안에 비해 상대적으로 좋다는 뜻이긴 하지만 그 대안이 반드시 경제적으로 타당성이 있다는 것을 의미하지는 않는다. 그러므로 대안 각각에 대한 EUAW값을 구해서 각 대안의 경제적 타당성을 판정해야 한다.

예제 16.4 앞의 예제에서 EUAW 방법을 사용하여 가장 경제적인 대안을 찾아내라.

대안	초기건설비용	유지관리비용 (연간균등)	도로사용자비용 (연간균등)	도로사용자편익 (연간균등)	NPW[1] (해답)
A	－	60	500	－	－
B	800	70	280	220	128.5
C	1,000	55	250	250	153.2
D	1,300	52	225	275	150.6
E	1,350	48	220	280	154.5 ※
F	1,500	46	210	290	151.2
G	1,650	46	195	305	150.9

1) 대안 A(do-nothing)와 비교한 것이다.

• 이자율 $i = 80\%$

• 자본상환계수 $(A/P)_{20} = 0.10185$

$$\text{EUAW}_B = \text{NPW}_B \times 0.10185 = 128.5$$
$$\text{EUAW}_C = 1,503 \times 0.10185 = 153.2$$
$$\text{EUAW}_D = 1,478 \times 0.10185 = 150.6$$
$$\text{EUAW}_E = 1,517 \times 0.10185 = 154.5$$
$$\text{EUAW}_F = 1,485 \times 0.10185 = 151.2$$
$$\text{EUAW}_G = 1,482 \times 0.10185 = 150.9$$

따라서 대안 E가 가장 경제적인 대안이다.

16.4.3 편익–비용비(B/C비) 방법

프로젝트비용의 현재가에 대한 편익의 현재가 비를 나타내는 방법이다. 이 방법은 교통프로젝트 투자에 비해 사회에 미치는 편익이 어느 정도인지를 나타내고 싶을 때 사용된다. B/C비 방법은 또한 대안으로부터 다른 대안으로의 증분비용에 대한 증분편익을 B/C비로 나타내어 두 대안을 비교하는 데 사용된다. 즉

$$\text{증분 } (\text{B/C})_{2-1} = \frac{B_{2-1}}{C_{2-1}} \tag{16.26}$$

여기서 B_{2-1}: 대안 1, 2의 사용자 및 운영비용의 절감효과로서 높은 비용(대안 1)에서 낮은 비용 (대안 2)을 뺀 값으로 현재가 또는 연균등액으로 표시

C_{2-1}: 높은 건설비용(대안 2)에서 낮은 건설비용(대안 1)을 뺀 값으로 현재가 또는 연균등액으로 표시

이와 같은 증분 B/C비가 1보다 크면 높은 건설비용을 갖는 대안이 경제적으로 더욱 타당하다는 것을 의미하며(그러나 그 대안 자체가 경제적 타당성이 있다는 것은 아니다. 그것을 알기 위해서는 do-nothing 대안과 비교하여 그 대안만의 B/C비를 구해야 한다), 증분 B/C비가 1보다 작으면 높은 건설비용을 갖는 대안이 나쁘다는 의미로서 그 대안은 폐기된다.

증분 B/C비를 사용하기 위해서는 먼저 각 대안의 비용과 편익에 대한 현재가(또는 연균등액)를 구해야 한다. 또 계획안은 초기투자건설비용의 크기순서로 나열하되 do-nothing 대안을 맨 처음에 두어야 한다.

이 방법을 알기 쉽게 설명하기 위해서 앞에서 든 예제를 중심으로 설명한다.

예제 16.5 앞의 예제에서 B/C비 방법을 사용하여 가장 경제적인 대안을 찾아내라.

대안 ①	초기비용	유지관리[1] 편익(연간)	사용자[1] 편익(연간)	B/C비 ②	증분비교 ③	증분 B/C비 ④	결론 ⑤
A	0	−	−	−	−	−	
B	800	− 10	220	2.6	B − A	2.6	A보다 B가 우수
C	1,000	5	250	2.5	C − B	2.2	B보다 C가 우수
D	1,300	8	275	2.1	D − C	0.9	D보다 C가 우수
E	1,350	12	280	2.1	E − C	1.04	C보다 E가 우수
F	1,500	14	290	2.0	F − E	0.8	F보다 E가 우수
G	1,650	14	305	1.9	G − E	0.9	G보다 E가 우수
							∴ E가 가장 우수

1) do-nothing 대안(A)과 비교한 것으로서 A의 비용보다 감소한 것을 편익으로 본다.

풀이 ①: 각 대안을 초기투자비용의 순서대로 나열한다.

②: 각 대안의 A 대안에 대한 B/C비를 구한다.

균등액 현가계수 $(P/A)_{20} = 9.818$

$(B/C)_B = (−10 + 220)(9.818)/800 = 2.6$

$(B/C)_C = (5 + 250)(9.818)/1,000 = 2.5$

$(B/C)_D = (8 + 275)(9.818)/1,300 = 2.1$

$(B/C)_E = (12 + 280)(9.818)/1,350 = 2.1$

$(B/C)_F = (14 + 290)(9.818)/1,500 = 2.0$

$(B/C)_G = (14 + 305)(9.818)/1,650 = 1.9$

여기서 구한 B/C비가 1.0보다 크다는 것은 A 대안에 비해 경제성이 있다는 의미를 나타낸다. 이 값이 1.0보다 작으면 그 대안은 이 단계에서 완전히 폐기된다. 그러나 여기서 구한 B/C값이 가장 크다고 해서(대안 B) 반드시 가장 경제적인 대안은 아니라는 것에 유의해야 한다. 가장 경제적인 대안을 찾기 위해서는 다음 단계에서 설명되는 각 대안 간의 증분비교를 해야 한다.

③, ④, ⑤: 도전대안의 편익과 비용에서 방어대안의 편익과 비용을 뺀 증분편익을 증분비용으로 나누어 증분 B/C비를 구한다. 만약 이 값이 1.0보다 크면 방어대안보다 도전대안이 좋다는 뜻이므로 방어대안은 폐기된다. 만약 1.0보다 작으면 방어대안이 더 좋다는 뜻이므로 도전대안이 폐기되고, 그 다음 대안이 도전대안이 되어 비교된다. 이렇게 해서 끝까지 남아 있는 대안이 최적대안이다.

$(B/C)_{B−A} =$ 앞의 ②에서 2.6

그러므로 대안 A는 폐기되고, 대안 B와 C를 비교

$(B/C)_{C−B} = (255 − 210)(9.818)/(1,000 − 800) = 2.2$

따라서 대안 B는 폐기되고, 대안 C와 D를 비교

$(B/C)_{D−C} = (283 − 255)(9.818)/(1,300 − 1,000) = 0.9$

따라서 대안 D는 폐기되고, 대안 C와 E를 비교

$(B/C)_{E−C} = (292 − 255)(9.818)/(1,350 − 1,000) = 1.04$

따라서 대안 C는 계기되고, 대안 E와 F를 비교

$(B/C)_{F−E} = (304 − 292)(9.818)/(1,500 − 1,350) = 0.8$

따라서 대안 F는 폐기되고, 대안 E와 G를 비교

$$(B/C)_{G-E} = (319 - 292)(9.818)/(1,650 - 1,350) = 0.9$$

따라서 대안 G는 폐기되고, 대안 E가 가장 좋은 대안이며, 이 대안의 B/C비는 2.1이다.

※ 여기서 거듭 유의해야 할 것은 ②에서 구한 값이 크다고 해서 최적안이 아니라는 사실이다. 이 값은 단지 그 대안의 경제적 타당성만을 나타내므로 1.0보다 크면 경제성이 있고 1.0보다 작으면 경제성이 없다.

④에서 구한 값이 크다고 해서 역시 가장 좋은 대안은 아니다. 이 값은 경제적인 타당성이 있는 대안 중에서 한 대안이 다른 대안에 비해 좋으냐 나쁘냐를 판별하는 수치이기 때문이다. ■

이 방법을 적용함에 있어서 어떤 대안이 발생시킨 절대적인 편익(예를 들어 판매수익과 같은)을 측정할 수 있을 경우에 한해서 그 대안 자체의 B/C비를 구한다. 반면에 기존상황에 비해 개선된 상대적인 편익밖에 알 수 없으면 한 쌍의 대안에 대한 비용과 편익을 비교한 증분 B/C비를 계산해야 한다. 이와 같은 경우는 이 다음에 설명하는 ROR 방법에서도 마찬가지이다.

이 방법에서 한 가지 유의할 것은 유지관리비용이나 운영비용 등과 같이 초기투자에 수반해서 실제 발생하는 연간비용은 부의 편익으로 간주하여 분자의 총 편익에서 빼주고, 분모에는 초기투자비용만을 사용해야 한다는 것이다. 논리적으로 볼 때 이것도 지출되는 비용이므로 초기투자비용과 마찬가지로 분모에 포함시켜야 하나 경제학이나 회계학의 측면에서 볼 때 반복되는 연간비용은 분자에 포함시키는 것이 타당하다. 또 분석의 목적이나 다른 분석방법과의 일관성을 고려해서 연간비용을 분자에 포함시켜야 한다. 같은 이유로 해서 잔존가치도 마찬가지로 양의 편익으로 분자에 포함시켜야 한다. 이와 같은 연간비용이나 잔존가치는 초기투자에 부수되는 종속적인 것이기 때문에 편익을 나타내는 분자에 포함시켜야 한다는 논리이다. 이 문제에 대한 보다 자세한 설명은 참고문헌 (3)에 잘 나타나 있다.

16.4.4 내부수익률 방법

앞에서 설명한 방법들은 모두 정해진 이자율을 사용하였지만, 이 내부수익률(IRR 또는 ROR) 방법은 편익과 비용을 같게 만드는 이자율, 즉 수익률을 구하여 MARR을 비교하는 방법이다. 즉 이렇게 계산된 IRR이 MARR보다 크면 투자할 가치가 있고, 이보다 작으면 경제적 타당성이 없는 것이다.

이 방법도 B/C비 방법과 마찬가지로 각 대안에 대한 수익률을 구하여(즉, do-nothing 대안과 비교하여) 경제적 타당성을 구하고, 여기서 그 값이 MARR보다 작으면 그 대안을 폐기시킨다.

경제적 타당성이 있는 대안들 중에서 가장 좋은 대안을 찾기 위해서는 각 대안을 한 쌍씩 비교하여 증분수익률을 구하는 것이다. 증분수익률이란 두 대안의 비용의 차이와 편익의 차이를 같다고 본 수익률을 말한다. 그러기 위해서는 do-nothing 대안을 포함하여 초기투자비용의 크기순으로 대안을 나열해야 한다.

이 방법을 보다 쉽게 이해하기 위해서 앞에서 든 예제를 중심으로 설명한다.

예제 16.6 앞의 예제에서 ROR 방법을 사용하여 가장 경제적인 대안을 찾아내라.

대안 ①	초기비용	유지관리[1] 편익(연간)	사용자[1] 편익(연간)	ROR ②	증분비교 ③	증분 ROR ④	결론 ⑤
A	0	–	–	–	–	–	
B	800	– 10	220	26.1	$B-A$	26.1	A보다 B가 우수
C	1,000	5	250	25.1	$C-B$	22.3	B보다 C가 우수
D	1,300	8	275	21.5	$D-C$	6.9	D보다 C가 우수
E	1,350	12	280	21.3	$E-C$	8.5	C보다 E가 우수
F	1,500	14	290	19.8	$F-E$	5.0	F보다 E가 우수
G	1,650	14	305	18.9	$G-E$	6.4	G보다 E가 우수
							∴ E가 가장 우수

1) do-nothing 대안(A)과 비교한 것으로서 A의 비용보다 감소한 것을 편익으로 본다.

풀이 ①: 각 대안을 초기투자비용의 순서대로 나열한다.

②: 각 대안의 A 대안에 대한 ROR을 구한다.

$$(\text{ROR})_B = -800 + 210(P/A)^i = 0 \quad i = 26.1\%$$

$$(\text{ROR})_C = -1,000 + 255(P/A)^i = 0 \quad i = 25.1\%$$

$$(\text{ROR})_D = -1,300 + 283(P/A)^i = 0 \quad i = 21.5\%$$

$$(\text{ROR})_E = -1,350 + 292(P/A)^i = 0 \quad i = 21.3\%$$

$$(\text{ROR})_F = -1,500 + 304(P/A)^i = 0 \quad i = 19.8\%$$

$$(\text{ROR})_G = -1,650 + 319(P/A)^i = 0 \quad i = 18.9\%$$

여기서 구한 ROR값이 8%의 MARR보다 크다는 것은 A 대안에 비해 경제성이 있다는 뜻이다. 이 값이 8%보다 작으면 그 대안은 이 과정에서 완전히 폐기된다. 그러나 여기서 구한 ROR값이 가장 크다고 해서(대안 B) 반드시 가장 좋은 대안은 아니라는 것에 유의해야 한다. 가장 좋은 대안을 찾기 위해서는 다음 단계에서 설명하는 바와 같이 각 대안 간의 증분비교를 해야 한다.

③, ④, ⑤: 도전대안과 방어대안에 대한 편익의 차이와 비용의 차이를 같다고 놓고 이때의 증분 ROR을 계산한다. 만약 이 값이 8%보다 크면 방어대안보다 도전대안이 좋다는 뜻이므로 방어대안은 폐기된다. 만약 이 값이 8%보다 작으면 방어대안이 더 좋다는 뜻이므로 도전대안이 폐기되고, 그 다음 대안이 도전대안이 되어 비교된다. 이런 과정을 계속해서 끝까지 남는 대안이 최적안이 된다.

$$(\text{ROR})_{B-A} = \text{앞에 ②에서 } 26.1\%$$

그러므로 A 대안은 폐기되고, B와 C를 비교

$$(\text{ROR})_{C-B} = -1,000 - (-800) + (255 - 210)(P/A)^i = 0 \quad i = 22.3\%$$

그러므로 B 대안은 폐기되고, C와 D를 비교

$$(\text{ROR})_{D-C} = -1,300 - (-1,000) + (283 - 255)(P/A)^i = 0 \quad i = 6.9\%$$

8%보다 작으므로 D 대안은 폐기되고, C와 E를 비교

$$(\text{ROR})_{E-C} = -1,350 - (-1,000) + (292 - 255)(P/A)^i = 0 \quad i = 8.5\%$$

그러므로 C 대안은 폐기되고, E와 F를 비교

$$(\text{ROR})_{F-E} = -1,500 - (-1,350) + (304 - 292)(P/A)^i = 0 \quad i = 5.0\%$$

8%보다 작으므로 F 대안은 폐기되고 E와 G를 비교

$$(ROR)_{G-E} = -1,650 - (-1,350) + (319 - 292)(P/A)^i = 0 \quad i = 6.4\%$$

8%보다 작으므로 G 대안은 폐기되고, E가 가장 좋은 대안이며, 이 대안의 수익률은 21.3%이다.

　※ 여기서 거듭 유의해야 할 것은 ②에서 구한 값이 크다고 해서 그것이 최적안이 아니라는 사실이다. 마찬가지로 ④의 증분 ROR 값이 크다고 최적안이 되는 것이 아니다. ■

　이 방법도 마찬가지로 프로젝트의 평가뿐만 아니라 금액으로 나타나는 편익이 있는 경우에는 프로젝트를 구상하는 데 도움을 준다. 이 방법은 최종결과가 계획안의 수익 정도를 나타내는 직접적인 지표이기 때문에 프로젝트평가에 특히 적합하다. 따라서 대부분의 의사결정자에게는 NPW나 B/C 비 방법보다는 이 방법이 더 의미가 있다.

　대부분의 ROR 방법에서는 단 하나의 수익률이 구해진다. 그러나 연간 돈의 흐름(cash flow) 합계를 연도별로 구했을 때 그 부호가 두 번 이상 바뀌면 수익률은 두 가지 이상 나오거나 또는 해를 구할 수 없는 경우가 생긴다. 이와 같은 경우는 대단히 희귀한 경우로서 초기투자 후 이자율을 고려하지 않은 편익이 초기투자를 초과한 후에 바로 다시 건설투자를 하는 경우에 해당되는 것으로 교통 프로젝트에는 이런 경우가 거의 발생하지 않는다. 이와 같은 경우에 대해서는 이 장 4.6절에서 좀 더 자세히 설명한다.

　또 ROR 방법은 주어진 MARR에 따라 대안을 선택하는 법을 제시한다. 즉 MARR값이 어떤 값을 갖든 간에 그 값에 적합한 최적대안을 선택할 수 있다. 이때 사용되는 분석방법을 수익률망(網) 분석법이라 한다. N개의 대안에 대해서 분석하기 위해서는 N각형이 사용된다. 각 대안들을 초기투자액이 큰 순서대로 시계방향으로 나열하고 각 꼭짓점을 연결하는 화살표는 초기투자가 큰 쪽으로 향하게 하고 증분수익률을 기록한다.

　예제 16.6을 기준으로 설명하면, 진행하는 순서는 A 대안과 다른 모든 대안을 비교한 수익률은 앞에서 구한 바와 같으며, 그중에서 B 대안과 비교한 것이 가장 크므로(26.1%) A, B 사이에 굵은 화살표를 표시하고 증분수익률 값을 적는다. 다음은 B 대안과 C, D, E, F, G 대안을 비교하여 증분수익률을 구하면, $(ROR)_{C-B} = 22.3$, $(ROR)_{D-B} = 13.5$, $(ROR)_{E-B} = 13.9$, $(ROR)_{F-B} = 12.1$, $(ROR)_{G-B} = 11.4$를 얻는다. 이 중에서 가장 큰 값이 C와 비교한 것이므로 B, C 사이에 굵은 화살표로 표시하고 증분수익률값을 적는다. C 대안과 D, E, F, G 대안을 마찬가지로 비교하여 증분수익률을 구하면 $(ROR)_{D-C} = 6.9$, $(ROR)_{E-C} = 8.5$, $(ROR)_{F-C} = 7.5$, $(ROR)_{G-C} = 7.6$을 얻고, 이 중에서 가장 큰 값은 E와 비교한 것이므로 C, E 사이를 굵은 화살표와 증분수익률을 표시한다. 그 다음 E와 F, G를 비교하면, $(ROR)_{F-E} = 5.0$, $(ROR)_{G-E} = 6.4$로서 E, G 사이를 표시한다. 이를 수익률망으로 나타내면 [그림 16.3]과 같다.

　이를 해석하면 다음과 같다.

　　만약 26.1% < MARR이면　　　　대안 A가 최적
　　　　22.3% < MARR < 26.1%이면　대안 B가 최적
　　　　8.5% < MARR < 22.3%이면　　대안 C가 최적

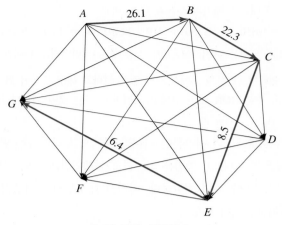

[그림 16.3] 수익률망도

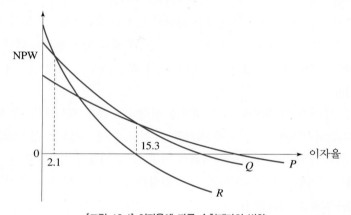

[그림 16.4] 이자율에 따른 순현재가의 변화

6.4% < MARR < 8.5%이면	대안 E가 최적
MARR < 6.4%이면	대안 G가 최적

이와 같은 분석은 NPW 방법을 사용해서도 얻을 수 있다. 즉 각 대안에 대해서 MARR의 변화에 따른 순현재가를 계산하여 그림으로 나타내면([그림 19.9] 참조) 각 대안곡선의 교점이 의사결정 MARR값이 되고, 그들 사이의 NPW가 가장 큰 대안이 그 MARR 범위에서의 최적대안이 된다. 앞의 예제로는 곡선을 나타내기가 복잡하기 때문에 다른 대안 P, Q, R을 사용하여 이들 각 대안의 이자율 변화에 따른 NPW가 [그림 16.4]와 같이 나타났다고 가정한다. 그림에서 보는 바와 같이 이자율(MARR)이 2.1보다 작을 때에는 대안 R이 가장 좋으며, 2.1 < MARR < 15.3일 때에는 대안 Q, 15.3 < MARR이면 대안 P가 가장 좋음을 알 수 있다.

16.4.5 기타 경제성 평가방법

자본투자계획의 경제성을 밝혀내는 데는 여러 가지 경제성 평가방법이 있으나 지금까지 설명한 네 가지 방법이 그래도 다양한 계획안의 경제적 이점을 조사하는 가장 좋은 수단으로 이용되고 있다. 참고로 이들 이외에 다른 평가방법을 소개하면 다음과 같다.

1 등가균등 연비용 방법

등가균등 연비용(EUAC) 방법은 분석기간 동안의 모든 투자비용, 즉 초기비용과 운영, 유지관리, 기타 경비 등에 드는 연간비용을 사용해서 분석을 하되 편익은 고려하지 않는다. 잔존가치는 분석에 포함되나 편익으로서가 아니라 자본비용의 감소로 간주한다. 이 방법은 간단하고, 또 평균 연간비용의 의미를 쉽게 이해할 수 있기 때문에 많이 사용된다. 이 EUAC(Equivalent Uniform Annual Cost) 방법은 각 대안의 편익이 같으면서 그것을 금액으로 나타낼 수 없는 계획안의 평가에 주로 사용된다. 그러나 이 방법이 차량운행비용을 포함하는 도로프로젝트의 평가가 사용될 때에는 각 대안의 차량운행비용 감소를 편익으로 보지 않고 비용의 값에 그대로 포함시켜야 한다. 이때 차량운행비용의 감소 이외의 다른 편익은 각 대안에서 꼭 같다고 본 것이다. 예를 들어 앞에 사용된 예제에서 각 대안의 EUAC를 계산하면 다음과 같다.

$$(EUAC)_A = 560$$
$$(EUAC)_B = 800(A/P)_{20} + (70 + 280) = 431.5$$
$$(EUAC)_C = 1,000(A/P)_{20} + (55 + 250) = 406.8$$
$$(EUAC)_D = 1,300(A/P)_{20} + (52 + 225) = 409.4$$
$$(EUAC)_E = 1,350(A/P)_{20} + (48 + 220) = 405.5$$
$$(EUAC)_F = 1,500(A/P)_{20} + (46 + 210) = 408.8$$
$$(EUAC)_G = 1,650(A/P)_{20} + (46 + 195) = 409.1$$

따라서 E 대안이 가장 좋다.

이 방법은 계획안의 우열을 가릴 수는 있으나 경제적 타당성을 알 수가 없다. 또 2개의 대안에 대한 증분 EUAC를 구하더라도 그 값으로 두 대안의 우열을 가릴 수는 있으나 경제적 타당성을 모르기는 마찬가지이다. 따라서 대안 간의 증분분석을 할 필요가 없다. 그러나 이 방법은 편익을 고려하지 않기 때문에 B/C비 방법이나 ROR 방법에서 고려하는 몇 가지 까다로운 문제가 생기지는 않는다. 이 방법에서 가장 유의해야 할 것은 서비스수준이 서로 다른 대안을 비교할 때이다. 즉 서비스수준이 나빠 교통량이 적은 도로는 차량운행비용이 적어지므로(도로조건이 좋아서 차량운행비용이 적어지는 것이 아니라), 결과적으로 EUAC값이 작아져서 최적대안으로 선정될 우려가 있음에 주의해야 한다.

2 비용의 현재가 방법

비용의 현재가(present wroth of cost; PWC) 방법은 앞의 EUAC값에 균등액 현가계수(P/A)를 곱하여 현재가로 나타낸 것 외에는 EUAC 방법과 다를 바가 하나도 없다.

3 자본화 비용 방법

자본화 비용(capitalized cost) 방법은 분석기간을 무한대로 가정했을 때의 PWC 방법이라고 볼 수 있다. 이때의 균등액 현가계수(P/A)는 $1/i$ 이다. 이 방법은 19세기 말 철도건설프로젝트에서 많이 사용된 방법이나 지금은 거의 사용되지 않는다.

4 상환기간 방법

상환기간(payback period) 방법은 투자비용에 대한 상환기간이 짧을수록 좋은 대안이라는 근거에서 출발한다. 상환기간이란 순편익 또는 비용절감을 이자율을 고려하지 않고 누적한 것이 투자와 같게 되는 기간을 말한다. 이 방법에 대해서는 두 가지의 중요한 반론이 생긴다. 첫째, 돈의 시간가치를 고려하지 않는 것이고, 둘째, 상환기간이 지난 후에도 계속될 수 있는 서비스의 가치를 고려하지 않는 것이다. 따라서 이 방법은 장기간에 걸친 교통프로젝트에는 거의 사용되지 않고, 분석기간이 짧은 프로젝트를 구상하는 데 사용될 수 있다.

5 비김분석 방법

비김분석(break-even analysis) 방법은 비교되는 대안들의 가치를 같게 만드는 어떤 변수의 값을 비교하는 것이다. 예를 들어 토사도로와 저급 아스팔트 포장도로를 비교할 때, 두 대안의 EUAC가 같게 되는 교통량 변수를 구함으로써 상대적인 우열을 비교할 수 있다. 또 다른 예로는 어떤 도로프로젝트에서 통행료 수입과 EUAC를 일치시키는 교통량을 구함으로써 대안평가나 대안구상을 할 수 있다.

이 방법은 의사결정을 하는 기준을 개발하고 도로운영비용에 대한 관심이 잘 나타나는 경우를 찾아내는 도로관리 측면에서 많이 이용된다. 비김점(break-even point)을 나타내는 과정은 특별한 절차를 필요로 하지 않는다. 그러나 모든 변수가 모두 포함되고 적절히 평가되고 있는지 알아볼 필요가 있다.

16.4.6 경제성 평가 시 유의사항

경제성을 평가하는 데 있어서 특별히 유의해야 할 사항이 몇 가지 있다. 상호독립적인 대안이 똑같은 서비스수준을 제공하지 않을 경우에 발생하는 문제점들은 앞에서 잠시 언급한 바 있다. 또 때로는 대안들의 서비스수명이 다를 수도 있음에도 불구하고, 지금까지 설명한 것은 모두 같은 분석기간을 가진다고 가정했다. 뿐만 아니라 ROR 방법에서 설명한 바와 같이 연간 자금의 흐름(cash flow)에서 분석기간 도중에 부호가 두 번 이상 바뀌는 경우에는 ROR이 2개 이상이 되거나 해가 없을 경우도 생긴다.

이와는 별도로, 정해진 연간 총 건설예산 범위 내에서 몇 개의 프로젝트를 수행하고자 할 때의 대안선정방법은 또 다른 절차를 필요로 한다.

1 서비스수준이 다른 경우

상호독립적인 대안의 서비스수준이 서로 다를 경우에는 비용과 편익이 질적으로나 양적으로 크게 달라진다. 예를 들어 도시고속도로에 대한 네 가지의 독립적인 노선위치대안이 있다고 할 때, 각 대안이 유인하는 교통량은 서로 다르며 이때의 교통량(AADT)을 8,000, 13,500, 16,000 및 20,000 이라고 하자. 여기서 EUAC로서는 이 대안들의 우열을 가리기 어렵다. 왜냐하면 교통량이 적은 8,000대의 노선대안이 서비스수준이 낮기 때문에 가장 적은 EUAC를 나타낼 수도 있는 것이기 때문이다. 그러나 프로젝트에 영향을 받는 지역 전체의 교통량을 생각한다면, 이 교통량이 그 지역의 나머지 부분에 미치는 긍정적인 효과는 실제로 줄어들 수 있다. 이와 같은 문제는 PWC 방법에서도 마찬가지로 발생한다.

EUAW와 NPW 방법은 우열을 가리는 변수가 편익 또는 비용감소이므로 서비스수준이 균일하지 않은 대안에 적용할 수 있다. 즉, 교통량이 적은 대안은 그 지역의 다른 부분에 적은 편익밖에 주지 못하므로 비용이 적더라도 편익이 적어지기 때문이다. 이와 같은 관점에서 볼 때 B/C비 방법이나 ROR 방법도 마찬가지이다.

프로젝트를 구상하는 데 있어서는 서비스수준이 반드시 같을 필요는 없다. 왜냐하면 모든 대안은 계획하는 교통량 또는 서비스수준에 대해서 설계되어야 하기 때문이다. 프로젝트의 경제성 평가의 증분비교과정에서 볼 때에는 증분비용 또는 증분서비스가 경제적임을 말해 줄 경우도 있다.

결국 경제성 평가나 프로젝트 구상에 대한 최종적인 대안선택은 목표에 근거한 관리의 측면에서 결정되어야 한다. 그 노선이 국지교통을 위한 것인가 통과교통을 위한 것인가 하는 것은 기본적인 목표에 대한 문제로서 관리의 측면에서 결정되어야 할 중요한 문제이다.

서비스수준이나 교통량이 다른 대안들을 평가할 때에는 각 대안이 영향을 주는 지역 또는 교통축 내의 모든 교통비용을 사전·사후로 계산해야 한다.

2 서비스수명이 다른 경우

서비스수명(service life)이란 경제수명(economic life)과는 엄밀한 의미에서 서로 구별된다.[3] 서비스수명이란 어떤 시설이 건설되어 서비스를 시작한 때로부터 서비스를 끝내고 그 시설이 폐기되거나 혹은 다른 용도로 전용될 때까지의 기간을 말한다. 따라서 서비스수명이란 사용상 이득이 있든 없든 상관없이 실제로 그 시설의 사용기간을 말한다.

반면에 경제수명이란 그 시설이 건설되어 서비스를 시작한 때로부터 그 시설을 사용하는 데 있어서 더 이상 경제적 이득을 주지 않을 때까지의 기간을 말한다. 따라서 어떤 시설의 경제수명이 끝난 후에도 대체서비스 또는 대체시설을 제공할 예산이 없어 서비스수명은 계속되는 경우도 있다. 이와 같은 관점에서 볼 때 경제수명은 경제분석을 통해서 정해지는 것이다. 즉 어떤 시점부터는 기존의 비용보다 적은 비용을 들이고도 기존과 같은 서비스를 얻을 수 있는 어떤 대안(시설 또는 서비스)이 있다고 판단되면 그 시설의 경제수명은 그 시점까지로 본다.

지금까지의 대안평가에서는 모든 대안의 서비스수명을 같다고 보았으나 실제로는 이들이 서로 다를 수도 있다. 이 경우에는 한 프로젝트의 수명이 끝난 다음, 똑같은 프로젝트가 계속적으로 반복되는 경우와 그렇지 않을 경우를 나누어 생각할 수 있다.

똑같은 프로젝트가 계속적으로 반복되는 경우에는 EUAC, EUAW, B/C비 및 ROR 방법을 사용하면 처음 한 사이클(한 서비스수명까지의 분석) 분석값이 그대로 유지되므로 문제될 것이 없으나 PWC나 NPW 방법을 사용하면 사이클이 반복되는 횟수가 증가함에 따라 그 값도 증가된다. 이럴 때에는 비교되는 두 대안의 서비스수명의 최소공배수를 구하여 그때까지 계속된 프로젝트를 평가하면 된다. 예를 들어 서비스수명이 8년인 대안과 12년인 대안을 비교할 때, 분석기간은 24년이 되어 첫째 대안은 3회 반복하고, 둘째 대안은 2회 반복한 결과를 분석한다. 그러나 만약 두 대안의 서비스수명이 17년과 23년이라면, 분석기간이 391년(사이클 횟수는 각각 23회와 17회)이나 되어 그처럼 장기간의 프로젝트가 있을 수 없어 논리적으로 타당성이 없어진다. 이와 같은 경우에는 분석절차상의 보정이 필요하다. 이와 같은 보정은 같은 프로젝트가 계속적으로 반복되지 않는 경우에 있어서의 모든 평가방법에도 적용된다.

분석기간을 일치시키는 절차는 서비스수명이 짧은 대안을 기준으로 하여 이보다 긴 수명의 대안은 짧은 대안의 기간 이후에 남은 가치(편익 또는 비용)를 잔존가치로서 분석기간에 포함시키는 것이다(그러나 이자율이 높고 프로젝트의 서비스수명이 길면 프로젝트 간의 수명 차이가 크더라도 분석에 큰 영향을 미치지는 않는다. 예를 들어 이자율이 20%일 때 서비스수명 20년의 (A/P)값은 0.2054이지만 수명 30년은 0.2009로써 2%의 차이밖에 없다. 달리 표현하면 이자율이 클 때 프로젝트의 수명을 20년으로 예측하든 30년으로 예측하든 큰 차이를 나타내지 않는다).

예제 16.7 두 대안 A, B가 있다. A 대안은 초기투자 4,000에 매년 순편익(편익 − 비용) 800이며 서비스수명이 17년이고, B 대안은 초기투자 5,000에 매년 순편익이 950이며 서비스수명은 23년이다. 이 프로젝트가 끝난 다음 똑같은 프로젝트가 계속적으로 반복되는 경우와 그렇지 않는 경우의 경제성을 평가하라. MARR는 15%이다.

풀이 (1) 프로젝트가 계속 반복될 경우: EUAW, B/C비, 또는 ROR 방법으로 분석하면 좋으므로 이 중에서 EUAW 방법을 사용하기로 한다.

$(\text{EUAW})_A = -4{,}000(A/P)_{17} + 800 = -4{,}000(0.16537) + 800 = 138.5$

$(\text{EUAW})_B = -5{,}000(A/P)_{23} + 950 = -5{,}000(0.15628) + 950 = 168.6$

(2) 프로젝트가 반복되지 않을 경우: 연간비용을 모르므로 EUAC와 PWC 방법을 제외한 어떤 방법을 사용해도 좋으나 위에서 EUAW 방법을 사용했으므로 이 방법을 사용해서 대안 B를 분석한다. 분석기간은 17년이다.

① 23년부터 17년까지 6년간의 연균등액 168.6을 분석기간 말인 17년째에 일시불로 환산

$168.6(P/A)_6 = 168.6(3.784) = 638$

② 이를 17년간의 연균등액으로 환산

$$638\,(A/F)_{17} = 638\,(0.01537) = 9.8$$

③ 조정된 연간등가 순편익

$$(EUAW)_B = 168.6 - 9.8 = 158.8$$

3 자금흐름의 방향변화

교통프로젝트에서 자금흐름(cash flow)의 보편적인 형태는 초기의 건설투자 또는 부지매입비용의 지출이 있은 후에 연간비용 또는 연간편익이 매년 균등하게 발생하는 것이다. 이와 같은 경우에 있어서 대안의 평가는 지금까지 설명한 방법으로 해결할 수 있으나 자금흐름이 불규칙하여 누적금액의 부호가 +와 −로 불규칙하게 발생하면 ROR 방법에서 2개 이상의 수익률 해를 얻는다. 예를 들어 [표 16.1]과 같은 자금의 흐름을 갖는 프로젝트를 생각해 보자.

[표 16.1] 자금흐름의 부호변화

n	수입	지출	합계	비고
1	200		200	
2	200		400	
3	200	1,000	−400	부호변화
4	200		−200	
5	200		0	부호변화
6	200	900	−700	부호변화
7	200		−500	
8	200		−300	
9	200		−100	
10	200		100	부호변화

이때 ROR 방법을 사용하여 수익률을 구하면 5.9%와 40.6%의 두 값을 얻는다. 이를 다시 NPW 방법을 사용하여 이자율의 변화에 따른 순현재가를 [그림 16.5]와 같이 나타내면 이자율(MARR)이 5.9%와 40.6% 사이에 있을 때 NPW값이 −값을 가짐을 알 수 있다. 따라서 ROR 방법으로 평가할 때 이 중에서 어떤 수익률값을 사용할 것인지를 결정하기가 곤란해진다.

이와 같은 경우에는 부호를 변경시키는 큰 투자 이전의 편익을(비용도 마찬가지로) MARR(또는

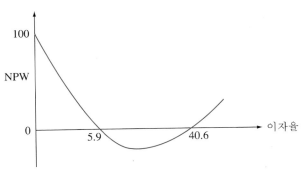

[그림 16.5] 2개의 내부수익률을 갖는 경우

다른 가능한 이자율)로 복리계산하여 투자비용에 감해 줌으로써 자금흐름의 부호가 한 번만 바뀌도록 해주면 1개의 수익률을 얻을 수 있다. 이 방법은 Grant와 Ireson[4] 및 Taylor[5]가 제안한 방법으로서 경제성 분석의 목표가 투자의 NPW나 ROR을 찾는 것이기 때문에, 이러한 절차는 매우 실용적이면서도 논리적으로 크게 잘못이 없다. 예를 들어 [표 16.1]의 자금흐름에서 처음 6년의 자금흐름을 MARR을 이용하여 환산하고 이를 6년째의 자금흐름에 포함시키는 것이다. MARR을 10%라고 하면 처음 6년간 편익의 6년째 가치는 $200(F/A)_6^{10} = 1,543$이며, 3년차의 투자액 1,000의 6년째 가치는 $1,000(F/P)_3^{10} = 1,331$이다. 따라서 6년째 자금흐름의 가치는 $-900 + 1,543 - 1,331 = -688$이다. 그러므로 변환된 자금흐름은 초기에 688을 투자하고 그 후 4년간 매년 200의 편익을 얻는 프로젝트로 생각할 수 있다. 이때 $-688 + 200(P/A)_4^i = 0$에서 ROR의 값으로 6.1% 하나만을 얻을 수 있다.

4 예산상의 제약이 있는 경우

지금까지는 한 프로젝트 내의 여러 대안들 가운데 최선의 대안을 선택할 때 그 대안을 실행하는 데 필요한 예산은 제약을 받지 않는다는 가정과 그 프로젝트는 반드시 실행되어야 한다는 가정에 기초를 둔 것이었다. 그러나 한 해의 총 건설예산은 한정되어 있고, 또 실행해야 할 프로젝트가 여러 개일 수도 있으므로 결국 여러 프로젝트의 여러 대안들을 함께 비교할 필요성이 생긴다.

따라서 가장 경제적인 대안이지만 예산부족으로 실행되지 않을 수도 있고, 또 경제성이 적더라도 비용이 적게 드는 하나 혹은 몇 개의 프로젝트들을 동시에 실행해야 할 수도 있다. 이때의 목표는 한 프로젝트의 순편익을 최대로 하는 것이 아니라 정해진 예산범위 내에서 총 순편익을 극대화하는 것이다. 좀 더 자세한 내용은 다음 예제 풀이를 통해 알아보기로 한다.

예제 16.8 A, B, C 프로젝트의 각 대안들의 초기투자비용과 순현재가(편익 − 비용)가 다음 표와 같을 때, 다음 각 경우와 같은 가용예산의 규모에 따른 가장 경제적인 프로젝트 및 대안을 선택하라.

대안	초기투자비용(억 원)	순현재가(억 원)
A_1	100	300
A_2	120	250
A_3	300	800
B_1	150	260
B_2	220	480
C_1	350	−70

(1) 예산상의 제약이 없을 때

(2) 가용예산이 200억 원뿐일 때

(3) 가용예산이 280억 원뿐일 때

(4) 가용예산이 310억 원뿐일 때

(5) 가용예산이 450억 원뿐일 때

풀이 1. NPW가 '−'값을 갖는 C 프로젝트는 실행할 가치가 없으므로 제외시킨다.

2. 동시에 실행할 수 있는 대안조합을 만들고 이들을 초기투자비용의 크기순으로 나열한다(상호배타적인 대안, 예를 들어 A_1과 A_2는 동시에 실행될 수 없으므로 같은 조합이 될 수 없다).

3. 가용예산보다 적거나 같은 초기투자비용으로 최대의 NPW를 얻을 수 있는 대안조합을 선택하고, 투자하고 남는 예산은 A, B, C 이외의 다른 프로젝트에 사용한다.

동시 실행 가능한 대안조합	초기투자	순현재가
A_1	100	300
A_2	120	250
B_1	150	260
B_2	220	480
A_1, B_1	250	560
A_2, B_1	270	510
A_3	300	800
A_1, B_2	320	780
A_2, B_2	340	730
A_3, B_1	450	1,060
A_3, B_2	520	1,280

(1) 예산상의 제약이 없을 때: A_3, B_2 선택

(2) 가용예산이 200억 원뿐일 때: A_1 선택

(3) 가용예산이 280억 원뿐일 때: A_1, B_1 선택

(4) 가용예산이 310억 원뿐일 때: A_3 선택

(5) 가용예산이 450억 원뿐일 때: A_3, B_1 선택

16.4.7 경제성 평가의 논점

1 비용−편익 분석법의 문제점[10]

대부분의 경제성 분석에서는 교통시설의 직접적인 효과 중에서 계량화가 가능한 경제적 편익과 비용을 측정하여 이를 지금까지 언급한 여러 가지 방법으로 평가하는 비용−편익 분석법을 사용하고 있다. 그러나 경우에 따라서는 사회적인 편익과 비용을 함께 분석하는 복잡한 평가기법을 사용하기도 한다. 이 방법은 직접 가격으로 환산할 수 없는 사회적 편익과 손실을 금전화하여 사용한다. 이 경우 계산이 매우 복잡해지기는 하지만 계량화되는 여러 가지 변수의 정확도에 따라 그 계산의 신뢰성이 좌우된다. 지금까지는 이러한 변수 가운데 극히 일부분만이 취급되었기 때문에, 사회적 비용−편익 분석결과에 대해서 일반대중이나 기술자가 아닌 의사결정자가 미심쩍어하는 경우가 많다.

첫째, 계량화할 수 있는 영향을 금전화하여 편익이나 비용으로 처리하는 것이 매우 불합리하다고 생각하는 사람이 있다는 것을 알아야 한다. 예를 들어 소음공해를 사회적 비용으로 나타내는 것에 대해서 의문을 제기하는 견해도 있다. 과거에는 이 비용이 소음을 피하기 위해서 한 개인이 기꺼이 지불할 수 있는 비용과 그 소음을 견디는 대신 받으려고 하는 보상액으로부터 결정되었다.[11] 마찬가

지로 통행시간 단축가치에 대해서도 매우 적은 양의 통행시간 단축이 과연 얼마만한 가치를 부여할 수 있는가에 대한 의문이 제기될 수 있다.[12] 총비용 또는 편익의 일부분을 차지할 정도의 괄목할 만한 가치는 사회적 비용-편익 분석에 포함된다. 그러나 이 가치가 매우 장기간의 분석기간 동안에 변함이 없을 것인가 하는 의문이 제기된다. 왜냐하면 어떤 국가가 산업화 과정에 진입하면 기본적인 사회적 가치까지도 변한다는 것은 잘 알려진 사실이다.

둘째, 할인율에 관해서도 장기계획을 검토할 때 매우 심각한 본원적인 의문을 제기하게 된다. 많은 국가에서 공공투자는 민간부문에 투자되는 자본의 기회비용보다 높은 수익률을 보장해야 한다는 정책을 채택하고 있으며, 또 어떤 경우에서는 높은 할인율이 장기계획에서 합리적일 수 있다. 그러나 높은 할인율은 단기계획보다 장기계획에서 더 불리하고 결과적으로 장기적인 효과를 감소시키는 경향이 있다. 따라서 높은 이자율일 때는 장기계획이 부적절하다고 말하는 사람도 있다. 왜냐하면 현재의 큰 가치에 높은 할인율을 적용시키고 장래가치를 크게 할인하여 분석하는 것은 비합리적이라고 생각하기 때문이다.

셋째, 보다 기본적인 문제는 사회가 다원화되어 있다는 사실을 인식하는 데 있다. 하나의 NPW는 사회 전체가 얻는 순편익을 나타내지만 그것이 누가 비용을 물고 누가 편익을 얻는지를 나타내지는 못한다. 예를 들어 비행장의 위치 또는 고속도로 선형선택의 경우에서 볼 때 편익보다 비용(또는 손실)이 훨씬 큰 사람들이 있을 수 있다.

이와 같은 세 가지 기본적인 문제점은 비용-편익 분석법이 소규모의 유사한 대안을 비교하는 데는 매우 적합할지 모르나 장기교통계획에 포함되는 여러 요인을 종합적으로 평가하는 데는 부적절하다.

2 지역 및 전국교통프로젝트의 경제성 평가

지역 또는 전국교통계획에서 교통시설의 경제성 분석은 프로젝트 투자비용과 이에 따라 발생하는 모든 편익을 비교하는 것을 말한다.[13], [14], [15]

편익이란 교통비용의 절감과 교통투자에 의한 지역 또는 국가생산량의 증가를 의미한다. 여기서 교통비용의 절감에 포함시켜야 할 내용은 다음과 같다.

- 수리, 연료, 정비, 운전자 노임 등과 같은 차량운행비용의 절감
- 감가상각, 유지보수, 운영에 따른 시설비용의 절감

지역생산량의 증가로 인한 편익은 예상되는 생산량으로부터 얻을 수 있다. 분석할 때는 이러한 편익이 중복 계산되지 않도록 유의해야 한다. 국가생산량은 공업용수 및 전력공급시설을 함께 건설해야만 생산량을 증가시킬 수 있다. 분석에서 기초가 되는 통계자료가 부족하거나 또는 부정확하여 시설비용이나 차량운행비용 등에 관한 분석이 어렵거나 잘못된 결론에 도달할 수도 있다.

전국적인 계획에서는 편익이란 국민소득성장을 반영한 것이어야 한다는 사람도 있으나[16] 매우 정확한 자료 없이는 이를 추정하기가 불가능하다. 그러나 사용자비용의 감소, 유지관리비용 절감, 사고감소, 통행시간절약, 서비스수준(편리성 및 쾌적성)의 향상, 경제발전 등과 같은 구체적인 편익은

좀 더 쉽게 추정될 수 있다. 국가수준에서 볼 때 비용은 실제가격과는 달리 다음과 같은 그림자가격 (shadow price)을 나타내야 한다.[17]

- 세금, 요금, 관세 등을 제외한 가격
- 노동의 참가격을 나타내지 않는 부분을 제외한 노임(비숙련공에게 지급되는 최저 노임 중에서 실제노동가치를 나타내는 노임만 포함)
- 투자액의 금융수익과 다른 곳에 투자 가능한 기회비용의 차이

국가차원에서 분석할 때에는 실제비용이 아닌 인플레이션을 포함해서는 안 되며, 또 프로젝트의 직접비용에는 계정되지는 않지만 꼭 필요한 시설(접근도로, 전력공급, 공업용수, 공급시설 등)의 비용을 포함해야 한다.

16.5 다기준 평가방법

교통프로젝트의 평가에서 경제성 분석에만 의존할 경우, 다음과 같은 이유에서 그 유용성이 제한을 받는다.

- 금전화할 수 있는 기준만 사용하기 때문에 실용적이지 못하다.
- 결과에 결정적인 영향을 미치는 이자율과 분석기간을 미리 정해야 한다.
- 프로젝트로부터 편익을 얻는 집단과 손해를 보는 집단을 구별하지 않는다.
- 모든 비용, 심지어 외부비용까지도 고려한다.

이와 같은 이유로 해서 경제성 평가방법은 영향권의 범위가 작은 소규모의 프로젝트나 큰 프로젝트의 일부분을 분석하는 데 그쳐야 한다. 따라서 이 절에서는 금액으로 환산할 수 없는 기준을 포함한 평가방법을 설명하고자 한다.

16.5.1 목적 및 목표달성 행렬표 방법[18]

다기준 평가방법(multicriteria evaluation)의 하나로서 종래의 체계분석기법(system analysis techniques)으로부터 발전된 것이며, 다양한 도시권 및 지역계획에 적합한 것으로서 가중행렬표 방법이 사용된다.[19] 목적 및 목표달성 행렬표(goals and objectives-achievement matrix) 방법의 수행 과정은 다음과 같다.

① 지역 또는 도시권의 목적을 설정
② 교통계획의 범위 안에 있는 목적과 관련된 목표를 수립
③ 성향조사 등과 같은 방법으로 각 목표의 상대적 중요도에 따른 가중치를 결정
④ 각 목표의 성취도를 평가하는 데 필요한 계량적인 기준설정

⑤ 각 대안별로 이들 각 기준의 값을 결정. 총 효과는 이 값에 목표의 중요성에 따른 가중치를
곱하여 합산

⑥ 총 효과가 가장 큰 대안을 선정

예를 들어 어떤 교통프로젝트를 평가하는 데 있어서 지역 및 도시권의 목적이 결정되었고, 이에
따라 다음과 같은 목표를 수립하였다고 가정한다.

- 시스템의 경제성 확보
- 노선선정에 의한 가옥의 이전을 최소화
- 대중교통의 편리성 및 쾌적성 제공
- 중심지역의 접근성 용이
- 저소득층 지역에 대중교통서비스 제공

이러한 목표의 달성도를 측정하기 위한 기준으로 다음과 같은 것을 선택하였다.

- B/C비
- 이전되는 인구수
- 첨두시 대중교통수단의 부하계수
- 중심지역의 접근도
- 저소득층 존의 대중교통 접근도

성향조사 및 전문가의 의견청취결과 각 목표의 상대적인 중요도의 비율은 위에서부터 차례로
40%, 20%, 20%, 10%, 10%라고 한다. 이때 목적 및 목표달성 행렬표는 [표 16.2]와 같이 나타
난다.

[표 16.2] 목적 및 ·목표달성 행렬표 방법(예)

평가기준	배점	대안 A	대안 B	대안 C
B/C비	40	35	25	30
이전 인구	20	10	20	5
버스 부하계수	20	10	15	3
중심부 접근도	10	3	5	10
저소득층 대중교통 접근도	10	2	10	8
총점	100	60	75	56

따라서 대안 B가 3개 대안 중에서 이 지역의 목적·목표를 가장 잘 충족시키는 것이라 할 수
있다. 이 방법은 목표의 개수와 각 목표의 달성도를 나타내는 기준 및 각 기준의 가중치를 어떻게
정하느냐에 따라 그 결과가 달라질 수 있다. 또 이 방법은 서로 차원이 다른 기준을 객관적인 점수
로 환산하여 하나의 값(총점)으로 평가할 수 있는 반면에[20] 이 방법의 가장 큰 결점은 선택된 대안
의 사회적 정당성을 소홀히 하기 쉽다는 것이다.[21], [22] 즉 총점이 선정기준이 되므로 어떤 목표에
대해서는 그 성취도가 매우 낮음에도 불구하고 총점이 높아 최적안으로 선정될 수 있다는 것이다.[10]

16.5.2 대차대조표 방법

편익 – 비용 분석법을 수정한 것으로서 도시 및 지역계획의 평가에 많이 이용되고 있으며, 뿐만 아니라 장기교통계획에서도 활용된다. 근본적으로 대차대조표(planning balance sheets) 방법은 계획안으로 인해 영향을 받는 다양한 모든 집단의 관점에서 최적대안을 선정하는 것이다. 영향을 받는 모든 집단에게 부과되는 비용과 편익뿐만 아니라 금전화할 수 없는 영향도 계량화하여 분석한다. 대차대조표는 결과를 일반적인 편익 – 비용 분석에서 처음 ROR이나 NPW로 나타낼 수 없고, 또 그렇게 나타내서도 안 된다. 이 방법의 의미는 각 계획대안이 전체 지역사회에 미치는 영향을 제시하고, 그 대안들이 좀 더 좋은 결과를 얻기 위해 개선되어야 할 점을 나타내는 데 있다.[23]

이 방법의 장점은 그 계획안에 가장 큰 영향을 받는 집단을 찾아낼 수 있다는 것과 비계량화 영향까지를 포함하는 데 있다. [표 16.3]은 공항개발에서 대차대조표 방법을 사용한 예를 보인 것이다.

[표 16.3] 대차대조표 방법(예)

영향의 종류		대안 A	대안 B	대안 C	대안 D
공항당국	1. 소요자본	1,200억 원	1,400억 원	2,000억 원	3,500억 원
	2. B/C비	2.4	3.2	2.3	3.3
	3. 숙련노동자 수	2,200	3,200	3,000	3,800
	4. 운영의 용이도	낮음	보통	낮음	높음
항공사	1. 소요자본	5억 원	12억 원	50억 원	70억 원
	2. 연간 항공기 운행비용	20억 원	30억 원	50억 원	40억 원
	3. 직원 수	15,200	16,400	20,000	24,000
	4. 소음감소 비용	20억 원	42억 원	30억 원	20억 원
	5. 소음감소 절차상의 안전성 순위	1	3	4	2
항공여객	1. 터미널 사용 용이도 순위	3	2	1	4
	2. 주차장 사용 용이도 순위	4	1	2	3
	3. 출발승객의 터미널 사용시간	85분	80분	65분	60분
	4. 도착승객의 터미널 사용시간	15분	20분	24분	15분
	5. 터미널 설계 미관	낮음	보통	높음	보통
	6. 다른 비행기로 갈아타지 못할 비율	2%	1.5%	1%	1.5%
	7. 탑승객의 평균 보행거리	450 m	300 m	210 m	60 m
공항인근주민	1. L_{dn} 수준의 평균증가	25	15	12	10
	2. 주택가격의 영향	-1,000만 원	-800만 원	0	+200만 원
	3. 주변 도로교통량 증가	5%	4%	1%	2%
	4. 주거분위기 훼손	높음	높음	보통	낮음
	5. 취업기회 증대	낮음	보통	낮음	높음
	6. 연간 1인당 세수변화	-2만 원	-1.5만 원	+0.5만 원	0
	7. 수용되는 건물 수	200	300	200	450
	8. 공공공지의 감소(평)	3만	25만	36만	92만
	9. 총 토지수요(평)	36만	73만	92만	430만

16.5.3 서열화 방법

대차대조법에서처럼 계획안의 목표에 대한 가중치를 정하기는 어려워도 목표의 중요성에 대한 서열을 정하기는 비교적 쉽다. 이와 같은 전제하에서 가중치보다는 서열을 매겨 프로젝트를 평가하는 방법들이 개발되었다. [표 16.4]는 서열화 방법(plan ranking)을 사용한 평가기법을 나타낸 것이다.[24] 이 방법을 수행하는 절차는 다음과 같다.

① n개의 목표에 대해서 그 중요성의 역순에 따라 1부터 n까지 서열을 정한다.
② m개의 대안에 대해서 각 목표별로 그 목표를 달성하는 정도의 역순에 따라 1부터 m까지 서열을 정한다.
③ 각 대안이 성공적으로 실행될 확률 p를 정한다.
④ 각 대안의 값 V는 각 목표에 대한 각 $n \times m \times p$값을 합한 값이다. 즉

$$V = P(n_1 m_1 + n_2 m_2 + \cdots n_n m_m)$$

⑤ 각 대안의 V값을 비교하여 이 값이 가장 큰 대안을 선정한다.

목표달성 행렬표 방법과 서열화 기법을 결합한 평가방법을 사용해도 좋은 결과를 얻을 수 있다.[25]

이 방법은 여러 가지 다양한 기준을 사용할 수 있으며, 여러 가지의 관점을 구체화시킬 수 있기 때문에 많이 사용되는 방법이다. 또 모든 정보를 하나의 값으로 나타내어 비교하기 때문에 편리하기도 하다. 이 방법의 큰 결점은 하나의 수치에 의존하여 최적안을 선택하므로 선택과 절충 사이에 존재하는 중요한 논점들이 파묻히게 된다.

또 다른 문제점은 기준의 서열과 대안의 서열을 곱한 값이 올바른 상대적 가치를 나타내려면, 서열의 척도가 일정한 간격을 가져야 한다. 다시 말하면 3서열이 1서열의 3배이면 2서열은 1서열값의 2배가 되어야 한다.

끝으로 최종결과를 제시하는 데 있어서 의사결정자가 판단을 쉽게 할 수 있는 정보가 하나의 값으로밖에 나타나지 않는다는 것이다.

[표 16.4] 서열화 기법(예)

계획안	실행 확률 (P)	목표 I: 균형을 이룬 교통시스템 (목표중요성순위:2)	목표 II: 토지이용 적정배치 (목표중요성순위:3)	목표 III: 경제적 효율성 (목표중요성순위:1)	대안의 서열기대치 (V)
대안 A	0.6	3	1	3	$0.6[(2\times3)+(3\times1)+(1\times3)]=7.2$
대안 B	0.5	2	2	1	$0.5[(2\times2)+(3\times2)+(1\times1)]=5.5$
대안 C	0.9	1	3	4	$0.9[(2\times1)+(3\times3)+(1\times4)]=13.5$
대안 D	0.4	4	4	2	$0.4[(2\times4)+(3\times4)+(1\times2)]=8.8$

16.5.4 비용-효과 분석방법

비용-효과 분석(cost-effectiveness analysis)방법은 프로젝트의 목표달성도를 반영하는 기준을 프로젝트비용과는 별도로 나타낸다. 그래서 기준은 프로젝트의 효과를 나타내는 효과척도(MOE, Measures Of Effectiveness)가 되고, 비용은 그 효과를 얻는 데 필요한 비용으로 간주된다. 이 방법은 경제성 분석에서 나온 자료와 계량화할 수 있는 기타 효과(환경영향 등)를 함께 사용한다. 다음은 비용-효과 분석방법의 한 예를 설명한 것이다.[26]

어느 도시권지역에 5개의 시스템대안이 검토되고 있다. 이 계획안은 첨두시간의 용량과 서비스수준을 증대시키고 통행시간을 감소시킬 목적에서 계획된 것이다. A 대안은 현 상태를 유지하는 do-nothing 대안이며, B 대안은 철도건설, C 대안은 도로건설, D 대안은 철도와 도로건설의 혼합, E 대안은 직행버스와 도로건설을 혼합한 대안이다. 각 대안의 경제성 평가결과는 [표 16.5]와 같이 나타난다.

따라서 경제성 분석결과로 보면 대안 E가 가장 좋은 대안이라는 것을 알 수 있다. 그러나 비경제적인 영향을 비교하면 [표 16.6]과 같다.

이 평가에 사용된 MOE에는 프로젝트로 인해 이전되는 인구와 사업 수, 교통사고로 인한 사상자 수, 배기가스(CO, HC) 및 평균통행속도 등이 있다.

이 표를 검토해 보면 몇 가지 사실을 발견할 수 있다. 대중교통 승객 수로 볼 때 대안 E가 가장 많고 그 다음이 대안 B이다. 그러나 연간비용과 대중교통 승객 수의 관계를 비교([그림 16.6])해

[표 16.5] 도로 및 대중교통대안의 편익-비용 분석

증분비교	연간비용증분(억 원)	연간편익증분(억 원)	B/C비
A와 B	286	213	0.74
A와 C	1,041	1,162	1.12
C와 D	227	172	0.76
C와 E	167	198	1.18

[표 16.6] 도로와 대중교통대안의 MOE값

MOE	대안 A do-nothing	대안 B 철도	대안 C 도로	대안 D 철도와 도로	대안 E 버스와 도로
이전 인구	0	660	8,000	8,000	8,000
이전 사업 수	0	15	183	183	183
사망자 수	159	158	137	136	134
부상자 수	6,767	6,714	5,596	5,544	5,517
CO(톤)	2,396	2,383	2,233	2,222	2,215
HC(톤)	204	203	190	189	188
승용차 평균통행속도(kph)	25.4	25.9	33.6	33.9	34.4
대중교통 평균통행속도(kph)	10.9	12.2	10.9	12.2	12.5
연간 대중교통 승객 수(백만)	154.2	161.7	154.2	161.7	165.2
연간비용(억 원)	26	312	1,067	1,294	1,234
이자율	8	8	8	8	8

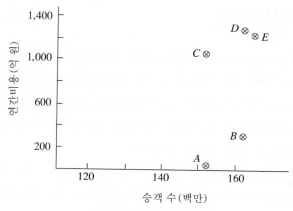

[그림 16.6] 연간비용과 승객 수와의 관계

보면, 대안 B가 대안 C, D, E보다 훨씬 좋다. 즉 대안 B에 대한 추가투자에 비해 승객 수는 그다지 증가하지 않는다.

지역사회에 대한 영향은 주택 및 사업지의 이전 수와 환경오염의 정도로 나타낼 수 있으며, 이 결과는 [그림 16.7]과 [그림 16.8]에서 보는 바와 같다.

여기서 사업지 이전 수와 대중교통 승객 수의 관계로 볼 때 대안 C, D, E는 대안 B에 비해서 못하다. 반면에 대안 C는 B대안보다 비용이 훨씬 많이 드는 대신 환경오염수준은 훨씬 낮다. 그런가 하면 대안 D, E는 대안 C보다 비용이 조금 더 드는 데도 불구하고 환경오염수준은 거의 비슷하다.

지금까지 설명한 것은 여러 MOE 중에서 몇 개의 MOE에 대한 관계를 나타낸 것에 불과하다. 이와 같이 비용-효과를 비교하고 여러 가지 상충되는 MOE들을 절충하는 방법을 절충법(trade-off)이라 한다. 분명한 것은 대안 B의 B/C비가 1보다 작다 할지라도 이 대안이 비교적 적은 비용으로 환경 및 사회적인 편익을 크게 할 수 있기 때문에 좀 더 자세한 검토를 필요로 한다는 것이다.

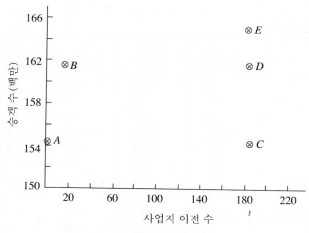

[그림 16.7] 승객 수와 사업지 이전 수의 관계

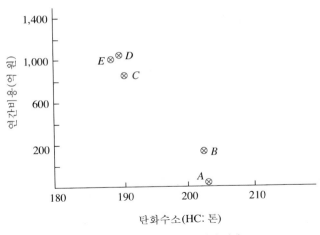

[그림 16.8] 연간비용과 HC와의 관계

편익－비용 분석과정에서 민감도 분석을 하면 이자율이 4% 정도로 낮아지거나, 혹은 통행시간가치가 시간당 300원 정도 많아지면 대안 *B*의 B/C비는 1보다 커진다.

비용-효과 분석방법은 경제성 분석방법이나 서열화 방법에서처럼 최적안을 제시해 주지는 않는다. 그러나 이 방법은 각 계획안의 영향을 더욱 충실하게 나타낼 수 있고, 또 중요한 논점들을 명시할 수 있으므로 다양한 요인들을 다각도로 검토할 수 있는 매우 가치 있는 평가수단이다.

16.5.5 완성된 프로젝트의 평가

지금까지 설명한 내용은 모두 교통프로젝트의 평가에 대한 것이었다. 그러나 또 다른 평가로는 프로젝트가 시행된 후에 그 결과를 평가하는 것으로서 ① 얼마나 효과적으로 그 목적을 수행하고 있는가, ② 다른 프로젝트를 위해서 유용한 경험은 무엇인가, ③ 현재 상황을 개선하기 위해 변경시켜야 할 것은 무엇인가, ④ 그 프로젝트가 계속되어야 하는가 혹은 폐기되어야 하는가를 결정하기 위한 것이다.

교통프로젝트의 사후평가는 실험계획법(experimental design)의 방법을 따른다. 예를 들어, 어떤 약의 치료효과를 파악하려면 유사한 특성을 가진 두 집단을 선정하여 한 집단에는 투약을 하고 다른 집단에는 투약을 하지 않음으로써 두 집단의 결과를 비교하면 된다.

완성된 대중교통프로젝트의 효과를 평가하는 예를 생각해 보자. 새로운 버스정거장의 대피시설이 버스승객수에 미치는 효과와 그 지역사회의 여론을 평가하고자 한다. 버스정거장의 새로운 대피시설을 한 버스노선에 설치하고 다른 노선에는 이를 설치하지 않는다. 이 대피소가 설치되기 전과 그 이후에 두 노선의 버스승객수를 조사한다. 조사된 승객수가 그 시설을 설치한 노선의 승객수는 13.3% 증가되었고 그 시설을 설치하지 아니한 노선의 승객수는 2.5%만 증가했다. 다른 요인에 의한 영향이 없거나 두 노선에서 같다고 본다면 새로운 대피소시설의 효과는 (13.3－2.5)＝10.8%의 승객증가 효과를 나타낸다고 볼 수 있다.

구분	사전	사후	변화(%)
노선 *A*: 신규 대피시설	1,500	1,700	13.3
노선 *B*: 기존 대피시설	1,950	2,000	2.5

완성된 프로젝트를 평가하는 또 다른 수단은 새로운 시설이용자를 대상으로 하여 설문조사를 하는 것이다. 이 조사로부터 사람들이 왜 그 시설을 이용하며, 프로젝트개선이 이용자의 시스템 선택에 어느 정도 영향을 주는지를 알 수 있다. 앞의 버스승객조사로부터 조사대상자가 이전부터 버스를 이용한 사람이었는지 혹은 새로운 이용자인지를 알 수 있다. 새로운 이용자에게는 새로운 정거장 대피소시설 때문에 버스를 이용하게 된 사람이 얼마나 되는지를 알기 위해서 새로이 버스를 이용하게 된 이유를 물어 본다(버스를 이용하게 된 원인이 그 지역에 이사를 왔거나, 자동차수리를 맡겼거나, 연료비가 올랐기 때문일 수도 있다). 또 이전부터 버스를 이용한 사람에게는 새로운 대피소에 관한 의견을 물어본다. 이러한 조사로부터 버스이용객에 관한 사전·사후자료는 물론이고 새로운 프로젝트에 대한 반응까지도 확실히 알아낼 수 있다. 이처럼 완전한 정보는 도시 전체에 이 대피소 프로젝트를 시행할 것인가, 말 것인가를 결정하는 데 크게 도움이 될 것이다.

교통분야에서 조사대상집단이 명확히 구별되는 순수한 실험계획을 달성하기란 불가능하다. 왜냐하면 ① 교통프로젝트는 다방면에 걸쳐 광범위한 영향을 미치고, ② 시행기간이 매우 길기 때문에 사전자료를 수집할 예산이 없으며, ③ 조사대상집단을 정하기가 어렵고, ④ 장기간에 걸쳐 일어나는 변화 중에서 새로운 교통프로젝트에 의한 영향만을 찾아내기가 어렵기 때문이다.

교통프로젝트 사후평가의 다른 형태로서 다른 시스템끼리 혹은 다른 기술끼리 비교하는 방법이 있다. 이러한 비교법은 실제상황에서 일어나는 유용한 자료를 얻을 수 있기 때문에 다른 지방의 의사결정자에게 도움이 될 수 있다. 사후평가 조사는 여러 가지 요인에 대한 실제결과를 생각하기 때문에 유용하다. 그러나 어떤 수단이나 기술에 대한 사전평가는 주로 비용에 대한 것에 초점을 두거나 가정된 상황에 기초를 둔다.

이러한 사후평가의 예로는 미국 필라델피아 도심과 뉴저지의 교외를 연결하는 철도대중교통노선과 워싱턴 D.C. 도심과 버지니아 교외를 연결하는 고속버스노선을 비교한 것이 있다.[27] Lindenwold Line이란 철도노선은 12정거장에서 하루 24시간 동안 운행되며, Shirley Highway라고 불리는 버스도로는 18 km 연장으로서 노선상에 정거장이 없으며 첨두시간 동안만 버스전용차로로 운영된다. 두 시스템 모두 비교적 밀도가 낮으며, 첨두시간 동안에 통행수요가 많은 주거지역에 서비스를 제공한다. 각 프로젝트의 비교분석은 그 시설이 몇 년 동안 운영된 후에 실시되었으며, 승객, 운영자 및 지역사회의 관점에서 모든 MOE에 대한 영향이 평가되었다. 각 MOE에 대한 세부적인 평가는 각 시스템이 어떻게 운영되고 있는가를 조사하고 그 장점과 단점을 파악하는 것이다. 예를 들어 서비스의 질에 관한 MOE의 하나인 운행의 신뢰성(reliability), 즉 운행스케줄과 실제운행시간과의 부합성은 예정통행시간의 변동량으로 나타나며, 이것은 교통지체, 차량고장 또는 악천후로 인해서 영향을 받는다. 신뢰성에 가장 큰 영향을 주는 요인은 통행로상에서의 교통통제의 종류와 그 크기이다. 다음은 두 시스템의 신뢰성을 비교한 것이다.

[표 16.7] 철도 및 버스시스템의 사후 비교평가

MOE	Lindenwold	Shirley	좋은 시스템*
인기도	우	양	L
절대 통행시간	수	우	L
신뢰성	수	양	L
쾌적성	우	양	L
편리성	우	미	L
안전성	수	우	L
서비스 범위	우	수	S
서비스 빈도	수	가	L
투자비운용	가	미	S
운영비용	우	미	L
용량	우	양	L
승객유치	수	우	L
시스템 영향	수	우	L

* L=Lindenwold, S=Shirley

- Lindenwold Line: 그 해의 모든 차량의 99.15%가 연착시간이 5분 이하였고, 그 다음 해에는 97%가 5분 이하의 연착시간을 나타내었다.
- Shirley Highway: 4일간에 걸쳐 조사한 결과 22%가 예정도착시간보다 빨리 도착했고, 32%가 5분 이상 연착을 했으며, 46%만이 5분 이하의 연착시간을 나타내었다.
- 비교: Lindenwold 시스템(철도)이 Shirley 시스템(고속도로상의 버스)보다 신뢰성이 높다.

2개의 시스템을 다른 MOE로 사후평가한 결과가 [표 16.7]에 나타나 있다.

16.5.6 계획안의 시행 및 수정

평가단계에서 어떤 지역의 목적과 목표를 가장 잘 달성할 것이라고 하여 선정된 시스템이 최적시스템이라고 하기에는 아직 이르다. 평가가 끝난 후 이 시스템을 몇 개의 프로젝트로 세분하고, 그 지역의 예산범위 내에서 이를 프로젝트들과 각각의 비용에 대한 일람표를 작성해야 한다. 또 연간가용예산을 알아야만 시행상의 난이도가 분명해진다. 투자프로그래밍은 다음과 같은 방법으로 수행되는 것이 좋다.

(1) 프로젝트의 세분화

선정된 시스템은 계약이 가능한 크기로 세분하여 프로젝트화시킨다. 프로젝트의 크기나 경계선은 그 지역에서 일반적으로 수행되는 건설프로젝트의 규모를 반영한다.

(2) 프로젝트평가 및 우선순위 스케줄링

하나하나의 프로젝트는 판단된 우선순위에 따라 평가되며, 가용예산의 제약을 고려하여 순차적인 주제에 따라 프로그램된다. 이 프로그래밍의 절차는 다음과 같다.

① 각 프로젝트에 필요한 시간과 비용을 예측한다.

② 가용예산 및 다른 부서와의 협조사항 등과 같은 행정적인 제약사항이 명확히 설명된다.

③ 기존시설의 서비스 현황을 평가하여 최대잔존수명(예컨대 도로 및 비행장의 포장상태, 철도의 수명, 교량의 구조상태 등)을 파악한다.

④ B/C비와 지역사회의 편익을 기초로 하여 예비우선순위를 평가한다.

⑤ 투자계획이 타당성을 갖는 기간을 설정한다. 만약 기간을 단축하게 되면, 비교적 큰 연간예산으로 일찍 그 시스템을 완성할 수 있으나 건설기간이 길어지면 연간비용은 적어지나 그 동안의 서비스수준은 떨어진다.

⑥ 예비우선순위와 기타 고려사항을 기준으로 한 최종프로그래밍은 다음 사항을 포함한다.

- 다른 공공개선사업과의 협조
- 개선사업의 지역적 균등배분
- 건설기간 동안 최소한의 서비스수준을 유지
- 공학적인 고려

건설기간 중 최소한의 서비스수준은 잠정적인 시설에 잠정적인 교통수요를 배분하여 구할 수 있다. 건설기간 중에 서비스수준이 매우 악화된다면, 적절한 서비스수준을 유지하기 위하여 당분간 프로젝트를 중단할 수도 있다.

⑦ 허용된 투자계획에 따라 최종적인 연간비용을 계산한다.

(3) 계획안의 수정

교통계획은 동적인 것으로서 기술발전과 변화하는 사회 및 경제조건에 맞추어 지역사회의 목표에 따라 끊임없이 수정되고 현재의 여건에 맞게 구체화되어야 한다.

이 수정을 위해서는 계획요소에 영향을 주는 자료를 하루하루 수집·보존해야 하며, 자료의 지속적인 흐름을 도울 수 있는 지역적 정보시스템을 설치할 필요가 있다. 이러한 정보시스템은 가장 작은 자료수집단위(보통 토지필지별)까지 포함해야 한다. 전반적인 정보시스템은 다음과 같은 변화를 파악하여 기록한다.

- 토지이용변화
- 교통시설변화
- 사회·경제자료의 변화
- 인구변화

장기토지이용계획과 전략적 교통프로젝트를 한 권의 책으로 출간하여 정기적으로 대대적 수정작업을 하기보다는 간헐적으로 수정작업을 하는 것이 좋다. 이와 같은 방법으로 만들어진 교통프로젝트는 한 권의 책자라기보다는 계획서 및 상황대응 보고서들로 구성될 것이다.

● 참고문헌 ●

1. Puget Sound Regional Transportation Study, *Summary Report*, 1967.

2. Atlanta Metropolitan Regional Transportation Study, 1967.

3. Robley Winfrey, *Economic Analysis for Highways*, 1969.

4. E. L. Grant and W. G. Ireson, *Principles of Engineering Economy*, 1960.

5. G. A. Taylor, *Managerial and Engineering Economy-Economic Decision Making*, 1964.

6. D. A. Curry, "Use of Marginal Cost of Time in Highway Economy Studies", *HRR. No. 77, HRB.*, 1965.

7. E. L. Grant and C. H. Oglesby, "Economy Studies for Highways", *HRR. No. 306, HRB.*, 1961.

8. D. G. Haney, "Use of Two Concepts of the Value of Time", *HRR. No. 12, HRB.*, 1963.

9. G. W. Smith, *Engineering Economy: Analysis of Capital Expenditures*, 1973.

10. N. J. Ashford and J. M. Clark, "An Overview of Transport Technology Assesment", *Transportation Planning and Technology*, Vol. 3, No. 1, 1975.

11. J. B. Ollerhead and R. M. Edwards, *A Further Study of Some Effects of Aircraft Noise in Residential Communities near London Heathrow Airport Transport Technology Report No. 7705*, Loughborough: Dept. of Transport Technology, Loughborough Univ., 1977.

12. I. G. Heggie(ed.), *Modal Choice and the Value of Travel Time*, Oxford: Clarendon press, 1976.

13. *Introduction to Transport Planning*, New York: UN, 1967.

14. P. Barker and K. Button, *Case Studies in Cost Benefit Analysis*, London: Heinemann, 1975.

15. J. M. Thompson, *Modern Transport Economics*, London, 1974.

16. H. A. Adler, "Economic Evaluation of Transport Projects", *Transport Investment and Economic Development*, Washington D.C., 1965.

17. H. A. Adler, *Economic Appraisal of Transport Projects*, Indiana Univ. press, 1971.

18. J. L. Schofer and D. G. Stuart, "Evaluating Regional Plans and Community Impacts", *Journal of the Urban Planning and Development Division*, ASCE., 1974. 3.

19. W. Jessiman et al. "A Rational Decision-Marking Technique for Transportation Planning", *HRR. No. 180, HRB.*, 1967.

20. M. Hill, "A Goals-Achievement Matrix for Evaluating Alternative Plans", *Journal of the American Institute of Planners*, Vol. 34, 1968. 1.

21. "Guidelines for Long Range Transportation Planning in the Twin Cities Region", Barton-Aschman Associates Inc., Minneapolis-St. Paul: Twin Cities Metropolitan Council, 1971. 12.

22. "Land Use/Transportation Study: Recommended Regional Land Use and Transportation Plans", Planning Report, No. 7, Vol. III, Southeastern Wisconsin Planning Commission, 1966. 11.

23. N. Lichfield, "Cost Benefit Analysis in City Planning", *Journal of the American Institute of planners*, Vol. 26, 1968, and "Cost Benefit Analysis in Urban Expansion: A Case Study, Peterborough", *Regional Studies*, Vol. 3, 1969.

24. K. Schlager, "The Rank-Based Expected Value Method of Plan Evaluation", *HRR. No. 238*, HRB., 1968.

25. D. G. Stuart and W. D. Weber, "Accommodating Multiple Alternatives in Transportation Planning", *TRR. 639*, TRB., 1977.

26. F. R. Frye, *Alternative Multimodal Passenger Transportation Systems*, NCHRP Report 146, TRB., NRC., 1973.

27. V. R. Vuchic and R. M. Stanger, "Lindenwold Rail Line and Shirley Busway: A Comparison", *HRR. No. 459*, HRB., 1973.

28. R. J. Paquette, N. J. Ashford, and P. H. Wright, *Transportation Engineering-planning and design*, 2nd ed, 1982.

29. N. J. Garber and L. A. Hoel, *Traffic and Highway Engineering*, West Publishing Co., 1988.

30. W. M. Gillespie, *A Manual of the Principles and Practice of Road Making, Comprising the Location, Construction, and Improvement of Roads and Railroads*, 2nd ed., A. S. Barnes & Co., 1848.

31. A. M. Wellington, *Economic Theory of the Location of Railways*, 2nd ed., Wiley, 1887.

32. W. E. James, *Highway Construction, Administration, and Finance*, Highway Education Board, McGraw-Hill, 1927.

33. C. H. Oglesby, *Highway Engineering*, 3rd ed., 1975.

34. P. H. Claffey, *NCHRP Report* III.

제 17 장

대중교통시스템 계획

대중교통시스템이란 도시지역에서 흔히 볼 수 있는 기본적인 공공수송 시스템이다. 여기서 공공수송 시스템이란 항공, 철도 및 도시 간 버스시스템까지 포함하는 것으로서 공인된 노선 위를 정해진 스케줄에 따라 규정된 요금으로 이를 이용하고자 하는 사람들에게 수송서비스를 제공하는 것이다.

대중교통시스템 분야에서 특히 요청되는 기술은 분석, 운영, 정비유지기술이다. 도시지역의 도로 및 교통전문가는 대중교통이 포함된 전체 교통시스템을 최적화하는 데 중점을 두기 때문에 대중교통이 어떻게 운영되고, 승객은 어떻게 이용하며, 물리적인 면이나 운영 면에서 또는 재정적인 면에서 어떤 제약을 받는지를 이해할 필요가 있다.

17.1 개설

일반적으로 대중교통시스템은 개인교통에 비해 집약적이고 대량적이기 때문에 공간적 에너지 및 비용 측면에서의 효율성을 높이는 것을 목표로 하고 있다. 그러나 수송노선이 고정되어 있기 때문에 수송의 융통성(flexibility)이 결여된다.

대중교통시스템은 불특정 다수의 교통수요에 부응하고 있으나 현실적으로는 노선이 정해져 있어 서비스 수요는 대개 지역적으로 한정되게 된다. 또 경제적인 이유나 기타 이유로 개인교통수단을 갖지 못한 사람과 개인교통수단을 가지고 있다 하더라도 그보다 대중교통수단을 더 선호하는 사람들에게 공공적인 이동수단을 제공한다는 데서 대중교통시스템의 존재가치를 찾을 수 있다.

1 대중교통시스템의 종류

대중교통시스템은 그 수요의 질이나 양에 부응하는 여러 가지 종류가 있다. 특히 속도, 수송단위, 수송능력, 수송거리, 운행빈도 등의 측면에서 각기 특색 있는 다양한 시스템이 개발되어 독립된 시스템으로 발전되어 왔다.

도시교통시스템을 구성하는 가장 중요한 대중교통시스템은 철도와 버스이다. 철도는 도시중심부에서 주로 지하철로 운영되지만 초기투자 규모가 크기 때문에 금리를 포함한 자본비용을 상환하기가 쉽지 않다. 따라서 철도(지하철)와 버스의 중간 시스템, 즉 수송력이 철도와 버스의 중간이며,

[표 17.1] 대중교통시스템의 종류

구분	지하철	모노레일	트램	버스
편도수송능력(만 명/시간)	4~5	1.5~2	1~1.5	0.5~1.0
평균운행속도(kph)	25~30	25~30	15~30	10~15
최소배차간격(분)	2	2	1.5~2	1.5~2
수송단위(천 명)	1.5~2.5	0.5~1.0	0.3~0.5	0.1
역 간격(km)	1.0	0.7~1.0	0.5~0.7	0.3~0.5
건설비(억 원/km)	300~400	상황에 따라 변동		

비용도 지하철보다 훨씬 적은 시스템의 개발이 요청되어 선진국에서는 모노레일이나 트램이 개발·운용되고 있다. [표 17.1]은 도시교통수단으로서 대중교통시스템의 특징을 포괄적으로 나타낸 것이다.

2 대중교통시스템의 사업주체

대중교통시스템의 서비스는 수요 측의 요구에 의해 발생되고 그 대가에 의해 서비스사업이 성립되기 때문에 시장경제의 원리를 따른다고 볼 수 있으나, 본질적으로 이 사업은 공익성이 매우 강하기 때문에 단순한 수요·공급의 관계만을 고려하여 사업을 하는 것은 허용되지 않는다. 왜냐하면 대중교통서비스가 도시의 토지이용 및 도시활동을 형성하는 구조적 요인이므로 그 서비스나 혹은 그에 따른 대가를 공익성이나 그 지역의 목표에 맞게 조정해야 하기 때문이다.

또 대도시의 지하철에서 볼 수 있듯이 대중교통시스템이 수송능력이 크고 도시교통의 근간이 되지만 건설비가 매우 높고, 투자에 대한 상환기간이 길기 때문에 통상적인 기업체가 이를 감당할 수 없거나 이를 회피하는 경우도 있을 것이다. 따라서 공익성을 담보하기 위해 공공단체 스스로가 공영기업으로 운영한다든가 혹은 공공단체가 자본금의 일부를 출자하는 경우가 많다. 사업주체가 일반 기업일 경우에도 공익성을 확보하기 위해 각종 제약을 가하고, 그 대가로 공익성의 정도에 따라 각종 지원조치를 취하는 것이 통례이다. 또 사업주체를 건설주체와 운영관리주체로 분리하여 전자를 가능한 한 공공 측면에서 보조해 주는 방법도 있다.

3 대중교통시스템의 계획

대중교통시스템 중에서도 보다 근간이 되는 것일수록 도시구조의 골격을 이루고 있기 때문에 이들을 크게 변형시키거나 재편성하기가 쉽지 않다. 설사 그렇게 하려고 해도 기존의 서비스수준을 저하시키지 않는 범위 내에서 시간적인 여유를 가지고 재편성해야 할 것이다. 이 때문에 대중교통시스템 계획의 기본입장은 기존 시스템의 서비스 애로구간의 해소 및 보완, 불균형 서비스의 시정 등에 목표를 두고 있다. 이때는 기존의 상황을 전제로 한 계획이기 때문에 이용자 및 운송사업자의 기존 권익을 우선적으로 보호할 수밖에 없다.

그러나 기존의 권익이 존재하지 않는 대규모 신도시개발과 같은 프로젝트를 수행할 경우에는 전혀 새로운 시스템의 도입을 검토할 수 있다. 그러나 현실적으로는 이때에도 기존의 주변지역과 완전히 격리된 상황에 처하는 경우는 거의 없기 때문에 완전히 별개의 시스템이 아니라 일부에 새로운 시스템을 도입하는 결과가 된다.

4 대중교통 노선망

대중교통 노선망의 형성은 대중교통 수요패턴에 좌우되며, 이에 대한 것은 15장의 수단분담에서 설명한 바 있다.

대중교통 이용자는 크게 2개의 그룹, 즉 고정승객(captive rider)과 선택승객(choice rider)으로 나눌 수 있다. 고정승객이란 대중교통 이외의 다른 교통수단을 이용할 수 없는 사람을 말하며, 이들은 어떤 특정 목적의 통행에 대해서는 승용차를 이용하지 못할 뿐만 아니라 도보나 자전거도 이용할 수 없는 사람을 말한다(이는 어느 특정 통행목적에 대한 것으로서 다른 목적통행에서는 고정승객이 아닐 수도 있다). 이 그룹에 속한 사람들 대부분은 자주 대중교통을 이용하기 때문에 그들의 주거지나 직장 또는 쇼핑장소 등을 선택할 때는 편리한 대중교통노선을 참작하게 된다. 그러므로 이들의 통행패턴은 도시지역의 중심부로 향하게 되고, 따라서 CBD로 향하는 방사형의 통행이 현저히 증가한다.

선택승객은 대중교통의 통행시간과 통행비용(실지출비용)이 승용차의 그것보다 적다고 생각될 때 대중교통을 이용하는 사람이다. CBD 내에 한쪽 통행단을 둔 첨두시간 통행은 도심지역의 혼잡과 높은 주차요금을 감당해야 하기 때문에 이와 같은 선택을 해야 하는 경우가 많다. 따라서 선택승객의 거의 모든 희망선(desire line)은 CBD로 향하며, 이것이 고정승객의 희망선과 합쳐져서 뚜렷한 방사선 패턴을 나타낸다.

결론적으로 대중교통 노선망은 CBD를 중심으로 방사선 형태를 보이는 경향이 두드러지며, 많은 노선이 옛날에 승용차를 갖지 않은 가구들이 형성한 비교적 안정된 주거 및 통행패턴과 잘 부합한다. 이들 노선망에 추가되는 것은 방사선 노선으로서, 이들은 새로이 개발되어 밀도가 낮은 외곽지역에 서비스를 제공하고 옛날 도로망이나 도심지로 직접 연결된다.

[그림 17.1]은 이러한 대중교통 노선망의 기본골격을 나타낸 것이다. A노선은 기본간선(arterial line)으로서 CBD와 방사선으로 연결되어 고정승객과 선택승객 모두에게 서비스를 제공한다. 이 노선은 차량-km당 수입이 가장 높으며, 비첨두시간이나 주말에도 어느 정도의 수요가 있고, 최대부하점은 대개 CBD의 경계선 부근에서 발생된다. 경우에 따라서는 도심지에서부터 멀어질수록 수요가 급격히 떨어지므로 노선의 분기를 고려할 수도 있다([그림 17.1]에서 노선 $A-1$과 $A-2$).

외곽지역과 CBD 간의 수요가 매우 커지면, 급행노선(express route, [그림 17.1]에서 $E-1$)을 운영하여 간선을 보강할 수도 있다. 급행노선을 설치하는 중요한 이유는 보다 빠른 서비스를 제공하여 선택승객을 흡수하기 위한 것이다. 급행노선은 또 다른 시간대에는 수요가 적기 때문에 주중의 첨두시간에만 운영되기도 한다.

CBD와 직접 연결될 수 없는 외곽지역도 있다. 이것은 직접연결이나 분기연결이 불가능하거나 또는 지형적으로나 도로조건상 간선에서 사용되는 것보다 더 작은 차량을 사용해야 할 필요성이 있기 때문이다. 이 경우에는 그 노선망에 지선을 갖다 붙인다([그림 17.1]에서 $F-1$과 $F-2$). 이 지선은 간선과 같은 시간대에 운행되며, 고속대중교통 노선을 보강하기 위해서 가장 보편적으로 사용

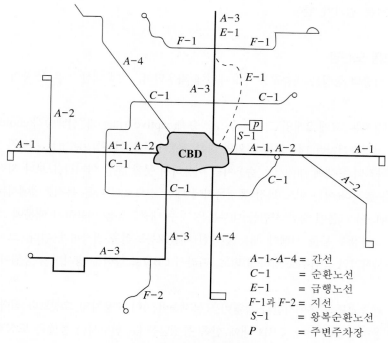

$$
\begin{aligned}
A{-}1 \sim A{-}4 &= \text{간선} \\
C{-}1 &= \text{순환노선} \\
E{-}1 &= \text{급행노선} \\
F{-}1\text{과 } F{-}2 &= \text{지선} \\
S{-}1 &= \text{왕복순환노선} \\
P &= \text{주변주차장}
\end{aligned}
$$

[그림 17.1] 체계적인 대중교통 노선망

되는 방법이다. 지선 자체만으로는 경제적인 타당성이 없을지 모르나 지선이 간선의 승객에게 큰 도움을 준다는 점에서 결코 이를 간과해서는 안 된다. 지선의 최대부하점은 항상 간선과 만나는 점에서 생긴다.

비교적 작은 도시에서는 CBD를 거치지 않는 노선의 연결(대부분 선택승객의 수요임)을 특별히 고려하지 않아도 좋다. 이러한 통행수요는 그 기종점이 CBD 외곽에 있더라도 CBD를 경유하도록 하면 된다. 대도시에서는 이와 같은 종류의 통행을 편리하게 하고 통행길이를 단축시키기 위해서 순환노선(circumferential route) 또는 도시횡단노선(cross-town route)을 설치하는 것이 바람직하다. 이러한 노선을 계획하고 스케줄링하는 데는 어려움이 따른다. 왜냐하면 서로 다른 간선의 교차점에 최대부하점이 여러 개 생길 수도 있고, 또 순환노선의 차량이 환승점에서 방사선 노선망의 차량을 만나도록 해야 하기 때문이다.

경우에 따라서는 비교적 가까이 있는 주요 교통발생원을 연결시키기 위해서 대중교통 노선망에 왕복순환노선(shuttle route)을 포함시킨다. [그림 17.1]의 $S-1$은 CBD 내의 주차장 부족을 해결하기 위해서 변두리 주차장을 연결하는 왕복순환노선을 나타낸 것이다.

5 대중교통시스템의 부지

대중교통서비스를 위한 부지(right-of-way)는 다른 일반교통과 같이 사용하는 공용부지(shared right-of-way), 다른 차량에게 최소한의 사용을 허용하는 반전용부지(semi-exclusive right-of-way), 혹은 대중교통 전용부지(exclusive right-of-way)로 구분할 수 있다([표 17.2]). 여기서 반전

[표 17.2] 대중교통노선 부지별 분류

부지	통행로	차량	비고
공용부지	가로	버스 노면전차	기본적인 국지 대중교통서비스. 다른 교통의 방해를 받음
	고속도로	버스	방사형 직행노선
반전용부지	가로상의 버스전용차로	버스	도심지 내 및 그 접근로. 회전하는 승용차와 공용. 일반통행도로에서는 역류 전용차로 가능
	고속도로상의 버스전용차로	버스	방사형 고속도로상의 직행노선. 다승객 승용차와 공용
	가로의 중앙차로	노면전차	도심지 외곽 방사형 도로에 경량철도 대중교통(LRT) 서비스
전용부지	버스전용차로	버스	방사형 고속도로상. 경우에 따라서는 전용도로 또는 전용램프, 직행노선
	궤도 또는 고정 통행로	연결차량	방사형 노선상에 장거리 통행을 위한 고속대중교통 서비스
	궤도	노면전차	LRT의 도심지 분포 시스템

용부지란 우리가 흔히 사용하는 버스전용차로와 같은 것을 말하므로 혼동하지 않기 바란다.

대중교통수단이 공용부지(shared ROW)를 사용하는 경우에는 버스정거장표지나 대피소 등과 같은 사소한 비용 외에는 돈이 들지 않는다. 그러나 이 경우 도로상의 혼잡과 지체 또는 다른 교통수단의 교통사고나 방해에 의해 지장을 받는다. 반전용부지를 사용하면 적은 투자로써 운행상의 신뢰도를 크게 증대시킬 수 있다. 그러나 버스전용차로의 경우에서 볼 수 있는 것처럼 다른 차로의 승용차는 그 대신 혼잡이 크게 증가한다. 전용부지는 큰 자본이 필요하므로 반드시 좋은 것은 아니나 운영자가 운행변수를 독자적으로 결정할 수 있고, 외부적인 지체 및 방해를 받지 않게끔 완전한 통제를 할 수 있는 유일한 시설이다.

고속대중교통시스템은 대개 전용부지를 가지므로 신뢰성이 극대화되는 대신 노선의 융통성이 결여된다. 버스는 공용부지나 반전용부지 혹은 전용부지 사이를 자유로이 이동할 수 있고 그 하부구조를 조금씩 나누어 개선할 수 있는 유일한 대중교통수단이다.

6 접근점

모든 대중교통통행은 출발지와 그 시스템 사이의 접근구간, 대중교통 자체의 운행구간 및 그 시스템과 목적지 사이의 다른 접근구간을 거친다. 총 통행시간을 최소화하기 위해서는 접근구간과 대중교통 운행구간의 절충이 필요하다. 이 절충은 접근점(정거장)을 어떻게 결정하는가에 따라 좌우된다.

단일노선에서 정거장이 많으면 접근시간을 줄일 수 있으나 차량의 통행시간이 증가되며, 반면에 정거장 수가 적으면 접근시간이 많아지는 대신 통행시간이 줄어든다. 노선의 끝 부분에서 분기를 시키면 접근성이 좋아지나 각 지선의 서비스 빈도는 본선에 비해 적어지고, 접근시간을 줄이는 데서 얻는 장점은 불편한 스케줄로 인해 완전히 또는 부분적으로 상쇄될 것이다. 지금까지 대중교통이 운행되지 않는 지역에 노선을 연장하거나 신규노선을 투입하면 접근성은 절대적으로 개선될 것이다.

[표 17.3] 도시대중교통의 접근성 표준

인구밀도 (1,000/km^2)	평균간격(km)		노선길이(km^{2}당)
	방사형 노선	도시횡단 노선	
6 이상	0.65	0.95	1.55
5~6	0.80	1.20	1.30
4~5	0.95	1.45	1.00
3~4	1.30	1.95	0.75
2~3	1.50	2.50	0.65
1~2	1.50	–	0.40
1.0 이하	3.00	–	0.20

자료: 참고문헌(2)

따라서 서비스지역의 범위 또는 접근성은 노선의 간격이나 정거장의 간격에 따라 좌우된다. 대중교통 노선망을 적절히 설계하기 위해서는 [표 17.3]에서 보는 바와 같은 표준을 사용할 수 있다. 지형상 도보통행이 곤란한 곳의 접근성을 증대시키기 위해서는 이 표준값보다 적은(노선의 간격을 짧게) 값을 사용해도 좋으나 노약자나 지체부자유자를 위한 특별한 서비스에는 이 표준을 적용하지 않는다.

17.2 도시철도 계획

도시의 대중교통수단 가운데 철도로 분류되는 것을 도시철도(urban rail)라고 하며, 이를 구분하면 도시고속철도(urban rapid rail), 노면전차 및 중량철도(medium rail) 시스템으로 나누어진다. 도시고속철도를 다시 그 기능과 운영의 측면에서 구분하면 도시 간 철도의 도시부 구간, 교외철도(또는 통근철도) 및 지하철 또는 전철로 불리는 도시고속대중교통(urban rapid transit)으로 나눌 수 있다.

역사적으로 볼 때 철도는 도시 간 철도로부터 시작되었으며, 뉴욕이나 런던, 파리 등과 같은 거대한 도시권역에서는 도시 간 철도로 인해서 도시교통에 큰 부담을 안게 되었다. 많은 노선이 도시 간 통행을 위해서 부설되었으며, 그 축을 따라 도시 토지이용이 발생되고 이에 따라 점차 증가하는 국지통행도 이 노선을 이용하게 되었다. 이것은 비단 대도시에만 국한된 것이 아니고, 중도시에서도 전국적인 철도노선망을 이용하여 도시통근자를 수송하므로 도시 간 철도의 도시부 구간은 도시고속철도의 역할을 담당한다.

대개 1920년까지 통근통행수요가 많은 교외지역에 철도노선을 부설했으며 이를 교외철도 또는 통근철도(commuter rail)라고 한다. 이 노선은 대규모 도시권과 주변도시 또는 주변도시 상호 간을 연결하는 데 사용되었다. 수송대상이 주로 통근목적통행이며, 교외지역을 통과하므로 일반적으로 평면구조가 많고 시가지 지역에서는 고가식으로 하는 경우가 많다. 그러나 높은 운행비용과 장거리승객으로 인해 도시교통을 재정적으로 지원할 수밖에 없는 경영상의 어려움 때문에 이들 가운데 많은 노선이 폐기되었다.

도시철도 서비스가 갖는 가장 큰 문제점은 중앙터미널의 위치 문제이다. 대개 한 노선당 도심의 접근점은 항상 하나밖에 없으며 이것도 **CBD** 바깥이나 그 경계선에 위치해 있는 것이 보통이다. 따라서 이 터미널은 시간당 처리할 수 있는 차량 수가 제한적일 수밖에 없다.

브뤼셀, 뮌헨, 프랑크푸르트 등과 같이 광범위한 교외전철선을 갖는 도시에서는 **CBD**의 반대편에 있는 터미널을 도심에 직접 접근할 수 있는 몇 개의 중간역과 지하로 연결함으로써 이러한 결점을 극복했다. 이렇게 되면 혼잡한 터미널에서 차량을 회차시킬 필요가 없어지므로 용량이 증가한다. 파리에서는 교외선을 옛날 터미널에 도착하기 이전에 도심을 가로지르는 신규노선망으로 전환시켰다. 이들 도시에서처럼 운행하면 도심의 고속대중교통과 교외의 도시철도 기능을 혼합하는 결과를 가져온다.

대도시에서는 도시 내의 고밀도수송수요를 감당하기 위해 지하철을 건설하는 경우가 많다. 이 수송수단은 역 간격, 운행빈도가 모두 조밀한 것이 특징이다. 또 시가지 내를 통과하므로 지하 또는 고가의 입체구조로 건설되는 것이 보통이다. 이런 의미에서 이를 도시대중교통(urban rapid transit)이라 부른다(일반적으로 transit는 도시지역 내의 대중교통을 말한다).

도시철도 중에는 노면전차와 중량철도(모노레일과 같은)도 있으나 이는 뒤에서 다시 설명한다.

17.2.1 도시철도 시스템 계획

1 노선계획

도시철도의 노선계획은 수송수요 발생패턴에 따라 수립되는 것이 당연하나 도시의 건전한 발전과 도시민에게 공평한 서비스를 제공하는 공공 수송수단으로서의 기능을 간과해서는 안 된다.

도시구조나 수송수요의 분포는 도시마다 다르므로 도시철도의 노선계획도 각 도시마다 고유한 패턴을 갖게 마련이다. [그림 17.2]는 도시철도망의 기본형태를 나타낸 것이다.

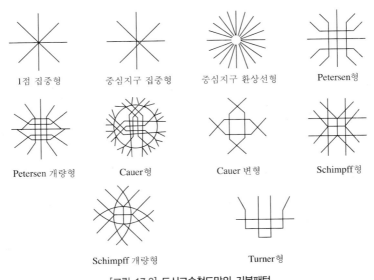

1점 집중형   중심지구 집중형   중심지구 환상선형   Petersen형

Petersen 개량형   Cauer형   Cauer 변형   Schimpff형

Schimpff 개량형   Turner형

[그림 17.2] 도시고속철도망의 기본패턴

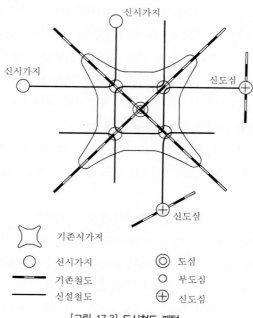

[그림 17.3] 도시철도 패턴

도시철도의 노선망은 시가지로 개발된 지역에 설치하는 것이므로 높은 노선밀도가 요구된다. 또 시가지의 지하에 건설되는 경우가 많으므로 공사의 편리를 위하여 간선가로망 패턴에 따르며, 한 노선과 다른 노선과의 교차점이 많은 것이 노선망 전체를 이용하게 하는 데 편리하다.

Petersen 시스템은 도심지에서는 장방형, 교외에서는 방사형의 노선망을 가지며, 그 개량형으로 서 교차점을 추가한 시스템이 있다. Cauer 시스템에서는 모든 노선이 다른 노선과 반드시 한 번 이상 교차하므로 환승횟수가 적어지며, 주변부에서는 외부로 방사형을 이룬다. Schimpff 시스템은 중심지구에서는 직각교차, 주변부에서는 방사형이며, Cauer 시스템을 단순화시킨 것이다. Turner 시스템은 반원형으로 발달한 도시에 적합한 형으로서 중심부에서는 평행선과 관통선으로 선형이 형 성된다.

[그림 17.3]은 도심과 부도심, 그리고 신시가지를 연결하고 방사형 기능을 보강한 형태이다.

2 수요예측방법

도시권 교통의 대부분은 통근, 통학 등 정기교통이며, 시간별 교통량 변동이 크고 첨두시간 수송 수요가 계획평가의 대상이 된다. 계획의 기준이 되는 철도수송량은 4단계 예측법에 의해서 예측되 며, 그 순서는 다음과 같다([그림 17.4]).

① 권역의 설정: 경제 및 사회적 연결성과 중심도시로부터의 소요시간, 다른 계획 등을 감안해서 결정한다.

② zoning: 지리적, 경제적 상황과 계획의 목적 및 정확도 등을 고려하여 분할한다.

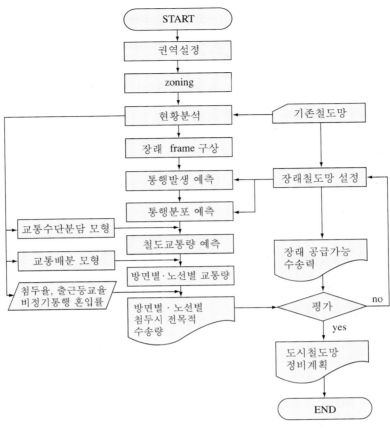

[그림 17.4] 수요예측과정

③ 현황분석: 인구 frame, 교통수요, 경제 frame, 교통시설 등의 상관관계를 분석한다.

④ 장래 frame 구상: 국가 및 그 지역의 실정을 감안해서 구상한다.

⑤ 통행발생 예측: 현황분석을 기초로 하여 상주지 취업인구, 고용인구 및 학생 수를 예측하고 통행유출 및 유입을 예측한다.

⑥ 통행분포 예측: 현재의 분포통행량과 교통 네트워크 등을 이용하여 장래 O‒D표를 작성한다.

⑦ 수단분담 예측: 각 교통수단별 교통저항비, 시간거리 등을 이용하여 철도교통량을 구한다.

⑧ 교통배분 예측: 철도 O‒D를 네트워크에 배분한다. 교통저항은 시간거리, 환승횟수, 혼잡도, 운행빈도, 운임 등이다.

⑨ 노선별 첨두시간 수송량: 정기통행량을 전체목적에 대해서 구하고 첨두 수송수요를 예측한다.

⑩ 철도 네트워크: 현황을 기초로 하고 각 프로젝트 계획을 참고하여 장래 네트워크를 설정한다 (2~3개 대안).

⑪ 공급가능 수송력: ⑩과 동일하며, 신규노선의 경우에는 유사한 구간의 수송력을 참조한다.

⑫ 평가: 노선별 구간교통량, 환승량과 수송력을 비교하고 혼잡도 등을 지표로 하여 평가한다.

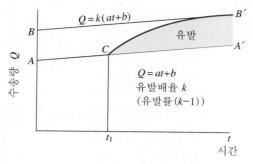

[그림 17.5] 유발교통량

(1) 수송량 유발

수송의 질이 개선되면 유발교통량이 생긴다. 그 유발률은 유사한 노선을 참고해서 결정하는 경우가 많으나 유발지수 k는 중력모형에서 다음과 같이 구해진다.

$$k = (d_{ij}/d_{ij}')\lambda$$

여기서 d_{ij}: 교통개선 이전의 교통저항
　　　d_{ij}': 교통개선 이후의 교통저항
　　　λ: 파라미터

수송량이 유발되는 과정은 [그림 17.5]와 같으며, 여기서 보는 바와 같이 대규모의 교통개선이 이루어져도 그 즉시 100% 유발이 생기는 것이 아니고 점진적인 증가경향을 보인다.

(2) 수송력

① 차량 측면에서 본 수송력

$$Q = v \cdot N \quad (v: \text{열차속도}, \ N: \text{차량 수})$$

② 노선 측면에서 본 수송력

$$Q = F \cdot C \quad (F: \text{운행빈도}, \ C: \text{수송단위})$$

③ 열차의 최소운행간격: 역 간의 최소운행간격 t_m은 다음과 같이 나타낼 수 있다([그림 17.6]).

$$t_m = \frac{S_h}{v} = \frac{vt_r + S_{b(v \to 0)} + S_r + S_o + S_t}{v}$$

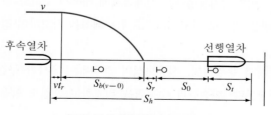

[그림 17.6] 최소운행간격의 개념

여기서 v: 정상적인 열차속도

　　　　S_h: 열차 차두거리

　　　　t_r: 공주시간(신호등의 PIEV 시간)

　　　　$S_{b(v \to 0)}$: 속도 v의 열차가 정지할 때까지 걸리는 제동거리

　　　　S_r: 여유거리

　　　　S_o: 개폐길이

　　　　S_t: 열차길이

④ 노선용량: 노선용량은 하루 또는 단위시간당 운행 가능한 열차 수로서 한계용량, 실용용량, 경제용량이 있다. 한계용량은 하루 동안 열차를 운행하는 경우에 운행 가능한 열차 수이며, 실용용량은 한계용량에다 한계선로이용률(또는 선로열차이용률)을 곱하여 구한다. 한계선로이용률 f 는 [그림 17.7]과 같이 유효용량/전용량의 비로 나타내며 그 값으로 보통 0.5~0.6 범위의 값을 사용한다. 그 이유는 첨두시간의 한계용량을 기준으로 계획하게 되면 비첨두시간에서는 비경제적인 운영이 되기 때문이다.

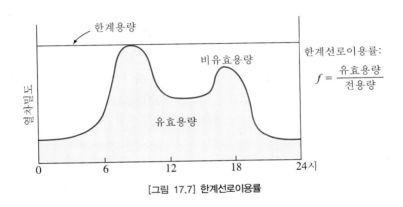

[그림 17.7] 한계선로이용률

실용용량(열차/일)은 다음과 같이 구한다.

$$\text{단선:} \quad N_s = f \cdot \frac{24 \times 60}{t + c} \quad \text{(왕복)}$$

$$\text{복선:} \quad N_d = f \cdot \frac{24 \times 60}{\bar{t}} \quad \text{(편도)}$$

여기서 t: 역 간의 열차평균 소요시간(분)

　　　　c: 역 내 체류시간(분)

　　　　$\bar{t}$: 첨두시의 평균배차간격(분)

17.2.2 도시대중교통(지하철, 전철) 계획

전용부지를 사용한 도시철도의 효시는 1863년에 개통된 런던 도시권전철(Metropolitan Railway of London)이었다. 1920년까지 대부분의 세계 주요도시는 지하철 또는 고가철도를 건설했으며, 특히 1960년 이후에는 인구 100만 명 정도의 많은 중도시에서도 기존 시스템을 확장하거나 혹은 새로운 시스템을 건설하는 경향이 커졌다.

1 노선

대중교통시스템의 대부분은 전용부지를 필요로 한다. 노선의 평면선형은 일반적으로 방사형이나, 정확한 것은 정거장의 위치에 따라 결정된다. 또 정거장의 위치는 노선축 부근의 주요 교통발생원까지의 접근성 또는 도로나 다른 대중교통수단과의 환승을 고려하여 결정된다. 지가가 비싼 곳에서의 노선부지는 가능하면 지하 또는 고가(高架)로 건설된다.

종단선형은 지형에 좌우되겠지만 근본적으로 지가, 건설비 및 환경비용의 합이 최소화되게끔 결정된다. 노선이 지상에 건설될 때 건설비용은 가장 적게 들지만 그렇게 되면 폭 12~30 m 정도의 땅이 노선부지로 영구히 묶이게 되고 주요 도로와의 교차점에는 입체분리시설을 건설해야 하는 문제가 생기게 된다. 그래서 지가가 낮은 외곽지역이나 부지와 입체분리시설의 비용을 도로프로젝트와 분담할 수 있는 고속도로 중앙에 설치할 때만 타당성이 있다. 고가시설비용은 지상에 건설하는 비용에 비해 2배 이상 비싸지만 고가시설 밑의 토지는 도로로 사용되거나 또는 주차장이나 시설녹지대로 만들 수 있다. CBD를 포함한 고밀도개발지역에서는 고가시설로 말미암아 소음 및 일조를 차단하는 문제점이 발생한다. 지하철을 건설한다면 건설비용이 2~3배 증가한다. 그러나 도로부지를 사용함으로써 부지비용을 절약할 수 있고, 사유재산을 매입할 필요가 없으며, 지상공간을 침해하지 않는다. 또 승객들이 지하통행을 달가워하지는 않지만 환경훼손을 최소화할 수 있다.

대부분의 대중교통시스템은 강철궤도와 철륜을 사용한다. 이것은 200년이 넘는 철도의 역사(18세기 영국에서 말이 끄는 광산철도가 처음이었다)를 통해서 그 신뢰성과 기계적 효율성이 입증되었다. 목재나 콘크리트 궤도와 고무타이어는 파리와 몬트리올 및 멕시코시에서 사용되었으나 비상시나 선로전환을 할 때는 철재궤도와 철륜을 사용했다. 삿포로의 고속대중교통시스템은 철재궤도와 철륜으로 보완하지 않고 콘크리트 궤도상에 고무타이어를 사용한 것이다.

2 역

대중교통역은 승객의 승하차를 위한 플랫폼, 계단, 승강기, 순환통로, 요금징수소, 기타 부속공간과 장비로 구성되며, 설계연도의 첨두교통량의 이동과 집적을 위한 적절한 용량을 갖도록 설계되어야 한다. 역과 도로, 주차장 및 인접건물 지하와 연결시키는 것은 접근성을 증대시키는 중요한 요인이 된다. 이들을 설계할 때는 인간특성을 고려할 필요가 있다.

대중교통시스템의 제1세대는 일반적으로 도시의 고밀지역에만 건설되어 마차나 노면전차로 인한 혼잡을 완화할 목적으로 계획되었다. 또 아주 짧은 통행을 흡수하기 위해서 역 간의 거리는 평균 800 m 정도밖에 떨어지지 않았으며, 보행자 접근을 편리하게 하기 위한 시설 외에는 다른 특별한 시설이 필요 없었다. 대부분의 경우 모든 시설을 지하로 보낼 수 있었기 때문에 개인 땅을 사용하지 않아도 되었다.

이와는 대조적으로 1950년대 이후부터는 장거리 통행에 서비스를 제공할 목적으로 교외지역으로 시스템을 연장하게 된다. 역 간 거리는 더욱 길어져서 평균 1.5 km 정도가 되었다. 교외역은 지선버스서비스를 위한 노외 버스정거장을 두었고, 2,000대 이상을 주차시킬 수 있는 주차공간을 마련하였으며, 승용차 이용자가 타고 내리는 공간을 준비했다. 이와 같은 역은 그 크기와 그 역으로 인한 교통유발 때문에 환경에 영향을 미치지 않을 수 없다.

3 차량

차량은 특별히 설계된 시설을 이용하기 때문에, 희망하는 용량과 평균속도를 내기 위해서는 차량의 크기와 운행특성이 고정시설의 설계와 합치되어야 한다. 차량제원 가운데 중요한 것은 길이, 폭, 높이, 열차의 최대길이, 평균운행속도, 최대감속 및 가속도 등이다.

차량의 폭과 높이는 터널이나 지하도 단면의 크기에 영향을 줄 뿐만 아니라 지상에서는 통과높이와 측방여유폭에 영향을 미친다. 차량의 길이는 곡선부에서의 overhang의 크기와 궤도 간의 여유간격 및 차량과 터널벽체 또는 측방장애물 사이의 여유간격 크기를 좌우한다. 이와 같은 제약사항은 긴 차량이 갖는 장점과 절충되어야 한다.

열차의 전체길이는 차량의 폭과 함께 용량에 영향을 미치고, 또 역의 길이를 결정하는 데 영향을 준다. 정해진 용량을 실어 나르는 데 있어서 폭이 넓고 짧은 열차는 터널비용을 증가시키는 반면에 역 건설비용을 감소시키므로 지하구간이 짧은 노선에 사용하면 좋다. 반대로 좁고 긴 열차는 지하 건설비의 비중이 크고 역 건설비의 증가가 문제 되지 않는 곳에 사용된다.

최대가속 및 감속도는 서 있는 승객의 안전을 위해서 $5 \text{ kph/sec}(1.4 \text{ m/sec}^2)$를 넘지 않아야 한다. 평균운행속도는 이와 같은 역간격의 함수이다. 예를 들어 역간격이 800 m일 때 위의 감속, 가속도를 고려하면 열차는 100 kph 이상의 속도를 낼 수가 없다. 모든 역간격과 경사진 긴 구간을 분석해 볼 때 고속대중교통은 110~130 kph 이상의 속도를 낼 필요가 없게 된다.

열차의 내부설비는 버스에서와 같은 용량분석과 쾌적성에 관한 정책결정에 좌우된다. 버스와 크게 차이가 나는 것은 지하철(전철)의 경우 열차 내에서 요금을 징수하지 않기 때문에 출입문을 넓힐 수가 있다는 것이다. 승하차할 때 계단이 없는 플랫폼을 사용하면, 넓은 문으로 많은 사람이 타고 내릴 수 있어 정차시간을 줄일 수 있고 노선의 용량을 증가시킬 수 있다.

4 부대시설

정상적인 운행시설 이외에도 고속대중교통의 부대시설로서 열차를 저장하는 조차장(yard), 정비소 및 통제실 등이 필요하다.

모든 대중교통노선은 일상적인 정비업무를 수행하는 정비소를 가진 조차장과 연결되어야 한다.

철도차량은 기동성에 제약을 받기 때문에(최소곡선반경, 최대경사 등) 조차장은 길고 좁은 지역에 위치하는 것이 좋다. 만약 노선에 인접할 수 없을 때는 추가비용을 들여 노선과 조차장의 연결 링크를 부설해야 한다. 또 조차장에서 일하는 사람을 위한 출퇴근용 교통시설(접근로, 주차장 등)과 사무실 건물도 필요하다. 일상적인 정비시설은 차량하부를 검사하는 피트(pit)와 필요한 기계나 공구를 가지러 가는 통로, 세차시설 등이 갖추어진 별도 건물 안에 있다.

모터나 차륜수리 등과 같은 대규모 정비수리는 대개 한 곳에서 집중적으로 행해진다. 노선망이 몇 개의 노선으로 분리되어 있으면 각 노선은 모두 대규모 정비수리창과 연결될 수 있어야 한다. 만약 이것이 불가능하다면 차량을 무개차에 실어 다른 수리창으로 보내든가 해야 한다.

노상과 궤도정비도 가능하면 한 곳에서 집중적으로 이루어져야 하며, 이것도 각 노선과 연결되어야 한다. 이에 필요한 필수적인 시설은 수리장비를 옮기는 지선궤도, 부품저장소, 저장소로 연결된 접근로 등이다.

열차통제는 철도대중교통의 역사와 더불어 점차 증가되었다. 옛날의 수동신호로부터 중앙신호통제로 바뀌었고 근래에는 컴퓨터를 이용한 자동통제가 이루어지고 있다. 중앙통제소는 대개 관리본부 안이나 그 부근에 위치하면서 상황판(display board), 컴퓨터 및 열차운전자 간의 전화접촉을 통하여 그 시스템의 현재상태에 관한 정보를 계속적으로 받아들인다.

5 노선계획

개인통행조사로부터 장래 교통수요를 계산하고 교통수단별로 배분해서 지하철, 전철, 기타 철도의 존 간 교통량이 구해지면 지하철 경로와 필요한 노선의 계획이 가능해진다. 일반적으로 지하철 길이는 인구 4만 명당 1 km, 한 노선당 약 20 km가 보통이다.

① 지하철의 교통 영향권을 정하고 인구분포계획에 따라 인구밀집지역(대개 100인/ha 이상)을 연결하고, 장래의 부도심, 공업단지, 대규모주택단지 등과 CBD를 연결한다. 또 기존 철도와 유기적으로 연결하는 것을 고려해야 한다.

② 도심부를 관통하고 외곽지역으로는 가능한 한 직선으로 연결시킨다. 지하구조물은 건설비가 많이 소요되므로 외곽지역은 될 수 있는 한 지상구조로 한다.

③ 각 노선의 세력권을 될수록 균등하게 배분하고 간선도로의 지하를 지나감으로써 도로교통량의 부담을 경감시키고, 가능한 한 하천부지나 공지를 활용한다.

④ 처음에 방사형 노선체계를 위주로 하고 장래 순환노선체계와 연결될 수 있도록 계획을 세운다. 조차장, 차량기지는 가능한 한 순환노선 예정지에 건설한다.

⑤ 운행시스템은 될수록 단순하게 하고, Y형 분기를 피한다. 승객의 환승횟수는 가능한 한 최소화하도록 한다.

⑥ 버스터미널을 포함한 터미널건물은 종착역에 건설하여 주차환승체계(park-and-ride)를 편리하게 한다.

⑦ 역간격은 도심지에서 1 km, 교외지역에서는 1.5~2 km로 한다.

⑧ 장래 계획을 고려하여 차고, 공장 등의 부지를 확보한다.

6 운행계획

(1) 수송단위

차량의 크기는 보통 폭 2.75~3.20 m, 길이 17.5~19.5 m이며, 한 차량당 승차정원은 150명, 열차당 차량대수는 4~10량이고, 일반적으로 6~8량을 운행한다. 첨두시간의 최대승차효율을 150%로 하는 것이 바람직하며 노선에 따라서는 200%까지도 허용된다.

(2) 운행간격

될 수 있는 한 짧으면서도 동일한 시간간격으로 운행하여 기다리지 않고 승차할 수 있도록 하는 것이 바람직하다. 최소운행간격은 1분 30초까지 가능하며 역 간 거리, 신호기간격, 정차시간 등에 따라 보통 2분으로 하나 2분 30초 정도로 운행하는 경우도 많다.

낮 시간에는 보통 10분 이하의 간격이 바람직하며, 지하철 이용 1일 1방향 총교통량에 대하여 중심집중형의 대도시에서는 첨두시간 집중률이 60% 정도, 일반도시에서는 45% 정도가 되며, 지하철 도입초기에는 10% 정도로 보는 것이 좋다.

(3) 열차운행

승객서비스의 질을 높이고 차량 수를 절약하기 위하여 평균운행속도는 가능한 한 높게 책정하는 것이 좋다. 각 역에서의 정차시간을 20초로 할 때 지역별 평균운행속도는 [표 17.4]와 같다.

[표 17.4] 지역별 평균운행속도(kph)

지역	평균운행속도	평균주행속도	최고속도
도심 내	32	42	70
교외(보통)	45	55	80
교외(급행)	60	70	90

(4) 보유차량대수

열차운행 시간간격을 h(분), 한 열차의 편성차량대수를 C(량), 열차의 평균운행속도를 v(kph)로 할 때, 구간 D(km) 이내에 있는 차량 수 N은 다음과 같이 구한다.

$$N = \frac{120D}{v \cdot h} \cdot C$$

운행에 직접 필요한 차량 수 N 외에 검사나 임시운행을 위하여, 전 차량의 약 15% 정도를 예비차량으로 확보할 필요가 있다.

7 설계기준

지하철의 설계기준은 다음 [표 17.5]에 요약되어 있다.

[표 17.5] 지하철의 설계기준

구분		기준	비고
최소 곡선 반경	본선	160 m	적어도 200 m, 속도제한 50 kph가 바람직하다. 승강장에서는 최소 500 m로 하여 승객의 위험을 방지할 것
	본선분기 부근	100 m	분기의 곡선반경을 고려
	승강장 부근	500 m	
완화곡선장		곡선반경 800 m 이하 때 $L = 0.07 \dfrac{V^3}{R}$ (m)	V: 속도(kph), R: 곡선반경(m) R에 대한 V는 별도로 규정
반대방향의 완화곡선 간의 거리		15 m 이상	불가능한 경우에도 직선은 삽입하지 않는다.
캔트 (cant)		$C = 10 \dfrac{V^2}{R}$ (mm) C: 캔트 V: 속도(kph) R: 반경(m)	승강장 부근에서 곡선반경이 800 m 이상일 경우는 캔트를 붙이지 않으며, 800 m 이하의 경우는 열차속도 20 kph에 대한 캔트를 붙인다. 완화곡선이 없는 경우의 캔트 변화는 캔트의 300배 이상의 길이에 걸친 직선구간에서 이루어진다.
최대 경사	본선	35/1,000	부득이한 경우는 50/1,000
	정거장 내	10/1,000	
	측선	45/1,000	단, 차량의 유치(留置)가 필요한 경우에는 3/1,000 이하
최소경사		2/1,000	지하 부분
종단곡선의 최소반경		5,000 m	부득이한 경우 평면곡선반경이 300 m 이상의 경우에만 본선에서 2,500 m, 측선에서 2,000 m로 할 수 있다.
곡선에 의한 건축한계의 확대		$W = \dfrac{20,000}{R}$	W: 양측에서 각각 확대해야 할 치수(mm) R: 곡선반경(m)
확대궤간 (slack)		곡선반경 600 m 이상 때 $S = \dfrac{4,500}{R} - 5$	S: 곡선 안쪽 방향의 확폭(mm) R: 곡선반경(m)
$R.L$과 도상바닥 간의 간격	콘크리트 도상	400 mm	단, $R \geq 200$ m일 때는 500 mm
	자갈 도상	600 mm	자갈 도상은 주택 밑과 같이 특히 진동을 방지해야 할 구간에 사용
최소 궤도중심간격		지상선: 3.40 m 지하선: 4.05 m	지상선은 직선, 곡선 구별 없이 3.5 m가 표준

주: 1) 캔트, 확대궤간은 완화곡선 전체에 걸쳐서 변한다고 본다.
    2) 최소곡선반경이란 안쪽 궤도의 반경이다.
    3) 완화곡선장 및 캔트의 계산식에서 R과 V의 관계는 다음과 같다.

R(m)	160	200	250	300	350	400	530 이상
V(kph)	42	50	55	60	65	70	80

17.2.3 모노레일

도시교통수단으로서 모노레일(monorail)은 통근, 통학수단으로서의 역할과 업무통행수단 등으로서의 역할을 수행한다. 통근교통수단으로서의 기능을 수행할 때는 교외철도와의 연결운행이 불가능

[표 17.6] 모노레일과 지하철 비교

구분	모노레일	지하철
개발목적	도시 내 승객 대량 고속수송 수단	왼쪽과 같음
기능	역의 승강장을 도로상공에 건설하기 때문에 승강장 길이에 제한이 있고 수송능력은 첨두시간당 45,000명 정도가 됨	승강장의 제한이 없으므로 대량수송이 가능함
건설비	동일 수송능력에서 지하철의 1/4~1/3	약 300~400억 원/km
도로와의 관계	4차로 이상 도로에서 건설 가능. 중앙분리대를 이용하므로 자동차통행에 지장이 없음. 가로폭이 충분하지 않으면 건조물에 의해 다소 영향을 받음	모든 시설이 지하에 건설되므로 가로 교통에 지장은 없으나 지하철 출입구를 인도에 둘 경우 미관상 문제가 됨
공사기간	공기가 짧고 공사 중에도 지장이 없음	공사기간 중 도로교통 및 연도주택에 영향을 줌
소음	고무타이어를 사용하므로 소음이 적음	철륜사용으로 소음이 큼
일조	승강장 아래가 문제이므로 승강장 길이를 100 m 이내로 함	문제가 없음
연도주택에 미치는 영향	승강장과 노선이 공간에 설치되므로 주변주택의 프라이버시 문제를 야기함	문제가 없음
편리성	승강장이 높으므로 승강에 문제가 있음. 그러나 도로횡단자에게는 편리하며, 육교의 이용률을 높임	승강의 문제가 있음
쾌적성	전망 및 통풍이 좋음	지하도나 차내의 열기가 문제됨. 소음 때문에 옆사람과 대화가 곤란함

한 결점이 있으나, 반면에 모노레일은 지하철수송력의 70% 가까이 실어 나를 수 있고, 또 가공시설을 이용하기 때문에 건설비가 저렴하므로 교외의 신도시에서 많이 이용되고 있다. 특히 대도시에서의 노면교통이 한계에 이르렀고 고층건물로 인해서 도로개선이 불가능하기 때문에 지하철, 노면 및 공중 등의 입체적 교통체계를 구축하지 않을 수 없어 모노레일이 검토되었다. [표 17.6]은 모노레일과 지하철을 비교한 것이다.

모노레일의 종류에는 좌대식(座台式)과 현수식(懸垂式)이 있다. 좌대식은 건설비용도 싸고 공기가 짧은 이점은 있으나 차량구조가 측방지지차륜이므로 복잡하고 중심이 높아 적은 곡선에도 원심력이 승객에게 전달되고 모든 힘이 수평안전륜에 걸리게 된다. 현수식은 중심이 낮고 궤도가 빔(beam)의 아래에 놓이므로 일기의 영향을 적게 받으며 곡선의 원심력도 자동적으로 균형을 이루게 되고 소음이 적다.

모노레일이 담당할 수송범위를 운임, 경영비, 건설비의 측면에서 고찰하면 다음과 같다.

① 통근교통이 많은 경우(집중률: 하루 수송량의 12%)

    버스: 12,000인/시간 이하

    모노레일: 12,000~45,000인/시간

    지하철: 50,000인/시간 이상

② 통근교통이 비교적 적은 경우(집중률: 5%)

    버스: 4,000인/시간 이하

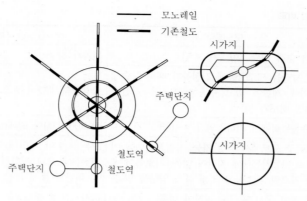

[그림 17.8] 모노레일 노선망의 패턴

　　모노레일: 4,000~21,000인/시간

　　지하철: 21,000인/시간 이상

　일반적으로 모노레일의 수송범위는 4,000~45,000인/시간이며, 차종에 따라 중형차 4,000~19,000인/시간, 대형차 19,000~45,000인/시간을 수송한다.

　모노레일이 도시공간을 효율적으로 이용하는 이점을 가지고 있으면서도 지금까지 널리 사용되지 않은 이유는, 첫째, 대중교통수단으로서의 수송실적이 적었고, 둘째, 도로, 수로 등의 상공을 이용하는 장점은 있으나 오랜 역사를 가진 도시는 모노레일을 설치할 만한 넓은 도로가 적기 때문이다.

　지하철과 비교해 볼 때 모노레일은 기존 철도와 연결운행이 필요 없고, 도로나 수로의 상공을 이용할 수 있는 경우에는 건설비가 싸고 공기가 짧으며 대중교통수단으로서 매우 유리한 조건을 갖는다. 모노레일은 독립적인 특수철도로서 가늘고 긴 지주에 빔과 궤도를 설치하여 고가(高架) 형식으로 운행되나 도심부, 공항횡단, 기복이 심한 구릉지 등 고가구조의 설치가 불가능한 경우에는 지하구조도 가능하다. 재개발지역에서는 플랫폼을 인공지반에 설치하거나 출입구를 건물과 직접 연결하면 좋다. [그림 17.8]은 대도시 및 지방도시에서의 일반적인 모노레일 노선패턴을 나타낸 것이다.

　현수식은 최소 10 m 정도의 곡선반경을 갖도록 하면 캔트 없이 방향전환이 가능하므로 첨두시 2분 30초 정도의 간격으로 운행할 때 편리하다. 좌대식은 철도와 같이 최소곡선반경에 대한 제한이 필요하다. 노폭이 25 m인 도로까지 이용한다면 30 m 정도의 최소반경이 필요하다.

　곡선부의 캔트는

$$C = \tan\theta = \frac{V^2}{127R} - 0.05 \leq 0.5$$

여기서　C: 캔트(θ는 경사각)

　　　　R: 곡선반경(m)

　　　　V: 최고속도(kph)

17.3 버스시스템 계획

역사적으로 볼 때 국지 대중교통수단으로 지금까지 6가지 수단이 출현했다. 맨 처음 출현한 승합마차에서부터 지금의 버스에 이르기까지 이들은 도로가 갖는 장점을 최대한 활용했으며, 이들을 위해서 도로망에 별도의 투자를 할 필요가 없었다. 그러나 승합마차는 19세기 도로의 열악한 포장상태 때문에 쇠퇴하고, 토사도로에 설치한 궤도를 이용하는 마차가 등장했다. 말이 끌기에는 너무 경사진 노선에서는 케이블카가 이용되었고, 전기로 움직이는 노면전차가 말을 대신했다. 그러나 이와 같은 3가지 종류의 궤도수송수단은 융통성이 결여되었기 때문에 곧이어 내연기관으로 움직이는 버스가 출현했다. 이때 도로상의 전선으로부터 전력을 공급받아 움직이는 트롤리 코치(trolley coach)가 나타나 가솔린버스와 경쟁을 하게 되었다. 결국 효율성과 융통성이 크고 투자비용이 가장 적은 버스가 개발되어 지금까지 국지 대중교통수단의 대종을 이루고 있다.

17.3.1 버스시스템의 개요

국지 대중교통수단을 논하기 전에 버스의 기술적인 상황을 이해하는 것이 이들 시스템의 특성과 잠재성을 파악하는 데 매우 중요하다. 버스시스템은 환경적인 영향에 의해 제약을 받기는 하지만 매우 좁고 경사지거나 막다른 길을 제외하고는 도로망 어디서나 운행이 될 수 있다. 또 노선을 쉽게 결정할 수 있으며 만약 그 노선이 부적절하다면 그 노선을 포기하고 다른 노선을 설정할 수도 있다. 각기 크기와 성능이 다른 차량이 함께 시스템에 포함될 수도 있다.

그러나 앞에서 언급한 바와 같이 공공부지를 사용하기 때문에 오는 단점도 있다. 또 뒤에 설명되겠지만 한 교통축에서 이들 버스나 노면전차의 용량은 고속대중교통수단에 비해 뒤떨어진다.

1 노선

국지대중교통 노선망은 [그림 17.1]에 나타낸 것과 같은 종류의 노선을 모두 사용한다. 일반적으로 이들 노선은 일반도로나 고속도로상의 공공부지를 다른 차량과 함께 사용한다. 환경적인 이유로 해서 버스노선은 대개 주요 간선도로나 집산도로에 한정되나 도시외곽의 주민들을 위해서 주거지도로를 사용하기도 한다.

급행버스는 잠재적인 승객에게 매력적이기도 하지만 운영자의 운행비용을 절감시킨다. 새로운 노선을 개발하고자 할 경우에는 교통의 흐름이 원활한 노선을 택한다. 또 교통공학적인 대책을 사용함으로써 대중교통운영을 개선할 수 있다. 즉 버스우선 신호시간을 사용하여 교차로에 접근하는 버스가 정지하지 않고 교차로를 통과하게끔 한다. 또 좌회전이 금지되는 곳에서 버스는 좌회전이 허용되는 것과 같은 대책이 그 좋은 예이다.

버스노선의 질을 높이는 방법으로는 버스우선차로를 설치하는 반전용부지 이용방법이 있다(여기서 반전용이란 말을 사용하는 것은 회전하는 승용차가 이 차로를 이용할 수 있기 때문이다). 도로변차로를 주차나 하역을 하는 데 사용하고 있었다면 이 차로를 버스우선차로로 만들어주는 것이 가장 좋다. 그러나 도로변 차로가 정차금지구간으로 묶여 있고, 버스의 운행대수가 매우 많으면 이 차로는 어차피 다른 차량이 거의 사용하지 못할 것이기 때문에 자연적으로 버스전용차로 역할을 하게 된다. 연석차로가 버스전용차로로 지정되면 우회전하려는 승용차는 교차로 직전에서만 이 차로로 진입할 수 있다.

도로중앙선을 버스전용차로로 지정하면 그 차로는 페인트로 나타낸 노면표시나 돌출한 연석을 설치하여 다른 차량의 이용을 막으며, 교차로에서 다른 차량의 좌회전을 금지시키는 것이 보통이다. 또 중앙전용차로의 경우 버스정거장에는 보행자용 교통섬을 특별히 설치해야 한다.

일방통행제에서는 중요한 교통발생원 또는 환승점으로 접근할 때 양방향에서 접근하기가 어렵다. 이에 대한 하나의 해결책으로서는 도로의 폭이 허용된다면 역류버스차로를 설치하는 것이다. 그러기 위해서는 일방통행도로의 왼쪽차로는 주차를 금지시켜야 하며 노면표시와 기타 표지판으로 4.25 m 정도의 차로를 역류차로로 확보해야 한다. 택시나 긴급차량도 이 차로를 역류로 이용하게 할 수 있다.

고속도로에서는 왼쪽램프가 없다면 중앙차로를 버스를 위한 반전용부지로 활용할 수 있다. 이러한 차로는 일반교통류와 같은 방향 또는 반대방향으로도 이용된다. 어떠한 경우이든, 버스가 이 차로를 벗어나거나 진입하기 위해서는 고속도로의 바깥쪽 차로를 비스듬히 횡단해야 한다. 합승승용차(car pool)도 일반적으로 버스전용차로를 이용하게 하여 일반교통류의 혼잡을 완화하고 동시에 승용차의 합승을 유도할 수 있다. 고속도로에서의 역류차로는 타당성이 있다. 비첨두방향의 교통수요는 매우 적기 때문에 한 차로(또는 완충차로를 포함해서 두 차로)를 역류방향으로 할당할 수 있다. 역류구간에 진입하거나 벗어나는 곳의 중앙분리대는 평탄하게 만들어 주어야 하고 첨두시간이 바뀌는 시간에 교통콘이나 다른 설비를 설치해 주어야 한다.

버스전용도로는 가장 좋은 형태의 전용부지로서 버스만 이용하거나 혹은 합승승용차와 함께 사용한다. 로스앤젤레스에 있는 El Monte Busway는 이러한 종류의 도로로서 노선상에 4개의 정거장과 특별한 접근램프가 구비되어 있다. 워싱턴 D.C. 외곽의 Shirley Highway의 중앙은 가변도로로서 버스와 합승승용차가 사용하되 오전에는 시내 쪽으로 일방통행을 하고 오후에는 교외 쪽으로 일방통행을 하도록 만들어졌다.

2 정거장 및 터미널

버스정거장은 승객이 움직이는 교통과 분리되어 승하차와 대기를 할 수 있도록 대부분 인도 쪽 연석에 위치한다. 정거장에는 승객이 쉽게 알아볼 수 있도록 하기 위해서 표지판을 설치해야 한다. 만약 배차간격이 10분을 초과할 경우에는 의자나 대피소와 같은 편의시설이 구비되어야 한다. 대피소에는 노선지도와 버스시간표 같은 것이 배치된다. 버스정거장 부근의 연석에는 다른 차량이 정차하거나 주차를 못하게 노면표시나 표지판을 설치해야 한다.

정거장은 교차로의 접근로에 설치하는 경우(근측정거장)와 교차로를 지나서 설치하는 경우(원측정거장), 블록중간에 설치하는 경우(블록중간정거장)가 있다. 이 중에서 어떤 것을 택하는가 하는 것은 교차로에서 버스의 회전과 다른 차량들의 주요 이동류, 교차도로의 상태, 환승의 방향 및 매우 중요한 교통발생원의 위치에 따라 달라진다.

근측정거장은 오른쪽에서 왼쪽으로 진행하는 일방통행도로와 교차하면서 버스와 같은 방향으로 진행하는 교통량이 분기되어 다른 방향으로 가는 교통량보다 많을 때, 그리고 버스가 우회전할 때 설치하면 좋다. 원측정거장은 왼쪽에서 오른쪽으로 진행하는 일방통행도로와 교차하면서 버스의 방향과는 다른 방향으로 가는 교통량이 많을 때, 그리고 버스가 좌회전할 때 사용하면 좋다. 그러나 정거장 위치선택에서 가장 중요한 것은 신호시간과 환승을 위해서 다른 노선의 정거장위치를 고려하고, 인도의 적절성을 고려하는 것이다.

블록중간정거장은 잘 사용되지 않으며, 특히 중요한 환승을 위해서는 적절치 않다. 이것은 교통수요가 크게 발생되는 중심점이 블록중간에 있을 때, 그리고 인접교차로에 있는 정거장으로는 불충분할 때나 사용한다. 이 경우는 시간당 버스 수가 많아 하나의 정거장으로 이를 다 처리할 수 없을 때 발생한다.

버스정거장의 위치선정에 관한 설명은 11장에도 자세히 언급되어 있다.

도로변 버스정거장의 최소길이는 [표 17.7]에 나타나 있다. 한꺼번에 한 대 이상의 버스를 정차시키는 정거장의 필요성은 뒤에 설명되는 용량공식으로부터 계산될 수 있다. 그러나 두 번째 및 세 번째 버스위치의 용량은 선두버스위치의 용량과 비교해 볼 때 각각 75%와 50% 정도밖에 되지 않는다. 그 이유는 이들 위치에서 출발할 때 앞에서 정지하고 있는 차량의 방해를 받기 때문이다.

경우에 따라서는 고속도로상에도 버스정거장이 필요할 때가 있다. 대부분의 급행노선은 도심과 외곽지역을 신속하게 연결하기 위해서 고속도로를 이용하는 것이지 고속도로 주위에 서비스를 제공하기 위한 것이 아니다. 그러나 고속도로와 연결된 지선을 설치하기에는 교통수요가 너무 적은 교외 외곽지역 사람들을 위해서는 고속도로상에 버스정거장을 설치할 수도 있다. 이러한 정거장은 고속도로가 중요한 도시순환도로와 교차하는 곳에도 설치되며 이러한 곳은 대개 도심지 주변에 있다. 좀 더 자세한 버스정류시설의 설계기준 등은 참고문헌 (19)를 보면 좋다.

다이아몬드형 인터체인지에서 정차할 때는 버스가 고속도로를 벗어나 교차도로에 정차를 하고 다시 고속도로로 재진입하는 것을 원한다. 이렇게 하면 승객의 보행거리를 줄일 수 있다. 버스가 교차도로에 도착하여 승객을 내리고 다시 고속도로로 진입하는 데 상당한 시간을 소비하게 되는 복잡한

[표 17.7] 도로변 버스정거장의 최소길이

정거장의 종류	정거장 길이(m)[1]	
	1대 정차	2대 정차
근측정거장[2]	$L + 20$	$2L + 21$
원측정거장	$L + 12$	$2L + 12$
블록중간정거장[3]	$L + 30$	$2L + 30$

L = 버스의 길이
1) 버스가 연석에서 30 cm 떨어져서 정차할 때를 기준으로 한 값. 만약 15 cm 떨어지면 이 값에다 근측은 6 m, 원측은 4.5 m, 블록중간은 11 m를 추가해야 함
2) 우회전하는 버스이면 이 값에다 4.5 m 추가. 버스가 우회전하고 일반차량의 우회전교통량도 많으면 9 m 추가
3) 차도폭이 12 m인 도로를 기준으로 한 값으로서 차도폭이 10 m이면 위의 값에서 4.5 m 추가. 이들 값은 버스가 중앙선을 침범하지 않고 정거장을 벗어날 수 있는 길이임
자료: 참고문헌(4)

인터체인지에서는 접근부의 출구차로에 정거장을 설치하고 보행자 연결통로를 교차도로까지 만들어 줄 수도 있다.[3]

노외 버스정거장에는 조그만 회전서클과 승하차공간을 가진 것이 있는가 하면, 대규모 터미널도 있다. 세계에서 가장 큰 터미널은 뉴욕시의 Lincoln Tunnel에 있는 Port Authority Bus Terminal로서 평일 하루에 200,000명의 승객과 7,000대의 버스를 운영하며, 한 방향 시간당 용량은 버스 750대와 승객 33,000명이다.

3 차량

버스는 일반가로상을 운행하므로 그 크기는 법에 의해서 제한을 받는다. 우리나라의 「자동차 및 자동차부품의 성능과 기준에 관한 규칙」에 규정된 차량의 크기 및 중량제한은 다음과 같다.

- 길이: 13 m 이하(연결자동차의 경우에는 16.7 m)
- 폭: 2.5 m 이하
- 높이: 4.0 m 이하

버스내부설비는 용량과 쾌적성 간의 최적절충점을 찾음으로써 결정된다. 이때 통행길이를 특별히 고려해야 한다. 승객 대부분의 통행길이가 30분을 초과하면 대부분의 승객은 앉아서 가도록 해야 하고, 짧은 왕복순환노선에서는 그럴 필요가 없다. 넉넉한 크기를 갖는 좌석을 설치하면 서서 가는 사람의 공간은 통로 정도뿐이고 출입문도 하나로 되어 용량은 줄어들지만 쾌적성은 매우 커진다. 한두 개의 비상출입문을 설치해야 하나 이 출입문 입구의 좌석은 그대로 사용할 수 있다. 반대로 용량을 중요시한다면 작은 좌석을 적게 설치하고, 차량 뒤쪽에 출입문을 하나 더 만들며, 그것도 정거장에서의 승하차시간을 줄이기 위해 문을 넓힐 필요가 있다.

소규모의 버스시스템에서는 모든 노선에 적합한 한 종류의 버스를 사용하는 것이 좋으나 대규모시

[표 17.8] 버스 및 지하철 차량의 용량

차종	길이(m)	폭(m)	일반적인 용량[1]			참고모델
			좌석 수	입석 수	합계	
소형버스 – 단거리운행	5.95	2.35	18	12	30	
시내버스	9.15	2.45	36	19	55	
	10.65	2.45	45	25	70	
	12.20	2.60	53	32	85	
굴절 시내버스	16.50	2.50	48	124	172	유럽모델
	18.30	2.60	69	41	110	미국모델
노면전차	42.70	2.75	177	198	375	3량 열차
경전철(LRT)	67.00	2.70	204	366	570	3량 6축, 미국모델
	51.80	2.35	128	372	500	2량 8축, 유럽모델
고속전철(HRT)	184.40	3.05	500	1,700	2,200	10량, 미국모델
	182.90	3.15	616	2,000	2,616	8량, 캐나다모델
	213.35	3.20	720	1,280	2,000	10량, 미국모델

1) 모든 차량은 좌석을 제거하면 용량을 증대시킬 수 있음
자료: 참고문헌(5)

스템에서는 단거리노선용으로 용량이 큰 버스를 사용하고, 외곽지역에 서비스를 제공하는 버스는 안락한 차량을 사용하는 것이 좋다. 버스 용량에 관한 구체적인 내용은 [표 17.8]에서 보는 바와 같다.

동력계통을 제외하고는 트롤리 코치도 버스와 비슷한 특성을 갖는다. 그러나 노면전차는 그 크기와 중량에서 자동차와 완전히 다르다. 굴절버스(articulated bus)의 크기는 같은 표에 나와 있다.

4 부대시설

시내버스시스템은 여러 가지 부대시설을 필요로 한다. 차량이 운행되지 않을 때는 한데 모아서 정비 및 수리를 한다. 고용인을 배치, 감독, 훈련시키는 시설도 필요하고, 행정을 담당하고 계획을 수립하고 운행시간표를 작성하는 본부요원들을 위한 시설도 있어야 한다.

지원시설 중에서 가장 중요한 것은 정류장과 정비창이다. 소규모시스템에서는 그런 시설이 단지 하나만 있으면 되지만, 노선망이 큰데도 불구하고 한 장소에서 모든 노선을 서비스한다면 노선과 정류장 또는 정비창 간의 쓸데없는 공차운행이 과도하게 발생한다. 경험에 의하면 한 장소에서 400~500대 이상의 차량을 취급하긴 힘들다. 차량을 주차하려면 많은 토지가 필요하므로 버스정류장은 땅값이 낮은 지역에 위치하는 것이 좋고, 환경적인 이유로 해서 가능하면 공업지역에 있는 것이 좋다. 평일 날 쉬는 차가 많으면(출퇴근시간 이후 배차간격이 길어진다면), 고가고속도로 아래의 땅과 같이 CBD 가까이에 있는 땅을 사거나 빌려서 임시정류장으로 사용해도 좋다.

정류장은 버스주차뿐만 아니라 운행보고를 하고, 배차를 하며, 운행계획을 수립하고, 점검을 하는 사무실 건물이 필요하다. 또 병이 난 운전자와 교대하거나 특별운행을 위해서 필요한 대기운전자용 공간도 필요하다. 모든 정류장에서 일상적으로 이루어지는 서비스시설은 연료탱크와 펌프, 세차설비, 검사대를 가진 윤활유 주입차로 등이 있다. 대규모시스템에서 한 정류장은 중(重)정비소로 지정되어 엔진, 트랜스미션 및 기타부품을 정비하게 한다. 소규모 버스운영에서는 중(重)정비를 다른 정비회사에 위탁하기도 한다.

운영본부는 어느 한 정류장에 두거나 혹은 다른 건물을 사용할 수도 있다. 운영본부가 하는 일은 감독, 계획, 시간표작성, 회계관리, 사고처리, 이용홍보, 노사관계 등이다. 요즈음의 현대화된 버스회사는 별도 관제센터를 설치 운영하기 때문에 이에 따른 중앙통제소와 기타 지원시설을 위한 공간도 필요하다.

17.3.2 버스교통의 문제점과 대책

버스는 철도가 없는 지역의 주요 대중교통수단이며, 철도가 발달한 지역에서는 철도를 보완하고 철도역에 접근하는 수단으로서 중요한 역할을 한다. 승용차의 증가로 인한 도로혼잡으로 버스의 속도와 정시성이 저하되는 경향이 있으면서도 대중교통의 대부분은 버스가 담당하고 있다.

버스교통이 안고 있는 문제점은 도시부와 지방부가 다르며, 특히 개발밀도가 낮은 지방부에서 나타나는 문제점은 그 성격이 완전히 다르다. 도시부에서는 도로혼잡으로 인한 운행속도 및 정시성이 저하되고, 이에 따른 이용자 감소 및 운행비용의 증가로 경영이 악화되며, 따라서 서비스수준이 저

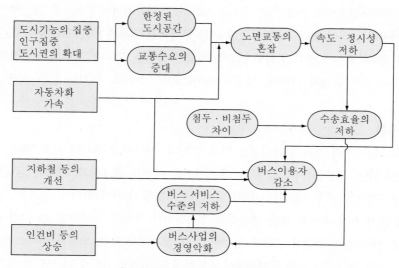

[그림 17.9] 도시부의 버스 문제 피드백

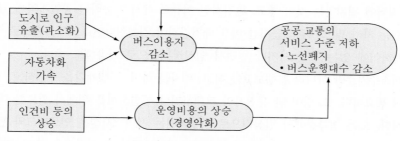

[그림 17.10] 과소지의 버스교통 문제

하되어 이용자가 다시 감소하는 악순환이 반복된다. 이와 같은 관계를 도표로 나타내면 [그림 17.9]와 같다.

지방부 도시에서는 위에서 설명한 바와 같은 문제점도 있지만, 특히 개발밀도가 낮은 지역에서는 인구의 감소에 따라 교통수요 자체가 감소할 뿐만 아니라 자가용승용차의 보급에 따른 이용수단전환으로 버스이용자가 감소하여 경영상태가 악화되고, 서비스수준이 저하되어 다시 이용자가 감소하는 악순환이 생기게 된다. 그러나 이러한 지역에서는 노인, 어린이, 학생, 주부 등 자가용승용차 이용이 곤란한 계층에게 버스가 일상생활의 중요한 교통수단이 된다([그림 17.10]).

버스교통을 개선하기 위한 대책은 (i) 버스운행로 정비, (ii) 차량 개선, (iii) 버스노선망 개선, (iv) 버스운행방법의 개선, (v) 운임 및 보조정책 등 다섯 가지로 대별된다. 이와 같은 대책을 다시 세분하면 [표 17.9]와 같다.

이러한 대책의 한결같은 목표는 버스의 신뢰성을 향상하고, 편리성을 확보하며, 쾌적성을 향상하며, 경영상태를 개선하는 것으로서 다양한 대책을 종합적으로 실시하면 효과를 더욱 높일 수가 있다. 도시부에서의 버스개선 대책을 그 목표에 따라 분류하고, 이들을 다시 도로개선 대책, 교통운영 대책 및 버스사업운영 개선대책으로 나타내면 [그림 17.11]과 같다.

[표 17.9] 버스교통시스템 개선대책

대분류	중분류	소분류
버스운행로 개선책	버스차로 정책	버스우선차로 버스전용차로 가변차로
	교통신호 정책	버스우선신호 연동신호 개선
버스차량 개선	버스승강구 개선	버스승강구 확대 저상버스 요금수집 개선
	버스엔진의 개선	저·감속성능 향상 저공해 버스
	차량 내부 쾌적성 향상	소형버스 사용 좌석 및 통로 개선
버스노선 개선	버스노선 재편성	노선망 패턴의 개선 노선길이 단축
	정거장 개선	정거장배치 개선 터미널, 정거장구조 개선
버스 운행방식의 개선	통행노선 및 주행, 정거통제	수요대응 버스 운행방식 노선변경방식 자유승강방식 버스위치정보시스템
	운행횟수	버스투입대수 증가
	운행시간대	심야버스
운임정책 및 버스사업 보조정책	운임정책 및 버스사업	버스－철도환승 통합제도 버스－버스환승 무료제도 각종 할인제도
	보조정책	과소지역, 적자노선 보조 대체버스노선 개설보조

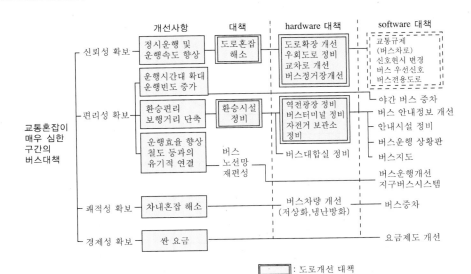

[그림 17.11] 도시지역의 버스교통 대책

17.3.3 버스노선망 계획

버스가 서로 엇갈려 지나가기 위해서 버스노선의 폭은 5.5 m 이상이 되어야 한다. 우리나라는 주로 버스교통이 대중교통수단으로 사용되기 때문에 국도나 지방도의 대부분이 버스노선으로 사용되고 있으며, 도시부도로의 경우 4차로도로 이상은 버스노선으로 사용하는 데 문제가 없다.

버스노선 현황을 파악하려면 각종 도로별 버스노선길이 및 노선 수, 그리고 평균노선길이, 일일 운행횟수 등을 조사해야 한다.

1 버스노선망의 설정

버스노선망을 계획할 때는 도로망, 노선망, 운행횟수, 배차계획 등을 검토해야 한다. 이들은 상호 관련성을 가지고 있고, 또 각 단계에서 선택결정의 범위가 넓기 때문에 전체적인 최적시스템설계는 매우 어렵다. 현실적으로는 각 운수사업주체가 경영상의 관점에 입각해서 경험적으로 정하는 경우가 많다. 따라서 버스노선망 계획에 관한 이론적 모형을 소개하면 다음과 같다.

(1) 버스운행 노선망 계획모형

도시가로망, 버스터미널위치, 버스이용자의 O−D표가 주어졌을 때 노선길이, 환승횟수 등에 대한 제한범위 내에서 운행노선망과 노선별 운행횟수를 결정하고 환승인구나 버스 총주행거리를 구하는 모형으로서 3개의 submodel로 구성된다([그림 17.12]).

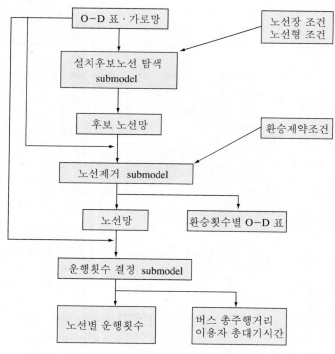

[그림 17.12] 버스운행 노선망 계획모형

(2) 최적 버스노선망 구성시스템

버스이용자의 O－D표와 버스 보유대수가 주어질 때, 전체를 4개의 submodel(버스노선망 제한 모형, 후보노선 개발모형, 노선망 결정모형, 운행횟수 결정모형)로 분할하여 각 submodel의 제약조건에 맞게 부분적으로 최적화하되 피드백도 가능하다([그림 17.13]).

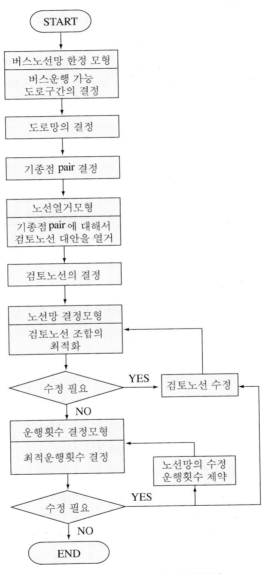

[그림 17.13] **최적 버스노선망 구성시스템**

2 버스노선망의 재편성

버스노선망의 재편성이란 매우 긴 노선을 분할하고, 경유지를 변경하거나 설치효과가 크다고 생각되는 노선을 신설하고, 효과가 낮은 노선을 폐지하는 것을 말한다. 이와 같은 재편성의 목적은 소요시간을 단축하고, 적절한 운행횟수를 유지하며, 버스대수를 절약하기 위한 것이다.

재편성을 위한 접근방법으로는 앞에서 설명한 바와 같이 현재 여건하에서의 최적 노선망을 설정하고 현재의 노선을 이에 가깝도록 재편성하는 경우가 많다. 또 현재노선을 무시하고 버스이용객의 희망선도(desire line map)로부터 버스노선 설치가 가능한 도로에 버스교통수요를 배분하여 노선망을 설정하는 방법도 있다.

현실적으로는 기존노선을 검토하여 (i) 매우 긴 노선의 일부분을 잘라내어 다른 노선에 붙이거나 분할하는 방법을 사용하는 방법, (ii) 교외부~도심 간의 버스노선을 변경하여 도심에서 떨어진 지하철역에 버스를 연결시키는 방법, (iii) 존버스를 신설하고, 지하철망과 버스노선을 상호 조정하여 버스와 지하철의 합동할인운임제를 실시하는 방법으로 버스의 운행효율을 향상시키고 철도와 합리적인 연결을 도모하는 것이 손쉬운 방법이다.

17.3.4 버스우선대책

버스우선대책에는 버스우선차로, 버스전용차로, 버스전용도로, 버스우선신호 등이 있다. 버스에 통행우선권을 부여하는 이유는 버스의 경우 승객 한 사람당 차지하는 도로공간이 적고 도로를 효율적으로 이용할 수 있기 때문이다.

1 버스차로 및 버스도로

버스우선차로는 버스전용차로에 비해 다른 일반차량의 방해를 다소 받는다. 버스전용도로는 버스 이외의 차량통행이 금지되는 도로이다. 예를 들어 교외의 주요 철도역으로 통하는 폭이 좁은 도로의 짧은 구간에 설치될 수 있다. 또는 혼잡한 교통 애로구간이 있을 경우 이를 우회하는 버스전용도로를 설치하면 효과적이다.

특이한 버스차로로는 2중 버스차로를 연석 쪽에 설치하되 2개 차로를 모두 전용차로로 하거나 혹은 연석차로는 버스전용차로로 하고 그 인접차로는 버스우대차로로 하는 방법도 있다(13.5.5절 참조). 또 버스차로에 노선버스 이외에 택시나(실차만) 4인 이상 승차한 자가용승용차의 통행을 허용하는 방법이다.

일본 동경의 경우는 편도 3차로 이상의 도로에서 전체 도로길이의 50% 이상에 버스차로가 설치되고 그중에서도 전용차로의 비율이 높다. 설치시간대는 오전 첨두시간(07:00~09:00)이 대부분이나 오후 첨두시간(17:00~19:00)에 실시되는 경우도 있다.

버스전용차로의 효과는 교통조건과 도로조건에 따라 다르나 운행시간이 평균 20~30% 단축되고 이용자 수도 5% 정도가 증가한다. 대체로 버스우선차로의 효과는 전용차로에 비해 그다지 크지 않다. 버스 운행횟수가 많으면 전용차로의 효과는 감소한다. 전용차로 설치로 인한 버스의 속도향상과 상대적으로 속도가 감소하는 일반차량을 함께 생각할 때의 1인당 평균신호지체시간은 전용차로를 설치하지 않을 때에 비해서 크게 줄어들지 않는다. 승용차에서 전용차로를 이용하는 버스로 전환하는 비율은 그 두 가지의 통행시간 차이가 20분일 때 약 5% 정도 된다.

버스차로의 효과를 높이기 위해서는 다음과 같은 사항에 유의해야 한다.

① 전용차로의 양단출입구에서 교통처리를 잘해 줄 것
② 버스운행대수가 매우 많은 경우에는 정거장 부근에 버스가 몰려 있지 않기 위해 버스 bay나 2중 전용차로를 설치할 것
③ 승용차가 버스전용차로에 주정차하는 것을 철저히 규제할 것

버스전용차로를 설치할 때는 버스 이외의 차량이 원활히 통행할 수 있는 대체도로를 확보하거나 적절한 교통규제를 해야 한다. 또 택시나 도로변에서 화물을 싣고 내리는 화물차의 도로변 이용을 검토해야 한다. 4차로 이상의 도로에는 버스차로의 설치가 가능하기 때문에 버스차로제를 확대하기 위해서는 중앙선을 옮겨 아침·저녁 첨두시간에 가변차로로 운용할 필요가 있다.

노폭이 넓은(25 m 이상) 도로의 중앙에 전용차로를 설치하여 버스를 운행하며, 횡단보도에서 정거장을 설치하여 인도와 연결하는 경우도 있다. 정거장 간격은 800~1,000 m로 하고, 버스우선신호를 사용하여 평균운행속도 20~30 kph를 유지하면서 지하철과 같은 운행간격을 갖도록 하며, 차량은 대형버스를 운행한다. 좀 더 자세한 버스전용차로 등의 기술 기준은 참고문헌 (20)을 보면 좋다.

2 버스우선신호

교차로 접근로에서 버스의 접근을 검지하여 녹색신호시간을 연장함으로써, 교차로에서 정지하지 않고 통과하도록 통제하는 신호를 버스우선신호라 한다.

교차로에서 신호등에 의해 버스가 지체되는 시간은 버스운행시간의 15~30%를 차지하며, 전체 지체시간의 50% 정도나 된다. 따라서 버스차로제와 버스우선신호제를 함께 사용하면 버스교통의 운행시간을 크게 줄일 수 있다.

버스우선신호는 신호의 운영방식에 따라 몇 가지 종류로 나눌 수 있다. 여기에는 신호교차로에서 버스만 우선 출발시키는 신호현시(early-start phase)를 사용하는 방법([그림 17.14])과 교차로에서 좌회전하려는 버스가 있을 경우 버스전용현시(bus-only phase)를 설치 운영하는 방법([그림 17.15])이 있다.

이 밖에 버스의 회전과 합류를 원활하게 하기 위하여 교차로의 버스전용차로제가 끝나는 지점에 예비신호(pre-signal)를 설치하여 교차로에 설치된 신호가 적색일 때 예비신호를 녹색으로 만들어 버스를 다른 차량과 분리시켜 교차로 앞으로 전진시키는 방법이 있다. 이 방법은 교차로 접근로만 잘 사용하면 교통사고는 예방할 수 있으나 버스가 두 번 정지해야 하는 번거로움이 있다([그림 17.16]).

버스를 검지하는 방법은 검지기를 설치하는 장소에 따라 지상식과 탑재식이 있으며 지상식이 일반적으로 비용이 적게 든다. 지상식은 신호등에서 약 100 m 이전에 설치하여 차량의 높이나 길이로 버스를 식별한 후 녹색신호를 연장하거나 적색신호시간을 단축한다.

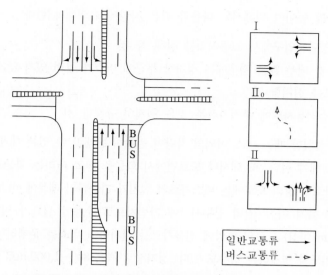

[그림 17.14] 버스를 먼저 출발시키는 신호현시 방법

자료: 참고문헌(6)

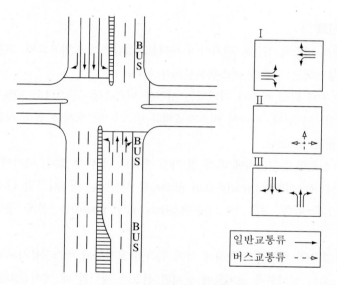

[그림 17.15] 버스만을 위한 신호삽입 방법

자료: 참고문헌(6)

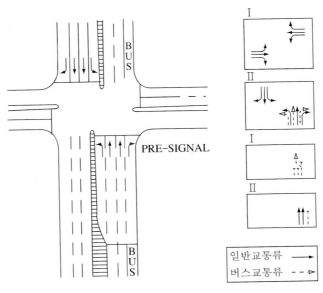

[그림 17.16] 버스전용차로에 별도의 예비신호설치 방법

자료: 참고문헌(6)

17.3.5 버스 운행방식의 개선

지역별로 교통수요나 교통서비스상의 문제점이 서로 다르기 때문에 이에 따라 버스운행방법의 개선책도 서로 달라야 한다. 버스운행을 그 형태별로 분류하면 정규운행(정시 및 정노선 운행)과 수요대응운행으로 나눌 수 있다([표 17.10]).

[표 17.10] 버스 운행형태별 분류

운행형태		사례
정규 운행	순환 및 고빈도	소형버스
	feeder(지선) 서비스	단지버스, 회원제버스(club bus)
	zone 방식	지구버스(zone bus)
수요대응 운행	노선변경 방식	call mobile, coach
	수요대응 방식	호출버스, 수요버스
	승차지 지정 대상지역 내에서는 자유로이 하차	합승택시

1 소형버스

소형버스(minibus)를 높은 빈도로 운행함으로써 도심지에서의 승용차통행을 감소시켜 도로를 효율적으로 이용하고자 하는 것이다. 15인 안팎의 승객을 싣고 4~5분 간격으로 운행하며, 일부 구간에서는 자유로이 승하차할 수 있도록 한다. 지하철과의 경쟁이 있고 정거장간격이 노선버스와 거의 같아지는 것이 문제점이다.

2 지구버스

교통빈곤지역에서는 버스운행횟수가 적고 결행 및 지체가 잦아지므로 버스이용을 기피하고 승용차를 이용하려고 한다. 지금까지의 버스시스템은 기종점을 연결하는 운행이므로 이용자가 많은 지역에서는 버스노선이 중복되어 복잡하면서도 이용자는 자기 목적지에 맞는 노선을 찾아야 하므로 대기시간이 길어진다. 이와 같은 현상을 개선하기 위해서 중복된 노선에 간선버스를 배치하여 직행으로 운행하고(일반적으로 대형버스), 주변부에서는 인접한 목적지를 묶어서 운행하는 중형 또는 소형의 지구버스(zone bus) 시스템을 둔다([그림 17.17]).

이 시스템은 환승시설문제나 환승권을 발행하는 문제를 해결해야 한다.

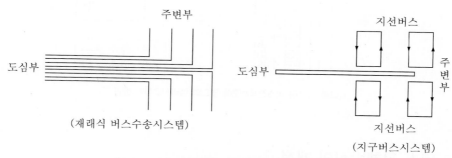

[그림 17.17] 재래식 버스수송시스템과 지구버스시스템

3 교통존 시스템

CBD를 몇 개의 존으로 분할하고 각 존 간에 승용차출입을 금지시킨다. CBD 주변의 환상선에 각 존의 출입구를 정하여 승용차는 환상선 주변에 주차시키고 버스를 이용하여 CBD로 들어오는 시스템이다.

4 City Car 시스템

소형차를 일정한 밀도로 배치된 주차장까지 타고 가서 버리는 일종의 공공 렌터카 시스템이다. 소형차를 여러 사람이 공용하므로 차량의 이용률을 높이고 주차장의 이용효과를 높이게 된다.

5 노선변경 시스템

노선변경(route deviation) 시스템이란 기본노선 이외에 부분적인 우회노선을 설정하여 차내 또는 우회노선상의 정거장에서 이용객의 요구가 있을 경우에만 우회노선으로 진입하여 승객을 승하차시키는 방식이다. 이는 보통 우회노선상에 설치된 콜 박스(call box)에 의해서 버스가 호출된다.

냉난방시설을 갖춘 45인승 중형버스를 이용하여 협소한 도로에 진입이 가능하기 때문에 버스노선이 없는 주택지를 경유하게 하면 매우 효과적이다. 일본의 경험에 의하면 이 제도의 호응도는 매우 높으며 우회운행은 전체운행의 70% 정도가 되었다.

17.3.6 기타 개선대책

1 버스차량의 개선

버스차량을 개선하는 데는 (i) 승하차를 편리하게 하기 위해 저상, 넓은 출입문, 3개의 출입문 등을 만들어 주고, (ii) 냉난방시설을 갖추어 쾌적성을 향상시키며, (iii) 요금징수를 간편하게 하는 방법이 있다. 승하차를 편리하게 하면 승하차 시의 사고를 줄일 뿐만 아니라 승하차시간을 단축하는 효과가 있다.

2 버스위치정보 시스템

버스운행의 정확도가 낮으면 버스 이용률이 저하된다. 따라서 중앙통제소(control center)에서 끊임없이 버스의 위치를 파악하며, 버스를 기다리는 승객에게 버스의 현재위치나 필요한 대기시간을 알려 주며, 각 버스 운전자에게 출발시간 간격 등 필요한 지시를 내리는 버스위치정보 시스템(bus location system)을 구축하여 이용자의 버스에 대한 신뢰성을 향상시킬 수 있다.

3 주차 및 버스환승 시스템

도심부로 자가용승용차가 진입함으로 인한 혼잡을 완화하기 위하여 교외의 버스정거장이나 버스터미널 부근에 주차장을 건설하여 자가용승용차에서 버스로 환승하여 버스우대시스템에 의해서 원활하게 도심부로 진입할 수 있게 하는 시스템을 주차 및 버스환승(park and ride) 시스템이라 한다. 이 제도는 도심지의 주차요금이 매우 비싸고 승용차를 이용할 때의 통행료가 비싼 경우에 사용하면 매우 효과적이다. 반대로 도심진입 승용차를 억제하기 위해서는 도심지 주차요금을 인상하고 승용차의 통행료(또는 통행비용)를 높게 책정하면서 이 제도를 사용하면 효과가 있다.

4 비정규 대중교통

정규버스가 정시성과 정노선 운행특성을 가진 데 반해 비정규 대중교통(paratransit) 시스템은 대중교통의 일종이지만 종래의 버스시스템에 비해 비정규적이면서 더욱 융통성이 있고 개인적으로 사용할 수 있는 시스템이다. 즉 정규운행으로 서비스할 수 없는 불규칙하며 개인적인 수요에 대응하는 시스템으로서 여기에는 전세버스(charter bus)와 택시는 포함되지 않는다.

Paratransit에는 Jitney(소형합승버스), Jeepney(일정한 노선을 운행하는 택시로서 버스와 일반택시의 중간형태), demand responsive bus(수요대응버스), van pool(정원이 약간 많은 van 형태의 자가용차 합승), car pool(승용차 합승), club bus(회원제 버스) 등이 있다. 회원제 버스와 van pool은 정해진 요금표의 적용을 받지 않고 일반승객이 아니라 정해진 승객들만 이용할 수 있다.

Jitney는 개발도상국의 대도시에서 크게 각광을 받고 있는데, 예를 들어 Caracas에서는 도시대중교통 통행의 1/3을 Jitney가 담당을 한다. 그러나 미국에서는 2차 세계대전 이전에 버스회사에 의해 밀려나 지금은 거의 찾아볼 수 없다.

전화호출버스(dial-a-bus)라 불리는 수요대응버스시스템은 도시지역 내에서 소형버스로 door-to-door 서비스를 제공하는 것으로서 종래의 버스가 일정한 노선으로 일정한 시간표에 따라 운행되는데 비해 이 시스템은 시간의 제약이 없고 버스에 택시와 같은 door-to-door 서비스 기능이 주어진다. 이 시스템의 운행방식은 다음과 같다.

- 승객은 집이나 집 근처의 콜 박스에서 버스회사의 중앙통제소(control center)를 호출하여 행선지, 승객 수, 승차시간, 수하물의 유무를 알려준다.
- 중앙통제소에서는 주행 중인 버스의 위치를 기억해 컴퓨터가 최적버스를 찾아 승객에게 집 전화 또는 콜 박스를 통하여 차량번호, 요금, 대기시간 등을 알려준다.
- 버스에서 중앙통제소에게 끊임없이 그 버스의 위치와 기타 긴급사항을 알려준다.
- 중앙통제소에서 버스운전자에게 승객서비스, 즉 승차지점, 주행경로, 기타 긴급사항을 알려준다.

서비스 요청은 며칠 전 혹은 몇 주일 전에 요청할 수도 있다. 이 제도는 특히 날씨가 추워 정규버스를 타기 위해 걸어가거나 기다리는 것을 싫어하는 지방(캐나다 같은 곳)에서 성공적으로 운영되고 있다. Ontario의 Stratford에서는 평일 오후 6시 이후와 주말에 정규노선버스의 운행을 중단하고 이 시스템을 운영한다. 그렇게 함으로써 이 시간대에 노선버스가 감수하던 재정손실을 줄일 수 있었다. 미국에서는 이 제도를 노선버스와 함께 운영하면서 경쟁을 시켰다. 요금도 버스요금보다 더 많이 받아야 하지만 버스요금과 함께 책정함으로써 결과적으로 수입은 운행비용의 10%밖에 되지 않아 이 제도를 포기하는 곳이 많이 생겨났다.

회원제 버스(club bus)는 노선버스 서비스를 받을 수 없는 지역에 있는 고용자나 고용주에 의해서 운영되며, 같은 노선을 이용하여 출퇴근하는 사람들의 수가 충분할 때 효과가 있다. 요금은 주 또는 월별로 납부를 하고, 버스는 승객에게 편리한 노선을 따라 정기운행된다. 이러한 서비스를 원하는 통근자 수가 너무 적으면 고용주는 van을 구입하여 고용자들에게 대여해 주어 van pool로 운영하는 방법도 있다. 이때 승차인원을 모집하고 운영하는 책임은 고용자에게 주어지며, 이용자는 요금을 운전자나 고용주에게 주 또는 월별로 지불한다.

17.4 운행 파라미터

대중교통시스템의 성과는 시스템 구성요소의 설계, 현재의 서비스기준, 시스템 환경, 또는 이들의 조합에 의해 정해지는 여러 가지 파라미터에 의해서 결정된다. 용량과 통행속도는 대중교통의 관리에 따라 그날그날 조정될 수 없는 물리적 특성이라고 볼 수 있다. 서비스수준(실제 사용되는 공간의 넓이), 쾌적성, 편리성, 서비스 빈도, 신뢰성 및 안전성은 운영기준과 실행과정에서 부분적으로 또는 총체적으로 조절될 수 있다.

17.4.1 용량

대중교통노선의 용량은 차량당 승객용량과 그 노선을 운행하게 되는 최대차량대수를 곱한 것이다. 후자는 언제나 그 노선상의 가장 복잡한 정거장의 용량과 같다.

차량의 용량과 쾌적성 간의 절충에 대해서는 이미 설명한 바 있다. [표 17.8]은 차량생산자나 구매자가 명시한 쾌적도에서의 용량을 예로 나타낸 것이다.

버스정거장의 용량을 계산하는 일반적인 공식은 다음과 같다.

$$N_{max} = \frac{1,800}{D} \text{ 또는 } H_{min} = 2D$$

여기서 N_{max}: 시간당 최대버스대수

H_{min}: 버스 간의 최소운행간격(초)

D: 다음 두 공식 중 어느 하나를 사용하여 산출한 평균정차시간

$D = aA + bB + c$(가장 복잡한 출입문에서 내리고 타는 경우)

$D = \max(aA, bB) + c$(내리는 문과 타는 문이 다를 경우)

a: 1인당 평균하차시간

A: 해당출입문의 총하차인원수

b: 1인당 평균승차시간

B: 해당출입문의 총승차인원수

c: 소거시간(출입문의 개폐시간, 출발 때의 지체시간)

a와 b는 출입문 계단의 숫자, 요금징수 방법, 출입문의 종류에 따라 달라진다. 미닫이문의 a값은 일반적으로 1.5~2.0초이다. 운전자가 요금을 징수하는 경우 b의 값은 2.5~3.0초이나 정기권을 이용하는 승객 수가 많으면 이 값은 줄어든다. 만약 요금을 버스를 타기 전에 징수한다면 b값을 2.0초로 가정할 수 있다. c의 값은 조사하는 정거장에서 측정되어야 한다. 왜냐하면 이 값 중에는 근측정거장에서 녹색신호를 기다리는 지체시간 또는 원측정거장에서 교통류에 합류하기 위한 기회를 기다리는 시간이 큰 부분을 차지하기 때문이다. 버스전용차로의 원측정거장에서는 c값이 0에 가깝다.

큰 버스터미널에서는 계획된 출발시간을 기다려야 하므로 소거시간에는 이 시간도 포함되어야 한다. 따라서 이러한 터미널에서의 평균정차시간 D는 최소 5분이다.

전철이나 지하철에도 앞의 공식을 이용해서 유사한 방법으로 정차시간을 구할 수 있다. 여기서는 승강장(platform)이 높기 때문에 a와 b의 값은 약 1초 정도이다. 소거시간은 출입문의 개폐시간과 차량이 출발준비가 된 후에도 승객이 문을 잡고 있어 지체되는 시간이 포함된다. 이 역에서의 용량은 다음과 같다.

$$N_{max} = \frac{3,600}{D+S} \text{ 또는 } H_{min} = D + S$$

여기서 S는 신호중앙관제소에서 결정한 것으로서 연속되는 열차 간의 최소격리시간(초)

N과 H는 앞에서 정의한 것과 같음

각종 대중교통에서 관측된 최대승객수는 [표 17.11]에서 보는 바와 같다.

[표 17.11] 대중교통의 최대승객수(첨두시 관측값)

대중교통형태	위치	차량 대수	승객 수	차량당 승객	비고
도시가로 운행버스	Hillside Ave.(Queens, 뉴욕)	170	8,500	50	연석전용차로 및 인접차로 이용
	Market St.(필라델피아)	143	8,300	58	연석전용차로 및 인접차로 이용
	Washington Blvd.(시카고)	108	3,800	35	일방통행도로의 중앙전용차로
	Kst., N.W.(워싱턴 D.C.)	130	6,500	50	전용차로가 없음
통행료징수 고속도로 운행버스	Lincoln Tunnel(뉴욕)	735	32,560	64	입구의 통행우선권
	Bay Bridge(샌프란시스코)	360	14,920	41	통행료 징수소에서 우선통과
	N. Lake Shore Dr.(시카고)	80	4,000	50	통행우선권 없음
고속도로전용 차로운행버스	I-495(뉴저지)	490	21,600	44	역류버스차로
	Shirley Hwy(워싱턴 D.C.)	110	5,550	50	중앙분리대 내의 전용차도
전차	Hannover Fair(독일)	40	18,000	450	열차길이: 51 m
고속전철	IND Queens Line(뉴욕)	32	61,400	1,920	열차길이: 210 m
	IND 8th Ave. Express(뉴욕)	30	62,030	2,070	열차길이: 183 m
	Yonge St.(토론토)	28	35,166	1,260	열차길이: 146 m

자료: 참고문헌(15), (16), (17), (18)

17.4.2 속도

노선의 평균속도는 정거장의 간격과 최고속도 또는 규정된 제한속도의 함수이다. 앞에서도 언급한 것처럼 선택승객은 최종목적지까지 가는 데 걸리는 총 통행시간이 가장 짧은 방법을 찾으며, 접근성을 고려하지 않고 노선의 속도만 높이는 것이 반드시 좋은 것은 아니다. 그러나 접근성이 비슷하다면 속도가 증가할수록 이용자에게 유리하다. 대중교통을 관리하는 입장에서 볼 때도 속도를 크게 하는 것이 차량이나 종사자를 효율적으로 이용할 수 있으므로 더욱 유리하다.

예를 들어 현재 평균속도 16 kph로 운행되는 24 km의 노선을 생각해 보자. 또 각 터미널에서의 준비시간을 15분으로 가정한다. 여기서 8분은 운전자의 휴식시간이며, 7분은 운행 중 교통혼잡으로 인한 연착에 대비한 안전여유시간이라고 본다. 따라서 한 차량이 이 노선을 한 번 왕복하는 데 소요되는 시간은 $(2 \times 24 \times 60/16 + 2 \times 15) = 210$분이며, 운행간격이 5분이라면 42대의 차량이 필요할 것이다. 노선 중에서 가장 혼잡한 구간에 버스전용차로를 설치하는 등과 같은 교통공학적인 대책을 시행하여 평균속도를 19.6 kph로 높이고 터미널에서의 준비시간을 2분 줄이면 왕복시간이 174분$(2 \times 24 \times 60/19.6 + 2 \times 13)$이 되어 동일한 서비스수준을 유지하는 데 필요한 차량대수는 35대밖에 되지 않는다. 더욱 빠른 서비스를 제공하면 새로운 승객을 유인하게 되므로 더 많은 승객을 수송하기 위해서는 운행간격을 4.5분으로 하고 운행대수를 39대로 하는 결정을 내릴 수 있다.

실제 많이 사용되는 평균속도에 관한 예는 [표 17.12]에 나타나 있다. 매우 큰 도시에서는 첨두시간의 평균속도가 8 kph까지 떨어질 수도 있으며, 15 kph를 넘는 경우는 드물다. 그 이상의 속도를 내기 위해서는 전용차로 등 특별한 조치가 필요하다.

[표 17.12] 대중교통 평균속도

서비스 종류	평균속도(kph)	
	첨두시간	비첨두시간
집산도로 운행 시내버스-소도시	16	20
대도시	8	11
간선도로 운행 서비스	16~18	21~24
간선도로 전용차로 이용 시내버스	24	27
고속도로 운행 급행버스	50	70
고속대중교통시스템	평균속도(kph)	정거장 간격(km)
Yonge St.(캐나다, 토론토)	28.3	0.8
IRT Lexington Ave.(고속화도로, 뉴욕)	31.5	1.6
IND 6번/8번가(고속화도로, 뉴욕)	39.5	2.1
Cleveland 고속대중교통(미국, 오하이오)	45.1	1.9
BART Concord-San Francisco Rt.	69.0	4.7
BART Fremont-San Francisco Rt.	74.0	5.0

자료: 참고문헌(8)

17.4.3 서비스 빈도 및 요금

서비스 빈도는 노선상에 있는 최대부하점의 수요에 따라 결정된다. 그러나 승객 수가 적은 구간이라 할지라도 정책적으로 어떤 최소빈도(최대운행간격)의 값보다 적지 않도록 그 값을 정해준다. 비교적 큰 도시권에서는 모든 노선이 시간당 적어도 2회는 운행되며(심야는 예외), 적은 도시권에서는 시간당 1대가 최소운행빈도이다.

환승점에서 다른 노선과 적절히 연계시키기 위해서 비교적 운행빈도가 적은 노선에서는 기준시간(비첨두시간)의 운행간격을 보통 7.5분 또는 10분의 배수로 만들어준다. 이렇게 하면 이용자가 배차시간표를 기억하기도 좋다. 시간당 10대 이상의 버스가 필요한 곳에서는 환승연계시간이 그다지 중요하지 않고, 차량이용률을 높이기 위해서 정확한 운행간격을 유지하도록 해야 한다.

대중교통운영은 승객이 지불하는 요금의 종류와 그 액수에 영향을 받는다. 비록 선택승객이 수단선택을 할 때 요금이 통행시간보다 중요성이 덜하다고 생각되지만, 어쨌든 수단선택에 영향을 미친다. 고정승객도 요금 수준에 따라 어느 정도 그들의 통행빈도를 조정한다. 이 둘을 함께 고려할 때, 두 그룹의 요금탄력성은 미국의 경우 -0.25에서 -0.33의 범위에 있는 것으로 관측되었다. 즉 요금이 10% 인상되면 승객 수는 2.5~3.3% 줄어든다고 예상할 수 있다. 그러나 반대로 요금이 인하된다고 해서 승객 수가 그만한 비율로 증가하지는 않는다. 요금과 통행시간의 상대적인 중요성은 요금이 인상되고 서비스가 향상되었을 때 찾아볼 수 있다. 그 결과는 보통 승객 수가 증가하는 것이다.

운임제도에는 보통 두 가지 종류가 있다. 그중 한 가지는 승객을 어린이, 학생, 노인 및 장애자로 구분하여 요금에 차등을 두는 것이다. 이때 사회적인 이유로 특정그룹에게 제공되는 할인혜택으로 인한 부담을 운수업체가 질 수 없다는 주장을 하는 사람도 많다. 따라서 많은 나라에서는 교육, 복지예산 중에서 이러한 할인으로 인한 손실을 충당하게끔 운수업체에 지원금을 지급하도록 허용하고 있다.

한 시스템 안에서 통행길이에 관계없이 동일한 요금을 적용하는 경우도 많다. 그러나 적용지역이 매우 넓으면 이를 여러 존으로 분할하여 존의 경계를 벗어날 때 추가요금을 지불하게 된다. 또 다른 방법으로는 노선을 갈아탈 경우에는 한 노선을 이용하는 사람보다 더 먼 거리를 이용한다는 가정하에 요금을 조금 더 받는다. 그러나 이 경우는 비효율적으로 노선을 책정한 운수사업자에게 이익을 주고 부실한 서비스를 받는 이용자가 손해를 볼 수도 있다.

17.4.4 기타 운행 파라미터

편리성(convenience)이란 그 시스템을 이용하는 용이도를 말한다. 이것은 운수사업자와 승객(잠재적인 승객 포함) 사이에 적절한 정보의 흐름을 유지하고, 그 시스템을 이용하는 여러 가지 과정을 간단하게 해줌으로써 달성할 수 있다. 정보는 쉽게 읽을 수 있는 노선도와 운행시간표를 만들어 정거장에 비치하거나 효율적인 정보시스템을 통하여 전달된다. 따라서 노선망의 설계나 운영은 물론이고 요금표의 구조도 가능하면 간단해야만 한다.

신뢰성(reliability)은 승객이 매우 중요시하는 것으로서 차량의 고장이나 불규칙한 서비스 때문에 신뢰성이 훼손된다. 운행 중에 스케줄상의 큰 변동이 있는지를 찾아내고, 가능한 한 신속하게 정상적인 상태로 회복되도록 조정하기 위해서 시스템운행은 계속적으로 감독을 받는다. 이러한 일은 현장검사나 중앙통제소의 무선장치 또는 차량자동점검장치에 의해서 이루어진다. 차량정비계획이 잘되면 차량의 고장이나 차량의 부족으로 인한 운행취소를 줄일 수 있다. 차량고장과 운행취소는 이용자가 가지고 있는 신뢰도에 손상을 준다.

교통사고로부터의 안전성을 완전히 보장받을 수는 없다. 그러나 운전자 교육프로그램이 좋으면 사고율을 현저히 줄일 수 있고, 결과적으로 신뢰도를 높이며, 재정적인 측면에서 볼 때도 이득이 크다. 범죄로부터의 안전성은 환경적인 문제이다. 범죄문제가 있는 경우에는 운수사업자와 경찰 간의 협조체제가 필요하다. 지하철이나 전철에는 일반적으로 차량과 역을 순찰하는 내부경찰을 두어야 한다. 버스에서는 운전사로부터 무선으로 긴급신호나 무선경보를 받을 수 있는 중앙통제소와 경찰간에 통신망을 유지해야 한다.

17.5 기타 대중교통

2차 대전 전까지만 해도 육상교통시스템은 철도교통이 중심이 되고 도로교통은 지선수송을 분담하였으나, 그 후 점차 도로교통으로 그 중심이 이동하면서 해상교통 및 항공교통시스템과 종합교통시스템을 이루어 나가고 있다.

전 세계적으로 철도교통이 도로교통과의 경쟁에서 사양의 길을 걷고 있으나, 최근에는 에너지 문제, 인구의 도시집중으로 인한 교통혼잡, 교통공해 및 도시의 팽창에 따른 용지부족으로 도로시설의 건설이나 확장이 거의 불가능하게 되어 도로교통도 하나의 전기를 맞게 되었다. 따라서 자동차의 최대매력인 door-to-door 서비스를 살리면서 에너지 절약형, 무공해의 교통시스템이 개발되고 있다.

기타 대중교통시스템을 메커니즘 측면에서 분류하면 다음과 같다.

(1) 궤도륜(guide wheel) 시스템

① 접촉식 ┬ 철차륜(철도, 지하철)

              └ 고무차륜(중량궤도수송 시스템, 개별고속수송(PRT) 시스템,

                       연결식 전기버스, City Car)

② 부상식 ┬ 공기부상(over-ground, 초고속철도)

              └ 자기부상(초고속철도, 부상식궤도)

(2) 연결수송 시스템

이동보도, 이동 Cabin(Kapsel), Moving Belt(Conveyor), Tube(Kapsel)

(3) 무궤도수송 시스템

① 승합: 버스, 미니버스

② 개별: 택시, 자가용

(4) 복합수송 시스템

① 유도자동차식: Dualmode 시스템, 무선자동조종

② Dallet Ferry식: Piggyback 시스템, Car Ferry, Container

17.5.1 장거리용 새로운 교통시스템의 특성

세계 각국이 새로운 교통수단의 개발에 주력하고 있는 가운데 장거리 수송용 새로운 교통수단을 몇 가지 소개하면 다음과 같다.

1 부상열차

철도는 증기기관차, 디젤기관차, 전기기관차로 발달되면서 속도도 점차 향상되어 왔으나 그 속도에는 한계가 있다. 또 철도는 소음, 진동 등의 공해가 있을 뿐만 아니라 장래 교통에너지의 고갈을 생각할 때 부상열차의 개발이 필연적이었다.

부상열차의 부상방식으로는 (i) 공기부상, (ii) 상전도 자기부상 흡인식, (iii) 초전도 자기부상 반발식 등이 있고, 또 추진동력에는 (i) Linear Induction Motor(LIM), (ii) Linear Synchronous Motor(LSM)가 있다. 독일에서는 흡인식 자기부상 LIM 추진방식으로 1971년 2.4 km 구간에서 204 kph의 속도를 얻었다. 미국에서도 1965년부터 이 연구가 계속되고 있으며, 영국에서도 최고속도 500 kph를 목표로 한 공기부상 LIM 추진방식의 실험이 1.9 km 구간에서 실시되어 100 kph 이상의 속도를 얻었으나 중지되고 자기부상 LIM 추진방식의 시도가 계속되고 있다.

② 고속화물선

화물선의 최대 결점은 속도가 느리고 하역시간이 많이 소요되는 것이다. 여객선의 속도는 보통 20~30노트(10노트는 10.85 kph)이며, 화물선은 정기화물선 18노트, 부정기화물선 15노트, Tanker 가 15~16노트이다. 이와 같은 결점을 보완하기 위해서 등장한 것이 Container선과 장거리 Ferry선 이다.

(1) Container선과 장거리 Ferry선

선박의 하역시간이 보통 6~14일 걸리지만 Container선을 이용하면 하루면 된다. 컨테이너선은 속도도 빠르고 피스톤 수송으로 수송비용도 감소된다. 해운이 발전되면 6 m 컨테이너 3,000개 정도 를 적재하여 35노트의 항해속도를 낼 수 있는 선박의 출현도 예상된다.

육상화물수송의 혼잡 및 지체 때문에 철도와 병행하여 연안해로를 따라 장거리 수송을 할 수 있 는 Ferry선이 등장하게 되었다. Ferry화물선은 컨테이너 방식과 같이 복합일괄수송의 한 방식이며, 속도도 18~25노트나 되는 고속이다.

(2) 고속화물선

장래의 출현 가능한 선박은 원자력선과 수중날개선이다. 원자로는 무게가 무겁고 선박에서 이용 가치가 가장 큰 중앙부에 위치해야 하므로 선박용으로 사용하는 데는 큰 결점을 가지고 있다. 장래 에는 무게가 가볍고 안전성이 높은 원자로가 개발되어 선박용으로 사용되면 경제적이고 고속인 화 물선이 될 것이다.

선박은 물의 저항을 받으며, 그 저항력은 속도의 3승에 비례한다. 따라서 선박은 고속화하는 데 한계가 있다. 이와 같은 결점을 보완하기 위하여 개발된 것이 수중날개선이다. 이것은 배 밑바닥 앞뒤에 날개를 달아 그 양력으로 선체를 수면으로부터 밀어 올려 진행하므로 종래의 선박에 비해 1/3 정도의 힘으로 추진시킬 수 있고 고속항해가 가능하다. 현재 실용화되어 있는 수중날개선은 최 고속도가 80노트에 달하는 것도 있다. 그러나 화물을 적재한 선박을 수면 위로 밀어 올리는 데는 막대한 에너지가 소요되므로 아직 이를 화물선에 적용하지 못하고 있다.

③ 민간항공기의 개량

앞으로 민간항공기는 대형화, 고속화, 이착륙거리단축의 방향으로 개선될 것이다. 매년 증가하는 항공여객의 수요와 수송비용의 상승을 억제하기 위하여 민간항공기는 더욱 대형화될 것이다. 현재 제트여객기의 순항속도는 음속과 거의 비슷하며(마하 0.8~0.9), 대서양, 태평양횡단에 약 10시간이 소요된다. 이 시간을 단축하기 위하여 초음속여객기(SST 콩코드: 마하 2)가 영국과 프랑스에서 공 동으로 개발되어 이미 유럽과 남미의 일부 노선에 취항하고 있으나 소음 등으로 인해 공항 측으로부 터 거부반응이 크고, 항공회사 측에서도 경제성, 공해문제 등으로 SST 주문계약을 취소하는 경우가 많아졌다. 따라서 SST가 세계적으로 널리 사용되기 위해서는 아직도 개선할 문제점이 많이 남아 있다.

항공기는 원거리 수송의 교통수단임에는 틀림이 없으나 경제발전에 수반되어 시간가치가 높아지고, 또 한편으로는 지상교통의 지체로 공항과 도심 또는 낙도, 육지 간을 연결하는 단거리 수송에도 편리하게 사용될 수 있다. 여기서 문제가 되는 것은 이착륙에 필요한 활주로를 짧게 하는 것이다. 따라서 소요활주로의 길이가 800~1,200 m인 STOL, 또는 활주로가 필요 없는 VTOL 등의 개발이 요청되고 있다. 현재 몇 가지의 항공기가 있으나 비용 면에서 실용단계에 이르지는 못하고 있다. STOL과 VTOL은 차세대의 항공기 형태로서 각광을 받고 있으며, 그 실용성이 검토되고 있어 장래의 발전이 기대된다.

17.5.2 도시의 새로운 교통시스템의 특성

도시교통의 혼잡을 완화하고, 교통사고를 감소시키며, 교통공해를 억제하는 적극적인 대책으로서 도시의 새로운 교통시스템의 개발은 언제나 필수적 과제로 인식된다. 각 교통시스템이 어떤 지역 또는 어떤 통행에 적합한지를 나타내는 것이 [표 17.13]이다.

[표 17.13] 도시의 새로운 교통시스템의 적용범위

시스템	대응통행	적용범위
연속수송 시스템	• 방향성을 갖는 교통량이 많은 곳	• 노선이 다른 고속철도의 역 간 • 철도역과 재개발지구의 고층건물 간 • 대규모 공항의 터미널, 대중교통기관의 역, 대규모 주차장 간
개별고속궤도수송 시스템	• 통행의 O−D에 심한 편심이 없는 곳 • 면(面)수송	• 기존 시가지 • CBD 내 • 터미널 간
중량고속궤도수송 시스템	• 철도와 버스의 중간통행수요 • 중거리, 중밀도의 통행	• 지방중핵도시의 간선 • 대도시의 교통빈곤지역 • 교외단지와 CBD 간 • 터미널 간
수요대응버스 시스템	• 비교적 좁은 지역의 분산된 저밀도 단거리 통행	• 교외와 신시가지 • 교외의 교통빈곤지구 • 인구과소지구 • CBD와 교외주택지 간
City Car 시스템	• 단거리 고밀도 통행	• 전 지역 내의 교통에 가능 • 대도시 CBD 및 그 주변
복합수송 시스템	• 장거리 통행 • 화물수송	• CBD와 교외주택지 간 • 도시 간
고속수송 시스템	• 장거리 대량 통행	• 인접 도시 간

1 궤도수송(Automated Guideway Transit: AGT) 시스템

종래의 철도기술과 자동차기술에 Computer Control 기술을 첨가하여 전용궤도 위로 전기차량이 자동적으로 운행되는 것을 AGT라 하며, 다음과 같은 여러 가지 종류가 있다.

(1) 개별고속수송 시스템(Personal Rapid Transit: PRT)

3~6명의 승객을 실어 나르는 승용차 정도의 차량이 전용궤도 네트워크를 저속 13~54 kph, 고속 55 kph 이상의 속도로 최소배차간격 3초 정도로 운행된다. 승객의 수요에 의해 단독주행하며 Computer Controled Vehicle System(CVS), Cabin Taxi 등이 개발되어 있다.

(2) 중량고속수송 시스템(Group Rapid Transit: GRT)

7~24명 정도가 타는 소형차량이 PRT와 같은 저속 및 고속의 범위에서 최소 3~15초의 배차간격으로 자동운행되는 SGRT(Small Vehicle GRT)와 25~79명 정도가 타는 중량차량이 SGRT와 비슷하게 운영되나 최소배차간격이 15~90초 정도가 되는 IGRT(Intermediate Vehicle GRT), 70~109명 정도가 타는 대형차량이 배차간격 50~110초 정도로 운행되는 LGRT(Large Vehicle GRT)가 있다. 이때 차량은 단독 또는 연결운행이 가능하며, 이 시스템을 일명 People Mover(PM)라고도 한다.

(3) 모노레일

1821년 런던에서 화물수송용으로 설치한 것이 처음으로, 좌대식과 현수식이 있다.

(4) 연결식 전기버스

타이어차륜식 지하철이며 레일이 없이 타이어바퀴가 중앙가드레일을 따라 주행한다.

(5) 초고속철도(High Speed Surface Transit: HSST)

1964년에 개통된 일본의 신간선이 효시가 되어 구미 각국에서 160~200 kph 속도의 철도를 만들어 여행시간 단축, 승차감 개선 및 안정성 등을 계속 추구하고 있다. 앞으로 항공수송이 복잡해질 것으로 예상하여 최고 500 kph 정도의 초고속철도 개발이 바람직하다.

지금까지 설명한 것 중에서 개별 및 중량수송 시스템의 일반적인 기능은 다음과 같다.

- 노선길이는 5~15 km가 가장 좋다.
- 수송력은 철도와 버스의 중간으로 시간당 1~2만 명 정도이고, 수송력 변동에 대응하기 쉽다.
- 차량은 전용궤도 위에서 컴퓨터에 의하여 자동 또는 무인운전이 가능하다.
- 첨두시간에는 정기운행을 하고, 그 외 시간에는 수요대응운행이 가능하다.
- 전력을 사용하며, 고무타이어 차륜이므로 배기가스 및 소음공해가 적다.
- 최고속도는 50~60 kph, 평균운행속도는 30~40 kph 정도이다. AGT 시스템 차량의 제원을 비교한 것이 [그림 17.18]이다.

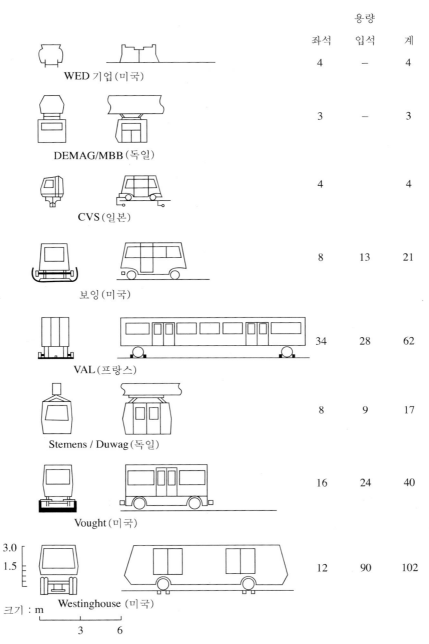

	용량		
	좌석	입석	계
WED 기업 (미국)	4	–	4
DEMAG/MBB (독일)	3	–	3
CVS (일본)	4		4
보잉 (미국)	8	13	21
VAL (프랑스)	34	28	62
Stemens / Duwag (독일)	8	9	17
Vought (미국)	16	24	40
Westinghouse (미국)	12	90	102

크기 : m

[그림 17.18] AGT 차량의 제원

2 연속수송 시스템

연속수송(continuous flow) 시스템이란 속도가 낮은 결점이 있으나 수송능력이 크므로 단거리수송시스템과 시급하지 않은 수송시스템에 적합하다.

(1) 이동보도(moving walk)

사람이 보행하는 대신에 보도를 움직여 목적지에 도달하는 수송시스템이다. 1893년 Chicago에서 처음으로 선을 보인 후 1953년에 Belt형이 출현하면서 급속히 보급되었다. 용량은 폭 98 cm의 이동보도가 50 m/분의 속도로 움직이면 시간당 12,000명을 수송시킬 수 있다. Pallet형, Belt형 또는 Belt-Pallet형이 있다.

(2) 이동 Cabin(Kapsel)

이동보도 위에 Cabin 또는 Kapsel을 놓고 그 속에 승객을 태우고 수송하는 이동도보의 일종이다.

(3) Conveyor 수송시스템

수송속도는 낮으나 수송능력은 크다. 화물을 실은 Belt를 연속적으로 이동시키는 것으로 긴 것은 8 km 이상에 수송력은 시간당 20톤에서 1,000톤까지 되는 대형도 있다.

(4) Tube 수송시스템

튜브 속을 흐르는 공기의 힘으로 Kapsel 속의 화물을 수송하는 시스템이다.

3 복합교통 시스템

복합교통(dual-mode) 시스템이란 둘 이상의 기능을 합한 수송시스템으로서, 자동차를 철도나 선박에 실어 수송하는 것, 자동차에 2개의 운전기능을 갖추어 고속도로 또는 간선궤도에서는 자동운행을 하고 일반도로에서는 수동운전을 하는 것, 그리고 차량의 운전기능을 분리시켜 차체(container)를 둘 이상의 교통수단으로 운반하는 것의 3종류가 있다. 이 시스템은 일반도로에서는 자동차의 기능을 유지하고, 특정도로에서는 자동제어와 유도를 하는 시스템이다. 또 이 시스템은 전력을 사용하기 때문에 공해를 방지하고, 에너지를 절약하며, 자동운전이 되므로 사고를 감소하고, 수송효율을 높일 수 있는 장점이 있다. 단점으로는 2가지의 주행로를 설치해야 하는 어려움과 기술적인 어려움이 따른다는 것이다.

(1) Car Ferry

선박이 갖는 공공수송수단으로서의 이점과 자동차가 갖는 door-to-door 서비스의 이점을 결합시킨 시스템이다.

(2) Piggyback 시스템

자동차에 사람이나 화물을 실은 채 철도로 운반하는 시스템이다.

(3) 무선자동조종

전자유도에 의한 자동조정으로 자동차를 운행하는 시스템으로서 운전사가 필요 없으며, 사고방지, 차두간격을 단축함으로써 용량을 증가시킬 수 있다. 이론적으로는 1시간에 1차로당 2,500대의 기본용량을 3,600대까지 증가시킬 수 있다.

(4) 복합버스(Dual-mode Bus) 시스템

도시 내와 주거지역의 일반도로에서는 보통버스와 같이 운행되고, 도시와 교외 간은 레일 위를 Computer에 의해 자동주행되는 방식이다. 예를 들어 각 지역에서 자동전용도로의 터미널에 도착한 버스들을 연결하여 간선구간의 레일 위를 자동조종으로 주행한 후 터미널에서 다시 개별 해체되어 각 버스의 목적지로 터미널수송을 한다. 간선수송 중의 승객은 자유롭게 이동하여 자기 목적지로 가는 버스에 옮겨가므로 터미널에서 환승을 할 필요가 없다. 이 시스템의 차량은 레일 위를 주행할 수 있는 flange 바퀴와 도로상을 주행하는 데 필요한 tire 바퀴가 동시에 장착되어야 한다.

(5) Container

자동차 차체의 일부, 즉 이동해야 할 부분(container)만 분리시켜 철도, 선박, 비행기, Conveyor, Tube 등에 결합시켜 수송하는 시스템이다.

● 참고문헌 ●

1. U.S. DOT., *Dictionary of Public Transport*, 1981.

2. Massachusetts Bay Transportation Authority, *Service Policy for Surface Public Transportation*, Boston, Mass., 1975.

3. AASHO., *A Policy on Design of Urban Highways and Arterial Streets*, 1973.

4. HRB., *Highway Capacity Manual*, Special Report 87, 1965.

5. W. S. Homburger, *Noters on Transit System Characteristics*, Univ. of California, ITS., Information Circular 40, 1975.

6. OECD., *Bus Lanes and Busway Systems*, 1976.

7. E. C. Carter and W. S. Homburger, *Introduction to Transportation Engineering*, ITE., 1978.

8. American Public Transit Association, *Transit Fact Book*.

9. U.S. DOT., *Characteristics of Urban Transportation Systems*, Report URD. DCCO. 74.1.4, De Leuw, Cather & Co., 1974.

10. Institute for Defense Analysis, *Economic Characteristics of the Urban Public Transportation Industry*, 1972.

11. H. S. Levinson et al., *Bus Use of Highways*, TRB., NCHRP., Report 143: *State of the Art*, 1973, Report 155: *Planning and Design Guide*, 1975.

12. H. D. Quinby, "Mass Transportation Systems", *Transportation and Traffic Engineering Handbook*, ITE., 1975.

13. J. H. Shortreed, *Urban Bus Transit: A Planning Guide*, Univ. of Waterloo, Dept. of Civil Engineering, 1974.

14. 일본교통공학연구회, 교통공학핸드북, 1983.

15. ITE., *Capacity and Limitations of Urban Transportation Modes*, 1965.

16. H. S. Levinson, *Bus Use of Highway: State of the Art*, NCHRP Report 143, 1973.

17. V. R. Vuchic, *Light Rail Transit Systems*, U.S. DOT. Report DOT-TSC-310-1, 1972.

18. University of California, Institute of Transportation and Traffic Engineering, *Traffic Survey Series A*, Semiannual.

19. 국토교통부, 도로의 구조·시설 기준에 관한 규칙 해설, 2020.

20. 국토교통부, 간선급행버스체계시설의 기술기준, 2017.

제 5 편

교통안전, 교통경제, 교통환경

교통안전이란 교통수단으로 인한 인명피해, 재산피해 등 교통사고의 원인을 분석하고 안전대책을 모색하는 분야이다. 교통안전의 궁극적인 목표는 사고발생 건수와 치사율을 감소시키고, 사고 후의 생존율을 증대시키는 것이다.

교통경제란 교통과 경제의 상관관계를 다루는(산업위치 선정, 산업규모 결정, 고용, 운임 결정, 투자분석 등) Transportation Economics와 교통시설의 경제적인 계획과 설계를 다루는 (경지성 분석, 타당성 조사, 프로젝트 구상 등) Transportation Economy를 통칭한다.

교통환경이란 교통시설의 운영으로 인한 대기오염, 소음, 진동 등 인간의 생활환경에 미치는 영향을 분석하고 그 방지책을 연구발전시키는 분야이다.

※ 제19~20장 및 예제 모음, 연습문제는 교문사 홈페이지(http://www.gyomoon.com) 자료실에 수록

제 18 장

교통안전

교통안전은 선진사회가 직면하고 있는 주요한 사회문제의 하나이다. 교통사고란 기후나 날씨처럼 통제가 불가능한 것이 아니기 때문에 체계적인 조사분석을 통하여 원인을 파악하고 안전대책을 강구해야 한다. 교통사고 분석을 하자면 많은 현장자료가 필요하고, 또 미시적인 분석에 많은 시간과 노력이 필요하고, 경험이 많은 전문가의 노력이 크게 요구된다. 그러므로 사고분석의 대부분이 거시적으로 이루어지는 경우가 많아 운전자나 승객 및 일반대중에게 큰 의미가 없는(직접적인 위해도와 상관없는) 숫자나 율(率)을 도표로 나타내는 데 그치는 수가 많다.

이 장에서는 교통사고의 유발요인과 사고의 특성을 파악하고 교통사고를 분석하는 방법과 방지대책을 수립하는 방법을 설명한다.

18.1 개설

교통이란 도로시설, 차량, 운전자 및 교통조건들이 함께 어우러져 있기 때문에 교통사고는 이와 같은 요소들 중에서 어느 하나만 불완전하여 일어나는 경우는 드물고 대개 불완전한 몇 가지 요소가 상호작용을 하여 일어난다고 볼 수 있다. 따라서 교통사고를 방지하는 데는 한 가지의 만병통치약과 같은 대책은 있을 수 없고 대부분 1차 원인과 근인(近因)을 따져 여러 가지 처방을 하게 된다. 전반적인 문제점에 대한 해결책을 수립하는 데는 여러 가지 요인들의 인과관계를 논리적으로 추적할 수 있는 능력이 있어야 한다. 그래서 교통사고가 분명히 어떤 원인에 의한 결과로 일어난 것이라고 판명이 되면 공학적이고 체계적인 분석이 뒤따라야 한다. 공학적인 해결책(운전자, 승객 및 보행자 심리학까지 포함하는 종합적인)을 수립하기 위해서는 각 교통수단의 일반적인 사고발생 특성과 주요 사고발생 조건에 관한 지식 및 예방활동과 사고조사 분석을 위한 수단이나 방법들에 관한 광범위한 지식을 필요로 한다.

이 장에서는 우리나라의 도로교통사고에 국한시켜 그 현황과 안전대책, 사고특성을 알아보고, 사고조사와 사고분석방법, 사고방지 대책수립의 절차 등을 상술했다.

교통여건이란 관점에서 2020년 우리나라의 인구는 약 5,180만 명이며, 운전면허소지자 및 자동차 보유대수는 지금까지 꾸준히 증가하여 운전면허소지자 약 3,380만 명, 자동차등록대수 2,510만

대에 이르고 있다. 차종별 구성 비율은 승용차가 82%이며, 화물차가 15%, 버스가 3%이다. 이 중 친환경차가 5%이다.

18.1.1 교통사고 현황

교통사고로 인한 사망자는 지난 1990년대 초반에 13,000명 정도에 이르다가 그 후 지속적으로 감소하여 2020년 이후에는 3,000명 수준이 되었다. 반면 부상자수와 사고건수도 완만한 감소세를 나타내고 있어, 부상자는 2000년도에 약 43만 명이던 것이 2020년에는 약 29만 명, 사고건수는 2000년도에 29만 건이던 것이 2020년에는 20만 건으로 감소하였다.

따라서 최근 우리나라에서 인명피해를 수반한 교통사고는 하루 평균 550여 건이 발생하여 8명이 사망하고 800여 명이 부상을 당하는 셈이다. 이는 인구 10,000명당 일 년에 57명이 사망 또는 부상 당한 꼴이 된다.

인명피해를 수반하지 않는 교통사고는 대개 당사자들 간의 합의에 의해 사고가 수습되기 때문에 통계에 나타나지는 않지만 그 발생건수도 상당히 많으리라 추정된다. 미국의 경우 주마다 차이가 있지만 대부분은 인명피해가 있든 없든 총 피해액이 100$를 넘으면 의무적으로 사고를 보고하게 되어 있다.

큰 사고와 경미한 사고의 비율을 Hemrich 법칙에 의해서 1 : 29로 본다면 우리나라에서 보고되지 않는 사고건수는 엄청나게 많을 것이다. 뿐만 아니라 실제 사고가 발생하지는 않았지만 사고가 날 뻔한 미연(未然)사고(near accident)까지도 고려한다면 그 숫자는 실로 엄청날 것이다. 미연사고란 사실상 운이 좋아 사고가 나지 않은 것뿐이지 실제 사고와 거의 마찬가지이므로 사고분석에 포함시키면 더 좋은 결과를 얻을 수 있다(제5장 교통상충조사 참조). 미연사고의 빈도는 Hemrich 법칙에 의하면 큰 사고의 300배로 본다.

(1) 연도별 교통사고

우리나라는 1970년 이후 자동차 보유대수의 급격한 증가와 함께 교통사고는 꾸준히 증가하였으나 1988년을 기점으로 하여 그 증가세가 둔화되다가 1991년을 정점으로 하여 사고가 감소하기 시작하였으며, 현재는 매년 일정한 수준을 유지하고 있다. 이와 같은 현상은 교통안전에 대한 인식의 확산과 그동안 시설개선에 투자한 결과가 아닌가 생각이 된다. 아무튼 이 사실에 주목하면서 현상을 면밀히 관찰하고 이 경향을 더욱 확대해 나가야 할 것이다.

(2) 교통사고의 국제비교

우리나라 자동차 교통사고의 심각성은 교통사고 통계의 국제비교를 통하여 보면 잘 알 수 있다. OECD 국가들과 비교할 때 자동차 1만 대당 사망자수가 1.2명으로, 칠레, 멕시코, 헝가리 다음으로 많은 편으로 우리나라의 경제적 수준에 걸맞지 않음을 알 수 있다.

앞에서도 언급한 바와 같이 우리나라 교통사고의 증가추세가 차량증가가 계속되고 있음에도 불구하고 안정세를 유지하고 있음은 다행한 일이기는 하나 다른 나라에 비해 여전히 사고율은 높은 편이다. 우리나라의 자동차 보유대수 증가세가 지금과 같이 지속된다면 자동차 만 대당 사망자수는 앞으로 계속해서 감소할 것이며, 인구 10만 명당 사망자수는 그다지 큰 변동을 보이지 않을 것이다.

18.1.2 교통안전정책

우리나라의 교통안전정책은 크게 교통안전법과 도로교통법에 의존하고 있다. 그러나 그 외에도 안전을 확보하기 위한 운송수단의 안정성, 교육, 의료, 보험, 홍보 등 교통안전에 관련된 업무들이 무수히 많다.

이러한 교통안전에 직접·간접으로 관련되는 업무가 여러 부처에 분산되어 독자적으로 시행되고 있기 때문에 이들 업무를 계획하고 총괄조정하는 일이 무엇보다 필요하다.

(1) 교통안전법

교통안전에 관한 기본법인 교통안전법은 1979년에 제정되어 그 이전에는 거의 등한시되어 온 교통안전에 관한 법적, 제도적 장치가 마련되었다. 이 법은 교통안전을 확보하기 위한 정부와 국민의 의무, 위원회 구성, 운영, 종합계획의 수립 및 시행 등을 규정하고 있다.

이 법의 목적은 교통사고에 대하여 국가적 차원에서 적극적으로 대응하기 위하여 교통안전에 관한 정부 및 지방자치단체의 시책과 자동차, 철도차량, 선박, 항공기 등의 제조사업자, 운수사업 경영자, 보행자 및 일반국민의 의무를 명확히 규정하고, 교통안전대책을 효과적으로 추진하기 위한 체제의 확립과 종합적이며 계획적인 추진을 하는 데 필요한 기본적인 사항을 정함으로써 공공복리증진에 기여토록 하는 것이다.

교통사고가 발생하면 필연적으로 인명과 재산상의 손실을 가져오고, 교통질서의 혼란을 초래하게 되어 국가경제질서에 영향을 끼치고, 또 많은 경제적 손실을 가져온다. 따라서 교통사고를 예방하여 교통안전을 확보하면 개인적, 가정적으로 평온과 안전을 견지함과 동시에 사회적, 국가적으로도 경제발전과 사회적 안정에 기여하게 될 것이다.

교통안전법의 적용대상은 교통안전과 관련 있는 모든 분야에 걸쳐 적용된다. 정부는 국민의 생명, 신체, 재산을 보호하도록 교통안전에 관한 종합적인 시책을 수립하여 실시해야 하며, 각 지방자치단체도 정부시책에 준하여 관할구역 내의 교통안전에 관한 시책을 펴도록 규정하고 있다.

도로, 철도, 궤도, 항만, 어항, 비행장시설을 설치하는 사람은 물론이고, 자동차, 선박, 철도차량, 항공기 등 수송장비를 제조하는 사람도 교통안전에 필요한 조치와 안전성 향상을 위해 노력을 하도록 규정하고 있다.

자동차, 선박, 철도, 항공기 등의 운전자 및 조종사는 안전운행에 지장이 없도록 항상 점검을 해야 함은 물론 보행자에게 위해를 주지 않도록 각별히 유의해야 하며, 보행자와 일반국민은 교통안전에 관한 법령을 준수해야 함은 물론 정부 및 지방자치단체가 실시하는 각종 교통안전에 관한 시책에 적극 협조하도록 명시하고 있다.

교통안전법은 운수업체로 하여금 교통안전관리를 체계적으로 하도록 상세히 규정하고 있으며, 특히 교통안전관리자를 두도록 규정했다. 안전관리자는 교통수단의 안전계획을 수립하여 시행함은 물론이고, 안전운행 및 안전운항을 위한 기술적인 사항을 점검·관리하는 임무를 수행한다. 이들은 신규교육과 연수교육을 받아야 하며 이들의 임무는 (i) 안전관리 계획수립, (ii) 차량, 선박 및 항공기의 운행 전에 안전점검의 지도·감독, (iii) 도로조건, 노선조건, 항공조건 및 기상조건에 따른 안전운행에 필요한 조치, (iv) 종사원에 대한 교통안전 교육훈련의 실시 및 승무원 과로 방지, (v) 교통사고의 원인분석 및 사고통계의 유지 등이다. 이 법은 교통안전관리자를 두어야 하는 업체의 범위, 안전관리자의 인원수, 자격 등도 규정하고 있다. 안전관리자를 두어야 하는 분야는 도로, 철도, 항공, 항만, 삭도이다.

(2) 도로교통법

우리의 일상생활은 대부분 도로상에서 이루어진다. 교통안전법보다 앞서 1961년에 제정된 이 도로교통법은 이러한 일상적인 교통활동에서 발생할 수 있는 모든 위험과 장해를 방지하고 제거하여, 안전하고 원활하며 경제적인 교통이 이루어지도록 하기 위한 목적으로 제정되었다.

이 법은 보행자 및 차마의 통행방법, 운전자 및 운수업체 고용주의 의무, 도로의 사용방법, 고속도로 및 자동차전용도로에서의 특례, 교통안전 교육, 운전면허 등에 관한 규정을 다루고 있다. 이 밖에도 국제운전면허증, 자동차운전학원, 도로교통공단에 관한 규정도 포함한다.

비교적 최근에 포함된 도로교통규칙에는 모든 좌석의 안전띠 착용 의무화, 자전거 음주운전 처벌, 경사지에서의 미끄럼사고 방지 조치 의무화, 자전거 인명보호장구 착용 의무화 등이 있다.

교통안전법에 의한 교통안전관리자와 유사한 목적으로, 도로교통법에서도 일정 대수 이상의 비사업용 자가용 자동차를 사용하는 사업소 등에서 자동차운전의 안전을 관리하는 안전운전관리자를 두도록 하고 있다. 이들은 도로교통안전에 관한 정기교육과 수시교육을 받아야 하며, 교육내용은 교통관계법령, 운행관리, 운전자관리, 차량관리, 교육심리, 교통사고의 처리 및 대책을 세우고 운전자 및 차량의 효율적인 관리를 통하여 안전운행을 확보할 수 있도록 하고 있다.

18.2 교통사고 유발요인

일반적으로 교통사고는 인적요인, 차량요인, 환경적 요인에 의해서, 또는 이들 상호 간의 복합적 관계에 의해서 일어난다. 인적요인에는 운전자의 지능, 성격, 기질, 태도, 의욕, 기분, 피로, 질병, 약물, 시각, 청각, 연령, 성별, 근육운동기능 등과 같은 심리적 및 정신적 조건, 생리적 및 감각적 조건, 육체적 및 근육적 조건 등이 있다. 차량요인에는 차량의 성능, 결함, 그 차량에 대한 운전자의 숙달 정도 등이 있다. 환경적 요인으로는 도로, 교통조건, 명암, 일기, 온도 등의 자연조건과 직장, 가정과 같은 사회환경조건 등이 있다.

[그림 18.1]은 교통사고를 유발하는 요인들을 나타낸 것이다. 그러나 교통사고는 이와 같은 단일요인에 의해 발생하는 경우는 드물며, 대부분 둘 이상의 요인이 결합되거나 상승작용을 함으로써 사고가 발생한다.

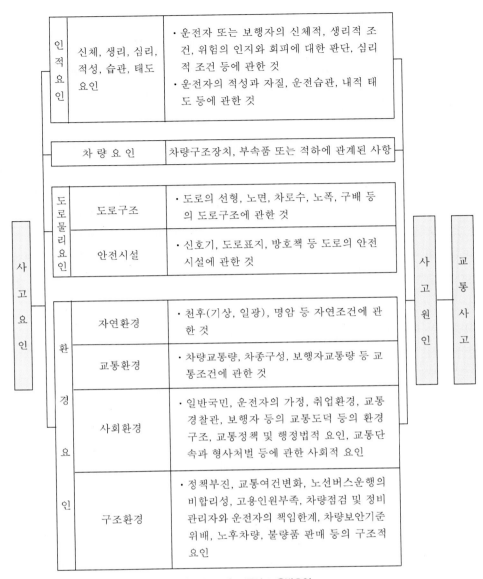

[그림 18.1] 교통사고 유발요인

자료: 참고문헌(46)

18.2.1 인적요인

교통사고의 요인 중에서 인적요인을 포함하는 것이 거의 전부라 해도 과언이 아니다. 그러므로 교통사고를 이해하기 위해서는 운전자가 운전조작(driving task) 과정에서 필수적으로 반복되어 일어나는 정보처리과정, 즉 지각－반응과정(perception－reaction process)을 이해할 필요가 있다(2장 2절 참조).

1 운전자의 정보처리과정

비단 운전자뿐만 아니라 보행자 및 모든 인간은 주위의 자극에 대하여 지각 또는 발견(perception) – 식별 또는 확인(identification) – 행동결정(judgement) – 행동수행(reaction)과정을 거치면서 행동을 한다. 이러한 과정은 거의 대부분 운전경력과 훈련에 의해서 그 능력이 향상된다.

(1) 지각 또는 발견(perception)

자극을 접수하는 과정으로서 그 자극은 대부분 시각적인 자극이다. 운전자는 운전 중에 시야에 들어오는 정보를 탐색하고 운전에 관계되는 것은 선별하며, 선별된 자극에 시선의 초점을 집중시킨다.

초보운전자는 운전 도중에 시각적으로 접수되는 여러 정보 중에서 운전에 관계되는 정보만을 식별하는 능력이 적은 반면에, 노련한 운전자는 꼭 필요한 정보만을 선별하여 재빨리 반응하는 능력을 가진다. 따라서 초보운전자는 운전 중에 눈동자의 움직임이 빈번할 수밖에 없다.

초보운전자의 시각적 탐색활동은 매우 활발하고 오류가 많으며 시선 집중시간이 긴 반면에, 노련한 운전자는 중추신경계통의 작용이 빠르기 때문에 눈동자의 움직임이 더 활발하고 시선 집중시간이 짧다.

(2) 식별 또는 확인(identification 또는 intellection)

그 자극을 식별하고 이해하는 과정으로서 식별대상은 그 물체뿐만 아니라 속도까지를 포함한다. 이와 같은 식별에 착오가 생기면 사고가 발생하기 쉽다. 예를 들어 야간 운전 시 도로상의 웅덩이를 가로수 그림자로 잘못 식별하거나, 양방향 2차로도로에서 추월 시 다른 차량이나 자기 차량의 속도를 잘못 판단하면 사고가 발생한다.

일반적으로 눈에 익숙한 물체를 식별하는 데 걸리는 시간은 익숙하지 않은 물체를 식별하는 시간보다 짧다. 따라서 도로상의 위해요소를 예고하는 주의표지는 될수록 구체적으로(단순히 "위험" 주의표지 대신) 나타내 주면 식별시간을 줄일 수 있다.

(3) 행동결정(emotion 또는 judgement)

위해요소에 대해서 취해야 할 적절한 행동(정지, 추월, 감속, 경적울림, 비켜감 등)을 결심하는 의사결정과정으로서 그 능력은 운전경험에 크게 좌우된다. 이 과정에서 착오가 생기면 결정적인 사고가 발생한다.

주의표지에 운전자가 취해야 할 행동을 구체적으로 명시하면 이와 같은 행동판단 시간을 현저히 줄일 수 있다(안전속도 표시, 경적울림, 추월가능구간 표시 등).

(4) 행동수행(volition 또는 reaction)

운전자의 육체적인 반응 및 이에 따라 차량의 작동이 시작되기 직전까지의 과정으로서 운전조작의 난이도에 따라 소요되는 시간이 다르며, 중추신경계통이 예민한 사람일수록 반응능력이 크다.

이와 같은 일련의 지각 – 반응과정에서 착오를 줄이고 경과시간을 단축하는 것이 사고방지의 요체이다. 운전경험과 교육·훈련은 이러한 목표를 달성하는 데 큰 효과가 있다.

지각, 식별과정을 합해서 인지(cognition)과정이라고도 한다. 지각, 식별, 행동판단과정을 합해서 반사과정 또는 순반응과정이라고도 하며, 심리학에서 반응과정이란 바로 이 과정을 말한다.

운전기술이 있다고 반드시 안전운전을 한다는 보장은 없다. 모험심이나 교통법류 또는 교통질서를 지키고자 하는 의지의 강도에 따라 운전행태가 달라지기 때문이다.

중추신경계통의 능력을 저하시키는 요인으로는 알코올이나 약물 복용, 피로 등이 있으며, 연령이 높아짐에 따라 이 능력도 현저히 감퇴된다.

2 연령 및 성별

교통사고나 법규위반 행위는 운전자의 연령이 높을수록 감소하지만 통행량(또는 통행길이)을 감안하여 비교한다면, 젊은층과 노년층의 사고율이 중간 연령층에 비해 높다. 연령에 따른 법규위반의 패턴도 다르다.

즉 젊은층은 모험심을 반영하는 속도위반이 많은 반면에, 나이 든 운전자는 회전, 추월 및 통행권 양보 위반이 많다. 교통사고의 종류도 이러한 교통법규위반의 종류와 무관하지 않을 것이다.

남성운전자는 여성운전자보다 사고를 더 많이 내지만 통행량을 감안한다면 그 차이는 미미하다. 통행량을 고려하더라도 기혼자는 미혼자보다 낮은 사고율을 나타낸다.

3 운전자 능력

교통사고에 영향을 주는 운전자의 육체적 능력에는 (i) 시력, (ii) 현혹 회복력, (iii) 시야, (iv) 색맹 또는 색약, (v) 청력, (vi) 지능, (vii) 기타 지체부자유 등 신체적 결함이 있다. 이와 같은 육체적 결함이 사고를 유발할 가능성이 상대적으로 높은 것은 사실이나 이러한 사람들은 자신의 결함을 알고 더 조심해서 운전하게 되므로 사고유발 가능성이 상쇄되는 것이 보통이다.

교통사고에 영향을 주는 운전자의 후천적 능력에는 i) 차량조작 능력, ii) 도로조건의 인식능력, iii) 교통조건의 인식능력, iv) 주의력, v) 성격 등이 있다. 이러한 요소들은 대부분 운전경험이나 교육에 의해서 그 능력이 향상될 수 있다.

4 운전자 성격 및 태도

법규위반의 종류에 따라 사고의 양상은 다르게 나타난다. 이와 같은 법규위반 행위는 고의적이거나 부주의로 인한 결과일 수 있다. 교통법규는 운전자의 법규위반 행위를 불가피하거나 이유가 있다고 보지 않고 객관적인 기준에 따라 책임을 묻고 있다. 그러나 법에서 요구하는 행동과 실제 보편적인 운전자가 취하는 행동 사이에 괴리가 있을 수 있다. 이와 같은 경우에는 법에서 요구하는 기준을 보편적인 운전자의 수준에 맞게 낮추어야 한다.

다시 말하면 고도로 숙련된 운전자나 극도의 조심성을 가지고 운전을 해야만 법규를 지킬 수 있는 교통여건이라면, 도로여건이나 교통안전시설 및 통제방법 등을 개선하여 보편적인 운전자가 합리적이며 적당한 긴장감을 가지고 운전하면서도 법에 저촉되지 않도록 해야 한다. 고도의 운전기술은 자랑스럽고 권장할 일이기도 하나 이것을 일반적인 기준으로 삼아서는 안 된다. 또 실제 운전자는 극도로 긴장하면서 조심스럽게 운전하지 않기 때문이다.

똑같은 조건에서 운전을 하더라도 사고를 특히 많이 내는 사람이 있다. 이러한 사람들의 공통적인 특징은 다음과 같다.

- 행동기능 – 지나치게 동작이 빠르거나 늦다. 동작이 부정확하다.
- 판단기능 – 지식이나 경험이 부족하다. 상황 판단력이 뒤떨어진다. 지능이 낮다.
- 행동·판단기능의 불균형 – 충동 억제력이 부족하다.
- 성격·기질 – 자기중심적이다. 기분이 쉽게 변한다. 비협조적이다. 공격적이다. 자기억제력에 부족하다. 신경질적이다.

5 음주

주취 정도는 혈액, 호흡 및 소변검사를 통해 쉽게 측정이 되므로 알코올과 교통사고와의 관계에 대해서 많은 연구가 있다. 혈중알코올 농도(BAL, Blood Alcohol Level)가 0.05%까지는 진정효과가 있어 운전에 별 영향을 주지 않는다. 그러나 0.05%부터 0.15%까지는 근육운동의 조정능력이 줄어들고, 말이 많아지고, 공격적이며, 지나치게 활동적인 행동양상을 보인다. 이보다 더 높은 BAL에서는 자체판단력이 매우 약해지면서도 스스로는 정상적이라고 믿는다.

음주운전자는 시각적 탐색능력이 현저히 감퇴되고 속도에 대한 감각이 둔화되며, 차량조작에만 온 정신을 집중하기 때문에 주위 환경에 반응하는 능력이 크게 저하된다.

[표 18.1]은 혈중알코올 농도와 주취상태의 관계를 나타낸다. 알코올은 주로 소장(小腸)에서 흡수되며, 흡수속도는 신진대사나 배설보다 훨씬 빠르기 때문에 알코올 섭취 후 1.5~2시간이면 BAL 값이 최대치를 보인다. 이 최고치에서 알코올의 흡수량과 분해량이 같게 되며, 더 이상 마시지 않는다면 BAL 값은 감소하게 된다.

[표 18.1] 알코올 농도와 주취와의 관계

혈중알코올 농도	주취상태
0.05% 이하	운전능력에는 별 영향이 없다. 평균인의 경우 맥주 작은 병 2병 또는 위스키 60 cc를 마신 경우에 해당한다.
0.05~0.15%	주취의 영향을 받게 된다. 평균인의 경우 맥주 작은 병 6병 또는 위스키 170 cc를 마신 경우에 해당한다.
0.15% 이상 0.2% 〃 0.3% 〃 0.4% 〃 0.5% 〃	모든 운전자가 주취의 영향을 받는다. 광란적으로 된다. 눈이 감기고 기력이 없어진다. 혼수상태에 빠진다. 사망한다.

주: 사람에 따라 차이가 날 수 .있음

흡수된 알코올은 오줌이나 호흡에 의해 배출되지만 대부분은 간에서 산화를 시켜 분해한다. 산화속도는 체중이나 사람에 따라 약간 차이가 나지만 특정 개인의 산화속도는 경과시간에 따라 대체로 일정하다. [표 18.2]는 체중별 1시간당 알코올 분해율을 나타낸 것이다.

[표 18.2] 체중별 시간당 혈중알코올 농도 감소치

체중(kg)	시간당 BAL 감소치(%)
45	0.036
50	0.032
55	0.029
60	0.027
65	0.025
70	0.023
75	0.021
80	0.020
85	0.019
90	0.018

예제 18.1 체중 65 kg인 운전자에 대하여 사고 발생 2시간 후에 혈중알코올 농도를 측정하였더니 0.05%가 나왔다. 사고 당시의 혈중알코올 농도는 얼마로 추정되는가?

풀이
- 표에서 체중 65 kg인 사람의 BAL 감소량 = 0.025%
- 운전자의 사고 당시 BAL = 0.05 + (0.025) × 2 = 0.10% ■

6 보행자

2021년도 전국의 교통사고로 인한 사망자 중에서 보행자의 사망은 35%에 이르며, 보행자의 부상은 전체 부상자의 12%로 밝혀졌다. 이 중에서 높은 연령층의 사고율은 더욱 심각하다. 보행중 사망자 중에서 60%가 65세 이상이며, 보행중 부상자 중에서 26%가 같은 연령대이다.

반면에 보행중 사망자 중에서 1%가 12세 이하이며, 보행중 부상자의 7%가 12세 이하 어린이로써, 이 통계로 볼 때 어린이의 교통사고가 몇 년 전에 비해 크게 감소되었음을 알 수 있다. 이는 어린이 교통안전에 대한 범국가적인 노력의 결과라 생각이 된다.

7 운전자 대책

사고방지를 위한 운전자 대책에는 즉각적인 방법과 지속적인 방법이 있다. 즉각적인 방법은 지도단속, 면허정지 또는 취소 등과 같은 법적인 강제력을 동원하는 것이며, 지속적인 방법은 안전교육, 안전관리 등과 같이 인간행동을 순치(馴致)시키거나 안전한 행동을 하게끔 동기를 부여하는 것이다.

(1) 교통지도 단속

교통법규는 안전운전을 위한 행동규범을 명시하고 있다. 모든 운전자는 다른 사람도 이와 같은 법규를 준수할 것이라고 믿는 '신뢰의 원칙'에 근거하여 운전을 한다. 따라서 교통법규를 위반하게 되는 경우에는 필연적으로 교통사고의 위험성(특히 법규를 준수하는 다른 사람에게 선의의 피해를 입히는)이 커지기 마련이다. 그러므로 교통규범에 어긋나는 행동, 즉 신뢰의 원칙을 깨뜨리는 위반 행위를 지도하고 단속하는 일은 사고방지를 위해서 반드시 필요하다.

일반적으로 교통법규위반의 단속건수(동적위반의 단속)와 자동차 1만 대당 교통사고 사상자수는 상관관계가 매우 높기 때문에 교통지도 단속이 사고예방에 직접적인 효과가 있다고 볼 수 있다.

(2) 운전면허의 취소 및 정지

교통사고방지를 위한 즉각적인 방법의 또 하나는 운전면허의 자격제한, 운전면허의 취소 및 정지 등이 있다. 운전면허의 결격사유를 가진 사람은 18세 미만인 사람(오토바이는 16세 미만), 정신병자, 정신박약자, 간질환자, 시각장애자, 청각장애자, 말 못하는 사람, 마약, 대마, 향정신성의약품 또는 알코올 중독자, 대통령이 정하는 신체장애자 등을 말한다. 또 운전면허의 취소 및 정지의 대상으로는 위에서 열거한 결격사유를 가진 사람은 물론이고, 운전에 관한 법률, 규정, 처분을 위반한 사람이다.

(3) 안전교육, 운전자관리

불안전한 운전행동이나 그 개연성을 직접적, 즉각적으로 제한하고 금지하여 사고발생을 억제하는 방법 이외에 간접적, 지속적인 방법으로 운전자나 자전거이용자, 보행자가 자발적으로 행동변화를 하게끔 하여 교통행동의 안전성 향상을 도모하기 위해서는 교육, 홍보 및 지도가 필요하다.

여기에는 모든 교통참가자가 알아두어야 할 사항에 관한 일반적인 안전교육과 사고성향을 가지고 있는 운전자에게 각 개인의 특성에 맞추어 실시하는 개별적인 안전지도가 있다. 또 운수업체는 교통안전관리자를 두도록 되어 있으며(교통안전법), 일정 규모 이상의 자동차를 가진 기업체 또는 회사(운수업체 제외)는 안전운전관리자를 두도록 하여(도로교통법) 운전자의 업무관리, 운행관리, 기술관리 등을 통하여 운전자관리 측면에서의 사고원인을 줄이도록 하고 있다.

18.2.2 차량, 교통시설 및 환경요인

차량의 기계적 결함에 의한 사고는 0.2%에도 미치지 못한다. 이들 사고의 원인은 대부분 제동장치의 고장으로 인한 것이며, 간접적인 원인은 부적절한 전조등으로 인해서 다른 차량의 사고를 유발하거나 후미등의 고장으로 인한 것이다.

도로구조와 교통안전시설이 교통사고에 미치는 영향은 사실상 인적요인에 못지않게 중요하다. 왜냐하면 불합리한 도로구조나 교통안전시설은 운전자에게 과도한 집중력을 요구하기 때문에 사고의 위험성이 높다. 앞에서도 언급한 바 있지만 도로구조와 안전시설은 보편적인 운전자가 보통 수준의 주의력과 긴장감을 가지고 운전해도 사고가 나지 않게끔 설계되어야 한다.

도로조건과 교통운영에 따른 교통사고와의 관계는 다음 절에서 자세히 설명한다. 기상조건이나 노면조건이 교통사고와 큰 연관성이 있다고 알려지고 있다. 특히 안개 낀 날의 치사율은 맑은 날에 비해 2.3배 정도 높으며, 눈 오는 날과 비 오는 날의 치사율은 맑은 날에 비해 50% 정도 높다.

기타 운전자의 사회적인 환경이나 운전동기 등은 교통사고에 직접적인 영향을 주는 것이 아니고 간접적인 영향을 줄 뿐만 아니라 이들의 상관관계를 밝히기가 매우 어려우므로 여기서는 설명을 생략한다.

18.3 교통사고의 특성

교통사고는 차량을 운전하는 운전자와 도로 및 교통조건, 교통통제조건에 따라 크게 좌우된다. 따라서 이들 세 가지 요인들이 교통사고와 관련된 특성을 분석하면 사고방지 대책을 수립하는 데 도움이 된다.

교통사고의 특성을 분석하는 데 가장 유의해야 할 사실은 특성분석의 목적을 명확히 인식하는 일이다. 특성분석의 목적이 사고의 원인을 찾아내고 교통안전정책 및 전략을 수립하는 것이라면 단순하고 평면적인 통계숫자는 아무 의미가 없다. 예를 들어 여자운전자보다 남자운전자의 사고건수가 더 많다는 통계는 전체운전자 중에서 남·여운전자의 비율을 고려하지 않는다면 아무런 의미를 갖지 않으며 통계로서의 가치가 없다. 같은 이유로 해서 도로연장 1 km당 사고건수도 그 도로를 이용하는 교통량을 고려하지 않고는 의미가 없다. 극단적인 예로 비포장도로 1 km당 사고율이 포장도로 1 km당 사고율보다 낮다고 해서 비포장도로가 안전하다고 말할 수 없음은 당연하다. 각국의 차량 1만 대당 사고율의 비교도 마찬가지이다. 이 통계는 그 나름대로의 의미도 있으나 차량의 평균 주행량을 고려해야만 더욱 의미 있는 통계가 된다. 차량이 아무리 많더라도 주행을 많이 하지 않으면 사고빈도가 적을 것이기 때문이다.

불행하게도 우리나라의 통계에는 이와 같이 사고율 평가기준을 잘못 선정함으로써 쓸모없는 통계가 대단히 많다. 그 이유는 근본적으로 기본적인 통계자료가 빈약하기 때문이다. 앞의 예에서 우리나라 차량의 연평균주행거리를 알아야만 주행 km·대당 사고율을 다른 나라와 비교할 수 있다. 차량 1만 대당 사고율이 같다고 하더라도 우리나라 차량과 같이 연평균주행거리가 외국보다 길다면 차량의 위험노출도를 나타내는 사고율이 오히려 낮을 수도 있다. 도로종류별(고속도로, 국도, 특별시도, 지방도, 시·군도) 사고율은 1 km당 사고건수를 비교해서는 안 되고 도로종류별 교통량을 고려해서 비교해야 되므로 도로종류별 평균통행량에 관한 통계가 없으면 사고율의 비교가 불가능하다.

18.3.1 일반적인 사고특성

1 교통주체의 사고율

가장 많은 사고는 자동차가 제1당사자와 제2당사자가 되는 충돌사고로서 전체사고건수의 약 58%를 차지하고 있다. 그다음으로는 자동차가 보행자를 충격한 사고로서 전체사고건수의 약 19%이다. 결국 자동차가 제1당사자가 된 사고가 전체의 약 93%를 차지하고 있다. 치사율로 볼 때 보행자 또는 경운기가 연루된 사고가 가장 높은 치사율을 보이고 있다.

차량 간의 사고 중에서도 추돌사고가 가장 많아 전체차량 간 사고의 21.5%를 차지한다. 그다음으로는 전측면(前側面) 충돌사고로서 차량 간 사고의 5.5%를 차지한다. 차량 단독사고는 전체사고의 4%를 차지한다. 그러나 2003년도 통계에 따르면 모든 차량(자동차, 오토바이 등 포함)과 사람의 충돌사고는 전체사고의 37%에 달하며, 그중에서 보행자가 도로를 횡단 중에 발생한 사고는 전체교통사고의 10%를 차지한다.

도로연장 1 km당 사고율을 보면 출입제한, 왕복분리, 혼합교통이 배제된 고속도로는 교통량이 다른 도로에 비해 많은 것을 감안할 때 사고율이 비교적 낮다고 볼 수 있다. 이와 같이 도로길이당 사고건수는 그 도로의 도로조건뿐만 아니라 교통량, 차종구성비 등과 같은 교통조건과도 크게 연관성이 있다.

반면에 치사율은 고속도로가 다른 도로에 비해 훨씬 높게 나타난다. 이때의 기준은 교통량과는 관계없이 사고건당 위험도를 나타낸 것이다. 미국의 경우를 보면 고속도로는 중앙분리대가 없는 4차로도로에 비해 사고율이 25%밖에 되지 않으며, 2차로도로의 50% 이하이다. 고속도로 가운데서도 사고율로 볼 때 사고율이 평균 이하인 도로의 특징은 넉넉한 도로폭을 가지고, 도로변의 연석이 없으며, 넓게 포장된 갓길, 상당히 긴 구간 동안 일관된 차로수를 가지며, 램프는 넓으면서도 오른편에 접속되고, 선형이 비교적 직선이다. 이와 같은 조건보다 조금이라도 못하면 사고율은 증가한다.

전반적인 도로망 체계를 볼 때 고속도로는 긴 통과교통이 이용하고, 간선도로와 집산도로는 중간 정도 또는 짧은 길이의 통과교통이 이용하며, 연속성이 없는 국지도로는 주변 토지로의 접근기능을 할 때 그 지역 전반의 교통사고율은 매우 낮은 경향을 갖는다.

3 사고발생지점별 사고율

전체교통사고의 22%가 교차로 내 또는 그 부근에서 일어나며 도로구간의 횡단보도 또는 그 부근에서 일어나는 사고까지 합하면 약 45%가 된다. 교차로 내에서의 사고는 주로 충돌사고(직각충돌이 많음)이며, 교차로 부근의 사고는 대부분 추돌사고이다.

커브지점에서의 사고는 주로 정면충돌사고가 많으며, 이는 커브지점에서 왼쪽으로 회전하는 차량이 커브지점의 중앙선을 침범함으로써 일어나는 사고가 대부분이다. 커브지점에서 왼쪽으로 회전하는 차량들의 거의 대부분이 이 지점에서 중앙선을 침범하고 있는 것을 우리 주위에서 쉽게 볼 수 있다는 것은 이와 같은 사실을 잘 설명하고 있다.

18.3.2 도로선형과 사고

1 평면선형

곡선선형을 가진 도로가 직선도로 구간에 비해 사고율이 높다는 것은 상식적으로 알 수가 있다. 또 곡선선형 중에서 오른쪽으로 굽은 도로에서의 사고가 왼쪽으로 굽은 도로에서보다 사고율이 높다.

일반적으로 일반도로에서는 곡선반경이 100 m 이내일 때 사고율이 높고, 특히 2차로도로에서는 그 경향이 강하게 나타난다. 고속도로에서도 마찬가지로 곡선반경 750 m를 경계로 하여 그 값이 적어짐에 따라 사고율이 높아지고, 그 경향은 오른쪽 굽은 곡선이나 왼쪽 굽은 곡선 간에 차이가 없다.

비교적 평탄한 지형에서는 곡선반경이 400~1,000 m일 때의 사고율이 직선에 비해 2.5배 정도 높으나 6% 이상의 경사지형에서는 1.8배 정도 높다는 연구결과도 있다.

곡선부의 개수가 많으면 사고율이 높을 것 같으나 반드시 그런 것은 아니다. 예를 들어 긴 직선구간 끝에 있는 곡선부는 짧은 직선구간 다음의 곡선부에 비해 사고율이 높다. 그러나 곡선구간과 사고율의 관계에서 한 가지 유의해야 할 사실은 곡선부에서의 사고율이 선형 때문만이 아니라 시거(視距), 편구배에 크게 좌우된다는 것이다. 예를 들어 Tanner의 연구에 의하면[9] 선형을 개선한 결과 사고율이 80% 감소했으며, 시거를 개선하여 65%, 편구배를 증가시켜 60%의 사고감소율을 보였다.

곡선부에서 사고를 줄이는 데는 주의표지가 중요한 역할을 한다. 곡선부에서 일반적으로 사용되는 주의표지는 곡선부가 시작되는 지점 이전에 "안전속도"를 표시한 "도로 굽은 표지"이다. [표 18.3]은 Kansas주의 모든 곡선부 도로에 그 곡선부 기준에 적합한 새로운 주의표지를 설치한 다음에 실시한 사전·사후조사의 결과를 나타낸 것이다.[1]

곡선부가 종단경사와 중복되는 곳은 훨씬 더 사고 위험성이 크다. 곡선부는 또 미끄러짐사고가 발생하기 쉬운 곳이다. 곡선부에서의 사고를 감소시키는 방법은 편구배를 개선하고, 시거를 확보하며, 속도표지와 시선유도표를 포함한 주의표지와 노면표지를 잘 설치하는 것이다.

[표 18.3] 표지개선에 따른 곡선부 사고변화(Kansas)

표지	사망 사고건수	사망자수	부상자 사고건수	부상자수
표지개선 이전	43	49	305	481
표지개선 이후	26	28	299	468

자료: 참고문헌(1)

2 종단선형

일본의 예에 의하면 일반도로구간에서 종단경사가 6% 이상의 내리막길에서의 사고율이 매우 높고, 고속도로에서도 마찬가지로 내리막길에서의 사고율이 높으며, 일반적으로 종단경사가 커짐에 따라 사고율이 높아지는 경향이 있다. 미국에서의 연구에 의하면 340 m 이하의 곡선반경을 가진 곡선부에서 종단경사가 5% 이상일 때 높은 사고율(특히 미끄러짐 사고)을 보인다.

종단선형이 자주 바뀌면 종단곡선의 정점에서 시거가 단축되어 사고가 일어나기 쉽다. 여기서 제한시거란 산악지에서의 시거가 120 m 이하인 경우를 말하며, 구릉지나 평지에서는 180 m 이하가 되는 시거를 말한다. 일반적으로 양호한 선형조건에서 제한시거가 불규칙적이면 평균사고율보다 훨씬 높은 사고율을 보인다.

18.3.3 횡단면과 사고

1 차로수

차로수와 사고율의 관계는 아직 명확히 규명된 바가 없다. 일반적으로 차로수가 많으면 사고율이 높았으나 이는 그 도로가 교통량이 많고, 교차로가 많으며, 또 도로변의 개발밀도가 높기 때문일 수도 있으므로 높은 사고율을 반드시 차로수의 영향 때문이라고 말할 수는 없다.

2 차로폭

차로폭과 사고율의 관계는 차로폭 확장의 경제적 타당성을 건설비용과 사고비용 감소를 비교해서 검토하는 데 매우 의미가 있다. Morrison은 여러 가지 차로폭을 가진 2차로도로의 사고율을 조사한 결과 차로폭이 2.3~2.7 m인 도로보다 3.0 m인 도로의 사고율이 낮으며, 2.7 m의 차로를 3.0 m로 확장하는 데 소요되는 비용보다 사고감소로 인해 얻는 편익이 크기 때문에 경제적 타당성이 있다는 결론을 내렸다.[2]

Cope는 380 km의 2차로도로를 차로폭 2.7 m에서 3.3 m로 확장했을 때의 사전·사후조사를 통하여 교통량이 많고 사고율이 높은 구간을 넓히면 그 효과가 더욱 크다는 것을 알 수 있다. 차로를 구획하는 노면표시를 하면 그렇지 못한 경우보다 사고건수가 33% 줄어든다는 연구결과도 있다.[3]

3 갓길

갓길이 넓으면 차량의 이동공간이 넓고, 시계(視界)가 넓으며, 고장 난 차를 주행차로 밖으로 치울 수가 있기 때문에 안전성이 큰 것은 확실하다. 또 갓길이 토사(土砂)나 자갈 또는 잔디보다는 포장된 노면이 더 안전하며, 포장이 되어 있지 않을 경우에는 건조하고 유지관리가 용이할수록 안전하다.

미국의 Virginia 주에서 차도폭 6 m 도로의 24 km 구간에 대하여 0.3~1.2 m의 갓길폭을 1.8 m로 확장하고 그중 1.2 m를 포장했을 때의 사전·사후조사를 한 결과, 확장하기 이전 2년간의 사고는 102건 있었으나 확장한 후에는 69건으로 줄었으며, 이때 사전·사후의 사고율은 100만 대·km당 1.73건과 1.16건이었다.[4] 그러나 이러한 결과는 노면표시를 어떻게 하느냐에 따라 어느 정도 변할 수 있다. 이 경우는 차도와 갓길을 단선의 흰색 페인트칠을 한 경우이다. 일반적으로 이와 같이 차도와 갓길을 구획하는 노면표시를 하면 사고가 감소한다.

4 중앙분리대

중앙분리대는 횡단형(mountable type), 억제형(deterring type), 방책형(nonmountable type)으로 나뉜다. 중앙분리대의 폭이 좁은 경우에는(2.4 m 이하) 일반적으로 억제형이나 방책형의 분리대를 설치하지만, 중앙분리대를 설치하지 않을 때에 비해 사고율이 그다지 감소하지 않는다. 왜냐하면 이 경우에는 중앙분리대를 넘을 수 없기 때문에 마주 오는 차량과의 충돌을 막을 수는 있지만 그 대신 분리대와의 충돌사고가 많이 발생한다. 반면에 횡단형을 설치하면 중앙분리대를 넘어서 마주 오는 차량과 충돌하는 위험성도 있지만, 그렇지 않고 원래의 주행선으로 안전하게 복귀하기도 쉽다. 일반적으로 AADT가 40,000~50,000인 도로에서 중앙분리대를 넘어서 정면충돌하는 비율과 다시 원래의 주행선으로 되돌아오는 비율은 1 : 8이라는 연구결과가 있다.[5]

Moskowitz의 연구에 의하면 AADT가 25,000~130,000과 130,000 이상의 그룹에서 좁은 중앙분리대 내에 방호책(barrier)이 있는 경우와 없는 경우의 사고율을 비교했을 때, 교통량이 적은 그룹에서는 방호책이 있는 경우가 사고율이 높았다.[6]

횡단형이 아닌 중앙분리대를 설치할 경우 분리대의 폭과 사고율과는 상관관계가 없다는 것은 여

러 사람의 연구에서 밝혀졌다.[6], [7]

그러나 횡단형의 경우는 사고와 분리대의 폭과는 밀접한 관계가 있다. 또 중앙분리대를 횡단하여 정면충돌한 사고의 전체사고건수에 대한 비율과 분리대폭과의 관계도 밀접하다. 즉 분리대의 폭이 넓을수록 분리대 횡단사고가 적고, 또 전체사고건수에 대한 정면충돌 사고의 비율도 낮다.

결론적으로 분리대폭이 15 m 이내이면 분리대에 방호책을 설치하여 정면충돌사고를 줄일 수 있을 뿐만 아니라 분리대의 폭도 반으로 줄일 수 있다. 그러나 앞에서도 언급한 바와 같이 이와 같은 시설을 함으로써 교통량이 적은 경우에는 분리대충돌로 인한 사고율이 높아진다.

중앙분리대에 설치된 방호책은 사고를 방지한다기보다는 사고의 유형을 변환시켜 주기 때문에(정면충돌사고를 차량단독사고로 변환시킴으로써 위험성이 덜하다) 효과적이다. 따라서 방호책은 다음과 같은 성질을 가져야 한다. 즉 (i) 횡단을 방지할 수 있어야 하고, (ii) 차량을 감속시킬 수 있어야 하며, (iii) 차량이 튕겨나지 않아야 하며, (iv) 차량의 손상이 적도록 해야 한다.

5 도로변

고속도로와 국도에서 발생하는 사고 가운데 상당한 부분이 차량의 주행선 일탈에서 발생하는 차량단독사고로서 전복되거나 도로변의 물체에 충돌한다. 따라서 도로변의 위해물, 특히 교량의 교대, 교각, 표지판지주, 전신주, 가로등기둥 등과 같은 인공물 등을 설치할 때 유의해야 한다. 특히 충돌을 방지하기 위해서 설치하는 가드레일이 오히려 장애물이 되는 수가 있으므로 설계할 때 이 점에 유의해야 한다.

도로변의 가로수를 보호하기 위해서 교량의 접근부에 설치된 가드레일은 사고건수뿐만 아니라 그 위해도(危害度)를 감소시켜 준다. 그러나 가로수 그 자체도 위해물이 될 수도 있으므로 식재에 신경을 써야 한다. 이와 같은 위해물이 포장 끝으로부터 떨어진 거리와 사고율과의 관계는 아직 밝혀진 바가 없으나 인공위해물과 충돌에 의한 사고를 감소시키기 위해서 안전설계에 관한 연구가 외국에서 많이 나오고 있다.

6 교량

교량의 폭과 교량포장면, 그리고 교량 접근부 등이 교통사고와 밀접한 관계가 있다. Fritts가 미국 의회에 제출한 연구보고서에 의하면 교량의 폭이 교량접근로의 폭보다 0.3 m 이상 좁으면 1억 대 · km당 사고율은 63건이었고, 1.5 m 넓으면 36건, 1.5 m 이상 넓으면 8건밖에 되지 않았다.[8] 또 다른 연구결과는 교량의 접근로 폭과 교량의 폭이 같을 때 사고율이 가장 낮다는 사실을 밝혔다. 이 두 가지의 폭이 서로 다른 경우에도 교통통제설비, 즉 표지나 시선유도표, 교량 끝단의 노면표시를 효과적으로 설치함으로써 사고율을 현저히 감소시킬 수 있다.

7 노면상태

도로의 노면상태는 도로형상이나 교통통제설비보다 사고발생에 기여도가 더 크다고 알려져 있다. 노면상태가 사고에 영향을 주는 것은 미끄러짐이다. 미끄러짐(skidding)에는 제동 전에 발생하여 운전자가 의도하는 바와 다른 방향이나 속도로 진행하는 것과 제동 동안에 발생하여 원하는 곳에서 정지할 수 없는 두 가지 경우가 있다. Pennsylvania Turnpike에서의 조사에 의하면 100만 대·km 당 사고율이 건조노면에서 1.1건, 젖은 노면 1.9건, 눈 덮인 노면 4.8건, 결빙노면 8.2건으로 나타났다.[9]

영국의 Giles와 Sabey의 연구는 이보다 더 흥미로운 결과를 나타냈다. 이 연구에 의하면 타이어와 노면의 횡방향 마찰계수가 0.55~0.6 정도에서 미끄러짐의 위험이 시작되며, 0.4~0.45에서는 위험성이 20배 증가하고, 마찰계수가 0.3~0.35가 되면 위험성이 300배 증가한다.[10]

Detroit시의 한 교차로에 대한 연구결과를 보면, 벽돌포장을 한 도로의 접근로에서 노면이 젖은 상태의 사고가 일 년에 32건(이 중 65%가 추돌사고)이던 것이 노면을 포장한 후 비 온 날의 사고가 8건으로 감소되었다.[11]

8 노면요철

사고를 방지하기 위해서는 노면처리를 비정상적으로 하는 방법도 있다. 예를 들어 포장면을 울퉁불퉁하게 만들어 운전자에게 주의를 환기시키는 방법이다. 이 방법은 중앙분리대나 갓길에 적용하여 운전자가 차로를 벗어나는 것을 경고하고, 곡선구간이나 교차로의 접근부에 설치하여 운전자에게 경각심을 갖도록 한다. 특히 "정지" 표지 이전에 설치하면 매우 효과가 있다.

18.3.4 교차로와 인터체인지에서의 사고

1 인터체인지

램프의 위치와 주도로의 평면 및 종단선형과의 관계, 기하설계요소가 사고에 큰 영향을 미친다는 것은 당연하다. 사고위험성이 높은 램프의 위치는 (i) 고가구조물 또는 종단곡선의 정점에 가려 잘 보이지 않는 유출램프의 접근부, (ii) 주도로의 가파른 상향경사에 유입램프가 접속되어 유입가속도가 현저히 낮을 때, (iii) 유입램프가 종단곡선 정점에 접속되어 유입하는 차량과 주도로 차량의 시거가 제약을 받는 곳이다.

주도로가 하향경사인 지점에 램프가 접속되거나 접속 후 보조차로를 가진 곳은 사고율이 비교적 높지 않은 반면에, 주도로의 볼록곡선의 정점이나 오목곡선의 바닥에 램프가 접속되면 높은 사고율을 보인다.

램프의 사고율은 주도로나 램프의 교통량과는 무관하며, 램프의 간격은 큰 램프를 띄엄띄엄 설치하는 것보다 작은 램프를 조밀하게 설치하는 것이 더 안전하다(두 경우에서 램프이용 교통량이 같다면).[12] 또 긴 감속·가속차로와 테이퍼가 사고율을 감소시킨다.

유출 및 유입램프의 접속위치가 통과교통류의 왼쪽에 있으면 오른편에 있을 때보다 사고율이 높은 것은 운전자의 대부분이 램프의 위치가 오른편에 있을 것이라고 예상하고 미리 마음의 준비를 하기 때문이다. 따라서 부득이 통과교통에서 유출램프로 분류되거나 유입램프에서 유입되는 위치가 왼쪽이면 감속·가속차로의 길이를 늘이고 표지판 설치를 잘해야 한다.

2 교차로

도시 내의 교통사고는 상당한 부분이 교차로에서 발생을 하며, 이러한 사고의 유형과 건수는 교차로의 종류, 교차로의 기하구조, 교통량 및 교통통제설비에 좌우된다.

일반적으로 3지 교차로가 4지 교차로보다 사고율이 낮으며, 교통량이 많을수록 사고율이 낮다. 또 사고율은 주도로의 교통량보다 부도로(교차도로)의 교통량에 의해 더 크게 영향을 받는다. 마찬가지로 좌회전 교통량이 적을 때보다 많을 때가 오히려 사고율이 낮다.[13] 이와 같은 이유는 교차로를 통과하는 차량의 속도가 교통량이 많을수록 낮기 때문일 것이다.

교차로의 교통통제방법은 교통사고에 직접적인 영향을 미친다. 4방향 "정지" 표지로 운영되는 교차로의 사고율은 주도로의 교통량이 12,000 ADT 이상이면 크게 증가된다. 2방향 "정지" 표지의 교차로에서는 이와 반대로 주도로의 교통량이 증가함에 따라 사고율이 오히려 감소한다.[14] 동일한 연구에서 Syrek는 교차로 교통량과 통제방법에 따른 사고유형별 사고율의 변화를 사전·사후조사를 통하여 구하고, 그 결과를 [표 18.4]에 나타냈다.

[표 18.4] 교차로 운영방식에 따른 사고율 변화(2 → 4방향 "정지")

사고유형	사고율(100만 대당)			
	주도로: 5,000대 ; 부도로: 3,000대		주도로: 12,000대 이상	
	2방향 "정지"	4방향 "정지"	2방향 "정지"	4방향 "정지"
직각충돌	0.60	0.23	0.17	0.44
추돌	0.07	0.15	0.05	0.34
좌회전충돌	0.05	0.04	0.04	0.07
계	0.72	0.42	0.26	0.85

자료: 참고문헌(14)

이 표에서 보는 바와 같이 추돌사고는 2방향 때보다 4방향 "정지" 때가 훨씬 많다.

4방향 "정지" 교차로를 신호화했을 때의 사전·사후조사 결과는 [표 18.5]에 나타나 있다. 이 표에서 보듯이 교통량이 적을 때는 신호화하는 것이 오히려 사고를 증대시킴을 알 수 있다(그러나 사상자수는 감소한다).

또 교차로를 신호화하면 직각충돌사고는 감소하지만 좌회전충돌사고는 증가하며, 교통량이 클 때 교차로를 신호화하면 직각충돌과 추돌사고를 크게 감소시키는 장점이 있다. 여기서 언급되는 신호

[표 18.5] 교차로 운영방식에 대한 사고율 변화(4방향 "정지" → 신호등)

사고유형	사고율(100만 대당)			
	주도로: 8,000대 ; 부도로: 7,000대		주도로: 15,000대 ; 부도로: 7,000대	
	4방향 "정지"	신호등	4방향 "정지"	신호등
직각충돌	0.35	0.30	0.44	0.30
추돌	0.14	0.19	0.34	0.19
좌회전충돌	0.07	0.17	0.07	0.17
계	0.56	0.66	0.85	0.66

자료: 참고문헌(14)

는 모두 고정시간신호 때이며, 만약 교통대응방식을 사용하여 신호등을 연동시킨다면 추돌사고가 많이 줄어든다.

Solomon의 연구에 의하면 교차로에 점멸등을 설치할 경우(주도로에 황색, 부도로에 적색) 모든 유형의 사고가 약 25% 감소하고 사상자수는 50% 정도 감소하는 것으로 나타났다. 이와 같은 효과는 교통량이 큰 교차로에서보다 적은 교차로에서 더 크게 나타났다.[15]

비보호좌회전(좌회전 차로는 있으나 좌회전 전용신호가 없는 경우)에 의한 사고는 좌회전 전용차로가 있는 보호좌회전 때의 사고율보다 3배 정도나 높다.

신호등을 측주식 횡형으로 설치하면 교통사고가 현저히 줄어든다는 연구보고도 있다.[16] 교통운영의 기본요소인 안내표지는 노선을 명확히 나타내고, 될수록 많은 운전자에게 이해될 수 있게끔 설계되고 적절한 위치에 설치되어야 한다. Stevens의 연구에 의하면 문형식(overhead) 표지가 도로변 표지를 사용할 때보다 사고율이 훨씬 낮다는 것을 발견했으며, 이때의 사고는 대부분 측면충돌사고였다.[17]

정지표지나 신호등을 설치할 정도가 되지 않는 교차로의 부도로 접근로에는 양보표지를 설치하면 사고예방에 도움이 된다. Detroit시의 299개 교차로에서 양보표지를 설치한 후의 사전·사후조사를 실시한 결과 사고건수가 445건에서 214건으로 감소했다. 이 표지는 램프를 사용하여 고속도로에 진입하는 유입램프 쪽에 설치해도 큰 효과가 있다.[18]

18.3.5 교통조건과 사고

평균일교통량(ADT)과 사고율과는 밀접한 관계가 있다는 것은 지금까지 여러 연구에서 밝혀진 바 있다. 그러나 이러한 결과는 비단 교통량뿐만 아니라 차로폭, 갓길폭, 시거 및 다른 요소가 사고에 미치는 영향도 포함된 것이기 때문에 연구한 사람이나 연구대상이 되는 도로에 따라 조금씩 차이가 날 수도 있다.

일교통량이 사고율과 관계가 있다면, 시간교통량도 사고율과 관계가 있다는 것을 의미한다. 따라서 교통량이 시간대별로 변함에 따라 사고율은 이와는 다른 패턴으로 변한다. 오후 9시~오전 6시 사이의 교통량이 다른 시간대에 비해서 훨씬 적을 것임에도 불구하고 차량 대·km당 사고율은 교통량이 많은 시간대보다 훨씬 높다는 것이 이를 보여준다.

교통류 내의 차종구성에서 대형차량이 많으면 사고율이 높으며, 차량 간의 속도분포가 크면 마찬가지로 사고율이 높다. 낮 시간에는 소형트럭과 버스가 승용차나 대형트럭에 비해 사고율이 약간 높으며, 밤 시간에는 승용차와 대형트럭의 사고율이 높다.

미국 상무성의 연구에 따르면 잘 설계된 지방부도로에서 속도가 클수록 사고율이 낮으나 속도가 어느 정도 이상 높아지면 사고율은 다시 증가한다. 그러나 부상자수는 속도가 높아질수록 늘어난다. 사고감소를 위해 속도제한구간을 설정하는 근거는 다음과 같다.

- 운전자는 표시된 제한속도보다는 교통이나 도로조건에 따라 합리적이며 안전하게 그들의 속도를 선택한다. 따라서 도로조건이나 교통조건에 적합한 속도보다 제한속도가 너무 낮거나 높으면 대부분의 운전자는 제한속도를 무시하는 경향이 있다.
- 속도제한이 효과적으로 이루어지기 위해서는 단속 가능할 정도이어야 한다. 따라서 제한속도는 대부분의 운전자가 그 속도를 자발적으로 지킬 수 있고, 단속은 단지 이를 지키지 않는 소수의 운전자를 대상으로 하게 되는 그러한 속도가 되어야 한다.
- 어떠한 속도제한도 그것이 시행되는 도로조건과 교통조건에 대해서만 타당성을 갖는다. 즉 제한속도는 일반적으로 좋은 기상조건과 비첨두시간에 대한 것이기 때문에 이와 다른 조건에서는 적절치가 않다.
- 실제현장의 속도와 도로의 특성, 도로변의 개발상태 및 특성, 그리고 그 도로의 사고자료를 기초로 하여 설정된 제한속도는 속도분포를 줄여서 균일한 교통류를 만들고, 결과적으로 사고를 줄인다.
- 사고는 속도 그 자체보다도 속도분포에 더 큰 영향을 받는다. 다시 말하면 사고는 차량들 상호 간의 속도 차이에 의해 발생한다.

미국 North Carolina의 20 km 도로구간에서는 실제 현장의 속도와 교차로에서의 임계속도에 기초를 두어 속도제한을 하여, 가능한 도로 및 교통조건에 적합하면서 높고 균일한 속도를 유지하도록 했다. 그 결과 사고율이 54% 감소했으며 부상자수는 70% 줄었다.[19]

18.3.6 도로운영과 사고

1 출입제한

주 교통류에의 출입이 특정지점에서만 허용되는 완전출입제한(full access control)은 지금까지 개발된 교통사고감소 방법 중에서 가장 효과적인 것이다. 완전출입제한된 도로는 출입제한이 없는 도로에 비해 사고율이 30~50% 정도밖에 되지 않는다. 그러나 이것은 단지 출입제한 때문만이 아니라, 출입이 허용되는 지점이라 하더라도 교차로를 입체화하거나 중앙분리대를 설치하는 것과 같은 설계상의 여러 가지 개선이 원인일 수 있다.

도시부도로와 지방부도로의 출입제한 정도에 따른 통행량 1억 대·km당 사고건수와 사망자수를 비교한 연구에 의하면 사고건수는 도시부도로가 훨씬 많은 반면 사망자수는 지방부도로가 많다. 또 완전출입제한된 지방부도로의 사망자수는 출입제한이 안 된 도로의 38%밖에 되지 않는다.[20]

2 일방통행

일방통행도로는 안전성 측면에서 여러 가지 특성을 지니고 있다. 첫째 교차로에서의 상충지점수가 적으며, 둘째 대향교통이 없으므로 정면충돌이나 측면충돌사고가 없고, 셋째 회전차량을 추월할 수 있으므로 추돌사고의 가능성도 줄어들며, 넷째 신호시간을 연속 진행에 맞출 수 있으므로 정지수를 줄이고 차량군을 형성하여 교차로를 통과함으로써 횡단보행자나 횡단교통을 위한 시간간격을 마련할 수 있다.

Portland에서는 업무지구의 도로를 일방통행으로 한 결과 교통량이 8% 증가했는데도 불구하고 사고율은 45% 감소했음을 보였다.[28] 그러나 경우에 따라서는 일방통행제를 막 실시하면 처음 얼마 동안은 사고율이 증가하나 시간이 경과할수록 사고율이 감소할 수도 있다. 그 이유는 그 도로를 운행하는 운전자가 일방통행제에 익숙해져 있지 않기 때문이기도 하지만, 표지나 주차방법, 신호등 등이 동시에 완벽하게 변경되지 않은 탓도 있다.

3 주차

주차된 차량이나 주차면을 출입할 때에 사고위험성이 높은 것은 당연하다. 노상주차의 방법은 각도주차보다 평행주차일 때의 사고율이 50% 정도 더 낮다. 그 이유는 각도주차를 하면 주행할 수 있는 도로공간을 많이 차지하기 때문이다. 노상주차를 금지하면 사고는 훨씬 줄어든다. 지방부도로는 노상주차가 금지되는 것이 일반적이지만 위락차량이나 긴급차량 또는 고장 난 차량이 정지해 있을 때 사고가 많이 나므로, 이를 위한 갓길이나 도로폭을 넓히는 것이 타당할 수도 있다. 교차로 부근에 주차를 하면 사고가 현저하게 많아진다. 주차회전수(turnover) 역시 사고를 증가시킨다. 노상주차행동이 위험하다고 판단되면 시간제 주차를 하여 회전수를 높이기보다 온종일 주차할 수 있는 방법을 쓰는 것이 좋다. 마찬가지로 속도와 교통량이 주차사고에 영향을 미칠 것이다.

4 조명

야간에 발생하는 사고에 의한 사망자수는 주간에 비해 더 많다. 통행량(억 대·km당)을 기준으로 비교한다면 야간사고율이 주간사고율에 비해 두 배가 넘으며, 지방부도로에서는 이보다 더 크고, 위험한 특정 지역에서는 10배가 넘을 수도 있다. 야간의 사고율이 높은 이유는 운전자의 피로 때문이기도 하나 대부분이 가로조명 때문이다. 이 가로조명은 교통사고를 방지하기 위한 목적도 있지만, 범죄예방이나 가로를 아름답게 꾸미려는 목적도 있다.

조도가 낮을 때는 조도를 조금만 증가시켜도 사고는 크게 줄어든다. 더구나 도시부에서는 교차로에서 보행자 사고가 크게 감소한다.

경제적인 조명방법으로 많이 사용되는 것은 시간적 또는 공간적으로 조명을 달리하는 방법이다. 즉 야간사고가 많이 발생하는 시간대에 조도를 높이고 사고가 적은 시간대에는 조도를 낮추는 방법과 야간사고가 많이 발생하는 장소에 조명을 집중시키는 방법을 말한다. 후자의 경우로는 고속도로의 조명에서처럼 도로구간의 조명은 할 필요가 없으나 인터체인지에 조명을 집중시키는 예와 같은 것이다.

도로 포장면의 반사효과도 조명 못지않게 중요하다. Philadelphia에서의 경험에 의하면, 도로를 재포장한 후의 야간교통사고는 오히려 16% 증가했다. 그 이유는 재포장으로 마찰계수는 증가했으나 포장면이 빛을 반사하는 정도는 낮아지기 때문이었다.[21]

18.3.7 철길건널목, 횡단보도, 학교 어린이 사고

1 철길건널목

철길건널목에서 횡단차량이나 보행자가 열차와 충돌하는 사고는 치사율이 매우 높기 때문에 일반적인 관심을 끌고 있으며, 이와 같은 사고를 방지하기 위한 교통통제대책이나 입체분리시설은 매우 긴 역사를 가지고 있다. 건널목에서의 횡단보호방법에는 신호수, 점멸등, 경보기, 차단기 등이 있다. 이들의 효과를 비교하기 위해서 차단기(자동)를 1.0으로 했을 때의 지표로 나타내면 다음과 같다.

- 자동차단기   1.0
- 점멸기   0.2~0.4
- 경보기   0.1~0.2

2 횡단보도 및 인도

우리나라 전체사고율의 50% 이상이 보행자 관련 사고이기 때문에 보행자의 안전성을 확보하기 위한 도로설계 및 교통통제방법이 끊임없이 모색되어 왔다. 횡단보행자의 횡단장소와 사고율을 이용하며 Glanville은 횡단위험도를 [표 18.6]과 같이 나타냈다.[22]

[표 18.6] 횡단종류별 사고위험도

횡단형태	위험도
횡단보도나 신호등이 아닌 곳 횡단	1.0
횡단신호등이 없는 횡단보도 횡단	0.89
대피소가 있고 횡단신호등이 없는 횡단보도 횡단	0.71
대피소가 없고 횡단신호등이 있는 횡단보도 횡단	0.53
대피소와 횡단신호등이 있는 횡단보도 횡단	0.36

자료: 참고문헌(7)

횡단보도의 노면표시는 여러 가지가 있으나 제브라(zebra) 식으로 표시된 횡단보도가 단순히 횡단보도 경계선만 표시한 것보다 사고율이 약 7% 정도 낮아진다.[23] 여기서 제브라 표시란 횡단보도 안에 연석과 평행한 흰색 줄을 일정한 간격으로 페인트칠한 것을 말한다.

인도를 설치하면 보행자 사고가 감소하는 것은 당연하다. 인도 설치의 효과는 미국에서 인도가 대대적으로 설치될 때의 경험으로 비추어 보아 사고감소 효과가 약 30%를 상회하는 것으로 알려지고 있다.

3 보행자 전용신호

보행자 횡단이 많고 회전교통량이 많은 신호등 교차로에서 보행자의 안전을 위해 모든 접근로의 차량을 정지시키고 보행자만 도로를 횡단 또는 비스듬히 가로질러 가게 하는 보행자 전용신호를 사용할 수 있다. 미국의 Sacramento의 경험에 의하면 이를 설치할 경우 보행자 사고가 약 47% 줄고 차량사고도 15% 감소했다.[24]

4 학교 앞 어린이

어린 학생들의 교통사고는 교차로에서보다 블록 중간에서 훨씬 많이 발생한다. 학교 앞 횡단보호 대책으로는 학생 순찰대, 수위, 경찰, 교통신호등을 이용하는 방법이 있다. 이들의 효과를 비교한 결과가 [표 18.7]에 잘 나타나 있다.[25]

[표 18.7] 학교 앞 횡단사고

통제방법	횡단 학생수(일평균)	사고건수(5~14세)
학생 순찰대	301	3
수위	402	4
경찰	350	5
교통신호등	315	12

자료: 참고문헌(25)

18.4 교통안전 분석

교통사고의 시간적 변화, 공간적 차이, 또는 사고요인에 따른 사고율을 비교·분석하고, 사고 잦은 장소를 판별하며, 사고원인을 규명하는 것을 합해서 교통안전 분석이라 통칭한다.

안전분석을 할 경우 우선 그 분석의 목적을 명확히 하고, 자료의 수집, 정리, 분석과정, 분석방법 등을 미리 생각해 두어야 한다.

18.4.1 안전분석의 목적 및 종류

교통안전 분석의 궁극적인 목적은 사고를 감소시키고, 사고의 심각성(severity)을 감소시킴으로써 사람의 생명과 재산을 보호하기 위한 대책을 수립하는 것이다.

교통안전 분석의 일반적인 목적은 다음과 같다.

① 사고원인을 분석하여 사고방지책을 강구하거나 사고책임을 규명
② 사고 잦은 장소를 선별
③ 사고에 기여하는 요인을 찾아내어 교통안전대책을 수립하고, 소요예산을 책정하는 기초자료로 활용
④ 사고의 장소 및 시간의 변화에 따른 경험을 비교·분석하여 국가의 안전정책수립과 예산획득 및 배정의 우선순위결정을 위한 기초자료로 활용

교통안전 분석으로부터 안전정책이나 안전대책을 수립하는 데 필요한 정보로는 다음과 같은 것이 있다.

① 운전자 및 보행자
   • 사고경력이 많은 운전자 파악

- 육체적 및 심리검사결과와 사고의 관계
- 연령별 사고 발생률
- 거주지별 운전자 운전형태

② 차량조건
- 차량손상의 정도
- 차량특성과 사고발생의 관계
- 차량사고와 관련된 인명피해 정도와 피해부위

③ 도로조건 및 교통조건
- 도로의 특성과 사고발생 및 치사율과의 관계
- 도로조건 변화의 효과
- 교통안전시설의 효과
- 교통운영 방법, 차종구성비와 사고율의 관계

따라서 교통안전 분석은 다음과 같은 단계로 이루어진다.

18.4.2 개별 교통사고의 분석 및 사고 잦은 곳 선정

어느 특정 사고에 대한 원인분석은 사고가 발생한 장소에서 조사한 사고조사 자료를 토대로 하여 그 사고의 원인을 규명하고, 사고를 유발한 당사자의 책임소재를 가리며, 나아가 그곳의 사고패턴을 유추하여 사고방지 대책을 수립하는 데 필요한 근거자료를 만들기 위함이다. 따라서 구체적인 사고원인을 찾아내기 위해서는 고도의 전문기술과 경험을 필요로 한다.

개별 교통사고의 원인분석은 충돌 전의 상황, 충돌 시의 상황 및 충돌 후의 상황을 과학적으로 추론하는 데 있다. 이 단계에서 교통공학자는 교통사고를 재현(reconstruction)할 수 있는 전문성이 크게 요구된다.

예산의 제약 때문에 교통사고가 특히 많이 발생하는 지점 또는 도로구간을 찾아내어 그 장소가 과연 '사고 잦은 장소', 즉 위험도가 높은 장소인가를 판별하고 그 장소의 사고특성을 파악하며 개선책을 모색하고 우선적으로 예산을 투입한다.

위험도 평가에 사용되는 평가척도는 도로구간과 교차로가 크게 다르다.

(1) 도로 또는 도로구간

특정 도로상에서 발생한 사고특성을 파악하기 위한 분석과 도로 간의 사고특성을 비교·평가하기 위한 분석 및 특정 도로를 몇 개의 구간으로 분할하여 각 구간의 사고특성을 비교·평가하기 위한 분석이 있다. 여기서 도로란 고속도로, 국도, 지방도, 시·군도 등 도로종류별로 구분하기도 하고 고속도로, 간선도로, 집산도로, 국지도로 등 도로기능별로 구분하기도 한다.

도로의 안전분석은 지역의 경우와 마찬가지로 사고건수/km 또는 사고건수/1,000 km, 사고건수/억 대·km 등과 같은 평가척도를 사용하는 것이 일반적이다. 앞의 두 척도(도로길이당 사고건수)는 교통량이 비교적 동일한 도로에서만 사용하여 비교·평가할 수 있다.

도로 내의 구간평가에서는 구간을 어떻게 분할하느냐에 따라 다르지만, 단순히 1 km(또는 100 m, 500 m 등)로 분할하는 방법과 행정구역, 도로폭원, 교통량, 교통운영방법, 상가, 주택가 등 도로 주위의 교통환경별로 구분하여 동일한 환경 내에서 도로길이당 사고건수를 비교하는 방법이 있다. 구간을 분할할 때, 구간을 짧게 하면 구간의 도로조건 및 교통조건의 특성이 명확해지지만 분석대상이 되는 사고건수가 줄어들어 통계적으로 유의한 결과를 얻기 어렵고, 구간을 길게 하면 그 특성이 불명확해지지만 사고건수가 많아지기 때문에 이를 고려하여 구간을 정한다. 평가척도는 도로 간의 비교 때와 마찬가지이다.

(2) 교차로

사고자료가 발생장소별로 컴퓨터에 저장되어 있기 때문에 각 교차로의 전체 사고건수 및 사고유형별 사고건수를 파악하면 사고 잦은 교차로를 찾아내는 일이 어렵지 않다. 개별적 분석대상이 되는 사고 잦은 교차로가 없는 경우에는(교차로당 사고건수가 적기 때문에 유의한 분석을 할 수 없는 경우) 유사한 교차로를 한 group으로 묶어 많은 사고건수를 대상으로 분석하는 수도 있다.

각 교차로를 상대적으로 비교·평가하는 경우에는 앞에서도 언급한 바와 같이 표준화된 척도로서 진입차량 100만 대(MEV)당 사고건수를 사용한다. 보행자 횡단사고와 같이 진입차량대수만을 그 척도로 사용할 수 없는 경우에는 진입차량대수와 횡단보행자수를 곱하여 얻은 값을 기준으로 사용하는 수도 있다.

위험도를 평가하는 방법에는 사고건수법, 사고율법, 사고건수와 사고율법, 전통적 통계방법, Rate-Quality Control 법(평균사고율법), 사고패턴비교법, 교통상충법이 있으며 이에 대한 것은 제5장에 상세히 설명되어 있다.

18.4.3 사고 잦은 곳의 사고분석

'사고 잦은 장소'로 선정이 되면 그 장소에 대한 사고발생 현황을 분석하고 문제점을 파악해야 한다. 이 단계에서 포함되어야 할 내용은 다음과 같다.

① 사고자료, 도로, 교통 및 주변 지역에 대한 자료정리
② 현장에서의 도로 주변 상황, 교통 상황을 관찰 및 조사
③ 사고특성의 정리, 사고요인 검토 등 문제점 파악

1 자료정리

(1) 사고기록의 정리

충돌도를 그리는 것을 목적으로 하며, 될수록 많은 자료를 수집한다. 때문에 자료수집기간이 길어야 하나, 그동안에 도로 및 교통조건이 변하면 쓸모없는 자료가 된다.

(2) 사고기록의 열람

사고보고서에 기재된 사고당사자의 진술이나 경찰관의 의견을 청취함으로써 사고발생과정, 당사자의 개인사정, 사고에 관련된 국지적 또는 구체적인 기상조건이나 도로 및 교통조건에 관한 정보를 얻는다.

(3) 도로 및 교통조건의 정리

충돌도에 대응하는 현황도를 그리고, 도로의 기하구조, 교통통제설비의 위치 및 설치이력을 기입한다. 또 각 접근로의 방향별 교통량, 보행자교통량, 교통통제종류, 신호현시 등을 기록한다.

2 충돌도 및 현황도

사고 많은 장소의 어느 부분에서, 언제, 어떠한 형태로 사고가 발생하는가를 검토하고, 이에 적합한 사고방지 대책을 수립하는 데 중요한 기초자료로서 충돌도(collision diagram)를 작성한다. 이 충돌도는 사고발생장소의 사고현황을 전체적이며 구체적으로 나타내는 것이기 때문에 사고발생장소의 모양, 발생지점, 피해종류, 피해정도, 차종, 진행방향, 행동형태, 충돌형태, 발생일시, 발생 시의 일기, 노면상태 등을 기록하여야 하며, 이를 위해 여러 가지 부호가 사용되고 있다([그림 5.3] 참조).

이 그림에서 보는 바와 같이 사고 잦은 교차로일지라도 특정한 접근로에서만 사고가 빈발하는 경우가 많다. 마찬가지로 좌회전 시의 측면충돌에 대해서는 좌회전 교통류와 대향 직진교통류의 교차점별로, 또는 횡단보도를 횡단하는 중의 보행자 사고는 각 횡단보도별로 사고특성을 분석하는 것이 필요하다. 이와 같이 하여 대상이 되는 교차로 접근로 및 사고유형이 분명해지면, 교통사고 통계원표의 '사고개요', '현장약도' 등을 참고하면서 상세히 분석하여 공통적인 사고원인을 규명한다. 충돌도는 도로구간에 대해서도 같은 방법으로 작성한다.

교통사고는 도로 및 교통조건에 의해 크게 영향을 받으므로 충돌도를 작성할 때와 마찬가지로 이러한 주위의 여건을 종합하여 현황도(condition diagram)를 작성할 필요가 있다. 현황도에는 교차로의 정확한 모양, 도로폭원 등과 같은 도로의 기하구조, 교통통제설비의 위치, 교통통제방법, 교차로 주변의 상황 등을 기록하며, 마찬가지로 여러 가지 부호를 사용한다.

3 현장조사

교통사고는 하루 또는 어느 시간의 교통상황과 관계되는 것이 아니고, 어느 순간의 도로 및 교통상황에서 발생한다. 더욱이 같은 조건일지라도 당사자의 대응방법에 따라 사고발생 형태 및 피해정도가 달라진다. 따라서 사고자료를 분석하는 것만으로는 사고원인을 정확히 찾아낼 수 없다. 정확한 사고원인을 찾아내고 이에 대응하는 방지대책을 수립하기 위해서는 현장에 대한 면밀한 관찰이 필요하다. 현장조사를 할 때는 사고자료를 사전에 검토하여 사고특성을 이해한 후 다음과 같은 관찰 착안점을 정리해 주어야 한다.

① 도로 및 교통조건: 타이어 흔, 노면상태, 노면경사 및 시계
② 교통통제설비: 신호기 작동의 이상 유무, 황색신호에서의 상충 관찰, 시인성 점검(주·야간)

③ 이면도로의 이용 실태: 이면도로를 이용하는 교통실태, 이에 대응하는 교통통제방법관찰

④ 도로 주변 토지이용 실태: 버스정거장 위치, 주·정차, 주변 상점, 차고, 차량출입빈도

⑤ 도로이용자 행태: 회전차량의 회전궤적, 정지위치, 보행자 및 자전거 이용특성

현장에서 얻은 정보는 도면에 기록하고 필요한 부분은 스케치 또는 사진촬영하여 나중에 이용한다.

4 문제점 파악

교통사고란 우발적으로 발생하는 매우 희귀한 현상이다. 따라서 발생한 교통사고를 하나하나 분석하여 일반적인 원인을 찾아보면 대부분의 사고가 우발적인 요인이 중복된 것으로밖에 볼 수 없다. 그러나 많은 교통사고를 통계적으로 관찰하면, 하나하나의 사고는 우발성이 있지만 전체를 지배하는 규칙성을 찾아낼 수가 있다. 이 결과를 이용하여 사고발생원인을 감소 혹은 개선해 나가면 교통사고를 줄이게 된다.

교통사고는 몇 개의 원인이 결합되어 발생하지만 특히 도로조건 및 교통조건에 많은 영향을 받는다. 이들에 관한 연구는 외국에서는 많이 이루어지고 있으나 우리나라에서는 아직도 별로 이렇다 할 연구가 없는 실정이다.

여러 가지 개별적이며 구체적인 장소에 대한 문제점을 파악하는 데는 담당자의 경험과 통찰력을 크게 요구한다. 지금까지 설명한 여러 가지 항목을 시행하고 다음 단계의 대책을 수립하는 데 있어서 적용 가능한 보조적인 방법에는 다음과 같은 것이 있다.

① 다양한 전문분야를 가진 조사반 편성: 사고발생 즉시 현장에 출동하여 각자의 입장에서 사고발생과정을 규명한다.

② 상충조사방법에 따른 조사: 제5장의 교통상충조사 참조

③ 조견표(早見表) 사용: 사고유형과 사고원인과의 관계표를 미리 만들어 두었다가 문제점을 파악하고 대책을 수립하는 데 참고로 한다.

④ 사고발생과정의 논리분석: 사고발생과정을 논리적으로 정리·기술하는 분석 방법으로서 잠재위험성 검토, 분기분석, 행동의 연쇄모형 등이 있다.

18.4.4 국가 또는 지역 간 사고율 비교

국가, 지역 내, 지역 간, 도로종류별 사고통계나 사고발생 주체별 사고통계, 계절별 및 사고유형별 통계를 작성하여 비교하거나 사고발생의 경향을 파악하기 위한 가장 기초적인 자료를 준비한다. 이 통계는 국가 또는 지역의 안전정책을 수립하는 기초가 되며, 예산획득 및 배정을 위한 근거가 된다.

안전분석을 할 경우 우선 그 분석의 목적을 명확히 하고 자료의 수집, 정리, 분석과정, 분석방법 등을 미리 생각해 두어야 한다. 안전분석을 하는 목적은 어떤 지역 내의 사고특성을 파악하기 위한 것과 지역 간의 사고특성을 비교·평가하기 위한 것이 있다.

안전분석을 위해 사용되는 평가척도, 즉 노출기준(exposure measure)은 km^2, km, 1,000 km, 인구 10만 명, 차량 만 대, 면허소지자수, 진입차량 100만 대(MEV), 통행량 억 대·km 등이다.

사고율을 계산할 때 사용되는 사고피해의 종류에는 상당한 기간(보통 3년, 최소 1년) 동안 조사된 사고건수, 사망자수, 부상자수, 사망사고건수, 재산피해 등이다. 사고율을 비교할 때 이들 각각의 사고율을 계산해서 별도로 비교한다. 그러나 사망자수, 부상자수와 같이 피해의 빈도가 적을 경우에는 일반적으로 이들을 사용하지 않고 사고건수를 사용한다.

(1) 국가 또는 지역 내 사고특성 분석

지역 내의 사고특성을 파악하기 위한 분석은 전국 또는 시도별로 교통사고 발생건수의 추이 및 사고발생 특성을 파악하기 위한 것으로 여기서 얻은 결과는 도로 및 교통행정의 기초자료가 된다.

이 분석은 교통사고 통계원표에 있는 조사항목 가운데 컴퓨터에 입력되어 있는 통계를 분석하는 것이 주가 되며(단순집계 또는 cross집계), 사고의 평가척도로는 사고건수, 사망사고건수, 사망자수 등을 사용하며, 그 결과는 경찰청에서 '교통사고 통계분석' 및 '도로교통 안전백서' 등의 책자로 발간되고 있다. 중요한 분석내용은 교통사고의 연도별, 월별, 요일별, 시간별, 일기별, 지형별, 노선별, 도로형상별, 도로폭원별, 노면상태별, 사고유형별, 당사자별, 행동유형별, 운전자·보행자의 성별, 연령별, 면허취득 후의 경과년수별, 신체손상 정보별, 신체손상 부위별 사고발생 현황이며, 단순집계와 cross집계가 있다. 특수한 목적을 위해서는 사고 이외의 자료를 추가하여 보다 심도 있는 분석을 하지만, 이 분석결과로는 사고방지 대책을 수립하는 데 직접적인 도움을 줄 수 없는 평면적인 자료이다.

(2) 국가 간 또는 지역 간 사고특성 비교

지역 간의 사고특성을 비교·평가하기 위하여 행해지는 사고분석은 지역에 따라 서로 다른 도로조건 및 교통조건을 감안하여 비교한다. 즉 교통사고 발생에 영향을 주는 요인을 기준으로 하여 상대적인 평가를 한다. 이 기준에 사용되는 지표는 인구, 면적, 도로길이, 자동차 보유대수, 면허소지자수, 자동차주행 대·km 등이다. 이들을 이용한 일반화된 평가척도는 사고건수/km^2, 사고건수/인구 10만 명, 사고건수/1,000 km, 사고건수/차량 만 대, 사고건수/면허소지자수, 사고건수/억 대·km 등으로써 이들의 값을 사고율이라 한다. 또 인명피해의 크기를 나타내는 척도로 치사율이 있다. 이것은 일반적으로 인명피해사고 100건당 사망자수로 나타낸다.

여기서 유의할 점은 위에서 언급한 평가척도는 통일된 것이 아니기 때문에 분석결과를 나타낼 때는 반드시 그 척도를 명시할 필요가 있다.

국가 간의 교통사고를 비교하기 위해서는 그 국가의 사회·경제·지역적 특성을 고려하여야 한다. 각국의 인구·차량보유대수·국민의 활동면적에 따른 사고율을 추정하는 방법론은 오래전부터 시도된 것이었다.

일반적으로 교통사고 사망자와 인구수 및 자동차 보유대수와는 큰 상관관계가 있다고 알려지고 있다. 특히 선진국일수록(자동차화가 완성된) 자동차 보유대수와 교통사고 사망자와의 상관관계가 크고, 후진국일수록(자동차화가 미완성인) 인구수와 교통사고 사망자와의 상관관계가 크다.[26]

이와 같은 접근방법으로 모형식을 개발하면, 도로 및 교통안전시설, 교통운영방법의 적절성과 교통질서의 의식수준을 계량화하여 다른 나라의 그것과 비교할 수 있을 것이다.

18.5 교통사고 재현

특정한 교통사고의 재현(reconstruction)이란 사고 전의 상황과 사고 후의 상황에 관한 정보를 종합하여 사고 당시의 상황을 추정하는 것을 말한다.

사고재현을 위한 핵심적인 자료는 사고가 난 후 그 현장에서 수집되는 각종 자료들이다. 특히 활주흔(滑走痕, skid mark), 편주흔(偏走痕, yaw mark), 가속 또는 충돌흔적, 차량의 최종위치, 차량 파손부위, 주변에 흩어진 유리파편, 노면상태, 도로조건 등은 사고를 재현하기 위한 결정적인 단서가 된다. 이와 같이 현장에서 얻을 수 있는 정보 이외에 운전자의 지각－반응과정과 여기에 소요되는 시간을 추정해야 할 경우도 있다.

이 절에서는 교통사고 재현에서 가장 기본적인 요소인 사고 전후의 속도를 역학적 원리를 이용하여 추정하는 방법에 관해서 중심적으로 다룬다.

교통사고는 크게 ① 충돌사고, ② 추락사고, ③ 곡선부 일탈사고로 대별될 수 있으며, 이들은 다시 사고 이전에 미끄러지는 경우와 미끄러지지 않는 경우로 나눌 수 있다.

18.5.1 동역학의 원리

교통사고의 재현에 많이 이용되는 역학의 원리는 에너지보존의 법칙, 일－에너지 원리, 운동량보존의 법칙 및 곡선부에서의 원심력과 마찰력 간의 관계이다.

1 일·에너지 원리

차량이 도로상에서 d (m)를 미끄러지는 동안 감속도 a (m/sec^2)가 일정하다면, 미끄러지는 동안에 한 일은 운동에너지의 변화량과 같다. 즉 미끄러지기 직전의 속도를 u_1, 미끄러진 후의 속도를 u_2 (m/sec)라 하고, 차량의 질량을 m (kg)이라 할 때, 미끄러지는 동안 한 일 W 는 다음과 같이 나타낼 수 있다. 즉,

$$W = \frac{1}{2} m (u_1^2 - u_2^2) \tag{18.1}$$

또 이것은 F 의 마찰저항력이 거리 d 동안 작용한 것과 같으므로,

$$W = F \cdot d = m \cdot a \cdot d \tag{18.2}$$

따라서 두 식을 정리하면 다음과 같다.

$$u_1^2 - u_2^2 = 2ad \qquad (18.3)$$

마찰력 F 는 물체의 무게 w 에다 마찰계수 f 를 곱한 것과 같고 $w = m \cdot g$ 이므로 식 (18.2)에서 $a = f \cdot g$ 이다.

만약 주행방향으로 s 의 경사가 있다면 $a = (f + s) \cdot g$ 이며, 따라서 식 (18.3)은 다음과 같이 쓸 수 있다.

$$u_1^2 - u_2^2 = 254 (f + s) d \qquad (18.4)$$

여기서 u 는 kph, s 는 m/m, d 는 m의 단위를 가진다.

2 운동량보존의 법칙

질량 m_A, m_B 인 두 물체가 u_{A1}, u_{B1} 의 속도로 충돌할 때 가진 운동량의 합은 충돌 후에도 변하지 않는다. 충돌 후 두 물체의 속도를 u_{A2}, u_{B2} 라 할 때,

$$m_A u_{A1} + m_B u_{B1} = m_A u_{A2} + m_B u_{B2} \qquad (18.5)$$

만약 이 충돌이 완전비탄성충돌이라고 가정하면, 충돌 후 두 물체는 일체가 되어 움직이므로 위 식은 다음과 같이 된다.

$$m_A u_{A1} + m_B u_{B1} = (m_A + m_B) u_2 \qquad (18.6)$$

3 편구배, 곡선반경, 마찰계수, 속도의 관계

이들 관계는 다음 식과 같으며 이에 대한 자세한 내용은 7장 평면선형에 잘 설명되어 있다.

$$e + f = \frac{u^2}{127R} \qquad (18.7)$$

여기서 e 는 m/m, u 는 kph, R 은 m의 단위를 가진다.

18.5.2 미끄러짐의 재현

교통사고에서의 미끄러짐은 일반적인 감속상태가 아닌 최대감속상태이므로 당연히 활주흔이 나타나게 된다. 활흔(滑痕, skid mark)의 모양이나 길이는 교통사고 재현에서 가장 중요한 요소이다. 특히 활흔의 길이는 사고 당시의 속도를 추정하는 데 없어서는 안 될 자료이다.

활주흔의 길이는 4바퀴 모두 같은 길이를 나타내는 경우는 드물다. 그 이유는 급제동을 걸었을 때 모든 바퀴가 동시에 잠기지 않기 때문이다. 일반적으로 활주흔의 길이 중에서 가장 긴 길이를 사고 재현에 사용한다.

활주흔이 나타나다가 중간에 끊어지고 다시 시작되는 경우도 흔히 볼 수 있다. 이 경우는 중간에 끊어진 부분에서 바퀴가 미끄러지지 않고 굴러갔음을 의미하므로 실제 마찰저항은 활주흔 때만 작

용한다고 볼 수 있다. 또 첫 활주흔의 끝부분에서 속도와 두 번째 활주흔의 시작부분에서의 속도는 같다고 보아도 무방하므로(거리가 워낙 짧기 때문에 그 사이에서 속도변화는 없다고 본다), 두 활주흔의 길이를 합해서 하나의 활주흔 길이로 생각해도 좋다.

1 마찰계수 및 감속도 추정

식 (18.3)이나 (18.4)에서 감속도 또는 마찰계수와 활주흔의 길이를 알고 차량의 초기속도와 최종속도 중에서 어느 한 속도를 알면 나머지 속도를 구할 수 있다. 급정차 시의 최대감속도는 미끄러지는 동안 항상 일정한 것은 아니지만, 일반적으로 균일한 감속도가 작용한다고 가정을 해도 무방하다. 마찰계수는 [그림 2.2]를 이용해서 대략적인 값을 구할 수 있으나, 사고현장에서 시험차량으로 직접 구할 수도 있다.

만약 노면이 주행방향으로 경사가 졌다면 경사값을 마찰계수와 합해서 중력의 가속도로 곱해 주어야 한다. 그러나 시험차량을 사용할 때는 시험차량이 경사방향으로 주행하여 시험한다면 시험차량의 활주흔에 경사의 영향이 포함되어 있으므로 별도의 경사를 고려할 필요가 없다.

예제 18.2 어느 도로를 주행 중이던 차량이 급정거할 때 생긴 활주흔의 길이가 35 m이었다. 마찰계수(또는 감속도)를 구하기 위하여 현장에서 시험차량으로 60 kph로 주행하다가 급정거한 결과 나타난 활주흔의 길이는 25 m이었다면 제동 직전의 초기속도는 얼마인가? 또 만약 이 활주흔이 + 10% 경사구간에서 생긴 것이고 또 시험도 이 경사구간에서 행한 것이라면 초기속도는 얼마인가?

풀이
- 식 (18.3)에서 $u_2 = 0$
- 평균최대감속도: $a = u_1^2 / 2d = (60/3.6)^2 / (2 \times 25) = 5.56 \, \text{m/sec}^2$
- 따라서 사고차량의 초기속도는
  $u_1 = \sqrt{2 \times 5.56 \times 35} = 19.73 \, \text{m/sec} = 71 \, \text{kph}$
- 위의 감속도는 경사구간에서 실험한 것이므로 그 감속도에 이미 경사의 영향이 포함되어 있다. 따라서 초기속도는 71 kph로 변함이 없다. ■

18.5.3 충돌사고 재현

충돌은 정지해 있거나 같은 직선상에서 움직이는 다른 차량과의 충돌, 다른 방향에서 움직이는 차량과의 각도충돌, 고정된 물체와의 충돌로 나눌 수가 있다.

1 직선상의 충돌

충돌 전의 초기속도를 u_0, 충돌 순간의 속도를 u_1, 충돌 직후의 속도를 u_2라 하고, 충돌차량 A의 질량을 m_A, 피충돌차량의 질량을 m_B라 하고, 완전비탄성충돌이라 가정하면, 충돌 전후의 운동량방정식은 (18.6)과 같다.

만약 차량 A가 초기속도 u_{A0}에서 d_0만큼 미끄러진 후에 u_{A1}으로 충돌하고, 충돌 후 두 차량이 d_1만큼 미끄러진 후에 정지했다면, 식 (18.4)는 다음과 같다.

$$u_{A0}^2 = u_{A1}^2 + 254(f+s)d_0$$
$$u_2^2 = 254(f+s)d_1$$

예제 18.3 A 차량이 주행 중 주차해 있는 B 차량과 충돌하여 두 차량이 함께 15 m 미끄러져 정지하였다. A 차량의 무게를 1,200 kg, B 차량의 무게를 1,800 kg이라 하고 마찰계수는 0.5라 할 때 A 차량의 초기속도를 구하라. 단, 완전비탄성충돌이라 가정한다.

풀이
- $m_A = 1{,}200\,\text{kg}$　　$m_B = 1{,}800\,\text{kg}$

  $u_{A0} = ?$　　$u_{B0} = u_{B1} = 0$

  $d_2 = 15\,\text{m}$

- $u_2^2 = 254(f+s)d_2 = 254(0.5)(15) = 1{,}905$

  $u_2 = 43.65\,\text{kph}$

- $m_A u_{A1} + m_B u_{B1} = (m_A + m_B)u_2$

  $1{,}200 u_{A1} + (1{,}800)(0) = (3{,}000)(43.65)$

  $u_{A1} = 109\,\text{kph}$

2 움직이는 차량과 각도충돌

A, B 두 차량이 그림과 같이 α의 각도로 충돌하여 정지하였다고 가정하자. 이때 운동량보존의 법칙을 x, y 분력으로 나누어 생각하면 다음과 같은 식을 얻을 수 있다.

$$m_A u_{A1} + m_B u_{B1} \cos\alpha = m_A u_{A2} \cos A + m_B u_{B2} \cos B$$
$$m_B u_{B1} \sin\alpha = m_A u_{A2} \sin A + m_B u_{B2} \sin B$$

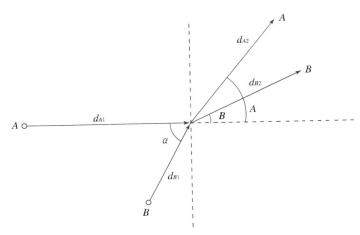

[그림 18.2] 주행차량과 움직이는 차량과의 충돌

이 식과 식 (18.4)를 이용하여 u_{A1}, u_{B1} 및 u_{A0}, u_{B0}을 얻을 수 있다.

완전비탄성충돌 및 탄성충돌의 경우도 같은 방법으로 분석이 가능하나 다음 예제는 완전탄성충돌의 경우만 다룬다.

예제 18.4 무게 1,200 kg, 1,800 kg인 A, B 차량이 직각으로 충돌하여 그림과 같은 위치에서 정지하였다. 이때 $d_{A0} = 40\,\text{m}$, $d_{B0} = 30\,\text{m}$, $d_{A1} = 20\,\text{m}$, $d_{B1} = 15\,\text{m}$, $\angle A = 60°$, $\angle B = 30°$이었다. 완전탄성충돌이라 가정할 때 A, B 차량의 초기속도를 구하여라. 단, 마찰계수는 0.5이다.

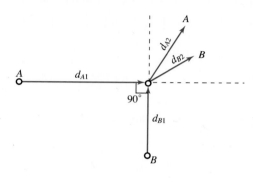

풀이 · $m_A = 1,200\,\text{kg}$ $m_B = 1,800\,\text{kg}$

  $\alpha = 90°$, $A = 60°$, $B = 30°$

· $1,200\,u_{A1} + 1,800\,u_{B1} \cos 90° = 1,200\,u_{A2} \cos 60° + 1,800\,u_{B2} \cos 30°$

  $1,800\,u_{B1} \sin 90° = 1,200\,u_{A2} \sin 60° + 1,800\,u_{B2} \sin 30°$

· 이를 간단히 하면

  $1,200\,u_{A1} = 600\,u_{A2} + 1,558.8\,u_{B2}$

  $1,800\,u_{B1} = 1,039.2\,u_{A2} + 900\,u_{B2}$

· 또 $u_{A2}^2 = 254(0.5)(20) = 2,540$에서

  $u_{A2} = 50.4\,\text{kph}$

  $u_{B2}^2 = 254(0.5)(15) = 1,905$

  $u_{B2} = 43.6\,\text{kph}$

· 따라서 $u_{A1} = 0.5u_{A2} + 1.299u_{B2} = (0.5)(50.4) + (1.299)(43.6) = 81.8\,\text{kph}$

   $u_{B1} = 0.5773u_{A2} + 0.5u_{B2} = (0.5773)(50.4) + (0.5)(43.6) = 50.9\,\text{kph}$

· 또 $u_{A0}^2 - u_{A1}^2 = 254(0.5)(40) = 5,080$

  $u_{B0}^2 - u_{B1}^2 = 254(0.5)(30) = 3,810$이므로

  $u_{A0} = \sqrt{5,080 + 81.8^2} = 108.5\,\text{kph}$

  $u_{B0} = \sqrt{3,810 + 50.9^2} = 80\,\text{kph}$

18.5.4 추락사고 재현

차량이 주행 중 또는 미끄러진 후 h 만한 높이에서 추락한 경우의 초기속도는 다음 식에서 구할 수 있다. 추락시간을 t 라 하면

$$h = \frac{1}{2}gt^2$$

$d = u_2 \times t$ 이므로

$$u_2^2 = \frac{4.9d^2}{h} \text{ (m/sec)}$$

$$= \frac{63.5d^2}{h} \text{ (kph)}$$

또 $u_1^2 - u_2^2 = 2ad_1$ 이므로

$$u_1 = \sqrt{63.5d^2/h + 254f\,d_1}$$

예제 18.5 A차량이 20 m 거리를 미끄러진 후 10 m 높이의 언덕에서 추락하였다. 추락지점의 수직선 아래지점에서부터 추락지점까지의 수평거리가 30 m라면 초기속도는 얼마인가? 만약 미끄러짐이 없이 추락하였다면 초기속도는 얼마인가? 단, 마찰계수는 0.5이다.

풀이 • $u_1 = \sqrt{63.5 \times 30^2/10 + 254 \times 0.5 \times 20} = 91\,\text{kph}$

• $u_1 = \sqrt{63.5 \times 30^2/10} = 75.6\,\text{kph}$ ∎

18.5.5 곡선부 일탈사고의 재현

곡선부 일탈사고는 원심력이 편구배와 횡방향 마찰계수에 의한 저항을 이기지 못하여 바깥쪽으로 미끄러지면서 일어나거나, 운전자가 원심력에 의해서 몸체가 바깥쪽으로 쏠리므로 차량통제능력을 상실하여 핸들을 과대조작 혹은 과소조작함으로써 일어난다.

운전자가 차량을 안전하게 통제할 수 있는 능력은 원심가속도 (u^2/R)가 0.3 g 이내일 때이다. 원심가속도가 이 값을 초과하면 차량 자체가 곡선부를 일탈하지 않을지라도 운전자의 핸들조작능력이 저하되어 차량이 곡선부를 일탈하는 경우가 발생한다. 도로곡선부 설계에서 $(e+f)$ 값을 0.3범위 이내로 하는 것도 이것 때문이다.

차량이 옆으로 미끄러져 생기는 편주흔은 나선형을 이루며, 연속되지 않고 끊어지는 경우가 많다. 또 뒷바퀴 자국이 앞바퀴 자국의 바깥쪽에 위치한다.

편주흔의 시작점을 발견하기란 매우 어려우나 앞바퀴나 뒷바퀴의 궤적이 달라지는 지점을 찾거

나, 노면에 흙이나 모래가 있는 경우는 곡선부 바깥으로 밀리는 흔적을 의외로 쉽게 발견할 경우도 있다.

편주흔 끝부분의 곡선반경은 속도가 줄어든 상태의 것이므로 별로 중요하지 않고, 편주가 시작되는 곳의 편주흔 곡선반경은 사고재현의 매우 중요한 단서가 된다.

예제 18.6 곡선반경 200 m인 도로구간에서 편주현상이 일어나 차량이 전복되는 사고가 발생하였다. 편주흔 시작점의 곡선반경이 300 m이고 편구배 2%, 횡방향 마찰계수가 0.3일 때, 편주가 시작되는 점에서 이 차량의 주행속도는 얼마인가? 만약 편주흔의 곡선반경을 측정할 수 없었다면 이 차량은 최소 얼마의 속도로 주행했겠는가?

풀이 식 (18.7)에서

$$u = \sqrt{127R(e+f)}$$

$$u = \sqrt{127(300)(0.3+0.02)} = 110\,\text{kph}$$

$$u = \sqrt{127(200)(0.32)} = 90\,\text{kph}$$

따라서 최소한 90 kph의 속도로 주행했다. ■

18.6 교통사고 방지대책

18.6.1 사고방지 대책의 기본과 절차

교통사고를 분석하고 이를 방지하는 대책을 수립하는 데는 많은 경험이 축적되고 정리되어야 하기 때문에, 여러 가지 방법을 쉽게 적용하거나 막연한 근거를 가지고 대응하는 자세는 배제되어야 한다. 대책을 수립함에 있어서 특히 유의해야 할 사항은 다음과 같다.

(1) 사고자료의 적용성 검토

사고자료는 사고대책을 검토하는 데 가장 직접적이고 유용한 정보이긴 하지만 적용할 때는 신뢰성, 유의성을 검토할 필요가 있다. 사고자료를 통계적으로 처리하여 여러 가지 요인이 사고에 미치는 영향을 명확히 규명하는 것이 중요한 일이기는 하나, 이 방법에도 한계가 있기 때문에 개별적이며 구체적인 문제장소에 대한 개선대책을 수립할 때는 사고원표에 의거하여 당사자나 경찰관의 진술 또는 보고를 검토하는 것이 필요하다.

(2) 현장관찰

교통사고는 그 발생장소에 따라 사고발생 형태가 다르다. 따라서 사고분석의 일반적인 방법론을 적용한다 하더라도 개별적인 사고장소의 특성을 모두 나타낼 수가 없으므로, 각 사고장소의 고유한 상황을 종합하여 적절한 대책을 마련하기 위해서는 사고현장을 자세히 관찰할 필요가 있다.

(3) 대책의 실현성

현실적으로 적용하는 대책은 매우 실현성이 높은 것이어야 한다. 사고방지 대책을 수립하는 일반적인 절차는 다음과 같다.

① 문제점이 있는 장소를 선정
② 문제장소를 분석하여 문제점 파악
③ 대책을 수립(대안작성 및 평가)
④ 대책을 시행
⑤ 추적조사 및 확인: 경우에 따라서는 각 단계에서 feedback을 통하여 대책을 수립할 필요가 있다.

18.6.2 문제장소의 선정 및 분석

위험도 평가의 대상이 되는 문제장소에는 지점(도로망의 특수한 지점, 급커브 등), 교차로, 도로구간이 있다. 문제장소를 발견하는 방법으로는 직접적인 사고자료에 의한 방법이 일반적이나 앞에서 설명한 제5장의 위험도분석 및 교통상충조사 방법이 사용되기도 한다. 이들 방법을 잘 이용하기 위해서는 각 기법의 기본전제와 적용상의 한계를 분명히 알아야 하는 것은 당연하다. 만약 많은 기법을 시행한 결과 사고 많은 장소가 나타나지 않을 때는 사고발생이 우연이라고 보아도 좋다.

앞에서 언급한 방법 외에도 사고자료에 의존하지 않는 방법으로는 미끄럼 시험(skid testing), 위험지표추출(hazard indicator reporting), 사고위험계수법(accident risk factor), 현장주행시험(field observation), 속도분포조사(speed distribution skew) 등이 있으며, 이외에 속도변화빈도 또는 차두간격과 사고율과의 상관관계에 기초를 둔 조사방법, 생리적 반응시험 등을 들 수 있다. 이들 대부분의 방법들을 사용하는 데는 실증적인 연구를 통하여 그 유효성과 적용한계를 명확히 해야 한다.

'사고 잦은 장소'로 선정되면 이 장소의 문제점, 즉 사고를 유발하는 원인을 분석하게 되며, 그 방법은 이 장 4.3절에서 설명한 바 있다.

18.6.3 사고방지 대책 수립

문제장소에 적용해야 할 대책 대안들 중에서 최적안을 선정하기 위해서는 사고의 내용에 따라 각 대책 대안의 효과를 파악하고 있거나 각 대안의 비교·평가방법이 확립되어 있어야 한다.

1 사고방지 대책의 효과

사고방지 대책을 시행한 사례는 수없이 많지만 이외에도 그 대책의 효과를 사전·사후조사를 통하여 명확히 밝힌 예는 많지가 않다. 그 이유로는 사실상 여러 개의 대책을 동시에 적용하는 경우가 많고, 그러다 보면 한 대책이 다른 대책에 부작용을 미치거나 파급효과를 나타내는 경우가 있기 때문에 한 대책만의 효과를 독립적으로 파악하기가 어렵기 때문이다. 사고방지 대책으로써 많이 사용되는 방법은 주로 다음과 같은 것이다.

(1) 교차로
- 신호등 신설 및 증설
- 좌회전 전용신호 현시 사용
- "정지" 표지 사용 및 시인성 개선
- 좌회전 전용차로 설치(중앙선 이전)
- 교차로 접근로에 미끄럼방지 포장
- 신호현시방법 개선
- 보행자용 신호설치 및 신호시간 조정
- 교차로 접근로의 노면표시 개선(진로변경 금지, 정지선 위치 개선, 좌회전 유도표시, 자전거 통행대 표시 등)
- 신호·표지의 시인성 향상(표지의 명료화, 신호기 hood 개선, 예고신호 설치 등)
- 입체분리시설(육교, 지하도) 설치

(2) 도로구간
- 횡단보행 신호등 설치(차량용, 보행자용)
- 입체분리시설 설치(육교, 지하보도)
- 속도규제, 추월금지, U회전금지
- 중앙분리대시설 개선
- 보도·차도 분리
- 횡단억제용 방호책
- 차로, 중앙선 표시
- 시선유도표 설치(특히 곡선구간)
- 신호의 연동화

2 사고방지 대책대안의 작성 및 검토

사고방지를 위한 개선대안을 작성하여 검토하는 절차는 다음과 같다.

(1) 현장확인 및 검토

문제장소를 분석한 후 나타난 문제점을 확인하여 미처 파악하지 못한 사고요인이 없는가를 현장에서 관찰한다. 특히 교통운영의 관점에서 노면표시가 적절하게 되어 있는가, 신호등 및 표지의 시인성이 좋은가, 노면상태가 양호한가를 검토할 필요가 있다.

(2) 교통운영의 기본요건 검토

임상적 대책으로서의 구체적인 개선안을 검토하기 전에, 우선 기본적인 교통안전상의 결함 및 개선책을 검토한다. 예를 들어 교차로에서 교차로 면적의 적정화 및 교통류의 정리(상충수를 줄임)가 제대로 되어 있는가를 검토한 것을 기초로 하여 필요한 개선책을 마련함으로써 사고방지 효과를 증대시키는 경우도 많다.

교차로 면적을 적정화하기 위해서는 가각정리를 한다든가 도류화를 시키거나 정지선 및 횡단보도의 위치를 개선할 수 있고, 교통류 정리를 위해서는 통행방법의 개선, 신호현시 방법조정, 도류화, 보행자와 차량의 분리 등의 대책을 동원한다. 이와 같은 개선은 앞의 8장을 참조하면 좋다.

(3) 빈발하는 사고유형에 새로운 대책의 적용 검토

교통운영의 기본여건을 충족시킨 다음, 문제점을 제거할 수 있는 새로운 대책을 마련한다. 이 경우 그 대책은 빈발하는 사고유형을 줄일 수는 있으나 다른 유형의 사고를 증가시키는 부작용도 있기 때문에 이를 유의해야 한다.

(4) 대책대안들의 비교 검토

여러 가지 대책을 혼합한 대안을 2~3개 마련하고, 이를 현황도와 함께 검토한다. 이 경우 필요한 비용 외에 대책에 의해 일어나는 여러 가지 영향, 예를 들면 주변교통류의 변화, 보행자의 동선, 주변 지역에 미치는 영향 등을 종합적으로 검토한다. 이때 비용·효과를 고려할 필요가 있다.

목적에 부합된 대책을 선정할 때 선정에서 제외된 대안도 실시단계에서 feedback시켜 인식하지 못했던 가치를 인정하게 되는 경우도 있으므로, 이와 같은 검토의 과정을 익혀두는 것이 바람직하다.

18.6.4 비용·효과 분석

교통사고로 인한 손실을 금액으로 환산하려는 시도는 구미 각국에서 1930년대에 이미 시작되어 현재 미국에서는 National Safety Council에서 발행하는 Accident Facts에 해마다 도로교통사고로 인한 손실액(accident costs)이 항목별로 발표되고 있다. 우리나라에서는 이와 같은 노력이 연구차원에서만 이루어지고 있을 뿐 정부의 공식적인 통계는 없다.

교통사고로 인하여 발생되는 손실로서 육체적이고 심적인 고통, 불쾌감, 슬픔 등 주관적인 손실을 제외하고 객관적인 손실은 다음과 같다.

- 당사자의 직접손실(수입감소, 의료비, 물자피해, 간호비용 등)
- 공공적 또는 공동적인 손실(사고처리비용, 구급서비스 내용, 재판비용, 보험업무비용, 경찰업무 비용)
- 제3자의 손실(사고로 인한 시간 및 에너지 낭비, 부상자 문병을 위한 시간·교통비)

이들 손실은 부담자가 각기 다르고, 또 부담방법도 다르다. 또 개인적인 손실인지 사회적인 손실인지 명확히 정의되어 있지도 않다. 대부분의 나라에서는 이들 손실을 사회적 손실로 보고 있지만 이를 비용으로 환산하는 데 따른 사회적 비용의 정의가 나라마다 같지 않다. 일반적으로 사회적 비용이란 '객관적인 사회적 손실'로서 객관적인 가치가 부가되어 있는 사회적 재원이 교통사고 때문에 소비되는 부분을 금액으로 나타낸 것이다. 1989년의 교통사고를 대상으로 하여 객관적 사회적 비용을 계산하면 약 1조 2천억 원이 된다. 이 계산방법은 참고문헌 (27)에 잘 설명되어 있다.[27]

교통사고 대책을 효율적으로 추진하기 위해서는 검토되고 있는 대책의 비용·효과 분석을 할 필요가 있다. 여기서 비용이란 개선책의 초기투자비용과 운영비용 및 유지관리비용을 말한다. 만약 분석기간 이후에 개선시설의 잔존가치(철거비용을 제외한)가 크면 이를 비용에서 빼주어야 정확한 비용을 얻을 수 있다. 그러나 대부분의 개선시설은 잔존가치를 무시할 수 있다.

편익은 개선책 시행결과로 얻어지는 사고감소와 부차적인 효과를 말한다. 사고감소로 인한 편익은 사망, 부상, 재산피해의 평균비용을 이용하여 쉽게 얻을 수 있으나, 2차적인 편익을 구하기란 매우 어렵다. 사고 개선책의 2차적 편익으로서 계량화할 수 있는 것은 교차로에서 차량혼잡 감소로 인한 운행시간 단축에 따른 편익과 연료소모 감소에 따른 운행비용 감소편익이 있다. 도로구간의 개선에서도 운행시간 단축편익과 운행비용 감소편익을 고려해야 한다.

비용·효과 분석을 하는 데 고려해야 할 중요한 사항은 다음과 같다.

① 분석기간: 여느 경제성 분석에서와 마찬가지로 사고방지 대책의 서비스수명과 경제수명 중에서 짧은 것을 택한다. 그러나 이 기간은 신뢰할 수 있는 사고예측기간을 초과하면 의미가 없으므로 신뢰성을 가진 예측기간을 분석기간으로 삼을 때도 있다. 만약 이 기간 이내에 교통조건이 현저히 바뀌는 새로운 project(도로의 재건설 등)가 수행될 예정이라면, 그것이 시작되기 전까지를 분석기간으로 삼는다.

일반적으로 신호등, 가로등, 중앙분리대의 분석기간은 15년, 경고등(beacon), 방호책, 노면요철, 교통표지 등의 분석기간은 10년, 과속방지턱은 5년, 노면표시는 2년을 분석기간으로 한다.

② 효과분석: 과거의 자료를 사용하여 앞으로의 대책의 효과를 예측할 수 있는 경우는 매우 적다. 즉 적용해 보지 않았든지 적용하였어도 자료를 얻을 수 없었든지, 혹은 포화상태에 가깝기 때문에 앞으로 기대할 수 있는 효과가 과거의 자료와 달라지는지 하기 때문이다. 간접적인 자료를 사용하여 매우 개략적인 예측을 할 필요도 있다.

③ 수확체감의 법칙 고려: 사고방지 대책은 비용·효과 면에서 수확체감의 법칙을 따른다. 따라서 자금의 최적배분을 위하여 비용·효과의 관계를 구할 필요가 있다.

④ 대책의 조합분석: 여러 가지의 대책이 동시에 추진되는 경우에는 하나의 대책이 갖는 효과와는 다른 효과가 나타난다. 개개의 대책이 갖는 효과를 예측하는 단계에서 다른 대책과 조합했을 때의 효과까지 고려한다는 것은 사실상 불가능하기 때문에 각 대책의 구체적인 내용과 예측의 근거를 명확히 밝혀둘 필요가 있다.

예제 18.7 '사고 잦은 지점'을 개선하고자 한다. 현재의 하루 교통량이 20,000대이며 연 3%씩 증가가 예상된다. 지난 한 해의 교통사고는 사망 2명, 부상 120명, 사고건수 중 물피사고건수 300건이었다. 사고방지 대책의 초기공사비용은 2억 원, 연간 유지관리 1,000만 원으로서 이 시설을 설치할 경우 사망자는 50% 감소, 부상자 20% 감소, 물피사고건수 15% 감소가 예상된다(설치하지 않았을

때와 비교해서). 분석기간 5년, 이자율 10%, 잔존가치는 없다고 가정할 때 이 개선대책의 경제성 분석을 하라. 사고비용은 다음과 같으며, 2차 편익은 없다고 가정한다.

- 사망 1인당: 7,000만 원
- 부상 1인당: 500만 원
- 재산피해 1건당: 60만 원

1. 사고감소로 인한 편익

   1) 재산피해 감소로 인한 편익

      (1) 연간 재산피해사고 감소 건수

개선책 실시 후 a 년째의 재산피해사고 감소 건수를 P_a라 하면,

$P_a =$(실시 전의 사고건수) $\times$ (교통량 증가로 인한 사고 증가 비율)

                $\times$ (개선책으로 인한 사고 감소율)

따라서 $P_1 = 300건 \times 1.03 \times 0.15 = 46.35건$

          $P_2 = 300건 \times (1.03)^2 \times 0.15 = 47.74건$

          $P_3 = 300건 \times (1.03)^3 \times 0.15 = 49.17건$

          $P_4 = 300건 \times (1.03)^4 \times 0.15 = 50.65건$

          $P_5 = 300건 \times (1.03)^5 \times 0.15 = 52.17건$

일반식: $P_a = 300 \times (1.03)^a \times 0.15 = 45(1.03)^a$ (건)

      (2) 연간 편익(현재가로 환산)

a 년째의 편익을 현재가로 나타내면,

$$BP_a = 45(1.03)^a \times 60만 \ 원 \times \frac{1}{(1.1)^a}$$

$$= 2,700만 \ 원 \times \frac{1}{(1.068)^2}$$

      (3) 재산피해사고 감소로 인한 총 편익

$$B_p = \sum_1^5 BP_a = 2,700만 \ 원 \times \sum_1^5 \frac{1}{(1.068)^a}$$

$$= 2,700 \times 4.122$$

$$= 11,130만 \ 원$$

   2) 부상자 감소로 인한 편익

앞의 일반식을 이용하면,

      (1) a 년째의 부상자 감소 인원수

$$I_a = 120건 \times (1.03)^a \times 0.2 = 24(1.03)^a$$

      (2) a 년째의 편익(현재가)

$$BI_a = 24(1.03)^a \times 500만 \ 원 \times \frac{1}{(1.1)^a}$$

$$= 12,000만 \ 원 \times \frac{1}{(1.068)^a}$$

(3) 부상자 감소로 인한 총 편익

$$B_I = \sum_1^5 BI_a = 12{,}000만\ 원 \times 4.122$$

$$= 49{,}464만\ 원$$

3) 사망자 감소로 인한 편익

앞의 풀이를 일반식으로 나타내면,

$$B = (실시\ 전의\ 사고) \times (실시\ 후\ 감소율) \times (단위사고\ 비용) \times \sum_1^a \left(\frac{교통량\ 증가비율}{자본증식\ 비율} \right)^a$$

따라서 $B_F = (2)(0.5)(7{,}000만\ 원) \times \sum_1^5 \dfrac{1}{(1.068)^a}$

$$= 7{,}000 \times 4.122$$

$$= 28{,}854만\ 원$$

$\therefore$ 사고감소로 인한 총 편익 $= 11{,}130 + 49{,}464 + 28{,}854$

$$= 89{,}448만\ 원$$

2. 비용

비용의 현재가 $= 2억\ 원 + 1{,}000만\ 원(P/A)_5^{10\%} = 23{,}791만\ 원$

여기서 $(P/A)_5^{10\%}$는 균등액현가계수(uniform series present worth factor)로서, 연균등액을 현재가로 환산하는 계수이다.

3. 분석

이 개선사업은 순편익이 $89{,}448 - 23{,}791 = 65{,}657만$ 원으로서 시행할 가치가 있는 사업이다. 이 사업의 B/C비는 3.76이다. 만약 개선대안이 2개 이상이면 순편익이 큰 사업이 더 나은 사업이다. B/C비가 더 크다고 해서 반드시 더 좋은 사업이 아님에 유의해야 한다(16장 4절 참조). ■

18.6.5 대책 실시 및 실시 후의 평가

선정된 대책을 실시할 때 유의해야 할 사항은 다음과 같다.

- 다른 도로계획과 어긋나지 않을 것
- 도로이용자와 도로 인근 주민의 의견, 관련 행정기관의 의견을 수렴할 것
- 여러 가지 대책을 혼용하는 경우에는 어느 대책을 먼저 실시하면 융통성이 적어지는 경우가 있으므로 이에 유의할 것
- 교통섬을 설치할 때는 사전에 페인트나 교통 cone 또는 모래주머니 등을 이용하며 실험적으로 실시해 본 다음 그 결과를 재검토한 후에 본격적으로 구조물을 설치하는 것이 바람직하다.

대책을 실시한 후에도 계속해서 그 장소에 대한 사후조사를 실시하여 그 대책이 기대하는 효과를 발휘하고 있는지를 확인할 필요가 있다. 대책 실시 후의 시가에 필요한 정보는 대책의 종류, 실시장소, 실시시기, 실시기관, 실시비용, 실시 이전의 사고 현황, 문제점의 내용, 대책의 선정이유, 사전평가 결과 등이다.

사전·사후조사를 하기 위해서는 우선 대책을 실시함에 따라 교통류가 어떻게 변했는가, 또는 예기치 않은 일이 일어나고 있지 않는가를 현장에서 관찰할 필요가 있다. 이때 video camera, memo, motion camera 등을 이용하면 편리하다. 앞에서 언급한 상충조사방법을 이때 사용해도 좋다. 사전·사후조사에서 대책의 불합리한 점이 발견되면 즉시 수정을 하고, 사전·사후조사로 대책의 효과를 판정하려면 통계상 의미가 있는 조사기간 및 사고건수를 대상으로 해야 한다. 조사기간은 사전 1년과 사후 어느 정도의 기간이 지난 후부터 1년으로 해야 한다. 왜냐하면 대책이 시행된 후 사람들이 그 대책에 순응할 때까지의 경과기간은 대상기간에서 제외해야 하기 때문이다.

사전·사후조사와 다른 조사방법으로는 유사지점 비교가 있다. 이 방법은 대책이 실시된 지점과 비슷한 장소(대책을 실시하지 않은 상태에서)를 선정하여 두 곳의 차이를 비교하는 방법이지만 실제로 비슷한 장소를 찾기가 매우 어렵다.

실시한 대책의 효과를 평가할 때 비교되는 것은 사전·사후의 교통사고이다. 이때 구체적인 평가척도로는 사고건수, 사고율, 피해정도, 사고비용, 비용 대 효과 등을 사용할 수 있다. 평가방법으로는 사전·사후의 차 또는 율을 사용하거나 이 두 가지를 함께 사용하기도 한다. 사전·사후의 평가척도상에 큰 차이가 있을 경우에는 두 상황의 지표(예를 들어 교통량)를 표준화해야 할 필요가 생긴다. 또 사고건수가 적을 경우에는 그 사고가 우연발생의 가능성이 있어 통계상의 평가를 어렵게 할 수도 있다. 따라서 조사기간을 될수록 길게 하여 우연발생의 가능성을 줄이고 통계적 평가가 가능토록 해야 한다.

어느 특정 사고유형을 줄이기 위해 실시하는 대책이라도 그 사고유형뿐만 아니라 다른 사고유형도 비교하여 그 대책이 다른 유형의 사고를 오히려 증가시키지 않는가를 평가해야 한다.

이러한 과정에서 얻어진 정보나 측정의 결과는 이후 사고방지 대책을 수립하는 데 중요한 자료가 되기 때문에 정확하게 유지·보관되어야 한다. 사고를 분석하고 대책대안을 검토하며, 실시하는 구체적인 방법은 문제장소의 현실조건 및 제약에 따라 각양각색이기 때문에 사례를 참고할 때는 각 사례의 조건 및 제약 등을 충분히 이해한 후에야 참고가 가능하다.

사용 가능한 전반적인 교통안전대책에는 [표 18.8]과 같은 것들이 있다.

[표 18.8] 교통안전대책 일람표

적용대상	적용구분	안전대책
도로이용자	1. 구급서비스	1. 구급서비스의 시스템의 정비 　• 전문의사 양성 　• 구급의료시설의 지역적 배분 　• 종합병원의 구급 부분 강화 　• 구급통신 시스템의 강화 　• 구급자동차의 증강 　• 구급차에 의한 승차 의무화 　• 부상자 신속 이송 2. 구급 요령 보급 및 지원활동 강화 　• 구급요원에 대한 구급수당 지급 　• 부상자 구조 시민훈련 　• 구급함 휴대 의무화(차량) 　• 비상전화 설치(일반도로) 　• 아마추어 무선에 의한 긴급연락체계 구축 3. 사고처리방법의 연구개발(조기회복, 조직 등)
	2. 교육 · 홍보활동	1. 운전자 교육 · 훈련 강화 　• 교통사범에 대한 교정교육 강화 　• 운전자 교육(면허갱신 시 교육내용 강화, 초보운전자 교육) 　• 자전거, 보행자의 교육기회 확충, 내용의 충실 2. 홍보, 교통안전활동의 강화 　• 가정에 대한 홍보 　• 교통안전운동의 강화(일수, 횟수 증가) 　• 교통안전에 관한 일반홍보활동 강화 　• 표창제도 확충 　• 교통안전을 목적으로 한 민간단체의 육성, 지도 3. 직업운전자 대책 강화 　• 직업운전자 조직화 　• 직업운전자 노동조건 향상 　• 안전운전관리자 증원 　• 자동차 운송업자에 대한 감독 · 지도 강화
	3. 초보운전자	1. 초보운전자 교육의 강화
	4. 교통지도 및 단속	1. 단속의 중점화, 합리화, 형평화 　• 주 · 정차 단속강화(간선, 교차로 부근, 도로구간, 뒷골목) 　• 야간단속강화 　• 도로무단사용단속(도로점유물, 노점) 　• 과적재 단속 　• 승강, 하역방법 적정화 　• 정비불량 차량 가두단속(타이어, 브레이크 등) 　• 실질 위험행위 중점단속 　• 직업, 반직업운전자 중점단속 　• 시민이 공감하는 단속방침 강화 　• 효과적인 단속기술 개발

[표 18.8] (계속)

적용대상	적용구분	안전대책
도로이용자	4. 교통지도 및 단속	2. 교통통제의 이해, 합리화 • 제한속도 • 차로변경 • 추월금지 • 오토바이에 2인 동승 규제 • 자전거 인도 이용 가능 • 주요 도로로 선택적 유입유도 • 화물차 통행로 지정 • 종합적인 통제방법 사용 • 보행자몰 확장(시간규제) • 쇼핑가 확장(시간규제) • 통근, 통학로 지정(시간규제) • 이면도로 대책(통과교통 규제) • 택시 승차거부 금지 3. 지도·감시활동 강화 • 경찰의 효과적인 활용
	5. 자전거, 보행자	1. 자전거, 보행자 야광반사복 착용 2. 횡단시설 강화(적용구분 7과 중복) 3. 자전거, 보행자 중점교육(학교, 지역 사회, 적용구분 2와 중복) 4. 자전거 통행로 확보(적용구분 7과 중복) 5. 보행자 공간 확보(적용구분 4와 중복) 6. 자전거 구조기준 강화(바퀴야광, 거울) 7. 자전거이용자 헬멧착용 의무화
	6. 오토바이	1. 전조등의 야간점등 의무화 2. 승차자 헬멧착용 의무화 3. 2단 정지선 설치 4. 운전기술향상(교육, 면허 강화) 5. 야광반사 의무화 6. 차축등 설치
도로	7. 도로시설	1. 우회도로, 환상도로 및 고속도로 증설 2. 도로선형, 폭원 개선 3. 횡단시설 개설 4. 건널목 입체화 5. 건널목 안전시설 정비 6. 낙석 방호책 보강 7. 도시가로조명 확충 8. 노면보수(미끄럼방지 시설 설치) 9. 중앙분리대 방호책의 강화(횡단방지) 10. 교차로 개선 • 시거확보 • 이면도로 교차점 가각정리 • 도류화 11. 보도 신설 12. 자전거도로 신설 13. 버스정류장의 정차구역 설치(2차로도로) 14. 가드레일 설치

[표 18.8] (계속)

적용대상	적용구분	안전대책
도로	8. 도로 및 교통조건	1. 노면표시 개선(자전거 통행대 설치) 2. 이면도로 교차점의 표시 3. 자전거 통행방법 지시 표시 4. 버스정거장 위치 적정화 5. 옥외광고물 규제(신호등 및 표지와 혼동되지 않게) 6. 안전속도 표시(내리막길, 급커브) 7. 속도초과차량에 대한 속도경고 장치 8. 도로교통정보의 확충 9. 자전거주차장의 정비 10. 규제표시 정비(적용구분 10과 중복) 11. 안내표지 정비(적용구분 10과 중복) 12. 공원의 정비
	9. 도로변 장애물	1. 도로변 장애물에 충돌완충재, 야광반사화 2. 가드레일 개선, 식수대 설치
	10. 교통운영	1. 신호제어방법의 고급화 • 연동화 • 보행자 횡단신호 증설 및 연동화 • 버스우선신호의 강화 • 자유횡단교차로(scramble)화 • 좌회전신호 설치 2. 신호시인성 향상(신호기 증설, 양면신호)
차량	11. 차량	1. 방향지시기, 브레이크의 개선 (대형트럭의 side winker, 브레이크 등) 2. 대형트럭의 보조 mirror 설치 3. 트럭 뒷면의 색깔 규제(어두운색 사용금지) 4. 대형트럭 운전좌석을 낮게 5. 유류탱크의 재배치 6. 승용차 및 봉고의 뒤 wiper 의무화 7. 이상 접근경보장치 개발 8. 안전벨트 미착용 시 엔진가동 불능 9. 안정성이 높은 자동차 개발 10. 각 자동차의 안전도 비교공표, 정보제공 11. 미끄럼이 없는 디스크 프레이트 개발
기타	12. 제도	1. 안전벨트착용 의무화 2. 유아승차 보호대책 강구(뒷좌석에) 3. 면허제도개선 • 실질적인 안전운전교육 • 면허연령 상향 • 임시면허제도 실시(본 면허 이전에 일정 기간 임시면허) • 사고다발운전자 운전면허 영구적 취소 4. "사고 잦은 지점" 대책강화 5. 도로공사 시 안전대책강화 6. 고장차량에 대한 구조 및 서비스 향상 7. 오토바이 검사제도

1. C. R. McCamment, *New Kansas Curve Signs Reduce Deaths*, Traffic Engineering, Vol. 29, No. 5, 1959.

2. R. L. Morrison, *The Effect of Pavement Widths upon Accidents*, HRB. Proceedings, 1934.

3. A. J. Cope, *Traffic Accident Experience-Before and After Pavement Widening*, Traffic Engineering, Vol. 26, No. 3, 1955.

4. Virginia Dept. of Highway, *Accident Analysis, Before and After Accident Study, Widening and Surface Treating of Shoulders*, 1955.

5. The Automotive Safety Foundation, *Traffic Control and Roadway Elements-their relationship to Highway Safety*, 1963.

6. K. Moskowitz and W. E. Schaefer, *California Median Study*, HRB. Bulletin, No. 266, 1958.

7. F. W. Hurd, *Accident Experience with Traversable Medians of Different Widths*, HRB. Bulletin, No. 137, 1956.

8. C. E. Fritts, *Let's Build Safety into our Highways*, Public Safety, Vol. 47, No. 5, 1955.

9. Pennsylvania Turnpike Joint Safety Research Group, *Accident Causation*, Westinghouse Air Brake Company, 1954.

10. C. G. Giles and B. E. Sabey, *Skidding as a Factor in Accidents on the Roads of Great Britain*, International Skid Prevention Conference, Proceedings, 1958.

11. Detroit Dept. of Streets and Traffic, *Effect of Resurfacing on Accidents*, Michigan Ave and Clark St., 1959.

12. G. Langsner, *Accident Experience at Ramps-Exits and Entrances-Preceding and Beyond Interchange Structure*, AASHO Committee on Design, 1959.

13. J. W. McDonald, *Relation between Number of Accidents and Traffic Volume at Divided-Highway Intersections*, HRB. Bulletin, No. 74, 1953.

14. D. Syrek, *Accident Rates at Intersections*, Traffic Engineering, Vol. 25, 1955.

15. D. Solomon, *Traffic Signals and Accidents in Michigan*, Public Road, Vol. 30, No. 10, 1959.

16. Detroit Dept. of Streets and Traffic, *Before and After Accident Study at 25 Newly Modernized Signal Locations*, 1955.

17. D. F. Stevens, *Accident Reduction through Directional Signing*, California Street and Highway Conference, Univ. of California, Proceedings, 1958.

18. Detroit Dept. of Streets and Traffic, *One Year Before and After Study at Yield Sign Locations*, 1958.

19. Joint Committee on Street and Highway Traffic Engineering Functions and Administration, *Traffic Engineering Functions and Administration*, AASHO, American Public Works Association, ITE., 1948.

20. U.S. Dept. of Commerce, *The Federal Role in Highway Safety*, 1959.
21. Notional Safety Council, Committee on Night Traffic Hazards, *Visibility vs. Traffic Accidents*, Chicago, 1939.
22. W. H. Glanville, *Road Safety any Road Research*, Royal Society of Art, 1951.
23. W. H. Glanville, *Safety on the Road*, Royal Society of Arts, Journal, Vol. 102, 1954.
24. American Automobile Association, Foundation for Traffic Safety, *Planned Pedestrian Program*, 1959.
25. HRB., *Committee on Traffic Control and Protection at Urban and Rural School Zones*, Report, 1941.
26. 김홍상, *Methoden zur Beschreibung des Unfallgeschehens*(교통사고의 기술방법에 관한 연구), 독일 칼스루에 공과대학 박사학위논문, 1987.
27. 도로교통안전협회/ALAN ROSS, 한국교통안전연구 최종보고서, 1984.
28. J. E. Benneth, *One-way's Safest in Portland, Oregon,* Public Safety, Vol. 43, No. 2, 1953.
29. 도철웅, 교통사고의 원인요소 개선 및 감소대책, 교통안전진흥공단, 1986.
30. 일본교통정책연구소, 교통사고방지제대책의 비용 대 효과분석과 관련 조사연구보고서, 1980.
31. 도로교통공단, 교통사고분석시스템(TAAS), 2022.
32. 도철웅, 김홍상, 김경환, 이수범, 조혜진, 교통안전공학, 청문각, 2013.

찾아보기

저자 소개

도철웅 tcheolung@naver.com
육군사관학교 졸업(이학사)
서울대학교 토목공학과 졸업(공학사)
美 University of Maryland 졸업(교통공학 석사)
美 University of Wisconsin 졸업(교통공학 박사)
육사 토목공학과 교수, 교수부장
한양대학교 교통공학과 교수
서울시 도시계획심의위원, 건축위원
건설교통부 민간투자사업심의위원장
대한교통학회 회장

최기주 keechoo@ajou.ac.kr
서울대학교 토목공학과 졸업(공학사)
서울대학교 토목공학과 졸업(교통공학 석사)
美 University of Illinois-Urbana Champaign 졸업(교통계획 박사)
아주대학교 교통시스템공학과 교수
세계도로협회(PIARC) 한국위원장
국토교통부 대도시권 광역교통위 위원장
대한교통학회 회장
現 아주대학교 총장

오철 cheolo@hanyang.ac.kr
한양대학교 ERICA 교통공학과 졸업(공학사, 공학 석사)
美 University of California, Irvine 졸업(교통시스템공학 박사)
한양대학교 ERICA 교통물류공학과 교수
한국교통연구원 첨단교통기술연구센터 책임연구원
한국공학한림원 선정 '2025년 대한민국을 이끌 100대 기술과 주역'
대한교통학회/한국ITS학회/한국도로학회 '학술상' 수상
대한교통학회 행정부회장